简明现代建筑工程手册系列

简明园林工程手册

主　编　马鹏宇

副主编　杨晓方　刘　雨

参　编　徐树峰　马立棉　刘彦林
　　　　孙　丹　杨连喜

本书是为从事园林工程设计、建造、养护的工程技术人员编写的一本简明实用的案头工具书，“简”而不略，内容全面而精练，并尽可能将近些年在园林工程中应用的新材料、新发展体现在书中，力求做到数据严谨可靠、条理清晰突出、内容简明扼要。全书共分园林工程设计、园林工程施工、园林工程材料及园林绿植养护四篇，其中园林工程设计篇又包括园林工程简介，园林景观设计方案表达，园林植物景观设计，园林建筑小品设计，园林水景景观设计，假山、置石、塑石景观设计及园林园路景观设计；园林工程施工篇包括园林土方工程施工，园林苗圃育苗，园林绿化施工，园林置石、假山及塑山施工，园林水景工程施工，园林园路施工及园林绿化施工流程模板；园林工程材料篇包括园林工程材料简介，砖、砌块及板类材料，石材及建筑玻璃，石灰与石膏，水泥、砂浆及混凝土，金属材料，木材及防水类材料；园林绿植养护篇包括园林植物的修剪和整形，园林植物的调整修补，园林植物病虫害及其特征，园林植物施肥及灌水，园林植物养护月历。

本书可供从事园林工程设计、建造和养护的工程技术及管理人员，以及相关专业的高校师生参考使用。

图书在版编目（CIP）数据

简明园林工程手册/马鹏宇主编. —北京：机械工业出版社，2021.10
（简明现代建筑工程手册系列）
ISBN 978-7-111-68634-7

Ⅰ.①简…　Ⅱ.①马…　Ⅲ.①园林－工程施工－技术手册
Ⅳ.①TU986.3-62

中国版本图书馆 CIP 数据核字（2021）第 133254 号

机械工业出版社（北京市百万庄大街22号　邮政编码100037）
策划编辑：薛俊高　责任编辑：薛俊高　刘　晨
责任校对：刘时光　封面设计：张　静
责任印制：李　昂
北京联兴盛业印刷股份有限公司印刷
2021年8月第1版第1次印刷
184mm×260mm · 38印张 · 2插页 · 941千字
标准书号：ISBN 978-7-111-68634-7
定价：128.00元

电话服务　　网络服务
客服电话：010-88361066　机　工　官　网：www.cmpbook.com
010-88379833　机　工　官　博：weibo.com/cmp1952
010-68326294　金　书　网：www.golden-book.com
封底无防伪标均为盗版　机工教育服务网：www.cmpedu.com

前　言

园林能够有效地改善环境质量，它借助于景观环境、绿地构造、园林植物等多方面的因素合理地改善着人们的生活环境，为大家创造着优越的游览、休息和活动平台，也为旅游业的发展提供了十分有利的条件。

优秀的风景园林工程不仅可以持续地使用，它还能提高环境效益、社会效益和经济效益。随着社会经济的不断进步和发展，园林工程建设越来越受到社会的重视。园林工程通过在城市中建造具有一定规模的绿色生态系统，可以缓减人们对大自然的破坏，改善生活环境的质量，促进环境和社会经济的可持续发展。

完善生态环境、提高人居质量，已成为我国目前园林建设的政策导向。具体包括为解决空气污染、噪声、热岛效应等不利于人们身体健康的“城市病”，发展城乡一体的绿化，为人们营造一道绿色的“生态屏障”，改造老旧社区，美化占大多数的三四线甚至五六线城市的环境，建设美丽乡村，等等。这些无不需要园林这个有力“帮手”作为环境改进的硬核手段。据专家预测，园林产业的发展前景广阔，就我们国家而言，我们的园林工程发展水平距离引领世界发展趋势和潮流还有相当一段距离。

现阶段，园林行业从业者特别是技术人员水平良莠不齐，兼职和跨行业技术人员所占比例很大，而园林行业复合型技术人才所占比例很小，并且处于供不应求的状态，特别是园林科研、设计、养护、绿化、工程管理以及预算的技术人才更为短缺。市场上相关园林图书近几年已有一定的市场占有率，但多数是资料的堆集，鱼龙混杂，真正将园林设计、施工、养护及材料整合在一起的实用且关键性的工具用书还很少。本书就用了一边做减法一边做加法的方法，做减法是摒弃无关紧要可有可无的内容，做加法是将切切实实需要的、重要的、用得多的内容讲足、讲够，可谓简而不略，内容全面而精练。

本书的主要理念符合当前社会所提倡的可持续、生态、海绵等园林设计、施工领域新的发展观，注重客观实际及与相关建筑、文化等的跨界融合。比如，内容有生态设计、生态苗木培育、生态绿化施工（主要指栽植）、生态养护景观人文规划设置等，其中园林工程设计涉及园林绿化及景观建筑的选址、布置等；绿化施工讲了园林苗木培育、园林树木栽植方法和栽植要点等；园林绿植养护主要内容有花卉及植物养护，主要讲调理、灌溉施肥及修剪方法；园林工程材料主要内容是配合当今绿色及环保的主题而选用生态材料来做园林的各种新型材料。

本书以“知识与技能”的有序性，以“市场需求和行业发展趋势”为导向，以“理论与技能”并重为宗旨，以“服务培养实用技能型人才”为目的进行编写。

本书在编写中突出了以下几方面特色：

(1) 简明精炼，体量有别于传统的手册的厚重或面面俱到；内容新，技术上体现更新换代。

(2) 在写法上力求简明扼要，重点突出，注重直观，体现可操作性。

(3) 书的结构按园林布局、层次以及专业实际需求的角度安排，将专业知识与应用技能交汇编写，内容充实全面。

(4) 选用典型、符合生态园林行业发展需求的案例或材料进行介绍。

(5) 内容、阐述方式易看易懂，体现普适性。

本书在编写过程中，得到了在园林方面有着丰富理论及实践经验的专业人士的指导及建议，也参考了很多相关学者、专家的文献和资料，在此对他们一并表示感谢。

限于编者能力和时间原因，书中不妥不足之处，希望广大读者给予理解和包容，如能提出宝贵意见，以便再版时完善，我们将不胜感激！

编　者

目　录

第4篇 园林绿植养护

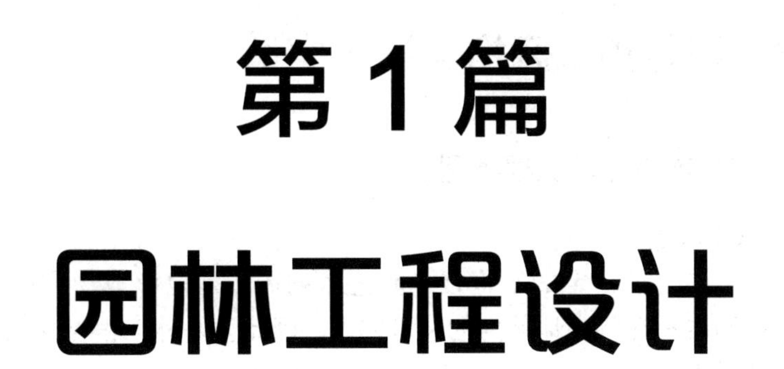

第1篇

园林工程设计

第 1 章

园林工程简介

1.1 园林工程特点、风格及设计类型

1.1.1 园林工程基本特点及工程类别

1. 园林工程基本特点

园林工程实际上包含了一定的工程技术和艺术创造，是地形地物、石木花草、建筑小品、道路铺装等造园要素在特定地域内的艺术体现。因此，园林工程与其他工程相比具有其鲜明的特点，具体见表 1-1。

表 1-1 园林工程基本特点

类 别	内 容
园林工程的艺术性	园林工程虽然需要强大的技术支持，但又不同于一般的技术工程，而是一门艺术工程，涉及建筑艺术、雕塑艺术、造型艺术、语言艺术等多门艺术
园林工程的技术性	园林工程是一门技术性很强的综合性工程，它涉及土建施工技术、园路铺装技术、苗木种植技术、假山叠造技术及装饰装修、油漆彩绘等诸多技术
园林工程的综合性	园林工程作为一门综合艺术，所要求的技术无疑是复杂的。随着园林工程日趋大型化，协同作业、多方配合的特点日益突出；同时，随着新材料、新技术、新工艺、新方法的广泛应用，园林各要素的施工更注重技术的综合性
园林工程的时空性	园林工程除具有空间特性，还兼有时间性以及造园人的思想情感因素。园林工程在不同的地域，空间性的表现形式迥异。园林工程的时间性主要体现于植物景观上，即常说的生物性
园林工程的安全性	“安全第一，景观第二”是园林创作的基本原则。对园林景观建设中的景石假山、水景驳岸、供电防火、设备安装、大树移植、建筑结构、索道滑道等均需格外注意
园林工程的后续性	园林工程的后续性主要表现在两个方面：一是园林工程各施工有着极强的工序性；二是园林作品不是一朝一夕就可以完全体现景观设计最终理念的，必须经过较长时间才能显示其设计效果，因此项目施工结束并不等于作品已经完成
园林工程的体验性	提出园林工程的体验特点是时代要求，是欣赏主体——人的心理美感的要求，是现代园林工程以人为本最直接的体现。人的体验是一种特有的心理活动，实质上是将人融于园林作品之中，通过自身的体验得到全面的心理感受。园林正是给人们提供这种心理感受的场所，这种审美追求对园林工作者提出了很高的要求
园林工程的生态性与可持续性	园林工程与景观生态环境密切相关。如果项目能按照生态环境学理论和要求进行设计、施工，建成后各种设计要素不会对环境造成破坏，能反映一定的生态景观，体现出可持续发展的理念，就是比较好的项目

2. 园林工程主要类型

园林工程多是按照工程技术要素进行分类的，方法也有很多，其中按园林工程概、预算定额的方法划分是比较合理的，也比较符合工程项目管理的要求。这一方法是将园林工程划分为三类：单项园林工程、单位园林工程和分部园林工程。

（1）单项园林工程　根据园林工程建设的内容来划分，又可分为三类：园林建筑工程、园林构筑工程和园林绿化工程。

1）园林建筑工程可分为亭、廊、榭、花架等建筑工程。

2）园林构筑工程可分为筑山、水体、道路、小品、花池等工程。

3）园林绿化工程可分为道路绿化、行道树移植、庭院绿化、绿化养护等工程。

（2）单位园林工程　在单项园林工程的基础上可将园林的个体要素划分为相应的单位园林工程。

（3）分部园林工程　通过工程技术要素划分为土方工程、基础工程、砌筑工程、混凝土工程、装饰工程、栽植工程、绿化养护工程等。

1.1.2 园林设计风格

1. 欧陆风格

（1）传统欧陆风格　传统欧陆风格是针对欧洲各国的不同风格的一种总称，有英伦风格、地中海风格、法式风格、西班牙风格等，有时也包含美式风格。传统欧陆风格基本传承了传统欧陆建筑中的皇家贵族气派，以庄重、圆润、奢华为主要特征，从开始流行到今天，其依然是被采用最多的一种风格。

（2）现代欧陆风格　这是一种既追求了欧陆风格中的贵族气质，还可以享受现代化的生活方式。其特点是继续保留传统欧陆风格中那种厚重、贵气的特点，同时又把那些繁复的线条适当简化，有现代的简约之美，而基本去掉了那些最能体现皇家气派的传统人物雕塑等设计内容，取代的是一些简洁的线条和造型优美的现代雕塑，特别沉重的花瓶栏杆基本上都换成图案更简单的木栏杆，这样的设计其实是一种变革型的设计，原来主要设计特点被保留，创新为辅，其目的是为了满足更多的年轻人群的喜好。现代审美品位的变革为景观设计师提供了一定的创新空间。

2. 东南亚风格

（1）传统东南亚风格　传统的东南亚风格采用东南亚景观的基本元素，而这些景观元素也颇受当地的建筑风格影响。因此，传统的东南亚风情园林是景观设计和建筑的紧密结合体。园林建筑就是缩小版的主体建筑，因此建筑与景观园林基本融为一体，热带地区的味道特别强烈。

东南亚风格其实并非一种独立发展而来的风格，在它的文化底蕴里，你可以发现中国的建筑元素，还有一些符号可以在欧洲大陆被发现。因为东南亚一直受中国古代文化的影响，因此中国的建筑元素难免深入其中，而近代东南亚风格兼容东西方文化形成了自己的特色，成为一个独立发展的风格流派了。在中国南方，因为气候特点与东南亚比较接近，这种能体现亚热带风情的风格，无论是住宅还是酒店都应用广泛。

（2）现代东南亚风格　与现代欧陆风格一样，在一种传统味道很浓的风格前面增加

“现代”两个字，是为了摆脱传统风格中太过古典、不符合现代审美情趣的元素，再添加一定元素，以反映现代人的口味，现代东南亚风格即是如此。只是由于其独特的亚热带风情味道浓厚，而且采用这种风格的设计目的还是为了突出这种风情味，所以无论怎样的“现代化”，那些最能体现风情味的元素是无论如何都不会也不能改的。例如，水、树、池、雕塑、喷泉，园林式游泳池，空心墙，陶器等，这些东西少，就很难体现出东南亚风情的魅力。所以，如何把握创新的程度是非常具有挑战性的，在此方面，中国设计师仍然在学习进步中，远未达到成熟阶段。

3. 中式风格

(1) 传统中式风格　这是一个国人最爱使用的风格。如中国的苏州园林，北京皇家园林和广东的岭南园林都是名扬天下的。今天的许多景观设计工作，或多或少都受到中国古典园林的理念和手法的影响，只是因为风格上的改头换面有的一下子看不出来而已。

但我们的祖先，毕竟适应的还是那个年代的思想文化环境，与现代人们的生活习惯有很大的不同，其建筑外形和建筑物的内部空间都是有差距的，复制中国传统风格，往往表面给人一种古色古香的感觉，但因为现代人浮躁的心态，已经很难像我们的祖先那样，对植物、山石精心设计，所以做出来的中式风格作品容易产生只有外形没有意境。所以，目前传统中式的应用还是比较少的，因为中式风格的建筑毕竟不是市场的主流。

(2) 现代中式风格　目前，现代中式作为越来越被关注和探索的景观设计风格，已经应用于作品之中，最经典的探索是建筑大师贝聿铭设计的苏州博物馆，这个项目建筑风格的传承与创新把握得比较好，景观部分是比较传统的，只是在空间上为了适应博物馆的公建性质，打破了传统苏州园林的小巧精致，加入了更简洁大气的成分。

中国当代设计风格并不多，我们传统的文化在当时的世界可谓独领风骚。但今天，我们发现传统的东西既有精华也有糟粕，但什么是精华什么是糟粕有时却也不好判断，因此对于如何传承传统精髓，不要变成过时的糟粕，目前大多数设计师还不能很好地把握。

因此，现代中式风格实在是让人又爱又恨的一种设计尝试，但是，这种尝试是必不可少的，因为这是我们中国的设计师无法避免的、必须承担的历史责任。相信随着市场的发展，对于现代中式风格的作品需求也会越来越多，现在对这方面做更多的探讨工作还是相当有必要的。

(3) 纯现代风格　纯现代风格的“纯”字是为了和其他变革型的现代风格做区别，是“简单”的手段。简单，也就是不受任何传统风格的约束和影响，甚至为了突出这个“简单”，往往采取了特立独行的、抽象的方式，所以纯现代风格是最能发挥设计师创意的一种风格，这种风格特别受海归设计师欢迎。在现代文化的发源地，纯粹的当代景观作品很多，可以参考借鉴的成熟作品也不少，抱着一种提升民族设计水平向国际化靠拢的良好目的，海归设计师对中国景观设计思想的现代化、国际化确实起到了良好的桥梁作用。

而且由于纯现代风格的抽象特性，往往也很受国内年轻设计师的青睐，因为没有市场经验的设计师最不喜欢受束缚，他们常常把设计当作单纯的艺术创作和个人喜好，有时会忽视客户体验，所以只会做纯现代风格的设计师往往给人一种不着边际的感觉。关注客户需求是一门须认真对待的功课，不要一味地追求“现代”而忽视了客户需求。

1.1.3　园林景观的设计类型

我们可以看到，无论是中国的皇家园林还是私家园林，在过去，它们的共同特征都是一种供少数人观赏游乐的封闭式园林。新中国成立后，私家园林陆续由私有转为公有，开始向公众开放，私家园林的使用功能也转向为以观赏为主，成为城市公园，其原景观的面积、空间相对都扩大了许多，公园绿地内设置了许多游乐、运动、休憩的场所，基本满足了市民需要户外活动的要求，同时也满足了人们与自然和谐相处的基本愿望。随着经济的飞速发展，城市人口的急剧递增，城市居住形式发生了巨大的变化，相对应的城市小公园、街道小公园、小区花园等也陆续出现，称为一般公园。

1. 自然风景景观设计

所谓自然公园就是在地理位置上具有一定观赏价值的公园，一般是以地名命名的地方性公园。如：张家界森林公园、神农架国家森林公园、海螺沟冰川森林公园、西双版纳原始森林公园、老山森林公园、狮子山公园等。这类公园都是以得天独厚的地理位置取胜而建立起来的，因此以独特的自然美景而有一定的观赏价值，吸引了游客。例如，张家界森林公园，是大自然的旷世之作，纳南北风光，兼诸山之秀，如独一无二的风景奇书，更像一幅百看不厌的山水长卷；神农架国家森林公园，原始生态，生物丰富，绚丽多彩；海螺沟冰川森林公园，冰川与原始森林共生，乃多种植物与冰火两重天的神话世界；西双版纳原始森林公园的神秘雨林，野象及傣家竹楼构成了纯净淳朴的景观；老山森林公园是以自然森林为依托，依山傍水、风景秀丽；狮子山公园以面临长江的自然风光为优势，登上山顶的望汀楼，可看到长江的壮丽景观。总之，人们在不同的自然公园中能够领略到不同的大自然的美丽，促使人们更加关爱大自然，保护生态环境，提高环保意识，自觉维护地球的生态环境。

自然公园的建设是在不破坏原有自然特性的前提下，以利用、维护、发挥自然生态极致美为目的，提供给人们最大的观赏价值和使人更好地融入自然环境。因此公园内建筑及公共设施的建设都是以最大限度地方便人们观赏自然风景为前提，而不是人为地破坏大自然，随意添加建筑物。人工物要尽可能减少，更多地体现自然美景，使人们真正感受到在自然怀抱中的惬意温馨，如图1-1所示。

a）

b）

图1-1　自然景观示例

a）某自然公园　b）云南玉龙山脚下的白水河自然景观

2. 主题公园园林设计

公园风景是以绿化为主体，为人们提供优质的户外公共活动空间。随着经济文化的发展，不同年代、不同文化类型的需求使得公园的内涵发生了深刻的变化。公园的类别开始细化，出现了不同的类型。每个公园既有共性也具有自己的个性，其共性是都有一个公共的活动园地和花木绿地环境，个性则是在公园的活动内容上各有不同，因此出现了主题公园，如图 1-2 所示。

主题公园一般是以公园的主要内容命名的。概括起来有以下几个方面：

（1）风土人情的公园　它是以国家风俗为主，传播一种乐趣和异国风情的乐园，其内容从建筑风格到整体色彩、游具造型都具有该国的民族风格。置身其中，游客可以体会和感受到浓厚的风土人情和传统风俗。此类公园有：西班牙公园、丹麦公园、小世界公园、地球村公园等，如图 1-3 所示。

图 1-2　主题公园设计示例

图 1-3　有民族文化活动的主题公园

（2）艺术性为主的公园　这类公园是以艺术形式为主题的公园，如雕塑公园、碑林公园、奥林匹克雕塑公园、博物馆园林景观等。雕塑公园是以多种雕塑形式汇集在一起的公园，有独立式雕塑、群组式雕塑、写实的雕塑、抽象的雕塑、电动雕塑，还有巨大雕塑等，其内容丰富，造型独特有趣，风格千变万化，具有较高的艺术观赏价值，人们在观赏雕塑的同时，也于潜移默化中接受着艺术的熏陶。比如日本雕塑公园的作品来自各个国家，都是世界著名雕塑家所作，具有极高的观赏价值。公园中的雕塑就有上千个，坐落在野外的自然山峦中，规模非常大，足够人们长时间地细细品味和观赏。

（3）知识性为主的公园　如常见的植物园、动物园、海洋公园、生态公园等。动植物园是以动植物为主要内容，并附有动植物知识的公园；海洋公园一般靠海边，是以介绍海洋知识为主的公园。通过逛这类公园可以认识许多动植物，掌握一定的知识，对动植物生态等有一个很好的了解，促使人们爱护环境，保护自然生态资源，如图 1-4 所示。

图 1-4　北京植物园

（4）纪念性为主的公园　如奥林匹克公园、和平公园、总统府花园、莫愁湖公园、宝船厂遗址公园、烈士陵园（雨花台、中山陵等）等。纪念性公园一般是指公园的内容，或人物，或地点，具有重大历史意义，有一定的教育意义和纪念意义。如南京中山陵，是纪念民主革命的先驱孙中山先生的陵园，记录了辛亥革命的历史篇章；雨花台是新民主主义革命的纪念圣地，是进行爱国主义教育的地方；南京总统府是中国近代历史的重要遗址；莫愁湖公园是讲述古代民间能歌善舞的莫愁女爱情故事的公园。总之，纪念性主题公园充满了丰富的历史故事，对后人了解历史，丰富当今的工作生活以及对人生都有一定的教育意义。

（5）健身为主的公园　如青少年公园、运动公园，是以运动为主的公园。内容一般有各种运动项目，篮球、足球、网球、游泳、自行车、爬山、蹦极等。因为此类公园是以健身为目的的，所以与一般公园相比，运动项目集中而齐全，如图1-5所示。

图1-5　健身公园

（6）故事性为主的游乐公园　根据众所周知的著名小说或童话故事来命名公园，以故事中的人物、情节等展开各种活动为主要内容的游乐公园，如迪士尼乐园、西游记、红楼梦等乐园。公园中活动内容比较丰富，有动有静，有惊有险，有紧张，有平和，有恐怖，有探险，有兴奋，能让人们在游乐中感悟故事的各种情趣和情节，体验各种经历。

（7）教育性为主的公园　如交通公园、农业公园等。交通公园是以交通法规为主题，把城市街道缩小化后在公园中具体实施，让孩子们在小公园游玩中具体体验和掌握相关交通知识，以及识别交通标志等法规知识，同时教育孩子们做一个遵纪守法的人。农业公园是以热爱劳动、了解农业生产知识为目的的公园。这些公园对于现代的孩子有一定的教育意义，对人们的学习和生活都有着潜移默化的作用。

3. 住宅区园林设计

住宅小区公园也称小区花园，是指具有一定绿化环境的户外公共活动空间，即提供和满足市民户外基本活动的空间，它丰富了人们的居住生活，美化和保护了城市生态环境，提高了市民生活质量，提升了城市品位，如图1-6所示。

a）

b）

图1-6　住宅区园林设计

a）花坛、花架、草坪　b）雕塑和人工水景

一般住宅小区风景的主要功能有：①提供户外活动环境，促进健康；②绿化环境，调节空气质量；③植物观赏，陶冶性情；④休憩养心，调节心理；⑤美化城市，繁荣市民文化；⑥为防灾避难提供安全空地。这种住宅小区，深受广大市民的喜爱。此类公园是人性化设计的体现，孩子的游戏、大人的交流、老人的娱乐以及晨练、散步、休憩等需求都可以得到充分的满足。这种实用化的住宅小区是市民生活中不可缺少的一部分，住宅小区的公共性、开

放性、实用性成为其主要特点。

以人为本是设计的基本原则，要考虑到不同年龄层和文化层问题，要有针对性和代表性，为绝大多数人的生活居住提供方便。绿化要丰富多样，四季色彩多变，提供可以充分享受自然的室外活动空间。

住宅小区风景设计要注意消防通道以及小区的通道畅通问题。消防通道一般单行道宽度要保证在3m以上，双行道宽度在6m以上。车道的贯通是保证小区居住人群搬家、救护等应急措施的必要条件。

在植物配置中也要注意安全问题，禁止栽种有毒素的植物，以防孩子误食。还有水景的安全问题，尖锐的石头等都要处理好，避免意外事故的发生。除了安全问题，小区景观内配备休息设施、路灯、垃圾箱等服务设施也是不可忽视的。

日本名古屋的人口在200万左右，而大小公园就有1000多个，这不仅给城市市民带来了实惠与关爱，还增加了大片绿地，美化了城市环境；为居住人群提供了安全避难地，增添了城市环境中应有的祥和与温馨气氛。这个城市的每个居住区都设有与居住群相应的大小公园，特别是大的居住群必有一个大的公园，从而为附近居民尤其是孩子提供了方便的活动场所。

1.2 园林景观构成及设计要素

1.2.1 园林设计景观构成

景观的基本构成可分为两大类：一类是硬质的东西，如铺地、墙体、小品、景观构筑物；一类是软质的东西，如树木、水体、和风、细雨、阳光、天空。软质的东西称为软质景观，通常是自然的。硬质的东西称为硬质景观，通常是人造的，当然也有例外。随着社会的发展，人类对精神生活的追求也越来越多，而园林景观作为现代社会人类生活的重要组成部分，对园林设计师的水平要求也随之提高。这就意味着设计师在创新过程中需要对园林景观各要素的细节进行艺术设计，从而提高园林景观的价值。

1. 硬质景观

（1）铺地　铺地是园林景观设计的一个重点，尤其在广场设计中。世界上许多著名的广场都因精美的铺装设计而给人留下深刻的印象，如米开朗琪罗设计的罗马市政广场、中国澳门的中心广场等。但是现在的设计对于铺装的研究似乎还不够。不是去研究如何发挥铺装对景观空间构成所起的作用，而是片面追求材料的档次，以为这样就好，其实不然。不是所有的地方都要用高档的材料，所谓“好钢用在刀刃上”。在国外，在这方面研究得很深。如巴黎埃菲尔铁塔的广场铺装与座凳小品都是混凝土制品，而没有选用高档次的花岗石板，并无不协调或不够档次的感觉，同时，也可利用铺装的质地、色彩等来划分不同空间，使之产生不同的效果。如在一些健身场所可以选用一些鹅卵石铺地，使其具有按摩足底的功效。

（2）墙体　过去，墙体多采用砖墙、石墙，虽然古朴，但与现代社会的风格已不协调。逐渐出现的蘑菇石贴面墙现正受到广大群众的青睐。不但墙体材料已有很大改观，其种类也多种多样，有用于机场的隔声墙、用于护坡的挡土墙、用于分隔空间的浮雕墙等。另外，现代玻璃墙的出现可谓一大创新，因为玻璃的透明度比较高，为景观的创造提供了很大的发挥空间。随着时代的发展，墙体已不单是一种防卫象征，更多体现了一种艺术感受。

（3）小品　园林小品的种类很多，如座凳、花架、雕塑、健身器材等。座凳是景观中最基本的设施，布置座凳要考虑与周边环境的适宜性。一般来说在空间亲切宜人、具有良好的视野条件，并且具有一定的安全和防护性的地段设置座凳，要比设在大庭广众之下更受欢迎。北京西单文化广场由于不可能在广场上摆满座凳，只好在狭窄的道路旁摆了一排座椅，因为没有其他可坐人的设施，游人只好坐在上面，但这种设计是不合理的。其实，小品设计也可提供辅助座位，如台阶、花池、矮墙等，这样也能收到很好的效果。

（4）景观构筑物　它包括雨水井、检查井、灯柱、垃圾筒等必要设施。过去，人们只是一味注重大的景观效果，而忽视了对一些景观构筑物的艺术考虑，结果往往让人对一个设计项目感到美中不足。现在，随着人们审美意识的不断积累和提高，设计师逐渐将景观细部加以考虑，从而取得了很好的视觉效果。这一点在国外表现得尤为明显：如检查井井盖的处理，在我国，对井盖不修饰，虽然已出现一些预制的褐色井盖，但其视觉效果一般；而国外则对井盖进行细部研究，他们将井盖的颜色加以装饰，五颜六色的图案被恰当地运用到景观设计中，与景观进行有机结合，形成了别具一格的景观。

（5）建筑　建筑是人类园林建造史上一个永恒的话题，因为所有的建筑都是景观中的建筑，都与景观发生着密切的联系。而所有优秀的建筑都是能与景观产生共鸣的建筑，这些建筑与景观紧密融合在一起，被景观所接纳，与景观相辅相成。

位于意大利维琴察南郊的圆厅别墅，是意大利文艺复兴建筑师帕拉迪奥的杰作，也是西方建筑史中最重要的作品之一。圆厅别墅是一个农庄府邸，建筑四面对称，尺度比例精美，像一座坚实的纪念碑，坐落在一个高岗上。帕拉迪奥一定是在仔细分析了周围景观的基础上，精心选择了建筑的基址，设计了这栋紧凑的建筑。从建筑四面的门廊眺望原野和山峦，每个方向都有不同的风景。建筑通过视线向周围渗透，将各个方向的景观纳入建筑之中。而在远离建筑的地方，诸如东部和南部的小河边、北部的乡村道路上都能清晰地看到高耸的别墅，建筑无疑是周围环境的视觉中心，它与环境的关系就如同一个剧场，建筑是舞台，周围的山峦原野是观众席，如图 1-7 所示。

图 1-7　帕拉迪奥设计的圆厅别墅

帕拉迪奥设计的所有府邸建筑都有类似的特征，建筑选址于风景优美的区域，从建筑向外看，视线穿过周边的农地，延伸到远处的原野与山峦之中；如果在环境中看建筑，它无疑又是景观中的视线焦点，这种看与被看的关系将建筑与景观紧密地联系在一起。实际上帕拉迪奥的建筑具有普遍的代表性。在漫漫的历史长河中，上至古希腊的神庙，下至现代主义时期的萨伏伊别墅，西方风景中的许多建筑都具有类似的特征。

与此同时，还存在另一种完全不同的建筑与景观的关系。来看一下与帕拉迪奥同时期的一些中国画家的山水画。

周臣的《山斋客至图》（图1-8），画中峰峦耸立，林木苍郁，溪流环绕，雅致空灵的宅邸掩映在山水之间。

沈周的《夜坐图》（图1-9），数间屋宇散布在深山幽谷和苍松遒劲的环境中，建筑门外溪水环绕，屋内有人正伏案读书，他的精神已融入风景之中。

文徵明的《溪亭客话图》（图1-10），峰峦突兀峻拔，万壑千岩，树木繁茂，山脚下草亭临溪，两位高士正在亭内把酒相聚，环绕着他们的是无边的山水。

图1-8 《山斋客至图》（明代画家周臣绘）

图1-9 《夜坐图》（明代画家沈周绘）

图1-10 《溪亭客话图》（明代画家文徵明绘）

图 1-11 《秋江待渡图》(明代画家仇英绘)

仇英的《秋江待渡图》(图 1-11),群峰起伏,连绵逶迤,山下河水浩渺,孤舟泊岸,石矶上的葱茏树木之中,显露祠墅数间。

中国古代画家如云,作品如海,这只是明代的四幅山水画,但表现的古代建筑与风景的关系,可管窥一斑。再看之前的汉画像砖和之后的晚清山水画,所表现出来的中国风景中的建筑都具有类似的特征。楼台屋宇多掩映在峻岭幽谷、江岸水渚和林杪阡陌之中,这种建筑与风景的关系反映了天地之间人与自然的一种和谐。这里特别要强调的是"藏",几乎所有风景中的建筑都是若隐若现于山水之间,它们空灵、随意,与自然中的山岳、岩石、树木、溪流融合在一起,不分彼此,这种处理方式显然与圆厅别墅完全不同。

无论建筑是景观中的剧场,如圆厅别墅,还是建筑消隐于自然之中,如中国山水画中的屋宇,都体现出建筑与景观的密切关系。尽管处理方式不同,但这些建筑的位置都恰到好处,体量和形态都与环境相关联,材料也经常是就地取材,建筑与景观互相接纳,相得益彰。

然而,到了工业社会之后,技术的发展为各种建造实践带来了无尽的可能,似乎任何环境都可以按人的意愿进行改变,设计师有了更多的创作条件和发挥空间。于是,不少设计师开始忽视甚至无视周围的环境与景观,陶醉于自己的创造天地里,甚至将建筑视为游离于自然之外,悬浮于大地之上的独立物体,大量突兀和夸张的建筑被强加于景观之中,它们失去了与周围景观的联系,这样的建筑带给景观的只会是无法弥补的伤害。

图 1-12 美国圣地亚哥 SALK 中心(路易斯·康设计)

好的建筑都应该是融于天空和大地,与景观产生共鸣,并能触及人的心灵,如图 1-12 所示。要做到这一点,设计师需要仔细观察、感悟、研究和理解建筑周围的景观,它的自然变迁与文化价值,并借此催生出与景观相依相恋的情感。在设计中除了要满足必不可少的各种功能与需求外,设计师还应该找出建筑与景观关联的对策,寻求建筑恰当的选址、用合适的形态与尺度,使得建筑能生长在景观之中。也就是说,只有用心去观察景观的特质,感悟景观的价值,设计师才能搭建起建筑与周围景观互相接纳的桥梁。

2. 软质景观

（1）园林植物　植物造景艺术在其中起很大作用。植物造景定义为“利用乔木、灌木、藤木、草本植物来创造景观，并发挥植物的形体、线条、色彩等自然美，配置成一幅美丽动人的画面，供人们观赏”。植物造景区别于其他要素的根本特征是它的生命特征，这也是它的魅力所在。所以对植物能否达到预期的体量、季节变化、生长速度要深入细致考虑，同时结合植物栽植地、小气候、干扰等多因素进行考虑。在成活率达标的基础上，利用植物造景艺术原理，形成疏林与密林、天际线与林缘线优美、植物群落搭配美观的园林植物景观。随着生态园林建设的深入发展以及景观生态学、全球生态学等多学科的引入，植物造景同时还包含着生态上的景观、文化上的景观甚至更深更广的含义。

常用的园林植物有：

1）翠竹（图1-13）。竹枝杆挺拔修长，亭亭玉立，四季青翠，凌霜傲雨。苏轼有云：“宁可食无肉，不可居无竹。”古代文人墨客们对竹子的喜爱可见一斑。

图1-13　翠竹

竹在园林中的应用最早可追溯至秦始皇统一六国后大兴土木，距今已有两千多年。在园林里，竹子多成片种植成竹林、竹径，又或种在墙边、窗前。

2）芭蕉（图1-14）。芭蕉叶如巨扇，翠绿秀美，盛夏里遮天蔽日，绿荫清凉。于庭院种植芭蕉一丛，绿荫覆盖，翠绿可爱。如果芭蕉当窗，蕉叶碧翠似绢，玲珑入画，亦饶有画意。

3）木香（图1-15）。木香是攀缘灌木，种在墙边或是花篱上。初夏时木香开花，一簇簇，一团团，白的如雪，黄的似霞。木香花有着独特浓郁的花香。传说中的玉皇大帝出巡时，喜欢用木香的蔓藤来铺路，可见木香气韵之高雅。古时的女子身上常佩带木香花，若遇知心人，则解佩以木香花相赠。

图1-14　芭蕉

图1-15　木香

4）玉兰（图 1-16）。玉兰是高大的乔木，常栽植在园林的层层院落里，花以白色为主，也有红色。初春开花时，满树点点白花，盛开时若雪涛落玉，洁白清香，蔚为奇观。玉兰既寓意高洁清雅，又寓意吉祥如意，可谓雅俗共赏。古典园林里常将它与海棠、迎春、牡丹、桂花一起栽种，构成“玉堂春富贵”的好寓意。

图 1-16　玉兰

5）琼花（图 1-17）。琼花是半常绿的灌木，每年四五月间开花，花大如盘，色白如玉，四周八朵五瓣小花拱簇着中间珍珠似的小花。到了草木凋零之际，绿叶红果，分外迷人。

图 1-17　琼花

6）西府海棠（图 1-18）。西府海棠春季开花，娇艳动人。淡粉的花朵三五成簇挂在枝顶，开花时如云蒸霞蔚：“初如胭脂点点然，及开则渐成缬晕明霞，落则有若宿妆淡粉”。到了秋日，鲜红的果实就如同小灯笼一般缀于枝头，味道酸甜可口，可以鲜食。海棠并非仅指一种植物，花卉古籍《群芳谱》记载海棠有四种，分别为贴梗海棠、垂丝海棠、西府海棠和木瓜海棠，合称“海棠四品”。张爱玲曾叹人生恨事之一是海棠无香。然而西府海棠却是既香且艳，是海棠中的上品。

7）南天竹（图 1-19）。南天竹是常绿小灌木，枝干挺拔如竹，羽叶开展而秀美。秋冬季节枝叶染上秋色，红果累累，鲜艳夺目。春可赏嫩叶，夏可观白花，秋冬观红果，是很难得的四季皆美的园林植物。常常种植在庭院、池边、转角处。南天竹也是古典插花的好材料。它的果枝常与盛开的腊梅、松枝一起瓶插，号称松竹梅“岁寒三友”。

图 1-18　西府海棠

图 1-19　南天竹

8）紫薇（图1-20）。紫薇是落叶的小灌木，树姿优美，树干洁净，花色明艳。开花时正当夏秋少花季节，花期长达半年，可谓“盛夏绿遮眼，此花红满堂”。人们又称紫薇是“风水树”“吉祥树”，喜欢植于房前屋后。

9）棣棠（图1-21）。棣棠是落叶小灌木，暮春开花，枝叶翠绿细柔，开花时金花满树，别具风姿。在园林中常常作花篱、花径，或植于水岸旁。

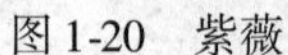

图1-20 紫薇

图1-21 棣棠

（2）水体 水体有动水和静水之分。动水包括喷泉、瀑布、溪涧等，静水包括潭、湖等。喷泉在现代景观的应用中可谓普遍与流行。喷泉可利用光、声、形、色等产生视觉、听觉、触觉等艺术感受，使生活在城市中的人们感受到大自然中水的气息。

（3）其他 和风、细雨、阳光、天空等。它们是大自然赐予人类的宝物，人类在生产实践中已学会充分利用这些要素，创造了许多大地景观艺术，如荷兰鹿特丹的围堰等。

1.2.2 园林设计要素

艺术是依靠人类的创作活动，将自己美的世界观有意识地表现出来的技术和方法。园林艺术属于造型艺术中的形象艺术类，它是运用各种造型要素对客观存在的自然形象进行再现的技术和方法。园林设计则是为了一定的目的和用途，把线、形、明暗、质感等视觉要素组织化，使之具有美的形态的实践活动和过程。

园林造型艺术与其他造型艺术（如雕刻）有诸多共同之处。分解造型作品的要素包括有点、线、面、形、色彩、纹理等，其中线造成面，面造成形，形和色彩、质感等要素的展开就能表达出作品的主题，传递作者对美的体验。下面仅就园林中造型要素的线、形、色彩、质感做一般性讨论。

1. 线

在造型范畴中，分为直线、斜线、曲线，又分为人工的线、几何学的线和自然的线、有机的线。

（1）直线 线的基本是直线。把直线纵横地组织起来或水平和垂直地组织起来所形成的空间设计技术是最基本的，也是最容易处理的。直线本身具有某种平衡性，虽然是中性的，但很容易适应环境。但是，在自然中可以说是没有直线的。直线是人们设想出的抽象的线，所以直线具有纯粹性（即表现的纯粹性），在关键的设计中，直线虽然能发挥巨大的作用，但在任何时候它也不是最高级的要素。若直线过分明显则会产生疲劳感，所以在园林设计中，常用直线的对景对它进行调和和补充。直线根据组合方法便产生某种效果（性质），在设计以前弄清楚这种效果则便于设计。例如，把水平线和垂直线组合在一起，垂直线看起来比等长度的水平线长。同等长度的两条直线由于其两端附加物的形状不同，在视觉上也会感觉长短不一。直线中间有媒介物要比没有媒介物看着长些。还有同样宽度的垂直线上部的宽度要比下部宽度看起来宽些。

（2）曲线　曲线不像直线那样易于运用，曲线根据其方向性和种类，会稍有某种不同的感觉。所以，曲线超过一定限度时，表现意图将分散且软弱无力，有纠缠不清之感。但直线并非任何时候都比曲线优越。人类是从“必然”走向“自由”，人们的本能总想从紧张中解放出来，并愿获得安适，这就是向往曲线的原因。流畅的曲线表达一种优雅、浪漫的情感。

（3）人工的线和自然的线　在园林设计线的时候，很多情况要把它分为人工的线和自然的线，这里人工的线是指数学线，如：圆、二次曲线、三次曲线等，数学线是用数学公式可以表示出来的，它是从许多自然的线中和从人们的理论中得出的特殊线。自然的线则是自然造成的线或是指人们随意描绘的线，在设计上一种数学线只与一个功能有关，而自然的线则具有多样性，人们可以在其中发现舒畅的情感与生命的活力。在园林设计中，如数学线过多时，则其作品会显得过于单调；自然线过多则容易过于繁杂，且缺乏时代感。

（4）斜线　斜线具有特定的方向性和动感。换句话说，它具有向特定方向的楔入力。因此，斜线一遇到水平线或垂直线，则易扰乱平面上的秩序。斜线的方向具有生命力，能表现出生气勃勃的动势；但另一方面在纵横线统一的空间里，又不允许其他异物存在。造型设计的基础是重力和支持力的平衡，所以使用斜线时，斜线产生的运动或流动，只有在重力和支持力的平衡所允许的范围内，才能灵活地运用。

2. 形

同线一样也有人工的、数学的和自然的、有机的之分。并且有以形为主追求功能性产生的东西和专门追求造型而产生的东西之分。线的要素是单一的，可以分为直线和曲线，人工的线和自然的线等，而形是由线和面复合而成，其要素可以无限地增加，特别是在自然的形中更是如此。因此，对形的研究相当难，这里仅仅对球、圆、四边形做一定的说明。形，无论对设计来说，还是对观赏者来说，都以易懂为佳，相互不了解的东西，不可能产生美的想象力。

（1）圆和球　圆和球具有单一的中心点，圆和球依这个中心点运动，引起向周围等距放射活动，或从周围向中心点集中活动。圆和球吸引人们的视线，容易形成重点的东西。球和圆正是建造一个有明显意义中心的极为有效的方法。

所谓圆形，有正圆形、椭圆形，以及比较复杂的各种圆形。正圆形由于不具有特定的方向性，在空间的活动因不受限制而不会造成紊乱，又由于等距放射，周围的任何形状都能很好协调。而椭圆形有两个中心，因这两个中心的位置而产生方向性，所以椭圆形比正圆形较难处理，而矩形和椭圆形组合起来的形状处理更加困难，形状要素的数量越多，处理难度也越大。

（2）四边形　四边形有正方形、矩形、梯形等各种形状。正方形具有近似圆形的性质，梯形具有斜线的性质。正方形是中性的，梯形是偏心的，矩形从本质上说是适合于造型的、最容易利用的形状。在矩形中常用到的是纵横比为1∶1.618的黄金比矩形。

（3）形状的情调　我们从形状上可以感觉出某种性格和气氛。如卷起、弯曲的形状有优雅而纤细的感觉，有棱角的形状则有强壮、粗暴、尖锐的感觉。这些感觉是人们把过去的特殊经验掺入形状内后，形成的一种感觉上属性。

1）圆形：非常愉快、温暖、柔和、湿润、有品格、开放。

2）半圆形：温暖、湿润、迟钝。

3）扇形：锐利、凉爽、轻巧、华丽。

4）正三角形：凉爽、锐利、坚固、干燥、强壮、收缩。

5）菱形：凉爽、干燥、锐利、坚固、强壮、有品格、轻巧。

6）等腰梯形：沉重、坚固、质朴。

7）正方形：坚固、强壮、质朴、沉重、有品格、愉快。

8）长方形：凉爽、干燥、坚固、强壮。

9）椭圆形：温暖、迟钝、柔和、愉快、湿润、开放。

3. 色彩

所有造型要素中，色彩与形状同样是最主要的造型要素。因此，在园林设计中，色彩有着重要的位置。园林中的色彩设计不像画家选择色块那样自由，也不像室内设计师那样随意决定壁纸、地毯和窗帘的颜色。它是围绕着园林的环境随季节和时间变化的。造园素材本身具有生理化学的性质和植物生理生态的特性，将这些要素通过造型加以过滤，编排到美的秩序里去，让各种色彩取得调和与协调是不容易的。

4. 质感

在物体表面反复出现的点或线的排列方式使物体看起来粗糙或光滑（图1-22），或者产生某种触觉感受。质感也产生于许多反复出现的形体的边缘，或产生于颜色和映像之间的突然转换。

（1）气味——嗅觉感受　园林中的花、阔叶或针叶的气味往往能刺激嗅觉器官，它们有的带来愉悦的感受，有的却引起不快的感觉。

（2）触觉——触摸的感受　通过皮肤直接接触，可以得到很多感受——冷和热、平滑和粗糙、尖和钝、软和硬、干和湿、黏性的、有弹性的等。

图1-22　质感

（3）动感　当一个三维形体被移动时，就会感觉到运动，同时也可把第四维空间——时间当作设计元素。然而，这里所指的运动，应该理解为与观察者的互动。当我们在空间中移动时，我们观察的物体似乎在运动，它们时而变小时而变大，时而进入视野时而又远离视线，物体的细节也在不断变化。因此在户外设计中，正是这种运动着的观察者的感官效果比静止的观察者对物体的感觉更有意义。

（4）声音——听觉感受　对我们感受外界空间有极大的影响。声音可大可小，可以来自自然界也可以人造，可以是乐音也可以是噪声等。

1.3　园林设计的组织原则

1.3.1　统一性

统一性即能把单个设计元素联系在一起进而使人们易于从整体上理解和把握事物。当一石块被自然之力分成几块时，碎块在大小和形状上都可能差别很大，但仍处于原始石块（图 1-23）的大致位置。统一性就是要具有单体和整体的共性，能把不同的景观元素组合成一个有序的主题。

图 1-23　原始石块

其他的统一技巧包括对线条、形体、质感或颜色的重复——当需要把一组相似的元素连接成一个线性排列的整体时，这种方法特别奏效，举例如下：

图 1-24 展示了重复的矩形人行道贯穿于整个空间。

图 1-25 展示了流动的水体作为统一的线条穿插于重复堆置的石块之中。

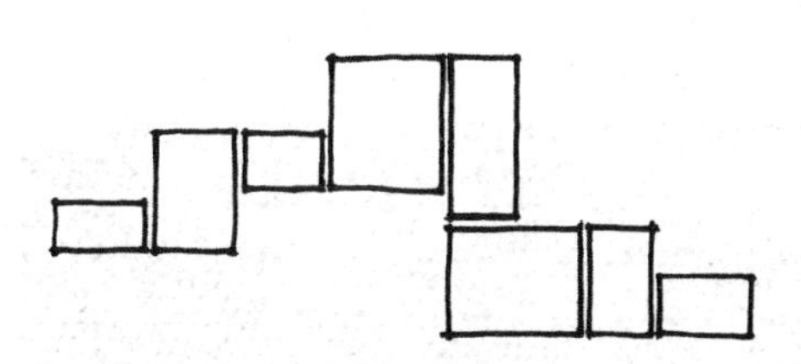

图 1-24　矩形人行道

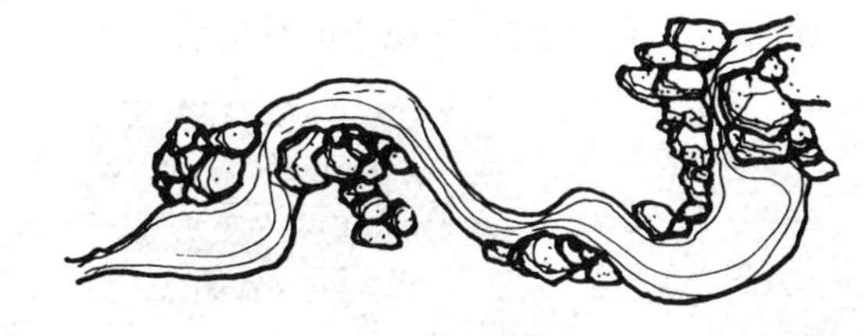

图 1-25　流动水体及石块

图 1-26 展示了把相同种类的植物种植在一起，使之成为界限分明的组团。

如果不遵循统一性的原则，设计就会变得杂乱无序。比如混乱的植物丛（图 1-27），或者各种石块随机散置于鹅卵石地面上或随机堆积在一起。

图 1-26　植物组团

图 1-27　设计混杂示例

1.3.2 顺序性

顺序性同运动有关。静止的观景点如平台、座凳或一片开敞的空间是重要的间歇点。我们穿越外部空间的同时也在体会着这一空间，那些空间和事件之间的一系列联系物就是顺序：水从山涧的小溪中缓缓流出，渐渐变成瀑布，汇成一泓深潭，然后急速奔流，终归江湖。同样，设计者在外部空间设计时也应考虑到方向、速度及运动的方式。精心布置的顺序应该有一个起始点或入口，用以指示主要路径；接下来应该是各种空间和重要景点，它们被连接成为一个有逻辑的过程且以到达顶点之感而结束；结束点应该是主要的间歇点并要展示一种强烈的位置感，一种居全景中心的位置之感，也可能是通向另一个序列的门槛。事实上，有多条道路和顺序也是可行的。

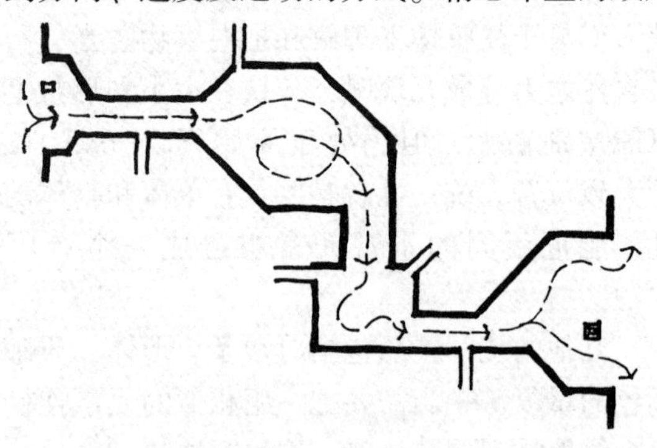

图 1-28 顺序性

很多原则（强调、聚焦、韵律、平衡、尺寸）利于形成顺序。含有一些给游人惊喜的顺序是有效的（图 1-28），因此最好不要在开始显露出所有景致。一个拐角能隐藏连接的空间或是重要景点；一条缝隙能使远处的景致若隐若现，不断发现的兴奋会增加游人的乐趣，如图 1-29 和图 1-30 景观中的神秘感。

图 1-29 挡与藏

图 1-30 隐与藏

当你要设计一些具体的形体时，不妨先自问一下这些问题：

整个设计中的每一部分都能作为一个优美的景致吗？

各个元素能彼此融合且同周围环境相融合吗？

是否使用了足够的元素类别、有限的表现，游人能否关注到？

设计中的每一样东西都必需吗？有无意义的形式、无关的材料和多余的景物吗？

1.3.3 尺度和比例

尺度和比例涉及高度、长度、面积、数量和体积之间的相互比较。这种比较可以在几种元素之间，也可在一种元素和它所在的空间之中进行。重要的是，人们倾向于把看到的物体同自己的身体进行比较。

“微型尺寸”是指小型化的物体或空间，它们的大小接近或小于我们自身的尺寸（图 1-31）。

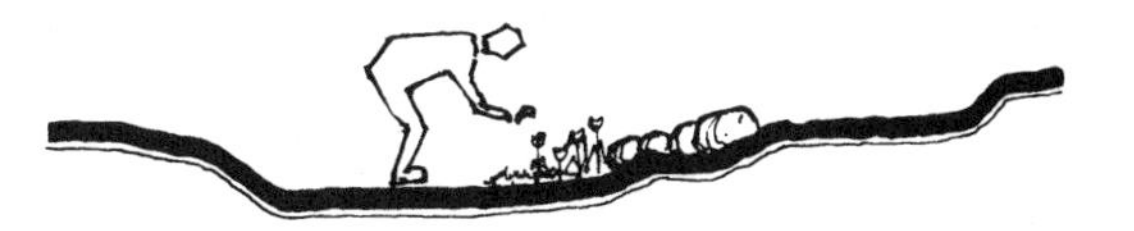

图 1-31　微型尺寸

“巨型尺寸”是指物体或空间超出我们身体的数倍，它们的尺度大得使我们不能轻易理解（图 1-32）。这种大能引起惊叹和惊奇之感，有时甚至是过度的压迫感。

在这两种尺寸之间就是人体比例的尺寸，即物体或空间的大小能很容易地按身体比率去估算（图 1-33）。当水平尺寸是人身高的 2～20 倍、垂直尺寸是水平宽度的 1/3～1/2 时，尽管不能精确地目测尺寸，但此时的空间尺度是使人感觉适宜的尺度。

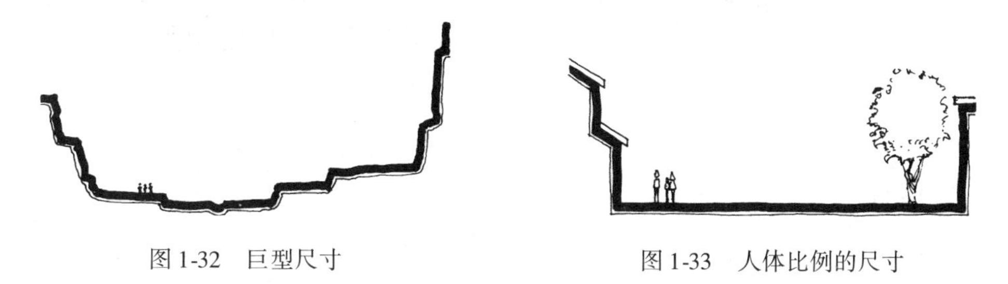

图 1-32　巨型尺寸　　图 1-33　人体比例的尺寸

在人体比例尺寸这一较宽的范围内，人们常常喜欢根据经验划分成不同的级别：某一空间可能适宜数目较多的人群活动，而另一空间却适宜少量的人活动。空间级别是界定空间范围的概念。但尺度和比例的原则不能简单地理解为好或坏、必需或不需要的关系，它们被设计者掌握以后，能创造出激发某些情感的作品。

1.3.4　平衡性

平衡是对状态的一种感觉，它暗示着稳定并被用于引起和平和宁静的感受。在景观设计中它更多地应用于从静止的观察点处进行观察，如从阳台上、入口处或休息区进行观察。观察到的一些景象之所以比其他更能吸引我们的注意力，主要是因为它们对比强烈或是不同寻常。当各种吸引人的物体在假定的支点上保持平衡时，人们就会感觉思想上很放松。景观中的这种平衡通常是指沿透视线方向垂直轴上注意力的平衡。

规则式的平衡是指几何对称的图形，且特点是在中轴的两侧重复应用同一种元素。它是静态的和可预测的，并创造出一种威严、尊严和秩序之感（图 1-34 和图 1-35）。

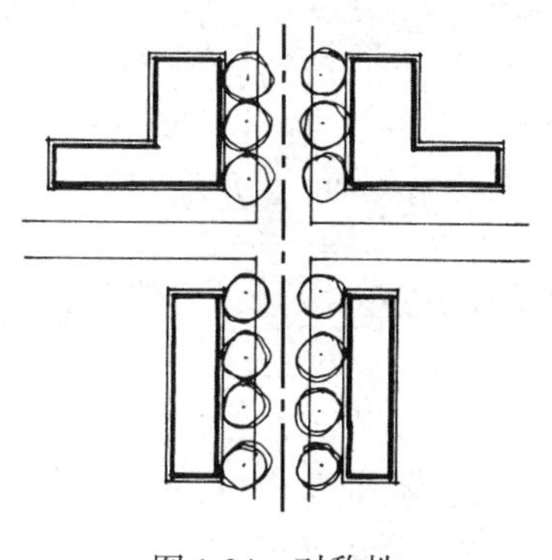

图 1-34　对称性

图 1-35　规则性

不规则式的平衡是没有几何形体和非对称的。它常是流动的、动态的和自然的，并创造出一种惊奇和运动之感（图 1-36 和图 1-37）。

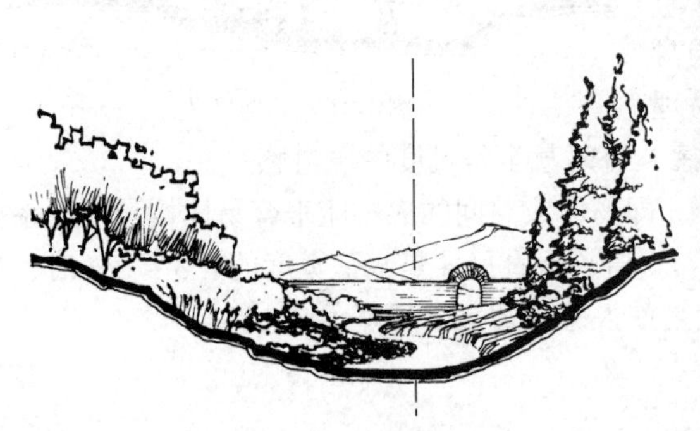

图 1-36　自然的平衡

图 1-37　动感的平衡

1.3.5　协调性

协调性是元素和它们周围环境之间相一致的一种状态。与统一性所不同的是，协调性是针对各元素之间的关系而不是就整个景观而言。那些混合、交织或彼此适合的元素都可以是协调的，而那些干扰彼此的完整性或方向性的元素是不协调的。用一些具有真实感的自然材料处理园林景观中的问题比用无艺术感或功能性的人造材料要协调得多。一条总的原则是避免出现不协调、生硬。

如图 1-38 所示，这座位于草坪中的小桥，既无特定的方向性又无实际的意义，同周围环境是不协调的。

图 1-39 中腐蚀的树根被精心地排成一排，杂乱中有整齐感。

图 1-38　不协调

图 1-39　整齐感

图 1-40 中鸭子、小鹿、青蛙、天鹅，所有这些都在吸引你的眼球，这就会减弱空间效果，使空间有一种充满感。

另一种情况，20 只火烈鸟组成一组，能给人以显著协调的冲击力（图 1-41）。

协调的布局从视觉上给人以舒适感。比较图 1-42 中的水体和图 1-43 中的水体，是不是感觉不一样？图 1-44 和图 1-45 中的前院景观也会给人以不一样的感觉。

图 1-40　动物造型

图 1-41　火烈鸟组合

图 1-42　协调的水体

图 1-43　不协调的水体

图 1-44　协调的前院

图 1-45　不协调的前院

1.3.6　趣味性

趣味性是人类一种好奇、着迷或被吸引的感觉。它并非基本的组织原则，但从美学角度上说是必需的，因此也是设计成功与否的关键。通过使用不同形状、尺度、质地、颜色的元素，以及变换方向、运动轨迹、声音、光质等手段可以产生一定的趣味性。使用那些易于引起探索和兴趣的特殊元素及不寻常的组织形式，能进一步加强趣味性。

1.3.7 简洁性

图 1-46 简单的组织形式

简洁性是减少或消除那些多余之物，也就是要使线条、形式、质感、色彩简洁化。因此，它是使设计具有目的性和清晰明了的一种基本的组织形式（图 1-46）。但是，过于简单也可能导致单调。

1.3.8 丰富性

丰富性与简洁性是对立的。如果不保持一个很强的统一主题，过多的元素就会导致无序。简单和丰富之间没有精确的界限，寻找它们之间的平衡点及寻找场所和项目之间的平衡点是至关重要的。图 1-47 和图 1-48 所示的是简单且又足够的丰富，从而不失趣味性的例子。

图 1-47 简而丰富

图 1-48 简而有趣

1.3.9 强调性

强调性是在景观设计中突出某一种元素，要求一种布局要强调一种元素或一个小区域，使之具有吸引力和影响力。有限地使用强调能使游人消除视觉疲劳并能帮助组织方向。当你能很容易地判断出哪一项最重要时，你的设计将会变得更加令人愉快。

图 1-49 深色的背景衬托着明亮的造型

强调主要通过对比来表现（图 1-49 ~ 图 1-52）。可以在一些较小的群体中布置一个大的物体，在无形的背景下布置一个有形的实体，在暗色调之中布置一种明亮的色调，在精细的质地之中布置一种粗糙的质地，或是使用一种类似瀑布的声音。

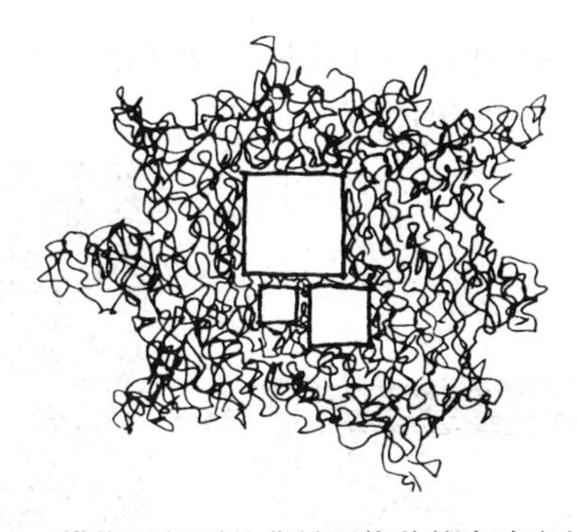

图 1-50　模糊不规则的背景围绕着轮廓清晰的形状

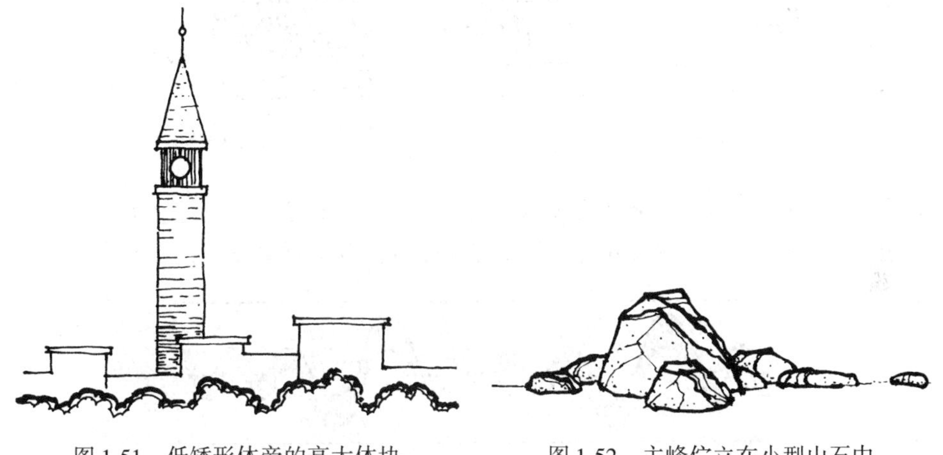

图 1-51　低矮形体旁的高大体块　　图 1-52　主峰伫立在小型山石中

强调也可以通过使用一种不常见的或是独一无二的元素来表现，如图 1-53、图 1-54 所示。

图 1-53　强调不常见元素

图 1-54　强调独有元素

1.3.10　框景和聚焦

框景和聚焦是强调的另一种表现。它们需要有一定的外围景观相配合。当周围元素的排列利于观察者注视某一特定的景象时，可使用框景和聚焦手法（图1-55、图1-56）。然而，必须注意的是聚焦的区域应具有欣赏的价值。

图1-55　框景

图1-56　聚焦

当强调的原则被应用在线形景观元素或某种图案上时，就会产生韵律。韵律是有规律地重复强调的内容。间断、改变、跳动都能给景观带来令人激动的运动感（图1-57、图1-58）。

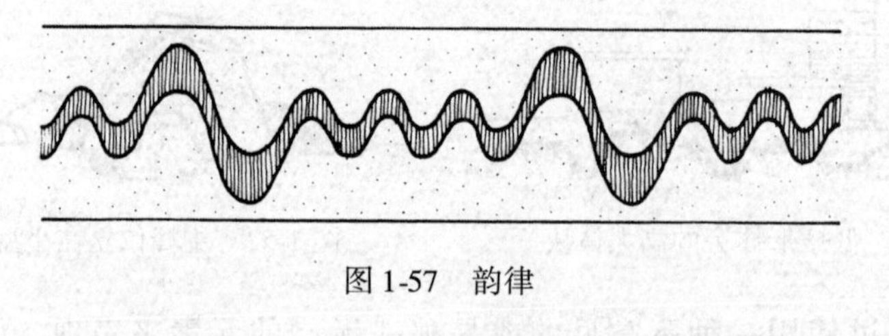

图1-57　韵律

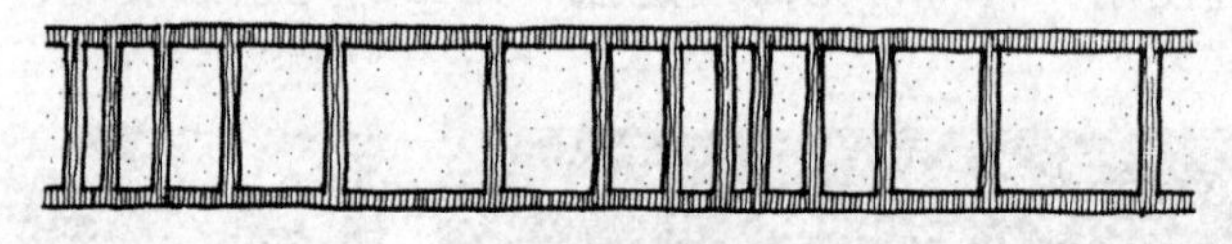

图1-58　间断

1.3.11　形体整合

1）使用一种设计主体固然能产生很强的统一感（如重复使用同一类型的形状、线条和角度，同时靠改变它们的尺寸和方向来避免单调），但在通常情况下，需要连接两个或更多相互对立的形体。或者因概念性方案中存在几个次级主体；或因材料的改变导致形体的改变；或因设计者想用对比增加情趣。不管何种原因，都要注意创造一个协调的整合体。

2）最有用的整合规则是使用90°角连接。当圆与矩形或其他有角度的图形连接在一起时，沿半径或切线方向使用直角是很自然的事。这时所有的线条同圆心都有直接的联系，进而使彼此之间形成很强的联系。图1-59的上半部分显示出了几种可能性。

3）90°连接也是蜿蜒的曲线和直线之间以及直线和自然形体之间可行的连接方式。平行线是两种形体相接的另一种形式。钝角连接的方式不太直接，适用于某些情况。锐角在连接时要慎重使用，因为它们经常使对立的形体之间显得牵强附会。

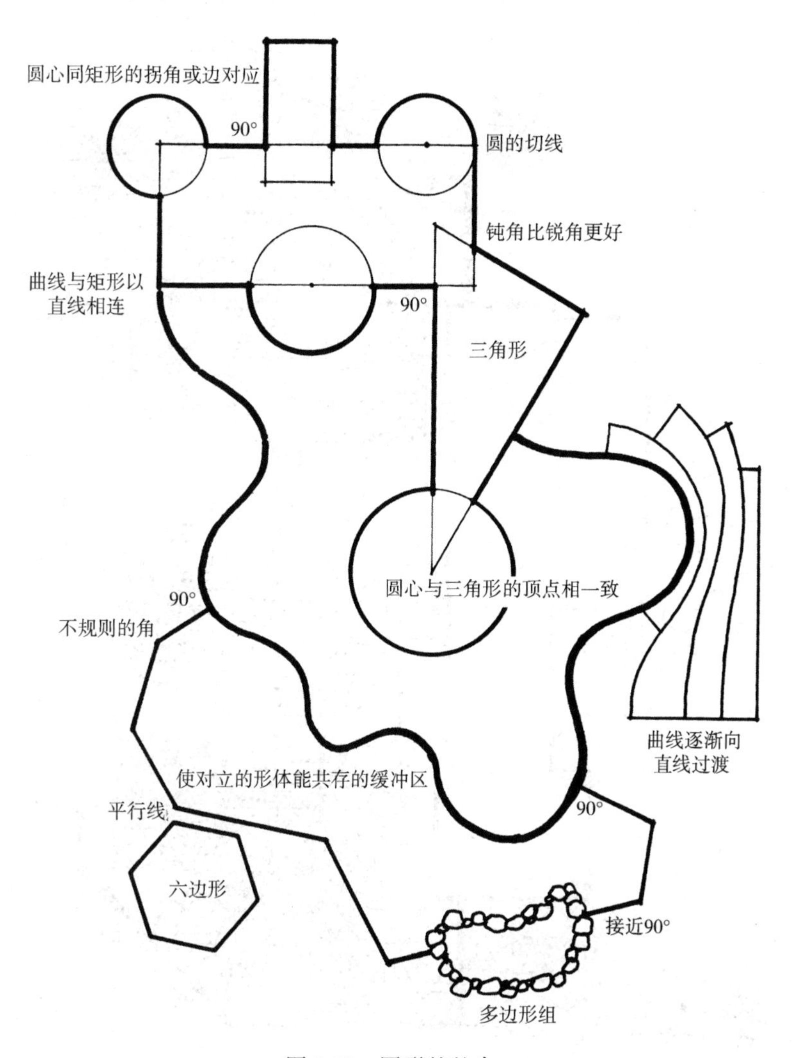

图 1-59　图形的整合

4）也可以通过缓冲区和逐渐变化的方法达到协调的过渡效果。缓冲区意味着给相互对立的图形之间留出一段视觉距离，以缓解任何可能的视觉冲突。

5）除了设计者在一种形式和另一种形式之间用几个中间形式过渡以外，逐渐变化的方法与前者有相似的效果。在图 1-59 的右侧表示出了从蜿蜒的曲线向直线过渡的一种形式。

有几种图案被整合到图 1-60 中的平面图。可以找到两个 90°矩形形状。为了和入口的台阶相匹配，其前方的以矩形铺装的停车区被旋转了 45°，围绕着热水浴区域的墙体与建筑的墙体呈一条直线相连接。135°花园墙与建筑及草坪以直角相连接。曲线形的草坪边缘与铺装边缘也以直角（90°）相连接。从矩形喷泉跌落的水沿着直线形的台阶渠道流下，然后进入螺旋形的渠道。螺旋形的半圆圆心和露台的边缘的圆心在同一条直线上。

6）拱顶展示了从圆向矩形转变的简便方法：弧形石的半径方向上引出一些直线，它们同砖块以钝角相交（图 1-61）。

7）图 1-62、图 1-63 都包含两个或两个以上的对立形体，注意它们的连接方式，可找到 90°连接、缓冲区和逐渐过渡。

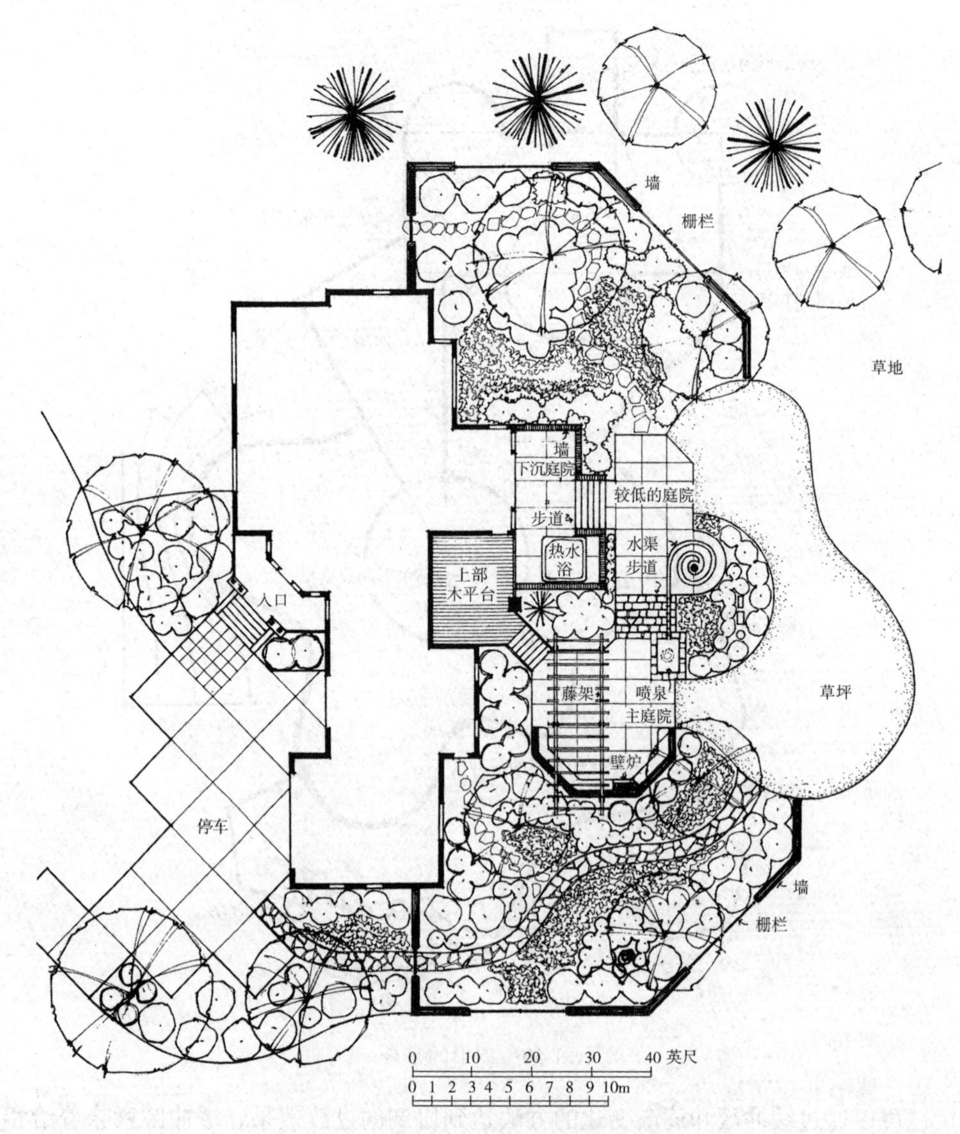

图 1-60　显示形式整合过程的花园平面图

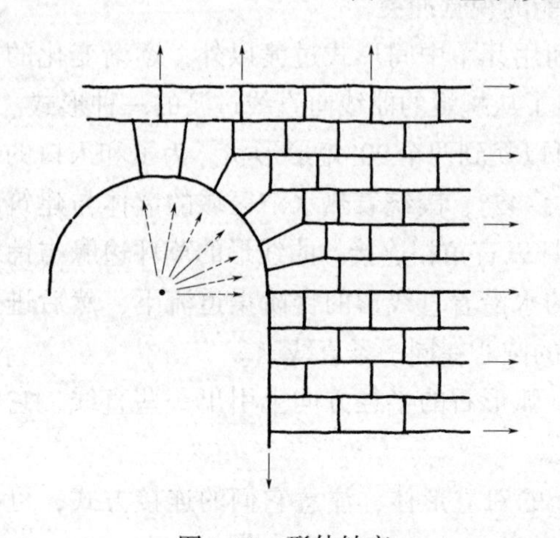

图 1-61　形体转变

图 1-62　对立连接

图1-63 缓冲设置

1.3.12 生态性

"生态"是指生物的生存状态以及生物之间、生物与环境之间的关系。尽管生态学的概念直到19世纪才被提出，然而生物与环境之间的关系是地球上出现生命以来就一直存在的命题。自人类诞生以来，人与自然的博弈从未停止。从原始时代对自然的依赖崇仰，到农耕时代对自然的调整改造，再到工业时代对于自然的开发掠夺，人类的发展史在很大程度上体现在人与自然之间的关系变化上。生态规划设计与研究成为风景园林的热点领域，原因在于地球的环境出现了严重的问题，我们必须面对生态平衡遭受破坏的现实，重新审视人与自然的关系，寻求人类与自然和谐相处的途径。

风景园林学处理的是与人类密切相关的环境，需要考虑社会、生态、文化、艺术、经济等多方面的因素，经过综合分析找到最适合的发展途径。每块土地的价值都是综合的，设计面对的问题也是复杂多样的，唯生态论或生态至上的设计都是值得警惕的。对于城市公共空间而言，如果没有孩子们戏耍的天地，没有老年人锻炼的机会，没有市民户外生活的场地，那就丧失了它的使用功能，也就意味着割裂了人与自然之间的密切联系，那么设计师的那些生态理念对人类社会又有什么意义呢？一块土地如果不需要考虑人的使用，也就根本不需要风景园林师的工作，自然本身就可以成为最好的设计师。

生态设计不应该成为风景园林规划设计的精美包装。应该将生态作为规划和设计的基本要求，将对自然的尊重和对自然规律的遵循融入设计理念中，使每一个项目都是生态的规划设计，同时也是社会的、美学的和文化的规划设计。让我们回归到生态的本质，重新将人类和人类社会置于自然之中，这样才是风景园林生态规划设计的发展方向。

1. 从自然中获得灵感

对自然的珍视和虔诚的热爱，可带给设计师丰富的设计灵感和创作源泉。很多杰出的设计，其灵感都来源于大自然。好的园林景观设计作品应该"虽为人工，俨然天成"，设计师以自然为导师，从对自然的感受（声音的倾听和景观的阅读）中，形成通过设计的"有为"来达成对基地的看似"无为"的景观设计特征。把天然形成的风景转化为景观设计语言，自然本身自有其大美，人的活动应该在自然的背景下去完成，如图1-64所示。

图1-64 某度假酒店景观休闲广场

2. 充分利用自然界原有资源

真正的园林景观设计并不是任意去破坏自然，破坏生态，而应充分发挥原有景观的积极因素，因地制宜，尽可能利用原有的地形及植被，避免大规模的土方改造工程，争取用最少的投入，最简单的维护，尽量减少因施工对原有环境造成的负面影响。以人类的长远利益为着眼点，减少不必要的浪费，尽可能考虑物质和能源的回收和再利用，减少废物的排放，增强景观的生态服务功能。例如，德国柏林波茨坦广场地面和广场上的建筑屋顶都设置了专门的雨水回收系统。收集来的雨水用于广场上植物的浇灌、补充广场水景用水及建筑内部卫生的清洁等，有效地利用了自然降水。

3. 注重对自然的体验

现代人对自然的亲近尤为迫切，对自然的感受和需求也更为细腻和多样。园林景观无论是花园还是公园，都是作为人们感受自然、与自然共呼吸的场所。天空的阴晴明暗、云聚云散，风的来去，雨的润物无声和植物的季相变化，应该是设计师常常捕捉的对象并反映在设计中，让人们身处其中能真切地感受到这些微妙的变化，享受“天人合一”的美好境界。景观要反映人们对于自然与土地的眷恋和热爱，成为唤起人与自然天然情感的桥梁，强调人与自然的生态性联系。

例如，许多景观作品都非常关注地面铺装的设计，运用多种材料拼出精美复杂的图案，雨天铺装图案鲜明突出；晴天铺装图案淡雅含蓄。在北欧国家潮湿多雨、天气变幻莫测的情况下，铺装图案的不同效果反映了不同的天气状况。一些景观设计师，常常在作品中设计一些浅浅的积水坑，不仅在下雨的时候能积聚少量的雨水，又能在放晴后倒映天空的变化，使人更贴近自然。

4. 尊重自然的准则

在园林景观设计中，生态的价值观是设计中必须尊重的观念，它与人的社会需求、艺术与审美同等重要。生态性是指园林中各要素在改善周围环境如涵养水源、净化空气、水土保持方面所起的作用，强调人与自然的和谐关系。设计中，重视环境中的水、空气、土地、动植物等与人类密切关联因素的内在关系，注重设计中的规模、过程和秩序问题，在园林景观设计中予以重视并体现在具体措施和环节中（图1-65）。

图1-65　园林外围景观带

从方案的构思到细节的深入，时刻都要牵系这一价值观念。在设计与生活中尊重自然带给我们的生命的意义，把尊重环境、自然的理念，合理运用到人类生活的场景中。

1.3.13 文化性

文化性是指园林中各要素所体现的具有地域特色的历史文化的延续，是园林景观设计通过隐喻与象征等手法传达出的文化内涵。即使同样的使用功能，因其地域、文化、气候、适用对象等的差异而对其园林景观设计也会提出不同的要求。

文化景观的概念虽始于19世纪末，但它早已在人类漫长的演进历程中悄然形成。

自人类繁衍于一片土地，文明便开始孕育孵化，具有地域色彩的文化也随即在为人类供养生息的土地中落地生根。经岁月的洗礼，文化景观从地域中衍生而成，记录着人与土地的亲密关系，反映着它们之间一种最持久的联系。

在前工业时期，由于生存的需要，农业耕种是人类在土地上进行的最直接的大面积开发活动，随之形成的农业景观便成为文化景观的本源。“文化”对应的英语词汇“culture”的演变可以印证这一来源。该词的拉丁词根的最初意思是指“耕作和培育”，后来在英语中逐步引申至“对人的教化”，遂形成“文化”的含义。可以说，文化景观主要指的就是“第二自然”，即生产的自然，或者说是劳作的自然，经过生产而改变的自然，如图1-66所示。

图1-66 因农业耕种而形成的景观就是一种典型的文化景观

（甘肃岷县，为了保水，将山体开辟成梯田，这也是黄土高原典型的农业生产方式）

文化景观是历史长河中，人类与自然在经济、文化和社会等因素驱动下，相互影响并紧密结合的共同作品，并随着人类活动的作用而不断变化，深刻地反映了人类与自然之间的和谐进化历程。在一系列人工干预自然的过程中，地表的景观不断改变。历经千百年，呈现在人们面前的文化景观是一个由不同时期的景观逐步融合而成的结果。换言之，它是人类为满足实际生存、生产、生活需要，在基于自然景观之上逐步叠加人工景观而形成的地表综合体。文化景观的营造与形成并不一定是人们有意为之，也并非为满足纯粹的欣赏需求或有意识地要为后世留下景观遗产，它是反映特定时期人的生活状态的最鲜活的见证，也是体现“天人合一”的最佳力证，如图 1-67 所示。

正是由于文化景观的重要，联合国教科文组织世界遗产委员会在 1992 年首次将“文化景观”纳入世界遗产的范畴，也使得世界遗产公约成为第一个国际性的具有认定和保护重要的文化景观的法律文件。正因于此，遗产与文化景观往往会并列出现。

图 1-67　福建土楼（文化景观是在基于土地的自然景观之上逐步叠加人工景观而形成的地表综合体）

文化景观遗产是当代人们为这些国土上广泛存在的文化景观赋予评价体系和价值体系的标记方式，以便更好地保留保护使其得以延续。从某种意义上说，无论如何客观地制定评价体系，它都无法摆脱被当代人的审美与价值观所左右。而这一体系的评价对象却是由不同地域的人们千百年来对土地不断改变而呈现的千差万别又多姿多彩的风貌，但由于资信的缺乏、认识的局限以及涵盖范围的有限可能会将很多有价值的文化景观排除在这一评价体系之外。因此，仅仅将文化景观理解为被国内外各种组织与机构列入历史、文化和保护地的区域是极其片面和狭隘的，文化景观遗产只是文化景观的一部分。

相对于被列入各类遗产地和历史与文物保护地的区域而言，大地之上的各种文化的遗存，农田、原野、池塘、湖泊以及各类工程也很有价值。不可否认那些被列入或以后将被列入遗产名录的区域是人类文化遗存中最精华的部分，但是我们的国土景观是由整个地表构成的，除了大自然留下的天然景观和凝结了前人智慧的城镇和建筑以外，更多的是祖祖辈辈生活在这片土地上的人留下的最朴素的、最平常的劳作后的大地，这些文化景观覆盖了地球上有人类生存的广博的土地，它们就是我们身边的日常景观。只有对文化景观进行更全面、更深入地理解和研究，才能更好地维护多样的、独特的、充满魅力的、沉积了厚重自然与历史信息的中国的国土景观。

1. 体现民族传统地域性准则

随着经济的发展，城市规模的扩张，保持地方历史性、文化性和自然地理特质显得具有深刻的时代价值（图 1-68）。

园林景观设计应根植于所处的地域。地域性准则是在对局部环境的长期体验中，在了解当地人与自然和谐共处的模式的基础上做出的创造性设计。遵循这一原理主要表现为：尊重地域的精神和建材等，创造具有自然特征、文化特征的景观，突出地方文化与地域特征。

图 1-68　某休闲度假区景观

有的设计师善于从各自的民族传统和自然环境中汲取设计灵感、提炼设计语言，通过与现代设计的结合，形成地方特色。设计师常常采用自然或有机的形式，创造出富有诗意的园林景观，体现朴素自然、温馨典雅和功能主义的简洁风格。

2. 独特的文化内涵

1）现代设计师应当从时代特征、地方特色出发，顺应文脉的发展，寻找适合自己的风格。人类所生存的环境包括园林中的花草树木等，均能唤起人类强烈的情感和联想。设计师在作品中，通过精心的艺术构思，表达出心中的感念，以引起人们的共鸣。

2）就像法国富廷花园壮丽的轴线诞生的原动力来自于现实中王权控制与征服力量的强烈意愿，浓郁氛围的日本庭园产生于精心的维护和一系列复杂的文化背景，意大利城市广场特色源于富有生气的社会生活方式等。像拙政园、网师园等我国的许多优秀的园林都是学习和借鉴的榜样，这些园林景观不仅富有自然界的生命气息，具有符合形式美规律的艺术布局，而且还能通过诗情画意的融入、景物情趣的构思，表达出造园者对社会生活的认识理解及其理想追求，其景观除了具有一般外在的形式美之外，还蕴涵着丰富深刻的思想和文化内容。

现代园林景观通常是城市历史风貌、文化内涵集中体现的场所。其设计首先要尊重传统、延续历史、文脉相承，对民族文化要深入研究，取其精华，使设计富有文化底蕴。中国的景观设计思想源于中国传统文化。皇家园林、宫殿建筑是受儒家思想影响的最具典型性的景观，儒家思想影响下的园林景观设计一般都具有严格的空间秩序，讲究布局的对称与均衡。其中故宫是现在保存下来的规模最大、最完整，也是最精美的宫殿景观建筑，主要建筑严格对称地布置在中轴线上，体现了封建帝王的权力和森严的等级制度。道教思想影响下的中国古代园林景观设计体现了“天人合一”的文化底蕴，如天坛、江南园林等，充分展示了中国古代园林景观设计的群体美、环境美、亲和自然的理想境界。其次，设计在继承和研究传统文化的基础上，又要有所创新，因为人们的社会文化价值观念又是随着时代的发展而变化的。

3. 对称与均衡

均衡是部分与部分或整体之间所取得的视觉力的平衡，有对称和不对称平衡两种形式。前者是简单的、静态的，后者则随着构成因素的增多而变得复杂，具有动感。

对称平衡从古希腊时代以来就作为美的原则之一，应用于建筑、造园、工艺品等许多方面，是最规整的构成形式，对称本身就存在着明显的秩序性。通过对称达到统一是常用的手法。对称具有规整、庄严、宁静及单纯等特点，但过分强调对称会产生呆板、压抑、牵强、造作的感觉。对称之所以有寂静、消极的感觉，是由于其图形容易用视觉判断。见到一部分就可以类推其他部分，对于知觉就产生不了抵抗。对称之所以是美的，是由于部分的图样经过重复就组成了整体，因而产生一种韵律。对称有三种形式：一是以一根轴为对称轴，两侧左右对称的轴对称，多用于形态的立面处理上；二是以多根轴及其交点为对称的中心轴对称；三是旋转一定角度后的旋转对称，其中旋转180°的对称为反对称。这些对称形式都是平面构图和设计中常用的基本方式。

不对称平衡没有明显的对称轴和对称中心，但应具有相对稳定的构图重心。不对称平衡形式自由、多样，构图活泼、富于变化，具有动感。对称平衡较工整，不对称平衡较自然。在我国古典园林中，建筑、山体和植物的布置大多都采用不对称平衡方式。推崇的不是显而易见的秩序，而是带有某种含混性、复杂性和矛盾性的不那么一眼就能看出来的统一，并因而充满生机和活力。

1.3.14 节奏与韵律

园林景观空间中常采用简单、连续、渐变、突变、交错、旋转、自由等韵律及节奏来取得如诗如歌的艺术境界。

简单韵律是由一种要素按一种或几种方式重复而产生的连续构图。简单韵律使用过多易使整个气氛单调乏味，有时可在简单重复的基础上，寻找一些变化。创造出具有韵律和节奏感的园林景观，如等距的行道树、等高等间距的长廊、等高等宽的爬山墙等，即为简单的韵律（图1-69）。

图1-69　某住宅小区园区景观

渐变韵律是由连续重复的要素按一定规律有秩序的变化形成的，如长度和宽度依次增减或角度有规律地变化。交错韵律是一种或几种要素相互交织、穿插所形成的。两种树木反复交替栽植，登山道踏步与平台的交替排列，即为交替规律。由春花、夏花、秋花或红叶几个不同树种组成的树丛，便形成季相韵律。

中国传统的园路铺装常用几种材料铺成四方连续的图案，游人可一边步行，一边享受这种道路铺装的韵律。植物种类不多的花木，按高矮错落做不规则的重复，花期按季节而此起彼落，全年欣赏不绝，其中高矮、色彩、季相都在交叉变化之中，如同一曲交响乐在演奏，韵律感十分丰富。一个园林的整体是由山水、树木、花草及少量的园林建筑组成的千姿百态的园林景观，尤其是自然风景区更是如此，其成分比较多，相互交替并不十分规则，产生的韵律感像一组管乐合奏的交响乐那样难以捉摸，可使人在不知不觉中得到体会，这种艺术性高且比较含蓄的韵律节奏，耐人寻味，引人入胜。

1.3.15 以人为本

1. 注重人情味

人在内心深处是渴望相互间的交往和沟通的，设计应顺应这一愿望，给人们交往提供良好的空间和氛围，在设计时要体现一切设计都以人为本的原则。

如设计中运用人体工程学，充分尊重人体的尺度和人的活动方式，使作品表现舒适和亲切的内涵。质感是材料肌理和人的触感的基础，重视材料的触觉感受，讲究材料使用的舒适度，通过对材料的精心选择和运用，可以把冰冷变为温馨，让设计充满人情味和美学品质。

2. 宜人性原则

功能性原则确保了人们特定行为的发生，而宜人性原则体现了人们对于更加美好舒适的生活方式的追求及较高生活质量的要求。宜人性是园林景观设计中必须把握的一项原则。

宜人性的实现要求园林景观设计师对于人性的敏锐洞察，对于人们日常生活长期的细心观察和积累，对于建筑学、心理学、行为学及色彩学等众多学科知识的综合了解，参见图1-70。

图1-70 某自然生态园林景观

我国著名的乾隆花园设计充分体现了这一原则，其设计将使用者性情与园林景观风格完美统一起来，满足并体现了使用者的精神文化需求。乾隆花园也就是宁寿宫花园，位于宁寿宫的北面，乾隆三十六年至四十一年建置，面积约有6000m^2，是乾隆皇帝在位时拟定退位后供他养老休憩之处。

花园采用一条线布局，最南端的大门名衍祺门，进门即为假山，堆如屏障。绕过假山，迎面正中为敞厅古华轩。轩前西南是禊赏亭。

古华轩向北过垂花门即为遂初堂院落，院内空间开敞，不堆山石少植花木。

遂初堂后第三进院落格调突然一变，不但正厅建成两层的萃赏楼，而且院内堆叠山石，植高大的松柏低矮的灌木，并于山石上建小亭辟曲径，宛若一处独立的小园林。

因中轴线较前院东移，便在西面建配楼延趣楼，东边建单层的三友轩。第四进院落主体是高大方正的重檐攒尖顶符望阁，其院中假山堆叠，较前院更为高峻，上植青松翠柏，中建碧螺亭。符望阁后即为倦勤斋。乾隆花园完全遵照乾隆皇帝的旨意营造，既具皇家园林的特色又有江南小园的美妙，装饰以松、竹、梅三友，分布错综有致，间以逶迤的山石和曲折回转的游廊，使建筑物与花木山石交互融合，意境谐适，反映了庭园主人的性情爱好。

1.3.16 时代性

时代的发展使得园林景观从功能需求到其文化内涵都发生了变化，改变着今天的园林景观设计形式和风格。尤其在今天文化多元化的时代，景观设计也呈现了多样化发展趋势，设计更要讲究创新及多样性，并充分考虑时代的社会功能和行为模式，分析具有时代精神的审美观及价值取向，利用先进成熟的科学技术手段来进行富有时代性的园林景观设计。

1. 形式的多样化

在园林景观设计中，由于建筑外部空间、建筑内部空间及自然环境空间等相互融合与渗透，园林景观成为人们室内活动的室外延伸空间。设计师逐步探索，将原来用于建筑效果、室内效果的材料与技术用于园林空间。当代设计师掌握了比以往时期更多的材料与技术应用手段，就可以自由地运用光影、色彩、音响、质感等形式要素与地形、水体、植物、园林小品等形体要素来创造新时代的园林景观（图 1-71）。

创新运用地形等自然要素，同样是公园设计形式多样性的来源。比如加强地形的点状效果或是突出地形的线形特色，以创造如同构筑物般的多种空间效果，或将自然地形极端规则化处理。如克莱默为 1959 年庭园博览会设计的诗园，通过运用三棱锥和圆锥台形组合体使得地形获得如同雕塑般的效果，形成了强烈的视觉效果。再如喷泉也发生了变革，相信那些由计算机调节造型、控制高度、形态变化多端的喷泉较之于传统的喷泉更别有一番情趣。

图 1-71　某公园景观

2. 多种风格的展现

风格是指园林景观设计中表现出来的一种带有综合性的总体特点。园林景观风格的多样性体现了对社会环境、文化行为的深层次理解。由于人们对园林景观的需求是多样化的，所以园林景观设计需要多种多样的不同风格。在多种艺术思潮并存的时代，园林景观设计也呈现出前所未有的多元化与自由性特征。折中主义、新古典主义、解构主义、波普主义及未来主义都可以成为设计思想的源泉，形成多种风格的并存。

风格是识别和把握不同设计师作品之间的区别性标志，也是识别和把握不同流派、不同时代、不同民族园林景观设计之间的区别性标志。

对一个设计师来说，可以有个人的风格；就一个流派、一个时代、一个民族的园林景观来说，又可以有流派风格、时代风格和民族风格。其中最重要的是设计师个人的风格。设计师应当从时代特征、地方特色出发，发展适合自己的风格。设计师个人创作风格的重要性日益凸显，有自己的设计风格，作品才有生命力，设计行业才有持续的发展前景。

3. 追求时代美学和传统美学的融合

面对园林景观设计中不断涌入的各种艺术思潮和主义，清醒的设计师应该认识到：景观

图1-72　螺旋水景观

艺术风格不是单纯的形式表现，而是与地理位置、区域文化、民族传统、风俗习惯及时代背景等相结合的客观产物；设计风格的形成也不是设计师的主观臆断行为，而是经过一定历史时期积淀的客观再现；园林景观艺术风格的体现要与景观的主题、景观功能、景观内容相统一，而不是脱离现实的生搬硬套。应将时代与传统美学相结合，追求和谐完美为设计的主要目标。现代的园林景观艺术已经逐渐凝结了融功能、空间组织和形式创新为一体的现代设计风格，如图1-72所示。

场地的合理规划应主要考虑以下内容：在场地调查和分析的基础上，合理利用场地现状条件；找出各使用区之间理想的功能关系；精心安排和组织空间序列，如图1-73及图1-74所示。

图1-73　中式风格园林景观

图1-74　某主题公园景观

1.3.17　中国传统园林设计布局

1. 把握水系的策划原则

（1）曲水有情，环抱为上　根据中国传统园林设计布局的基本原则，水以曲为上，曲水更具有聚气的效果，直流之水所聚集的能量要减弱。曲水还要分在曲水的哪个方向，一般来说，在水的内弯处为上，在内弯处的对面则不吉。所以，在园区水系规划时，就应该将建筑规划设计在水系的内环处，形成所谓玉带缠腰的效果。

（2）水系以动为佳（图1-75）　有动感的水能量会更强。动感的水可包括流水、喷水、跌水、涌水等，这几种水都可以，流水占地面比较大，影响的面也比较大，故要以环抱建筑为上；喷水、跌水、涌水等占地面比较小，影响也往往局限于附近的建筑。

图1-75　水系以动为佳

2. 园区道路的规划原则

在中国传统园林布局中，道路常常看作

为假水，其作用与水相似。所以，道路的规划应遵循上述流水水系的规划原则。同时，应特别注意的是，道路不要直冲建筑，若此种情况无法回避，则应在受冲的位置以植树等措施加以调和。

3. 把握假山的策划原则

“山主人丁水主财”，山在中国传统园林布局中有着重要的作用。因此假山的设置也是有讲究的。

（1）方位　假山一定要在合适的方位上，不可乱建。

（2）形状　假山要圆润柔和，不可怪石嶙峋、尖角乱冲，否则会弊多利少，如图 1-76 所示。

4. 各种雕塑的设置

某邻水雕塑如图 1-77 所示。

在现代园区，各种各样的雕塑并不少见。进行雕塑规划时，要注意合理的设置。比如，有的园区把马的雕塑置于水中就不很合适，因为马五行属火，置于水中易产生“水克火、水灭火”的隐喻，造成不好的寓意。

图 1-76　假山

图 1-77　雕塑

5. 巧妙利用树木

传统园林布局中很注重对树木的规划，因树木可以协调周围环境。一般情况下，植树多多益善。但阴湿气过重的地方，则不宜植太多的大树，否则加重阴湿气。另外，在楼前不远之处植树干粗高的大树，也当慎重，因高大的树干容易对建筑形成压抑。

6. 藤类植物的特殊说法

在中国传统园林布局中，藤类植物属阴性，有困扰、纠结的隐喻，所以，不主张多使用藤类植物。但因藤类植物有其独特的观赏、避阴、能增加绿化空间的特性，故受人们喜爱。所以，如果使用，建议可在稍远离居住建筑的地方栽植。

1.4　当下中国园林设计理念及方法

1.4.1　中国园林设计规划理念

1. 注重生态的设计理念

近几年来，随着全球保护生态环境的呼声日益高涨，园林景观设计师逐渐开始注重生态理念在园林景观设计中的运用。关于生态，有几点需要进一步讨论。首先，全球生态环境的恶化问题，不是光靠园林景观设计师就能够解决的，园林景观作品中体现出来的生态理念，是呼吁政府、公众关注生态环境，更多是在表明一种姿态；其次，园林景观设计师提出的生态理念与生态学家、环保组织提出的生态理念还有一定的差别，他们所关注的内容虽有着一定的交叉和融合，但却是在不同的层面上；最后，如若完全从生态原理出发，设计师的作品往往会陷于极端而难以被社会接纳。

2. 注重场地的设计理念

尊重场地、因地制宜，寻求与场地和周边环境密切联系、形成整体的设计理念，已成为现代园林景观设计的基本原则。园林景观设计师的作用并非在于刻意创新，目的在于发现，在于用专业的眼光去观察、去认识场地原有的特性，发现它积极的方面并加以引导。其中，发现与认识的过程也是设计的过程。因此说，最好的设计看上去就像没有经过设计一样，只是对场地景观资源的充分发掘、利用而已。这就要求设计师在对场地充分了解的基础上，概括出场地的最大特性，以此作为设计的基本出发点。

3. 注重个性的设计理念

在一个越来越强调个性发展和个人价值的社会，个性体验、个人理解和个人情感的投入，在园林景观设计中的地位日益突出，也是园林景观设计多样性和丰富性的保证。注重个性的设计理念，并非鼓励个人刚愎自用或脱离实际的闭门造车，而是强调个人对自然、对社会、对生态、对艺术、对历史等的独特理解，在旅行中的独特体验以及个性化的设计表现手法，强调个人对园林景观内涵与本质的独特认识。

4. 注重时效的设计理念

园林景观设计与建筑设计最大的区别在于，园林景观是随季节和时间变化的，是有生命的，是处在不断地生长、运动、变化之中的；因此，设计师提出将运动中的花园作为自然持久的作品。所以园林景观设计师必须认真研究时间性和时效性因素，注重园林景观随时间变化的效果，以塑造随时间延续而可以更新的、稳定的园林景观。一个园林景观作品的诞生，就像一个婴儿出世一样，他本身的生长、变化过程就能给人们带来极大的愉悦和满足。不要期望园林景观作品一次完成、一步到位，那样将会失去很多乐趣。

5. 注重简约的设计理念

“少即是多”，简约并不是简单，相反却是对本质的深度挖掘和坦诚表现。高度概括设计方法和惜墨如金的表现手段，是简约设计理念的基本要求。简约的设计理念包括以下几方面的内容：一是设计方法的简约，要求对设计对象进行认真研究、分析，从而抓住其关键性因素，减少在细枝末节上过多的纠缠，以求少走弯路，以最小的改变取得最大的成效，即事半功倍；二是表现手法的简约，要求简明和凝练，以最少的元素、景物，表现景观最主要的特征；三是设计目标的简约，要求充分了解并顺应场地的文脉、肌理、特性，尽量减少对原有景观的人为干扰，也就是“最小干预”的原则。简约的理念实际上是要求有的放矢，反对闭门造车的设计方法。

1.4.2　当下园林设计方法

1. 地理设计

近几年国内的专业期刊上刊登了许多有关地理设计的研究成果，地理设计引起了规划设计界的普遍关注，许多规划师也在尝试运用地理设计的方法进行规划和设计工作。

地理设计是一个新的词汇。如果简单地从字面上来理解，认为地理设计就是结合地理学进行的设计，那么地理设计应该是一种非常古老的设计方法。历史上许多伟大的工程都可以称作地理设计的结果，从秦直道到长城、从临安城到诸葛村、从窑洞到土楼、从灵隐寺到拉卜楞寺、从乾陵到十三陵、从都江堰到灵渠……这些军事工程、城市、村庄、住宅、寺庙、陵墓、水利设施等都是依据地理条件而设计的，它们都满足了特定的功能，改变了原来的地理形态，同时又与当地的地理环境紧密地融合在一起。

由于技术手段的制约，历史上的工程多是要最大限度地依据当地的自然条件，利用当地的材料，经历几十年甚至几个世纪的时间，汇集以往各种建造的思想智慧和经验成果，采用合理有效的途径，通过一代代虔诚工匠们的艰辛劳动建造而成，其间随时都有调整、纠错、改良和重建的机会，最终建成一项项完美的工程也就不足为奇了。

而今天，科学和技术的发展使得人们有更多的机会和能力，为了某种目的和需要，在极短的时间内改造环境，改变地理形态。在工程实施期间，几乎没有任何试验的机会，也没有重建返工的可能。如果决策有误，对环境的伤害是巨大的，甚至是不可逆的。今天地球面临的许多生态问题以及一些大地景观的破坏多是由于不合理的规划和建设导致的。于是如何科学地决策并选择最优的方案，成为每项工程的难题。成功的设计和决策的关键在于了解和掌握这个地块及其影响区域内的所有相关地理信息，以此科学地分析和判断地块的环境是怎样的，环境是如何演变的，存在哪些问题，环境是否需要改变，为了什么目的来改变，应该怎样改变，这种改变会产生怎样的影响。

与古代的工程相比，现代的工程数量更多，规模更大，影响范围更广，更加综合复杂，涉及工种更多，设计和建造周期更短，所以几乎没有任何个人、任何单一的学科能够了解和把握工程的所有方面，仅仅依靠经验和直觉来完成上述的工作几乎是不可能的，需要有更好的设计方法来协同不同的学科，利用信息技术和现代科技手段，完成科学、合理、最优的规划和决策，这就是地理设计产生的背景，也是地理设计的目的，如图 1-78、图 1-79 所示。

地理设计是一种规划设计方法，这种方法建立在地理信息基础之上，将地理分析与设计过程结合，完成规划设计并可模拟规划实施后未来可能产生的影响，从而保证规划设计过程和决策的科学和高效。地理设计是一种设计方法上的革新，它能更直接、更准确、更有效地帮助设计师更好地理解和表达每个场所的复杂性，选择最优质的计划和决策。

图 1-78　长城

2. 整合设计

历史上的中国园林充满了自然气息和诗情画意，营造园林就是抽象地再现自然美景，每一座园林中都有八景十景，大的园林更有数十景之多，香山有二十八景，避暑山庄有三十六景，圆明园有著名的四十景。

历史上的很多中国城市也有八景十景，如杭州有西湖十景、扬州有瘦西湖二十四景、北京有燕京八景、南京有金陵八景……城市中的八景十景表达了人们对自然美景的热爱和对于精神情感的追求。这在世界城市建设史上也是独特的，它给中国城市带来了鲜明的个性，那就是城市建设与自然山水紧密地融合在一起，使之成为一个和谐的整体。许多中国古代的城市都充满自然气息、富有诗情画意，孕育着丰富的文化生活。这些城市本身就是一个大园林，建造城市就如同建造园林，只不过城市还要满足如行政、军事、安全、经济、水利、农业、交通、居住等更多更复杂的功能。

图1-79 都江堰（坐落在成都平原西部的岷江上，两千多年来，这一无坝引水的大型水利工程一直发挥着防洪灌溉的作用，使成都平原成为“天府之国”）

然而近年来，随着中国城市化进程的飞速发展，随着我们越来越多地享受到丰富的物质生活和文化生活，中国的城市面貌几乎都彻底改变了，中国古代城市的这些品质和特色也逐渐消失了，并随之产生了越来越多的环境问题以及社会问题。

诚然，现代城市的职能和城市的规模都远远超过了古代城市，作为世界上最为复杂的系统，现代城市的规划、建设和管理需要多学科多工种的协同，包括城市规划、建筑、交通、市政工程、水利工程、经济、产业等，每一个学科都需要深入地分析和研究各自领域的城市问题，提出合理的解决方案与对策，城市才有可能正常运转。然而，城市建设并不像拼接积木那么简单，把城市建设视为一项工程，将每一个零件都做到更好，每一个问题都设法解决的城市未必是一座健康的城市，世界上没有一座理想的城市是由一项项单一目标的工程组合起来的。中国现代城市问题产生的原因很大程度在于，这些城市都以工程手段解决具体的问题，如居住、交通、防洪、各种管网、产业、绿化等，每一项工程的完成都似乎解决或缓解了一些问题，但随后不久，其他的问题又产生了。

将城市的复杂问题综合起来，将一项项单一的工程整合起来，以一种系统的方式来创造健康和诗意的城市正是我们祖先的智慧。中国古代城市都山水相依，城市的形态由山形水势等自然条件决定，从选址，到规划，到建设，再到发展演变，人工的建造都依托自然条件，因势利导，与自然环境完美地融合。协调和统领中国古代城市的要素是自然山水系统，协调人是地区的行政官员。而现代城市中能够协调和统领城市各种工程的要素与古代城市并没有什么差别，这个要素就是覆盖整个城市的景观系统。

事实上，在近现代通过景观的途径来更新城市和发展城市的成功案例不在少数，像19世纪的巴黎改建，纽约中央公园和波士顿“翡翠项链”，20世纪伦敦的绿地系统，斯图加特的绿环，巴塞罗那的公共空间体系……这些实例告诉我们，通过景观的途径可以有效地解决城市中多方面的问题，使城市变得更加美好并具有独特的魅力，如图1-80、图1-81所示。

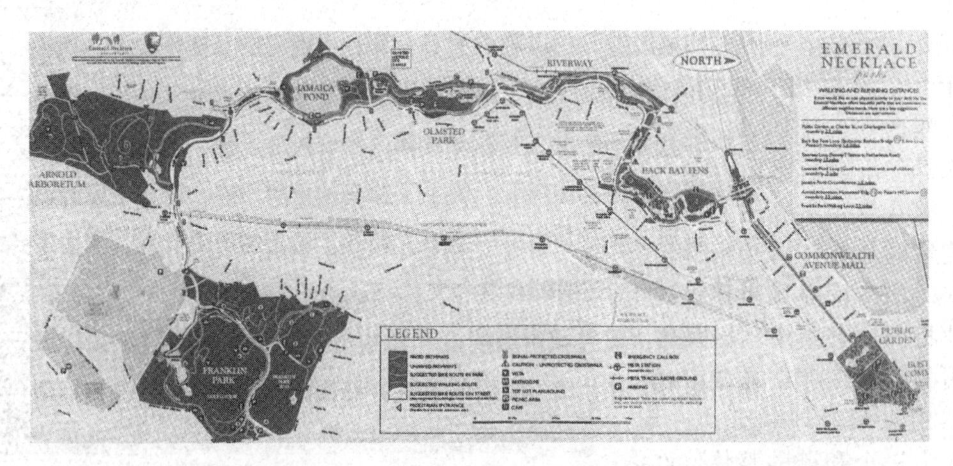

图1-80　波士顿“翡翠项链”（1880年，美国风景园林师奥姆斯特德提议在波士顿建立一系列公园，改造已有的公园，将各个绿地连成一体，形成环绕波士顿中心地区的带状公园，这就是著名的波士顿“翡翠项链”）

与其他城市规划建设领域的专业人才相比，风景园林师在自然生态领域和人工建造领域的教育背景和知识储备使他们更有能力将城市的自然系统和人工系统融合在一起，整合城市中各种复杂的构筑物和基础设施。风景园林师可以完善城市的景观系统，构建有活力的城市绿色空间，并为公众的休闲、交流和运动提供场所。景观设计师可以保护和修复地区重要的生态系统，使其发挥降尘、减污、净化水质、管理雨洪、调节小气候、提供栖息地、增加生物多样性的作用。风景园林师的专业建议更容易让城市以较小的资金投入，在最小的干预下，获得巨大的社会、经济和生态效益，实现可持续发展的目标。

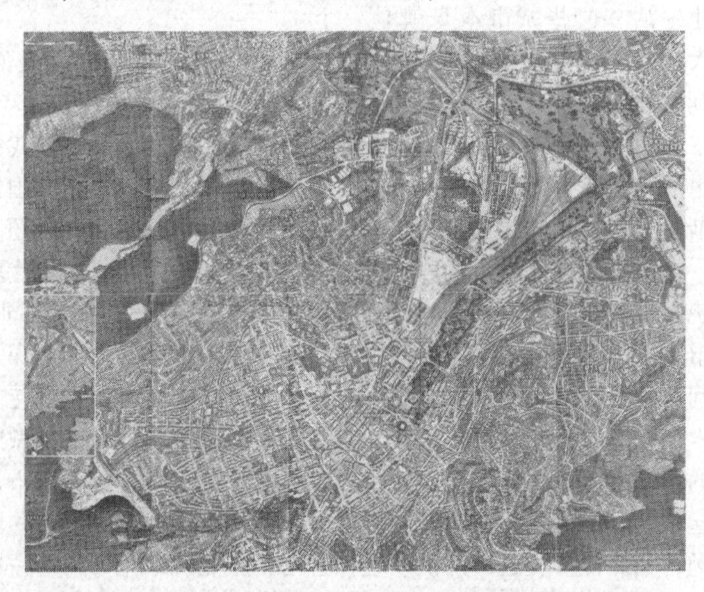

图1-81　斯图加特的U形绿环（德国风景园林师Hans Luz设计，利用举办联邦园林博览会的契机新建公园，并把城市原有的分散绿地连成一个环绕城市东、北、西三面的全长8km的U形绿带，彻底改善了城市的结构和环境）

要解决中国城市的复杂问题，使中国城市建设得更加美好，风景园林师必须在城市发展中发挥更大的作用。风景园林师的角色不应当仅仅成为城市规划的执行者，而是要承担起更多的责任，积极地参与到城市规划的决策中去。只有这样，中国才会建造出更健康、更有诗意的城市。

1.4.3　数字技术

过去，普通人甚至设计师都根本不了解数字技术，计算机在风景园林中的应用也极其有限。20世纪90年代中期以前，中国的风景园林师还延续着几十年不变的工作方式。他们借助胶片相机踏勘现场，由于胶卷和冲洗费用很贵，经常是反复斟酌才能按下相机快门。在工作室，大家趴在图板上，用丁字尺、三角板、针管笔、毛笔和各色颜料，绘图作画。

面对用Auto CAD画出的精准的二维图样、Photoshop强大的图像处理能力、3D MAX建模及实景渲染、GIS分析，以及精美的打印成果时，绝大多数设计师都难以掩饰惊讶和羡慕之情。那时，能借助计算机进行绘图，特别是能建模的设计师，俨然都成了大师。

但很快，计算机在风景园林行业中迅速普及开来。现在风景园林方方面面的工作都要依赖于计算机。从信息的采集、分析、处理，到设计、模型、图样表达、数据传输、远程设计、资源共享、设计交流、汇报与研讨，再到施工控制与管理，任何环节都离不开计算机。表面上看，数字技术彻底改变了风景园林师的绘图工具和工作方式，提高了风景园林师的工作效率和设计精度，降低了设计成本，但从深层上看，数字技术带来的更是一场设计革命，如图1-82所示。

图1-82 2017年同济大学建造的3D打印的步行桥

数字化设计和数字化建造带来了人类数千年建造史上从来没有的新结构和新形态，带来了新的设计语言和构造工艺，更带来了新的设计思想和理论。数字技术不仅优化着风景园林设计师的工作方式，也激发着风景园林设计师的创造性思维，数字技术正在全方位地影响着风景园林的发展，如图1-83所示。

技术是历史发展的重要推动力，数字技术为我们带来了设计建造的新思维、新方法和新成就以及广阔的前景。未来的风景园林将会怎样？或许，设计只是一个数据库，没有蓝图，也无须施工队，整个工程都将用三维打印机在现场打印出来；又或许，借助数字地球就能科学、直观、动态地模拟任何规划对于整个地球生态系统的影响。

图1-83 2017年郑州园博会珠海园（多义景观设计。6个晶莹剔透的构筑物由近千片人造石板构成，通过数字化模型，绘制出每一块石板的形状，并利用数控加工完成）

人工智能的发展为我们提供了这方面的佐证。今天的人工智能展现出机器在没有任何先验知识的前提下，通过完全的自学，在复杂思维领域，就能够达到或者超过人类的水平。有人预测，未来越来越多的工作将会由人工智能来完成，包括医疗、金融和语言等领域，这在以前被认为是不可思议的。那么，风景园林设计师的工作是否会随着数字技术的发展而被机器取代？对此可暂持保留态度，因为风景园林设计师的工作除了需要数据收集、科学分析、推导演绎和建造管理外，还需要倾注人的情感，最好的风景园林作品都是能触动人心的，而任何时候人的情感都是无法被数字化的。

尽管数字技术的不断发展为风景园林设计带来无限可能，但无论何时，风景园林设计师用眼睛去观察世界、用心灵与土地沟通的方法永远也不会改变。那些使用了几百上千年的思考和推敲设计的方法如徒手草图和实体模型，也并不会就此退出历史舞台。好的设计师，绝不在于他掌握了怎样的技术，更在于他有怎样的头脑。

1.5 园林设计的发展趋势

1.5.1 3D 建模

虽然自 20 世纪 80 年代起 3D 建模软件已被使用，但这些软件真正开始大放异彩是在此后十年。自动计算机辅助设计软件 AutoCAD 和建模软件 SketchUp 在每个设计工作室里是常见的，有的可能还需要高级建筑设计软件 Vectorworks 和 Revit 软件。现在和 3D 打印机一起，3D 模型真正成型，从而把建模带入一个全新的层面。

1.5.2 内城设计

由芝加哥大学主导的研究发现在低收入的社区，人们几乎没有社区水平的体育活动，而且像肥胖和气喘等健康问题的发病率最高。景观设计师在进行城市规划和设计中，应充分关注到此问题，为社区设计有益的活动空间，同时增加城市美感。

1.5.3 公交车站

几乎每个城市中心都有公交车和无所不在的公交车站，其中许多城市正在请景观设计师对他们的公交车站进行灵巧和功能性的设计，如奥兰多、佛罗里达国际车道沿线的雕塑公交车站。

设计师 WaterGeiger 设计了这些白色、曲线形的纤维加强型聚合板，把艺术带入公共空间里，同时也为公交乘客提供所需的阴凉地。其他创意性设计包括太阳能电池板和绿色屋顶结合而成的遮篷，或是其他显著的设计如马德里艺术家联盟 Mmmm 在巴尔的摩 Highlandtown 社区东南大道上设计的车站，那里的车站结构是 14ft（1ft＝0. 3048m）高、7ft 宽的“BUS”字母（图 1-84）。

图 1-84　雕塑公交车站

1.5.4　自行车道路

图1-85　自行车道

像哥本哈根这样的城市正在引领设计骑自行车道路的潮流，这些道路不会与汽车或行人道混合，而其他城市也开始追随这一趋势。像荷兰和中国都有非常多的人口骑自行车上下班，如图1-85所示。

1.5.5　历史景观保护

历史景观保护包括著明的私人地产花园、国家花园和公共空间，它们也许正处在被改造或被开发的危险之中，如图1-86所示。

美国景观设计师协会历史保护专项实践组织正在开展这个活动。他们的任务是“促进景观设计艺术和科学方面知识、教育和技术的发展，作为公共福利服务的工具”，而且这个目标能在美国景观设计师协会网站每年的新闻通讯上看到。我国也通过制定一系列法律、法规，从国家和政策的层面对历史景观进行着保护工作。

图1-86　历史保护地

1.5.6　屋顶垂直花园

屋顶花园并不是新事物，而且它们的历史可以追溯到巴比伦时期的空中花园，只是最近景观设计师开始研究它们对可持续性和总体设计的贡献。它们以低能耗和净水的能力而被关注，并在过度拥挤的城市中增加了一个户外空间。帕特里克·布兰克是最闻名的垂直花园设计师，在全世界都能看到他的作品，如图1-87所示。

图1-87　屋顶垂直花园

1.5.7 可持续性园林

21 世纪最流行的词语或许是可持续性，在牛津字典上可持续性的定义是“通过避免自然资源的损耗来保持生态的平衡”。它几乎应用在了这十几年每一个显著的设计当中。可持续性已经成为许多景观设计师的一个目标，如图 1-88 所示。

图 1-88 可持续园林

第 2 章

园林景观设计方案表达

2.1 灯光效果表达

2.1.1 自然光影与景观艺术

在景观艺术中，自然光与影的运用对于景观意境的创造有着重要的作用，它是反映景观空间深度和层次的重要因素。人们经历由暗到明或由明到暗以及半明半暗的变化可以使感觉中的空间放大或缩小，从而营造特殊的空间气氛，因此，同一空间由于光线的变化，会给人不同的感觉（图 2-1）。

图 2-1　某户外空间长廊

景观艺术中常用光的明暗和光影的对比变化，配合空间的收放处理，来渲染空间氛围。而粉墙上的竹影、月下树木的碎影、栏杆上的花影等，都可算是景观艺术中浪漫情趣的空灵妙笔。

实墙、栏杆、地坪本身无景可言，但在自然光的照射下，成为竹石花木的背景、无景的墙、地面上落影斑驳、摇曳多姿，恍然一幅绝妙的画卷，且随着日、月的转移，该阴影还会出现长短、正斜、疏密的不同形态的变化，传递出比实景更美妙的意境。

2.1.2 灯光对于景观空间的表达

光环境设计，既是景观环境设计的一个重要组成部分又具有相对的独立性。一方面人工光照环境服务于空间需要，另一方面又为环境注入新的秩序，提高环境的空间品质。灯光环境对于空间的积极作用主要表现为以下几方面。

1. 灯光环境对空间界面的调节

灯光环境除了其基本的使用功能外，对空间环境的界面比例、形状、色彩等形态特征还起到视觉上的调节以及揭示作用。

（1）一般性揭示　景观环境空间的形态构成要靠灯光环境来呈现。空间的尺度、规模、形状及局部与整体、局部与局部中的构成关系等都要借助灯光环境，特别是具有一定照度、色彩特性的灯光环境得以显现。另外不同的功能、艺术要求的环境空间需要有与之相适应的光照环境，因此通过灯光的揭示，可以显现特定环境空间的功能关系和艺术氛围。

（2）方向性揭示　通过光照能在环境中造成一定秩序和视觉心理联系，使人们把注意力集中于环境视野中那些感兴趣的视觉信息。最典型的做法就是利用人的向光性将环境空间中的行为目的场所处理成视觉明亮的中心，使人产生方向的认识以对行为产生引导。

(3) 质感、肌理的表现 灯光的照射直接或间接地影响材料表面的反射特征，如粗糙的质感在弱光下效果得以夸张，而在强光的直射下则受到削弱。

另外，对于形体上不同部位的同一质地，由于灯光的特征、作用部位等方面的不同，就会产生明暗变化和阴影，那么材料的表面就会产生形态的变化，在一定程度上改变了材料的视觉感受。

(4) 遮隐 “遮”的目的是对空间形态中不理想的部位，可以用光照加以遮挡，以形成某一角度的视觉屏障；“隐”是利用加强局部的“视亮度”使之与周围的环境产生很大的反差，从而“隐”去某些景物。

2. 灯光环境对空间环境的再创造

灯光环境对景物层次的再创造，是通过灯光直接或间接作用于环境空间，以形成空间层次感来实现的（图 2-2）。

3. 围合和分隔

灯光对环境空间通过围合与分割可以产生限定作用，这是在空间实质性界面对环境空间的限定基础上的再次限定过程（图 2-3）。

图 2-2 某公园灯光照射下的雕塑

图 2-3 某城市活动广场水景观墙

围合是指灯光在母体空间形态中，能够限定出相对独立的次生空间。这是一种基本的限定方法，灯光要素能够形成两个以上的界面，是一种向心性的限定。

分割是指利用灯光将母体空间划分成两个或两个以上的部分，以形成次生空间，灯光元素同时充当了那些部分的界面构成。

4. 视觉中心

利用灯光的光色特征，使之相对独立于环境空间形态中，并成为视觉中心。其作用是在周围形成向心性，使之成为一定强度的“场”。如在环境中设置突出的灯具，使之成为空间的中心，对其周围的空间产生一定的向心力，次生空间感也随之产生，增加了空间的层次感（图 2-4）。

另外，灯光的强弱变化、冷暖差异也能够创造环境的空间层次感，这是由于强光的部分视觉清晰，而弱光的部分视感很模糊，这与距离远近变化的视感特征相似，因此利用灯光的强弱、冷暖进行有目的地控制与变化，可以产生深度和层次感（图 2-5）。

图 2-4　某住宅小区入口喷泉景观

图 2-5　灯光创造层次感

2.2　草坪和草地的表达

草坪和草地的表达方法很多，下面介绍一些主要的表达方法。

2.2.1　打点法

打点法是较简单的一种表达方法。用打点法画草坪时所打的点的大小应基本一致，无论疏密，点都要打得相对均匀。

2.2.2　小短线法

将小短线排列成行，每行之间的间距相近、排列整齐的可用来表示草坪，排列不规整的可用来表示草地或管理粗放的草坪。

2.2.3　线段排列法

线段排列法是最常用的方法，要求线段排列整齐，行间有断断续续的重叠，也可稍许留些空白或行间留白。另外，也可用斜线排列表示草坪，排列方式可规则，也可随意。

草坪和草地的表达方法除上述外，还可采用乱线法或 M 形线条排列法。

用小短线或线段排列法等表达草坪时，应先用淡铅笔在图上作平行稿线，根据草坪的范围可选用 2～6mm 间距的平行线组。若有地形等高线时，也可按上述的间距标准，依地形的曲折方向勾绘稿线，并使得相邻等高线间的稿线分布均匀。最后，用小短线或线段排列起来即可。

2.3　树林及灌木的表达

2.3.1　树木的平面表达方法

树木的平面表达可先以树干位置为圆心、树冠平均半径为半径做出圆，再加以表现，其表现手法非常多，表现风格变化很大。根据不同的表现手法可将树木的平面表示划分为下列四种类型（图2-6）。

1. 枝叶型

在树木平面中既表示分枝、又表示冠叶，树冠可用轮廓表示，也可用质感表示。这种类型可以看作是其他几种类型的组合。

2. 分枝型

在树木平面中只用线条的组合表示树枝或枝干的分叉称为分枝型。

3. 轮廓型

树木平面只用线条勾勒出轮廓，线条可粗可细，轮廓可光滑，也可带有缺口或尖凸。

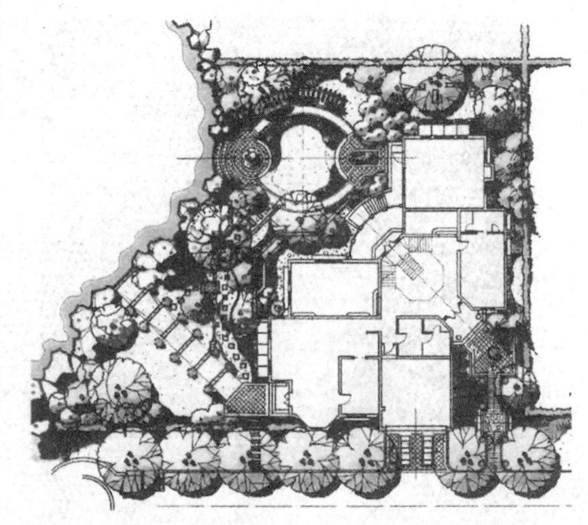

图2-6　树木平面表达方法

4. 质感型

在树木平面中只用线条的组合或排列表示树冠的方式称为质感型。

现以落叶树为例来说明四种表示类型的应用。动态树木的顶视平面可用分枝型表示。叶繁茂后树冠的地面正午投影可用轮廓型表示，顶视平面可用质感型表示。水平面剖切树冠后所得到的树冠剖面可用枝叶型表示。

尽管树木的种类可用名录详细说明，但常常仍用不同的表现形式表示不同类别的树木。例如，用分枝型表示落叶阔叶树，用加上斜线的轮廓型表示常绿树等。当各种表现形式着上不同的色彩时，就会具有更强的表现力。

当表示几株相连的相同树木平面时，应互相避让，使图面形成整体。当表示成群树木的平面时可连成一片。当表示成林树木的平面时可只勾勒林缘线。

2.3.2　树木的平面落影

树木的落影是平面树木重要的表现方法，它可以增加面的对比效果，使图面明快，有生气。树木的地面落影与树冠的形状、光线的角度和地面条件有关，在园林图中常用落影圆表示，有时也可根据树形稍稍做些变化。

做树木落影的具体方法：先选定平面光线的方向。定出落影量，以等圆作树冠圆和落影圆，然后擦去树冠下的落影，将其余的落影涂黑，并加以表现。对不同质感的地面可采用不同的树冠落影表现方法。

2.3.3　树冠的避让

为了使图面简洁清楚、避免遮挡，基地现状资料图、详图或施工图中的树木平面可用简单的轮廓线表示，有时甚至只用小圆圈标出树木的位置。

在设计图中，当树冠下有花台、花坛、花镜或水面、石块和竹丛等较低矮的设计内容时，树木平面也不应过于复杂，要注意避让，不要挡住下面的内容。但是，若只是为了表示整个树木群体的平面布置，则可以不考虑树冠的避让，应以强调树冠平面为主。

2.3.4　树木的立面表达方法

树木的立面表达方法也可分成轮廓、分枝和质感等几大类型，但有时并不十分严格。树木的立面表现形式有写实的，也有图案化的或稍加变形的，其风格应与树木平面和整个图面相一致（图 2-7）。

图 2-7　树木立面表达方法

2.3.5　树木平、立面的统一

树木在平面、立（剖）面图中的表示方法应相同，表现手法和风格应一致，并保证树木的平面冠径与立面冠幅相等、平面与立面对应、树干的位置处于树冠圆的圆心。这样做出的平面、立（剖）面图才和谐。

2.3.6　灌木的表达方法

灌木没有明显的主干，平面形状有曲有直。自然式栽植灌木丛的平面形状多不规则，修剪的灌木和绿篱的平面形状多为规则的或不规则，但边缘是平滑的。

灌木的平面表示方法与树木类似，通常修剪的规整灌木可用轮廓、分枝或枝叶型表示，不规则形状的灌木平面宜用轮廓型和质感型表达，表达时以栽植范围为准。由于灌木通常丛生、没有明显的主干，因此灌木平面很少会与树木平面相混淆。

2.4　石块的表达

平、立面图中的石块通常只用线条勾勒轮廓，很少采用光线、质感的表达方法，以免使之零乱。

用线条勾勒时，轮廓线要粗些，石块面、纹理可用较细较浅的线条稍加勾绘，以体现石块的体积感。

不同的石块，其纹理不同，有的圆浑、有的棱角分明，在表现时应采用不同的笔触和线条。剖面上的石块，轮廓线应用剖断线，石块剖面上还可加上斜纹线（图2-8）。

图2-8　石块表达方法

2.5　水面的表达

水面表达可采用线条法、等深线法、平涂法和添景物法，前三种为直接的水面表达法，最后一种为间接表达法。

2.5.1　线条法

用工具或徒手排列的平行线条表示水面的方法称为线条法。作图时，既可以将整个水面全部用线条均匀地布满，也可以局部留有空白，或者只局部画些线条。线条可采用波纹线、水纹线、直线或曲线。组织良好的曲线还能表现出水面的波动感。

2.5.2　等深线法

在靠近岸线的水面中，依岸线的曲折作两三根曲线，这种类似等高线的闭合曲线称为等深线。通常，形状不规则的水面用等深线表达（图2-9）。

图2-9　等深线法

2.5.3　平涂法

用水彩或墨水平涂表示水面的方法称为平涂法。用水彩平涂时，可将水面渲染成类似等深线的效果。先用淡铅笔作等深线稿线，等深线之间的间距应比等深线法大些，然后再一层层地渲染，使离岸较远的水面颜色较深。

2.5.4　添景物法

添景物法是利用与水面有关的一些内容表达水面的一种方法。与水面有关的内容包括一些水生植物（如荷花、睡莲）、水上活动工具（湖中的船只、游艇）、码头和驳岸、露出水面的石块及其周围的水纹线、石块落入湖中产生的水圈等。

2.6　地形的表达

地形的平面表示主要采用图示和标注的方法。其中，等高线法是地形最基本的图示表示方法，在此基础上可获得地形的其他直观表示法；标注法则主要用来标注地形上某些特殊点的高程（图2-10）。

图 2-10　地形高程标注

2.6.1　等高线法

等高线法是以某个参照水平面为依据，用一系列等距离假想的水平面切割地形后所获得的交线的水平正投影（标高投影）图表示地形的方法。两相邻等高线切面（L）之间的垂直距离（h）称为等高距，水平投影图中两相邻等高线之间的垂直距离称为等高线平距，平距与所选位置有关，是个变值。地形等高线图上只有标注比例尺和等高距后才能解释地形。

一般的地形图中只用两种等高线：一种是基本等高线，称为首曲线，常用细实线表示；另一种是每隔 4 根首曲线加粗一根并注上高程的等高线，称为计曲线。有时为了避免混淆，原地形等高线用虚线，设计等高线用实线。

2.6.2　坡级法

在地形图上，用坡度等级表示地形的陡缓和分布的方法称为坡级法。这种图式方法较直观，便于了解和分析地形，常用于基地现状和坡度分析图中。坡度等级根据等高距的大小、地形的复杂程度以及各种活动内容对坡度的要求进行划分。地形坡级图的做法可参考下面的步骤。

首先定出坡度等级，即根据拟定的坡度值范围，用坡度公式 $\alpha = (h/L) \times 100\%$，算出临界平距 $L5\%$、$L10\%$ 和 $L20\%$，划分出等高线平距范围。

然后，用硬纸片做的标有临界平距的坡度尺或者用直尺去量找相邻等高线间的所有临界平距位置。量找时，应尽量保证坡度尺或直尺与两根相邻等高线相垂直，当遇到曲线用虚线表示等高距减半的等高线时，临界平距要相应地减半。最后，根据平距范围确定出不同坡度范围（坡级）内的坡面，并用线条或色彩加以区别，常用的区别方法有影线法和单色或复色渲染法。

2.6.3　高程标注法

当需表示地形图中某些特殊的地形点时，可用十字或圆点标记这些点，并在标记旁注上该点到参照面的高程，高程常注写到小数点后第二位，这些点常处于等高线之间，这种地形表示法被称为高程标注法。高程标注法适用于标注建筑物的转角、墙体和坡面等顶面和底面的高程，以及地形图中最高和最低等特殊点的高程。在场地平整、场地规划等施工图中常用高程标注法。

2.6.4 分布法

分布法是地形的另一种直观表示法，将整个地形高程划分成间距相等的几个等级，并用单色加以渲染，各高度等级的色度随着高程从低到高的变化也逐渐由浅变深。地形分布图主要用于表示基地范围内地形变化的程度、地形的分布和走向。

2.6.5 地形轮廓线

在地形剖面图中除需表示地形剖断线外，有时还需表示地形剖断面后没有剖切到但又可见的内容。可见地形可用地形轮廓线表示。

地形轮廓线实际上就是该地形的地形线和外轮廓线的正投影。虚线表示垂直于剖切位置线的地形等高线的切线，将其向下延长与等距平行线组中相应的平行线相交，所得交点的连线即为地形轮廓线。

树木投影的做法为：将所有树木按其所在的平面位置和所处的高度（高程）定到地面上，然后做出这些树木的立面，并根据前挡后的原则擦除被遮挡住的图线，描绘出留下的图线即得树木投影。有地形轮廓线的剖面图的做法较复杂，若不考虑地形轮廓线，则做法要相对容易些。因此，在平地或地形较平缓的情况下可不做地形轮廓线，当地形较复杂时应做地形轮廓线（图2-11、图2-12）。

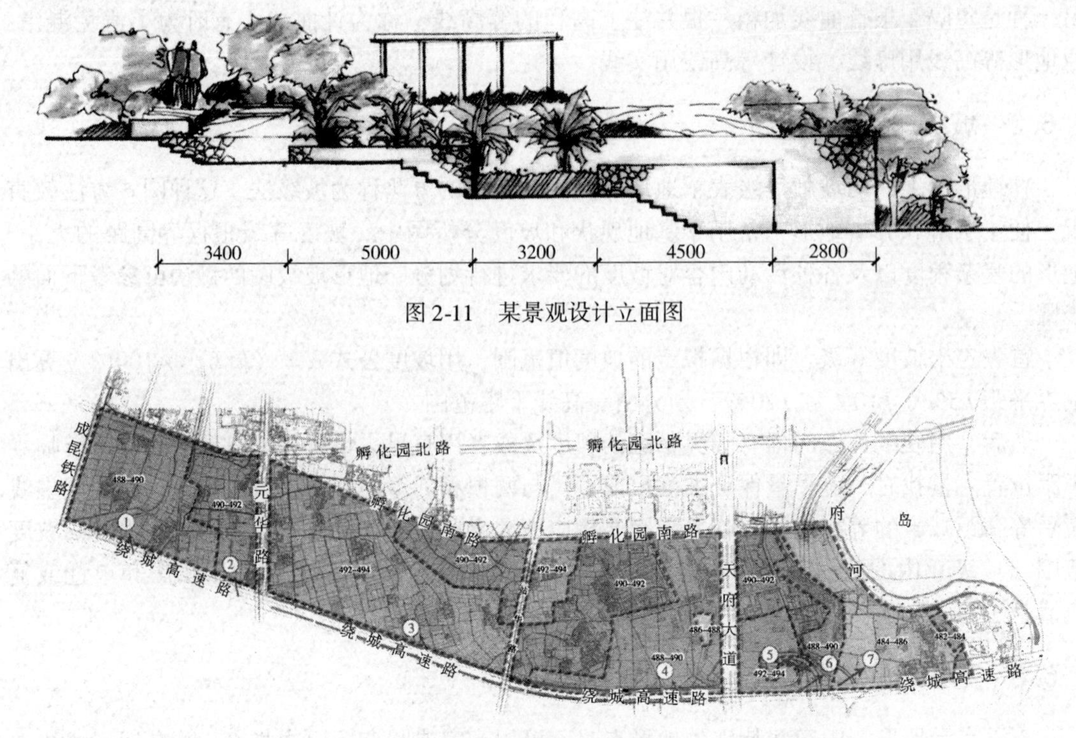

图2-11　某景观设计立面图

图2-12　地形轮廓表达

2.6.6　垂直比例

地形剖面图的水平比例应与原地形平面图的比例一致，垂直比例可根据地形情况适当调整。当原地形平面图的比例过小、地形起伏不明显时，可将垂直比例扩大 5 ~ 20 倍。采用不同的垂直比例所做的地形剖面图的起伏不同，且水平比例与垂直比例不一致时，应在地形剖面图上同时标出这两种比例。当地形剖面图需要缩放时，最好还要分别加上图示比例尺。

2.6.7　地形剖断线的做法

求做地形剖断线的方法较多，此处只介绍一种简便的做法。首先在描图纸上按比例画出间距等于地形等高距的平行线组，并将其覆盖到地形平面图上，使平行线组与剖切位置线相吻合，再借助丁字尺和三角板做出等高线与剖切位置线的交点，再用光滑的曲线将这些点连接起来并加粗加深即得地形剖断线（图 2-13）。

图 2-13　某景观设计剖面图

2.7　手绘表达技巧

景观设计表现技法的种类较多，分类方法不尽相同。其实不管如何分类，其目的是为了便于掌握，通过进行各种技法的练习，熟悉在不同情况下采用不同的技法进行表达，最后的结果应是不管采用何种技法或综合运用各种技法，只要能表达设计意图，符合设计要求即可。下面是一些常用的景观方案表达技巧。

2.7.1　画面构图技巧——视点

要画好景观设计效果图除了要掌握基本的透视规律外，还要了解基本的构图法则与视点的选择，具备扎实的手绘表现技巧。

合理的视点是表现画面最精华的部分、最主要的空间角落、最理想的空间效果、最丰富的空间层次的关键。

确定了视点也就确定了构图，好的构图通过活跃有序的画面构成所要表达的主题。在具体方案设计过程中，进行空间表现时，对于视点和角度的确定应注意以下几点：

1）在表现整体空间中，最需要表现的部分放在画面中心（图2-14）。

2）对于较小的空间要有意识地夸张，比时间空间相对夸大，并且要把周围的场景尽量绘制得全面。

3）尽可能选择层次较为丰富的角度，透视图中的前景、建筑物、背景三部分，要用不同明度对比区分，才可使前后景有深度感，突出画面主体。

4）在确定方案时，可徒手画一些不同视点的透视草图，择优选择。

5）画面应有虚实感，突出主要部分，强调主要部分的色彩、线条。

6）有透视感的配景：人、物、树木、汽车等，可以使画面不呆板，活泼生动，有深度感，不同的画面搭配不同的配景，突出想要表达的主题氛围（图2-15）。

图2-14　构图视点　　　　图2-15　人、物搭配构图

2.7.2　画面表现的基本规律

画面表现的技巧可以总结为：主观想法 + 切实有效的方法 = 生动感人的手绘表现图。应该遵循的原则有：

1）对比中求和谐，调和中求对比，展现均衡的对比美。

①形状的对比——对称形与非对称形，简单形与复杂形、几何形体（圆与方）的对比。

②虚实对比——突出重点，大胆省略次要部分。

③明暗对比——表现对象自身的明暗对比，区域性对比（黑衬白、白衬黑），突出表现重点，拉大空间层次。

2）统一中的渐变、和谐美，展现空间的渐增和渐减的进深韵律，产生特殊的视觉效果。

①从大到小的渐变——基本形由大到小的渐变和空间逐渐递增的变化。当基本形在一种有秩序的情况下逐渐变小，就会使人感到空间渐渐远离，能使画面有强烈的深远感和节奏感，起到良好的导向作用。

②明与暗的渐变——画面的明暗由强向弱逐渐转变是一种虚实关系的转换，易于表现画面的主次和空间的深度（图2-16）。

图 2-16　明与暗构图

2.7.3　彩色铅笔表现

彩铅效果图表现所追求的画面效果是浪漫清新、活泼而富于动感，是一种形式感较强的着色表达方式。彩铅表现的主要特色是利用它的特性来创造丰富的色彩变化，可以适当地在大面积的单色里调配其他色彩，加入的颜色应与主要颜色有对比关系。比如，描绘绿色的树冠，不能只用深绿、浅绿、墨绿等绿色系列，而要适量加入一些黄色或橙色，这样就会使画面的色彩层次丰富，艳丽生动，还能体现轻松、浪漫的气氛。

彩铅铅芯的着纸性能不如铅笔强，为了充分体现彩铅的色彩，拉开它们之间的明度（深浅）差别，在使用时必须适当加大用笔力度。彩铅的笔触是体现彩铅效果表现的另一个重要因素，并且注重一定的规律性。例如，使笔触向统一的方向倾斜，是一种效果非常突出的手法，很利于体现良好的画面效果。

对于画面整体色彩的对比与协调的艺术处理以及局部色彩的过渡与渐变，可以采用不同彩色线条的交叉排列、叠加组合，甚至还可发挥水溶性彩铅颜色易溶于水的特点，获取画面色彩的艳丽、丰富、笔触生动而富于刚柔变化的艺术效果（图 2-17）。

图 2-17　彩铅图

2.7.4 透明水色

图 2-18 多种水色调和

透明水色（以下简称水色）也称为照相色，是一种纯水性的浓缩颜料，使用时要大量加水稀释，与水彩的要求是一样的，甚至用水量要超过水彩。水色的色彩种类不多，调和能力较弱，同时调和色在调色盘中的效果与画纸面上的效果有出入，风干后甚至会完全变成另一种色彩。水色表现的色彩应该是简明、单纯、概括的，不要进行过度的色彩调和。水色不能像水彩那样色彩能够自然地扩散并融合，但是可以通过手工涂抹来进行虚化处理，使附加颜色扩散，并与底色达到一定程度的融合，形成相对柔和的自然效果。

水色表现需要强调速度，着色时尽量一次到位，没有必要分出明确的层次步骤，因为水色的渗透性非常强，短短几秒钟的时间，刚刚画上的颜色已经无法做虚化处理了。水色所表现出来的画面效果是柔中带刚，实中有虚，层次关系清晰透彻，干脆明了（图 2-18）。

水色是透明的，没有覆盖能力，但却有较强的色彩重合能力，同一种颜色在风干后进行叠加就会越来越重。风干后的颜色经常会出现斑驳不均的效果，明明是一种颜色，但是看上去感觉会很“花”。导致这种现象的主要原因：一是水分过大，造成过量淤积；二是颜色在调色盘中没有调和均匀；三是进行调和的颜色种类过多。

2.7.5 综合表现

在多元化艺术表现形式的时代，为了充分显示各自的特点，发挥各类技法的优势，更为了对景观设计理想效果的表现追求，不少设计师和专业表现画家也都早已打破画种之间的界限，或以一种技法为主再辅以其他技法；或以两种甚至三种、四种技法交替、穿插混合使用，互相掩盖各自的缺陷，发挥各自的优势，以使画面达到最佳的艺术效果。下面简单介绍几种配合方式。

1. 水彩为主,彩铅为辅的表现形式

水彩作为大面积底色铺垫，不需要深入刻画，明度关系表现以及一些细节处理由彩铅完成。水彩柔和清淡，彩铅笔触清晰，这种明显的对比是两者结合的主要效果体现，同时也使它们浪漫自由的共同效果特征得到了融合和升华。在搭配中彩铅所占的比例是很小的，强调点缀性、装饰性的效果。彩铅表现成分虽然少，但相比之下它对画面效果的直接影响力却大于水彩（图 2-19）。

2. 马克笔与彩铅搭配

马克笔与彩铅结合表现可适当增加画面的色彩关系，丰富画面的色彩变化，加强物体的质感，但不宜大面积使用。

图 2-19　水彩为主，彩铅为铺

若以彩铅表现为主，可以在彩铅铺设完了整体的色彩关系之后，再运用马克笔适当加重。

若以马克笔表现为主，可以在后期针对色彩不足的情况用彩铅局部铺设一些色彩，协调画面。

马克笔表现图有时会显得过于写意，结合彩色铅笔可以巧妙地衔接不同色彩补充底色，使整个画面变得生动、饱满。

3. 水色与马克笔（水性）搭配

水色作为底色铺垫，所占画面比例较大；马克笔负责拉开明度对比和层次关系，同时运用笔触效果优势来对形体进行点缀、修整，为画面增添活跃的气氛和节奏效果，它是画面整体效果体现的主要决定因素。

水色表现本身比较艳丽，而马克笔的色彩又是固定的，两者不能相互“争艳”，所以作为辅助配合，马克笔应该多使用灰色系列的色彩，尽量减少甚至不使用艳亮的颜色，由水色来负责体现画面的亮丽效果（图 2-20）。

4. 马克笔与水粉、水彩

马克笔与水粉、水彩的先后次序，可以根据画面要求而定。一般情况下马克笔常常在水粉、水彩表现接近完成时进行补充，运用得当可以达到事半功倍的效果，比一般画法省时、省力（图 2-21）。

图 2-20　水色与马克笔搭配

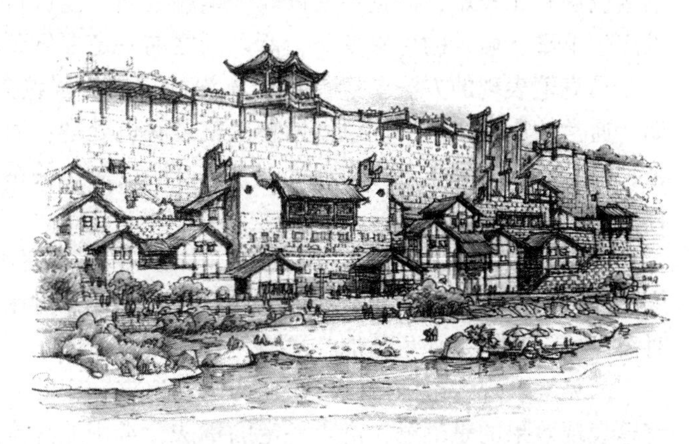

图 2-21　马克笔、水粉、水彩搭配

2.7.6 马克笔表现

马克笔画以其色泽剔透、着色简便、成图迅速、笔触清晰、风格豪放、表现力强等特点，越来越受到设计师的重视，成为方案草图和快速表现设计效果的主要手段（图2-22）。

图2-22 假山手绘

马克笔分为水性与油性两种。主要是通过线条的循环叠加来取得丰富的色彩变化。马克笔颜色调和比较难，而且不易修改，笔触之间只能进行叠加覆盖而不能达到真正的融合，很难产生丰富、微妙的色彩变化，所以画之前一定要做到心中有数。

马克笔表现的方法要遵循由浅入深的规律，强调先后次序来进行分层处理。在着色初期，通常使用较浅的中性色做铺垫，就是底色处理；而后逐步添加其他色彩，使画面丰满起来；最后较重的颜色进行边角处理，拉开明度对比关系，就是深色叠加浅色，否则浅色会稀释掉深色而使画面变脏。

本色叠加，略可加深色彩的明度和纯度，却改变不了色相，类似色叠加，既可获得明度，纯度的明显变化也能增加色相的过渡与渐变。对比色叠加会使色相变化十分明显，运用时需谨慎，特别是补色叠加，更容易发黑变灰。

马克笔表现效果强调用笔快速明确，追求一定的力度，一笔就是一笔。而最直接体现马克笔表现效果的是笔触，讲求一定的章法，常用的是排列形式。

马克笔的笔触可以随造型或透视关系进行排列，但在实际操作中，横向与竖向的笔触排列是最常用的，尤其是竖向笔触，比较适合体现画面视觉秩序。

马克笔不适合做大面积涂染，需要概括性的表达过渡，主要依靠笔触的排列来表现，利用折线的笔触形式，逐渐拉开间距，降低密度，区分出几个大块色阶关系。

2.7.7　水彩景观表现技巧

水彩表现是一种传统的、经久不衰的表现形式，其色彩透明且淡雅细腻，色调明快。画面清新工整，真实感强。作画时，色彩应由浅入深，并且要留出亮部与高光，绘制时还要注意对笔端含水量的控制。

运笔可用点、按、提、扫等多种手法，让画面效果富于节奏与层次感。水彩技法的纸张一般选择水彩纸，颜料选用水彩颜料，工具采用普通毛笔或平头、圆头毛笔。

水彩表现应使用铅笔或不易脱色的墨线勾画。线条一定要肯定、准确。根据明暗变化，远近关系渲染虚实效果，由浅至深，多次渲染，直至画面层次丰富有立体感。作画时不能急于求成，必须要等前一遍颜色干透后再继续上色，这样才能避免不必要的修改。另外叠加的层次不宜过多（图 2-23）。

图 2-23　水彩表现图

2.7.8　水粉景观表现技巧

水粉颜料色泽鲜明、浑厚、不透明，表现力强，有一定的覆盖力，便于修改，宜深入刻画。水粉颜料的调配方便自由，色彩丰富，画面显得比较厚重。

其对纸张要求不是特别严格，水彩纸、绘图纸、色纸等都能使用。绘制时一般按从远到近的顺序，许多色彩可以一次画到位，不用考虑留出亮色的位置，也不用层层罩色，对画面不满意还可以反复涂改。

水粉表现时应注意底色宜薄不宜厚，颜色中不宜加入过多白色，否则画面会显得过于灰暗。作图时常以湿画法来表现玻璃、天空等，即在第一遍水粉未干时画第二层或第三层，这样有利于质感的表现。而墙面、地面及配景则适宜使用干画法，即在已干的水粉上继续绘制。除此之外还要注意颜色的干、湿、厚、薄搭配使用，有利于画面层次的表现和虚实效果的表现（图 2-24）。

图 2-24　水粉表现图

2.8 园林景观设计常用尺寸

2.8.1 消防

1）消防车道宽度不应小于4m，转弯半径不应小于10m，重型消防车不应小于12m，穿过建筑物门洞时其净高不应小于4m，供消防车操作的场地坡度不宜大于3%。

2）高层建筑的周围应设有环形消防车道。当设环形消防车道困难时，可沿高层建筑两个长边设置消防车道。

3）消防车道距高层建筑外墙宜大于5m，消防车道上空4m范围内不应有障碍物。

4）小区内尽端式道路不宜大于120m，应设置不小于12m×12m消防回车场（考虑到车行方便及景观效果，一般尽端路超过35m设回车场）。

5）尽端式消防车道应设回车道或回车场。多层建筑群回车场面积不应小于12m×12m，高层建筑回车场面积不宜小于15m×15m，供大型消防车的回车场不宜小于18m×18m。

2.8.2 车道

1. 道路纵坡

在地形坡度较大的个别困难地段，道路纵坡极限值不宜大于11%，其坡长不大于80m，路面应有防滑措施。

2. 道路横坡

机动车、非机动车道路横向坡为1.5%~2.5%。人行道横坡为1.0%~2.0%。

3. 道路宽度

1）居住区级道路：红线宽度不宜小于20m。

2）小区级道路：路面宽6.0~9.0m；建筑控制线之间的宽度，需敷设供热管线的不宜小于14m；无供热管线的不宜小于10m。

3）组团路：路面宽3~5m；建筑控制线之间的宽度，需敷设供热管线的不宜小于10m；无供热管线的不宜小于8m。

4）宅间小路：路面宽不宜小于2.5m。

5）双车道：宽度在6.0~9.0m（场地主干道双车道宽度，小型车双车道最小宽6m，大型车双车道最小宽7m）。单车道：宽度在3.5~4m（车道兼具回车通道作用，应按照停车场标准设计车道宽度）。

4. 机动车最小转弯半径（道路内路牙最小半径）

1）对于车长不超过5m的三轮车、小型车，6.0m。

2）对于车长6~9m的一般二轴载重汽车、中型车，9.0m。

3）对于车长10m以上的铰接车、大型货车、大型客车等大型车，12.0m。

基地出入口转弯半径应适量加大。

5. 道路边缘至建、构筑物的最小距离

1）居住区道路的边缘是指红线；小区路、组团路及宅间小路边缘之路面边线；当小区设有人行便道时，其道路边缘是指便道边缘。

2）建、构筑物无组织排水，则为散水边缘至道路边缘。

2.8.3　人行道

人行道宽不小于1m，并按照0.5的倍级递增。路牙要求：车行与人行道之间路牙地面高度在100～200mm；人行道与草坪之间距离宜为0～120mm。

2.8.4　停车场

1）居住区内地面停车用地面积以小型车计算，停车场宜设置在行车方便、距建筑外墙面约6m，尽量不影响居民生活宁静和不影响景观环境的地段。

2）机动车停车场用地面积按照当量小汽车位数计算。停车场用地面积每格停车位为25～30m^2，停车位尺寸以2.5m×5.0m划分（地面划分尺寸）。

3）停车场的停车方式，根据地形条件以占地面积小、疏散方便、保证安全为原则，主要停车方式有平行式、斜列式、垂直式三种。

4）停车场最小坡度0.3%，与通道平行方向的最大纵坡为1%，与通道垂直方向为3%。

5）居民汽车停车率不应小于10%。

6）居住区内地面停车率（居住区内居民汽车的停车位数量与居住户数的比率）不宜超过10%。

7）居民停车场、库的布置应方便居民使用，服务半径不宜大于150m。

8）居民停车场、库的布置应留有必要的发展余地。

9）自行车停放每个车位尺寸为1.5～1.8m^2，摩托车每个车位尺寸为2.5～2.7m^2。

2.8.5　绿化覆土

1）地下设施覆土绿化构造层包括防水层、隔根层、排水层、过滤层、栽植土壤层、植被层。

2）如挖槽原土基本为自然土质（湿容重约为1600～1800kg/m^3），可回填实施绿化。回填厚度300cm，最低不小于150cm。不应回填渣土、建筑垃圾土和有污染的土壤。

3）如地下设施覆土厚度仅为150cm，为防止部分植物根系穿透防水层，需在防水层上面铺设隔根层。可用高密度聚乙烯土工膜、PVC卷材等多种材料，如用PVC卷材，厚度1～2mm，搭接宽度6cm。如地下设施边缘有侧墙，则应向侧墙面上翻1～35cm，排（蓄）水设施必须铺设在隔根层的上面。

4）为了防止栽植土壤经冲刷后细小颗粒随水流失，造成土壤中的成分和养料流失，并堵塞排水系统。应在排（蓄）水层上面铺设过滤层，并具有较强的渗透性和根系穿透性。可用级配砂石、细沙、土工织物等多种材料。如用双层土工织物材料，搭接宽度必须达到0.6～20cm，覆土时使用器械应注意不要损坏土工织物。

5）地下设施覆土绿化植物根系生长适宜的覆土厚度：大乔木根系生长：6～30cm；中、小乔木根系生长：100～150cm；大灌木根系生长：60～80cm；小灌木根系生长：40～50cm；宿根花卉根系生长：30～50cm；一二年生花卉根系生长：20～30cm。

2.8.6 植物与地下管线最小水平距离

1）公园的用地房屋和性质，应以批准的城市总体规划和绿地系统规划为依据。

2）市区级公园的范围线应与城市道路的红线重合，条件不允许时，必须设置通道，使主要出入口与城市道路衔接。

3）公园沿城市道路部分的地面标高应与该道路路面标高相适应，并采取措施，避免地面径流冲刷，污染城市道路和公园绿地。

4）沿城市主次干道的市区级公园主要出入口的位置，必须与城市交通和游人走向、流量相适应，根据规划和交通的需要设置游人集散广场。

5）公园沿城市道路和水系部分的景观，应与该地段城市风貌相协调。

6）城市高压输配电架空线通道内的用地不应按公园设计。公园用地与高压输配电架空线通道相邻处，应有明显界限。

7）城市高压输配电架空线以外的其他架空线和市政管线不宜通过公园，特殊情况时应符合以下规定：

①选线符合公园总体设计要求。

②通过乔灌木种植区的地下管线与树木的水平距离符合规定。

③管线从乔灌木设计位置下部通过，其埋深应大于1.5m，从现状大树下部通过，地面不得开槽且埋深应大于3m。根据上部荷载，对管线采取必要保护措施。

④通过乔木林的架空线，应能保证树木正常生长措施。

2.8.7 踏步与坡道

（1）踏步

1）踏步常用高度（H）及宽度（W），$H=0.12\sim0.15$m，$W=0.30\sim0.35$m；$2H+W=0.6\sim0.65$m。

2）可坐踏步：$H=0.20\sim0.35$m，$W=0.40\sim0.60$m。

3）连续踏步数最好不要超过18级，18级以上应在中间设休息平台，平台不小于1.20m。

（2）坡道

坡道最小净宽1.5m，平台最小净深2m。纵坡不大于2.5%。室外踏步级数超过了3级时，残障人轮椅使用扶手：$H=0.68\sim0.85$m。缘石坡道现通用三面坡及扇面坡，坡道下口高出车行道地面高差不得大于20mm。

2.8.8 场地及坡度

铺装场地面积应根据公园总体设计的布局来确定：

1）铺装场地应根据集散、活动、演出、赏景、休憩等功能要求做出不同的设计。

2）休憩场所应有遮阴措施，夏季庇荫面积应大于休憩活动面积的50%。

3）铺装场地内树木成年期限根系伸展范围内的地面，应采用透水、透气性铺装材料。

4）人行道、广场、停车场及车流量较少的道路应采用透水铺装，铺装材料应保证其透水性、抗变形及承压能力。

5）儿童活动场地应采用柔性、耐磨的地面材料，不宜采用外形尖锐的路缘石。

6）演出场地应用方便观赏的、设置适宜的坡度和观众席位。

7）人力修剪机修剪的草坪坡度不宜大于 25%。

2.8.9　空间尺度

1）在场地设计中 $D/H=1$、2、3 为最广泛应用的数值（D 为视点到建筑的距离，H 为建筑的高度）。实践证明，$D/H=1$：当处于 45°仰角时，是观赏任何建筑细部的最佳位置，相当于视点距离建筑物等高的位置。$D/H=2$：当处于 27°仰角时，视点距建筑物为建筑物高度 2 倍的距离，这时，既能观察到建筑的细部，又能感觉到对象的整体性，进则可观察细部，退则可观察整体，乃观察建筑的最佳观察点。$D/H=3$：当处于仰角 18°时，视距相当于建筑物高度的 3 倍，能感觉到以周围建筑为背景的十分清楚的主体对象。

2）人能较好地观赏景物的最佳水平视野范围在 60°以内，观赏建筑的最短距离应等于建筑物的宽度，即相应的最佳视区是 54°左右，大于 54°便进入细部审视区。

3）广场空间适宜尺度 6m 左右可看清花瓣，20～25m 可看到人的面部表情，这一范围通常组织为近景，作为框景、导景，以增加广场景深层次。中景约为 70～100m，可看清人体活动，一般为主景，要求能看清建筑全貌。远景 150～200m，可看清建筑群体与大轮廓，作为背景起衬托作用。作为人们休闲、活动的文化性广场，尺度是由其共享功能、视觉要求、心理因素和规划人数等综合因素考虑的，其长、宽一般应控制在 20～30m 为宜。在居住建筑或一般公共场地，尤其应避免大而空。

2.8.10　其他尺寸

1）步行适宜距离为 500.0m。

2）负重行走距离为 300.0m。

3）正常目视距离小于 100.0m。

4）观枝形距离小于 30.0m。

5）赏花距离为 9.0m。

6）心理安全距离为 3.0m。

7）谈话距离大于 0.70m。

8）居住区道路宽度大于 20.0m。

9）小区路宽度为 6.0～9.0m。

10）组团路宽度为 3.0～5.0m。

11）宅间小路宽度大于 2.50m。

12）园路、人行道、坡道宽 1.20m。

13）轮椅通过宽度大于等于 1.50m，轮椅交错宽度大于等于 1.80m。

14）尽端式道路的长度小于 120.0m，尽端回车场面积大于 12.0m×12.0m。

15）室内楼梯踏步：$H<0.15$m，$W>0.26$m；室外楼梯踏步：$H=0.12\sim0.16$m，$W=0.30\sim0.35$m；可坐踏步：$H=0.20\sim0.35$m，$W=0.40\sim0.60$m。

16）台阶长度超过 3m 或需改变攀登方向的地方，应在中间设置休息平台，平台宽度不小于 1.20m。

17）居住区道路最大纵坡坡度小于 8%；园路最大纵坡坡度小于 4%；自行车专用道路

最大纵坡坡度小于5%；轮椅坡道坡度一般为6%；人行道纵坡坡度小于2.5%。

18）无障碍坡道水平坡度一般为：1∶20、1∶16、1∶12、1∶10、1∶8。最大高度一般为（m）：1.50、1.00、0.75、0.60、0.35；水平长度一般为（m）：30.00、16.00、9.00、6.00、2.80。

19）室外座椅（具）高度为0.38～0.40m，宽度为0.40～0.45m，单人椅长度为0.60m左右，双人椅长度为1.20m左右，三人椅长度为1.80m左右，靠背倾角以100°～110°为宜。

20）扶手高度为0.90m（室外踏步级数超过了3级时），残障人轮椅使用扶手高度为0.68～0.85m，栅栏竖杆的间距小于1.10m。

21）路缘石高度为0.10～0.15m。水篦格栅宽度为0.25～0.30m。

22）车档高度为0.70m；间距为0.60m。

23）墙柱间距3～4m；一般近岸处水宜浅（0.40～0.60m），面底坡缓（1/3～1/5）；一般园林柱子灯高3～5m。

24）树池铸铁盖板：有1.2m、1.5m规格和圆、方外形。

25）低栏杆高度为0.2～0.3m；中栏杆高度为0.8～0.9m；高栏杆高度为1.1～1.3m。

26）亭高度为2.40～3.00m，宽度为2.40～3.60m，立柱间距为3.00m左右。廊高度为2.20～2.50m，宽度为1.80～2.50m。

27）棚架高度为2.20～2.50m，宽度为2.50～4.00m，长度为5.00～10.00m，立柱间距为2.40～2.70m。

28）柱廊：纵列间距为4～6m，横列间距为6～8m。

29）园路尺寸只要道路能满足生产、运输的要求，其密度就可以了。

一般绿地的园路分为几种：①主要道路，联系全园，必须考虑通行、生产、救护、消防、游览车辆，宽7～8m。②次要道路，沟通各景点、建筑，通轻型车辆及人力车，宽3～4m。③林荫道、滨江道和各种广场。④休闲小径、健康步道，双人行走1.2～1.5m，单人行走0.6～1m。健康步道是近年来最为流行的足底按摩健身方式，通过行走卵石路按摩足底穴位达到健身目的，但又不失为园林一景。

30）居住区的园路设计：①散步道为游人散步使用，宽1.2～2m；②台阶宽为30～38cm，高为10～15cm。

心理安全距离为3.0m，谈话距离大于0.70m。

31）水深：人工水体近岸附近2.0m范围内水深不得大于0.7m，否则应设护栏；无护栏的园桥、汀步附近2.0m范围内水深不得大于0.5m。儿童泳池水深以0.5～1.0m为宜，成人泳池水深以1.2～2m为宜。养鱼因鱼的种类不同而异，一般池深0.8～1.0m，并设有保证水质的措施。水生植物深度视不同植物而异，一般浮水植物（睡莲）水深要求0.5～2.0m，挺水植物（如荷花）水深要求1.0m左右。

32）汀步步距小于等于0.5m。低栏杆高度为0.2～0.3m；中栏杆高度为0.8～0.9m；高栏杆高度为1.1～1.3m。栏杆净空不大于0.11m。

33）亭高度为2.40～3.00m，宽度为2.40～3.60m，立柱间距为3.00m左右。廊高度为2.20～2.50m，宽度为1.80～2.50m。

34）照明灯：庭院灯一般高度为3～4m，间距一般为15～20m；草坪灯一般高度为0.3～1m，间距一般为5～8m。

第 3 章

园林植物景观设计

3.1 园林植物的种类

从方便种植设计的角度，园林植物依据其外部形态可分为乔木、灌木、藤本植物、草本花卉、草坪和地被植物六类。

3.1.1 草本花卉

草本花卉通常与地被植物相结合，组成特色鲜明的平面构图，布置成花坛、花池、花镜、花台、花丛等景观形式；还具有保持水土、防尘固沙、吸收雨水等生态功能。草本花卉通常具有色彩鲜艳、姿态优美、香味馥郁的观赏价值。根据其生长特性可分为一二年生花卉、多年生花卉和水生花卉。

3.1.2 草坪和地被植物

草坪和地被植物均有助于减少地表径流、防止尘土飞扬、改善空气湿度、降低眩光和辐射热。草坪是指多年生矮小草本植物，经人工密植修剪后，叶色或叶质统一，具有装饰和观赏效果，或者作为能供人休闲运动的坪状草地。草坪是地被植物的一种，但因在现代景观中大量使用和显著的地位而被单列一类。草坪是园林植物中养护费用最大的一类植物。地被植物是指植株紧密、低矮、用于装饰林下或林缘或覆盖地面，防止杂草滋生的灌木及草本植物。地被植物种类繁多，色彩斑斓，繁殖力强，覆盖迅速，维护简单，而且是构成自然野趣的有效手段。

3.1.3 藤本植物

藤本植物是既具功能性又具观赏价值的最经济的一类植物。它仅需极有限的土壤空间，便可创造最大化的绿化美化效果。它可以作为垂直绿化手段美化和软化城市的立交桥、陡峭裸露的挡土墙、生硬的建筑外立面；可以形成绿屏来划分空间，形成绿廊、花架廊为人们提供良好的视景和片片荫凉；还具备生态防护功能，尤其在城市建、构筑物结构体系的防护及针对陡坡、裸露岩石土壤的绿化、调节小气候方面表现突出。藤本植物本身无法直立生长，需要借助细长的茎蔓、缠绕茎、卷须、吸盘或吸附根等器官，依附其他物体或匍匐地面生长（图 3-1）。

图 3-1 垂直藤本植物景观小品

3.1.4 灌木

灌木长于提供尺度亲切的空间，利于屏蔽不良景物；由于接近人的视线，灌木的花色、果实、枝条、质地、形态等对于景观的构成起着很重要的作用；灌木对于减轻辐射热、防止光污染、降低噪声和风速、保持水土等方面起着很大的作用。灌木没有明显的主干，多呈丛生状，分枝点低至基部。灌木可分为大灌木（高于1.5m）和小灌木（低于1.5m）。

3.1.5 乔木

乔木是园林植物中的骨干，在分割空间、提供绿荫、调节气候、治理污染及提供景观季相变化等方面均起主导作用。乔木一般都具有较大的体量，有明显的主干，分枝点较高。依据高度差异可分为小乔木（5～10m高）、中乔木（10～20m高）、大乔木（20m以上）；依据叶片形状特征及其四季叶片脱落的情况，乔木可分为常绿阔叶植物、常绿针叶植物、落叶阔叶植物和落叶针叶植物。

图3-2 园林植物手绘

常见园林植物手绘如图3-2所示。

3.2 园林植物景观设计需考虑的因素及配置基本要求

3.2.1 园林植物景观设计需考虑的因素

1. 文化因素

植物栽培与造景要考虑文化内涵，互相结合才能使造景呈现诗情画意。设计稿中各种树木也各自有不同的文化内涵：如松为百木之长，被称为十八公，苍松翠柏是景观设计中重要的树种，“庭中无松，如画龙不点睛”。松柏树中常用在造景中的有五针松、马尾松、桧柏等，若苍松再配置以怪石，则更生古趣。

图3-3 常青藤像绿色瀑布一样垂落

（1）常见的植物景点造景手法（图3-3）

书带草，又名麦冬草。四季常青，栽于假山下、曲径旁、石阶边，有春意盎然之趣。

红枫，落叶乔木。栽于黄石旁，有秋意。

腊梅，落叶乔木。栽于石英石假山下，有冬意。

桃树、柳树，落叶乔木。一株桃花一株柳，栽于水湾道边，有闹春景象。

翠竹丛中，四季常青，错落置于风景石中，有雨后春笋景色。

兰草，植于湖石假山丛中，有画意。

岁寒三友，松、竹、梅，植于厅堂北窗外，如诗如画。

玉兰花，落叶乔木。种在堂前，寓意“玉堂富贵”。

广玉兰，常绿乔木，四季成荫。种植于庭院中，前面有金鱼池，寓意“金玉满堂”。

桂花（金桂、银桂），常青乔木。种厅堂前后，是中秋赏月的佳处，有“蟾宫折桂”之寓意。

（2）园林常用植物种植形式（图 3-4）

混植　列植　丛植　篱植　孤植

图 3-4　植物种植形式

孤植：乔木或灌木可采用孤立种植方法，突出树木个体形态之美。

对植：是一种对称和均衡的种植方法，按轴线关系显现对称美。

丛植：丛植是指二至十多株异种或同种的乔木、灌木，两株配合或三株配合的栽法。

混植：将植物混合栽种，能体现自然的美和随季相变化之美。

列植：指做队列状种植，体现整齐的序列美。

林植：指做丛林状种植，体现林木茂盛的美。

篱植：指做篱笆墙状种植，可起到围合、遮挡的作用。

2. 因地制宜（图3-5）

营建绿色生态环境，植物种类的选择应适合于该地区、地形、气候、土壤和历史文化传统，不能由于猎奇而违背自然规律。

首先要重视地方树种花木的种植，以便于其生长，形成地方特色。如四川成都称蓉城，以芙蓉花为特色花卉；洛阳称牡丹为花王；福州以榕树为特色；海南以棕榈为代表；扬州宜杨，以杨柳为特色，等等，当地的园林景观绿化就往往以上述地方树种为主。其次，在经营园林景观时，应考虑景观植物，注意保护特色树种，尽量保护已有的古树名木，因为一园一景易建，古树名花难求。

对于景观立意，可以借用植物来命名，如以梅花为主的梅园，以兰花为主的惠芝园，以菊花为主的秋英园，以翠竹为特色的个园、翠园。

在梅园中可建梅园亭，遍植红梅、白梅、腊梅；翠竹园可以建潇湘馆、紫竹院，以形成特色景点。

a）

b）

图3-5 因地制宜植物景观

a）竹子 b）菊花

3. 环境因素

（1）植物的非视觉品性 植物在庭园中最大的作用在于给人以赏心悦目的视觉享受，尤其是成群栽植更能形成动人的形式、纹理和颜色组合。但是在选择植物时，不要忽略了其他品性。

1）触觉吸引力。触摸植物可以带来很大的乐趣。儿童尤其喜欢这样做，如鸟羽般的青草，柔软的花朵和质地粗糙的树皮，仅仅是众多植物触觉体验中的几种。有些植物如长有刺状叶片的植物则有明显的威慑作用，以提醒游人应保持一定的距离。

2）香味。对于大多数人而言，园林中有芬芳的花香很重要。有些人对气味很敏感，但在狭小的空间中充斥着太多种浓香也可能令人反感。在植物设计中要审慎选择。同时，并非所有的香味在园林中都是受欢迎的，一般来说，植物花朵常常有甜雅的香味，叶片和树皮也会有芬芳的香味，但是，有些植物过于强烈的香味会吸引苍蝇，还有些植物散发着令人生厌的刺激性气味。

还有一些花木则是通过色彩变化或嗅觉等其他途径来传递信息的，如承德离宫中的

“金莲映日”和拙政园中的枇杷园等主要就是通过色彩来影响人的感受的。

3）声音。植物枝叶的摇动会发出声音。微风中，竹子会发出沙沙声，栖息在竹子中的野生动物，如小鸟的鸣叫声，可以为园林景观增加活力。随着景观植物的成熟，鸟的数量也会逐渐增多。

例如，拙政园中的听雨轩就是借雨打芭蕉产生的音响效果来渲染雨景气氛的。又如留听阁也是以观（听）赏雨景为主的，其东南两侧均临水池，池中遍植荷莲。此名即取于李义山“留得残荷听雨声”的诗句。借风声也能产生某种意境，例如承德离宫中的“万壑松风”建筑群，就是借风掠过松林而发出的涛声得名的。它们所创造出来的空间意境深深影响了人的感受。

(2）结构和围护作用　利用植物材料创造一定的视觉条件可增强空间感，提高视觉和空间序列质量。植物可用于空间中的任何一个平面，以不同高度和不同种类的植物来围合形成不同的空间。空间围合的质量决定于植物的高矮、冠形、疏密和种植的方式。

在进行庭园布置规划时，考虑到使用植物来规划庭园的空间结构，就决定了是否保留现有乔木以及绿篱的线型和位置。结构性植物与硬质景观同样重要，因此，在塑造不同空间时，应尽早做出这些决策。

适合发挥结构性作用的植物通常是可以常年维持高度和体量的乔木或灌木，但需要注意的是，有些多年生的大型草本植物也会显著地影响庭园的空间结构。

(3）主景、背景和季相景色　植物材料可做主景，并能创造出各种主题的植物景观，但作为主景的植物景观，要有相对稳定的植物形象，不能偏枯偏荣。植物材料还可做背景，但应根据前景的尺度、形式、质感和色彩等决定背景材料的高度、宽度、种类和栽植密度，以保证前后景之间既有整体感又有一定的对比和衬托。背景植物材料一般不宜用花色艳丽、叶色变化大的种类。

季相景色是植物材料随季节变化产生的暂时性景色，具有周期性，如春花秋叶便是园中很常见的季相景色主题。由于季相景色较短暂，而且是突发性的，形成的景观不稳定，因此通常不宜单独将季相景色作为园景中的主景。为了加强季相景色的效果，应成片成丛的种植，同时也应安排一定的辅助观赏空间，避免人流过分拥挤，处理好季相景色与背景或衬景的关系（图 3-6）。

图 3-6　主景、背景和季相景色合理配置

随着植物逐渐成熟和季节更替，植物的形态会发生显著变化：庭园中冬季的光秃景象与夏季枝繁叶茂的景象大相径庭；庭园新建时的景观与二十年后相比会差异很大。通过巧妙配置，保证四季皆宜，是种植设计中最大的挑战之一。

(4）障景、漏景和框景作用　障景是使用能完全屏障视线通过的不通透植物，达到全部遮挡的目的。漏景是采用枝叶稀疏的通透植物，其后的景物隐约可见，能让人获得一定的神秘感。

框景是植物以其大量的叶片、树干封闭了景物两旁，为景物本身提供开阔的、无阻拦的视野，以便有效地将人们的视线吸引到优美的景色上来，获得较佳的构图。框景宜用于静态观赏，但应安排好观赏视距，使框与景有较适合的关系。

(5) 改善环境　植物对环境起着多方面的改善作用，表现为净化空气、涵养水源、调节气温及气流、湿度等方面，植物还能给环境带来舒畅自然的感觉。

园林景观的美在于整体的和谐统一。植物应该和硬质景观相协调。植物可以作为视觉焦点，例如在视线末端种植一株观赏树，或者用修建灌木将视线引导到凉亭上。可以通过密实的植丛限定空间，或者特殊植物标识出方向的转变。另外，植物还能引导交通流线。无论是在城市还是乡村，都可以利用植物来统一园林内外的景观。

乡村园林中，种植乡土植物或者将其修剪成装饰形式，可以与周围环境相融合。城市园林中，植物的选择和布置可以模仿周边建筑的外形，也可以在外形上与建筑形成对比。

(6) 植物改善环境氛围的方式　园林植物色、香、味、形的千姿百态和丰富变幻为大自然增添了神秘莫测的色彩和无穷魅力。从事植物景观艺术设计，首先应从把握植物的观赏特性入手，了解植物不同生长时期的观赏特性及其变化规律，充分利用植物花（叶）的色彩和芳香，叶的形状和质地，根、干、枝的姿态等创造出特定环境的艺术氛围。

1）园林植物的纹理。植物的纹理是指叶和小枝的大小、形状、密度和排列方式，叶片的厚薄、粗糙程度、边缘形态等。植物的纹理通过视觉或触觉（主要是视觉）感知作用于人的心理，使人产生十分丰富而复杂的心理感受，对于景观设计的多样性、调和性、空间感、距离感以及观赏氛围和意境的塑造有着重要的影响。纹理可分为以下几种。

①粗质型。此类植物通常由大叶片、粗壮疏松的枝干及松散的树形组成。粗质型植物给人粗壮、刚强、有力、豪放之感，由于具有扩张的动势，常使空间产生拥挤的视错觉，因此不宜用在狭小的空间，可用作较大空间中的主景树，如鸡蛋花、七叶树、木棉、火炬树、凤尾兰、广玉兰、核桃、臭椿、二乔玉兰等（图3-7）。

图3-7　粗质型植物

②细密型。此类植物叶小而浓密，枝条纤细不明显，树冠轮廓清晰。有扩大距离之感，宜用于局促狭窄的空间，因外观文雅而细腻的气质，适合作背景材料，如地肤、野牛草、文竹、苔藓、珍珠梅、馒头柳、北美乔松、榉树等。

③中质型。此类植物是指具有中等大小叶片和枝干及适中密度的植物，园林植物大多属

于此类。

2）园林植物的形态。除了色彩对视觉感观的强烈冲击外，植物根、干、枝、叶及其整体的形状与姿态也是景观世界营造意境、引发联想、动人心魄的重要元素，如同色彩在人眼中具有“情感”一样，植物的形态也传递着各种信息，或欢快、或平静、或散漫、或向上、或振奋、或凄凉、或抒情、或崇高、或柔美、或颓废等，某种意义上与其说是植物的形态不如说是植物的情态更能体现植物对于景观设计主题及意境表现的意义。

图 3-8　植物的姿态

①植物的姿态（图 3-8）。植物的姿态是指某种植物单株的整体外部轮廓形状及其动态意象。植物的姿态是由其主干、主枝、侧枝和叶的形态及组合方式和组合密度共同构成的。园林植物物种千奇百怪，依据其动势总体概括起来可分为垂直向上型、水平伸展型和无方向型三类。

②干的形态。具观赏性的植物干的形态或亭亭玉立、或雄壮伟岸或独特奇异，其观赏价值主要依赖树干表皮的色彩、质感及树干高度、姿态综合体现的。如紫薇的干光滑细腻、白皮松平滑的白干带着斑驳的青斑、佛肚竹大腹便便、青桐皮青干直、龙鳞竹奇节连连、白色干皮的白桦亭亭玉立、紫藤的干蜿蜒扭曲等。

③枝的形态。植物枝的数量、长短、组合排列方式和生长方向直接决定了树冠的形态和美感。植物形态的千变万化的关键在于树枝形态的多样化，树枝形态可大致分为五类：向上型（榉树、龙柏、新疆杨、槭树、白皮松、红枫、泡桐等）、水平型（雪松、冷杉、凤凰木、落羽杉等）、下垂型（龙爪槐、龙爪柳、垂柳、垂枝榕、垂枝榆、垂枝山毛榉等）、匍匐型（平枝栒子、偃柏、铺地柏、连翘等）、攀缘型（五叶地锦、紫藤、凌霄、金银花、牵牛等）。

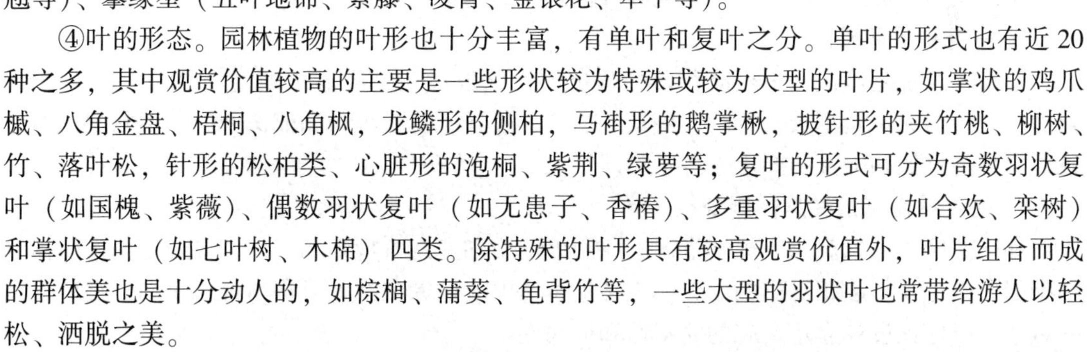

④叶的形态。园林植物的叶形也十分丰富，有单叶和复叶之分。单叶的形式也有近 20 种之多，其中观赏价值较高的主要是一些形状较为特殊或较为大型的叶片，如掌状的鸡爪槭、八角金盘、梧桐、八角枫，龙鳞形的侧柏，马褂形的鹅掌楸，披针形的夹竹桃、柳树、竹、落叶松，针形的松柏类、心脏形的泡桐、紫荆、绿萝等；复叶的形式可分为奇数羽状复叶（如国槐、紫薇）、偶数羽状复叶（如无患子、香椿）、多重羽状复叶（如合欢、栾树）和掌状复叶（如七叶树、木棉）四类。除特殊的叶形具有较高观赏价值外，叶片组合而成的群体美也是十分动人的，如棕榈、蒲葵、龟背竹等，一些大型的羽状叶也常带给游人以轻松、洒脱之美。

⑤根的形态。园林植物中大多数的根都生长在土壤中，只有一些根系特别发达的植物，它们的根暴露在地面之上高高隆起、盘根错节，具有非常高的观赏价值，它们常因奇特的形态而吸引人们的眼球，成为景观场所中引人注目的视觉焦点。自然暴露的树根都是植物适应当地气候条件的自然生理反应。如榕树的枝、干上布满气生根，倒挂下来犹如珠帘，一旦落地又变成树干，形成独木成林之象，十分神奇；又如池杉的根为了满足呼吸的需要露出水面，像人的膝盖一样；黄葛树的树根盘根错节，遒劲有力，很是壮观。

3）园林植物的色彩。色彩是景观世界在人眼中最直接和最敏感的反映，园林植物色彩的丰富程度是任何其他景观材料所无法企及的。不同的色彩在不同国家和民族有着不同的象征意义，不同的人对色彩也有不同的喜好。在人们的眼中植物的色彩是有感情的，不同的色彩有着不同的动静、冷暖、喜怒哀乐的指向，植物色彩在园林意境的创造、景物的刻画、景观空间的构图以及空间感的表现等方面都起着重要的作用。

植物的色彩主要指植物具观赏性的花、叶、果、干的颜色，总结归纳起来主要可分为红、橙、黄、绿、蓝、紫、白七大色系。

3.2.2 园林植物景观种植设计的基本要求

1. 符合用地性质和功能要求（图3-9）

在进行植物配置时，首先应立足于园林绿地的性质和主要功能。园林绿地的功能多种多样，其确定取决于其具体的绿地性质，而通常某一性质的绿地又包含了几种不同的功能，但其中总有一种主要功能。例如城市风景区的休闲绿地，应有供集体活动的大草坪或广场，同时还应有供遮阴的乔木和成片的层次丰富的灌木和花草；街道上的行道树，首先应考虑遮阴效果，同时还应满足交通视线的通畅；公墓绿化，首先应注重肃穆性意境的营造，大量配置常绿乔木。

图3-9 某建筑外藤本植物景观墙

2. 适地适树

适地适树是种植设计的重要原则。任何植物都有着自身的生态习性和与之对应的正常生长的外部环境，因此，因地制宜，选择以乡土树种为主，引进树种为辅，既有利于植被的生长繁茂，又是以最经济的代价获得地域特色效果的明智之举。

3. 符合构景要求

植物在景观艺术设计中扮演着多种角色，种植设计应结合其“角色”要求——构景要求展开设计，如：做主景、背景、夹景、框景、漏景、前景等。如前文所述，不同的构景角色对植物的选择和配置的要求也各不相同。

4. 配置风格与景观总体规划相一致

如前文所述，景观总体规划依据不同用地性质和立意有规则和自然、混合之分，而植物的配置风格也有与之相对应的划分，在种植设计中应把握其配置风格与景观总体规划风格的一致性，以保证设计立意实施的完整性和彻底性。

5. 合理的搭配和密度

由于植物的生长具有时空性，一棵幼苗经历几年、几十年才可以长成荫翳蔽日的参天大树，因此种植设计应充分考虑远期与近期效果相结合，选择合理的搭配和种植密度，以确保绿化效果。比如：从长远来看，应根据成年树冠的直径来确定种植间距，但短期成荫效果不好，可以先加大种植密度，若干年后再减去一部分树木；此外还可利用长寿树与速生树相互搭配，做到远近期结合。

植物世界种类繁多，要取得赏心悦目的景观艺术效果，就要善于利用各种物种的生态特性，进行合理的搭配。如利用乔木、灌木与地被植物的搭配，落叶植物与常绿植物的搭配，观花植物与观叶植物的搭配等。当然，这些搭配并非越丰富越好，而应视具体的景区总体规划基调而定。此外，合理的搭配不仅指植物组景自身的关系，还包含了景与景、景区间的自然过渡和相互渗透关系。

6. 全面、动态考虑季相变化和观形、赏色、闻味、听声上的对比与和谐

植物造景的最大魅力在于其盎然的生命力。随着季节的转换、时间的推移，景物悄然地变化着：萌芽、展叶、开花、红叶、落叶、结果，不起眼的树苗长成参天大树……此消彼长，传达出强烈的时空感（图 3-10）。

图 3-10　植物造景表现时空感

植物优美的姿态、绚丽斑斓的色彩、叶片伴着风声雨声的和鸣，或馥郁或幽然的芳香以及引来的蜂飞蝶舞调动着游人的感知系统，带给游人视觉、嗅觉、触觉、听觉等全方位美的享受。因此，不同于其他景观要素相对单一和静态的设计，种植设计要在全面、动态地把握其季相变化和时空变化过程中考虑植物观形、赏色、闻味、听声的对比与和谐，应保证一季突出，季季有景可赏。

3.3　园林植物景观配置形式

3.3.1　自然式

人们从自然中发掘植物的构成类型，将一些植物种类科学地组成一个群体。这与将植物作为装饰或雕塑手段为主的规则式种植方法有很大的差别。例如，19 世纪英国的威廉·罗宾逊（William Robinson）、戈特路德·吉基尔（Gertrude Jekyll）和雷基纳德·法雷（Regirlaid Farrer）等以自然群落结构和视觉效果为依据，对野生林地园、草本花镜和高山植物园进行了尝试性的种植设计，对自然式种植方式产生了一定的影响和推动。

在 19 世纪后期美国的詹士·詹森（Jens Jenson）提出了以自然的生态学方法来代替以往单纯从视觉出发的设计方法。1886 年他就开始在自己的设计中运用乡土植物，1904 年之后的一些作品就明显地具有中西部草原自然风景的模式。19 世纪德国的浮士特·鲍克勒（Fuerst Pueckler）也按自然群落的结构，采用不同年龄的树种设计了一批著名的公园（图 3-11）。

图 3-11　自然式种植植物

自然式种植注重植物本身的特性和特点，植物间或植物与环境间生态和视觉上关系的和谐，体现了生态设计的基本思想。生态设计是一种取代有限制的、人工的、不经济的传统设计的新途径，其目的就是要创造更自然的景观，提倡用种群多样、结构复杂和竞争自由的植被类型。例如，20 世纪 60 年代末，日本横滨国立大学的宫胁昭教授提出的用生态学原理进行种植设计的方法，就是将所选择的乡土树种幼苗按自然群落结构密植于近似天然森林土壤的种植带上，利用种群间的自然竞争，保留优势物种。两三年内可成形，10 年后便可成林，这种种植方式管理粗放，形成的植物群落具有一定的稳定性。

3.3.2 规则式

在西方规则式园林中，植物常被用来组成或渲染加强规整图案。例如古罗马时期盛行的灌木修剪艺术就使规则式的种植设计成为建筑设计的一部分。在规则式种植设计中，乔木成行成列地排列，有时还刻意修剪成各种几何形体，甚至动物或人的形象；灌木等距直线种植，或修剪成绿篱饰边、或修剪成规则的图案作为大面积平坦的构图要素。

随着社会、经济和技术的发展，这种刻意追求形体统一、错综复杂的图案装饰效果的规则式种植方式已显得陈旧和落后了，尤其是需要花费大量劳力和资金养护的整形修剪种植更不值得提倡。但是，在园林设计中，规则式种植作为一种设计形式仍是不可缺少的，只是需赋予新的含义，避免过多的整形修剪。例如，在许多人工化的、规整的城市空间中规则式种植就十分合宜。而稍加修剪的规整图案对提高城市街景质量、丰富城市景观也不无裨益。乔木是园中的主体，有时也偶尔采用雪松和橡树等常绿树。

18 世纪末到 19 世纪初，英国的许多植物园从其他国家尤其是北美引进了大量的外来植物，这为种植设计提供了极丰富的素材。以落叶树占主导的园景也因为冷杉、松树和云杉等常绿树种的栽种而改变了以往冬季单调萧条的景象。尽管如此，这种形式的种植仅靠起伏的地形、空阔的水面和溪流还是难以逃脱单调和乏味的局面。

美国早期的公园建设深受这种设计形式的影响。南·弗尔拉塞（Nan Fairbrother）将这种种植形式称为公园-庭园式的种植，并认为真正的自然植被应该层次丰富，若仅仅将植被划分为乔木灌木和地被或像英国风景园中采用草坪和树木两层的种植，都不是真正的自然式种植。

3.3.3 抽象图案式

由于巴西气候炎热、植物自然资源十分丰富，种类繁多，设计师从中选出了许多种类作为设计素材组织到抽象的平面图案之中，形成了不同的种植风格。从马尔克斯的作品中就可看出他深受克利和蒙特里安的立体主义绘画的影响。种植设计从绘画中寻找新的构思也反映出艺术和建筑对园林设计有着深远的影响。

在这些之后的一些现代主义园林设计师们也重视艺术思潮对园林设计的渗透。例如，某些设计作品中就分别带有抽象艺术和通俗的波普艺术的色彩。

这些设计师更注重园林设计的造型和视觉效果，设计往往简洁、偏重构图，将植物作为一种绿色的雕塑材料组织到整体构图之中，有时还单纯从构图角度出发，用植物材料创造一种临时性的景观。甚至有的设计还将风格迥异、自相矛盾的种植形式用来烘托和诠释现代主义设计（图 3-12）。

图 3-12　现代主义园景设计

3.4　园林植物景观配置

3.4.1　依据基地条件进行的配置

虽然有很多植物种类都适合于基地所在地区的气候条件，但是由于生长习性的差异，植物对光线、温度、水分和土壤等环境因子的要求不同，抵抗恶劣环境的能力不同，因此，应针对基地特定的土壤、小气候条件安排相适应的种类，做到适地适树（图3-13及图3-14）。

图3-13　某高尔夫球场

1）对不同的场地光照条件应分别选择喜阴、半耐阴、喜阳等植物种类。喜阳植物宜种植在阳光充足的地方，如果是群体种植，应将喜阳的植物安排在上层，耐阴的植物宜种植在林内、林缘或树荫下、墙的北面。

2）多风的地区应选择深根性、生长快速的植物种类，并且在栽植后应立即加桩拉绳固定，风大的地方还可设立临时挡风墙。

3）在地形有利的地方或四周有遮挡并且小气候温和的地方可以种些稍不耐寒的种类，否则应选用在该地区最寒冷的气温条件下也能正常生长的植物种类。

4）受空气污染的基地还应注意根据不同类型的污染，选用相应的抗污种类。大多数针叶树和常绿树不抗污染，而落叶阔叶树的抗污染能力较强，像臭椿、国槐、银杏等就属于抗污染能力较强的树种。

图3-14　某自然湿地景观

5）对不同pH值的土壤应选用的植物种类。大多数针叶树喜欢偏酸性的土壤（pH值为3.17~5.5），大多数阔叶树较适应微酸性土壤（pH值为5.5~6.9），大多数灌木能适应pH值为6.0~7.5的土壤，只有很少一部分植物耐盐碱，如乌桕、苦楝、泡桐、紫薇、白蜡、刺槐、柳树等。当土壤其他条件合适时，植物可以适应更广范围pH值的土壤，例如桦木最佳的土壤pH值为5.0~6.7，但在排水较好的微碱性土壤中也能正常生长。大多数植物喜欢较肥沃的土壤，但是有些植物也能在瘠薄的土壤中生长，如黑松、白榆、女贞、小蜡、水杉、柳树、枫香、黄连木、紫穗槐、刺槐等。

6）低凹的湿地、水岸旁应选种一些耐水的植物，例如水杉、池杉、落羽杉、垂柳、枫杨、木槿等。

3.4.2　依据比例和尺度进行的配置

植物的比例、外形、高度以及冠幅对于园林景观的氛围影响巨大。选择大小恰当的植物至关重要，如果植物过大，空间会过于幽闭；如果植物太小，空间就会缺乏围合和保护。植物应该与邻近的建筑、园林以及人体在尺度上相协调（图3-15）。

为了取得和谐统一的效果，不同群组的植物应该在比例和数量上相互协调。尽量用不同大小和形状的植物形成平衡的节奏。例如，如果园林的一侧种植一棵大型灌木，应采取相应措施在另一侧进行平衡。最简单的做法就是在对面位置种植一棵相同的植物，但是如果使用小灌木，单株可能不足以平衡大灌木产生的“视觉重量”，可能需要种植3棵或5棵。之所以说3棵、5棵，因为奇数配置可以形成较自然的效果，而偶数往往显得更规则。

图3-15　依据比例和尺度配置的自然园林景观

植物配置中要注重群组效果，而不能仅仅局限于单株形态。一株鸢尾无法与一棵圆形的大灌木取得平衡，但大片鸢尾的体量可与之相当。

在设计植物景观时，要确保园林不同区域的植物通过一定程度的重复而相互呼应。种植相同植物是避免场地中植物种类过多的好方法，而且这样种植比看上去很凌乱的“散点布置”更能形成强烈的视觉效果。

3.4.3　依据植物形态进行的配置

植物配置应综合考虑植物材料间的形态和生长习性，既要满足植物的生长需要，又要保证能创造出较好的视觉效果，与设计主题和环境相一致。一般来说，庄严、宁静的环境的配置宜简洁、规整；自由活泼的环境的配置应富于变化；有个性的环境的配置应以烘托为主，忌喧宾夺主；平淡的环境宜用色彩、形状对比较强烈的配置；空阔环境的配置应集中，忌散漫。

1. 种植层次

种植设计，无论是水平方向还是垂直方向，应尽量按照一定层次来配置植物。植床宽度应该能容纳一排以上的植物，从而使植物能够有前后的层次效果。所谓层次效果是指有些植物被前面的植物部分遮挡后形成的进深感。

在空间有限、植床狭窄的情况下。可以在垂直方向的层次上做文章，即模仿自然界中植物群落生存的情形。例如，在林地中，植物群落自然形成几“层”，大乔木在上层，小乔木和灌木在中层，草本植物和球根植物在最下层。

按照这种方式种植，可以在同一个地块形成几种景观效果，且整体效果好。例如，春季和秋季开花的球根植物可以种植在草本植物中间，上层的灌木和乔木在这两个季节亦有景可观。

2. 光线质量

植物的纹理会影响其吸收和反射光线的效果。有些植物叶片有光泽且反光，而有些植物叶片则粗糙且吸光。叶片光亮的植物可以使一个黑暗的角落赫然生辉，而叶面粗糙的植物可以作为很好的背景来衬托颜色艳丽的植物或者装饰性的元素（图 3-16）。

图 3-16　某古宅门前花簇与古树

园林设计中可以尝试使用不同的纹理，光滑的、粗糙的、金属质感的、皮毛质感的等。一般来说，应以一种质感为主，并在园林的不同区域重复出现，以增加不同地块间的联系。

3. 纹理

选择植物首先要考虑颜色和形状，然后就是叶片纹理。与布料等织物一样，植物叶片也有不同的粗糙度和光洁度。叶面的类型很多，从粗糙到细密，像软毛、天鹅绒、羊皮、砂纸、皮革和塑料等。为了最有效地展示植物的纹理，可以将纹理相差悬殊的植物对比配置。有些植物本身上部和下部的叶片就有显著差异。

3.4.4　依据颜色效果进行的配置

虽然硬质景观元素（如墙体和铺地）也是整个园林色彩构成的一部分，但是植物与园林色彩的联系可能更为密切。

在种植设计方面，你所喜欢的颜色搭配未必能适合现有的硬质景观颜色。更明智的做法往往是首先考虑背景，然后再选择相应的补色或者对比色。

植物的颜色可以突出整个园林的重点。例如，植物的颜色搭配可以影响空间的透视感。冷色（如淡蓝色、淡褐色、白色和灰色）植物如果布置在稍远的位置，将会有延伸空间深度的效果。

暖色（如大红色、亮黄色）植物由于更容易引人注目，所以有一种感觉比实际距离观者更近的效果。出于这方面考虑，应避免在面对重要景点的道路旁使用强烈的颜色，以免与整体景观发生冲突，分散对主景的注意力。

虽然花朵的颜色为大多数人关注，但是在进行种植设计时，应该对保留时间更长久的叶片、树皮和枝干的颜色予以重视（图 3-17）。

图 3-17　某城郊植物景观植物色彩规划方案效果图

叶片的颜色很多，仅就绿色系而言就有黄绿色、灰绿色和蓝绿色等。此外，还有紫色系、红色系和黄色系等。有些植物的新生叶片呈现嫩绿色、黄色甚至是粉色，成熟时颜色就会变深变暗。植物颜色的季节变化也能形成令人惊叹的美景。

喜酸性土壤的植物，秋季时叶

片的颜色会从橙黄色变成红色，再变成深紫色。在秋日的阳光下，这种丰富的跳动颜色可以使整个园林异常地缤纷绚丽。有些植物，尤其是落叶乔木和灌木，其树皮和枝干的色彩在冬季有很好的观赏价值。

光线影响人们对颜色的感知，所以画家们喜欢在光线变化相对较小的朝北房间作画。当光线强度增加时，所有的颜色都显得很淡，但是很强的色调（如亮红色和橘黄色）比淡的颜色有更多的光泽。

典型热带地区中，在阳光的强烈照射下，淡的颜色几乎被完全“漂白”了。在温带地区，天空中略带蓝色的光线下，颜色的区分更明显，淡色倾向于变浓，而浓的颜色看上去更加浓丽。

当傍晚来临太阳变红时，亮色先是变得更加浓重，然后逐渐变深呈紫色直至黑色。更淡的颜色，尤其是白色，将会在其他颜色变弱后还持续发亮。可以利用这种现象配置阴暗处的植物（图3-18）。

图3-18　根据阳光变化配置阴暗处植物

3.4.5　依据种植间距大小进行的配置

作种植平面图时，图中植物材料的尺寸应按现有苗木的大小画在平面图上，这样，种植后的效果与图面设计的效果就不会相差太大。无论是视觉上还是经济上，种植间距都很重要。

稳定的植物景观中的植株间距与植物的最大生长尺寸或成年尺寸有关。在园林设计中，从造景与视觉效果上看，乔灌木应尽快形成种植效果、地被物应尽快覆盖裸露的地面，以缩短园林景观形成的周期。因此，如果经济上允许的话，一开始可以将植物种得密些，过几年后逐渐减去一部分。

种植设计中可以考虑增加速生种类的比例，然后用中生或慢生的种类接上，逐渐过渡到相对稳定的植物景观（图3-19）。

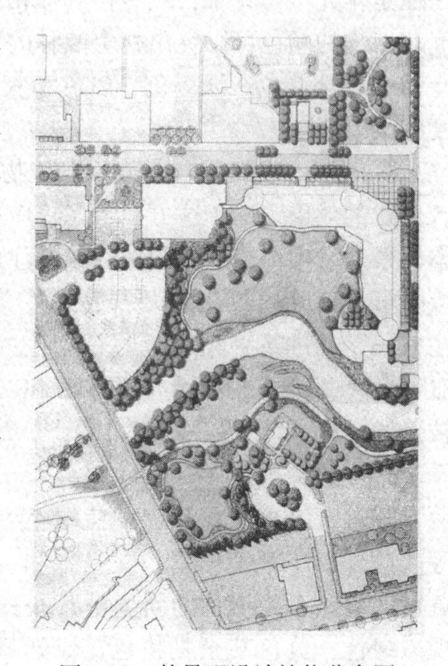

图3-19　某景观设计植物分布图

3.4.6　依据植物种植风格进行的配置

凡是一种文化艺术的创作，都有一个风格的问题。园林植物的景观艺术，无论它是自然生长或人工的创造（经过设计的栽植），都表现出一定的风格。而植物本身是活的有机体，故其风格的表现形式与形成的因素就更为复杂一些。一团花丛，一株孤树，一片树林，一组群落，都可从其干、叶、花、果的形态，反映于其姿态、疏密、色彩、质感等方面，而表现出一定的风格。

如果再加上人们赋予的文化内涵、诗情画意、社会历史传说等因素，就更需要在进行植物栽植时加以细致而又深入的规划设计，才能获得理想的艺术效果，从而表现出植物景观的艺术风格来。下面简要介绍几类植物风格。

3.4.7　以植物的生态习性为基础，创造地方风格进行的配置

植物既有乔木、灌木、草本、藤本等大类的生态特征，更有耐水湿与耐干旱、喜阴喜阳、耐碱与怕碱，以及其他抗性（如抗风、抗有害气体等）和酸碱度的差异等生态特性。如果不符合植物的这些生态特性，就不能生长或生长不好，也就更谈不上什么风格了（图 3-20）。

图 3-20　创造植物生态习性风格景观

如垂柳好水湿，适应性强，有下垂而柔软的枝条、嫩绿的叶色、修长的叶形，栽植于水边，就可形成“杨柳依依，柔条拂水，弄绿搓黄，小鸟依人”般的风韵。

油松为常绿大乔木，树皮黑褐色，鳞片剥落，斑然入画，叶呈针状，深绿色；生于平原者，修直挺立；生于高山者，虬曲多姿。孤立的油松则更见分枝成层，树冠平展，形成一种气势磅礴、不畏风寒、古拙而坚挺的风格。

如果再加“拟人化”，将松、竹、梅称为“岁寒三友”，体现其不畏严寒、超逸、坚挺的风格；或者以“兰令人幽、菊令人雅、莲令人淡、牡丹令人艳、竹令人雅、桐令人清……”来体现不同植物的形态与生态特征，就能产生“拟人化”的植物景观风格，从而也能获得具有民族传统的园林植物景观艺术效果。

由于植物生态习性不同，其景观风格的形成也不同。除了这个基础条件之外，就一个地区或一个城市的整体来说，还有一个前提，就是要考虑不同城市植物景观的地方风格。有时，不同地区惯用的植物种类有差异，也就形成不同的植物景观风格。

植物生长有明显的自然地理差异，由于气候的不同，南方树种与北方树种的形态如干、叶、花、果也不同，即使是同一树种，如扶桑，在南方的海南岛、湛江、广州带，可以长成大树，而在北方则只能以“温室栽培”的形式出现。即使是在同一地区的同一树种，由于海拔高度的不同，植物生长的形态与景观也有明显的差异。然而，就整体的植物气候分区来说，是难以改变的，有的也不必去改变，这样才能保持丰富多彩、各具特色的植物景观风格。我国北方的针叶树较多，常绿阔叶树较少。如在东北地区自然形成漫山遍野的各种郁郁葱葱、雄伟挺拔的针叶林景观，这种景观在南方就很少见；而南方那幽篁蔽日、万玉森森的高耸毛竹林，或疏林萧萧、露凝清影的小竹林，在北方则难以见到。除了自然因素以外，地区群众的习俗与喜闻乐见，在创造地方风格时，也是不可忽略的，如江南农村（尤其是浙北一带）家家户户的宅旁都有一丛丛的竹林，形成一种自然朴实而优雅宁静的地方风格；在北方黄河流域以南的河南洛阳、兰考等市、县，则可看到成片、成群的高大泡桐，或环绕于村落，或列植于道旁，或独立于园林的空间，每当紫白色花盛开的 4 月，就显示出一种硕

大、朴实而稍带粗犷的乡野情趣。

如北方沈阳的小南街，在20世纪五六十年代，几乎家家户户都种有葡萄。每当初秋，架上的串串葡萄，清香欲滴，形成这一带市民特有的庭院风格，与西北地区新疆伊宁的家居葡萄庭院遥相呼应，这都是受群众喜闻乐见而形成的庭院植物景观风格。

所以说，植物景观的地方风格，是受地区自然气候、土壤及其环境生态条件的制约，也受地区群众喜闻乐见的风俗影响，离开了它们，就谈不到地方风格。因此，这些就成了创造不同地区植物景观风格的前提。

3.4.8 以文学艺术为蓝本，创造诗情画意等进行的配置

园林是一门综合性学科，但从其表现形式发挥园林立意的传统风格及特色来看，又是一门艺术学科。它涉及建筑艺术、诗词小说、绘画音乐、雕塑工艺等诸多的文化艺术。

中国传统园林发展至唐宋以来形成的文人园林中，这些文学艺术气息与思想就更为直接或间接地被引用或渗透到园林中来，甚至成为园林的一种主导思想，从而使园林成为文人们的一种诗画实体。在诸多的艺术门类中，文学艺术的“诗情画意”对于园林植物景观的欣赏与创造和风格的形成，尤为明显（图3-21）。

图3-21 艺术创意风格景观

植物形态上的外在姿色、生态上的科学生理性质，以及其神态上所呈现的内在意蕴，都能以诗情画意做出最充分、最优美的描绘与诠释，从而使游园的人获得更高、更深层次的园林享受；反过来，植物景观的创造如能以诗情画意为蓝本，就能使植物本身在其形态、生态及神态的特征上，得到更充分的发挥，也才能使游园者感受到更高、更深层次的精神美。“以诗情画意写入园林”，是中国园林的一个特色，也是中国园林的一种优秀传统：它既是中国现代园林继承和发扬的一个重要方面，也是中国园林植物景观风格形成中的一个主要因素。

3.4.9 依据设计者的学识、修养和品位，创造具有特色的多种风格进行的配置

园林的植物风格，还取决于设计者的学识与文化艺术修养。即使是在同样的生态条件与要求中，出于设计者对园林性质理解的角度和深度差别，所表现的风格也会不同。而同一设计者也会因园林的性质、位置、面积、环境等状况不同而产生不同的风格。

在同一个园林中，一般应有统一的植物风格，或朴实自然，或规则整齐，或富丽妖娆，或淡雅高超，避免杂乱无章，而且风格统一更易于表现主题思想（图3-22）。

在大型园林中，除突出主题的植物风格外，也可以在不同的景区栽植不同特色的植物，采用特有的配置手法，体现不同的风格。如观赏性的植物公园，通常就是如此。由于种类不同，个性各异，集中栽植，必然会形成各具特色的风格。

大型公园中，常常有不同的园中园，根据其性质、功能、地形、环境等，栽植不同的植

物，体现不同的风格。尤其是在现代公园中，植物所占的面积大，提倡“以植物造景”为主，就更应多考虑不同的园中园有不同的植物景观风格。植物风格的形成，除了植物本身这一主要题材之外，在许多情况下，还需要与其他因素作为配景或装饰才能更完善地体现出来。如高大雄浑的乔木树群，宜以质朴、厚重的黄石相配，可起到锦上添花的作用；玲珑剔透的湖石，则可配在常绿小乔木或灌木之旁，以加强细腻、轻巧的植物景观风格。

从整体来看，如在创造一些纪念性的园林植物风格时，就要求体现所纪念的人物、事件的事实与精神，对主角人物的爱好、品味、人格及主题的性质，发生过程等，作深入的探讨，配置与之外貌相当的植物。如果只注意一般植物生态和形态的外在美，而忽略其神韵的一面，就会显得平平淡淡，没有特色。

当然，也并不是要求每一块的植物配置都有那么多深刻的内涵与丰富的文化色彩，但既谈到风格，就应有一个整体的效果，尽量避免些小处的不伦不类、没有章法，甚至成为整体的“败笔”（图3-23）。

图3-22　某校园内景观休闲区

图3-23　没有章法的创意景观

故植物配置并不只是要“好看”就行，而是要求设计者除了懂得植物本身的形态、生态之外，还应该对植物所表现出的神态及文化艺术、哲理意蕴等，有相应的学识与修养。这样才能更完美地创造出理想的园林植物景观风格（图3-24）。

图3-24　某休闲度假中心休息区植物景观

园林植物景观的风格依附于总体园林风格：一方面要继承优秀的中国传统风格；另一方面也要借鉴外国的、适用于中国的园林风格。现代的城市建设，尤其是居住区建设中，常常出现一些“欧陆式”“美洲式”“日本式”的建筑风格，这使中国园林的风格也多样化了。但从植物景观的风格来看，如果在全国不分地区大搞草皮，广栽修剪植物，就不符合中国南北气候差别、城市生态不同、地域民俗各异的特点了。

在私人园林中选择什么样的树种，体现什么样的风格，多由园林主人的爱好而定，如陶渊明爱菊，周敦颐爱莲，林和靖爱梅，郑板桥喜竹，则其园林或院落的植物风格，必然表现出菊的傲霜挺立、莲的皓白清香、梅的不畏严寒以及竹的清韵萧萧和刚柔相济的风格。从植物的群体来看，大唐时代的长安城，栽植牡丹之风极盛，家家户户普遍栽植，似乎要以牡丹的花大而艳、极具荣华富贵之态，来体现大唐盛世的园林风格一样。

以上诸例，或从整体上，或从个别景点上，以不同的植物种类和配置方式，都能表现私人园林丰富多彩的植物配置风格。

3.4.10 以师法自然为原则，依据中国园林自然观进行的配置

中国园林的基本体系是大自然，园林的建造应以师法自然为原则，其中的植物景观风格也当然如此。尽管不少传统园林中的人工建筑比重较大，但其设计手法自由灵活，组合方式自然随意，而山石、水体及植物乃至地形处理，都是顺其自然，避免较多的人工痕迹。中国人爱好自然，欣赏自然，并善于把大自然引入到我们的园林和生活环境中来。

3.4.11 植物景观配置实践案例及欣赏

1. 绿篱

我国“以篱代墙”的造景手法十分悠久，素有“折柳樊圃”“兰薄户树，琼木篱些”的诗句流传至今。从“篱”的字形演变和字面上理解，可以猜测早期的绿篱是运用竹子对空间进行分隔的。

图 3-25 绿篱色块

随着时代发展，西方景观设计理念也不断涌入国内，横纹绿篱、绿篱色块渐渐遍布各地，如图 3-25 所示。

现代对绿篱的定义是：凡是由灌木或小乔木，以近距离的株行距密植而成，或成行成列分隔空间，或形成精美图案式效果，或覆盖建筑物墙面的藤蔓植物的，都被称为绿篱，如图 3-26 所示。

图 3-26 经典绿篱景观

（1）绿篱的种类

1）绿篱的高度划分

①绿墙高 1.8m 以上，能够完全遮挡住人们的视线。

②高绿篱在1.2～1.8m，人不能跨越而过，多用于绿地的防范、屏障视线、分隔空间或作其他景物的背景。

③中绿篱高0.6～1.2m，有很好的防护作用，多用于种植区的围护及建筑基础种植。

④矮绿篱高0.5m以下，多用于花镜镶边、花坛、草坪图案花纹。

2）绿篱的外形划分

①规则式绿篱：规则栽植，修剪成一定的几何外形，如方形、曲线形等，如图3-27所示。

②自然式绿篱：任由绿篱植物自然生长，不加修剪。其中有一些植物是直立生长的，另一些植物的枝条呈放射状生长。

③藤蔓绿篱：由木本或草本的常绿或落叶藤蔓植物构成。这类藤蔓植物常用架或竹篱供其攀缘，有时也用于覆盖建筑物的墙面。

图3-27 规则式绿篱

④栅绿篱：间隔规整，成行栽植的灌木，修剪成方形、球形等形状。

⑤模纹绿篱：经过精心布置与修剪，形成精美的几何图案效果，如图3-28所示。

3）按植物的类型划分

①绿（树）篱：由乔木或灌木构成，包括常绿和落叶种类。

②花篱：由花色鲜艳或繁花似锦的种类构成。

图3-28 几何图案绿篱

③果篱：由果色鲜艳、果实累累的种类构成。

④刺篱：由具刺的灌木组成，防止外界入侵。

（2）绿篱的功能

1）空间功能

①边界。当绿篱作为边界使用时，具有一定的边界效应。作为绝对的边界，绿篱替代实体围墙来作为场地的分界线，既起到边界的作用，又达到了美化环境的效果；作为相对的边界，绿篱也可以用来暗示边界。

②围合。空间的围合能创造领域感和归属感，符合人的心理需求。而不同的围合形式产生不同封闭的效果，通过合理设计绿篱的围合形式，可以达到需要的效果。用绿篱进行空间围合时，还须考虑绿篱围合空间的竖向高度，不同高度的绿篱所形成的空间封闭性也有很大的差异。

③引导。在园林空间中，绿篱既具备植物自然的特性，又能像实体墙那样，组合出不同

的空间。因此，绿篱的这种特性使得其很适合布置在道路的两侧，形成狭长的空间，引导游人向远端眺望，去欣赏远处的景点，如图 3-29 所示。

2）景观功能

①主景。绿篱是园林植物造景的一种方式，当它作为主景时，其形式既可以是大型的组合式植坛，也可以是小型的精雕细琢式的组合景观。当绿篱景观作为空间主景时，我们必须考虑人视角的问题；绿篱作为局部空间的主景，同样需要处理好与空间的关系，其关键就是控制好景物的高度和宽度。

图 3-29　引导作用的绿篱

②衬景。绿篱作为衬景，既可以是某些花坛、花镜、雕塑、喷泉等的大背景，也可以配置在园林小品旁，起烘托气氛作用。用绿篱作为空间衬景时，必须正确处理好主从之间的关系，使得衬景与主景相互协调，相互联系。

3）生态功能

①降低噪声。当声波遇到植物所组成的屏障时，部分声波被吸收，部分声波被反射。理想状态下灌木丛对声波的衰减作用比乔木强。绿篱一般由灌木或小乔木密植而成，在城市绿化中绿篱的种植密度高于一般林带的密度，有更好的降噪效果。

②调节微气候。绿篱通过对风向、风速以及地面温度的影响来实现微气候的变化。在外部空间设计时，可以利用绿篱改变微气候的机理，科学合理地布局各功能区。

③生态廊道。城镇规划设计时，在人类使用强度高的地区通过绿篱网络化的方式来构建城市生态基础设施。这种做法可以减弱城市化对生态环境的影响，是维护城市生态系统平衡的有效手段之一。

想要最大化地发挥其作用，首先需利用绿篱形成连续紧密的生态廊道，然后通过人为的改造和拼接来形成生态廊道网络。绿篱生态廊道的设计应结合绿篱的布局现状，以增强生态廊道的连通性为目的，并考虑道路的走向和建筑的布局，尽可能地形成公共空间。

4）美化挡土墙

为了避免挡土墙在立面上的单调枯燥，常在挡土墙的前方栽植绿篱。

绿篱在园林绿化中的应用非常广泛，如能与生产结合将取得更好的收益。如杞柳、紫穗槐、雪柳等，其枝条剪下来可以编筐；香水玫瑰、金银花、葡萄等均具有较高的经济价值。

2. 竹景观

竹，形态优美，具有极高的观赏性；能净化空气；具有庞大的地下根系，保持水土能力很强。竹林的屏障具有较好的防风、抗震能力，生态效益十分明显；竹是浅根系树种，并能横向扩展，而且具有覆盖保护作用。竹乃常绿树种，又不开花，无花粉散播；繁殖容易，养护管理费用低；不同种类高矮、叶形、姿态、色泽各异，用作景致搭配效果理想。

竹的造景功能主要体现在可以利用不同形态的竹，采用不同的种植方式营造不同的景观空间。

（1）统一空间　以大面积竹林面植或线植、带状的列植，可使公共开放空间中的景致和谐划一，如公园绿地、人行步道的街景，不仅有掩饰作用，又有统一的效果，如图 3-30 所示。

图 3-30　统一空间

（2）协调空间　以竹类做绿篱，可使修剪过的植物造型与建筑物的外观相呼应，使周围环境更为协调，如图 3-31 所示。

（3）分隔空间　可依照基地的实际需要，选用竹类形成各种高度不等的绿篱，借以划分大小不同的空间，如图 3-32 所示。

图 3-31　协调空间

图 3-32　分隔空间

（4）改造地形　部分竹类可为地被植物，如岗姬竹，可依照庭园的地形起伏，作高度不等的变化，如图 3-33 所示。

图 3-33　改造地形

（5）柔化线条　选择较低矮的竹类，如观音竹，在屋基、墙角种植，以其独特的形态与质地柔化建筑物的生硬线条，可使得空间显得和谐而有生气，如图 3-34 所示。

3. 园林花镜

在园林景观中，总有一些细节让人耳目一新，比如园林中的花镜，就能让人感受到林缘地带野花交错盛开的浪漫情怀。其实，在园林景观塑造过程中，如果有了那些林缘或灌草结合的花镜，就会起一个点睛之笔的作用，这就像普普通通的衣服，如果镶了花边，加了淡雅的流苏，就凸显了少女的纯真浪漫

图 3-34　柔化线条

之美。

（1）花镜的起源　园林花镜源于英伦，发展最成熟的国家也首推英国。花镜和花坛、花带等的区别，就像自然风景式造园和其他西方古典式造园的区别，在于其源于自然、表现自然、回归自然的形式和本质。

（2）花镜的特点　花镜模拟自然界林缘地带的多种野生花卉交错生长的状态；它追求“虽由人作，宛自天开”“源于自然高于自然”的艺术手法。

（3）花镜的分类

1）路缘花镜，是设置在道路一侧或两侧的花镜。

2）林缘花镜，是布置在树林边缘、以乔木或灌木为背景的花镜。

3）隔离带花镜，是布置在道路或公园隔离带中的花镜。

（4）花镜的位置图　想要做好一个花镜，就要从画图开始，花镜的图分为位置图、平面图、立体效果图。花镜位置图是为了表现所在位置的周边环境以及光照、风向等自然条件。

1）花镜的平面图通常在图纸上先画出花镜的轮廓线。方便在每一个轮廓线内确定植物的分布。

2）立面效果图是为了确定花镜在立面的层次关系，同时在施工时对植物的位置能有一个更确切和感性的认识。

（5）花镜的营造

1）花镜一般都是在灌木种植完成后，最后一道营造工序，具体步骤：根据场地特性（大小、重要程度、周边植栽品种），构思方案，备苗。

2）土方精细整理，根据方案高低关系，可适当做微地形。

3）确立好1个或2个或3个点，采用规格高的苗。

4）根据叶片的大小、颜色，花朵的颜色，合理搭配布置第二层次。

5）将最矮小的花卉，根据色叶区分搭配于最外层。

6）总体上把控高低层次、色块大小、色叶变化等。

在营造过程中，要随时清理多余的材料，保持场地干净整洁，有利于理清营造思路，如图3-35所示。

图3-35　花镜

（6）花镜植物选择　不要过于贪图植物的多样化，要从品种之间的合理搭配以及高低错落考虑，根据季节变化，选择错季植物，如图3-36所示。

图3-36　花镜植物搭配

（7）花镜植物的配置　尝试多种造型、双面造型，多利用周边景观进行造型。

（8）花镜的季节考虑　落叶与常绿相搭配，保持绿性植物的主题骨架，确保在冬季依旧能够保持花镜的意境，及时补充时令花卉，如图 3-37 所示。

（9）花镜的养护　花镜不能做到一次造景终生免修，一定要及时修剪造型，发现枯死的要及时补苗、修剪枯枝残叶，防止虫害。

（10）花镜植物的最佳搭配（图 3-38 ~ 图 3-41）

图 3-37　花镜植物季节性配置

图 3-38　大丽花或小丽花灯花镜

图 3-39　野蔷薇花镜

图 3-40　亚洲百合花镜

图 3-41　虞美人花镜

3.5　园林植物景观手绘表现方法

植物的手绘表现方法是学习园林设计时必须掌握的，也是园林整体设计表现的一个重要部分。要画好植物，准确体现园林设计的意图，一方面要求对各类植物的外形、特征、生长特性加以了解和掌握，另一方面也离不开实践操作，多做写生、观察、绘图工作。

树木的平面符号是便于在植物配置平面图中，清晰地表明树木的种类和配置情况。因此其符号是以树冠为直径，按制图比例画入平面图内的。其符号形状的产生是根据不同树种，以俯视角度看树而产生的平面圆形状。为了便于识别，根据树种特征进行不同树种的画法。分别有：针叶树、常绿阔叶林、阔叶树、落叶树、热带树。符号中圆心一般表示树干中心和栽植位置，其画法可以用圆形模板，也可以徒手绘画（图3-42）。

图3-42　园林植物景观手绘表现

地被草地的平面画法：在画地被、草花植物时，为了区分不同的种类，我们往往会用直线或云纹即大小弧线框出所种植的范围后，在框内画一些接近花形或叶形的符号来区别。比如：草坪的平面表示，在框好的直线范围内，用碎点或短线排列表示。而草花就可以用象征性的符号来代替。如花形的喇叭形，在圈好的种植范围内就可以画三角形符号代替花的品种，这样可以在种植品种较多的情况下，便于区别，但是要注意的是平面图不能太琐碎，以防破坏整体画面。框内的符号不宜过于密集，还是以易区别、整体效果好为准（图 3-43）。

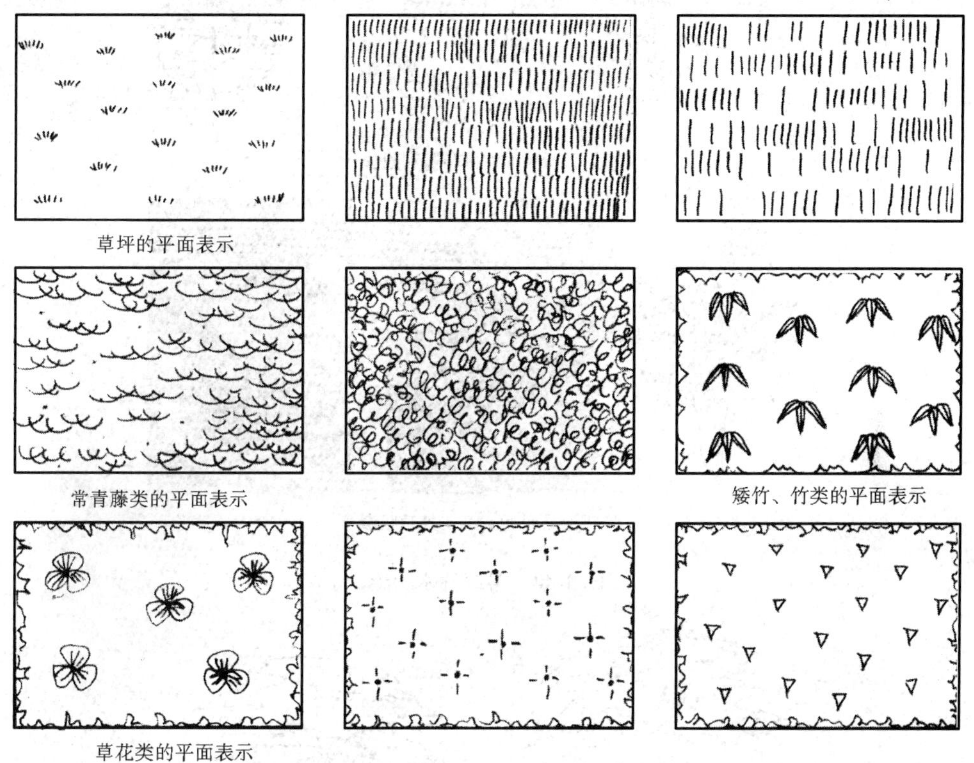

图 3-43　地被草地的平面表示

常绿树的枝叶结构一般长得比较紧密，树形清晰，画时要注意树的外轮廓特征。先画树的外形，再根据光线走势画树叶。接近光源的枝叶清淡疏松，暗部的枝叶浓黑密集。画时可分组来画。树叶的层次和立体感的表现，还可以在用笔上加以表现，用轻重、缓急、深浅、大小来区分前后的关系。

常绿树的树叶有朝上长的，也有朝下的。可以根据实际情况在基本形上加以替换后变为其他所需的树种。

总之，画常绿树的关键是以抓住树木的整体形态为准，如图 3-44 所示。

落叶树表现手法多种多样，可以根据自己的喜好选择。这一组落叶树，是以树叶的整体分组分层构成的画法。先画一组一组的树叶层次，然后添加树干。也可以先画树枝的主干和枝干，画时有意留出画树叶的空白，然后再画一组一组的树叶。也有不画树叶只画树干和树枝的，一般画冬天的树可以这样表达，如图 3-45 所示。

冬季的落叶树主要表现树的枝干骨架，画时要注意层次和分枝的生长趋向，抓住树木的特征和生长形态，笔触要有轻有重，不能平均用力。画枝干时需要考虑到粗细、远近、轻重、疏密等处理方法，笔触要自然。

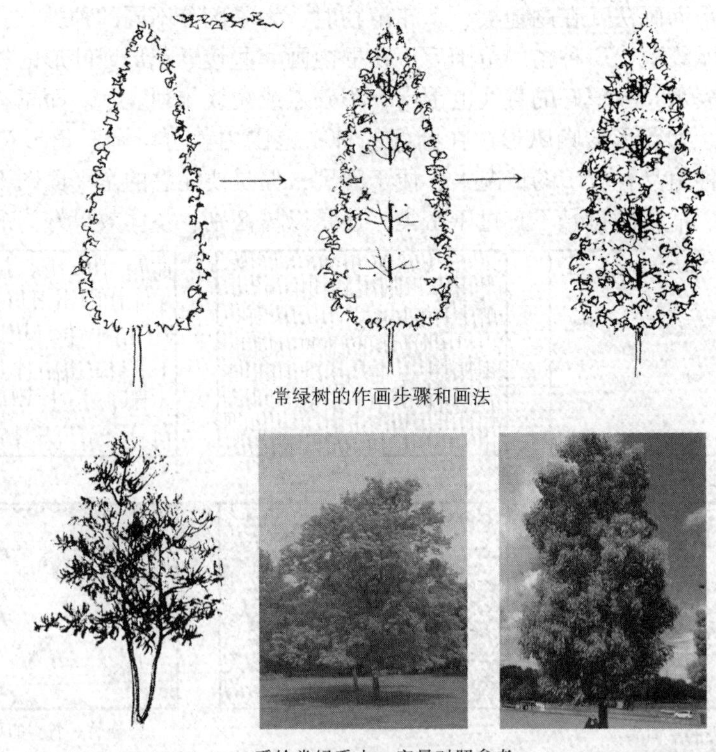

常绿树的作画步骤和画法

手绘常绿乔木，实景对照参考

图 3-44　常绿乔木手绘

落叶树多样画法参考

落叶乔木实景对照参考

图 3-45　落叶乔木手绘

绿篱的作用是分隔空间，因此栽植比较密，以形成一道绿墙。画规整的绿篱时一般在长宽高的基本体块上作画，画时除了注意植物的生长结构外，还要注意体块的受光面不同所产生的黑、白、灰不同的植物面（图 3-46）。

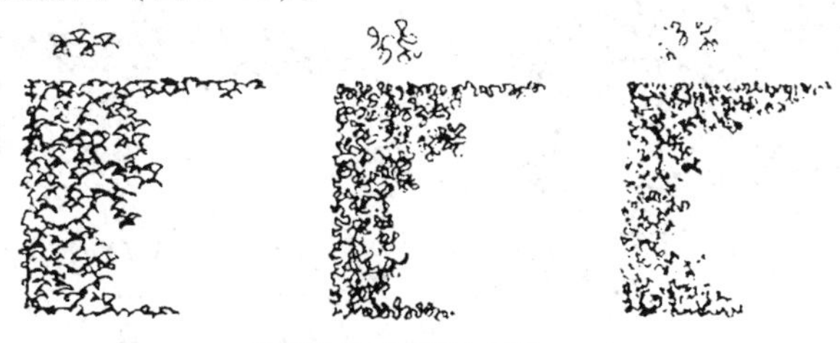

绿篱的作画步骤和画法

绿篱的平面画法

图 3-46　绿篱手绘

攀缘植物一般是以画树叶为主，用连贯缠绕的画法尽可能画出自然盘绕的感觉，树叶要画得有疏有密，之后在穿插的树叶中添加时隐时现的攀缘植物主枝干（图 3-47）。

图 3-47　攀缘植物手绘

竹子和芦苇的画法一般是先画枝干：竹子枝干是一节一节的，这一特征要把它表现出来，然后添加竹叶。画竹叶要注意竹叶的交错自然、疏密有致，竹叶一般集中在主干的上半部，下半部表现的是清晰的裸露的竹竿，芦苇枝干虽然也是一节一节的，但比较细，容易被风吹得倾斜，直接用粗线画出长短不一的倾斜线条，然后在斜线上面添加枝叶就可以了，如图 3-48 所示。

竹子和芦苇的画法

芦苇植物园林实景对照参考

竹子类植物园林实景对照参考

图 3-48　竹子与芦苇手绘

第 4 章

园林建筑小品设计

4.1　园林装饰类小品设计

4.1.1　园林装饰小品设计理论

1. 园林装饰小品的类型

园林建筑装饰小品一般具有简单实用功能，又具有装饰品的造型艺术特点。在园林中既作为实用设施，又作为点缀风景的装饰小品。其体量小巧，造型新颖，立意有章，富有园林特色和地方风格。因此它既有园林建筑技术的要求，又含有造型艺术和空间组合上的美感要求。

园林建筑装饰小品主要指：园椅、园灯、园林展览牌、园林景墙及窗门洞、栏杆、花格、瓶饰、花池、花坛、园林果皮箱、饮水池等。

2. 园林装饰小品的设计要点

（1）符合使用功能及技术要求　园林建筑装饰小品大多具有实用功能，因此应符合实用功能及技术上的要求。如园林栏杆对高度就有规定的要求；园林座凳就要求符合游人就座休息的尺度要求等。

（2）将人工融于自然　园林建筑装饰小品设计应遵循“虽由人作，宛自天开”原理。追求自然，精于人工。装饰小品制作是人工的工艺过程，将人工与自然浑然一体，则是设计者的匠心所在。如在自然风景树木之下，设置自然山石修筑成的山石桌椅，体现自然之趣（图 4-1）。

图 4-1　公园标牌的设置与环境的融合

（3）精于体宜　体量适宜是园林空间与景物之间最基本的体量构图原则，建筑装饰小品作为园林的陪衬，一般在体量上应力求精巧，不可喧宾夺主，不可失去分寸，力求得体。在不同大小的园林空间中，应有相应的体量要求与尺度要求，如园林灯具，在大的开敞广场中，设巨型灯具，有明灯高照的效果；而在小庭院、小林荫曲径之旁，宜设小型园灯，不但体量要小，而且造型更应精致。如喷泉的大小、花台的体量等，均应根据其所处的空间大小，确定相应的体量。

（4）巧于立意　园林建筑装饰小品对周围人们的感染力，不仅在于形式的美，更重要的在于有深刻含意，表达一定的意境和情趣。因此，设计时应巧于构思。我国传统园林中常在庭院的白粉墙前置玲珑山石、几竿修竹，粉墙花影恰似一幅古典水墨画的再现，很有感染力。

（5）独具特色　园林建筑装饰小品应突出地方特色、园林环境特色及单体的工艺特色，使其具有独特的格调，切忌生搬硬套，切忌雷同，如北京人大会堂运用的玉兰灯具，典雅大方，适得其所。广州某园水畔边设水罐形的灯具，造型简洁，灯具紧靠地面，与花卉绿草融成一体，独具环境特色。

3. 花坛的类型和设置方式

花坛是具有一定几何轮廓的种植床，其内种植各种植物构成鲜艳色彩或华丽纹样的装饰图案，以供欣赏，如图4-2所示。

花坛根据外部轮廓造型可分为：独立花坛、组合花坛、立体花坛。

（1）立体花坛　由两个以上的独立花坛叠加、错位组合而成，在立面上形成具有高低变化、外观造型上协调统一的种植床（图4-3）。

图4-2　组合花坛

花坛一般设置在道路的交叉口、公共建筑的正前方、园林绿地的入口处、广场的中央、游人视线交汇处（即视觉中心）。布置方式如图4-4所示。

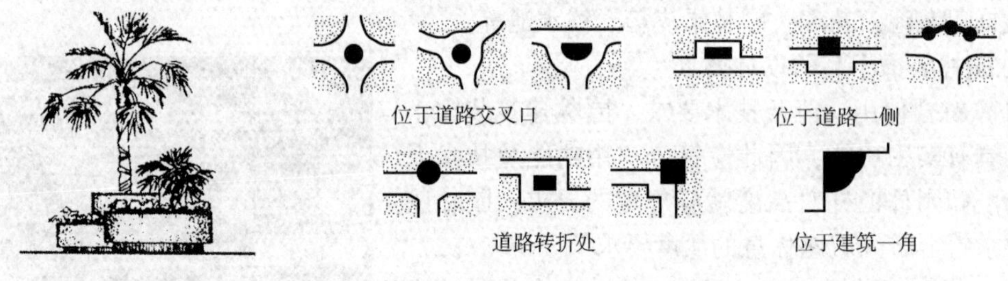

图4-3　立体花坛　　图4-4　花坛布置的位置选择

（2）独立花坛　以单一的平面几何轮廓作为构图主体，在造型上具有相对独立性。圆形、正方形、长方形、三角形、六边形等为常见形式。在中国古典园林庭院中常用自然山石作独立的花坛（即花台）（图4-5）。

（3）组合花坛　由两个以上的独立花坛组成，在平面上组成一个不可分割的构图整体。也称花坛群。组合花坛的构图中心可以采用独立花坛，也可以是水池、喷泉、雕塑、亭等。组合花坛内的铺装场地和道路允许游人入内活动。大规模组合花坛铺装场地的地面上，可设置座椅、花架，供人休息观赏，也可利用花坛边缘设置隐形座凳（图4-6）。

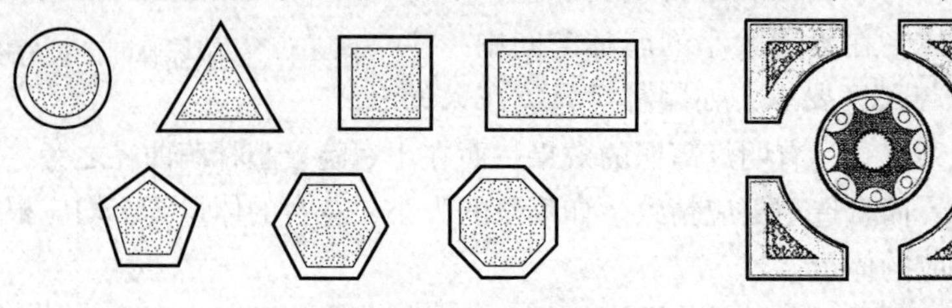

图4-5　独立花坛常见形式　　图4-6　组合花坛

4. 园椅的位置选择

1）选择在需要休息的地段，结合游人体力，按一定行程距离或经一定高程的升高，在适当的地点设置休息椅，尤其在大型园林中更应充分考虑按行程距离设置园椅。

2）根据园林景致布局上的需要，设置园椅以点缀园林环境、增加情趣。如在园林风景优美的一隅，在林间花畔、水边、崖旁、山腰台地、山顶等，都是园椅必设之处，既要做到环境优美，又要有景可赏，有景可借。在游人驻足停留、稍作休息时，可以欣赏周围景色。也可以结合各种活动的需要设置园椅，有大量人流活动的园林地段，就有设置休息园椅的需要，如各种活动场所周围、出入口、小广场周围等，均宜布置园椅。

3）园椅布置要考虑地区的气候特色及不同季节的需要。如在湿热地区，宜在通风良好处布置园椅，以迎轻风；在干热地区则宜将园椅布置在荫凉之处，以求凉爽；而在浓雾迷漫地区，宜将园椅设置在阳光充足的场地、草坪中，以求日晒。要考虑不同季节气候变化的因素，一般冬季需背风向阳、接受日晒，忌设在寒风劲吹的风口处；夏季需通风荫凉，忌设在骄阳暴晒之处，以利消暑。

4）园椅布置要考虑游人的心理，不同年龄、性别、职业以及不同爱好的游人喜好选择设置在不同位置上的园椅。有的需要单人安静休息；有的需多人聚集进行集体活动；有的希望尽量接近人群，以取热闹气氛；有的需要回避人群，需有较私密的环境等。在设置园椅时应对各种游人心理予以充分考虑。

5. 园椅的设置

设在道路旁边的园椅，应退出人流路线以外，以免干扰人流，妨碍交通，在其他地段设置园椅亦需遵循这一原则（图 4-7）。

图 4-7　园椅与树池组合

广场设园椅，因有园路穿越，一般宜用周边式布置，有利于形成良好的休息空间及有效的利用空间，同时有利于形成空间构图中心，并使交通畅通，不受园椅的干扰。

结合建筑物设置园椅时，其布置方式应与建筑使用功能相协调，并衬托、点缀室外空间。亭、廊、花架等休憩性建筑，经常在两柱间设置靠背椅，充分发挥休憩建筑的使用功能。而服务性园林建筑如小卖部、冷饮店、照相部等，其使用特点为室内与室外空间相融，园椅设置应尽量有利于扩大室外、室内使用空间，并取得良好的休息环境；因此，园椅设置方式经常成为建筑室内空间的延伸，或空内外空间的连接，或成为围合室外空间的设施。

应充分利用环境特点，结合草坪、山石、树木、花坛布置园椅，以取得具有园林特色的效果。

4.1.2　园林花坛设计实践

1. 砌体结构花坛的材料选择与组砌

花坛的种植床通常由砌体结构围护形成。花坛的砌体结构通常是由砌筑砖、天然石材、砌块、混凝土或钢筋混凝土砌筑而成。花坛主要是以砖砌体为主。

（1）砖砌体结构材料　砌体结构是由砌块和砂浆组合而成的。砌筑用砖可分为空心砖和普通砖两种，普通砖是指孔洞率<15%的砖；空心砖是指孔洞率≥15%的砖，我国普通砖尺寸为240mm×115mm×53mm，如包括灰缝，其长、宽、厚之比为4:2:1，即一个砖长等于两个砖宽加灰缝（115mm×2+10mm），或等于四个砖厚加灰缝（53mm×4+9.3mm×3）。空心砖尺寸分两种：一种是符合现行模数制，如190mm×190mm×190mm，考虑灰缝，即为200mm×200mm×200mm，或符合现行普通砖模数，如240mm×180mm×115mm。砌体砖尺寸见表4-1。

表4-1　砌体砖规格尺寸

名称	长/mm	宽/mm	厚/mm
普通砖	240	115	53
空心砖	190	190	90
	240	115	90
	240	180	115

砌墙砖强度由其抗压及抗折等因素确定，共分为MU30、MU25、MU20、MU15、MU10、MU7.5六个等级。

砌墙用砂浆常用水泥砂浆、水泥石灰砂浆（混合砂浆）、石灰砂浆、黏土砂浆几种。水泥砂浆常用于砌筑有水位置的砌体（如基础）；水泥石灰砂浆由于其和易性好被广泛用于砌筑主体；石灰砂浆及黏土砂浆由于其强度小而多用于砌筑荷载不大的砌体。

砌筑砂浆强度是由其抗压强度确定的，共分为M15、M10、M7.5、M5、M2.5、M1、M0.4七个等级。

由于普通砖的尺寸不符合模数要求，在工程实践中，常用一个砖宽加一个灰缝（115mm+10mm=125mm）为尺寸基数确定各部分尺寸。砖砌体厚度尺寸见表4-2。

表4-2　砖砌体厚度尺寸

砌体厚名称	1/4砖	1/2砖	3/4砖	1砖	3/2砖	2砖	5/2砖
标志尺寸/mm	60	120	180	240	370	490	620
构造尺寸/mm	53	115	178	240	365	490	615

（2）砖砌体的组砌方式　砖砌体的组砌方式是指砖在砌体内的排列方式。为了保证砌块间的有效连接，砖砌体的砌筑应遵循内外搭接、上下错缝的原则，上下错缝不小于60mm，避免出现垂直同缝。

实心砖砌体的组砌方式有；一顺一丁式、多顺一丁式（三顺一丁、五顺一丁）、十字式、全顺式、二平一侧式（图4-8）。

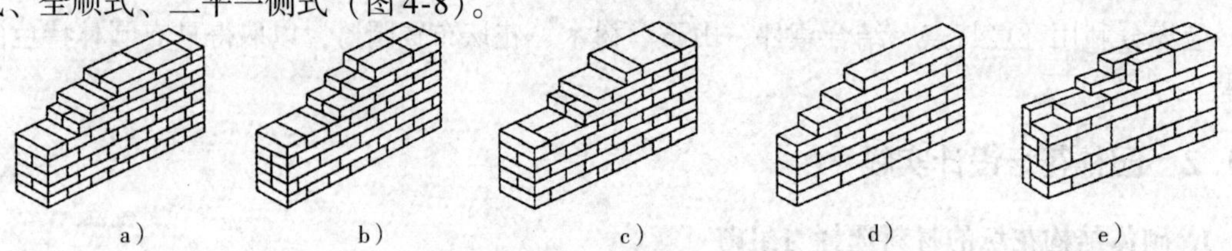

a）　b）　c）　d）　e）

图4-8　实心砖砌体的组砌方式

a）一顺一丁式　b）多顺一丁式　c）十字式　d）全顺式　e）二平一侧式

1）一顺一丁式：整体性好，砌体交接处砍砖较多。

2）多顺一丁式：砌筑简便、砍砖较少。但强度比一顺一丁式要低。

3）十字式：砌筑较难，砌体整体性较好，且外形美观，常用于清水砖砌体。

4）全顺式：只适用于半砖厚砌体。

5）两平一侧式：只适用于 180mm 厚砌体。

空心砌体的组砌方式分为有眠和无眠两种。其中有眠空心砌体常见的有：一斗一眠、二斗一眠、三斗一眠。无眠空心砌体及有眠空心砌体的组砌方式见图 4-9。

砌体结构的砌筑材料除采用上述普通砖、空心砖外，还可根据实际情况采用砌块、石材等。

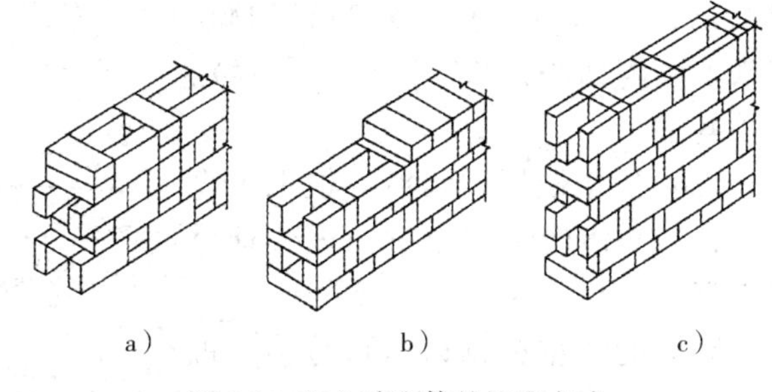

图 4-9 空心砖砌体的组砌方式

a）无眠空斗墙 b）一斗一眠空斗墙 c）三斗一眠空斗墙

2. 花坛表面的装饰设计

花坛表面装饰总的原则是应与园林的风格和意境相协调。花坛的表面装饰可分为砌体材料本色装饰、装饰抹灰、贴面饰面三大类。

（1）砌体材料本色装饰　花坛砌体材料主要是砖、石块、卵石等，通过选择砖、石的颜色、质感，以及砌块的组合变化，砌体之间的勾缝的变化，形成美的外观。石材表面加工通过留自然荒包、打钻路、扁光、钉麻石等方式可以得到不同的表面效果。

（2）贴面饰面　是把块料面层（贴面材料）镶贴到基层上的一种装饰方法。贴面材料主要有饰面砖、天然饰面板、人造石饰面板、卵石贴面等。用于花坛饰面的饰面砖有：外墙面砖，表面分为有釉和无釉两种，一般规格为 200mm × 100mm × 12mm、150mm × 75mm × 12mm、75mm × 75mm × 8mm、108mm × 108mm × 8mm 等；陶瓷锦砖，即马赛克。天然饰面板主要包括：花岗岩饰面板、青石饰面板等。对天然饰面板表面加工后可分为 4 种表面形式板材：剁斧板、机刨板、粗磨板、磨光板。人造石饰面板主要包括水磨石饰面板，是用大理石石粒、颜料、水泥、中砂等材料经过选配、制坯、养护、磨光打亮制成。

（3）抹灰装饰　根据使用材料、施工方法和装饰效果的不同，可分为水刷石、水磨石、斩假石、干黏石、喷砂、喷涂、彩色抹灰等。为使抹灰层与基层黏结牢固，防止起鼓开裂，并使抹灰表面平整，一般应分层涂抹，即底层、中层和面层。底层主要起与基层黏结的作用，中层主要起找平的作用，面层起装饰作用。装饰抹灰所用的材料主要是起色彩作用的石渣、彩砂、颜料、白水泥等。彩色石渣是由大理石、白云石等石材经破碎而成的，用于水刷石、干粘石等。花岗岩石屑主要用于斩假石面层。彩砂主要用于外墙喷涂。

4.1.3 园林园椅设计实践

1. 园椅的造型

椅面形状应考虑就坐时的舒适感，应有一定曲线，椅面宜光滑、不存水。选材要考虑容易清洁，表面光滑，导热性好等。椅前方落脚的地面应置踏板，以防地面被踩踏成坑而积水，不便落座。

园椅的造型根据形式可分为：直线型（包括长方形和正方形），曲线型（包括环形和圆形)，多边型（包括多角形和连续折线形)，混合型（直线加曲线形)，仿生模拟型，多功能组合型等（图4-10）。

（1）曲线型园椅　特点是柔和丰满、流畅、和谐生动、自然得体，可取得变化多样的艺术效果。

（2）直线型园椅　制作简单、造型简洁，下部通常有向外倾斜的腿，扩大了底脚面积，给人产生一种稳定的平衡感。

（3）仿生模拟型园椅　模拟生物构成，运用仿生学和力学原理合理设计造型。

园椅的造型根据风格可分为：古典型，现代型，异域风格型（欧式古典、民族风格等）（图4-11、图4-12）。

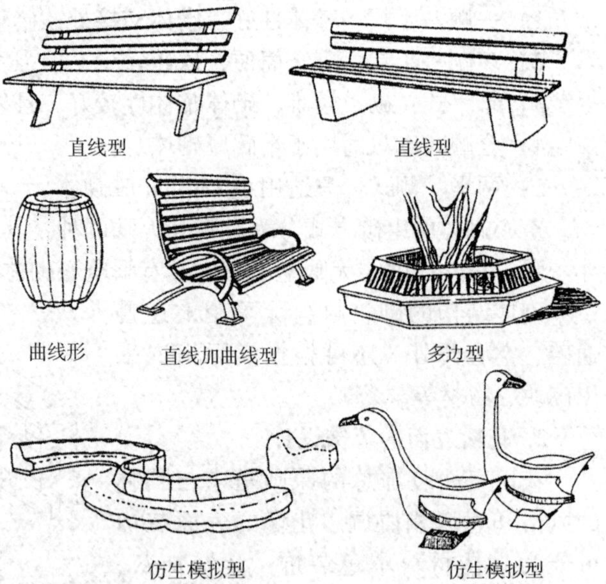

直线型　直线型

曲线形　直线加曲线型　多边型

仿生模拟型　仿生模拟型

图4-10　园椅的造型

2. 常用园椅的尺寸要求

园椅主要功能是供游人就坐休息，因此要求园椅的剖面形状符合人体就坐姿势，符合人体尺度，使人坐着感到自然舒适。

椅子的适用程度取决于坐板与靠背的组合角度及椅子各部分的尺寸是否恰当。一般椅子的尺寸要求：坐板高度350～450mm，坐板水平倾角6°～7°，椅面深度400～600mm，靠背与坐板夹角98°～105°，靠背高度350～650mm，座位宽度600～700mm/人。

图4-11　古典造型的园椅

图4-12　现代造型的园椅

一般园林中常用桌子尺寸：桌面高度700～800mm，桌面宽度700～800mm（四人方桌）或桌面直径750～800mm（四人圆桌）（图4-13）。

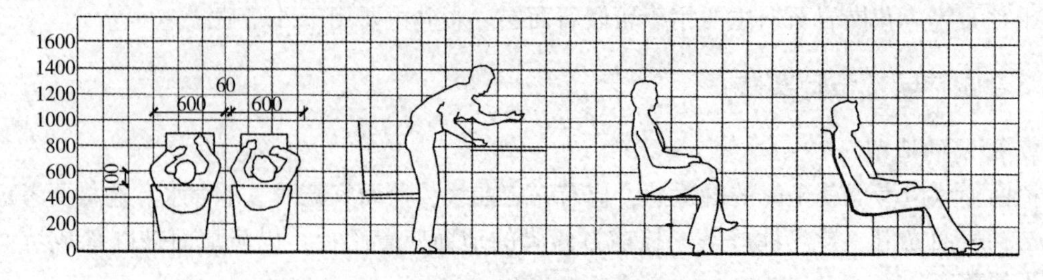

图4-13　人体活动所占空间尺度

4.2　园林亭子的设计

4.2.1　亭子的位置

亭位置选择的基本原则是：从主要功能出发，或点景、或赏景、或休憩，应有明确的目的，再进而结合园林环境，因地制宜，选择恰当的造型，构成一幅优美的风景画面。例如，北京颐和园的知春亭，位于园林景区的起点，环境优美，有力地吸引游人至此驻足停留，成为游人必经的休息点。亭的前向，视野开阔，可纵观昆明湖辽阔水面，并尽赏万寿山全貌及佛香阁的雄姿。遥对西堤，可借园外玉泉山全景，成为赏景佳地。因此，在点景、赏景、供游人休息诸方面都达到尽善尽美的境界。

现按园林地形基址情况，分析其主要几种基址的景观特点，以供选址参考。

（1）山地建亭　山地建亭视野开阔，适于登高远望。山上设亭，能突破山形的天际线，丰富山形轮廓。尤其游人行至山顶更需稍坐休息，山上设亭是提供休息的必设之所。但对于不同高度的山，建亭位置有所不同。

1）大山建亭：一般宜在山腰台地，或次要山脊，或崖旁峭壁之顶建亭，亦可将亭建在山道坡旁，以显示局部山形地势之美，并有引导游人的作用，如庐山含鄱亭。大山建亭切忌视线受树木的遮挡。大山建亭还要考虑游人的行程能力，应有合理的休息距离。

2）小山建亭：小山高度一般在 5～7m，亭常建于山顶，以增山体的高度与体量，更能丰富山形轮廓，但一般不宜建在山形的几何中心线之顶，以忌构图上的呆板。如苏州诸园中，小山建亭多在山顶偏于一侧建亭。如拙政园的“雪香云蔚亭”、留园的“可亭”。

3）中等高度山建亭：宜在山脊、山顶或山腰建亭，亭应有足够的体量或成组设置，以取得与山形体量协调的效果，如北京景山，在山脊上建五座亭，体量适宜，体形优美，相互呼应；连成一体，与景山体量匀称、协调，更丰富了山形轮廓。

（2）平地建亭　平地建亭眺览的意义较少，更多地赋以休息、纳凉、游览之用。应尽量结合各种园林要素，如山石、树木、水池等，构成各具特色的景致。如葱郁的密林，幽雅宁静；花间石畔，绚丽灿烂；疏梅竹影，更赋诗意，都是平地建亭的佳地。更可在道路的交叉点，结合游览路线建亭，可引导游人游览及休息；绿茵草坪、小广场之中可结合小水池、喷泉、山石建亭，以供休憩。此外，可结合园林中巨石、山泉、洞穴、丘壑等各种特殊地貌建亭，可取得更为奇特的景观效果。

（3）水体建亭　水面开阔舒展，明朗，流动，有的幽深宁静、有的碧波万顷，情趣各异，为突出不同的景观效果，一般在小水面建亭宜低临水面，以细察涟漪。而在大水面碧波坦荡，亭宜建在临水高台，或较高的石矶上，以观远山近水，舒展胸怀，各有其妙。

一般临水建亭，有一边临水、多边临水或亭完全伸入水中，四周被水环绕等多种形式，小岛、湖心台基、岸边石矶都是临水建亭之所。在桥上建亭，更使水面景色锦上添花，并增加水面空间层次（图 4-14）。

图 4-14　水边建亭

4.2.2 亭子的造型特征要素

亭的造型主要取决于平面形状、屋顶的形式及体形比例三个要素。

1. 平面形状

正多边形（常见有三角形、四角形、六角形、八角形等）、曲边形（常见有圆形、扇形、梅花形、海棠形等）、不等边形（常见有长方形、梭形、十字形、曲尺形等）、半亭、双亭（有双三角形、双方形、双圆形等，一般为两个完全相同的平面连接在一起）、组亭(为两个以上亭组合，其平面各自独立但台基联成一体)、不规则形（图4-15、图4-16）。

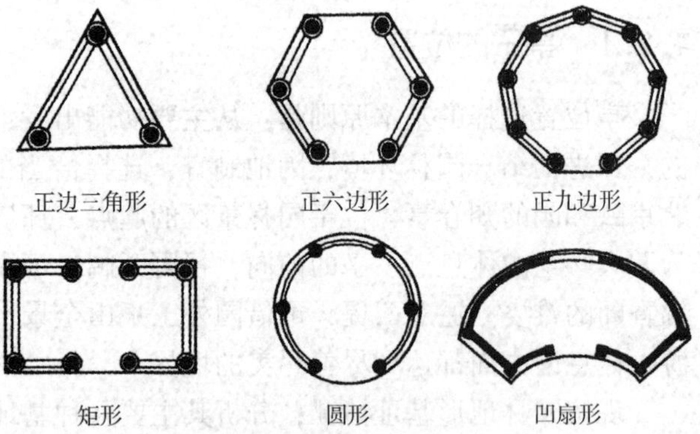
正边三角形
正六边形
正九边形
矩形
圆形
凹扇形

图4-15　独立亭平面形状

2. 屋顶形式

1）新形式：平屋顶、折板屋顶、壳体顶等。

2）古典形式屋顶形式：攒尖顶、歇山顶、盂顶、十字脊顶等。

3）依据屋檐的数量：可分为单檐顶和重檐顶。

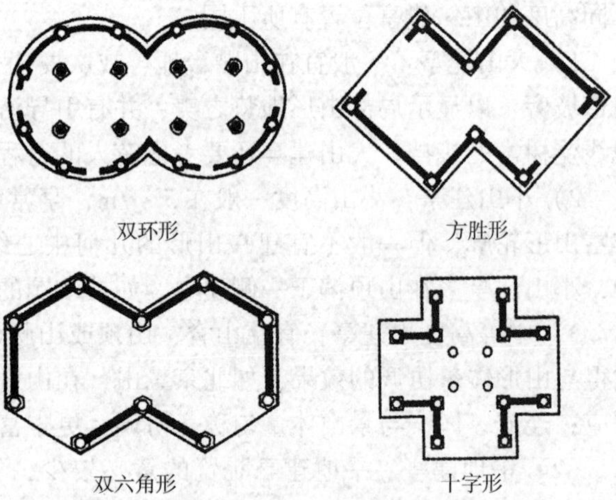
双环形
方胜形
双六角形
十字形

图4-16　组合亭平面形状

3. 亭的比例与尺度

古典形式亭的造型，在屋顶、亭身、开间三者的大小、高低在比例上有一定关系。一般单檐攒尖亭的屋顶与亭身高度大致相等。开间与柱高的比例关系为四角亭柱高:开间＝0.8:1，六角亭柱高:开间＝1.5:1，八角亭柱高:开间＝1.6:1。古典形式亭的屋面为曲面，自檐口至宝顶常有两个坡度，檐口坡度为25°～30°，金檩屋面坡度为40°～45°。亭的比例关系不是固定不变的，而是随有关因素（周围环境、气候、地区、习俗等）不同而变化（图4-17）。

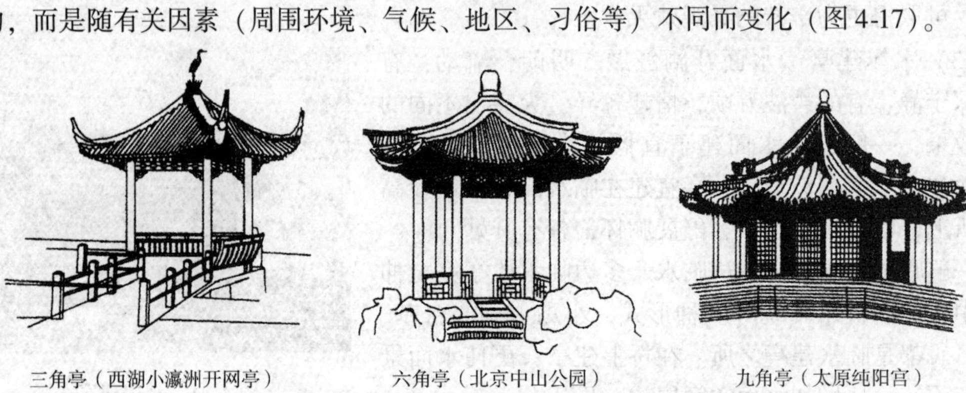
三角亭（西湖小瀛洲开网亭）
六角亭（北京中山公园）
九角亭（太原纯阳宫）

图4-17　亭的造型

4.2.3　亭子的设计要点

1. 亭的设计说明

设计图中图样不能很好说明的可以用文字说明进行补充。

对某亭施工图设计需要说明的主要要点有：图中标高为相对标高，±0.000 相对地坪标高 24.650mm。图中尺寸均为 mm，标高为 m，所有木构件（除用螺栓连接外）均采用榫头连接。亭具体定位详见总图放样。图中未标注的混凝土均为 C25，钢筋保护层厚度为：基础 40mm、梁 25mm。所有焊缝高度均为 5mm，满焊。图中未详之处参照国家有关规范规程执行。

2. 布局整理出图

园林建筑某亭施工图设计合理性和制图规范性检查与修改。

使用设计公司标准 A3 图框，在 CAD 布局中选用合适比例把亭施工图各类型图样合理布置在标准图框内。根据图样的大小选择合适的出图比例保证打印后图纸的尺寸及文字标注和图样清楚。该设计图比例选择为：亭顶平面图、底平面图、立面图、剖面图、亭顶结构平面图、基础平面图为 1:50，各类详图为 1:20。

3. 亭的位置选择

亭位置选择的基本原则是：从主要功能出发，或点景、或赏景、或休憩，应有明确的目的，再进而结合园林环境，因地制宜，选择恰当的造型。

山地建亭因山的高度不同，建亭的位置不同：高度 5～7m 的小山建亭，常建于山顶，以增加山体高度、体量及丰富山形轮廓；中等高度山宜在山脊、山顶或山腰建亭；大山建亭一般宜在山腰台地，或次要山脊，或崖旁峭壁之顶，或山道坡旁建亭。

水体一般临水建亭，或一边临水，或多边临水，或完全伸入水中。一般小水面建亭宜低临水面，大水面建亭宜建在临水高台，或高的石矶上。

平地建亭应结合山石、树木、水池等其他景观要素在道路路口、广场建亭，以休息纳凉为主要功能。

某校区中心公园内有三处建亭（图 4-18～图 4-20）。

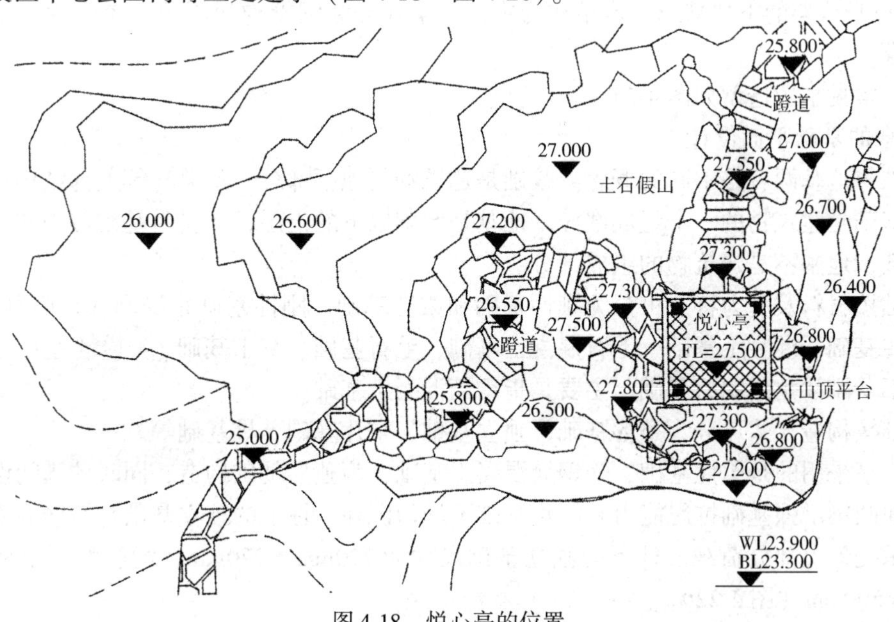

图 4-18　悦心亭的位置

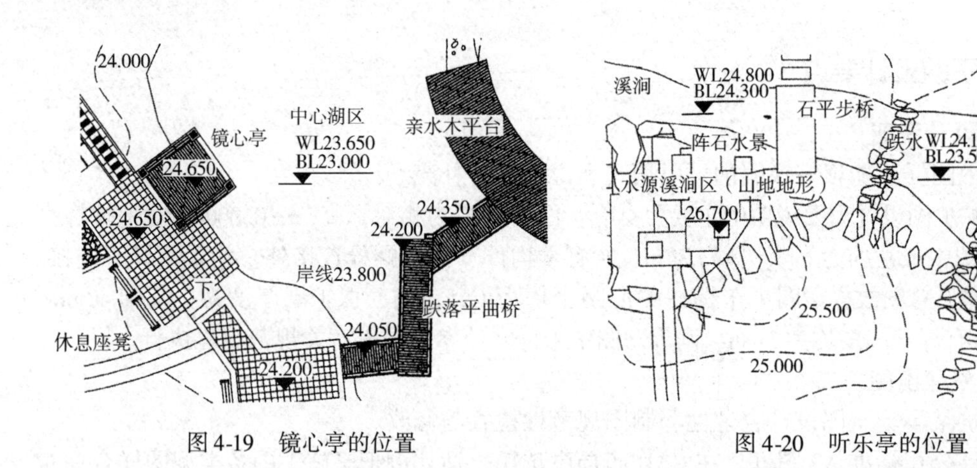

图 4-19　镜心亭的位置　　　　图 4-20　听乐亭的位置

悦心亭选择建于中部土石假山上，用以登高远眺，假山高约 4m，亭宜建于山顶，起到增加山体高度、体量及丰富山形轮廓的作用，点景的亭与假山组合形成整个公园的寺面构图中心。

镜心亭位置选择在中心湖区西侧，伸入水体。亭的室内地坪距离水面 1m，镜心亭面临小水面，亭地势低临水面，设计距离水面高度为 1m。镜心亭以赏景为主，亭前视野开阔，是公园立面构图中心土石假山和景观张拉膜结构的主要观赏点。

听乐亭位置选择在公园西侧溪涧多层跌水下部，以赏景为主，是观赏溪涧跌水景观的主要观赏点。临水而建，游人在休息驻足观景时还能听到悦耳的水声，更增加自然景致。

4. 亭的造型设计

亭的造型主要取决于平面形状、屋顶的形式及体形比例三个要素。该公园为自然风景园，建筑风格为中式现代简约式。

以镜心亭的设计为例分析，依据公园及景区的风格和特点确定亭的建筑风格为中式现代简约结构亭，单檐四坡屋顶，平面形式为正方形。屋顶与亭身比例为 0. 6∶1，柱高∶开间 = 0. 8∶1。亭身构架的下架部分以木结构为主，上架部分为钢管构架屋顶，屋面为铝塑板与防腐木组合。

中国常见亭的造型如图 4-21 所示。

5. 亭的基础平面设计

基础与地基两者是不同的概念。基础是建筑物的地下部分，是墙柱等上部结构在地下的延伸。基础是建筑物的一个组成部分。地基是基础以下的土层，承受由基础传来的整个建筑物的荷载，地基不是建筑物的组成部分。

基础按材料及受力特点可分为刚性基础和柔性基础。刚性基础是受刚性角限制的基础，包括：砖基础、混凝土基础、毛石混凝土基础、毛石基础、灰土基础、三合土基础。柔性基础是指不受刚性角限制的基础，主要是指钢筋混凝土基础。

基础按构造方式可分为条形基础、独立基础、整片基础、桩基础等。

镜心亭采用的是柔性基础，既钢筋混凝土基础，为独立基础构造，同时柱基间设置钢筋混凝土地圈梁增强基础抗震能力并防止基础不均匀沉降。柱下的独立基础与钢筋混凝土地圈梁一起承托地上部分荷载。柱下的独立基础尺寸为 770mm × 770mm，钢筋混凝土地圈梁为 300mm × 500mm（图 4-22）。

八角亭

四角水亭

扬州著名的五亭桥

双亭

碑亭

图 4-21　中国常见亭的造型

6. 亭的底平面设计

正多边形和圆形平面的面阔 × 进深尺寸一般取定为：旷大空间的控制尺寸为 6m × 6m ~ 9m × 9m；中型空间的控制尺寸为 4m × 4m ~ 6m × 6m；小型空间的控制尺寸为 2m × 2m ~ 4m × 4m。一般面阔为 3 ~ 4m。

首先确定亭的柱网布置。镜心亭平面形式为正方形，因此面阔∶进深 = 1∶1，正方形四个顶点设置 4 根边长为 300mm × 300mm 的正方形立柱，柱立在 480mm × 480mm 的混凝土柱墩上，柱网间距 3000mm。因此亭底正方形边长为 3480mm。每根立柱是由 4 根 120mm × 120mm 木柱组成，木柱间间隔 60mm。

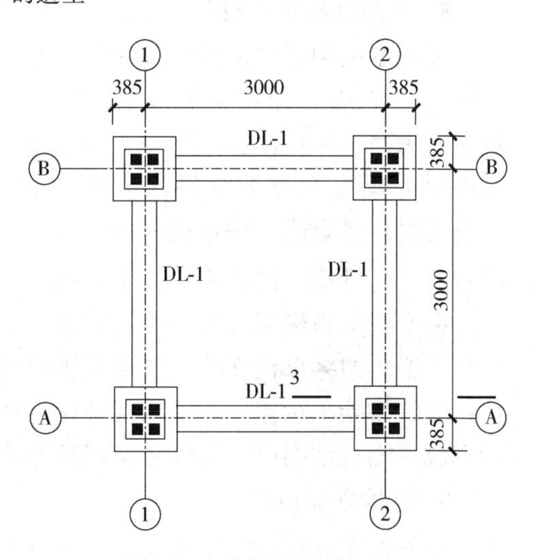

图 4-22　亭的基础平面图

亭伸入水中，三侧临水，因此在三侧临水的柱间设置座凳，既起到安全防护的栏杆作用，同时提供休息场所。亭另一侧连接西侧广场，作为入口。亭室内高程与室外地坪高程相同，亭室内地坪铺装为木铺（图 4-23）。

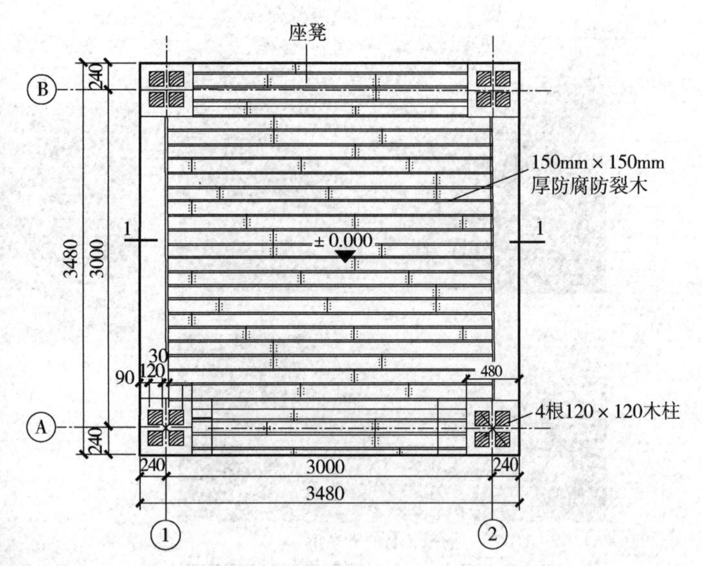

图 4-23　亭的底平面图

7. 亭的顶平面设计

屋顶平面图是由屋顶的上方向下作屋顶外形的水平投影而得到的平面图，用它来表示屋顶的情况。

镜心亭设计确定为单檐四坡屋顶，屋顶的平面形式与底平面地面台基相同，为正方形。屋面为防腐木横条层叠形成。四坡屋面坡度约为 50%（约 27°）。考虑屋檐滴水，一般屋顶平面通常要比室内底地平面台基各边宽 200 ~ 500mm，因此分析确定镜心亭设计屋顶平面比室内底地平面台基各边宽 340mm，因此镜心亭设计屋顶平面边长为 4160mm（图 4-24）。

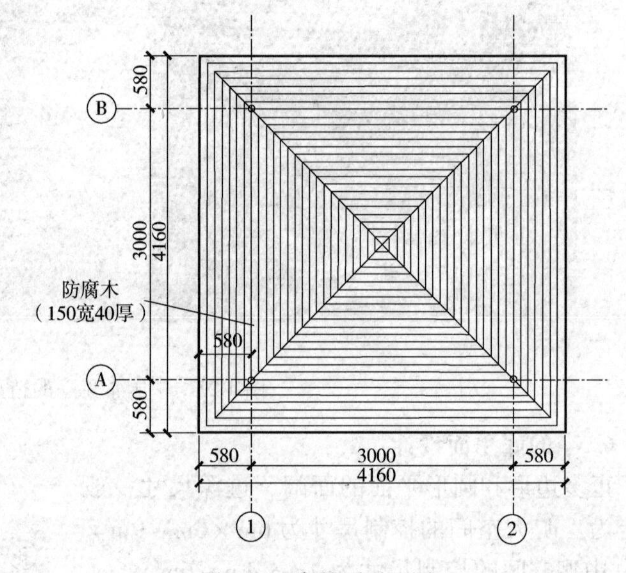

图 4-24　亭的顶平面图

8. 亭顶结构平面设计

传统木结构亭顶构架的做法主要有：伞法（即用老戗支撑灯芯木做法）、大梁法（用一根或两根大梁支撑灯芯木做法）、搭角梁法、扒梁法、抹角梁扒梁组合法、杠杆法、框图法、井字梁法等。

镜心亭屋顶构架是采用钢管构架亭，构架做法是采用伞法，类似于用斜戗及枋组成亭的屋顶构架，边缘靠柱支撑，亭顶自重形成向四周作用的横向推力，它将由檐口处一圈檐枋和柱组成的排架来承担。为了增加结构整体刚度，钢管构架在檐口位置再设置了一圈 $\phi100$ 钢管形成一圈拉结圈梁。钢管构架屋顶选用 16 根 $\phi100$、厚度为 6mm 的钢管形成（图 4-25）。

9. 亭的立面设计

亭的尺度设计一般要求是：开间（柱网间距）以 3 ~ 4m 为宜，檐口标高（檐口下皮高度）一般取 2. 600 ~ 4. 200m，重檐檐口标高：下檐檐口标高为 3. 300 ~ 3. 600m、上檐檐口标高以 5. 100 ~ 5. 800m 为宜。

亭的主要受力构件截面尺寸设计一般要求是：

（1）柱　方柱为150～200mm，圆柱为ϕ150～ϕ200，石质方柱为300～400mm。

（2）梁　戗梁：嫩戗为140mm×160mm或110mm×110mm，老戗以180mm×200mm或125mm×130mm为宜。抹角梁为ϕ120～ϕ160，对角交叉梁以ϕ180为宜。

（3）桁（檩）　桁条（檩木）为ϕ150～ϕ160@850～900或ϕ100～ϕ140@700～800。

（4）椽　木椽以40mm×50mm@230或50mm×65mm@250为宜。

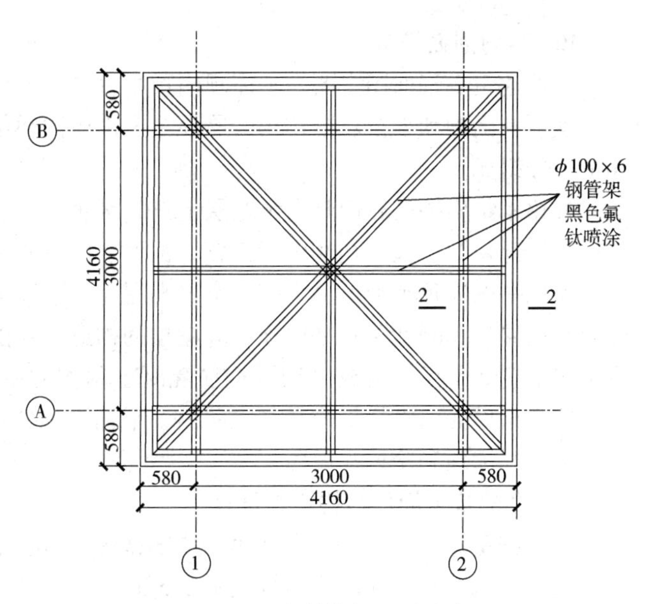

图4-25　钢管构架屋顶设计

（5）枋　枋木以70mm×70mm～280mm或75mm×250mm为宜。

（6）板　平顶板为15mm，封檐板为20mm×200mm。

通过分析设计确定镜心亭总高4m，开间3m，檐口标高（檐口下皮高度）2.830m，柱高2.58m，柱基部柱墩高500mm，为梯形截面，下底宽480mm，上底宽350mm，上部做收口处理。丰富柱的立面效果。增加亭基部的稳重感。柱墩为C20混凝土现浇表面贴白锈石花岗岩板，上部收口用光面黑珍珠花岗岩饰面。柱间下部设置高度为400mm的座凳。柱间上部设置200mm×320mm枋木（即图4-26中的木梁）增加柱的刚度。檐口部位设置两层厚度为40mm封檐板，增加檐口位置的层次感，同时遮挡内部复杂的屋顶构架（图4-26）。

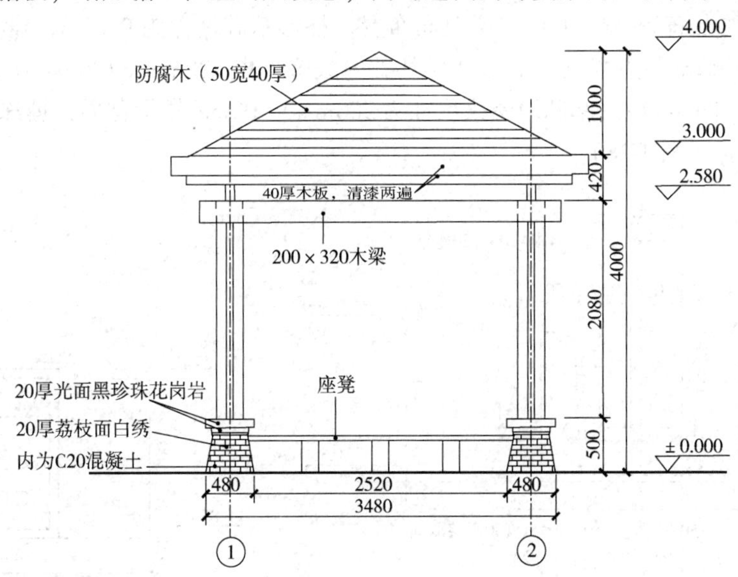

图4-26　亭的立面图

10. 亭的剖面设计

园林建筑亭剖面图主要表示屋顶内部垂直方向的结构形式和内部构造做法。

屋顶有围护和承重双重作用。屋顶主要由屋面面层、承重结构层、保温隔热层、顶棚等几个部分组成。

古建木结构亭的屋面是在木基层上进行屋面瓦作，屋面木基层包括椽子、望板、飞椽、连檐木、瓦口等。屋面瓦作包括苫背、瓦面、屋脊和宝顶四部分。

现代亭的屋顶类型可分为三大类：平屋顶、坡屋顶和曲面屋顶。平屋顶构造有两种：柔性防水平屋顶和刚性防水平屋顶，坡屋顶的构造主要由承重结构层和屋面面层组成，亭的承重结构层主要是用木材或型钢或钢筋混凝土制作的屋架，坡屋面防水常采用构件自防水方式。坡屋顶屋面的常见形式是平瓦屋面，平瓦屋顶的构造有：有椽条有屋面板的平瓦屋面、屋面板平瓦屋顶和冷摊瓦屋面。

11. 亭的基础细部结构详细设计

建筑物室外设计地坪至基础底面的距离称为基础埋深。基础埋深在5m以内称为浅基础，永久建筑的基础埋深均不得浅于0.5m。

钢筋混凝土基础断面可做成梯形，最薄处高度不小于200mm；也可做成阶梯形，每踏步高度300～500mm。基础中受力钢筋的数量应经计算确定，但直径不小于8mm，间距不大于200mm，在受力筋的上方设有分布筋，直径不小于6mm，间距不大于300mm。钢筋混凝土基础的混凝土等级不低于C15。通常情况下，钢筋混凝土基础下面设有C7.5或C10素混凝土垫层，厚度100mm左右。有垫层时，受力钢筋保护层厚为35mm；无垫层时，钢筋保护层厚为75mm，以保护受力钢筋不受锈蚀。

基础的形式受上部结构形式影响，上部结构为柱体时基础通常做成独立式基础。用于柱下的基础可以做成台阶状或台状，也可做成杯口形或壳体结构。

分析确定镜心亭采用柱下独立式基础，独立式基础构造为杯形基础。杯形基础为C25钢筋混凝土，受力筋为ϕ8@150双层双向布置。杯形基础埋深为0.85m，设C15混凝土垫层。垫层比杯形基础各边宽100mm。杯形基础内放置4根120mm×120mm木柱，用C30细石混凝土灌浆（图4-27）。基础地圈梁尺寸为300mm×500mm矩形截面，埋深0.85m，受力筋采用⌀16钢筋（图4-28）。

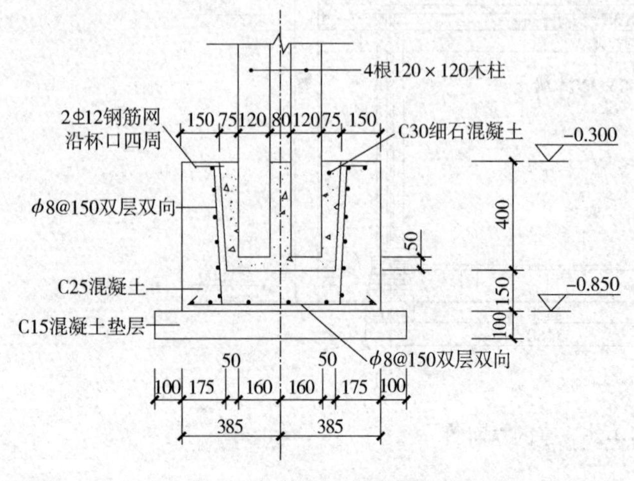

图4-27　亭的杯形柱基结构详图

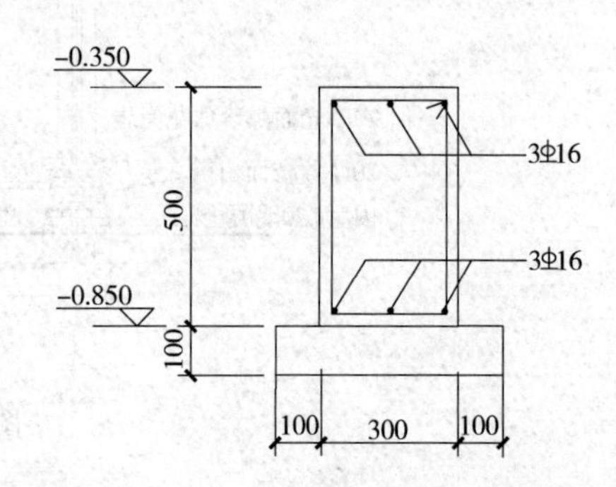

图4-28　亭的基础地圈梁结构详图

通过分析，确定镜心亭为四坡屋顶，坡屋顶由钢管屋架和屋面组成，屋面采用屋面板平瓦屋面做法。即在屋架上钉厚度为 5mm 的屋面板（白色的铝塑板），再在屋面板上安装机制平瓦（镜心亭设计没有采用瓦件，而是用防腐木代替）（图 4-29）。

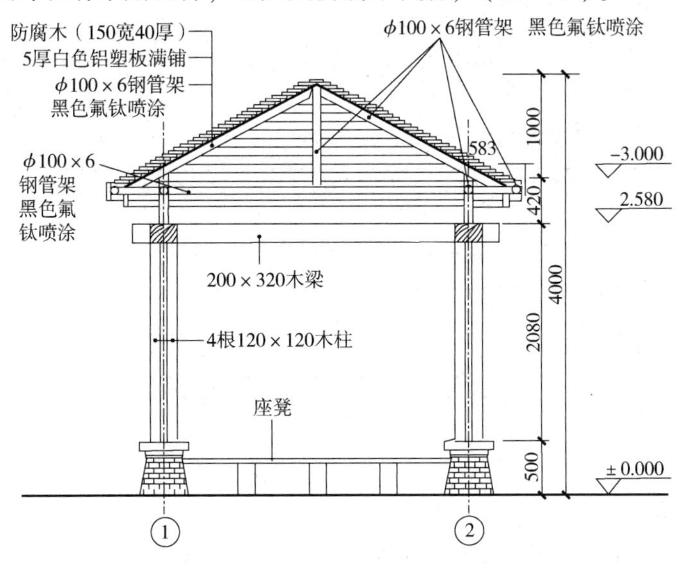

图 4-29　亭的剖面图

12. 亭的剖面细部详细设计

建筑详图是把建筑的细部或构、配件的形状、大小、材料和做法等，按投正投影的原理，用较大的比例绘制出来的图样。它是建筑平面图、立面图和剖面图的补充，有时建筑详图也称为大样图。

坡屋面的檐口细部构造常见做法主要有两种：一种是挑出檐口，要求挑出部分的坡度与屋面坡度一致；另一种是女儿墙檐口。亭挑出檐口常见构造是椽木挑檐，当屋面有椽条时，可以用椽子出挑，以支撑挑出部分的屋面。挑出部分的椽条外侧可钉封檐板。椽木挑檐的挑长一般为 300 ~ 500mm。

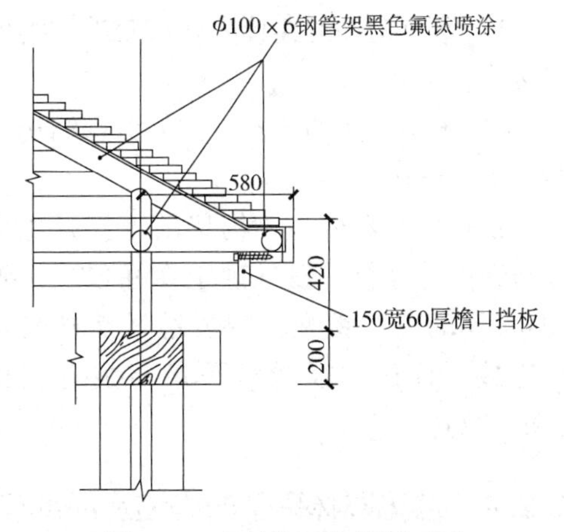

图 4-30　亭的檐口细部剖面图

分析确定镜心亭挑檐挑长为 335mm，构造做法是钢管屋架采用横向钢管挑檐，挑檐钢管支撑挑出的檐口。檐口外侧钉封檐板（即 60mm 厚的檐口挡板）（图 4-30）。

13. 亭座凳详细设计

亭为游憩性建筑，通常在柱间下部设置靠椅或座凳及栏杆。尺寸要求符合人体活动尺度要求，一般靠椅坐板高度 350 ~ 450mm，椅面宽度 400 ~ 600mm，靠背高度 350 ~ 650mm，靠背与坐板夹角 98° ~ 105°。

由于镜心亭深入水中，三面临水，因此在临水三面的柱间设置高为 400mm 的座凳，在提供休息场所的同时起到一定的安全防护作用。不设置靠背能为游人提供更好的观赏视线。

座凳面板宽度为400mm，采用厚度为50mm、100mm宽的木板拼接。座凳面板下间隔425mm设置3个200mm×300mm×350mm的木支墩（图4-31）。

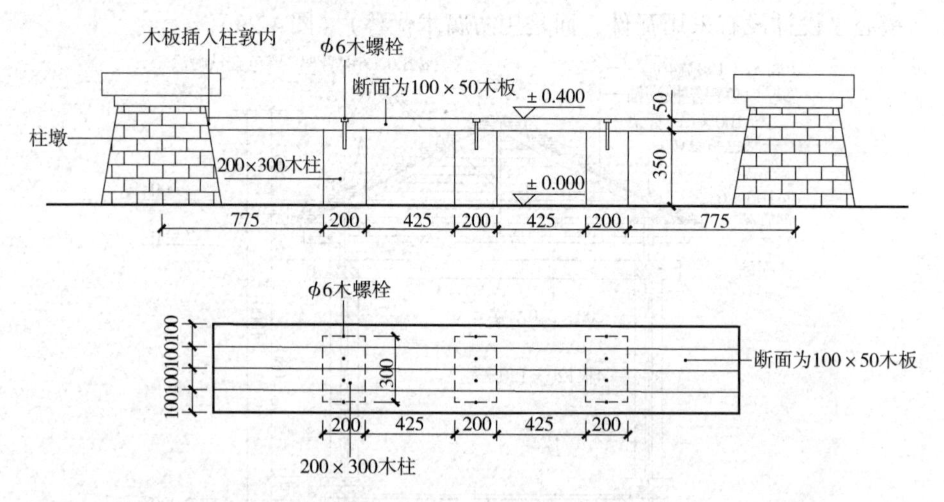

图4-31　亭柱间的座凳详图

14. 亭的其他细部详细设计

镜心亭的木柱与钢构架的连接是重要的一个节点，关系到亭上架部分屋顶的安装与牢固。由于平立面图等其他图的比例小不能展示清楚，因此需要绘制大比例的详细图样来说明。

构件间的连接方式如下：

1）金属构件间的连接方式有焊接、铆接、螺栓连接等。

2）玻璃构件的连接方式有胶结、螺栓连接等。

3）塑料构件的连接方式有胶结、螺栓连接等。

4）木构件间的连接方式有卯榫结构连接、螺栓连接等。

镜心亭的木柱与钢构架的连接是木构件与钢构件连接。设计确定在柱顶上设置10mm厚的有孔钢板，钢板通过螺栓与木柱连接，有孔钢板通过焊接与钢管连接（图4-32）。

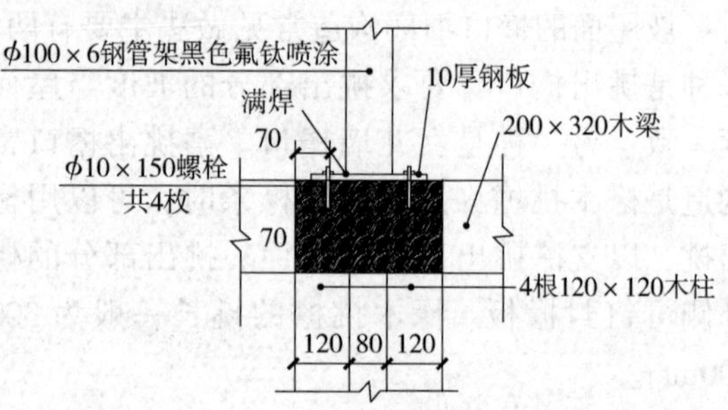

图4-32　亭木柱与钢管连接大样

4.2.4　常见园林亭子的构造及细部设计实践

1. 古建木结构亭的基本构造

古建木结构亭的基本构架是在台明上的：由木构架、屋顶和座凳栏杆等组成。

（1）单檐亭的木构架　单檐亭木构架根据平面形状，首先设置若干根“承重柱”作为支立构件，在各根柱子的上部之间，由“檐枋”将其连接起来形成整体框架。再在柱顶上安置“花梁头”以承接檐檩，各花梁头之间填以垫板。另在各柱子之间，分别在其上下安装吊挂楣子和座凳楣子，即可形成亭子的下架（图4-33）。

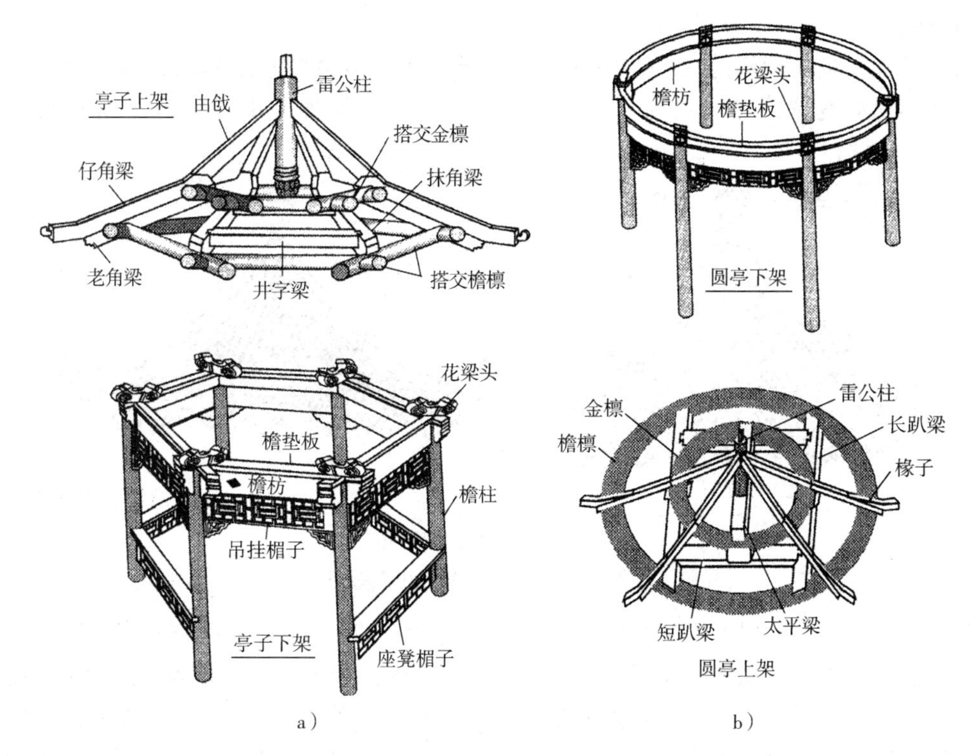

图 4-33 亭的木构架

a）六角亭木构架 b）圆形亭木构架

花梁头上安置搭交“檐檩”，形成圈梁作用，这也是屋顶结构的第一层（即底层）圈梁。在檐檩之上设置“井字趴梁或抹角梁”，梁上安置柁墩用以承接搭交金檩，故一般称为“交金墩”。在交金墩上安置“搭交金檩”，形成屋顶结构的第二层圈梁。规格较大的亭子还应在金檩上横置一根“太平梁”，在太平梁上竖置“雷公柱”作为尖顶支撑构件。而规格较小的亭子可以省掉太平梁，雷公柱由下面所述的“由戗”支撑。在第一圈和第二圈檩木的交角处安置角梁，各角梁尾端由延伸构件“由戗”与雷公柱插接形成攒尖结构（圆形亭可不需角梁，只需将由戗撑压在金檩上即可，但一定要设太平梁），这就是亭子的上架结构。

最后在檩木上布置椽子，在椽子上铺设屋面望板、飞椽、连檐木、瓦口板等，就可进行屋面瓦作。

亭木构件的作用：亭的立柱又称为“檐柱”，是整个构架的承重构件。横枋是将檐柱连接成整体框架的木构件。花梁头是搁置檐檩的承托构件。檐垫板是填补檐檩与檐枋之间空挡的遮挡板。檐檩是攒尖顶木构架中最底层的承重构件，檐檩截面一般为圆形截面。井字梁是搁置在檐檩上用来承托其上面的金檩的承托构件，一般用于四、六、八边形和圆形的亭子上。抹角梁是斜跨转角趴置在檩上的承托梁，又称“抹角趴梁”，一般用于单檐四边亭和其他重檐亭上。金檩是与檐檩共同承担屋面椽子，形成屋顶形状的承托构件。金枋是对金檩起垫衬作用的枋木。太平梁是承托雷公柱保证其安全太平的横梁，一般用于宝顶构件重量比较大的亭子上。雷公柱是支撑宝顶并形成屋面攒尖的柱子。角梁是多角亭形成屋面转角的基本构件。椽子是屋面基层的承重构件，屋面基层有椽木、望板、飞椽、压飞望板等铺叠而成。

（2）单檐亭的屋面构造　亭的屋面一般为攒尖顶，多边形亭除屋面瓦外，只有垂脊和宝顶。圆形亭只有屋面瓦和宝顶。大式建筑多用筒板瓦屋面，小式建筑多用蝴蝶瓦屋面（图 4-34）。

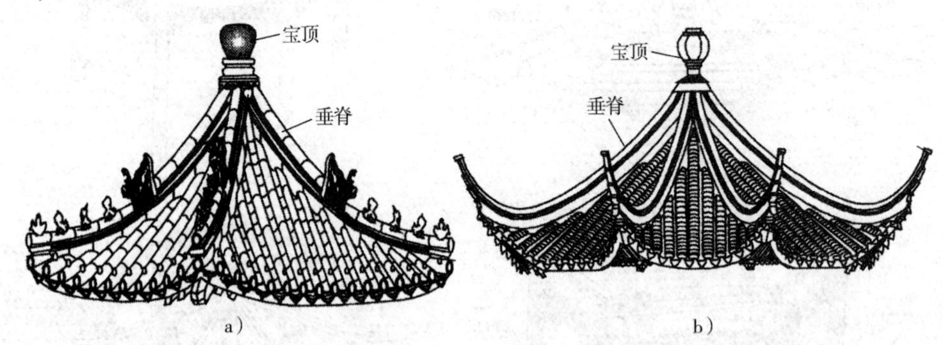

图 4-34　亭的常用屋顶

a）筒瓦攒尖屋顶　b）蝴蝶瓦攒尖屋顶

亭的屋面是在木基层上进行瓦作，瓦作的构造由苫背、瓦面、屋脊和宝顶四部分组成。屋面木基层包括椽木、望板、飞椽、连檐木、瓦口及闸挡板等。椽木是搁置在檩木上用来承托望板的条木，有圆形截面，也有方形截面。望板是铺钉在椽木上，用来承托屋面瓦作的木板，一般横铺在椽木上。飞椽是铺钉在望板上，多为方形截面。大小连檐是用来连接固定飞椽端头的木条，为梯形截面。瓦口木是钉在大连檐上，用来承托檐口瓦的木件。按屋面的用瓦做成波浪形木板条（图 4-35、图 4-36）。

亭的屋面瓦作包括苫背、铺瓦、做脊等泥瓦活。苫背是指自屋面木基层的望板上，用灰泥分别铺抹屋面隔离层、防水层、保温层等的操作过程。瓦材多为筒瓦或蝴蝶瓦等。

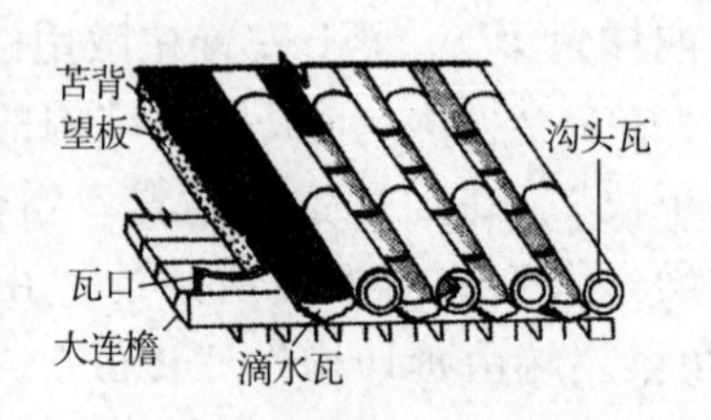

图 4-35　屋面木基层构造

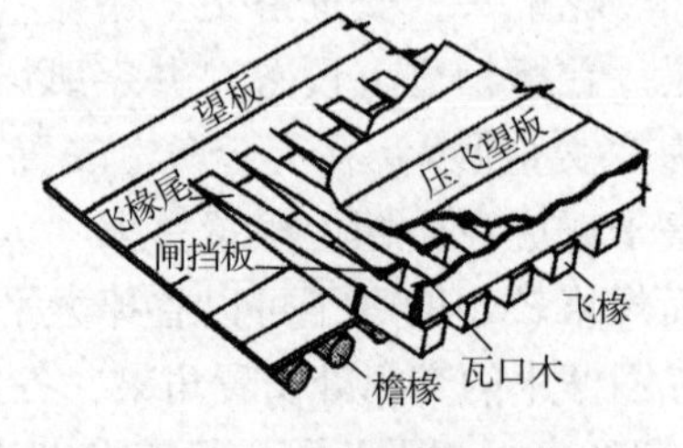

图 4-36　屋面出檐构造

小式垂脊是现场用砖瓦和灰浆砌筑而成，没有垂兽和小兽。其构造由下而上为：当沟、两层瓦条、混砖、扣脊瓦抹灰眉子。脊端做法由下而上为：沟头瓦、圭脚、瓦条、盘子、扣脊瓦作抹灰眉子（图 4-37）。

图 4-37　小式亭屋脊做法

a）小式亭屋脊做法

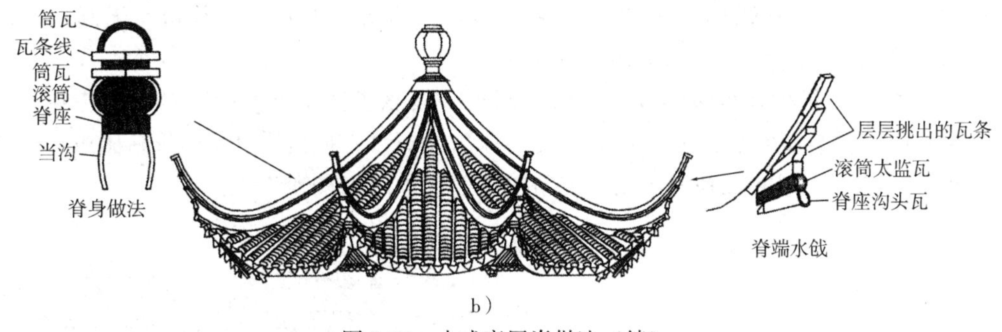

图 4-37　小式亭屋脊做法（续）

b）南方地区亭屋脊做法

宝顶由顶珠和顶座组成，常用的顶珠形式有：圆珠性、多面体形、葫芦形和仙鹤形等，顶座有砖线脚或须弥座等。

2. 古建木结构亭顶构架做法

（1）杠杆法　以亭之檐梁为基线，通过檐桁斗栱等向亭中心悬挑，以支撑灯芯木。同时以斗栱之下昂后尾承托内拽枋，起类似杠杆作用使内外重量平衡。内部梁架可全部露明，以显示这一巧作（图 4-38）。

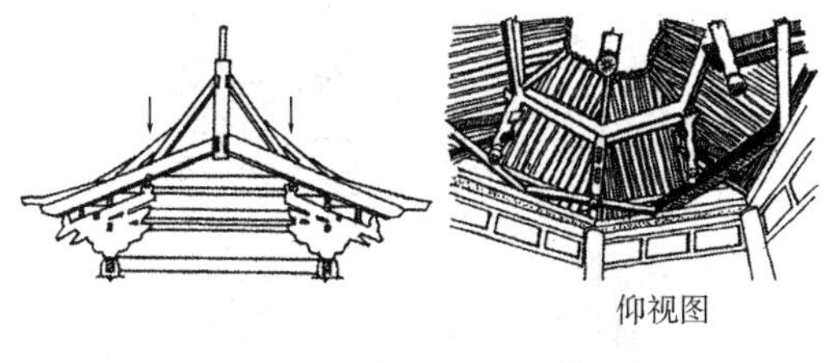

图 4-38　杠杆法屋顶构造

（2）抹角扒梁组合法　在亭柱上除设置额枋、平板枋及用斗栱挑出第一层屋檐外，在 45°方向施加抹角梁，然后在其梁正中安放纵横交圈井口扒梁，层层上收，视标高需要而立童柱，上层质量通过扒梁、抹角梁而传到下层柱上（图 4-39）。

（3）伞法　模拟伞的结构模式，不用梁而用斜戗及枋组成亭的攒顶架子，边缘靠柱支撑，即由老戗支撑灯芯木（雷公柱），而亭顶自重形成了向四周作用的横向推力，它将由檐口处一圈檐梁（枋）和柱组成的排架来承担。但这种结构整体刚度毕竟较差，一般多用于亭顶较小、自重较轻的小亭、草亭或单檐攒尖亭，或则在亭顶内上部增加一圈拉结圈梁，以减小推力，增加亭的刚度（图 4-40）。

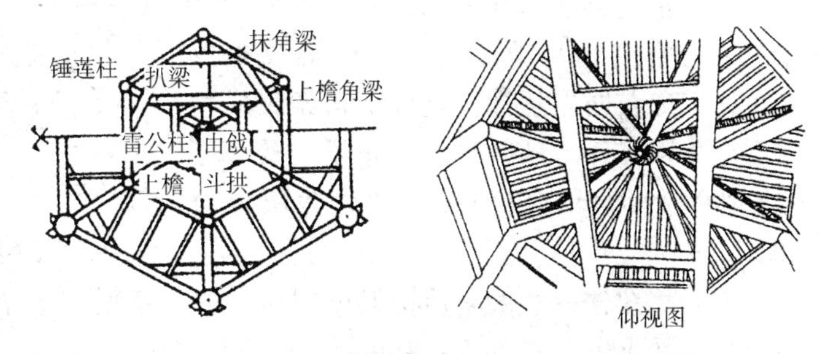

图 4-39　抹角扒梁组合法屋顶构造

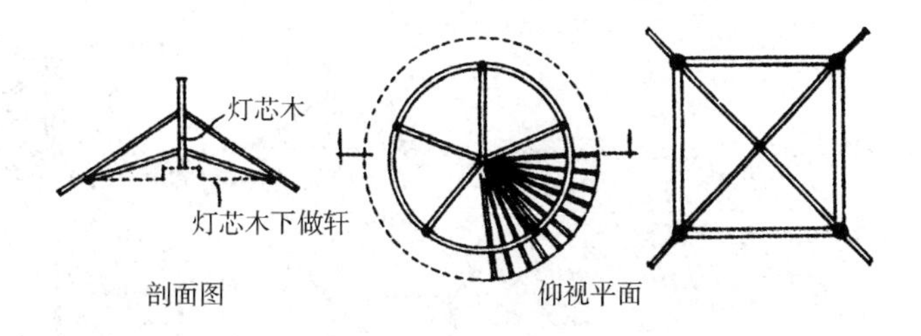

图 4-40　伞法屋顶构造

（4）框圈法　多用于上下檐不一致的重檐亭，特别当材料为钢筋混凝土时，此种法式更利于冲破传统章法的制约，大胆构思，创造出不失传统神韵的构造章法，更符合力学法则，显得更简洁些。上四角下八角重檐亭由于采用了框圈式构造，上下各一道框圈梁互用斜脊梁支撑，形成了刚度极好的框圈架，故其上的重檐可自由设计，四角八角均可，天圆地方（上檐为圆，下檐为方）亦可，构造生动（图4-41）。

（5）扒梁法　扒梁有长短之分，长扒梁两头一般搁于柱子上，而短扒梁则搭在长扒梁上。用长短扒梁叠合交替，有时再辅以必要的抹角梁即可。长扒梁过长则选材困难，也不经济，长短扒梁结合，则取长补短，圆、多角攒亭都可采用（图4-42）。

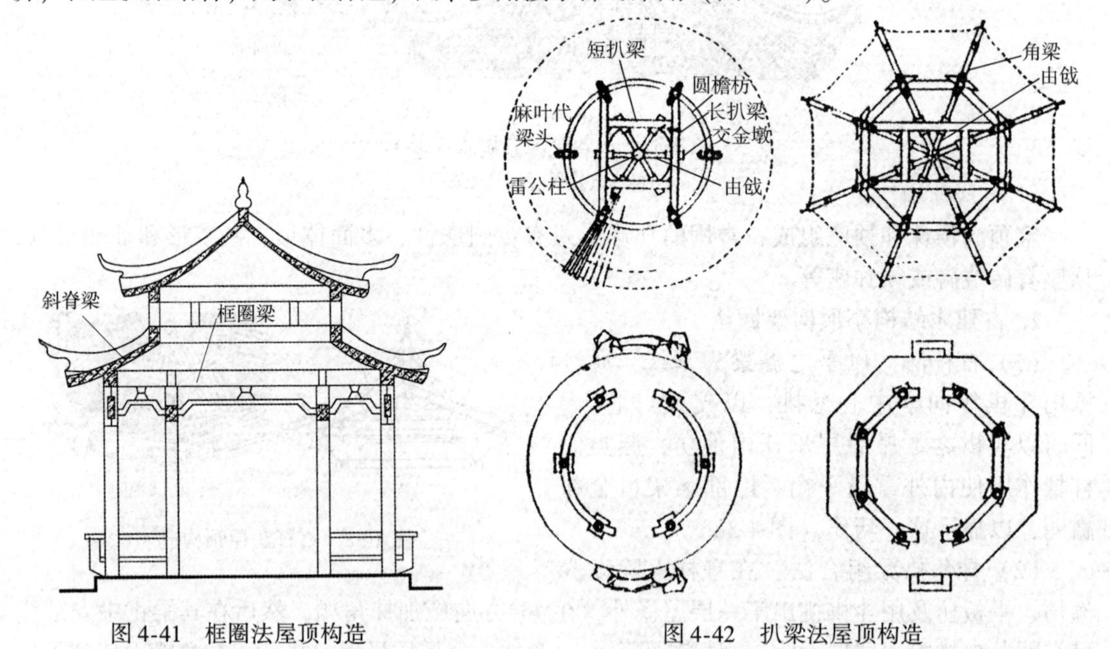

图4-41　框圈法屋顶构造

图4-42　扒梁法屋顶构造

（6）搭角梁法　在亭的檐梁上首先设置抹角梁与脊（角）梁垂直，与檐梁成45°，再在其上交点处立童柱，童柱上再架设搭角梁重复交替，直至最后收到搭角梁与最外圈的檐梁平行即可，以便安装架设角梁戗脊（图4-43）。

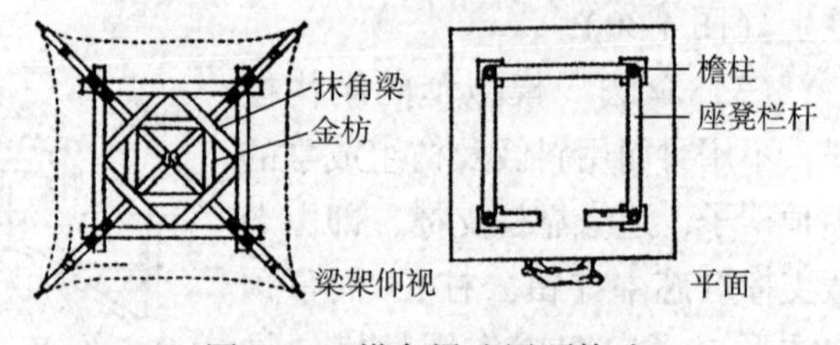

图4-43　搭角梁法屋顶构造

（7）大梁法　一般亭顶构架可用对穿的一字梁，上架立灯芯木即可。较大的亭则用两根平行大梁或相交的十字梁来共同分担荷载（图4-44）。

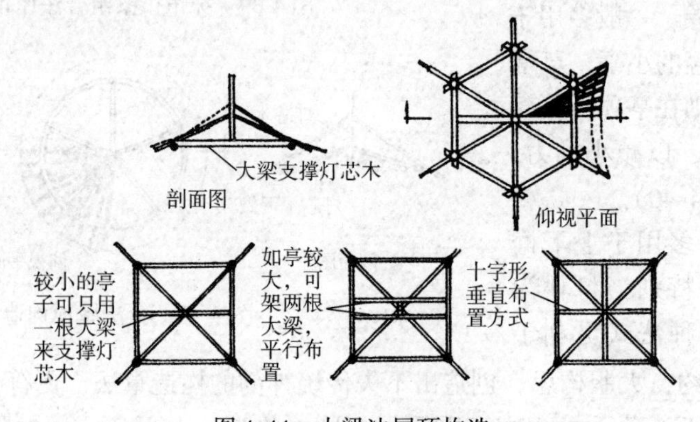

图4-44　大梁法屋顶构造

4.3 园林建筑小品的构造

4.3.1 基础构造

基础是建筑物的底下部分，是墙柱等上部结构在地下的延伸。基础是建筑物的一个组成部分。基础的类型与建筑物上部结构形式、荷载大小、地基的承载能力、地基土的地质水文情况和基础选用的材料性能等因素有关，构造方式也因基础式样及选用材料的不同而不同。

基础按受力特点及材料性能可分为刚性基础和柔性基础，按构造方式可分为条形基础、独立基础、整片基础、桩基础等。

1. 按基础构造形式分类

基础的形式受上部结构形式影响，如上部结构为墙体，基础可做成带形；上部结构为柱体，基础可做成独立式；上部结构荷载大，地耐力较小或地质情况复杂，可把基础连成整片成整片基础，亦可做成桩基础，所以选用什么式样的基础需综合考虑材料、地质、水文、荷载、结构等方面的因素。

（1）独立基础　独立基础也称单独基础。它可用于柱下，也可用于墙下。用于柱下时基础可做成台阶状或台状，也可做成杯口形或壳体结构。若基础内不配筋，其放坡比例符合相应材料刚性角要求。墙下独立基础可以用钢筋混凝土梁、钢筋砖梁、砖拱等承托上部墙体（图4-45）。

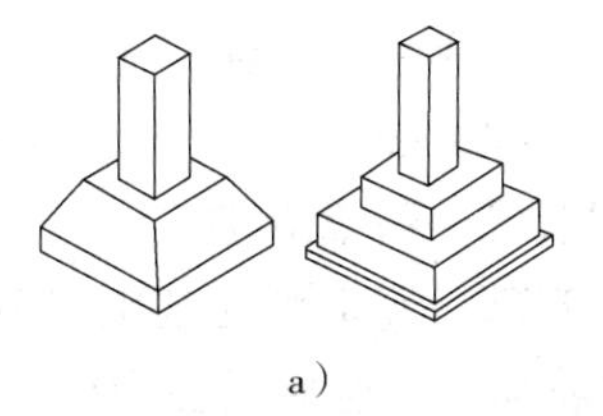

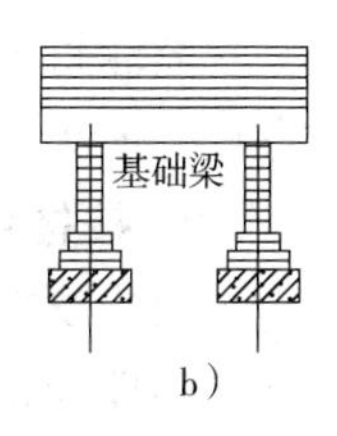

a）　b）

图4-45　独立基础

a）柱下独立基础　b）墙下独立基础

（2）带形基础　带形基础呈长条状，故也称为条形基础（图4-46）。它可用于墙下，也可用于柱下。当用于墙下时，可在基础内设置地圈梁，增强基础抗震能力并防止基础不均匀沉降。柱下条形基础可做成钢筋混凝土基础，它对于克服不良地基的不均匀沉降、增强基础整体性效果良好。

（3）桩基础　如建筑物上部荷载较大，地基土表层软弱土厚度大于5m，可考虑选用桩基础。桩基础种类很多，按材料可以分为钢筋混凝土桩基础、钢桩基础、地方材料（砂、石、木材等）桩基础等。按桩的断面形状可分为圆形、方形、环形、多边形、工字形等；按桩入土的方法可分为打入桩、灌注桩、振入桩、压入桩等；按桩的受力性能可分为端承桩（由桩把上部荷载传递给与之接触的下部好土）和摩擦桩（依靠桩身与周围土之间的摩擦力传递上部荷载）两种（图4-47）。工程上常见的桩基础为钢筋混凝土桩基础。

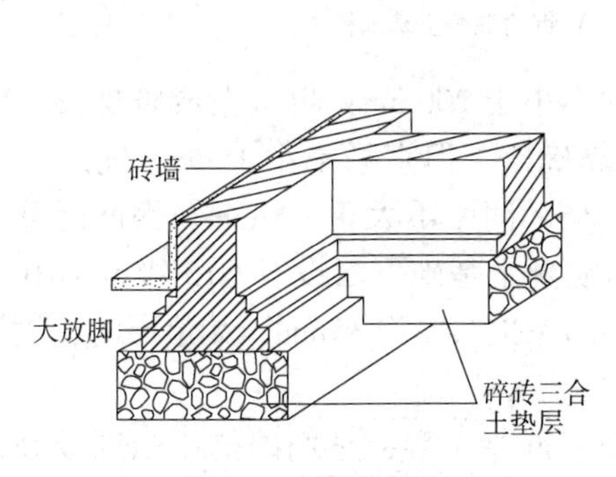

图4-46　带形基础

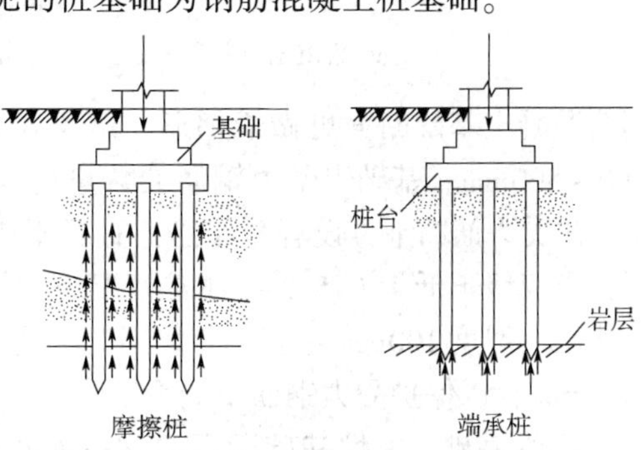

图4-47　桩的受力类别

（4）整片基础　整片基础可分为筏式和箱形两种形式，其中筏式基础又可分为板式和梁板式两种。筏式基础相当于一块倒置的现浇钢筋混凝土梁板。地基的反力通过筏基最底部的板传递给上部墙或肋梁。当建筑物上部高度、荷载均很大，基础埋深较大时，可把建筑的地下部分（底板、四壁、顶板）浇筑成一整体成箱形结构，用于充当建筑基础，称为箱形基础。箱形基础的内部空间可用作地下室，其构造形式如图4-48c所示。

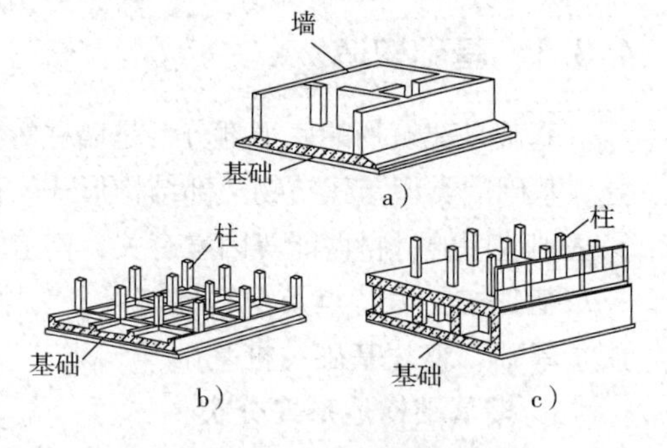

图4-48　整片基础

a）板式片筏基础　b）梁板式片筏基础　c）箱形基础

预制桩是在工厂或现场预制好，用机械打入或压入或振入土中，剥去桩顶混凝土，露出主筋，把主筋锚入二次浇捣的桩基承台内。桩的断面尺寸不小于200mm×200mm，常用250mm×250mm、300mm×300mm；350mm×350mm，个别情况可做得更大些。桩长与断面相适应，一般长不超过12m；混凝土强度等级不低于C30。

灌注桩是在需设桩基位置打孔或钻孔，向内浇捣混凝土（有时也放钢龙骨）而成。其直径一般为300～400mm，长度不超过12m；灌注桩所用混凝土强度等级不低于C15。

2. 按材料及受力特点分类

（1）柔性基础　鉴于刚性基础受其刚性角的限制，要想获得较大的基底宽度，相应的其基础埋深也应加大。这显然会增加材料消耗，也会影响施工工期。在混凝土基础底部配置受力钢筋，利用钢筋受拉，这样基础可以承受弯矩，也就不受刚性角的限制。所以钢筋混凝土基础也称为柔性基础，其构造示意见图4-49。

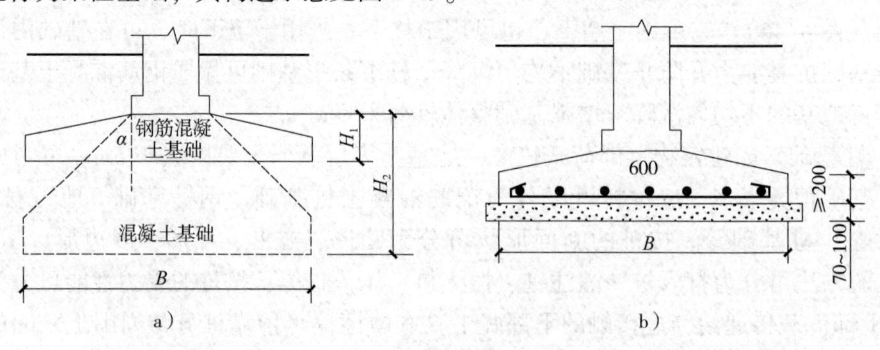

图4-49　钢筋混凝土基础

a）混凝土与钢筋混凝土基础的比较　b）钢筋混凝土基础构造

钢筋混凝土基础断面可做成梯形，最薄处高度不小于200mm；也可做成阶梯形，每踏步高300～500mm。基础中受力钢筋的数量应经计算确定，但直径不小于$\phi8$，间距不大于200mm，在受力筋的上方设有分布筋，直径不小于$\phi6$，间距不大于300mm。钢筋混凝土基础的混凝土等级不低于C15级。通常情况下，钢筋混凝土基础下面设有C15级或C10级素混凝土垫层，厚度100mm左右。有垫层时，受力钢筋保护层厚为35mm，无垫层时，钢筋保护层为75mm，以保护受力钢筋不受锈蚀。

（2）刚性基础　刚性基础所用的材料如砖、石、混凝土等，它们的抗压强度较高，但抗拉及抗剪强度偏低。因此，用此类材料建造的基础，应保证其基底只受压，不受拉。由于受地耐力的影响，基底应比基顶墙（柱）宽些，即 $b > b_0$，如图 4-50a 所示。地耐力越小，基底宽度 b 就越大。当 b 很大时，基底挑出部分 b_2 也很大，此时就可能出现基底部分受拉而开裂破坏的情况。

不同材料构成的基础，其传递压力的角度也不相同，刚性基础中压力分布角 α 称为刚性角，如图 4-50b 所示。在设计中，应尽力使基础大放脚与基础材料的刚性角相一致，以确保基础底面不产生拉应力，最大限度地节约基础材料，如图 4-50c 所示。受刚性角限制的基础称为刚性基础。构造上通过限制刚性基础宽高比来满足刚性角的要求。刚性基础的允许宽高比值见表 4-3。

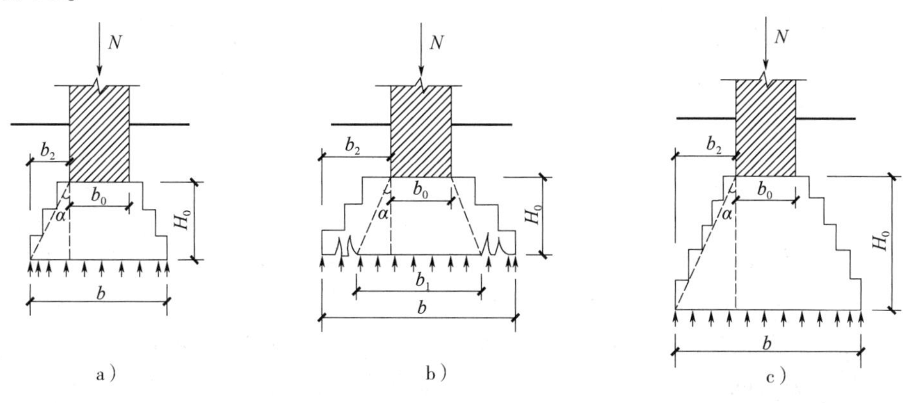

图 4-50　刚性基础受力特点

a）基础放坡在允许值范围内，基底受压　b）基底加宽，放坡比例不合适、基底部分受拉破坏

c）基础宽度加大，其深度也应相应加大，满足放坡比例

表 4-3　刚性基础台阶宽高比允许值

基础材料	质量要求		台阶宽高比允许值		
			$p \leqslant 100$	$100 \leqslant p \leqslant 200$	$200 \leqslant p \leqslant 300$
混凝土基础	C10 级混凝土		1∶1. 00	1∶1. 00	1∶1. 00
	C7. 5 级混凝土		1∶1. 00	1∶1. 25	1∶1. 50
毛石混凝土基础	C7. 5 ~ 10 级混凝土		1∶1. 00	1∶1. 25	1∶1. 50
砖基础	砖强度不低于 MU7. 5	M5 砂浆	1∶1. 50	1∶1. 50	1∶1. 50
		M2. 5 砂浆	1∶1. 50	1∶1. 50	—
毛石基础	M2. 5 ~ M5 砂浆		1∶1. 25	1∶1. 50	—
	M1 砂浆		1∶1. 50	—	—
灰土基础	体积比 3∶7 或 2∶8，最小干密度：粉土 1. 55t/m³；粉质黏土 1. 50t/m³；黏土 1. 45t/m³		1∶1. 25	1∶1. 50	—
三合土基础	体积比为 1∶2∶4 ~ 1∶3∶6 三合土，每层 20mm 厚，夯至 150mm		1∶2. 00	—	—

1）混凝土基础。混凝土基础具有坚固、耐久、耐水、刚性角大，可根据需要任意改变形状的特点，常用于地下水高、有冰冻作用的建筑物，也可与砖基础合用。混凝土基础台阶宽高比为 1∶1 ~ 1∶1. 5，实际使用时可把基础断面做成梯形成阶梯形，如图 4-51 所示。

2）毛石混凝土基础。在上述混凝土基础中加入粒径不超过 300mm 的毛石，且毛石体积不超过基础总体积的20%～30%，称为毛石混凝土基础。值得注意的是，毛石混凝土基础中所用毛石，其尺寸不得超过基础每个台阶宽度的1/3，基础台阶宽高比≤1:1.0～1:1.50，如图4-52所示。所用毛石应经挑选，不得为针状或片状。

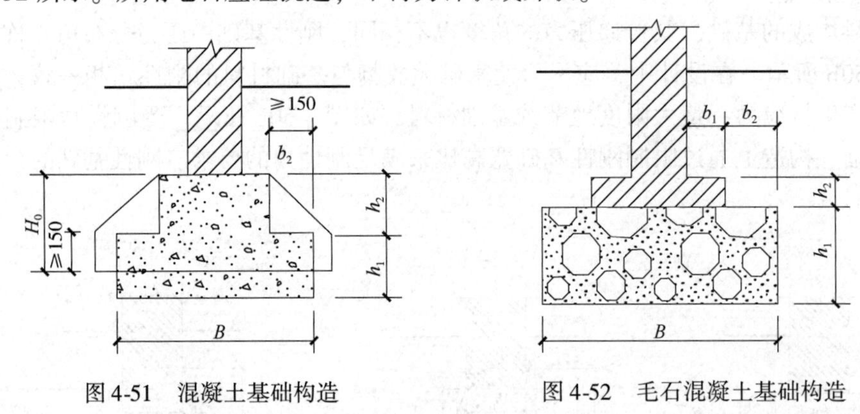

图4-51　混凝土基础构造　　图4-52　毛石混凝土基础构造

3）砖基础。砖基础是一般砖混建筑常选的一种基础形式。选用的砖强度等级一般不低于MU7.5，基础部分砌筑用砂浆通常为水泥砂浆。基础采用台阶式逐级放大，称为大放脚。根据表4-1要求，大放脚台阶宽高比≤1:1.50。为此，大放脚常有两种做法：一是每二皮砖外桃1/4砖，称为等间式，如图4-53a所示；二是每两皮砖挑1/4砖与每一皮砖挑1/4砖相间砌筑，称为间隔式，如图4-53b所示。砖基础砌筑前，基槽底应铺20mm厚的砂浆，最下面一个台阶的高度不小于120mm，同时砖基础的底面宽度应符合砖的模数。

4）灰土基础。灰土基础亦即灰土垫层，是由石灰或粉煤灰与黏土加适量的水拌和经夯实而成的。灰与土的体积比为2:8或3:7。灰土每层虚铺220mm左右，经夯实后厚度约为150mm，称为一步，三层以下建筑灰土可做二步，三层以上建筑可做三步。由于灰土基础抗冻、耐水性能差，所以灰土基础只能用于地下水位较低的地区，并与其他材料基础共用，充当基础垫层，灰土基础构造方式见图4-54。

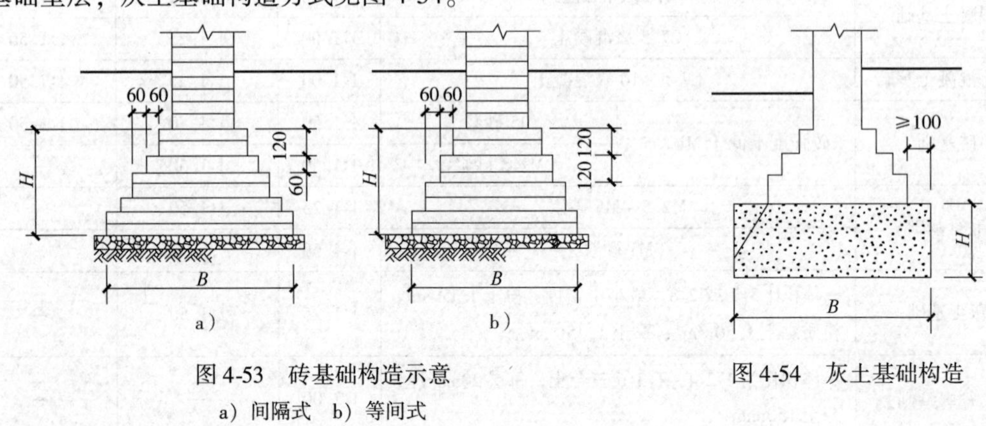

图4-53　砖基础构造示意
a）间隔式　b）等间式

图4-54　灰土基础构造

5）三合土基础。三合土基础一是由石灰、砂、骨料（碎石或碎砖）按体积比1:3:6或1:2:4加水拌和夯实而成，每层夯实后的厚度为150mm左右，三合工基础宽不应小于600mm，高不小于300mm。三合土基础应埋于地下水位以上，其具体构造方式见图4-55。

6）毛石基础。毛石基础是用未经人为加工处理的天然石块和砂浆组砌而成的。它具有强度较高、抗冻、耐水、经济等特点。毛石基础的断面形式多为阶梯形，如图 4-56 所示，并常与砖基共用，作砖基础的底层。毛石基础顶面应比上部墙柱每侧各宽出 100mm，基础宽度不宜小于 500mm。考虑到刚性角，毛石基础每一台阶高不宜小于 400mm，每个台阶出挑宽度不应大于 200mm。当基础宽度≤700mm 时，毛石基础应做成矩形断面。值得注意的是，毛石基础所用毛石虽未经人为加工但要挑选，所用石头不得为针状或片状，也不得是已风化的石材。

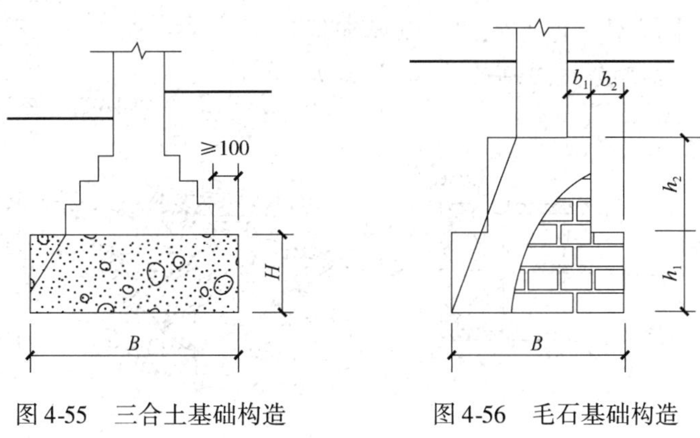

图 4-55　三合土基础构造　　图 4-56　毛石基础构造

4.3.2　屋顶构造

屋顶是房屋顶部的覆盖部分。屋顶的作用主要有两点，一是围护作用，即防御自然界的风、雨、雪、霜和太阳光的辐射，并且有保温、隔热的作用；二是承重作用，即承担作用于屋面的各种永久荷载和活载，屋顶主要由屋面面层、承重结构层、保温（隔热）层、顶棚等几个部分组成（图 4-57）。

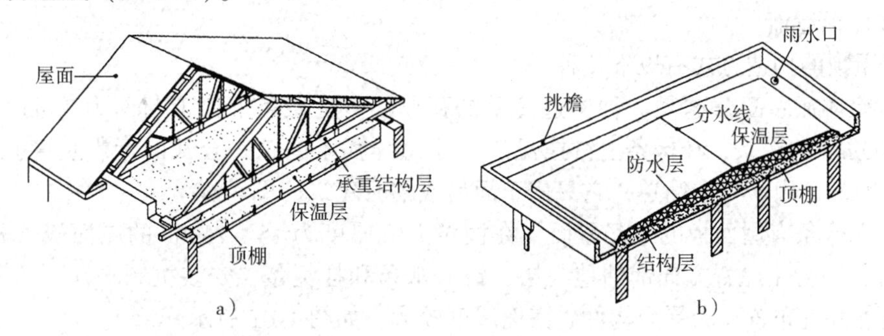

图 4-57　屋顶的组成
a）坡屋顶　b）平屋顶

屋顶由于地域不同、自然环境不同、屋面材料不同、承重结构不同，屋顶的类型也很多，大致可分为三大类：平屋顶（屋面坡度在 10% 以下）、坡屋顶（屋面坡度在 10% 以上）和曲面屋顶。

1. 坡屋顶的承重结构

（1）屋架及支撑　当坡屋面房屋内部需要较大空间时，可把部分横向山墙取消，用屋架作为横向承重构件。坡屋面的屋架多为三角形。屋架可选用木材（Ⅰ级杉圆木）、型钢（角钢或槽钢）制作，也可角钢木混合制作（屋架中受压杆件为木材，受拉杆件为钢材），或钢筋混凝土制作。为了防止屋架的倾覆，提高屋架及屋面结构的空间稳定性，屋架间要设置支撑。屋架支撑主要有垂直剪刀撑和水平系杆等，如图4-58所示。

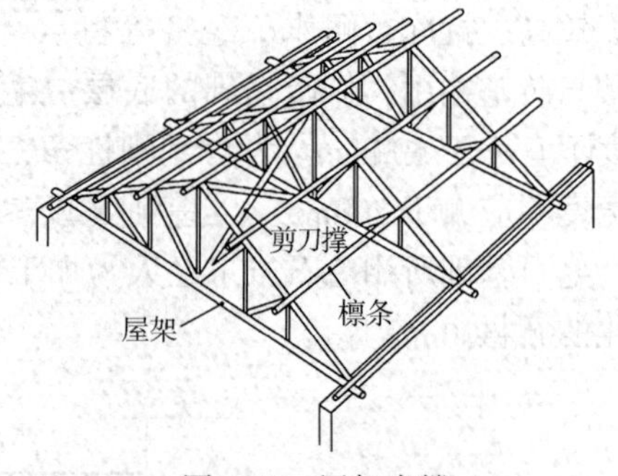

图4-58 屋架支撑

对于四坡形屋顶，当跨度较小时，在四坡屋顶的斜屋脊下设斜梁，用于搭接屋面檩条；当跨度极大时，可选用半屋架或梯形屋架，以增加斜梁的支承点。四坡屋顶的屋面结构布置方式如图4-59所示。

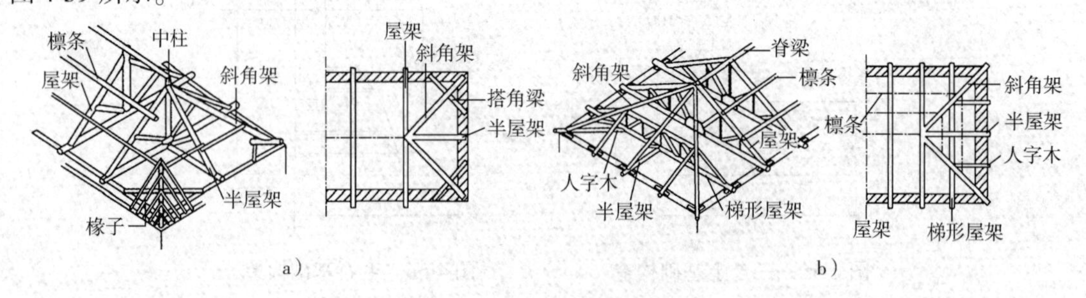

图4-59 四坡屋面屋架构造

a）斜架 b）梯形屋架

（2）硬山搁檩 横墙间距较小的坡屋面建筑，可以把横墙上部砌成三角形，直接把檩条支承在三角形横墙上，叫作硬山搁檩。檩条可用木材、预应力钢筋混凝土、轻钢桁架、型钢等材料。檩条的斜距不得超过1.2m。木质檩条常选用Ⅰ级杉圆木，木檩条与墙体交接段应进行防腐处理，常用方法是在山墙上垫上油毡一层，并在檩条端部涂刷沥青。

2. 坡屋顶屋面

平瓦屋顶的构造方式有以下几种：

（1）冷摊瓦屋面 这是一种构造简单的瓦屋面。在檩条上钉上断面为35mm×60mm、中距为500mm的椽条，在椽条上钉挂瓦条（注意挂瓦条间距符合瓦的标志长度），在挂瓦条上直接铺瓦。由于构造简单，它只用于简易或临时建筑（图4-60）。

（2）无椽条有屋面板的平瓦屋面 在檩条上钉厚度为15～25mm的屋面板（板缝不超过20mm），平行于屋脊方向铺油毡一层，钉顺水条和挂瓦条，安装机制平瓦。这种方案屋面板与檩条垂直布置，为受力构件，因而厚度较大，如图4-61所示。

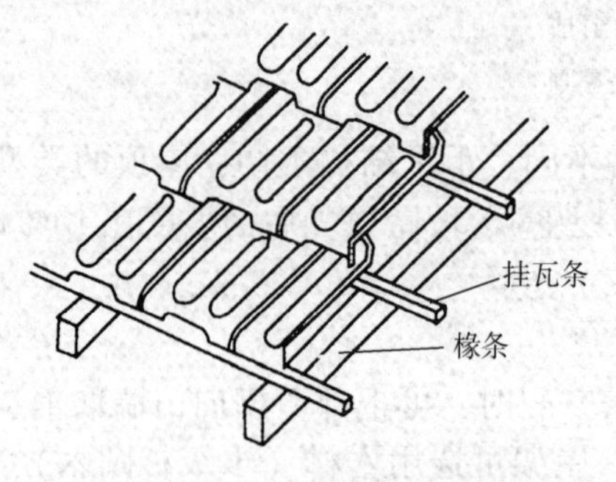

图4-60 冷摊瓦屋面构造

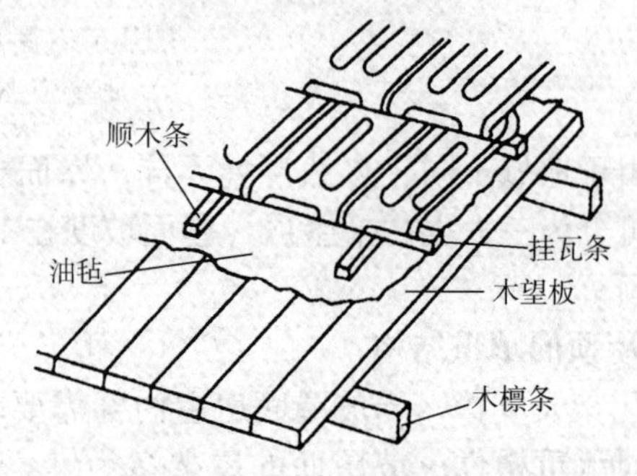

图4-61 无椽条有屋面板平瓦屋面构造

（3）有椽条有屋面板的平瓦屋面 在屋面檩条上放置椽条，椽条上稀铺或满铺厚度在8～12mm的木板（稀铺时在板面上还可铺芦席等），板面（或芦席）上方平行于屋脊方向干铺油毡一层，钉顺水条和挂瓦条，安装机平瓦。采用这种构造方案，屋面板受力较小，因而厚度较薄。顺水条断面为8mm×38mm，挂瓦条断面一般为20mm×20mm或20mm×25mm。椽条断面由檩条斜距而确定，檩条斜距大，椽条断面也相应增大，一般为35mm×60mm，椽条中距在500mm以内，如图4-62所示。

（4）平瓦屋面 平瓦有水泥瓦和黏土瓦两种。其外形按防水及排水要求设计制作，机平瓦的外形尺寸约为400mm×230mm，其在屋面上的有效覆盖尺寸约为330mm×200mm。按此推算每m^2屋面约需15块瓦。平瓦屋顶的主要优点是瓦本身具有防水性，不需特别设置屋面防水层，瓦块间搭接构造简单，施工方便。缺点是屋面接缝多，如不设屋面板，雨、雪易从瓦缝中飘进，造成漏水。为保证有效排水，瓦屋面坡度不得小于1:2（26°34′）。在屋脊处需盖上鞍形脊瓦，在屋面天沟下需放上镀锌铁皮，以防漏水。

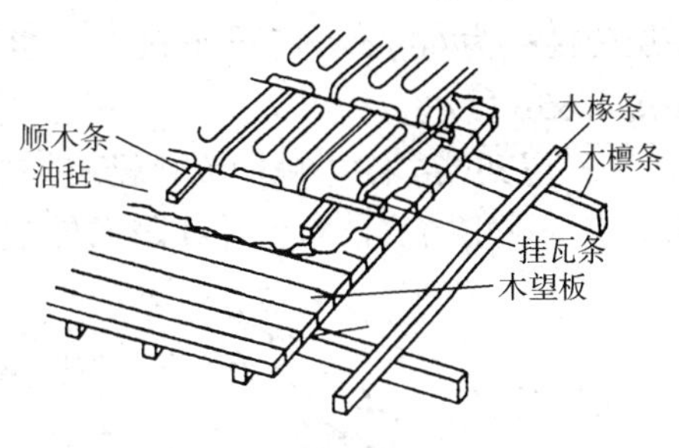

图4-62 有椽条有屋面板平瓦屋面构造

（5）波形瓦屋顶 波形瓦包括水泥石棉波形瓦、钢丝网水泥瓦、玻璃钢瓦、钙塑瓦、金属钢板瓦、石棉菱苦土瓦等。根据波形瓦的波浪大小又可分为大波瓦、中波瓦和小波瓦三种。波形瓦具有重量轻、耐火性能好等优点，但易折断破裂，强度较低。波形瓦在安装时应注意下列几点：第一，波形瓦的搭接开口应背着当地主导风向；第二，波形瓦搭接，上下搭长不小于100mm，左右搭接不小于一波半；第三，波形瓦在用瓦钉或挂瓦钩固定时，瓦钉及挂瓦钩帽下应有防水垫圈，以防瓦钉及瓦钩穿透瓦面缝隙处渗水；第四，相邻四块瓦搭接时应将斜对的下两块瓦割角，以防四块重叠使屋面翘曲不平，否则应错缝布置（图4-63）。

（6）小青瓦屋面 小青瓦屋面在我国传统建筑中采用较多，目前有些地方仍然采用；小青瓦断面呈弧形，尺寸及规格不统一。铺设时分别将小青瓦仰俯铺排，覆盖成垅，仰铺瓦成沟，俯铺瓦盖于仰铺瓦纵向接缝处，与仰铺瓦间搭接瓦长1/3左右；上下瓦间自搭接长在少雨地区为搭六露四；在多雨区为搭七露三。小青瓦可以直接铺设于桂条上，也可铺于望板（屋面板）。小青瓦屋面的常见构造方式如图4-64所示。

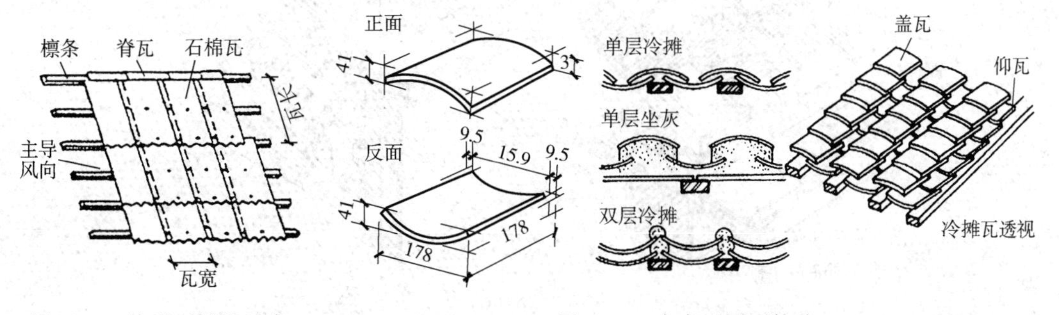

图4-63 波形瓦铺设示意

图4-64 小青瓦屋面构造

3. 坡屋面的细部构造——檐口

坡屋面的檐口式样主要有两种：一是挑出檐口，要求挑出部分与屋面坡度一致；另一种是女儿墙檐口，要做好女儿墙内侧的防水，以防渗漏。

（1）挑出檐口

1）椽木挑檐。当屋面有椽条时，可以用椽子出挑，以支承挑出部分的屋面。挑出部分的椽条外侧可钉封檐板，底部可钉木条并油漆。椽木挑檐的挑长一般为300～500mm，如图4-65a所示。

2）砖挑檐。砖挑檐的挑长不能太大，一般不超过墙体厚度的1/2，且不大于240mm；每层砖挑长为60mm，砖可平挑出，也可把砖斜放用砖角挑出，挑檐砖上方瓦伸出50mm，如图4-65b所示。

3）屋架端部附木挑檐或挑檐木挑檐。如需要较大挑长的挑檐，可以沿屋架下弦伸出附木，支承挑出的檐口木，并在附木外侧面钉封檐板，在附木底部作檐口吊顶；这种构造檐口

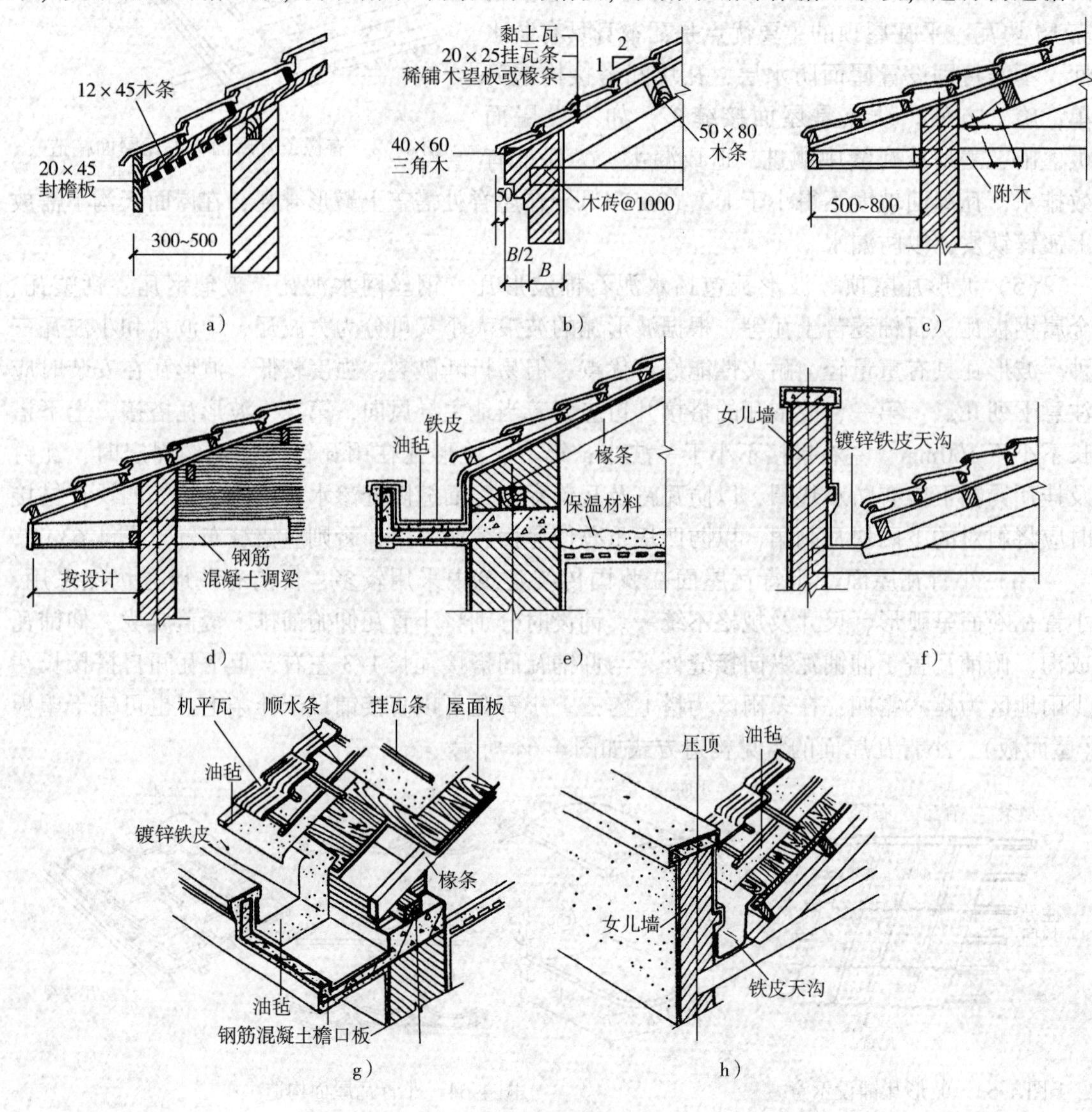

图4-65 檐口构造

a）椽条挑檐 b）砖挑檐 c）附木挑檐 d）钢筋混凝土挑檐 e）钢筋混凝土挑天沟 f）女儿墙檐口 g）钢筋混凝土挑天沟示意图 h）女儿墙檐口示意图

挑长可达500～800mm，如图4-65c所示。对于不设屋架的房屋，可以在其横向承重墙内压砌挑檐木并外挑，用挑檐木支承挑出的檐口。其他构造类似于附木挑檐，如图4-65d所示。

4）钢筋混凝土挑天沟。当屋面集水面积大，檐口高度高，降雨量大时，坡屋面的檐口可设钢筋混凝土天沟，并采用有组织排水，如图4-65e所示。

（2）女儿墙檐口　有些园林建筑为了立面处理的需要，将檐墙凸出屋面形成女儿墙，为了组织排水，屋面与女儿墙间应做天沟，如图4-65f所示。

4.4　园林建筑小品其他景观

4.4.1　堂

堂又称厅堂，厅堂是听理政务的地方，而在堂中间，有最堂堂正正之意。园林建筑，是确定风景园林设计的基础，往往是首先选定厅堂的位置，方向以面向南方为好。划分院落时，要求宽敞不拘束，连续的庑廊，曲折随地性而定。高低蜿蜒，就像岗岭起伏。在低洼处凿池塘，临水的一面筑水榭，高处堆山，居高建亭台，小院植树叠石，取景宜优雅，高埠亭阁，借景要宽敞，如图4-66所示。

a）

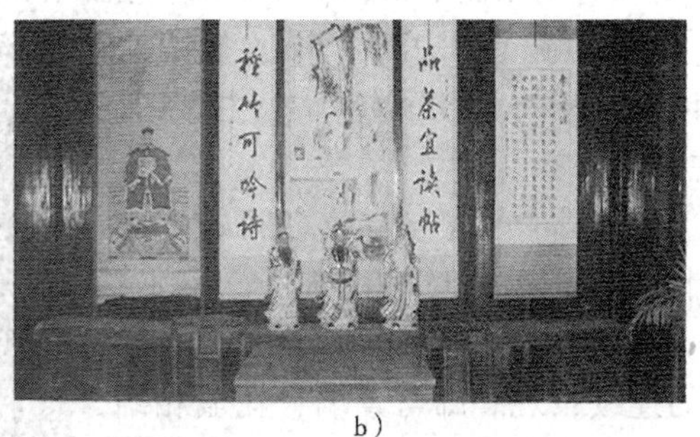

b）

图4-66　厅堂

a）临水观景楼阁　b）厅堂内

4.4.2　楼阁

楼阁一般建在厅堂后面，也可建在半山半水的地方。在嬗变或是水边建楼各有妙处，山边建楼可以远眺，水边建楼可以观四时风雨，所以古典园林中有烟雨楼、观景楼的说法。此外，还有藏书楼、绣楼、雕花楼、报山楼等，如图4-67所示。

图4-67　坐落于城墙之上的古城楼阁

4.4.3　舫

舫使人想到烟波钓艇上的渔翁，是隐士的居所。舫也是逃避时间风波的去处。苏州留园有一舫，题名曰：“少风波处便为家。”文人修造园林，多是向往隐士的生活，视官场为险途，所以舫的文化内涵具隐居避世的文人情怀。南京熙园的“不系舟”、苏州拙政园的画舫斋、潍坊十笏园的画舫都是名园名舫，如图4-68所示。

a）

b）

图 4-68　舫

a）石舫　b）拙政园的画舫斋

4.4.4　廊

1. 廊的概况

1）主要起到供行人遮阳、遮雨和小憩，引导人流和视线，连接主体建筑或景观节点的作用。

2）廊可分为双面空廊、单面空廊、复廊、双层廊。

3）廊道净宽宜 1.2 ~ 1.5m，柱距宜 3m 以上，柱径宜 0.15m 左右，柱高宜 2.5m 左右。

4）居住区内建筑与建筑之间的连廊尺度控制必须与主体建筑相适应。

5）廊的造型和长度也形成了自身有韵律感的连续景观。廊与景墙、花墙相结合增加了观赏价值。廊是中国园林中最富特色的建筑之一，因廊的主要功能是游走，故又有走廊、游廊之称，如图 4-69 所示。相对于园林中其他建筑来说，廊是线性的，它不但具有遮风挡雨和交通的实用功能，而且还能增加园林景深层次、分割空间，是组合景物和增添园林趣味的重要设置。

图 4-69　游廊

作为游赏风景的导游线之外，廊自身又是独具魅力的园中景致：廊的形体大多狭长而曲折，空间轻盈通透，有虚有实，非常美妙，可以将人们慢慢引入园林的胜境。

2. 廊的类型

（1）直廊　从廊的形体而言，直廊走势比较平直。因为园林中的廊大多形体比较曲折，以制造多变的游园景观，因此直廊相对少见，而且多数比较短小，如图 4-70 所示。

（2）曲廊　曲廊的形体比较曲折多变，从形体走势上来说，它是园林中最为常见、也最富变化的一种廊子。曲廊形体曲折逶迤，在园林中自由穿梭，将园林分成大小或形状不同的区域，自然丰富了园林景致。

（3）复廊　由两廊合二为一的廊，两廊中间隔着一道墙，墙上设有漏窗作为连通，两边廊道都可以通行，站在两边廊道上都可以透过中间墙上的漏窗观看对面的景致。因为复廊是两廊结合，所以在造型上复杂一些，形象也更为美观。

（4）空廊　空廊只有顶部用柱支撑、四面无墙（图4-71）。

图4-70　直廊

图4-71　空廊

这样的廊既是通道又是游览路线，能两面观景，又可以分隔园林空间，让园林景致富于层次、更加丰富。

（5）爬山廊　爬山廊建在坡地，它由坡底向坡上延伸，仿佛正在向山上爬，所以得名。爬山廊因为所其依附的地形，形体自然有了起伏，即使廊本身没有曲折变化，也成为一道美妙的风景，如果廊本身形体有所转折，会更加吸引人（图4-72）。

图4-72　爬山廊

同时，爬山廊也将山坡上下的建筑与景致连接起来，形成完整有序的景观。

（6）水廊　在园林中，如果廊跨水或临水而建，即称为水廊。水廊能丰富水面的景观，不使水面过于单调。同时，它也能使水上空间半隔半连，形成曲折，增加水的深度，给人水有源而长流的感觉，更富有意境（图4-73）。

图4-73　水廊

又如，江苏无锡愚公谷垂虹廊（图4-74）。

图4-74　垂虹廊

4.4.5　景墙

现代景观的景墙往往做浮雕或者壁画，景墙具有装饰性，配合花坛、壁泉、灯光等处理，使残墙断壁充满人的气息，也可以用各种材料形成艺术效果，它包括青砖、薄砖、红砖、面砖、卵石、碎石，还有水泥、彩绘云山墙、弹绘、水刷石、木材等。古典园林则是在景墙上开什锦窗，以海棠、宝瓶等形状开景窗透景、框景、借景，既可以形成优美画面，也可以加深景深层次与观景空间，显得引人入胜。花墙、花窗、月洞门，则可构成“满园春色关不住，一枝红杏出墙来”的引人入胜之景。江南古典园林中还有砖花墙、瓦花墙。砖花墙又称漏砖墙，有菱花式、条环式、竹节式、人字式等；瓦花墙有钱式、叠锭式、鱼鳞式等，如图4-75所示。

a）

b）

图4-75　景墙

a）起伏式彩绘云墙　b）北京颐和园花窗景墙

石头以其坚毅自然的形态，大美于天地之间，石墙实景如图4-76所示。

图4-76　石墙

4.4.6　台阶

自然台阶：以天然石材砌台阶，如山间道，有崎岖不平的感觉，如图4-77所示。

方形台阶：方形台阶规整，有安全感。

圆形台阶：圆形台阶造型优美，可以展开成扇形。

曲案台阶：曲案台阶呈曲线形，变化丰富。

a）

b）

图 4-77　台阶

a）圆形台阶实景　b）一般台阶实景

4.4.7　园路

园路宜曲，曲径可形成通幽的效果。如果再配上矶石、踏步，效果会更好。中国古典园林有以砖瓦、石片铺砌地面的传统，构成格式图案，称为“花街铺地”。堂前空庭一般均要用砖砌，园林曲径则可以用乱石铺地，形状像冰裂的样子，看起来比较雅致。河滩中的黄、白、黑卵石，黄、青石片以及砖瓦片、瓷片均可用来铺地、铺路，其样式不胜枚举，包括：①卵石与瓦混砌，如套钱、芝花、球门；②砖瓦、石卵、石片混砌，如海棠、十字灯景、冰纹；③砖石片或卵石混砌，如六角、套八方；④以砖砌，如席文、人字纹、间方、斗纹，如图 4-78 所示。

a）

b）

图 4-78　园路

a）青砖席纹铺路　b）青瓦和卵石构成孔雀尾纹样的铺路

4.4.8　铺地

风景园林中的铺地富有艺术性，铺地先以水泥浆固定土，然后铺碎石层，一般步行道在 100mm 厚，小车道在 150mm 厚，用黄沙与水泥干拌成混合砂浆，铺盖约 30mm 厚，然后铺地砖，如图 4-79 所示。

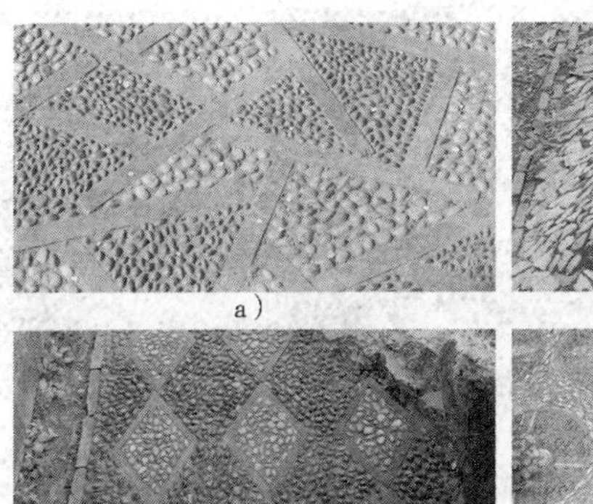

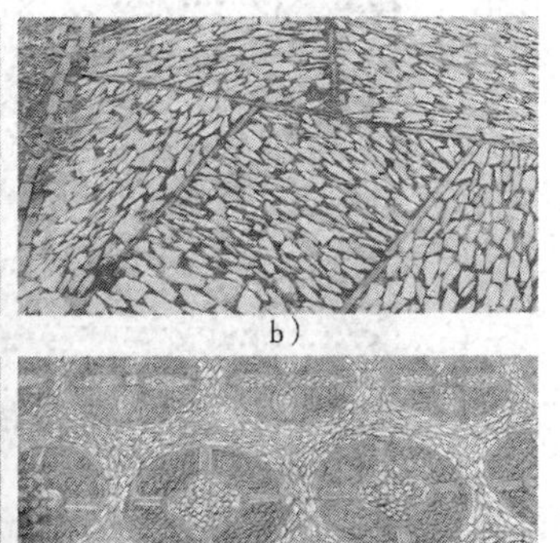

a）　b）　c）　d）

图 4-79　园林铺地

a）三角构成框架卵石或碎石填充的路面纹样

b）三角构成框架卵石或碎石填充的路面纹样

c）青砖瓦片和卵石构成的传统路面纹样

d）青砖瓦片和卵石构成的传统路面纹样

4.4.9 栅栏

栅栏有木栅栏、竹篱和金属栅栏。栅栏可以与植物很好地融为一体，适用于校园和私家别墅花园，如图4-80所示。

a）　　　　b）

图4-80　栅栏

a）竹编栅栏　b）现代木栅栏

竹篱编织成栅栏，可以固定。木栅栏形式更为多样，可以用油漆漆成白色或者木材本色，栅栏上还可以攀缘花草。它造价低，通风透光，很有乡间自然情趣。

金属栅栏防卫性强，可用面积大，时间耐久坚固，具有观赏和防盗的双重功能。

4.4.10 园门

园门又称门楼，设计风格有中式门楼、西式门楼和现代风格园门。园林大门虽无方向的规定，但一般是依厅堂方向而定。现代景观设计中无园门的敞开式风格，只是设计标志性景点如石、柱等表示园门。江南园林的门形式比较多，有八角式、八方式、园式、执圭式、葫芦式、莲瓣式、贝叶式、如意式、双瓶式等，如图4-81所示。

a）　　　　b）

图4-81　园门

a）八角式园门　b）北京四合院红门

4.4.11 园林之窗

窗乃园林之眼，园中的苍山流水、琼花古木，一入窗中，便自成画幅。佳景借窗框飘然而至，雅趣于墙内外流动不止，空间中产生了一种隔而不阻的美妙气息，是窗户的通透，也是心性的通快，如图4-82所示。

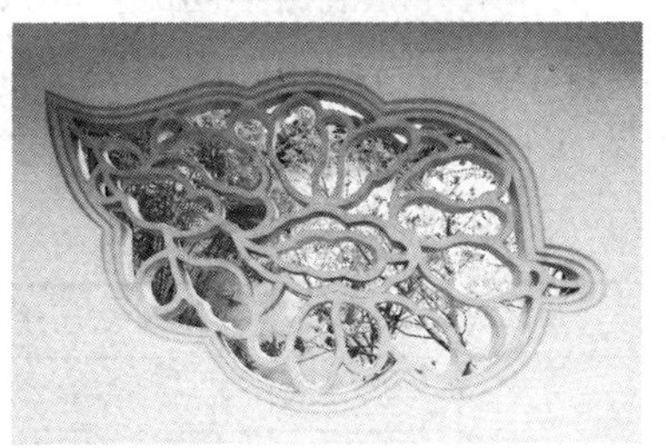

图4-82　园林窗

明人计成在中国古代造园专著《园冶》中，提出“取景在借”的妙论，其借法多样：远、邻、仰、俯，各得真趣。而对于凭窗借景，他提到：“峭壁山者，靠壁理也。藉以粉壁为纸，以石为绘也。理者向石皴纹，仿古人笔意，植黄山、松柏、古梅、美竹，收之园窗，宛然镜游也。”真可得“轩楹高爽，窗户虚邻；纳千顷之汪洋，收四时之烂漫”之畅然适意。

李渔亦推崇此说，认为“开窗莫妙于借景”，“同一物也，同一事也，此窗未设之前，仅作事物观，一有此窗，则不烦指点，人人俱作画图观矣，如图4-82所示。”

窗的功用，原本只是采光与通风，但在古人的闲情凭寄之下，它成为文人造园鸿篇上的点睛之笔，让园景更加通透灵秀，并成为一幅幅天然画卷。而这画卷绝非静止，它在天工神笔之下，应时而变：日照月莹、风摇霜染、雨润雪掩、蜂舞蝶翩……每一幅，都是对闲适性情的赞颂。

先贤在每一个营建生活意境的细微处，都不忘将隐逸自然的闲情逸致，融入其中。人置身于诗意生活的字里行间，赋比兴，平常如虚日里的油盐醋。

漏窗借景，为何而美？美学大家宗白华先生曾论：“美的对象之第一步需要间隔。图画的框、雕像的石座、堂宇的栏杆台阶、剧台的帘幕、从窗眼窥青山一角、登高俯瞰黑夜幕罩的灯火街市，这些美的境界都是由各种间隔作用造成”。正是这种“间隔”，戏剧化地生成了一种美感形式，将平常事物变得可观。

小小漏窗，开设的不只是一个景观，更开启了我们欣赏世界的方式，通过它，万物可交流互通，气息并融。

4.5　园林景观中仿古建筑的设计

4.5.1　仿古建筑要素

1. 一般元素

仿古建筑一般元素有粉墙黛瓦、亭台楼阁、假山、流水、曲径、梅兰竹菊等。

特点：浑然天成，幽远空灵；在造园手法上，中国传统园林“崇尚自然，师法自然”，讲求“虽由人造，宛如天开”，在有限的空间范围内利用有效的自然条件，模拟大自然中的美景。

庭院是千百年来中国建筑的主要表现形式，在以房屋围合的形式中，装载着中国人的思想观念和审美情趣，这种内向封闭而又温馨舒适的院落空间，曾经滋养培育了一代代中国人的性情和性格，以致成为最为普遍的传统生活方式。院落式民居吸引人的是隐藏在建筑形式后面的人文精神。围合，不仅仅指的是物理的保护，而是建立人与人之间关系的东西，围合形成独立完整的局部空间而感受到安全感与归宿感。围合也必然形成大间距，既保证了居民私密空间的距离，同时又扫除了因安全而附加的封闭感觉，促成空气流通，营造了良好的局部气候条件。根据不同的空间尺度，运用亭、廊、桥等古建筑进行空间围合形成庭院。一般有以下几个古建筑的单独或结合的形式在中式园林中体现。仿古建筑常见设计元素面积范围见表 4-4。

表 4-4　仿古建筑常见设计元素

元素	中式园建	5 万 m^2 以内	5 万 ~ 10 万 m^2	10 万 m^2 以上
1	笠亭		√	√
2	六角亭			√
3	榭（堂）	√	√	√
4	台	√	√	√
5	桥	√	√	√
6	假山叠水		√	√
7	廊		√	√
8	景墙	√	√	√
9	坊			
10	轩	√	√	√

备注：1. 相关园建小品形式及尺寸根据实际情况合理优化调整，详见参考图片。

2. √为标准设置，其余为可选设置。

2. 山水

中国传统建筑对山水有很强的依赖性，园林布局有绕山绕水和穿山穿水两种。绕山绕水是将山水作为建筑布局设计的中心，建筑物环绕在山水的周围，这种设计的典型便是颐和园，这种设计的精妙之处就在于整个建筑群依靠山和水得到有机联系，游人在任何一个地方都可以眺望到景观的中心。中心湖面积设计尺寸标准见表 4-5。

表 4-5　中心湖面积尺寸标准

项目	项目占地	（中心湖）水域面积
中式景观	5 万 m^2 以内	1000 ~ 1500m^2
	5 万 ~ 10 万 m^2	1500 ~ 2000m^2
	10 万 m^2 以上	2000 ~ 2500m^2

4.5.2　仿古建筑设计要点

1. 景墙

景墙在仿古建筑中的作用是分隔空间。我国古建筑讲究“以小见大”，景墙在其中发挥了重要作用。照壁是景墙的一种，具有挡风，遮蔽视线的作用，墙面若有装饰则造成对景效果。照壁可位于大门内，也可位于大门外，前者称为内照壁，后者称为外照壁。马头墙也是景墙的一种，其随屋面坡度层层跌落，以斜坡长度定为若干档，墙顶挑三线排檐砖，上覆以小青瓦，并在每只垛头顶端设有博风板（金花板）。

2. 镂空窗饰及挂落

镂空窗和挂落在仿古建筑中起到的是装饰作用。镂空窗即在空白墙上做成满月形状。外来之景如画一般镶嵌“画框”之中，他人观镜中之人犹如一幅动态的肖像画。观赏的角度不同，画框中的画与人也不同。挂落主要装饰在建筑外廊中，挂落与栏杆从外立面上看位于同一层面，设计成纹样相近的团，有着上下呼应的装饰作用，而自建筑中向外观望，则在屋檐、地面和廊柱组成的景物图框中，挂落应设计装饰花边，使图画空阔的上部产生变化，出现了层次，具有很强的装饰效果。

3. 屋面

中国古代建筑的屋顶对建筑立面起着特别重要的作用。屋檐曲线、起翘的屋角（仰视屋角，角椽展开犹如鸟翅，故称“翼角”）以及硬山、悬山、歇山、庑殿、攒尖、十字脊、盝顶、重檐等众多屋顶形式的变化，加上的琉璃瓦，使建筑物产生独特而强烈的视觉效果和艺术感染力。通过对这些细节的设计，与屋顶进行种种组合，使建筑物的体形和轮廓线变得愈加丰富。而从高空俯视，屋顶也具有很强的观赏效果。也就是说中国建筑的“第五立面”。

4. 飞檐

飞檐是中国特有的建筑结构，它是中国古代建筑在檐部上的一种特殊处理和创造，常用在亭、台、楼、阁、宫殿、庙宇的屋顶转角处。我国传统建筑檐部形式，屋檐特别是屋角的檐部向上翘起。飞檐是其屋檐上翘，形如飞鸟展翅，轻盈活泼，是中国建筑上民族风格的重要表现之一。

飞檐设计构图巧妙，造型优美的屋顶给人们以赏心悦目的艺术享受。飞翘的屋檐上往往雕刻避邪祈福灵兽，似麒麟，像飞鹤，有人喜欢灵兽，有人喜欢祥云，或是一条活蹦乱跳的鲤鱼，代表着临水而居的亲水文化。

5. 庑殿建筑的构造设计

庑殿建筑是一个具有前后左右四个坡面屋顶的建筑，故有的称它为四阿殿，又因单檐屋顶由五个屋脊所组成，故又称为五脊殿，从建筑立面的檐口形式，又分为单檐庑殿和重檐庑殿，庑殿建筑的基本构造由承重木构架、围护结构、屋顶瓦作和台明等几大部分所组成。

我国古代房屋的主要承重构件是木构架，它既是整个房屋的骨架构件，又是整个房屋的承重结构。它由承托屋面的木基层、桁檩、梁枋、立柱等相互连接而成，如单檐庑殿的木构架，整个荷载分别由梁枋向下传递，经若干柱子形成的柱网承担。整个庑殿建筑的木构架主要分为两大部分，即正身部分和山面部分。

正身部分是指除房屋两端的梢间或尽间以外的所有开间部分，这部分的木构架是按进深轴线方向所布置的一排排相同的排架所构成，也就是说，每列进深轴线上由柱梁所组成的木构架我们称它为排架，每个排架的结构是完全相同的。而房屋两端的两个梢间或尽间，也是由完全相同的木结构，对称布置在正身的两端，所以整个庑殿建筑的木构架，只需了解次梢间或梢尽间部分的木构架即可。

6. 歇山建筑的构造设计

歇山建筑也是一种四坡形屋面，但其山面不像庑殿屋面那样直接由正脊斜坡而下，而是通过一个垂直山面歇止之后再斜坡而下，故取名为歇山建筑，这种建筑的单檐屋顶由四个坡面九条屋脊——正脊、垂脊、戗脊所组成，故又称为九脊殿，宋又称为厦两头造。

歇山建筑依据屋顶形式不同分为尖山顶和卷棚顶两种，每种又分为单檐建筑和重檐建筑，歇山建筑的基本构造仍由承重木构架、围护结构、屋面结构和台明等四大部分组成，其中围护结构和台明的基本内容与庑殿建筑相同。歇山建筑的木构架分尖山顶和卷棚顶两种。

尖山顶歇山建筑木构架与庑殿建筑木构架，大部分是相同的，所不同的主要是在山面作法不同：庑殿木构架的山面只需用顺梁解决山面的檩木支撑即可，而歇山木构架则要将山面形成山花板的垂直面，因此，除须具有庑殿木构架中所有木构件外，还增加了草架柱、横穿、踏脚木和踩步金等木构件。在草架柱、横穿、踏脚木的外皮封钉木板即形成三角形歇山面，一般称它为山花板。

山花板以下接山面斜坡檐椽，形成两山的坡屋面。卷棚顶歇山与尖山顶歇山的木构架，除脊顶部分有所不同外，其他部分木构件也完全一样。卷棚顶歇山建筑的脊顶是两根平行的脊檩，放置在月梁上，再在脊檩上安置弧形罗锅椽形成卷棚脊。月梁由脊瓜柱支立在四架梁上，四架梁以下为六架梁。其他与尖山顶相同。

歇山建筑的屋顶也分为尖山顶和卷棚顶两种尖山。顶屋面有前后两坡和两个山面的半斜坡，这种半斜坡有的称它为撒头。除一条正脊和四条垂脊外，另还有四条戗脊和两条博脊，如果是重檐建筑还加四条角脊和围脊。正脊两端为垂立的三角形山花板，因常刷红色油漆。

7. 硬山与悬山建筑的构造设计

硬山建筑的特点是：两端山墙与屋面封闭相交，山面没有伸出的屋檐，山尖显露突出，木构架全部封包在墙体以内；而悬山建筑的特点是：两端屋顶伸出山墙之外，以遮挡雨水不直接淋湿山墙。硬山与悬山建筑也分为尖山式和卷棚式两种。

（1）硬山与悬山建筑的木构架　硬山建筑的木构架，与庑殿、歇山建筑的正身部分构架相同，两端山面部分没有特殊构件。整个木构架是由檩枋将若干个排架连接而成，与庑殿、歇山的正身部分木构架完全相同。硬山建筑的木构架分尖山式和卷棚式，尖山式木构架多为五檩至七檩建筑，卷棚式木构架多为四檩至八檩，可做成带前廊或带前后廊形式。

（2）悬山建筑的木构架　在硬山建筑木构架的基础上，将两端梢间屋面部分的脊檩、金檩和檐檩等，同时向外伸出一段距离，使屋顶两端向外悬挑而成。悬挑在外的各檩端头，为避免遭受雨雪侵蚀，沿各梢檩端头钉上人字形木板，称为博风板，既起保护作用，也有很好的装饰效果。悬挑距离为四椽档，在各悬挑梢檩之下，各增加燕尾枋一根，以加固悬挑强度和装饰效果。

8. 亭廊榭舫建筑的构造设计

由于亭子建筑在我国有着悠久的历史性，对其类型的分法很多，按使用性能分，可以分为：路亭、街亭、桥亭、井亭、凉亭和钟鼓亭等。按平面形式分，可以分为多角亭、圆形亭、扇形亭和矩形等。按高低层次分，分为单檐亭、重檐亭、多层亭等。但园林中的亭子，一般多是供游人观赏、乘凉小憩之所的凉亭。

因此，对凉亭的基本形式，我们总的将它分为单檐亭和重檐亭两大类；每一类又分为多角亭、圆形亭、异形亭和组合亭四类。单檐亭即指只有一层屋檐的亭子，它体态轻盈活泼，处置机动灵活，所以在园林中，被得到广泛应用。它按平面形状分为：多角亭、圆形亭和异形亭等。多角亭是园林建筑中采用最为普遍的一种形式，它的水平投影由若干个边所组成的相应角数而成，一般多为正多边几何形，可做成三角、四角、五角、六角、八角等形式，还有个别为九角形的。

三角形显得轻盈飘浮，四边形表示方正规矩，六、八角形安居稳重，如何选择，具体根据总体规划设计的配景需求，进行灵活选用。圆形亭是按水平投影圆边形进行布置的亭子。圆是能结天伦地理的象征，适合于多种场合采用。异形亭是指除正多边形和圆形以外的其他形式，如扇形、扁多边形等。一般多用作于整体布局上，防止千篇一律，而有所变异地穿插于建筑物。

9. 垂花门与木牌楼

在园林建筑中，垂花门根据屋顶木构架不同，较常用的有四种类型，即：单排柱担梁式、一殿一卷式、四檩廊罩式和五檩单卷式。单排柱担梁式垂花门是指正对屋脊线的位置上设立两根门柱，而屋架梁以它为中柱，对称地横担在柱上。由于它的稳定只依靠独排中柱插入基础内，故一般只用于轻小型屋顶的垂花门。

10. 颜色

朱红色，又称中国红，是红色颜色之一，介乎红色和橙色之间，是一种不透明的朱砂制成的颜色，因为宫殿装修的主色调使用的是金黄色和朱红色，因此朱红色表示高贵与权威，朱红色的大门象征着庄重。目前古建中多用的是栗壳色。

第5章 园林水景景观设计

5.1 水池设计

5.1.1 水池设计理论基础

1. 水池的形式

人工池形式多样，可由设计者根据环境现场发挥。一般而言，池的面积较小，岸线变化丰富具有装饰性，水较浅，不能开展水上活动，以观赏为主，现代园林中的流线型抽象式水池更为活泼、生动、富于想象。池可分为自然式（图5-1）、规则式（图5-2）和混合式三种。自然式水池岸线为自然曲线，水池常结合地形、花木种植设计成自然式，这一类型的水池在中国古典园林中最为常见，日本园林中也较普遍。规则式水池池岸线围成规则的几何图形，显得整齐大方，是现代园林建设中应用越来越多的水池类型。尤其在西方园林中水池大多为规则的长方形或正方形，在我国现代园林中，也有很多规则式水池，规则式水池在广场及建筑前，能起到很好的装点和衬托作用。

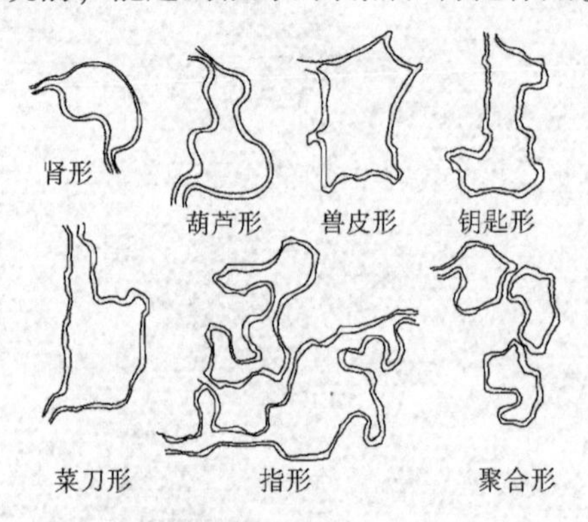

图5-1 自然式水池

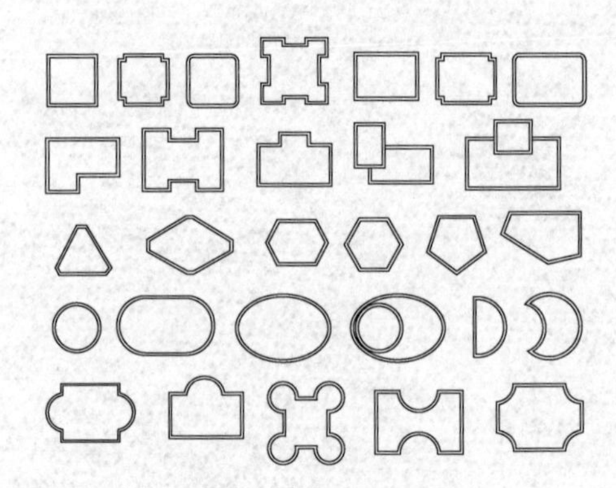
图5-2 规则式水池

2. 水池的特点

水池是园林工程建设中常见的水景工程。常见的喷水池、观鱼池、水生植物种植池等都属于这种类型。这里所指水池区别于河流、湖和池塘，水池面积相对较小，多取人工水源，因此必须设置进水、溢水和泄水的管线，有的水池还要作循环水设施。水池除池壁外，池底亦必须人工铺砌而且壁底紧密粘接；同时水池要求比较精致。

自然式水池更强调岸线的艺术性，可通过铺饰、点石、配植使岸线产生变化，增加观赏性；规则式人工水池往往需要较大的欣赏空间，一般要有一定面积的铺装或大片草坪来陪衬，有时还要结合雕塑、喷泉共同组景。自然式人工水池装饰性强，即使是在有限的空间也能发挥得淋漓尽致，关键是要很好地组合山石、植物及其饰物，使水池融于环境之中，天造地设般自然。

某休闲酒店外水池景观如图5-3所示。

3. 水池的设计要求

人工水池通常是园林构图中心，一般可用作广场中心、道路尽端以及和亭、廊、花架、花坛组合形成独特的景观。水池布置要因地制宜，充分考虑园址现状，其位置应在园中最醒目的地方。大水面宜用自然式或混合式；小水面宜用规则式，尤其是庭院绿地。此外，还要注意池岸设计，做到开合有效、聚散得体。有时因造景需要，在池内养鱼，或种植花草。水生植物池根据植物生长特性配置，植物种类不宜过多，池水不宜过深，否则，应将植物种植在箱内或盆中，在池底砌砖或垒石为基座，再将种植盆箱移至基座上。

图5-3 某休闲酒店外水池

5.1.2 水景景观设计要点

1. 水池的平面设计

根据中心公园总体方案，该水池位于中心公园西侧入口广场方向，在园中的位置醒目，是西侧入口的标志性景观，具有很强的装饰性和观赏性。因此水池设计要因地制宜，充分考虑园址现状，与所在环境的气氛、建筑和道路的线型特征以及视线关系协调统一。

水池的平面设计首先应明确水池在地面以上的平面位置、尺寸和形状，这是水池设计的第一步。水池的大小和形状需要根据整体布局来确定，其中水池形状设计最为关键。水池可分为自然式、规则式和混合式三种。自然式水池岸线为自然曲线，水池常结合地形、花木种植设计成自然式；规则式水池池岸线围成规则的几何图形，显得整齐大方，是现代园林建设中应用越来越多的水池类型。水池的平面轮廓要“随曲合方”，水池的大小要与园林空间及广场的面积相协调，轮廓与广场走向、建筑外轮廓取得呼应与联系。同时要考虑前景、框景和背景的因素。水池平面造型要力求简洁大方而又具有个性特点。

为了打破水池平面造型单调感，该水池平面造型采用方形系列规则式形式，由两个高低不同、大小不一的规则式方形花池和水池组合而成，相关设计尺寸如图5-4所示。

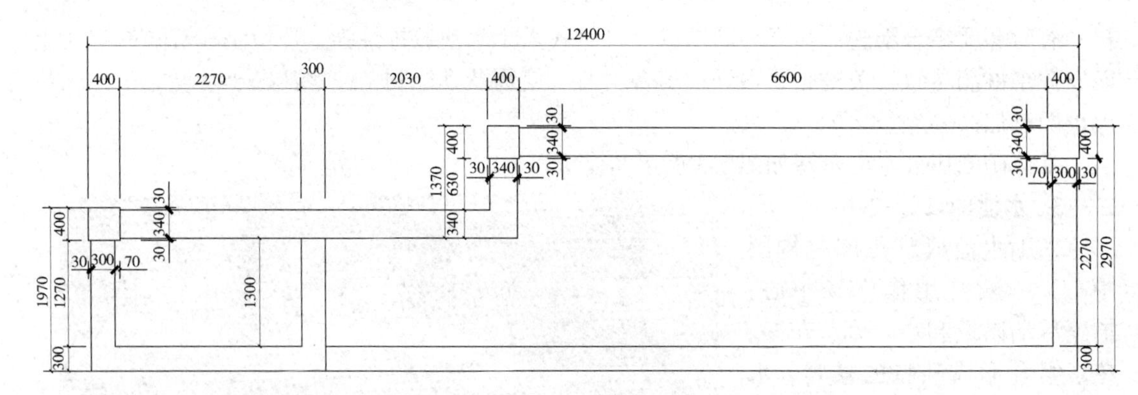

图 5-4　特色水池底平面图

2. 水池的剖面设计

水池的剖面图反映水池的结构和要求。园林中的水池无论大小深浅如何，都必须做好结构剖面设计。水池的深度不同，水对池壁的向外张力也不同。水池深度越深，对池壁的侧压力越大，池壁应越坚固。水池的防水处理也非常重要，要根据水深、材料、自重以及防水要求等具体情况的不同，设计时应具体对待。必须保证水池不漏水，同时还要满足景观要求。在宁波地区，因为气候较温暖，水池可以不考虑防冻处理，但是在北方地区，水池设计必须考虑防冻的要求。

通过分析，确定该水池采用钢筋混凝土池壁水池，水池底结构层具体做法为基础素土夯实，上填 300mm 厚塘渣，然后进行 100mm 厚碎石找平，再浇筑 200mm 厚 C20 钢筋混凝土，随后用 JS 防水涂料刷两遍，最后满铺 50mm×50mm×10mm 蓝色西班牙釉面砖，用 20mm 厚 1∶2.5 水泥砂浆做结合层，如图 5-5 所示。

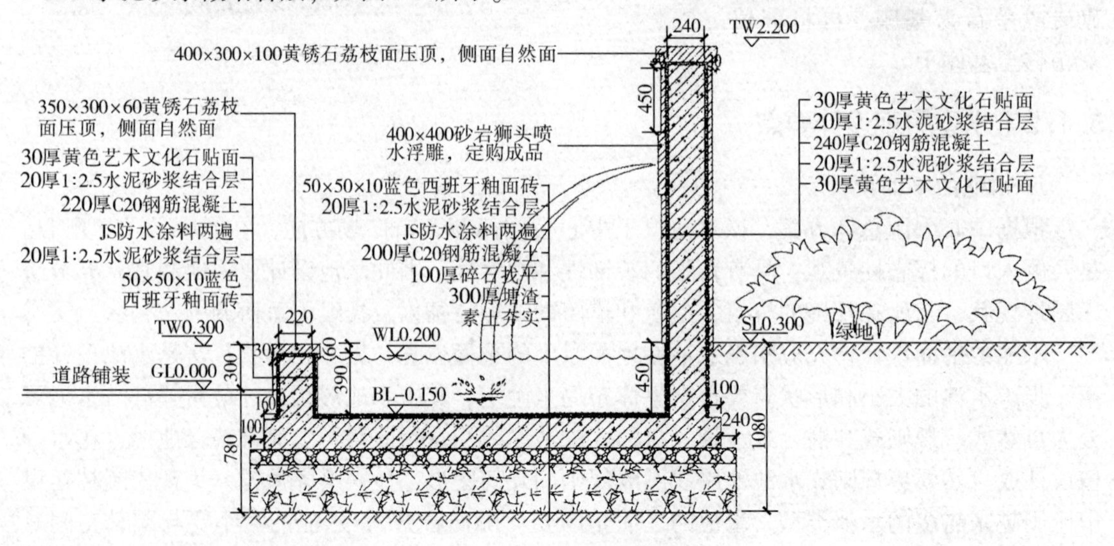

图 5-5　特色水景剖面图

3. 水池的立面设计

立面设计主要是立面图的设计，立面图要反映水池主要朝向的池壁的高度和线条变化。水池池壁顶与周围地面要有合宜的高程关系。既可高于路面，也可以持平或低于路面做成沉床水池。池壁顶可做成平顶、拱顶和挑伸、倾斜等多种形式。池壁顶部离地面的高度不宜过大，一般为20cm左右。考虑到方便游人坐在池边休息，可以增加到35~45cm，立面图上还应反映喷水的立面景观。根据方案，该水池景观设计为高于路面的规则式水池，池壁顶为平顶形式，池壁顶部离地面的高度可供游人坐在池边休息，同时设计了花池、特色景墙和壁泉景观。

水池的立面设计要反映主要朝向各立面处理的高度变化和立面景观；同时水池池壁顶与周围地面要有合宜的高程关系。一般常见的景观水池深度为0.6~0.8m，这样的做法是要保证吸水口的淹没深度，并且池底为一整体的平面，也便于池内管路设备的安装施工和维护。但0.6~0.8m的水深实际上存在着较大的不安全性。我们认为较为适宜的水深以0.2~0.4m为宜。池壁顶面应可供游人坐下休息，池壁顶面距地面高度一般为0.30~0.45m，从亲水的角度出发，较为合适的尺度是水面距池壁顶面为0.2m。

该水池位于西入口广场入口，道路标高为24.000m，广场设计标高为24.300m，为了适应地形变化和满足景观要求，水池立面采用高低错落的形式，水池高0.3m，水深为0.2m，花池高0.45m，景墙高2.40m。同时为了增加立面景观效果，摆放了多个砂岩成品花钵，在景墙立面两侧外挂铁艺装饰，景墙设计有3个砂岩狮头喷水浮雕，景墙采用30mm厚黄色艺术文化石贴面，400mm×300mm×100mm黄绣石荔枝面压顶，形成了丰富的立面景观效果，如图5-6所示。

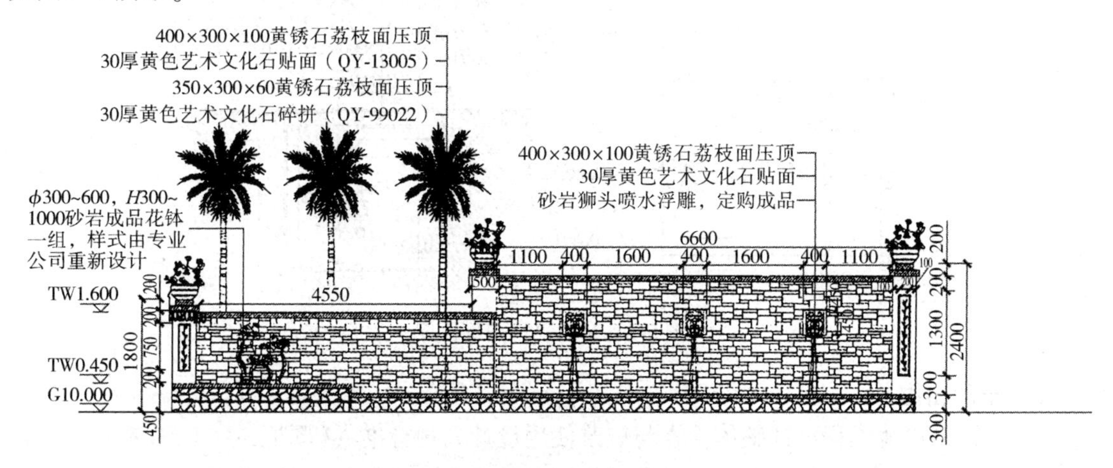

图5-6　特色水景底立面图

制图要点：绘制水池立面图时，立面图上应反映水池的立面景观。同时，立面图要有足够的代表性，能够反映整个水池各方向的景观。要求从池壁顶部到池底均标明各部分的材料及施工要求。立面图上还应标注出各部分标高，在标注标高时，以景观铺装面标高为±0.000m。

4. 水池的管线安装设计

管线的布置设计可以结合水池的平面图进行，标出给水管、排水管的位置。上水闸门井平面图要标明给水管的位置及安装方式；如果是循环用水，还要标明水泵及电机位置。上水闸门井剖面图，不仅应标出井的基础及井壁的结构材料，而且应标明水泵电机的位置及进水管的高程。下水闸门井平面图应反映泄水管、溢水管的平面位置；下水闸井剖面图应反映泄水管、溢水管的高程机井底部、壁、盖的结构和材料。

水池的给排水系统主要有直流给水系统、陆上水泵循环给水系统、潜水泵循环给水系统和盘式水景循环给水系统等四种形式。根据该水池所处环境分析，该水池采用潜水泵循环给水系统形式，设计采用 *DN*40 的进水管接邻近给水管，水进入水池后，通过潜水泵与 *DN*50 支管相连到达各喷头处，*DN*50 溢水管、*DN*100 排水管接邻近集（排）水井，其管线布置如图 5-7 所示。水泵选择 QS80-12-4，泵池平面尺寸为 1000mm × 1000mm，泵池平面与剖面图如图 5-8 所示。

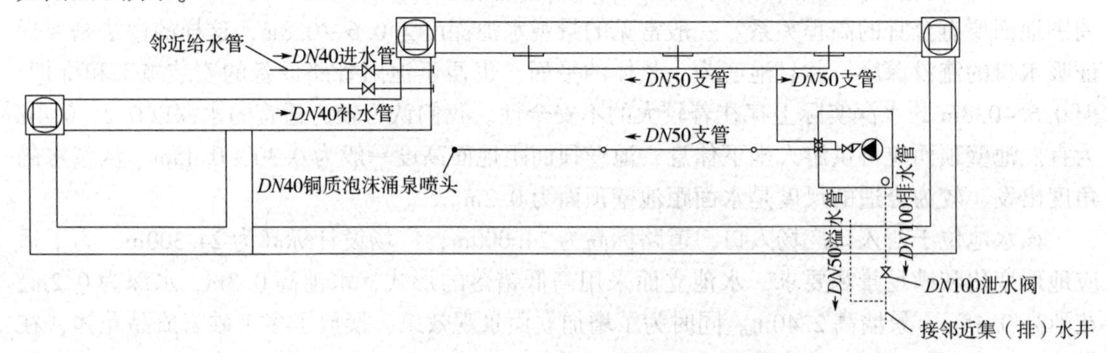

图 5-7　水池管线布置平面图

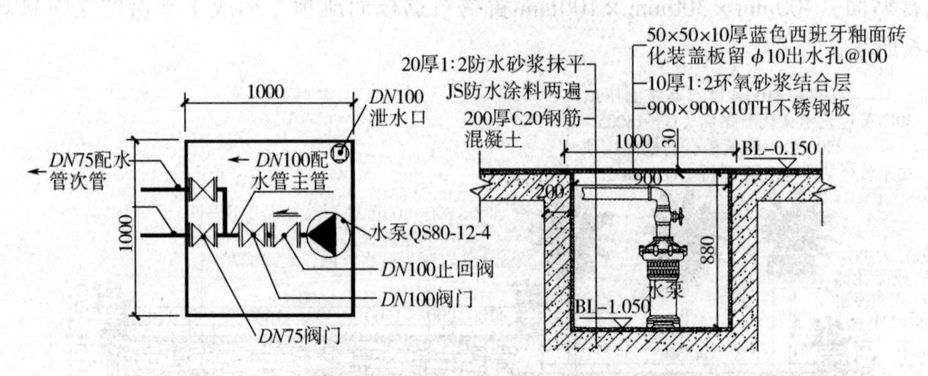

图 5-8　泵池平面与剖面图

5. 整理出图

公园特色水池工程设计整体检查与修改使用设计公司标准 A3 图框，在 CAD 布局中选用合适比例把水池工程设计各详图合理布置在标准图框内。一般各类型平面图、立面图设计出图比例为 1:50，各类型详图出图比例为 1:20。

5.1.3　水池设计实践

水池的结构一般由基础、防水层、池底、池壁和压顶等部分组成。

1. 基础

基础是水池的承重部分，由灰土和混凝土组成。施工时先将基础底部素土夯实（密实度不小于 85%）；灰土层一般厚 30cm（3:7 灰土）；C10 混凝土垫层厚 10 ~ 15cm。

2. 防水层

水池工程中，防水工程质量的好坏对水池安全使用及其寿命有直接影响，因此正确选择和合理使用防水材料是保证水池质量的关键。目前，水池防水材料种类较多。

按材料分，主要有沥青类、塑料类、橡胶类、金属类、砂浆、混凝土及有机复合材料等。

按施工方法分，有防水卷材、防水涂料、防水嵌缝油膏和防水薄膜等。水池防水材料的选用可根据具体情况确定，一般水池用普通防水材料即可。钢筋混凝土水池也可采用 5 层防水砂浆做法。临时性水池还可将吹塑纸、塑料布、聚苯板组合起来使用，也有很好的防水效果。

1）油毡卷材防水层。水池外包防水，一般采用油毡卷材防水层。方法是：在池底干燥的素混凝土垫层或水泥砂浆找平层上浇热沥青，随即铺一层油毡，油毡与油毡之间搭接 5cm，然后在第一层油毡上再浇沥青，随即铺地二层油毡，最后浇一道沥青即成。

2）防水砂浆和防水油抹灰。在水池壁及底的表面，抹 20mm 厚的防水水泥砂浆或用水泥砂浆和防水油分层涂抹做防水处理。防水水泥砂浆的比例为水泥∶砂 = 1∶3，并加入水泥重约 3% 的防水剂。用上述方法处理，在砖砌体和混凝土及抹灰质量严格按操作规程施工时，一般能取得较好的防水效果，节约材料，节约工日。

3）防水混凝土。在混凝土中加入适量的防水剂和掺和剂，用它在池底及池壁的表面抹 20mm 厚，能极大地提高水池的抗渗漏性。

图 5-9 所示为不同材料防水层水池结构做法。

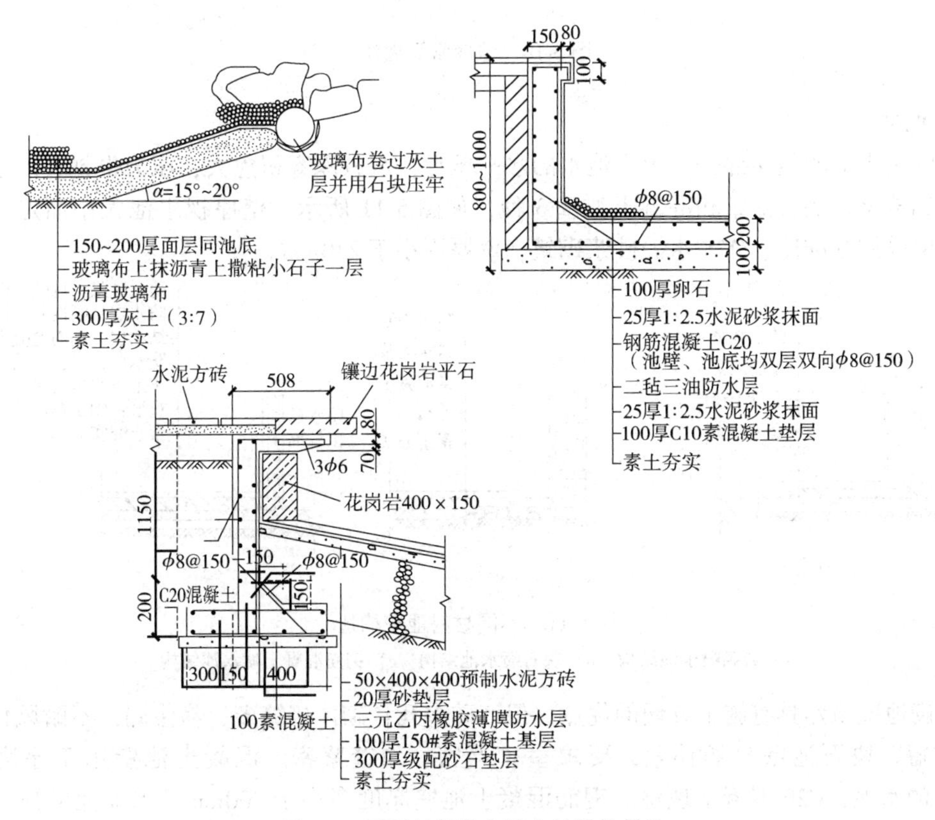

图 5-9　不同材料防水层水池结构做法

3. 池底

池底直接承受水的竖向压力，要求坚固耐久。多用钢筋混凝土池底，一般厚度大于

20cm；如果水池容积大，要配双层钢筋网。施工时，每隔20m选择最小断面处设变形缝（伸缩缝），变形缝用止水带或沥青麻丝填充；每次施工必须由变形缝开始，不得在中间留施工缝，以防漏水，如图5-10所示为池底做法详图。

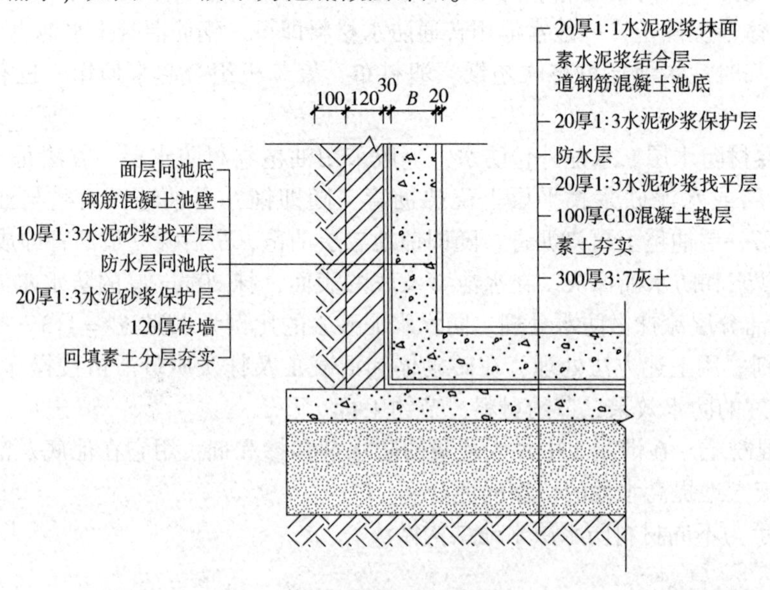

图5-10　池底常见做法

4. 池壁

池壁是水池的竖向部分，承受池水的水平压力，水愈深容积愈大，压力也越大。池壁一般有砖砌池壁、块石池壁和混凝土池壁3种，如图5-11所示。壁厚视水池大小而定，砖砌池壁一般采用标准砖、M75水泥砂浆砌筑，壁厚不小于240mm。

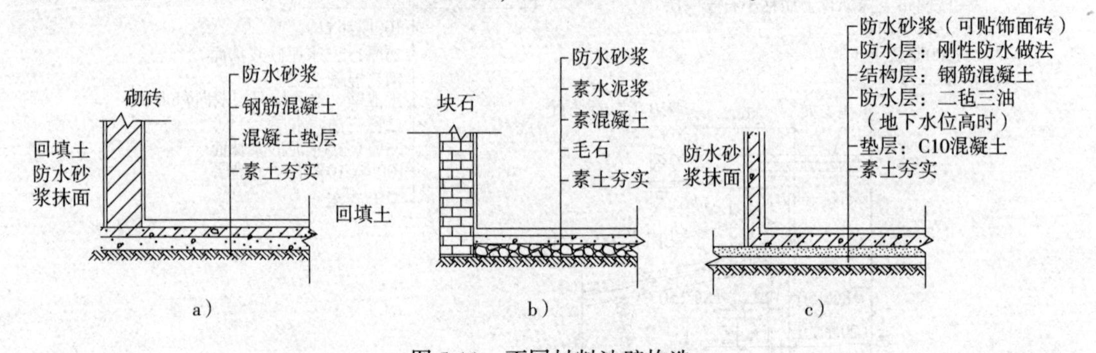

图5-11　不同材料池壁构造

a）砖砌喷水池结构　b）块石喷水池结构　c）钢筋混凝土喷水池结构

砖砌池壁虽然具有施工方便的优点，但红砖多孔，砌体接缝多，易渗漏，不耐风化，使用寿命短。块石池壁自然朴素，要求垒砌严密，勾缝紧密。混凝土池壁用于厚度超过400mm的水池，C20混凝土现浇。钢筋混凝土池壁厚度多小于300mm。水池池壁顶与周围地面要有合宜的高程关系。既可高于路面，也可以持平或低于路面做成沉床水池（图5-12、图5-13）。

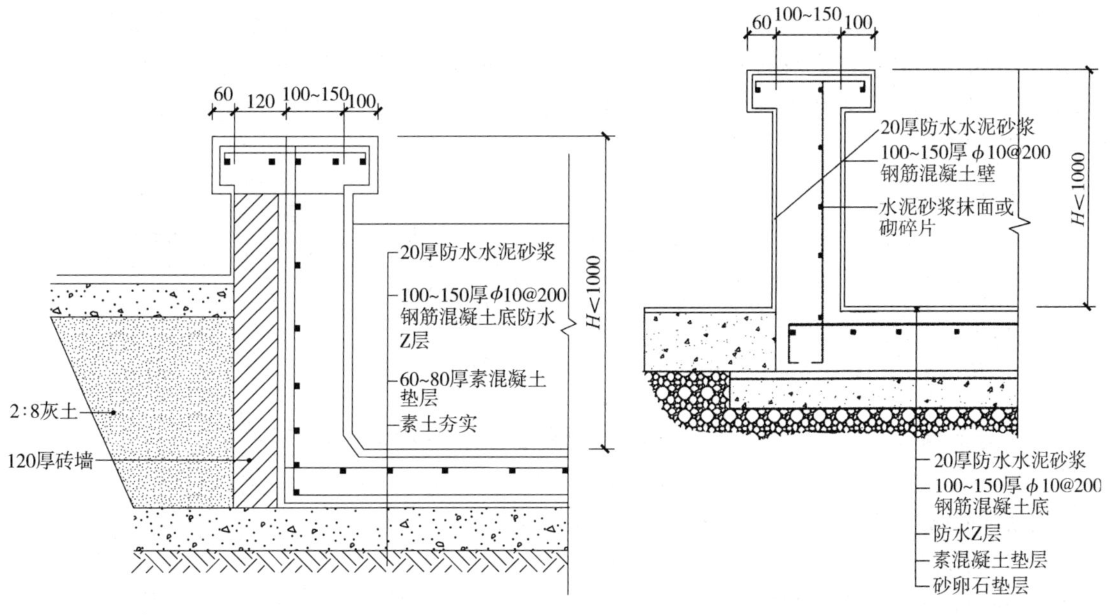

图 5-12 钢筋混凝土地下水池

图 5-13 钢筋混凝土地上水池

5. 压顶

属于池壁最上部分，其作用为保护池壁，防止污水泥沙流入池中，同时也防止池水溅出。对于下沉式水池，压顶至少要高出地面 5～10cm，而当池壁高于地面时，压顶做法必须考虑环境条件，要与景观协调，可做成平顶、拱顶、挑伸、倾斜等多种形式。池壁顶部离地面的高度不宜过大，一般为 20cm 左右。考虑到方便游人坐在池边休息，可以增加到 35～45cm，立面图上还应反映喷水的立面景观。

6. 水池的给水排水系统

（1）几种水管类型

1）进水管。供给池中各种喷嘴喷水或水池进水的管道。

2）泄水管。把水池中的水放回闸门井，或水池需要放干水时（清污、维修等），水从泄水管中排出。

3）补充水管。为补充给水，保持池中水位，补充损失水量，如喷水过程中，水沫漂散、蒸发等，启用补充水管。

4）溢水管。保持池中的水位设计，在水池已经达到设计水位，而进水管继续使用时，多余的水由溢水管排出。

5）回水龙头。在容易冻胀的北方地区，为保护水管，水使用后，放尽水管中的存水，用回水龙头。

（2）水池的给水系统　水池的给水系统主要有直流给水系统、陆上水泵循环给水系统、潜水泵循环给水系统和盘式水景循环给水系统等四种形式。

1）直流给水系统如图 5-14 所示，将喷头直接与给水管网连接，喷头喷射一次后即将水排至下水道。这种系统构造简单、维护方便且造价低，但耗水量较大，运行费用较高。直流给水系统常与假山、盆景结合，可做小型喷泉、孔流、涌泉、水膜、瀑布、壁流等，适合于小庭院、室内大厅和临时场所。

2）潜水泵循环给水系统如图5-15所示，该系统设有贮水池，将成组喷头和潜水泵直接放在水池内作循环使用。这种系统具有占地小、造价低、管理容易、耗水量小、运行费用低等优点，但是水姿花型控制调节较困难。该系统适合于各种形式的中小型水景工程。

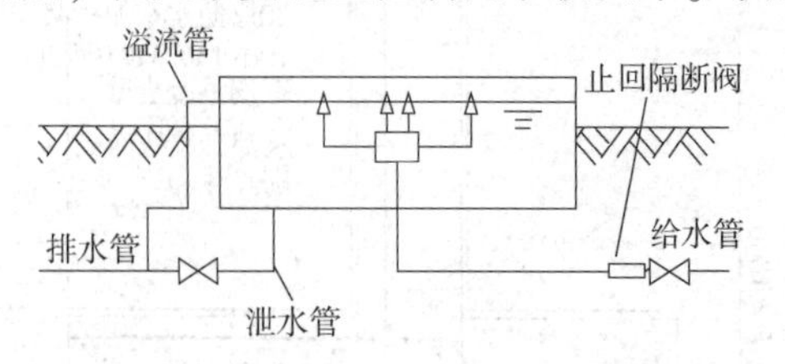

图5-14　直流给水系统平面布置图

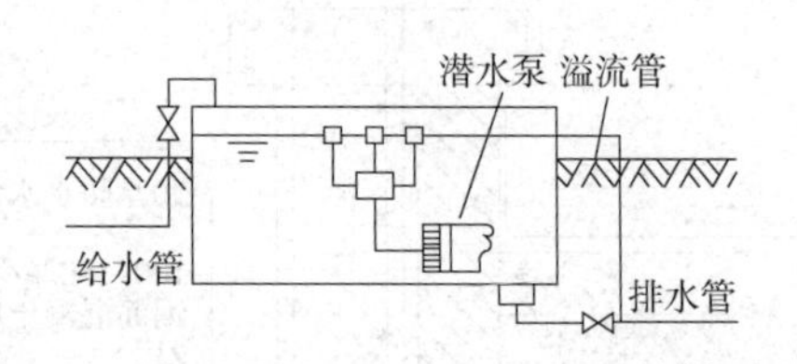

图5-15　潜水泵循环给水系统平面布置图

3）陆上水泵循环给水系统如图5-16所示，该系统设有贮水池、循环水泵房和循环管道，喷头喷射后的水多次循环利用，具有耗水量小、运行费用低的优点。但系统较复杂、占地较多、管材用量较大、造价较高、维护管理也麻烦。此种系统适合于各种规模和形式的水景工程，一般用于较开阔的场所。

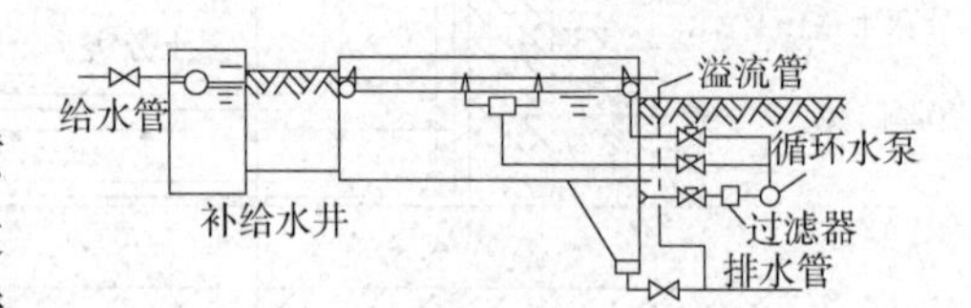

图5-16　陆上水泵循环给水系统平面布置图

4）盘式水景循环给水系统如图5-17所示，该系统设有集水盘、集水井和水泵房。盘内铺砌踏石构成甬路。喷头设在石隙间，适当隐蔽。

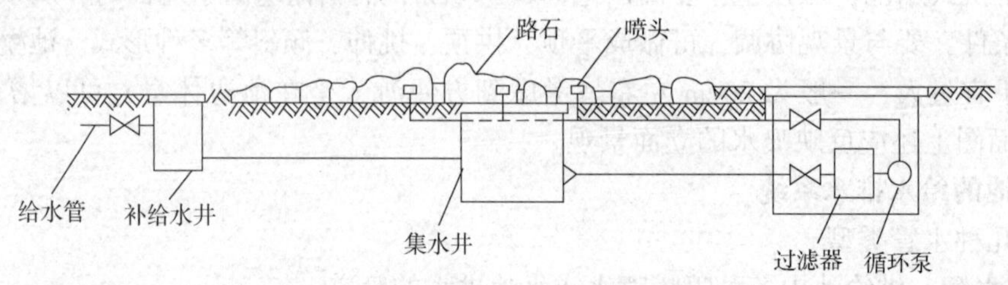

图5-17　盘式水景循环给水系统平面布置图

人们可在喷泉间穿行，满足人们的亲水感、增添欢乐气氛。该系统不设贮水池，给水均循环利用，耗水量少，运行费用低，但存在循环水已被污染、维护管理较麻烦的缺点。

(3) 水池的排水系统　为维持水池水位和进行表面排污，保持水面清洁，水池应有溢流口。常用的溢流形式有堰口式、漏斗式、管口式和联通管式等。大型水池宜设多个溢流口，均匀布置在水池中间或周边。溢流口的设置不能影响美观，并要便于清除积污和疏通管道，为防止漂浮物堵塞管道，溢流口要设置格栅，格栅间隙应不大于管径的1/4。

图5-18为某经济植物园东部轴线尽端的一个水池。园之东部地形居高，建筑有轴线处理，对称排列。由于地势高而很难贮留天然水，因而作人工水池种植一些水生植物作为尽端造景处理。水池由东面接上水管，通过三个喷泉落入池中。鉴于所栽培的水生植物所要求水深不同，而且入冬后要移入温室，所以采用不同高度的防锈铁盆架放置种植盆以适应不同水深的要求。这样就简化了不同高程种植池的结构，只要池底保持泄水坡度就行了。池水通过溢水或与泄水合流后引入园西面作为人工跌水水源之一，无须作循环水处理。

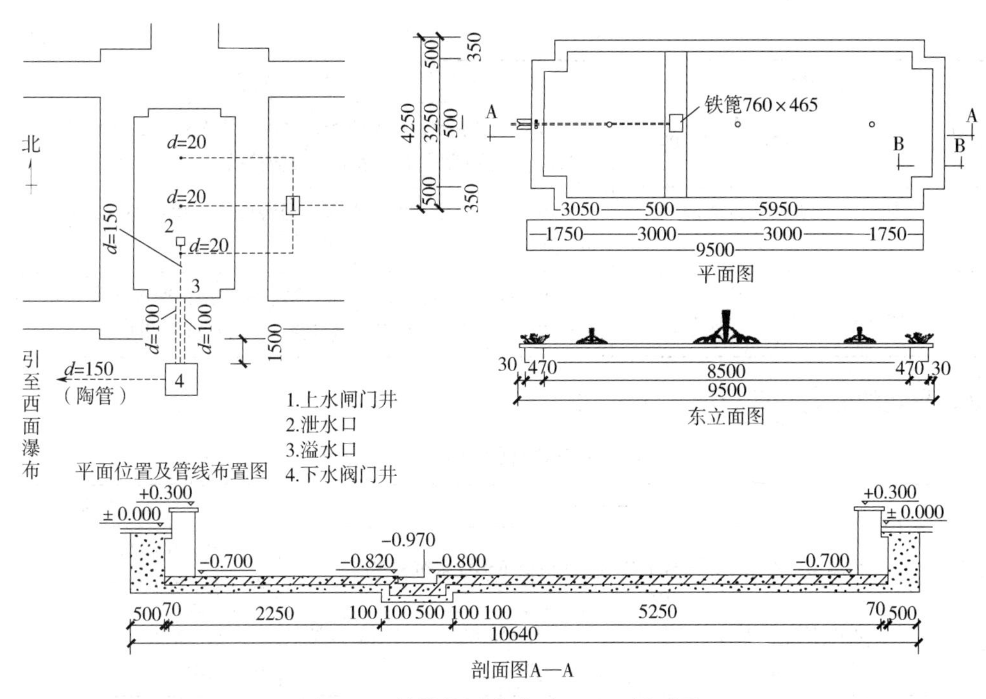

图 5-18　某植物园水池平、立、剖面图

5.2　喷泉设计

5.2.1　喷泉设计理论基础

1. 喷泉位置设计

喷泉是园林理水造景的重要形式之一。它能够把池中平静的水面与喷水的动态美结合起来形成多姿多彩的景观。现代化喷泉，不仅有优美的水造型，而且和绚丽的灯光、悦耳的音乐一起，能够创造出更加动人的景观效果。喷泉常应用于城市广场、公共建筑庭院、园林广场，或作为园林的小品广泛应用于室内外空间。

喷泉的布置首先要考虑喷泉对环境的要求。在选择喷泉位置、布置喷水池周围的环境时，首先要考虑喷泉的主题、形式，要与环境相协调，把喷泉和环境统一考虑，用环境渲染和烘托喷泉，以达到装饰环境，或借助喷泉的艺术联想创造意境。

在一般情况下，喷泉的位置多设于建筑、广场的轴线焦点或端点处，也可以根据环境特点做一些喷泉小景，自由地装饰室内外的空间（表 5-1）。喷泉宜安装在避风的环境中以保持水型。

表 5-1　不同环境喷泉设计

喷泉环境	参考的喷泉设计
开朗空间（如广场、车站前、公园入口、轴线交叉中心）	宜用规则式水池，水池宜人，喷水要高，水姿丰富，适当照明，铺装宜宽、规整，并配盆花
半围合空间（如街道转角、多幢建筑物前）	多用长方形或流线型水池，喷水柱宜细，组合简洁，草坪烘托
特殊空间（如旅馆、饭店、展览会场、写字楼等）	水池多为圆形、长方形或流线型，水量宜大，喷水形式优美多彩、层次丰富，照明华丽，铺装精巧，常配雕塑

（续）

喷泉环境	参考的喷泉设计
喧闹空间（如商厦、游乐中心、影剧院等）	宜用流线型水池，线型优美，喷水多姿多彩，水型丰富，音、色、姿结合，简洁明快，山石背景，雕塑衬托
幽静空间（如花园小水面、古典园林中、浪漫茶座等）	宜用自然式水池，山石点缀，铺装细巧、喷水朴素，充分利用水声，强调意境
庭院空间（如建筑中、后庭）	宜用装饰性水池，圆形、半月形、流线型，喷水自由，可与雕塑、花台结合，池内养观赏鱼，水姿简洁，山石树花相间

喷泉景观的分类和适用场所见表5-2。

表5-2　喷泉景观的分类和适用场所

名称	主要特点	适用场所
壁泉	由墙壁、石壁或玻璃板上喷出，顺流而下形成水帘和多股水流	广场、居住区入口、景观墙、挡土墙、庭院等
涌泉	水由下向上涌出，呈水柱状，高度为60~80cm，可独立设置，也可组成图案	广场、居住区入口、庭院、假山、水池等
间歇泉	模拟自然界的地质现象，每隔一定时间喷出水柱或汽柱	溪流、小径、泳池边、假山等
旱地泉	将喷泉管道和喷头下沉到地面以下，喷水时水流回落到广场硬质铺装上，沿地面坡度排出。广场平常可作为休闲广场	广场、居住区入口等
跳泉	射流非常光滑稳定，可以准确落在受水孔中，在计算机控制下生成可变化长度和跳跃时间的水流	庭院、园路边、休闲场所等
跳球喷泉	射流呈光滑的水球，水球大小和间歇时间可控制	庭院、园路边、休闲场所等
雾化喷泉	由多组微孔喷管组成，水流通过微孔喷出，看似雾状，多呈柱形和球形	庭院、广场、休闲场所等
喷水盆	外观呈盆状，下有支柱，可分多级，出水系统简单，多为独立设置	庭院、园路边、休闲场所等
小口喷泉	从雕塑器具（罐、盆）或动物（鱼、龙）口中出水，形象有趣	广场、群雕、庭院等
组合喷泉	具有一定规模，喷水形式多样，有层次、有气势，喷射高度高	广场、居住区、入口等

2. 喷泉供水形式

喷泉的水源应为无色、无味、无有害杂质的清洁水。喷泉供水水源多为人工水源，有条件的地方也可利用天然水源。喷泉用水的给水排水方式，简单分为以下几种：

1）对于流量在2~3L/s以内的小型喷泉，可直接由城市自来水供水，使用过后的水排入城市雨水管网，如图5-19a所示。

2）为保证喷水具有稳定的高度和射程，给水需经过特设的水泵房加压，喷出后的水仍排入城市雨水管网，如图5-19b所示。

3）为了保证喷水具有必要的、稳定的压力并节约用水，对于大型喷泉，一般采用循环供水。循环供水的方式可以设水泵房，如图5-19c所示；也可以将潜水泵直接放在喷水池或水体内低处，循环供水，如图5-19d。

在有条件的地方，可以利用高位的天然水源供水，用毕排除。

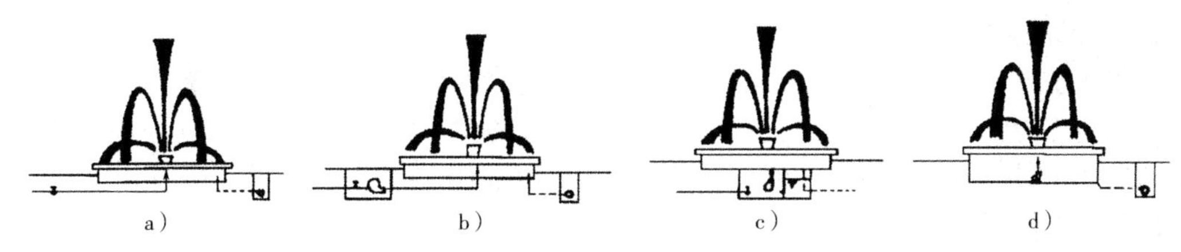

图 5-19　喷泉供水形式

a）小型喷泉供水　b）水型加压供水　c）设水泵房循环供水　d）用潜水泵循环供水

3. 喷泉水姿的基本形式

喷泉的喷水形式是指水型的外观形态，既指单个喷头的喷水样式，也指喷头组合后的喷水形式，如雪松形、牵牛花形、蒲公英形、水幕形、编织形等。各种喷泉水型可以单独使用，也可以是几种喷水型相互结合，共同构成美丽的图案。

表 5-3 为常见喷泉水姿的基本形式。随着喷泉设计的日益创新，新材料的广泛应用，施工技术的不断进步，环境对喷泉的装饰性要求越来越高，喷泉水型必将不断丰富和发展。

表 5-3　常见喷泉水姿的基本形式

序号	名称	喷泉水型	序号	名称	喷泉水型
1	屋顶形		12	牵牛花形	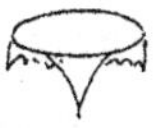
2	喇叭形	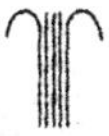	13	半球形	
3	圆弧形		14	蒲公英形	
4	蘑菇形		15	单射形	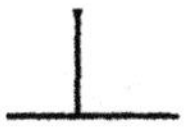
5	吸力形		16	水幕形	
6	旋转形	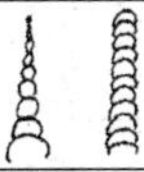	17	拱顶形	
7	喷雾形		18	向心形	
8	洒水形		19	圆柱形	
9	扇形		20	向外编织形	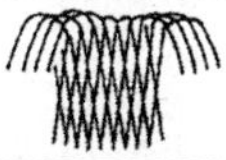
10	孔雀形		21	向内编织形	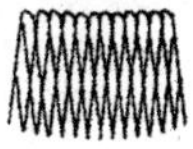
11	多层花形	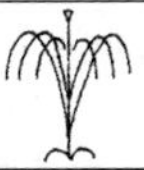	22	篱笆形	

4. 喷泉水泵选型

喷泉用水泵以离心泵、潜水泵最为普遍。单级悬臂式离心泵特点是依靠泵内的叶轮旋转所产生的离心力将水吸入并压出，它结构简单，使用方便，扬程选择范围大，应用广泛，常有IS型、DB型。潜水泵使用方便，安装简单，不需要建造泵房，主要型号有QY型、QD型、B型等。

（1）水泵性能　水泵选择要做到“双满足”，即流量满足、扬程满足。为此，先要了解水泵的性能，再结合喷泉水力计算结果，最后确定泵型。

1）水泵型号：按流量、扬程、尺寸等给水泵编的型号。

2）水泵扬程：指水泵的总扬水高度，包括扬水高度和允许吸上真空的高度。

3）水泵流量：指水泵在单位时间内的出水量，单位用m^3/h或L/s（1L/s = 3600L/h = 3.6m^3/h = 3.6t/h）。

4）允许吸上真空的高度：是防止水泵在运行时产生气蚀现象，通过试验而确定的吸水安全高度，其中已留有30cm的安全距离。该指标表明水泵的吸水能力，是水泵安装高度的依据。

（2）泵型的选择　通过流量和扬程两个主要因子选择水泵，方法是：

1）确定扬程，按喷泉水力计算总扬程确定。

2）确定流量，按喷泉水力计算总流量确定。

3）选择水泵，水泵的选择应依据所确定的总流量、总扬程查水泵性能表即可选定。如喷泉需用两个或两个以上水泵提水时（注：水泵并联，流量增加，压力不变；水泵串联，流量不变，压力增大），用总流量除水泵数求出每台水泵流量，再利用水泵性能表选泵。查表时，若遇到两种水泵都适用，应优先选择功率小、效率高、叶轮小、重量轻的型号。

5. 喷泉管道布置及控制

（1）喷泉的管道设计　喷泉管网主要由输水管、配水管、补给水管、溢水管和泄水管等组成（图5-20、图5-21），其布置要点简述如下。

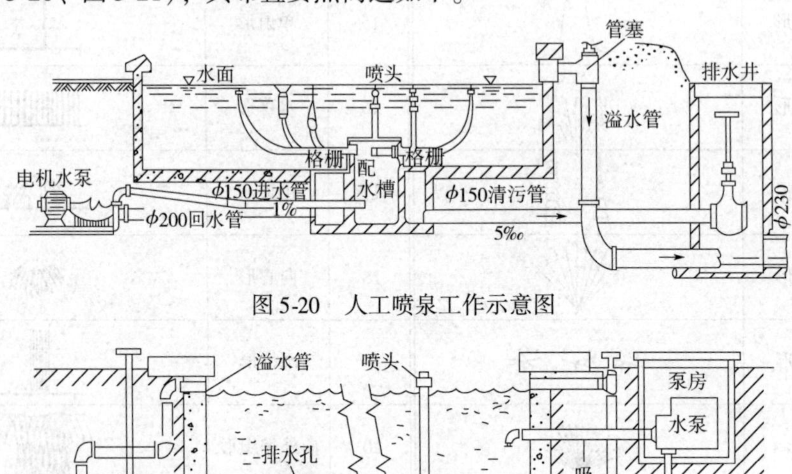

图5-20　人工喷泉工作示意图

图5-21　喷水池管线系统示意图

1）喷泉管道要根据实际情况布置。装饰性小型喷泉，其管道可直接埋入土中，或用山石、矮灌木遮盖。大型喷泉分主管和次管，主管要敷设在可通行人的地沟中，为了便于维修应设检查井；次管直接置于水池内。管网布置应排列有序，整体美观。

2）环行管道最好采用十字形供水，组合式配水管宜用水箱供水，其目的是要获得稳定等高喷流。

3）喷泉所有的管线都要具有不小于2%的坡度，便于停止使用时将水排空；所有管道均要进行防腐处理；管道接头要严密，安装必须牢固。

4）泄水口要设于池底最低处，用于检修和定期换水时的排水。管径100mm或150mm，也可以按计算确定，安装单向阀门，和公园水体和城市排水管网连接。

5）补给水管的作用是启动前的注水及弥补池水蒸发和喷射的损耗，以保证水池正常水位。补给水管与城市供水管相连，并安装阀门控制。

6）为了保持喷水池正常水位，水池要设溢水口。溢水口面积应是进水口面积的2倍，要在其外侧配备拦污栅，但不得安装阀门。溢水管要有3%的顺坡，直接与泄水管连接。

7）连接喷头的水管不能有急剧变化，要求连接管至少有20倍其管径的长度。如果不能满足时，需安装整流器。

8）管道安装完毕后，应认真检查并进行水压试验，保证管道安全，一切正常后再安装喷头。为了便于水型的调整，每个喷头都应安装阀门控制。

（2）喷泉的控制方式

1）音响控制：声控喷泉是用声音来控制喷泉喷水形变化的一种自控泉。它一般由以下几部分组成：

①执行机构：通常使用电磁阀。

②声—电转换、放大装置：通常是由电子线路或数字电路、计算机等组成。

③动力，即水泵。

④其他设备：主要有管路、过滤器、喷头等。

声控喷泉的原理是将声音信号转变为电信号，经放大及其他一些处理，推动继电器或电子式开关，再去控制设在水路上的电磁阀启闭，从而达到控制喷头水流动的通断。这样随着声音的变化人们可以看到喷水大小、高低和形态的变化。声控喷泉要能把人们的听觉和视觉结合起来，使喷泉喷射的水花随着音乐优美的变化旋律而翩翩起舞，因此也被誉为“音乐喷泉”或“会跳舞的喷泉”。这种喷泉形式很多。

2）继电器控制：通常利用时间继电器按照设计的时间程序控制水泵、电磁阀、彩色灯等的启闭，从而实现可以自动变换的喷水水姿。

3）手阀控制：这是最常见和最简单的控制方式，在喷泉的供水管上安装手控调节阀，用来调节各管道中水的压力和流量，形成固定的喷水水姿。

6. 喷泉的水力计算

（1）喷头流量计算　喷头是把具有一定压力的水喷射到空中形成各种造型的水花的水管部件，是喷泉的一个组成部分。故其类型、结构、外观都要与喷泉的造景要求相一致。喷嘴的质量和主要喷水口的光滑程度，是达到设计效果的保证。一般选用青铜或黄铜制品，现在用于喷泉的喷头种类繁多，但选择喷头必须全面考虑。既要符合造景要求，又要结合水泵加压，要考虑选择多大的电机和水泵，才能与喷泉、喷头相匹配。而根据喷头的总流量来初选，再以最高射流、最远射流需要的压力来调整后确定，各喷头的流量也是喷泉设计成败的关键。单个喷头的流量计算有两种方法，方法一是根据厂家产品性能表上的数据获得，方法二是利用喷头流量计算公式计算：

$$q=\varepsilon\Phi f\sqrt{2gH}\times10^{-3}$$

$$\text{或}\quad q=\mu f\sqrt{2gH}\times10^{-3}$$

式中　q——流量，L/s；

ε——断面收缩系数，与喷嘴形式有关；

μ——流量系数，与喷嘴形式有关（表5-4）；

Φ——流速系数，与喷嘴形式有关；

f——喷嘴断面积，mm^2；

g——重力加速度，m/s^2；

H——喷头入口水压，mH_2O⊖。

1）总流量计算：喷泉的总流量，即为同时工作的所有管段流量之和的最大值。

2）各管道流量计算：某管道的流量，即为该管段上同时工作的所有喷头流量之和的最大值。

（2）管径计算　管径计算公式如下：

$$D=\sqrt{\frac{4Q}{\pi v}}$$

式中　D——管径，m；

Q——总流量，m^2/s；

π——圆周率，3.14；

v——流速（一般取0.5～0.6m/s之间）。

（3）扬程计算　扬程计算公式如下：

总扬程＝实际扬程＋水头损失扬程

实际扬程＝工作压力＋吸水高度

压水高度是指由水泵中线至喷水最高点的垂直高度；吸水高度是指水泵所能吸水的高度，也叫允许吸水真空高度（泵牌上有注明），是水泵的主要技术参数。

表5-4　喷嘴的水力特性

孔和喷嘴的类型	略图	流量系数μ	备注
薄壁孔（圆形或方形）		0.62	在水头大于1m时，流量系数减至0.60～0.61；在直径大于30mm和水头大于1m时，$\mu=0.61$，在小直径及小水头时，采用下列μ值：$d=1$mm，$\mu=0.64$；$d=20$mm，$\mu=0.63$；$d=30$mm，$\mu=0.62$
勃恩谢列孔		0.6～0.64	
勃恩谢列孔		0.62	
文德利长喷嘴		0.82	
文德利短喷嘴		0.61	

⊖ $1mH_2O=10kPa$。

（续）

孔和喷嘴的类型	略图	流量系数μ	备注
端部深入水池内的保尔德喷嘴		0.71 0.53	$L=(3\sim4)d$ $L=2d$
圆锥形渐缩喷嘴	$\alpha=5°$ $\alpha=13°$ $\alpha=45°$	0.92 0.875	$L=2d$ $L\leqslant3d$
圆锥形扩张喷嘴		0.48	
水防喷嘴		0.98～1.0	

注：表内备注中L表示相邻喷嘴间的距离，单位为mm。

水头损失扬程是实际扬程与损失系数乘积。由于水头损失计算较为复杂，实际中可粗略取实际扬程的10%～30%作为水头损失扬程。

5.2.2 喷泉设计要点

1. 喷泉造型设计

喷泉是园林理水造景的重要形式之一，它能够把池中平静的水面与喷水的动态美结合起来形成多姿多彩的景观。喷泉常应用于城市广场、公共建筑庭院、园林广场，或作为园林的小品广泛应用于室内外空间。设计时要根据喷泉所处位置不同，选择不同形式的喷泉类型。喷泉的布置有规则式和自然式两种形式，它们在平面布置和立面造型上各有特点。规则式布置的喷泉通常按一定的几何形状排列，有圆形、方形、弧线形、直线形等形式，显得整齐、庄重、统一感强。而自然式布置的喷泉则可根据需要疏密相间、错落有致地进行搭配，显得轻松、活泼、自由多变。

在喷泉设计中喷泉的造型设计很重要，喷泉的喷水形式决定喷泉的造型。喷泉的喷水形式是指水型的外观形态，既指单个喷头的喷水样式，也指喷头组合后的喷水形式，如雪松形、牵牛花形、蒲公英形、水幕形、编织形等。喷泉的造型设计往往不是采用单一的水形来造景，而是利用多种水形和多种喷射方式进行组合，创造多姿多彩、变化万千的立面景观。

喷泉的立面造型与其平面布置相对应。规则式水池的立面以对称形式的构图为主，而且最高的水柱一般都位于中心，两侧的水柱与中心的水柱相呼应。而自然式水池的立面造型是在不对称中追求均衡，高低错落的水柱巧妙搭配，构成活泼的画面。

根据公园总体方案和总平面图，该喷泉位于公园人工湖水面中心，是南入口的对景，周围视野开阔，有很好的观赏视距和观赏点。因此，此次喷泉设计平面造型采用规则式圆形布局以适应不同角度观赏的需求，喷泉平面布置如图5-22所示。为了增加观赏性，喷泉水姿主要选择造型独特的牵牛花形、雪松形和直射形等形式。牵牛花形喷水高度控制在0.6m，万向直射形水形喷高1.2m，中心雪松形喷高3m，形成高低错落变化丰富的立面造型。

2. 喷泉管道布置设计

喷泉管网主要由输水管、配水管、补给水管、溢水管和泄水管等组成，喷水池采用管道给排水，管道是工业产品，有一定的规格和尺寸。在安装时加以连接组成管路，其连接方式将因管道的材料和系统而不同。常用的管道连接方式有四种，喷水池给排水管路中，给水管

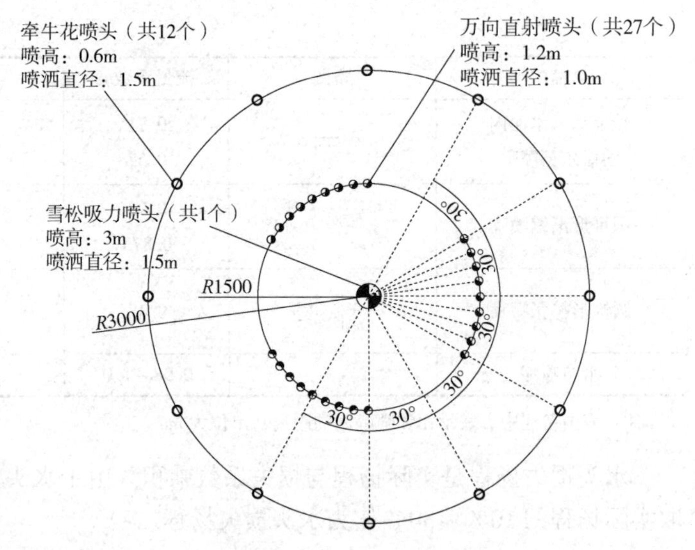

图 5-22　喷泉平面布置图

一般采用螺纹连接，排水管大多采用承插接。

小型喷泉的管道和大型喷泉的非主要管道可埋入地下或放在水池中。大型喷泉的管道如果多且复杂，应将主要管道铺设在人可以进入的管沟中，以方便检修。管道布置的形式要依喷头对水压的要求而定，如果各喷头水压相近，采用环形布置为好，如果各喷头需要的水压相差较大，采用树枝形布置为好。为了控制喷射的高度，一般每个喷头前均应装设阀门，以控制其水量和水压，也可根据具体情况在某一组喷头前装一个阀门来集中控制。

3. 选择合适的水泵

喷泉系统中，每一个喷头均需有足够的流量和水压才能保证其喷出合适的水流形态。喷泉水力计算就是要保证水泵能提供给每一个喷头合适的水量和水压，同时保证连接水泵和喷头之间的管道有合适的管径。

喷泉设计中必须先确定与之相关的流量、管径、扬程等水力因子，进而选择相配套的水泵。喷泉用水泵以离心泵、潜水泵最为普遍。离心泵特点是依靠泵内的叶轮旋转所产生的离心力将水吸入并压出，它结构简单，使用方便，扬程选择范围大，但不能安装在水中，要安装在干燥处；潜水泵使用方便，安装简单，不需要建造泵房，可以直接安装在水中。水泵的选择应依据所确定的总流量、总扬程查水泵性能表即可选定。查表时，若遇到两种水泵都适用，应优先选择功率小、效率高、叶轮小、重量轻的型号。

因为此次设计喷头个数多，共有 30 个，喷泉流量也较大，因此选择离心式水泵，水泵独立安装在人工湖岸边。

根据喷泉的平面布局和所选择的喷头的类型，该喷泉管道采用环形布置形式，离心式水泵布置在水池岸边，如图 5-23 所示。喷泉给水管管径 80mm，回水管、补充水管管径均为 100mm，溢水管、泄水管管径均为 150mm。在水池岸边分别设置上下闸门井，离心水泵放置在上闸门井内，上水闸门井尺寸为 2500mm × 2000mm；下水闸门井尺寸为 2000mm × 1500mm，下水闸门井与泄水管、溢水管相连，其局部安装详图如图 5-24 所示，管线、喷泉、水泵等具体的安装设计需由喷泉专业设计制作人员来操作完成。

4. 喷泉池底结构设计

人工水池与天然湖池的区别：一是采用各种材料修建池壁和池底，并有较高的防水要求；二是采用管道给排水，要修建闸门井、检查井、排放口和地下泵站等附属设备。常见的喷水池结构有两种：一类是砖、石池壁水池，池壁用砖墙砌筑，池底采用素混凝土或钢筋混凝土。另一类是钢筋混凝土水池，池底和池壁都采用钢筋混凝土结构。喷水池的防水做法多是在池底上表面和池壁内外墙面抹 20mm 厚防水砂浆。北方水池还有防冻要求，可以在池壁

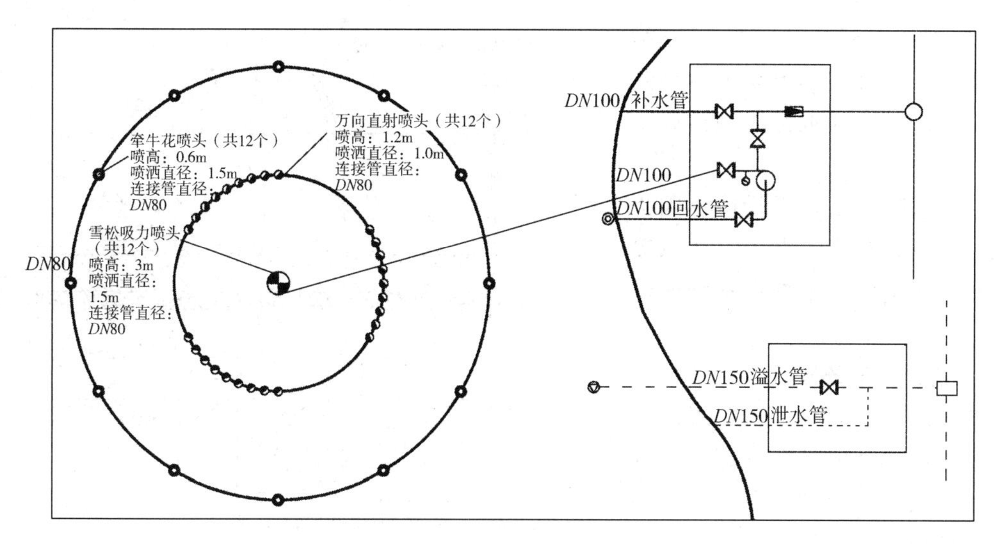

图 5-23　喷泉管线布置图

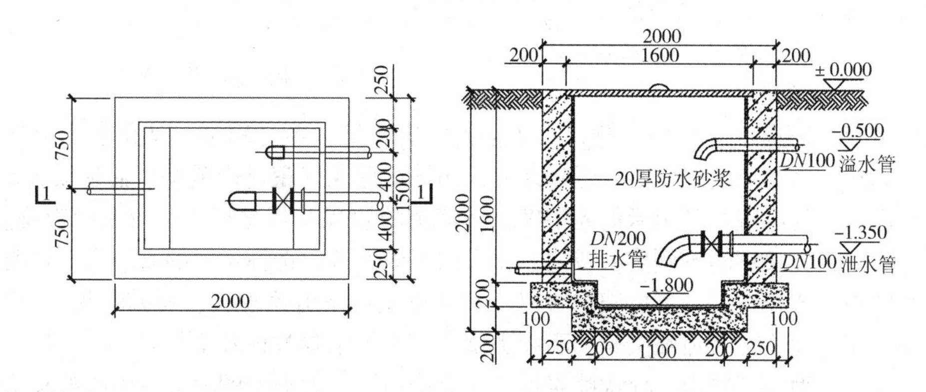

图 5-24　下水闸门井安装详图

外侧回填时采用排水性能较好的轻骨料如矿渣、焦渣或级配砂石等。如果是在天然湖池，水体底部有几种不同的做法，当原有土层防漏性较好时，可直接将原土夯实作底；当湖底土层有渗漏时，可在湖底加 0. 18 ~ 0. 20mm 厚的聚乙烯薄膜等防水层；当水面不大时，可采用厚 80 ~ 120mm 的混凝土池底，防漏性好，每隔 25 ~ 50m 做伸缩缝，在地基不匀或是水池中有雕塑、假山、喷泉等时，可在池底混凝土中配钢筋，一般配 ϕ8 ~ 12@200 横向筋。

此次喷泉设计与一般的人工喷水池形式不同，是在人工湖的基础上设置喷泉，该喷泉池底采用钢筋混凝土铺底做法，其具体做法如图 5-25 所示。

5. 确定喷泉供水形式

喷泉供水水源多为人工水源，有条件的地方也可利用天然水源。喷泉用水的给水排水方式，简单地说可以有以下几种：

1）为了保证喷水具有必要的、稳定的压力和节约用水，对于大型喷泉，一般采用循环供水。循环供水的方式可以设水泵房，也可以将潜水泵直接放在喷水池或水体内低处，循环供水。

2）为保证喷水具有稳定的高度和射程，给水需经过特设的水泵房加压，喷出后的水仍排入城市雨水管网。

3）对于流量在 2～3L/s 以内的小型喷泉，可直接由城市自来水供水，使用过后的水排入城市雨水管网。

在此次喷泉工程设计中，因为喷泉位置设计在人工湖中，所以喷泉供水直接选用人工湖水水源循环供水。

6. 选择合适的喷头

喷头是喷泉的一个主要组成部分。它的作用是把具有一定压力的水，经过喷嘴的造型，喷射到空中形成各种造型的水花。

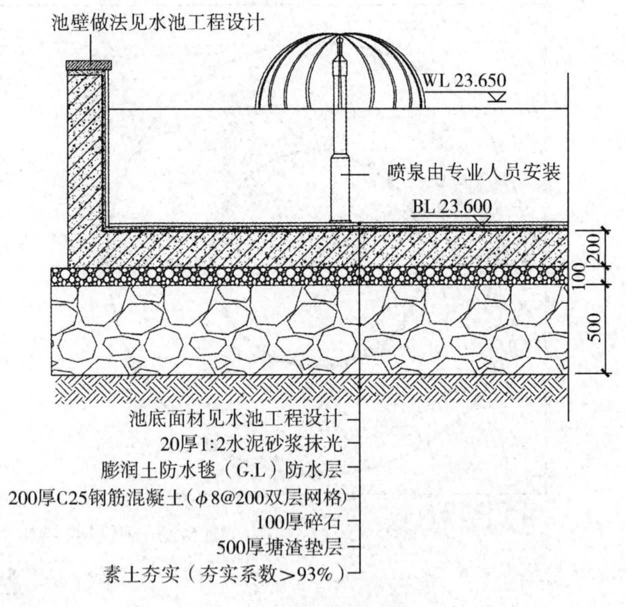

图 5-25　喷泉池底做法详图

喷头的形式、结构、制造的质量和外观等，对整个喷泉的艺术效果会产生重要的影响。喷头因受水流（有时甚至是高速水流）的摩擦，一般多由耐磨性好、不易锈蚀、又具有一定强度的黄铜或青铜制成。为了节约铜材料，近年来亦使用铸造尼龙（聚己内酰胺）制造喷头。

喷头出水口的内壁及其边缘的光洁度，对喷头的射程及喷水形式有较大的影响。因此，设计时应根据各种喷嘴的不同要求或同一喷头的不同部位，选择不同的光洁度。目前国内外经常使用的喷头式样很多，可以归纳为以下几种类型：单射流喷头、喷雾喷头、环形喷头、旋转喷头、变形喷头、吸力喷头等。不同类型喷头其技术参数也各不相同。

根据喷泉造型设计要求，此次喷泉设计主要选择了 3 大类型的喷头，中心喷头采用 1 个直径 40mm 的雪松吸力喷头，喷高 3m，喷洒直径 1.5m；周围是 27 个直径 20mm 的万向直射喷头，喷高 1.2m，喷洒直径 1.0m；最外面是均匀布置的 12 个牵牛花形水膜喷头，喷高 0.6m，喷洒直径 1.5m，如图 5-26 所示。

7. 灯光照明设计

喷泉照明与一般照明不同，一般照明是要在夜间创造一个明亮的环境，而喷泉照明则是要突出喷泉水花的各种风姿。因此，它要求有比周围环境更高的亮度，而被照明的物体又是一种无色透明的水，这就要利用灯具的各种不同的光分布和构图，形成特有的艺术效果，形成开朗、明快的气氛，供人们观赏。

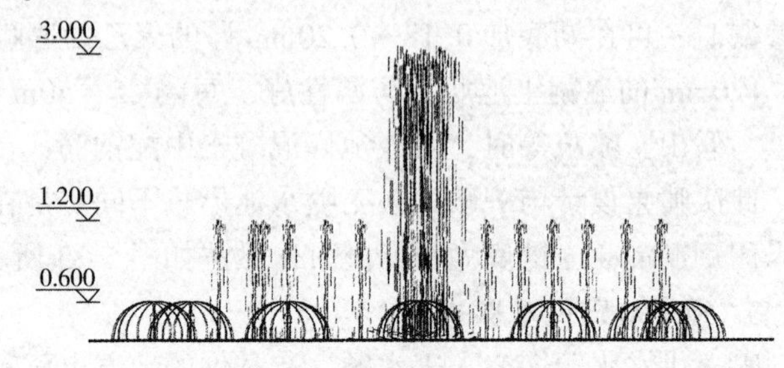

图 5-26　喷泉立面设计图

喷泉一般可用水下彩灯和水上射灯两种方式照明。水下彩灯是一种可以放入水中的密封灯具，有红、黄、蓝、绿等颜色。水下彩灯一般装在水面以下 5～10cm 处，光线透过水面投射到喷泉水柱上，使水柱晶莹剔透，同时还可照射出水面的波纹。如果采用多种颜色的彩灯照射，可使水柱呈现出缤纷的色彩。

水上射灯一般放在岸上隐蔽处，将不同颜色的光线投射到水柱上，对于高大的水柱采用这种方式照明效果较好。

此次喷泉灯光照明设计主要采用水下照明形式，将灯具布置在水面下5~10cm处的喷嘴附近。

8. 调整修改

喷泉工程设计是个比较复杂的系统，一般要由专业的喷泉制作公司设计完成。设计中有些因素难以全面考虑，所以设计完后要对喷泉进行试验、调整，只有经过调整，甚至是经过局部的修改校正，才能达到预期效果。

使用设计公司标准A3图框，在CAD布局中选用合适比例把喷泉工程设计各详图合理布置在标准图框内。该喷泉工程平面图、立面图设计出图比例为1:50，各类型详图出图比例为1:25。

5.3 驳岸和护坡设计

5.3.1 驳岸和护坡设计理论

1. 驳岸的类型

驳岸是一面临水的挡土墙，是支持陆地和防止岸壁坍塌的水工构筑物，能保证水体岸坡不受冲刷；同时还可强化岸线的景观层次。因此，驳岸工程设计必须在实用、经济的前提下注意外形的美观，并使之与周围景色相协调。驳岸与水线形成的连续景观线是否能与环境相协调，不但取决于驳岸与水面间的高差关系，还取决于驳岸的类型及选材。驳岸可以按结构、材料和造景进行分类。分类方式有不同，类型也多样。

1）按材料分类有竹驳岸、木驳岸、浆砌和干砌块石驳岸、混凝土扶壁式驳岸和木桩沉排（褥）驳岸。

2）按造景分类有自然式、人工式以及两者相结合的驳岸类型。

3）按结构形式分类有重力式驳岸、后倾式驳岸、插板式驳岸、板桩式驳岸和混合式驳岸。

2. 护坡的类型

湖岸落差较小，坡度不大，土壤疏松，如不采用驳岸直墙而用斜坡则需用各种材料护坡。护坡主要是防止滑坡现象，减少地面水和风浪的冲刷，以保证湖岸斜坡的稳定。

护坡在园林工程中得到广泛应用，原因在于水体的自然缓坡能产生自然、亲水的效果。护坡方法的选择应依据坡岸用途、构景透视效果、水岸地质状况和水流冲刷程度而定。目前常见的方法有草皮护坡、灌木护坡、铺石护坡和编柳抛石护坡等。

（1）铺石护坡　当坡岸较陡、风浪较大或因造景需要时，可采用铺砌石块护坡，如图5-27所示。铺石护坡由于施工容易，抗冲刷力强，经久耐用，护岸效果好。还能因地造景，灵活随意，是园林常见的护坡形式。铺砌石块护坡通常有以下三种形式：

1）双层铺石护坡当水深大于2m时，护坡要用双层铺石。如上层厚30cm，下层可用20~30cm，砾石垫层厚10cm。坡角要用厚大的石块做挡板，防止铺石下滑。挡板的厚度应铺石最厚处的1.33倍，宽0.3~1.5m，护坡石料要求吸水率低（不超过1%）、密度大（大于 2t/m²）和具有较强的抗冻性，如石灰岩、砂岩、花岗石等岩石，以块径 18～25cm、长宽比 1:2 的长方形石料最佳。铺石护坡的坡面应根据水位和土壤状况确定，一般常水位以下部分坡面的坡度小于 1:4，常水位以上部分采用 1:1.5～1:5。

2）有倒滤垫层的单层铺石护坡，在流速不大的情况下，块石可砌在砂层或砾石层上，否则要以碎石层做倒滤的垫层。如单层铺石厚度为 20～30cm 时，垫层厚度可采用 15～25cm。

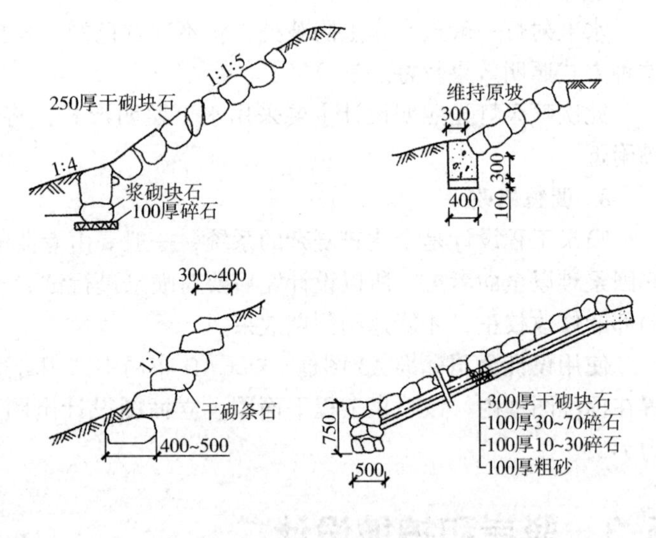

图 5-27　铺石护坡

3）结构简单的单层块石护坡，在不冻土地区园林中的浅水缓坡岸，如果风浪较大，可做结构简单的单层块石护坡，有时还可用条石或块石砌。坡脚支撑也可用简单的单层块石护坡，有时还可用条石或块石干砌。

（2）灌木护坡　灌木护坡较适于大水面平缓的驳岸。由于灌木有韧性，根系盘结，不怕水淹，能削弱风浪冲击力，减少地表冲刷，因而护岸效果较好。护坡灌木要具备速生、根系发达、耐水湿、株矮常绿等特点，若因景观需要，强化天际线变化，可适量植草和乔木，如图 5-28 所示。

（3）编柳抛石护坡　在柳树、水曲柳较多的地区，采用新截取的柳条编成十字交叉形的网格，编柳空格内抛填厚 20～40cm 厚的块石，块石下设 10～20cm 厚的砾石层以利于排水和减少土壤流失。柳格平面尺寸为 0.3m×0.3m 或 1m×1m，厚度为 30～50cm。同时，编柳时可将粗柳杆截成 1.2m 左右的柳橛，用铁钎开深为 50～80cm 的孔洞，间距 40～50cm 打入土中，并高出石坡面 5～15cm。这种护坡，柳树成活后，根抱石，石压根，很坚固，而且水边可形成可观的柳树带，非常漂亮，在我国的东北、华北、西北等地的自然风景区应用较多。

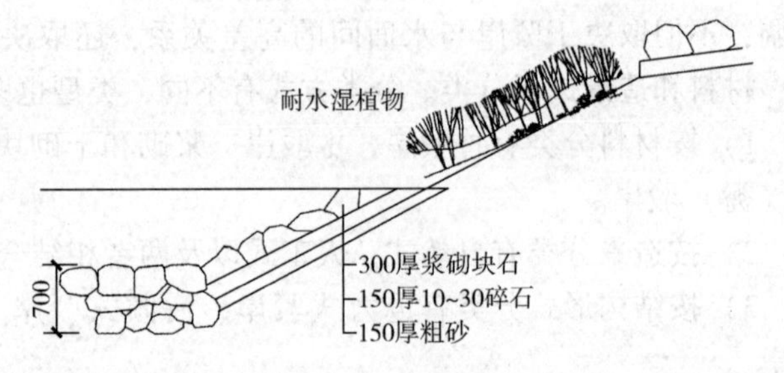

图 5-28　灌木护坡

（4）草皮护坡　草皮护坡适于坡度在 1:5～1:20 之间的湖岸缓坡。护坡草种要求耐水湿，根系发达，生长快，生存力强，如假俭草、狗牙根等。护坡做法按坡面具体条件而定，如果原坡面有杂草生长，可直接利用杂草护坡，但要求美观。也有直接在坡面上播草种，加盖塑料薄膜，或如图 5-29 所示，先在正方砖上种草，然后用竹签四角固定作护坡。最为常见的是块状或带状种草护坡，铺草时沿坡面自下而上成网状铺草，用木方条分隔固定，稍加压踩。若要增加景观层次，丰富地貌，加强透视感，可在草地散置山石，配以花灌木。

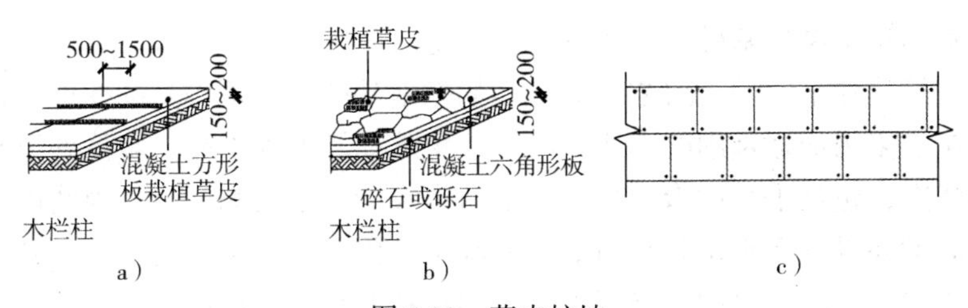

图 5-29　草皮护坡

a）方形板　b）六角形板　c）用竹签固定草砖

5.3.2　驳岸和护坡设计要点

1. 各驳岸和护坡类型设计

驳岸的类型很多，按照驳岸的造型、驳岸的材料和基础不同，有不同的分类。在驳岸工程设计中关键是要先确定合适的驳岸类型。

在确定驳岸类型的设计中，首先要根据水系周围原有地形特点和景观的需要，来确定各驳岸类型。在该公园总体设计方案中水系周围设计的主要景点有：源水休闲广场、跌水景观、溪涧、阵石水景、卵石浅滩、亲水台阶、亲水木平台、土石假山、缓坡草坪、各类型园桥等。由于景点设计不同，湖岸落差和坡度大小不同，对各段驳岸类型有不同的设计要求。

根据水系周围竖向设计图、常水位和湖底标高以及所处地形条件依次确定了 20 个断面位置，两个相邻断面点之间为一个区间，这样可将全园水系划分为 20 个区间，这 20 个区间又根据原有地形条件、竖向设计标高和土质情况概括为 5 种不同类型的驳岸形式，区间划分如图 5-30 所示。

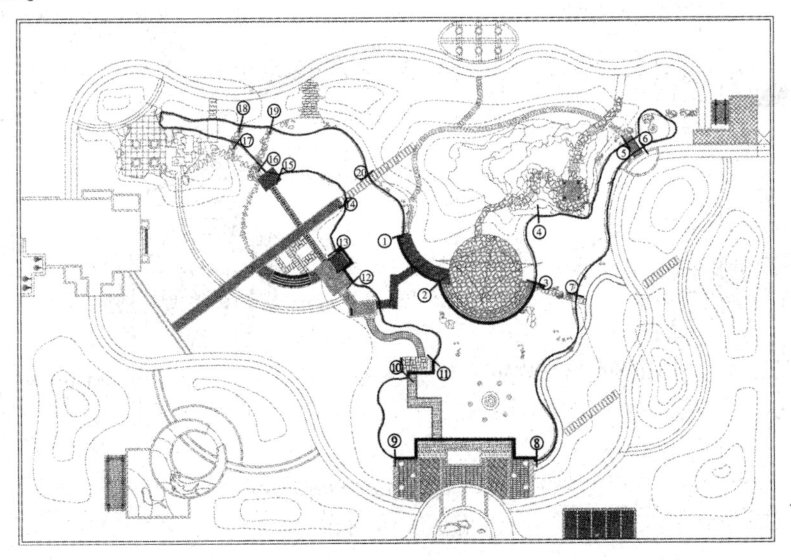

图 5-30　驳岸分区布局图

2. 各类型驳岸的断面设计

驳岸的横断面图是反映其材料、结构和尺寸的设计图。驳岸的基本结构从下到上依次为：基础、墙体、压顶。基础是驳岸承重部分，通过它将上部重量传给地基。因此，驳岸基础要求坚固。驳岸多以打桩或柴排沉褥作为加强基础的措施。选坚实的大块石料为砌块，也有采用断面加宽的灰土层作基础，将驳岸筑于其上。

驳岸最好直接建在坚实的土层或岩基上。如果地基疲软，须作基础处理。近年来中国南方园林构筑驳岸，多用加宽基础的方法以减少或免除地基处理工程。墙体处于基础与压顶之间，承受压力最大，包括垂直压力、水的水平压力及墙后土壤侧压力。因此墙体应具有一定的厚度，墙体高度要以最高水位和水面浪高来确定。压顶为驳岸最上部分，其作用是增强驳岸稳定，美化水岸线，阻止墙后土壤流失。压顶材料要与周边环境协调。

驳岸常用条石、块石混凝土、混凝土或钢筋混凝土作基础；用浆砌条石、浆砌块石勾缝、砖砌抹防水砂浆、钢筋混凝土以及用堆砌山石作墙体；用条石、山石、混凝土块料以及植被作盖顶。在盛产竹、木材的地方也有用竹、木、圆条和竹片、木板经防腐处理后作竹木桩驳岸。

驳岸每隔一定长度要有伸缩缝。其构造和填缝材料的选用应力求经济耐用，施工方便。寒冷地区驳岸背水面需作防冻胀处理。方法有：填充级配砂石、焦渣等多孔隙易滤水的材料；砌筑结构尺寸大的砌体，夯填灰土等坚实、耐压、不透水的材料。

此次驳岸设计主要采用五种不同断面形式，如图 5-31 所示。驳岸 A、B、C 为垂直式驳岸，基础和墙体做法基本相同，均采用桩基础形式，用直径 150mm 松木桩打入硬土层，墙体均采用浆砌块石或毛石砌筑而成，下面分别有 200mm 厚 C25 钢筋混凝土和 200mm 厚碎石垫层。压顶材料则根据水系周围环境协调统一。驳岸 D 采用卵石缓坡驳岸类型，驳岸 E 则采用柳木桩和草坪缓坡式混合驳岸。各区间压顶材料则依据区间所在环境选择不同类型的材料，具体材料见表 5-5。

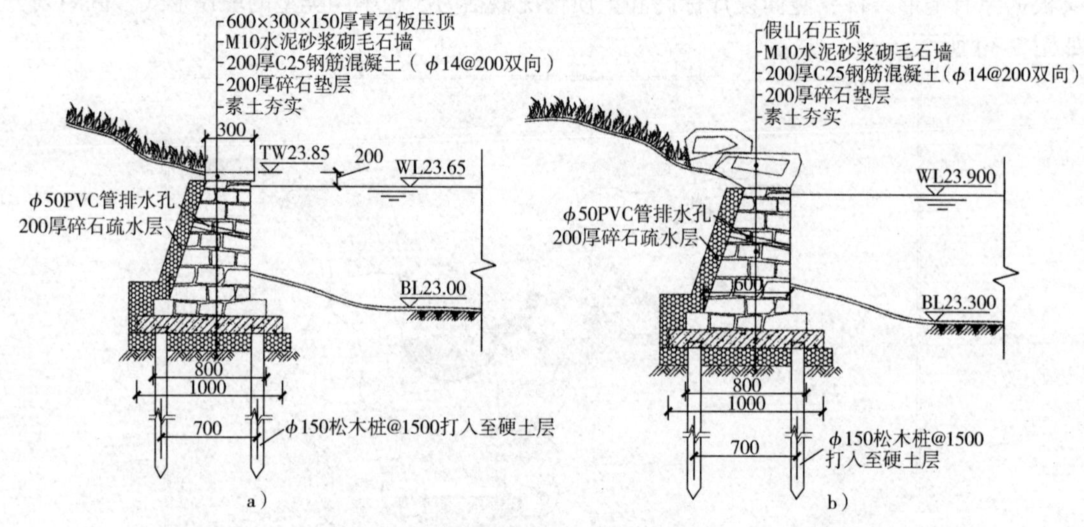

图 5-31　不同类型驳岸断面设计图

a）做法一　b）做法二

表 5-5　园林排水管线与设施设备图例

序号	图例	名称	序号	图例	名称
1	——Y——	雨水管	3	——	排水明沟
2	□■	雨水口	4	Ⓒ1	雨水检查井

3. 各区间驳岸的高度设计

岸顶的高程应比最高水位高出一段距离，以保证水体不致因风浪冲涌而涌入岸边陆地面，因此，高出多少应根据当地风浪的实际情况而定，一般高出 25 ~ 100cm。水面大、风大、空间开阔的地方可高出 50 ~ 100cm；反之则小一些。从造景的角度讲，深潭和浅水面的要求也不一样，深潭边的驳岸要求高一些，显出假山石的外形之美；而水清浅的地方，驳岸要低一些，以便水体回落后露一些滩涂与之相协调。一般湖面驳岸贴近水面为好，游人可亲近水面，并显得水面丰盈饱满。在地下水位高、水面大、岸边地形平坦的情况下，对于游人量少的次要地带可以考虑短时间被最高水位淹没，以降低大面积垫土或加高驳岸的造价。

根据水系周围景观布局图和竖向设计图以及所处地形条件不同，驳岸的高度设计主要参考水位线、湖底标高以及水系周围景点标高来确定，各区间具体驳岸高度如表 5-6 所示。

表 5-6　驳岸高度与断面采用类型

区间	水位标高/m	湖底标高/m	周围景点标高/m	高度/m	类型	压顶材料
1-2	23. 650	23. 000	24. 350	0. 85	C	防腐木
2-3	23. 650	23. 000	23. 900	0. 85	A	与亲水台阶材料相同
3-4	23. 900	23. 300	24. 000	0. 85	E	柳木桩
4-5	23. 900	23. 300	27. 200	0. 85	B	假山石
5-6	23. 900	23. 300	24. 000	0. 80	D	天然卵石
6-7	23. 900	23. 300	24. 000	0. 80	E	柳木桩，适当点缀水生植物
7-8	23. 650	23. 000	23. 800	0. 80	E	柳木桩，适当点缀水生植物
8-9	23. 650	23. 000	23. 850	0. 85	A	与平台铺装材料相同
9-10	23. 650	23. 000	24. 000	0. 80	E	柳木桩，适当点缀水生植物
10-11	23. 650	23. 000	24. 300	0. 85	A	与铺装材料相同
11-12	23. 650	23. 000	23. 800	0. 80	E	柳木桩，适当点缀水生植物
12-13	23. 650	23. 000	24. 650	0. 85	A	与铺装材料相同
13-14	23. 650	23. 000	23. 800	0. 80	E	柳木桩，适当点缀水生植物
14-15	23. 900	23. 300	24. 000	0. 80	E	柳木桩，适当点缀水生植物
15-16	23. 900	23. 300	24. 400	0. 85	A	与铺装材料相同
16-17	24. 100	23. 500	25. 000	0. 80	D	天然湖石散置
17-18	24. 800	24. 300	25. 000	0. 80	D	天然湖石散置
18-19	24. 100	23. 500	25. 000	0. 80	D	天然湖石散置
19-20	23. 900	23. 300	24. 000	0. 80	D	天然卵石
20-1	23. 650	23. 000	24. 000	0. 80	D	天然卵石

4. 整理出图

驳岸与护坡工程设计整体检查与修改。在 CAD 布局中选用合适比例把各驳岸详图合理布置在标准图框内。一般出图比例为 1:20 或 1:15。

5.3.3 常见驳岸设计实践

1. 某动物园的驳岸

图 5-32a 所示为北京动物园虎皮石驳岸。这也是在现代北京园林中运用较广泛的驳岸类型。北京的紫竹院公园、陶然亭公园多采用这种驳岸类型。其特点是在驳岸的背水面铺了宽约 50cm 的级配砂石带。因为级配砂石间多空隙，排水良好，即使有所积水，冰冻后有空隙容纳冻后膨胀力。这便可以减少冻土对驳岸的破坏。湖底以下的基础用块石浇灌混凝土。使驳岸地基的整体性加强而不易产生不均匀沉陷。这种块石近郊可采。基础以上浆砌块石勾缝。水面以上形成虎皮石外观也很朴素大方。

岸顶甩预制混凝土块压顶，向水面挑出 5cm 较美观。预制混凝土方砖顶面高出高水位约 30 ~ 40cm。这也适合动物园水面窄、挡风的土山多、风浪不大的实际情况。

驳岸并不是绝对与水平面垂直，可有 1:10 的倾斜。每间隔 15m 设伸缩缝以适应因气温变化造成的热胀冷缩。伸缩缝用涂有防腐剂的木板条嵌入，上表略低于虎皮石墙面。缝上以水泥砂浆勾缝就不显了。虎皮石缝宽度以 2 ~ 3cm 为宜。

石缝有凹缝、平缝和凸缝等不同做法。图 5-32b 所示为北京动物园山石驳岸，采用北京近郊产的青石。低水位以下用浆砌块石，造价较低而也实用。

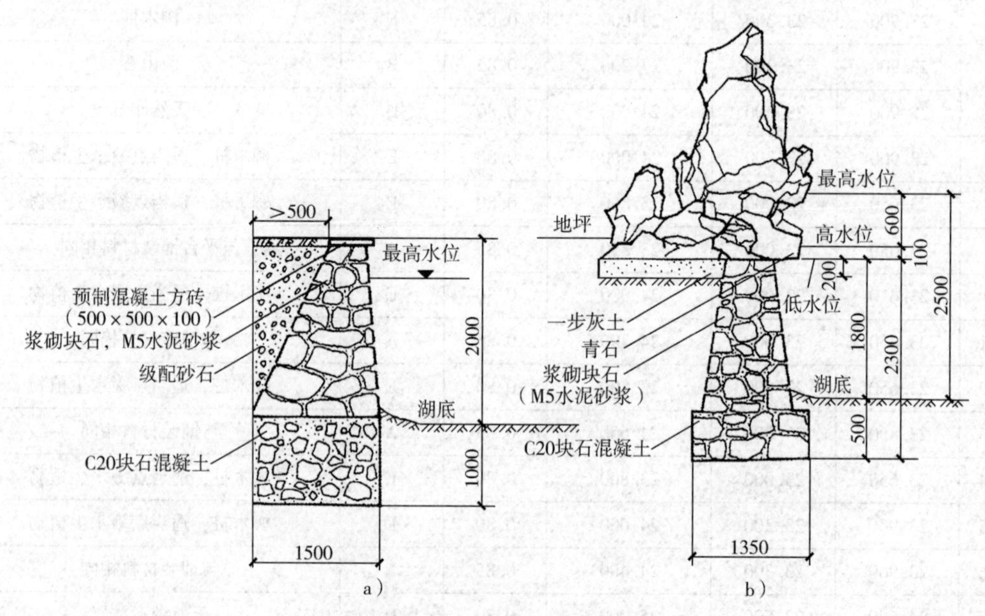

图 5-32　北京动物园驳岸做法

a）虎皮石驳岸　b）山石驳岸

2. 某园林的浆砌块石驳岸

图 5-33 为某园林浆砌块石驳岸的模式剖面。结构尺度显然比北京的小些，无须防止冻胀破坏，而外观又显得比较轻巧。由此也可看出南北方不同的气候、环境和人文条件所形成的不同地方特色。北方的造型要稳重一些。例如，上海采用附近所产的一种紫红色块石作水工挡土墙面，也是虎皮石做法；但墙顶和压顶石都比较轻巧，一般为 30cm 左右。也有不设

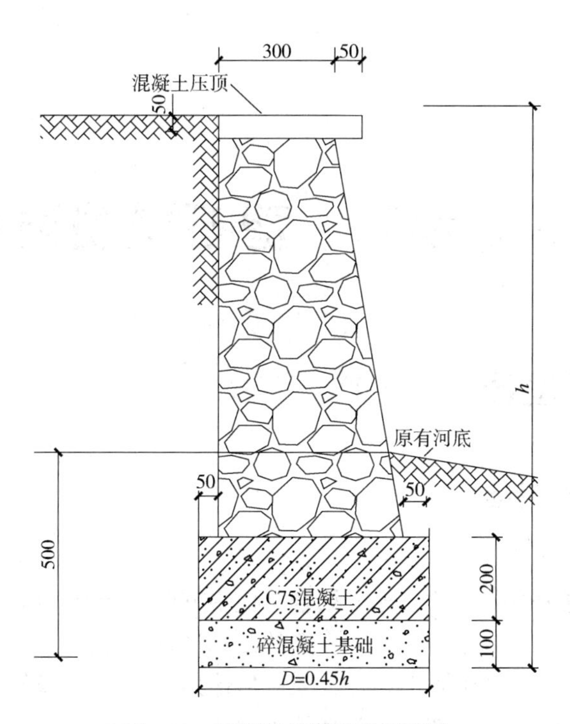

图 5-33　某园林的浆砌块石驳岸

压顶石为边的，但观感略差。如果要求高一些，可在压顶石下埋钢筋，以增加整体性，下面采用碎砖、碎石和碎混凝土块等。

第6章

假山、置石、塑石景观设计

6.1 假山景观设计

6.1.1 假山设计理论基础

1. 假山的类型

假山是以造景游览为主要目的，充分结合其他多方面的功能，以土、石为材料，自然山水为蓝本并加以艺术提炼和夸张，用人工再造的山水景物的统称。

假山包括假山和石景，其中假山体量较大，形体集中，可观可游，使人有置身于自然山林之感；石景主要以观赏为主，结合一些功能方面作用（如山石器设，山石花坛等），体量小而分散。假山因材料不同可分为土山、石山和土石相间的山三种类型。

（1）石山　指全部用山石堆叠而成的假山。因为其材料是山石，故很多时候体量要比土山小。石山本身可大可小，在园林中应用极为广泛，中国传统山水园林中的假山多指此。

（2）土山　是指不用山石而全部用土堆成的假山。土山利于植物生长，能形成自然山林的景象，极富野趣，所以在现代城市绿化中有较多的应用。

（3）土石山　是指用土和山石两种材料堆叠而成的假山，分为土包石山和石包土山两种。其中土包石山是以土为主要材料，以石为辅助材料堆叠而成的假山，此类假山以堆土为主，只在山脚或山的局部适当用石，以固定土壤，并形成优美的山体轮廓。

石包土山是以石为主，外石内土的小型假山，此类假山先以叠石为山的骨架，然而再覆土，土上再植树种草。

园林山石实景如图6-1所示。

2. 假山的设计原则

（1）寓情于石，情景交融　所谓“片山有致，寸石生情”，堆叠假山应讲究立意。中国自然山水园的外观是力求自然的，但其内在的意境又完全受人的意识支配。

常见的创造意境的方法有：首先，中国园林中的山石堆叠常采用各种象形手法，如“十二生肖”“五老峰”等；其次，可以利用题咏等文字的内容让人产生丰富的联想，如“濠濮间想”“武陵春色”等；再次，还可以利用特殊的寓意来表达意境，如“一池三山”“仙山琼阁”等寓为神仙境界的意境，艮岳仿杭州凤凰山寓为名山大川等。

扬州个园四季假山是寓四时景色方面别出心裁的佳作。其春山是序幕，于花台的翠竹中置石笋以象征“雨后春笋”；夏山选用灰白色太湖石作积云式叠山，并结合河池、夏荫来体现夏景。

秋山是高潮，选用富于秋色的黄石堆叠假山以象征“重九登高”的俗情；冬山是尾声，

图6-1　园林山石实景图

选用宣石为山，山后种植台中植腊梅，宣石有如白雪覆盖石面，皑皑耀目，加以墙面上风洞的呼啸效果，冬意更浓。冬山和春山仅一墙之隔，墙上开漏窗，自冬山可窥春山，有“冬去春来”之意。

（2）主次分明，重点突出　假山布局要做到主次分明，重点突出。主峰、次峰、配峰常以不对称三角形构图，主、次、配之高度比为3∶2∶1。主山、主峰的高度和体量应比次山和次峰的高度和体量大1/4以上，要充分突出主山、主峰的主体地位，做到主次分明。

（3）远观山势，近看石质　“远观势，近观质”也是山水画理。既强调了布局和结构的合理性，又重视细部处理。“势”指山水的形势，亦即山水的轮廓、组合与所体现的动势和性格特征。就一座山而言，其山体可分为山麓、山腰和山头三部分，这是山势的一般规律。石可壁立，当然也可以从山麓就立峭壁，也是山势延伸。

山的组合包括“一收复一放，山势渐开而势转。一起又一伏，山欲动而势长”“山之陡面斜，莫为两翼”“山外有山，虽断而不断”“作山先求人路，出水预定来源。择水通桥，取境设路”等多方面的理论。具有合理的布局和结构外，还必须注意假山细部的处理，注意峰、洞、壑、纹等之变化，这就是“近看质”的内容，与石质和石性有关。

湖石类属石灰岩，因降水中有碳酸的成分，对湖石可溶于酸的石质产生溶蚀作用使石面产生凹面。由凹成“涡”，“涡”向纵长发展成为“纹”，“纹”深成“隙”，“隙”冲宽了成“沟”；“涡”向深度溶蚀成“环”，“环”被溶透而成“洞”，“洞”与“环”的断裂面便形成锐利的曲形锋面。于是，大小沟纹交织，层层环洞相套，就形成了湖石外观圆润柔曲、玲珑剔透、涡洞相套、皴纹疏密的特点。黄石作为一种细砂岩是方解型节理，由于对成岩过程的影响和风化的破坏，它的崩落是沿节理面而分解，形成大小不等、凹凸成层和不规则的多面体。

石块各方向的石面平如刀削斧劈，面和面的交线又形成锋芒毕露的棱角线和对称锋面。于是外观方正刚直、浑厚沉实、层次丰富、轮廓分明。总的来说，石材不同，其纹理质地也不相同，在堆叠假山时，要注意石质，分出石材的竖纹、横纹、斜纹等主要纹理的变化，使假山的石质统一、纹理流畅。

（4）山有三远，步移景异　堆叠假山，虽石无定形，但山有定法，所谓法，就是指山的脉络气势。成功的假山通常是以天然山水为蓝本，再参以画理，外师造化，中法心源，才营造出源于自然而高于自然的优秀假山作品。在园林中堆叠假山，由于受占地面积和空间的限制，在假山的总体布局和造型设计上常借鉴绘画中的“三远”原理，以在咫尺之内，表现千里之致。

“三远”（宋代画家郭熙《林泉高致》）是指：“山有三远：自山下而仰山巅，谓之高远；自山前而窥山后，谓之深远；自近山而望远山，谓之平远。”三远变化通常是衡量假山设计是否成功的重要标准（图6-2）。

1）平远。“自近山而望远山，谓之平远”，即山外有山，根据透视原理来表现平冈山岳、错落蜿蜒的山体景观。深远山水所注重的是山景的纵深和层次，而平远山水追求的是逶迤连绵、起伏多变的低山丘陵效果，给人以千里江山不尽、万顷碧波荡漾之感，具有清逸、秀丽、舒朗的特点。正如张涟所主张的“群峰造天，不如平冈小坂，陵阜陂，缀之以石”。

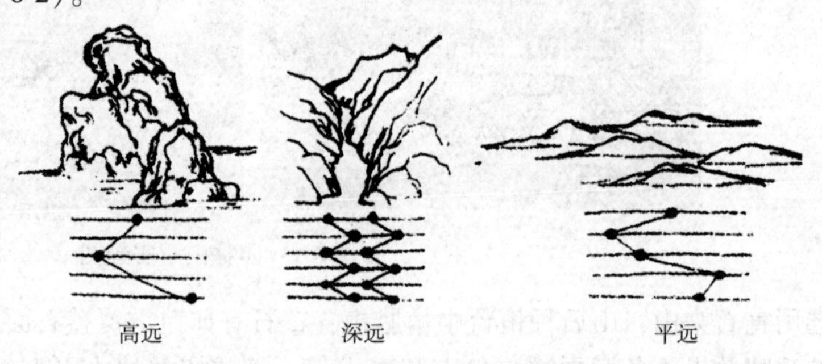

图6-2　山的“三远”

苏州拙政园远香堂北与之隔水相望的主景假山（即两座以土石结合的岛山），正是这一假山造型的典型之作；其模仿的是沉积砂岩（黄石）的自然露头岩石的层状结构，突出于水面，构成了平远山水的意境。在假山设计时，为了表现平远，要考虑配山与主山遥相呼应，形成山外有山的景观，同时应注意配山不应设置在主山的正前方或正后方，配山体量也应小。在园林假山设计中，“三远”都是在一定的空间中，从一定的视线角度去考虑的，它注重的是视距与被观赏物（假山）之间的体量和比例关系。有时同一座假山，如果从不同的视距和视线角度去观赏，就会有不同的审美感受。

2）深远。“自山前而窥山后，谓之深远”，即山后有山，表现山势连绵，或两山并峙、犬牙交错的山体景观，具有层次丰富、景色幽深的特点。如果说高远注重的是立面设计，那么深远要表现的则为平面设计中的纵向推进。

在自然界中，诸如由于河流的下切作用等，所形成的深山峡谷地貌，给人以深远险峻之美。园林假山中所设计的谷、峡、深涧等就是对这类自然景观的摹写。

假山设计时，注意山麓由近到远，交错出现，有近、中、远的变化，同时注意山麓形式的变化。要求在游览路线上能给人山体层层深厚的观感。这就需要统一考虑山体的组合和游览路线开辟两个方面。

3）高远。“自山下而仰山巅，谓之高远”，即山上有山，根据透视原理，采用仰视的手法，而创作的峭壁千仞、雄伟险峻的山体景观。如苏州耦园的东园黄石假山，用悬崖高峰与临池深渊，构成典型的高远山水的组景关系；在布局上，采用西高东低，西部临池处叠成悬崖峭壁，并用低水位、小池面的水体作衬托，以达到在小空间中，有如置身高山深渊前的意境联想；再加上采用浑厚苍老的竖置黄石，仿效石英砂质岩的竖向节理，运用中国画中的斧劈皴法进行堆叠，显得挺拔刚坚，并富有自然风化的美感意趣。

假山的“高远”可以通过以下三种方法体现出来：

①缩小视距：假山虽然从体量上来看较小，但若是处理好观赏点与假山的关系，也可使人觉得假山高耸、雄伟。即观赏视距与山体高度控制在1:3内，也就是供游人观赏的点到假山的距离控制在假山高度的1/3以内，可以形成仰视效果，产生高远感。

②绝对高度：通过增加假山自身的绝对高度，形成雄伟、高耸的感觉。这是体现高远最直接的方法，在用地面积较大的公园、广场上常见此类假山。

③相对高度：除了增加假山的绝对高度来体现高远外，假山还可以通过其他较低的景物来衬托，如降低背景围墙、建筑等的高度来衬托假山，或是通过较低的配山衬托主山，使主山显得高耸、挺拔。

（5）相地合宜，造山得体　在园林中建造假山，必须根据环境条件考虑假山的布置位置及体量大小。假山适合布置在园林中的许多位置，如可以布置于公园入口，开门见山，形成景观焦点；可以布置于水边，形成山水相依的景观；可以布置于庭院内或窗外，成为局部空间的主景。

假山体量的大小取决于所处环境，若所处环境较为开阔，如广场上、较宽的水边等，则所营造假山应体量突出；如果假山所处环境较为狭窄，如面积较小的建筑中、庭中，则所营造假山应体量较小。

6.1.2　假山设计要点

1. 完成假山工程设计说明的撰写

假山设计说明主要包括假山设计立意，假山所用石材，山体结构构造等。山体上有附属景物如亭子、山石蹬道也应做一说明。

设计说明：该假山为土石相间堆叠而成，其东、南两侧濒临水体，设计成悬崖峭壁状；假山西、北两侧坡度较为平缓，是土、石相间而堆叠。假山顶部有一亭子，有两条登山小道从西与北两个方向通向该亭。假山内部结构为砖石填充结构，节约成本的同时也较为牢固。假山最高峰高约6m左右，绝对标高30.000m，次峰高度约为4.5m，绝对标高28.500m。整座假山气势雄伟，景观优美。

2. 完成假山工程设计平面图

（1）确定假山的长与宽　假山平面图设计的第一步，是确定其大致的长与宽。根据中心公园设计方案，来确定假山的长度与宽度，应注意要尽量保持一致。

（2）假山平面轮廓设计　假山平面形状设计，实际上是对由山脚线所围合成的一块地面形状的设计。山脚线就是山体的平面轮廓线，因此假山平面设计也是对山脚线的线形、位置、方向的设计。山脚轮廓线形设计，在造山实践中被叫作“布脚”。所谓“布脚”就是假山平面形状设计。

1）假山平面轮廓线要考虑假山立面的稳定性和美观性。假山平面形状的设计，要注意山体结构的稳定性。当山体形状呈一条直线形式，山体稳定性最差，若山体较高，则可能因风压过大或其他人为原因倒塌，成为安全隐患；而这种平面形状也必然导致山体如一堵墙，缺少山的特征。当山的平面是转折的条状或是向前后伸出山体余脉的形状时，山体能获得最好的稳定性，并且使山体立面有凹有凸，有深有浅，显得山体深厚，山的意味更加显著。

2）要注意假山山脚线的曲线半径。山脚线凸出和凹进程度的大小，根据山脚的材料而定。土山山脚曲线的凹凸程度应小一些，而石山山脚曲线的凹凸程度则可比较大。

从曲线的弯曲程度来考虑，土山山脚曲线的半径一般不要小于2m，石山山脚曲线的半径则不受限制，可以小到几十厘米。在确定山脚曲线半径时还应考虑山脚坡度的大小，在陡坡处，山脚曲线半径可适当小一些；而在坡度平缓处，曲线半径则要大一些。

3）假山平面轮廓线应呈回转自如的曲线形状。假山的平面轮廓线即山脚线，应当设计为回转自如的曲线形状，要尽量避免成为直线。曲线向外凸，假山的山脚也随之向外突出。向外凸出较远时就形成山体的一条余脉。山脚线曲线向里凹进，就可能形成一个回弯或山坳；如果凹进很深，则一般会形成一条山槽。

4）控制假山平面轮廓线的围合面积。在设计山脚线过程中，要注意由它所围合成的假山基底平面形状及地面面积大小的变化情况。假山平面形状要随弯就势，宽窄变化有如自然；而不要成为圆形、卵形、椭圆形、矩形等规则的几何形状。

如若平面被设计成这个形状，则整个山丘就会是圆丘、梯台形，很不自然。设计中，要随时注意假山基底面积大小的变化，因为基底面积越大，则假山工程量就越大，假山的造价也相应会增加。所以，一定要控制好山脚线的位置和走向，使假山只占用有限的地面面积，就能造出雄伟气势。

（3）假山主山（主峰）、客山（次峰）、陪衬山平面布局设计　除了孤峰式造型的假山以外，一般的园林假山都由主山（主峰）、客山（次峰）、陪衬山组成。在进行假山平面形状设计的同时，要考虑主山（主峰）、客山（次峰）、陪衬山的布置位置，在布局上要做到主次分明，脉络清晰，结构完整。

1）主山的位置一定要在假山山系结构核心的位置上。主山位置不宜在山系的正中，而应当偏于一侧，以避免平面布局呈现对称状态。主山的体量应比次峰大1/4以上，以突出主体地位，做到主次分明。

2）主山必须有客山、陪衬山的相伴。客山的体量仅次于主山，具有辅助主山构成山景基本结构骨架的重要作用。客山一般布置在主山的左、右、左前、左后、右前、右后等几个位置上，一般不能布置在主山的正前方和正后方。

3）陪衬山比主山和客山的体量小很多，不会对主、客山构成遮挡关系，反而能够增加山景的前后风景层次，很好地陪衬、烘托主、客山，因此其布置位置可以十分灵活，几乎没有限制。

主、客、陪三种山体结构部分相互的关系应协调。要以主山作为结构核心，充分突出主山；而客山则要根据主山的布局状态来布置，要与主山紧密结合，共同构成假山的基本结构；陪衬山应围绕主山和客山布置，可以起到进一步完善假山山系结构的作用。

某园林假山主峰设计位于假山西南侧，亭子西侧；次峰位于假山东北侧，陪衬峰围绕主峰和次峰进行配置，如图6-3所示。

（4）确定假山高度　确定假山的高度，其实就是确定假山上各山峰的高度。在确定假山主峰、次峰和主要的陪衬峰位置后，应确定假山的控制高度，即确定主峰、次峰及主要陪衬峰的高度。假山主峰的体量应比次峰大1/4以上，以突出主体地位，做到主次分明。

假山各部分的高度，应该根据中心公园竖向设计图中的一些数据来进行确定。这些数据包括假山顶部亭子的地面标高、山石蹬道转折处休息平台的标高、山石围合处地面的标高等，每一部分假山的高度都需要根据这些数据来大致确定。

主峰的设计高度为6m（从水体岸边看），次峰为4.5m，陪衬峰从0.5～4.2m不等。主峰比次峰高1/4，如图6-3某园林假山设计平面图所示。

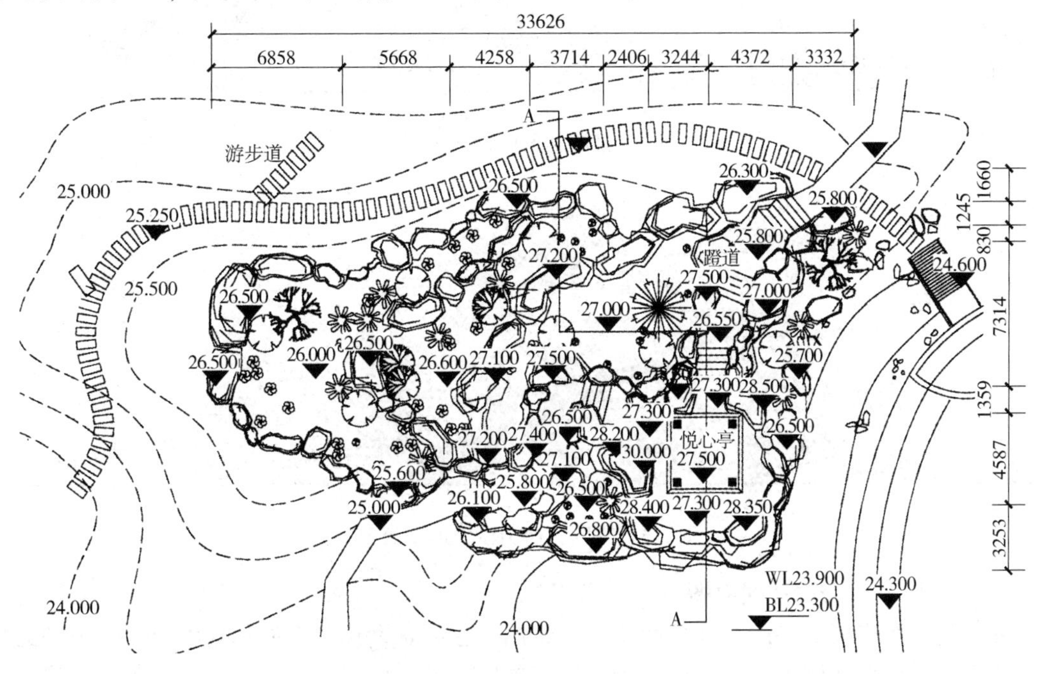

图6-3　某园林假山设计平面图

3. 假山立面图设计

在假山立面图设计时，要注意一些弊病。首先，假山立面不能设计成对称居中的形式：即中间是主峰，而主峰两边的山峰对称设置成笔架山的形式，或主峰两边的坡度完全一样，这种情况需要避免。一般情况下，主峰不应位于正中间，应稍偏一点，主峰两侧的山峰在高度和位置上不宜对称设置，两侧的坡度应有缓有急。其次，要注意避免重心不稳：假山整体上应避免重心不稳，构成假山的山峰也应避免重心不稳，不宜偏向一侧呈倾倒状。此外，还应避免杂乱无章、纹理不顺等。

在立面外轮廓初步确定之后，对照平面图，根据设想的前后层次关系绘出前后位置不同的各处小山头、陡坡或悬崖的轮廓线。

另外也要绘出皴纹线来表明山石表面的凹凸、皱折、纹理形状。皴纹线的线形，要根据山石材料表面的天然皱折纹理的特征绘出。

最后，要增添配景。在假山立面适当位置添画植物，注意植物的尺度不能太大，只能选择一些体形较小、枝叶细致的植物才能衬托出假山的气势；此外，还应将假山顶上的亭子的立面绘出。

在设计中，因为假山较大，所以设计有两个立面，即假山正（东）立面和假山侧（西）立面，如图6-4和图6-5所示。从正立面图看，假山顶上有亭，亭所在的位置为假山重心所在，假山的主峰位于亭左侧，假山次峰位于亭右侧。假山左侧坡度较缓，右侧坡度较陡。从假山侧（西）立面看，假山主峰位于亭子所在位置，假山左侧为悬崖峭壁，右侧坡度较缓。

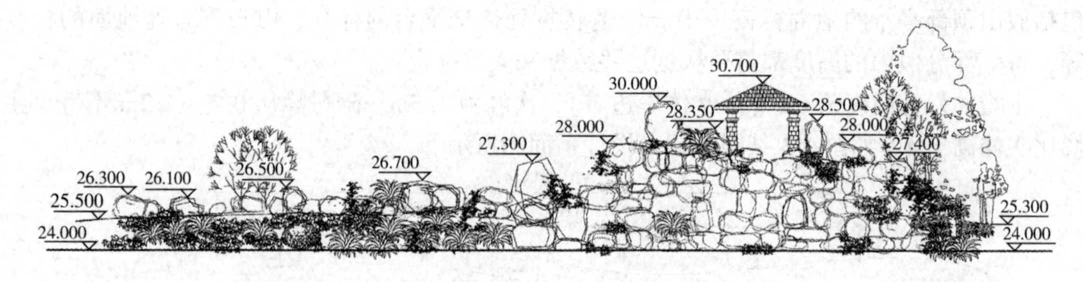

图6-4　某园林假山设计正立面图

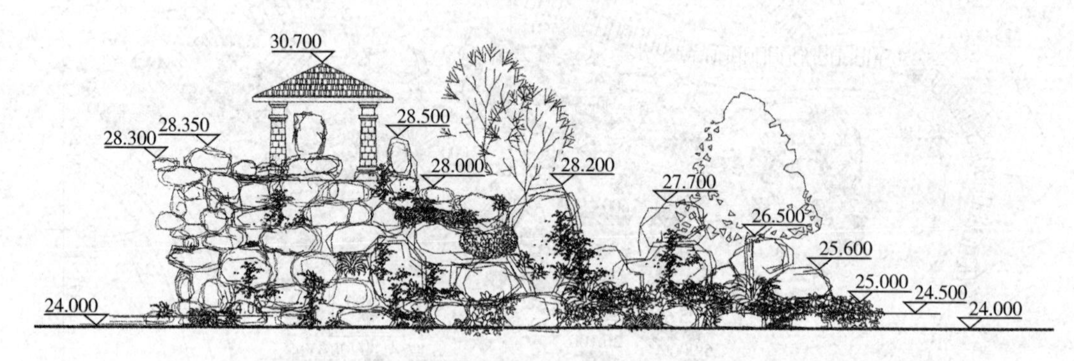

图6-5　某园林假山设计侧立面图

4. 完成假山工程设计剖面图

假山剖面图应根据平面图和立面图进行绘制，主要是表达假山的基础以及山体内部的构造和材料。假山剖面图水平尺寸的控制主要依据假山的平面图，竖向标高的控制主要依据假山立面图。

假山基础的设计要根据假山类型和假山工程规模而定。人造土山和低矮的石山一般不需要基础，山体直接在地面上堆砌。高度在3m以上的石山，就要考虑设置适宜的基础了。一般来说，高大、沉重的大型石山，需选用混凝土基础或块石浆砌基础，高度和重量适中的石山，可用灰土基础或桩基础。

假山山体内部的结构形式主要有四种，即环透结构、层叠结构、竖立结构和填充结构。其中的填充结构是指在假山内部用土、砖石或混凝土等材料进行填充，既不影响假山的外貌，又节约造价。一般的土山、带土石山和个别的石山，或者在假山的某一局部山体中，都可以采用填充结构形式。

该假山体量较大，由土、石堆叠而成，因此各部分之间的结构形式也不一样。亭底下部分若以山石堆叠则造价太高，若以土堆叠，则不稳定，因此用砖石填充结构。

假山临水一侧的山石深入水中，所以要求基础较为稳固、耐水湿，设计其基础用500mm厚C20混凝土基础。混凝土基础从下至上的构造层次及其材料做法依次如下：最底层是素土地基，应夯实；素土夯实层之上，可做一个砂石垫层，厚30～70mm，垫层上面即为500mm厚混凝土基础层。

假山西侧为土石相间堆叠而成，为台地型，由标高26.000m、26.600m和27.000m三个平台依次堆叠而上，每一层台地边缘堆自然山石，起到山石护坡的作用，在自然山石下面做一挡土墙式基础，使山石较为稳定（图6-6）。

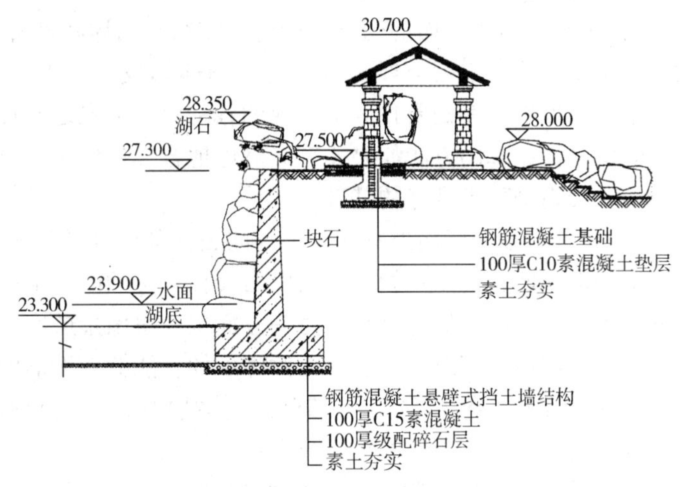

图6-6　假山设计剖面图

5. 整理出图

中心假山施工图设计设计合理性和制图规范性检查与修改。

使用设计公司标准A3图框，在CAD布局中选用合适比例把假山施工图各类型图样合理布置在标准图框内。根据图样的大小选择合适的出图比例保证打印后图纸的尺寸及文字标注和图样清楚。

6.1.3　常见假山平立面及结构设计实践

1. 假山的平面设计

（1）假山平面的设计手法　假山平面必须根据所处场地的立地条件进行变化，以便使假山能够与环境充分协调，也使假山更加自然。在假山设计中，平面设计的变化手法主要有以下几种（图6-7）：

1）断续。假山的平面形状可以采用断续的方式来加强变化。在保证假山主体部分是一大块连续的、完整的平面图形前提下，假山前后左右的边缘部分都可以有一些大小不等的小块山体与主体部分断开。根据断开方式、断开程度的不同和景物之间相互连续的紧密程度不同，就能够产生假山平面形状上的许多变化。

2）错落。山脚凸出点、山体余脉部分的位置，采取相互间不规则的错开处理，使山脚的凹凸变化显得很自由，破除了整齐的因素。在假山平面的多个方面进行错落处理，如前后错落、左右错落、深浅错落、线段长短错落、曲直错落等，就能为假山的形状带来丰富的变化效果。

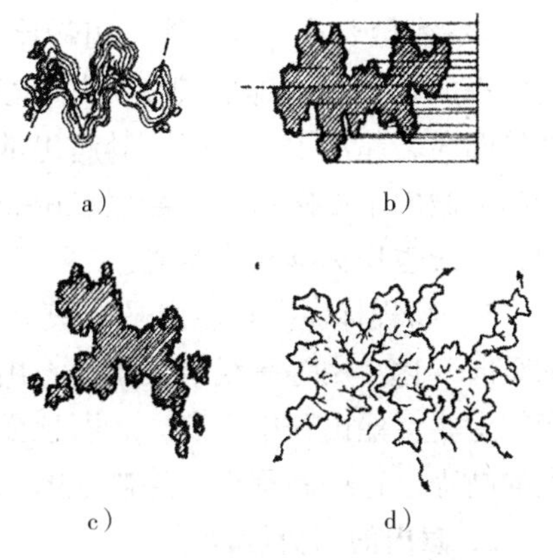

图6-7　假山平面变化部分手法
a）转折　b）错落　c）断续　d）延伸

3）转折。假山的山脚线、山体余脉甚至整个假山平面形状，都可以采取转折的方式造成山势的回转、凹凸和深浅变化，这是假山平面设计最常用的方法。

4）环抱。将假山山脚线向山内凹进，或者使两条假山余脉向前延伸，都可以形成环抱之势。通过山势的环抱，能够使假山局部造成若干半闭合的独立空间，形成比较幽静的山地环境。而环抱的深浅、宽窄以及平面形状，都有很多变化，又可使不同地点的环抱空间具有不同的景观特色，从而丰富山景的形象。

5）平衡。假山平面的变化，最终应归结到山体各部分相对平衡的状态上。无论假山平面怎样千变万化，最后都要统一在自然山体形成的客观规律上，这就是多样统一的形式规律。平衡的要求，就是要在假山平面的各种变化因素之间加强联系，使之保持协调。

假山平面布脚的方法如果能有针对性地合理运用，一定能为假山平面设计带来成功，为山体的立面造型奠定良好的基础。

6）延伸。在山脚向外延伸和山沟向山内部延伸的处理中，延伸距离的长短、延伸部分的宽窄和形状曲直，以及相对两山以山脚相互穿插的情况等，都有许多变化。这些变化一方面使山内山外的山形更为复杂，另一方面也使得山景层次、景深更具有多样性。

另外，山体一侧或山后余脉向树林延伸，能够在无形中给人以山景深邃、山脉延绵的印象。山的余脉向水体中延伸可以暗示山体扎根很深。山脚被土地掩埋，则是山体向地下延伸。这些延伸方式都使假山平面产生变化。

（2）假山平面图绘制　假山平面图的绘制主要有以下几方面需要注意：

1）图纸内容。应绘出假山区的基本地形，包括等高线、山石陡坎、山路与蹬道、水体等。如区内有保留的建筑、构筑物、树木等地物，也要绘出。然后再绘出假山的平面轮廓线，绘出山洞、悬崖、巨石、石峰等的可见轮廓及配植的假山植物。

2）图纸比例。根据假山规模大小，可选用1:200、1:100、1:50、1:20。

3）尺寸标注。在绘制平面图时，许多地方都不好标注，或者为了施工方便而不能标注详尽的、准确的尺寸。所以，假山平面图上就主要是标注一些特征点的控制性尺寸，如假山平面的凸出点、凹陷点、转折点的尺寸和假山总宽度、总厚度、主要局部的宽度和厚度等。也可以直接在平面图上打方格网确定假山的尺寸和山峰位置，方格网一般采用1m×1m，也可以采用2m×2m或0.5m×0.5m。

4）线型要求。等高线、植物比例、道路、水位线、山石皴纹线等用细实线绘制。假山山体平面轮廓线（即山脚线）用粗实线或用间断开裂式粗线绘出，悬崖、绝壁的平面投影外轮廓线若超出了山脚线，其超出部分用粗的或中粗的虚线绘出。建筑物平面轮廓用粗实线绘制。假山平面图形内，悬崖、山石、山洞等可见轮廓的绘制则用标准实线。平面图中的其他轮廓线也用标准实线绘制。

5）高程标注。在假山平面图上应同时标明假山的竖向变化情况，其方法是：土山部分的竖向变化，用等高线来表示；石山部分的竖向高程变化，则可用高程箭头法来标出。高程箭头主要标注山顶中心点、大石顶面中心点、平台中心点、山肩最高点、谷底中心点等特征点的高程，这些高程也是控制性的。假山下有水池的，要注出水面、水底、岸边的标高。

2. 假山的立面设计

假山的立面设计，主要解决假山的基本造型问题。在大规模的假山设计中，要首先进行假山平面的设计，在完成平面设计的基础上再进行立面设计。但在一些小型假山的设计中，也有先设计立面，再根据立面设计平面的。

（1）假山立面设计方法　在假山的立面设计中，一般把假山的主立面和一个重要的侧立面设计出来即可。而背面以及其他立面则在施工中根据设计立面的形状现成确定。大规模的假山，也有需要设计出多个立面的，则应根据具体情况灵活掌握。

一般来说，主立面和重要立面一定，背立面和其他立面也就相应地大概确定了，有变化也是局部的，不影响总体造型。设计假山立面的主要方法和步骤如下（图 6-8）：

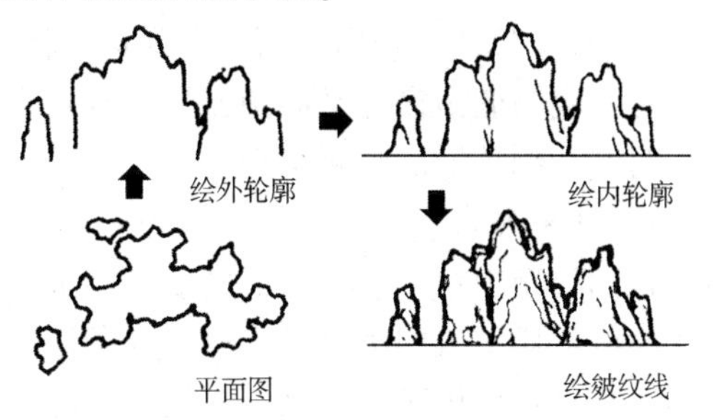

图 6-8　假山立面设计步骤

1）勾出假山立面轮廓线。假山立面轮廓线可以分为外轮廓线和内轮廓线。

①勾出外轮廓线：根据假山平面图，在预定的山高和宽度的制约下，绘出假山立面轮廓图。轮廓线的形状要考虑预定的假山石材的轮廓特征。如采用黄石、青石等石材造山，立面轮廓线应比较挺拔，并有所顿折，给人以坚硬的感觉；而采用湖石造山，立面轮廓线就应圆润流畅，给人以柔和、玲珑的感受。

假山轮廓线与石材轮廓线能保持一致，就能方便假山施工，而且造出的假山更能够与图纸上的设计形象吻合。在设计中，为了使假山立面形象更加生动自然，要适当突出山体外轮廓线较大幅度的起伏曲折变化。起伏度大，假山立面形象变化也大，就可打破平淡感。当然，起伏程度还是应适当，过分起伏可能给人矫揉造作的感觉。

②勾出内轮廓线：在立面外轮廓初步确定之后，对照平面图，根据设想的前后层次关系绘出前后位置不同的各处小山头、陡坡或悬崖的轮廓线，这可以称为内轮廓线，是在外轮廓线基础上完成的。

为了表达假山立面的形状变化和前后层次距离感，画内轮廓线应从外轮廓线的一些凹陷点和转折点落笔。

假山立面轮廓线构图完成后，还要进行不断推敲，反复修改，直到所设计假山立面在高度、形状、结构等各方面都满意为止，立面轮廓图才可以确定下来。

2）勾出假山立面皴纹。在立面的各处轮廓线都确定后，要绘出皴纹线来表明山石表面的凹凸、皱折、纹理形状、皴纹线的线形，要根据山石材料表面的天然皱折纹理的特征绘出；也可参考国画山水画皴纹法绘制，如湖石假山可用披麻皴、解索皴、荷叶皴、卷云皴等，黄石假山可用折带皴、斧劈皴等。这些皴法在一般的国画山水画技法书籍中均可找到。

3）增添配景。在假山立面适当位置添画植物。植物的形象应根据所选植物的固有形状来画，可以用简画法，表现出基本的形态特征和大小尺寸即可。绘有植物的位置，在假山施工时要预留出能够填土的种植槽孔。如果假山上还设计有观景平台、山路、亭廊等配景，只要是立面上可见的，就要按比例绘制到立面图中。

4）完成设计。以上步骤完成后，假山立面设计就基本形成了。还要将立面图与平面图相互对照，检查其形状上的对应关系。如有不能对应的，要修改平面图或立面图，使两者互相对应。最后，根据修改后定稿的图形，标注控制尺寸和特征点的高程，假山立面设计就基本完成了。

（2）假山立面设计图绘制　绘制假山立面图没有标准可套用的，则可按照通行的习惯绘制方法绘出。

1）图纸内容。要绘出假山立面所有可见部分的轮廓形状、表面皴纹，并绘制出植物等配景的立面图形。

2）图纸比例。假山立面图比例应与假山平面设计图保持一致。

3）尺寸标注。假山立面图上须标注横向的控制尺寸，如主要山体部分的宽度和假山总宽度等，应与假山设计平面图保持一致；在竖向方面，则用标高来标注主要山头、峰顶、谷底、洞底、洞顶等的相对高程。

4）线形要求。绘制假山立面图形一般可用白描画法。假山外轮廓线用粗实线绘制，假山内轮廓线用中粗实线绘出，皴纹线用细实线绘出。绘制植物立面也用细实线。为了表达假山石的材料质感或阴影效果，也可在阴影处用点描或线描方法绘制，将假山立面图绘制成素描图，则立体感更强。但采用点描或线描的地方不能影响尺寸标注或施工说明的注写。

3. 假山的结构设计

（1）假山基础设计　假山基础的设计要根据假山类型和假山工程规模而定。人造土山和低矮的石山一般不需要基础，山体直接在地面上堆砌。高度在3m以上的石山就要考虑设置适宜的基础了。一般来说，高大、沉重的大型石山，需选用混凝土基础或块石浆砌基础，高度和重量适中的石山，可用灰土基础或桩基础，如图6-9所示。

1）灰土基础设计。这种基础的材料主要是用石灰和素土按3:7的比例混合而成。灰土每铺一层厚度为30cm，夯实到15cm，则称为一步灰土。设计灰土基础时，要根据假山高度体量大小来确定采用几步灰土。一般高度在2m以上的假山，其灰土基础可设计为一步素土加两步灰土。2m上下的假山，则可按一步素土加一步灰土设计。

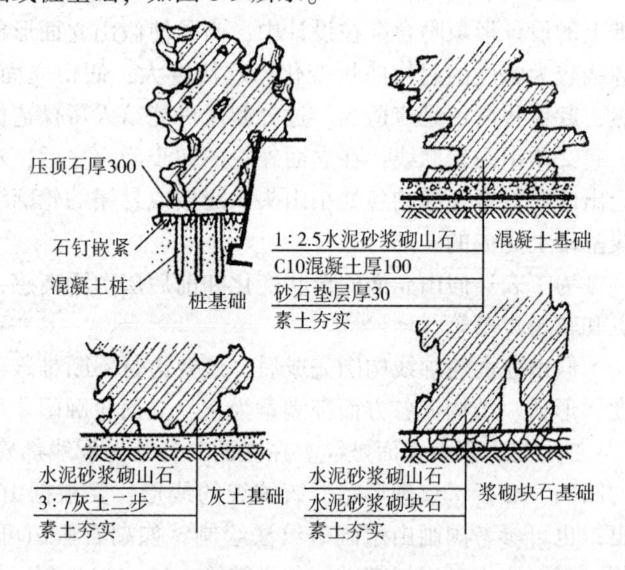

图6-9　假山基础结构类型

2）混凝土基础设计。混凝土基础从下至上的构造层次及其材料做法依次如下：最底层是素土地基，应夯实；素土夯实层之上，可做一个砂石垫层，厚30～70mm，垫层上面即为混凝土基础层。混凝土层的厚度及强度，在陆地上可设计为100～200mm，用C15混凝土，或按1:2:4～1:2:6的比例，用水泥、砂和卵石配成混凝土。在水下，混凝土层的厚度则应设计为500mm左右，强度等级应采用C20。在施工中，如遇坚实的地基，则可挖素土槽浇注混凝土基础。

3）浆砌块石基础设计。设计这种假山基础，可用1:2.5或1:3水泥砂浆砌一层块石，厚度300～500mm；水下砌筑所用水泥砂浆的比例则应为1:2。块石基础层下可铺30mm厚粗砂作找平层，地基应作夯实处理。

4）桩基设计。古代多用直径10～15cm、长1～2m的杉木桩或柏木桩做桩基，木桩下端为尖头状。现代假山的基础已基本不用木桩桩基，只在地基土质松软时偶尔有采用混凝土桩基的。做混凝土桩基，先要设计并预制混凝土桩，其下端仍应为尖头状。直径可比木桩基大一些，长度可与木桩基相似，打桩方式也可参照木桩基。

除了上述四种假山基础之外，在假山不太高、山体重量不大的情况下，还可以将基础设计为简易的灰桩基础或石钉夯土基础。

（2）假山山体结构设计　从外部能够看到的假山山体结构，是在假山立面造型设计中就已经解决了的，这里所讲的山体结构，是指假山山体内部的结构。山体内部的结构形式主要有四种：环透结构、层叠结构、竖立结构和填充结构。

1）填充式结构。一般的土山、带土石山和个别的石山，或者在假山的某一局部山体中，都可以采用这种结构形式。这种假山的山体内部是由泥土、废砖石或混凝土材料所填充起来的，因此其结构上的最大特点就是填充的做法。

按填充材料及其功用的不同，可以将填充式假山结构分为以下三种情况：

①混凝土填充结构：有时需要砌筑的假山山峰又高又陡。在山峰内部填充泥土或碎砖石都不能保证结构的牢固，山峰容易倒塌。在这种情况下，就应该用混凝土来填充，使混凝土作为主心骨，从内部将山峰凝固成一个整体。混凝土是采用水泥、砂、石按 1:2:4 ~ 1:2:6 的比例搅拌配制而成，主要是作为假山基础材料及山峰内部的填充材料。

混凝土填充时，先用山石将山峰砌筑成一个高 70 ~ 120cm（要高低错落）、平面形状不规则的山石筒体，然后用 C15 混凝土浇注筒中至筒的最低口处。待基本凝固时，再砌筑第二层山石筒体，并按相同的方法浇注混凝土，如此操作，直至峰顶为止，就能够砌筑起高高的山峰。

②砖石填充结构：以无用的碎砖、石块、灰块和建筑渣土作为填充材料，填埋在石山的内部或者土山的底部，既可增大假山的体积，又处理了园林工程中的建筑垃圾，一举两得，这种方式在一般的假山工程中都可以应用。

③填土结构：山体全由泥土堆填构成；或者，在用山石砌筑的假山壁后或假山穴坑中用泥土填实，都属于填土结构。假山采取这种结构形式，既能够造出陡峭的悬崖绝壁，又可少用山石材料，降低假山造价，而且还能保证假山有足够大的规模，也十分有利于假山上的植物配置。

2）竖立式结构。这种结构形式可以造成假山挺拔、雄伟、高大的艺术形象。山石全都采用立式砌叠，山体内外的沟槽及山体表面的主导皴纹线，都是从下至上竖立着的，因此整个山势呈向上伸展的状态（图 6-10）。根据山体结构的不同竖立状态，这种结构形式又分直立结构与斜立结构两种。

①斜立结构：构成假山的大部分山石，都采取斜立状态；山体的主导皴纹线也是斜立的，山石与地平面的夹角在 45°以上，并在 90°以下。这个夹角一定不能小于 45°，不然就会成了斜卧状态而不是斜立状态。

图 6-10　竖立式假山

②直立结构：即山石全部采取直立状态砌叠，山体表面的沟槽及主要皴纹线都相互平行并保持直立。采取这种结构的假山要注意山体在高度方向上的起伏变化和在平面上的前后错落变化。

假山主体部分的倾斜方向和倾斜程度应是整个假

山的基本倾斜方向和倾斜程度。山体陪衬部分则可以分为 1 ~ 3 组，分别采用不同的倾斜方向和倾斜程度，与主山形成相互交错的斜立状态，这样能够增加变化，使假山造型更加具有动态。

采用竖立式结构的假山石材，一般多是条状或长片状的山石，矮而短的山石不能多用。这是因为长条形的山石更易于砌出竖直的线条。但长条形山石在用水泥砂浆粘合成悬垂状时，要全靠水泥的粘结力来承受其重量。因此，对石材质地就有了新的要求。一般要求石材质地粗糙或石面小孔密布，这样的石材用水泥砂浆作粘合材料时的附着力很强，容易将山石粘合牢固。

3）层叠式结构。假山结构若采用层叠式，则假山立面的形象就具有丰富的层次感，一层层山石叠砌为山体，山形朝横向伸展，或是敦实厚重，或是轻盈飞动，容易获得多种生动的艺术效果。在叠山方式上，层叠式假山可分为以下两种。

①斜面层叠：即在堆叠山石时，山石倾斜叠砌成斜卧状、斜升状；石的纵轴与水平线形成一定夹角，角度在 10° ~ 30°之间，最大不超过 45°。

②水平层叠：即在堆叠山石时，每一块山石都采用水平状态叠砌，假山立面的主导线条都是水平线，山石向水平方向伸展。

层叠式假山石材一般可用片状的山石，片状山石最适于做层叠的山体，其山形常有“云山千叠”般的飞动感。体形厚重的块状、墩状自然山石，也可用于层叠式假山。而由这类山石做成的假山，则山体充实，孔洞较少，具有浑厚、凝重、坚实的景观效果。

4）环透式结构。采用环透结构的假山，其山体孔洞密布，穿眼嵌空，显得玲珑剔透。这种造型与其造山所用石材和造山手法密切相关。环透式假山的石材多为太湖石和石灰岩风化形成的怪石，这些山石的天然形状就是千疮百孔、玲珑剔透，石面多孔洞与穴窝，孔洞形状多为通透的不规则圆形，穴窝则有锅底状或不规则形状。

山石的表面皴纹多环纹和曲线，石形显得婉转柔和。在叠山手法上，为了突出太湖石类的环透特征，一般多采用拱、斗、卡、安、搭、连、飘、扭曲、做眼等手法。这些手法能够很方便地做出假山的孔隙、洞眼、穴窝和环纹、曲线及通透形象来，其具体的施工做法可参见假山施工一节。透漏型假山一般采用环透式结构来构造山体。

（3）假山山洞结构设计　大中型假山一般都会设计山洞，山洞使假山幽深莫测，对于创造山景的幽静和深远境界具有十分重要的作用。山洞本身也有景可观，能够引起游人极大的游览兴趣。在假山山洞的设计中，还可以使假山洞产生更多的变化，从而更加丰富它的景观内容。

1）假山山洞的形式。不同的山洞类型具有不同的洞内造型和洞内游览效果。根据洞道的构成特点，可以将山洞分为以下几种类型。

①平洞与爬山洞：平洞是洞底道路基本为平路的山洞，一般在平坦地面修筑的假山山洞多为平洞。爬山洞则是洞内道路有上坡和下坡，并且坡度较陡的山洞，在自然山坡上建造的假山山洞多为爬山洞，在平地上建造的假山也有做爬山洞的，但工程量比较大。

②单层洞与多层洞：在单层洞内，洞道没有分作上下两层的情况；在多层洞内，洞道则从下至上分作两层以上，即洞上有洞，下层洞与上层洞之间由石梯相连。

③单口洞：即只有一个洞口的洞室。这种洞室可设计在假山的陡壁下，作为承担某种实用功能的石室。石室内若有一汪清泉，则景观效果更佳。

④单洞与复洞：单洞是只有一条洞道和两个洞口的假山洞；复洞是有两条并行洞道，或者还有岔洞和两个以上洞口的山洞，即洞旁有洞。小型假山一般仅做单洞，大型假山则可设计为复洞，或者设计为单、复洞相互接续的，时分时合的形式。

⑤通天洞：指一般假山洞内上下相通的竖向山洞。这种洞可以作为采光洞或透气洞，但其洞道更宽大，并设有沿着洞壁盘旋而上的石梯，主要供游人攀登游览，或者供人们从上向下观赏幽深的洞底。在上面的洞口周围和洞壁上的石梯边缘，一定要设置栏杆，以保证游览安全。

⑥采光洞和换气洞：这是假山山洞内附属的两种小洞，主要是用来采光和通气的。前者设在光线暗弱洞段的洞壁上，一定要做成透光的洞。后者多设在石室、断头岔洞的后部或设在较长洞道的中段，不一定需要透光。

⑦旱洞与水洞：洞内无水的假山洞为旱洞，洞内有泉池、溪流的山洞为水洞。有的假山洞在洞顶、洞壁有滴水或漫流细水的，也属于水洞。

2）假山洞口设计。在布置假山洞时，首先应使洞口的位置相互错开，由洞外观洞内，似乎洞中有洞。洞口布置最忌造成山洞直通透亮和从山前一直看到山后。洞口要宽大，不要呈“鼠洞蚁穴”状。洞口以内的洞顶与洞壁要有高低和宽窄变化，以显出丰富的层次，这样从洞外向洞内看时，就会有深不可测的观感。

洞口的外形要有变化，特别是黄石做的洞口，其形状容易显得方正呆板，不太自然，要注意使洞口形状多一点圆弧线条的变化。但也要注意，不能使洞口过于圆整，否则又违反了黄石的石性，所以，洞口的形状既要不违反所用石种的石性特征，又要使其具有生动自然的变化性。

①假山洞内景观设计：山洞做出来后，要使游人有可游可居的感觉，如扬州个园黄石秋山的主山洞，洞内有采光的窗洞，光线很充足，并设有石桌、石凳、石床、石枕，布置如居室一般，这就给人以亲切的居家感觉。因此，为了提高山洞的观赏性，洞内不妨设置一些趣味小品，如石灯、石观音、滴漏、泉眼、溪涧等。

②假山洞道布置：假山山洞的洞道布置在平面上要有曲折变化，其曲折程度应比一般的园林小路大许多。假山洞道最忌讳被设计成笔直如交通隧道式，而要设计成回环转折、弯弯曲曲的形状。同时，洞道的宽窄也不能如一般园路那样规则一致，要做到宽窄相济，开合变化。洞顶也不得太矮，其高度应在保持一个合适的平均高度的前提下，作高低变化。对山洞洞内景观的处理，要注意营造适宜的观赏环境。

总之，山洞造型变化十分丰富，在设计中，应因地制宜，根据具体的环境地形条件，做出创造性的处理。

（4）假山山顶结构设计　假山山顶是假山上最突出、最能集中视线的部位。山顶设计的成功与否，直接关系到整个假山的艺术形象，因此，假山设计时，对山顶部分的合理设计非常必要。根据假山山顶造型中常见的形象特征，可将假山山顶的基本造型概括为峰顶、峦顶、崖顶和平山顶等四个类型。

1）峰顶设计。常见的假山山峰收顶形式有分峰式、合峰式、剑立式、斧立式、流云式和斜立式六种结构造型（图6-11）。

①斜立式峰顶：指假山峰顶的峰石呈斜立状，势如奔趋，具有明显的倾向性和动态感。这种峰顶形式最适宜山体结构也采用斜立式的假山。

②斧立式峰顶：指假山上用来收顶的峰石呈斧状直立。峰石要求上大下小。这种峰顶既有险峻之态，又有安稳之意，静中有动，动中有静。

③剑立式峰顶：指假山山峰顶部用一块直立的峰石进行收顶，上小下大，挺拔雄伟，这种收峰适宜用条形大石采取直立状态来构成，也可用几块较小的长形山石直立着横向拼合构成。

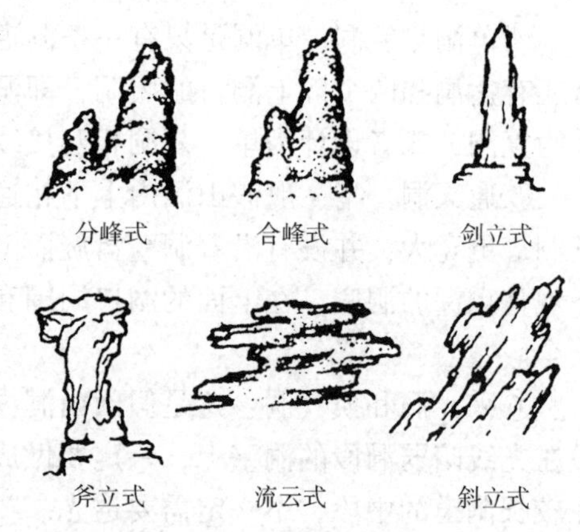

图 6-11　峰顶类型

④合峰式峰顶：当峰体平面面积比较大，但采用分峰法收顶容易削弱山峰雄伟的特点时，就适合采用合峰式收顶。合峰式峰顶实际上是两个以上的峰顶合并为一个大峰顶，次峰、小峰的顶部融合在主峰的边坡中，成为主峰的肩部。在收顶时，要避免主峰的左右肩部成为一样高一样宽的对称形状，主峰左右肩的高度要有合理的变化。

⑤分峰式峰顶：所谓分峰，就是在一座山体上用两个以上的峰头收顶。当假山山峰砌筑到预定高度时，如峰体平面面积仍然比较大，就要考虑采用分峰方式收结峰顶。在处理分峰时，要注意峰头应有高低和大小的变化，并且一定要突出主峰。

⑥流云式峰顶：指假山峰顶横向延伸，若层云横飞，这种收顶形式就是流云式。流云式峰顶只用在层叠式结构的假山上。

2）峦顶设计。峦顶是指假山山顶设计成山峦形状的顶部，若低山丘陵景象。在环透式结构的假山上，也用含有许多洞眼的湖石堆叠成峦形山顶。这种峦顶的观赏性较差，在假山中的个别小山山顶偶尔可以采用，一般不在主山和比较重要的客山上设计这种峦顶。

3）崖顶设计。假山山顶也可设计成山崖形式，山崖是山体陡峭的边缘部分，其形象与山的其他部分都不相同。山崖既可以作为重要的山景部分，又可以作为登高望远的观景点。

崖顶可以分为平坡式崖顶、斜坡式崖顶、悬垂式崖顶、悬挑式崖顶等几种（图 6-12）。平坡式崖顶，崖壁直立，崖顶主要由平伏的片状山石在中部作压顶石，而以矮型的直立山石围在崖边，使整个山崖呈平顶状。斜坡式崖顶，崖壁陡立，崖顶在山体堆砌过程中顺势收结为斜坡状，山崖顶面可以是平整的斜坡，也可以是崎岖不平的斜坡。悬垂式崖顶，崖顶石向前悬出并有所下垂，致使崖壁下部向里凹进，为保证结构稳定，在做悬崖时应做到“前悬后压”，即在悬挑山石的后端砌筑重石施加重压，使崖顶在力学上保持平衡。悬挑式崖顶，崖顶全部以层层出挑方式构成，其结构方式和山体一样，都采用层叠式结构，以这种方式收顶的山崖，也可叫作悬崖，要前悬后压，使悬崖的后部坚实稳定。

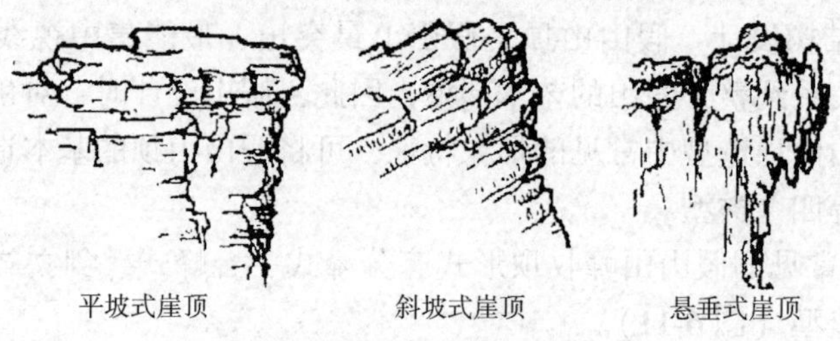

图 6-12　崖顶的形式

4）平山顶设计。在假山景观中，平顶的假山也较为常见。庭园假山之下如做有盖梁式山洞的，其洞顶之上就多是平顶。就是在现代园林中，为了使假山具有可游、可憩的特点，有时也还要做一些平顶式的假山。

6.2　置石景观设计

6.2.1　置石设计基本理论

1. 石景山石材料的类型与选择

（1）黄蜡石　黄蜡石产于我国南方各地，颜色常有灰白、浅黄、深黄色，有蜡状光泽，圆润光滑。石形多为有涡状凹陷的各种块状，角处抹圆。黄蜡石常与植物配合组成庭园小景。

（2）千层石　千层石产江、浙、皖一带，属沉积岩。有层状节理，变化自然多姿，沉积岩中有多种类型、色彩（图 6-13）。

（3）黄石　黄石是一种带橙黄颜色的细砂石，苏州、常州、镇江等地皆有产，以常熟虞山最为著名。其石形体拙重顽夯，棱角分明，节理面近乎垂直，雄浑沉实，具有强烈的光影效果，是堆叠大型假山与石景最常用的石材之一。扬州个园的黄石假山（秋山）如图 6-14 所示。

图 6-13　千层石假山

图 6-14　扬州个园黄石假山

（4）斧劈石　斧劈石是一种沉积岩，有浅灰、深灰、黑、土黄等色。产于江苏常州一带。具竖线条的丝状、条状、片状纹理，又称剑石，外形挺拔有力，但易风化剥落。

（5）湖石　湖石多处于水中或山中，是经过溶蚀的石灰岩。其“性坚而润，有嵌空、穿眼、宛转、险怪之势”。湖石线条浑圆流畅，洞穴透空灵巧。湖石的这些形态特征，使得它特别适于用作特置的单峰石和环透式假山。在不同的地方和不同的环境中生成的湖石，其形状、颜色和质地都有差别。

1）房山石。产于北京房山，也称为北太湖石。新开采的房山石呈红色、橘红色或更淡一些的土黄色，日久转灰黑色。石形也像太湖石一样具有涡、穴、沟、环、洞的变化，但多密集的小孔洞而少大洞，外观比较沉实、浑厚。例如北京颐和园的青芝岫（图 6-15）。

2）太湖石。因原产于太湖一带而得名，灰白色，质重、坚硬，稍有脆性。石形玲珑，漏、透特征显著，轮廓柔和圆润，自然形成沟、缝、穴、洞。如苏州留园冠云峰（图6-16）、上海豫园玉玲珑等。

图6-15　颐和园的青芝岫

3）宣石。产于安徽宁国市。宣石又称雪石，内含石英，迎光则闪闪发亮，其色白如积雪，覆于灰色石上，有特殊的观赏效果。扬州个园的冬山就是采用宣石掇成。宣石石质坚硬，石面常有明显棱角，皴纹细腻且多变化，线条较直。

4）灵璧石。原产安徽省灵璧县，质脆，叩之有声。石面有坳坎，石形千变万化，色有深灰、白、红等。这种山石可掇石景小品，更多的情况下作为盆景石玩。色有深灰、白、红等。

图6-16　苏州留园冠云峰

5）英石。常见于岭南园林，产于广东英德市。有白英、灰英和黑英三种。灰英居多，白英和黑英较为稀少，以黑如墨、白如脂者为贵。英石是石灰岩碎块被雨水淋溶和埋在土中被地下水溶蚀所生成的，质坚而脆，石形轮廓多转角，石面形状有巢状、绉状等，绉状中又分大绉和小绉，以玲珑精巧者为佳。英石体形较小，多为盆玩，用英石做假山石景较少（图6-17）。

（6）石笋石　石笋石又称白果石、虎皮石、剑石，产于浙江省常山县一带。青灰色的细砂岩中沉积了一些白色的砾石，犹如银杏所产的白果嵌在石中。大多呈条柱状，如竹笋，色淡灰绿、土红，带有眼窠状凹陷。常配置于竹林中，表现“雨后春笋”的景观，如扬州个园春山（图6-18）。

图6-17　英石邹云峰（杭州）

图6-18　扬州个园春山石笋石

（7）钟乳石　多为乳白色、乳黄色、土黄色，质重、坚硬，是石灰岩被水溶解后又在山洞、崖下沉淀生成的一种石灰华。主要出产于我国南方和西南地区，地下水丰富的石灰岩地区都有钟乳石产出。钟乳石常见的形状有石钟乳、石幔、石柱、石笋等，形状千奇百怪、丰富多变（图6-19）。

图6-19　钟乳石假山

（8）青石　青石产于北京西郊洪山，是一种青灰色的细砂岩，质地纯净而少杂质，由于是沉积而成的岩石，石内有一些水平层理，水平层的间隔一般较小，所以形体多呈片状，有“青云片”之称。在北京园林假山石景中常见。

（9）大卵石　又名河卵石、石蛋等，产于河床之中，有多种岩石类型，如花岗岩、砂岩、流纹岩等；石材颜色亦多种，如灰色、白色、黄色、绿色、蓝色等。石形浑圆，一般不用于堆叠假山，而是作为石景或石桌、石凳等，与水体、植物等要素相结合进行造景。

（10）其他石品

1）松皮石。一种暗土红的石质中杂有石灰岩的交织细片的石材，外观像松树皮。

2）木化石。地质历史时期的树木经历地质变迁，最后埋藏在地层中，经历地下水的化学交换、填充作用，这些化学物质结晶沉积在树木的木质部分，将树木的原始结构保留下来，于是就形成木石化。木化石古老质朴，常作特置或对置。

我国山石品种极为丰富，在进行石景设计或假山堆叠时，首先要因地制宜地选用石材，体现园林的地方特色的同时也降低园林造价；其次要了解不同石材的质地与外形特色，在设计过程中选择最适合景观特色的石材。

2. 石景置石的设计形式

石景又称为置石，主要表现山石的个体美或局部的组合，常以石材或仿石材布置成自然露岩景观，可结合挡土墙、护坡和种植床或器设等实用功能，来点缀园林空间。

置石的形式有特置、对置、散置和作为器设小品等形式。

（1）散置　又称散点，即“攒三聚五”（三三五五聚在一起）、散漫理之的做法。常散点于山坡上作为护坡或布置于内庭、廊间、草坪中、水中、园路旁边或与其他景物结合造景（图6-20）。其布局要点在于：有聚有散，有断有续，主次分明；高低曲折，顾盼呼应，疏密有致，层次丰富，散而有物，寸石生情（图6-21）。这类石景因表现的是群体美，所以在选择石材时对石材的要求比特置要低一些，可以选用较为平常的石材。

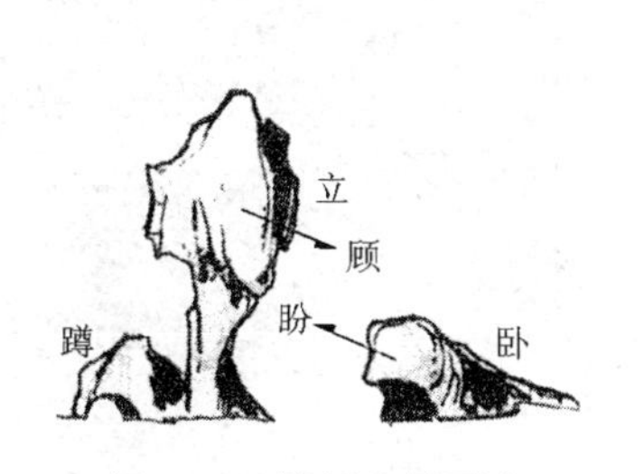

图6-20　散置布局要点

图6-21　散置实景

（2）特置　又称孤置，特置山石大多由单块山石布置成为独立的石景。常作园林入口的障景和对景，或置于视线集中的廊间、天井中间、漏窗后面、水边、路口或园路转折处，作为局部空间的构景中心。也可以和壁山、花台、岛屿、驳岸等结合。

特置山石选材时，多选用体量巨大、造型奇特和质地、色彩特殊的石材。特置山石可置于整形的基座上，也可置于自然山石上。特置山石在工程结构方面要求稳定和耐久，设置时保持重心的平衡。特置石如图 6-22 所示。

某大厦前

北大校园

某中学校园

香山公园

图 6-22　特置

（3）对置　把山石沿某一轴线或在门庭、路口、桥头、道路和建筑物入口两侧作对应的布置称为对置。对置由于布局比较规整，给人严肃的感觉，多用于规则式园林或入口处。对置并非对称布置，作为对置的山石在数量、体量以及形态上无须对等，只求在构图上的均衡和在形态上的呼应。

（4）器设小品　为了增添园林的自然风光，常以石材作石屏风、石栏、石桌、石几、石凳、石床等（图 6-23）。既具有很高的实用价值，又可结合造景，使园林空间富有山林野趣，充满自然气息。

图 6-23　石桌、石凳

3. 石景设置方法

（1）散兵石的布置　散兵石的布置也是散置的一种布置形式，散兵石与子母石最大的不同是：子母石的石块相互之间的距离较小，“母石”地位突出，整体感觉强烈，而散兵石的石块之间距离较远，石块有大有小，但没有体量特别突出、占主导地位的石块。

散兵石在布置时，应疏密有致，石块与石块间仍然应按不等边三角形进行处理。在地面布置散兵石时，一般应采取浅埋或半埋的方式安置山石。山石布置好后，应当像是地下岩石、岩层的自然露头，而不要像临时放在地面上似的。散兵石还可附属于其他景物进行布置，如半埋于树下、草丛中、路边、水边等。

石景工程设计任务：散置石景工程设计。

（2）单峰石的布置　单峰石的布置主要是特置形式石景的布置，包括石材的选择、石材的拼合、基座的设置等内容。

图 6-24　单峰石景观

单峰石在选材时应选择姿态奇特、体形高大的石材，常选择形态瘦、透、漏、皱的太湖石（图 6-24），也选择形体高大、气势突出的其他的一些石材如黄石等。

当所选用的山石不够高大，或石材的某一局部有重大缺陷时，就需要用同种的山石进行拼合，使其成为足够高大的单峰石。在山石拼合时，为了石景景观效果，一般只对底部的山石进行拼合，顶部的山石须是一整块。在石材拼合接口处，尽量选择接口较为吻合的石材，并且要注意接缝的严密性和掩饰缝口，使拼合体完全为一个整体。

单峰石有两种设置方法：一是设置在规则式的基座上，二是设置在自然的山石基座上。规则式基座可以是砖石等材料砌筑而成的规则形状，常见的是采用须弥座的形式。单峰石直接放在须弥座上须垫稳当，或者将石底浅埋于须弥座的台面上。

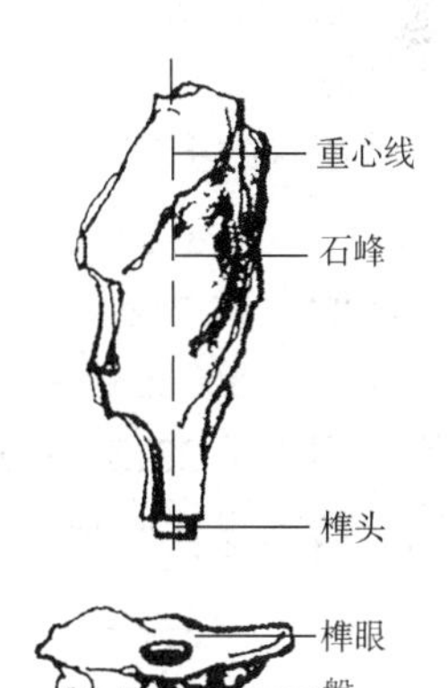

图 6-25　单峰石设置方式

基座也可以采用墩状座石做成，座石半埋或全埋于地表，我国传统的做法是用石榫头稳定，即将单峰石的底部凿成榫头状，基座顶面凿出榫眼，榫头长度在十几厘米到二十几厘米，根据石块体量而定，但榫头尽量用较大直径，周围留 3cm 左右石边即可，基磐上的榫眼比石榫直径略大、深度略深，插入榫头后灌入粘合材料，要求山石的重心线和榫头中心线在一条线上（图 6-25）。若单峰石为斜立姿态，为防止倾倒，应将座石偏于一方的部位凿出深槽，槽的后端向后凹进，以便卡住峰石底部；再将峰石底部凿成与座石深槽相适应的形状，峰石嵌入座石后便可固定。

（3）子母石的布置　子母石布置是散置的一种布置形式，这种石景布置表现的是多块山石自然分布的景观。子母石的石块数量最好为单数，要“攒三聚五”地进行布置。选用石材应有大有小，形状各不相同，有天然的风化面，其中“母石”体量应明显大于“子石”体量，占主导地位。

子母石布置时应使主石即“母石”地位突出，其中“母石”布置在中间，子石围绕在周围。山石在平面布置时应按不等边三角形法则处理，即任何三块山石在平面布置上都要排成不等边三角形，要有聚有散、疏密有致。在立面布置时，山石要有高有低、高低错落，最高的无疑是“母石”。“母石”应有一定的姿态造型，采用卧、仰、斜、伏、蹲等姿态均可，要在单个石块的静势中体现全体石块所有的生动性。“子石”的形状一般不再造型，只是以现成的自然山石布置在“母石”的周围，其方向性、倾向性应与“母石”密切相关、相互呼应。在子母石的布置中，应注意“子石”与“母石”之间的相互呼应。相互呼应的子母石石块之间“形断气连”，虽然是聚散布置，但彼此之间有一种内在联系使其成为一个整体。呼应的方法常用的是使“子石”倾向“母石”，体现一种明显的奔趋性，这样就在子母石之间建立了呼应关系（图6-26a）。

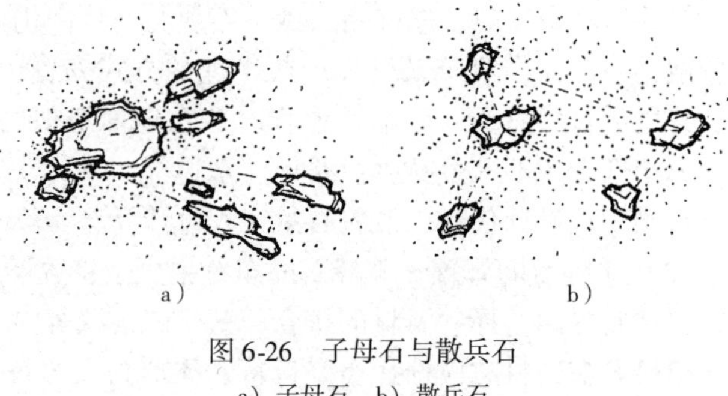

图6-26　子母石与散兵石
a）子母石　b）散兵石

6.2.2　置石设计要点

1. 完成石景设计平面图

该石景位于小广场中，从中心游园设计方案中来看，该石景的平面形状已经大致确定，在做石景工程设计时，必须在此基础上进行，部分地方可以做微调，但应不影响总体效果，在平面图上主要需解决石块的平面形状、尺寸、石块间的距离、石块的标高等问题。

石景在平面布置时，任何三块山石在平面布置上都要排成不等边三角形，要有聚有散、疏密有致、有断有续、主次分明；以高低错落，顾盼呼应，层次丰富，散而有物，寸石生情作为原则。

从石景的标高看，九块喷水整石的标高分别为26.850m、26.700m、26.600m、26.550m、26.550m、26.500m、26.500m、26.300m、26.100m，充分体现了高低错落的原则（图6-27）；从石块的形状和体量来看，喷水整石为不同尺寸的方形，其尺度分别从1518mm×1700mm到830mm×860mm不等，体现了主次分明、层次丰富的设计思想；从平面布局来看，喷水整石的间距从2315mm到355mm不等，并且有几块石块有部分的重叠，体现了有聚有散、有断有续的设计原则（图6-26）。

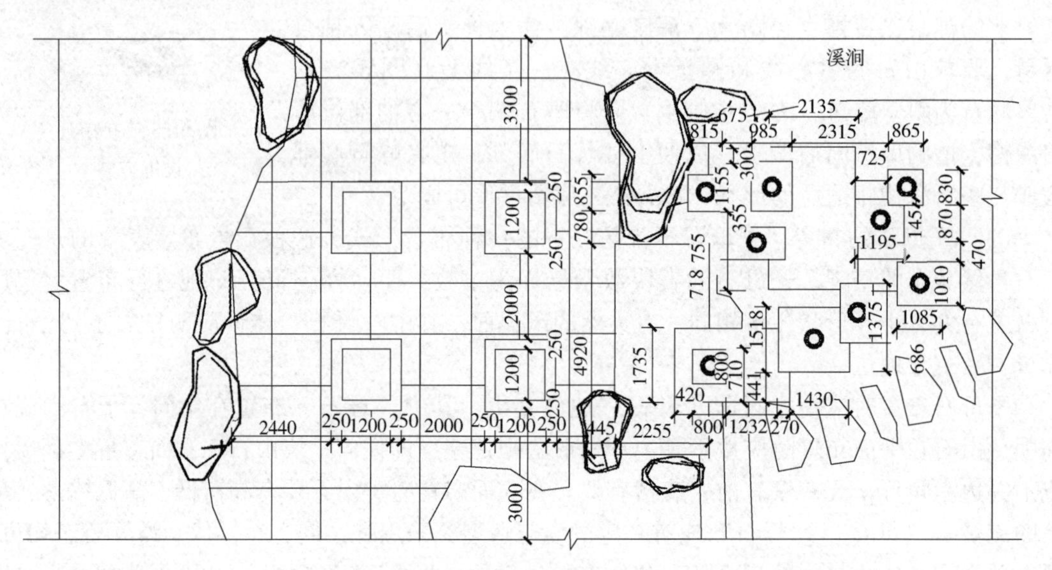

图6-27　某石景平面位置关系

2. 完成石景设计剖面图

剖面图主要是根据平面图、立面图已定的控制标高和尺寸进行绘制，剖面图应从剖切线所在位置进行绘制，并标注剖到部分的材料及构造。

剖切线剖到的部分有铺筑地、花坛等，铺地的表面材料为300mm×300mm×30mm荔枝面的黄锈石，其结构层次及材料见图6-28；花坛壁压顶的材料为425mm×250mm×50mm荔枝面的黄锈石，花坛壁侧面上部为青石板，下部为（200～300）mm×30mm千叶长条状青灰色文化石，其具体的结构层次及材料见图6-28；喷水整石为自然面的芝麻白花岗岩；铺地边缘的自然形状石材为河卵石（图6-28）。

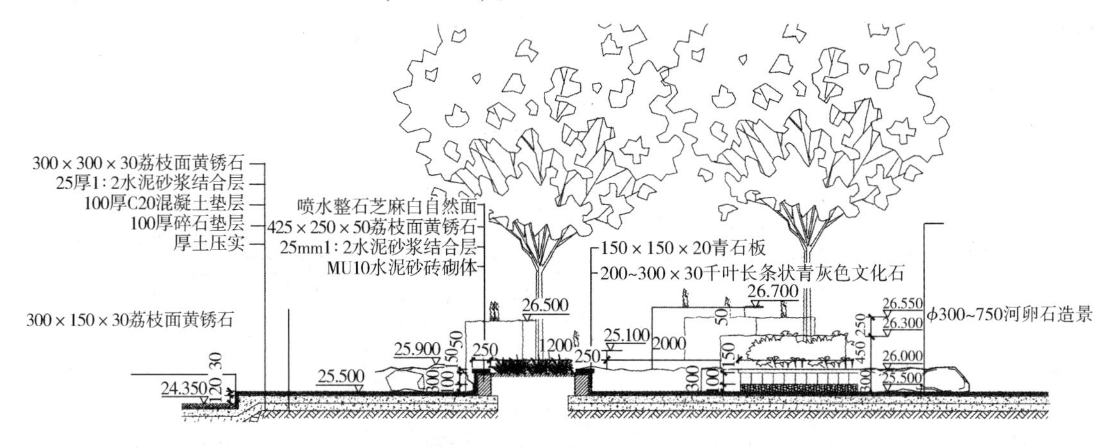

图6-28　某石景剖面图

3. 完成石景设计立面图

立面图须在已完成的平面图基础上进行，要根据平面图的尺寸和标高进行绘制。石景在立面布置时，山石要有高有低、高低错落，有宽有窄、宽窄结合，顾盼呼应。

立面图主要表达的是景物在高程上的变化，在立面图的绘制过程中，若是发现平面图上的高程控制不太理想，如高低变化不够大或高差太大，某石块太高或太低，都要及时对平面图进行调整；若是发现石块的立面在宽度上的变化过于单一，如每块石块的宽度都极为接近，或石块的立面在宽度上过于悬殊，如有些石块太宽有些则太窄等，也要对平面进行相应的调整，力求设计出最美的立面。

与平面图相对应，画出石景立面中可见的石块的轮廓线，其高程分别为：26.850m、26.700m、26.600m、26.550m、26.300m、26.000m、25.850m，体现了高低错落的原则（图6-29）。

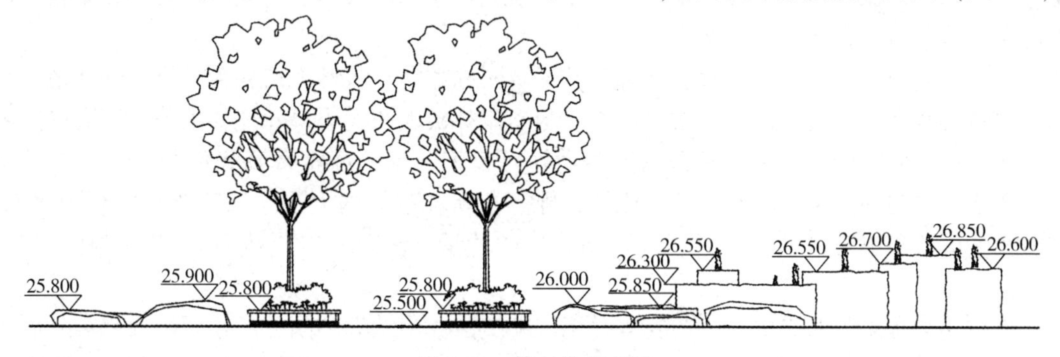

图6-29　某石景立面图

4. 完成石景设计大样图

当部分景物在总平面图和立面图中无法表达清楚时，可采用索引符号引出，在大样图中将这部分的景物绘制清楚。大样图可以包括平面图、立面图、剖面图等。

在该石景设计平面图及立面图中，因无法对喷水整石的内部结构等表达清楚，故在平面图上用索引符号引出，通过绘制喷水整石的大样图来清楚地表达出其平面、立面和内部结构。

该整石的平面是一个正方形，外沿800mm×800mm，内沿700mm×700mm，内沿比外沿高出100mm，整石正中心有一小孔，有喷泉管道通入到小孔处，整石的材料是自然面的芝麻白花岗岩（图6-30）。

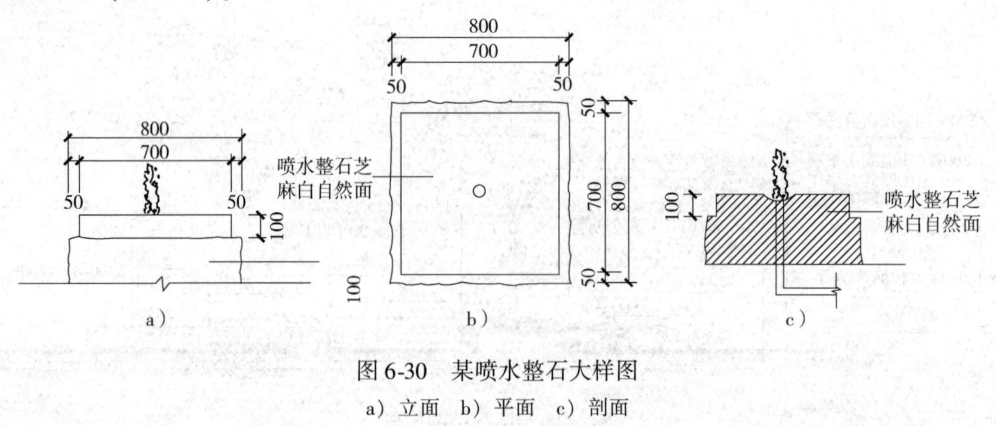

图6-30　某喷水整石大样图

a）立面　b）平面　c）剖面

5. 整理出图

阵石石景施工图设计合理性和制图规范性检查与修改。

在CAD布局中选用合适比例把石景施工图各类型图样合理布置在标准图框内。根据图样的大小选择合适的出图比例，保证打印后图纸的尺寸、文字标注和图样清楚。

6.3　塑石景观设计

园林雕塑泛指在公园、园林中使用的雕塑，配合园林构图，多数位于室外，题材广泛。园林雕塑通过艺术形象可反映一定的社会时代精神，表现一定的思想内容，既可点缀园景，又可成为园林某一局部甚至全园的构图中心。园林雕塑是环境装饰中的一个重要元素，雕塑是一种艺术造诣比较高的园林元素，因为这些雕塑在映衬园林环境的同时也要突显出自己的主题性，雕塑适合大众的审美眼光。

在园林当中摆放雕塑是园林设计师的首选，园林雕塑有各种风格各种题材，园林雕塑作品有较强的叙事性，会营造一种故事画面。当然园林雕塑的大小尺寸还要根据它所要摆放的环境来设计，大的恢弘，小的精致。园林雕塑可以把艺术的高雅带到我们的身边。在园林中，雕塑的主题和形象均应与环境相协调，雕塑与所在空间的大小、尺度要有恰当的比例，并需要考虑雕塑本身的朝向、色彩以及与背景的关系，使雕塑与园林环境互为衬托，相得益彰。

园林雕塑有悠久的历史。文艺复兴时期，雕塑已成为意大利园林的重要组成部分。园中雕塑或结合园林理水，或装饰台层，甚至建立了以展览雕塑为主的“花园博物馆”“雕塑公园”。园林雕塑在欧美各国园林里至今仍占重要地位。

6.3.1 园林雕塑的类型

1. 按功能划分

雕塑按其功能划分，大致可分为纪念性雕塑、主题性雕塑、装饰性雕塑、功能性雕塑以及陈列性雕塑等。

(1) 纪念性雕塑　纪念性雕塑是以历史上或现实生活中的人或事件为主题，也可以是某种共同观念的永久纪念，用于纪念重要的人物和重大历史事件。一般这类雕塑多在户外，也有在户内的。如南京雨花台烈士群像、上海虹口公园鲁迅像等。

(2) 主题性雕塑　主题性雕塑是指某个特定地点、环境、建筑的主题说明，它必须与这些环境有机地结合起来，并点明主题，甚至升华主题。使观众明显地感到这一环境的特性。可具有纪念、教育、美化、说明等意义。主题性雕塑揭示了城市建筑和建筑环境的主题。如敦煌市市区有一座标志性雕塑《反弹琵琶》，取材于敦煌壁画反弹琵琶伎乐飞天像，展示了古时“丝绸之路”特有的风采和神韵，也显示了该城市拥有世界闻名的莫高窟名胜的特色。这一类雕塑紧扣城市的环境和历史，可以看到一座城市的身世、精神、个性和追求。

(3) 装饰性雕塑　装饰性雕塑是城市雕塑中数量较大的一类，这类雕塑比较轻松、欢快，也被称之为雕塑小品。这里专门把它作为一类来提出是因为它在人们的生活中越来越重要，人物、动物、植物、器物都可以作为题材。它的主要目的就是美化生活空间，它可以小到一个生活用具，大到街头雕塑，所表现的内容极广，表现形式也多姿多彩。它创造一种舒适而美丽的环境，可净化人们的心灵，陶冶人们的情操，培养人们对美好事物的追求。如北京日坛公园曲池胜春景区中展翅欲飞的天鹅，以及各地园林中的运动员、儿童和动物形象等。

(4) 功能性雕塑　功能性雕塑是一种实用雕塑，是将艺术与使用功能相结合的一种艺术，这类雕塑也是从私人空间到公共空间等无所不在。它在美化环境的同时，也丰富了我们的环境，启迪了人们的思维。让人们在生活的细节中真真切切地感受到美。功能性雕塑的首要目的是实用。比如公园的垃圾箱、大型的儿童游乐器具等。

(5) 陈列性雕塑　陈列性雕塑又称架上雕塑，由此可见尺寸一般不大。它也有室内和室外之分，但它是以雕塑为主体充分表现作者自己的想法和感受、风格和个性，甚至是某种新理论、新想法的试验品。它的形式手法更是让人眼花缭乱，内容题材更为广泛，材质应用也更为现代化。

2. 按形式划分

园林雕塑按形式分为圆雕、浮雕、透雕等。

(1) 圆雕　所谓圆雕是指非压缩的，可以多方位、多角度欣赏的三维立体雕塑，其应用范围极为广泛，也是老百姓最常见的一种雕塑形式。它的手法与形式也多种多样，有写实性的与装饰性的，也有具体的与抽象的，户内与户外的，架上的与大型城雕，着色的与非着色的等；雕塑内容与题材也是丰富多彩，可以是人物，也可以是动物，甚至是静物；材质上更是多彩多姿，有石质、木质、金属、泥塑、纺织物、纸张、植物、橡胶等。

(2) 浮雕　所谓浮雕是雕塑与绘画结合的产物，用压缩的办法来处理对象。靠透视等因素来表现三维空间，并只供一面或两面观看。浮雕一般是附属在另一平面上的，建筑上使用更多，用具器物上也经常可以看到。近年来，它在城市美化环境中占了越来越重要的地位。浮雕在内容、形式和材质上与圆雕一样丰富多彩。

（3）透雕　去掉底板的浮雕则称透雕，也称为镂空雕。把所谓的浮雕的底板去掉，从而产生一种变化多端的负空间，并使负空间与正空间的轮廓线有一种相互转换的节奏。这种手法过去常用于门窗栏杆家具上，有的可供两面观赏。

3. 按艺术内涵表达来分

（1）抽象雕塑　抽象本意是提取、提炼的意思。作为艺术手法来看，抽象是指艺术中不可辨认的、与外在世界无直接联系的内容，它虽然也属于一种反映，可并不是像镜子似的忠实反映，而是一种主观化、情绪化的反映，它没有具体的形象，它只是点、线、面、色彩的一种意味组合。

抽象雕塑：用抽象艺术手法制作，完全强调艺术家的主观意念，抛弃生活的真实，只将点、线、面、体、色等造型元素在空间中凝结与游动，分离与组合，作为展示的目标，通过上述造型元素的相互作用，构成一定视觉形象、传达一定含义，形成某种氛围和美的形态的雕塑类型。

特点：①形态设计的凝练性。从造型的角度来看，抽象雕塑大都摒弃一切客观表象，直究事物本质与内在结构，理性地运用符号性语言创造出能反映心理、精神、理念活动的非具象可视形态的造型。②视觉传达的广泛性。由于其形象创造不是具体的对象，而且带有强烈的主观色彩，因此在情感交流上不通俗也不直接，不易被理解，甚至易产生曲解和误解。然而也正是这种令人误解的模糊性与多义性使人思索与品味，从而调动人的思维和行动直接参与。③与建筑环境的协调性。抽象雕塑所采用的点、线、面、体的空间架构的形态语言，无论从形式上还是从材料的选择与加工上，都与现代的建筑有着更多语言类型的共同点，从而直接达到形态语言的交融，从而更好地与现代建筑环境相协调。

（2）意象雕塑　意象是介于具象与抽象之间的一个概念，意象即以意观象，以意成象。客观物象是意象创造的基本依据，可辨因素相对具象来说更弱，但又不似抽象的毫无关联，可以说是外在世界的间接反映。

意象雕塑：用意象艺术手法制作，艺术家将相似于物象的具象造型和不似于物象的抽象造型融为一体，尊重客观现实，但又重于理性分析，运用归纳、强化的方法，对自然物象进行概括简化，保留最能体现其特征的部分，并加以变形夸张，以突出这种特征，从而使造型既具客观之象，又具主观之意的雕塑类型。

特点：①源于现实，高于现实。从造型的角度来看，其内容的选择一般均来源于自然世界的方方面面，但又不是一般意义上的被动选择，而是更加强化主体对客体的主观感受，兼容为主，合二为一，使其造型的结果既存客观之象又具主观之意。②深思耐品。意象雕塑充分发挥了雕塑家的创造性，其对现实物象进行的宏观把握抓住感觉上最核心的部分，把雕塑家的一种体会、感受、意境通过作品传递于审美者，它似乎造就了一条弯曲变幻的思维道路，从而为人们的情感活动潜留了宽泛的空间余地。

4. 按材质分

按材质可分为线材雕塑、条材雕塑、柱材雕塑、管材雕塑、面材雕塑、板材雕塑、块材雕塑等，如图6-31～图6-34所示。

图 6-31　条材雕塑

图 6-32　块材雕塑

图 6-33　线材雕塑

图 6-34　板材雕塑

5. 雕塑的设计方法

（1）重复法　重复是指靠数量的增多达到突出的目的，能够造成节奏韵律上的变化。

（2）渐变法　渐变是一种物体或状态转化成另一种物体或状态，可凝固时间。可将可能和不可能、有联系和没有联系的物体进行形态上的衔接，如图 6-35 所示。

图 6-35　渐变法

（3）对比法　对比是指将不同甚至是具对立因素的物体有机综合，反映一个主题，让冲突和矛盾强化表现的主题形式，它会使视觉效果丰富。如具体和抽象、大和小、曲和直、传统和现代、凹与凸、虚与实等。

（4）省略法　省略是指在一定思想指导下，除去雕塑的某些部分，它是一种强化，使得遗留的部分突出，省略是一种促进，调动观者的能动性，还能使得作品的观念更加强烈。

（5）膨胀法　膨胀是指体积的改变、体量的增加，是一种内在力量的外观表现，其形体传达了特有的重力、张力和弹性等视觉感官因素，如图 6-36 所示。

（6）反凹法　反凹法与膨胀法相反，它是形体的凹陷和体积的消减与收缩，其光影与实体完全相反，其产生的奇特的形体与光影变化丰富了雕塑的视觉语言，将事物不可捉摸的另一面表现出来，如图 6-37 所示。

图 6-36　膨胀法

图 6-37　反凹法

（7）适合法　它是用一种物象去适应另一种物象，一种物象起规范作用去限制另一种物象。具有外在的压迫感和束缚感，具有限定的规律性，如图 6-38 所示。

（8）融合法　融合法是将两种或两种以上物体互相渗透产生一种似是而非的效果，其组合的物象形状与内涵的借代、交替和转换，共同传达潜在的关联，能突出昭示某种社会现象和人生哲理，可贴切灵动地传达一种内在的含义，如图 6-39 所示。

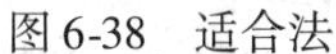

图6-38　适合法

图6-39　融合法

（9）解构法　解构即解体与再建，是根据一定法则打散再重组，朝向、位置等会发生变化，但还能辨别出原来的形体部位。它是一种精神再造性的破坏，是用形体的再建来再造思维、观念上的秩序，如图6-40所示。

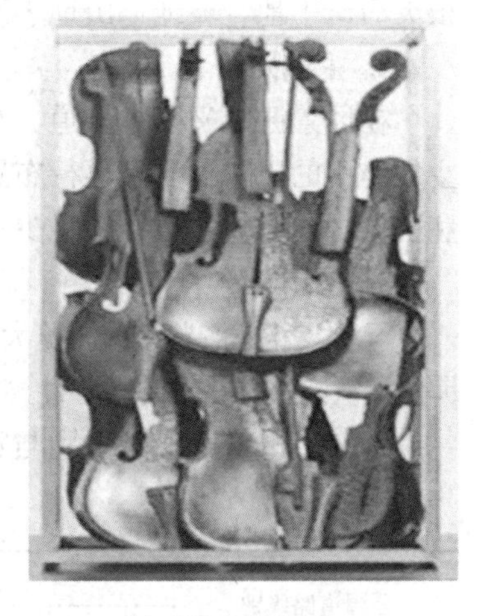

图6-40　解构法

6.3.2　园林雕塑的特定意义

园林雕塑在环境景观设计中的特定作用：

（1）表达园林主题　园林雕塑往往是园林表达主题的主要方式。把仅运用园林艺术无法具体表达的主题，运用雕塑艺术表达出来。如杭州花港观鱼的“年年有鱼”雕塑，突出观鱼，借以表达园林主题。

（2）组织园林景观　园林雕塑是三维空间的艺术品，是景观建设中的重要组成部分，也是环境景观设计手法之一。古今中外许多著名的环境景观都采用了景观雕塑的设计手法。现代园林中，许多具有艺术魅力的雕塑艺术品为优美的环境注入了人文因素，雕塑本身又往往成为局部景观，乃至全园的主景。这些雕塑在环境当中对组织景观、美化环境、烘托气氛方面起到了重要的作用。

（3）点缀、装饰环境　园林雕塑中，还有一部分是装饰雕塑。体现在园林装饰上，则常毫不含蓄地追求附属物的外在美，精雕细琢，细腻纤秀，这就从细部丰富了园林总体的审美内容。为装点环境，还可以将雕塑与水景结合共同组成优美的画面。

（4）其他作用　在公园中常设有一些服务性设施。运用雕塑的表现手法，既拥有优美的造型，同时也满足了其使用功能。如公园内的花钵、果皮箱、灯柱、座椅以及大型儿童玩具等。另外，一些雕塑常设在公园的入口，与其他景物结合，也可起到一定指示作用。

总之，园林雕塑作为空间和视觉艺术，既美化环境陶冶人的心灵，促进社会发展，又可留下各个时代的思想、形象及精神素质的印记，以其独特的造型语言显示出时代的面貌。

第 7 章

园林园路景观设计

7.1 园路设计理论

7.1.1 园路的等级

园路依照重要性和级别，可分如下三类：

1. 小路

即游览小道或散步小道，其宽度一般仅供 1 人漫步或可供二三人并肩散步。小路的布置很灵活，平地、坡地、山地、水边、草坪上、花坛群中、屋顶花园等处，都可以铺筑小路。

2. 主园路

在风景区中又叫主干道，是贯穿风景区内所有游览区或串联公园内所有景区的，起骨干主导作用的园路，多呈环行布置。主园路常作为导游线，对游人的游园活动进行有序地组织和引导；同时，它也要满足少量园务运输车辆通行的要求。

3. 次园路

又称支路、游览道或游览大道，是宽度仅次于主园路的、联系各重要景点或风景地带的重要园路。次园路有一定的导游性，主要供游人游览观景用，一般不设计为能够通行汽车的道路。

公园、风景区道路级别与宽度根据公园、风景区面积不同取值不同（表 7-1、表 7-2）。

表 7-1 公园道路级别与宽度参考值

公园道路级别	公园陆地面积/hm²			
	<2	2~10	10~50	>50
主园路/m	2.0~3.5	2.5~4.5	3.5~5.0	5.0~7.0
次园路/m	1.2~2.0	2.0~3.5	2.0~3.5	3.5~5.0
小路/m	0.9~1.2	0.9~2.0	1.2~2.0	1.2~3.0

表 7-2 风景区道路级别与宽度参考值

风景区道路级别	风景区面积/hm²		
	100~1000	1000~5000	>5000
主干道/m	7~14	7~18	7~21
次干道/m	7~11	7~14	7~18
游览道/m	3~5	4~6	5~7
小道/m	0.9~2.0	0.9~2.5	0.9~3.0

7.1.2　园路系统的布局形式

园林中园路的布局，一般在园林总体规划（方案设计）时已解决。园路工程设计主要是根据规划所定线路、地点的实际地形条件，再加以勘察和复核，确定具体的工程技术措施，然后做出工程的技术设计。

园路系统主要由不同级别的园路和各种用途的园林场地构成。园路系统布局一般有三种：套环式、条带式和树枝式（图7-1）。

1. 条带式园路系统

在地形狭长的园林绿地上，采用条带式园路系统比较合适。这种布局形式的特征是：主园路呈条带状，始端和尽端各在一方，并不闭合成环。在主路的一侧或两侧，可以穿插次园路和游览小道。次路和小路相互之间也可以局部地闭合成环路，但主路不闭合成环。条带式园路布局不能保证游人在游园中不走回头路。所以，只有在林荫道、河滨公园等带状公共绿地中，才采用条带式园路系统。

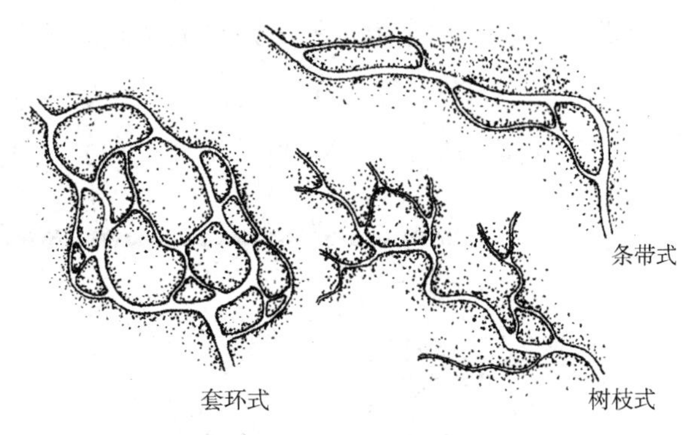

图7-1　三种园路系统的布局形式

2. 树枝式园路系统

以山谷、河谷地形为主的风景区和市郊公园，主园路一般只能布置在谷底，沿着河沟从下往上延伸。两侧山坡上的多处景点，都是从主路上分出一些支路，甚至再分出一些小路加以连接。支路和小路多数只能是尽端式道路，游人到了景点游览之后，要原路返回到主路再向上行。这种道路系统的平面形状，就像是有许多分枝的树枝一样，游人走回头路的次数很多。因此，从游览的角度看，它是游览性最差的一种园路布局形式，只有在受地形限制不得已时才采用这种布局。

3. 套环式园路系统

这种园路系统的特征是：由主园路构成一个闭合的大型环路或一个“8”字形的双环路，再由很多的次园路和游览小道从主园路上分出，并且相互穿插连接与闭合，构成较小的环路。主园路、次园路和小路是环环相套，互通互连的关系，其中少有尽端式道路。因此，这样的道路系统可以满足游人在游览中不走回头路的愿望。套环式园路是最能适应公共园林环境，并且在实践中也是应用最为广泛的园路系统。

但是在地形狭长的园林绿地中，由于受到地形的限制，套环式园路也有不易构成完整系统的遗憾之处，因此在狭长地带一般都不采用这种园路布局形式。

7.1.3　园路的宽度设计

在以人行为主的园路上是以并排行走的人数和单人行走所需宽度确定园路宽度；在兼顾园务运输的园路上则根据所需设置的车道数和单车道的宽度确定园路宽度。

公园中，单人散步的宽度为0.6m，两人并排散步的道路宽度为1.2m，三人并排行走的道路宽度则可为1.8m或2.0m。个别狭窄地带或屋顶花园上，单人散步的小路最窄可取

0.9m。如果以车道宽度及条数来确定主园路的宽度，则要考虑设置车道的车辆类型，以及该类车辆车身宽度情况。在机动车中，小汽车车身宽度按2.0m计，中型车（包括洒水车、垃圾车、喷药车）按2.5m计，大型客车按2.6m计。加上行驶中横向安全距离的宽度，单车道的实际宽度可取的数值是：小汽车3.0m，中型车3.5m，大客车3.5m或3.75m（不限制行驶速度时）。在非机动车中，自行车车身宽度按0.5m，伤残人轮椅车按0.7m，三轮车按1.1m计算。加上横向安全距离，非机动车的单车道宽度应为：自行车1.5m，三轮车2.0m，轮椅车1.0m，如图7-2所示，为并排行走时不同人数和不同行走方式下园路宽度的情况，以及设置不同车道数的主园路宽度的情况。

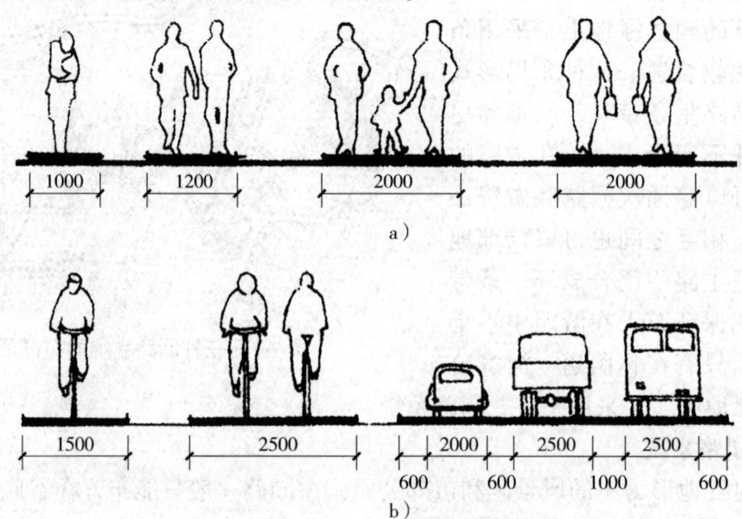

图7-2　园路宽度确定依据

a）人行道宽度确定　b）主园路宽度确定

7.1.4　园路的结构设计

园路的结构一般由路面、路基和附属工程三部分组成。

1. 路面

从横断面上看，园路路面是多层结构，其结构层次随道路级别、功能的不同而有区别。一般路面从上至下结构层次的分布顺序是面层、结合层、基层和垫层（图7-3）。

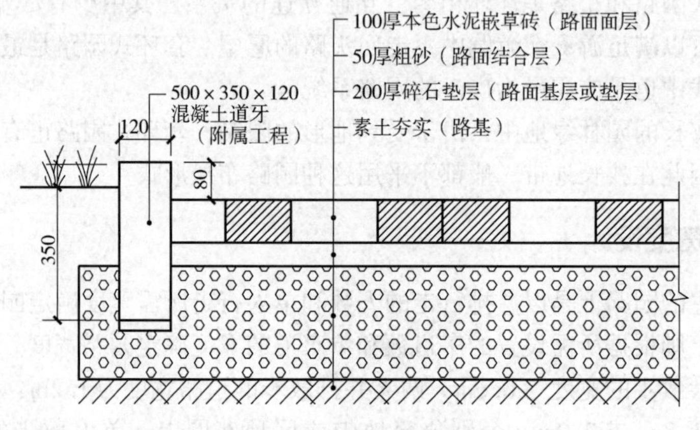

图7-3　园路结构示意图

（1）垫层　在路基排水不畅、易受潮受冻情况下，需要在路基之上设一个垫层，以便于排水，防止冻胀，稳定路面。在选用粒径较大的材料做路面基层时，也应在基层与路基之间设垫层。做垫层的材料要求水稳定性良好。一般可采用煤渣土、石灰土、砂砾等，铺设厚度 8 ~ 15cm。当选用的材料兼具垫层和基层作用时，也可合二为一，不再单独设垫层。

路面结构层的组合，应根据园路的实际功能和园路级别灵活确定。一些简易的园路，路面可以不分垫层、基层和面层，而只做一层，这种路面结构可称为单层式结构。如果路面由两个以上的结构层组成，则可叫多层式结构。各结构层之间，应当结合良好，整体性强，具有最稳定的组合状态。结构层材料的强度一般应从上而下逐层减小，但各层的厚度却应从上而下逐层增厚。不论单层还是多层式路面结构，其各层的厚度最好都大于其最小的稳定厚度。各类型路面结构层的最小厚度可查表 7-3 而确定。

表 7-3　路面结构层最小厚度

结构层材料		结构层名称	最小厚度/mm	备注
水泥混凝土		面层	60	
水泥砂浆饰面处理		面层	10	
石片、陶瓷墙地砖表面铺贴		面层	15	水泥砂浆作结合层
沥青混凝土	细粒式	面层	30	双层式结构的上层为细粒式时，其最小厚度为 20mm
	中粒式	面层	35	
	粗粒式	面层	50	
石板、预制混凝土板		面层	60	预制板加 $\phi6 \sim \phi8$ 钢筋
整齐石块和预制砌块		面层	100 ~ 120	
不整齐石块		面层	100 ~ 120	
砖铺地		面层	60	用 1:25 水泥砂浆或 4:6 石灰砂浆作结合层
砖石镶嵌拼花		面层	50	
级配碎石		基层	60	
渣土（塘渣）		垫层	80 ~ 150	
大块石		垫层	120 ~ 150	

（2）基层　基层位于路基和垫层之上，承受由面层传来的荷载，并将荷载分布至其下各结构层。基层是保证路面的力学强度和结构稳定性的主要层次，要选用水稳定性好且有较大强度的材料，如碎石、砾石、工业废渣、石灰土等。园路的基层铺设厚度可在 6 ~ 15cm 之间。

（3）结合层　在采用块料铺砌作面层时，要结合路面找平，而在基层和面层之间设置一个结合层，以使面层和基层紧密结合起来。结合层材料一般选用 3 ~ 5cm 厚的粗砂、1:3 石灰砂浆或 M2.5 混合砂浆。

（4）面层　位于路面结构最上层，包括其附属的磨耗层和保护层。面层要采用质地坚硬、耐磨性好、平整防滑、热稳定性好的材料来做，有用水泥混凝土或沥青混凝土整体现浇的，有用整形石块、预制砌块铺砌的，也有用粒状材料镶嵌拼花的，还有用砖石砌块材料与草皮相互嵌合的。总之，面层的材料及其铺装厚度要根据园路铺装设计来确定。有的园路在面层表面还要做一个磨耗层、保护层或装饰层。磨耗层厚度一般为1～3cm，所用材料有一定级配，如用1:2.5水泥砂浆（选粗砂）抹面，用沥青铺面等。保护层厚度一般小于1cm，可用粗砂或选与磨耗层一样的材料。装饰层的厚度可为1～2cm，可选用的材料种类很多，如磨光花岗石、大理石、釉面墙地砖、水磨石、豆石嵌花等，也是要按照具体设计而定。

2. 路基

路基是路面的基础，为园路提供一个平整的基面，承受地面上传下来的荷载，是保证路面具有足够强度和稳定性的重要条件之一。一般黏土或砂性土开挖后夯实就可直接作为路基；对未压实的下层填土，经过雨季被水浸润后能自身沉陷稳定，其容重为180g/cm^3，可用于路基；过湿冻胀土或湿软橡皮土可采用1:9或2:8灰土加固路基，其厚度一般为15cm。

根据周围地形变化和挖填方情况，园路有三种路基形式：

（1）挖土路基　即沿着路线挖方后，其基面标高低于两侧地坪，如同沟堑一样的路基，因而这种路基又被叫作路堑（图7-4a）。当道路纵坡过大时，采用路堑式路基可以减小纵坡。在这种路基上，人、车所产生的噪声对环境影响较小，其消声减噪的作用十分明显。

（2）填土路基　是在比较低洼的场地上，填筑土方或石方做成的路基。这种路基一般都高于两旁场地的地坪，因此也常常被称为路堤（图7-4b）。园林中的湖堤道路、洼地车道等，有采用路堤式路基的。

（3）半挖半填土路基　在山坡地形条件下，多见采用挖高处填低处的方式筑成半挖半填土路基。这种路基上，道路两侧是一侧屏蔽另一侧开敞，施工上也容易做到土石方工程量的平衡（图7-4c）。

根据园路的功能和使用要求，路基应有足够的强度和稳定性。要结合当地的地质水文条件和筑路材料情况，整平、筑实路基的土石，并设置必要的护坡、挡土墙，以保证路基的稳定。还要根据路基具体高度情况，设置排水边沟、盲沟等排水设施。路基的标高应高于按洪水频率确定的设计水位0.5m以上。

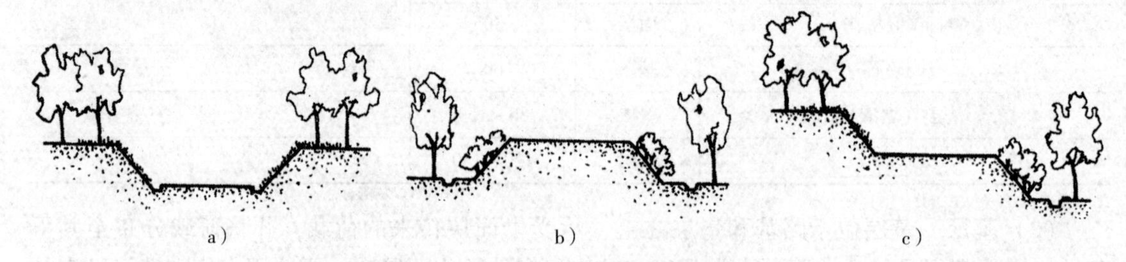

图7-4　园路路基的形式

a）挖土路基　b）填土路基　c）半挖半填土路基

3. 附属工程

（1）明沟　是为收集路面雨水而建的线性构筑物，通常设于地面，可分为有盖明沟和无盖明沟，在园林中常用砖块砌成。

（2）雨水井　是为收集路面雨水而建的点状构筑物，通常埋于地面下，与雨水管相连，通过雨水井收集雨水后，再经过排水管排出。在园林中常用砖块砌成基础与井身，铸铁制作成雨水井盖。

（3）道牙　道牙一般分为立道牙和平道牙两种形式，其构造如图7-5所示。它们安置在路面两侧，使路面与路肩在高程上起衔接作用，并能保护路面，便于排水。道牙一般用砖或混凝土制成，在园林中也可以用瓦、大卵石等。

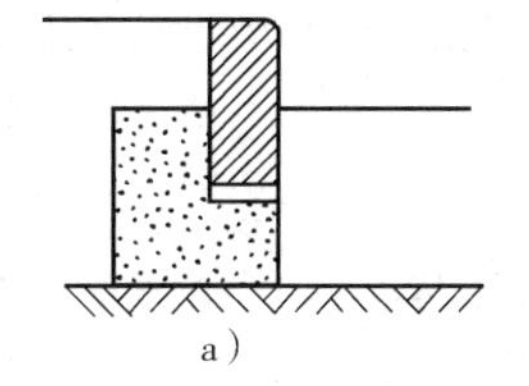

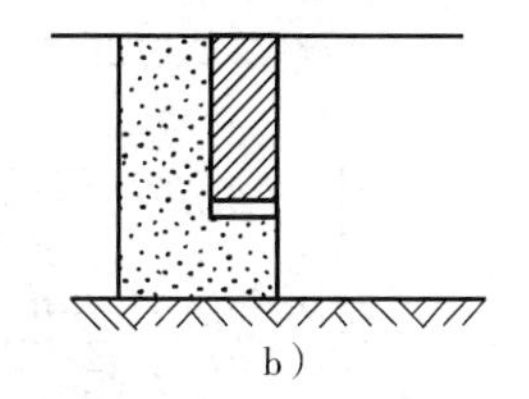

图7-5　园路道牙的形式
a）立道牙　b）平道牙

7.2　园路设计要点

7.2.1　园路类型

一般公园园路根据重要性、级别和功能分为主园路、次园路、游步道三类。不同级别的道路根据公园陆地面积的不同对道路宽度有不同的要求（表7-1）。

例如根据某公园设计方案分析，公园内部如果不通行机动车，可允许主园路上通行公园内部电瓶游览车。公园主园路宽度为2.5m。主园路贯穿四个入口广场和各景区，形成闭合环状，是全园道路系统的骨架。该公园次园路宽度一般为1.5～2m，分布于各景区内部联系各景点，以主园路为依托形成闭合环状，次园路类型最多，长度最大，主要为游人游览观景提供服务，不通行电瓶游览车。游步道宽度一般为1～1.2m，分布在各景点内部，布置灵活多样，如水边汀步、假山蹬道、嵌草块石小道等。

7.2.2　园路系统的布局形式

园路系统主要由不同级别的园路和各种用途的园林场地构成。一般园路系统布局形式有套环式、条带式和树枝式三种。

通常公园的园路系统由主园路、次园路、游步道、各入口广场、体育活动场、源水休闲广场、亲水平台等园林场地组成。

公园的园路系统的特征是：主园路形成一个闭合的大型环路，再由很多的次园路和游步道从主园路上分出，并且相互穿插连接与闭合，构成较小的环路。不同级别园路之间是环环相套、互通互连的关系，其中少有尽端式道路。

例如校区中心公园的园路系统形式为套环式园路系统（图7-6）。

7.2.3　主园路铺装样式及结构设计

1. 铺装样式

首先确定园路的铺装类型。一般路面铺装形式根据材料和装饰特点可分为整体现浇铺装、片材贴面铺装、板材砌块铺装、砌块嵌草铺装、砖块石镶嵌铺装和木铺地等六种类型。不同的路面铺装由于使用材料的特点不同，其使用的场所有所不同。如通机动车的主园路一般选择整体现浇铺装，即以水泥混凝土路面和沥青混凝土路面为主。

公园主园路不通行机动车，主要通行游人。因此可选择装饰性更好的道路铺装形式，为片材贴面铺装或板材砌砖铺装。

片材是指厚度在5～20mm之间的装饰性铺地材料，常用的片材主要是花岗岩、大理石、釉面墙地砖、陶瓷广场砖和马赛克等。大理石在室外容易腐蚀破损，因此主要用于室内。马赛克规格较小，一般边长在20～30mm之间，最大在50mm以内。由于规格小容易脱落，因

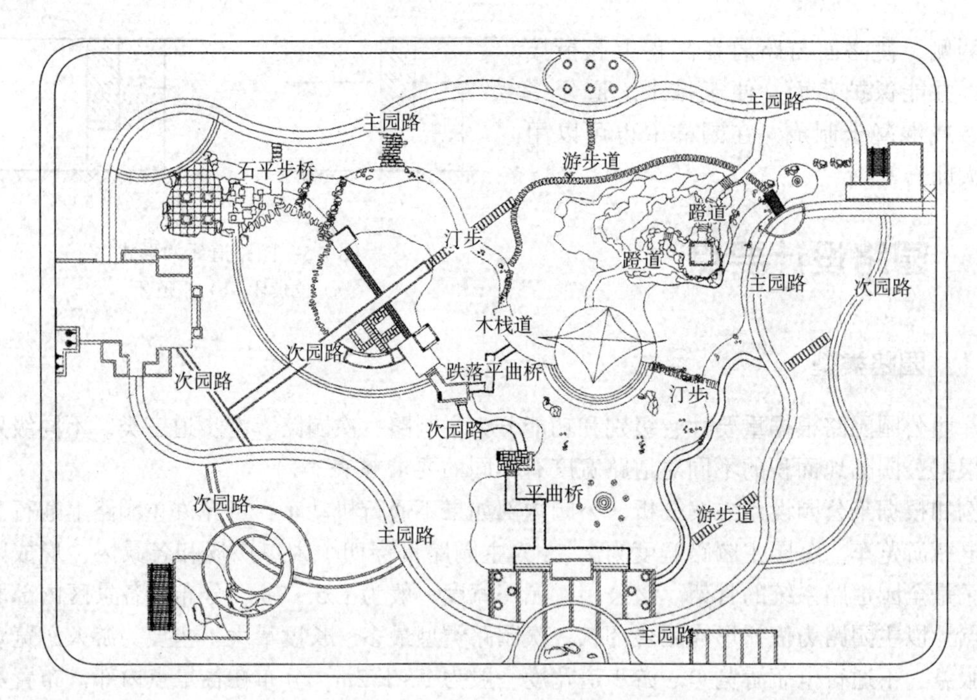

图 7-6　某公园套环式园路系统

此主要用于墙面，地面只做局部装饰。

考虑主园路既能保证一定承载量同时保证美观，并考虑与自然式公园意境相协调，设计确定主园路铺装形式为片材贴面铺装。采用不规则花岗岩石片冰裂纹碎拼。石片间缝用彩色卵石镶嵌。卵石与石片保持水平以保证游人行走的舒适性。

材料选择为 30mm 厚 300～500mm 的不规则黄锈石，冰裂纹碎拼；$\phi30$～50 彩色卵石（白色或黄色）嵌缝，与石板做平。园路边缘设置道牙石。道牙石选用 600mm×300mm×50mm 的青石板，青石板表面处理为荔枝面（图 7-7）。

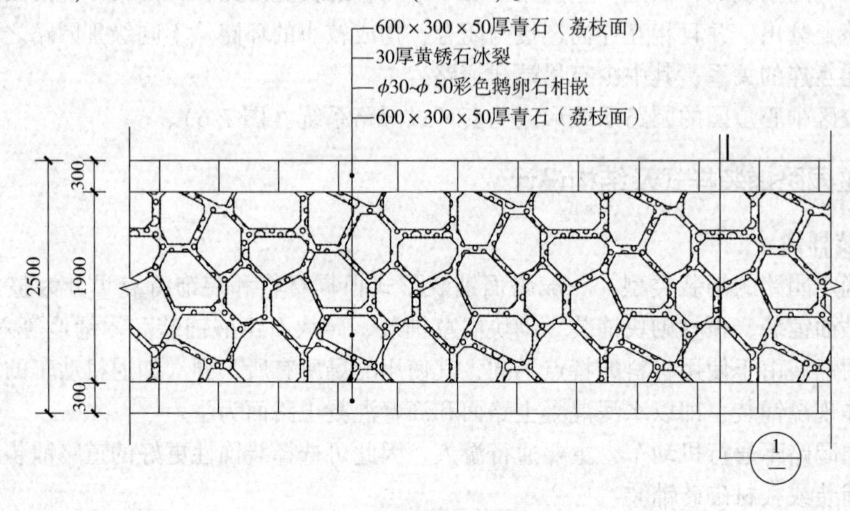

图 7-7　主园路平面铺装详图

2. 结构剖面设计

主园路不通行机动车，主要通行游人，因此园路对承重要求不高，已确定主园路铺装形式为片材贴面铺装。该类型铺地一般都是在整体现浇的水泥混凝土路面上采用。在混凝土面层上铺垫一层水泥砂浆，起路面找平和结合作用。由于片材薄，在路面边缘容易破碎和脱落，因此该类型铺地最好设置道牙，以保护路面，同时使路面更加整齐和规范。

园路的结构一般由路面、路基和附属工程三部分组成。路面是多层结构，其结构层次随园路级别、功能的不同而有所区别。一般路面部分从上至下结构层次的分布顺序是：面层、结合层、基层和垫层。

园路路面结构层最小厚度一般要求见表7-3。

某园路结构为：路基为素土夯实；路面垫层为150mm厚碎石灌浆填缝；路面基层选用120mm厚素混凝土（即无配筋的混凝土）；路面结合层为30mm厚1∶3干硬性水泥砂浆（干硬性是指砂浆拌合物流动性的级别），面上撒素水泥增加对片材的黏结度；路面面层为30mm厚黄锈石，彩色卵石嵌缝，50mm厚青石为路缘道牙侧石，略突出路面20mm，青石边缘做倒角圆边处理。卵石与黄锈石面平齐，以便保证游人行走的舒适性和安全性（图7-8）。

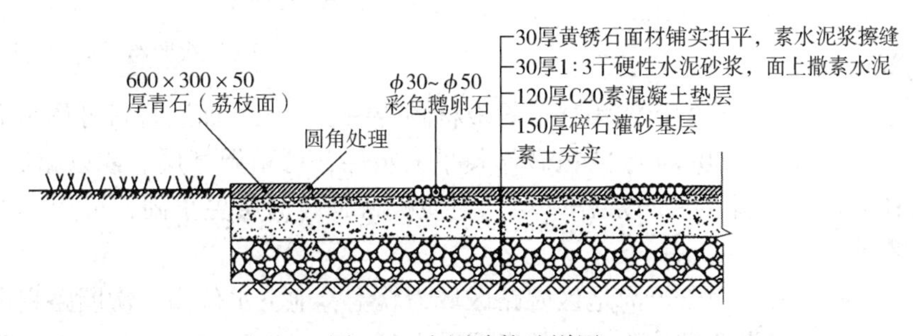

图7-8 主园路构造详图

7.2.4 次园路铺装样式及结构剖面设计

1. 铺装样式

不同景区内的次园路铺装形式根据景区特点有不同要求。本铺装步骤以某公园西入口广场东侧水平草地内的次园路为例。已知该次园路宽度2m。

首先确定路面铺装的类型：依据公园设计方案，该次园路为直线形，位于平地。园路铺装的形式可选择整形的板材砌砖铺装。

板材砌砖铺装是指用厚度在50~100mm之间的整形板材、方砖、预制混凝土砌块铺设的路面。通常包括板材铺地、砌块铺地、砖铺地三种类型。

（1）砖铺地　通常指用混凝土方砖、黏土砖、透水砖的铺地形式。混凝土方砖常见规格有297mm×297mm×60mm、397mm×397mm×60mm等表面经翻模加工为方格或其他图纹。黏土砖有方砖，也有长方砖。方砖及其设计参考尺寸有：尺二方砖，400mm×400mm×60mm；尺四方砖，470mm×470mm×60mm；足尺七方砖，570mm×570mm×60mm；二尺方砖，640mm×640mm×96mm；二尺四方砖，768mm×768mm×144mm。长方砖规格有：大城砖，480mm×240mm×130mm；二城砖，440mm×220mm×110mm；地趴砖，420mm×210mm×85mm；机制标准青砖，240mm×115mm×53mm。

（2）砌块铺地　指用凿打整形的天然石块，或用预制的混凝土砌块铺地。混凝土砌块可设计为各种形状、各种颜色和各种规格尺寸，还可以结合路面不同图纹和不同装饰色块，是目前城市街道人行道及广场铺地的最常见材料之一。

（3）板材铺地　包括打凿整形的天然石板和预制的混凝土板。选用的天然石板一般加工的规格有：497mm×497mm×50mm、697mm×497mm×60mm、997mm×697mm×70mm等。预制混凝土板的规格尺寸常见有497mm×497mm、697mm×697mm等。预制混凝土铺砌的顶面，常可加工成光面、彩色水磨石面或露骨料面。

根据设计分析确定园路铺装的形式为整形的板材砌砖铺装中的砖铺地。砖选择规格为300mm×150mm×60mm的彩色混凝土砖，砖铺地采用人字纹错缝平铺方式，宽度为1.6m，以暗红色彩砖为主，每750mm设置一行蓝色彩砖，增加园路的节奏韵律。路缘设置平道牙，道牙材料选用500mm×200mm×50mm的预制C15细石混凝土板（图7-9）。

公园其他景区次园路平面铺装设计详图方法同上。

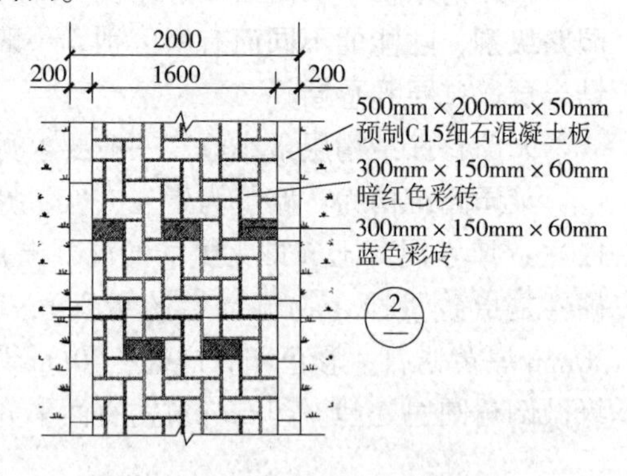

图7-9　次园路平面铺装详图

2. 结构剖面设计

已知确定该次园路铺装的形式为整形的板材砌砖铺装。该类面层材料可作为道路结构面层。可在其下直接铺30～50mm厚的粗砂作找平的垫层，可不做基层。或以粗砂为找平层，在其下设置80～100mm厚的碎石层作基层，为使板材砌砖面层更牢固，可用1∶3水泥砂浆作结合层代替粗砂。

通过设计分析，考虑由于沿海地区园路区域为软土，地下水位高。次园路宜设置垫层为排水、防冻需要；同时设置结构强度高的素混凝土基层，保护路面不沉降。因此路面结构各层设计为：路基为素土夯实；路面垫层为100mm厚碎石层；路面基层为100mm厚C15混凝土层；路面结合层为20mm厚1∶3水泥砂浆层；路面面层为300mm×150mm×60mm的彩色预制混凝土砖。道牙形式为平道牙，材料选择为50mm厚预制C15细石混凝土板（图7-10）。

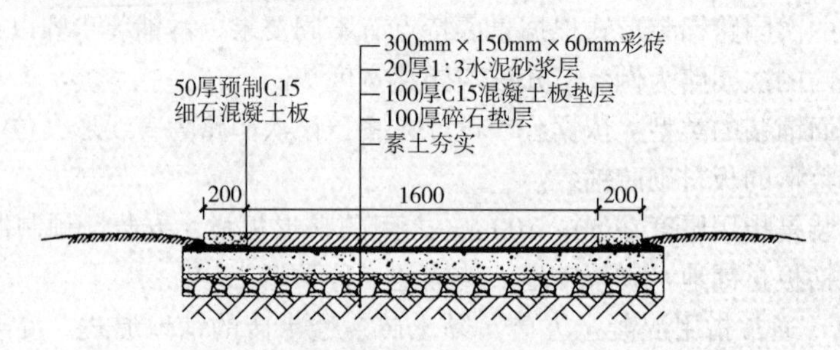

图7-10　次园路剖面结构详图

公园其他景区次园路结构设计详图方法同上。

7.2.5　游步道铺装样式及结构剖面设计

1. 铺装样式

游步道主要分布在各景点内部，以深入各角落的游览小路。宽度一般为1～1.5m。本铺装步骤以某公园北入口广场南面的平整草地上的嵌草块石小道为例。

游步道设计要结合景点环境特点，随地形起伏，高低错落，曲折多变，路面铺装应自然生动，形式多变。

游步道要满足游人的最小运动宽度，一般单人最小宽度为 0.75m，因此可选择该处游步道宽度为 1.0m。

确定游步道的铺装类型。该处游步道功能上只满足 1 人游览通行，考虑该处为西面直线次园路的延伸，处于较平整的草地上，因此选用规则的圆弧曲线线型布置，材料选用规整的石板。同时考虑到园路与草坪的自然融合，该处游步道铺装类型选用砌块嵌草铺装。材料选用规格为 1000mm × 400mm 的毛面红色系中国红花岗岩。相邻的石板间留缝嵌草，石板间缝设计宽度宜小于游人的一步距，即 650mm。因此相邻石板（以石板间的中心线计算）间隔不超过 700mm，以便保证游人行走的舒适性（图 7-11）。

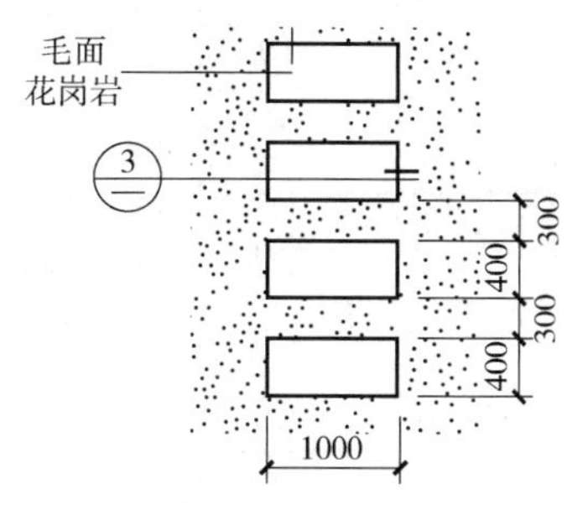

图 7-11　游步道平面铺装详图

2. 结构剖面设计

由于游步道功能上只满足 1 或 2 人游览通行，因此对结构强度较低，可以采用厚度小的基层或省略不做。

通过设计分析，确定该处游步道结构设计为：路基为素土夯实；采用 50mm 厚的粗砂作为垫层，同时起找平的作用；路面面层选用 80mm 厚毛面花岗岩；不设置道牙（图 7-12）。

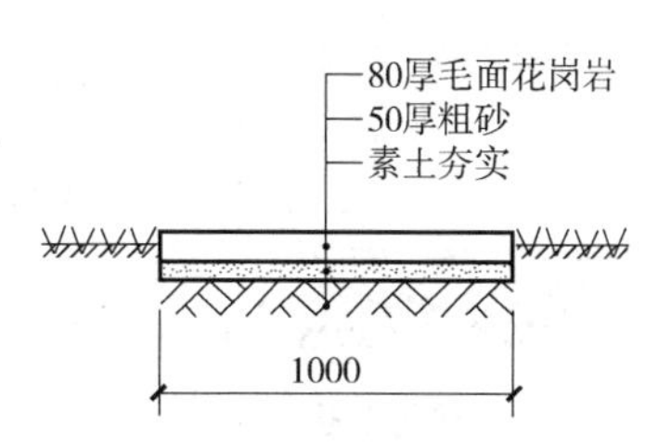

图 7-12　游步道剖面结构详图

7.2.6　其他及整理出图

其他设计包括：园路台阶的结构设计，公园道路铺装与结构设计整体检查与修改。

在 CAD 布局中选用合适比例把公园道路铺装与结构设计图各详图合理布置在标准图框内。一般各等级园路铺装详图设计出图比例为 1:60，各等级园路结构详图出图比例为 1:30。

7.3　常见园路及其附属工程构造设计实践

常见的园路根据路面铺装特点和功能可以分为水泥混凝土车行道、沥青混凝土路、水洗石混凝土路面、陶瓷广场砖路面、石板路面、连锁混凝土砌块路面、砖铺地、透水砖铺地、弹石路面、卵石路面、砌块嵌草路面等。常见的园路类型及其结构层组合见表 7-4。

表 7-4　常见的园路路面结构层组合

简图	材料及做法	简图	材料及做法
水泥混凝土路面	160mm 厚 C20 混凝土 30mm 厚粗砂结合层 180mm 厚块石垫层 素土夯实	砖铺装路面	普通砖细砂嵌缝 5mm 厚粗砂垫层 100mm 厚碎石垫层 素土夯实
沥青混凝土路面	40mm 厚中粒沥青混凝土 80mm 厚碎石基层 100mm 厚碎石垫层 素土夯实	卵石路面	70mm 厚混凝土栽卵石 40mm 厚 M2.5 混合砂浆 150mm 厚碎石垫层 素土夯实

（续）

简图	材料及做法	简图	材料及做法
混凝土砌块路面	100mm 厚 C20 混凝土砌块 15mm 厚 1:3 水泥砂浆 150mm 厚级配砂石垫层 素土夯实	聚氨酯材铺装	6mm 厚聚氨酯类面层 6mm 厚聚氨酯类基层 30mm 厚细粒沥青混凝土 40mm 厚粗粒沥青混凝土 150mm 厚碎石垫层 素土夯实
天然石板铺装路面	30mm 厚石板 粗砂找平层 150mm 厚碎石垫层 素土夯实	石板嵌草路面	100mm 厚石板留草缝 40mm 50mm 厚粗砂垫层 素土夯实
陶瓷地砖铺装路面	8mm 厚陶瓷地砖 1:3 水泥砂浆结合层 100mm 厚 C15 混凝土基层 150mm 厚碎石垫层 素土夯实	砌块嵌草路面	100mm 厚混凝土空心砖 30mm 厚粗砂找平层 200mm 厚碎石垫层 素土夯实

7.3.1 礓礤的结构设计

在坡度较大的地段上，一般纵坡超过 15% 时，本应设台阶，但为了能通行车辆，将斜面作成锯齿形坡道，称为礓礤。其形式和尺寸如图 7-13 所示。

7.3.2 台阶的结构设计

园林道路在穿过高差较大的上下层台地，或者穿行在山地、陡坡地时，当路面坡度角度超过 12°时，为了便于行走，在不通行车辆的路段上，可设台阶。台阶的宽度与路面相同，一般每级台阶的高度为 12 ~ 17cm，宽度为 30 ~ 38cm。为了防止台阶积水、结冰，每级台阶应有 1% ~ 2% 的向下的坡度，以利排水。

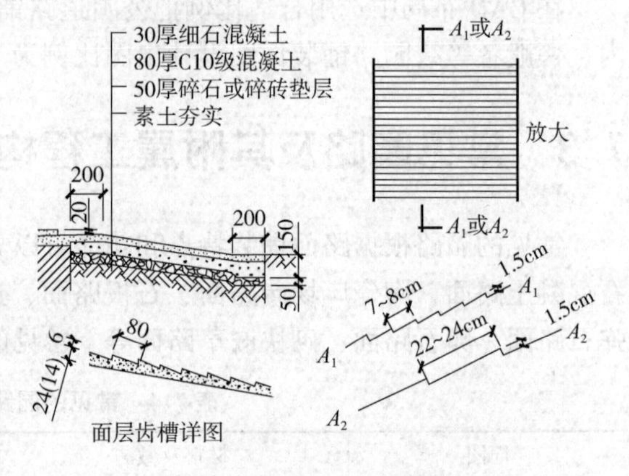

图 7-13　礓礤的构造

有时为了夸张山势，台阶的高度可增至 25cm 以上，以增加趣味。在广场、河岸等较平坦的地方，有时为了营造丰富的地面景观，也要设计台阶，使地面的造型更加富于变化。台阶根据使用的结构材料和特点可分为砖石阶梯踏步、混凝土踏步、山石磴道、攀岩天梯梯道等。其结构设计要点如下。

1. 山石磴道

在园林土山或石假山及其他一些地方，为了与自然山水园林相协调，梯级道路不采用砖石材料砌筑成整齐的阶梯，而是采用顶面平整的自然山石，依山随势地砌成山石磴道。山石材料可根据各地资源情况选择，砌筑用的结合材料可用石灰砂浆，也可用1∶3水泥砂浆，还可以采用山土垫平塞缝，并用片石刹垫稳当。踏步石踏面的宽窄允许有些不同，可在30～50cm之间变动。踏面高度还应统一起来，一般采用12～20cm。设置山石磴道的地方本身就是供登攀的，所以踏面高度大于砖石阶梯。

2. 砖石台阶

以砖或整形毛石为材料，M2.5混合砂浆砌筑台阶与踏步，砖踏步表面按设计可用1∶2水泥砂浆抹面，也可做成水磨石踏面，或者用花岗石、防滑釉面地砖作贴面装饰。根据行人在踏步上行走的规律，一步踏的踏面宽度应设计为28～38cm，适当再加宽一点也可以，但不宜宽过60cm；二步踏的踏面可以宽90～100cm。

每一级踏步的宽度最好一致，不要忽宽忽窄。每一级踏步的高度也要统一，不得高低相间。一级踏步的高度一般情况下应设计为10～16.5cm。低于10cm时行走不安全，高于16.5cm时行走较吃力（图7-14、图7-15）。儿童活动区的梯级道路其踏步高应为10～12cm，踏步宽不宜超过45cm。一般情况下，园林中的台阶梯道都要考虑伤残人轮椅车和自行车推行上坡的需要，要在梯道两侧或中带设置斜坡道。梯道太长时，应当分段插入休息缓冲平台，使梯道每一段的梯级数最好控制在25级以下；缓冲平台的宽度应在1.58m以上，太窄时不能起到缓冲作用。在设置踏步的地段上，踏步的数量至少应为2或3级，如果只有一级而又没有特殊的标记，则容易被人忽略，使人摔跤。

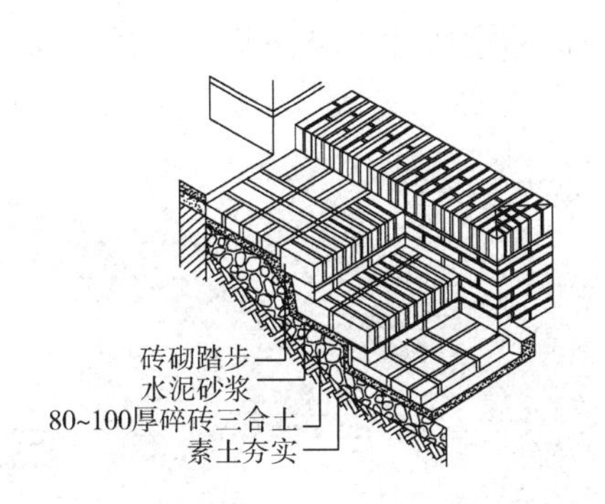

图7-14　砖台阶的构造

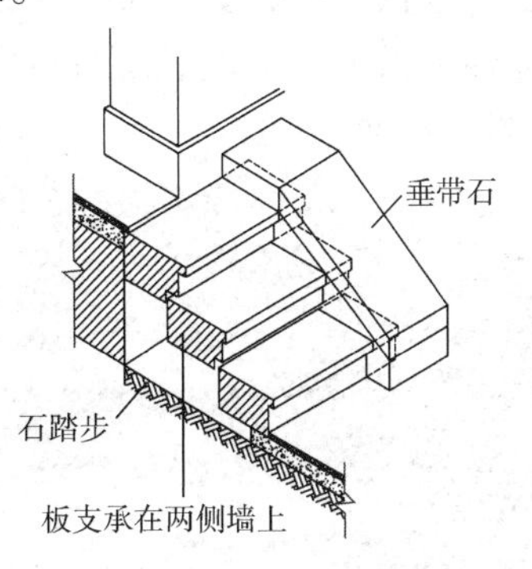

图7-15　条石台阶的构造

3. 混凝土台阶

一般将斜坡上素土夯实，坡面用1∶3∶6三合土（加碎砖）或3∶7灰土（加碎砖石）作垫层并筑实，厚6～10cm；其上采用C10混凝土现浇做踏步。踏步表面的抹面可按设计进行。每一级踏步的宽度、高度以及休息缓冲平台、轮椅坡道的设置等要求，都与砖石阶梯踏步相同，可参照进行设计（图7-16）。

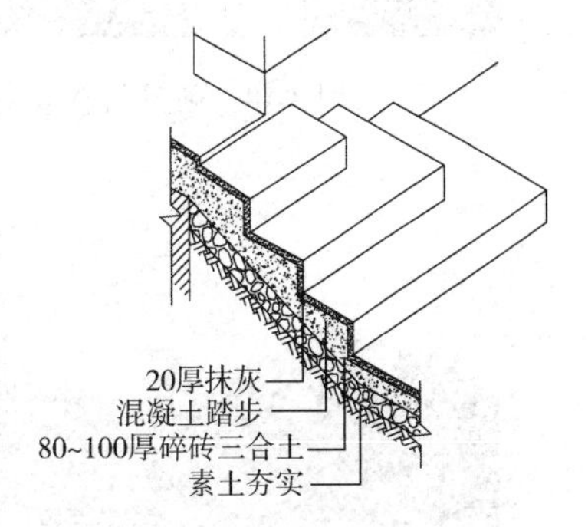

图7-16　混凝土台阶的构造

4. 攀岩天梯梯道

这种梯道是在风景区山地或园林假山上最陡的崖壁处设置的攀登通道。一般是从下至上在崖壁凿出一道道横槽作为梯步，如同天梯一样。梯道旁必须设置铁链或铁管矮栏并固定于崖壁壁面，作为登攀时的扶手。

7.3.3 园林设计建议分享

1）做园林，不做山林；做精致的人工园林，不是野性的山林景观，如图 7-17 所示。

图 7-17 精致园林

2）硬景不要多，够用就好；水景不要多，点缀就好；软景最要多，少了不好，如图 7-18 所示。

3）树木包围房子，房子掩映树中，如图 7-19 所示。

4）地形要有起伏，植栽要有层次，如图 7-20 所示。

5）只做立体的景观，不做平面的园林。地形的重要性不是做平面构成，而是有地形的外部空间，如图 7-21 所示。

图 7-18 硬景与软景平衡

图 7-19 树房互映

图 7-20 起伏有度

图 7-21 立体景观

6）三千平湖面，三百米溪流。池面水体较能达到运营平衡，溪流是景观水体中对营销价值最高的形式，宜多做，如图 7-22 所示。

7）喷泉瀑布维护贵，点缀即可；湖面溪流维护低，稍多无妨，如图 7-23 所示。

图 7-22　溪流

图 7-23　喷泉

8）展示区小而精，生活区大而简，如图 7-24 所示。

9）营销路线上鲜花不败，生活区域内绿树成荫（展示区气氛情绪渲染的重要性），如图 7-25 所示。

图 7-24　展示区

图 7-25　鲜花不败

10）路在林荫下，人在树下行。人行道的遮阴，确定形象树种，作为标志，如图 7-26 所示。

图 7-26　人在树下行

11）道路无障碍，标志有文化，小品有情趣（人性化、舒适性考虑），如图 7-27 所示。

12）累了有处可坐，坐了有物可看（休息座椅位置与景观的关系），如图 7-28 所示。

图 7-27　标志文化

图 7-28　座椅

13）人行道不可直来直去，以减少滑板车等速度过快的危险性，如图 7-29 所示。

14）人行道同车行道交接处必须设计缓冲空间，如图 7-30 所示。

图 7-29　人行路设弯

图 7-30　交接处设缓冲空间

15）亭或桥不可没有，点景之用，造型考究，严格推敲，如图 7-31 所示。

16）应有足够的老人、儿童活动场地，如图 7-32 所示。

图 7-31　园桥点景

图 7-32　儿童活动地

17）高有落叶乔木，低有常绿灌木，下有草坪花卉，如图 7-33 所示。

18）球体三五成组，不能分散；灌木分色作带，不能杂乱；草坪整合组团，不能太少，如图 7-34 所示。

图 7-33　植物配置错落有致

图 7-34　灌木草坪平衡分布

19）植物风水也应注意，宅院入口处一般不选用开白花的观赏花木，且不宜使门口正冲大树，如图 7-35 所示。

图 7-35　植物布置在宅前两侧

20）水景设计灵活多变，寒暑季节一并考虑，有水没水都能成景，如图 7-36 所示。

图 7-36　多变灵活水景（北大未名湖）

21）水景不能光看，能下水才行，亦不能太深，如图 7-37 所示。

a）

b）

图 7-37　浅水水景

a）北京颐和园　b）北京世博园

22）铺装材料尽量透水，尽量避免异型切割，如图 7-38 所示。

23）多用绿植少用石材，少用木材，如图 7-39 所示。

图 7-38　透水园路

图 7-39　多用绿植，少用石材

第2篇

园林工程施工

第 8 章

园林土方工程施工

8.1　园林土方工程施工准备

8.1.1　土质概况

1. 土的性质

（1）土壤容重和含水量　土壤的容重指单位体积内天然状况下的土壤重量，单位为 kg/m^3。土壤容重可以作为土壤坚实度的指标之一，同等质地条件下，容重小的，土壤疏松；容重大的，土壤坚实。土壤容重大小直接影响土方施工的难易程度，容重越大挖掘越难。

土壤的含水量是土壤孔隙中的水重和土壤颗粒重的比值。土壤虽具有一定的吸持水分的能力，但土壤水的实际含量是经常发生变化的。土壤含水量小于 5% 称为干土，在 5% ~ 30% 之间称为潮土，大于 30% 称为湿土。土壤含水量过小或过大，对土方施工都有直接影响。过小，土质坚实，不易挖掘；过大，土质泥泞，也不利施工。

（2）土壤的相对密实度　相对密实度用来表示土壤在填筑后的密实程度，可用下式来表示：

$$D = \varepsilon_1 - \varepsilon_2/(\varepsilon_2 - \varepsilon_3)$$

式中　D——土壤相对密实度；

ε_1——填土在最松散状况下的孔隙比；

ε_2——经碾压或夯实后的土壤孔隙比；

ε_3——最密实情况下的土壤孔隙比。

孔隙比是指土壤空隙的体积与固体颗粒体积的比值。

在填方施工中，常用土壤的相对密实度来检查土壤的密实程度。为达到土壤设计要求的密实度，可采用机械夯实或人力夯实等方法，一般机械夯实的密实度可达 95%，人力夯实的密实度在 87% 左右。

（3）土方松散度　土方从自然状态被挖动后，会出现体积膨胀的现象，这种现象与土壤类型有着密切的关系。施工时往往因土体膨胀而造成土方剩余或造成塌方，从而给施工带来困难和不必要的经济损失。土壤膨胀的一般经验数值是虚方比实方大 14% ~50%，一般砂为 14%、砾为 20%、黏土为 50%。填方后土体自落的快慢要看利用哪种外力的作用。若任其自然回落则需要 1 年时间，而一般以小型运土工具填筑的土体要比大型工具回落得快。当然如果随填随压，则填方较为稳定，但也要比实方体积大 3% ~5%。由于虚方在经过一段时间回落后方能稳定，故在进行土方量计算时，必须考虑这一因素。土壤的实方与虚方之比，便是土壤的松散度。

土壤松散度 = 原土体积（实方）/松土体积（虚方）

若该土的松散度是 0.05，则其可松性系数应是 1 +0.05 =1.05。因此在土方计算中，计算出来的土方体积应乘以可松性系数，方能得到真实的虚方体积。

（4）土壤的自然倾斜面和安息角　松散状态下的土壤颗粒自然滑落而形成的天然斜坡面，叫作土壤自然倾斜面。该面与地平面的夹角，叫作土壤自然倾斜角（安息角）（图 8-1，表 8-1）。在工程设计时，为了使工程稳定，就必须有意识地创造合理的边坡，使之小于或等于自然安息角。随着土壤颗粒、含水量、气候条件的不同，各类型土壤的自然安息角亦有所不同。

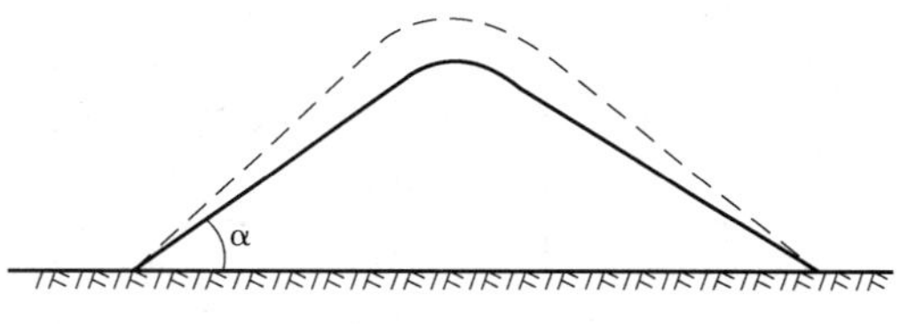

图 8-1　土壤自然倾斜角示意

表 8-1　土壤含水量与自然倾斜角

土壤质地名称	土壤含水量			土壤颗粒大小/mm
	干的	湿润的	潮湿的	
砾石	40	40	35	2 ~ 20
卵石	35	45	25	20 ~ 200
粗砂	30	32	27	1 ~ 2
中砂	28	35	25	0.5 ~ 1
细砂	25	30	20	0.05 ~ 0.5
黏土	45	35	15	0.001 ~ 0.005
壤土	50	40	30	
腐殖土	40	35	25	

2. 土的工程分类

关于土的类型有着不同的划分标准。工程部门为便于确定技术措施和施工成本，根据土质和工程特点，对土方加以分类，见表 8-2。

表 8-2　土的工程分类

土的分类	土的级别	土的名称	坚实系数 f	容重/(t·/m^{-3})	开挖方法及工具
一类土（松软土）	Ⅰ	砂土、粉土、冲击砂土层、疏松的种植土、淤泥（泥炭）	0.5 ~ 0.6	0.6 ~ 1.5	用铁锹、锄头挖掘，少许用脚蹬
二类土（普通土）	Ⅱ	粉质黏土，潮湿的黄土，夹有碎石、卵石的砂，粉土混卵（碎）石，种植土，回填土	0.6 ~ 0.8	1.1 ~ 1.6	用铁锹、锄头挖掘，少许用镐翻松
三类土（坚土）	Ⅲ	软及中等密实黏土，重粉质黏土、砾石土，干黄土，含有碎石、卵石的黄土，粉质黏土，压实的填土	0.8 ~ 1.0	1.75 ~ 1.9	主要用镐，少许用铁锹、锄头挖掘，部分用撬棍

（续）

土的分类	土的级别	土的名称	坚实系数 f	容重 /(t·/m^{-3})	开挖方法及工具
四类土（沙砾坚土）	Ⅳ	坚硬密实的黏性土或黄土，含碎石、卵石的中等密实黏性土或黄土，粗卵石，天然级配砂石，软泥灰岩	1.0~1.5	1.9	先用镐、撬棍挖掘，然后用锹挖掘，部分用楔子及大锤
五类土（软石）	Ⅴ~Ⅵ	硬质黏土，中密的页岩、泥灰岩、白垩土，胶结不紧的砾岩，软石类及贝壳石灰石	1.5~4.0	1.1~2.7	用镐、撬棍或大锤挖掘，部分使用爆破方法开挖
六类土（次坚石）	Ⅶ~Ⅸ	泥岩、砂岩、砾岩，坚实的页岩、泥灰岩、密实的石灰岩，风化花岗石、片麻岩及正长岩	4.0~10.0	2.2~2.9	用爆破方法开挖，部分用风镐
七类土（坚石）	Ⅹ~ⅩⅢ	大理石，辉绿岩，玢岩，粗、中粒花岗岩，坚实的白云岩、砂岩、砾岩、片麻岩、石灰岩、微风化安山岩，玄武岩	10.0~18.0	2.5~3.1	用爆破方法开挖
八类土（特坚石）	ⅩⅣ~ⅩⅥ	安山岩、玄武岩，花岗片麻岩，坚实的细粒花岗岩、闪长岩、石英岩、辉长岩、辉绿岩、玢岩、角闪岩	18.0~25.0	2.7~3.3	用爆破方法开挖

注：1. 土的级别相当于一般16级土石分类级别；

2. 坚实系数相当于普氏岩石强度系数。

施工中，根据土的分类级别，选择合适的施工方法和施工机具，供计算劳动力、确定工作量及工程取费时使用。

8.1.2 工程量计算

1. 体积公式估算法

体积公式估算法就是把所设计的地形近似地假定为锥体、棱台等几何形体，然后用相应的求体积公式计算土方量。该方法简便、快捷但精度不够，一般多用于规划方案阶段的土方量估算（表8-3）。

表8-3 体积公式估算土方工程量

序号	几何体名称	几何体形状	体积
1	圆锥	h S r	$v=\frac{1}{3}\pi r^2 h$
2	圆台	S_1 r_1 h S_2 r_2	$v=\frac{1}{3}\pi h\ (r_1^2+r_2^2+r_1r_2)$
3	棱锥	h S	$v=\frac{1}{3}S\cdot h$

（续）

序号	几何体名称	几何体形状	体积
4	棱台	S_1 h S_2	$v=\frac{1}{3}h\ (S_1+S_2+\sqrt{S_1S_2})$
5	球缺	h r	$v=\frac{\pi h}{6}\ (h^2+3r^2)$

2. 等高面法

等高面法是在等高线处沿水平方向截取断面，断面面积即为等高线所围合的面积，相邻断面之间高差即为等高距。等高面计算法与垂直断面法基本相似（图 8-2），其体积计算公式如下：

$$V=(S_1+S_2)/2\cdot h+(S_2+S_3)/2\cdot h+(S_3+S_4)/2\cdot h+\cdots+(S_{n-1}+S_n)/2\cdot h+S_n/3\cdot h$$
$$=\{(S_1+S_n)/2+S_2+S_3+S_4+\cdots\cdots+S_{n-1}+S_n/3\}\cdot h$$

式中　V——土方体积（m^3）；

S_i——各层断面面积（m^2）；

h——等高距（m）。

这种最适于大面积自然山水地形的土方计算。

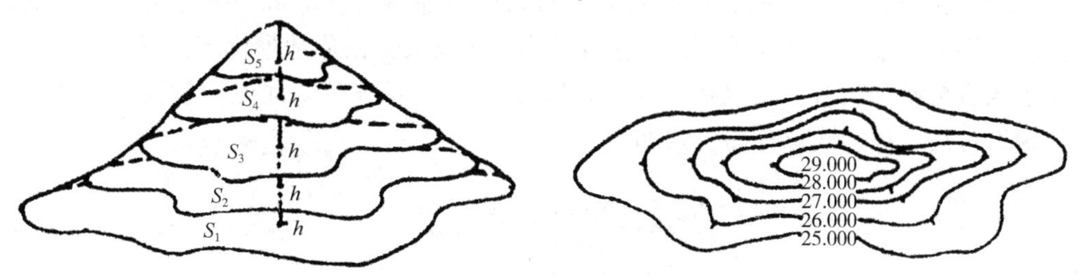

图 8-2　等高面法图示

3. 垂直断面法

垂直断面法多用于园林地形纵横坡度有规律变化地段的土方工程量计算，如带状的山体、水体、沟渠、堤、路堑、路槽等。

这种方法是以一组相互平行的垂直截断面将要计算的地形分截成“段”，然后分别计算每一单个“段”的体积，然后把各“段”的体积相加，求得总土方量。计算公式如下：

$$V=(1/2)(S_1+S_2)$$

式中　V——相邻两断面的挖、填方量（m^3）；

S_1——截面 1 的挖、填方面积（m^2）；

S_2——截面 2 的挖、填方面积（m^2）；

L——相邻两截面间的距离（m）。

截断面可以设在地形变化较大的位置，这种方法的精确度取决于截断面的数量，如地形复杂、要求计算精度较高时，应多设截断面；地形变化小且变化均匀，要求仅作初步估算，截断面可以少一些（图 8-3）。

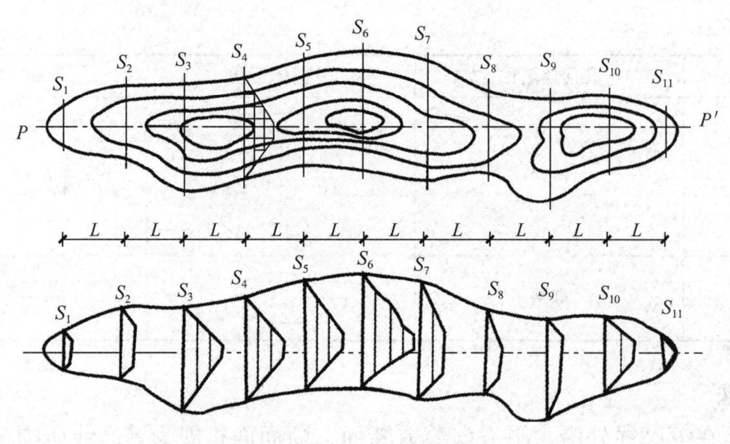

图 8-3　垂直断面计算法

4. 方格网法

用方格网法计算土方量相对比较精确，一般用于平整场地，即将原来高低不平的、比较破碎的地形按设计要求整理成平坦的具有一定坡度的场地。

（1）划分方格网　先在附有等高线的地形图上划分若干正方形的小方格网。方格的边长取决于地形状况和计算精度要求。在地形相对平坦地段，方格边长一般可采用 20～40m；地形起伏较大地段，方格边长可采用 10～20m。

（2）填入原地形标高　根据总平面图上的原地形等高线确定每一个方格交叉点的原地形标高，或根据原地形等高线采用插入法计算出每个交叉点的原地形标高，然后将原地形标高数字填入方格网点的右下角（图 8-4）。当方格交叉点不在等高线上，就要采用插入法计算出原地形标高。插入法求标高公式如下：

施工标高 +0.800	设计标高 36.000
+⑨ 角点编号	35.000 原地形标高

图 8-4　方格网点标高的注写

$$H_x = H_a \pm xh/L$$

式中　H_x——角点原地形标高（m）；

H_a——位于低边的等高线高程（m）；

x——角点至低边等高线的距离（m）；

h——等高距（m）；

L——相邻两等高线间最短距离（m）。

插入法求高程通常会遇到以下 3 种情况（图 8-5）。

待求点标高 H_x 在二等高线之间：

$$h_x : h = x : L，\ h_x = xh/L$$

$$H_x = H_a + xh/L$$

待求点标高 H_x 在低边等高线 H_a 的下方：

$$h_x : h = x : L,\ h_x = xh/L$$

$$H_x = H_a - xh/L$$

待求点标高 H_x 在高边等高线 H_b 的上方：

$$h_x : h = x : L,\ h_x = xh/L$$

$$H_x = H_a + xh/L$$

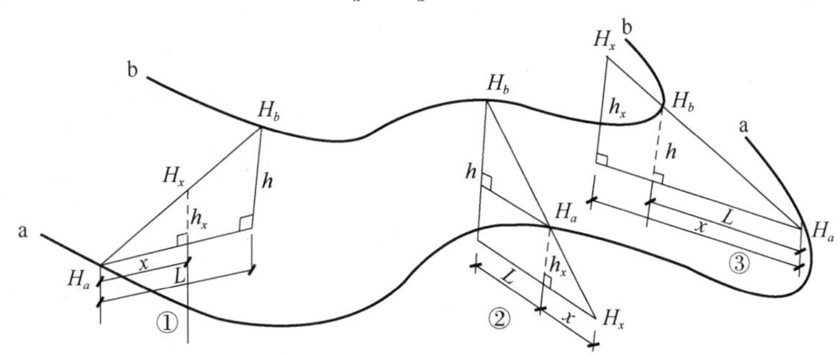

图 8-5　插入法求任意点高程

某一坡的坡度可用下列公式计算：

$$i = h/L$$

式中　i——坡度；

h——高差（m）；

L——水平距离（m）。

（3）填入设计标高　根据设计平面图上相应位置的标高情况，在方格网点的右上角填入设计标高。

（4）填入施工标高

$$施工标高 = 原地形标高 - 设计标高$$

得数为正（+）数时表示挖方，得数为负（-）数时表示填方。施工标高数值应填入方格网点的左上角。

（5）计算填挖零点线　计算出施工标高以后，如果在同一方格中既有填土又有挖土部分，就必须求出零点线。所谓零点就是既不挖土也不填土的点，将零点互相连接起来的线就是零点线。零点线是挖方和填方区的分界线，它是土方计算的重要依据。

可以用以下公式求出零点：

$$X = h_1 \cdot a/(h_1 + h_3)$$

式中　X——零点距 h_1 一端的水平距离（m）；

h_1，h_3——方格相邻二角点的施工标高绝对值（m）；

a——方格边长（m）。

（6）土方量计算　根据方格网中各个方格的填挖情况，分别计算出每一方格土方量。由于每一方格内的填挖情况不同，计算所依据的图式也不同。计算中，应按方格内的填挖具体情况，选用相应的图式，并分别将标高数字代入相应的公式中进行计算。几种常见的计算图式及其相应计算公式参见表 8-4。

表 8-4　土方量的方格网计算图式

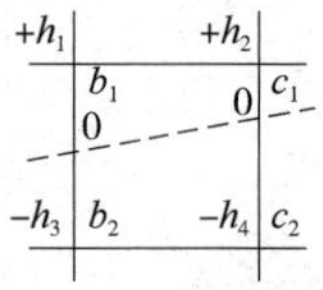		零点线计算 $b_1=a\cdot\frac{h_1}{h_1+h_3}$，$b_2=a\cdot\frac{h_3}{h_3+h_1}$ $c_1=a\cdot\frac{h_2}{h_2+h_4}$，$c_2=a\cdot\frac{h_4}{h_4+h_2}$
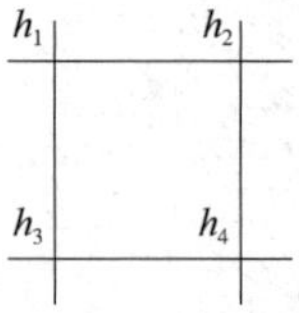	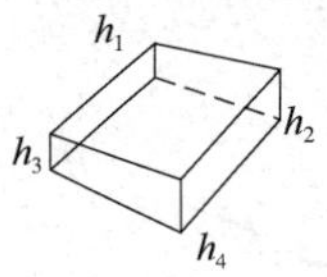	四点挖方或填方 $V=\frac{a^2}{4}(h_1+h_2+h_3+h_4)$
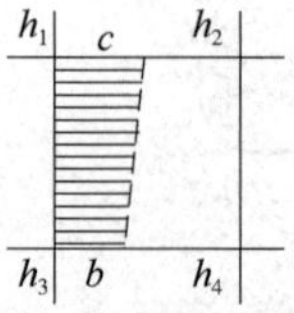	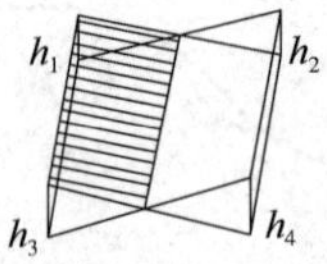	二点挖方或填方 $V=\frac{b+c}{2}\cdot a\cdot\frac{\sum h}{4}$ $=\frac{(b+c)\cdot a\cdot\sum h}{8}$
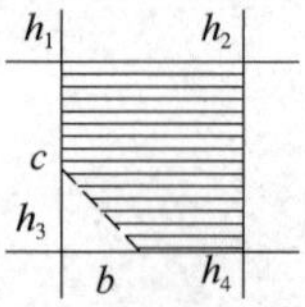	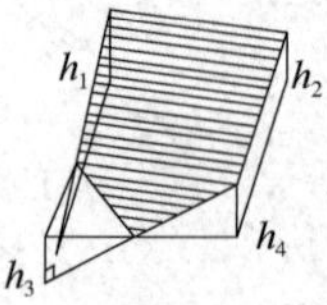	三点挖方或填方 $V=\left(a^2-\frac{b\cdot c}{2}\right)\cdot\frac{\sum h}{5}$
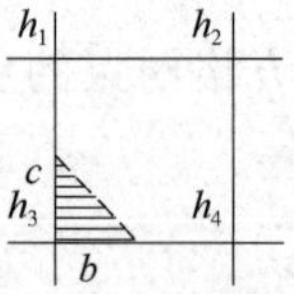		一点挖方或填方 $V=\frac{1}{2}\cdot b\cdot c\frac{\sum h}{3}$ $=\frac{b\cdot c\cdot\sum h}{6}$

8.1.3　人员材料准备

1）组织并配备各项专业技术人员、管理人员和技术工人。

2）安排好作业班次，制定相应制度。

3）对挖土、运输等工程机械及辅助设备进行维修检查，并运至施工地点就位。

4）准备好施工及工程用料，按施工平面图所指位置堆放。

8.1.4　现场清理

1. 拆除建筑物和地下构筑物

建筑物及构筑物的拆除，应根据其结构特点进行工作，并遵照《建筑施工安全技术统一规范》GB 50870—2013 的有关规定进行操作。

2. 场地树木清理

土方开挖深度不大于 50cm，或填方高度较小的土方施工时，现场及排水沟中的树木必须连根拔除，对有利用价值的速生乔木、花灌木等，在挖掘时不要伤害其根系，可以尽快假植，以便再栽植利用。应清理的树墩除用人工挖掘外，直径在 50cm 以上的大树墩可用推土机铲除或用爆破法清除。

3. 管线及其他异常物体清理

如果发现施工场地内的地面、地下有管线或其他异常物体时，应事先请有关部门协同查清，未查清前，不可动工，以免发生危险或造成其他损失。

4. 排除地面积水及地下水

（1）排除地面积水　在施工之前，根据施工区地形特点在场地周围挖好排水沟（在山地施工为防山洪，在山坡上方应做截洪沟）。使场地内排水通畅，而且场外的水也不致流入。

在低洼处或挖湖施工时，除挖好排水沟外，必要时还应加筑围堰或设水堤。为了排水通畅，排水沟底纵坡坡度不应小于2%，沟的边坡坡度值为1:1.5，沟底宽及沟深不小于50cm。

（2）地下水的排除　排除地下水方法很多，但一般多采用明沟，引至集水井，并用水泵排出；因为明沟较简单经济。一般按排水面积和地下水位的高低来安排排水系统，先定出主干渠和集水井的位置，再定支渠的位置和数目，土壤含水量大的、要求排水迅速的，支渠分布应密些，其间距约1.5m，反之可疏些。在挖湖施工中应先挖排水沟，排水沟的深度应深于水生挖深。沟可一次挖掘到底，也可以依施工情况分层下挖，采用哪种方式可根据出土方向决定。

8.1.5　放线

1. 平整场地放线

用经纬仪将图样上的方格测设到地面上，并在每个交点处立桩木，边界上的桩木依图样要求设置。

桩木的规格及标记方法：侧面平滑，下端削尖，以便打入土中，桩上应表示出桩号（施工图上方格网的编号）和施工标高（挖土用“+”号，填土用“-”号），如图8-6所示。

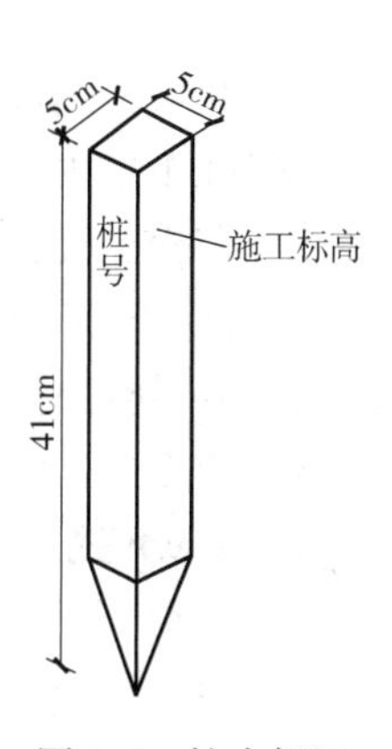

图8-6　桩木标记

2. 自然地形放线

挖湖堆山，首先确定堆山或挖湖的边界线，但这样的自然地形放到地面上去是较难的；特别是在缺乏永久性地面物的空旷地上，在这种情况下应先在施工图上画方格网，再把方格网放大到地面上，而后把设计地形等高线和方格网的交点一一标到地面上并打桩，桩木上也要标明桩号及施工标高。

（1）山体放线　堆山时由于土层不断升高，桩木可能被土埋没，所以桩的长度应大于每层填土的高度，土山不高于5m的，可用长竹竿做标高桩，在桩上把每层的标高定好，不同层可用不同颜色标志，以便识别。另一种方法是分层放线、分层设置标高桩，如图8-7所示。

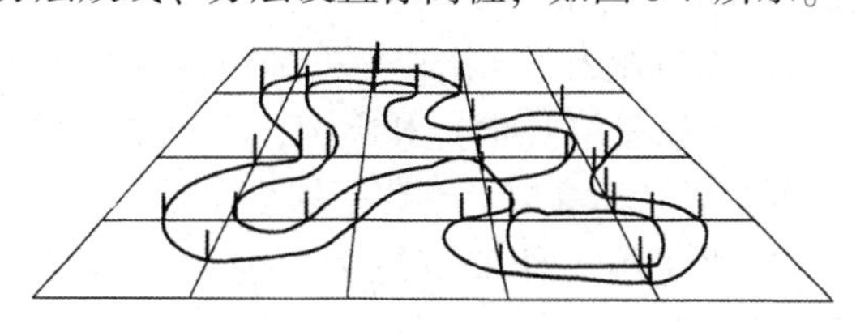
图8-7　山体放线

（2）水生放线　挖湖工程的放线工作和山体的放线基本相同，但由于水生挖深一般较一致，而且池底常年隐没在水下，放线可以粗放些，但水生底部应尽可能整平，不留土墩，这对养鱼捕鱼有利。岸线和岸坡的定点放线应该准确，不仅因为它是水上部分，有关造景，而且和水生岸坡的稳定有很大关系。为了精确施工，可以用边坡样板来控制边坡坡度。

提示：开挖沟槽时，用打桩放线的方法，在施工中桩木容易被移动甚至被破坏，从而影响了校核工作。因此，应使用龙门板。龙门板的构造简单，使用也很方便。每隔 30 ~ 50m 设龙门板一块，其间距视沟渠纵坡的变化情况而定。板上应标明沟渠中心线位置，沟上口、沟底的宽度等。板上还要设坡度板，用坡度板来控制沟渠纵坡。

8.2 园林土方施工操作技术

8.2.1 土方开挖

1. 人工开挖

(1) 适用范围　适用于一般园林建筑、构筑物的基坑（槽）和管沟以及小溪流、假植沟、带状种植沟和小范围整地的人工挖方工程。

(2) 机具　人力施工时，施工工具主要是锹、镐、钢钎等。

(3) 施工要点

1）开挖土方附近不得有重物及易塌落物。

2）施工者要有足够的工作面，一般平均每人应有 4 ~ 6m^2。

3）在坡上或坡顶施工者，要注意坡下情况，不得向坡下滚落重物。

4）施工过程中注意保护基桩、龙门板或标高桩。

5）在挖土过程中，随时注意观察土质情况，要有合理的边坡。必须垂直下挖，松软土不得超过 0.7m，中等密度土不超过 1.25m，坚硬土不超过 2m，超过以上数值的需设支撑板或保留符合规定的边坡。

6）挖方工人不得在土壁下向里挖土，以防坍塌。

2. 机械开挖

(1) 适用范围　适用于挖湖堆山的土方工程。

(2) 机具　机械开挖施工主要使用推土机、挖掘机等，如图 8-8 所示。

(3) 施工要求

1）在开挖有地下水的土方工程时，应采取措施降低地下水位，一般要降至开挖面以下 0.5m，然后才能开挖。

2）施工机械进入现场所经过的道路、桥梁和卸车设施时，应经过事先检查，必要时进行加固或加宽等准备工作。

3）在机械施工无法作业的部位以及修整边坡坡度、清理槽底时，均应配备人工进行。

4）开挖基坑（槽）和管沟，不得挖至设计标高以下，如不能准确地挖至设计基底标高时，可在设计标高以上暂留一层土不挖，以便在找平后由人工挖出。

5）由于施工作业范围大，桩点和施工放线要明显，以引起施工人员和推土机手的注意。

6）夜间施工应有足够照明，危险地段应设明显标志，防止错挖或超挖。

注意：

1）在动工之前应向推土机驾驶员介绍拟施工地段的地形情况及设计地形的特点，最好结合模型讲解，使之一目了然。

2）施工前还要了解实地定点放线情况，如桩位、施工标高等。这样施工起来驾驶员心中有数，推土铲就像他手中的雕塑刀，能得心应手地按照设计意图去塑造地形。

3）在挖湖堆山时，先用推土机将施工地段的表层熟土（耕作层）推到施工场地外围，待地形整理停当，再把表土铺回来，这样做较麻烦，但对公园的植物生长却有很大好处。

图 8-8　机械土方开挖

4）因为推土机施工进进退退，其活动范围较大，施工地面高低不平，加上进车或退车时驾驶员视线存在某些死角，所以桩木和施工放线很容易受破坏。为了解决这一问题：第一，应加高桩木的高度，桩木上可做醒目标志，如挂小彩旗或桩木上涂明亮的颜色，以引起施工人员的注意；第二，施工期间，施工人员应该经常到现场，随时随地用测量仪器检查桩点和放线情况，掌握全局，以免挖错（或堆错）位置。

8.2.2　土方运输

在有些局部或小型施工中，一般用人工运土。对于运输距离较长的，最好使用机械或半机械化运输。

1）运土最重要的是运输路线的组织。一般采用回环式道路，避免相互交叉。施工人员都要认真组织运输路线，卸土地点要明确，随时指点，避免混乱和窝工。

2）如果使用外来土垫地堆山，运土车辆应设专人指挥，卸土的位置要准确，否则必然会给下一步施工增加不必要的搬运，从而浪费人力物力。

8.2.3　土方填筑

1. 顺序

基底地坪的清整→检验土质→分层铺土、耙平→分层夯实→检验密实度→修整找平验收。

2. 填筑方式

（1）人工填土　人工填土常用铁锹、耙、锄等工具。回填土时，一般从场地最低处开始，由一端向另一端自下而上分层铺填。每层应先虚铺一层土，然后夯实。

（2）机械填土　机械填土主要指推土机填土、铲运机填土和汽车填土。

现以推土机为例加以说明。推土机填土采用纵向铺填的顺序，即从挖方区段向填方区段填土，每段以 40～60m 为宜。坡度较大时，也应按顺序分段填土，不得居高临下，一次堆填完成；用推土机运土回填时，可采用分堆集中、一次运送的方法，为减少运土漏失量，分段距离以 10～15m 为宜；土方推至填方位置时，应提起一次铲刀，成堆卸土，并向前行驶 0.5～1.0m，利用推土机后退将土刮平。

3. 填土及压实施工要点

1）在填自然式山体时，应以设计的山头为中心，采用螺旋式分路上土法，运土顺循环道路上填，每经过全路一遍，便顺次将土卸在路两侧，空载的车（人）沿线路继续前行下山，车（人）不走回头路，不交叉穿行。这不仅合理组织了人工，而且使土方分层上升，土体较稳定，表面较自然。

2）在自然斜坡上填土时，为防止新填土方沿着坡面滑落，可先把斜坡挖成阶梯状，然后再填入土方，这样就增强了新填土方与斜坡的咬合性，可保证新填土方的稳定性（图8-9）。

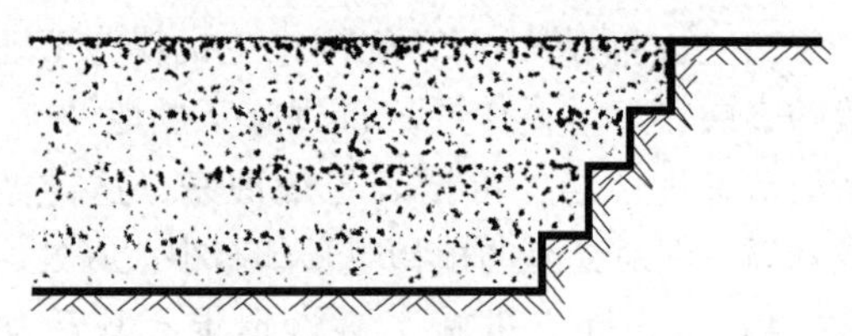

图8-9　斜坡填土

3）在堆土做陡坡时，要用松散的土堆出陡坡是不容易的，需要采取特殊处理。可以用袋装土垒砌的办法，直接垒出陡坡，其坡度可以做到200%以上。土袋不必装得太满，装土70%～80%即可，这样垒成陡坡更为稳定。袋子可选用麻袋、塑料编织袋或玻璃纤维布袋。袋装土陡坡的后面要及时填土夯实，使两者结成整体以增强稳定性。陡坡垒成后，还需要湿土对坡面培土，掩盖土袋使整个土山浑然一体。坡面上还可栽种须根密集的灌木或培植山草，利用树根和草根将坡土紧固起来。

4）大面积填方应分层填土，一般每层30～50cm，一次不要填太厚，最好填一层就筑实一层。为保持排水，应保证斜面有3%的坡度。

5）土山的悬崖部分用泥土堆不起来，一般要用假山石或块石浆砌做成挡土石壁，然后在背面填土，石壁后要有一些长条形石条从石壁入山体中，形成狗牙槎状，以加强山体与石壁的连接，增强石壁的稳定性。砌筑时，石壁砌筑1.2～1.5m后，应停工几天，待水泥凝固硬化，并在石壁背面填土夯实之后，才能继续向上砌筑崖壁（图8-10）。

6）为保证土壤相对稳定，压实要求均匀，填方时必须分层堆填，分层碾压夯实，否则会造成土方上紧下松。土壤含水量过多或过少都不利于夯实。

7）自边缘向中心打夯，否则边缘土方外挤易引起塌落，打夯应先轻后重。先轻打一遍，使土中细粉受振落下，填满下层土粒间的空隙；然后再加重夯实，夯实土壤，如图8-11所示。

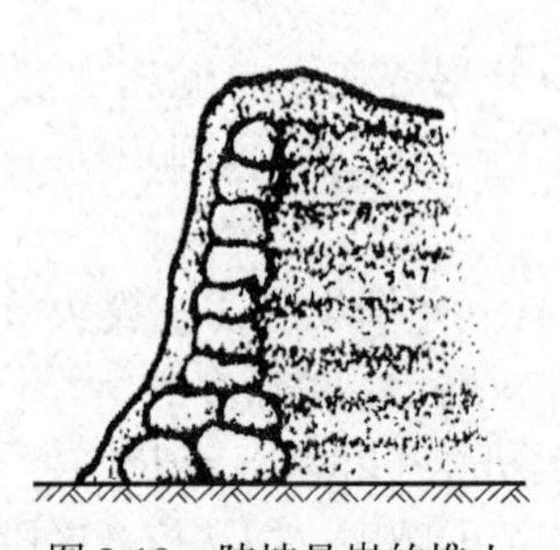

图8-10　陡坡悬崖的堆土

图8-11　土方机械压实

8.2.4　土方边坡及支护

1. 土方边坡

（1）计算公式　土方边坡的坡度是指土方坑深度H与底宽B之比，即土方边坡坡度$=H/B=1:m$，式中：m为边坡系数，$m=B/H$。

（2）边坡形式　图 8-12 为土壁边坡形式。

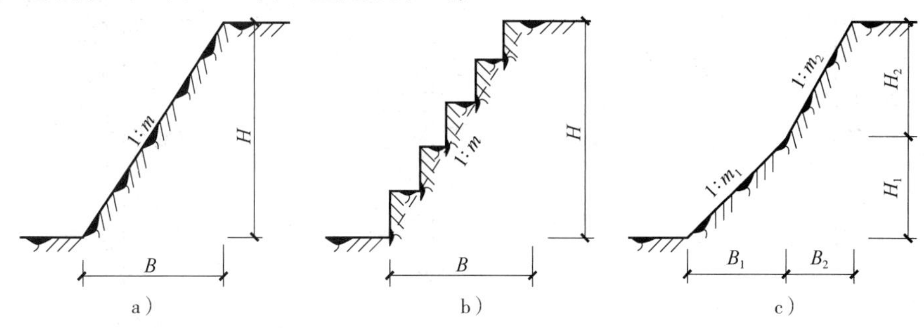

图 8-12　土壁边坡形式

a）直线　b）踏步　c）折线

（3）施工要点

1）土方边坡的大小主要与土质、开挖深度、开挖方法、边坡留置时间的长短、边坡附近各种荷载状况及排水情况有关。

2）当地质条件良好、土质均匀且地下水位低于基坑（槽）或管沟底面标高，并且密实、中密的砂土和碎石类土挖土深度不超过 1000mm 时，硬塑、可塑的粉土及粉质黏土挖土深度不超过 1250mm 时；硬塑、可塑的黏土和碎石类土挖土深度不超过 1500mm；坚硬的黏土挖土深度不超过 2000mm 时。挖方边坡可做直立壁并不加支撑。

3）当挖方深度超过上述数值时，应考虑放坡或直壁加支撑的技术措施。

4）当地质条件良好、土质均匀且地下水位低于基坑（槽）或管沟底面标高时，并且挖方深度在 5m 以内的不加支撑边坡应符合表 8-5 的规定。

5）对于永久性的边坡，例如挖河造山地形塑造中，应按设计规定的坡度值进行放坡。

表 8-5　深度在 5m 以内的基坑、管沟边坡的最陡坡度（不加支撑）

土的类别	边坡坡度（$H:B$）		
	坡顶无荷载	坡顶有静载	坡顶有动载
中密的砂土	1:1.00	1:1.25	1:1.50
中密的碎石类土（充填物为砂土）	1:0.75	1:1.00	1:1.25
硬塑的粉土	1:0.67	1:0.75	1:1.00
中密的碎石类土（充填物为黏性土）	1:0.50	1:0.67	1:0.75
硬塑的粉质黏土、黏土	1:0.33	1:0.50	1:0.67
老黄土	1:0.10	1:0.25	1:0.33
软土（经井点降水后）	1:1.00		

2. 土壁支撑

为了缩小施工作业面、减少土方挖掘量或因场地的限制不能采用放坡时，则可采用如图 8-13 所示的形式进行土方挖掘施工。

（1）方式　土壁支撑的具体方法，根据工程特点、土质条件、开挖深度、地下水位和施工工艺方法等不同情况，选用钢木支撑、钢板桩支撑、钢筋混凝土护坡桩和钢筋混凝土地下连续墙等。

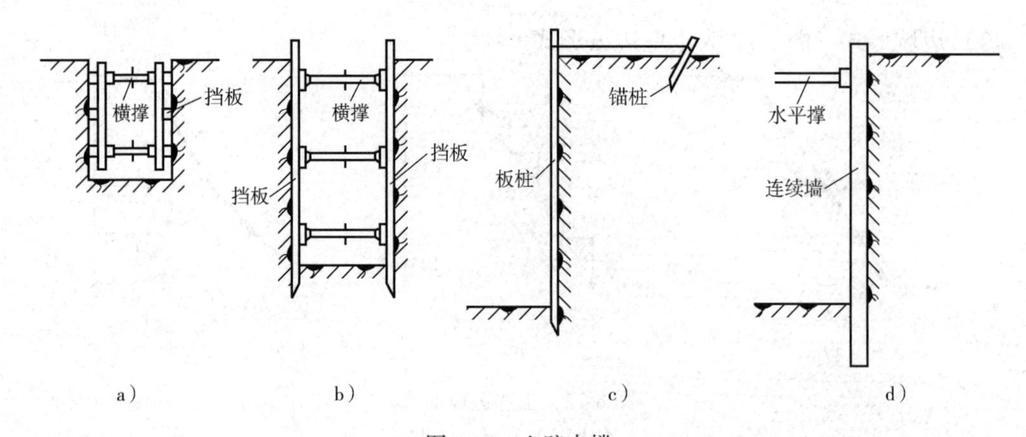

图 8-13　土壁支撑

a）水平挡板　b）垂直挡板　c）锚桩　d）连续墙

（2）施工要点

1）在园林工程施工中，湿度小的黏性土挖掘深度小于 3m 时，可用断续式水平挡土板横撑式支撑。松散且湿度大的土可用连续水平挡土板横撑式支撑，挖土深度可达 5m。

2）松散且湿度很大的土，可用垂直式挡板支撑，其挖土深度一般不受限制。

3）采用挡板横撑支撑时，应随挖随撑，支撑要牢固可靠，施工中应经常检查，如有松动变形等现象时，应及时加固或更换。

4）支撑挡板的拆除应按回填顺序依次进行，多层支撑应自下而上逐层拆除，随拆随填，以免土壁塌落。

8.2.5　土方施工排水与地下水位的降低

1. 排水

在开挖基坑、基槽、管沟或其他土方时，土的含水层常会被切断，地下水将会不断地渗入槽坑内，雨季施工时地面水也会流入槽坑中。

1）明沟集水井排水法的具体做法是：在基坑或沟槽开挖时，先在坑底周围或中间开挖排水。

2）然后在排水沟的交接处设置集水井，使水汇流于集水井中，然后用水泵抽排至坑外，如图 8-14 所示。

3）集水井深度应低于坑底 1000mm 以上，在地下水量大、土方施工工期长的情况下，应在底井中铺设砂石滤水层，并设竹编围圈加固井壁。

4）集水、抽水的水泵常用潜水泵，在使用潜水泵时，应注意不得让泵脱水运转，以免烧坏电机。

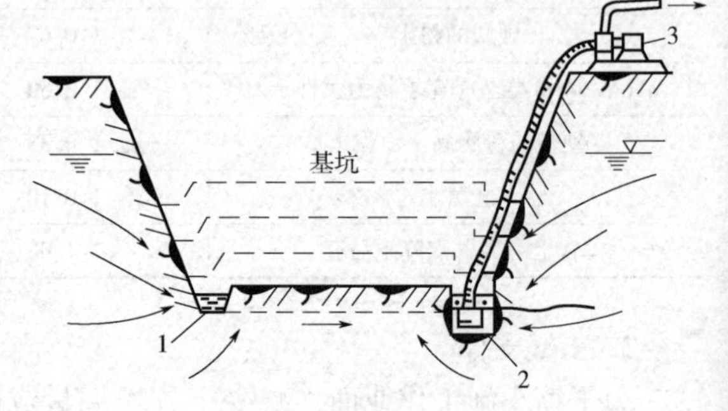

图 8-14　集水井排水

1—排水沟　2—集水坑　3—水泵

2. 井点降水

井点降水法是在土方正式开挖前，预先在挖方的外围埋设一定数量的井点管，井点管的下端安置滤水管装置，利用抽水设施在土方施工及基础施工中不断抽水，使施工区域范围的地下水位线降到基坑或沟槽的底部标高以下，形成始终干燥的状态，井点降水原理如图8-15所示。

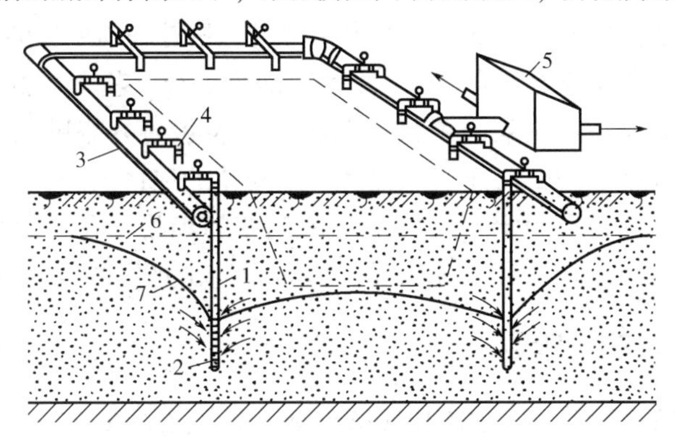

图8-15 井点降水原理图

1—井点管 2—滤管 3—总管 4—弯联管 5—水泵房 6—原有地下水位 7—降低后地下水位线

(1) 降水方式 井点降水根据设备不同，有轻型井点、喷射井点、电渗井点、管井井点及深井井点等不同的降水方法。

(2) 施工要点 施工中，应根据地下水位的高度、土质的类别、要求降低水位的深度、土层的渗透系数、施工工期的长短、设备配备及经济比较等因素，决定采用相应的井点降水具体方法。采用井点降水的方法，可以避免出现流沙现象，改善土方施工条件，防止坡壁因湿度过大而发生塌方等危险情况，但费用较高。

8.3 园林土方工程施工质量检验

8.3.1 分部分项工程的划分

根据国家的施工与质量检测的规定，每个园林绿化单位工程通常分为五个分部工程：土方造型、绿化种植、园林建筑及小品、假山叠石及水系、建筑修与建。

土方造型分部按工程的要求或部位划分为造地形工程、堆山工程、挖河工程等部分。根据用料、工艺特点、施工程序的区别分为若干个分项工程，如造地形工程分为清除垃圾土、进种植土方、造地形等分项工程；堆山工程分为堆山基础、进种植土、造地形等分项工程；挖河工程（包括挖湖）分为河道开挖、河底修整、驳岸、涵管等分项工程。

对工程项目中各类分部分项的划分，主要是有利于各个施工环节的标准化管理。

8.3.2 保证项目、基本项目和允许偏差项目

(1) 保证项目 是保证工程安全和使用功能正常的重要检查项目，它是对工程施工提出必须达到的要求。如在某地区的《园林工程质量检验评定标准》中，保证项目是通过条文中采用“必须”或“严禁”用词来表示，以突出其重要性。保证项目是工程质量合格和优良两个等级都必须达到的指标。保证项目所包括的主要内容为重要材料、主要技术要求和检测指标的检测技术要求。

（2）基本项目　是保证工程质量的基本要求。在专业评定标准中，它是通过条文中采用“应”或“不应”用词来表示。基本项目与保证项目相比，尽管不像保证项目那样重要，但对工程的质量、效果、观感等有较大的影响和作用。只是基本项目的要求，允许有一定的自由范围。基本项目的指标分为“合格”“优良”两个等级。基本项目的内容主要为：不能确定偏差值而又允许出现一定缺陷的项目；无法定量表达而只能用程度或部位来区分的项目；不宜纳入“允许偏差”项目内而实际允许一定偏差的项目。

（3）允许偏差项目　是指规定一定数值范围偏差的项目，在专业评定标准中，它是通过条文中采用“应”或“不应”用词来表示，并常常给出一定的数值范围。

8.3.3　挖湖堆山质量的一般要求

挖湖堆山施工的质量要求，一般由相应的分项工程质量检验评定表所包含，一般包含了土料的类别和相应的质量要求、工程物的形状与位置尺寸、其他主要的技术指标。表 8-6、表 8-7 为部分分项工程中的一些质量项目的具体要求和检测方法，供参考。

表 8-6　土方地形分项工程质量检验内容

类别	序号	项目			尺寸要求/cm	允许偏差/cm
保证项目		项　目				
		栽植土壤的理化性质符合园林栽培土质量标准的要求				
		严禁使用建筑垃圾土、盐石土、重黏土、砂土及含有其他有害成分的土				
		严禁在栽植土层下有不透水层				
基本项目		项　目				
		按面积抽查：10%，500m² 为一点，不得少于 3 点；≤500m² 应全数检查				
	1	地形平整度				
	2	标高（含抛高系数）				
	3	杂质含量低于 10%				
	4	排水良好				
		按长度抽查 10%，100m 为一点，不少于 3 点				
	5	栽植土与道路或挡土墙边口线平直				
允许偏差项目		项　目 按面积抽查 10%，500m² 为一点，不得少于 3 点：≤500m² 应全数检查			尺寸要求/cm	允许偏差/cm
	1	有效土层厚度	大、中乔木胸径	≥15	>130	
				<15	>100	
			小乔木和大、中灌木		>80	
			小灌木、缩根花卉		>60	
			草木地被、草坪及一二年生草花		>40	
	2	地形标高	全高	<1m		±5
				1~3m		±10
				>3m		±20
	3	土低于挡墙边口		3~5cm		1.5
	4	土方表面平整度（2m 内）			+0、-50	

表 8-7 河道开挖分项工程质量检验内容

<table>
<tr><td rowspan="6">保证项目</td><td colspan="3">项 目</td></tr>
<tr><td>1</td><td colspan="2">河道的位置放样必须符合设计要求</td></tr>
<tr><td>2</td><td colspan="2">河道位置的地质情况必须了解清楚</td></tr>
<tr><td>3</td><td colspan="2">有防汛功能的河道应符合水利工程的规范要求</td></tr>
<tr><td>4</td><td colspan="2">景观河道应符合环境和生态的要求</td></tr>
<tr><td>5</td><td colspan="2">河道开挖的弃土堆放应符合设计和业主规定的要求</td></tr>
<tr><td rowspan="5">基本项目</td><td colspan="3">项 目</td></tr>
<tr><td>1</td><td colspan="2">河道边坡稳定</td></tr>
<tr><td>2</td><td colspan="2">坡脚线整齐顺直</td></tr>
<tr><td>3</td><td colspan="2">河底平整</td></tr>
<tr><td>4</td><td colspan="2">河底无明显起伏</td></tr>
<tr><td rowspan="8">允许偏差项目</td><td colspan="2">项 目</td><td>允许偏差/cm</td></tr>
<tr><td>1</td><td>河道中心线</td><td>±20</td></tr>
<tr><td>2</td><td>河底高程</td><td><5，平均值不高于设计高程</td></tr>
<tr><td>3</td><td>河道底宽</td><td>±20，平均值不小于设计底宽</td></tr>
<tr><td>4</td><td>河道边坡</td><td>局部坡比 1∶n±0.05</td></tr>
<tr><td>5</td><td></td><td>局部边坡比 1∶n</td></tr>
<tr><td>6</td><td>内外青坎高程</td><td><5，平均值不低于设计高程</td></tr>
<tr><td>7</td><td>内外青坎顶宽</td><td>±20，平均值不小于设计规范</td></tr>
</table>

第 9 章

园林苗圃育苗

9.1 苗圃的培育环境与技术

9.1.1 苗圃培育环境及条件

1. 土壤条件

土壤是供给苗木在生长中所需水分、养分和根系所需氧气、温度的场所和介质。土壤对苗木的质量，尤其是对根系的生长影响很大。选择苗圃时必须认真考虑土壤条件这个因素，包括土壤水分、土壤肥力、土壤质地、土壤理化性质等方面。土壤酸碱度的改良，不像土壤水分和土壤肥力那样，可以通过灌溉、施肥就能解决，因此更需加倍重视。

（1）土壤质地　苗圃土壤一般应当选择肥力较高的沙质土壤、轻土壤或是壤土。因为这些土壤结构疏松，透水透气性能好，土温较高，所以对苗木的根系生长的阻力小，种子容易出土，耕作阻力小，起苗也比较省力。而黏土结构紧密，透水透气性较差，土温较低，种子发芽困难，中耕阻力大，起苗时也易伤根。

沙土过于疏松，保水保肥的能力差，对于苗木生长阻力小，根系分布较深，会给起苗带来一定的困难。

不同的苗木适应不同的土壤，但是大多数苗木都能在沙质壤土、轻壤土和壤土上正常生长。因为黏土、沙土的改造难以在短期内见效，在一般情况下不宜将其选作苗圃地。

（2）土壤酸碱度　土壤的酸碱度对于苗木生长有着很大的影响，不同的植物适应土壤酸碱度的能力不同。

1）一般的阔叶树和大多数的针叶树适宜生长在中性或是微酸性土壤上。土壤过酸或是过碱都不利于苗木生长。

2）当土壤过酸（pH 值小于 4.5）时，土壤中的植物生长所需的氮、磷、钾等营养元素的有效性会下降，而铁、镁等溶解度会增加，这样危害苗木生长的铝离子活性就会增强，这些都会使苗木的生长受到影响。

3）当土壤过碱（pH 值大于 8）时，磷、铁、铜、锰、锌、硼等元素的有效性会显著下降，使得苗木发病率增高。过高的碱性和酸性能抑制土壤中有益微生物的活动，影响氮、磷、钾和其他营养元素的转化和供应，这样就不利于苗木生长。

2. 水源

苗木在培育过程中要有充足的水分。因此水源和地下水位是选择苗圃地的重要条件之一。

1）苗圃地适宜选设在江、河、湖、塘、水库等天然水源的附近，以便于进行引水灌溉；这些天然水源水质好，对苗木的生长也有利。

2）同时也有利于使用喷灌、滴灌等现代化灌溉技术的使用，例如能自流灌溉则更可降低育苗的成本。如果没有天然水源，或是水源不足，则应当选择地下水源充足，可以打井提水灌溉的地方作为苗圃。苗圃灌溉用水其水质要求为水中盐含量一般不超过 0.1%，最高也不得超过 0.15%。对于容易被水淹和冲击的地方不应当选作苗圃。

3. 地下水位

若地下水的水位过高，土壤的通透性差，容易导致根系的生长不良，地上部分容易发生徒长的现象，在秋季时苗木的木质化不充分，易受到冻害。

1）当土壤的蒸发量大于降水量时会将土壤中盐分带到地面，造成土壤的盐渍化，在多雨时又容易造成涝灾。

2）若地下水位过低，土壤就容易干旱，必须要增加灌溉次数及灌水量，使育苗的成本提高。最合适的地下水位一般情况下为砂土 1～1.5m，沙壤土 2.5m 左右，黏性土壤 4m 左右。

4. 病虫害和鼠兔危害

在建立苗圃时，应当详细调查苗圃及苗圃所在地的病虫害情况和鼠兔危害程度，如详细调查地下害虫蛴螬、蝼蛄、地老虎等的危害程度及立枯病的感染程度。

1）在地下病虫危害严重的地区，或是长期种植烟草、棉花、蔬菜、玉米的土地，都要进行有效的防治后，才能将其选作苗圃地。

2）苗圃地的附近不能有传染病源以及病虫害的中间寄生植物。在鼠兔危害严重的地区应当采取有效的捕杀措施。

9.1.2　苗圃的育苗技术

1. 园林植物的压条育苗

（1）压条时期

1）生长期压条：在生长季节进行，用当年生的枝条来进行压条。一般堆土压条、空中压条是在这个时期进行。

2）休眠期压条：在秋季落叶后或是春季萌芽前，用 1～2 年生的枝条来进行压条。一般普通压条、水平压条、波状压条均在这个时期进行。

（2）压条方法

1）高压法。高压法适用于木质坚硬、枝条不易弯曲或是树冠过高无法进行低压的树种。

先在准备生根处割伤枝条表皮，深达木质部。

然后用湿润的苔藓或是肥沃的泥土均匀敷于枝条上，外面用草、塑料薄膜或是对开的竹筒包扎好，注意保持其湿润，等到其生根后与母体分离，再继续培育，如图 9-1 所示。

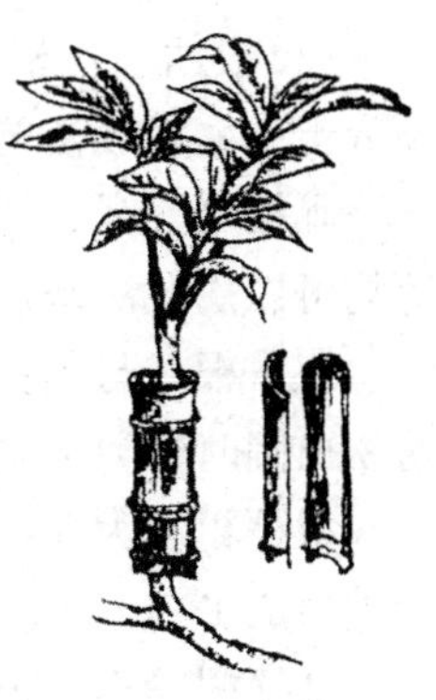

图 9-1　高压法

2）低压法。根据压条的状态可以分为水平压条法、堆土压条法、波状压条法和普通压条法四种方法。

①水平压条法。适用于紫藤、连翘等藤本和蔓性园林植物。在压条时选择生长健壮的 1～2 年枝条，开沟将整个长枝条埋入沟内，并用木钩将其固定。被埋枝条每个芽节在生根发芽后，将两株之间地下相连部分切断，使其各自形成独立的新植株。

②堆土压条法。主要是用于萌蘖性强和丛生性的花灌木，如贴梗

海棠、玫瑰、黄刺玫等植物。方法是首先在早春对其母株进行重剪，可以从地际处抹头，以促其萌发多数分枝。在夏季生长季节（高为30~40cm）对枝条基部进行刻伤，然后进行堆土，第二年早春将母株挖出，剪取已生根的压条枝，并进行栽植培养。

③波状压条法。适用于枝条长而柔软或是蔓性的树种，例如葡萄、紫藤、铁线莲、薜荔等植物。一般会在秋冬间进行压条，第二年夏季生长期间应当将枝梢的顶端剪去，使养分向下方运输，有利于生根，在秋季可以分离。波状压条法与长枝平压法类似，只是被压枝条里波浪形屈曲在长沟中，而使其露出地面部分的芽抽生新枝，埋于地下的部分会产生不定根，从而长成新的植株。

④普通压条法。普通压条法（图9-2），又称先端压条法，适用于枝条离地近又较易弯曲的植物，将1~2年枝条弯曲在沟、穴中，用土埋住刻伤处或是节部处，将其枝梢露出土面。一枝可以获得一苗。埋土处应当用石块等镇压或是木桩固定。

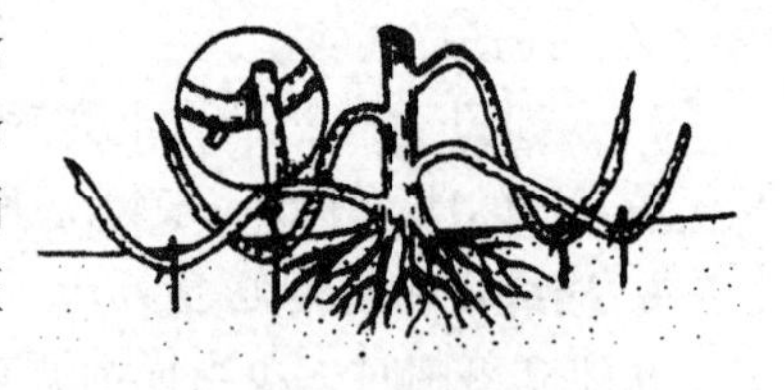
图9-2 普通压条法

2. 压条后的管理

1）要根据树种的不同来选用不同的压条方法，并要给予适宜的条件，例如保持湿润、通气和适宜的温度，冬季要防冻害等。

2）在压条后，外界环境因素对压条生根成活有很大的影响，应当随时检查横生土中的压条是否露出地面，如露出要重压，如果留在地上的枝条生长太长，可以适当地剪去顶梢。

3）可以依生根的情况确定分离的时期，必须有良好的根群才可以分割。对于较大的枝条应当分2~3次切割。

4）刚分离的新植株应当特别注意保护，注意灌水、遮阳、防寒等。这种方法虽然比扦插法简单，但是一次只能获得少量的苗木，繁殖效率较低，所以不适合大规模生产经营。

3. 植物的扦插育苗

（1）扦插时期

一般植物四季都可以进行扦插繁殖。春季利用已度过自然休眠的一年生枝来进行扦插；夏季利用半木质化新梢带叶来进行扦插；秋季利用已停止生长的当年木质化枝来进行扦插；冬季利用打破休眠的休眠枝来进行保护地内扦插。扦插的适宜时期，会因植物的种类、性质和扦插的方法的不同而异。

（2）扦插方法

1）根插（埋根）。根插（或埋根）育苗是指利用根的再生和发生不定根的能力，将根插入土中繁殖成苗的方法。

凡根蘖性强的植物，如火炬树、泡桐、楸树、杨树、香椿、枣树、玫瑰、迎春、黄刺梅等均可以用此法来进行。

①采根条与制根穗。种根应当在植物休眠时从青壮年母本植物的周围挖取，也可以利用苗木出圃时修剪下来的或是残留在圃地中的根段。

根穗粗度为0.5~2.5cm，长度为10~20cm。为了区别根穗上下切口，在剪穗时可以将上端剪成平口，下端剪成斜口。将剪好的根穗按照粗度来分级打捆、贮藏备用。

②插根操作。根插（或埋根）育苗多用低床，也可以用于高垄。由于根穗柔软，不易插入土中，通常先在床内开沟，将根穗垂直或是倾斜埋入土中，上面覆土1~2cm。

扦插时应当注意不要倒插。插后镇压，随即灌水，并要经常保持土壤湿度，一般经15～20d即可发芽出土。

泡桐因其根系多汁，插后容易腐烂，所以应当在扦插前放置在阴凉通风处存放1～2d，待根穗稍微失水萎蔫后再进行插根。

插后适当灌水，但也不宜太湿。有些树种的细短根段，可以采用播根的方法即将根段撒入苗床中，再覆土镇压，灌水保湿，如图 9-3 所示。

图 9-3　根插

2）枝插（或茎插）

①硬枝扦插。硬枝扦插又叫作休眠期扦插，在植物的休眠期中，采取充分木质化的一二年生枝条作插穗，进行扦插的育苗方法。

硬枝扦插一般情况下多在植株休眠后的秋末冬初进行，也可以在早春萌芽前、土壤解冻后进行。

一般在北方冬季寒冷干旱地区适宜在秋季采穗贮藏后春季扦插，而在南方温暖湿润地区则宜秋插，无须贮藏。

插穗要剪成 10～20cm 长，北方干旱地区可以稍长，南方湿润地区可以稍短，插穗上剪口距顶芽 0.5～1cm，以保护顶芽不致失水而干枯，下切口一般靠节部，每穗一般留用2～3个或是更多芽。此外，插穗上端剪成斜口，便于扦插时识别上下端。

下端可以剪成平口或是斜口，这两者各有利弊，斜口虽与基质接触面大，吸水多，易成活，但也易形成偏根，而平口虽然生根稍慢，但生根分布均匀，如图 9-4、图 9-5 所示。

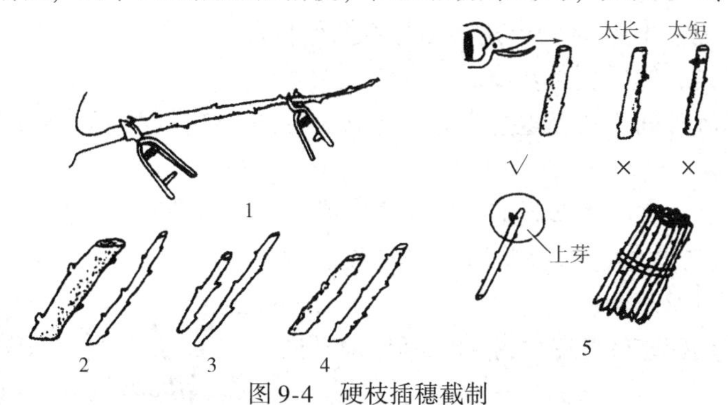

图 9-4　硬枝插穗截制

1——一年生枝中部好　2—粗枝稍短，细枝稍长　3—黏土稍短，沙土稍长
4—易生根植物种稍短，难生根植物种稍长　5—保护好上芽

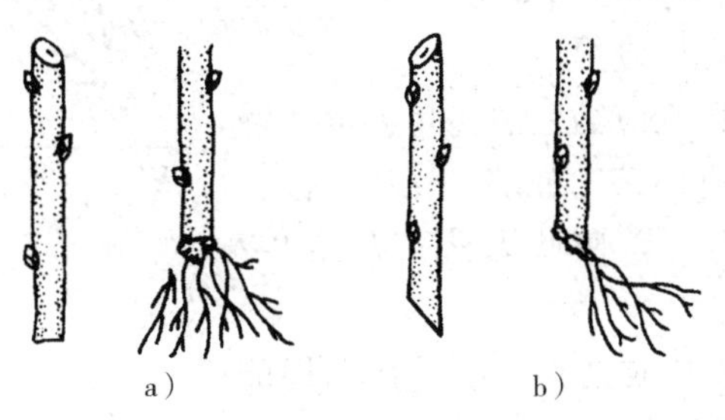

图 9-5　剪口形状与生根的关系

a）下切口平剪　b）下切口斜剪

插条插入基质深度也会影响到其成活，一般插入基质占插穗长度 1/3 ~ 1/2 左右，在干旱地区宜深些，而湿润地区宜浅些。

②嫩枝扦插。嫩枝扦插又称为生长期扦插（图 9-6），是指在植物生长期间利用半木质化的带叶嫩枝进行扦插。适合于硬枝扦插不易成活的树种，通常以常绿树种为多，是用半木质化带叶枝条来进行扦插，在植物生长旺盛期的夏秋季进行。

嫩枝扦插比硬枝扦插生根快，成活率高，所以运用较为广泛。

a. 插穗及其截制。嫩枝扦插适宜选择健壮枝梢，一般将其剪成 3 ~ 10cm 的长度，插穗需有 3 ~ 4 个芽，通常在节下剪断，因为大多数种类都在节的附近发根。

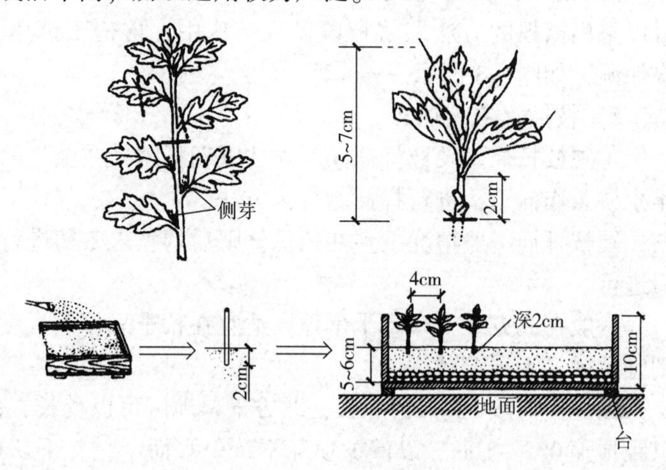

图 9-6　嫩枝扦插

有些譬如美女樱、菊花、金鱼草等不必非在节下剪断，在节上也能够生根。一般留叶数量为 1 ~ 2 枚，保留叶片有利营养物质积累并促进生根，但留叶数量不宜过多，否则会造成失水过多而使插条萎蔫。

也可以将插穗上的叶片剪半，譬如桂花、茶花；或将较大叶片卷成筒状，以减少蒸腾作用，譬如橡皮树，适宜随采随插。

b. 扦插操作方法。扦插时应当先开沟，将插穗按照一定的株行距摆放在沟内，或者是放在预先打好的孔内，然后覆盖基质。

插穗株行距以叶片间不相互重叠为宜。将其长度的 1/3 ~ 1/2 插入基质中，较长的插穗可以斜插。

插完后要浇一次透水。嫩枝扦插通常在冷床或是温床内进行，插在露地的枝条，必要时应当盖玻璃或是塑料薄膜，以保持适当的温度、湿度，但要注意通风以及遮阳。

③叶芽扦插。用完整叶片带叶芽的短茎作为扦插的材料。

叶芽扦插所选取的材料为带木质部的芽或是1 ~ 2cm 的枝段，1 节附 1 叶，随采随插，带较少叶片，这种做法可以节约插穗，生根也比较快。

一般都在室内进行，特别应当注意保持温度、湿度，加强管理。常见种类有山茶、杜鹃、桂花、橡皮树、栀子和柑橘类等，均可以使此方法，如图 9-7 所示。

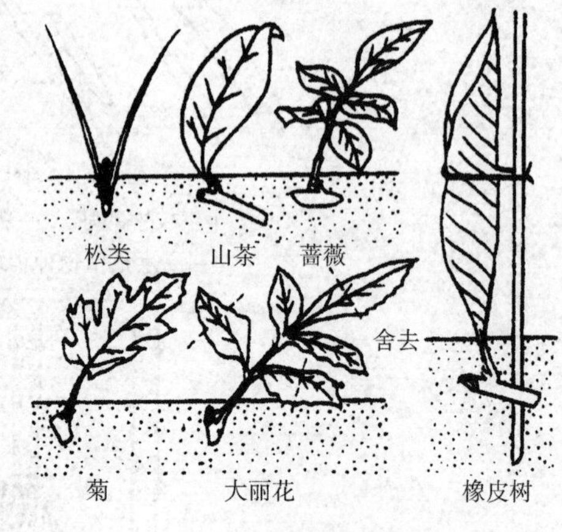

图 9-7　叶芽扦插

3）叶插。叶插是用全叶或是其一部分作插穗的扦插育苗的一种方法。凡能自叶上产生不定芽或是不定根的植物，都能够进行叶插，如图 9-8所示。

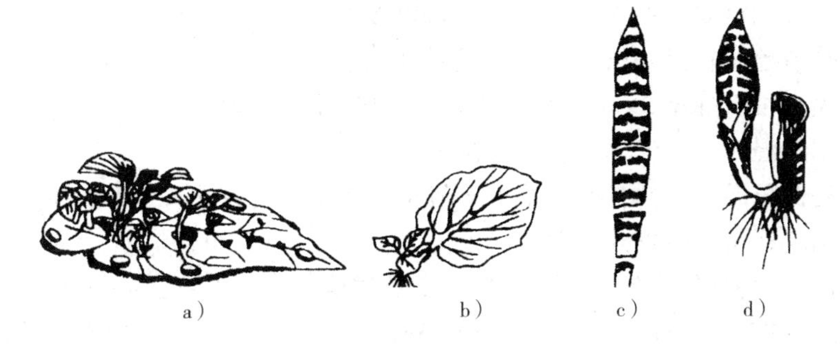

图9-8　叶插

a）全叶插　b）叶柄插　c）片叶插　d）片叶插生根情况

①全叶插。即以整个叶片来作为插穗。

a. 可以采用叶片的平置法，即切去叶柄，将叶片平铺于基质上，用铁针或是竹针将其固定在沙面上，叶片下部与基质紧密接触。例如落地生根，可以从叶缘生出小苗。

b. 像蟆叶海棠、大岩桐等叶脉粗壮的植物，叶片边缘过薄处可以适当地剪去一部分，以减少水分的蒸发。根据主脉及粗壮侧脉分布状况，在叶片支脉近主脉处切断数处，将叶片平铺在插床面上，使叶片能够与基质密切接触并用竹签等进行固定，以便能在支脉切伤处生根，在下端可以生出幼小植株。

②片叶插。将叶片切割成数块（每块上应当分别具有主脉和侧脉），分别进行扦插，使每块叶片上能够形成一个新植株。例如虎尾兰、豆瓣绿、秋海棠等。豆瓣绿叶厚而小，沿中脉分切左右两块，其下端插入到基质中，自主脉处发生幼株。

虎尾兰叶片较长，可以横切成5cm左右的小段，将下端插入基质中，自下端会生出幼株。

③叶柄插。叶柄扦插适用于叶柄发达、易生根的种类。即将叶柄插入到基质中，叶片立于基质面，叶柄基部产生不定芽和根系，从而形成新的个体。例如大岩桐、苦苣苔、豆瓣绿、非洲紫罗兰、球兰、菊花等都可以用此法。

可带全叶片；也可以带半叶扦插。大岩桐、豆瓣绿等是从叶柄基部先发生小球茎，然后生根发芽，从而形成新的植株。

（3）扦插苗的管理

露地扦插是一种最简单的育苗方法，成本低，且易推广，但是如果管理不当，扦插的成活率就较低，出苗率也低。

另外，露地扦插时，苗木生长期较短，苗木质量相对也较差。因此，加强扦插后的管理十分重要。

1）水分管理。扦插后应当立即灌一次透水，以后要经常保持插床的湿度。

早春进行扦插的落叶树，在干旱季节灌水。常绿树或者嫩枝扦插时，要保持插床的插壤以及空气的湿度较高，每天向叶面喷1~2次水。

在扦插苗木生根的过程中，水分一定要适宜，在扦插初期湿度应稍大，后期则稍小，否则苗木下部容易腐烂，影响插穗的愈合及生根。

待插穗新根长到3~5cm时，便可以适时移植上盆。

2）温度管理。早春季节的地温比较低，需要覆盖塑料薄膜或是铺设地热线进行增温催根，保持插床空气相对湿度在80%～90%，温度要控制在20～30℃。

在夏、秋季节地温较高、气温更高的情况下，就需要通过喷水、遮阳等措施来进行降温。在大棚内喷雾可以降温5～7℃，在露天扦插床喷雾可以降温8～10℃。

当采用遮阳降温时，透光率一般要求在50%～60%。

如果采用搭棚降温，则5月初开始由于阳光的增强，气温升高，为了促使插穗生根，应当给予搭棚遮阳，在傍晚时揭开凉棚，白天盖上；9～10月就可以撤棚，接受全光照。

3）松土除草。如果发现床面杂草萌生，要及时地拔去，以减少水分养分的损失。

如果土壤过分板结，可以用小铲子轻轻在行间空隙处进行松土，但不应过深，以防止松动插穗基部影响切口的生根。

4）追肥。在扦插苗生根发芽成活以后，插穗内的养分已基本耗尽，这时就需要充足的供应肥水，满足苗木生长对养分的需要。在必要时可以采取叶面喷肥的方法。

在插后，每隔1～2周应当喷洒0.1%～0.3%的氮磷钾复合肥。在采用硬枝扦插时，可以将速效肥稀释后浇入苗床。

5）病虫害防治。加强苗木病虫害的防治，消除病虫危害对苗木的影响，以提高苗木质量。

4. 园林植物的嫁接育苗

（1）嫁接时期

1）芽接时期。芽接在树木的整个生长季期间都可以进行。但应当根据树种生物特性的差异，选择最适宜的嫁接时期。

除柿树等芽接时间以4月下旬至5月上旬最为合适，而龙爪槐、江南槐等以6月中旬至7月上旬芽接成活率最高外，北京地区大多数树种是以秋季（即8月上旬至9月上旬）芽接为最适宜，此时嫁接的好处是既有利于操作，又能愈合好，且在接后芽当年不萌发，以免遭冻害，有利于安全越冬。

在这个时期进行芽接，还应当结合不同树种的特点、物候期的早晚来确定具体的芽接时间。例如樱桃、李、杏、梅花、榆叶梅等因其停止生长早，应当早接，特别是在干旱年份更应早接，一般情况下在7月下旬至8月上旬进行，若时间稍晚，砧、穗不离皮，则不便于操作。而苹果、梨、枣等在8月下旬嫁接较为适宜。

但杨树、月季最好在9月上中旬进行芽接，过早的芽接，接芽易萌发抽条，到停止生长前却不能充分木质化，越冬就比较困难。

2）枝接时期。枝接是一般在树木休眠期进行，多选择在春、冬两季，以春季为最适宜。

春季正值多数树种砧、穗树液开始流动，细胞分裂活跃，接口愈合快，此时嫁接就比较容易成活。接后到成活的时间最短，管理方便。对于含单宁较多的树种，例如柿子、核桃等枝接时期应当稍晚，应选在单宁含量较少的时期，一般情况下是在4月20日以后（即谷雨至立夏前后）为最适宜。

同一树种在不同的地区进行枝接，由于各地的气候条件的差异，其进行的时间也各不相同，都应当选在形成愈合组织最有利的时期。例如河南鄢陵在9月下旬（秋分）枝接玉兰；山东菏泽在9月下旬枝接牡丹。

针叶常绿树的枝接时期则以夏季较为适宜，例如龙柏、洒金柏、翠柏、偃柏等，在北京

6 月份嫁接成活率为最高。

冬季枝接在树木落叶后、春季发芽前均可以进行。但此时的温度过低，必须要采取相应的措施，才能保证其成活。一般是将砧木掘下在室内进行，在接好后先假植于温室或地窖中，促使其愈合，春季再栽于露地。

在假植或是栽植的过程中，由于砧木、接穗未愈合牢固，不可以碰动接口，防止接口错离，影响其成活率。

目前枝接采用的是蜡封接穗，可不受季节限制，一年四季都可进行，方法简便，成活率高，生产中值得广泛采用。

（2）嫁接方法

1）芽接。芽接是用芽作接穗进行的嫁接。芽接的优点是能够节省接穗，一个芽就能繁殖成一个新植株；一年生砧木就能嫁接，技术容易掌握，并且效果好，成活率高，可以迅速地培育出大量苗木。即使嫁接不成活对砧木也没有太大的影响，可以立即进行补接。但芽接必须在木本植物的韧皮部与木质部能够剥离时才可进行。常用的芽接方法有带木质部嵌芽接、“T”字形芽接、方块状芽接等多种方法。

①“T”字形芽接（图 9-9）。又称为“丁”字形芽接、盾形芽接等。由于其砧木切成“T”字形或是接穗成盾形芽片而得名。是运用极广泛的芽接方法，多选择在树木生长旺盛、树皮易剥离时来进行，具体步骤如下。

a. 削芽片。先将接穗上的叶片剪去，仅留叶柄，在需取芽上方 0.5～1cm 处横切一刀，深入木质部，再从芽下方 1cm 左右处向上削至横切处，然后取下芽片，一般不带木质部，然后将芽片用湿布包好或是含在口中。

b. 切砧木。在砧木近基部光滑部位，将树皮横、纵各切一刀，深达木质部，成一个“T”字形，其长宽均应略大于芽片的尺寸，然后用芽接刀骨柄挑开树皮。

c. 结合。将芽片插入砧木的切口，芽片上端与砧木上切口对齐，靠紧砧木被挑开的皮层，包裹芽片，仅露出芽片上芽及叶柄即可。

d. 绑缚。用塑料薄膜带绑缚，仅露出芽及叶柄，如图 9-9 所示。

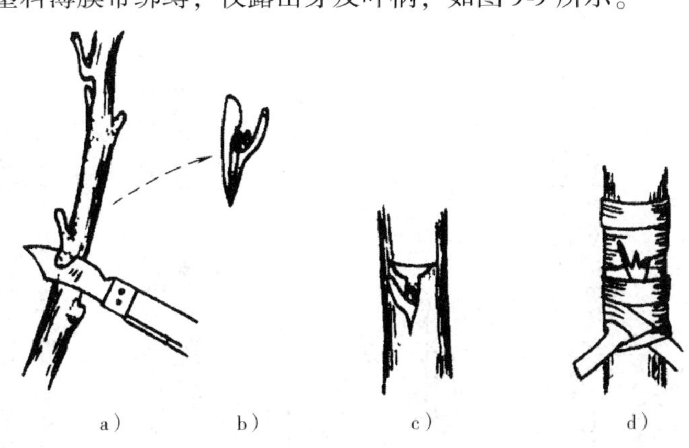

图 9-9　“T”字形芽接

a）削接穗　b）芽片　c）芽片插入砧木　d）绑缚

②方块状芽接（图 9-10）。又称为贴皮芽接或窗形芽接。即从接穗上切取正方形或是长方形的芽片接在砧木上。这种方法比“T”字形芽接的操作复杂，一般树种多不采用，但在

此方法中芽片与砧木的接触面大，有利于成活。对于较粗的砧木或是皮层较厚和叶柄特别肥大的树种，例如核桃、油桐、楸树等，均适于采用此法。

a. 选好接穗上的中、下部饱满芽，从接芽的上下各1.5cm处横切一刀，切口长度为2～3cm，再从横切口的两端各纵切一刀，使芽片呈方形。

b. 砧木皮层的切口有两种不同的形式，即单开门（皮层切口呈“［”形）和双开门（皮层切口呈“工”形）。撬开砧木皮层，将切芽插入，将砧木皮层与芽片对齐之后，将多余的砧皮撕掉或是留下一块砧皮包接芽。最后，绑缚并在接芽的周围涂蜡，如图9-10所示。

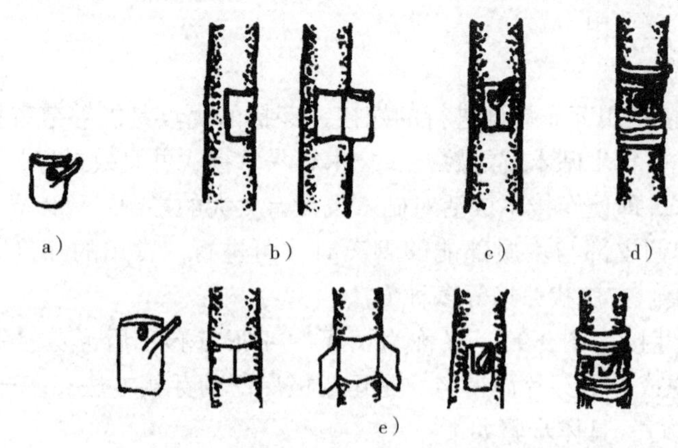

图9-10　方块芽接

a）接穗去叶及削芽　b）砧木切削　c）芽片嵌入　d）捆扎

e）“工”字形砧木切削及芽片插入

③带木质部嵌芽接（图9-11）。也叫作嵌芽接。这种方法不仅不受树木离皮与否的季节限制，而且用这种方法来嫁接，接合牢固，有利于嫁接苗生长，已在生产上得到广泛应用。嫁接的方法如图9-11所示。

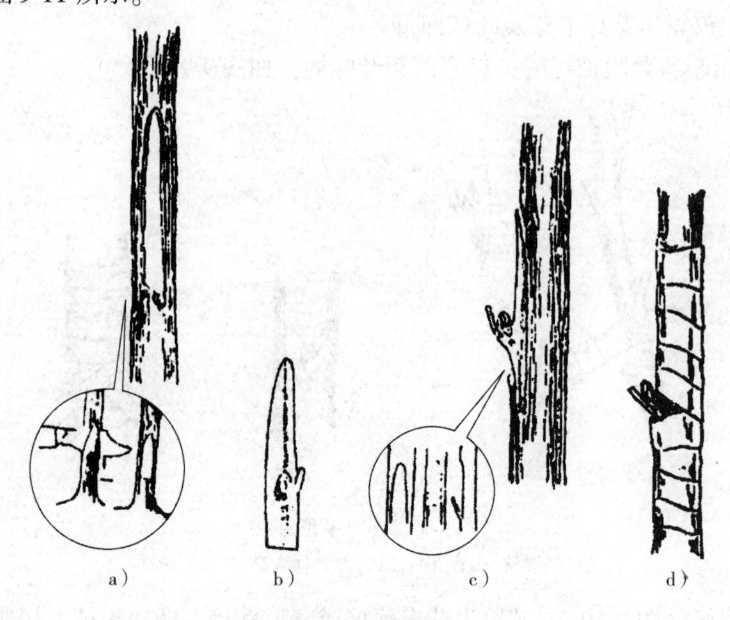

图9-11　嵌芽接

a）取芽片　b）芽片形状　c）插入芽片　d）绑扎

a. 取接芽。先从芽的上方 1.5～2cm 处稍带木质部向下斜切一刀，然后在芽的下方 1cm 处横向斜切一刀，取下芽片。

b. 切砧木。在砧木选定的高度上，取背阴面光滑处，从上向下稍带木质部削出一个与接芽片长、宽都相等的切面。将这块切开的稍带木质部的树皮上部切去，下部要留 0.5cm 左右。

c. 插接穗。将芽片插入切口使两者形成层对齐，然后再将留下部分贴到芽片上，用塑料条绑扎好便可。

2）枝接。枝接是指用枝条作接穗进行的嫁接。根据其形式可以分为劈接、切接、靠接、髓心形成层对接、腹接、桥接等多种形式。

①切接（图 9-12）。切接是枝接中最常用的一种方法，适用于大部分的园林树种。

a. 砧木宜选用粗为 1～2cm 的幼苗，在距离地面 5cm 左右处切断，削平切面后，在砧木的一侧垂直下刀（略带木质部，在横断面上为直径 1/5～1/4），深度为 2～3cm，接穗则侧削一面，呈 2～3cm 的平行切面，对侧基部削一小斜面，并且接穗上要保留 2～3 个完整饱满的芽。

b. 将削好的接穗插入砧木切口中，将形成层对准，砧木、接穗的削面紧密结合，再用塑料条等捆扎物捆好，必要时可以在接口处涂上接蜡或是泥土，以防止水分的蒸发，一般接后都采用埋土的办法来保持湿度，如图 9-12 所示。

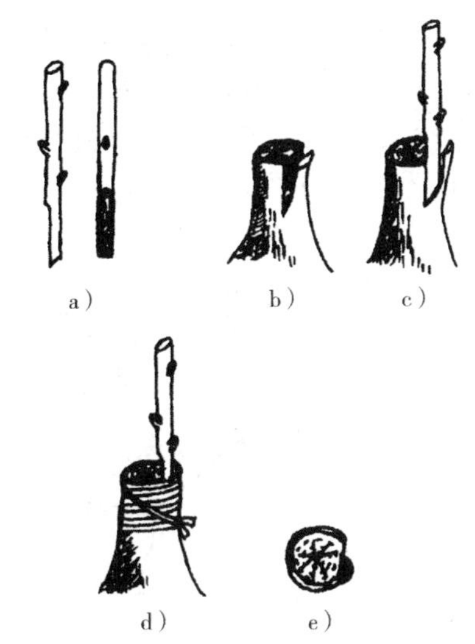

图 9-12　切接

a）接穗切削正、侧面　b）砧木削法

c）砧穗结合　d）捆扎

e）形成层结合断面

②劈接（图 9-13）。劈接法又称为割接法，适用于大部分落叶树种。砧木粗大而接穗细小时，宜采用劈接法。砧木在距地面 5cm 处切断，在它的横切面上中央垂直下切一刀，切口深度为 2～3cm。接穗削成楔形，切口长为 2～3cm，将接穗插于砧木中，插后要使双方形成层密接。如果砧木粗可只对准一边形成层或是在砧木劈口左右侧各接一穗，也可在粗大砧木上交叉劈两刀，接上四个接穗，成活后选留发育良好的一个。接后用嫁接膜或是麻绳绑缚。山茶、松树等嫩枝劈接可进行套袋保湿（嫩枝多用劈接），其他操作要领与切接基本相同，如图 9-13 所示。

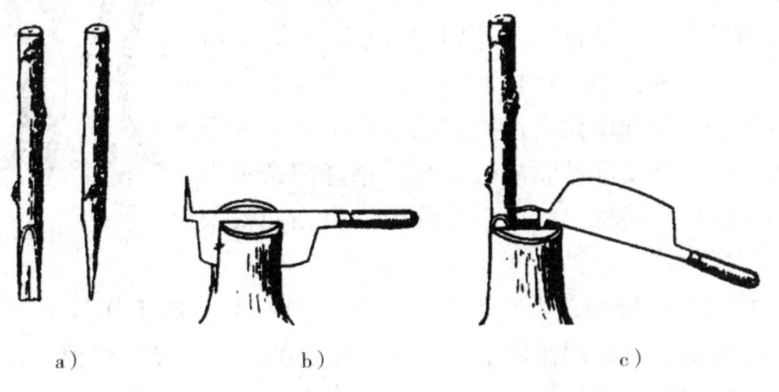

图 9-13　劈接

a）削接穗　b）劈砧木　c）插入接穗

③髓心形成层对接（图9-14）。针叶树种的嫁接多选择髓心形成层对接的方式来进行。其时间以砧木的芽开始膨胀时嫁接最好，也可选择在秋季新梢充分木质化时来进行嫁接。

a. 在削接穗时，剪取带顶芽长8～10cm的一年生枝作接穗。只保留顶芽以下十余束针叶和2～3个轮生芽。

b. 然后从保留的针叶1cm左右以下开刀，逐渐向下通过髓心平直切削成一削面，削面长度为6cm左右，再将接穗背面斜削一小斜面。

c. 利用中干顶端一年生枝来作砧木，在略粗于接穗的部位支除针叶，摘去针叶部分的长度比接穗削面长度略长。

d. 从上向下沿形成层或是略带木质部处切削，削面长、宽皆与接穗削面相同，下端斜切一刀，去掉切开的砧木皮层，斜切长度同接穗小斜面要相当。将接穗长削面向里，使接穗与砧木之间的形成层对齐并且密切结合，小削面插入砧木面的切口，最后用塑料薄膜条将其绑扎严密，如图9-14所示。

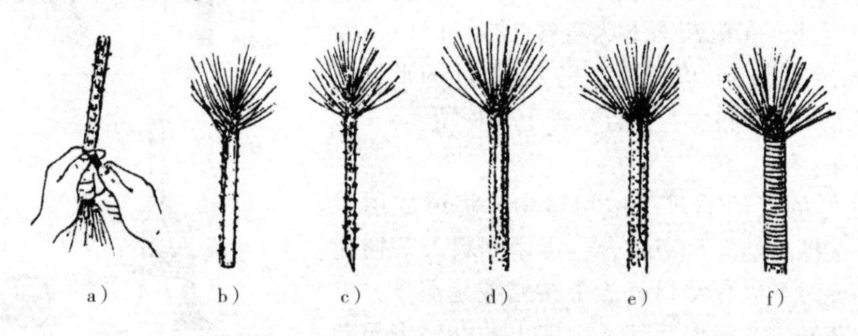

图9-14　髓心形成层对接

a）削接穗　b）接穗正面　c）接穗侧面　d）切砧木　e）砧、穗贴合　f）绑扎

④靠接（图9-15）。靠接常用于嫁接不易于成活的常绿木本盆栽植物种类，如用木兰作砧木来靠接白兰，用黑松来靠接五针松，用女贞来靠接桂花等。靠接宜选择在生长旺盛的季节进行，但应当避免在雨季和伏天进行。

a. 在靠接时，将作接穗和砧木的植株移栽（或是盆栽）到便于靠接的适当位置，选母株上与砧木主枝中下部粗细相近的枝条。

b. 在接穗适当部位斜削出一个3～5cm的切口，深达木质部，再在砧木中下部削出与接穗形状大小相同的削口，然后使两者的削口靠贴，形成层对准并要密切结合。

c. 再用塑料薄膜条将其扎紧。如果两者的削口宽度不等，也可使一边的形成层对准密接。等到愈合后，剪断接口下的接穗和接口上的砧木，如图9-15所示。

图9-15　靠接

⑤桥接。桥接是一种利用插皮接的方法，在早春树木刚开始进行生长活动时，韧皮部易剥离时进行。选择用亲和力强的种类或是同一树种作接穗。常用于补修树皮受伤而根未受伤的大树或是古树。

a. 削接穗。桥接时如果伤口下有发出的萌蘖，可在萌蘖高于伤口上部处，削成马耳形的斜面；如果没有萌蘖，可以用比砧木上下切口稍长的一年生枝作接穗，在接穗上、下端的同一方向分别削与插皮接相同的切面，长为5cm左右。

b. 切砧木。将已死或是被撕裂的树皮去掉，露出上、下两端健康组织即可。

c. 插接穗。接穗从伤口上下插入，再用长度为 1.5cm 小铁钉钉住插入的接穗的削面，然后用电工胶布贴住接口，或是用塑料布系住接口，以防止水分的散失。如果伤口下有萌蘖，只一头接，这叫一头接；如无萌蘖，接穗两端均插入，就叫两头接。如果伤口过宽，可以接二三条，甚至更多条，则称为多枝桥接。

⑥腹接。腹接分为切腹法（图 9-16）和皮下腹接法（图 9-17）两种方式。腹接特别适用于五针松、锦松、柏树等常绿针叶的树种。

a. 一般砧木不断砧，在砧木适当部位向下斜切一刀，达木质部 1/3 左右，切口长为 2 ~ 3cm。

b. 将接穗削成斜楔形，类似于切接穗，但小斜面应当稍长一些，然后将接穗插入砧木绑缚、套袋中。

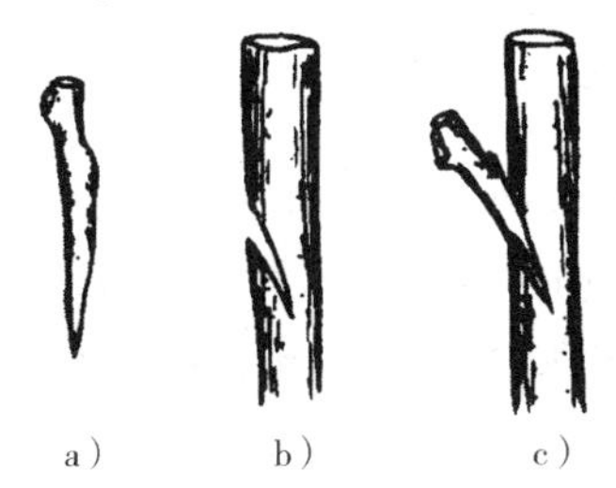

图 9-16　切腹法

a）接穗　b）砧木切口　c）接合

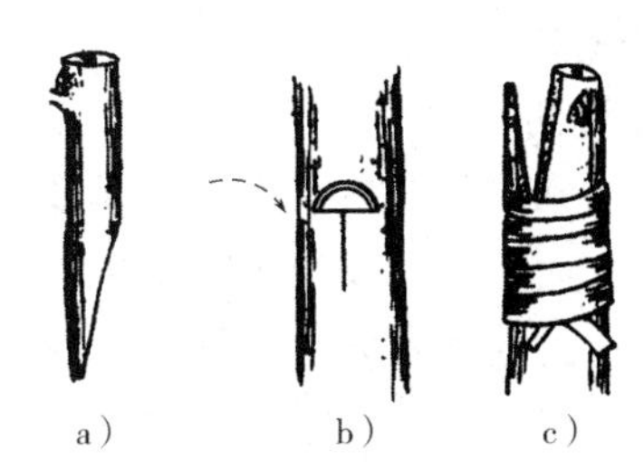

图 9-17　皮下腹接法

a）接穗侧面　b）接穗插入　c）绑缚

（3）嫁接后的管理

1）挂牌。挂牌是为了防止嫁接苗品种混杂，以达到生产出品种纯正、规格高的优质壮苗的目的。

在嫁接时，将同品种接穗安排在一起，嫁接完要立即挂牌，注明接穗的品种、数量、贮藏情况和嫁接日期、方法等资料，以便日后了解生产的情况和总结经验。但是也要防止由于挂牌而造成的经营机密的泄露。所以在挂牌时，要尽量不用他人能看懂的文字，多用一些代号和字母来表示。

2）检查成活率。枝接苗一般在接后 20 ~ 30d 检查其成活。如接穗芽已萌发或是接穗鲜绿，则有望成苗。

芽接苗一般在嫁接后 10d 左右进行检查，如芽新鲜，叶柄手触后即脱落，则基本就能成活。相反，如芽干瘪、变色，叶柄不易脱落则证明没有成活。

对于未成活的芽接，则应当及时补接；枝接如时间允许也可以补接，如时间不允许，则可以在夏秋季在新芽萌发枝条上用芽接法补接。

3）解除绑缚物。在生长季节嫁接后需立即萌发的芽接和嫩枝接，结合检查成活率要及时解除绑扎物，以免接穗发育受到抑制。其方法就是在接穗芽的背部，用锋利的刀片将绑扎物划破即可；但不可以划刀过深，否则易将砧木划破。当时不需立即萌发的，可以在稍晚时解除绑扎物，只要不影响接穗芽萌发即可。

枝接由于接穗较大，愈合组织虽然已经形成，但砧木和接穗结合往往不牢固，所以解除绑扎物不可以过早进行，以防因其愈合不牢而自行裂开导致死亡。

一般在接芽开始生长时先松绑，当接穗芽生长到 4 ~ 5cm 时，将套在其上的塑料袋或是纸袋先端剪一个小洞，使幼芽接触外界环境并能逐渐适应，4 ~ 5d 后拿掉袋子。在接穗萌芽生长半月之后，即长 30cm 左右时，再进行解绑。

4）剪砧、抹芽和除蘖。在嫁接成活后，凡是在接口上方仍有砧木枝条的，要及时将其部分剪去，以促进接穗生长。

可以采取一次剪砧，即在嫁接成活后，春季开始生长之前，将砧木自接口的上方剪去，剪口在接芽上方 0.5～1cm 处，向芽的反侧略倾斜。

在嫁接成活后，砧木常萌发许多蘖芽，要及时摘除，以免与接穗争夺水分和养分。

5）立支柱。当嫁接苗长出新梢时，应当及时立支柱，以防幼苗弯曲或是被风折断。

6）常规田间管理。当嫁接成活后，要视苗木生长状况以及生长规律，应加强肥水管理，适时的灌水、除草松土、施肥、防治病虫害，以促进苗木生长。

5. 植物的播种育苗

（1）播种期的确定

播种期的确定是育苗工作的首要环节，适宜的播种时期不仅可以使种子能够提早发芽，提高发芽率；而且还可以使出苗整齐，苗木生长健壮，苗木的抗旱、抗寒、抗病能力强；同时还可以节省土地和人力。播种期的确定首先要考虑植物的生物学特性和当地的气候条件，要掌握适种、适地、适时的三个原则。

1）春播。春播在种苗的生产中应用最广泛，适合于我国的大多数植物。春播的主要优点有：

①从播种到出苗的时间较短，可以相应地减少圃地的管理次数。

②春季土壤湿润、不板结，气温较适宜种子萌发，出苗整齐，苗木的生长期较长。

③幼苗出土后温度会逐渐升高，可以避免低温以及霜冻的危害。

④春播会较少受到鸟、兽、病、虫危害。

春播宜早不宜晚，在土壤解冻后便应当开始整地、播种，在生长季较短的地区更应当早播。早播的苗木出土早，在炎热夏季到来之前，苗木就已木质化，可以提高苗木抵抗阳光灼伤的能力，这样有利于培养出健壮、抗性强的苗木。

2）夏播。有许多种子也可以在夏季播种，但是夏季天气比较炎热，而且太阳辐射强，土壤容易板结，对于幼苗的生长并不利。杨、柳、桑和桦等一些夏季成熟不耐贮藏的种子，可以在夏季随采随播。

①最好在雨后播种或是播种前浇透水，有利于发芽，播种后要保持土壤的湿润，降低地表温度。

②夏播应当尽量提早，以使苗木在冬前基本停止生长，木本植物能够充分的木质化，以利于安全越冬。

3）秋播。有些植物的种子在秋季播种比较好，并且秋播还有变温催芽的功能。

①经过秋季的高温和冬季的低温过程，起到了变温处理的作用，翌年的春季出苗，可以缓解春季的作业繁忙和劳动力紧张的矛盾。

②可以使种子在苗圃地中通过休眠期，以完成播前的催芽阶段。

③幼苗出土早而整齐，幼苗健壮，成苗率高，增强苗木的抗寒能力。

④秋播不适宜太早，要以当年不发芽为前提，因为有些植物的种子没有休眠期，所以在播种后发芽的幼苗越冬就比较困难。

⑤秋播时间一般可以掌握在 9～10 月。

⑥适宜秋播的植物主要有：红松、水曲柳、白蜡和椴树等休眠期长的植物；种皮坚硬或是大粒种子如栎类、核桃楸、板栗、文冠果、山桃、山杏和榆叶梅等；二年生草本花卉和球根花卉比较耐寒，可以在低温下萌发、生长、越冬，例如郁金香、三色堇等。

4）冬播。冬播实际上是春播的提早及秋播的延续。我国的北方一般不在冬季进行播种，而南方的一些地区如果气候条件适宜，则可进行冬播。

①我国的北方地区以早春（2月）的播种为主。在南方地区冬春都有播种。

②长江中下游的大部分地区分为春播（4~5月）和秋播（9~10月）。

③随着苗木生产的发展，越来越多地采用保护地条件下的播种，更多地去考虑开花期，而播种时间的限制也越来越少，只要环境条件适合，又能满足所播种苗木的习性都可以去进行。

（2）播种方法

1）撒播。撒播其实就是将种子均匀地撒在苗床上，这种方式适用于杉木、木荷和枫香等细小粒种子和小粒种子。其特点就是产苗量高，播种方式比较简便，但是由于株行距不规则，不利于锄草等管理。另外，撒播用种量比较大，所以不适合大面积播种。

①为了撒播得均匀，应当按照苗床面积来进行分配种子数量，将一个苗床的种子量分成3份，分3次撒入苗床，小粒种子在撒后需立即进行盖土，覆土厚度以0.5~1cm为宜。

②细小粒种子还需加黄心土或是沙等基质，随着种子一同撒到苗床上，撒后可以不盖土。为了使种子与土壤紧密结合，促进种子能够发芽整齐，播种细小粒种子或者是在土松、干旱的情况下，在播种前或覆土后要对播种地进行镇压。

2）条播。条播是指按照一定的行距，将种子播在播种沟中或是采用播种机直接播种，覆土厚度要根据植物种而定。

①条播可以采用手工或是机具播种。手工条播是在苗床上按照一定行距进行开沟，行间距为10~25cm，播幅为10~15cm，播种沟深应当为种子直径的2~3倍，在沟内均匀播种种子，覆土至沟平。

②条播一般情况下取南北方向，因为有一定的行距，这样有利于通风透光；便于机械作业，省工省力，生产效率较高。大多数植物种都比较适合条播。

3）点播。点播是指首先在平整的苗床上按照株行距划线开播种穴，或者是按照行距划线开播种沟，然后将种子均匀地点播于穴内或沟内。通常行距为30~80cm，株距则为10~15cm。

①播后需要立即覆土，覆土厚度中粒种子为1~3cm，而大粒种子为3~5cm。点播适用于银杏、山桃、山杏、核桃、板栗和七叶树等大粒种子，但也适用于珍贵植物种播种。株行距要按照不同植物种和培养目的来确定。

②点播由于有一定的株行距，所以节省种子，苗期通风透光好，有利于苗木生长，点播育苗通常不进行间苗。

（3）播种技术

播种包括定线、开沟、播种、覆土、碾压五个环节。这些工作的质量和配合的好坏程度，会直接影响播种后种子的发芽率、发芽势以及苗木生长的质量。

1）定线。在播种前先划线定出播种位置，其目的就是使播种行通直，有利于抚育和起苗。

2）开沟、播种。开沟与播种两项工作必须紧密结合，开沟后应当立即进行播种，以防止播种沟干燥，影响种子的发芽。播种沟宽度通常为2～5cm，如果要采用宽条播种，可以按照其具体要求来确定播种沟的宽度，播种沟的深度应与覆土厚度相同。如果干旱，播种沟底应当镇压，以促使毛细管水上升，保证种子发芽所需的水分。

3）覆土。覆土是在播种后用土、细沙等覆盖种子，从而保护种子能够得到发芽所需的水分、温度和通气条件，而且还能避免受到风吹、日晒、鸟兽等的危害，播后需要立即覆土。为了保持适宜的水分和温度，促进幼苗出土，覆土一定要均匀，厚度也要适宜。一般覆土的厚度为种子直径的1～3倍，过深、过浅都不合适，若过深幼苗不易出土，而过浅则土层易干燥。

覆土的厚度对于幼苗出土影响明显，不同的覆土厚度，其种子发芽情况也是不同，因此，要正确地确定覆土的厚度，主要依据下列的条件。

①气候条件。干旱条件应当厚，而湿润条件应当薄。

②树种生物特性。大粒种子应当厚，而小粒种子应当薄；子叶出土的应当厚，而子叶不出土的应当薄。

③土壤条件。沙质土壤要略厚，而黏重土壤要略薄。

④覆土材料。疏松的应当厚，否则应当薄。

⑤播种季节。一般情况下春、夏播种的覆土应当薄，北方秋播应当厚。

4）碾压。为了使种子与土壤紧密结合，保持土壤中的水分，播种后用石磙轻压或是轻踩一下，对疏松土壤很有必要。

（4）播种后的管理

1）出苗前的管理

①除去覆盖物。田间播种以及育苗钵或是育苗块播种，在种子发芽时，应当及时稀疏覆盖物，当出苗较多时，要将覆盖物移至行间，在苗木出齐时，要将覆盖物撤出。

若要用塑料薄膜覆盖，当土壤温度高达28℃时，需要掀开薄膜通风，在幼苗出土后将薄膜撤出。若温室内加盖薄膜保湿的，早晚也要掀开几分钟以利于通风透气。

②喷水。一般在播种前应当灌足底水。在不影响种子发芽的情况下，播种后应当尽量不灌水。以防止降低土温及造成土壤板结。

在出苗前，如果苗床干燥也应适当地进行补水，常采用喷灌的方式来进行补水。而育苗钵、育苗块等容器育苗，最好采用滴灌的方式。

③松土除草。在田间播种，幼苗没有出土时，如果因灌溉使土壤板结，应当及时进行松土；对于秋冬播种的，在早春土壤刚化冻时，也应进行松土。

松土不宜过深。一般是将松土与除草结合进行。

2）苗期管理

①遮阳。遮阳是防止日光灼伤到幼苗及减少土壤水分蒸发而采取的降温、保湿措施。

幼苗刚出土时，由于组织幼嫩，抵抗力弱，并且不易适应高温、炎热、干旱等不良环境条件，需要进行遮阳保护。有些树种的幼苗尤其喜欢庇荫环境，例如红松、云杉、白皮松、紫杉、含笑等，更应当给予充分的遮阳。

一般在撤除覆盖物后要进行遮阳，常用的方法是搭成一个高0.4～1.0m的平顶或是向南北倾斜的阴棚，选用竹帘、苇席、遮阳网等材料作遮阳材料。

遮阳时间为晴天10:00～17:00左右，早晚要将遮阳材料掀开。每天的遮阳时间应当随苗木的生长而逐渐缩短，一般遮阳 1～3 个月，当苗木的根茎部已经木质化时，应当拆除遮阳设施。

②间苗与补苗。

a. 间苗。间苗就是指调整苗木的密度，用于弥补由于播种量大或是播种不均匀所造成的出苗不整齐、疏密不均等问题。

在苗木过密的地方，移除部分幼苗，以保证苗木在适宜的密度下生长整齐、健壮。此项工作应当提早进行。其次数应当根据苗木的生长速度而定，一般情况下间苗 1～2 次。

对于一些速生树种或是出苗较稀的树种，可以进行一次间苗，即定苗，一般在苗高为 10cm 左右时进行。

对生长速度中等是或生长较慢的树种，出苗较密的，可以进行两次间苗，第一次在苗高 5cm 左右时进行，第二次选择在 10cm 左右时进行，即为定苗。

间苗应当按照单位面积产苗量的指标来留苗。其保留数量应当比计划产苗量多 10% 左右，作为损耗系数，以留有余地，保证计划能够完成。间苗前后应当及时浇水；最好是在阴天进行。

b. 补苗。补苗可以弥补缺苗断垄和产苗量不足的问题。补苗时期越早越好，可以结合着间苗同时进行，最好选择阴雨天或是 16:00 以后进行，以防止幼苗因缺水而萎蔫。

补苗后要及时浇水，必要时要遮阳，以提高苗的成活率。

③幼苗截根。幼苗截根是指用利器在适宜的深度将幼苗的主根截断。

这种方法主要适用于主根发达而侧须根不发达的树种。截根作用是能促进幼苗多生侧根和须根，限制幼苗主根的生长，提高幼苗的质量。

一般选择在生长初期末来进行，截根深度 8～15cm。有些树种在催芽后就可以截去部分胚根，然后播种。

④中耕除草。中耕除草的作用是可以疏松表层土壤，以减少土壤水分的蒸发，增加其保水蓄水的能力，促进其空气的流通，加速微生物的活动和促进苗木根系的生长，可以有效地减少杂草对土壤水分、养分的抢夺，减少病虫害的传染源。

另外，在盐碱地中，可以抑制土壤的返碱现象。苗木在生长初期，中耕应浅，随着苗木的生长，可以逐渐地加深。一般应当注意在苗根附近宜浅，行间应深。

⑤灌溉。幼苗对水分的需求很敏感，灌水应当及时、适量。在生长初期根系分布浅，应当选择小水勤灌，始终保持土壤湿润。

随着幼苗生长，要逐渐延长两次灌水间隔时间，并增加每次灌水量。灌水一般情况下选择在早晨和傍晚进行。

⑥病虫害防治。幼苗病虫害防治应当遵循的原则是“防重于治，治早治小”。

认真地做好种子、土壤、肥料、工具和覆盖物的消毒工作，加强苗木田间的养护管理，清除杂草、杂物，认真观察幼苗的生长状况，一旦发现病虫害，应当立即治疗，以防病虫害的蔓延。

⑦苗期追肥。追肥是指在苗木生长期间施用的肥料。通常情况下，苗期追肥的施用量应当占 40%，并且苗期追肥应本着“根找肥，肥不见根”的原则来进行施用。施用追肥有土壤追肥和根外追肥两种方法。

土壤追肥。土壤追肥一般采用速效肥或是腐熟的人粪尿。苗圃中常见的速效肥有草木灰、硫酸铵、尿素、过磷酸钙等肥料。施肥次数宜多并且每次用量宜少。

一般苗木的生长期可以追肥 2 ~ 6 次。第一次宜在幼苗出土后 1 个月左右进行，以后每隔 10d 左右就追肥一次，最后一次追肥时间要在苗木停止生长前 1 个月时进行。

而对于针叶树种，在苗木停止生长前 30d 左右，应当停止追施氮肥。追肥要按照“由稀到浓，少量多次，适时适量，分期巧施”的原则来进行。

⑧根外追肥。根外追肥是指采用将液肥喷雾在植物枝叶上的方法。

对于需要量不大的微量元素和部分速效化肥做根外追肥效果比较好，既可以减少肥料流失，又可以收效迅速。

在进行根外追肥时应当注意的问题是选择适当的浓度。一般微量元素含量为 0.1% ~ 0.2%，化肥为 0.2% ~ 0.5%。

⑨苗木防寒。在冬季寒冷、春季风大干旱、气候变化剧烈的地区，对苗木特别是对抗寒性弱和木质化程度差的苗木危害很大，若保证这些苗木免受霜冻和生理干旱的危害，必须要采取有效的防寒措施。其防寒措施主要有两方面。

提高苗木的抗寒能力。应当选育抗寒品种，正确掌握播种期，入秋后要及早停止灌水和追施氮肥，加施磷、钾肥，加强松土、除草、通风透光等工作，使幼苗在入冬前能够充分木质化，增强抗寒能力。对于阔叶树苗休眠较晚的树植，可以用剪梢的方法，来控制生长并促进木质化。

预防苗木免受霜冻和寒风危害。可以采用在土壤结冻前进行覆盖、设防风障、设暖棚、熏烟防霜、灌水防寒、假植防寒等措施来进行防御。

9.2 园林苗圃的建立

9.2.1 园林苗圃施工

园林苗圃的建立，是指开建苗圃时的一些基本建设工作，它的主要项目是各类房屋的建筑和路、沟、渠的修建，防护林带的种植以及土地平整等工作。一般房屋的建设应当在其他各项之前进行。

1. 圃路的施工

（1）施工前，应当先在设计图上选择两个明显的地物或者两个已知点，定出主干道的实际位置，再把主干道的中心线作为基线，进行圃路系统的定点放线工作，然后才可以进行修建。

（2）在建圃初期，主干道可以简单实用一些，例如土路、石子路，以防止在建设过程中对道路的损坏。等到整个苗圃施工基本结束后，可以重新修建主干道，提高道路等级，例如修建柏油路、水泥路等，使交通更加便捷，苗圃的形象更好。

（3）对于大型苗圃中的高等级主干道路可以外请建筑部门或是道路修建单位负责建造。

2. 房屋建造

在苗圃建设初期，可以搭建临时用房，以此来满足苗圃建设前期的调查、规划、道路修建等基本工作的需求。以后，逐步建设长期用房，例如办公大楼、水源站点、温室等。

3. 灌溉渠道的修筑

在灌溉系统中的提水设施（泵房和水泵的建造、安装工作），应当在引水灌渠修筑前，请有关单位协助共同来建造。

在圃地工程中修筑引水渠道最重要的是渠道纵坡落差要求均匀，并且应当符合设计要求。在渗水力强的沙质土地区，要求用黏土或是三合土加固水渠的底部和两侧。修筑暗渠应按照一定的坡度、坡向及深度的要求来进行埋设工作。

4. 排水沟的挖掘

通常情况下，先挖掘向外排水的总排水沟。中排水沟与道路的边沟相结合，可以结合修路来进行。小区内的小排水沟可以结合整地进行挖掘，也可以用略低于地面的步道来代替。一定要注意排水沟的坡降和边坡都要符合设计的要求。为了防止边坡下塌会堵塞排水沟，可以在排水沟挖好后，种植一些护坡的树种。挖掘排水系统时，建议事先与市政排水系统进行沟通。

5. 防护林的营建

为了能够尽早地发挥防护林的防护效益，根据设计上的要求，防护林的营建一般是在苗圃路、沟、渠施工后立即进行的。

结合环境条件的特点，选择适宜的树种，树种的规格适当大些，最好使用大苗进行栽植，栽后要注意养护。

6. 土地平整

要根据苗圃的地形、耕作方向、排灌方向等方面来进行。坡度不大者可以在路、沟、渠修成后结合翻耕来进行平整；当坡度过大时，一般情况下要修水平梯田，特别是山地苗圃；总坡度不太大，但局部是不平的，选用挖高填低的方法，在深坑填平后，应当灌水使土壤落实后再采取平整的措施。

7. 土壤改良

若苗圃土壤理化性质比较差的，要进行土壤改良。如在苗圃地中有盐碱土、砂土、重黏土或是城市建筑垃圾等情况的，应当在苗圃建立时对土壤进行改良工作。

对盐碱地可以采取开沟排水、引淡水冲碱或是刮碱、扫碱等措施对土壤加以改良；轻度盐碱土可以采用深翻晒土、多施有机肥料、灌冻水以及雨后（或灌水后）及时中耕除草等农业技术措施。

对于砂土，最好采用掺入黏土和多施有机肥料的办法来对其进行改良，并适当增设防护林带；对重黏土则应采用混砂、深耕、多施有机肥料、种植绿肥和开沟排水等措施来加以改良。

对城市建筑垃圾或是城市撂荒地的改良，应当以除去耕作层中的砖、石、木片、石灰等建筑废弃物为主，清除废弃物后再进行平整、翻耕；在有条件的情况下，可以适度填埋客土。

9.2.2　苗圃档案的建立

苗圃档案是对育苗生产和科学试验的历史记录，是历史的真实凭证，它记录了人们在各种活动中的思想发展、生产中的经验教训以及科学研究创造的成果。从苗圃开始建立的时候起，就应当建立苗圃技术档案。

建立苗圃档案的意义：苗圃技术档案是通过不间断地记录、积累、整理、分析和总结苗圃地的使用情况、育苗技术措施、苗木的生长状况、物料使用情况以及苗圃的日常作业的劳动组织和用工等信息，能够及时、准确地去掌握培育苗木的种类、数量和质量以及各种苗木的生长节律，为分析总结育苗技术的经验，探索土地、劳力、机具和物料合理的使用以及建立健全计划管理、劳动组织，制订生产定额和实行科学的管理提供了有效依据。对于人们考查苗木的既往情况、掌握历史的材料、研究有关事物的发展规律，以及总结经验、吸取教训，具有重要的参考作用。

1. 建立苗圃档案的基本要求

为了促进育苗技术的发展以及苗圃经营管理水平的提高，充分发挥苗圃技术档案的作用，必须要做到以下几点。

1）认真落实，长期坚持，不能间断，以保持苗圃技术档案的连续性、完整性。

2）设专职或是由负责安排生产的技术人员兼管，把技术档案的管理和使用结合起来。

3）管理档案人员要尽量保持稳定。当有工作调动时，要及时另配人员，并做好交接工作。

4）观察、记载要认真负责，并及时准确，要求做到边观察边记载，力求文字简练，字迹清晰。

5）根据材料形成时间的先后顺序或是重要程度，连同总结分类装订，登记造册，长期妥善地保管。

6）当一个生产周期结束后，要对记载材料及时地进行汇总分析，从中找出规律性，及时提供准确、可靠的科学数据和经验总结，为今后的苗圃生产和科学试验做出指导。

2. 苗圃档案的主要内容

（1）苗圃土地利用档案　苗圃土地利用档案用来记录苗圃土地的利用和耕作情况，以便从中分析圃地土壤肥料的变化与耕作之间的关系，为合理轮作和科学地经营苗圃提供有效依据。

苗圃土地利用可以把各作业区的面积、育苗方法、土质、育苗树种、作业方式、整地方法、施肥和施用除草剂的种类、数量、方法和时间、灌水数量、次数和时间、病虫害的种类、苗木的产量和质量等采用表格的形式，逐年加以记载、归档保管和备用。

（2）气象观测档案　气象的变化与苗木的生长和病虫害的发生发展密切相关。记载气象因素，可以分析它们之间的关系，以便确定适宜的措施以及试验时间，利用有利的气象因素，可以避免或是防止自然灾害，使苗木达到优质高产。通常，可以从附近的气象站抄录气象资料，但最好是在本单位建立气象观测场来进行观测。记载时可以按照气象记载的统一格式来填写。

（3）育苗技术措施档案　育苗技术措施档案主要是记录每年各种苗木的培育过程，也就是说从种子、种条和种穗的处理开始，直到起苗、包装为止的整个过程中所采取的一些措施，包括各项技术措施的设计方案、实施方法、结果等。

为分析并总结育苗的技术和经验，且不断改进和提高育苗技术水平提供了准确的依据。

（4）苗木生长调查档案　观察苗木生长状况，并用表格形式来记载各种苗木的生长过程，以便掌握苗木的生长周期，以及自然条件和人为因素对苗木生长过程中的影响，适时地采取正确的培育措施。

（5）科学研究档案　有试验任务的苗圃，应当按照科研要求全面收集有关研究工作的资料，其中包括科研计划、试验设计、施工记录、苗木调查、年度实施计划、样品分析、试验总结、技术报告等资料。

（6）苗圃作业日记　作业日记是记录苗圃的每日工作，便于检查总结。根据作业日记的记录，来统计各种植物的用工量和物料使用的情况，核算成本，制订合理的定额。

第 10 章 园林绿化施工

10.1 乔木、灌木

10.1.1 苗木起挖

起苗在植树工程中是影响树木成活与生长的重要程序，起后苗木的质量差异不但与原有苗木本来的生长状况有关，而且与使用的工具锋利与否、操作者对起苗技术的熟悉和认真程度、土壤干湿情况有着直接关系，任何拙劣的起掘技术和不认真的态度都可能使原为优质的苗木因为伤害过多而降低质量，甚至成为无法使用的废苗。因此，起苗的各个步骤都应做到周全、认真、合理，尽可能地保护根系，尤其是较小的侧根和须根。

1. 起苗前的准备工作

（1）苗木的选择和灌水　根据设计要求和经济条件，在苗圃选择所需规格的苗木，并进行标记，大规格树木还要用油漆标上生长方向。苗木质量的好坏是影响树木成活的重要因素之一，其直接影响到观赏效果。移植前必须严格选择，除按设计提出的苗木规格、树形等特殊要求外，还要注意根系是否发达、生长是否健壮，树体有无病虫害、有无机械损伤。苗木数量可多选一些，以弥补出现的苗木损耗。当土壤干旱时，应在起苗前几天灌水；当土壤积水过湿时，需提前设法排水，以利起苗操作。

（2）拢冠　苗木挖掘前，对分枝较低、枝条长而比较柔软的苗木或冠丛直径较大的灌木应进行拢冠，以便挖苗和运输，并减少树枝的损伤和折裂。

对侧枝低矮的常绿树和冠形肥大的灌木，特别是带刺灌木，为方便挖掘操作、保护树冠、便于运输，应用草绳将侧枝拢起，分层在树冠上打几道横箍，分层捆住树冠的枝叶，然后用草绳自下而上将横箍连接起来，使枝叶收拢，捆绑时注意松紧度，不要折伤侧枝，如图 10-1 所示。

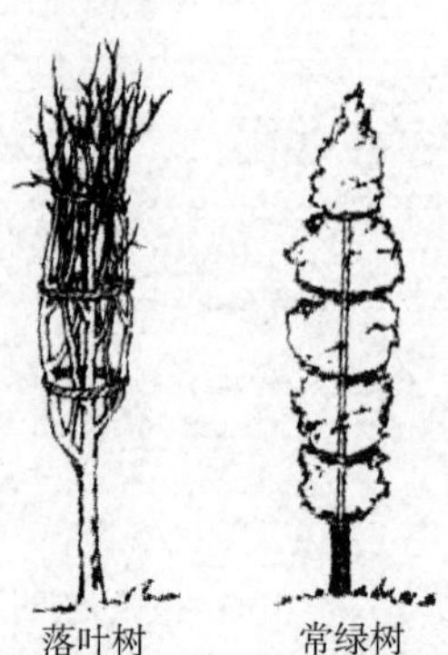

图 10-1　拢冠示意图

（3）起苗工具、机械与材料准备　起苗工具要保持锋利，包括铁锹、手锯、剪枝剪等；挖掘机械有挖掘机、起重机等；包装物用蒲包、草袋、草绳、塑料布、无纺布等材料。

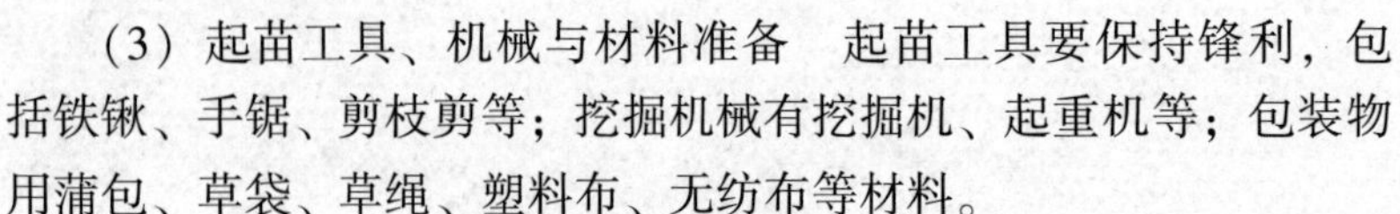

（4）试掘　为了保证苗木的成活率，通过试起苗，摸清所需苗木的根系范围，既可以通过试掘提供范围数据，减少损伤，对土球苗木提供包装袋的规格，又可根据根幅，调节植树坑穴的规格。在正规苗圃，根据经验和育苗规格等参数即可确定起苗规格，一般可免此项工作。

2. 起苗与包装

起苗是为了给移植苗木提供成活的条件，研究和控制苗木根系规格、土球大小的目的是为了在尽可能小的挖掘范围内保留尽可能多的根系，以利成活。起苗根系范围大，保留根量多，成活率高，但操作困难，质量大，挖掘、运输的成本高。因此，应针对不同树木种类、苗木规格和移栽季节，确定一个恰当的挖掘范围是非常必要的。

（1）乔木树种的裸根挖掘 水平有效根范围通常为主干直径的6~8倍，垂直分布范围为主干直径的4~6倍（一般60~80cm，浅根树种30~40cm）。带土球苗的横径为树木干径的6~12倍，纵径为横径的2/3；灌木的土球直径一般为冠幅的1/3~1/2。

（2）裸根苗起苗与包装 裸根起苗法是将树木从土壤中起出后苗木根系裸露的起苗方法。该方法适用于干径不超过10cm的处于休眠期的落叶乔木、灌木和藤本。这种方法的特点是操作简便，节省人力、运输及包装材料，但损伤根系较多，尤其是须根。起掘后到种植前，根系多裸露，容易失水干燥，且根系的恢复时间长。

（3）具体方法 根据树种、苗木的大小，在规格范围外进行挖掘，用锋利的掘苗工具在规格外围，绕苗四周挖掘到一定深度并切断外围侧根，然后从侧面向内深挖，并适当晃动树干，试寻树体在土壤深层的粗根，并将其切断。过粗而难断者，用手锯断之，切忌因强拉、硬切而造成劈裂。当根系全部切断后，放倒树木，轻轻拍打外围的土块并除之。对已劈裂的根系应进行适当的修剪，尽量保留须根。在允许的条件下，为保证成活，根系可沾泥浆，或者在根内的一些土壤（护心土）可保留。若苗木一时不能运走，可在原起苗穴内将苗木根系用湿土盖好，可暂时假植；若较长时间不能运走，应集中到一地假植，并根据干旱程度适量灌水，保持覆土的湿度。

裸根苗的包装视苗木大小而定，细小苗木多按一定数量打捆，用湿草袋、无纺布包裹，内部可用湿苔藓填充，也可用塑料袋或塑料布包扎根系，减少水分丧失；大苗可用草袋、蒲包包裹（图10-2）。

图10-2 裸根苗

（4）土球苗起苗法 将苗木一定根系范围内连土掘起，削成球状，并用草绳等物包装起来，这种连苗带土一起起出的方法称为土球苗起苗法（图10-3）。这种方法常用于常绿树、竹类、珍贵树种、干径在10cm以上的落叶大树及非适宜季节栽植的树木。

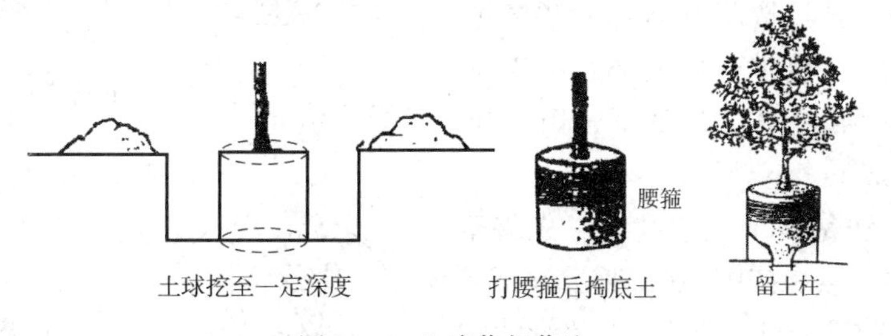

图10-3 土球苗起苗法

土球苗起苗法主要分为以下两部分。

1）挖掘成球。先以树干为中心，按土球规格大小划出范围，保证起出土球符合标准。去表土（俗称起宝盖土），即先将范围内上层疏松表土层除去，以不伤及表层根系为准。

沿外围边缘向下垂直挖沟，沟宽以便于操作为宜，宽 50～80cm。随挖随修正土球表面，露出土球的根系用枝剪、手锯去除。不要踩、撞土球的边缘，以免损伤土球，直到挖到土球纵径深度。

掏底，即土球修好后，再慢慢由底圈向内掏挖，直径小于 50cm 的土球可以直接将底土掏空，剪除根系，将土球抱出坑外包装；大于 50cm 的土球由于过重，掏底时，应将土球下方中心保留一部分支柱土球，以便在坑中包装。北方地区土壤冻结很深的地方，起出的是冻土球，若及时运输，也可不进行包扎。

2）打捆包装。土球的包装方法取决于树体的大小、根系盘结程度、土壤质地及运输的距离等。具体程序如下。

土球直径在 30～50cm 的一律要包扎，以确保土球不散。包扎的方法很多，最简单的是用草绳上下缠绕几圈，成为简易包或“西瓜皮”包扎法。将土球放在蒲包、草袋、无纺布等包装材料上，将包装材料向上翻，包裹土球，再用草绳绕基干扎牢、扎紧。

土质黏重成球的，可用草绳沿径向缠绕几道，再在中部横向扎一道，使径向草绳固定即可。如果土球较松，须在坑内包扎，以免移动造成土球破碎。一般情况下，运输距离较近、土球紧实或较小的也可不必包扎。

50cm 以上的土球，由于土球过大，无论运输距离远近，一律进行包扎，以确保土球不散，但包装方法和程序上各有不同。具体方式有井字式、五角式和橘子式三种。

①第一种方法是井字式包扎法，先将草绳捆在树干的基部，然后按图 10-4 所示顺序包扎，先由 1 拉到 2，绕过土球底部，再拉到 4，又绕过土球底部拉到 5，以此为顺序，反复打下去。此方法包扎简单，但土球受力不均，多用于土球较小、土质黏重、运输距离较近的土球苗包装。

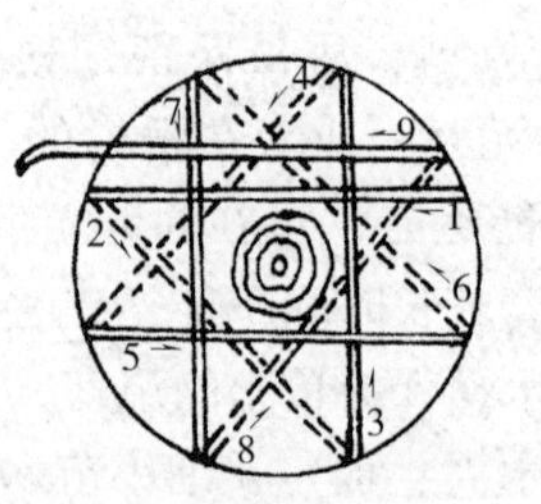

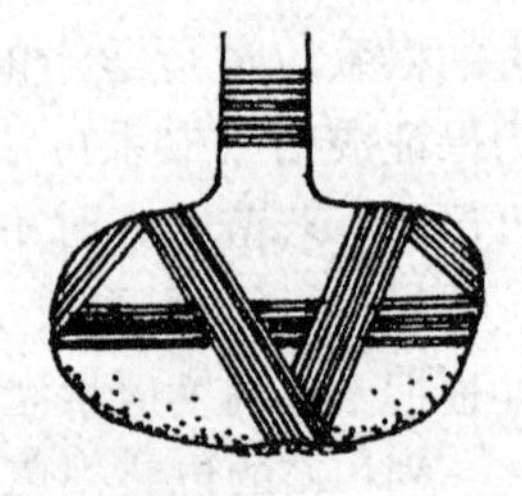

图 10-4　井字式包扎

②第二种方法是五角式包扎法，先将草绳捆在树干基部，然后按图 10-5 所示顺序包扎，先由 1 拉到 2，绕过土球底部，由 3 拉到土球上面到 4，再绕到土球底部，由 5 拉到 6，最后包扎成形。

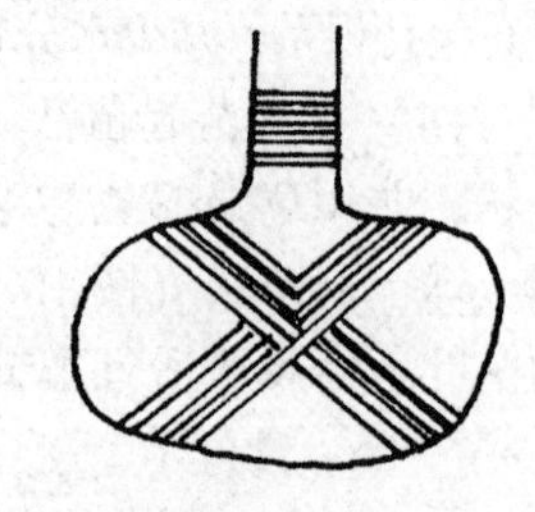

图 10-5　五角式包扎

③第三种方法是橘子式包扎法，先将草绳捆在树干基部，然后按图 10-6 所示顺序包扎，先由土球面拉到土球底部，由此继续包扎拉紧，草绳间隔 8cm 左右，直至整个土球被草绳完全包裹为止。橘子包扎法通常包扎一层，称为“单股单轴”。对于土球较大或名贵树苗，可捆扎双层，称为“单股双轴”。

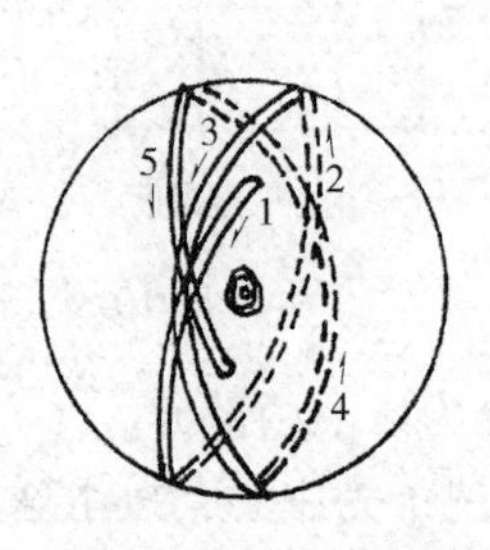

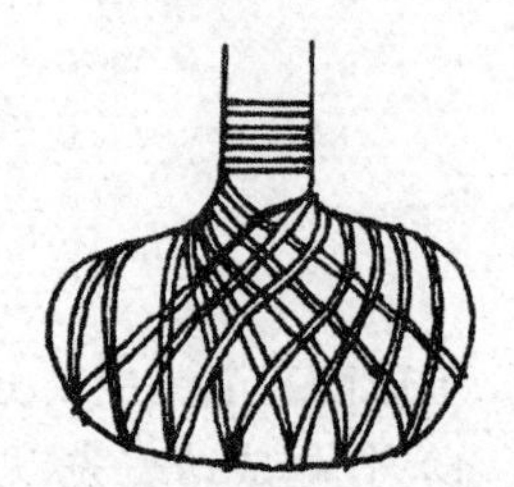

图 10-6　橘子式包扎

如果土球过大，可将草绳换为麻绳捆扎。此种方法包扎均匀，土球不易破碎，是包扎土球效果最好的方式。

纵向包扎土球后，对于直径大于50cm的土球苗，还要在中部捆扎横向腰绳，在土球中部紧密横绕几道，然后再上下用草绳呈斜向将纵绳用腰绳穿连起来，不使腰绳滑落，腰绳道数根据土球直径而定，土球直径50～100cm，为3～5道；横径100～140cm，为8～10道。

在坑内打包的土球苗，捆好后推倒，用蒲包、无纺布等将土球底部露土处封包封好，避免运输途中土球破碎，土壤漏出。

10.1.2 运苗

1）大量苗木同时出圃时，在装运前，应核对苗木的种类与规格。此外，还需仔细检查起掘后的苗木质量，对已损伤不符合要求的苗木应淘汰，并补足苗数。

2）运苗后车厢内应先垫上草袋等物，以防车板磨损苗木。乔木苗装车应根系向前，树梢向后，顺序安放，不要压得太紧，做到上不超高（以地面车轮到苗最高处不许超过4m），树梢不得拖地（必要时可垫蒲包用绳吊拢）；运输距离较远时，应喷水。根部应用苫布盖严，并用绳捆好。

3）带土球苗装运时，苗高不足2m者可立放，苗高2m以上的应使土球在前，梢向后。呈斜放或平放，并用木架将树冠架稳；土球直径小于20cm的，可装2～3层，并应装紧，防止车开时晃动；土球直径大于20cm者，只许放一层。运苗时，土球上不许站人和压放重物。

4）树苗应有专人跟车押运，经常注意苫布是否被风吹开。短途运苗，中途最好不停留；长途运苗，裸露根系易吹干，应注意洒水。休息时，车应停在阴凉处，防止风吹日晒。

5）苗木运到应及时卸车，要求轻拿轻放，对裸根苗不应抽取，更不许整车推下。经长途运输的裸根苗木，根系较干者，应浸水1～2天。带土球小苗应抱球轻放，不应提拉树干。较大土球苗，可用长而厚的木板斜搭于车厢，将土球移到板上，顺势平滑卸下，不能滚卸，以免土球破碎，也可用机械吊卸。

6）运苗过程常易引起苗木根系吹干和磨损枝干，尤其是长途运苗时更应注意保护。

10.1.3 苗木假植

1. 带土球苗木假植

假植时可将苗木的树冠捆扎收缩起来，使每一棵树苗都是土球挨土球、树冠靠树冠，密集地挤在一起。然后，在土球层上面铺一层壤土，填满土球间的缝隙；再对树冠及土球均匀地洒水，使土面湿透，以后仅保持湿润就可以了。或者，把带着土球的苗木临时性地栽到一块绿化用地上，土球埋入土中1/3～1/2深，株距则视苗木假植时间长短和土球、树冠的大小而定。一般土球与土球之间相距15～30cm即可。苗木成行列式栽好后，浇水保持一定湿度即可。

2. 裸根苗木假植

对裸根苗木，一般采取挖沟假植方式。先要在地面挖浅沟，沟深40～60cm。然后将裸根苗木一棵棵紧靠着呈30°斜栽到沟中，使树梢朝向西边或朝向南边。如树梢向西，开沟的方向为东西向；若树梢向南，则沟的方向为南北向。苗木密集斜栽好以后，在根蔸上分层覆土，层层插实。以后经常对枝叶喷水，保持湿润。

不同的苗木假植时，最好按苗木种类、规格分区假植，以方便绿化施工。假植区的土质不宜太泥泞、地面不能积水，在周围边沿地带要挖沟排水。假植区内要留出起运苗木的通道。在太阳光线特别强烈的时候，假植苗木上面应该设置遮光网，以减弱光照强度。

10.1.4 定点放线、穴位挖掘

1. 定点放线

（1）规则式定点放线　在规则形状的地块上进行规则式乔灌木栽植时，采用规则式定点放线的办法。

1）首先选用具有明显特征的点和线，如道路交叉点、中心线、建筑外墙的墙角和墙脚线、规则形广场和水池的边线等，这些点和线一般都是不会轻易改变的。

2）依据这些特征点线，利用简单的直线丈量方法和三角形角度交会法，就可将设计的每一行树木栽植点的中心连线和每一棵树的栽植位点，都测设到绿化地面上。

3）在已经确定的种植位点上，可用白灰做点，标示出种植穴的中心点。或者在大面积、多树种的绿化场地上，还可用小木桩钉在种植位点上，作为种植桩。种植桩要写上树种代号，以免施工中造成树种的混乱。

4）在已定种植点的周围，还要以种植点为圆心，按照不同树种对种植穴半径大小的要求，用白灰画圆圈，标明种植穴挖掘范围。

（2）自然式定点放线　对于在自然地形上按照自然式配植树木的情况，一般要采用坐标方格网方法。

1）定点放线前，首先在种植设计图上绘出施工坐标方格网。

2）然后用测量仪器将方格网的每一个坐标点测设到地面，再钉下坐标桩。

3）依据各方格坐标桩，采用直线丈量和角度交会方法，测设出每一棵树木的栽植位点。

4）测定下来的栽植点，也用作画圆的圆心，按树种所需穴坑大小，用石灰粉画圆圈，定下种植穴的挖掘线。

2. 穴位挖掘

（1）种植穴大小　种植穴的大小一般取其根茎直径的6~8倍，如根茎直径为10cm，则种植穴直径大约为70cm。但是，若绿化用地的土质太差，又没经过换土，种植穴的直径则还应该大一些。种植穴的深度则应略比苗木根茎以下土球的高度更深一点。

（2）种植穴形状　种植穴的形状一般为直筒状，穴底挖平后把底土稍耙细，保持平底状。注意：穴底不能挖成尖底状或锅底状。

（3）回填土挖穴　在新土回填的地面挖穴，穴底要用脚踏实或夯实，以免后来灌水时渗漏太快。

（4）斜坡上挖穴　在斜坡上挖穴时，应先将坡面铲成平台，然后再挖种植穴，而穴深则按穴口的下沿计算。

（5）去杂或换土　挖穴时，若土中含有少量碎块，就应除去碎块后再用；挖出的坑土若含碎砖、瓦块、灰团太多，就应另换好土栽树。如果挖出的土质太差，也要换成客土。

（6）特殊情况处理　在开挖种植穴过程中，如发现有地下电缆、管道，应立即停止作

业，马上与有关部门联系，查清管线的情况，商量解决办法。如遇有地下障碍物严重影响操作，可与设计人员协商移位重挖。

（7）用水浸穴　在土质太疏松的地方挖种植穴，于栽树之前可先用水浸穴，使穴内土壤先行沉降，以免栽树后沉降使树木歪斜。浸穴的水量以一次灌到穴深的2/3处为宜。浸穴时，如发现有漏水的地方，应及时堵塞。待穴中全部均匀地浸透以后，才能开始种树。

（8）上基肥　种植穴挖好之后，一般情况下就可直接种树。但若种植土太瘠薄，就要在穴底垫一层基肥，基肥层以上还应当铺一层厚5cm以上的土壤。基肥尽可能选用经过充分腐熟的有机肥，如堆肥、厩肥等。条件不允许时，一般施些复合肥，或根据土壤肥力有针对性地选用氮、磷、钾肥。

10.1.5 栽前修剪

园林树木栽植修剪的目的，主要是为了提高成活率和注意培养树形，同时减少自然伤害。因此，在不影响树形美观的前提下，应对树冠和根系进行适当修剪。

1. 根系修剪

起运后，苗木根系的好坏不仅直接影响树木的成活率，而且也影响将来的树形和同龄苗恢复生长后的大小是否趋于一致，尤其会影响行道树大小的整齐程度。无论出圃时对苗木是否进行过修剪，栽植时都必须修剪，因为在运输过程中苗木多少会有损伤。对已劈裂、严重磨损和生长不正常的偏根及过长根进行修剪。

2. 枝干修剪

经起运的苗木，根系损伤过多者，虽可用重修剪，甚至截干平茬，在低水平下维持水分代谢的平衡来保证苗木成活，但这样就难保树形和绿化效果了。因此对这种苗木，如在设计上有树形要求时，则应予以淘汰。

修剪的时间与不同树种、树体及观赏效果有关。高大乔木在栽植前进行修剪，植后修剪困难。花灌木类枝条细小的植后修剪，便于控制树形。茎枝粗大，需用手锯的可植前修剪，带刺类植前修剪效果好。绿篱类需植后修剪，以保景观效果。

苗木根系经起苗、运输会受到损伤，因为保证栽植成活是首要，所以在整体上应适当重剪，这是带有补救性的整形任务。具体应根据情况，对不同部分进行轻重结合修剪，才能达到上述目的。

不同树木种类在修剪时应遵循树种的基本特点，不能违背其自然生长的规律。修剪方法、修剪量因不同树种、不同景观要求有所不同。

（1）落叶乔木　长势较强、萌芽力强的树种，如杨、柳、榆、槐、悬铃木等可进行强修剪，树冠至少剪去1/2以上，以减轻根系负担，保持树体的水分平衡，减弱树冠的招风、摇动，提高树体的稳定性。凡具有中心领导干的树种，应尽量保护或保持中心领导干，采用削枝保干的修剪法，疏除不保留的枝条，对主枝适当重截饱满芽处（约剪短1/3～1/2），对其他侧生枝条可重截（约剪短1/2～2/3）或疏除。这样既可做到保证成活，又可保证日后形成具明显中干的树形。顶端枝条以15°角修剪，以防灰尘积累和病菌繁殖。中心干不明显的树种，选择直立枝代替中心干生长，通过疏剪或短截控制与直立枝条竞争的侧生枝；有主干无中心干的树种，主干部位枝的树枝量大，可在主干上保留几个主枝，其余疏剪。

对于小干的树种，同上述方法类似，以保持数个主枝优势为主，适当保留二级枝，重截或疏去小侧枝。对萌芽率强的可重截，反之宜轻截。

（2）常绿乔木　常绿树可用疏枝、剪半叶或疏去部分叶片的办法来减少蒸腾；对其中具潜伏芽的，也可适当短截；对无潜伏芽的（如雪松），只能用疏枝、叶的办法；枝条茂密的常绿阔叶树种，通过适量的疏枝保持树木冠形和树体水分、代谢平衡，下部根据主干高度要求利用疏枝办法调整枝下高度；常绿针叶树不宜过多地进行修剪，只剪除病虫枝、枯死枝、衰弱枝及过密的轮生枝及下垂枝；珍贵树种尽量酌情疏剪和短截，以保持树冠原有形状。

对行道树的修剪还应注意分枝点应保持在2.5m以上，相邻树的分枝点要相近。较高的树冠应于种植前修剪，低矮树可栽后修剪。

10.1.6　栽植

栽植园林树木，以阴而无风天气为最佳，可全天进行种植。晴天宜在上午10:00前或下午15:00以后进行。栽植前，先检查树穴，坑穴中有土塌落的应适当清理。

1. 种植具体步骤

（1）配苗　配苗是指将购置的苗木按大小规格进一步分级，使株与株之间在栽植后趋近一致，达到栽植有序及景观效果佳，称为配苗。如行道树一类的树高、胸径有一定差异，都会在观赏上产生高低不平、粗细不均的结果。因而，合理配苗后，可以改变这种景观不整齐的现象。乔木配苗时，一般高差不超过50cm，粗细不超过1cm。

（2）散苗　散苗则是将树木按设计规定把树苗散放在相应的定植穴里，即“对号入座”，以保证设计效果。散苗的速度应与栽植速度相近，尤其是气温高、光照强的时候，做到“边散边植”，尽量减少树木根系暴露在外的时间，以减少水分消耗。

2. 栽植技术

树木种植前，再次检查种植穴的挖掘质量与树木的根系是否相符，坑浅小的要加大加深，并在坑底垫10～20cm厚的疏松土壤，做成锥形土堆，便于根系顺着锥形土堆四下散开，保证根系舒展，防止窝根。散苗后，将苗木立入种植穴内扶直。分层填土，提苗至合适程度，踩实固定。栽植技术因裸根苗、土球苗而异。

（1）裸根苗栽植技术　树木规格较小的，二人一组，树木规格大的须用绳索、支杆支承。先填入一些表土培成锥状，放入坑内试深浅，将树木扶正，逐渐回填土壤，填土的同时尽量铲土扩穴。直接与根系接触的土壤，一定要细碎、湿润，不要太干或太湿。粗干的土块挤压易伤根且保水差，留下空洞，土壤填充不实。第一次填土至坑1/2深处时，轻提升抖动树木使根系舒展，让土壤进入根系空隙处，填补空洞，进行第一次踩压，使根系与土壤紧密结合；再次填土至与地面平，踩实。这种逐渐由下至上、由外至内的压实，使根系与土壤形成一体。如果土壤过于黏重，不宜踩得太紧，否则通气不良，影响根系呼吸、生长。最后，填土要高于根颈3～5cm，将剩下的土做好灌水堰。裸根树的栽植技术简单归纳为“一提、二踩、三培土”。

（2）带土球苗栽植技术　先量好已挖坑穴的深度与土球高度是否一致，对坑穴作适当填挖后灌水，再放苗入穴。在土球四周下部垫入少量的土，使树直立稳定，然后剪开包装材料，将不易腐烂的材料一律取出。为防栽后灌水土塌树斜，填入表土至一半时，应用木棍将土球四周砸实，再填至满穴并砸实（注意不要弄碎土球），做好灌水堰，最后把捆拢树冠的草绳等解开取下。

注意事项：

1）栽植树木的平面位置和高程必须符合设计规定，以便达到景观效果。

2）行列式种植，须事先栽好标杆树，每隔10～20株树种植一株校准用的标杆树，栽植其他树时以该树为瞄准依据。行列式栽植要保持横平竖直，左右相差最多不过一半树干。树干弯者，将弯转向行内，行道树种植要形成一行通直的效果，这样才能达到整齐美观。

3）每株树栽植时，上下要垂直，如树干有弯，将其弯转向主风方向，以利防风。

4）栽植深度以新土下沉后，树木基部原土印与地平面相平或稍低于地平面（3～5cm）为准。若栽植过浅，根系经过风吹日晒，容易干燥失水，抗旱性差，根颈易受灼伤；若栽植过深，容易造成根颈窒息，树木生长不旺。

5）栽植大树应保持原生长方向。树木自身朝向不同的枝、叶组织结构的抗性不同，如阴面枝干转向阳面易受灼伤，阳面枝干转向阴面易受冻裂。通常在树干南侧涂漆确定方向。如果无冻害、日灼现象的地方，应将观赏价值高的一侧树冠作为主要观赏方向。

6）修好灌水堰后，解开捆拢树冠的草绳，使枝条舒展开。

3. 树苗成活的技巧

（1）树体裹干　树体裹干的目的有以下几点。

1）避免强光直射和干风吹袭，减少干、枝的水分蒸腾。

2）保存一定量的水分，使枝干经常保持湿润。

3）调节枝干温度，减少夏季高温和冬季低温对枝干的伤害。

具体方法是用草绳、蒲包、苔藓等具有一定保湿性和保温性材料，严密包裹主干和较粗壮的一、二级分枝。

（2）立支柱　对大规格苗（如行道树苗），为防灌水后土塌树歪，尤其是在多风区，会因摇动树根影响成活，故应立支柱。常用到直的木棍、竹竿作支柱，长度视苗高而异，能支撑树的1/3～1/2处即可。一般用长1.7～2m、粗5～6cm的支柱。支柱应于种植时埋入，也可栽后打入（入土20～30cm），但应注意不要打在根上或损坏土球。

立支柱的方式主要有单支式、双支式、三支式这三种。方法有立支和斜支，也有用10～14号铅丝缚于树干（外垫裹竹片防线伤树皮），立支柱的方式见图10-7。

单柱斜支，应支于下风方向。斜支占地面积大，多用于人流稀少处。行道树多用立支法。支柱与树干捆缚处，既要捆紧又要防止日后摇动擦伤干皮，捆缚时，树干与支柱间应用草绳隔开或用草绳卷干后再捆。用较小的苗木作行道树时，应围以笼栅等保护。

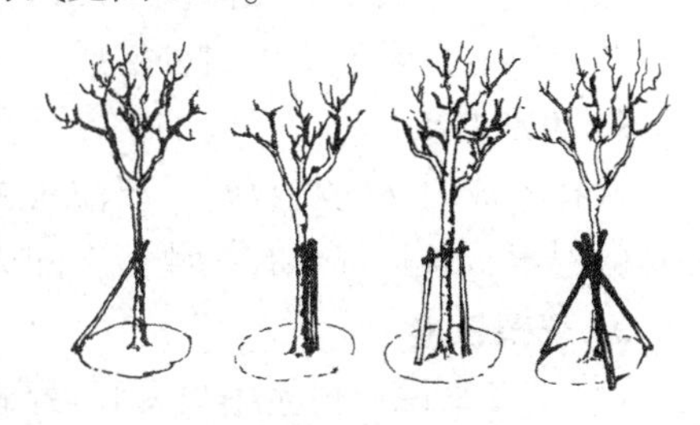

图10-7　立支柱的方式

（3）根系浸水保湿与沾浆栽植　裸根苗起苗后无论是运输过程中还是假植中均会出现失水过多的现象。栽植前当发现根系失水时，应将植物根系放入水中浸泡10～20h，充分吸收水分以后再进行栽植。小规格灌木，无论是否失水，均可在起苗后或栽植之前进行沾浆处理。方法是用过磷酸钙、黄泥、水（2:15:80）充分搅拌均匀后，把根系浸入其中均匀沾上泥浆，可以起到根系保湿作用，促进成活。

（4）利用人工促进生长剂，促进根系生长愈合　树木起掘时，大量须根丧失，主根、侧根等均被截伤，树木根系既要伤口愈合，又要生新根恢复水分平衡，此时可采取人工促进生长剂促进根系愈合、生长。如软包装移植大树时，可以用 ABT-1 号、ABT-3 号生根粉处理根部，有利于树木在移植和养护过程中迅速恢复根系的生长，促进树体的水分平衡。尤其是粗壮的短根伤口，如直径大于 3cm 的伤口喷涂 150mg/LABT-1 生根粉，可促进伤口愈合，也可用拌有生根粉的黄泥浆涂刷，同样可以起到效用。

（5）涂白　使用涂白剂，白色有反光作用，不仅能减少对太阳热能的吸收，缩小昼夜温差，起到保护皮层、防止日灼和冻害的作用，而且能防止天牛、吉丁虫、大青叶蝉等害虫在枝干上产卵为害。涂白剂中含有大量杀菌杀虫成分，对拒避老鼠啃树皮、减少枝干发病亦有好的效果。现介绍几种常用涂白剂的配制与使用方法。

1）硫酸铜石灰涂白剂。有效成分比例：硫酸铜 500g、生石灰 10kg、水 30 ~ 40kg，或以硫酸铜、生石灰、水以 1∶20∶(60 ~ 80）的比例配制。

配制方法：用少量开水将硫酸铜充分溶解，再加用水量的 2/3 的水加以稀释；将生石灰另加 1/3 水慢慢熟化调成浓石灰乳；等两液充分溶解且温度相同后将硫酸铜倒入浓石灰乳中，并不断搅拌均匀即成涂白剂。

2）石硫合剂生石灰涂白剂。有效成分比例：石硫合剂原液 0. 25kg、食盐 0. 25kg、生石灰 1. 5kg、油脂适量、水 5kg。

配制方法：将生石灰加水熟化，加入油脂搅拌后加水制成石灰乳再倒入石硫合剂原液和盐水，充分搅拌即成。

涂白剂要随配随用，不得久放。使用时要将涂白剂充分搅拌，以利刷匀，并使涂白剂紧粘在树干上。在使用涂白剂前，最好先将园林行道树的林木用枝剪剪除病枝、弱枝、老化枝及过密枝，然后收集起来予以烧毁，并且把折裂、冻裂处用塑料薄膜包扎好。在仔细检查过程中，如发现枝干上已有害虫蛀入，要用棉花浸药把害虫杀死后再进行涂白处理。涂刷时用毛刷或扫把蘸取涂白剂，选晴天时将主枝基部及主干均匀涂白，涂白部位主要以离地 1 ~ 1. 5m 为宜。如老树露骨更新后，为防止日晒，则涂白位置应升高，或全株涂白。

10. 1. 7　树丛栽植

风景树丛一般是用几株或十几株乔木灌木配植在一起；树丛可以由一个树种构成，也可以由两个以上直至七八个树种构成。

1. 树形要求

选择构成树丛的材料时，要注意选树形有对比的树木，如柱状的、伞形的、球形的、垂枝形的树木，各自都要有一些，在配成完整树丛时才好使用。

2. 栽植技术

1）一般来说，树丛中央要栽最高的和直立的树木，树丛外沿可配较矮的和伞形、球形的植株。

2）树丛中个别树木采取倾斜姿势栽种时，一定要向树丛以外倾斜，不得反向树丛中央斜去。

3）树丛内最高最大的主树不可斜栽。

4）树丛内植株间的株距不应一致，要有远有近，有聚有散。栽得最密时，可以土球挨着土球栽，不留间距。栽得稀疏的植株，可以和其他植株相距5m以上。

10.1.8　树木栽植

树林一般用树形高大雄伟的或树形比较独特的树种群植而成。如青松、翠柏、银杏、樟树、广玉兰等，就是常用的高大雄伟树种；柳树、水杉、蒲葵、椰子树、芭蕉等，就是树形比较奇特的风景林树种。风景林栽植施工中主要应注意下述三方面的问题。

1. 林地整理

1）首先要清理林地，地上地下的废弃物、杂物、障碍物等都要清除出去。通过整地，将杂草翻到地下，把地下害虫的虫卵、幼虫和病菌翻上地面，经过低温和日照将其杀死，减少病虫对林木的危害，提高林地树木的成活率。

2）土质瘦瘠密实的，要结合着翻耕松土，在土壤中掺和进有机肥料。

3）林地要略为整平，并且要整理出1%以上的排水坡度。当林地面积很大时，最好在林下开辟几条排水浅沟，与林缘的排水沟联系起来，构成林地的排水系统。

2. 林缘放线

林地准备好之后，应根据设计图将风景林的边缘范围线放大到林地地面上。

1）放线方法可采用坐标方格网法。林缘线的放线一般所要求的精确度不是很高，有一些误差还可以在栽植施工中进行调整。

2）林地范围内树木种植点的确定有规则式和自然式两种方式。规则式种植点可以按设计株行距以直线定点，自然式种植点的确定则允许现场施工中灵活定点。

3. 林木配植技术

1）风景林内，树木可以按规则的株行距栽植，这样成林后林相比较整齐；但在林缘部分，还是不宜栽得很整齐，不宜栽成直线形；要使林缘线栽成自然曲折的形状。

2）树木在林内也可以不按规则的株行距栽，而是在2～7m的株行距范围内有疏有密地栽成自然式；这样成林后，树木的植株大小和生长表现就比较不一致，但却有了自然丛林般的景观。

3）栽于树林内部的树，可选树干通直的苗木，枝叶稀少点也可以；处于林缘的树木，则树干可不必很通直，但是枝叶还是应当茂密一些。

4）风景林内还可以留几块小的空地不栽树木，铺种上草皮，作为林中空地通风透光。

5）林下还可选耐阴的灌木或草本植物覆盖地面，增加林内景观内容。

10.1.9　植物栽植工程质量标准

表10-1～表10-7为栽植土，绿化材料起挖，绿化材料运输，乔木植物材料，地被植物材料，乔木、灌木栽植，行道树栽植等质量检验评定标准，供参考。

表10-1　栽植土分项工程质量检验评定标准

		项　目
保证项目	1	栽植土壤的理化性质必须符合《园林栽植土质量标准》（DBJ 08—231）的要求
	2	严禁使用建筑垃圾土、盐碱土、重黏土、砂土及含有其他有害成分的土壤
	3	严禁在栽植土层下有不透水层

（续）

		项目
	按面积抽查10%，$500m^2$为一点，不得少于3点，$\leq 500m^2$应全数检查	
基本项目	1	土色应为自然的土黄色至棕褐色
	2	土壤疏松不板结
	3	土块易捣碎
	4	与草坪接壤的树坛、花坛及地被的地势略高于草坪，排水良好
	5	栽植土基本整洁

		项目		尺寸要求/cm
	按面积抽查10%，$500m^2$为一点，不得少于3点，$\leq 500m^2$应全数检查			
允许偏差项目	1	栽植土深度和地下水位深度	大、中乔木	<100
			小乔木和大、中灌木	<80
			小灌木、宿根花卉	<60
			草本地被、草坪、一二年生草花	<40
	2	栽植土块块径	大、中乔木	<8
			小乔木和大、中灌木	<6
			小灌木、宿根花卉	<4
	3	石砾、瓦砾等杂物块径	树木	<5
			草坪、地被、花卉	<1

表10-2　绿化材料起挖分项工程质量检验评定标准

		项目
保证项目	1	植物材料的品种、规格必须符合设计要求
	2	严禁带有重要病、虫、草害

			项目
基本项目	1	泥球	泥球大于树径6～10倍
			去除表土见浮根
			扎紧腰箍
			收底清根
			五角式包扎（坎入泥球）
			橘子式包扎（坎入泥球）
	2	裸根系	裸根树木根系尽量完整
			留心土
			根系保鲜措施
			折根修剪
			根系包装
	3	枝蓬	树形完整程度
			枝条切口防腐处理
			收枝收蓬
			包湿措施

（续）

	项　　目				允许偏差
允许偏差项目	1	土球直径	苗木胸径	<5cm	10 倍以上
				5～15cm	8 倍以上
				>15cm	6 倍以上
			散本苗木地径		6 倍以上
		土球厚度大于土球直径			0.6 倍以上
		收底斜度			45°
		腰箍宽度			10cm 以上
	2	裸根系	胸径的		6 倍以上
			地径的		6 倍以上

表 10-3　绿化材料运输分项工程质量检验评定标准

	项　　目	
保证项目	1	植物材料的品种、规格和包扎必须符合苗木起挖要求
	2	起吊的机具和装运车辆的吨位，必须超过树木和泥球的重量
	3	起吊人必须服从地面人指挥，相互密切配合，慢慢起吊，吊臂下和树周围除工地指挥者外不准留人
	4	装车时树根必须在车头部位，树冠在车尾部位
	5	运输车辆必须选用足够长、足够宽的，以减少苗木的损伤
	6	运输车辆必须有专人押运
基本项目	项　　目	
	1	起吊部位设置在重心部位
	2	起吊绳兜底通过重心
	3	起吊绳接触处垫木板
	4	树梢小于 45°角的，倾斜挂在起吊钩上
	5	系好缆风绳
	6	车厢内有衬垫泥球并垫稳
	7	树身与车板接触处垫软物
	8	树身固定
	9	运输保鲜措施
	10	路途远、过冷过热时对树根的保护措施
	11	运输途中障碍物的排除
	12	检查树枝、泥球损坏情况

表 10-4　乔木植物材料分项工程质量检验评定标准

	项　　目	
保证项目	1	植物材料的品种、规格必须符合设计要求
	2	严禁带有重要病、虫、草害

（续）

类别		项目			
基本项目	1	姿态和长势	树干挺直		
			树形完整		
			生长健壮		
	2	无病虫害			
	3	土球和裸根系	土球完整		
			包扎恰当牢固		
			裸根树木根系完整		
		项目			允许偏差/cm
允许偏差项目	1	乔木	胸径	<10cm	-1
				10~20cm	-2
				>20cm	-3
			高度		+50；-20
			蓬径		-20
	2	大灌木	高度		+50；-20
			蓬径		-10
			地径		-1
	3	土球、裸根系	直径		$+0.2d$；$-0.1d$
			深度		$+0.2D$；$-0.1D$

表 10-5　地被植物材料分项工程质量检验评定标准

类别		项目		
保证项目	1	植物材料的品种、规格必须符合设计要求		
	2	严禁带有重要病、虫、草害		
		项目		
基本项目	1	无病虫害		
	2	草块和草根茎	厚薄均匀	
	3		无杂草	
	4		边缘平直	
	5		长势良好	
	6	花苗、草本地被	生长苗壮	
	7		发育匀齐	
	8		根系发达	
		项目		允许偏差/cm
允许偏差项目	1	小灌木地被	高度	+15；-5
			蓬径	-5
			分蘖量	-1
	2	藤木地被	藤长	—
			分蘖量	—
	3	草坪	泥厚不小于 2cm	—
			杂草不得超过 5%	—
			草块每边长大于 33cm	—
	4	花苗	花蕾量	—

表 10-6　乔木、灌木栽植分项工程质量检验评定标准

保证项目	项　目			
	1	植物材料的品种、规格必须符合设计要求		
	2	严禁带有重要病、虫、草害		
基本项目	项　目			
	1	放样定位	符合设计要求	
	2	树穴	穴径大于根系 40cm	
			深度等于土球厚	
			翻松底土	
			树穴上下垂直	
	3	改良措施	透气管、排（保）水	
	4	土球包装物	基本清除	
	5	栽植	根颈与地表面等高或略高	
			根系完好	
			分层均匀培土、捣实	
			及时浇足搭根水	
	6	定向及排列	观赏面丰满完整	
			排列符合设计要求	
	7	绑扎和支撑	树干与地面基本垂直	
			设桩	整齐稳定
			拉绳	牢固一致
			绑扎处夹衬软垫	
			绑扎材料	
	8	裹秆	单一品种高低一致	
			匀称整齐	
	9	修剪	树形匀称	
			无枯枝、断枝、短桩	
			切口平整	
			大切口防腐处理	
			修剪部位恰当，留枝叶正确	

表 10-7　行道树栽植分项工程质量检验评定标准

保证项目	项　目		
	1	植物材料的品种、规格必须符合设计要求	
	2	严禁带有重要病、虫、草害	
基本项目	项　目		
	1	放样定位	树间距符合设计要求
			与障碍物间距符合规定
			与地下管线间距符合规定

（续）

项目				
基本项目	2	树穴	树穴150cm×150cm	
			深度1m，翻松底土	
			树穴上下垂直	
	3	改良措施	透气管、排（保）水	
	4	土球包装物	基本清除	
	5	栽植	根颈与地表面等高	
			根系完好	
			分层均匀培土、捣实	
			及时浇足搭根水	
	6	定向及排列	观赏面丰满完整	
			排列整齐	
	7	绑扎和支撑	树干与地面基本垂直	
			设桩	整齐稳定
				方向一致
			绑扎处夹衬软垫	
			绑扎材料	
	8	裹秆	高低一致	
			匀称整齐	
	9	修剪	树形基本一致	
			一级分叉3.2m以上	
			留枝正确	
			切口平整	

10.1.10 常见乔灌木移植

1. 玉兰

（1）移植方式　玉兰株形挺拔，叶厚、光亮浓绿，花硕大、洁白芳香，备受人们青睐，也是园林绿化施工中大树移植的重要树种。玉兰的大树移植不能采取截干、截枝等强度修剪方法，成活率亦不够理想，移植的树体规格不能太大，一般应控制在胸径15cm左右。

（2）移植时机　长江流域地区，移植以早春为宜。春节过后半个月左右，树体尚处于休眠期，树液流动慢，新陈代谢弱，为移植适期。晚春气温回升后，根系首先萌动、生长恢复，如能精心管理，基本不会影响树体当年生长。梅雨季节移植最佳，此期降雨量大，空气湿度大，移植成活率非常高。另外，移植时最好选在阴天或多云天气，尽量避免在暴雨或高温天气进行。

（3）移植要点

1）土球大小是玉兰大树移植成败的关键，一般要求土球直径为树木胸径的8～10倍，以保证根系少受损伤，易于树势恢复。若土球过小则根系损伤严重，造成吸水困难而影响树木成活。土球应挖成陀螺形，而非盘形或圆锥形，土球应用草绳扎紧，以免运输途中土球松散。

2）玉兰为肉质根系，移植过程中极易失水，因此在挖运、栽植时要求迅速、及时，以免根系失水过多而影响成活。移栽后，第一次定根水要及时，并浇足、浇透，以使根系与土壤充分接触而有利成活。若移植后降水过多，需开挖水槽，以免根部积水，导致烂根死亡。

3）玉兰通常采用全冠移植，为减少地上部水分蒸腾，必须修枝摘叶，缓解受伤根系的供水压力。

4）修枝对象主要为内膛枝、重叠枝和病虫枝，并力求保持树形的完整；摘叶以摘除枝条叶片量的1/3为宜，特别注意要保留好顶芽及附近叶片。若摘叶过多会降低蒸腾拉力，造成根系吸水困难。

（4）注意事项　移栽后，必须用草绳裹干达2m左右，以减少树体水分蒸腾。干旱时，可向草绳喷水补湿。移植后如果天气干旱，可向树冠喷雾以降低叶片温度，减少水分蒸腾。

2. 银杏

银杏树干通直雄伟，古朴苍劲，叶形奇特，是常见的城市行道树种。

（1）移植方式　银杏树移栽后能否成活，成活后能否健壮生长，环境的影响很重要，尤其是土壤立地条件。银杏的根系属肉质根，好气性强，对氧气的要求非常高，性喜疏松透气的土壤条件，明涝暗渍是银杏树生长的大忌；银杏也是一种阳性树种，对光照要求比较高，光照不足，往往树体生长不良，易滋生病虫害，影响树势和产量。因此，移栽的地点一般应选择在光线充足、地势高、地下水位在11.5m以下、排灌方便、无积水的地方。土壤质地为壤土或沙壤土的地方栽植最好。

（2）移植时间　银杏大树移栽的时间，我国南方地区最好能选择在梅雨季节期间进行，因为这时的雨水往往比较多，空气湿度比较大，树体水分的蒸发量相对较少，移栽后树体较易成活；北方地区，可选择早春和晚秋栽植。银杏大树移栽时间，最好能选择在阴天进行，如必须在晴天移栽，则以下午日落前后栽植为最好，清晨次之，切忌在中午移栽。移栽前须对银杏树冠进行喷水处理，这样能减少树体水分的散失，有利于树体移栽成活。生长季节，气温往往比较高，水分蒸发比较快，根系一旦失水，往往使枝叶萎蔫，影响移栽成活率，因此，移栽银杏大树时一定要带土球移栽。所带土球比休眠季节移栽树所带的土球要大，一般为树干直径的5~8倍；挖好的土球要用稻草绳进行捆扎保护，以防破碎。

（3）移植要点

1）为减少枝叶蒸发量，移栽时一定要对树体进行疏枝疏叶处理，以保持根系水分吸收和枝叶水分蒸发的平衡。但为保证绿化工程中银杏树体的绿化、美化效果，或为以后银杏挂果树的丰产、稳产打下一个良好的基础，不宜采取“一刀切”的办法对整个树体进行削头处理，但所留枝叶量也不宜太多，应结合树体的整形修剪，在保持好树体大骨架的基础上，尽量多疏去一些大的主枝、大的侧枝以及密生枝、徒长枝、衰弱枝等；也可在疏去枝条的基础上再疏去部分叶片，每个侧枝留叶2~3片，原则上使保留下来的枝叶量不超过原有枝、叶量的1/3。大的剪锯口应涂刷保护漆，也可用塑料薄膜进行包扎，以减少水分的散失。

2）为提高银杏树的移栽成活率，促使根系伤口早日愈合，早生新根，移栽前，要对银杏树体进行促生根处理。方法是用ABT-6号生根粉或ABT-10号生根粉对挖掘好的银杏大树土球进行灌根处理，使土球充分湿润。为保证药效，灌根后应保持2h左右再行栽植。

3）栽植时，一是提前挖好栽植穴及其他各项准备工作。在选好的定植地点按照移栽树土球的大小提前开挖好栽植穴，并做好吊运、灌水等各项准备工作，确保银杏大树能随到随栽。二是做到随起随栽。生长季节的银杏树，水分的蒸发往往比较快，因此挖好的银杏树不能较长时间放置，一旦挖起，就要抓紧时间对银杏树冠进行喷水保湿、疏叶、促生根等处理工作，及时栽植，尽可能减小起苗与栽植的时间间隔。三是足水浅栽踏实。栽植时，填埋的土壤一定要敲碎，水一定要浇足，以确保树体的土球与栽植的土壤密接；栽植深度不宜过深，以根颈部位与地面基本相平为准；水渗透后要及时对树体进行扶正、踏实。

4）移栽后的管理是银杏树移栽成活的保障。由于是银杏大树，树冠往往比较大，树体易受风的影响发生倾斜，使土球与栽植的土壤分离，影响根系对水分的吸收，所以树体移栽以后要及早用木棍等对树体进行支撑，固定树体。

5）用粗的稻草绳对银杏的整个树干进行缠扎，然后用水喷湿，再用塑料薄膜进行包裹，包裹时塑料薄膜的下部要连接到地面，下面用土覆盖，这样才能保持草绳的湿润状态，起到树干的保湿效果。

6）对离树干1m范围内的地面进行培土覆膜处理，培土的厚度高出地面20cm左右，培土后用塑料薄膜进行地面覆盖。

（4）注意事项　银杏树栽植后3~5周内，除阴雨天外，每天须用喷雾器对银杏树冠进行喷清水或喷0.12%~0.15%的尿素水溶液或0.12%~0.15%磷酸二氢钾水溶液，以补充叶片水分和营养，增加空气湿度，早晚各1次，有利于减少树体水分的散失。有条件的地方也可用遮阳网对银杏树冠进行遮阳处理，效果更好。

如栽后10~15d连续干燥不下雨，则需对银杏树进行浇水处理。每次浇水要浇透浇足，但不宜每天浇水。

3. 桂花

桂花树冠圆形，四季常绿，花簇生叶腋，黄白色，浓香，花期在9~10月份，是点缀秋景的极好树种。

（1）移植方式　桂花大树移植，一般情况下移植成活率较高，以胸径25cm为准，一般要求植穴坑的长、宽、深都为1.5m；坑的最底层须挖松10cm左右，填入80cm左右肥土，桂花喜肥，最好再拌些缓释的有机肥作基肥，耙平后再填铺约40cm厚的黄心土。桂花为喜酸性土壤树种，必须调节好土壤的pH值，否则树体日后生长不良。

（2）移植要点

1）桂花大树移植必须带土球进行，以胸径25cm为准，土球直径在80~120cm，土球高60~80cm，草绳扎缚。草绳裹干至第一分枝处，注意不要裹得太紧，只要能护住树干就行；主干顶端枝要适当短截，疏剪枯、病和发育不好的枝条。

2）一般天气，移植后第二天补浇一次透水，3d与15d后分别再浇一次透水，以后可视天气情况每间隔7~10d浇透水一次。若遇干旱天气，要视情况增加浇水次数和每次的浇水量，约3个月后树体基本成活。在浇水的同时可适当追施速效肥，但施肥量和次数都不能过多，间隔也不能过密，以免营养生长过旺，影响花芽分化。另外，注意采取适当的冬季防寒措施。

4. 悬铃木

悬铃木枝干优美，冠大浓郁，生长速率快，生态环境效应显著，为优良的行道树与景观树种，在大树移植工程中占有重要的地位。

（1）移植要点

1）悬铃木的生长速率快，萌枝能力较强，可采用截枝、截干式移植，保留主干或树冠的一级分枝，其余树冠全部截去。截口应保持平滑并及时用调和漆涂抹，防止伤口腐烂。

2）悬铃木多采用裸根移植，带根幅度为树木胸径的8~10倍，操作沟宽40~60cm，粗大的骨干根用手锯锯断。挖掘可采用起重机协作完成，以提高移栽工效。为防止根系失水，应做好沾浆和覆盖工作。

3）种植穴的直径应比根系生长范围大30~40cm，深度在60~80cm，保证根系舒展、不窝根。在栽植前将劈裂的伤根修剪好，栽植穴的土壤以疏松、肥沃最为理想。栽植后立即浇一次水，为抵御夏季高温伤害，用草绳裹干至一级分枝点，每天喷水两次，以减少水分蒸腾，预防日灼。

（2）注意事项　悬铃木移植成活后，截口部位萌生枝条较多，冬季修剪时应注意选留方向性好、生长健壮的枝条5~8根，以供来年定冠选择。

5. 雪松

雪松干形端庄，姿态雄伟，叶色翠绿，为独树一帜的优美景观树种。也可用作优雅的行道树种，是大树移植的重要的对象。

（1）移植方式　雪松萌枝力较弱，不宜重剪，只需疏除内膛枯密枝、重叠枝、干扰枝。因是全冠移植，将主干用草绳扎好后，须将侧枝缚向主干，以缩小树冠体积，便于运输。待栽植定位后再适当地修薄树枝层次，平衡地上部与地下部的生长矛盾。

（2）移植要点

1）雪松移植时所带土球的大小与好坏是移植成败的关键，大土球有利于提高移植成活率。土球大小放样确定后，先铲除表土，再沿土球外沿开挖60~100cm宽的操作沟，深度视土球的厚度而定。遇到直径超过2cm的根系，均须剪断或锯断，不能用铁锹硬斩，以防震裂土球，而且，即便土球未散，只要根系发生松动，仍会极大地影响移植成活率。为了施工方便，近距离运输可采用软包装的方法，土球用两层花箍网络来加固。

2）对直径在2.5m左右的土球，第一层网用细麻绳，第二层用草绳；直径在3m左右的土球，两层网络都用麻绳。

3）种植穴的直径要比土球大30~40cm，同时施放基肥。雪松不耐涝，若地下水位较高，则须设法引水，或行湿球栽植。栽植前，解除土球包扎物，将土分层回填并夯实。为防止土球下沉不均匀而引起树体倾斜，要在土球四周定5根粗10cm、长50~60cm的暗桩，桩头可稍低于土球，并在其顶部用8号钢丝以五角式缚扎好，以起到垂直固定树体的作用。另外，再在树干2/3的高处用三角支架支撑，防止因树干摆动而影响新根生长，这对提高雪松大树移植成活率具有极为重要的意义。

4）种植后应立即浇水，如出现洞穴，应随时填补散土，不可留有空隙。最后，在土球部位覆盖草包，以利于保墒、保温，安全过冬。

常见乔灌木如图10-8，图10-9所示。

图 10-8　桂花树

图 10-9　樟树

10.2　花坛、花镜

10.2.1　花坛

1. 花坛的类型

根据形状、组合以及观赏特性不同，花坛可分为多种类型，在景观空间构图中可用作主景、配景或对景。根据外形轮廓可分为规则式、自然式和混合式；按照种植方式和花材观赏特性可分为盛花花坛、模纹花坛；按照设计布局和组合可分为独立花坛、带状花坛和花坛群等。从植物景观设计的角度，一般按照花坛坛面花纹图案分类，分为盛花花坛、模纹花坛、造型花坛、造景花坛等。

（1）盛花花坛　盛花花坛主要由观花草本花卉组成，表现花盛开时群体的色彩美。这种花坛在布置时不要求花卉种类繁多，而要求图案简洁鲜明，对比度强。常用植物材料有一串红、早小菊、鸡冠花、三色堇、美女樱、万寿菊等。独立的盛花花坛可作主景应用，设立于广场中心、建筑物正前方、公园入口处、公共绿地中等。

（2）横纹花坛　模纹花坛主要由低矮的观叶植物和观花植物组成，表现植物群体组成的复杂的图案美。包括毛毡花坛、浮雕花坛和时钟花坛等形式。毛毡花坛由各种植物组成一定的装饰图案，表面被修剪得十分平整，整个花坛好像是一块华丽的地毯；浮雕花坛的表面是根据图案要求，将植物修剪成凸出和凹陷的式样，整体具有浮雕的效果；时钟花坛的图案是时钟纹样，上面装有可转动的时针。模纹花坛常用的植物材料有五色苋、彩叶草、香雪球、四季海棠等。模纹花坛可作为主景应用于广场、街道、建筑物前、会场、公园、住宅小区的入口处等。

（3）标题式花坛　标题式花坛在形式上与模纹式花坛一样，只不过是表现的形式主题不同。模纹式花坛以装饰性为目的，没有明确的主题思想。而标题式花坛则是通过不同色彩植物组成一定的艺术形象，表达其思想性，如文字花坛、肖像花坛、象征图案花坛等。选用植物与模纹式花坛一样。标题式花坛通常设置在坡地的斜面上。

（4）造型花坛　造型花坛又叫立体花坛，即用花卉栽植在各种立体造型物上而形成竖向造型景观。造型花坛可创造不同的立体形象，如动物（孔雀、龙、凤、熊猫等）、人物

（孙悟空、唐僧等）或实物（花篮、花瓶、亭、廊），通过骨架和各种植物材料组装而成。因此一般作为大型花坛的构图中心，或造景花坛的主要景观，也有的独立应用于街头绿地或公园中心，如可以布置在公园出入口、主要路口、广场中心、建筑物前等游人视线的焦点上成为对景。

造景花坛是以自然景观作为花坛的构图中心，通过骨架、植物材料和其他设备组装成山、水、亭、桥等小型山水园或农家小院等景观的花坛。最早应用于天安门广场的国庆花坛布置，主要为了突出节日气氛，展现祖国的建设成就和大好河山，目前也被应用于园林中临时造景。

（5）草坪花坛　草坪花坛是以草地为底色，配置1年生或2年生花卉或宿根花卉、观叶植物等。草坪花坛既可是花丛式，也可是模纹式。在园林布置中，草坪花坛既点缀了草地，又起着花坛的作用。

常见花坛如图10-10所示。

图10-10　花坛

2. 花坛的功能

（1）花坛的功能

1）美化功能。花坛常在园林构图中作为主景或配景，具有美化环境的作用。花坛中，各种各样盛开的花卉给现代城市增添了缤纷的色彩，有些花卉还可随季节更替产生形态和色彩上的变化，可以达到很好的环境效果和心理效应。因此，花坛具有协调人与城市环境的关系和提高人们艺术欣赏兴趣的作用。

2）装饰功能。花坛有时作为配景起到装饰的作用，往往设置在一座建筑物的前庭或内庭，以美化衬托建筑物。对一些硬质景观，如水池、纪念碑、山石小品等，可以起到陪衬装饰的作用，并且增加了其艺术的表现力和感染力。此外，作为基础装饰的花坛不能喧宾夺主，位置要选择合理。

3）分隔空间功能。花坛也是分隔空间的一种艺术处理手法，在城市道路设置不同形式的花坛，可以获得似隔非隔的效果。一些带形的花坛则起到划分地面、装饰道路的作用，因此同时在一些地段设置花坛，既可以充实空间，又可以增添环境美。

4）组织交通功能。在分车带或道路交叉口设立坛体可以起到分流车辆或人员的作用，从而提高驾驶员的注意力，给人一种安全感。例如，在风景名胜区庐山牯岭正街路口设置的花坛，正是美化环境和组织交通的成功一例。

5）渲染气氛功能。在节日期间，运用具有大量有生命色彩的花卉组成花坛来装点街景，无疑增添了节日的喜庆热闹气氛。一些著名景区中，各种花坛及花卉造型千姿百态，百花争艳，美不胜收，给景区增添了无限风光。

6）生态保护功能。花卉不仅可以消耗二氧化碳，供给氧气，而且可吸收氯、氟、硫、汞等有毒物质，因此可以称得上是净化空气的“天然工厂”。此外，有的鲜花具有香精油，其芳香的气味有抗菌的作用，飘散在空气中可以杀结核杆菌、肺炎球菌、葡萄球菌等，还可以预防感冒，减少呼吸系统疾病的发生。

（2）花坛的应用场所　花坛大多布置在广场、庭院、大门前，以及道路中央、两侧、交叉点等处，是园林绿地中一些重点地区节日装饰的主要花卉布置类型。

3. 花坛施工技术要点

(1) 平面花坛

1) 整地。在花坛施工中，整地是关键之一。翻整土地深度，一般为35~45cm。整地时，要拣出石头、杂物、草根。若土壤过于贫瘠，则应换土，施足基肥。花坛地面应疏松平整，中心地面应高于四周地面，以避免渍水。根据花坛的设计要求，要整出花坛所在位置的地表形状，如半球面形、平面形、锥体形、一面坡式、龟背式等。

2) 放样。按设计要求整好地后，根据施工图样上的花坛图案原点、曲线半径等，直接在上面定点放样。放样尺寸应准确，用灰线标明。对中、小型花坛，可用麻绳或钢丝按设计图摆好图案模纹，画上印痕撒灰线。对图纹复杂、连续和重复图案模纹的花坛，可按设计图用厚纸板剪好大样模纹，按模型连续标好灰线。

3) 栽植。裸根苗起苗前，应先给苗圃地浇1次水，让土壤有一定的湿度，以免起苗时伤根。起苗时，应尽量保持根系完整，并根据花坛设计要求的植株高矮和花色品种进行掘取，随起随栽。栽植时，应按先中心后四周、先上后下的顺序栽植，尽量做到栽植高矮一致，无明显间隙。模纹式花坛，则应先栽图案模纹，然后填栽空隙。植株的栽植，过稀过密都达不到丰满茂盛的艺术效果。栽植过稀，植株缓苗后黄土裸露而无观赏效果。栽植过密，植株没有继续生长的空间，以至互相拥挤，通风透光条件差，出现脚叶枯黄甚至霉烂。栽植密度应根据栽植方式、植物种类、分蘖习性等差异，合理确定其株行距。

带土球苗，起苗时要注意土球完整，根系丰满。若土壤过于干燥，可先浇水，再掘取。若用盆花，应先将盆托出，也可连盆埋入土中，盆沿应埋入地面。一般花坛，有的也可将种子直接播入花坛苗床内。

苗木栽植好后，要浇足定根水，使花苗根系与土壤紧密结合，保证成活率。平时还应除草，剪除残花枯叶，保持花坛整洁美观。要及时杀灭病虫害，补栽缺株。对模纹式花坛，还应经常整形修剪，保持图案清晰、美观。

活动式花坛植物栽植与平面式花坛基本相同，不同的是活动式花坛的植物栽植，在一定造型的可移动的容器内可随时搬动，组成不同的花坛图案。

(2) 立体花坛

立体花坛是在立体造型的骨架上，栽植组成的各种植物艺术造型。

1) 花坛的制作。立体花坛一般由木料、砖、钢筋等材料，按设计要求、承载能力和形态效果，做成各种艺术形象的骨架胎模。骨架扎制技术，直接影响花坛的艺术效果。因此，骨架的制作，必须严格按设计技术要求，精心扎制。

2) 栽植土的固定。花坛骨架扎制好后，按造型要求，用细钢丝网或窗纱网或尼龙线网将骨架覆裹固定。视填土部位留1个或几个填土口，用土将骨架填满，然后将填土口封好。

3) 栽植。立体花坛的主要植物材料，通常选用五色草。栽植时，用1根钢筋或竹竿制作成的锥子，在钢丝网上按定植距离，锥成小孔，将小苗栽进去。由上而下、由内而外顺序栽植。栽植完后，按设计图案要求进行修剪，使植株高度一致。每天喷水1~2次，保持土壤湿润。

4) 注意事项

①立体花坛在施工时，要求花坛植物在色彩、表现形式、主题思想等因素方面能与环境相协调。把握好花坛与周围环境，即花坛与建筑物的关系、花坛与道路的关系、花坛与周围

植物的关系。当立体花坛作为主景建造时，首先必须与主要建筑物的形式和风格取得一致性。例如，中国庭园式的建筑若是配上以线条构成的现代西方流行的几何图形和立体造型，就会失去原有的协调性，反而不能取得满意的效果。

②施工时，立体花坛还必须在大小上与主建筑构成一定的比例，同时花坛的轴线还要与建筑物的轴线相协调，不能各行其道。根据建筑物的需要，立体花坛的设置可以采用对称形和自然形的布置。

③立体花坛的施工还要考虑花色上的搭配。主要从两个方面来考虑，一是色彩的属性，二是色彩的配合。要点是各种色彩的比例、对比色的应用、深浅色彩的运用、中间色的运用、冷暖色的运用、花坛色彩和环境色彩之间的搭配运用等。

④施工完成后的立体花坛要醒目、突出，能给人一种耳目一新的感觉，可以在原来的基础上突出色彩的表现，或者是造型上的表现。立体花坛在施工时，其花卉的色彩切忌与背景颜色混淆，趋于同一色调，倘若花坛设在一片绿色树林的前面，则不妨以鲜艳的红、橙、黄或中性色彩作为装饰。

（3）模纹花坛造景 模纹花坛表现的是植物的群体美。模纹花坛主要包括毛毡花坛、结彩花坛和浮雕花坛等类型。

1）整地翻耕。模纹花坛的整地翻耕，除了按照平面花坛的要求进行外，其平整要求更高，主要是为了防止花坛出现下沉和不均匀的现象，并且在施工时应增加 1 ~ 2 次的镇压。

2）上顶子。“上顶子”是指在模纹花坛的中心栽种龙舌兰、苏铁和其他球形盆栽植物，也可在中心地带布置高低层次不同的盆栽植物等。

3）定点放线。上顶子的盆栽植物种好后，先将花坛的其他面积翻耕均匀、耙平，然后按照图纸的纹样进行精确的放线。一般可以先将花坛表面等分为若干份，再分块按照图纸的花纹用白色的细沙撒在所画的花纹线上。同时，也有先用钢丝、胶合板等制成图案纹样，再用它在地表面上打样。

4）栽植。栽植时，一般按照图案花纹采用先里后外、先左后右的顺序，先栽主要的纹样，再逐次进行其他的。如果是面积大的花坛，栽植困难，可以先搭格板或扣木匣子，然后操作人员踩在格板或木匣子上进行栽植。栽种前，尽可能先用木槌插好眼，再将花草插入眼内用手按实，定位比较精确。栽植后的效果要求做到苗齐，而且使地面达到“上看一平面，纵看一条线”的效果。为了强调浮雕的效果，施工人员可以事先用土做出型坯来，再把花草栽到起鼓处，形成起伏状。栽植时的株行距要视五色草的大小而定，一般要求白草的株行距为 3 ~ 4cm，大叶红草的株行距为 5 ~ 6cm，小叶红草、绿草的株行距为 4 ~ 5cm。模纹花坛的平均种植密度为每 m^2 栽草 250 ~ 280 株，最窄的纹样是栽白草不少于 3 行，绿草、黑草、小叶红不少于两行。此外，花坛镶边植物如香雪球、火绒子等栽植宽度为 20 ~ 30cm。

5）修剪和浇水。修剪是保证图案花纹效果的关键所在。草栽好后可以先进行 1 次修剪，再将草压平，以后每隔 15 ~ 20d 再修剪 1 次。修剪的方法有两种：一是平剪，即把纹样和文字都剪平，保持顶部略高一些，边缘略低；另一种则是浮雕形，即把纹样修剪成浮雕状，中间草高于两边的。

6）注意事项：浇水工作不仅要及时，还要仔细。除栽好后浇 1 次透水外，以后每天早晚各喷 1 次水，保持正常需要。

4. 花坛的管理

1）浇水。花坛栽植完成后，要注意经常浇水保持土壤湿润，浇水宜在早晚时间。

2）中耕除草。花苗长到一定高度，出现杂草时，要进行中耕除草，并剪除黄叶和残花。

3）病虫害防治。若发现有病虫滋生，要立即喷药杀除。

4）补栽。如花苗有缺株，应及时补栽。

5）整形修剪。对模纹、图样、字形植物要经常整形修剪，保持整齐的纹样，不使图案杂乱。修剪时，为了不踏坏花卉图案，可利用长条木板凳放入花坛，在长凳上进行操作。

6）施肥。对花坛上的多年生植物，每年要施肥2～3次；对一般的一两年生草花，可不再施肥；如确有必要，也可以进行根外追肥，方法是用水、尿素、磷酸二氢钾、硼酸按15000∶8∶5∶2的比例配制成营养液，喷洒在花卉叶面上。

7）花卉更换。当大部分花卉都将枯谢时，可按照花坛设计中所做的花卉轮替计划，换种其他花卉。

10.2.2 花镜

花镜是以宿根和球根花卉为主，结合一、二年生草花和花灌木，沿花园边界或路缘布置而成的一种园林植物景观，亦可点缀山石、器物等（图10-11）。花镜外形轮廓多较规整，通常沿某一方向作直线或曲折演进，而其内部花卉的配置成丛或成片，自由变化。

图10-11 花镜

花镜源自欧洲，是从规则式构图到自然式构图的一种过渡和半自然式的带状种植形式。它既表现了植物个体的自然美，又展现了植物自然组合的群落美。一次种植可多年使用，无须经常更换，能较长时间保持其群体自然景观，具有较好的群落稳定性，色彩丰富，四季有景。花镜不仅增加了园林景观，还有分割空间和组织游览路线的作用。

1. 花镜的类型

（1）从设计形式上分　主要有单面观赏花镜、双面观赏花镜和对应式花镜3类。

1）单面观赏花镜是传统的花镜形式，多临近道路设置，常以建筑物、矮墙、树丛、绿篱等为背景，前面为低矮的边缘植物，整体上前低后高，供一面观赏。

2）双面观赏花镜没有背景，多设置在草坪上或树丛间及道路中央，植物种植是中间高两侧低，供双面观赏。

3）对应式花镜是在园路两侧、草坪中央或建筑物周围设置相对应的两个花镜，这两个花镜呈左右二列式，在设计上统一考虑，作为一组景观，多采用拟对称的手法，以求有节奏和变化。

（2）从植物选择上分　可分为宿根花卉花镜、球根花卉花镜、灌木花镜、混合式花镜、专类花卉花镜5类。

1）宿根花卉花镜由可露地越冬的宿根花卉组成，如芍药、萱草、鸢尾、玉簪、蜀葵、荷包牡丹、耧斗菜等。

2）球根花卉花镜栽植的花卉为球根花卉，如百合、郁金香、大丽花、水仙、石蒜、美人蕉、唐菖蒲等。

3）灌木花镜应用的观赏植物为灌木，以观花、观叶或观果的体量较小的灌木为主，如迎春、月季、紫叶小檗、榆叶梅、金银木、映山红、石楠。

4）混合式花镜以耐寒宿根花卉为主，配置少量的花灌木、球根花卉或一、二年生花卉。这种花镜季相分明，色彩丰富，多见应用。

5）专类花卉花镜由同一属不同类或同一类不同品种植物为主要种植材料，要求花期、株形、花色等有较丰富的变化，如鸢尾类花镜、郁金香花镜、菊花花镜、百合花镜等。

2. 花镜的功能

花镜是模拟自然界中林地边缘地带多种野生花卉交错生长的状态，运用艺术手法设计的一种花卉应用形式。花镜是一种带状布置形式，适合周边设置，能充分利用绿地中的带状地段，创造出优美的景观效果。可设置在公园、风景区、街心绿地、家庭花园、林荫路旁等。

作为一种自然式的种植形式，花镜也极适合用于园林建筑、道路、绿篱等人工构筑物与自然环境之间，起到由人工到自然的过渡作用，软化建筑的硬线条，丰富的色彩和季相变化可以活化单调的绿篱、绿墙及大面积草坪景观，起到很好的美化装饰效果。

常见花镜用植物如图 10-12 ~ 图 10-20 所示。

图 10-12　菊科点状植物

图 10-13　葱属点状植物

图 10-14　大花飞燕草线状植物

图 10-15　毛地黄线状植物

图 10-16　鲁冰花线状植物

图 10-17　绣球团状植物

图 10-18　玉簪

图 10-19　郁金香团、片状植物

图 10-20　红花酢浆草团状植物

3. 花镜的表达形式

花镜通常是沿着长轴方向演进的带状连续构图，带状两连是平行或近于平行的直线或是线。其基本构图单位是一组花丛。每组花丛通常由 5 ~ 10 种花卉组成，一种花卉集中栽植，犹如林缘野生花卉交错生长的自然景观，花镜的花镥内应由主花材形成基调，次花材作为配调，各种花卉共同形成季相景观，其他花卉为辅，用来烘托主花材的设计原则，植物材料以耐寒的可在当地越冬的宿根花为主，间有一些灌木、耐寒的球根花卉或少量的一二年生草花。

花镜既体现了植物个体的自然美，又展示了植物自然组合的群落美，它一次种植，多年使用，四季有景，如图10-21所示。

图10-21 错落有致的花镜

4. 花镜的位置选择

花镜可设置在公司、风景区、绿地、花园及林荫路旁，也适合设置在园林中建筑、道路、绿篱等人工构筑物与自然环境之间，起到人工到自然的过渡作用。

(1) 花镜在绿地中位置

1) 建筑物墙基前，以1~3层低矮建筑物前装饰效果为佳，围墙、栅栏、篱笆及坡地的挡土墙前也可设花镜。

2) 立脚点路旁。园林中游步道边设置花镜；在园林小品旁的道路两边设置花镜；在边界物处设置单面观花镜；通常此花镜前再设置草坪或园路。

3) 较长的植篱、树墙面设置花镜，绿色的背景使花镜色彩充分表现，花镜又活化了单调的绿篱、绿墙。

4) 宽阔的草坪上、树丛间设置花镜。通常在花镜两侧辟出游步道，以便观赏。

5) 宿根园、家庭花园中可设置花镜。根据环境可设置单面观赏、双面观赏或对应式花镜。

(2) 朝向要求　对应式花镜的长轴应沿南北方向展开，以使左右两个花镜光照均匀，从而达到理想效果。其他花镜可自由选择方向。但应注意花镜朝向不同，光照条件也不同，选择植物时，要根据花镜具体位置不同而考虑。

(3) 大小要求　花镜大小取决于环境空间大小，通常，花镜的长轴长度不限，但为管理方便及体现植物的节奏、韵律感，可以把过长的植床分为几段，每段长度以不超过20cm为宜，段与段之间可留1~3m的间歇地段设置座椅或其他园林小品。

(4) 长短要求　长短应根据花镜自身效果及观赏者的视觉感而定，通常，混合花镜、双面观赏花镜比宿根花镜及单面花镜长一些。一般单面观混合花镜长为4~5m；单面观宿根花镜长为2~3m；双面观花镜长为4~6m；小花园花镜长为1~1.5m，一般不超过整个园子宽度的1/4。比较宽的单面观花镜的种植床与背景之间可留出宽70~80cm的小路，以便管理，防止背景树和灌木根系侵扰花卉。

(5) 种床要求　花镜的种床应依土壤条件及装饰要求而设置成平床或高床，种床的排水坡度为2%~4%。一般土质好、排水力强的土壤，且设置在绿篱、树墙前、草坪边缘的花镜宜用平床，床后部应稍高，前缘与道路或草坪相平，这种花镜给人整洁感。在排水差的土质上及阶地挡土墙前的花镜，为了与背景协调，应用30~40cm高的高床，边缘用不规则的石块镶边，使花镜具有粗犷的风格。

(6) 花镜边缘要求　高床可用自然的石坡、砖头、碎瓦、木条等垒砌而成，平床用低矮植物镶边，以15~20cm高为宜，也可以在花镜边缘挖20cm宽、40~50cm深的沟，填充金属或塑料条板，以防止边缘植物侵蔓路面或草坪。

（7）色彩要求　可巧妙利用不同花色创造空间或景观效果。如把冷色占优势的植物群放在花镜后部，在视觉上有加大花镜深度、增加宽度之感。夏季景观应使用冷色调的蓝紫色系花，给人带来凉爽之意；在早春或冬天应用暖色的红、橙色花卉组成花镜，可给人暖意；在安静的休息区的花镜则应多使用暖色的花。常用的色系搭配有单色系、双色系、多色系、补色系等，如图 10-22 所示。

图 10-22　美丽的花镜

（8）花镜的施工图绘制要求

1）花镜位置图一般用平面图表示，应标出花镜周围的建筑物、道路、草坪及花镜所在的位置，根据环境大小选用 1∶100～1∶500 比例绘制。

2）花镜平面图应绘制出花镜边缘线、背景和内部种植区域，以流畅曲线表示，避免出现死角，以求栽种植物后的自然状态，在种植区域内编号或直接注明植物，编号后需列出植物材料表，包括植物名称、株高、花期、花色等，可选用 1∶50 或 1∶100 的比例绘制。

3）花镜立面效果可以一季景观为例绘制，也可分别绘出各季景观，选用 1∶100～1∶200 比例。

5. 花镜种植施工及要点

（1）花镜施工工具及材料

1）工具：①洞敲；②镐头；③铁耙；④铁铲；⑤大字剪；⑥小的修剪刀；⑦小竹棍；⑧铁线；⑨袋子。

2）材料：①一般土，能种植各种条件的土，如偏酸或偏碱的土质应换土；②腐殖土，一般是畜粪、农作物秸秆、秕壳、各种发酵的土，含有机质丰富；③花生麸（豆饼），即榨干油后剩下的废弃物；④河沙或山皮沙。

（2）现场踏勘　在花镜施工前应先踏勘现场，熟悉环境，并根据实地景物内容和主题，以及地理环境和气候条件，设计图形，选择相应品种，以求形式和内容统一。

（3）实地放样　根据实地放样，整理好种植及坡度，改良土壤，施工基础，为花镜的长久维持打基础。

（4）整床

1）深翻。通过深翻，有利于宿根花根系生长，土壤水分易于保持。一般要求深达 40～50cm，及时清除草梗、石块及垃圾。对于大块土块要敲碎，深根花卉应加深。

2）施腐熟的堆肥，因为宿根花对肥料需求是长期的，有机肥能改善土壤质量。

3）不适应花木生长的土应更换或改良，土翻松后加入沙、草炭土、椰糖拌匀，改善土壤的理化特性。

4）放线。用简单替代物从不同角度观察主要的几种配植花卉长成后的关系是否合理（主要观察成长后的高低错落关系），想象建成后形态搭配是否合理和美观。

5）种植。①根据形态再做调整，弥补不足，栽植密度以覆盖床面即可；②小苗可适当加密，花前适当疏苗，成苗以栽植效果好为准；③栽植方法采取穴植法，裸根栽植应使根系舒展于穴中，然后覆土，并适当镇压；④带土球苗栽植时，填土于土球四周，适当镇压；⑤栽植完毕后，用细喷壶充分浇透水；⑥先栽植较大株花卉，再栽植较小株的花卉；先栽宿根花，再栽一二年生草花和球根花卉，如图 10-23 所示。

图 10-23　构成美丽的图案形花镜

6）背景植物种植。①挖坑，洞穴应比土球宽 15～20cm，深 20～25cm，要求上下一致、先上后下、先高后低、观赏面朝前；②回填土要碎；③较大的背景树应有支撑；④种植完及时浇水。

注意事项：①种植脱盆要小心，以不让泥头散掉；②轻拿轻放，花叶枝条要保护好；③洞穴应稍大，以利于摆放花的朝向；④埋土一般高于土球 10cm 为宜，不宜太深，以免积水；⑤花木种植应先清理枯枝、烂叶；⑥种后绝不能用脚压土；⑦及时对倒状花木进行支撑，支撑时应将竹棍或其他支撑物靠于花内侧，扎绳一般以细钢丝为宜，长的竹棍应剪掉；⑧淋水时，水力控制不要太大，应均匀喷洒，以淋透为宜。

10.3　草坪与地被植物

10.3.1　草坪

草坪是指有一定设计、建造结构和使用目的，人工建植的，草本植物形成的坪状草地，具有美化和观赏效果，供休闲、游乐和体育运动等用。按照用途，草坪可分为以下几种类型。

1. 草坪的类型

（1）游憩性草坪　一般建植于医院、疗养院、机关、学校、住宅区、公园及其他大型绿地之中，供人们工作、学习之余休息和开展娱乐活动。这类草坪多采取自然式建植，没有固定的形状，大小不一，允许人们入内活动，管理较粗放。选用的草种适应性要强，耐践踏，质地柔软，叶汁不易流出以免污染衣服。面积较大的游憩性草坪要考虑配置一些乔木树种以供遮阴，也可点缀石景、园林小品及花丛、花带。

（2）观赏性草坪　园林绿地中专供观赏的草坪也称装饰性草坪。常铺设在广场、道路两边或分车带中、雕像、喷泉或建筑物前以及花坛周围，独立构成景观或对其他景物起装饰衬托作用。这类草坪栽培管理要求精细，严格控制杂草生长，有整齐美观的边缘并多采用精美的栏杆加以保护，仅供观赏，不能入内游乐。草种要平整、低矮、绿色期长、质地优良，为提高观赏性，还可配置一些草本花卉，形成缀花草坪。

（3）运动场草坪　指专供开展体育运动的草坪、如高尔夫球场草坪、足球场草坪、网球场草坪、赛马场草坪、垒球场草坪、滚木球场草坪、橄榄球场草坪、射击场草坪等。此类草坪管理精细，要求草种韧性强、耐践踏，并耐频繁修剪，形成均匀整齐的平面。

（4）环境保护草坪　这类草坪主要是为了固土护坡、覆盖地面，起保护生态环境的作用。如在铁路、公路、水库、堤岸、陡坡处铺植草坪，可以防止雨水冲刷引起水土流失，对路基和坡体起到良好的防护作用。这类草坪的主要目的是发挥其防护和改善生态环境的功能，要求草种适应性强、根系发达、草层紧密、抗旱、抗寒、抗病虫害能力强，耐粗放管理。

（5）其他草坪　指一些特殊场所应用的草坪，如停车场草坪、人行道草坪。建植时多用空心砖铺设停车场或路面，在空心砖内填土建植草坪，这类草坪要求草种适应能力强、耐高度践踏和干旱。

2. 草坪常用草

根据草坪植物对生长适宜温度的不同要求和分布的地域，可以将其分为暖季型草坪草和冷季型草坪草。但即使是同一类型的草坪草，其耐践踏、耐寒、耐热等特性仍有较大差别（表10-8）。

表10-8　几种草坪草的适应性比较

草坪草	类型	耐践踏性			耐寒性			耐旱性			耐热性		
		强	中	弱	强	中	弱	强	中	弱	强	中	弱
结缕草	暖季型	√					√	√			√		
狗牙根	暖季型	√					√	√			√		
苇状羊茅	冷季型	√				√		√			√		
草地早熟禾	冷季型		√		√				√			√	
加拿大早熟禾	冷季型		√		√				√				√
普通早熟禾	冷季型			√	√					√			√
紫羊茅	冷季型		√		√			√					√
钝叶草	暖季型		√				√	√			√		
地毯草	暖季型			√			√			√	√		
匍茎剪股颖	冷季型			√	√					√		√	
细弱剪股颖	冷季型			√	√				√			√	
假俭草	暖季型			√			√			√	√		

（1）暖季型草坪草　又称夏绿型草，其主要特点是早春返青后生长旺盛，进入晚秋遇霜茎叶枯萎，冬季呈休眠状态，最适生长温度为26～32℃。这类草种在我国适合于黄河流域以南的华中、华南、华东、西南广大地区，有的种类耐寒性较强，如结缕草、野牛草、中华结缕草，在华北地区也能良好生长。

常用的暖季型草还有狗牙根、地毯草、爱芬地毯草、细叶结缕草、沟叶结缕草、大穗结缕草、假俭草、百喜草等。

（2）冷季型草坪草　亦称寒地型草，其主要特征是耐寒性强，冬季常绿或仅有短期休眠，不耐夏季炎热高湿，春、秋两季是最适宜的生长季节。适合我国北方地区栽培，尤其适应夏季冷凉的地区，部分种类在南方也能栽培。

常用的冷季型草有草地早熟禾、加拿大早熟禾、苇状羊茅、高羊茅、紫羊茅、细羊茅等。

3. 草坪植物的选择原则

草坪植物的选择应依草坪的功能与环境条件而定。游憩活动草坪和运动场草坪应选择耐践踏、耐修剪、适应性强的草坪草，如狗牙根、结缕草、沟叶结缕草等；干旱少雨地区要求草坪草具有耐旱、抗病性强等特性，如假俭草、狗牙根、野牛草等，以减少草坪养护成本；观赏草坪则要求草坪植株低矮，叶片细小美观，叶色翠绿且绿叶期长等，如天鹅绒、早熟禾、沟叶结缕草、紫羊茅等，此外还可选用块茎燕麦、斑叶虉草等叶面具有条纹的观赏草种；护坡草坪要求选用适应性强、耐干旱瘠薄、根系发达的草种，如结缕草、白三叶、百喜草、假俭草等；湖畔河边或地势低凹处应选择耐湿草种，如剪股颖、细叶苔草、假俭草、两耳草等；树下及建筑阴影环境选择耐荫草种，如两耳草、细叶苔草、羊胡子草等。

4. 草坪的配置

（1）草坪作基调　绿色的草坪是城市景观最理想的基调，是园林绿地的重要组成部分，在草坪中心配置雕塑、喷泉、纪念碑等建筑小品，可以用草坪衬托出主景物的雄伟。如同绘画一样，草坪是画面的底色和基调，而色彩艳丽、轮廓丰富、变化多样的树木、花卉、建筑、小品等，则是主角和主调。如果园林中没有绿色的草坪作基调，这些树木、花卉、建筑、小品无论色彩多么绚丽、造型多么精致，由于缺乏底色的对比与衬托，得不到统一的美感，就会显得杂乱无章，景观效果明显下降。目前，许多大中城市都辟建面积较大的公园休息绿地、中心广场绿地，借助草坪的宽广，烘托出草坪中心的纪念碑、喷泉、雕塑等景物的雄伟。但要注意不要过分应用草坪，特别是缺水城市更应适当应用。

（2）草坪作主景　草坪以其平坦、致密的绿色平面，能够创造开朗柔和的视觉空间，具有较高的景观作用，可以作为园林的主景进行配置。如在大型的广场、街心绿地和街道两旁，四周是灰色硬质的建筑和铺装路面，缺乏生机和活力，铺植优质草坪，形成平坦的绿色景观，对广场、街道的美化装饰具有极大的作用。公园中大面积的草坪能够形成开阔的局部空间，丰富了景点内容，并为游客提供安静的休息场所。机关、医院、学校及工矿企业也常在开阔的空间建草坪，形成一道亮丽的风景。草坪也可以控制其色差变化，而形成观赏图案，或抽象或现代或写实，更具艺术魅力。

（3）草坪与其他植物材料的配置

1）草坪与乔木树种的配置。草坪与孤植树、树丛、树群相配既可以表现树体的个体美，又能加强树群、树丛的整体美（图10-24）。疏林草地景观是应用最多的设计手法，既能满足人们在草地上游憩娱乐的需要，树木又可起到遮阴功能。

图10-24　草坪与树群的配置

树丛和树群与草坪配置时，宜选择高大乔木，中层配置灌木作过渡，可与地面的草坪配合形成丛林意境，如能借助周围自然地形，如山坡、溪流等，则更能显示山林意境。这种配置如果以树丛或树群为主景，草坪为基调，则一般要把树丛、树群配置于草坪的主要位置，或作局部的主景处理，要选择观赏价值高的树种以突出景观效果，如春季观花的木棉、樱花、玉兰，秋季观叶的乌桕、银杏、枫香以及紫叶李、雪松等都适宜作草坪上的主景树群或树丛。如果以草坪为主景，树丛、树群做背景，则应该把树丛、树群配置于草坪的边缘，增加草坪的开朗感，丰富草坪的层次。这时选择的树种要单一，树冠形状、高度与风格要一致，结构应适当紧密，形成完整的块面，并与草坪的色彩相适宜。

2）草坪与花灌木的配置。花灌木经常用草坪作基调和背景，如碧桃以草坪为衬托，加上地形的起伏，当桃花盛开时，鲜艳的花朵与碧绿的草地形成一幅美丽的图画，景观效果非常理想。大片的草坪中间或边缘用樱花、海棠、连翘、迎春或棣棠等花灌木点缀，能够使草坪的色彩变得丰富，并引起层次和空间上的变化，提高草坪的观赏价值。这种配置仍以草坪为主体，花灌木起点缀作用，所占面积不超过整个草坪面积的1/3。

3）草坪与花卉的配置。常见的是“缀花草坪”，在空旷的草地上布置低矮的开花地被植物如鸢尾、葱莲、韭莲、水仙、石蒜、红花酢浆草、葡萄风信子草等，形成开花草地，草坪与花卉呈镶嵌状态，增强观赏效果。缀花草坪的花卉数量一般不宜超过草坪总面积的1/4～1/3，分布自然错落，疏密有致，以观赏为主，缀花处不能踩踏。

注意事项：用花卉布置花坛、花带或花镜时，一般用草坪做镶边或陪衬来提高花坛、花带、花镜的观赏效果，使鲜艳的花卉和生硬的路面之间有一个过渡，显得生动而自然，避免产生突兀的感觉。

（4）草坪与山石、水生、道路、建筑的配置

1）草坪配置在山坡上可以显现出地势的起伏，展示山体的轮廓，而用景石点缀草坪是常用的手法，如在草坪上埋置石块，半露上面，犹如山的余脉，能够增加山林野趣、影响整个草坪的空间变化。在水池、河流、湖面岸边配置草坪能够为人们创造观赏水景或游乐的理想场地，使空间扩大，视野开阔，便于游人停步坐卧于平坦的草坪之上，可稍作休息，又能眺望水面的秀丽景色。随着城市街道、高速公路两边及分车带草坪用量的增加，草坪和道路配置也越来越引起人们的重视。在道路的两边及分车带中配置草坪可以装饰、美化道路环境，又不遮挡视线，还能提供一个交通缓冲地带，减少交通事故的发生。选择草种要有较强的抗污染能力和适应性。

2）草坪与纪念碑、雕塑、喷泉及其他园林景点配置，具有很好的衬托效果。例如，天安门广场中心的人民英雄纪念碑，碑身安放在汉白玉雕栏的月台上，月台的四面铺植翠绿的冷季型草坪，使纪念碑整体在规整、开阔的草坪的衬托下，显得更加雄伟、庄严。又如北京植物园的展览温室是一座庞大的现代化建筑，造型优美，为不影响视觉效果，又能很好地衬托建筑，在四周布置了大面积的草坪，产生了很好的艺术效果。建筑物周围的草坪，可作为建筑的底景，作为和环境过渡的空间，增加艺术表现力，软化建筑的生硬性，同时也使建筑物的色彩变得柔和。

常见草坪如图10-25所示。

5. 草坪施工技术要点

（1）场地准备

铺设草坪与栽植其他植物不同，在建造完成以后，地形和土壤条件很难再行改变。要想得到高质量的草坪，应在铺设前对场地进行处理，主要应考虑地形处理、土壤改良及做好排灌系统。

图 10-25　常见草坪

1）土层的厚度。草坪植物是低矮的草本植物，没有粗大主根，与乔灌木相比，根系浅。因此，在土层厚度不足以种植乔灌木的地方仍能建造草坪。草坪植物的根系 80% 分布在 40cm 以上的土层中，而且 50% 以上是在地表以下 20cm 的范围内。虽然有些草坪植物能耐干旱，耐瘠薄，但种在 15cm 厚的土层上，会生长不良，应加强管理。为了使草坪保持优良的质量，减少管理费用，应尽可能使土层厚度达到 40cm 左右，最好不小于 30cm。在小于 30cm 的地方应加厚土层。

2）土地的平整与耕翻。这一工序的目的是为草坪植物的根系生长创造条件。步骤如下。

①杂草与杂物的清除。为了便于土地的耕翻与平整，更主要的是为了消灭多年生杂草。为避免草坪建成后杂草与草坪草争水分、养料，在种草前应彻底把杂草消灭。可用“草甘膦”等灭生性的内吸传导型除草剂［0.2～0.4mL/m^2（成分量）］，使用后 2 周可开始种草。此外，还应把瓦块、石砾等杂物全部清出场地外。瓦砾等杂物多的土层应用 10mm×10mm 的网筛过一遍，以确保杂物除净。

②初步平整、施基肥及耕翻。在清除了杂草、杂物的地面上应初步做一次起高填低的平整。平整后撒施基肥，然后普遍进行一次耕翻。土壤疏松、通气良好有利于草坪植物的根系发育，也便于播种或栽草。

③更换杂土与最后平整。在耕翻过程中，发现局部地段土质欠佳或混杂的杂土过多，则应换土。虽然换土的工作量很大，但必要时须彻底进行，否则会造成草坪生长极不一致，影响草坪质量。为了确保新建草坪的平整，在换土或耕翻后应灌一次透水或滚压遍，使不同的地方能显出高低，以利最后平整时加以调整。

3）排水及灌溉系统。

①草坪与其他场地一样，需要考虑排除地面水，因此，最后平整地面时，要结合考虑地面排水问题，不能有低凹处，以避免积水。做成水平面也不利于排水，草坪多利用缓坡来排水。在一定面积内修一条缓坡的沟道，其最底下的一端可设雨水口接纳排出的地面水，并经地下管道排走，或以沟直接与湖池相连。理想的平坦草坪的表面应是中部稍高，逐渐向四周或边缘倾斜。建筑物四周的草坪应比房基低 5cm，然后向外倾斜。

②地形过于平坦的草坪或地下水位过高或聚水过多的草坪、运动场的草坪等均应设置暗管或明沟排水，最完善的排水设施是用暗管组成一系统与自由水面或排水管网相连接。

③草坪灌溉系统是兴造草坪的重要项目，目前国内外草坪大多采用喷灌方式。为此，在场地最后整平前，应将喷灌管网埋设完毕。

（2）种植

1）播种法。一般用于结籽量大而且种子容易采集的草种。如野牛草、羊茅、结缕草、苔草、剪股颖、早熟禾等都可用种子繁殖。要取得播种的成功，应注意以下几个问题。

①种子的质量。质量是指两方面，一般要求纯度在90%以上，发芽率在50%以上。

②种子的处理。有的种子发芽率不高并不是因为质量不好，而是因各种形态、生理原因所致。为了提高发芽率，达到苗全、苗壮的目的，在播种前可对种子加以处理。如细叶苔草的种子可用流水冲洗数十小时；结缕草种子用0.5%的NaOH浸泡48h，用清水冲洗后再播种；野牛草种子可用机械的方法搓掉硬壳等。

③播种量和播种时间。草坪种子播种量越大，见效越快，播后管理越省工。种子有单播和2~3种混播的。单播时，一般用量为10~20g/m^2。应根据草种、种子发芽率等而定。混播则是在依靠基本种子形成草坪以前的期间内，混种一些覆盖性快的其他种子。

播种时间：暖季型草种为春播，可在春末夏初播种；冷季型草种为秋播，北方最适合的播种时间是9月上旬。

④播种方法。有条播及撒播。条播有利于播后管理，撒播可及早达到草坪均匀的目的。条播是在整好的场地上开沟，深5~10cm，沟距15cm，用等量的细土或砂与种子拌匀撒入沟内。不开沟为撒播，播种人应做回纹式或纵横向后退撒播。播种后轻轻把土镇压使种子入土0.2~1cm。播前灌水有利于种子的萌发。

⑤播后管理。充分保持土壤湿度是保证出苗的主要条件。播种后根据天气情况每天或隔天喷水，幼苗长至3~6cm时可停止喷水，但要经常保持土壤湿润，并要及时清除杂草。

2）栽植法。用植株繁殖较简单，能大量节省草源，一般1m^{2}的草块可以栽成5~10m或更多一些。与播种法相比，此法管理比较方便，因此已成为我国北方地区种植匍匐性强的草种的主要方法。

①种植时间。全年的生长季均可进行。但种植时间过晚，当年就不能覆满地面。最佳的种植时间是生长季中期。

②种植方法。分条栽与穴栽。草源丰富时可以用条栽，在平整好的地面以20~40cm为行距，开5cm深的沟，把撕开的草块成排放入沟中，然后填土、踩实。同样，以20~40cm为株行距穴栽也是可以的。

③提高种植效果的措施。为了提高成活率，缩短缓苗期，移植过程中要注意两点：一是栽植的草要带适量的护根土（心土）；二是尽可能缩短掘草到栽草的时间，最好是当天掘草当天栽。栽后要充分灌水，清除杂草。

3）铺栽法。这种方法的主要优点是形成草坪快，可以在任何时候（北方封冻期除外）进行，且栽后管理容易。缺点是成本高，并要求有丰富的草源。

①选草源。要求草生长势强，密度高，而且有足够大的面积。

②铲草皮。先把草皮切成平行条状，然后按需要横切成块，草块大小根据运输方法及操作是否方便而定，大致有以下几种：45cm×30cm、60cm×30cm、30cm×12cm等。草块的厚度为3~5cm，国外大面积铺栽草坪时，也常见采用圈毯式草皮。

③草皮的铺栽方法。

a. 无缝铺栽：这是不留间隔全部铺栽的方法。草皮紧连，不留缝隙，相互错缝。要求快速造成草坪时常使用这种方法。草皮的需要量和草坪面积相同（100%）。

b. 有缝铺栽：各块草皮相互间留有一定宽度的缝进行铺栽。缝的宽度为4～6cm，当缝宽为4cm时，草皮必须占草坪总面积的70%。

c. 方格形花纹铺栽：这种方法虽然建成草坪较慢，但草皮的需用量只需占草坪面积的50%。

4）草坪植生带铺栽的方法。

①草坪植生带是用再生棉经一系列工艺加工制成的有一定拉力、透水性良好、极薄的无纺布，并选择适当的草种、肥料按一定的数量、比例通过机器撒在无纺布上，在上面再覆盖一层无纺布，经黏合滚压成卷制成。它可以在工厂中采用自动化的设备连续生产制造，成卷入库，每卷50m^2或100m^2，幅宽1m左右。

②在经过整理的地面上满铺草坪植生带，覆盖1cm筛过的生土或河沙，早晚各喷水一次，一般10～15天（有的草种3～5天）即可发芽，1～2个月就可形成草坪，覆盖率100%，成草迅速，无杂草。

5）吹附法。近年来，国内外也有用喷播草籽的方法培育草坪，即用草坪草种子加上泥炭（或纸浆）、肥料、高分子化合物和水混合浆，储存在容器中，借助机械力量喷到需育草的地面或斜坡上，经过精心养护育成草坪。

（3）浇灌

1）水源与灌溉方法。

①水源。没有被污染的井水、河水、湖水、水库存水、自来水等均可作灌溉水水源。

国内外目前试用城市“中水”作绿地灌溉用水。随着城市中绿地不断增加，用水量大幅度上升，给城市供水带来很大的压力。“中水”不失为一种可靠的水源。

②灌溉方法。有地面漫灌、喷灌和地下灌溉等。

地面漫灌是最简单的方法，其优点是简便易行，缺点是耗水量大，水量不够均匀，坡度大的草坪不能使用。采用这种灌溉方法的草坪表面应相当平整，且具有一定的坡度，理想的坡度是0.5%～1.5%。这样的坡度用水量最经济，但大面积草坪要达到以上要求较为困难，因而有一定局限性。

喷灌是使用设备把水像雨水一样淋到草坪上。其优点是能在地形起伏变化大的地方或斜坡使用，灌溉量容易控制，用水经济，便于自动化作业。主要缺点是建造成本高。但此法仍为目前国内外采用最多的草坪灌水方法。

地下灌溉是靠用细管作用从根系层下面设的管道中的水由下向上供水。此法可避免土壤紧实，并使蒸发量及地面流失量减到最低限度。节省水是此法最突出的优点。然而由于设备投资大，维修困难，因而使用此法灌水的草坪甚少。

2）灌水时间。在生长季节，根据不同时期的降雨量及不同的草坪适时灌水是极为重要的，一般可分为三个时期。

①返青到雨季前。这一阶段气温逐渐上升，蒸腾量大，需水量大，是一年中最关键的灌水时期。根据土壤保水性能的强弱及雨季来临的时期可灌水2～4次。

②雨季。基本停止灌水。这一时期空气湿度较大，草的蒸腾量下降，而土壤含水量已提高到足以满足草坪生长需要的水平。

③雨季后至枯黄前。这一时期降水量少，蒸发量较大，而草坪仍处于生命活动较旺盛阶段，与前两个时期相比，这一阶段草坪需水量显著提高，如不能及时灌水，不但影响草坪生长，还会引起提前休眠。在这一阶段，可根据情况灌水4~5次。此外，在返青时灌返青水，在北方封冻前灌封冻水也都是必要的。总之，草种不同，对水分的要求不同，不同地区的降水量也有差异。因而，必须根据气候条件与草坪植物的种类来确定灌水时期。

3）灌水量。每次灌水的水量应根据土质、生长期、草种等因素而确定。以湿透根系层、不发生地面径流为原则。如北京地区的野牛草草坪，每次灌水的用水量为0.04~0.10t/m^2。

（4）施肥

1）施肥种类。草坪植物主要是进行叶片生长，并无开花结果的要求，所以氮肥更为重要，施氮肥后的反应也最明显。在建造草坪时应施基肥，草坪建成后在生长季施追肥。

2）施肥季节。寒季型草种的追肥时间最好在早春和秋季。第一次在返青后，可起促进生长的作用；第二次在仲春。天气转热后，应停止追肥。秋季施肥可于9月、10月进行。暖季型草种的施肥时间是在晚春。在生长季每月应追一次肥，这样可增加枝叶密度，提高耐踩性。最后一次施肥，北方地区不能迟于8月中旬，而南方地区不应晚于9月中旬。

3）施肥量。表10-9是不同草种的草坪施肥量，可供参考。

表10-9　不同草种的草坪施肥量

喜肥程度	施肥量（按纯氮计）/[g/(月·m^2)]	草种
最低	0~2	野牛草
低	1~3	紫羊茅、加拿大早熟禾
中等	2~5	结缕草、黑麦草、普通早熟禾
高	3~8	草地早熟禾、剪股颖、狗牙根

（5）修剪

1）修剪次数。一般的草坪一年最少修剪4~5次，北京地区野牛草草坪每年修剪3~5次较为合适，而上海地区的结缕草草坪每年修剪8~12次较为合适。国外高尔夫球场内精细管理的草坪一年要经过上百次的修剪。据国外报道，多数栽培型草坪全年共需修剪30~50次，正常情况下1周一次，4~6月常需1周剪轧2次。

2）修剪高度。修剪的高度与修剪的次数是两个相互关联的因素。修剪时的高度要求越低，修剪次数就越多，这是进行养护草坪所需要的。草的叶片密度与覆盖度也随修剪次数的增加而增加。应根据草的剪留高度进行有规律的修剪，当草达到限定高度的1.5倍时就要修剪，最高不得越过规定高度的2倍，各种草的最适剪留高度见表10-10。

表10-10　各种草的最适剪留高度

相对修剪程度	剪留高度/cm	草种
极低	0.5~1.3	匍匐剪股颖、绒毛剪股颖
低	1.3~2.5	狗牙根、细叶结缕、细弱剪股颖
中等	2.5~5.1	野牛草、紫羊茅，草地早熟禾、黑麦草、结缕草、假俭草
高	3.5~7.5	苇状羊茅、普通早熟禾
较高	7.5~10.2	加拿大早熟禾

3）剪草机。修剪草坪一般都用剪草机，多用汽油机或柴油机作动力，小面积草坪可用侧挂式割灌机，大面积草坪可用机动旋转式剪草机和其他大型剪草机。

（6）除杂草

1）人工方法除草用人工“剔除”。

2）化学方法除草：

①用西马津、扑草净、敌草隆等起封闭土壤作用，抑制杂草的萌发或杀死刚萌发的杂草。

②用灭生性除草剂草甘膦、百草枯等作草坪建造前或草坪更新时除防杂草。

③用除草剂杀死双子叶杂草。

注意事项：除草剂的使用比较复杂，效果好坏随很多因素而变，使用不正确会造成很大的损失，因此使用前应慎重做试验和准备，使用的浓度、工具应专人负责。

（7）通气

1）打孔技术要求

①一般要求50穴/m^2，穴间距15cm×5cm，穴径1.5～3.5cm，穴深8cm左右。

②可用中空铁钎人工扎孔，也可采用草坪打孔机（恢复根系通气性）施行。

2）草坪的复壮更新。草坪承受过较大负荷或经受负荷作用，土壤板结，可采用草坪垂直修剪机，用铣刀挖出宽1.5～2cm、间距为25cm、深约18cm的沟，在沟内填入多孔材料（如海绵土），把挖出的泥土翻过来，并把剩余泥土运走，施入高效肥料，以致补播草籽，加强肥水管理，使草坪能很快生长复壮。

10.3.2 地被植物

地被植物是园林中用以覆盖地面的低矮植物。它可以有效控制杂草滋生、减少尘土飞扬、防止水土流失，把树木、花草、道路、建筑、山石等各景观要素更好地联系和统一起来，使之构成有机整体，并对这些风景要素起衬托作用，从而形成层次丰富、高低错落、生机盎然的园林景观。地被植物比草坪更为灵活，在地形复杂、树荫浓密、不良土壤等不适于种植草坪的地方，地被植物是最佳选择。如杭州花港公园牡丹园的白皮松林下覆盖着常春藤地被，生长强健而致密，其他杂草无法生长。

1. 地被植物的类别

指草本植物中株形低矮、株丛密集自然、适应性强、可粗放管理的种类。以宿根草本为主，也包括部分球根和能自播繁衍的一二年生花卉，其中有些蕨类植物也常用作耐荫地被。宿根植物有土麦冬、阔叶土麦冬、吉祥草、萱草类、玉簪、蟛蜞菊、石菖蒲、长春蔓、红花酢浆草、马蔺等。

2. 地被植物的配置

（1）适地适植，合理配置　按照园林绿地的不同功能、性质，在充分了解种植地环境条件和地被植物本身特性的基础上合理配置。如入口区绿地主要是美化环境，可用低矮整齐的小灌木和时令草花等地被植物进行配置，以靓丽的色彩吸引游人；山林绿地主要是覆盖黄土，美化环境，可选用耐荫类地被进行布置，路旁则根据道路的宽窄与周围环境，选择开花地被类，使游人能不断欣赏到因时序而递换的各色园景。

（2）高度搭配适当　地被植物是植物群落的最底层，选择合适的高度是很重要的。在上层乔灌木分枝高度都比较高时，下层选用的地被可适当高一些。反之，上层乔、灌木分枝点低或是球形植株，则应根据实际情况选用较低的种类。

(3) 色彩协调、四季有景　地被植物与上层乔、灌木同样有着各种不同的叶色、花色和果色。因此，在群落搭配时要使上下层的色彩相互协调，叶期、花期错落，具有丰富的季相变化。

3. 地被植物的布置

1）在假山、岩石园中配置矮竹、蕨类等地被植物，构成假山岩石小景。如选用铁线蕨、凤尾蕨等蕨类和菲白竹、箬竹、鹅毛竹、翠竹、菲黄竹等低矮竹类地被，既活化了山石，又显示出清新、典雅的意境，别具情趣。

2）林下多种地被相配置，形成优美的林下花带。乔、灌木林下，采用两种或多种地被间植、轮植、混植，使其四季有景，色彩分明，形成一个五彩缤纷的树丛。

3）以浓郁的常绿树丛为背景，配置适生地被，用宿根、球根或一二年生草本花卉成片点缀其间，形成人工植物群落。

4）多种开花地被植物与草坪配置，形成高山草甸景观。在草坪上小片状点缀水仙、秋水仙、鸢尾、石蒜、葱莲、韭莲、红花酢浆草、马蔺、二月蓝、蒲公英等草本地被，以及部分铺地柏、偃柏、铺地蜈蚣等匍匐灌木，可以形成高山草甸景观。如此分布有疏有密、自然错落、有叶有花，远远望去，如一张绣花地毯，别有风趣。

5）大面积的地被景观。采用一些花朵艳丽、色彩多样的植物，选择阳光充足的区域精心规划，采用大手笔、大色块的手法，大面积栽植形成群落，着力突出这类低矮植物的群体美，并烘托其他景物，形成美丽的景观。如美人蕉、杜鹃花、红花酢浆草、葱莲以及时令草花。

6）耐水湿的地被植物配置在山、石、溪水边构成溪涧景观。在小溪、湖边配置一些耐水湿的地被植物如石菖蒲、蝴蝶花、鸢尾等，溪中、湖边散置山石，点缀一两座亭榭，别有一番山野情趣。

4. 地被植物的功能

园林地被植物是园林绿化的重要组成部分，是园林造景的重要植物材料，在提高园林绿化质量中起着重要的作用。它不仅能丰富园林景色，增加植物层次，组成不同意境，给人一种舒适清新、绿荫覆盖、四季有花的环境，让游人有常来常新的感觉，而且还由于叶面系数的增加，能够调节气候，减弱日光反射，降低风速，吸附滞留尘埃，减少空气中含尘量和细菌的传播，降低气温，改善空气湿度，覆盖裸露地面，防止雨水冲刷，护堤护坡，保持水土。

地被植物如图 10-26 所示。

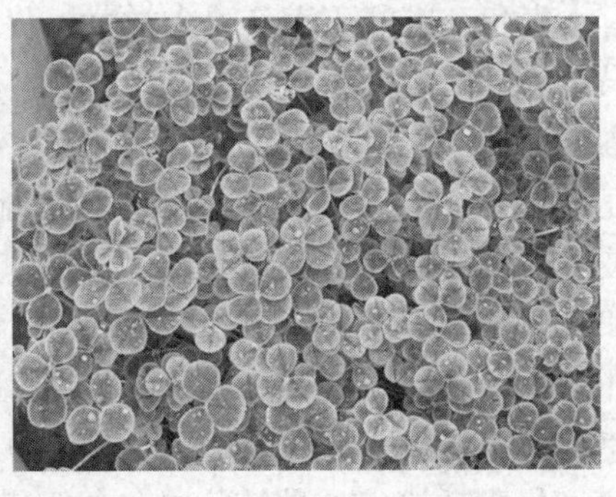

图 10-26　地被植物

10.4　水生、水面植物

10.4.1　水生植物

1. 水生植物功能

1）在园林水池中常布置水生植物来美化水生、净化水质，减少水分的蒸发。如水葱、水葫芦、田蓟、永生薄荷、芦苇、泽泻等，可以吸收水中有机化合物，降低生化需氧量。

2）有些植物还能吸收酚、吡啶、苯胺，杀死大肠杆菌等，消除污染，净化水源，提高水质。

3）很多永生植物如槐叶萍、水浮莲、满江红、荷花、慈姑、菱、泽泻等，可供人们食用或作为牲畜饲料，因此在园林水生中大面积地布置永生植物还可取得一定的经济效益。

4）由于水生植物生长迅速，适应性强，所以栽培管理方面节省人力、物力。

2. 水生植物的种类

根据水生植物在水中的生长状态及生态习性，分为四个类型。

1）浮水植物。植物叶片漂浮在水面生长，称为浮水植物。浮水植物又按植物根系着泥生长和不着泥生长，分为两个类型：一种称为根系着泥浮水植物，如睡莲、王莲等；另一种称为漂浮植物，如凤眼莲、大漂、青萍等。根系着泥浮水植物用于绿化较多，价值较高。而根系不着泥生长的漂浮植物，因无根系固着生长，植株漂浮不定，又不易限制在某一区域，在水生富营养化的条件下容易造成极性生长，覆盖全池塘，形成不良景观，一般不用于池塘绿化，应被视作水生杂草，一旦发现要及时清除掉。

2）挺水植物。植物的叶片长出水面，如荷花、香蒲、芦苇、千屈菜、鸢尾、伞草、慈姑等。这类植物具有较高的绿化用途。

3）沉水植物。全部植物生长在水中，在水中生长发育，如金鱼藻、眼子菜等。

4）湿生植物。这类植物的根系和部分树干淹没在水中生长。有的树种在整个生活周期，它的根系和树干基部浸泡在水中并生长良好，如池杉。池杉的适应性较强，不仅在水中生长良好，而且在陆地也生长极佳。有的树种在水陆交替的生态条件下能良好生长，如水杉、柳树、杨树等。

3. 水生植物配置的原则

水生的植物配置，必须符合生态性、艺术性和多样性的原则。

1）多样性原则。根据水生面积大小，选择不同种类、不同形体和色彩的植物，形成景观的多样化和物种的多样化。

2）生态性原则。种植在水边或水中的植物在生态习性上有其特殊性，植物应耐水湿，或是各类水生植物（图 10-27），自然驳岸更应注意。

3）艺术性原则。水给人以亲切、柔和的感觉，水边配置植物时，宜选树冠圆浑、枝条柔软下垂或枝条水平开展的植物，如垂枝形、拱枝形、伞形等。宁静、幽静环境的水生周围，宜以浅绿色为主，色彩不宜太丰富或过于喧闹；水上开展活动的水生周围，则以色彩喧闹为主。

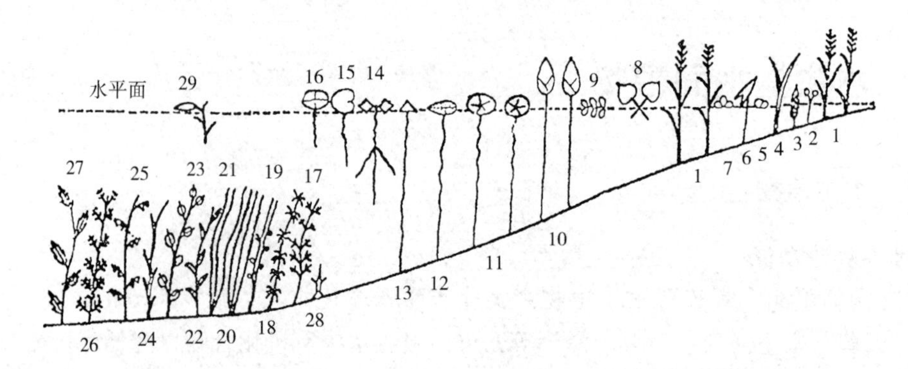

图 10-27　水生植物生态示意图

1—芦苇　2—花蔺　3—香蒲　4—菰　5—青萍　6—慈姑　7—紫萍　8—水鳖　9—槐叶萍　10—莲　11—芡实　12—两栖蓼　13—荇菱　14—菱　15—睡莲　16—荇菜　17—金鱼藻　18—黑藻　19—小茨藻　20，21—苦草　22—竹叶眼子菜　23—光叶眼子菜　24—龙须眼子菜　25—菹草　26—狐尾藻　27—大茨藻　28—五针金鱼藻　29—眼子菜

4. 水生植物配置

（1）湖与湖相配置的植物　湖是园林中常见的水生景观，一般水面迂阔，视野宽广，多较宁静，如杭州西湖、济南大明湖、南京玄武湖、武汉东湖等。

湖的驳岸线常采用自由曲线，或石砌，或堆土，沿岸种植耐水湿植物，高低错落，远近不同，与水中的倒影内呼外应。进行湖面总体规划时，常利用堤、岛、桥等来划分水面，增加层次，并组织游览路线；在较开阔的湖面上，还常布置一些划船、滑水等游乐项目，满足人们亲水的愿望。水岸种植时以群植为主，注重群落林冠线的丰富和色彩的搭配。

广州华南植物园的内湖岸有几处很优美的植物景观，采用群植的方式，种植有大片的落羽杉林、假槟榔林、散尾葵树群等；西双版纳植物园内湖边的大王椰子及丛生竹也是湖边植物配置引人入胜的景观。

（2）池与湖相配置的植物

1）池多由人工挖掘而成，或用固定的容器盛水而成，其面积一般较小。在较小的园林中常建池，为了获得“小中见大”的效果，水边植物配置一般突出个体姿态或色彩，多以孤植为主，创造宁静的气氛；或利用植物分隔水面空间，增加层次，同时也可创造活泼和宁静的景观。水面则常种植萍蓬草、睡莲、千屈菜等小型水生植物，并控制其任意蔓延。

2）池边植柳、碧桃、玉兰、黑松、侧柏、白皮松等，疏密有致，既不挡视线，又增加了植物层次。

3）池边一株苍劲、古拙的黑松，树冠及虬枝深向水面，倒影生动，颇有画意。

4）在叠石驳岸上配置了云南黄馨、紫藤、薜荔、爬山虎等，使得高于水面的驳岸略显悬崖野趣。

5）现代园林中，在规则式区域，池的形状多为几何形式，外缘线多硬朗而分明，池边的植物配置常以花坛或修剪成圆球形整形灌木为主。

（3）与泉相配置的植物

1）泉是地下水的天然露头。由于泉水喷吐跳跃，吸引了人们的视线，可作为景点的主题，再配置合适的植物加以烘托、陪衬，效果更佳。

2）日本明治神官的花园布置既艳丽又雅致，花园中有一天然的泉眼，并以此为起点，挖成一长条蜿蜒曲折的花溪，种满从全国各地收集来的石菖蒲。开花时节，游客蜂拥而至，赏花饮泉，十分舒畅。英国塞翁公园中，在小地形高处设置人工泉，泉水顺着曲折小溪流下，溪涧、溪旁种植各种矮生匍地的色叶裸子植物以及各种宿根、球根花卉，与缀花草坪相接，谓之花地，景观宜人。

（4）喷泉、跌水和瀑布

1）喷泉和跌水本身不需配置植物，但其周围常配以花坛、草坪、花台或圆球形灌木等，并应选择合适的背景，如杭州曲院风荷内的喷泉，以水杉片林为背景，既起衬托作用，水杉的树形与喷泉的外形又协调一致。

2）瀑布在园林造景中通常指人造的立体落水。由瀑布造成的水景有着丰富的性格或表状，有小水珠的悄然滴流，也有大瀑布的轰然怒吼。瀑布的形态及声响因其流量、流速、高度差及落坡材质的不同而不同。

3）在城市景观中，瀑布常依建筑物或假山石而建。模拟自然界的瀑布风光，将其微缩，可置于室内、庭园或街头、广场，为城市中的人们带来大自然的灵气。

（5）与堤相配置的植物

1）苏堤、白堤除红桃、绿柳、碧草的景色之外，各桥头配置不同的植物，以打破单调和沉闷。长度较长的苏堤上植物种类尤为丰富，仅就其道路两侧而言，就有重阳木、三角枫、无患子、樟树等，两侧还种植了大量的垂柳、碧桃、桂花、海棠等，树下则配置了大吴风草、金叶六道木、八角金盘、臭牡丹等地被植物，堤上还设置有花坛。

2）北京颐和园西堤以杨、柳为主，玉带桥以浓郁的树林为背景，更衬出自身洁白。在广州流花湖公园，湖堤两旁，各植两排蒲葵，水中反射光强，蒲葵的趋光性导致朝向水面倾斜生长，富有动势。

3）南宁南湖公园堤上各处架桥，最佳的植物配置是在桥的两端简洁地种植数株假槟榔，潇洒秀丽。水中三孔桥与假槟榔的倒影清晰可见。

（6）与溪流相配置的植物

1）溪是一种动态景观，但往往处理成动中取静的效果。两侧多植以密林或群植树木，溪流在林中若隐若现。为了与溪水的动态相呼应，可以布置成落花景观，将李属、梨属、苹果属等单个花瓣下落的植物配于溪旁，秋色叶植物也是很好的选择。林下溪边常配喜阴湿的植物以及小型挺水植物，如蕨类、天南星科、虎耳草、冷水花、千屈菜、风车草等，颇具有乡村野趣。

2）现代园林中多为人工形成的溪流。杭州玉泉溪位于玉泉观鱼东侧，为一条人工开凿的弯曲小溪涧。引玉泉水东流入植物园的山水园，溪长 60m 余，宽仅 1m 左右，两旁散植樱花、玉兰、女贞、云南黄馨、杜鹃花、山茶、贴梗海棠等花草树木，溪边砌以湖石、铺以草皮，溪流从树丛中涓涓流出，春季花影婆娑，成为一条蜿蜒美丽的花溪。

（7）与河相配置的植物

1）在园林中直接运用河流的形式并不多见。颐和园的后湖实为六收六放的河流，其两岸种植高大的乔木，形成了“两岸夹青山，一江流碧玉”的图画。在全长约 1000m 的河道上，夹峙两岸的峡口、石矶形成了高低起伏的河岸，同时也把河道障隔、收放成六个段落，在收窄的河边种植树冠庞大的槲树，分隔效果明显。沿岸还有柳树、白蜡，山坡上有油松、栾树、元宝枫、侧柏，加之散植的榆树、刺槐，形成了一条绿色的长廊，山桃、山杏点缀其间，行舟漫游，真有山重水复、柳暗花明之乐趣。

2）对于水位变化不大的相对静止的河流而言，两边植以高大的植物形成群落，丰富的林冠线和季相变化可以形成美丽的倒影；而以防汛为主的河流，则宜选择固土护坡能力强的地被植物，如多种禾草、薹草、膨蜞菊等。

（8）与岛相配置的植物

1）岛的类型众多，大小各异。有可游的半岛及湖中岛，也有仅供远眺或观赏的湖中岛。前者远、近距离均可观赏，多设树林以供游人活动或休息，临水边或透或封、若隐若现，种植密度不能太大，应能透出视线去观景。且在植物配置时要考虑导游路线，不能有碍交通；后者则不考虑导游，人一般不入内活动，只远距离欣赏，可选择多层次的群落结构形成封闭空间，以树形、叶色造景为主，注意季相的变化和天际线的起伏，但要协调好植物间的各种关系，以形成相对稳定的植物群落景观。

2）北京北海琼华岛植物种类丰富，以柳为主，间植刺槐、侧柏、合欢、紫藤等植物。四季常青的松柏不但将岛上的亭、台、楼、阁掩映其中，并以其浓重的色彩烘托出白塔的洁白。

3）杭州三潭印月可谓是湖岛内东西、南北两条湖堤将全岛划分为四个空间。湖堤上植有大叶柳、樟树、木芙蓉、紫藤、紫薇等乔灌木，疏密有致、高低有序，增强了湖岛的层次和景深，也丰富了林冠线，并形成了整个西湖的湖中有岛、岛中套湖的奇景。而这种虚实对比、交替变化的园林空间，在巧妙的植物配置下表现得淋漓尽致。

（9）与驳岸相配置的植物　岸边的植物配置很重要，既能使山和水融成一体，又对水面空间的景观起重要作用。驳岸有土岸、石岸、混凝土岸等，或自然式，或规则式。

自然式的土驳岸常在岸边打入树桩加固。我国园林中采用石驳岸及混凝土驳岸居多，线条显得生硬而枯燥，更需要在岸边配置合适的植物，借其枝叶来遮挡枯燥之处，从而使线条变得柔和。驳岸植物可与水面点缀的水生植物一起组成丰富的岸边景色（图 10-28）。

图 10-28　苏州留园内的驳岸

1）土岸。

①自然式土岸曲折蜿蜒，线条优美，植物配置最忌选用同一树种、同一规格的等距离配置。应结合地形、道路、岸线配置，有近有远，有疏有密，有断有续，弯弯曲曲，富有自然情调。

②英国园林中自然式土岸边的植物配置，多半以草坪为底色，为引导游人到水边赏花，常种植大批宿根、球根花卉，如落新妇、围裙水仙、雪钟花、绵枣儿、报春花属以及蓼科、天南星科、鸢尾属、毛茛属植物，五彩缤纷、高低错落；为形成优美倒影，则在岸边植以大量花灌木、树丛及姿态优美的孤立树，尤其是变色叶树种，一年四季具有色彩。

③土岸常少许高出最高水面，站在岸边伸手可触及水面，便于游人亲水、戏水，给人以朴实、亲切之感，但要考虑到儿童的安全问题，设置明显的标志。

④杭州植物园山水园的土岸边，一组树丛配置具有四个层次，高低错落，春有山茶、云南黄馨、黄菖蒲和毛白杜鹃，夏有合欢，秋有桂花、枫香、鸡爪槭，冬有马尾松、杜英，四季有景，色、香、形具备。

2）石岸。

①规则式的石岸线条生硬、枯燥，柔软多变的植物枝条可补其拙。自然式的石岸线条丰富，优美的植物线条及色彩可增添景色与趣味。

②苏州拙政园规则式的石岸边多种植垂柳和云南黄馨，细长柔和的柳枝、圆拱形的云南黄馨枝条沿着笔直的石岸壁下垂至水面，遮挡了石岸的丑陋，石壁上还攀附着薜荔、爬山虎、络石等吸附类攀缘植物，也增加了活泼气氛；杭州西泠印社竹阁、柏堂前的莲池，规则的石岸池壁也爬满了络石、薜荔，使僵硬的石壁有了自然生气。但大水面规则式石岸很难处理，一般只能采用花灌木和藤本植物进行美化，如夹竹桃、云南黄馨、迎春等，其中枝条柔垂的花灌木类效果尤好。

自然式石岸具有丰富的自然线条和优美的石景，点缀色彩和线条优美的植物与自然山石头相配，可使景色富于变化，配置的植物应有掩有露，遮丑露美。忌不分美丑，全面覆盖，失去了岸石的魅力。

（10）水边的植物配置

1）开敞植被带。开敞植被带是指由地被和草坪覆盖的大面积平坦地或缓坡地。场地上基本无乔木、灌木，或仅有少量的孤植景观树，空间开阔明快，通透感强，构成了岸线景观的虚空间，方便了水域与陆地空气的对流，可以改善陆地空气质量、调节陆地气温。另外，这种开敞的空间也是欣赏风景的透景线，对滨水沿线景观的塑造和组织起到重要作用。由于空间开阔，适于游人聚集，所以开敞植被带往往成为滨河游憩中的集中活动场所，满足集会、户外游玩、日光浴等活动的需要。

2）稀疏型林地。

①乔、灌木的种植方式可多种多样，或多株组合形成树丛式景观，或小片群植形成分散于绿地上的小型林地斑块。在景观上，稀疏型林地可构成岸线景观半虚半实的空间。

②稀疏型林地具有水陆交流功能和透景作用，但其通透性较开敞植被带稍差。不过，正因为如此，在虚实之间，创造了一种似断似续、隐约迷离的特殊效果。稀疏型林地空间通透，有少量遮阴树，尤其适合于炎热地区开展游憩、日光浴等户外活动。

3）郁闭型密林地。郁闭型密林地是由乔、灌、草组成的结构紧密的林地，郁闭度在0.7以上。这种林地结构稳定，有一定的林相外貌，往往成为滨水绿带中重要的风景林。在景观上，构成岸线景观的实空间，保证了水体空间的相对独立性。密林具有优美的自然景观效果，是林间漫步、寻幽探险、享受自然野趣的场所。在生态上，郁闭型密林具有保持水土、改善环境、提供野生生物栖息地等作用（图10-29）。

图10-29　水边的郁闭型密林

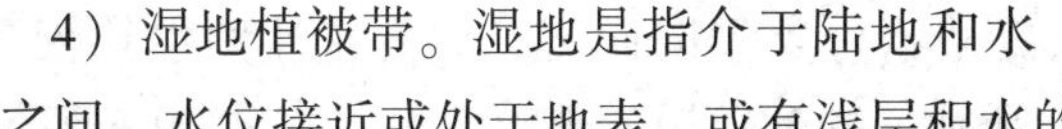

4）湿地植被带。湿地是指介于陆地和水体之间，水位接近或处于地表，或有浅层积水的过渡性地带。湿地具有保护生物多样性、蓄

洪防旱、保持水土、调节气候等作用。其丰富的动植物资源和独特景观吸引了大量游客观光、游憩或科学考察。湿地上的植物类型和种类多样，如海滨的红树林及湖泊带的水松林、落羽杉林、芦苇丛等。

水生植物如图 10-30 所示。

图 10-30　水生植物

5. 水生植物种植基本要求

1）相对陆生植物而言，水生植物种类较少。在设计时，对挺水植物、浮水植物、沉水植物和湿生植物都要兼顾，形成高低错落有致、荷叶滚珠、碧波荡漾、莲花飘香、池杉傲立、杨柳摇曳、鱼儿畅游的水面景象。

2）要了解水生植物的生态习性。大部分水生植物喜阳光（除沉水植物外），如睡莲每天需 6 ~ 8h 的直射光线，才能开花；荷花需 8h 以上的直射光线才能生长良好等。要避免这类植物种植在大树下或遮阳处。

3）池塘的水面全部覆盖满水生植物并不美观，一般水生植物占全部水面的 20% ~ 40% 为宜，多留些水面，水生植物作点缀，显得宽敞。

4）水生植物生长极快，对每种植物应用水泥或塑料板等材料做成各种形状的围池或种植池（或者用缸），限制水生植物在区域内生长蔓延，避免向全池塘发展，并防止水生植物种类间互相混杂生长。

5）在池塘中和周边适宜处点缀亭、台、楼、榭等，能起到画龙点睛的作用，这在池塘的绿化设计中是非常重要的。

6）要了解清楚池塘水位及各个位置的水深情况。水生植物的适宜水深不能超过 1. 5m，大部分在 0. 5 ~ 1. 0m 的深度范围内生长良好。在浅水和池塘的边缘处，可适当地布置池杉、千屈菜、鸢尾、慈姑、伞草、珍珠菜等，在池塘溪旁可布置百合等。

6. 水生植物的栽植

（1）水面绿化面积的确定　为了保证水面植物景观疏密相间，不影响水体岸边其他景物倒景的观赏，不宜做满池绿化和环水体一周，保证 1/3 或 1/2 的绿化面即可。

（2）水中种植台、池、缸的设置　为了保证以上景观的实现，必须在水体中设置种植台、池、缸。

1）种植池高度要低于水面，其深度要根据植物种类不同而定。如荷花叶柄生长较高，其种植池离水面高度可设计为 60 ~ 120cm 深，睡莲的叶柄较短，种植池可离水面 30 ~ 60cm，玉蝉花叶柄更短，其种植池可离水面5～15cm。

2）用种植缸、盆可机动灵活地在水中移动，创造一定的水面植物图案。

（3）造型浮圈的制作　满江红、浮萍、槐叶萍、凤眼莲等植物，具有繁殖快、全株漂浮在水面上的特点，所以这类水生植物造景不受水的深度影响。可根据景观需要在水面上制作各种造型的浮圈，将其圈入其中，创造水面景观，点缀水面，改变水体形状大小，可使水体曲折有序。

（4）沉水植物的配置　水草等沉水植物，其根着生于水池的泥土中，其茎、叶全可浸在水中生长。这类植物置于清澈见底的小水池中，点缀几缸或几盆，再养几只观赏红鱼，更加生动活泼，别有情趣。这种水生植物动物齐全的水景，令人心旷神怡。

（5）水边植被景观的营造　利用芦苇、荸荠、慈姑、鸢尾、水葱等沼生草本植物，可以创造水边低矮的植被景观。总之，在水中利用浮叶水生植物疏密相间的特点，可有节奏地创造富有季相变化的连续构图。在水面上可利用漂浮水生植物，集中成片，创造水上绿岛。也可用落羽松、水松、柳树、水杉、水曲柳、桑树、栀子花、柽柳等耐水湿的树木在水体或岸边创造闭锁空间，以丰富水面的层次感和深远感，为游人划船等水上活动增加游点，创造遮阳条件。

种植施工要点：

1）核对设计图样。在种植水生植物前，要设计好各种植物所种植的位置、面积、高度，并设计好施工方法。

2）施工主要环节。为便于施工，在施工前最好能把池塘水抽干。池塘水抽干后，用石灰或绳划好要做围池（或种植池）的范围，在砌围池墙的位置挖一条下脚沟，下脚沟最好能挖到老底子处。先用砖砌好围池墙，再在围池墙两面砌贴2～3cm厚的水泥砂浆，阻止水生植物的根穿透围池墙。围池墙也可以使用各种塑料板，塑料板要进到泥的老底子处，塑料板之间要有0.3cm的重叠，防止水生植物根越过围池。围池墙做好后，再按水位标高添土或挖土。用土最好是湖泥土、稻田土、黏性土，适量施放肥料，整平后即可种植水生植物。种植水生植物可以在未放水前，也可以在放水后进行。

3）施工季节。施工季节要选在多晴少雨的季节进行。大部分水生植物在11月至翌年5月挖起移栽。水生植物在生长季节也可移栽，但要摘除一定量的叶片，不要失水时间过长。生长期中的水生植物如需长途运输，则宜存放在装有水的容器中。

4）繁殖方法。睡莲、荷花、鸢尾、千屈菜等都以根茎繁殖和分栽，大根茎可以分切成几块，每块根茎上必须留有1～2个饱满的芽和节。

5）栽植要求。种植水生植物一般0.5～1.0m^2种植1蔸。栽植深度以不漂起为原则，压泥5～10cm厚。在种植时一定要用泥土压紧压好，以免风浪冲洗而把栽植的根茎漂出水面。根茎芽和节必须埋入泥内，防止抽芽后不入泥而在水中生长。

10.4.2　水面植物

水面包括湖、池、河、溪等的水面，大小不同，形状各异，既有自然式的，也有规则式的。水面具有开敞的空间效果，特别是面积较大的水面常给人空旷感。用水生植物点缀水面，可以增加水面的色彩，丰富水面的层次，使寂静的水面得到装饰和衬托，显得生机勃勃。水面因低于人的视线，与水边景观呼应而构成欣赏的主题。对于面积较小的水面而言，常以欣赏水中倒影为主。在不影响其倒影景观的前提下，视水的深度可适当点缀一些水生花卉，栽植不宜过密和拥挤，而且要与水面的功能分区相结合，在有限的空间中留出充足的开阔水面用来展现倒影和水中游鱼。

1）根据水面性质和水生植物的习性，因地制宜地选择植物种类，注重观赏、经济和水质改良三方面的结合。可以采用单一种类配置，如建立荷花水景区；也可以采用几种水生植物混合配置，但要讲究搭配，考虑主次关系，以及形体、高矮、姿态、叶形、叶色、花期、花色的对比和调和。

2）不同的植物材料和配置方式可形成不同的景观效果。在广阔的湖面上大面积种植荷花，碧波荡漾，浮光掠影，轻风吹过泛起阵阵涟漪，景色十分壮观；在小水池中点缀几丛睡莲，却显得清新秀丽，生机盎然。王莲由于具有硕大如盘的叶片，在较大的水面种植才能显示其粗犷雄壮的气势（图10-31）；繁殖力极强的凤眼莲则常在水面形成群丛的群体景观。

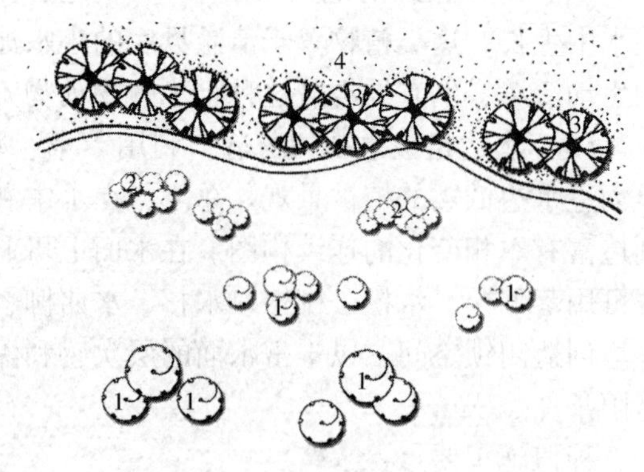

图10-31　某公园映日潭水边和水面植物配置

1—王莲　2—睡莲　3—垂柳　4—草坪

3）从平面上，水面的植物配置要充分考虑水面的景观效果和水体周围的环境状况。清澈明净的水面，或在岸边有亭、台、楼、树等园林建筑，或植有树姿优美、色彩艳丽的观赏树木时，一定要注意水面的植物不能过分拥塞，一般不要超过水面面积的1/3，并严格控制植物材料的蔓延，以便人们观赏水中优美的倒影，以扩大空间感，将远山、近树、建筑物等组成一幅“水中画”。

4）控制植物材料蔓延可以采用设置隔离带或盆栽的方式。对污染严重、具有臭味或观赏价值不高的水面，则宜使水生植物布满水面，形成一片绿色景观，如可选用凤眼莲、大藻、莲子草。

5）在竖向设计上，可以通过选择不同的水生植物种类形成高低错落、层次丰富的景观，尤其是面积较大时。具有竖线条的水生植物有荷花、风车草、香蒲、千屈菜、黄菖蒲、石菖蒲、花菖蒲、水葱等，高的可达2m；水平的有睡莲、荇菜、凤眼莲、小萍蓬草、日本萍蓬草、白睡莲、王莲等。将横向和纵向的植物材料按照它们的生态习性选择适宜的深度进行栽植，是科学和艺术的完美结合，可构筑成美丽的水上花园。

6）西方一些国家的园林中提倡野趣园。野趣最宜以水面植物配置来体现，通过种植野生的水生植物，如芦苇、蒲草、香蒲、慈姑、荇菜、浮萍、槐叶萍，水底植些眼子菜、玻璃藻、黑藻等，则水景野趣横生。

10.5　大树移植

大树移植，绿化速度快。但需要特定的条件或特殊的环境。大树移植并非易事，这是一项技术性很强的工作。大树是宝贵的资源，移植一定要慎重。为保证大树的移植质量，要最大限度地提高大树移植的成活率，避免资源、人力、财力的浪费，必须请有关专家论证，且掌握相关的林业科学知识，并具有较强的技术实力和机械设备，坚持科技先行，才能移植成功。

大树是指胸径在15~20cm以上，或树龄在20年以上的大型树木，也称其为壮龄树或成年树木。大树移植是指对此类处于生长盛期的壮龄树进行的移植工作。由于树体大，为保证树木的成活，多采用带土球移植，具有一定规格和重量（如胸径15~20cm以上，高6~15m，重量250~10000kg的大树），需要有专门机具辅助栽植。

我国在大树移植方面有很多的成功经验，近年随着城市建设和发展，对绿地建设水平及施工效果的要求越来越高，大树移植的应用范围也越来越广泛，成功率也越来越高。

10.5.1 大树移植的特点

1）大树移植成活困难。大树树龄大，发育阶段深，根系的再生能力下降，损伤的根系难以恢复；起树范围内的根系里须根量很少，移植后萌生新根的能力差，根系恢复缓慢；由于树体高大，根系离枝叶距离远，移植后易造成水分平衡失调，极易造成大树的树体因失水而死亡。另外，根颈附近须根量少，起出的土球在起苗、搬运和栽植过程中易破碎。

2）移植的时间长。一株大树的移植需要经过勘查、设计移植程序，断根缩坨、起苗、运输、栽植及后期的养护管理，需要的时间长，少则几个月，多则几年。

3）大树移植的限制因素多。由于大树的树高冠密，树体沉重，因此在移植前要考虑吊运树体的运输工具能否承重，能否进入绿化地正常操作，交通线路是否畅通，栽植地是否有条件种植大树。这些限制因素解决不了，不宜进行大树移植。

4）大树移植绿化成果见效快。通常在养护得当的条件下，高大树木的移植能够在短时间内迅速达到绿化美化的效果。

5）成本高。由于树体规格大，技术要求严格，还要有安全措施，需要充足的劳力、多种机械以及树体的包装材料，移植后还须采取很多特殊养护管理措施，因此各方面需要大量耗资，从而提高了绿化成本。

10.5.2 大树移植的时间

1. 北方

1）在北方地区，最好在早春解冻后至发芽前栽植完毕，时间为2月下旬至3月中下旬。

2）各地可根据当地气候特点确定其最佳栽植期。常绿带土球树种的移植也要选在其生命活动最弱的时期进行，要在春季新芽萌发前20天栽完。在北方地区引进移栽一些常绿树种，不要在秋季进行，因为新植树木抗寒越冬的能力较差，易发生冻害死亡。

2. 南方

1）在南方地区，2月下旬至3月初为最佳时期，这段时间雨水充沛、空气湿润、温度适宜，此时栽下，4~6月份有一段温湿度适宜的树木生长过渡期（梅雨期）。

2）落叶树木的栽植时间以落叶后到发芽前这段时间最为适宜。这时树木落叶，进入休眠期，容易成活，但要注意避开解冻期。

3）从上述移植大树的成活率来看，最佳移植大树的时间应是早春。因为此时树液开始流动，嫩梢开始发芽、生长，而气温相对较低，土壤湿度大，蒸腾作用较弱，有利于损伤的根系愈合和再生，移植后，发根早，成活率高，且经过早春到晚秋的正常生长后，树木移植时受伤的部分已复原，给树木顺利越冬创造了条件。同时还要注意选择最适天气，即阴而无雨、晴而无风的天气进行移植。

10.5.3 大树移植的选择

1）选择大树时，定植地的立地条件应和树木的原生长条件相适应，如土壤性质、温度、光照等条件。树种不同，其生物学特性也有所不同，移植后的环境条件应尽量与该树种的生物学特性和环境条件相符。

2）应选择符合景观要求的树种，树种不同，其形态不同，在绿化上的用途也不同。例如，行道树应考虑干直、冠大、分枝点高、有良好蔽荫效果的树种，而庭院观赏树中的孤立树就应讲究树姿造型。

3）应选择壮龄的树木，因为移植大树需要很多人力、物力。若树龄太大，移植后不久就会衰老，很不经济；若树龄太小，绿化效果又较差，所以既要考虑能马上起到良好的绿化效果，又要考虑移植后有较长时期的保留价值，一般慢生树种选20~30年生；速生树种选10~20年生；中生树可选15年生；果树、花灌木选5~7年生；一般乔木，则树高在4m以上、胸径为12~25cm的最合适。

4）如在森林内选择树木时，必须选密度不大的、最近5~10年生长在阳光下的树。这样的树易成活，且树形美观，景观效果佳。

5）应选择生长正常的树木以及没有感染病虫害和未受机械损伤的树木。

6）原环境条件要适宜挖掘、吊装和运输操作。

注意事项：选定的大树，用油漆或绳子在树干胸径处做出明显的标记，以利于识别选定的单株和朝向；同时应建立登记卡，记录树种、高度、干径、分枝点高度、树冠形状和主要观赏面，以便进行分类和确定栽植顺序。

10.5.4 大树移植前的准备工作

1. 切根的处理

通过切根处理，促进侧须根生长，使树木在移植前即形成大量可带走的吸收根。这是提高移植成活率的关键技术，也可以为施工提供方便。

（1）多次移植　多次移植法适用于专门培养大树的苗圃。速生树种的苗木可以在头几年每隔1~2年移植一次，待胸径达6cm以上时，可每隔3~4年再移植一次。而慢生树种，待其胸径达3cm以上时，每隔3~4年移植一次，长到6cm以上时，则隔5~8年移植一次。这样树苗经过多次移植，大部分的须根都聚生在一定的范围，再移植时可缩小土球的尺寸和减少对根部的损伤。

（2）预先断根法

1）预先断根法适用于一些野生大树或一些具有较高观赏价值的树木移植。一般在移植前1~3年的春季或秋季，以树干为中心，以2.5~3倍胸径为半径或以较小于移植时的土球尺寸为半径画一个圆或方形，再在相对的两面向外挖30~40cm宽的沟（其深度则视根系分布而定，一般为50~80cm），如图10-32所示。

2）对较粗的根应用锋利的锯或剪，齐平内壁切断，然后用沃土（最好是沙壤土或壤土）填平，分层踩实，定期浇水，这样便会在沟中长出许多须根。到第二年的春季或秋季再以同样的方法挖掘另外相对的两面，到第三年时，在四周沟中均长满了须根，这时便可移走。挖掘时应从沟的外缘开挖，断根的时间可根据各地气候条件有所不同。

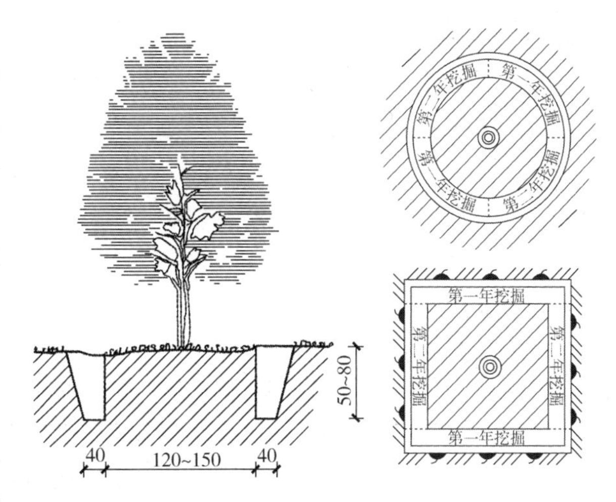

图 10-32　树木切根方法

(3) 根部环状剥皮法　采取环状剥皮的方法，剥皮的宽度为 10 ~ 15cm，这样也能促进须根的生长，这种方法由于大根未断，树身稳固，可不加支柱。

2. 移植前修剪

为保证树木地下部分与地上部分的水分平衡，减少树冠水分蒸腾，移植前必须对树木进行修剪，修剪的方法各地不一，主要有以下几种。

(1) 修剪枝叶　修剪时，凡病枯枝、过密交叉徒长枝、干扰枝均应剪去。此外，修剪量也与移植季节、根系情况有关。当气温高、湿度低、带根系少时，应重剪；而湿度大、根系也大时，可适当轻剪。此外，还应考虑到功能要求，如果要求移植后马上起到绿化效果的，应轻剪；而要求有把握成活的，则可重剪。

(2) 摘叶　这是细致费时的工作，适用于少且名贵树种，移前为减少蒸腾可摘去部分树叶，移后即可再萌出新叶。

(3) 摘心　此法是为了促进侧枝生长，一般顶芽生长的如杨、白蜡、银杏、柠檬桉等，均可用此法以促进其侧枝生长，但是木棉、针叶等树种都不宜摘心处理。

(4) 其他方法　其他方法如剥芽、摘花摘果、刻伤和环状剥皮等也可以控制水分的过分损耗，抑制部分枝条的生理活动。

3. 编号定向

编号是当移栽成批的大树时，为使施工有计划地顺利进行，可把栽植坑及要移栽的大树均编上一一对应的号码，使其移植时可对号入座，减少现场混乱及事故。

定向是在树干上标出南北方向，使其在移植时仍能保证它按原方位栽下，以满足它对庇荫及阳光的要求。

4. 清理现场及安排运输路线

在起树前，应清除树干周围 2 ~ 3m 以内的碎石、瓦砾堆、灌木丛及其他障碍物，并将地面大致整平，为顺利移植大树创造条件；然后按树木移植的先后次序，合理安排运输路线，以使每棵树都能顺利运出。

5. 支柱、捆扎

为了防止在挖掘时由于树身不稳、倒伏引起工伤事故及损坏树木，在挖掘前应对需移植的大树进行支柱，一般是用 3 根直径 15cm 以上的大戗木，分立在树冠分支点的下方，然后再用粗绳将 3 根戗木和树干一起捆紧，戗木底脚应牢固支撑在地面上，与地面夹角成 60°左右。支柱时，应使 3 根戗木受力均匀，特别是避风向的一面。戗木的长度不定，底脚应立在挖掘范围以外，以免妨碍挖掘工作。

6. 工具和材料

根据不同的土球包装方法，准备所需的工具和材料。表10-11所示为软材包装所需的材料，表10-12和表10-13所示分别为木板方箱移植所需的工具和材料。

表10-11　软材包装法所需的材料

土球规格（土球直径×土球高度）	蒲包	草绳
200cm×150cm	13个	直径2cm，长1350m
150cm×100cm	5.5个	直径2cm，长300m
100cm×80cm	4个	直径1.6cm，长175m
80cm×60cm	2个	直径1.3cm，长100m

表10-12　木板方箱移植所需的工具

名称	规格要求	用途
铁锹	圆口锋利	开沟刨土
小甲铲	短把、口宽、15cm左右	修土球掏底
平铲	甲口锋利	修土球掏底
大尖镐	一头尖、一头平	刨硬土
小尖镐	一头尖、一头平	掏底
钢丝绳机	钢丝绳要有足够长度，2根	收紧箱板
紧线器		
铁棍	刚性好	转动紧线器
铁锤		钉铁皮
扳手		维修器械
锄	短把、锋利	掏底
手锯	大、小各一把	断根
修枝剪		剪根

表10-13　木板方箱移植所需的材料

<table>
<tr><th colspan="2">材料</th><th>规格要求</th><th>用途</th></tr>
<tr><td rowspan="2">木板</td><td>大号</td><td>上板长2m、宽0.2m、厚0.03m
底板长1.75m、宽0.3m、厚0.05m
边板上缘长1.85m、下缘长1.7m、宽0.3m、厚0.05m</td><td rowspan="2">移植土球，规格可视土球大小而定</td></tr>
<tr><td>小号</td><td>上板长1.65m、宽0.3m、厚0.05m
底板长1.45m、宽0.3m、厚0，05m
边板上缘长1.5m、下缘长1.4m、宽0.65m、厚0.05m</td></tr>
<tr><td colspan="2">方木</td><td>10cm见方</td><td>支撑</td></tr>
<tr><td colspan="2">木墩</td><td>直径0.2m，长0.25m，要求料直而坚硬</td><td>挖底时四角支柱土球</td></tr>
<tr><td colspan="2">铁钉</td><td>长5cm左右，每棵树约400根</td><td>同定箱板</td></tr>
<tr><td colspan="2">铁皮</td><td>厚0.1cm、宽3cm、长50~75cm，每距5cm打眼，每棵树需36~48条</td><td>连接物</td></tr>
<tr><td colspan="2">蒲包</td><td></td><td>填补漏洞</td></tr>
</table>

10.5.5 大树移植的方法

1. 软材包装移植法

软材包装移植法是目前常用的方法，适用于移植胸径10～15cm、土球直径不超过1.3m的大树。

（1）掘树

1）土球规格。土球的大小依据树木的胸径来决定。一般来说，土球直径为树木胸径的7～10倍，土球过大，容易散球且会增加运输困难；土球过小，又会伤害过多的根系以影响成活。土球的具体规格可参考表10-14。

表10-14 土球规格

树木胸径/cm	土球规格		
	土球直径	土球高度/cm	留底直径
10～12	胸径8～10倍	60～70	土球直径的1/3
13～15	胸径7～10倍	70～80	

2）支撑。一般采用木杆或竹竿于树干下部1/3处支撑，要绑扎牢固。

3）拢冠。遇有分枝点低的树木，为了操作方便，于挖掘前用草绳将树冠下部围拢，其松紧以不损伤树枝为宜。

4）画线。以树干为中心，按规定土球画圆并撒白灰，作为挖掘的界限。

5）挖掘。沿灰线外缘挖沟，沟宽60～80cm，沟深为土球的高度。

6）修坨。挖掘到规定深度后，用铁锹修整土球表面，使上大下小（留底直径为土球直径的1/3），肩部圆滑，呈苹果形。如遇粗根，应以手锯锯断，不得用铁锹硬铲而造成散坨。

7）缠腰绳。修好后的土球应及时用草绳（预先浸水湿润）将土球腰部系紧，称为“缠腰绳”。操作时，一人缠绕草绳，另一人用石块拍打草绳使其拉紧，并以略嵌入土球为宜。草绳每圈要靠紧，宽度为20cm。缠好腰绳的土球如图10-33所示。

8）开沟底。缠好腰绳后，沿土球底部向内刨挖一圈底沟，宽度为5～6cm，便于打包时兜底，防止松脱。

9）打包。用蒲包、草袋片、塑料布、草绳等材料，将土球包装起来称为“打包”，如图10-34所示。

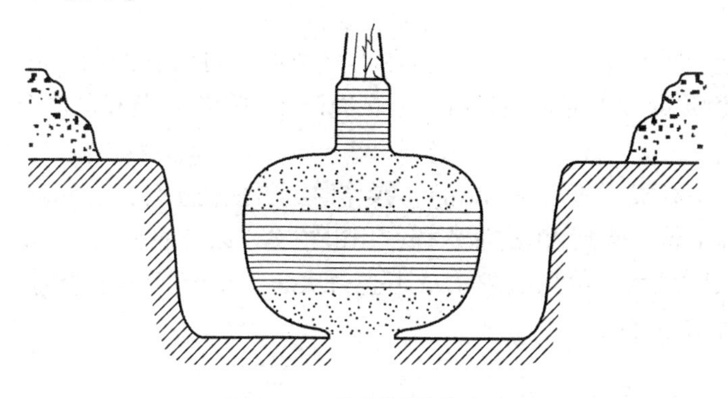

图10-33 缠好腰绳的土球

图10-34 包装好的土球

①用包装物将土球表面全部盖严，不留缝隙，并用草绳稍加围拢，使包装物固定。

②用双股湿草绳一端拴在树干上，然后放绳顺序缠绕土球，稍成倾斜状，每次均应通过底部沿至树干基部转折，并用石块拍打拉紧。每道间距为8cm，土质疏松时则应加密。草绳应排匀理顺，避免互拧。

③竖向草绳捆好后，在内腰绳上部，再横捆十几道草绳，并用草绳将内、外腰绳穿连起来系紧。

10）封底。打完包之后，在内腰绳上部，轻轻将树推倒，用蒲包将底部堵严，用草绳捆牢。

（2）吊装、运输、卸车

1）准备工作，备好起重机、货运汽车。准备捆吊土球的长粗绳，要求具有一定的强度和柔软性。准备隔垫用木板、蒲包、草袋及拢冠用草绳。

2）吊装前，用粗绳捆在土球下部（约2/5处）并垫以木板，再拴以脖绳控制树干。先试吊一下，检查有无问题，再正式吊装。

3）装车时应土球朝前，树梢向后，顺卧在车厢内，将土球垫稳并用粗绳将土球与车身捆牢，防止土球晃动。

4）树冠较大时，可用细绳拢冠，绳下塞垫蒲包、草袋等物，防止磨损枝叶。

5）装运过程中，应有专人负责，特别注意保护主干式树木的顶枝不受损伤。

6）卸车也应使用起重机，有利于安全和质量的保证。卸车后，如不能立即栽植，应将苗木立直、支稳，严禁苗木斜放或倒地。

（3）栽植

1）挖穴。树坑的规格应大于土球的规格，一般坑径大于土球直径40cm，坑深大于土球高度20cm。遇土质不好时，应加大树坑规格并进行换土。

2）施底肥。需要施用底肥时，将腐熟的有机肥与土拌匀，施入坑底和土球周围（随栽随施）。

3）入穴。入穴时，应按原生长时的南北向就位（可能时，取姿态最佳一面作为主要观赏面）。树木应保持直立，土球顶面应与地面平齐。可事先用卷尺分别量取土球和树坑尺寸，如不相适应，应进行调整。

4）支撑。树木直立平稳后，立即进行支撑。为了保护树干不受磨伤，应预先在支撑部位用草绳将树干缠绕护层，防止支柱与树干直接接触，并用草绳将支柱与树干捆绑牢固，严防松动。

5）拆包。将包装草绳剪断，尽量取出包装物，实在不好取时，可将包装材料压入坑底。如发现土球松散，严禁松懈腰绳和下部包装材料，但腰绳以上的所有包装材料应全部取出，以免影响水分渗入。

6）填土。应分层填土、分层夯实（每层厚20cm），操作时不得损伤土球。

7）筑土堰。在坑外缘取细土筑一圈高30cm灌水堰，用锹拍实，以备灌水。

8）灌水。大树移植后应及时灌水，第一次灌水量不宜过大，主要起沉实土壤的作用；第二次水量要足，第三次灌水后即可封堰。

2. 硬箱包装移植法

木箱包装移植法适用于移植胸径为15～25cm的大树或更大的树，其土台规格可达

2.2m×2.2m×0.8m，土方量为 3.2m³。

(1) 准备　移植前，首先要准备好包装用的板材，如箱板、底板和上板，如图 10-35 所示；其次，还应准备好所需的全部工具、材料、机械和运输车辆，并由专人管理。

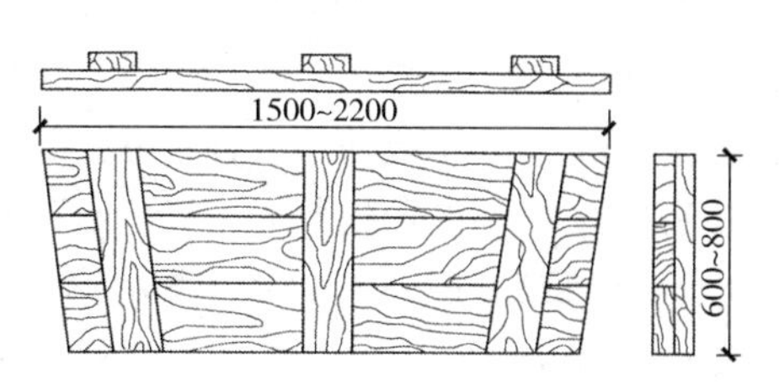

图 10-35　硬箱包装移植板材

(2) 包装　包装前，应将树干四周地表的浮土铲除，然后根据树木的大小决定挖掘土台的规格，一般可按树木胸径的 7～10 倍作为土台的规格，具体见表 10-15。然后，以树干为中心，以比规定的土台尺寸大 10cm 画一正方形作土台的雏形，从土台往外开沟挖渠，沟宽 60～80cm，以便于人下沟操作。挖到土台深度后，将四壁修理平整，使土台每边较箱板长 5cm。修整时，注意使土台侧壁中间略突出，以便上完箱板后，箱板能紧贴土台。

表 10-15　土台规格

树木胸径/cm	15～17	18～24	25～27	28～30
木箱规格（长×高）/（m×m）	1.5×0.6	1.8×0.7	2.0×0.7	2.2×0.8

(3) 立边板

1) 土台修好后，应立即上箱板，以免土台坍塌。先将箱板沿土台的四壁放好，使每块箱板中心对准树干，箱板上边略低于土台 1～2cm，作为吊运时土台下沉的余量。

2) 安放箱板时，两块箱板的端部在土台的角上要相互错开，可露出一部分土台（图 10-36），再用蒲包片将土台包好，两头压在箱板下。然后在木箱的边板距上下口 15～20cm 处套好两道钢丝绳。每根钢丝绳的两头装好紧线器，两个紧线器要装在两个相反方向的箱板中央带上，以便收紧时受力均匀，如图 10-37 所示。

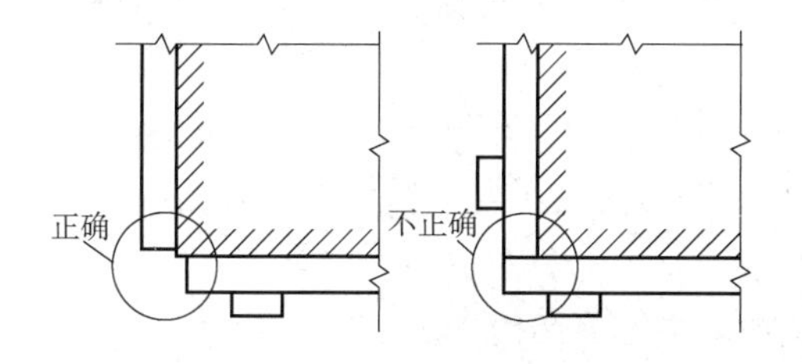

图 10-36　两块箱板的端部安放位置

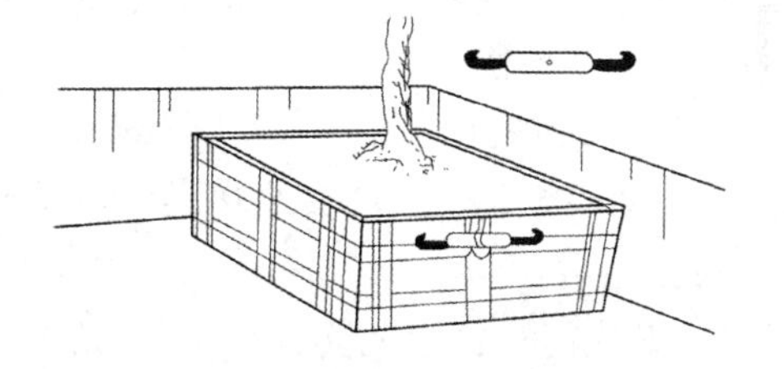
图 10-37　套好钢丝绳、安好紧线器准备收紧

紧线器在收紧时，必须两边同时进行，下绳的收紧速度应稍快于上绳。收紧到一定程度时，可用木棍捶打钢丝绳，如发出嘣嘣的弦音表示已收紧，即可停止。箱板被收紧后即可在四角上钉。铁皮 8～10 道，每条铁皮上至少要有两对铁钉钉在带板上。钉子稍向外侧倾斜，以增加拉力。四角铁皮钉好，并用 3 根木杆将树支稳后，即可进行掏底。

(4) 掏底与上底板

1) 掏底时，首先在沟内沿着箱板下挖 30cm，将沟土清理干净，用特制的小板镐和小平铲在相对的两边同时掏挖上台的下部。当掏挖的宽度与底板的宽度相符时，在两边装上底板。

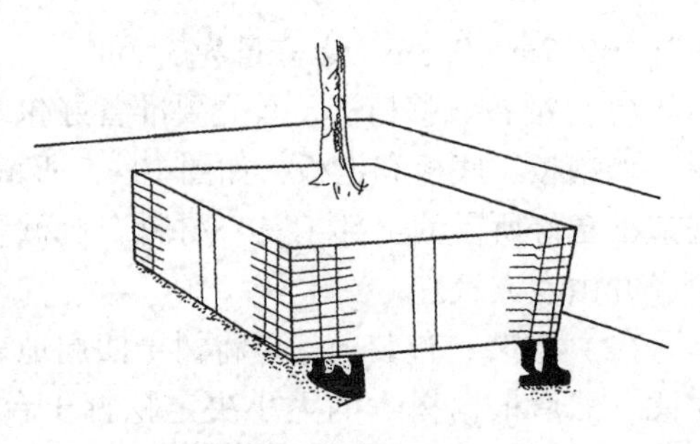

图 10-38　两边掏底

2）在上底板前，应预先在底板两端各钉两条铁皮，然后先将底板一头顶在箱板上，垫好木墩。另一头用油压千斤顶顶起，使底板与土台底部紧贴。钉好铁皮，撤下千斤顶，支好支墩。

3）两边底板钉好后即可继续向内掏底，如图 10-38 所示。要注意每次掏挖的宽度应与底板的宽度一致，不可多掏。在上底板前如发现底土有脱落或松动，要用蒲包等物填塞好后再装底板。底板之间的距离一般为 10～15cm，如土质疏松，可适当加密。

（5）上盖板　在木箱口钉木板拉结，称为“上盖板”。钉装上板前，将土台上表面修成中间稍高于四周，并在土台表面铺一层蒲包片。木板一般 2 块到 4 块，方向应与底板成垂直交叉，如需多次吊运，上板应钉成井字形。木板箱整体包装示意图如图 10-39 所示。

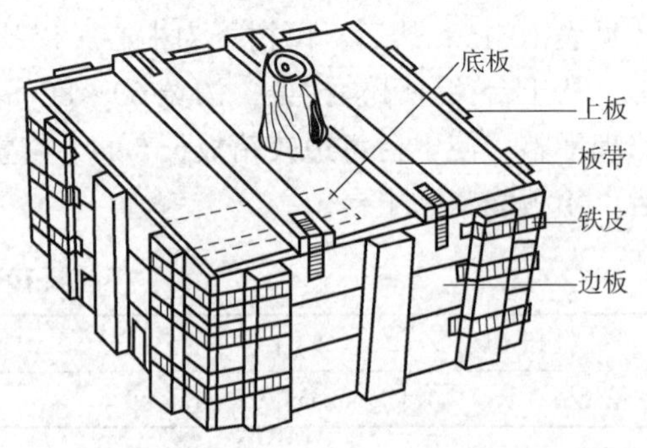

图 10-39　木板箱整体包装示意图

3. 裸根移植法

适用于容易成活、胸径 10～20cm 的落叶乔木。移植时间应在落叶后至萌芽前的休眠期内。

（1）掘苗

1）落叶乔木根系直径要求为胸径的 8～10 倍。

2）重剪树冠。对一些容易萌发的树种，如悬铃木、槐、柳、元宝枫等树种，可在定出一定的留干高度和一定的主枝后，将其上部全部剪去，称为“抹头”。

3）按根辐外缘挖沟，沟宽 0.6～0.8m，沟深按规定。挖掘时，遇粗根用手锯锯断，不可造成劈裂等损伤。

4）全部侧根切断后，于一侧继续深挖，轻摇树干，探明深层大根、主根部位，并切断，再将树身推倒，切断其余树根。然后敲落根部土壤，但不得碰伤根皮和须根。

（2）运输

1）装车时，树根朝前，树梢朝后，轻拿轻放，避免擦伤树木。

2）树木与车厢、绳索等接触处，应铺垫草袋或蒲包等物加以保护。

3）为了防止风吹日晒，应用苫布将树根盖严拢实，必要时可浇水，保护根部潮湿。

4）卸车时按每株顺序卸下，轻拿轻放，严禁推下。

（3）栽植

1）裸根大树运到现场后，应立即进行栽植。实践证明，随起、随运、随栽是提高成活最有效的措施。

2）树坑（穴）规格应略大于树根，坑底应挖松、整平，如需换土、施肥应一并在栽植前完成。

3）栽前应剪除劈裂受损之根，并复剪一次树冠，较大剪口应涂抹防腐剂。

4）栽植深度，一般较树干茎部的原土痕深 5cm，分层填实，并要筑好灌水土堰。

5）树木支撑，一般采用三支柱，树干与树枝间需用蒲包或草绳隔垫，相互间用草绳绑牢固，不得松动。

6）栽后应连续灌水3次，以后灌水视需要而定，并适时进行中耕松土，以利保墒。

4. 其他移植方法

（1）冻土球移植　在冻土层较深的北方，在土壤板结期挖掘土球可不进行包装，且土球坚固、根系完好、便于运输，有利于成活，是一种既方便又经济的移植大树的好方法。冻土球移植法适用于耐严寒的乡土树种。

1）在土壤封冻前灌水湿润土壤，待气温降至零下12～15℃，冻土深达20cm时，开始挖掘。

2）冻土层较浅，下部尚未冻结时，需停放2～3d，待其冻结，再进行挖掘。也可泼水，促其冻结。

3）树木全部挖好后，如不能及时移栽，可填入枯草落叶覆盖，以免晒化或寒风侵袭冻坏根系。

4）一般冻土移栽重量较大，运输时也需使用起重机装卸，由于冬季枝条较脆，吊装运输过程中要格外注意采取有效保护措施，保护树木不受损伤。树坑（穴）最好于结冻前挖好，可省工省力。移植时应填入未结冰的土壤，夯实，灌水支撑，为了保墒和防冻，应于树干基部堆土成台。待春季解冻后，将填土部位重新夯实、灌水、养护。

（2）机械移植法　树木移植机是一种在汽车或拖拉机上装有操作尾部四扇能张合的匙状大铲的移树机械。树木移植机具有性能好、效率高、作业质量好，集挖、掘、吊运、栽植于一体的作业方式，真正成为随挖、随运、随栽的流水作业，成活率极高，是今后的发展方向。

大树移植如图10-40所示。

图10-40　大树移植

10.5.6　大树移植的起吊和装运

树木挖掘包好后，必须当天吊出树穴，装车运走。大树移植中，吊装是关键，起吊不当往往造成土球损坏、树皮损伤，甚至移植失败。吊装时，要根据具体情况选择适当起吊设备，确保吊装过程中土球不受损坏，树皮免受损伤。可以选用起吊、装载能力大于树重的机车、滑轮和适合现场施用的起重机类型。软土地可选用履带式的起吊设备，其特点是履带与土地的接触面积大，易于在土地上移动。硬地可采用轮式起重机进行。大树的吊运和装车必须保证树木整体的完整和吊装人员的安全，根据大树移植方法的不同，其吊装方法也有一定的差异。大树起吊常用的方法有吊干法、吊土球（木箱）法及平吊法（图10-41）。

根据大树移植时是否带土球及土球的包装方式的不同，对大树的吊装过程及注意事项分述如下。

1. 大木箱移植法的吊装

大木箱移植法多适用于雪松、油松、桧柏、白皮松、华山松、龙柏、云杉、樟子松、辽东冷杉、铅笔柏等干径为 15 ~ 30cm 的常绿大树，通常保留的土球大，对根系的保护性较好，栽植成活率较高。通常采用吊土球（木箱）法进行吊装。当吊装大树的重量超过 2t 时，需要使用起重机吊装。

图 10-41　吊土球（木箱）法

（1）吊运

1）起吊前先捆好树冠，从树干基部往上缠绕 2m 高度左右的草绳，预防吊装时钢丝绳擦伤树皮。吊装时，钢丝绳的着力点应选在树木的中下部，因此吊运带木箱的大树时，应先用一根较短的钢丝绳，在木箱下部 1/3 处横着将木箱围起，把钢丝绳的两端扣放在木箱的一侧，即可用吊钩钩好钢丝绳，缓缓起吊，使树身慢慢躺倒。在木箱尚未离地面（即树干倾斜角度为 45°左右）时，应暂时停吊，在树干上围好蒲包片，捆上脖绳（应使用麻绳，不能用钢丝绳，以防磨伤树皮），将绳的另一端也套在吊钩上。

2）同时在树干分枝点上拴一根麻绳，以便吊装时用人力控制树冠的方向。拴好绳后，可继续将树缓缓起吊，准备装车。吊运时，应有专人指挥起重机，起吊人必须服从地面施工负责人指挥，相互密切配合，慢慢起吊，吊臂下和树周围除工地指挥者外不准留人。

3）吊装时需尽量避免来回晃动，减少枝叶擦伤，避免土球松散。

（2）装车

1）树木吊起后，装运车辆必须密切配合装运。由于树木过于高大，为了避免运输时与涵洞、电线等的撞挂，必须使树体保持一定的倾斜角度放置。为防止下部树干折伤，在运输车上要做好木架，且土球下边要有垫层，使土球尽最大面积受力，且固定土球，使其不易滚动。装车时，应使大树树冠向车尾部，土球上端应与货车后轴在一直线上，在车厢底板与木箱之间垫两块 10cm × 10cm 的方木（其长度应较木箱略长），分放在捆钢丝绳处的前后。

2）木箱在车厢中落实后，再用两根较粗的木棍交叉成支架，放在树干下面，用以支撑树干，在树干与支架相接处应垫放蒲包片，以防磨伤树皮。待大树完全放稳之后，再将钢丝绳取出，关好车厢，用紧线器将木箱与车厢套紧。

3）树干应捆在车厢后的尾钩上，用木棍插紧；树冠应用草绳围拢，以免树梢垂下拖地，损伤冠型。

2. 带土球软包装移植法的吊装

1）大树带土球移植法适用于油松、白皮松、雪松、华山松、桧柏、龙柏、云杉、樟子松、辽东冷杉、铅笔柏等干径为 10 ~ 20cm 的常绿大树，以及银杏、柿树、国槐、苹果、核桃、梨等落叶乔木，其方法比大木箱移植法简单，通常采用吊土球（木箱）法或吊干法进行吊装。

2）吊装重量在 1t 左右的带土球大树，应利用起重机，运输可用 3t 以上的货车。大树吊装前应先撤去支撑，捆拢树冠，将大树徐徐放倒，使土球离开原地，以便吊起。吊装时，要用粗麻绳，用钢丝绳易将土球勒坏。先将双股麻绳的一头留出1m左右结扣固定，再将双股绳分开，捆在土球由上向下3/5的位置上，将其绑紧；然后将麻绳两头扣在吊钩上，在绳与土球接触的地方用木块垫起，以免麻绳勒入土球，伤害根系。将大树轻轻吊起之后，再将脖绳（即拴在树干基部的麻绳）套在树干基部，另一头扣在吊钩上，即可起吊、装车。

3）装车时，运输车辆的车厢内需铺衬垫物，树木应轻放于衬垫物上。通常将大树土球在前、树冠向后放在车辆上，可以避免运输途中因逆风而使枝梢翘起折断。为了放稳土球，应使用木块或砖头将土球的底部卡紧，同时用大绳或紧线器将土球固定在车厢内，使土球不会滚动，以免在运输过程中将土球颠散。大树土球处应盖草包等物进行保护。树身与车板接触之处，必须垫软物，并用绳索紧紧固定，以防擦伤树皮。树冠较大的大树，要用细麻绳或草绳将树冠围拢好，使树冠不至于接触地面，以免运输过程中碰断树枝，损伤冠形。

3. 裸根移植法的吊装

裸根移植法的吊装通常采用吊干法或平吊法，过重的裸根大树宜用起重机吊装。吊装时应轻抬、轻放，保护树根不被墩坏，也不要擦伤树皮，以免影响成活率。

10.5.7 大树的定植

1. 准备工作

1）在定植前，应首先进行场地的清理和平整，然后按设计图纸的要求进行定点放线。在挖移植坑时，坑的大小应根据树种及根系情况、土质情况等而有所区别，一般应在四周加大30~40cm，深度应比木箱加深20cm。土坑要求上下一致，坑壁直而光滑，坑底要平整，中间堆20cm宽的土埂。

2）由于城市广场及道路的土质一般均为建筑垃圾、砖瓦、石砾等，对树木的生长极为不利，因此，必须进行换土和适当施肥，以保证大树的成活和有良好的生长条件。换土一般是用1:1的泥土和黄沙混合均匀施入坑内。

2. 卸车

1）树木运到工地后要及时用起重机卸放，一般都卸放在定植坑旁，若暂时不能栽下时则应放置在不妨碍其他工作进行的地方。

2）卸车时，用大钢丝绳从土球下两块垫木中间穿过，两边长度相等，将绳头挂于起重机钩上。为使树干保持平衡可在树干分枝点下方拴一大麻绳，拴绳处可衬垫草，以防擦伤。大麻绳另一端挂在起重机钩上，这样就可把树平衡吊起。土球离开车后，速将汽车开走，然后移动吊杆把土球降至事先选好的位置。

3）需放在栽植坑时，应由人掌握好定植方向，考虑树姿与附近环境的配合，并应尽量符合原来的朝向。当树木栽植方向确定后，立即在坑内垫一土台或土埂。若树干不与地面垂直，则可按要求把土台修成一定坡度，使栽后树干垂直于地面，如图10-42所示。

图10-42 大树垂直入穴

4）落地前，迅速拆去中间底板或包装蒲包，放于土台上，并调整位置。在土球下填土压实，然后起边板，并填土压实。如坑深在40cm以上，应在夯实1/2时，浇足水，等水全部渗入土中后再继续填土。

5）移植时大树根系会受到不同程度的损伤，为促其增生新根，恢复生长，可适当使用生长素。

10.5.8 挖栽植穴

1）该项工作可于大树挖掘的同时或者之前进行。按照施工图纸的要求进行定点放线，根据土球的规格确定栽植穴的要求。此工程采用木箱移植法，栽植穴的大小应与木箱一致，栽植穴的规格为2.5m×2.5m×1.0m。

2）栽植穴的位置要求非常准确，严格按照定点放线的标记进行。以标记为中心，以3.0m为边长划一正方形，在线的内侧向下挖掘，按照深度1.0m垂直刨挖到底，不能挖成上大下小的锅底坑。

3）若现场的土壤质地良好，在挖掘栽植穴时，将上部的表层土壤和下部的底层土壤分开堆放；栽植时，表层土壤填在树的根部，底层土壤回填上部。若土壤为不均匀的混合土，也应该将好土和杂物分开堆放，可堆放在靠近施工场地内一侧，以便于换土及树木栽植操作。

4）栽植穴挖好后，要在穴底堆一个0.8m×0.5m×0.2m的长方形土台。栽植穴土壤中混有大量灰渣、石砾、大块砖石时，应配置营养土，用腐熟、过筛的堆肥和部分土壤搅拌均匀，施入穴底铺平，并在其上铺盖6~10cm的种植土，以免烧根。

10.5.9 大树移植后的管理

1. 水分管理

经过移栽的树木，由于根系的损伤和环境的变化，对水分的多少十分敏感。因此，新栽树木的水分管理是成活期养护管理的重要内容。

（1）灌水与排水

1）树木栽植之后，及时沿树坑外沿开堰，堰高20~25cm，用脚将土埂踩实，以防浇水时出现跑水、漏水现象。

2）第一茬水要及时浇，最多不能超过一昼夜，气温高的时期，浇水的时间愈早愈好。头茬水一定要浇透，使根系与土壤能够紧密地结合在一起，在北方或干旱多风的地区，须在3~5d内连续浇三次水，使整个土壤层中水分充足。

3）在土壤干燥、灌水困难的地方，为节省水分，也可在树木栽植填入一层土时，先灌足水，然后填满土，进行覆盖保墒。

4）在春季，浇完三茬水后，可将水堰铲去堆垫在树干基部，既可起到保墒作用，也有利于提高土温，促进根系生长新根。在干旱多风的北方，进行秋季植树，堆土有利于防风、保墒。

5）浇水时，在出水口处最好放置塑料布、木板或石板类，让水落在布（板）上流入土壤中，以免造成冲刷，使水慢慢浸入土壤中，直至浸到根层部位的土壤，最终浇透水。

6）浇水时要注意：①不要频繁地少量浇水，这样浇水只能湿润地表而无法下渗到深层，虽然水没少浇，但是没有渗到土壤的深处，蒸发量多而吸收量少，且导致根系在土表浅层生长，降低树木的抗旱与抗风能力；②不要频繁超大量浇水，否则容易造成土壤长期通气不良，导致根系腐烂，影响树木的生长，还浪费水资源。

7）应植后浇水，既要保持土壤湿润，又不应浇水过度造成通气不良。

8）一般每周浇水一次，连浇三次后松土保墒。春季在树木没生长展叶之前，浇完前三茬水后，一般要保持土壤干燥，提高土温（图 10-43）。

图 10-43　围堰灌水

9）多雨季节要特别注意防止土壤积水，土壤含水过多，造成树木生长不良甚至死亡。

10）一般情况下，移栽后一年内应灌水 5 ~ 6 次，特别是高温干旱时更需注意抗旱。栽后浇水是保证树木成活的主要养护措施，须把握时机，避免因缺水而导致树木成活率下降。

（2）树冠喷水

1）对于枝叶修剪较小的名贵大树，在高温干旱季节，即使保证土壤的水分供应，也易发生水分亏损。因此当发生树叶有轻度萎蔫症状时，有必要通过树冠喷水保持空气湿度，从而降低温度，减少蒸腾，促进树体水分平衡。

2）喷水宜采用喷雾或喷枪，直接向树冠或树冠上部喷射，让水滴落在枝叶上。同时，喷湿草绳，保持树干水分。喷水时间可在上午 10:00 ~ 16:00，每隔 1 ~ 2h 喷 1 次。对于移栽的大树，也可在树冠上方安装喷雾装置，必要时还应架设遮阳网，以防过强日晒。

2. 土壤管理

（1）土壤通气　园林树木栽植后，土壤的通气状况是影响树木生长的主要因素之一。由于树木生长环境的特殊性，造成一些场所土壤紧实、坚硬，但又不可能像种植农作物和管理农田那样每年多次对土壤进行耕作养护，要采取符合树木生长特点和适应城市环境的土壤通气措施。

1）深翻。

这种措施是农业上传统的土壤耕作方法，农作物收割后可以无障碍地进行。但树木的根系一直生长在土壤中，影响深翻，而城市的一些绿化场所，如地面有铺装的地方，又不能深翻，要采取其他措施进行土壤通气。深翻适合片林、防护林、绿地内的丛植树、孤植树下边的土壤。

深翻对熟化土壤、增强土壤的透气性、改善土壤的物理性状作用明显。深翻结合施肥能提高土壤肥力，促进土壤团粒结构的形成，增强土壤微生物活动，促使土壤矿物质被树木根系吸收。

园林树木比苗圃的苗木根系深、分布广，深翻可以适当截断部分苗木根系，刺激树木侧根和须根的产生，扩大根系数量。深翻还可以有效地消灭地下害虫，破坏害虫的越冬场所，减少害虫数量。

深翻的时间一般在秋季树木地上部分休眠后、土壤结冻前进行，这时根系还在活动，截断后有利于新根的生长发育、冻死害虫以及土壤风化积水保墒。早春树木未萌发前也可进行深翻。深翻次数一般 3 ~ 5 年一次，没有必要年年深翻。

深翻的深度视树种和树木年龄及土壤质地确定，浅根性树种深度可小，深根性树种深度可大，土质黏重可深，沙质土可浅，一般 60 ~ 100cm。在一些质地黏重、土层坚硬的地方，为消除树木根系周围的花盆效应，还应更深一些。

深翻的范围视树木配置方式确定。如果是片林、林带，由于树木栽植密度较大可将林地土壤全部深翻。如果是孤植树，深翻范围应略大于树冠的投影范围。深度由根颈向外由浅至深，以不损伤1.5～2cm以上粗根为宜。为防止一次损伤根系过多，可以分别对每棵树周围的土地分两次进行，将其分成四份，每次对称地深翻其中两份。

深翻时从根颈处以放射状逐渐向外进行，锹锋、镐刃最好与根颈放射线平行，以减少对主根的损伤。深翻可人工进行，在能使用专用机械作业的场所尽量使用机械作业，以减轻劳动强度，提高工作效率。机械作业应防止损伤根系和树干。深翻可结合施肥，减少单独施肥所增加的工作量。

2）松土。

林下、绿地松土（人力或机械松土）。松土的作用是疏松表土，改善土壤通气状况，促进微生物活动，加快有机质分解，截断毛细管以减少土壤水分蒸发。松土一般在开春和秋末各进行一次，生长季松土一般在灌溉或降水后土壤出现板结时进行。公共绿地旅游旺季过后，一些地方由于游人踩踏严重，要及时松土。松土一般要结合除草。

注意事项：松土的深度一般3～10cm，靠近树木根颈部位应浅一些，防止损伤根系。松土的范围与深翻的范围相同。

地面有铺装树的松土（打孔松土）。在人们活动比较集中的地方，如人行道、商业街、广场等，由于地面进行了铺装，仅给树木留下较小的裸露树盘。为保证土壤通气性能，有些地方的园林和城建部门采取了一些保护措施，比如用铁箅子将树盘盖起来，一方面使街道美观整洁，另一方面防止了行人的踩踏，起到保护作用。但是由于成本较高，大多数地方没有保护措施，也没有松土措施。

在这些地方可以用打孔的办法进行松土通气。在树盘范围内，以根颈为中心，以“+”“-”等形状，以树干为中心画放射线，在线上每隔50～60cm打一孔。每条放射线的第一孔应距根颈30～50cm，具体视树干的粗度确定，树干细可近一些，树干粗要远一些，以不过多的损伤根系为宜。相邻两条放射线上的孔不应并列。孔的深度60～120cm，具体情况根据土壤的紧实情况确定，有些地方土层坚硬，应较深一些。孔径大小一般为3～6cm，如果仅以通气为目的，孔径以钢钎粗度即可，如果结合施肥，孔径应大一些。如果机械操作方便，大孔中的土最好挖出来，换上有机肥再回填。稍加振动的机械打孔方法有利于土壤疏松，有条件的地方可试用。

有些地方保留的树盘比较小，可参考上述方法，孔的密度和位置适当调整，如果是方型树盘，可以在树盘的四角和边线的中点或适当位置进行打孔。总之，既要保证松土通气，又不能过多伤害树木根系。

注意事项：在有草坪的树下，因不能采用锄、犁等方式进行松土，可采用打孔的方法松土。打孔的范围可适当扩大，一般略大于树冠投影范围，放射线可加密一些。

（2）施肥

1）在移栽树木的新根未形成和没有较强的吸收能力之前，不应施肥，最好等到第一个生长季结束以后进行。

2）还可以进行根外（叶面）追肥，在叶片长至正常叶片大小的一半时开始喷雾，每隔10天喷一次，重复四五次效果较好。

3. 灾害防范

（1）防护自然灾害　风、霜、雪、雨所构成的自然灾害往往给新栽树木带来较大的伤害，因此防护自然灾害也是养护管理中一项必不可少的重要任务。

1）防日灼。日灼又分冬季日灼和夏季日灼。冬季日灼是冻害的一种，向阳的树干或主枝的皮层，白天受太阳直射，温度上升，细胞解冻；而夜间温度急剧下降，细胞冻结，冻融交替，使皮层组织死亡。夏季日灼是树干或主枝的皮层受太阳直射，局部温度过高而导致灼伤。防止日灼的办法除了树干涂白外，还可用草绳和稻草包扎树干。

2）防冻害。冬季的寒流侵袭以及早霜、晚霜、雪害等都能给新栽树木造成冻害。因此，在生长季要加强肥水和土壤管理，增强树体抗寒能力，晚秋严禁施用氮肥，秋耕要避免伤根过多而削弱树势。对不耐寒的树木可进行根部培土、设立风障、用草绳或稻草包扎等防护措施。

3）防风寒。在暴风、台风来临之前，可将树冠酌量修剪，减少受风面；设立支柱或加固原有支柱。在大风之后，被风刮斜的树木应及时松土、扶正夯实；被风刮倒或连根拔起的树木应重截树冠、重新栽种或送苗圃加强养护，翌年重新补栽。

4）防雪害。冬季降雪时，常因树冠积雪，折断树枝或压倒植株，尤以枝叶密集的常绿树受害最严重。因此，在降雪时，对树冠易于积雪的树木，要及时振落树冠过多的积雪，防止雪害，将损伤降低到最低限度。雪后应对被雪压倒的树木枝条及时扶起，压断的枝条小心锯去。

新栽树木的养护管理工作是一项综合性工作，只有综合运用各种措施，才能收到显著效果。此外还要注意各种树木对养护管理的不同要求，应区别对待，不搞一刀切。

（2）防治病虫害

1）病虫防治应以“防重于治”为原则，加强预防工作。要把住苗木关，及时修去苗木病虫枝叶；同时做好松土除草、修剪、施肥等一系列养护管理工作，创造树木生长的优良条件，增强树木抵抗病虫的能力。

2）病虫害盛发季节，要勤加检查，当病虫密度超过允许限度时，要及时喷药防止蔓延。使用药剂时要注意药剂浓度，特别是一些对某些药物敏感性强的植物，尤应如此。例如，樱花对敌敌畏、乐果反应特别敏感，浓度超过 1∶1000 倍时，便产生严重药害。

3）树木的害虫种类较多，常见的有刺蛾、天牛、金龟子、卷叶蛾、蚜虫、介壳虫、红蜘蛛、梨网蝽以及地下害虫蛴螬、地老虎等。常见病害有黑斑病、叶斑病、锈病、褐斑病等。还有一些由于土壤、气候关系或管理不善而发生的生理性病害等。病虫害的详细防治方法，可参阅有关专业书籍。

10.5.10　大树移植工程质量标准

表 10-16 为大树移植分项工程质量检验评定标准，供参考。

表 10-16　大树移植分项工程质量检验评定标准

	项　目	
保证项目	1	植物材料的品种、规格必须符合设计要求
	2	大树移植前，必须按规定进行切根或移植处理
	3	严禁带有重要病、虫、草害

（续）

<table>
<tr><th></th><th colspan="4">项　目</th></tr>
<tr><td rowspan="25">基本项目</td><td>1</td><td>放样定位</td><td colspan="2">符合设计要求</td></tr>
<tr><td rowspan="4">2</td><td rowspan="4">树穴</td><td colspan="2">每边大于根系 40cm</td></tr>
<tr><td colspan="2">深度等于土球厚</td></tr>
<tr><td colspan="2">翻松底土</td></tr>
<tr><td colspan="2">树穴上下垂直</td></tr>
<tr><td rowspan="2">3</td><td rowspan="2">改良措施</td><td colspan="2">（保）排水系统</td></tr>
<tr><td colspan="2">透气管</td></tr>
<tr><td>4</td><td>土球包装物</td><td colspan="2">基本清除</td></tr>
<tr><td rowspan="5">5</td><td rowspan="5">栽植</td><td colspan="2">根颈地表面等高或略高</td></tr>
<tr><td colspan="2">根系完好</td></tr>
<tr><td colspan="2">分层均匀培土</td></tr>
<tr><td colspan="2">分层捣实</td></tr>
<tr><td colspan="2">及时浇足搭根水</td></tr>
<tr><td rowspan="2">6</td><td rowspan="2">定向及排列</td><td colspan="2">观赏面丰满完整</td></tr>
<tr><td colspan="2">边缘线符合设计要求</td></tr>
<tr><td rowspan="5">7</td><td rowspan="5">绑扎和支撑</td><td colspan="2">树干与地面基本垂直</td></tr>
<tr><td>设桩</td><td>整齐稳定</td></tr>
<tr><td>拉绳</td><td>牢固一致</td></tr>
<tr><td colspan="2">绑扎处夹衬软垫</td></tr>
<tr><td colspan="2">绑扎材料</td></tr>
<tr><td rowspan="2">8</td><td rowspan="2">裹秆</td><td colspan="2">单一品种、高低一致</td></tr>
<tr><td colspan="2">匀称整齐</td></tr>
<tr><td rowspan="3">9</td><td rowspan="3">修剪</td><td colspan="2">树形匀称，无枯枝、断枝</td></tr>
<tr><td colspan="2">切口平整、留枝叶正确</td></tr>
<tr><td colspan="2">大切口防腐处理</td></tr>
</table>

第 11 章

园林置石、假山及塑山施工

11.1 置石的设置

11.1.1 置石的设置原则

1. 同质

同质指山石拼叠时，品种、质地要一致。有时叠山造石，将黄石、湖石混在一起拼叠，由于石料的质地不同，必然不伦不类，失去整体感。

2. 同色

相同的石材，其颜色也会有差异。叠石时，要力求色泽上的一致或协调。

3. 合纹

纹是山石表面的纹理脉络。山石合纹不仅是指山石原有纹理的衔接，还包括外轮廓的接缝处理。当石料处于单独状态时，外形的变化是外轮廓，当石与石相互拼叠时，山石间的石缝就变成了山石的内在纹理脉络。所以，在山石拼叠技法中，以石形代石纹的手法就叫“合纹”。

4. 接形

根据山石外形特征，将其互相拼叠组合，既保证变化又浑然一体，就叫作“接形”。

11.1.2 置石的设置形式

1. 特置

特置也叫孤置、孤赏，有的也称峰石，大多由单块山石布置成为独立性的石景。特置要求石材体量大，有较突出的特点，或有许多折绉，或有许多或大或小的窝洞，或石质半透明，扣之有声，或奇形怪状，形似某物。特置的具体形式见表 11-1。

表 11-1 特置的具体形式

形 式	图 例
有基底的特置	

（续）

形　　式	图　　例
坐落在自然山石上的特置	

2. 对置

对置是在建筑轴线两侧或道路旁对称位置上置石，如图 11-1 所示，但置石的外形为自然多变的山石。在大石块少的地方，可用三五小石拼在一起，用来陪衬建筑物或在单调绵长的路旁增添景观，对置石设计必须和环境相协调。

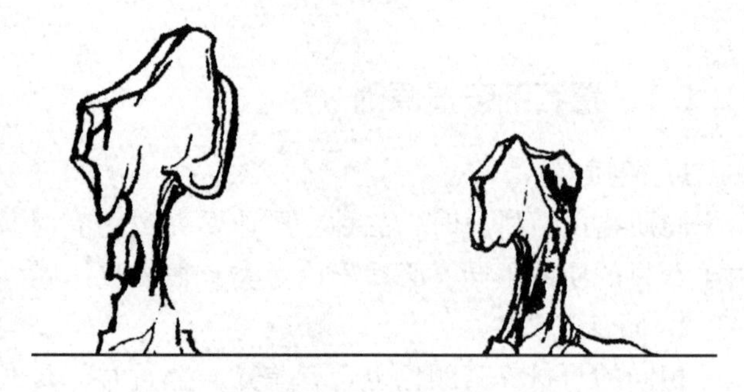

图 11-1　对置

3. 散置

散置即“散漫置之”，常“攒三聚五”，有常理而无定势，只要组合得好就行。常有高有低，有主有次，有聚有散，有断有续，曲折迂回，有顾盼呼应，疏密有致，层次分明。如图 11-2 所示，用于自然式山石驳岸的岸上部分，草坪上、园门两侧、廊间、粉墙前、山坡上、小岛上、水池中或与其他景物结合造景。散置石需要寥寥数石就能勾画出意境来。

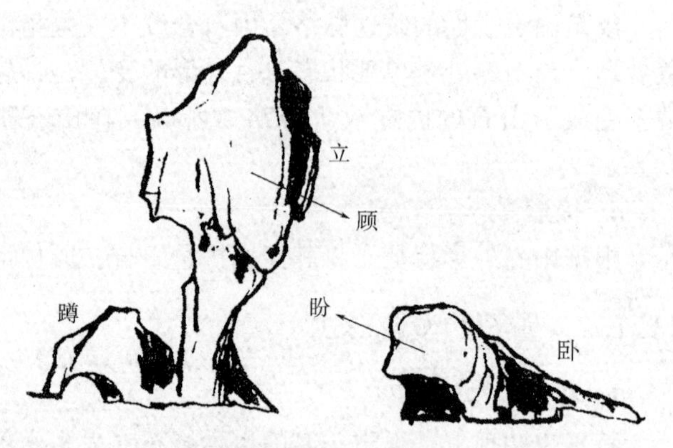

图 11-2　散置

4. 群置

群置也叫“大散点”，在较大的空间内散置石，如果还采用单个石与几个石头组景，就显得很不起眼，而达不到造景的目的。为了与环境空间上取得协调，需要增大体量，增加数量。但其布局特征与散置相同，而堆叠石材比前者较为复杂，需要按照山石结合的基本形式灵活运用，以求有丰富的变化，如图 11-3 所示。

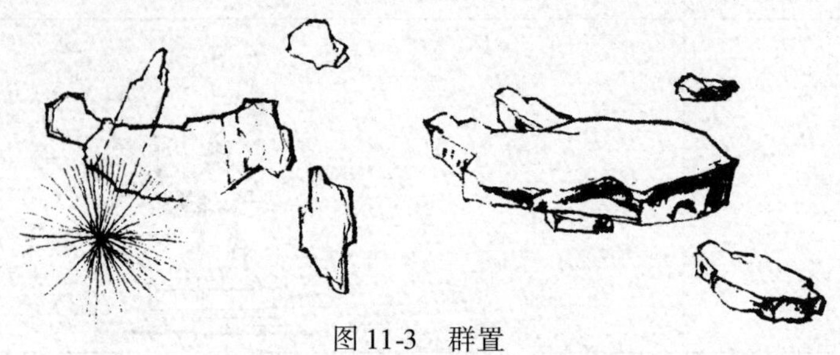

图 11-3　群置

5. 山石器设

山石器设在园林中比较常见，其特点如下：不怕日晒雨淋，结实耐用；既是景观又是具有实用价值的器具；摆设位置较灵活，可以在室内，也可以在室外，如图 11-4 所示，如果在疏林中设一组自然山石的桌凳，人们坐在树荫下休息、赏景，就会感到非常惬意，而从远处看，又是一组生动的画面。

11.1.3　选石

选石是置石施工中一项很重要的工作，其要点如下：

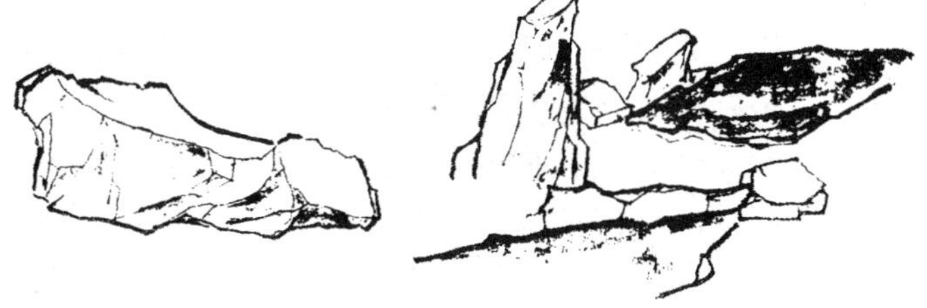

图 11-4　山石器设

1）选择具有原始意味的石材。如：未经切割过，并显示出风化的痕迹的石头；被河流、海洋强烈冲击或侵蚀的石头；生有锈迹或苔藓的岩石。这样的石头能显示出平实、沉着的感觉。

2）最佳的石料颜色是蓝绿色、棕褐色、紫色或红色等柔和的色调。白色缺乏趣味性，金属色彩容易使人分心，应避免使用。

3）具有动物等形象的石头或具有特殊纹理的石头最为珍贵。

4）石形选择要选自然形态的，纯粹圆形或方形等几何形状的石头或经过机器打磨的石头均不为上品。

5）造景选石时无论石材的质量高低，石种必须统一，不然会使局部与整体不协调，导致总体效果不伦不类，杂乱不堪。

6）选石无贵贱之分，应该“是石堪堆”。就地取材，有地方特色的石材最为可取。

11.1.4　置石吊运

1）选好石品后，按施工方案准备好吊装和运输设备，选好运输路线，并查看整条运输线路是否有桥梁，桥梁能否满足运输荷载要求。在山石起吊点采用汽车起重机吊装时，要注意选择承重点，做到起重机的平衡。

2）置石吊到车厢后，要用软质材料，如稻草、黄泥、甘蔗叶等填充，山石上原有的泥土杂草不要清理。整个施工现场要注意工作安全。

11.1.5　拼石

1）当所选到的山石不够高大，或石形的某一局部有重大缺陷时，就需要使用几块同种的山石拼合成一个足够高大的峰石。如果只是高度不够，可按高差选到合适的石材，拼合到大石的底部，使大石增高。

2）如果是由几块山石拼合成一块大石，则要严格选石，尽可能选接口处形状比较吻合的石材，并且在拼合中尤其要注意接缝严密和掩饰缝口，使拼合体完全成为一个整体。

3）拼合成的山石形体仍要符合瘦、漏、透、皱的要求。

11.1.6　基座设置

1）基座可由砖石材料砌筑成规则形状，基座也可以采用稳实的墩状座石做成。座石半埋或全埋在地表，其顶面凿孔作为榫眼。

2）埋在地下的基座，应根据山石预埋方向及深度定好基址开挖面，放线后按要求挖方，然后在坑底先铺混凝土一层，厚度不得小于15cm，才准备吊装山石。

11.1.7 置石吊装

1）置石吊装常用汽车起重机或葫芦吊，施工时，施工人员要及时分析山石主景面，定好方向，最好标出吊装方向，并预先摆置好起重机，如果碰到大树或其他障碍时，应重新摆置，使得起重机长臂能伸缩自如。吊装时要选派一人指挥，统一负责。当置石吊到预装位置后，要用起重机挂钩定石，不得用人定或支撑摆石定石。此时可填充块石，并浇筑混凝土充满石缝。之后将铁索与挂钩移开，用双支或三支方式做好支撑保护，并在山石高度的2倍范围内设立安全标志，保养7d后方可开放。

2）置石的放置应力求平衡稳定，给人以宽松自然的感觉。石组中石头的最佳观赏面均应朝向主要的视线方向。对于特置，其特置石安放在基座上固定即可。对于散置、群置一般应采取浅埋或半埋的方式安置置石。

3）置石布置好后，应当像是地下岩石、岩石的自然露头，而不要像是临时性放在地面上似的。

4）散置石还可以附属于其他景物而布置。如半埋在树下、草丛中、水边、路边等。

11.1.8 置石修饰

1）一组置石布局完成后，可利用一些植物和石刻来加以修饰，使之意境深邃，构图完整，充满诗情画意。但必须注意一个原则：尽可能减少过多的人工修饰。石刻艺术是我国文化宝库中的重要组成部分，园林人文景观的“意境”多以石刻题咏来表现。

2）石刻应根据置石来决定字体形式、字体大小、阴刻阳刻、疏密曲直，做到置石造景与石刻艺术互为补充，浑然一体。植物修饰的主要目的是采用灌木或花草来掩饰山石的缺陷、丰富石头的层次，使置石更能与周边环境和谐统一。

3）但种植在石头中间或周围泥土中的植物应能耐高温、干旱。如丝兰、苏铁、麦冬、蕨类等。

11.1.9 置石安放

园林中的景观，需以对游人具有高尚的美的教育和启迪为前提。置石更应如此，我们今天在园林中置石要抛弃其中的糟粕，取其精华。针对以上缺点和不足，在实践中可以采取以下方法来初步解决：

1）设计时注意把握整体感，讲究章法，尊重自然，师法自然，重塑自然界的山石形象。

2）尊重文化、艺术、历史，把握置石的目的、功能、风格和主题思想，使置石充分体现地方特色和历史文化内涵，建造有“灵魂”的置石作品。

3）置石贵在神似，拟形像物中的置石又贵在似与不似之间，不必刻意去追求外形的雷同，意态神韵更能吸引人们的眼光。

4）不论地面、水中置石均应力求平衡稳定，石应埋入土中或水中一部分像是从土中、水中生长出来的一样，给人以稳定、自然之感。

5）选石、布石应把握好比例尺度，要与环境相协调。在狭小局促的环境中，石组不可太大，否则会令人感到窒息，宜用石笋之类的石材置石，配以竹或花木，作竖向的延伸，减少紧迫局促感；在空旷的环境中，石组不宜太小、太散，那会显得过于空旷，与环境不协调。

6）可利用植物和石刻、题咏、基座来修饰置石，转移游人注意力，减弱人工痕迹。但石刻、题咏的形式、大小、字体、疏密、色彩必须与造景相协调，才能产生诗情画意，基座要有自然式、规则式之分。植物宜常绿、耐旱、耐高温、低矮，用以掩饰山石的缺陷，不能喧宾夺主。

7）不可盲目追求名贵、特殊的石材，应就地取材，具有地方特色的石材最为可取，置石不应沽名钓誉或用名贵的石材堆砌，生拼硬凑，那样置石不具有活力。同一环境中石种必须统一，不可五彩缤纷，才能使局部与整体协调，否则整体效果不伦不类，杂乱不堪。

8）设计方案要进行多方案比较，施工前后可用各种方法进行模型比较，确定最佳方案和最佳观赏面，减少返工次数。

9）置石应在游人视线焦点处放置，但不宜居于几何中心，宜偏于一侧，将不会使后来造景形成对称、严肃的排列组合。

11.2　假山的布置

假山是以造园游览为主要目的，运用传统工艺，充分地结合其他多方面的功能作用，以自然山水为蓝本，以土、石等为材料，并加以艺术的提炼和夸张，通过砌、垫、挑、压、掇等手法，将湖石、黄石等材料叠置成模拟自然山水的假山，以供观赏、美化环境。

假山施工是最具明显再创造特点的工程活动。小型假山工程和石景工程有时并不进行设计，而是直接在施工过程中临场发挥，一面构思一面施工，最后完成假山作品的艺术创造。在大中型的假山工程中，一方面要根据假山设计图进行定点放线，随时控制假山各部分的立面形象及尺寸关系；另一方面还要根据所选用石材的形状、皴纹特点，在细部选型和技术处理上有所创造和发展。

假山的布置如图 11-5 所示。

图 11-5　假山的布置

11.2.1　假山的功能

假山与石景的造园作用不是单方面的，它既有作为景物应用于造景的观赏一面，又有作为实用小品而发挥使用功能的实用一面。

1. 组织划分、分隔空间

1）利用假山对园林空间进行分隔和划分，将空间分成大小不同、形状各异、富于变化的各种空间形态。通过假山的穿插、分隔、夹拥、围合、聚汇，在假山区可以创造出山路的流动空间、山坳的闭合空间、山洞的拱穹空间、峡谷的纵深空间等各具特色的空间形式。

2）假山还能够将游人的视线或视点引到高处或低处，创造仰视和俯视的空间景象。

2. 因地制宜、协调环境

园林假山能够提供的环境类型比平坦地形要多得多。在假山区，不同坡度、不同坡向、不同光照条件、不同土质、不同通风条件的情况随处可寻，这就给不同生态习性的多种植物都提供了众多的良好的生长环境条件，有利于提高假山区的生态质量和植物景观质量。

3. 造景小品、点缀风景

1）假山与石景景观是自然山地景观在园林中的艺术再现。在庭院中、园路边、广场上、水池边、墙角处，甚至在屋顶花园等多种环境中，假山和石景还能作为园林小品，用来点缀风景、增添情趣，起到造景与点景的作用。

2）自然界的奇峰异石、悬崖峭壁、层峦叠嶂、深峡幽谷、泉石洞穴、海岛石礁等景观形象都可以通过假山石景在园林中再现出来。

11.2.2 假山的设置原则

叠石掇山，虽石无定形，但山有定法，所谓“法”，就是指山的脉络气势。大凡成功的叠山家无不以天然山水为蓝本，再参以画理，外师造化，中发心源，才营造出巧夺天工的假山作品。在园林中堆叠假山，由于受占地面积和空间的限制，在假山的总体布局和造型设计上常常借鉴绘画中的“三远”原理，以在咫尺之内，表现千里之致。

1. 高远

根据透视原理，采用仰视的手法，而创作的峭壁千仞、雄伟险峻的山体景观。如苏州耦园的东园黄石假山，用悬崖高峰与临池深渊，构成典型的高远山水的组景关系；在布局上，采用西高东低，西部临池处叠成悬崖峭壁，并用低水位、小池面的水体作衬托，以达到在小空间中，有如置身高山深渊前的意境联想；再加上采用浑厚苍老的竖置黄石，仿效石英砂质岩的竖向节理，运用中国画中的斧劈皴法进行堆叠，显得挺拔刚坚，并富有自然风化的美感意趣。

2. 深远

表现山势连绵，或两山并峙、犬牙交错的山体景观，具有层次丰富、景色幽深的特点。如果说高远注重的是立面设计，那么深远要表现的则为平面设计中的纵向推进。在自然界中，诸如由于河流的下切作用等，所形成的深山峡谷地貌，给人以深远险峻之美。园林假山中所设计的谷、峡、深涧等就是对这类自然景观的摹写。

3. 平远

根据透视原理来表现平冈山岳、错落蜿蜒的山体景观。深远山水所注重的是山景的纵深和层次，而平远山水追求的是逶迤连绵，起伏多变的低山丘陵效果，给人以千里江山不尽、万顷碧波荡漾之感，具有清逸、秀丽、舒朗的特点。正如张涟所主张的“群峰造天，不如平冈小坂，陵阜陂，缀之以石”。苏州拙政园远香堂北与之隔水相望的主景假山（即两座以土石结合的岛山），正是这一假山造型的典型之作；其模仿的是沉积砂岩（黄石）的自然露头岩石的层状结构，突出于水面，构成了平远山水的意境。

注意事项：在园林假山设计中，都是在一定的空间中，从一定的视线角度去考虑的，它注重的是视距与被观赏物（假山）之间的体量和比例关系。有时同一座假山，如果从不同的视距和视线角度去观赏，就会有不同的审美感受。

11.2.3　假山的设置类型

1. 石包山

以石为主，外石内土的小型假山，常构成小型园林中的主景。

2. 土包山

以土为主，以石为辅的堆山手法。常将挖池的土掇山，并以石材做点缀，达到土、石、植物浑然一体，富有生机。

3. 掇山小品

根据位置、功能常分为以下几种。

1）厅山：厅前堆山，以小巧玲珑的石块堆山，单面观，其背粉墙相衬，花木掩映。

2）壁山：以墙堆山，在墙壁内嵌以山石，并以藤蔓垂挂，形似峭壁山。

3）池石：池中堆山，园林第一胜景也。若大若小，更有妙境，就水点其步石，从巅架以飞梁，洞穴潜藏，穿石径水，峰峦缥缈，漏月招云。

11.2.4　假山的设置方法

1. 山水结合，相得益彰

山水是中国自然园林的主要组成部分。水无山不流，山无水不活，山水结合，刚柔相济，动静结合。“水得地而流，地得水而柔”“山无水泉则不活”“有水则灵”等都是强调山水的结合。应避免出现“枯山”“童山”或乱石一堆，缺乏自然的活力，而要形成山水环抱之势。上海豫园黄石大假山，以幽深曲折的山涧破山腹然后流入山下的水池；苏州环秀山庄，山峦拱伏构成主体，弯月形水池环抱山体两面，一条幽谷山涧穿贯山体再入池。这些都是山水结合的成功之作。

2. 相地合宜，造山得体

山的体量、质地、造型、组合形式等均应与自然环境相协调。大园可造游览之大山，庭院多造观赏的小山，大者须雄伟，高耸者须秀拔，低矮者须平远。

3. 巧于因借，混假于真

要因地制宜、充分利用环境条件造山，根据周围环境条件，因形就势，灵活地加以利用。在真山附近造假山是用“混假于真”的手段取得“真假难辨”的造景效果。例如，位于无锡惠山东麓的寄畅园借九龙山、惠山于园内作为远景，在真山前面造假山，如同一脉相贯；颐和园后湖则在万寿山之北隔长湖造假山，真假山夹水对峙，取假山与真山山麓相对应，极尽曲折收放之变化，令人莫知真假，特别是自东向西望时，西山为远景，效果更为逼真。

4. 主宾分明，相辅相成

先立主体，确定主峰的位置和大小，再考虑如何搭配次要景物，进而突出主体景物。布局时，应先从园之功能和意境出发，再结合用地特征来确定宾主关系，切忌不顾大局和喧宾夺主。拙政园、网师园、秋霞圃等皆以水为主，以山辅水，建筑的布置主要考虑和水的关系，同时也照顾和山的关系。而瞻园、个园、静心斋等却以山为主景，以水和建筑辅助山景。

5. “三远”变化，移步换景

假山在处理主次关系的同时还必须结合“三远”的理论来安排。宋代郭熙《林泉高致》说：“山有‘三远’：自山下而仰山巅谓之高远；自山前而窥山后谓之深远；自近山而望远山谓之平远。”苏州环秀山庄的湖石假山就是从整体着眼，局部着手，在有限的地盘上掇出极似自然的山水景。整个山体可分三部分，主山居中而偏东南，客山远居园之西北角，东北角又有平岗拱伏，这就有了布局的三远变化。

6. 远看山势，近观石质

既要强调布局和结构的合理性，又要重视细部处理。“势”指山水轮廓、组合与所体现的态势特征。山的组合，要有收有放，有起有伏；山渐开而势转，山欲动而势大；山外有山，形断而意连；远观整体轮廓，求得合理的布局。“质”指的是石质、石性、石纹、石理。掇山所用山石的石质、纹理、色泽、石性均须一致，造型变化使假山符合自然之理，做假成真。

7. 寓情于石，情景交融

掇山很重视内涵与外表的统一，常采用象形、比拟和激发联想的手法创造意境。所谓“片山有致，寸石生情”。中国自然山水园的外观是力求自然的，但其内在的意境又完全受人的意识支配。如，“一池三山”“仙山琼阁”等寓为神仙境界；“峰虚五老”“狮子上楼台”“金鸡叫天门”等地方特色传统程式；“十二生肖”及其他各种象形手法；“武陵春色”等寓意隐逸的追索等。

11.2.5 假山的布置施工技术

1. 前期准备

（1）室内熟读图纸　熟读图纸是完成施工的必要条件，要以设计图纸作为施工的主要依据。由于假山工程的特殊性，它的设计很难完全到位，一般只能表现山形的大体轮廓或主要剖面。为更好地指导施工，设计者大多同时做出模型。又由于石头的奇形怪状而不易掌握，因此，全面了解设计内容和设计者的意图是十分重要的。

（2）室外勘察现场　施工前必须反复详细地勘察现场，主要内容为“两看一相端”。一看土质、地下水位，了解基地土允许承载力，以确保山体的稳定。在假山施工中，确定基土承载力的方法主要是凭经验，即根据大量的实践经验，粗略地概括出各种不同条件下承载力的数值，以确定基础处理的方法。二看地形、地势、场地大小、交通条件、给水排水的情况及植被分布等，以决定采用何种施工方法，如施工机具的选择、石料堆放及场地安排等。一相端即相石，是指对已购来的假山石用眼睛详细端详，了解它们的种类、形状、色彩、纹理、大小等，以便于根据山体不同部位的造型统筹安排，做到心中有数。尤其是对于其中形态奇特、体量巨大、挺拔、玲珑等有特色的石块，一定要熟记，以备重点部位使用。相石的过程是对石材使用的总体规划，使石材本身的观赏特性得以充分发挥的设计过程。

（3）施工材料的准备

1）山石备料。要根据假山设计意图确定所选用的山石种类，最好到产地直接对山石进行初选，初选的标准可适当放宽。石形变异大的、孔洞多的和长形的山石可多选些，石形规则、石面非天然生成而是爆裂面的、无孔洞的矮墩状山石可少选或不选。在运回山石过程中，对易损坏的奇石应给予包扎防护。山石材料应在施工之前全部运进施工现场，并将形状最好的一个石面向着上方放置。山石在现场不要堆起来，而应平摊在施工场地周围待选用。如果假山设计的结构形式是以竖立式为主，则需要长条形山石比较多；在长形石数量不足时，可以在地面将形状相互吻合的短石用水泥砂浆对接在一起，成为一块长形山石留待选用。山石备料的数量多少应根据设计图估算出来。为了适当扩大选石的余地，在估算的吨位数上应再增加 1/4 ~ 1/2 的吨位数，这就是假山工程的山石备料总量。

2）山石的选用是假山施工中一项很重要的工作，其主要目的就是要将不同的山石选用到最合适的位点上，组成最和谐的山石景观。选石工作在施工开始直到施工结束的整个过程中都在进行，需要掌握一定的识石和用石技巧。

（4）假山工程量估算　假山工程量一般以设计的山石实用吨位数为基数来推算，并以工日数来表示。

1）假山采用的山石种类不同、假山造型不同、假山砌筑方式不同，都会影响工程量。由于假山工程的变化因素太多，每工日的施工定额也不容易统一，因此准确计算工程量有一定难度。

2）根据十几项假山工程施工资料统计的结果，包括放样、选石、配制水泥砂浆及混凝土、吊装山石、堆砌、刹垫、搭拆脚手架、抹缝、清理、养护等全部施工工作在内的山石施工平均工日定额，在精细施工条件下，应为 0. 1 ~ 0. 2t 每工日；在大批量粗放施工情况下，则应为 0. 3 ~ 0. 4t 每工日。

（5）工具与施工机械准备　首先应根据工程量的大小，确定施工中所用的起重机械。准备好杉杆与手动葫芦，或者杉杆与滑轮、绞磨机等；做好起吊特大山石的使用起重机计划。其次，要准备足够数量的手工工具，具体见表 11-2。

表 11-2　假山施工手工工具

类型	工　具
动土工具	铁锹、铁镐、铁破、蛙式跳夯等
抖灰工具	细孔筛子、竹筐、手推车、灰斗、水桶、抖灰板、砖砌灰池等
抬石工具	松木（或柏木、榆木）直杠、架杠
扎系石块	粗麻扎把绳、大黄麻绳、小棕绳和铁链
挪移石块	长铁橇、手撬（短撬）
碎石	大小铁锤

（6）场地安排

1）确保施工场地有足够的作业面，施工地面不得堆放石料及其他物品。

2）选好石料摆放地，一般在作业面附近，石料依施工用石先后有序地排列放置，并将每块石头最具特色的一面朝上，以便于施工时认取。石块间应有必要的通道，以便于搬运，尽量避免小搬运。

3）施工期间，山石搬运频繁，必须组织好最佳的运输路线，并确保路面平整。

4）保证水、电供应。

2. 假山放线

（1）假山模型的制作

1）熟悉设计图纸，图纸包括假山底层平面图、顶层平面图、立面图、剖面图及洞穴、结顶等大样图。

2）选用适当的比例（1∶20～1∶50）大样平面图，确定假山范围及各山景的位置。

3）制模材料。可选用泥沙或石膏、橡皮泥、水泥砂浆及泡沫塑料等可塑材料。

4）制作假山模型。主要体现山体的总体布局及山体的走向、山峰的位置、主次关系和沟壑洞穴、溪涧的走向，尽可能做到体量适宜、布局精巧，体现出设计的意图，为假山施工提供参考。

（2）假山定位与放线

1）首先在假山平面设计图上按5m×5m或10m×10m（小型的石假山也可用2m×2m）的尺寸绘出方格网，在假山周围环境中找到可以作为定位依据的建筑边线、围墙边线或园路中心线，并标出方格网的定位尺寸。

2）按照设计图方格网及其定位关系，将方格网放大到施工场地的地面。在假山占地面积不大的情况下，方格网可以直接用白灰画到地面；在占地面积较大的大型假山工程中，也可以用测量仪器将各方格交叉点测设到地面，并在点上钉下坐标桩。放线时，用几条细绳拉直连上各坐标桩，就可标示出地面的方格网。

3）以方格网放大法，用白灰将设计图中的山脚线在地面方格网中放大绘出，把假山基底的平面形状（也就是山石的堆砌范围）绘在地面上。假山内有山洞的，也要按相同的方法在地面绘出山洞洞壁的边线。

4）依据地面的山脚线，向外取50cm宽度绘出一条与山脚线相平行的闭合曲线，这条闭合曲线就是基础的施工边线。

3. 基础施工

基础是影响假山稳定和艺术造型的根本，掇山必先有成局在胸，才能准确确定假山基础的位置、外形和深浅。否则假山基础既起出地面，再想改变就很困难，因为假山的重心不可超出基础之外。

（1）基础类型　假山如果能坐落在天然岩上是最理想的，其他的都需要做基础。做法具体见表11-3。

表11-3　假山基础做法

做法	说　明	图　例
桩基	这是一种传统的基础做法，尤其是水中的假山或山石驳岸用得很广泛	压顶石厚300mm 石钉嵌紧 混凝土桩

（续）

做法	说　明	图　例
灰土基础	北方园林中位于陆地上的假山多采用灰土基础，灰土基础有比较好的凝固条件。灰土一旦凝固便不透水，可以减少土壤冻胀的破坏。灰土基础的宽度应比假山底面宽度宽出约 0.5m，术语称为“宽打窄用”，以确保假山的重力沿压力分布的角度均匀地传递到素土层。灰槽深度一般为 50～60cm。2m 以下的假山一般是打一步素土、一步灰土（一步灰土即灰土厚度 20～30cm，踩实后再夯实到 10～15cm 厚度）。2～4m 高的假山用一步素土、两步灰土。石灰一定要选新出窑的块灰，在现场泼水化灰。灰土的比例采用 3∶7，素土应选择黏重不含杂质的土壤	水泥砂浆砌山石 3∶7灰土二步 素土夯实
毛石或混凝土基础	现代的假山多采用浆砌毛石或混凝土基础。这类基础耐压强度大，施工速度快	1∶2.5水泥砂浆砌山石 C15混凝土厚100mm 砂石垫层厚300mm 素土夯实

（2）基础浇筑　确定了主山体的位置和大致的占地范围，就可以根据主山体的规模和土质情况进行钢筋混凝土基础的浇筑了。浇筑基础，是为了确保山体不倾斜不下沉。如果基础不牢而使山体发生倾斜，也就无法供游人攀爬了。

注意事项：调查了解山址的土壤立地条件，地下是否有阴沟、管线等。

叠石造山如以石山为主配植较大植物的造型，预留空白要确定精确。只靠山石中的回填土常常无法保证足够的土壤供植物生长需要，加上满浇混凝土基础，就形成了土层的人为隔断，地气接不上来，水也不易排出去，使得植物不易成活和生长不良。因此，在准备栽植植物的地方根据植物大小需预留一块不浇混凝土的空白处，即是留白。

从水中堆叠出来的假山，主山体的基础应与水池的底面混凝土同时浇筑形成整体。如果先浇主山体基础，待主山基础完成后再做水池池底，则池底与主体山基础之间的接头处容易出现裂缝而产生漏水，而且日后处理极难。

如果山体是在平地上堆叠，则基础一般低于地平面至少 2m。山体堆叠成形后再回填土，同时沿山体边缘栽种花草，使山体与地面的过渡更加自然生动。

4. 山脚施工

（1）拉底　拉底就是在山脚线范围内砌筑第一层山石，即做出垫底的山石层。

（2）拉底的方式

1）满拉底。就是在山脚线的范围内用山石满铺一层。适宜规模较小、山底面积也较小的假山，或在北方冬季有冻胀破坏地方的假山。

2）周边拉底。则是先用山石在假山山脚沿线砌成一圈垫底石，再用乱石碎砖或泥土将石圈内全部填起来，压实后即成为垫底的假山底层。适合于基底面积较大的大型假山。

3）山脚线的处理。

4）露脚。即在地面上直接做起山底边线的垫脚石圈，使整个假山就像是放在地上似的。这种方式可以减少山石用量和用工量，但假山的山脚效果稍差一些。

5）埋脚。是将山底周边垫底山石埋入土下约20cm深，可使整座假山仿佛像是从地下长出来的。在石边土中栽植花草后，假山与地面的结合就更加紧密，更加自然了。

（3）起脚

1）除了土山和带石土山之外，假山的起脚安排是宜小不宜大，宜收不宜放。起脚一定要控制在地面山脚线的范围内，宁可向内收一点，也不要向山脚线外突出。这就是说山体的起脚要小，不能大于上部准备拼叠造型的山体。即使由于起脚太小而导致砌筑山体时的结构不稳，还有可能通过补脚来加以弥补。如果起脚太大，以后砌筑山体时导致山形臃肿、呆笨，没有一点险峻的态势，就难以挽回了。如果要通过打掉一些起脚山石来改变臃肿的山形，就极易将山体结构震动松散，导致假山的倒塌。

2）先选到山脚突出点的山石，并将其沿着山脚线先砌筑上，待多数主要的凸出点山石都砌筑好了，再选择和砌筑平直线、凹进线处所用的山石。这样，既确保了山脚线按照设计而成弯曲转折状，防止山脚平直的毛病，又使山脚突出部位具有最佳的形状和最好的皴纹，增加了山脚部分的观赏效果。

（4）做脚　做脚就是用山石砌筑成山脚，它是在假山的上面部分山形山势大体施工完成以后，在紧贴起脚石外缘部分拼叠山脚，以弥补起脚造型不足的一种操作技法。所做的山脚石虽然无须承担山体的重压，但却必须根据主山的上部造型来造型，既要表现出山体如同土中自然生长出来的效果，又要特别增强主山的气势和山形的完美。

注意事项：假山山脚不论采用哪一种造型形式，它在外观和结构上都应当是山体向下的延续部分，与山体是不可分割的整体。即使采用断连脚、承上脚的造型，也还要“形断迹连，势断气连”，要在气势上连成一体。

在具体做山脚时，可以采用以下3种做法，具体见表11-4。

表11-4　山脚的做法

做法	说　明	图　例
点脚法	主要运用于具有空透型山体的山脚造型。点脚就是先在山脚线处用山石做成相隔一定距离的点，点与点之上再用片状石或条状石盖上，这样，就可在山脚的局部造出小的洞穴，加强了假山的深厚感和灵秀感。在做脚过程中，要注意点脚的相互错开和点与点间距离的变化，不要造成整齐的山脚形状。同时，也要考虑到脚与脚之间的距离与今后山体造型用石时的架、跨、券等造型相吻合、相适宜。点脚法除了直接作用于起脚空透的山体造型外，还常用于如桥、廊、亭、峰石等的起脚垫脚	
连脚法	就是做山脚的山石依据山脚的外轮廓变化，呈曲线状起伏连接，使山脚具有连续、弯曲的线形。一般的假山都常用这种连续做脚方法处理山脚。采用这种山脚做法，主要应注意使做脚的山石以前错后移的方式呈现不规则的错落变化	

（续）

做法	说　　明	图　　例
块面脚法	这种山脚也是连续的，但与连脚法不同的是，坡面脚要使做出的山脚线呈现大进大退的形象，山脚突出部分与凹陷部分各自的整体感都要很强，而不是连脚法那样小幅度的曲折变化。块面脚法一般用于起脚厚实、造型雄伟的大型山体。 山脚施工质量好坏对山体部分的造型有直接影响。山体的堆叠施工除了要受山脚质量的影响外，还要受山体结构形式和叠石手法等因素的影响	

5. 辅助结构

（1）材料

1）青刹。一般有青石类的块刹与片刹之分。块状的无显著内外厚薄之分，片状的有明显的厚薄之分，一般常用于一些缝中。

2）黄刹。一般湖石类之刹称为黄刹，常无平滑断面或节理石，多呈圆团状或块状，适用于太湖石的叠石当中。

无论哪种刹石，都要求质地密结，性质坚韧，不易松脆，且大小不一，小者掌指可取，大者双手难持，可随机应变。

（2）应用方式

1）单刹。一块刹石称为单刹。由于单块最为稳固，不论底面大小，刹石力求单块解决问题，严防碎小。

2）重刹。用单刹不足以支撑的情况下，可重叠使用，重一、重二、重三均可，但必须卡紧，使其无脱落之危险。

3）浮刹。凡不起主力作用而填入底口者，力求形体优美，便于抹灰，这种刹石为浮刹。

（3）操作要点

1）叠石底口朝前者为前口，朝后者为后口，刹石应前后左右照顾周全，需在四面找出吃力点，以便于控制全局。

2）尽可能因口选刹，以免就刹选口（“口”是指底石面准备填刹的地方）。

3）打刹必须确定山石的位置以后再进行，因此应先用托棍将实体顶稳，不能滑脱。

4）安放刹石和叠石相同，均力求大面朝上。

5）向石底放刹，必须左右横握，不得上下手拿，以免压伤。

6）用刹常薄面朝内插入，随即以平锤式撬棍向内稍加锤打，以求达到最大吃力点，俗称“随紧”或“随口锤”。

7）如果叠石处于前悬状态，必须使用刹块，这时必须先打前口再打后口，否则，会因次序颠倒而导致叠石塌落。

8）施工人员应一手扶石，一手打刹，随时察觉其动态与稳固情况。

9）如果几个人围着刹石同时操作，则每面刹石向内锤打，用力不得过猛，得知稳固即可停止，否则常由于用力过大，毫厘之差而使其他刹石失去作用，或由于用力过大，而砸碎刹石。

10）石之中，刹石外表可凹凸多变，以增加石表之“魂”，在两个巨石跌落时相接，刹的表面应当缓其接口变化，使上下叠石相接自如，不致生硬。

(4) 支撑

1) 山石吊装到山体一定位点上，经过位置、姿态的调整后，就要将山石固定在一定的状态上，这时就要先进行支撑，使山石临时固定下来。支撑材料应以木棒为主，以木棒的上端顶着山石的某一凹处，木棒的下端则斜着落在地面，并用一块石头将棒脚压住。

2) 一般每块山石都要用2~4根木棒支撑。铁棍或长形山石也可以作为支撑材料。用支撑固定方法主要是针对大而重的山石，这种方法对后续施工操作将会造成一些阻碍。

(5) 捆扎

1) 为固定调整好位置和姿态的山石，还可以采用捆扎的方法。捆扎方法比支撑法简单，而且对后续施工基本没有影响。这种方法最适宜体量较小的山石的固定，对体重特大的山石则还应该辅之以支撑方法。

2) 山石捆扎固定一般采用8号或10号铁丝。用单根或双根铁丝做成圈，套上山石，并在山石的接触面垫上或抹上水泥砂浆后再进行捆扎。捆扎时铁丝圈先不必收紧，应适当松一点，然后再用小钢钎将其绞紧，使山石无法松动。

3) 对于质地较松软的山石，可以用铁耙钉打入两相联结的山石上，将两块山石紧紧地抓在一起，每一处连接部位都应该打入2~3个铁耙钉。对质地坚硬的山石连接，要先在地面用银锭扣连接好后，再作为一整块山石用在山体上。或者，在山崖边安置坚硬的山石时，使用铁吊架，也能达到固定山石的目的。

4) 山石接口部位有时会有凹缺，使石块的连接面积缩小，也使连接两块山石之间成断裂状，没有整体感。这时就需要“填肚”。填肚就是用水泥砂浆把山石接口处的缺口填补起来，一直要填得与石面平齐。

(6) 勾缝与胶结

1) 石灰运用于假山工程以前，只能是干砌或用素泥浆砌来勾缝和胶结。用灰浆砌假山，并用粗墨调色勾缝。此外勾缝的做法还有桐油石灰（或加纸筋）、石灰纸筋、明矾石灰、糯米浆拌石灰等多种。

2) 湖石勾缝再加青煤，黄石勾缝后刷铁屑盐卤等，使之与石色相协调。现代掇山广泛使用水泥砂浆，勾缝有勾明缝和暗缝两种做法。一般是水平方向缝都勾明缝，在需要时将竖缝勾成暗缝，即在结构上结成一体，而外观上若有自然山石缝隙。

3) 勾明缝不能过宽，最好不要超过2cm，如果缝过宽，可用随形之石块填后再勾浆。

6. 山石胶结与勾缝

(1) 胶结材料　现代假山施工已不用明矾石灰和糯米浆石灰等作胶合材料，而基本上全用水泥砂浆或混合砂浆来胶合山石。水泥砂浆的配制是用普通灰色水泥和粗沙，按1:(1.5~2.5)比例加水调制而成，主要用来黏合石材、填充山石缝隙和为假山抹缝。有时，为了增加水泥砂浆的和易性和对山石缝隙的充满度，可以在其中加进适量的石灰浆，配成混合砂浆。但混合砂浆的凝固速度不如水泥砂浆，因此在需要加快叠山进度的时候，尽量不使用混合砂浆。

(2) 刷洗　在胶结进行之前，应当用竹刷刷洗并且用水管冲水，将待胶合的山石石面刷洗干净，防止石上的泥沙影响胶结质量。

(3) 操作技术要点

1) 水泥砂浆要在现场配制现场使用，不要用隔夜后已有硬化现象的水泥砂浆砌筑山石。最好在待胶结的两块山石的胶结面上都涂上水泥砂浆后，再相互贴合与胶结。两块山石相互贴合并支撑、捆扎固定好了，还要再用水泥砂浆把胶合缝填满，不留空隙。

2）山石胶结完成后，自然就在山石结合部位构成了胶合缝。胶合缝必须经过处理，才能对假山的艺术效果影响最小。

7. 假山抹缝处理

1）用水泥砂浆砌筑后，对于留在山体表面的胶合缝要给予抹缝处理。抹缝一般采用柳叶形的小铁抹（即“柳叶抹”）作工具，再配合手持灰板和盛水泥砂浆的灰桶，就可以进行抹缝操作。

2）抹缝时要注意，应使缝口的宽度尽可能窄些，不要使水泥浆污染缝口周围的石面，尽可能减少人工胶合痕迹。对于缝口太宽处，要用小石片塞进填平，并用水泥砂浆抹光。在假山胶合抹缝施工中，抹缝的缝口形式一般采用平缝和阴缝两种，具体见表 11-5。

表 11-5　抹缝的缝口形式

缝口形式	说　明
平缝	是缝口水泥砂浆表面与两旁石面相互平齐的形式。由于表面平齐，能够很好地将被黏合的两块山石连成整体，而且不增加缝口宽度，所露出的水泥砂浆比较少，有利于减少人工胶合痕迹。应当采用平缝的抹缝情况有：两块山石采用“连”“接”或数块山石采用“拼”的叠石手法时、需要强化被胶合山石之间的整体性时、结构形式为竖立式的假山横向缝口抹缝时、结构形式为层叠式的假山竖向缝口抹缝时等，都要采用平缝形式
阴缝	是缝口水泥砂浆表面低于两旁石面的凹缝形式。阴缝能够最少地显露缝口中的水泥砂浆，而且有时还能够被当作石面的皴纹或皱褶使用。在抹缝操作中一定要注意，缝口内部一定要用水泥砂浆填实，填到距缝口石面 5 ~ 12mm 处即可将凹缝表面抹平抹光。缝口内部如果不填实在，则山石有可能胶结不牢，严重时也可能倒塌。可以采用阴缝抹缝的情况一般是：需要增加山体表面的皴纹线条时、结构形式为层叠式的假山横向抹缝时、结构形式为竖立式的假山竖向抹缝时，需要在假山表面特意留下裂纹时等

8. 胶合缝处理

（1）采用沙子和石粉来掩盖胶合缝

1）除了采用与山石同色的胶结材料抹缝处理可以掩饰胶合缝之外，还可以采用沙子和石粉来掩盖胶合缝。通常的做法是：抹缝之后，在水泥砂浆凝固硬化之前，马上用与山石同色的沙子或石粉撒在水泥砂浆缝口面上，并稍稍摁实，水泥砂浆表面就可沾满沙子。待水泥完全凝固硬化之后，用扫帚扫去浮砂，即可得到与山石色泽、质地基本相似的胶合缝口，而这种缝口很不容易引起人们的注意，这就达到了掩饰人工胶结痕迹的目的。

2）采用沙子掩盖缝口时，灰黄色的山石要用黄沙；灰色、青色的山石要用青砂；灰白色的山石则应用灰白色的河砂。

3）采用石粉掩饰缝口时，则要用同种假山石的碎石来锤成石粉使用。这样虽然要多费一些工时，但由于石质、颜色完全一致，掩饰的效果良好。

（2）不同颜色的山石采用不同抹缝处理

1）假山所用石材如果是灰色、青灰色山石，则在抹缝完成后直接用扫帚将缝口表面扫干净，同时也使水泥缝口的抹光表面不再光滑，从而更加接近石面的质地。对于假山采用灰白色湖石砌筑的，要用灰白色石灰砂浆抹缝，以使色泽近似。

2）采用灰黑色山石砌筑的假山，可在抹缝的水泥砂浆中加入炭黑，调制成灰黑色浆体后再抹缝。

3）对于土黄色山石的抹缝，则应在水泥砂浆中加进柠檬铬黄。

4）如果是用紫色、红色的山石砌筑假山，可以采用铁红把水泥砂浆调制成紫红色浆体再用来抹缝等。

9. 养护与调试

现代假山以轻、秀、悬、险为特征，体量也较大，特别是堆叠洞体，都需用水泥砂浆或混凝土配强，应按施工规范进行养护，以达到其结合体的标准强度。假山不同于一般砌体建筑，冬期施工一般情况下不可采用快干剂。假山施工中的调试是指对水池放水后对临水置石的调整，如水矶、水口、步石等与水面的落差与比例等，以及瀑布出水口、分水石、引水石等的调整。

11.2.6 假山的质量验收

假山的分项工程一般包括基础、山体造型、山洞、山壁等项目，见表11-6、表11-7、表11-8。

表11-6 石假山山体造型质量检验评定

	项目									
保证项目	1	石料的品种、材质、规格及加工程度，应符合设计要求和传统做法								
	2	石料的纹理应符合受力要求								
	3	黏结用材料或混凝土强度必须符合施工规范的规定								
	项目									
基本项目	1	纹理基本一致								
	2	无明显裂缝、损伤、剥落现象								
	3	石料搁置稳固								
	4	堆叠搭接处冲洗清洁								
	5	搭接勾嵌缝平直光滑								
	6	钩托铁件无外露								
	7	山脚铺设到位								
	项目			允许采用						
				太湖石	灰石	青石	黄石	条石	长片石	废石渣
允许采用项目	1	环透式结构	不规则孔洞山石	√	√					
			有孔穴的山石	√	√					
	2	层叠式结构	水平层叠			√	√			
			斜面层叠			√	√			
	3	竖立式结构	直立叠砌					√	√	
			斜立叠砌					√	√	
	4	填充式结构	回填泥土、废石渣							√
			混凝土填充							

表 11-7　石假山山洞结构造型质量检验评定

<table>
<tr><td rowspan="4">保证项目</td><td colspan="8">项　　目</td></tr>
<tr><td>1</td><td colspan="7">石料的品种、材质、规格及加工程度，应符合设计要求和传统做法</td></tr>
<tr><td>2</td><td colspan="7">石料的纹理应符合受力要求</td></tr>
<tr><td>3</td><td colspan="7">黏结用材料或混凝土强度必须符合施工规范的规定</td></tr>
<tr><td rowspan="9">基本项目</td><td colspan="8">项　　目</td></tr>
<tr><td>1</td><td colspan="7">纹理基本一致</td></tr>
<tr><td>2</td><td colspan="7">无明显裂缝、损伤、剥落现象</td></tr>
<tr><td>3</td><td colspan="7">石料搁置稳固</td></tr>
<tr><td>4</td><td colspan="7">堆叠搭接处冲洗清洁</td></tr>
<tr><td>5</td><td colspan="7">搭接勾嵌缝平直光滑</td></tr>
<tr><td>6</td><td colspan="7">钩托铁件无外露</td></tr>
<tr><td>7</td><td colspan="7">无明显突石、利石</td></tr>
<tr><td>8</td><td colspan="7">有适当的采光</td></tr>
<tr><td rowspan="14">特别注意项目</td><td colspan="4" rowspan="2">项　　目</td><td colspan="4">技术要求</td></tr>
<tr><td>整体性</td><td>稳定性</td><td>平顺性</td><td>安全性</td></tr>
<tr><td rowspan="2">1</td><td rowspan="2">洞壁结构</td><td colspan="2">墙式洞壁</td><td></td><td></td><td></td><td></td></tr>
<tr><td colspan="2">墙柱组合洞壁</td><td></td><td></td><td></td><td></td></tr>
<tr><td rowspan="2">2</td><td rowspan="2">立柱结构</td><td colspan="2">直立柱</td><td></td><td></td><td></td><td></td></tr>
<tr><td colspan="2">层叠柱</td><td></td><td></td><td></td><td></td></tr>
<tr><td rowspan="8">3</td><td rowspan="8">洞顶结构</td><td rowspan="6">盖顶式</td><td>单架</td><td></td><td></td><td></td><td></td></tr>
<tr><td>丁字架</td><td></td><td></td><td></td><td></td></tr>
<tr><td>井字架</td><td></td><td></td><td></td><td></td></tr>
<tr><td>双架</td><td></td><td></td><td></td><td></td></tr>
<tr><td>三脚架</td><td></td><td></td><td></td><td></td></tr>
<tr><td>藻井架</td><td></td><td></td><td></td><td></td></tr>
<tr><td colspan="2">挑梁式</td><td></td><td></td><td></td><td></td></tr>
<tr><td colspan="2">拱券式</td><td></td><td></td><td></td><td></td></tr>
</table>

表 11-8　石假山山壁山路质量检验评定

<table>
<tr><td rowspan="4">保证项目</td><td colspan="2">项　　目</td></tr>
<tr><td>1</td><td>石料的品种、材质、规格及加工程度，应符合设计要求和传统做法</td></tr>
<tr><td>2</td><td>石料的纹理应符合受力要求</td></tr>
<tr><td>3</td><td>黏结用材料或混凝土强度必须符合施工规范的规定</td></tr>
<tr><td rowspan="4">基本项目</td><td colspan="2">项　　目</td></tr>
<tr><td>1</td><td>纹理基本一致</td></tr>
<tr><td>2</td><td>无明显裂缝、损伤、剥落现象</td></tr>
<tr><td>3</td><td>石料搁置稳固</td></tr>
</table>

（续）

	项目			
基本项目	4	堆叠搭接处冲洗清洁		
	5	搭接勾嵌缝平直光滑		
	6	钩托铁件无外露		
	7	山壁位置正确		
	8	山壁石粘贴牢固		
	9	山路放样符合设计要求		
允许偏差项目	项目			允许偏差/cm
	1	山壁	纹理和顺、层次清晰	—
			平整、光滑	—
			突出险要、自然	—
			裂缝贯通顺势	—
			树洞凹深	—
			设排水孔	—
	2	山路	依山势铺设	—
			踏步高度	15～22
			踏步平面差	<5
			多留缓坡平台	—
			不得有山石伸入道路宽度内	—
			路旁堆叠的花坛侧面和顶要平整	—

11.3 塑山施工

11.3.1 塑山简介

塑山是指以天然山岩为蓝本，采用混凝土、玻璃钢等现代材料和石灰、砖石、水泥等非石材料，经雕塑艺术和工程手法人工塑造的假山或石块，它包括塑山和塑石两大类。这是除了运用各种自然山石材料堆掇假山外的另一种施工工艺，这种工艺是在继承发扬岭南庭园的山石景园艺术和灰塑传统工艺的基础上发展起来的，具有用真石搬山、置石同样的功能。

11.3.2 塑山的特点

1）好的塑山，无论在色彩上，还是在质感上，都能取得逼真的石山效果，可以塑造较理想的艺术形象，特别是能塑造难以采运和填叠的原型奇石。

2）塑山所用的砖、石、水泥等材料来源广泛，取用方便，可就地解决，无须采石、运石，故在非产石地区非常适宜用此法建造假山石。

3）塑山工艺在造型上不受石材大小和形态的限制，可以完全按照设计意图进行，并且施工灵活方便，不受地形、地物限制，在重量很大的巨型山石不宜进入的地方，如室内花园、屋顶花园等，可塑造出壳体结构的、自重较轻的巨型山石。

4）塑山采用的施工工艺简单、操作方便，所以塑山工程的施工工期短，见效快；并且可以预留位置栽培植物，进行绿化。

5）由于山的造型、皴纹等细部处理主要依靠施工人员的手工制作，因此，塑山工程对于塑山施工人员的个人艺术修养及制作手法、技巧要求很高。人工塑造的山石表面易发生皲裂，影响整体刚度及表面仿石质感的观赏性；同时，其面层容易褪色，需要经常维护，不利于长期保存，使用年限较短。

11.3.3　塑山制作过程

（1）钢筋结构骨架塑山　钢筋结构骨架塑山是以钢材、铁丝网作为塑山的结构骨架，适用于大型假山的雕塑、屋顶花园塑山等，其结构如图 11-6 所示。

先按照设计的造型进行骨架的制作，常采用直径为 10 ~ 12mm 的钢筋进行焊接和绑扎，然后用细目的铁丝网罩在钢骨架的外面，并用绑线捆扎牢固。做好骨架后，用 1∶2 水泥砂浆进行内外抹面，一般抹 2 ~ 3 遍，使塑造的山石壳体厚度达到 4 ~ 6cm 即可，然后在其外表面进行面层的雕刻、着色等处理。

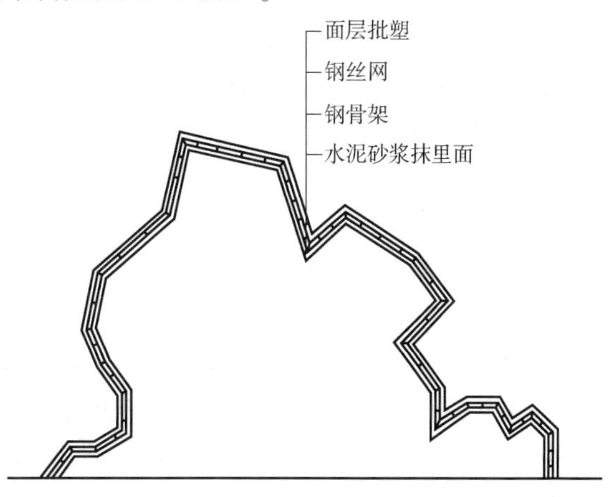

图 11-6　钢筋结构骨架塑山

（2）砖石结构骨架塑山　砖石结构骨架塑山是以砖、石作为塑山的结构骨架，适用于小型塑山石，其结构如图 11-7 所示。

施工时，首先在拟塑山石土体外缘清除杂草和松散的土体，按设计要求修饰土体，沿土体外开沟做基础，其宽度和深度视基地土质和塑山高度而定；接着沿土体向上砌砖，砌筑要求与挡土墙相仿，但砌筑时应根据山体造型的需要而变化，以表现山岩的断层、节理和岩石表面的凹凸变化等；然后再在表面抹水泥砂浆，修饰面层，最后着色。

实践中，塑山骨架的应用比较灵活，可根据山形、荷载大小、骨架高度和环境的情况不同而灵活运用，如采用钢筋结构骨架、砖石结构骨架混合使用，以及钢骨架、砖石骨架与钢筋混凝土并用等形式。

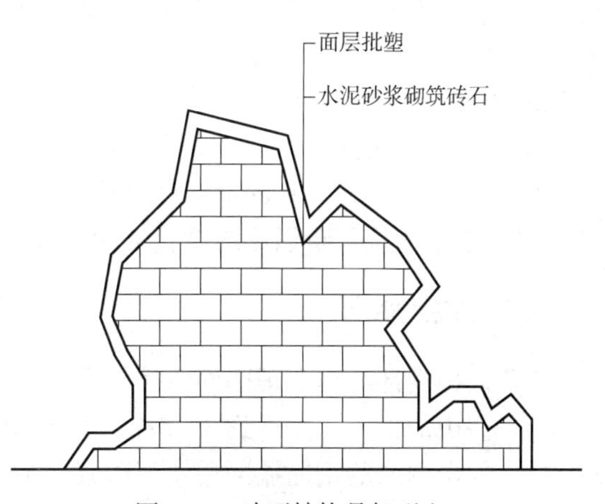

图 11-7　砖石结构骨架型山

11.3.4　塑山新工艺简介

FRP（Fiber Glass Reinforced Plastics 的缩写）是玻璃纤维强化树脂的简称，它是由不饱和聚酯树脂与玻璃纤维结合而成的一种重量轻、质地韧的复合材料。不饱和聚酯树脂由不饱和二元羧酸与一定量的饱和二元羧酸、多元醇缩聚而成。在缩聚反应结束后，趁热加入一定量的玻璃纤维即配成黏稠的玻璃纤维强化树脂，俗称玻璃钢。用玻璃钢制成的假山石，可代替自然山石制作假山。

（1）FRP 工艺的特点

1）优点。FRP 工艺成型速度快，质薄而轻，刚度好，耐用，价廉，方便运输，可直接在工地施工，适用于异地安装。

2）存在的主要问题。树脂液与玻纤的配比不易控制，对操作者的要求高；劳动条件差，树脂溶剂为易燃品；工厂制作过程中有毒和气味；玻璃钢在室外强日照下，受紫外线的影响，表面易酥化，其寿命为 20 ~ 30 年。

（2）FRP 塑山施工流程　FRP 塑山施工程序为：泥模制作→翻制石膏→玻璃钢制作→模件运输→基础和钢框架制作→玻璃钢（预制件）元件拼装→修补打磨、油漆→成品。

1）泥模制作

按设计要求制作泥模，一般在 1∶15 ~ 1∶20 的小样基础上制作。泥模制作应在临时搭设的大棚（规格可采用 50m × 20m × 10m）内进行。制作时要避免泥模脱落或冻裂，因此，温度过低时要注意保温，并在泥模上加盖塑料薄膜。

2）翻制石膏。一般采用分割翻制，这主要是考虑翻模和今后运输的方便。分块的大小和数量根据塑山的体量来确定，其大小以人工能搬动为宜。每块要按一定的顺序标注记号。

3）玻璃钢制作。制作玻璃钢的原料包括 191 号不饱和树脂、固化剂、一层纤维表面毯和五层玻璃布（增强剂）、聚乙烯醇水溶液（脱模剂）。要求玻璃钢表面巴氏硬度值大于 34，厚度为 4cm，并在玻璃钢背面粘配钢筋。制作时注意预埋铁件，以便供安装固定之用。

4）基础和钢框架制作。基础用钢筋混凝土，基础大小根据山体的体量确定。框架柱梁可用槽钢焊接，根据实际需要选用，必须确保整个框架的刚度与稳定。框架和基础用高强度螺栓固定。

5）玻璃钢（预制件）元件拼装。根据预制件大小及塑山高度，先绘出分层安装侧面图和立面分块图，要求每升高 1 ~ 2m 就绘一幅分层水平剖面图，并标注每一块预制件四个角的坐标位置与编号，对变化特殊之处要增加控制点。然后按顺序由下往上逐层拼装，做好临时固定。全部拼装完毕后，由钢框架伸出的角钢悬挑固定。

6）打磨、油漆。接装完毕后，接缝处用同类玻璃钢补缝、修饰、打磨，使之浑然一体。最后用水清洗，罩以相应颜色玻璃钢油漆即成。

11.3.5　竣工收尾

1）假山内部结构合理坚固，接头严密牢固。

2）假山的山壁厚度达到 3 ~ 5cm，山壁山顶受到踹踢、蹬击无裂纹损伤。

3）假山内壁的钢筋铁网用水泥砂浆抹平。

4）假山表面无裂纹、无砂眼、无外露的钢筋头和丝网线。

5）假山山脚与地面、堤岸、护坡或水池底结合严密自然。

6）假山上水槽出水口处呈水平状，水槽底、水槽壁不渗水。

7）假山山体的设色有明暗区别，协调匀称，手摸不沾色，水冲不掉色。

8）假山的石纹勾勒逼真。

9）假山造型有特色，近于自然。

11.3.6　塑山后的养护处理

在水泥初凝后开始养护，要用麻袋片、草帘等材料覆盖养护，避免阳光直射，并每隔 2～3h 浇水一次。浇水时，要注意轻淋，不能直接冲射。如遇雨天，也应用塑料布等进行遮盖。养护期不少于半个月。在气温低于 5℃时应停止浇水养护，并采取防冻措施，如遮盖稻草、草帘、草包等。假山内部钢骨架等一切外露的金属构件每年均应做一次防锈处理。

第 12 章

园林水景工程施工

12.1 人工湖

湖水面宽阔而平静，具有平远开朗之感。此外，湖往往有一定的水深以利于水上游船等活动。湖岸线一般自然流畅，可以是人工驳岸或自然式护坡，也可以结合其他景观建设。同时，根据造景需要，还常在湖中利用人工堆土形成小岛，用来划分水域空间，使水景层次更为丰富。

湖有天然湖和人工湖之分。天然湖是自然的水域景观，如著名的南京玄武湖、杭州西湖、扬州瘦西湖、武汉东湖、广东星湖等。人工湖是人工依地势就地挖掘而成的水域，沿岸因境设景，自然天成。

人工湖如图 12-1 所示。

图 12-1 人工湖

人工湖湖石应选择未经切割过、并显示出风化痕迹的石块，或被河流、海洋强烈冲击或侵蚀的石块，这样的石块能显示出平实、沉着的感觉。最佳的石材颜色是蓝绿色、棕褐色、红色或紫色等柔和的色调。无论其质量高低，石种必须统一，不然会使局部与整体不协调，导致总体效果不伦不类。造石无贵贱之分，就地取材，最有地方特色的石材也最为可取。以自然观察之理组合山石成景，才富有自然活力。施工时必须从整体出发，这样才能使石材与环境相融洽。

12.1.1 人工湖的类型

1. 按结构分类

（1）简易湖　简易湖是指由人工挖掘的，湖底、湖壁只经过简单夯实加固的自然式湖体。这种湖一般建设在地下水位较低之处。

简易湖施工简便，冻胀对它的破坏较小，湖壁不够坚固，经波浪的反复冲刷易发生局部坍塌；湖底虽做夯实处理但仍会有少量水渗漏，所以要经常补水。

（2）硬质驳岸湖　驳岸是指在园林水体边缘与陆地交界处，为稳定岸壁，保护湖岸不被冲刷或水淹所设置的构筑物。硬质驳岸湖是指驳岸由石材砌筑而成的湖。中国古典园林中的湖泊多为石砌驳岸湖。

石砌驳岸湖的施工是根据图纸先挖出轮廓，再制作湖底，湖底一般为素土夯实或 3∶7 灰土夯实。驳岸采用石材砌筑，在常水位及以下部分采用自然山石材料加以装饰，来创造自然的野趣；常水位以下的驳岸墙身位置应尽量不透水，施工时可在墙体石缝间灌入水泥砂浆，并用水泥勾缝。但应注意，露在常水位以上的自然山石不要勾缝，以免破坏自然效果。

（3）砌筑湖　砌筑湖是指人工湖的湖底和湖壁均由水泥浇筑，这种湖一般较小，多以规则形式出现。

2. 按人工湖平面形状分类

在园林造景中建造人工湖，最重要的是做好水体平面形状的设计，人工湖的平面形状直接影响水景形象表现及其景观效果。根据曲线岸边的不同围合情况，人工湖可设计为多种形状，如肾形、葫芦形、兽皮形、钥匙形、菜刀形、指形等，如图 12-2 所示。

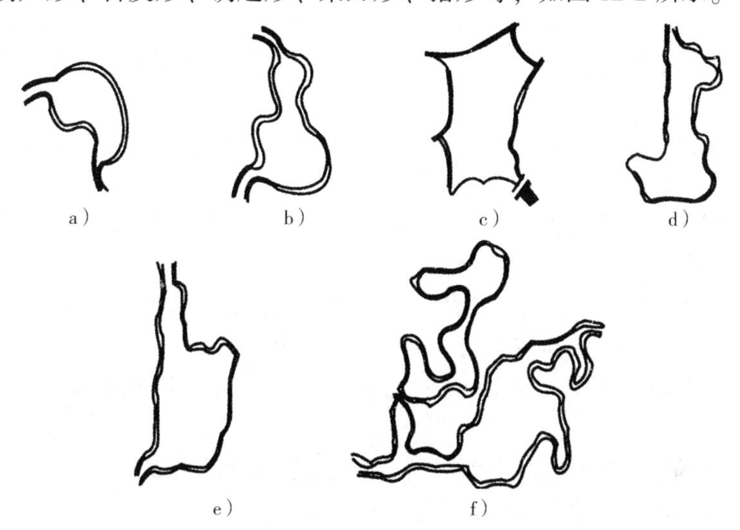

图 12-2　自然式人工湖平面形状示例

a）肾形　b）葫芦形　c）兽皮形　d）钥匙形　e）菜刀形　f）指形

设计这类水体形状时应注意：水面形状应大致与所在地块的形状保持一致，仅在具体的岸线处给予曲折变化；设计成的水面要尽量减少对称、整齐的因素。

12.1.2　人工湖的设置要求

根据园林的现有水体或利用低地挖土成湖时，应充分体现湖的水光特色，其具体布置要点如下。

1）注意湖岸线的水滨设计及“线形艺术”，以自然曲线为主，讲究自然流畅，开合相映。

2）注意湖体水位设计，选择合适的排水设施，如水闸、溢流孔（槽）、排水孔等，最好能有一定的汇水面，或人工创造汇水面，通过自然降水（雨、雪）的汇入补充湖水。

3）注意人工湖的地基情况，应选择土质细密、厚实的土壤，不宜选择砂土或渗透性大的土。如果人工湖地基的渗透性较大，则必须采取工程措施设置防漏层。

12.1.3 人工湖旁的驳岸结构

在园林中，驳岸经常用自然山石砌筑，与假山、置石、花木相结合，共同组成园景。驳岸必须结合所处环境的艺术风格、地形地貌、地质条件、材料特性、种植特色以及施工方法、技术经济要求等来选择结构形式，在实用、经济的前提下需注意外形的美观及与周围景色的协调。

1. 驳岸的结构

驳岸实际上是一面临水的挡土墙，园林中使用的驳岸形式主要以重力式结构为主，它主要依靠墙身自重来保证岸壁稳定、抵抗墙背土压力。按墙身结构不同，重力式驳岸可分为整体式、方块式和扶壁式；按所用材料不同，重力式驳岸可分为浆砌块石、混凝土及钢筋混凝土结构等。

园林驳岸的构造及名称如下。

1）压顶：驳岸的顶端结构，一般向水面有所悬挑。

2）墙身：驳岸主体，常用材料为混凝土、毛石、砖等，临时性驳岸还可用木板、毛竹板等材料。

3）基础：驳岸的底层结构，作为承重部分，其高度常为400mm，宽度在高度的0.6～0.8倍。

4）垫层：基础的下层常用矿渣、碎石、碎砖等整平地坪，以保证基础与土层均匀接触。

5）基础桩：用于增加驳岸的稳定性，是防止驳岸滑移或倒塌的有效措施，同时也兼起加强土基承载能力的作用。基础桩可分为木桩和灰土桩等。

6）沉降缝：当墙高不等、墙后土压力不同或地基沉降不均匀时，必须考虑设置沉降缝。

7）伸缩缝：为避免热胀冷缩引起墙体破裂，应当设置伸缩缝，一般10～25m设置一道，宽度为10～20mm，有时也兼作沉降缝用。

园林中驳岸的高度一般不超过2.5m。

2. 驳岸的类型

园林驳岸应根据不同的园林环境和驳岸自身的特点来确定具体的类型。下面介绍两种常见的园林驳岸。

（1）桩基驳岸　桩基是常用的一种水工地基处理手法。基础桩的主要作用是增强驳岸的稳定性，防止驳岸滑移或倒塌，同时可加强土基的承载力。桩基驳岸的特点是：基岩或坚实土层位于松土层下，桩尖打下去，通过桩尖将上部荷载传给下面的基岩或坚实土层；若桩打不到基岩，则可利用摩擦，借木桩表面与泥土间的摩擦力将荷载传到周围的土层中，以达到控制沉陷的目的。

（2）砌石驳岸　砌石驳岸是园林工程中最为主要的护岸形式。设计时调整墙体的材料和压顶形式可得到诸多变化，如条石驳岸、假山石驳岸、虎皮石驳岸、浆砌块石和干砌块石驳岸等。

12.1.4 人工湖护坡

在园林中，自然山地的陡坡、土假山的边坡、园路的边坡和湖池岸边的陡坡等，有时为了顺其自然不做驳岸，而是改用斜坡伸向水中，这就要求能就地取材，采用各种材料做成护坡。护坡主要用于防止滑坡，减少水和风浪的冲刷，以保证岸坡的稳定。

1. 块石护坡

1）在岸坡较陡、风浪较大的情况下，或因为造景的需要，在园林中常使用块石护坡。护坡的石料最好选用石灰岩、砂岩、花岗岩等顽石。在寒冷的地区还要考虑石块的抗冻性。石块的相对密度应不小于2。

2）护坡不允许土壤从护面石下面流失。为此应做过滤层，并且护坡应预留排水孔，每隔25m左右做一伸缩缝。

3）对于小水面，当护面高度在1m左右时，护坡的做法比较简单，也可以用大卵石等护坡，以表现海滩等的风光。当水面较大，坡面较高，一般在2m以上时，对护坡要求较高，多用干砌石块，坡脚石一定要坐在湖底下，如图12-3所示。

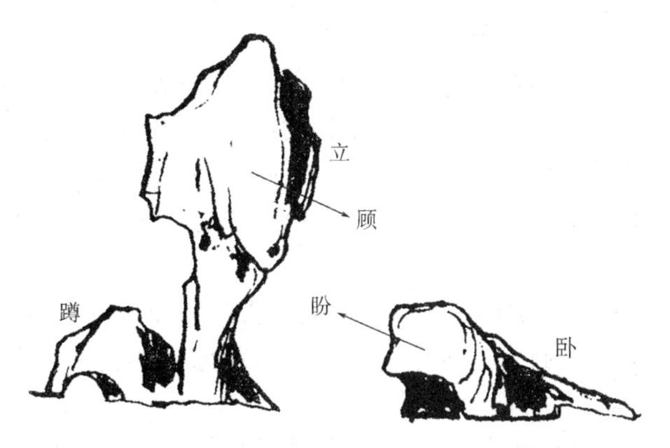

图12-3　块石护坡

2. 园林绿地护坡

（1）花坛式护坡　将园林坡地设计为倾斜的图案、文字类模纹花坛或其他花坛形式，既美化了坡地，又起到了护坡的作用。

（2）草皮护坡　当岸壁坡角在自然安息角以内，水面上缓坡在1∶20～1∶5间起伏变化是很美的。这时水面以上部分可用草皮护坡，即在坡面种植草皮或草丛，利用密布土中的草根来固土，使土坡能够保持较大的坡度而不滑坡。

（3）预制框格护坡　一般是用预制的混凝土框格，覆盖、固定在陡坡坡面，从而固定、保护坡面；坡面上仍可种草种树。当坡面很高、坡度很大时，采用这种护坡方式的优点比较明显。因此，这种护坡最适于较高的道路边坡、水坝边坡、河堤边坡等的陡坡。

（4）编柳抛石护坡　采用新截取的柳条十字交叉编织。编柳空格内抛填厚0.2～0.4m的块石，块石下设厚10～20cm的砾石层以利于排水和减少土壤流失。厚度为30～50cm。柳条发芽便成为较坚固的护坡设施。

（5）石钉护坡　在坡度较大的坡地上，用石钉均匀地钉入坡面，使坡面土壤的密实度增加，抗坍塌的能力也随之增强。

（6）截水沟护坡　为了防止地表径流直接冲刷坡面，在坡的上端设置一条小水沟，以阻截、汇集地表水，从而保护坡面。

12.1.5　人工湖施工技术要点

1. 施工前的准备工作

在施工前要做好详细的现场勘察，对施工范围内地上及地下的障碍物进行确认和记录，并确认处理方法。对现场的土质情况进行勘察，若池底需做简易防水施工，需检验基址土质的渗水情况和地下水位的高低情况，以验证图纸中的池底结构是否合理，结合实际情况制订施工计划。

（1）图纸准备　认真核对所有资料，仔细分析设计图纸，并按设计图纸确定土方量。

（2）考察现场　根据工程图纸针对施工项目的现场条件进行全面考察，包括经济、地理、地质、气候等情况，一般应至少了解以下内容。

1）施工现场是否达到规划设计材料的条件。

2）施工现场的基址、土质、地下水位、水文等情况。

3）施工现场的环境，如交通、供水、供电、污水排放等。

4）施工现场的气候条件，如气温、湿度、风力等。

5）临时用地、临时设施搭建等，即工程施工过程中临时使用的工棚、堆放材料的库房以及这些设施所占的地方。

6）施工的地理位置、地形和地貌。

（3）基址考察　好的湖底全年水量损失占水体体积的5%～10%；一般的湖底全年水量损失占水体体积的10%～20%；较差的湖底全年水量损失占水体体积的20%～40%。根据以上标准确定基址情况，并制定施工方法及工程措施。

（4）排水处理

1）湖体施工时排水尤为重要。如水位过高，施工时可用多台水泵排水，也可通过梯级排水沟排水。水位过高时，为避免湖底受地下水的挤压而被抬高，必须特别注意地下水的排放。

2）通常用15cm厚的碎石层铺设整个湖底，上面再铺5～7cm厚沙子。如果这种方法还无法完全排出地下水，则必须在湖底开挖环状排水沟，并在排水沟底部铺设带孔聚氯乙烯（PVC）波纹管，四周用碎石填塞，以取得较好的排水效果，如图10-4所示。

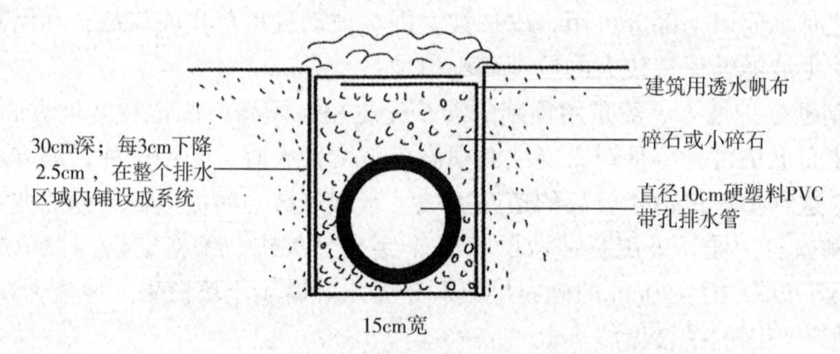

图12-4　PVC排水管铺设

3）基址条件较好的湖底不作特殊处理，适当夯实即可。但渗漏性较严重的湖底必须采取工程手段，如采用灰土层湖底、塑料薄膜湖底或混凝土湖底等。

（5）基础放样

1）严格依据施工图纸要求进行放线，由于该人工水湖为自然式形状，所以放线时可根据图纸中所绘制的方格网进行放线。这种放线方法适用于不规则图形的放线。

2）水平放线时，利用经纬仪和钢尺，在施工场地内把施工图的方格网测设到实地，打桩时，先沿湖池外缘15～30cm打一圈木桩，第一根桩为基准桩，其他桩皆以此为准。基准桩是湖体的池缘高度，打桩时要注意保护好。

3）将图上湖泊驳岸线与方格网的各个交点位置准确地测设在现场的方格网上，并用平滑的石灰线连接各交点。桩打好后，预先准备好开挖方向及土方堆积方法。在撒石灰线的过程中，可根据自然曲线的要求进行简单调整，以达到自然、美观的效果。所放出的平滑曲线即为湖泊基础的施工范围。

4）竖向放线时，根据图纸要求，利用水准仪进行竖向放线，对测设好的标高点进行打桩，并在桩上标记标高。

2. 开挖

1）人工湖开槽可以采取人工开槽与机械开槽相结合的方法。在开槽的过程中，注意操作范围，应向外增加一定宽度的工作面，先由机械进行粗糙施工，以便快速完成绝大多数的土方挖掘任务。

2）然后由人工对基槽内机械不便施工的位置进行挖掘，对自然式驳岸线进行细致的雕琢，并对较陡的边坡进行加固；最后对基槽底部进行平整。

3）在机械施工过程中应注意桩点的保护，以便于后期施工。所挖出的表土可先堆放在基槽外围，以便施工结束后回填或用于种植植物。用机械将基槽夯实坚固密实后，利用水准仪对基槽进行标高校对。开槽过程中如有地下水渗出，应及时排除。

3. 湖底施工

1）湖底的做法应因地制宜。大面积的湖底适宜于灰土做法；较小的湖底可以用混凝土做法；湖底渗漏中等的情况适合铺塑料薄膜，图12-5所示是几种常见的湖底施工方法。

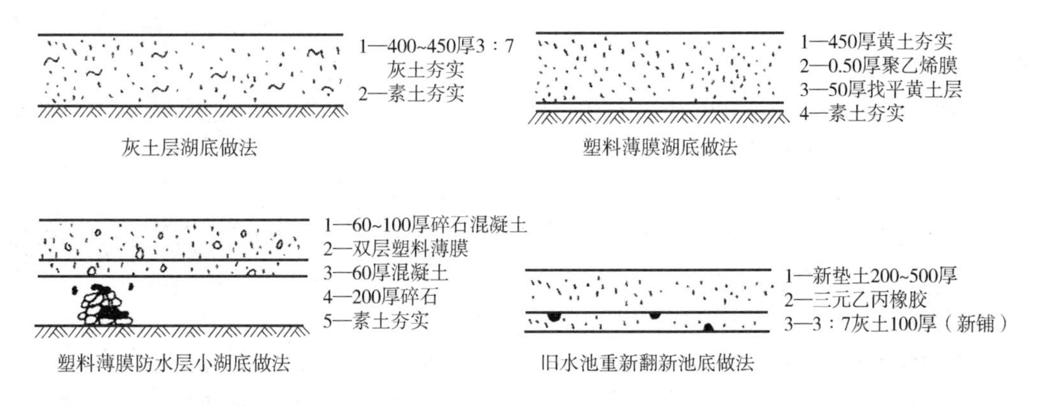

图12-5　常见湖底的做法

2）例如湖底用素土夯实加500mm厚3:7灰土分层夯实。石灰和土在使用前必须过筛，土的粒径不得大于15mm，灰的粒径不得大于5mm。把石灰和土搅拌均匀，并控制加水量，以保证灰土的最佳使用效果。将拌好的灰土均匀倒入槽内指定的地点，但不得使灰土顺槽帮流入槽内。

3）用人工夯筑灰土时，每层填入的灰土约25cm厚，夯实后灰土约为15cm厚。采用蛙式夯实机进行夯实时，每层填入的灰土厚20～25cm。夯实是保证灰土基础质量的关键，打夯的遍数以使灰土的密实度达到规范所规定的数值为准，表面应无松散、起皮现象。在夯实过程中可适当洒水，以提高夯实的质量。夯打完后及时加以覆盖，防止日晒雨淋。

4. 驳岸施工

（1）砌石类驳岸

1）砌石类驳岸结构是指在天然地基上直接砌筑的驳岸，此类驳岸的选择应根据基址条件和水景景观要求而定，既可处理成规则式，也可做成自然式。

砌石类驳岸的常见构造由基础、墙身和压顶三部分组成，如图12-6所示。基础是驳岸承重部分，并通过它将上部重量传给地基。因此，驳岸基础要求坚固，埋入湖底深度不得小于50cm，基础宽度应视土壤情况而定，砂砾土0.35～0.4h，沙壤土0.45h，湿砂0.5～0.6h，饱和水壤土0.45h。墙身是基础与压顶之间部分，承受压力最大，包括垂直压力、水的水平压力及墙后土壤侧压力。为此，墙身应具有一定的厚度，墙体高度要以最高水位和水面浪高来确定，岸苦应以贴近水面为好，便于游人亲近水面，并显得蓄水丰盈饱满。压顶为驳岸边最上部分，宽度30～50cm，用混凝土或大块石做成。其作用是增强驳岸稳定，美化水岸线，阻止墙后土壤流失。

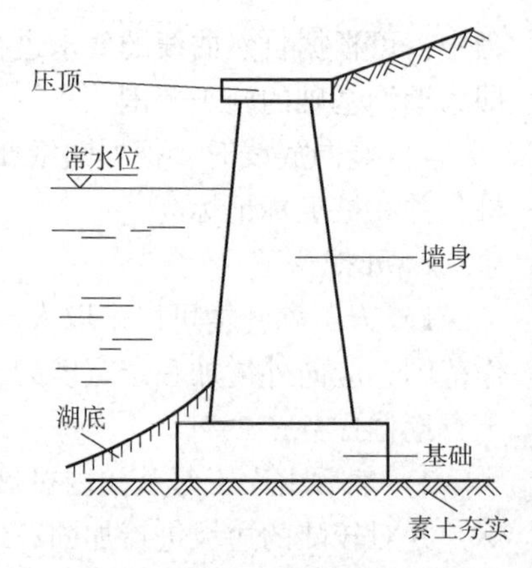

图12-6　砌石类驳岸常见结构

如果水体水位变化较大，即雨季水位很高，平时水位很低，为了岸线景观起见，可将岸壁迎水面做成台阶状，以适应水位的升降。

2）砌石类驳岸施工。施工前应进行现场调查，了解岸线地质及有关情况，作为施工时的参考。

①放线。布点放线应依据设计图上的常水位线，确定驳岸的平面位置，并在基础两侧各放线。

②挖槽。一般由人工开挖，工程量较大时也可采用机械开挖。为了保证施工安全，对需要施工坡的地段，应根据规定放坡。

③夯实地基。开槽后应将地基夯实，遇土层软弱时需进行加固处理。

④浇筑基础。一般为块石混凝土，浇筑时应将块石分隔，不得互相靠紧，也不得置于边缘。

⑤砌筑岸墙。浆砌块石岸墙墙面应平整、美观，要求砂浆饱满，勾缝严密。隔25～30m做伸缩缝，缝宽3cm，可用板条、沥青、石棉绳、橡胶、止水带或塑料等防水材料填充。填充时应略低于砌石墙面，缝用水泥砂浆勾满。如果驳岸有高差变化，应做沉降缝，确保驳岸稳固，驳岸墙体应于水平方向2～4m、竖直方向1～2m处预留泄水孔，口径为120mm×120mm，便于排除墙后积水，保护墙体。也可于墙后设置暗沟、填置砂石排除积水。

⑥砌筑压顶。可采用预制混凝土板块压顶，也可采用大块方整石压顶。顶石应向水中至少挑出5～6cm，并以顶面高出最高水位50cm为宜。

（2）桩基类驳岸

1）桩基驳岸结构。桩基是我国古老的水工基础做法，在水利建设中得到广泛应用，直至现在仍是常用的一种水工地基处理手法。当地基表面为松土层且下层为坚实土层或基岩时最宜用桩基。

桩基驳岸由桩基、卡当石、盖桩石、混凝土基础、墙身和压顶等几部分组成。卡当石是桩间填充的石块，起保持木桩稳定作用。盖桩石为桩顶浆砌的条石，作用是找平桩顶以便浇筑混凝土基础。基础以上部分与砌石类驳岸相同。

桩基的材料，有木桩、石桩、灰土桩和混凝土桩、竹桩、板桩等。木桩要求耐腐、耐湿、坚固、无虫蛀，如柏木、松木、橡树、桑树、榆树、杉木等。桩木的规格取决于驳岸的要求和地基的土质情况，一般直径10～15cm，长1～2m，弯曲度（d/L）小于1%，且只允许一次弯。桩木的排列一般布置成梅花桩、品字桩、马牙桩。梅花桩、品字桩的桩距约为桩径的2～3倍，即每m^2设5个桩；马牙桩要求桩木排列紧凑，必要时可酌增排数。

灰土桩是先打孔后填灰土的桩基做法，常配合混凝土用，适于岸坡水淹频繁木桩易腐的地方。混凝土桩坚固耐久，但投资较大。

竹桩、板桩驳岸是另一种类型的桩基驳岸。驳岸打桩后，基础上部临水面墙身由竹篱（片）或板片镶嵌而成，适于临时性驳岸。竹篱驳岸造价低廉、取材容易、施工简单、工期短，能使用一定年限，凡盛产竹子，如毛竹、大头竹、勤竹、撑篙竹的地方都可采用。施工时竹桩、竹篱要涂上一层柏油，目的是防腐。竹桩顶端由竹节处截断以防雨水积聚，竹片镶嵌直顺且紧密牢固。由于竹篱缝很难做得密实，这种驳岸不耐风浪冲击、淘刷和游船撞击，岸土很容易被风浪淘刷，造成岸篱分开，最终失去护岸功能。因此，此类驳岸适用于风浪小、岸壁要求不高、土壤较黏的临时性护岸地段。

2）桩基驳岸的施工参见砌石类驳岸的施工，如图12-7所示。

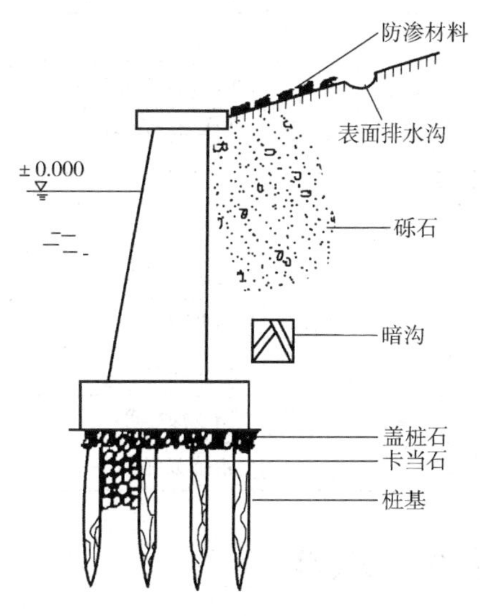

图12-7　桩基驳岸结构

5. 收尾施工

1）当驳岸施工结束后，需要对驳岸墙体靠近陆地一侧的施工预留工作面进行回填，回填时可选择3:7灰土，并分层进行夯实，确保土体不会发生渗透和坍塌现象。可用级配砂石进行回填并夯实。

2）完成给水排水、溢水管线和设备的安装，并完成与人工湖相结合造景的植物和基本小品的施工。若湖内有水生植物，需在水中放置种植器皿或在湖底填入一定厚度的种植土。

6. 试水

根据设计要求，对水池的给水排水设备进行检验，查看其是否通畅，设备运转是否正常。检查人工湖的防水效果是否达到设计要求，有无渗水现象的发生。

7. 人工湖底施工质量标准

人工湖的施工质量，各分项工程可参照相近工程的质量标准。表12-1为河（湖）底修筑分项工程质量检验评定要求。

表12-1　河（湖）底修筑分项工程质量检验评定要求

	项　目	
保证项目	1	河（湖）底的基层处理应符合设计要求
	2	河（湖）底修筑的材质、品种、质量应符合设计要求
	3	河（湖）底修筑过程应符合环境和生态的要求
	4	河（湖）底防水层的铺设应符合设计和规范要求
	5	变形缝、施工缝、后浇带、止水带等设置均应符合设计要求

（续）

			项　目	
			按施工面积每100m，且不少于3处	
基本项目	1	硬质	标高正确	
	2		边口处理符合设计要求	
	3		水泥砂浆强度符合设计要求	
	4	软质	防水层厚度均匀一致	
	5		搭接缝应粘接牢固、密封严密	
	6		不得有皱折、翘边和鼓泡	
允偏差项目			项目	允许偏差
	1	硬质	防水层厚度	≥85%
	2		裂缝宽度（不得贯通）	≤0.2mm
	3		保护层	±10mm
	4	软质	防水层厚度	≥80%
	5		搭接宽度	-10mm

12.2　水池

园林中常见的水池是人工水池，其形式多种多样。它与人工湖的不同之处在于，水池多取人工水源。一般而言，人工水池的面积较小，水较浅，以观赏为主。水池在园林中的用途很广泛，可用于广场中心、道路尽端以及与亭、廊、花架等各种建筑小品组合，形成富于变化的各种景观效果。常见的喷水池、观鱼池、海兽池及水生植物种植池等都属于这种水体类型。

12.2.1　水池的类型

1. 临时简易水池

水池结构简单，安装方便，使用完毕后能随时拆除，甚至还能反复利用，一般适用于节日、庆典、小型展览等水池的施工。

临时水池的结构形式不一。对于铺设在硬质地面上的水池，一般可采用角钢焊接、红砖砌筑或用泡沫塑料制成池壁，再用吹塑纸、塑料布等分层将池底和池壁铺垫，并将塑料布反卷包住池壁外侧，用素土或其他重物固定。内侧池壁可用树桩做成驳岸，或用盆花遮挡；池底可视需要再铺设砂石或点缀少量卵石。

临时水池还可用挖水池基坑的方法建造，先按设计要求挖好基坑并夯实，再铺上塑料布，塑料布应至少留15cm在池缘，并用天然石块压紧；池周按设计要求种上草坪或铺苔藓。

2. 柔性结构水池

近几年，随着建筑材料的不断革新，出现了各种各样的柔性衬垫薄膜材料，改变了以往只靠加厚混凝土和加粗加密钢筋网防水的做法。目前，在水池工程中，常用的柔性材料有玻璃布沥青席、三元乙丙橡胶（EPDM）薄膜、聚氯乙烯（PVC）衬垫薄膜、膨润土防水毯等。

例如，北方地区的水池多选用玻璃布沥青席做防水层，如图 12-8 所示。其特点是寿命长，施工方便且自重轻，不漏水，特别适用于小型水池和屋顶花园水池。

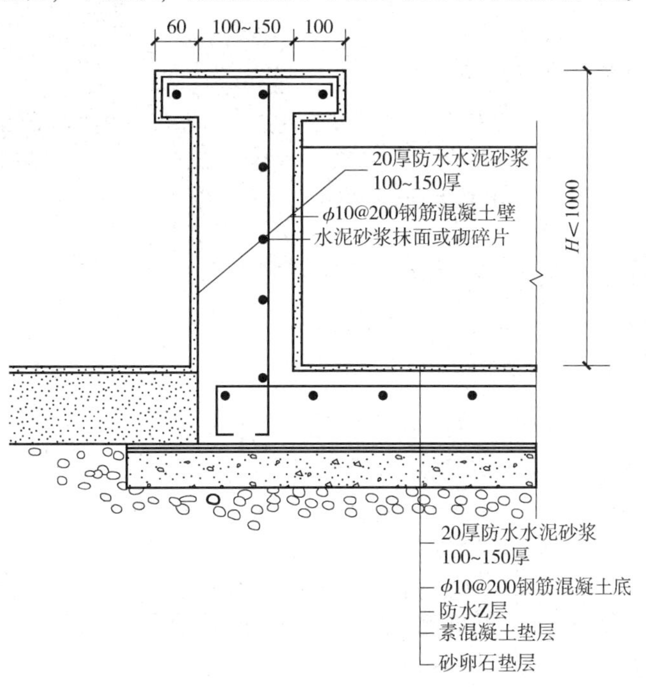

图 12-8　玻璃布沥青席水池

3. 刚性结构水池

刚性结构水池也称为钢筋混凝土水池，如图 12-9 所示。其特点是池底、池壁均配钢筋，寿命长、防漏性好，适用于大部分水池。

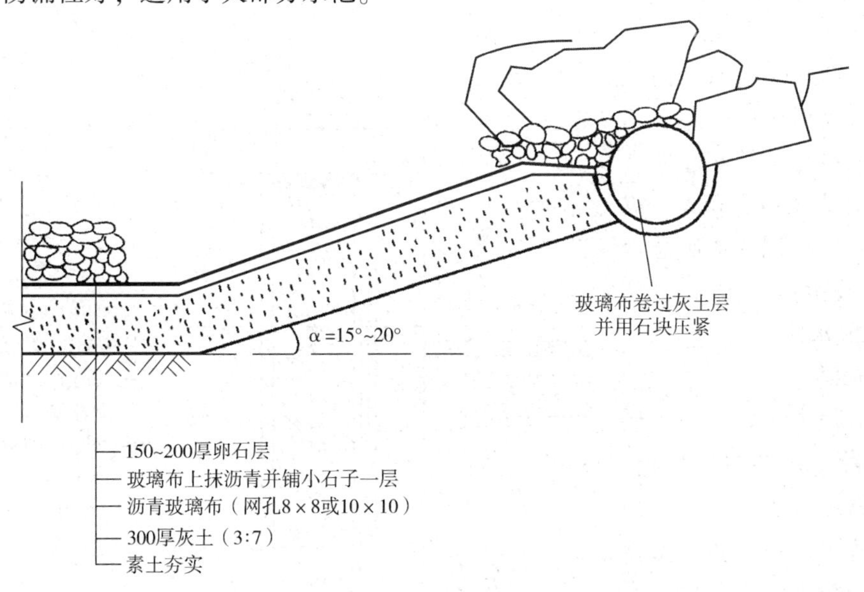

图 12-9　刚性结构水池

水池实景如图 12-10 所示。

图 12-10　水池实景

12.2.2　水池的结构

1. 池顶

池顶的设计应突出水池边界线和水体的整体性。为使水池结构更稳定，常用石材、钢筋混凝土等作压顶。石材压顶挑出的长度受限，与墙体的连接性差；而钢筋混凝土压顶的整体性较好。

池壁压顶形式常见的有三种，如图 12-11 所示。这些形式的设计都是为了使波动的水面很快地平静下来，以便能够形成镜面倒影。

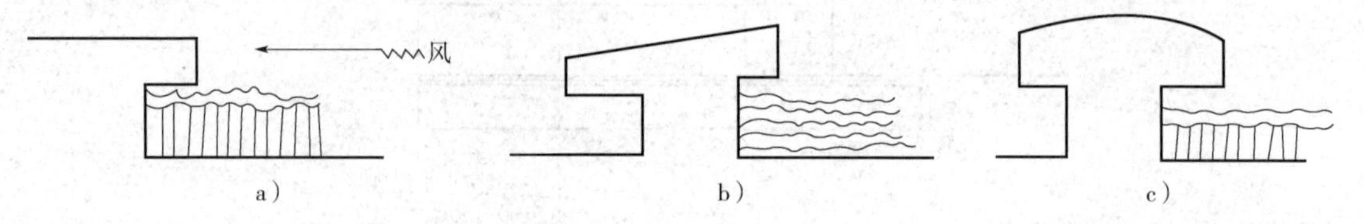

图 12-11　水池池壁压顶形式
a）有沿口　b）单坡　c）圆弧

2. 池壁

池壁是水池的竖向部分，承受池水的水平压力，一般采用混凝土、钢筋混凝土或砖块做成，如图 12-12 所示。钢筋混凝土池壁厚度一般不超过 300mm，常用 150 ~ 200mm，宜配直径 8mm、12mm 钢筋，中心距为 200mm，C20 混凝土现浇。同时，为加强防渗效果，混凝土中需加入适量防水粉，一般占混凝土的 3% ~5%，加入过多会降低混凝土的强度。

3. 池底

池底直接承受水的竖向压力，要求坚固耐久。池底多用钢筋混凝土做成，其厚度应大于 20cm。如果水池容积大，需配双层双向钢筋网。池底需设计有排水坡度，一般不小于 1%，坡向泄水口。

4. 防水层

水池工程中，好的防水层是水池质量高的关键。目前，水池防水材料种类较多，有防水卷材、防水涂料、防水嵌缝油膏等。一般水池用普通防水材料即可；钢筋混凝土水池的

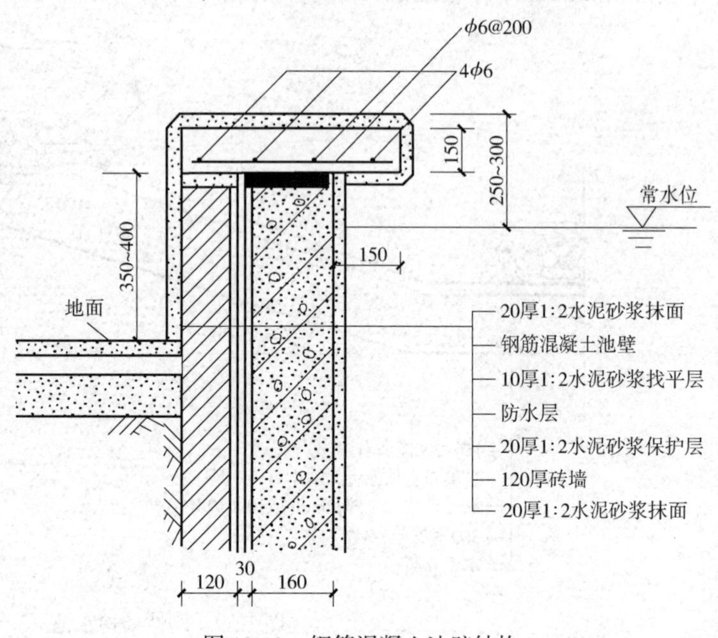

图 12-12　钢筋混凝土池壁结构

防水层可以抹 5 层防水砂浆，厚 30 ~ 40mm，也可用防水涂料，如沥青、聚氨酯、聚苯酯等。

5. 基础

基础是水池的承重部分，一般为灰土或砾石三合土，要求较高的水池可用级配碎石。一般灰土层厚 15 ~ 30cm，C10 混凝土层厚 10 ~ 15cm。

6. 施工缝

混凝土水池池底与池壁一般分开浇筑，为使池底与池壁紧密连接，池底与池壁连接处的施工缝可设置在基础上方 20cm 处。施工缝可留成台阶形，也可加金属止水片或膨胀胶带。

7. 变形缝（沉降缝）

长度在 25m 以上水池要设变形缝，以缓解局部受力。变形缝宽度不大于 20mm，要求从池壁到池底结构完全断开，用止水带或浇灌沥青做防水处理。

12.2.3　水池施工技术要点

1. 施工前的准备工作

（1）资料准备熟悉　施工前要认真阅读图纸，熟悉水池设计图的结构和喷泉系统的特点，认真阅读施工说明书的内容，对工程做全面、细致的了解，解决基本疑问。

（2）现场准备工作　施工前要做好详细的现场勘察，对施工范围内地上及地下的障碍物进行确认和记录，并确认处理方法。

（3）材料的准备　对施工人员进行喷泉水池施工基本技能的培训，组织学习喷泉水池施工基本的技术要求和施工标准。工具准备齐全，选择符合要求的施工材料，并提供样品给建设方或监理人员进行检验，检验合格后按要求的数量进行购买。

（4）基础放样　严格依据施工图纸的要求进行放线，由于该工程喷泉水池为规则几何形状，所以采用精度较高的放线方法。平面放线时，在现场找到放线基准点，以便确定水池的准确位置，利用经纬仪和钢卷尺测设平面控制点，在测设好的位置上，打上木桩做好标记，并用线绳或行灰做好桩之间的连接。

平面放线结束，利用水准仪进行竖向放线，放线前先设定水池周围硬化地面的标高为 ±0.000，对测设好的标高点进行打桩，并在桩上做好施工标记。

2. 工程质量要求

1）为加强水池防水效果，防渗混凝土可掺用素磺酸钙减水剂。掺用减水剂配制的混凝土，耐油、抗渗性好，而且节约水泥。

2）砖壁砌筑必须做到横平竖直，灰浆饱满，不得留踏步式或马牙槎。

3）钢筋混凝土壁板和壁槽灌缝之前，必须将模板内杂物清除干净，用水将模板湿润。

4）池壁模板必须紧固好，以防止浇筑混凝土时模板发生变形。

5）在底板、池壁上要设有伸缩缝。底板与池壁连接处的施工缝可留成台阶形、凹槽形、加金属止水片或遇水膨胀橡胶带。

6）养护对于水池混凝土强度的高低非常重要。底板浇筑完后，在施工池壁时，应注意养护，保持湿润。池壁混凝土浇筑完后，在气温较高或干燥情况下，过早拆模会引起混凝土收缩产生裂缝，因此，应继续浇水养护。底板、池壁和池壁灌缝混凝土的养护期不少于 14d。

3. 开挖

1）喷泉水池的基础占地面积较小，可以采取人工开槽的方法进行施工。在开槽过程中，注意操作范围应向外增加30cm，以便于施工。

2）挖掘由中间向四周进行，同时注意基槽四周边坡的修整和坡度控制，防止上土方塌落。挖出的表土可先堆放在基槽外围，以便于施工结束后回填。挖槽不宜一次性挖掘至放线深度，当挖至距设计标高还有3~5cm时即可停止，因为此时槽内土壤已经松动，在夯实的过程中槽底标高还会下降一定的距离。夯实应按从周边向中心的顺序反复进行，夯实至槽内地面无明显震动时方可停止，结束后注意基槽的清理和保护。

3）一些给水及循环管线埋置在水池下，所以要进行预埋。施工结束后，应由专门人员对基槽的尺寸、深度和夯实质量进行检验，以保证工程质量。

4. 基础施工

1）施工前先对基槽进行清理。严格按配比要求将石子、沙子、水泥和水进行混合，并搅拌均匀。填筑时，垫层的占地面积应略大于水池面积。混凝土浇入后，及时用插入式振捣器进行快插慢拔地搅拌，插点应均匀排列，逐点进行，振捣密实，不得遗漏，防止出现空隙和存在气泡。

2）浇筑完成后，注意检查混凝土表面的平整度及是否达到垫层的设计标高。在垫层施工结束后的12h内，对其加以覆盖和浇水养护，养护期一般不少于7个昼夜。养护期内严禁任何人员踩踏；若发生降雨，应用塑料布覆盖垫层表面，并在基槽边缘挖排水槽，以便排除槽内积水。

5. 池底

1）混凝土垫层浇完隔1~2d（应视施工时的温度而定），在垫层面测量确定底板中心，然后根据设计尺寸进行放线，定出柱基以及底板的边线，画出钢筋布线，依线绑扎钢筋，接着安装柱基和底板外围的模板。

2）在绑扎钢筋时，应详细检查钢筋的直径、间距、位置、搭接长度、上下层钢筋的间距、保护层及埋件的位置和数量，看其是否符合设计要求。

3）底板应一次连续浇完，不留施工缝。施工间歇时间不得超过混凝土的初凝时间。

4）此任务池底与池壁均为现浇混凝土，池底与池壁连接处的施工缝可留在基础上方20cm处。

6. 池壁

1）水池采用垂直形池壁，其优点是池水降落之后，不会在池壁淤积泥土，从而使低等水生植物无从寄生，易于保持水面洁净。

2）做水泥池壁，尤其是矩形钢筋混凝土池壁时，应先做模板固定，目前有无撑及有撑支模两种方法。有撑支模为常用的方法，此任务采用有撑支模法。外砖墙砌筑完成后，内模可在钢筋绑扎完毕后一次立好。浇捣混凝土时操作人员可进入模内振捣，并应用串筒将混凝土灌入，分层浇捣。矩形池壁拆模后，应将外露的止水螺栓头割去。

①水池施工时，水泥品种应优先选用普通硅酸盐水泥，不宜采用火山灰质硅酸盐水泥和粉煤灰硅酸盐水泥。所用石子的最大粒径不宜大于40mm，吸水率不大于1.5%。

②在池壁混凝土浇筑前，应先将施工缝处的混凝土表面凿毛，清除浮粒和杂物，用水冲洗干净，保持湿润，再铺上一层厚20~25mm的水泥砂浆。水泥砂浆所用材料的灰砂比应与

混凝土材料的灰砂比相同。

③池壁混凝土每 m^3 水泥用量不少于 320kg，含砂率宜为 35% ~40%，灰砂比为 1∶2 ~1∶2.5，水灰比不大于 0.6。

④固定模板用的铁丝和螺栓不宜直接穿过池壁。当螺栓或套管必须穿过池壁时，应采取止水措施。常见的止水措施有螺栓上加焊止水环、套管上加焊止水环、螺栓加堵头等。

⑤浇筑池壁混凝土时，应连续施工，一次浇筑完毕，不留施工缝。

⑥池壁有密集管群穿过、预埋件或钢筋稠密处浇筑混凝土有困难时，可采用相同抗渗等级的细石混凝土浇筑。

⑦池壁上有预埋大管径的套管或面积较大的金属板时，应在其底部开设浇筑振捣孔，以利排气、浇筑和振捣。

⑧池壁混凝土浇筑结束后，应立即进行养护，并充分保持湿润，养护时间不得少于 14 个昼夜。拆模时，池壁表面温度与周围气温的温差不得超过 15℃。

7. 防水施工

防水处理的方法是铺设 SBS 防水卷材，这是在水景施工过程中常用的一种防水做法。注意，水池的池底和池壁都应进行防水处理。

例如，SBS 防水卷材是采用 SBS 改性沥青浸渍和涂盖胎基，两面涂以弹性体或塑料体沥青涂盖层，下面涂以细砂或覆盖聚乙烯膜所制成的防水卷材，具有良好的防水性能和抗老化性能，并具有高温不流淌、低温不脆裂、施工简便、无污染、使用寿命长的特点。SBS 防水卷材尤其适用于寒冷地区、变形和振动较大的水池防水施工。

铺设 SBS 防水卷材的施工工艺流程：

（1）基层清理　施工前，对验收合格的混凝土表面进行清理，最好用湿布擦拭干净。

（2）涂刷基层处理剂　在需要做防水的部位，表面满刷一道用汽油稀释的氯丁橡胶沥青胶粘剂，涂刷过程应仔细，不要有遗漏，涂刷过程应由一侧开始，以防止涂刷后的处理剂被施工人员践踏。

（3）铺贴附加层　在水池内预埋竖管的管根、阴阳角部位加铺一层 SBS 改性沥青防水卷材，按规范及设计要求将卷材裁成相应的形状进行铺贴。

（4）铺贴卷材

1）铺贴前，将 SBS 改性沥青防水卷材按铺贴长度进行裁剪并卷好备用。操作时，将直径 30mm 的管穿入卷材的卷心，卷材端头对齐起铺点，点燃汽油喷灯或专用火焰喷枪加热基层与卷材交接处。

2）喷枪与加热面保持 30cm 左右的距离，往返喷烤、观察，当卷材的沥青刚刚熔化时，手扶管心两端向前缓缓滚动铺设。要求用力均匀、不窝气，铺设压边宽度应掌握好，长边搭接宽度为 8cm，短边搭接宽度为 10cm。

铺设过程中应尽可能保证熔化的沥青上不粘有灰尘和杂质，以确保粘贴的牢固性。

（5）热熔封边　卷材搭接缝处用喷枪加热，压合至边缘挤出沥青粘牢。卷材末端收头用沥青嵌缝膏嵌固填实。

（6）保护层施工　表面做水泥砂浆或细石混凝土保护层。池壁防水层施工完毕，应及时稀撒石碴，之后再抹水泥砂浆保护层。

8. 面层施工

面层施工在混凝土及砖结构的池塘施工中是一道十分重要的工序。它使池面平滑，有利于水池使用安全。

1）抹灰前，将池内壁表面凿毛，不平处铲平，并用水冲洗干净。

2）抹灰时，可在混凝土墙面上刷一遍薄的纯水泥浆，以增加黏结力。

3）应采用强度等级为32.5级的普通水泥配制水泥砂浆，配合比1∶2必须称量准确，可掺适量防水粉，拌和要均匀。

4）底层灰不宜太厚，一般为5～10mm。第二层将墙面找平，厚度5～12mm；第三层面层进行压光，厚度2～3mm。

5）砖壁与钢筋混凝土底板结合处，要特别注意操作，加强转角抹灰厚度，使呈圆角，防止渗漏。

9. 竣工收尾及试水

1）在收尾施工过程中，尤其要注意细节的处理。管线与水池的衔接部位仍有空隙存在时，需要对这些部位先进行混凝土填充，然后进行防水施工和面层处理。

2）收尾工程结束后，进行试水验收。试水的主要目的是检验结构安全度，检查施工质量。首先在水池内注入一定量的水，并做好水位线标记，24h后检查标记线的位置，看水有无明显减少，以此检验防水施工的质量。

3）在注水的过程中注意观察给水排水管线接缝处是否有漏水现象，若发现水池有漏水现象，需准确查找漏水部位，并重新进行防漏施工。

12.2.4 水池施工注意事项

水池施工中必须采取相应的措施防止裂缝产生。

1. 景观水池底板

1）对拟建的水池进行测量放线，然后进行土方开挖，当土方开挖至设计要求的标高时，应检查土质是否与设计资料相符，如有变化时，须针对不同情况加以处理，如地基土松软或者为回填土时，可采取换土并加以夯实或者增加底板厚度等方法，达到设计要求的地基承载力，以免因地基承载力不足而发生不均匀沉降，导致底板开裂，最后浇灌混凝土垫层。

2）混凝土垫层浇完1～2d（应视施工时的温度而定），根据施工图纸在垫层面进行测量放线，把底板及水池池壁的边线放出。

3）在绑扎钢筋时，应详细检查钢筋的直径、间距、位置、搭接长度、上下层钢筋的间距、保护层及埋件的位置和数量，均应符合设计要求。上下层钢筋均用铁撑（铁马凳）加以固定，使之在浇捣过程中不发生变位，在浇筑混凝土过程中，安排钢筋工跟班，把踩下的负筋做调整，以免负筋作底筋用，导致开裂。

4）支水池、池壁、顶模板，应先立内模，绑扎钢筋完毕，再立外模，为了使模板有足够的强度、刚度和稳定性，内外模用拉结止水螺栓，钢管紧固，内模里圈用花篮螺栓、螺丝拉条拉紧。

5）底板及水池池壁应一次连续浇完，不留施工缝。施工间歇时间不得超过混凝土的初凝时间。如混凝土在运输过程中产生初凝或离析现象，则在现场拌板上进行二次搅拌，方可入模浇捣。底板厚度在20cm以内，可采用平板振动器，当板的厚度较厚，则采用插入式振动器。

6）混凝土浇捣后，其强度未达到 162N/mm^2 时禁止振动，不得在底板上搭设脚手架、安装模板和搬运工具，并做好混凝土的养护工作。

2. 景观水池池壁

景观水池池壁采用有撑支模的方法，内外模在钢筋绑扎完毕后一次立好。混凝土施工时，分层浇捣。池壁拆模后，将外露的止水螺栓杆头割去并涂防锈漆。水池的施工应防止变形裂缝的产生。施工时可采取以下措施。

1）当水池池壁高度大于 600mm 时，固定模板应采用止水螺杆，采取止水措施，常见的止水措施有以下几个方面。螺栓上加焊止水环：止水环应满焊，环数应根据池壁厚度，由设计确定。螺栓加堵头：支模时，在螺栓两边加堵头，拆模后，将螺栓沿平凹坑底割去角用膨胀水泥砂浆封塞严密。

2）若不能避免施工缝，则水池壁水平施工缝应设在离底板高度约 500mm 处，施工缝设凹形或者埋止水钢板或膨胀止水带，在池壁混凝土浇筑前，应先将施工缝处的混凝土表面凿毛，清除浮粒和杂物，用水冲洗干净，保持湿润。再铺上一层水泥砂浆，水泥砂浆所用材料的灰砂比应与混凝土的灰砂比相同。

3）混凝土的浇灌和振捣。在确定混凝土的浇灌方案时，应尽量减少施工次数。浇灌混凝土时宜先低处后高处，先中部后两端连续进行，避免出现冷缝。应确保足够的振动时间，使混凝土中多余的气体和水分排出，对混凝土表面出现的泌水应及时排干，池底表面的混凝土初凝前应压实抹光，从而得到强度高、抗裂性好、内实外光的混凝土。

4）水池池壁混凝土凝结后，应立即进行养护，并充分保持湿润，养护时间不得少于 14 昼夜。拆模时池壁表面温度与周围气温的温差不得超过 15℃ 。

5）加设滑动层和压缩层。考虑到较长的水池受地基的约束，可在水池的垫层上表面和底板下表面间贴一毡一油作为滑动层。

6）池壁抹灰施工：抹灰前将池内壁表面凿毛，不平处铲平，并用水冲洗干净；抹灰时可在混凝土墙上刷一遍薄的纯水泥浆，以增加粘结力。

3. 水池试水

试水工作应在水景池全部施工完后方可进行。试水的主要目的是检查混凝土结构是否渗水。试水应分两次进行，第一次试水为结构试水，在混凝土结构施工完成后，进行找平层抹灰，完成后注入水，根据具体情况，进水高度控制在设计水面标高处，灌水到设计标高后，停 1d，进行外观检查，并做好水面高度标记，连续观察 7d，外表面无渗透及水位无明显降落方为合格；第二次试水为防水层施工完成后进行试水，步骤同上，试水合格后方可进行下道工序施工。

4. 防渗漏

1）基层表面应平整、坚实、粗糙、清洁，刚性多层水泥砂浆防水层要求表面充分湿润，无积水。

2）混凝土结构的施工缝按构造施工，要沿缝剔成“V”形斜坡槽，用水冲洗，然后用素灰打底、水泥砂浆压实抹平，槽深一般在 10mm 左右。

3）应采用强度等级为 42.5 级矿渣硅酸盐水泥，并尽量减少水灰比，使水灰比≤0.55，可掺素磺酸钙减水剂，掺用减水剂配制的混凝土，耐油、抗渗性好，而且节约水泥。

4）钢筋混凝土水池，由于工艺需要，长度较长，在底板、池壁上设有伸缩缝。施工中必须将止水钢板或止水胶皮正确固定好，并注意浇灌，防止止水钢板、止水胶皮移位。

5）刚性多层防水层，在迎水面宜用五层交叉抹面做法，在背水面四层交叉抹面做法。表面应压光，总厚度不应小于20mm。

6）水泥砂浆的稠度宜控制在70～80mm，水泥砂浆应随拌随用。

7）结构阴阳角处，均应做成圆角，圆弧半径一般阴角为50mm，阳角为10mm。

8）防水层的施工缝需留斜坡阶梯槎，并应依照层次操作顺序连续施工，层层搭接紧密。

9）水池混凝土的强度好坏，养护是重要的一环，底板浇筑完后，在施工池壁时，应注意养护，保持湿润。池壁混凝土浇筑完后，在气温较高或干燥情况下，过早拆模会引起混凝土收缩产生裂缝。因此，应继续浇水养护，底板、池壁和池壁灌缝的混凝土的养护期不少于14d。

12.3 瀑布

瀑布是一种自然现象，是河床形成陡坎，水从陡坎处滚落下跌时形成的优美动人或奔腾咆哮的景观，因遥望下垂如布，故称为瀑布。

12.3.1 瀑布的种类

1. 按瀑布跌落方式分

按跌落方式不同，瀑布有滑瀑、直瀑、分瀑、跌瀑4种，如图12-13所示。

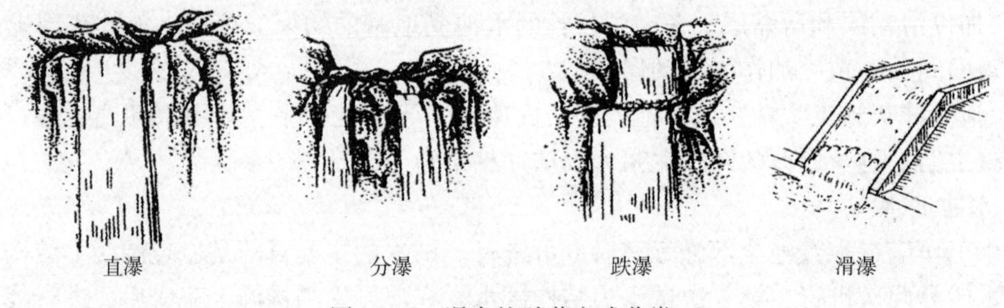

图12-13 瀑布按跌落方式分类

（1）滑瀑 就是滑落瀑布，其水流顺着一个很陡的倾斜坡面向下滑落。斜坡表面所使用的材料质地情况决定着滑瀑的水景效果。若斜坡面很光滑，则滑瀑如一层薄薄的透明纸，在阳光照射下可显示出水光的闪耀。若斜坡面上凸起点（或凹陷点）密布，则水层在滑落过程中就会激起许多水花，在阳光照射下就像一面镶满银色珍珠的挂毯。若斜坡面上的凸起点（或凹陷点）做成规律排列的图形纹样，则所激起的水花也可以形成相应的图形纹样。

（2）直瀑 即直落瀑布。这种瀑布的水流是不间断地从高处直接落入其下的池、潭或石面。直瀑的落水能够造成声响喧哗，可为园林环境增添动态水声。

（3）分瀑 实际上是瀑布的分流形式，因此又称为分流瀑布。它是由一道瀑布在跌落过程中受到中间物阻挡一分为二，分成两道水流继续跌落而形成的。这种瀑布的水声效果也比较好。

（4）跌瀑　也称为跌落瀑布，是由很高的瀑布分为几跌，一跌一跌地向下落形成的。跌瀑适宜布置在比较高的陡坡坡地，其水形变化较直瀑、分瀑都大一些，水景效果的变化也多一些，但水声要稍弱一点。

2. 按瀑布口的设计形式分

按瀑布口的设计形式不同，瀑布有布瀑、带瀑和线瀑三种，如图12-14所示。

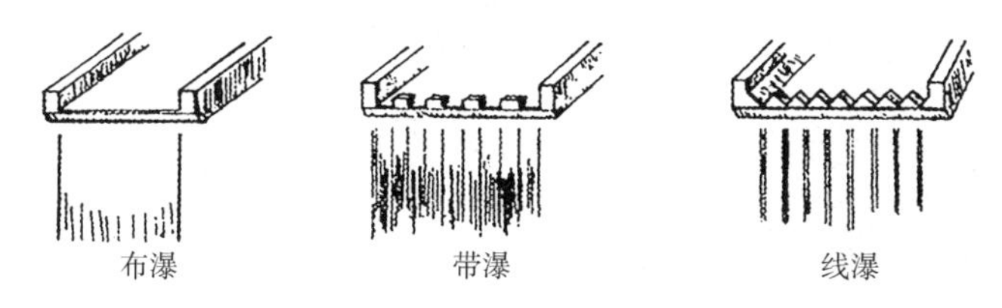

图12-14　按瀑布口的设计形式分类

（1）布瀑　瀑布的水像一片又宽又平的布一样飞落而下。瀑布口的形状为一条水平直线。

（2）带瀑　从瀑布口落下的水流，组成一排水带整齐地落下。瀑布口为宽齿状，齿排列为直线，齿间的间距全部相等。齿间的小水口宽窄一致，相互都在一条水平线上。

（3）线瀑　排线状的瀑布水流如同垂落的丝帘，这是线瀑的水景特色。瀑布口形状为尖齿状，尖齿排列成一条直线，齿间的小水口呈尖底状。从一排尖底状小水口处落下的水，即呈细线形。随着瀑布水量增大，水线也会相应变粗。

瀑布实景如图12-15所示。

图12-15　瀑布实景

12.3.2　瀑布的建造要点

1）筑造瀑布景观，应师法自然，以自然的瀑布作为造景砌石的参考，体现自然情趣。

2）设计前需先行勘查现场地形，以决定瀑布的大小、比例及形式，并依此绘制平面图。

3）设计瀑布时要考虑水源的大小和景观主题等，并依照岩石组合形式的不同进行合理的创新和变化。

4）庭园属于平坦地形时，瀑布不要过高，以免看起来不自然。

5）为节约用水，减少瀑布流水的损失，可用水泵循环供水（图12-16），平时只需补充一些因蒸发而损失的水量即可。

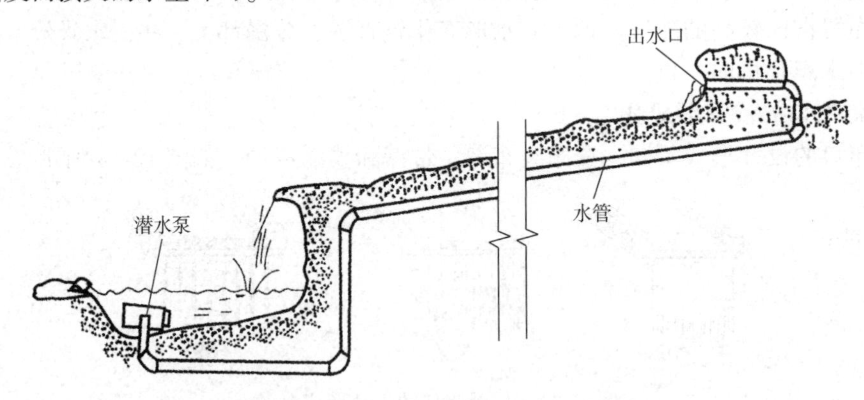

图 12-16　水泵循环供水瀑布示意图

人工建造的瀑布用水量较大，因此多采用水泵循环供水。其用水量标准可参阅表 12-2。

表 12-2　瀑布用水量估算

瀑布落水高度/m	蓄水池水深/m	用水量/（L·s⁻¹）	瀑布落水高度/m	蓄水池水深/m	用水量/（L·s⁻¹）
0.30	6	3	3.00	19	7
0.90	9	4	4.50	22	8
1.50	13	5	7.50	25	10
2.10	16	6	>7.50	32	12

12.3.3　瀑布施工

1. 施工前的准备工作

1）在施工以前要认真阅读图纸，熟悉瀑布设计图的结构特点，认真阅读施工说明书的内容，对工程做全面、细致的了解，解决基本疑问。详细了解本任务中瀑布的高度、水面宽度、高差等数据，为后期施工打下良好的基础。

2）在施工前要做好详细的现场勘察，对施工范围内地上及地下的障碍物进行确认和记录，并确认处理方法。了解瀑布基址的土质情况，并制定相应的施工方案。

3）施工前，对施工人员进行瀑布结构特点、施工工艺等内容的培训，并由专人对其进行技术交底和任务分配，以保证施工的质量和效率。根据图纸要求，选择符合要求的施工材料，并提供样品给建设方或监理人员进行检验，检验合格后按要求的数量进行购买。

4）现场放线

根据现场勘察，按照施工设计图样，用石灰在地面上勾画出瀑布的轮廓，注意落水口与承水潭的高程关系，同时将顶部蓄水池和承水潭用石灰或沙子标出，还应注意循环供水线路的走向。

2. 管线安装

管线安装应结合假山施工同步进行。

3. 顶部蓄水池施工

顶部蓄水池采用混凝土做法，不再详述。

4. 承水潭施工

用电动夯机进行素土夯实，再铺上 200mm 厚的级配砂石垫层，接着现浇钢筋混凝土，最后用防水水泥砂浆砌卵石饰面。另外，凡瀑布流经的岩石缝隙都应封死，以免将泥土冲刷至潭中，影响瀑布水质。

5. 瀑布落水口的处理

瀑布落水口的处理是关键。为保证瀑布效果，要求堰口水平光滑，可采用下列办法处理。

1）将落水口处的山石作卷边处理。

2）堰唇采用青铜或不锈钢制作。

3）适当增加堰顶蓄水池深度。

4）在出水管口处设置挡水板，降低流速。

5）将出水口处山石做拉道处理，凿出细沟，使瀑布呈丝带状滑落。

6. 瀑布装饰与收尾

1）根据设计的要求对瀑道和承水潭进行必要的点缀，如种上水草，铺上卵石、净沙、散石等，必要时可安装灯光系统。

2）试水前应将瀑道全面清洁，并检查管路的安装情况，打开水源，注意观察水流，如达到设计要求，说明瀑布施工合格。

12.4　喷泉

12.4.1　喷泉的基本类型

1）普通装饰性喷泉：是由各种普通的水花图案组成的固定喷水型喷泉。

2）水雕塑：用人工或机械塑造出各种大型水柱的姿态。

3）自控喷泉：用各种电子技术，按设计程序控制水、光、音、色，形成多变的景观。

4）与雕塑结合的喷泉：喷泉的各种喷水花与雕塑、观赏柱等共同组成景观。

12.4.2　现代喷泉

1. 室内喷泉

室内喷泉的控制系统多为程控或实时声控。娱乐场所建议采用实时声控，伴随着优美的旋律，水景与舞蹈、歌声同步变化，相互衬托，使现场的水、声、光、色达到完美结合，极具表现力。

2. 旱泉

旱泉是将喷泉放置在地下，表面饰以光滑美丽的石材，可铺设成各种图案和造型。水花从地下喷涌而出，在彩灯照射下，地面犹如五颜六色的镜面，将空中飞舞的水花映衬得无比娇艳，使人流连忘返。停喷后，不阻碍交通，路面可照常行人，非常适合于宾馆、饭店、商场、大厦、街景小区等。

3. 程控喷泉

程控喷泉是将各种水形、灯光按照预先设定的排列组合进行控制程序的设计，通过计算机运行控制程序发出控制信号，使水形、灯光实现多姿多彩的变化。

4. 音乐喷泉

音乐喷泉是在程序控制喷泉的基础上加入音乐控制系统，计算机通过对音频及MIDI信号的识别，进行译码和编码，最终将信号输出到控制系统，使喷泉及灯光的变化与音乐保持同步，从而达到喷泉水形、灯光及色彩的变化与音乐情绪的完美结合，使喷泉表演更生动，更富有内涵。

5. 跑泉

跑泉适合于江、河、湖、海及广场等宽阔的地点。通过计算机控制数百个喷水点，随音乐的旋律超高速跑动，或瞬间形成排山倒海之势，或形成委婉起伏的波浪式，或组成其他的水景，衬托景点的壮观与活力。

6. 层流喷泉

层流喷泉又称为波光喷泉，采用特殊层流喷头，将水柱从一端连续喷向固定的另一端，中途水流不会扩散，不会溅落。白天，就像透明的玻璃拱柱悬挂在天空；夜晚在灯光照射下，犹如雨后的彩虹，色彩斑斓。层流喷泉适用于各种场合，可与其他喷泉相组合。

7. 趣味喷泉

趣味喷泉主要有子弹喷泉、鼠跳喷泉、时钟喷泉、游戏喷泉、乐谱喷泉、喊泉等。

（1）时钟喷泉　用许多水柱组成数码点阵，随时反映日期、小时、分钟及秒的运行变化，构成独特趣味。

（2）子弹喷泉　在层流喷泉基础上，将水柱从一端断续地喷向另一端，犹如子弹出膛般迅速准确地射到固定位置，适用于各种场合。

（3）游戏喷泉　一般是旱泉形式，地面设置机关控制水的喷涌或采用音乐控制，游人在其间不小心碰触到，则忽而这里喷出雪松状水花，忽而那里喷出摇摆飞舞的水花，令人防不胜防，可嬉性很强，适合于公园、旅游景点等，具有较强的营业性能。

（4）鼠跳喷泉　一段水柱从一个水池跳跃到另一个水池，可随意启动，当水柱在数个水池之间穿梭跳跃时即构成鼠跳喷泉的特殊情趣。

（5）喊泉　由密集的水柱排列成坡型，当游人通过话筒喊话时，实时声控系统控制水柱的开与停，从而显示所喊内容，趣味性很强，适用于公园、旅游景点等，具有极强的营业性能。

（6）乐谱喷泉　用计算机对每根水柱进行控制，其不同的动态与时间差反映在整体上即构成形如乐谱般起伏变化的图形，也可把7个音阶做成踩键，控制系统根据游人所踩旋律及节奏控制水形变化，娱乐性强，适用于公园、旅游景点等，具有营业性能。

8. 水幕电影

水幕电影是通过高压水泵和特制水幕发生器，将水自上而下高速喷出，雾化后形成扇形“银幕”，由专用放映机将特制的录像带投射在“银幕”上，形成水幕电影。当观众在观摩电影时，扇形水幕与自然夜空融为一体，当人物出入画面时，好似人物腾起飞向天空或从天而降，产生一种虚无缥缈和梦幻的感觉，令人神往。

9. 激光喷泉

配合大型音乐喷泉设置一排水幕，用激光成像系统在水幕上打出色彩斑斓的图形、文字或广告，即渲染美化又起到宣传、广告的效果。激光喷泉适用于各种公共场合，具有极佳的营业性能。

12.4.3　喷泉的布置

1）首先要考虑喷泉的主题、形式。喷泉的主题、形式要与环境相协调，用环境渲染和烘托喷泉，以达到装饰环境的目的，或借助喷泉的艺术联想，创造意境。其次要根据喷泉所在地的空间尺度来确定喷水的形式、规模及喷水池的大小比例。

2）喷泉多设于建筑、广场的轴线焦点或端点处，也可以根据环境特点，做一些喷泉小景，自由地装饰室内外的空间。喷泉宜安置在避风的环境中以保持水型。

3）喷水池的形式有自然式和规则式。喷水的位置可以居于水池中心，组成图案，也可以偏于一侧或自由地布置。

①因喷水池中水的蒸发及在喷射过程中有部分水被风吹走等原因，会造成喷水池内水量产生损失，因此，在水池中应设补水管。补水管应和城市给水管相连接，并在管上设浮球阀或液位继电器，随时补充池内水量的损失，以保持水位稳定。

②为了防止因降雨使池水上涨而设的溢水管，应直接接通雨水管网，并应有不小于 3%的坡度；溢水口的设置应尽量隐蔽，在溢水口外应设拦污栅。

③泄水管直通雨水管道系统，或与园林湖池、沟渠等连接起来，使喷泉水泄出后作为园林其他水体的补给水；也可供绿地喷灌或地面洒水用，但需另行设计。

④在寒冷地区，为防冻害，所有管道均应有一定坡度，一般不小于 2%，以便冬季将管道内的水全部排空。

⑤连接喷头的水管不能有急剧变化，如有变化，必须使管径逐渐由大变小，并且在喷头前必须有一段适当长度的直管，管长一般不小于喷头直径的 20～30 倍，以保持射流稳定。

12.4.4　喷泉构筑物设置要求

1. 泵房

1）泵房是指安装水泵等提水设备的常用构筑物。在喷泉工程中，凡采用清水离心泵循环供水的都要设置泵房。按照泵房与地面的关系不同，泵房可分为地上式泵房、地下式泵房和半地下式泵房三种。

2）地上式泵房建于地面上，多采用砖混结构，其结构简单，造价低廉，管理方便，但有时会影响喷泉环境景观，实际中最好和管理用房配合使用，适用于中小型喷泉。地下式泵房建于地面之下，园林中用得较多，一般采用砖混结构或钢筋混凝土结构，特点是需做特殊的防水处理，排水困难，造价较高，但不影响喷泉景观。半地下式泵房的主体建在地上和地下之间，兼具地上式和地下式的特点。

3）泵房内安装有电动机、离心泵、电气控制设备及管线系统等。与水泵相连的管道有吸水管和出水管。吸水管是指喷水池至水泵间的管道，其作用是将水从水池中吸入水泵，并设闸阀控制。出水管是指水泵与分水器间的管道，设闸阀控制。为了防止喷水池中的水倒流，需在出水管安装单向阀。

4）分水器的作用是将出水管的压力水分成多个支路，再由供水管送到喷水池中供喷水用。为了调节供水的水量和水压，应在每条供水管上安装闸阀。在北方地区，为了防止管道被冻坏，当喷泉停止运行时，必须将供水管内存的水排空。其方法是在泵房内供水管最低处设置回水管，接入房内下水池中排除，以截止阀控制。

泵房内应设置地漏，需特别注意防止房内地面积水。泵房用电要注意安全。开关箱和控制板的安装要符合规定。泵房内应配备灭火器等灭火设备。

2. 阀门井

以给水阀门井为例：有时在给水管道上要设置给水阀门井，根据给水需要可随时开启和关闭，便于操作。给水阀门井内安装截止阀控制。

给水阀门井一般为砖砌圆形结构，由井底、井身和井盖组成。井底一般采用C10混凝土垫层，井底内径不小于1.2m，井壁应逐渐向上收拢，且一侧应为直壁，便于设置铁爬梯。井口为圆形，直径600mm或700mm。井盖采用成品铸铁井盖。

3. 喷水池

1）喷水池是喷泉的重要组成部分，其本身不仅能独立成景，起点缀、装饰、渲染环境的作用，而且还能维持正常的水位以保证喷水。因此，喷水池是集审美功能和实用功能于一体的人工水景。

2）喷水池的形状、大小应根据周围环境和设计需要而定。形状可以灵活设计，但要求富有时代感；水池大小要考虑喷高，喷水越高，水池越大，一般水池半径为最大喷高的1～1.3倍，平均池宽可为喷高的3倍。

3）实际使用中，如用潜水泵供水，吸水池的有效容积不得小于最大一台水泵3min的出水量。水池水深应根据潜水泵、喷头、水下灯具等的安装要求确定，其深度不能超过0.7m，否则，必须设置保护措施。

喷水池的常见结构与施工见任务二。

12.4.5 喷泉的控制方法

1. 手阀控制

手阀是最常见和最简单的控制方式，在喷泉的供水管上安装手控调节阀，用来调节各管段中水的压力流量，以形成固定的水姿。

2. 电脑控制

电脑控制是通过计算机对音频、视频、光线、电流等信号的识别，进行译码和编码，最终将信号输出到控制系统，使喷泉及灯光的变化与音乐变化保持同步，从而达到喷泉水形、灯光、色彩、视频等与音乐情绪的完美结合，使喷泉表演更生动。

3. 音响控制

声控喷泉是利用声音来控制喷泉水形变化，是一种自控泉。它一般由以下几部分组成。

1）声电转换、放大装置：通常由电子线路或数字电路、计算机组成。

2）执行机构：通常使用电磁阀来执行控制指令。

3）动力设备：用水泵提供动力，并产生压力水。

4）其他设备：主要有管路、过滤器、喷头等。

声控喷泉的原理是将声音信号转变为电信号，经放大及其他一些处理，推动继电器或电子式开关，再去控制设在水路上的电磁阀的启闭，从而控制喷头水流的通断。这样，随着声音的起伏，人们可以看到喷水大小、高低和形态的变化。它能把人们的听觉和视觉结合起来，使喷泉喷射的水花随着音乐优美的旋律而翩翩起舞。

4. 继电器控制

继电器控制是用时间继电器按照设计时间程序控制水泵、电磁阀、彩色灯等的启闭，从而实现可以自动变换的喷水水姿。

12.4.6　喷泉施工技术要点

1. 准备工作

1）熟悉设计图纸。首先对喷泉设计图有总体的分析和了解，体会其设计意图，掌握设计手法，在此基础上进行施工现场勘察，对现场施工条件要有总体把握，哪些条件可以充分利用，哪些必须清除等。

2）布置好各种临时设施，职工生活及办公用房等。仓库按需而设，做到最大限度地降低临时性设施的投入。组织材料机具进场。

3）做好劳务调配工作。应视实际的施工方式及进度计划合理组织劳动力，采用平行施工或交叉施工时，更应重视劳力调配，避免窝工浪费。

2. 回水槽

1）核对永久性水准点，布设临时水准点，核对高程。

2）测设水槽中心桩、管线原地面高程，施放挖槽边线、堆土堆料界线及临时用地范围。

3）槽开挖时严格控制槽底高程，不能超挖，槽底高程可以比设计高程提高 10cm，做预留部分，最后用人工清挖，以防槽底被扰动而影响工程质量。槽内挖出的土方，堆放在距沟槽边沿 1.0m 以外，土质松软危险地段应采用支撑措施，以防沟槽塌方。

4）槽底素土夯实，槽四边周围使用 Mu5.0 毛石和 M5 水泥砂浆砌筑。

①浇筑方法。要求一次性浇筑完成，不留施工缝，加强池底及池壁的防渗水能力。

混凝土浇筑采用从底到上“斜面分层、循序渐进、薄层浇筑、自然流淌、连续施工、一次到顶”的浇筑方法。

②振捣。应严格控制振捣时间、振捣点间距和插入深度，避免各浇筑带交接处的漏振。提高混凝土与钢筋的握裹力，增大密实度。

③表面及泌水处理。浇筑成型后的混凝土表面水泥砂浆较厚，应按设计标高用刮尺刮平，赶走表面泌水，初凝前，反复碾压，用木抹子搓压表面 2 ~ 3 遍，以防止收水裂缝。

④混凝土养护。中午、夜晚温差较大时，为保证混凝土施工质量，控制温度裂缝的产生，采取蓄水养护。蓄水前，采取先盖一层塑料薄膜，一层草袋，进行保湿临时养护。

3. 溢水、进水管线的安装

溢水、进水管线参照设计图纸安装。

4. 安装喷头、潜水泵、控制器、阀门

喷头、潜水泵、控制器、阀门参照设计图纸安装。

5. 喷水试验和喷头、水形调整

根据喷水试验的效果调整喷头，使水形达到设计要求。

第13章

园林园路施工

园路既是贯穿全园的交通网络，也是分隔各个景区、联系不同景点的纽带，同时也是组成园林景观的要素之一，并为游人提供活动和休息的场所。

13.1 园路的类型

13.1.1 按使用功能划分

1. 小径

小径是园路系统的最末梢，是供游人休憩、散步、游览的通幽曲径。可通达园林绿地的各个角落，是通达广场、园景的捷径，允许手推童车通行，宽度0.5～1.5m不等，并结合园林植物小品建设和起伏的地形，形成亲切自然、静谧幽深的自然游览步道。

2. 次园路

次园路是主园路的辅助道路，呈支架状连接各景区内景点和景观建筑，车辆可单向通过，为园内生产管理和园务运输服务。路宽可为主园路之半。自然曲度大于主园路，以优美舒展和富有弹性的曲线线条构成有层次的风景画面。

3. 主园路

主园路是景区内的主要道路，从园林景区入口通向全园各主景区、广场、公建、观景点、后勤管理区，形成全园骨架和环路，组成导游的主干路线，并能适应园内管理车辆的通行要求。

13.1.2 按面层材料分类

1. 简易路面

简易路面是由煤屑、三合土等组成的路面，多用于临时性或过渡性园路。

2. 碎料路面

碎料路面是用各种片石、砖瓦片、卵石等碎料拼成的路面，图案精美，表现内容丰富，做工精致，主要用于各种庭园和游步小路。

3. 块料路面

块料路面包括各种天然块石、陶瓷砖和各种预制块料。块料路面坚固、平稳，图案纹样和色彩丰富，适用于广场、游步道等。

4. 整体路面

整体路面包括现浇水泥混凝土路面和沥青混凝土路面。整体路面平整、耐压、耐磨，适用于通行车辆或人流集中的公园主路和出入口。

13. 1. 3　按构造形式分类

园路根据构造形式一般可以分为路堑型、路堤型和特殊型，如图 13-1 所示。

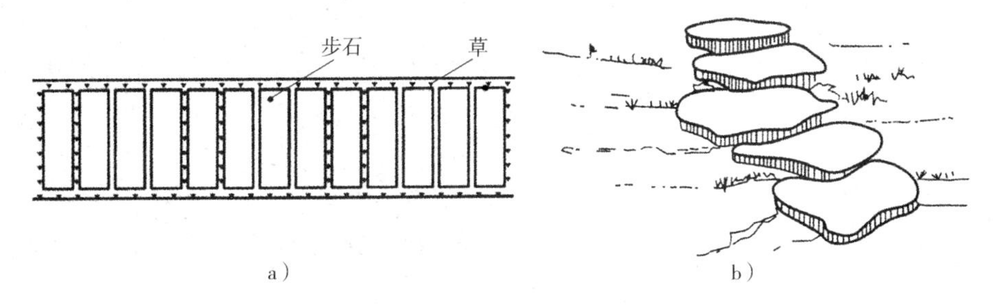

图 13-1　园路的基本构造类型

a）路堤型（平面）　b）特殊型

1. 路堑型

路堑型园路道牙位于道路边缘，路面低于两侧地面，利用道路排水。

2. 路堤型

路堤型园路道牙位于道路靠近边缘处，路面高于两侧地面，利用明沟排水。

3. 特殊型

特殊型园路包括步石、汀步、蹬道、攀梯等。

公园园路实景如图 13-2 所示。

图 13-2　公园园路实景

13. 2　园路的功能

13. 2. 1　组织交通

园路可为游人提供舒适、安全、方便的交通条件，还可满足园林绿化、建筑维修、养护、管理等各种园务运输的需求。此外，园林景点依托园路进行联系，园路动态序列地展开指明了游览方向，引导游人从一个景点进入另一个景点。

13. 2. 2　划分、组织空间

园林中通常利用地形、建筑、植物、水体或道路来划分园林功能分区。对于地形起伏不大、建筑比重小的现代园林绿地，用道路围合、分隔不同景区是主要的划分方式。借助道路

面貌（线形、轮廓、图案等）的变化，还可以暗示空间性质、景观特点转换及活动形式的改变等，从而起到组织空间的作用。如在专类园中，园路划分空间的作用更是十分明显。

13.2.3 引导游览线路

人随路走，步移景异，园路担负着组织园林的观赏程序、向游客展示园林风景画面的作用。园路中的主路和一部分次路就成了导游线。

13.2.4 创造意境

中国古典园林中，园路的花纹和材料与意境相结合，有其独特的风格与完整的构图，很值得学习。

1. 构成园景

通过园路引导，将不同角度和方向的地形地貌、植物群落等园林景观一一展现在眼前，形成一系列动态画面，即此时的园路也参与了风景的构图，可称之为“因景得路”。而且园路本身的曲线、质感、色彩、纹样、尺度等与周围环境相协调统一，也是构成园景的一部分。

2. 构成个性空间

园路的铺装材料和图案造型能形成和增强不同的空间感，如细腻感、粗犷感、安静感、亲切感等；丰富而独特的园路可以提升视觉趣味，增强空间的独特性和可识性。

3. 统一空间环境

总体布局中协调统一的地面铺装使尺度和特性上有差异的要素相互间连接，在视觉上统一起来。

4. 提供活动、休息和观赏的场地

在建筑小品周围、花坛边、水旁和树池等处，园路可扩展为广场，为游人提供活动和休息的场所。

5. 组织排水

道路可以借助其路缘或边沟组织排水。当园林绿地高于路面，就能汇集两侧绿地径流，利用其纵向坡度将雨水排除。

13.3 园路的布置要求

风景园林的道路系统不同于一般的城市道路系统，有自己的布置形式和布局特点。一般所见的园路系统布局形式有套环式、条带式和树枝式，如图13-3所示。

13.3.1 条带式园路系统

在地形狭长的园林绿地上，采用条带式园路系统比较合适。这种布局形式的特点是：主园路呈条带状，始端和尽端各在一方，并不闭合成环。

13.3.2 树枝式园路系统

以山谷、河谷地形为主的风景区和市郊公园，主园路一般只能布置在谷底，沿着河沟从

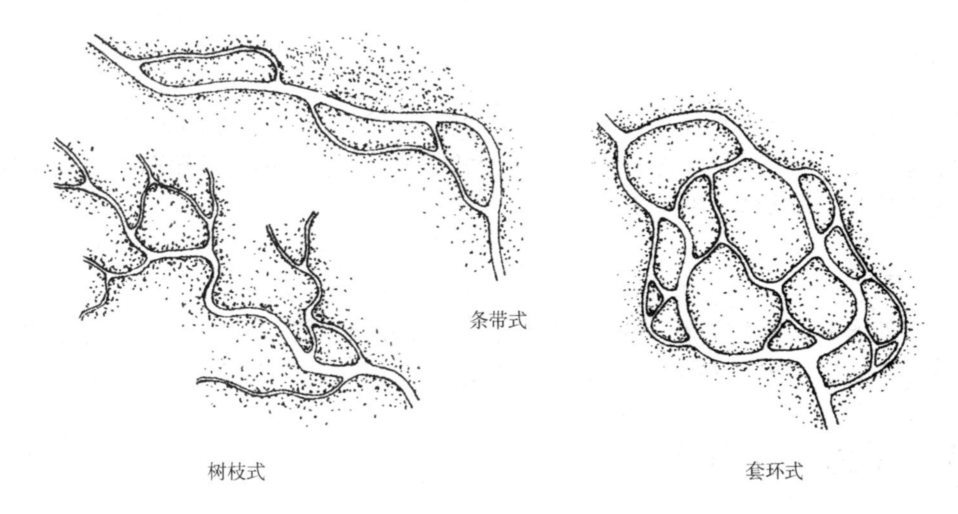

图 13-3　常见园路布局形式

下往上延伸。因此，从游览的角度看，它是游览性最差的一种园路布局形式，只有在受到地形限制时，才不得已而采用这种布局。

13.3.3　套环式园路系统

这种园路系统的特征是：由主园路构成一个闭合的大型环路或一个“8”字形的双环路，再由很多的次园路和游览小道从主园路上分出，并且相互穿插连接与闭合，构成另一些较小的环路。

13.4　园路的竖向结构

从构造上看，园路是由上部的路面和下部的路基两大部分组成，如图 13-4 所示。

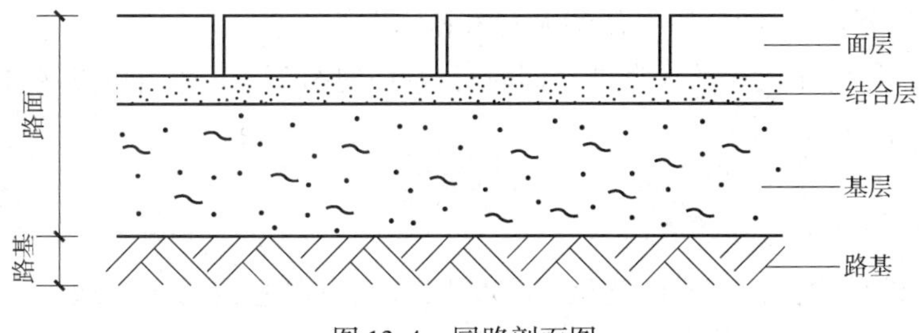

图 13-4　园路剖面图

13.4.1　面层

面层是路面最上面的一层，面层设计时要坚固、平稳、耐磨损，具有一定的粗糙度，少尘埃，便于清扫。

13.4.2　结合层

结合层是在采用块料铺筑面层时，在面层和基层之间，为了结合和找平而设置的一层。一般用 3 ~ 5cm 厚的粗砂、水泥砂浆或白灰砂浆即可。

13.4.3 基层

基层一般在土基之上，起承重作用。一方面支撑由面层传下来的荷载，另一方面把此荷载传给土基。基层不直接接受车辆和气候因素的作用，对材料的要求比面层低。一般用碎石、灰土、各种工业废渣、混凝土等筑成。

13.4.4 垫层

在路基排水不良或有冻胀、翻浆的路线上，为了排水、隔温、防冻的需要，用煤渣土、石灰土等筑成垫层。在园林中也可以用加强基层的办法，而不另设此层。

13.5 园路附属部位要求

13.5.1 道牙

1）道牙一般分为立道牙和平道牙两种形式，其构造如图13-5所示。

2）道牙安置在路面两侧，使路面与路肩在高程上起衔接作用，并能保护路面，便于排水。道牙一般用砖或混凝土制成，在园林中也可以用瓦、大卵石、条石等做成。

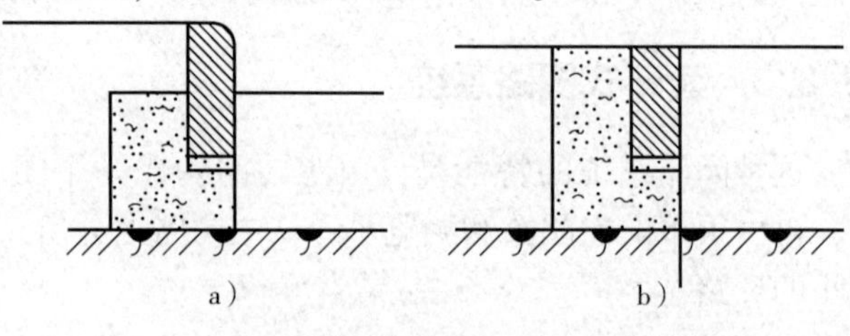

图13-5 道牙结构图
a）立道牙 b）平道牙

13.5.2 台阶

1）当路面坡度超过12°时，为了便于行走，在不通行车辆的路段上，可设台阶。一般台阶不宜连续使用，如地形许可，每10～18级后应设一段平坦的地段，使游人有恢复体力的机会。

2）台阶可以作为非正式的休息处，同时可以在道路的尽头充当焦点物并能在外部空间中构成醒目的地平线。

13.5.3 礓䃰

在坡度较大的地段上，一般纵坡超过15%时应设台阶，但为了能通行车辆而将斜面做成锯齿形坡道，称为礓䃰，其形式和尺寸如图13-6所示。

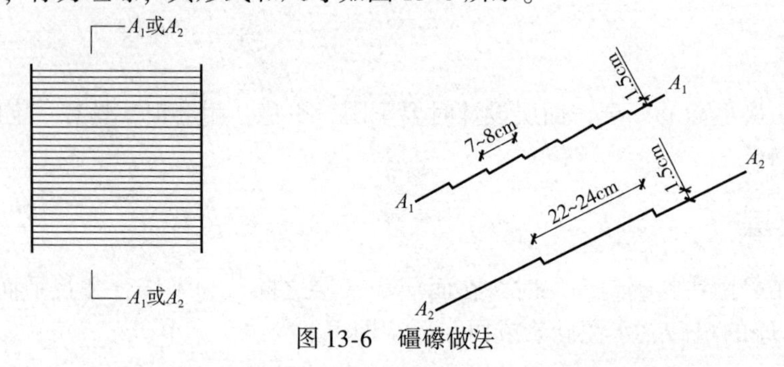

图13-6 礓䃰做法

13.5.4　磴道和梯道

1）在园林土山或石假山及其他一些地方，为了与自然山水园林相协调，梯级道路不采用砖石材料砌筑成整齐的阶梯，而是采用顶面平整的自然山石，依山随势，砌成山石磴道。

2）梯道是在风景区山地或园林假山上最陡的崖壁处设置的攀登通道。一般是从下至上在崖壁凿出一道道横槽作为梯步，如同天梯一样。

13.5.5　种植池、明沟和雨水井

种植池是为满足绿化而特地设置的，规格依据相关规范而定，一般为 1.5m×1.5m。明沟和雨水井是为收集路面雨水而建的构筑物，园林中常以砖块砌成。

13.6　园路施工技术

园路工程施工的重点在于控制好施工面的高程，并注意与园林其他设施的有关高程的协调。施工中，园路路基和路面基层的处理只要达到设计要求的牢固和稳定性即可，而路面面层的铺地，则要更加精细，更加强调质量方面的要求。

13.6.1　施工前的准备

1. 资料设计文件

施工前，负责施工的单位应组织有关人员熟悉设计文件，以便编制施工方案，为完成施工任务创造条件。园路建设工程设计文件包括初步设计和施工图两部分。

1）要反复学习和领会设计文件的精神，了解设计意图，以便更好地指导施工。

2）路面结构组合设计是路面工程的重要环节之一，要注意其形式和特点。

3）工程造价的计算数据方法要仔细校对。不但要注意工程总造价，更要注意分项造价。

4）在熟悉设计文件的过程中，如发现疑问、错误和不妥之处，要及时与设计单位和有关单位联系，共同研究解决。

5）要注意设计文件中所采用的各项技术指标，认真考虑其技术经济的合理性和施工的可能性。

2. 方案编制

方案是指导施工和控制预算的文件，一般的施工方案在施工图阶段的设计文件中已经确定，但负责施工的单位应做进一步的调查研究，根据工程的特点，结合具体施工条件，编制出更为深入而具体的施工方案。

注意事项：深入调查，反复研究，充分利用有利因素，注意不利因素，使所编制的施工方案合理、可靠与切实可行。分项工程和各施工作业段的施工期限，应与设计文件中总施工期限吻合。确定期限时，应周密考虑各种因素（如雨、风、雪等气候条件及其他因素），尤其是路面工程的特点。各工序和分项工程之间的安排要环环紧扣，做到按时或提前完成任务。已经确定的施工方案并不是一成不变的。在编制方案时尽可能把多种因素都考虑进去，在施工过程中如果发现不足之处，应随时予以改正，并加以合理调整。

3. 准备工作

1）修建房屋（临时工棚）。按施工计划确定修缮房屋数量或工棚的建筑面积。

2）场地清理。在园路工程涉及的范围内，凡是影响施工进行的地上、地下物均应在开工前进行清理，对于保留的大树应确定保护措施。

3）便道便桥。凡施工路线均应在路面工程开工前做好维持通车的便道便桥和施工车辆通行的便桥（如通往料场、搅拌站地的便道）。

4）备料。现场备料多指自采材料的组织运输和收料堆放，但外购材料的调运和贮存工作也不能忽视。

4. 放线

按路面设计的中线，在地面上每20~50m放一中心桩，在弯道的曲线上应在曲头、曲身和曲尾各放一中心桩，并在各中心桩上写明桩号，再以中心桩为准，根据路面宽度定边桩，最后放出路面的平曲线。

13.6.2 路槽开挖

1）在修建各种路面之前，应在要修建的路面下先修筑铺路面用的浅槽（路槽），经碾压后使用，使路面更加稳定、坚实。

2）一般路槽有挖槽式、培槽式和半挖半培式三种，修筑时可由机械或人工进行。通常按设计路面的宽度，每侧放出20cm挖槽，路槽的深度应等于路面的厚度，槽底应有2%~3%的横坡度。路槽做好后，应在槽底上洒水，使其潮湿，然后用蛙式夯夯2~3遍。

3）不同路面等级的路基压实标准应符合要求（表13-1）。

表13-1 不同路面等级的路基压实标准

<table>
<tr><th colspan="2" rowspan="3">路槽底以下的深度/cm
要求的压实系数 K</th><th colspan="6">路面等级</th></tr>
<tr><th colspan="2">次高级路面</th><th colspan="2">中级路面</th><th colspan="2">低级路面</th></tr>
<tr><th>0~80</th><th>>80</th><th>0~80</th><th>>80</th><th>0~80</th><th>>80</th></tr>
<tr><td rowspan="3">路基类别</td><td>一般填方路基</td><td>0.95</td><td>0.90</td><td>0.85</td><td>0.90</td><td colspan="2">0.85</td></tr>
<tr><td>受浸水影响的填方路基，由计算水位以上 $H=H_2-80$cm 起算至路槽底</td><td colspan="2">0.90</td><td colspan="2">0.90</td><td colspan="2">0.85~0.90</td></tr>
<tr><td>零填挖方路基0~30cm</td><td colspan="2">0.95</td><td colspan="2">0.90</td><td colspan="2">0.85~0.90</td></tr>
</table>

注：①按标准试验法求得的最佳密实度 $K=1.0$；
②H_2 为中湿路段临界高度；
③H 不能为负值，并不得小于30cm。

4）各部分试验鉴定见表13-2。

表13-2 各部分试验鉴定

项目	允许偏差	检验范围	检验方法
压实度	见表13-1	每50m为一段	每段最少试验1次
平整度	不大于1cm	每50m为一段	以2m靠尺检验，每段至少5处
纵横断	±2cm	每50m为一段	按桩号用五点法检验横断
宽度	不小于设计宽度	每50m为一段	用皮尺丈量，每段抽查2处

13.6.3 基层

1. 干结碎石基层

1）干结碎石基层是指在施工过程中，不洒水或少洒水，依靠充分压实及用嵌缝料充分嵌挤，使石料间紧密锁结所构成的具有一定强度的结构。

2）要求石料强度不低于8级，软硬不同的石料不能掺用。

3）碎石最大粒径视厚度而定，一般不宜超过厚度的0.7倍，50mm以上的大粒料占70%～80%，0.5～20mm粒料占5%～15%，其余为中等粒料（表13-3）。

表13-3 干结碎石材料用量参考

路面厚度/cm	干结碎石材料用量/($m^3 \cdot 1000^{-1} m^{-2}$)					
	大块碎石		第一次嵌缝料		第二次嵌缝料	
	规格/mm	用量	规格/mm	用量	规格/mm	用量
8	30～60	88	5～20	20	—	—
10	40～70	110	5～20	25	—	—
12	40～80	132	20～40	35	5～20	18
14	40～100	154	20～40	40	5～20	20
16	40～120	176	20～40	45	5～20	22

4）清理路槽内浮土杂物，对于出现的个别坑槽等应予以修理。

5）补钉沿线边桩、中桩，以便随时检查标高、宽度、路拱。

6）在备料中，应注意材料的质量，大、小料应分别整齐堆放在路外料场上或路肩上。

7）摊铺碎石。摊铺虚厚度为压实厚度的1.1倍左右。

8）稳压。先用10～12t压路机碾压，碾速宜慢，每分钟为25～30m，后轮重叠宽1/2，先沿整修过的路肩一齐碾压，往返压两遍，即开始自路面边缘压至中心。碾压一遍后，用路拱板及小线绳检验路拱及平整度，局部不平处，要去高垫低。

9）撒填充料。将粗砂或灰土（石灰剂量的8%～12%）均匀撒在碎石层上，用竹扫帚扫入碎石缝内，然后用洒水车或喷壶均匀洒一次水。水流冲出的空隙再以砂或灰土补充，至不再有空隙并露出碎石尖为止。

10）压实。用10～12t压路机继续碾压，碾速稍快，每分钟60～70m，一般碾4～6遍（视碎石软硬而定），切忌碾压过多，以免石料过于破碎。

11）铺撒嵌缝料。大块碎石压实后，立即用10～21t压路机进行碾压，一般碾压2～3遍，碾压至表面平整稳定且无明显轮迹为止。

12）碾压。嵌缝料扫匀后，立即用10～21t压路机进行碾压，一般碾压2～3遍，碾压至表面平整稳定且无明显轮迹为止。

13）质量鉴定见表13-4。

表13-4 干结碎石基层质量鉴定

检验项目	质量标准或允许误差	检验范围	检验方法与要求
压实度	2000～2200kg/m^3	每500m一段	每段至少试1处
平整度	±1cm	每500m一段	每段至少测5处，用3m直尺检查
厚度	±10%	每500m一段	每段检查3处，每处检查3个点
纵断	±2cm	每500m一段	按桩号检查纵断高程
横断	±0.5%	每500m一段	每段至少测5处，用路拱板检查
宽度	不小于设计宽度	每1000m一段	每段量3处，用皮尺由中心桩向两边量

2. 天然级配砂砾基层

天然级配砂砾是用天然的低塑性砂料，经摊铺整型并适当洒水碾压后所形成的具有一定密实度和强度的基层结构。其一般厚度为10~20cm，若厚度超过20cm应分层铺筑。适用于园林中各级路面，尤其是有荷载要求的嵌草路面，如草坪停车场等。

1）砂砾。砂砾要求颗粒坚韧，大于20mm的粗骨料含量达40%以上，其中最大料径不大于基层厚度的0.7倍，即使基层厚度大于14cm，砂石材料最大料径一般也不得大于10cm。

2）5mm以下颗粒的含量应小于35%，塑性指数不大于7。

3）检查和整修运输砂砾的道路。

4）对于沿线已遗失或松动的测量桩橛要进行补钉。

5）对于砂料的质量和数量要进行检查。若采用平地机摊铺时，粒料可在料场选好后，用汽车或其他运输工具随用随运，也可预先备在路边上；若为人工摊铺粒可按条形堆放在路肩上。

6）施工程序：摊铺砂石→洒水→碾压斗养护。

7）摊铺砂石。砂石材料铺前，最好根据材料的干湿情况，在料堆上适当洒水，以减少摊铺粗细料分离的现象。虚铺厚度随颗粒级配、干湿不同情况，一般为压实厚度的1.2~1.4倍。通常有平地机摊铺及人工摊铺两种方式。

8）洒水。摊铺完一段（200~300m）后用洒水车洒水（无洒水车用喷壶代替），用水量应使砂石料全部湿润又不致路槽发软为度，用水量在60%~80%。

9）碾压。洒水后待表面稍干时，即可用10~12t压路机进行碾压。碾速每分钟60~70m，后轮重叠1/2，碾压方法与石块碎石同。碾压1~3遍初步稳定后，用路拱板及小线检查路拱及平整度，及时去高垫低，一般掌握宁低勿高的原则。

10）养护。碾压完后，可立即开放交通，要限制车速，控制行车全幅均匀碾压，并派专人洒水养护，使基层表面经常处于湿润状态，以免松散。

11）质量鉴定参见表13-5。

表13-5 天然级配砂砾基层质量鉴定

检验项目	质量标准或允许误差	检验范围	检验方法
压实度	2230kg/m^3	每500m一段	每段至少试1处
平整度	±1cm	每500m一段	每段至少测5处，用3m直尺检查
厚度	±10%	每1000m一段	钻孔测量每千米1~2处，双车道两个，单车道一个
纵断	±2cm	每500m一段	按桩号检查纵断高程
横断	±0.5%	每500m一段	每段至少测5处，用路拱板检查
宽度	不小于设计宽度	每1000m一段	选取1~2处进行检验，用皮尺由中心桩向两边丈量

13.6.4 结合层

1）一般用M7.5水泥、白泥、砂混合砂浆或1:3白灰砂浆。砂浆摊铺宽度应大于铺装面约5~10cm，已拌好的砂浆应当日用完，严禁用隔夜砂浆。

2）也可用3~5cm的粗砂均匀摊铺而成。特殊的石材铺地，如整齐石块和条石块，结合层采用M10水泥砂浆。

13.6.5　面层

1）在完成的路面基层上，重新定点、放线，每10m为一施工段落，根据设计标高、路面宽度定放边桩、中桩，打好边线、中线。

2）不同的面层材料施工方法略有差异，但总体上都要求美观、平稳、牢固，面层下不能有空鼓，并保证设计的横坡和纵坡。

13.6.6　道牙

1）道牙的基础要和路床的基础同时进行，以保证整体均匀的密实度。结合层常用M15的水泥砂浆，厚3~5cm。

2）道牙安装要平稳牢固，背面一般用白灰土夯实保护，一般10cm厚，15cm宽，密实度90%以上。

13.6.7　块料路面

块料路面的施工要将最底层的素土充分压实，然后可在其上铺一层碎砖石块。通常还应该加上一层混凝土防水层（垫层），再进行面层的铺筑。块料铺筑时，在面层与道路基层之间所用的结合层做法有两种：一种是用湿性的水泥砂浆、石灰砂浆或混合砂浆作结合材料，另一种是用干性的细砂、石灰粉、灰土（石灰和细土）、水泥粉砂等作为结合材料或垫层材料。

1. 类型

（1）湿法铺筑

1）用厚度为15~25mm的湿性结合材料，如水泥砂浆、石灰砂浆或混合砂浆等，在面层之下作为结合层，然后在其上砌筑片状或块状贴面层。

2）砌块之间的结合以及表面抹缝，也用这些结合材料。用花岗石、釉面砖、陶瓷广场砖、碎拼石片、马赛克等材料铺地时，一般要采用湿法铺砌。

3）用预制混凝土方砖、砌块或黏土砖铺地，也可以用此法。

（2）干法砌筑

1）以干粉砂状材料，如干砂、细砂土、1∶3水泥干砂、3∶7细灰土等，作路面面层砌块的垫层或结合层。

2）砌筑时，先在路面基层上平铺一层粉砂材料，其厚度为：干砂、细土为30~50mm；水泥砂、石灰砂、灰土为25~35mm。

3）铺好找平后，按照设计的拼装图案，在垫层上拼砌成路面面层。路面每拼装好一段，就用平直小板垫在顶面，以铁锤在多处振击（或用橡胶锤直接振击），使所有砌块的顶面都保持在一个平面上，这样可将路面铺装得十分平整。

4）路面铺好后，再用干燥的细砂、水泥粉、细石灰粉等撒在路上并扫入砌块缝隙中，使缝隙填满，最后将多余的灰砂清扫干净。砌块下面的垫层材料将慢慢硬化，使面层砌块和下面的基层紧密地结合成一体。

适宜采用这种干法砌筑的路面材料主要有石板、整形石块、预制混凝土方砖和砌块等。传统古建筑庭园中的青砖铺地、金砖墁地等，也常采用干法砌筑。

2. 施工技术要点

（1）施工准备

1）施工准备内容参照其他工程施工准备过程。在园路铺装工程中，铺装材料的准备工作要求是比较高的，特别是广场的施工，形状变化多，需事先对铺装广场的实际尺寸进行放样，确定边角的方案及广场与园路交接处的过渡方案。

2）各种花岗石的数量。在进料时要把好材料的规格尺寸、机械强度和色泽一致的质量关。

（2）基层

1）在已完成的基层上定线、立混凝土模板。模板的高度为10cm以上，但不要太高，并在挡板画好标高线。复核、检查和确认道路边线和各设计标高点正确无误后，在干燥的基层上洒一层水或1∶3砂浆。

2）按设计的比例配制、浇筑、捣实混凝土100mm厚，再用长1m以上的直尺将顶面刮平。施工中要注意做出路面的横坡和纵坡。

3）混凝土基层施工完成后，应及时开始养护，养护期为7天以上，冬季施工后养护期还应更长一点。可用湿的稻草、湿砂及塑料膜覆盖在路面上进行养护。养护期内应保持潮湿状态。除洒水车外，应封闭交通。

（3）面层

1）广场砖面层铺装是园路铺装的一个重要的质量控制点，必须控制好标高、结合层的密实度及铺装后的养护。在完成的水泥混凝土面层上放样，根据设计标高和位置打好横向桩和纵向桩，纵向线间距为1板块的宽度，横向线按施工进展向下移，移动距离为板块的长度。

2）将水泥混凝土面层上扫净后，洒上一层水，再将1∶3的干硬性水泥砂浆在稳定层上平铺一层，厚度为30mm，作结合层用，铺好后抹平。

3）先将块料背面刷干净，铺贴时保持湿润。根据水平线、中心线（十字线）进行块料预铺，并应对准纵横缝，用木槌着力敲击板中部，振实砂浆至铺设高度后，将石板掀起，检查砂浆表面与砖底相吻合后，如有空虚处，应用砂浆填补。在砂浆表面先用喷壶适量洒水，再均匀撒一层水泥粉，把石板块对准铺贴。铺贴时四角要同时着落，再用木槌着力敲击至平正。

面层每拼好一块，就用平直的木板垫在顶面，用橡皮锤在多处振击（或垫上木板，锤击打在木板上），使所有的砖的顶面均保持在一个平面上，这样可使块料铺装十分平整。注意留缝间隙按设计要求保持一致，水泥砂浆应随铺随刷，避免风干。

4）铺贴完成24h后，经检查块料表面无断裂、空鼓后，用稀水泥刷缝、填饱满，并随即用布擦净至无残灰、污迹为止。

5）施工完后，应多次浇水进行养护，达到最佳强度。

（4）竣工验收

1）砖面层洁净，图案清晰，色泽一致，接缝平整，深浅一致，周边顺直。板块无裂缝纹、掉角和缺楞等现象。

2）面层镶边用料尺寸符合设计要求，边角整齐、光滑。

3）勾缝和压缝应采用同品种、同强度等级、同颜色的水泥，并做养护和保护。

4）面层表面坡度应符合设计要求，不倒泛水，无积水。

5）砖面层的允许偏差应符合表 13-6 的要求。

表 13-6 砖面层的允许偏差

项次	项目	允许偏差/mm				检验方法
		水泥砖	混凝土预制块	青砖	草坪砖	
1	表面平整度	±3.0	±4.0	±1.0	±5.0	用 2m 靠尺和楔形塞尺检查
2	缝合平直	±3.0	±3.0	±1.0	±5.0	拉 5m 线和钢尺检查
3	接槎高低差	±1.0	±1.0	±1.0	±5.0	用钢尺和楔形塞尺检查
4	板块间隙宽度	2.0	2.0	2.0	5.0	用钢尺检查

注：检查数量：每 $200m^2$ 检查 3 处；不足 $200m^2$ 的不少于 1 处。

13.6.8 碎料路面

1. 一般碎料路面

1）碎料路面施工时，在已做好的道路基层上铺垫一层结合材料，厚度一般可在 40～70mm。

2）垫层结合材料主要用 1∶3 石灰砂浆、3∶7 细灰土、1∶3 水泥砂浆等，用干法砌筑或湿法砌筑都可以，但干法施工更为方便一些。

3）在铺平的松软垫层上，按照预定的图样开始镶嵌拼花。一般用市砖、小青瓦瓦片来拉出线条、纹样和图形图案，再用各色卵石、砾石镶嵌作花，或拼成不同颜色的色块，以填充图形大面。

4）经过进一步修饰和完善图案纹样，并尽量整平铺地后，就可以定稿。定稿后的铺地地面仍要用水泥干砂、石灰干砂撒布其上，并扫入砖石缝隙中填实。

5）最后，除去多余的水泥石灰干砂，清扫干净。

6）再用细孔喷壶对地面喷洒清水，稍使地面湿润即可，不能用大水冲击或使路面有水流淌。

7）完成后，养护 7～10d。

2. 卵石路

（1）卵石路类型 铺卵石路一般分预制和现浇两种。现场浇筑方法通常是先铺筑 3cm 厚水泥砂浆，再铺水泥素浆 2cm，待素浆稍凝，即用备好的卵石一个个插入素浆内，且要求入浆 2/3，露出地面为圆润面，再用抹子压实，卵石要扁圆长尖、大小搭配。根据设计要求，将各色石子插出各种花卉、鸟兽图案，然后用清水将石子表面的水泥刷洗干净，第二天可再以 30% 的草酸液体洗刷表面，使石子颜色鲜明。

地面镶嵌与拼花施工前，要根据设计的图样准备镶嵌地面用的砖石材料。施工时，先要在细密质地的青砖上放好大样，再细心雕刻，做好雕刻花砖，在施工时可嵌入铺地图案中。卵石路面要精心挑选铺地用的石子，挑选出的石子应该按照不同颜色、不同大小、不同长扁形状分类堆放，铺地拼花时才能方便使用。

（2）卵石路施工技术要点

1）施工准备。施工准备内容参照园路施工相关内容。需要注意，要精心选择铺地的石子，挑选出的石子按照不同颜色、不同大小分类堆放，便于铺地拼花时使用。一般开工前材料进场应在70%以上。若有运输能力，运输道路畅通，在不影响施工的条件下可随用随运。在完成所有基层和垫层的施工之后，方可进入下一道工序的施工。

2）绘制图案。按照设计图所绘的施工坐标方格网，将所有坐标点测设到场地上并打桩定点。再用木条或塑料条等定出铺装图案的形状，调整好相互之间的距离，用铁钉将图案固定。

3）铺设水泥砂浆结合材料。在垫层表面抹上一层70mm的水泥砂浆，并用木板将其压实、整平。

4）填充卵石。待结合材料半干时进行卵石施工。卵石要一个个插入水泥砂浆内，深度适中，间距10mm左右，以保证竣工后的牢固性和装饰性。用抹子压实，根据设计要求，将各色石子按已绘制的线条拼出施工图设计图案，然后用清水将石子表面的水泥砂浆刷洗干净，卵石间的空隙填以水泥砂浆找平。

5）拆除模板和后期管理。拆除模板后的空隙必须妥当处理，并洗去附着在石面的灰泥，第二天再用30%草酸液体洗刷表面，使石子颜色鲜明。养护期为7d，在此期间内应严禁行人、车辆等走动和碰撞。

6）竣工。

①用观察法检查卵石的规格、颜色是否符合设计要求。

②观察镶嵌成形的卵石是否及时用抹布擦干净，保持外露部分的卵石干净、美观、整洁。

③卵石顶面应平整一致，脚感舒适，不得积水。相邻卵石高差均匀，相邻卵石最小间距一致。检查方法：观察、尺量。

④卵石黏结层的水泥砂浆或混凝土强度等级应满足设计要求。

⑤卵石镶嵌时大头朝下，埋深不小于2/3；厚度小于2~12m的卵石不得平铺，嵌入砂浆深度应大于1/2颗粒。

⑥镶嵌养护后的卵石面层必须牢固。

⑦用观察法检查铺装基层是否牢固并清扫干净。

13.6.9 特殊园路

1. 梯道

园林道路在穿过高差较大的上下层台地，或者穿行在山地、陡坡地时，都要采用踏步梯道的形式。即使在广场、河岸等较平坦的地方，有时为了创造丰富的地面景观，也要设计一些踏步或梯道，使地面的造型更加富于变化。园林梯道种类及其结构设计要点如下。

（1）砖石阶梯踏步

1）以砖或整形毛石为材料，M2.5混合砂浆砌筑台阶与踏步，砖踏步表面按设计可用1:2水泥砂浆抹面，也可做成水磨石踏面，或者用花岗石、防滑釉面地砖作贴面装饰。

①根据行人在踏步上行走的规律，一步踏的踏面宽度应设计为28~38cm，适当再加宽一点也可以，但不宜超过60cm。

②二步踏的踏面宽为90~100cm。每一级踏步的高度也要统一起来，不得高低相间。

③一级踏步的高度一般应设计为10~16.5cm，低于10cm时行走不安全，高于16.5cm时行走较吃力。

2）儿童活动区的梯级道路，其踏步高应为 10～12cm，踏步宽不超过 46cm。一般情况下，园林中的台阶梯道都要考虑轮椅和自行车推行上坡的需要，要在梯道两侧或中带设置斜坡道。

①梯道太长时，应当分段插入休息缓冲平台。

②梯道每一段的梯级数最好控制在 25 级以下；缓冲平台的宽度应大于 1.58m，否则不能起到缓冲的作用。

③在设置踏步的地段上，踏步的数量至少应为 2～3 级，如果只有一级而又没有特殊的标记，则容易被人忽略，易绊跤。

（2）混凝土踏步

1）踏步一般将斜坡上素土夯实，坡面用 1∶3∶6 三合土（加碎砖）或 3∶7 灰土（加碎砖石）作垫层并筑实，厚 6～10cm；也可采用 C10 混凝土现浇做踏步。

2）踏步表面的抹面可按设计进行。

3）每一级踏步的宽度、高度以及休息缓冲平台、轮椅坡道的设置等要求，都与砖石阶梯踏步相同。

（3）山石蹬道

1）在园林土山或石假山及其他一些地方，有时为了与自然山水园林相协调，梯级道路不采用砖石材料砌筑成整齐的阶梯，而是采用顶面平整的自然山石，依山随势地砌成山石蹬道，如图 13-7 所示。

图 13-7　山石蹬道

2）山石材料可根据各地资源情况选择，砌筑用的结合材料可用石灰砂浆，也可用 1∶3 水泥砂浆，还可以采用砂土垫平塞缝，并用片石刹垫稳当。踏步石踏面的宽窄允许有些不同，可在 30～50cm 之间变动。踏面高度还是应统一，一般采用 12～20cm。设置山石蹬道的地方本身就是供登攀的，所以踏面高度应大于砖石阶梯。

（4）攀岩天梯梯道

这种梯道是在山地风景区或园林假山上最陡的崖壁处设置的攀登通道。一般是从下至上在崖壁凿出一道道横槽作为梯步，如同天梯一样。

梯道旁必须设置铁链或铁管矮栏，并固定于崖壁壁面，作为登攀时的扶手。

2. 园桥

园桥是园林工程建设中连接山、水两地的主要方式，也是同路的变式之一。园桥的结构形式随其主要建筑材料而有所不同。例如，钢筋混凝土园桥和小桥的结构常用板梁桥式，石桥常用悬臂梁式或拱券式，铁桥常采用桁架式，吊桥常用悬索式等，这都说明了建筑材料与桥梁的结构形式是紧密相关的。

3. 汀步

常见的汀步有仿树桩汀步、板式汀步和荷叶汀步等，其施工方法因形式不同而异。

（1）仿树桩汀步

1）仿树桩汀步的施工要点是用水泥砂浆砌砖石做成树桩的基本形状，表面再用 1∶2.5

有色水泥砂浆抹面，并塑造树根与树皮形象。

2）树桩顶面仿锯截面做成平整面，用仿本色的水泥砂浆抹面。

3）待抹面层稍硬时，用刻刀刻画出一圈圈年轮环纹。

4）清扫干净后，再调制深褐色水泥浆，抹进刻纹中；抹面层完全硬化之后，打磨平整，使年轮纹显现出来。

（2）板式汀步

1）板式汀步的铺砌板的平面形状可为长方形、正方形、圆形、梯形、三角形等。梯形和三角形铺砌板的功能主要是组合成板面形状有变化的规则式汀步路面。

2）铺砌板宽度和长度可根据设计确定，其厚度常设计为80~120mm。板面可以用彩色水磨石来装饰，不同颜色的彩色水磨石铺路板能够铺装成美观的彩色路面。有用木板作板式汀步的，如图13-8所示。

图13-8　板式汀步

（3）荷叶汀步

1）荷叶汀步的步石由圆形面板、支撑墩（柱）和基础三部分构成。圆形面板应设计2~4种尺寸规格，如直径为450mm、600mm、750mm、900mm等。

2）采用C20细石混凝土预制面板，面板面可仿荷叶进行抹面装饰。抹面材料用白色水泥加绿色颜料调成浅果绿色，再加绿色细石子，按水磨石工艺抹面。

3）抹面前要先用铜条嵌成荷叶叶脉状，抹面完成后一并磨平。为了防滑，顶面一定不能磨得很光。荷叶汀步的支柱可用混凝土柱，也可用石柱，其设计按一般矮柱处理。

4）基础应牢固，至少要埋深300mm；其底面直径不得小于汀步面板直径的2/3。

4. 栈道

1）栈道多利用山、水界边的陡峭地形而设立，其变化多样，既是景观又可完成园路的功能。

2）栈道路面宽度的确定与栈道的类别有关。采用立柱式栈道的，路面设计宽度可为1.5~2.5m；斜撑式栈道宽度可为1.2~2.0m；插梁式栈道不能太宽，以0.9~1.8m比较合适。

13.7　各种类型园路施工特点与禁忌

园路像脉络一样，把园林的各个景区联成整体。园道路本身又是园林风景的组成部分，蜿蜒起伏的曲线、丰富的寓意、精美的图案，都给人以美的享受。园路是园林施工的主要项目之一，其施工特点与禁忌有以下几点。

13.7.1　沥青类园路

1. 普通沥青园路

沥青材料主要包括沥青和改性沥青，常用于主园路与次园路。

特点：具有高强度和稳定性；机械化施工程度高，质量易保证；进度快，便于修补和分期改建；行驶噪声较低；开放交通时间较短。

缺点：沥青路面抗弯拉强度较混凝土低；温度稳定性差，施工受季节和气候的影响较大。

2. 改性沥青园路

改性沥青是掺加橡胶、树脂、高分子聚合物或其他填料等外掺剂（改性剂），或采取对沥青轻度氧化加工等措施，使沥青或沥青混合料的性能得以改善制成的沥青结合料。

由于改性沥青材料抗弯拉强度较混凝土低，所以基层须有足够的强度与水稳性；施工前，应将路基上的垃圾、淤泥、灰尘等清理干净，如用水冲洗基层，应在基层干透后方可施工；温度须在5℃以上方可施工，雨季应做好防雨措施；喷洒粘层油，应注意成品保护，避免污染路牙石、园路人行道、绿化等。

（1）改性沥青初压问题　初压环节的温度一般保持在110～140℃之间，驱动轮要匀速前进，后退时应按照前进时候的碾印移动。在沥青路面进行初压的时候，初压后要对路面的平整度、路拱进行检查，一旦发现问题要立刻纠正。如果在路面碾压过程中出现推移现象，这个时候可以等到温度变低之后再进行碾压。

（2）改性沥青复压问题　复压环节温度应该保持在120～130℃，使用双轮振动压路机进行路面的碾压，在碾压方式上可以采用与初压相同的方法，碾压的次数应该在6次以上，只有这样才能够保证路面的稳固和结实。

（3）改性沥青终压问题　终压要消除复压过程中面层遗留的不平整，又要保证路面的平整度，终压结束时的温度应该大于90℃，使用静力双轮压路机并应紧接在复压后进行，碾压遍数为2～3遍。

压实之后，路面要求平整度好，排水合理，不积水；铺设完成后，注意成品保护，养护期间，禁止重车碾压及污染等。

有波打沥青园路施工问题：园路波打内外侧都需要做护壁；波打靠沥青处做10cm宽混凝土护壁，护壁高度与底层普通沥青等高，比波打底面高1～2cm，如图13-9所示。

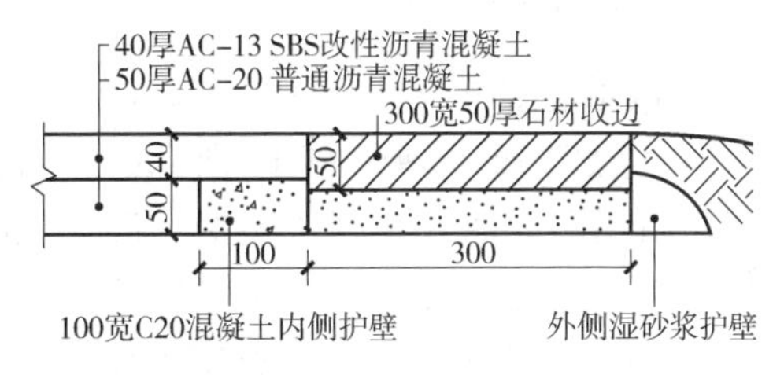

图13-9　沥青园路结构

沥青园路问题如图13-10～图13-14所示。

图13-10　无路牙波打沥青园路

图 13-11　有路牙波打沥青园路

图 13-12　园路曲线不够顺畅自然

图 13-13　园路曲线起伏不够顺畅自然

图 13-14　未对园路波打做保护，造成污染

13.7.2　混凝土园路

1. 透水混凝土

1）透水混凝土如图 13-15 所示，透水混凝土园路控制园路的曲线及起伏顺畅；透水混凝土应严格控制配合比，否则会有脱落现象。运输一般控制在 10 分钟以内，运输过程中不要停留，透水混凝土属于干性混凝土料，初凝快，摊铺必须及时，否则影响施工。

图 13-15　透水混凝土

2）人行道面，大面积施工采用分块隔仓式进行摊铺物料，其松铺系数为 1∶1.1 或 1∶1.5。将混合料均匀摊铺在工作面上，然后使用平板振动器或人工捣实（捣实不宜采用高频振动器）。最后抹合拍平，抹合不能明水。

3）同一位置平板振动器振动时间过长，易出现离析现象。

4）因透水混凝土其空隙率大，水分散失快，当气温高于 35℃时，施工时间应宜避开中午，适合在早晚进行施工。

5）摊铺结束后，经检验标高、平整度均达到要求后，应立即覆盖塑料薄膜，也可采用洒水养护，养护期不得少于 7d，使其在养护期内强度逐渐提高。

6）待表面混凝土成型干燥后 3d 左右，涂刷透明封闭剂，增强耐久性和美观性。透水混凝土空隙会受污而堵塞。

图 13-16 即为透水混凝土因胶结剂不合格而出现问题。

2. 彩色压膜混凝土

彩色混凝土是一种防水、防滑、防腐的绿色环保地面装饰材料，是在未干的水泥地面上加上一层彩色混凝土，然后用专用的模具在水泥地面上压制而成。彩色混凝土能使水泥地面永久地呈现各种色泽、图案、质感，逼真地模拟自然的材质和纹理。多用于次园路与小径，如图 13-17 所示。

图 13-16　因透水混凝土胶结合剂不合格而出现的脱粒

图 13-17　彩色混凝土压膜园路

1）彩色压膜混凝土园路施工放线时应严格控制园路的曲线及起伏顺畅。

2）根据设计要求复查混凝土基层的质量，平整密实度要达到设计标准，方能开始施工。

3）施工前需准备好指定的色粉、脱模粉、模具和工具等。

4）基层混凝土的强度应不大于 C25，其水灰比尽可能小且混凝土中不能含有早强剂。

5）彩色混凝土中的碎骨料粒径以不大于 30mm 为宜。

6）10cm 以下彩色混凝土振捣，使用平板式振捣器振捣作业，10cm 以上混凝土使用插入式振捣作业。

7）当彩色混凝土达到初凝阶段时，在混凝土表面撒两遍彩色粉，反复抹平、收光，调色不均的后果如图 13-18 所示。

图 13-18　色粉调色不均匀，色彩不自然，模印深浅不一

8）上色后的混凝土平整光洁后，印上脱模粉，进行花纹成型，模具按设计要求铺设。

9）在操作过程中要边施工边检查，发现有粘模或浅模等现象，以及模具接缝等边角处的拍后效果差的地方要及时处理。

10）待混凝土表面清洗干燥后，将密封保护层均匀地涂刷在彩色混凝土表面上。

未做压缝处理的彩色混凝土园路如图 13-19 所示。

13.7.3 石材类园路

1）石材的技术等级、光泽度、外观等质量要求应符合项目的设计及施工要求，转弯处应做排版如图 13-20 所示。

图 13-19　压缝未处理

图 13-20　转弯处理优化排版

2）基层必须清洁干净且浇扫水泥油润湿，严格控制水泥砂浆的水灰比，石材背面刷素水泥浆，确保基层与结合层、面层与结合层粘结牢固，如图 13-21 所示。

3）石材必须在铺设前清水润湿，防止石材将结合层水泥砂浆的水分吸收，也可顺便洗掉石材上的灰尘，保证粘贴牢固。

4）铺设前必须拉十字通线，确保操作工人跟线铺贴，铺完每行后随时检查缝隙是否顺直。

波打交接口不美观如图 13-22 所示。

图 13-21　石材铺贴未打满水泥膏

图 13-22　波打交接口不美观

5）铺设一段后，及时用水平尺或直尺找平，以防接缝高低不平，宽窄不均。

6）铺设完成后，用同色水泥勾缝，禁止用干水泥砂浆或水泥粉扫缝，如图 13-23 所示。

7）面层施工完毕后，对现场进行简单维护，派专人洒水养护不少于 7d。

8）园路与地形不协调，且未设置排水沟，如图 13-24 所示。

9）转角处未排版对缝如图 13-25 所示。

图 13-23　波打石材大小缝明显、用湿水泥砂浆扫缝

图 13-24　园路与地形不协调，未设置排水沟

图 13-25　转角未排版对缝

13.7.4　砖材类园路

砖材主要有烧结砖、透水砖、水泥 PC 砖等。凡以黏土、页岩、煤矸石或粉煤灰为原料，经成型和高温焙烧而制得的砖被称为烧结砖，如图 13-26 ~ 图 13-28 所示。

1）砖的强度、色泽等质量要求应设计要求。

2）底层应清洁干净并浇扫水泥油润湿，砂浆厚度应小于 5cm。

3）铺贴须拉十字通线，确保操作工人跟线铺贴，铺完每行后随时检查缝隙是否顺直。

图 13-26　透水砖园路

图 13-27　水泥 PC 砖园路

图 13-28　烧结砖园路

4）铺设标准块后，随时用水平尺和直尺找平，以防接缝高低不平，宽窄不均。

5）铺设完成后，用细砂扫缝。砖材园路铺贴禁忌如图 13-29 ~ 图 13-32 所示。

图 13-29　纵向铺贴

图 13-30　基础处理不到位，出现断裂

图 13-31　园路曲线不顺畅，水沟与园路应有 30cm 间隔

图 13-32　砖缝不够顺直、均匀，铺完未用细沙扫缝

6）冰裂纹园路（图 13-33）的石材的规格大小应该相仿，冰裂纹砖材边长控制在 150 ~ 250mm，长宽比小于 1.5，面积比小于 2.5，长边与短边差不大于 100mm，如图 13-34 所示。

图 13-33　冰裂纹园路

图 13-34　景观效果较好的冰裂缝铺装

7）冰裂纹园路的材料多为不等边五边形或六边形，四边形占 5% ~8%，五边形占 35% ~45%，六边形占 55% ~60%，如图 13-35 所示。

8）拼角控制在 120° ~180°，如图 13-36 所示。

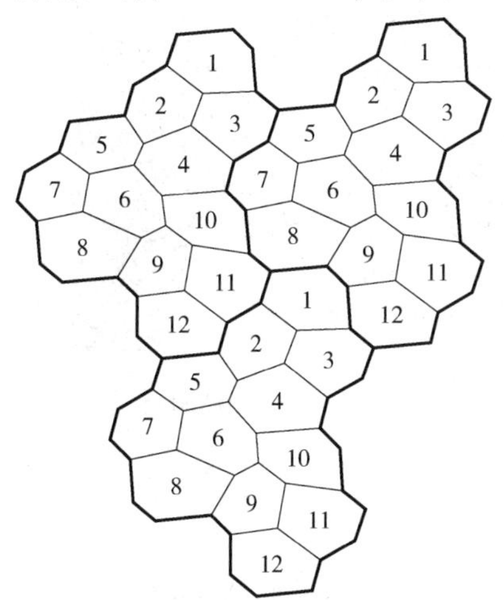

图 13-35　冰裂纹园路图形设置

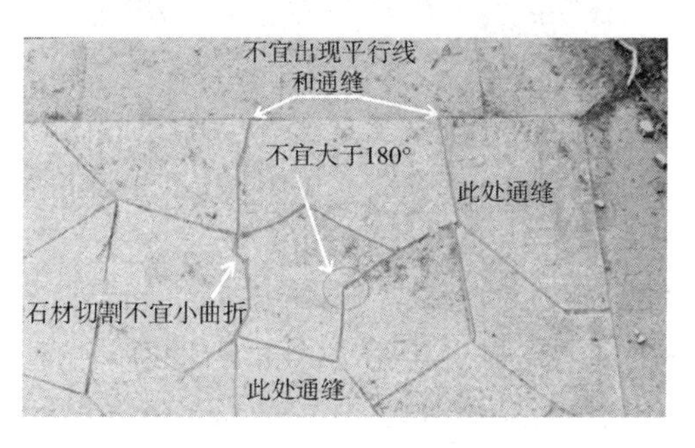

图 13-36　拼角在 120° ~180°

9）石材铺装时应大小搭配，缝宽以 10mm 为宜，用水泥油回缝，缝应比石材面低 2 ~3mm。

10）避免出现通缝及三角形，如图 13-37 ~ 图 13-39 所示。

图 13-37　三角形过多

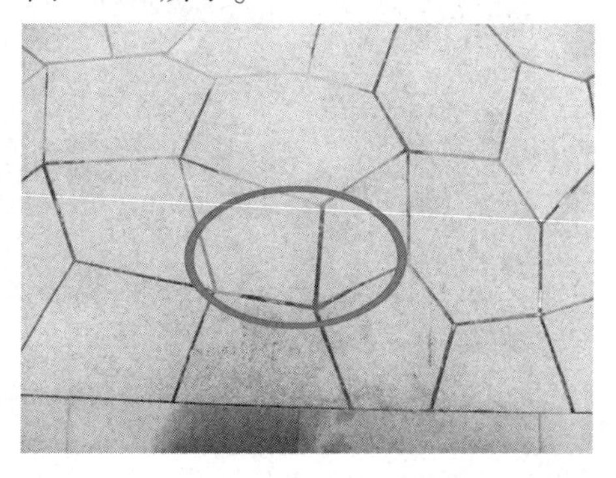

图 13-38　出现通缝

图 13-39　出现内角现象

13.7.5　砾石园路

砾石园路透水性好；风格清新自然，富有野趣，施工成本低，不能行车，如图 13-40 所示。

1）卵石大小要基本一致，材料应选用扁平细长的卵石，如图 13-41 所示。

图 13-40　砾石园路

图 13-41　卵石铺贴园路

2）铺贴前卵石应清洗，单色卵石铺贴要做到色差小。双色或多色卵石铺贴要选用色差对比明显的卵石，有拼花图案的卵石铺装应在现场预排版。

3）竖贴卵石应比石材面高 5~8mm，横贴卵石应比石材完成面高 3~5mm。

4）铺贴完成后应清洗干净，避免卵石被污染。

砾石园路铺设禁忌如图 13-42 及图 13-43 所示。

图 13-42　禁止大量使用粒径大且饱满的卵石

图 13-43　平铺出现脱落

13.8　园路铺装案例

园路直铺案例如图 13-44 所示。

弧形园路适合采用竖向工字铺贴，转弯处顺畅自然，但应注意颜色的搭配，避免颜色种类过多，如图 13-45 所示。

图 13-44　直铺

图 13-45　竖向工字铺，颜色种类不宜多

直线园路适宜采用横向工字铺，模数设计准确，颜色协调，效果良好，如图 13-46 所示。

半径较小的弧形园路不宜采用横向工字铺，容易出现拼接不当造成切割碎料拼接，应采用竖向工字铺，如图 13-45 所示。

直线园路人字铺铺法合理，模数设计准确，没切割碎料，降低废材率，但需注意收边材料颜色偏差过大，如图 13-47 所示。

弧线园路不太适宜采用人字铺铺贴，易造成切割碎料的浪费，并且色彩过于单调，如图 13-48 所示。

图 13-46　横向工字铺

图 13-47　直线人字铺

图 13-48　弧形不宜人字铺

直线园路适宜采用双拼铺设，整齐统一，模数准确，效果良好，如图 13-49 所示。

弧线园路不宜采用双拼铺设，有一定量的切割碎料，造成材料浪费，如图 13-50 所示。

图 13-49　直线双拼铺

图 13-50　弧形不宜双拼铺

直线园路适宜采用正铺，设计尺寸、模数准确，勾缝清晰对称，省材省工，效果良好，如图 13-51 所示。

弧线园路不宜采用正铺，易造成边角碎料拼接难和材料的浪费，造价高，如图 13-52 所示。

弧形园路按形切割定制，勾缝对齐细致，但材料规格较大，大面积弧形园路定制造价高，一般不建议采用，如图 13-53 所示。

直线园路适宜采用 45°斜铺，尺寸合理，模数准确，铺设对称，色彩协调，但应先设计好模数，避免浪费如图 13-54 所示。

图 13-51　直线正铺

图 13-52　弧形不宜正铺

图 13-53　弧形按形切割定制

弧形园路不宜采用 45°斜铺，有一定的切割量并与收边材料颜色不协调，色差过大，如图 13-55 所示。

图 13-54　直线 45°斜铺

图 13-55　弧形不宜 45°斜铺

弧形园路适宜采用小料石铺设，自然顺畅，避免弧形切割的浪费，颜色协调统一，效果良好，如图 13-56 所示。

图 13-56　弧形小料石铺

直线园路不宜采用小料石工字铺，虽整齐统一，但与收边材料规格偏差过大，不协调，并且直线园路优选大规格材料避免零碎，如图 13-57 所示为直线小料石工字铺。

直线园路小面积适宜采用冰裂纹铺贴，勾缝均匀细腻，收边材料搭配较好，但大面积园路不宜使用，如图 13-58 所示。

图 13-57　直线不宜小料石工字铺

图 13-58　直线冰裂纹铺

大面积弧形园路不宜采用冰裂纹铺贴，与绿地交界处应设石材或平道牙收边，施工难，同时较耗人工，如图 13-59 所示。

图 13-59　大面积弧形不宜冰裂纹铺

直线园路适宜采用木材铺设，排列整齐，勾缝清晰均匀，色泽统一，与环境协调，效果良好，如图 13-60 所示。

弧形园路木材铺设有一定的切割量和材料浪费，通常大面积园路不宜采用木材铺装，避免成本过高，易起翘变形，如图 13-61 所示。

弧形健身步道适宜采用卵石立铺，方向统一平整，密度合理，同时避免材料切割碎料和材料浪费，如图 13-62 所示。

图 13-60　直线木材铺

图 13-61　弧形不宜木材铺

图 13-62　弧形卵石铺

弧形园路适宜使用洗米石铺设，施工简单成本低，效果良好，同时避免材料切割碎料和材料浪费，如图 13-63 所示。

弧形园路不宜采用缝对缝铺，弧形转弯处模数计算不准确，易造成较多的边角碎料和零碎废材，效果差，如图 13-64 所示。

图 13-63　弧形洗米石铺

图 13-64　弧形不宜缝对缝铺

第 14 章

园林绿化施工流程模板

园林绿化施工的详细流程一般为：土方施工→安装给水排水管线和供电线路→修建园林建筑→大树移植→装道路、广场→种植小乔木及灌木→铺装草坪→种植地被。

14.1 施工准备

1）根据工程指派具有丰富经验的技术人员和管理人员组成项目经理部。部门人员首先需详细了解设计图、施工图、施工要求、施工期限、合同规定等相关材料。并到现场了解场地。对业主和施工方现场进行景观效果、技术要求交底，明确施工重点、难点，从而减少因理解分歧而造成的后期返工，节约施工成本或降低施工难度。

2）根据施工任务量、施工要求、预算项目的具体定额等组织施工技术力量、安排施工计划、制定工程进度表。准备好施工机械、工具以及花草树木、肥料等材料的来源，做好施工的前期准备工作。人员必须到位，工具必须足够，机械必须检修完好，花草树木必须符合要求、无病虫害，肥料要求合格。

14.2 基础地形与地面下工作

在园林建设中，首当其冲的工程就是地形的整理和改造，工程量较大，工期也较长，是建园的主要工程项目，如图 14-1 所示。在满足设计意图的前提下，如何尽量减少土方的施工量，减少一些不必要的土方浪费而造成投资上的浪费，做到节约投资和缩短工期，这就要对土方的“挖、填、运”进行必要的计算，做到心中有数、统筹安排，以提高工作效率和经济效益。

图 14-1 地形整理和改造

14.2.1 计算土方量

土方量的计算一般都是根据附有原地形等高线的设计地形图来进行。由于园林山水是要求具有自然效果的，不可能是规则的简单形状，在计算工程量的时候要力求准确，尽量把土方分解得越细越好，可减少误差。计算完堆土及挖湖的量后，统计所需土量或需运走余泥的量。为减少余泥出运，常就地深挖掩埋或转做园建地基；进土方比测算量多30%为好，因为有沉降和损耗，加之哪怕是多余的种植土也能被绿化微地形消化，所以土方宜多不宜少。

14.2.2　起始标高、放线、整地形

1. 起始标高

园林标高、放线常以房屋建筑为参照物。考虑到实际偏差，应对参照物的标高和尺寸进行复核，再确定最佳参照物。

2. 放线工作

做好前期的准备工作后再按设计图纸的要求，用测量仪器在施工现场进行定点放线工作（图 14-2）。为使施工充分表达设计意图，放线时应尽可能精确。

横平竖直、弯曲自然，尺寸定位得当。两线相交确定一点，两点相交确定一线。直线直角常用勾三股四弦五验证。借助全站仪能轻松完成。

如果湖、山的地形比较大，现场较难放线，这种情况下可先在施工图上打方格，再把方格网放到地面上，而后把设计地形等高线和方格网的交点，标到地面并打桩，桩木上标明桩号及施工标高。

图纸上的尺寸是铺装完成面，而放线的尺寸往往是基础面。应熟知结构和石材面层尺寸，才能减少返工破除或补工。

3. 土方工程施工

土方工程施工包括挖、运、填、压四个内容（图 14-3）。其施工方法又可分为人力施工、机械施工、人机混合施工。以人机混合施工最为普遍。对要求需要挖湖造山或如空中花园项目，根据图纸要求，与建筑、园建部门协调，把土方填到位，在空中花园项目中，若客土量较大（如厚度超过 80cm）用机械压土会影响到楼板的承受力，应采取灌水方法让其沉降至所要求高程。但无论如何，都要保证种植层疏松的要求。

图 14-2　铺装放线

图 14-3　土方工程施工

4. 地下管道埋设、供电、供水施工

地形整理好后，因赶快进行地下管道埋设，以及供电、供水施工。因为园灯照明必须用电、绿化管理必须用水，排水，而且水、电管线必须要埋在土层、道路、园林建筑下，因此我们要在种植之前，土方施工之后，园建、路建同步完成这些工作。必须指出的是水、电施工也要严格按图施工。有些经验不足的施工员会有这样的错误观点：水、电到位就行，不管水管、线缆的走向，依其施工方便。这种做法会造成很多不利后果：绿化种植或改造时不清楚管线而挖断，水、电维修时为了找到管线而到处乱挖乱掘等，如图 14-4 所示。

5. 绿化地平整及清理

图 14-4　管线挖掘

（1）平地　种植地表应按预算定额规定在 ±20cm 高差以内平整绿化地面，同时清除碎石及杂草杂物；种植场或草坪坡度可定在 2.0% ~3.0% 之间以利排水。

一般情况下，靠路边或路牙绿化地面应低于路边或路牙 5cm，以防泥水冲落路面，而且要将绿化地面水引至排水管井。但有种情况是路边为草地时要把水排出到马路排水沟的，草地边与路牙等高或略高于路牙，所以在实际施工中，要根据设计图和实际情况灵活掌握。

（2）坡地　按设计高程图所定坡度整理，特别是造假山时要处理好峰、谷、洞的关系，一方面在功能上要有利于排水，另一方面在美观上要符合园林美感，细腻之处要用人工慢慢雕琢。力求从不同角度有不同的景观效果。

6. 土质要求

pH 值要求为 5.5 ~7.5 的土壤，不含建筑和生活垃圾；在种植层内不能有杂草。土质要疏松，有一定的土深：草地大于 30cm，花灌木大于 50cm，乔木则要求在种植穴周有大于 50cm 的土壤（一般在 130cm 以上）。如果土壤不合要求，就要进行换土。

14.3　地基与地面上景观建设

14.3.1　扎钢筋制模、管线铺设、道路场地硬化

园建地形整理压实，铺好碎石垫层后，根据设计要求和实际情况可能要铺设单层或双层双向钢筋，行间距 20cm 左右。模板有木方模板和砖模，砖模可作为硬化部分。模板高度依混凝土完成面。

在混凝土浇筑前完成地下地面的管道铺设预埋，大面积的混凝土硬化，应进行标高定桩，以减少人工误差。通常用天泵与搅拌车完成，同时需注意人员分工，搅拌车开关一人，管口一两人，耙平 2 ~4 人，振动棒一两人，细平一两人。混凝土浇筑后的 3 天内要保湿或保温养护，避免人为和机械破坏。

14.3.2　园建铺装施工

设计的优劣基本决定了铺装的难易和外观；路基放线硬化的好坏对铺装的施工进度有影响；而铺装排版的定制化能优化细节、减少现场切割，使缝对缝或缝对中；工人现场铺装的工序及水平决定着施工质量。标高依设计同时根据现场调整，大面积铺装时，一般按 2% 坡向设排水沟。

铺装完成后一天内防止人为踩踏而凹陷不平，必要时用彩条布覆盖防止污染石材。在即将试用前常用洗地机刷洗，重点部位人工用草酸清洗。

14.4　大树、乔灌木定点种植

14.4.1　定点放线

苗木的定点，除按设计要求，很多都是根据绿化师现场调配。但种植放线必须遵循“由整体到局部，先控制后局部”和“先乔木后灌木再到地被最后草地”的原则。

按图比例准确放线定点并做好标记（如乔灌木打木牌、地被及草撒石灰线），这是如何体现园林美的关键步骤。为了准确起见，可在种植点插上清晰的木牌，上面记载苗木品种、规格等。

若受现场地物条件限制，可依实与建设方和质监单位商讨，在不影响景观效果的前提下或另选树种或稍微移位。

14.4.2　挖穴整地

这也是对定点放线的延伸，要符合设计和施工验收规范要求。对于乔灌木，按设计的土球规格，以“某省园林建筑绿化工程预算定额”所定挖穴规格标准施工。值得注意的是必须使穴上口沿与底边垂直，大小一致，切忌挖成上大下小的锥形或锅底形。并按技术要求放置基肥，并在基肥上覆盖一层约15～20cm的泥土，以防根系直接接触肥料而烧伤根系；对于花灌类，松土层要达到50cm以上；对于草坪类（如台湾草），要求先压实土壤，再在上面铺一层（约3～5cm）优质嫩黄泥或细嫩沙壤土，然后用直木条等将土刮平、刮顺，并做好排水措施。周围土质不好就需要备好营养土，做盆式栽植。要防止积水，有地下埋置排水管，也有土球周围布置探水管。

14.4.3　植物准备

植物准备也是一个关键环节，除了要严格按照设计及技术规范外，还要注意以下几点。

1）在确保低成本的前提下，必须计算好种植施工进度所需苗木的数量与种类，树木形态要求：主要是要符合美观的实效作用，还要求与周围环境协调一致。

2）苗木到场验收合格后，及时疏枝打叶，大伤口涂抹愈合剂。并力求当天苗木当天完成种植。

3）种植最好在春秋两季，但由于工程需要往往要反季节施工，这就要求要采取适当的技术措施。种植一般按照“大乔木—中、小乔木—灌木—地被植物—草皮”的顺序施工。

4）种植前先检查苗木状况进行适度修剪，剪去枯枝、烂枝、烂根、劈裂根、过长根，并进行疏剪、缩枝，以减少水分蒸发。但修剪时应注意树木形态，特别是孤植树。

5）种植时注意观赏面，要种直，如果是规则式种植一定要行列对正。乔木灌木的栽植应注意前景与背景的关系，认真领会设计意图，充分展现植物的群体美与个体美。

6）在丛植时，按要求应具有相同的胸径、冠幅，但它们姿态的丰满度及高度不完全一致，需要施工人员充分发挥自己的艺术眼光，对植物进行因地制宜的调配组合，姿态丰满的处于主要观赏位置，前低后高，个体的姿态缺陷在组合位置上进行弥补，以达到最佳的植物景观效果。

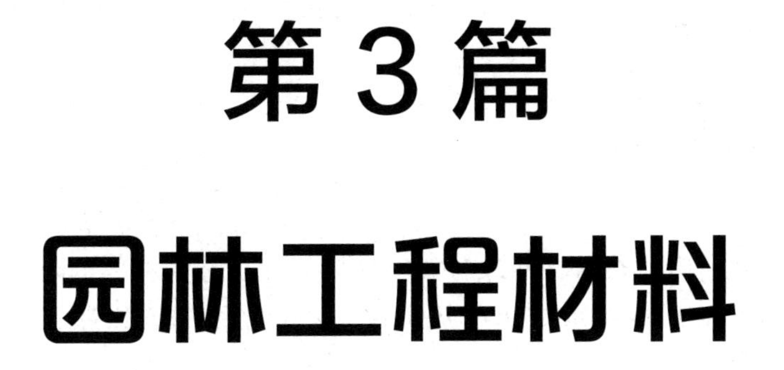

第3篇

园林工程材料

第 15 章

园林工程材料简介

15.1 基本性质

15.1.1 与热有关的性质

1. 热容量

1）材料在受热时吸收热量，冷却时放出热量的性质称为材料的热容量。单位质量材料温度升高或降低 1K 所吸收或放出的热量称为热容量系数或比热容。比热容的计算式如下：

$$c = \frac{Q}{m(t_2 - t_1)}$$

式中 c——材料的比热容，J/（kg·K）；

Q——材料吸收或放出的热量，J；

$t_2 - t_1$——材料吸热式放热后温度变化值，K；

m——材料的质量，kg。

2）材料的热容量为比热容与材料质量的乘积。使用热容量较大的材料，对于保持室内温度稳定具有很重要的意义。例如，墙体、屋面等围护结构的热容量越大，其保温隔热性能就越好。在夏季户外温度很高，如果建筑材料的热容量大，升高温度所需吸收的热量就多，因此室内温度升高较慢。在冬季，房屋采暖后，热容量较大的建筑物，材料本身储存的热量较多，停止采暖后短时间内室内温度降低不会很快。

3）几种常用材料导热系数和比热容见表 15-1。

表 15-1　几种常用材料导热系数和比热容

材料	导热系数 λ [W/(m·K)]	比热容 c [J/(kg·K)]	材料	导热系数 λ [W/(m·K)]	比热容 c [J/(kg·K)]
水	0.58	4.19×10^3	混凝土	1.8	0.88×10^3
铁、钢	58.15	0.48×10^3	木材	0.15	1.63×10^3
砖	0.55	0.84×10^3	密闭空气	0.0023	1×10^3

2. 材料的导热性

1）当材料两面存在温差时，热量从材料的一面通过材料传导到材料的另一面的性质，叫作导热性。

2）导热性用导热系数 λ 表示。导热系数的定义和计算式如下：

$$\lambda = \frac{Qd}{FZ(t_2 - t_1)}$$

式中　λ——导热系数，w/(m·K)；

Q——传导的热量，J；

F——热传导面积，m^2；

Z——热传导的时间，s；

d——材料厚度，m；

$t_2 - t_1$——材料两侧温度差，K。

3）在物理意义上，导热系数为单位厚度（1m）的材料、两面温度差为1K时、在单位时间（1s）内通过单位面积（$1m^2$）的热量。

4）导热系数是评定材料保温隔热性能的重要指标，导热系数小，其保温隔热性能好。一般来说，金属材料的导热系数大，无机非金属材料适中，有机材料最小。例如，铁的导热系数比石灰石大，大理石的导热系数比塑料大，水晶的导热系数比玻璃大。这说明材料的导热系数主要取决于材料的组成与结构。孔隙率大且为闭口微孔的材料导热系数小。此外，材料的导热系数还与其含水率有关，含水率增大，其导热系数将明显增大。

3. 耐燃性

耐燃性是指材料在火焰或高温作用下可否燃烧的性质。按照遇火时的反应，将材料分为非燃烧材料、难燃烧材料和燃烧材料三类。

（1）燃烧材料　在空气中受到火焰或高温作用时，立即起火或燃烧，离开火源后继续燃烧或微燃的材料，称为燃烧材料，如胶合板、纤维板、木材、织物等。

（2）难燃烧材料　在空气中受到火焰或高温作用时，难起火、难炭化，离开火源后燃烧或微烧后立即停止的材料，称为难燃烧材料，如石膏板、水泥石棉板、水泥刨花板等。

（3）非燃烧材料　在空气中受到火焰或高温作用时，不起火、不炭化、不微烧的材料，称为非燃烧材料，如砖、混凝土、砂浆、金属材料和天然或人工的无机矿物材料等。

4. 耐火性

耐火性是指材料在火焰或高温作用下，保持其不破坏、性能不明显下降的能力，用其耐火时间（h）来表示，称为耐火极限。通常耐燃的材料不一定耐火，如钢筋；而耐火的材料一般耐燃。

15.1.2　与水有关的性质

1. 润湿角

润湿角（即接触角 θ）是气、固、液三相的交点沿液面切线与液相和固相相接触的方向所成的角。材料与水有关的性质见表 15-2。

表 15-2　材料与水有关的性质

润湿角	与水有关性质	润湿示意图	材料润湿实例
$\theta \leq 90°$	材料表现为亲水性，该材料称为亲水性材料	θ	木材、砖、混凝土、石材等

（续）

润湿角	与水有关性质	润湿示意图	材料润湿实例
$\theta > 90°$	材料表现为憎水性，该材料称为憎水性材料	θ	沥青、石蜡、塑料等

2. 吸水性和吸湿性

（1）吸水性

1）材料与水接触吸收水分的性质，用吸水率表示。

2）质量吸水率：材料在水中吸水达到饱和时，吸入水的质量占材料干质量的百分率。

$$W_m = \frac{m_b - m_g}{m_g} \times 100\%$$

式中 W_m——材料的质量吸水率，%；

m_b——材料在吸水饱和状态下的质量，g 或 kg；

m_g——材料在干燥状态下的质量，g 或 kg。

3）体积吸水率：材料在水中吸水达到饱和时，吸入水的质量占材料自然状态下质量的百分率。

$$W_v = \frac{m_b - m_g}{V_0} \times \frac{1}{\rho_w} \times 100\%$$

式中 W_v——材料体积吸水率，%；

m_b——材料吸水饱和状态下的质量，g 或 kg；

m_g——材料干燥状态下的质量，g 或 kg；

V_0——材料在自然状态下的体积，cm^3 或 m^3；

ρ_w——水的密度，g/cm^3或 kg/m^3，常温下取 $\rho_w = 1g/cm^3$。

4）质量吸水率与体积吸水率存在以下关系：

$$W_v = W_m \times \rho_0$$

式中 ρ_0——材料干燥时的表观密度，g/cm^3或 kg/m^3。

5）材料的吸水率和孔隙特征决定孔隙率大小。材料的水分通过开口孔吸入，并经过连通孔渗入材料内部。材料连接外界的细微孔隙越多，吸水性就越强。水分不易进入闭口孔隙，而开口的粗大孔隙，水分容易进入，但不能存留，故吸水性较小。

6）园林建筑材料的吸水率差别很大，例如，花岗石由于结构致密，其质量吸水率为0.2%～0.7%，混凝土的质量吸水率为2%～3%，烧结普通砖的质量吸水率为8%～20%，木材或其他轻质材料的质量吸水率常大于100%。

（2）吸湿性

1）材料在潮湿空气中吸收水分的性质，用含水率表示。当较潮湿的材料处在较干燥

的空气中时，水分向空气中放出，是材料的干燥过程；反之，为材料的吸湿过程。由此可见，在空气中，材料的含水率是随空气的湿度而变化的。其含水率计算公式为：

$$W_b = \frac{m_s - m_g}{m_g} \times 100\%$$

式中　W_b——材料的含水率，%；

m_s——材料在吸湿状态下的质量，g 或 kg；

m_g——材料在干燥状态下的质量，g 或 kg。

2）当空气中湿度在较长时间内稳定时，材料的吸湿和干燥过程处于平衡状态，此时材料的含水率保持不变，此时的含水率叫作材料的平衡含水率。

3. 材料的耐水性

1）耐水性是指材料长期在饱和水作用下而不被破坏，其强度也不显著降低的性质。材料的耐水性用软化系数表示，按下式计算：

$$K_{软} = \frac{f_{饱}}{f_{干}}$$

式中　$K_{软}$——材料软化系数；

$f_{饱}$——材料在吸水饱和状态下的抗压强度，MPa；

$f_{干}$——材料在干燥状态下的抗压强度，MPa。

2）软化系数的范围在 0～1 波动，当软化系数大于 0.80 时，认为是耐水性的材料。受水浸泡或处于潮湿环境的建筑物，必须选用软化系数不低于 0.85 的材料建造。

4. 材料的抗渗性

1）材料的抗渗性是指材料抵抗压力水渗透的性质。抗渗性用渗透系数来表示，可通过下式计算：

$$K = \frac{Qd}{AtH}$$

式中　K——渗透系数，cm/h；

Q——渗水量，cm^3；

A——渗水面积，cm^2；

H——材料两侧的水压差，cm；

d——试件厚度，cm；

t——渗水时间，h。

2）园林建筑材料中势必存在孔隙、孔洞及其他缺陷，所以当材料两侧水压差较高时，水可能透过孔隙或缺陷由高压侧向低压侧渗透，即发生压力水渗透，造成材料不能正常使用，产生材料腐蚀，造成材料破坏。

3）材料的抗渗性可以用抗渗等级来表示。抗渗等级是以标准试件在标准试验方法下，材料不透水时所能承受的最大水压力来确定的。抗渗等级越高，材料的抗渗性能就越好。

4）材料抗渗性的高低与材料的孔隙率和孔隙特征有关。密实度大且具有较多封闭孔或极小孔隙的材料不易被水渗透。

5. 材料的抗冻性

1）材料的抗冻性是指材料在水饱和状态下，经反复冻融而不被破坏的能力。用冻融循环次数表示。

2）材料吸水后，在负温条件下，材料毛细孔内的水冻结成冰、体积膨胀所产生的冻胀压力造成材料的内应力，导致材料遭到局部破坏。当反复冻融循环时，破坏作用会逐步加剧，这种破坏称为冻融破坏。材料受冻融破坏表现在表面剥落、裂纹、质量损失和强度降低等方面。材料的抗冻性与其内孔隙构造特征、材料强度、耐水性和吸水饱和程度等因素有关。

3）材料抗冻性用抗冻等级表示，根据试件在冻融后的质量损失、外形变化或强度降低不超过一定限度时所能经受的冻融循环次数来标定。

4）材料的抗冻等级可分为F15、F25、F50、F100、F200等，分别表示此材料可承受15次、25次、50次、100次、200次的冻融循环，抗冻性良好的材料，对于抵抗温度变化、干湿交替等破坏作用的能力也较强。因此，抗冻性常作为评价材料耐久性的一个指标。

15.1.3 材料的密度、表观密度、堆积密度

（1）材料的密度　材料在绝对密实状态下单位体积的干质量。按下列公式计算：

$$\rho = \frac{m}{V}$$

式中　ρ——密度，kg/m^3；

m——材料的质量，kg；

V——材料在绝对密实状态下的体积，m^3。

（2）材料的表观密度　块体材料在自然状态下，单位体积的干质量。按下列公式计算：

$$\rho_0 = \frac{m}{V_0}$$

式中　ρ_0——表观密度，kg/m^3；

m——材料的质量，kg；

V_0——材料在自然状态下的体积，m^3。

（3）材料的堆积密度　散粒状材料在堆积状态下，单位体积的干质量。按下列公式计算：

$$\rho_0' = \frac{m}{V_0'}$$

式中　ρ_0'——堆积密度，kg/m^3；

m——材料的质量，kg；

V_0'——材料在堆积状态下的体积，m^3。

15.1.4 材料的密实度、孔隙度

（1）密实度（D）　是指材料体积内被固体物质充实的程度。按下列公式计算：

$$D = \frac{V}{V_0} \times 100\% = \frac{\rho_0}{\rho} \times 100\%$$

（2）孔隙率（P）　是指材料体积内孔隙体积所占的比例。按下列公式计算：

$$P = \frac{V_0 - V}{V_0} \times 100\% = \left(1 - \frac{\rho_0}{\rho}\right) \times 100\%$$

（3）两者关系　密实度与孔隙率的关系为：

$$D + P = 1$$

15.1.5　填充率、空隙率

（1）填充率（D'）　是指散粒材料在某堆积体积中被其颗粒填充的程度。按下列公式计算：

$$D' = \frac{V'_0}{V_0} \times 100\% = \frac{\rho'_0}{\rho} \times 100\%$$

（2）空隙率（P'）　是指散粒材料在某堆积体积中颗粒间的空隙体积所占的比例。按下列公式计算：

$$P' = \frac{V'_0 - V_0}{V'_0} \times 100\% = \left(1 - \frac{\rho'_0}{\rho}\right) \times 100\%$$

（3）两者关系　填充率与空隙率的关系为：

$$D' + P' = 1$$

15.1.6　材料的耐久性

1）材料的耐久性是指材料在长期使用过程中，抵抗其自身及环境因素、有害介质的破坏，能长久地保持其原有性能不变质、不破坏的性质。材料在使用过程中会受到多种因素的综合作用，除了受各种外力的作用外，还受到各种环境因素的作用，通常可分为物理作用、化学作用和生物作用三个方面。

2）物理作用是指材料在使用环境中受冻融循环、风力、湿度变化、温度变化等破坏，导致材料体积收缩或膨胀，并使材料产生裂缝，最终导致材料发生破坏。

3）化学作用是指材料受到酸、碱、盐等物质的水溶液或有害气体的侵蚀，使材料的组成成分发生质的变化而导致破坏。

4）生物作用是指生物对材料的破坏，如昆虫或菌类对材料的腐蚀作用。

5）材料可同时受到多种不利因素的联合破坏，所以，材料在使用中受到的破坏作用可以不止一种。材料的耐久性直接影响建筑物的安全性和经济性，合理地选择材料，正确地设计、施工、使用、维护，可以提高材料的耐久性，延长建筑物的寿命，降低使用过程中的运行费用和维修费用，从而获得较佳的社会效益和经济效益。

15.1.7　脆性和韧性

（1）脆性　当外力达到一定限度后，材料突然破坏，而破坏时并无明显的塑性变形的性质。

（2）韧性（冲击韧性）　在冲击、振动载荷作用下，材料能够吸收较大的能量，同时也能产生一定的变形而不致破坏的性质。

15.1.8　弹性和塑性

（1）弹性　材料在外力作用下产生变形，当外力取消后能够完全恢复原来形状，这种完全恢复的变形称为弹性变形（或瞬时变形）。

（2）塑性　材料在外力作用下产生变形，如果外力取消后，仍能保持变形后的形状和尺寸，并且不产生裂缝，这种不能恢复的变形称为塑性变形（或永久变形）。

15.1.9 材料的强度

材料强度是指材料受外力作用直至破坏时，单位面积上所承受的最大荷载。常用抗压强度、抗拉强度、抗剪强度和抗弯强度来表示，见表15-3。

表15-3 材料试验强度分类

强度类别	公式	材料受力试验
抗压强度	$f_y = \frac{P}{A}$	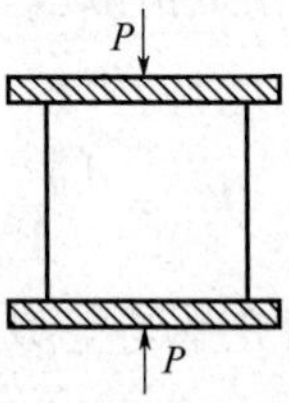 P P
抗拉强度	$f_l = \frac{P}{A}$	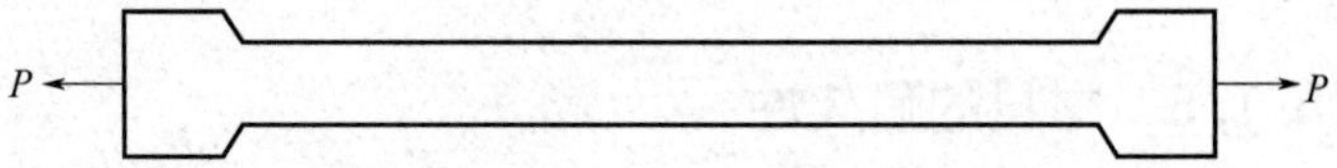 P P
抗剪强度	$f_j = \frac{P}{A}$	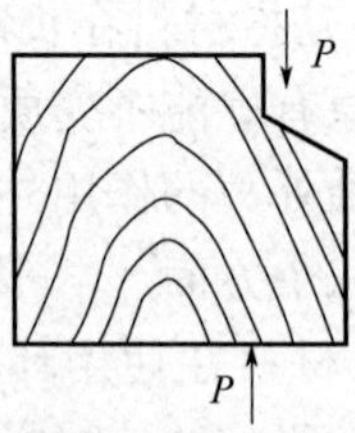 P P
抗弯强度	$f_w = \frac{3}{2}\frac{PL}{bd^2}$	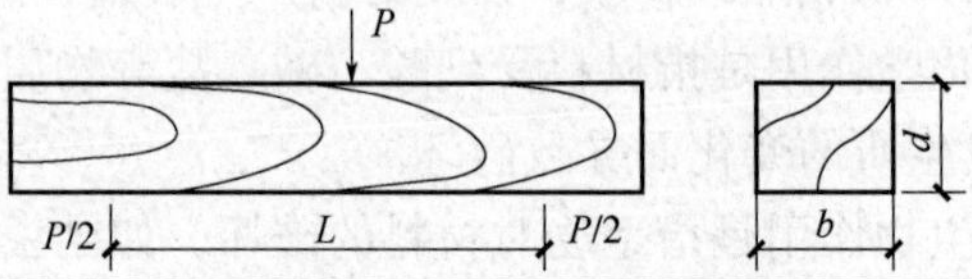 P P/2 L P/2 b d

注：1. P——破坏荷载（N）；A——受荷面积（mm^2）；L——试验标距（mm）；b——断面宽度（mm）；d——断面高度（mm）。

2. 影响因素：①内因：指组成、结构的影响；②外因：包括试件尺寸和形状、加荷速度、环境温湿度等。

15.1.10 园林建筑材料的美感

材料的性能、质感、肌理和色彩是构成环境的物质因素。人们在长期的生活实践中，发现了自然中所存在的物质美的因素。我国春秋战国时期著名的《考工记》中的“审曲面势，以饬五材，以辨民器”就是强调先要审度各种材料的曲直势态，根据它们固有的物质特性来进行加工，方能制成自己所需之物。《考工记》提出了生产劳动的四个条件：天时、地利、材美、工巧，认为优良的材料是人们制作、生产的前提。

园林建筑材料的美与材料本身的组成、性质、表面结构及使用状态有关系，它通过材料本身的表面特征，即色彩、光泽、肌理、质地、形态等特点表现出来。

1. 园林建筑材料的光泽美感

光泽是材料的表面特性之一，也是材料的重要装饰性能。高光泽的材料具有很高的观赏性，在灯光的配合下，能对空间环境的装饰效果起到强化、点缀和烘托的作用。材料的光泽美感主要通过视觉感受而获得在心理、生理方面的反应，引起某种情感，产生某种联想，从而形成审美体验。

（1）反光材料的光泽

1）漫反光是指光线在反射时反射光呈 360°方向扩散。漫反光材料通常不透明，表面粗糙且表面颗粒组织无规律，受光后明暗转折层次丰富，高光反光微弱，为无光或亚光，如毛石面、木质面、混凝土面、橡胶和一般塑料面等，这类材料以反映自身材料特性为主，给人以质朴、柔和、含蓄、安静、平稳的感觉。

反光材料的反光特征可用光洁度来表示。光洁度主要指材料表面的光洁程度。材料的表面光洁度可以从树皮的粗糙表面一直到光洁的镜面，利用光洁度的变化可创造出丰富的视觉、触觉及心理感受。光滑的表面给人以洁净、清凉、人造、轻盈等印象，而粗糙的表面给人以温暖、可靠、凝重、天然、较脏的印象。

2）定向反光是指光线在反射时带有某种明显的规律性。定向反光材料一般表面光滑、不透明，受光后明暗对比强烈，高光反光明显，如抛光大理石面、金属抛光面、塑料光洁面、釉面砖等。这类材料因反射周围景物，自身的材料特性一般较难全面反映，给人以生动、活泼的感觉。

（2）透光材料的光泽　透光材料受光后能被光线直接透射，呈透明或半透明状。这类材料常以反映身后的景物来削弱自身的特性，给人以轻盈、明快、开阔的感觉。

透光材料的动人之处在于它的晶莹、可见性与阻隔性的心理不平衡状态，以一定数量叠加时，其透光性减弱，但会形成一种层层叠叠像水一样的朦胧美。

许多材料都有透明特性，对于这些材料可通过工艺手段实现半透明或不透明，利用材料不同程度的透明效果呈现出丰富的表现力。同时，透明材料一般都具有光折射现象，因此，利用这一特性可对透明材料进行雕琢，从而获得变幻的效果。

2. 园林建筑材料的色彩美感

材料的色彩主要是指以其色相、明度、纯度的不同变化和对比在人的审美活动中产生的种种心理效应。色彩的统一和变化是其艺术表现的主要特点。充分、合理运用建筑材料的色彩，对创造符合当地人文的、优美而动人且具有特定艺术特色的园林建筑至关重要。

园林建筑材料自身的属性、外在光线的影响以及人类视觉系统的主观感受这三者紧密结合，将会在根本上影响使用者对于园林建筑色彩的感知。不同光线下建筑材料色彩的不同效果如图 15-1 所示。

园林建筑材料的色彩可分为下面三类。

（1）环境色　园林建筑材质的颜色会受到光线环境的影响，人们所看到的建筑色彩除了建筑材料自身，也包括其所处的环境。也就是说，我们很难将某一建筑的自身属性与其所处环境严格区分。

a）

b）

图 15-1　不同光线下建筑材料色彩的不同效果

a）夜晚灯光下混凝土　b）自然光线下古建筑

正如建筑学家鲁道夫·阿恩海姆所言，同一种色彩会在不同的背景之下呈现出完全不同的状态。从这个意义上来讲，一种颜色所呈现出的状态，一方面受制于其自身的属性，另一方面也会受到周围环境的影响。

（2）材料的固有色彩或材料的自然色彩　材料的固有色彩或材料的自然色彩是园林建筑设计中的重要因素，设计中必须充分发挥材料固有色彩的美感属性，而不能削弱和影响材料色彩美感功能的发挥，应运用对比、点缀等手法加强材料固有色彩的美感，丰富其表现力。木材的自然色彩如图 15-2 所示。

（3）材料的人为色彩　根据园林建筑设计的需要，对材料进行造色处理，以调节材料本色，强化和烘托材料的色彩美感。在造色中，色彩的明度、纯度、色相可随需要任意设定，但材料的自然肌理美感不能受影响，否则就失去了材料的肌理美感作用，是得不偿失的做法。

图 15-2　木材自然色

孤立的材料色彩是不能产生强烈美感的，只有运用色彩规律将材料色彩进行组合和协调，才会产生明度对比、色相对比和面积效应以及冷暖效应等作用，突出和丰富材料的色彩表现力。

3. 园林建筑材料的质地美感

材质是光和色呈现的基体，它某些表面特征，如色彩、肌理等，可以直接作用于人的感官，成为环境的形成因素，也影响到色光的冷暖感和深浅变化，由视觉引发的联觉是普遍的。

如大理石（图 15-3）光洁的表面会使人感到坚硬，不易接近却很有力度感，使人易产生稳定感、安定感及信任感。草麻、棉织品和编织品等则易使人引起温暖、舒适和柔软的联想，设计中适当运用联觉现象加强效果是一种行之有效的方法。

园林建筑材料的美感除体现在色彩、肌理、光泽上外，材料的质地也是材料美感体现的一个方面，并且是一个重要的方面。材料的质地美是材料本身的固有特征所引起的一种赏心悦目的心理综合感受，具有较强的感情色彩。例如：徽派建筑使用的青砖和青瓦都是亚光的，给人一种古朴、典雅的感觉（图 15-4）。

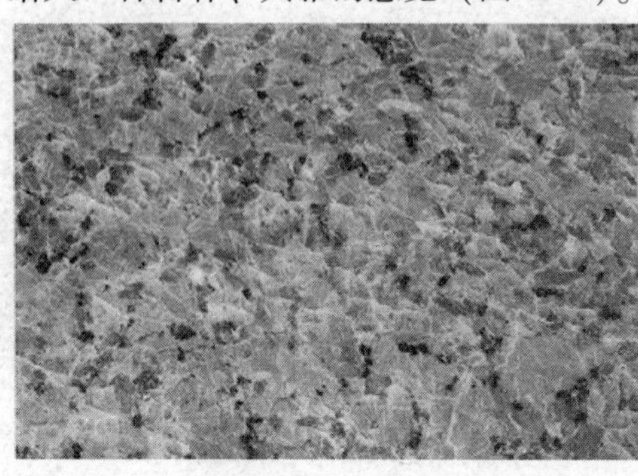

图 15-3　大理石

图 15-4　徽派建筑用青瓦

园林建筑材料质地美还可以通过不同质地的建筑材料的不同组合来体现。一方面可以突出材料自身的质地特性，另一方面通过质地变化和明暗程度来最终体现出建筑自身的显著特性。

在具体的建筑材料选择过程中，可以形成多样化的组合，进而使得不同的设计者得以透过对于园林建筑的差异理解和对美的不同倾向，在具体的操作过程中体现出自身的设计理念。

（1）不同材质的组合　在这种设计理念的组合之下，由于不同材质的强烈反差，使得整体的建筑设计呈现出更加突出的视觉冲击力。如石材与金属板的混搭，就体现出自然与人工要素的巨大差异，进而通过较为厚重的传统材质与相对轻盈的现代建筑材料的对比来表现全新的设计理念。

在园林建筑材料组合模式中，设计者可以从多角度入手来体现出不同材料之间的相互作用。并由此发现，在具体的园林建筑设计理念中，多种材质的相互混合使用常常能形成较为鲜明的艺术特色，进一步展现出园林建筑材料的质地美。

材料的搭配与材料个性之间也有着密切的关系，科学、合理的搭配不仅表达出材料本身的美观色彩，而且给人以舒适的感受。在从事园林建筑设计过程中，需要根据不同的情况、不同的环境、不同的习俗选择适合的材料，从而营造出满足居民需求的园林建筑（图 15-5）。

图 15-5　不同材质组合

（2）相同材质的组合　如木材与石材、皮毛和丝绸等天然材料的协调统一，体现出更加环保和亲近自然的特性，还可以在其设计过程中通过材料的同质感凸显出整体的协调统一。

一些并非天然的建筑材料由于其设计理念蕴含着较强的科技含量，进而也可以在相互配合当中体现出现代社会的特质。比如玻璃和钢的组合，就会充分凸显出工业社会的发展特性，进而形成一种现代科技的深层次美感。与此同时，在一些材料轻重、冷暖和触感的层面，也可以充分挖掘出同质材料之间的协调统一。

4. 园林建筑材料的肌理美感

肌理是天然材料自身的组织结构或通过人工材料的人为组织设计而形成的，在视觉或触觉上可感受到的一种表面材质效果。

任何材料表面都有其特定的肌理形态，不同的肌理具有不同的审美品格和个性，会对人的心理反应产生不同的影响。有的肌理粗犷、坚实、厚重、刚劲，有的肌理细腻、轻盈、柔和、通透。即使是同一类型的材料，不同品种间也有微妙的肌理变化，比如不同树种的木材，具有细肌、粗肌、直木理、角木理、波纹木理、螺旋木理、交替木理和不规则木理等千变万化的肌理特征。因而，园林建筑材料的肌理美感，是园林建筑设计过程中需要考虑的重要因素。

（1）肌理分类

1）自然肌理。材料自身所固有的肌理特征，这一肌理通常是建筑材料的第一层肌肤，并由于受大自然的影响，形成形态各异的外部纹理。

这种不相同的纹理组织，能够创造出一种极具视觉冲击力的自然之美，特别是在能够将其有效运用于较为适合的建筑空间时，再配合与之相吻合的外部光线与环境，就会呈现出建筑材料自身最大的美感。传统园林建筑中使用的石、砖、木等都有自身独特的肌理形式。如木材的木纹（图 15-6）、石材的纹理（图 15-7）、砖的质感纹理等。这些纹理本身就是美丽的图案，具有一定的艺术效果。

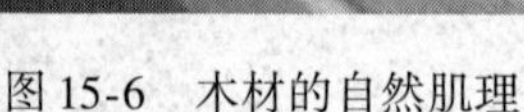

图 15-6　木材的自然肌理

图 15-7　石材的自然机理

自然肌理突出了材料的材质美，价值性强，以“自然”为贵。

2）人工肌理。材料自身非固有的肌理形式，这种肌理主要是缘于后天的人工设计，通常运用喷、涂、镀、贴面等手段，通过改变材料原有的表面材质特征，形成一种新的表面材质特征，以满足设计的多样性和经济性，在园林建筑设计中有广泛的应用。

人工肌理突出材料的工艺美，技巧性强，以“新”为贵。

（2）影响材料肌理视觉效果的因素

1）光影的影响。例如，在光线较为充足的条件下，材质的纹理就会相对清晰地体现出来，进而给人良好的视觉感受。特别是纹理的宽度、深度和圆滑度等方面，都能够对最终的视觉效果发挥着重要作用。这种作用越强烈，就会使其表面的整体性逐步减弱，甚至被分割为若干色块。而与之相反，当这种作用并不明显时，就会使得其纹理效果较为含蓄，最终凸显出更加完整的整体色块。

不同粒度元素混合程度也会影响到材质的观感，这主要是由于外部光线会在粒度大小的均匀程度上凸显出来，而其自身颜色的光影混合作用就影响到最终的视觉效果。不同颗粒大小的感觉在根本上是均衡的，颗粒大小越不均匀，就越会反映出更加自然的粗糙感，进而形成较为丰富的色彩对比。

2）色彩的影响。这种影响通常是缘于其基本质感，部分情况下可以增强色彩效果，而在特殊情况下也有可能会产生反作用。与此同时，由于传统建筑材料通常较为粗糙，进而使其更多地呈现出漫反射状态，并最终造成材料的颜色较其他更加浓重。

3）观察距离的远近。在科学试验中，如将表面肌理均匀的材料放在显微镜下，其最终的纹理变化却呈现出巨大的差异，这就好比在高空俯瞰城市，整体的建筑就会变成不同的节点，进而形成不同的地表肌理。

在建筑学理念的研究过程中，只有结合观察距离的变化，才能对材料肌理形成有效的处理模式，即必须预先设定好观察距离，才能够使最终的材质选择达到良好的表现效果。

15.2　新生态园林造园材料

本节主要介绍仿生类塑木材料。

简单地说，仿木是一种技术工艺，用这种工艺技术可以生产制作出外观似实木的各种产品，也可以当作施工方案进行现场施工，比如房屋外墙要仿木装，就得进行现场施工。

塑木是一种产品，是用废旧塑料、植物纤维、专用助剂经特殊加工而成的一种新材料，符合国家目前提出的环保、低碳、循环经济等主题，如奥运场馆建设用的塑木地板、建筑用的塑木门窗、公园用的景观等。

（1）材料性能

1）具有与原木相同的加工性能，可钉、可钻、可切割、可粘接，也可用钉子或螺栓连接固定，表面光滑细腻，无须砂光和油漆，其油漆附着性好，也可根据个人喜好上漆。

2）具有比原木更优良的物理性能，比木材尺寸稳定性好，不会产生裂缝、翘曲，无木材节疤、斜纹，加入着色剂、覆膜或复合表层可制成色彩绚丽的各种制品，因此无须定时保养。

3）能够满足多种规格、尺寸、形状、厚度等需求，这也包括提供多种设计、颜色及木纹的成品，给顾客更多的选择。

4）具有防火、防水、防腐蚀、耐潮湿、不被虫蛀、不长真菌、耐酸碱、无毒害、无污染等优良性能，维护费用低。

5）有类似木质外观，比塑料硬度高，寿命长，可热塑成型，强度高，节约能源。

6）质地坚硬、质量轻、保温、表面光滑平整，不含甲醛及其他有害物质，无毒害、无污染。

（2）产品十大优点

1）防水、防潮。从根本上解决了木质产品在潮湿和多水环境中吸水受潮后容易腐烂、膨胀变形的问题，可以应用到传统木制品不能应用的环境中。

2）防虫、防白蚁，有效杜绝虫害，延长使用寿命。

3）多姿多彩，可供选择的颜色众多。既具有天然木质感和木质纹理，又可以根据自己的个性来定制需要的颜色。

4）可塑性强，能非常简单地实现个性化造型，充分体现个性风格。

5）高环保性、无污染、无公害、可循环利用。产品不含苯类物质，甲醛含量较低，低于 E_0 级标准，可循环利用，大大节约了木材使用量。

6）高防火性。能有效阻燃，防火等级达到 B1 级，遇火自熄，不产生任何有毒气体。

7）可加工性好，可钉、可刨、可锯、可钻，表面可上漆。

8）安装简单，施工便捷，无须繁杂的施工工艺，节省安装时间和费用。

9）不龟裂，不膨胀，不变形，无须维修与养护，便于清洁，节省后期维修和保养费用。

10）吸声效果好，节能性好，能使室内节能高达 30% 以上。

(3) 产品应用

塑木在园林景观中的应用：可用于塑木护栏、塑钢凉亭、园林护栏、阳台护栏、休闲长椅、花架、空调架、百叶窗、外墙挂板、装饰挂板等（图 15-8）。

a）

b）

图 15-8　园林塑木座椅及塑木桥

a）塑木座椅　b）塑木桥

第 16 章

砖、砌块及板类材料

16.1 砖材料

16.1.1 砖的基本种类

砖的基本种类见表 16-1 。

表 16-1 砖的基本种类

类别	内容
按照使用用途	分为砌筑用砖和铺装用砖。建筑物中直立的砖结构受到的影响主要是暴风雨天气中垂直表面短时间内被水流冲刷，道路平面的砖结构则会受到积水、积雪、结冰、冻融循环、除冰剂、车辆泄漏的化学物质、持续的交通荷载等不利因素的影响，所以铺装用砖必须强度大、构造紧密
按所用原材料	分为黏土砖、页岩砖、煤矸石砖、粉煤灰砖、炉渣砖和灰砂砖。由于烧结黏土砖主要以毁田取土烧制，加上其自重大、施工效率低及抗震性能差等缺点，已不能适应建筑发展的需要
按照孔洞率的大小	分为实心砖（没有孔洞或孔洞率小于 15%）、多孔砖（孔洞率不小于 15%，孔洞的尺寸小而数量多）和空心砖（孔洞率大于 35%，孔洞的尺寸大而数量少
按照生产工艺	分为烧结砖和非烧结砖。经焙烧制成的砖为烧结砖，经碳化或蒸汽（压）养护硬化而成的砖为非烧结砖

16.1.2 园林铺装用烧结普通砖

以黏土、页岩、煤矸石和粉煤灰等为主要原料，经成型、焙烧而成的实心或孔洞率不大于 15% 的砖，称为烧结普通砖。烧结普通砖分为烧结黏土砖、烧结页岩砖、烧结煤矸石砖、烧结粉煤灰砖等。

1. 外观质量

砖的外观质量包括两条面高度差、弯曲、杂质凸出的高度、缺棱掉角、裂纹、完整面等内容，各项内容均应符合表 16-2 的规定。

表 16-2 烧结普通砖的外观质量 （单位：mm）

项目	优等品	一等品	合格品
两条面高度差≤	2	3	4
弯曲≤	2	3	4

（续）

<table>
<tr><th colspan="2">项目</th><th>优等品</th><th>一等品</th><th>合格品</th></tr>
<tr><td colspan="2">杂质凸出高度≤</td><td>2</td><td>3</td><td>4</td></tr>
<tr><td colspan="2">缺棱掉角的三个破坏尺寸不得同时大于</td><td>5</td><td>20</td><td>30</td></tr>
<tr><td rowspan="2">裂纹长度</td><td>大面上宽度方向及其延伸至条面的长度≤</td><td>30</td><td>60</td><td>80</td></tr>
<tr><td>大面上长度方向及其延伸至顶面的长度或条顶面上水平裂纹的长度≤</td><td>50</td><td>80</td><td>100</td></tr>
<tr><td colspan="2">完整面不得少于</td><td>两条面和两顶面</td><td>一条面和一顶面</td><td>—</td></tr>
<tr><td colspan="2">颜色</td><td>基本一致</td><td>—</td><td>—</td></tr>
</table>

注：为装饰而加的色差、凹凸纹、拉毛、压花等不算作缺陷。凡有下列缺陷之一者，不得称为完整面：①缺损在条面或顶面上造成的破坏面尺寸同时大于10mm×10mm；②条面或顶面上裂纹宽度大于1mm，其长度超过30mm；③压陷、粘底、焦花在条面或顶面上的凹陷或凸出超过2mm，区域尺寸同时大于10mm×10mm。

2. 性能和特点

（1）石灰爆裂　如果烧结砖原料中夹杂有石灰石成分，在烧砖时可被烧成生石灰，砖吸水后生石灰熟化体积膨胀，导致砖发生胀裂破坏，这种现象称为石灰爆裂。石灰爆裂严重影响烧结砖的质量，并降低砌体强度。

优等品砖不允许出现最大破坏尺寸大于2mm的爆裂区域，一等品砖不允许出现最大破坏尺寸大于10mm的爆裂区域，合格品砖不允许出现最大破坏尺寸大于15mm的爆裂区域。

（2）泛霜　泛霜是指黏土原料中含有硫、镁等可溶性盐类时，随着砖内水分蒸发而在砖表面产生的盐析现象，一般为白色粉末，常在砖表面形成絮团状斑点。

轻微泛霜即对清水砖墙建筑外观产生较大影响；中等程度泛霜的砖用于建筑中的潮湿部位时，七八年后因盐析结晶膨胀将使砖砌体表面产生粉化剥落，在干燥环境使用约10年以后也将开始剥落；严重泛霜对建筑结构的破坏性则更大。所以，要求优等品无泛霜，一等品不允许出现中等泛霜，合格品不允许出现严重泛霜现象。

3. 在园林中的应用

烧结普通砖具有较高的强度，又因多孔结构而具有良好的绝热性、透气性和稳定性，还具有较好的耐久性及隔热、保温等性能，加上原料广泛，工艺简单，是应用历史最长、范围最广的砌体材料之一。烧结普通砖广泛应用于砌筑建筑物的墙体、柱、拱、烟囱、窑身、沟道及基础等，外形如图16-1所示。

图16-1　烧结普通砖

16.1.3　园林铺装用蒸压砖

蒸压砖属硅酸盐制品，是以石灰和含硅材料（砂子、粉煤灰、煤矸石、炉渣和页岩等）加水拌和、成型、蒸养或蒸压而制成的。目前使用的主要有粉煤灰砖、灰砂砖和炉渣砖，其规格尺寸与烧结普通砖相同，外形如图16-2所示。

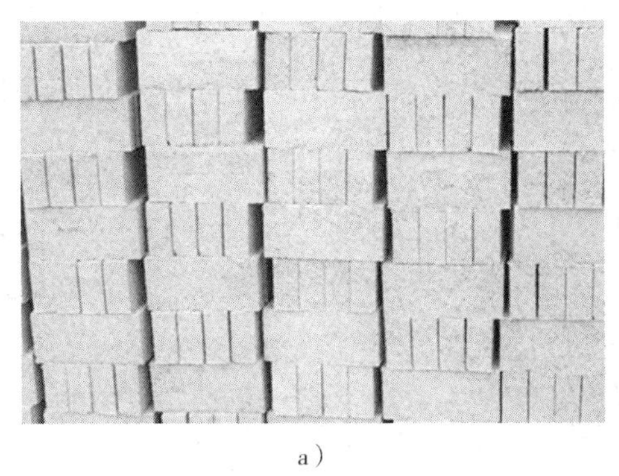

a）

b）

图 16-2　蒸压灰砖

a）普通蒸压灰砖　b）特别形状灰砖

1. 蒸压灰砂砖

1）灰砂砖是用石灰和天然砂为主要原料，经混合搅拌、陈化、轮碾、加压成型、蒸压养护而制得的墙体材料。

2）按抗压强度和抗折强度，分为 MU25、MU20、MU15、MU10 四个强度等级。根据尺寸偏差、外观质量、强度及抗冻性，分为优等品（A）、一等品（B）和合格品（C）三个等级。

3）灰砂砖表面光滑、平整，使用时应注意提高砖与砂浆之间的粘结力；其耐水性良好，但抗流水冲刷的能力较弱，可长期在潮湿、不受冲刷的环境使用；15 级以上的砖可用于基础及其他建筑部位，10 级砖只可用于防潮层以上的建筑部位；另外，不得用于长期受高于 200℃温度作用、急冷急热和有酸性介质侵蚀的建筑部位。

2. 蒸压粉煤灰砖

1）粉煤灰砖是以粉煤灰和石灰为主要原料，加水混合拌成坯料，经陈化、轮碾、加压成型，再经常压或高压蒸汽养护而制成的一种墙体材料。

2）根据抗压强度和抗折强度分为 MU20、MU15、MU10、MU7. 5 四个强度等级，按尺寸偏差、外观质量、强度和干燥收缩率分为优等品（A）、一等品（B）和合格品（C）。在易受冻融和干湿交替作用的建筑部位，必须使用一等品以上等级的砖。

3）粉煤灰砖出窑后，应存放一段时间后再用，以减少相对伸缩量。用于易受冻融作用的建筑部位时，要进行抗冻性检验并采取适当措施，以提高建筑耐久性；用于砌筑建筑物时，应适当增设圈梁及伸缩缝或采取其他措施，以避免或减少收缩裂缝的产生；不得用于长期受高于 200℃温度作用、急冷急热以及酸性介质侵蚀的建筑部位。

16. 1. 4　烧结空心砖

烧结空心砖是以黏土、页岩或粉煤灰为主要原料烧制成的主要用于非承重部位的空心砖，烧结空心砖自重较轻，强度较低，多用作非承重墙，如多层建筑内隔墙或框架结构的填充墙等，外形如图 16-3 所示。

图 16-3　烧结空心砖

1. 密度等级

按砖的体积密度不同，空心砖可分成800级、900级、1000级和1100级四个密度等级。

2. 尺寸规格要求

烧结空心砖的外形为直角六面体，有290mm×190mm×90mm和240mm×180m×115mm两种规格。砖的壁厚应大于10mm，肋厚应大于7mm。空心砖顶面有孔，孔大而少，孔洞为矩形条孔或其他孔形，孔洞平行于大面和条面，孔洞率一般在35%以上。空心砖如图16-4所示。

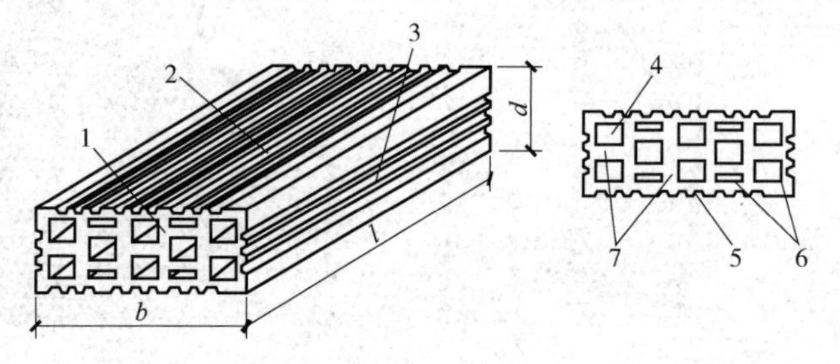

图16-4　烧结空心砖外形

1—顶面　2—大面　3—条面　4—壁孔

5—粉刷槽　6—外壁　7—肋

3. 强度

根据空心砖大面的抗压强度，将烧结空心砖分为MU10.0、MU7.5、MU5.0、MU3.5四个强度等级，各产品等级的强度应符合国家标准的规定，见表16-3。

表16-3　烧结空心砖强度等级

强度等级	抗压强度/MPa		
	抗压强度平均值$\bar{f}$	变异系数$\delta \leqslant 0.21$	变异系数$\delta > 0.21$
		强度标准值$f_k \geqslant$	单块最小抗压强度值$f_{min} \geqslant$
MU10.0	10.0	7.0	8.0
MU7.5	7.5	5.0	5.8
MU5.0	5.0	3.5	4.0
MU3.5	3.5	2.5	2.8

16.1.5　烧结多孔砖

烧结多孔砖是以黏土、页岩或煤矸石为主要原料烧制成的主要用于结构承重的多孔砖。

1. 强度等级

根据砖的抗压强度将烧结多孔砖分为MU30、MU25、MU20、MU15、MU10五个强度等级，各强度等级的强度值应符合国家标准的规定，见表16-4。

表16-4　烧结多孔砖强度等级　（单位：MPa）

强度等级	抗压强度平均值$\bar{f} \geqslant$	强度标准值$f_k \geqslant$
MU30	30.0	22.0
MU25	25.0	18.0
MU20	20.0	14.0
MU15	15.0	10.0
MU10	10.0	6.5

2. 规格要求

烧结多孔砖有190mm×190mm×90mm（M型）和240mm×115mm×90mm（P型）两

种规格，如图16-5所示。多孔砖大面有孔，孔多而小，孔洞率在15%以上。其孔洞尺寸要求：圆孔直径小于22mm，非圆孔内切圆直径小于15mm，手抓孔为（30～40）mm×（75～85）mm。

3. 使用范围

烧结多孔砖强度较高，主要用于多层建筑物的承重墙体和高层框架建筑的填充墙和分隔墙等。

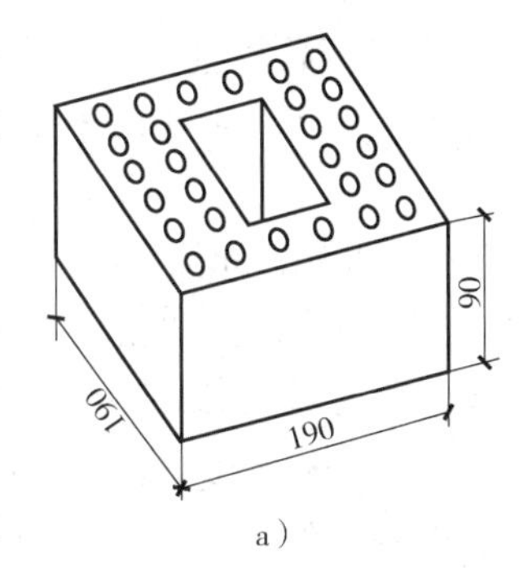

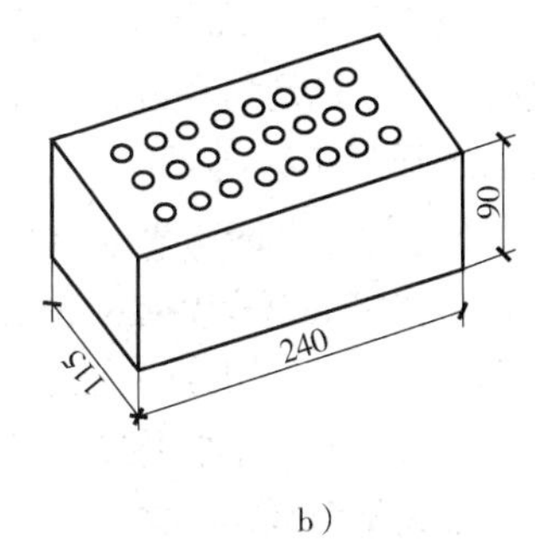

图16-5　烧结多孔砖
a）M型　b）P型

16.1.6　新型铺装用砖

将烧结普通砖（红砖或青砖）条面朝上铺装的做法能够营造一种自然古朴的风格，适合在幽静的庭院环境中铺砌路面。但是由于受到积水、积雪、结冰、冻融循环等不利因素的影响，烧结普通砖强度会随着铺装时间而不断减弱。

因此，一种新型的环保材料——“透水砖”被大量应用于市政道路及居住区、公园、广场等人行道路上，如图16-6所示。

图16-6　透水砖

透水砖是以无机非金属材料为主要原料，经成型等工艺处理后制成，具有较强的水渗透性能的铺地砖。根据透水砖生产工艺不同，可分为烧结透水砖和免烧透水砖。原材料成型后经高温烧制而成的透水砖称为烧结透水砖，原材料成型后不经高温烧制而成的透水砖称为免烧透水砖。其基本尺寸见表16-5。抗压强度等级分为Cc30、Cc35、Cc40、Cc50、Cc60五级。透水砖主要以工艺固体废料、生活垃圾和建筑垃圾为主要原料，节约资源，环保性能好，同时还具有强度高、耐磨性好、透水性好、表面质感好、颜色丰富和防滑功能强等特点。

表16-5　透水砖的规格尺寸　　（单位：mm）

边长	100，150，200，250，300，400，500
厚度	40，50，60，80，100，120

按照原材料的不同，透水砖可以分为普通透水砖、聚合物纤维混凝土透水砖、彩石复合混凝土透水砖、彩石环氧通体透水砖、混凝土透水砖等。

1）普通透水砖：材质为普通碎石的多孔混凝土材料，经压制成型，用于一般街区人行步道、广场，造价低廉、透水性较差。其中，最常见的是一种尺寸为250mm×250mm×50mm的彩色水泥方砖。

2）彩石复合混凝土透水砖：材质面层为天然彩色花岗岩、大理石与改性环氧树脂胶合，再与底层聚合物纤维多孔混凝土经压制复合成型。此产品面层华丽，色彩自然，有石材一般的质感，与混凝土复合后，强度高于石材且成本略高于混凝土透水砖，但价格只有石材地砖的1/2，是一种经济、高档的铺地产品，主要用于豪华商业区、大型广场、酒店停车场和高档别墅小区等场所。

3）混凝土透水砖：材质为河沙、水泥、水，再添加一定比例的透水剂而制成。此产品与树脂透水砖、陶瓷透水砖、缝隙透水砖相比，生产成本低，制作流程简单、易操作，广泛用于高速路、飞机场跑道、车行道、人行道、广场及园林建筑等场所。

4）聚合物纤维混凝土透水砖：材质为花岗石骨料、高强水泥和水泥聚合物增强剂，并掺和聚丙烯纤维，送料配比严密，搅拌后经压制成型，主要用于市政、重要工程和住宅小区的人行步道、广场、停车场等场地的铺装。

5）彩石环氧通体透水砖：材质骨料为天然彩石与进口改性环氧树脂胶合，经特殊工艺加工成型，此产品可预制，还可以现场浇制，并可拼出各种艺术图形和色彩线条，给人以赏心悦目的感受，主要用于园林景观工程和高档别墅小区。

16.1.7 园林造园砖铺装方式

砖铺装方式取决于两个因素：是否有砂浆砌缝和基础层的类型。

1）有砂浆砌缝的被称为刚性铺装系统，所有的刚性铺装系统都必须配套使用刚性混凝土基础。

2）无砂浆砌缝的铺装称为柔性铺装系统。在柔性铺装系统中，砖块之间是由手工拼合在一起的，所以水流可以渗透下去。柔性铺装系统可以与多种基础配套使用，基础类型取决于寿命、稳定性和强度要求。

3）对于高密度交通条件下的交通设施，宜使用柔性铺装加上刚性（混凝土）基础；对于住宅区步行路面，柔性铺装加上骨料和砂建造的基础就能够满足要求；介于这两者之间的情况，一般使用半刚性（沥青混凝土）基础。砖铺装都必须在砖铺装层和基础层之间铺设找平层。刚性铺装不能与柔性或半刚性基础配套使用。

4）刚性铺装系统功能的前提是创造了防渗水的膜。其表面所有流水都由沟渠排走，或汇集到地形低洼的沼泽或盆地中。

5）在砂浆砌缝破坏前，刚性系统可以很好地工作。而砂浆破坏之后，水会渗过面层并积蓄下来，其冻融变化会对整个铺装系统的整体性造成严重的破坏。

6）使用在不当地点的，以及会存留积水的刚性铺装都容易被损坏。刚性路面是作为一个整体膨胀和收缩的，所以必须仔细计算并采取相应措施，以应对系统内部的胀缩变化，以及和其他刚性结构的相互影响，如建筑、墙或路缘石。

7）柔性铺装的砖块之间没有砂浆或其他任何胶结材料，每块砖可以单独移动，柔性铺装路面上的水流能够渗透到铺装层下面并被排走。

8）对于柔性铺装和不透水基础的组合，排水过程必须在地面和不透水基础层表面同时进行，从而最大限度地减少水的滞留。柔性铺装与柔性基础的组合有独特的优点，有利于水流直接穿过整个系统汇入地下。

9）承载车型交通的柔性铺装很容易产生位移，尤其是沿着砖块长边方向的、连续的接缝，以及沿车行方向的接缝，所以应将连续的接缝垂直于交通方向铺装（图16-7）。

10）对于露台、园路等只需承担人员交通的铺装，接缝方向就不是主要影响因素了。

图16-7　接缝垂直于交通方向铺装

脚踩产生的压力不足以引起砖块显著的位移，所以在这种情况下，影响选择的主要因素是视觉特性和美观程度。

11）通常砖铺装的样式有人字形、芦席花形、直形、整齐排列等，如图16-8所示。

12）人字形铺装中连续接缝的长度都没有超过一块砖的长度加上一块砖的宽度，砖块互相咬合得很紧，铺装的稳定性较好。整齐排列型铺装的稳定性最差，砖块之间的咬合度也最弱，因为两个方向上都是贯通的连续接缝。而芦席花形铺装只是整齐排列型的一个变种。

图16-8　砖铺装常见形式

a）人字形　b）芦席花形　c）直形　d）整齐排列

13）在实际使用时，可以把各种样式旋转45°，这样既可以增加视觉趣味，还能避免接缝方向与交通方向平行。但是，因为要对铺装四周的砖块进行切割，所以会增加工作量、浪费材料。

16.2　砌块

16.2.1　砌块的种类划分

1）按照材质不同，可分为混凝土砌块、轻集料混凝土砌块和硅酸盐砌块。

2）按照外观形状，可分为实心砌块（无孔洞或空心率小于25%）和空心砌块（空心率大于25%）。空心砌块有单排方孔、单排圆孔和多排扁孔3种形式，其中多排扁孔对保温较有利。

3）按照尺寸和质量的大小不同，分为小型砌块、中型砌块和大型砌块。砌块系列中主规格的高度为115～380mm的称为小型砌块，高度为380～980mm的称为中型砌块，高度大于980mm的称为大型砌块。实际施工中，以中、小型砌块居多。

16.2.2 蒸压加气混凝土砌块

蒸压加气混凝土砌块是以钙质材料（水泥、石灰等）、硅质材料（砂、矿渣、粉煤灰等）以及加气剂（铝粉等），经配料、搅拌、浇筑、发气、切割和蒸压养护而形成的多孔轻质块体材料。

1. 规格尺寸

砌块的尺寸规格见表16-6。

表16-6 砌块的尺寸规格

长度 L/mm	宽度 B/mm	高度 H/mm
600	100，120，125，150，180，200，240，250，300	200，240，250，300

注：如需要其他规格，可由供求双方协商解决。

2. 砌块的强度

砌块按抗压强度，分为A1.0，A2.0，A2.5，A3.5，A5.0，A7.5，A10.0共七个强度等级，见表16-7；按尺寸偏差、外观质量、干密度、抗压强度和抗冻性，又分为优等品（A）、合格品（B）两个等级。

表16-7 加气混凝土砌块的强度等级

强度级别	立方体抗压强度/MPa	
	平均值不小于	单组最小值不小于
A1.0	1.0	0.8
A2.0	2.0	1.6
A2.5	2.5	2.0
A3.5	3.5	2.8
A5.0	5.0	4.0
A7.5	7.5	6.0
A10.0	10.0	8.0

3. 特点

蒸压加气混凝土砌块质量轻，具有保温、隔热、隔声性能好、抗震性强、热导率低、传热速度慢、耐火性好、易于加工、施工方便等优点，是应用较多的轻质墙体材料之一（图16-9），适用于低层建筑的承重墙、多层建筑的间隔墙和高层框架结构的填充墙，作为保温隔热材料也可用于复合墙板和屋面结构中。

图16-9 蒸压加气混凝土砌块

在无可靠的防护措施时，蒸压加气混凝土砌块不得用于水中、高湿度或有碱化学物质侵蚀等环境中，也不得用于建筑物的基础和温度长期高于80℃的建筑部位。

16.2.3　混凝土空心砌块

混凝土空心砌块主要是以普通混凝土拌合物为原料，经成型、养护而成的空心块体墙材，其有承重砌块和非承重砌块两类。为减轻自重，非承重砌块可用炉渣或其他轻质骨料配制。常用混凝土砌块外形如图 16-10 所示。

1. 轻集料混凝土小型空心砌块

轻集料混凝土小型空心砌块是以陶粒、膨胀珍珠岩、浮石、火山渣、煤渣、自燃煤矸石等各种轻粗细集料和水泥按一定比例配制，经搅拌、成型、养护而成的空心率大于 25%、体积密度小于 1400kg/m^3 的轻质混凝土小砌块。

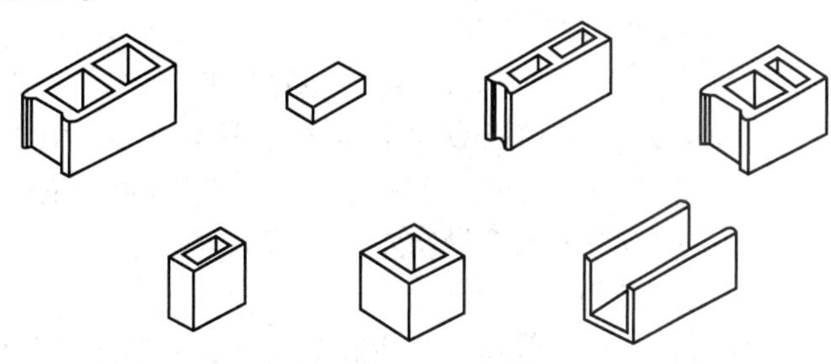

图 16-10　混凝土空心砌块外形

该砌块的主规格为 390mm × 190mm × 190mm，其他规格尺寸可由供需双方协商。强度等级为 MU2.5、MU3.5、MU5.0、MU7.5、MU10.0，其各项性能指标应符合国家标准的要求。

轻集料混凝土小型空心砌块是一种轻质高强、能取代普通黏土砖的很有发展前景的墙体材料，不仅可用于承重墙，还可以用于既承重又保温或专门保温的墙体，更适合于高层建筑的填充墙和内隔墙。

2. 混凝土小型空心砌块

（1）尺寸规格　混凝土小型空心砌块主规格尺寸为 390mm × 190mm × 190mm，一般为单排孔，也有双排孔，其空心率为 25% ~50%。其他规格尺寸可由供需双方协商。

（2）强度　按砌块抗压强度分为 MU5.0、MU7.5、MU10.0、MU15.0、MU20.0、MU25 六个强度等级，具体指标见表 16-8。

表 16-8　混凝土小型空心砌块的抗压强度　（单位：MPa）

强度等级		MU5.0	MU7.5	MU10.0	MU15.0	MU20.0	MU25.0
抗压强度	平均值≥	5.0	7.5	10.0	15.0	20.0	25.0
	单块最小值≥	4.0	6.0	8.0	12.0	16.0	20.0

（3）使用范围　混凝土空心小型砌块适用于地震设计烈度为 8 度及 8 度以下地区的一般民用与工业建筑物的墙体。出厂时的相对含水率必须满足标准要求；施工现场堆放时，必须采取防雨措施；砌筑前不允许浇水预湿。

16.3　板类材料

16.3.1　石膏类墙板

石膏类板材在轻质墙体材料中占有很大比例，有着广泛的应用，主要有石膏空心板、石膏刨花板、石膏纤维板及石膏纸面板。

1. 石膏空心板

1）石膏空心板外形与生产方式类似于水泥混凝土空心板。它是以熟石膏为胶凝材料，适量加入各种轻质集料（如膨胀珍珠岩、膨胀蛭石等）和改性材料（如矿渣、粉煤灰、石灰、外加剂等），经搅拌、振动成型、抽芯模、干燥而成。其长度为2500～3000mm，宽度为500～600mm，厚度为60～90mm。该板生产时不用纸和胶，安装墙体时不用龙骨，设备简单，较易投产。

2）石膏空心板的体积密度为600～900kg/m^3，抗折强度为2～3MPa，导热系数约为0.22W/(m·K)，隔声指数大于30dB。具有质轻、比强度高、隔热、隔声、防火、可加工性好等优点，且安装方便。适用于各类建筑的非承重内隔墙，但若用于相对湿度大于75%的环境中，则板材表面应做防水等相应处理。

2. 石膏刨花板

石膏刨花板材是以熟石膏为胶凝材料，木质刨花为增强材料，添加所需的辅助材料，经配合、搅拌、铺装、压制而成，具有上述石膏板材的优点，适用于非承重内隔墙和作装饰板材的基材板。

3. 石膏纤维板

石膏纤维板材是以纤维增强石膏为基材的无面纸石膏板材，常用无机纤维或有机纤维作为增强材料，与建筑石膏、缓凝剂等经打浆、铺装、脱水、成型、烘干而制成，可节省护面纸，具有质轻、高强、耐火、隔声、韧性高的性能，可加工性好，其尺寸规格和用途与纸面石膏板相同。

4. 纸面石膏板

纸面石膏板是以石膏芯材与牢固结合在一起的护面纸组成，分普通型、耐水型和耐火型三种。由建筑石膏及适量纤维类增强材料和外加剂为芯材，与具有一定强度的护面纸组成的石膏板为普通纸面石膏板；若在芯材配料中加入防水、防潮外加剂，并用耐水护面纸，即可制成耐水纸面石膏板；若在配料中加入无机耐火纤维和阻燃剂等，即可制成耐火纸面石膏板。

（1）规格

长度：1800mm、2100mm、2400mm、2700mm、3000mm、3300mm、3600mm。

宽度：900mm和1200mm。

厚度：普通纸面石膏板为9mm、12mm、15mm、18mm；耐水纸面石膏板为9mm、12mm、15mm；耐火纸面石膏板为9mm、12mm、15mm、18mm、21mm、25mm。

（2）特点　纸面石膏板的体积密度为800～950kg/m^3，导热系数约为0.20W/(m·K)，隔声系数为35～50dB，抗折荷载为400～800N，表面平整、尺寸稳定。具有自重轻、隔热、隔声、防火、抗震、可调节室内湿度、加工性好、施工简便等优点，但其用纸量较大、成本较高。

（3）使用范围　普通纸面石膏板可作室内隔墙板、复合外墙板的内壁板、顶棚等。耐水型板可用于相对湿度较大（≥75%）的环境，如厕所、盥洗室等。耐火型纸面石膏纸主要用于对防火要求较高的房屋建筑中。

16.3.2　水泥类墙板

水泥类板材具有较好的力学性能和耐久性，生产技术成熟，产品质量可靠，主要用于承重墙、外墙和复合墙板的外层面。但此类板材主要缺点是体积密度大，抗拉强度低（大板在起吊过程中易受损）。生产中可制作成预应力空心板材，以减轻自重和改善隔声隔热性能，也可制作成以纤维等增强的薄型板材，还可在水泥类板材上制作具有装饰效果的表面层（如花纹线条装饰、露骨料装饰、着色装饰等）。

（1）水泥木丝板　以木材下脚料经机械刨切成均匀木丝，加入水泥、水玻璃等经成型、冷压、养护、干燥而成的薄型建筑平板。它具有自重轻、强度高、防火、防水、防蛀、保温等性能，可进行锯、钻、钉、装饰等加工，主要用于建筑物的内外墙板、顶棚、壁橱板等。

（2）水泥刨花板　以水泥和木板加工的下脚料刨花为主要原料，加入适量水和化学助剂，经搅拌、成型、加压、养护而成，其性能和用途同水泥木丝板。

（3）玻璃纤维增强低碱度水泥轻质板（GRC板）　以低碱水泥为胶结料，耐碱玻璃纤维或其网格布为增强材料，膨胀珍珠岩为骨料（也可用炉渣、粉煤灰等），并配以发泡剂和防水剂等，经配料、搅拌、浇筑、振动成型、脱水、养护而成。可用于工业和民用建筑的内隔墙及复合墙体的外墙面。

（4）纤维增强低碱度水泥建筑平板　以低碱水泥、耐碱玻璃纤维为主要原料，加水混合成浆，经制浆、抄取、制坯、压制、蒸养而成的薄型平板。其中，掺入石棉纤维的称为TK板，不掺的称为NTK板。其质量轻、强度高、防潮、防火、不易变形，可加工性（锯、钻、钉及表面装饰等）好，适用于各类建筑物的复合外墙和内隔墙，特别是高层建筑有防火、防潮要求的隔墙。

（5）轻集料混凝土配筋板　可用于非承重外墙板、内墙板、楼板、屋面板和阳台板等。

16.3.3　复合墙板

常用的复合墙板主要由承受（或传递）外力的结构层（多为普遍混凝土或金属板）和保温层（矿棉、泡沫塑料、加气混凝土等）及面层（各类具有可装饰性的轻质薄板）组成，其优点是承重材料和轻质保温材料的功能都得到合理利用，实现物尽其用。复合墙体构造如图16-11所示。下面以泰柏板为例进行介绍。

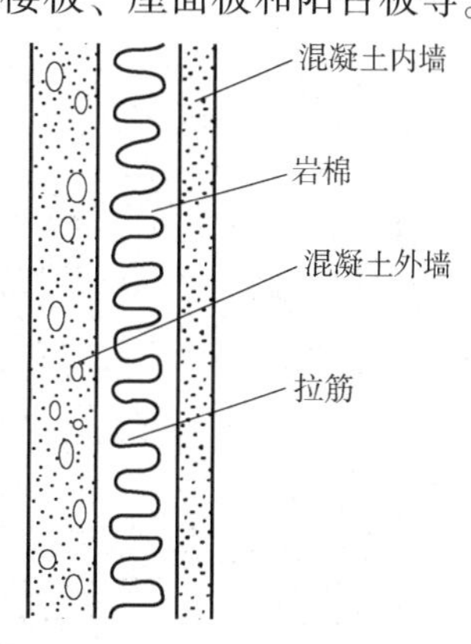

图16-11　复合墙体构造

1）泰柏板是以钢丝焊接成的三维钢丝网骨架与高热阻自熄性聚苯乙烯泡沫塑料组成的芯材板，两面喷（抹）涂水泥砂浆而成。

2）泰柏板的标准尺寸为1220mm×2440mm，标准厚度为100mm。由于所用钢丝网骨架构造及夹芯层材料、厚度的差别等，该类板材有多种名称，如GY板（夹芯为岩棉毡）、三维板、3D板、钢丝网节能板等，但它们的性能和基本结构均相似。

3）泰柏板具有轻质、高强、隔热、隔声、防火、防潮、防震、耐久性好、易加工、施工方便等特性，适用于自承重外墙、内隔墙、屋面板、3m跨内的楼板等。

16.3.4　砖、砌块、板类材料在园林工程中的应用

砖、砌块、板类材料在园林工程上的应用主要体现在景墙、花池、水池等方面，如图16-12所示。

图 16-12　青砖景墙

混凝土夹心板以 20 ~ 30mm 厚的钢筋混凝土做内外表面层，中间填以矿渣毡或岩棉毡、泡沫混凝土等保温材料，夹层厚度视热工计算而定。内外两层面板以钢筋件连接，多用于园林工程中建筑及构筑物的内外墙。

第 17 章

石材及建筑玻璃

17.1 石材

17.1.1 天然石材

1. 花岗岩

花岗岩属于深层火成岩，是火成岩中分布最广的岩石，其主要矿物组成为长石、石英和少量云母，为全晶质，有细粒、中粒、粗粒、斑状等多种构造，以细粒构造性质为好。通常有灰、白、黄、粉红、红、纯黑等多种颜色，具有很好的装饰性，如图 17-1 所示。

图 17-1 天然花岗岩

（1）天然花岗岩的种类 天然花岗岩荒料经锯切加工制成花岗岩板材后，可采用不同的加工工序将花岗岩板材制成多种品种，以满足不同的用途需要，其主要品种见表 17-1。

表 17-1 天然花岗岩的种类

类别	特点
剁斧板材	石材表面经手工剁斧加工，表面粗糙，呈有规则的条状斧纹。表面的质感粗犷大方，一般用于外墙、防滑地面、台阶等
机刨板材	石材表面被机械刨成较为平整的表面，有相互平行的刨切纹，用于与剁斧板材类似的场合
粗磨板材	石材表面经过粗磨，表面平滑、无光泽，主要用于需要柔光效果的墙面、柱面、台阶、基座、纪念碑等
磨光板材	石材表面经磨细加工和抛光，表面光亮，花岗岩的晶体纹理清晰，颜色绚丽多彩，多用于室内外地面、墙面、立柱、台阶等装饰

（2）天然花岗岩的特点

1）天然花岗岩密度一般为 2700～2800kg/m^3；抗压强度高，为 120～250MPa；吸水率低于 0.2%；耐风化；使用年限为 25～200 年。

2）天然花岗岩构造细密，质地坚硬，耐摩擦，耐酸碱，耐腐蚀，耐高温，耐光照好。

3）天然花岗岩自重大，增加了建筑体的重量；硬度大，开采与加工不易，质脆、耐火性差，含有大量的石英，在 573～870℃的高温下均会发生晶态转变，发生体积膨胀的现象，火灾时会造成花岗岩爆裂。

（3）天然花岗岩的使用范围　天然花岗岩可制成高级饰面板，用于宾馆、饭店、纪念性建筑物等门厅、大堂的墙面、地面、墙裙、勒脚及柱面的饰面等。

（4）天然花岗岩板材的分类、等级和命名标记

1）花岗岩板材按形状分为普通型板材（N）和异型板材（S）。常用普通型板材厚度为 20mm。

2）花岗岩板材按加工程度的不同，可分为以下三种：①细面板材（RB）：表面平整、光滑的板材。②镜面板材（PL）：表面平整，具有镜面光泽的板材。③粗面板材（RU）：表面平整、粗糙，具有较规则加工条纹的机刨板、剁斧板、锤击板等。

3）花岗岩板材按其外观质量分为优等品（A）、一等品（B）、合格品（C）三个等级。命名顺序为：荒料产地地名、花纹色调特征名称、花岗岩（G）。

标记顺序为：命名、分类、规格尺寸、等级、标准号。如济南青花岗岩标记为：济南青（G）NPL 400mm×400mm×20mm AJC205。

（5）花岗岩产地　北京西山，山东泰山、崂山，江苏金山，安徽黄山，鄂、豫、皖三省交界的大别山，陕西华山、秦岭，湖南衡山，浙江莫干山，广东云浮、丰顺县，太行山，四川峨眉山，横断山，以及云南、广西、贵州等地。

2. 大理石

大理石是一种变质岩，具有致密的隐晶结构，硬度中等，耐磨性次于花岗岩，外形如图 17-2 所示。

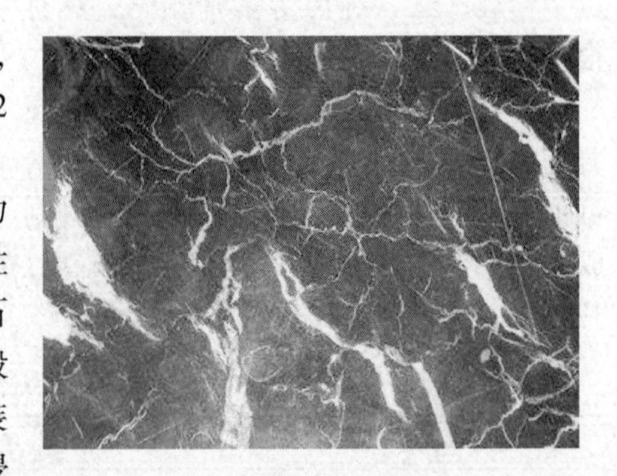

图 17-2　大理石

大理石的主要化学成分是以 $MgCO_3$、$CaCO_3$ 为主的碳酸盐类，为碱性岩石，抗风化性能与耐酸性能较差，除少数杂质含量少、性能稳定的大理石（如汉白玉、艾叶青等）外，磨光大理石板材一般不宜用于建筑物的外立面、其他露天部位的室外装修以及与酸有接触的地面装饰工程，否则易受酸侵蚀，导致表面失去光泽，甚至起粉出现斑点等，影响装饰效果。

大理石有纯色和花斑两大系列，其中的花斑系列为斑驳状纹理，品种多，色泽鲜艳，材质细腻。

（1）天然大理石的种类　天然大理石颜色、花纹各有不同，可根据其特点分为云灰、单色和彩色三大类，见表 17-2。

表 17-2　天然大理石种类

类别	特点
云灰大理石	花纹如灰色的云彩，灰色的石面上或是像乌云，或是像浮云漫天，有些云灰大理石的花纹很像水的波纹，又称水花石。云灰大理石纹理美观大方，加工性能好，是较理想的饰面材料

（续）

类别	特点
单色大理石	色泽洁白的汉白玉、象牙白等属于单色大理石，纯黑如墨的中国黑、墨玉等属于黑色大理石。这些单色的大理石是很好的雕刻和装饰材料
彩色大理石	这种石材是层状结构的结晶或斑状条纹，经过抛光打磨后，呈现出各种色彩斑斓的天然图案。经过精心挑选和研磨，可以制成由天然纹理构成的山水、花木等美丽的画面

（2）天然大理石的特点

1）天然大理石属于中硬石材，密度为 2500 ~ 2600kg/m^3，抗压强度高，可达 47 ~ 140MPa。质地细密，吸水率小于 1.0%，耐磨，耐弱酸碱，不变形，花纹多样，色泽鲜艳。

2）大理石的抗风化性能较差，主要化学成分为碱性物质，大理石的化学稳定性不如花岗岩，不耐强酸，空气和雨水中所含酸性物质和盐类对大理石有腐蚀作用，故大理石不宜用于建筑物外墙和其他露天部位的装饰，适用于室内。

（3）天然大理石的使用范围　天然大理石可制成高级装饰工程的饰面板，用于宾馆、展览馆、影剧院、商场、图书馆、机场、车站等公共建筑工程的室内墙面、柱面、栏杆、地面、窗台板、服务台的饰面等。此外，还可用于制作大理石壁画、工艺品、生活用品等，使用年限达 30 ~ 80 年。

（4）天然大理石板材

1）天然大理石板材按形状分为普通型板材（N）和异型板材（S）。普通型板材是指正方形或长方形的板材；异型板材是指其他形状的板材。常用普通型板材的厚度为 20mm，长度 300 ~ 1200mm 不等，宽度 150 ~ 900mm 不等。

2）大理石板材按板材的规定尺寸允许偏差、平面度允许极限公差、角度允许极限公差以及按其外观质量和镜面光泽度，分为优等品（A）、一等品（B）、合格品（C）三个等级。命名顺序：荒料产地地名、花纹色调特征名称、大理石（M）。标记顺序：命名、分类、规格尺寸、等级标准号。例如，北京房山白色大理石标记为：房山汉白玉（M）N 600mm × 400mm × 20mm BJC79。

3）大理石的产地：云南大理，北京房山，湖北大冶、黄石，河北曲阳，山东平度、莱阳，广东云浮，江苏高资，安徽灵璧、怀宁，广西桂林，浙江杭州等地区。

3. 板岩

板岩是一种高品质、晶粒细腻的变质岩，其原岩是页岩。板岩的结构呈页片状，有明显的水平劈裂节理，由此产生的薄而光滑的板岩片可用于很多景观，其中最恰当的用途是建造墙壁、顶盖和铺装，色彩包括黑、蓝、绿、灰、紫、红等，较高的密度和细腻的颗粒使板岩拥有极佳的防水性，天然的片状构造还能在一定程度上起到防滑作用。

板岩材质较软，容易风化，可采用简单工艺凿割成薄板或条形材，具有古朴韵味，是理想的建筑装饰材料。

4. 砂岩

砂岩属于沉积岩，是一种由石英颗粒和其他矿物质天然粘结并压实而成的砂质岩石，成分包括沙粒大小的晶粒（含量要大于 50%），以及由黏土、二氧化硅、碳酸盐和氧化铁组成的胶结物。19 世纪许多所谓的褐砂石住宅（欧洲），都用砂岩装饰外立面，也是因石材而得名的。

（1）砂岩种类　砂岩种类及其特点见表17-3。

表17-3　砂岩种类

类别	特点
硅质砂岩	由氧化硅胶结而成，呈白、浅灰、浅黄、淡红色，强度可达300MPa，耐久性、耐磨性、耐酸性高，性能接近花岗岩。纯白色硅质砂岩又称白玉石。硅质砂岩可用于各种装饰及浮雕、踏步、地面及耐酸工程
钙质砂岩	由碳酸钙胶结而成，为砂岩中最常见和最常用的，呈白、灰白色，强度较大，但不耐酸，可用于大多数工程
镁质砂岩	由氧化铁胶结而成，常呈褐色，性能较差，密实者可用于一般工程
黏土质砂岩	由黏土胶结而成，易风化、耐水性差，甚至会因水作用而溃散。一般不用于建筑工程
其他	长石砂岩、硬砂岩，两者强度较高，均可用于建筑工程。由于砂岩的性能相差较大，使用时需加以区别

（2）色彩　砂岩的色彩范围是由银灰色或浅黄色至各种深浅的粉红和棕红色，按颜色分为黑砂岩、青砂岩、黄砂岩和红砂岩等，其中黑砂岩最硬，青砂岩次之，黄砂岩、红砂岩最软。

（3）使用范围　由于砂岩具有良好的雕刻性，被广泛用于圆雕、浮雕壁画、雕刻花板、艺术花盆、雕塑喷泉等。目前，世界上已被开采利用的有澳洲砂岩、印度砂岩、西班牙砂岩、中国砂岩等，其中色彩、花纹最受园林建筑设计师所欢迎的是澳洲砂岩。

5. 石灰岩

石灰岩俗称青石，由海水或淡水中的生物残骸沉积而成，主要由方解石组成，常含有一定数量的白云石、菱镁矿（碳酸镁晶体）、石英、黏土矿物等，分布极广。有密实、多孔和散粒构造，密实构造的即为普通石灰岩。常呈灰、灰白、白、黄、浅红色、黑、褐红等颜色。

（1）特点　密实石灰岩的体积密度为2400～2600kg/m^3，抗压强度为20～120MPa，莫氏硬度为3～4，当含有的黏土矿物超过3%～4%时，抗冻性和耐水性显著降低；当含有较多的氧化硅时，强度、硬度和耐久性提高。石灰岩遇稀盐酸时强烈起泡，硅质和镁质石灰岩起泡不明显。

（2）使用范围

1）石灰岩可以用于大多数基础、墙体、挡土墙等石砌体，破碎后可用于配置混凝土。石灰岩不得用于酸性或二氧化碳含量多的水中，因方解石会被酸或碳酸溶蚀。

2）由于比较柔软，石灰岩比较适宜用在细节和装饰部分。石灰岩还可以用来砌筑基础、勒脚、墙体、挡土墙等。石灰岩中的湖石和英石是砌筑假山的主要材料。

（3）石灰华　石灰华又名孔石、洞石，是一种独特的沉积岩，是石灰岩的“近亲”，由温泉的方解石沉积而成。因水流从沉积的废石灰渣堆中流出，溶解石灰渣中的钙，重新堆积而成。因为形成过程中很多气泡被困在岩石里，所以形成了明显的纹理和有麻坑的表面。石灰华有多种颜色，从米色、黄色、玫瑰红到正红色；它也是少数几个有白色颜色的天然石材之一。

6. 砾石与卵石

（1）砾石　砾石是经流水冲击磨去棱角的岩石碎块。砾石的色彩从浅到米黄色、银色，深到黄褐色、棕褐色的范围内变化。一般用于连接各个景观、构筑物，或者是连接规则的整形与修剪植物之间，由它铺成的小路不仅干爽、稳固、坚实，而且还为植物提供了最理想的掩映效果。砾石具有极强的透水性，即使被水淋湿也不会太滑，所以就步行交通而言，砾石无疑是一种较好的选择，砾石如图 17-3 所示。

（2）卵石　卵石分为天然卵石和机制卵石两类，通常用来铺小路或小溪底面，与石板、砖块混合铺设，形成较好的艺术效果，也可作为树穴、下水道的覆盖物。天然卵石是指风化岩石经水流长期冲刷搬运而成的，粒径为 60 ~ 200mm 的无棱角的天然粒料；大于 200mm 的称作漂石。鹅卵石、雨花石都是天然卵石。机制卵石是指把石材碎料边缘经过机器打磨加工形成的卵石，海峡石、洗石米都是机制卵石。

图 17-3　砾石

（3）砂砾　有白砂砾、灰砂砾、黄砂砾等，常被用在枯山水庭院中替代水。

7. 其他天然石材

（1）火山碎屑岩　岩浆被喷到空气中，急速冷却而形成的岩石称火山碎屑岩，又称火山碎屑。由于是喷到空气中急速冷却而成，所以内部含有大量的气孔，并多呈玻璃质，有较高的化学活性。常用的有火山灰、火山渣、浮石等，主要用作轻骨料混凝土的骨料、水泥的混合材料等。

（2）辉长岩、闪长岩、辉绿岩　辉长岩、闪长岩、辉绿岩由长石、辉石和角闪石等组成。三者的体积密度均较大，为 2800 ~ 3000kg/m^3，抗压强度为 100 ~ 280MPa，耐久性及磨光性好。常呈深灰、浅灰、黑灰、灰绿、黑绿色和斑纹状。除用于基础等石砌体外，还可用作名贵的装饰材料。

（3）片麻石　片麻石由花岗岩变质而成，呈片状构造，呈各向异性。片麻石在冰冻作用下易成层剥落，体积密度为 2600 ~ 2700kg/m^3，抗压强度为 112 ~ 250MPa（垂直解理方向）。可用于一般建筑工程的基础、勒脚等作为石砌体，也可作混凝土骨料。

（4）石英石　石英石由硅质砂岩变质而成，结构致密、均匀、坚硬，加工困难，非常耐久，耐酸性好，抗压强度为 250 ~ 400MPa。主要用于纪念性建筑等的饰面以及耐酸工程，使用寿命可达千年以上。

（5）玄武岩　玄武岩为岩浆冲破覆盖岩层喷出地表冷凝而成的岩石，由辉石和长石组成。体积密度为 2900 ~ 3300kg/m^3，抗压强度为 100 ~ 300MPa。脆性大、抗风化性较强。主要用于基础、桥梁等石砌体，破碎后可作为高强混凝土的骨料。

8. 中国四大园林名石

（1）黄蜡石　黄蜡石属于变质岩的一种，主要产于我国南方各地。黄蜡石有灰白、浅黄、深黄等色，有蜡状光泽，圆润、光滑，质感似蜡。石形圆浑如大卵石状，但并不为卵形、圆形或长圆形，而多为抹圆角有涡状凹陷的各种异形块状，也有呈长条状的。黄蜡石以石形变化大而无破损、无灰砂、表面滑若凝脂、石质晶莹润泽者为上品，即石形要“湿、润、密、透、凝、腻”。黄蜡石在园林中适宜与植物一起组成小景。

（2）灵璧石　灵璧石亦同属石灰岩，因主产于安徽省灵璧县一带而得名。灵璧石产于土中，被赤泥渍满，须刮洗方显本色。呈石灰色而甚为清润，质地亦脆，用手弹也有共鸣声。石面有坳坎的变化，石形亦千变万化，但其很少有宛转回折之势。这种山石可作掇山石小品，更多的情况下可作为盆景石赏玩，如图17-4所示。

（3）太湖石　太湖石是一种石灰岩的石块，因主产于太湖而得名。太湖石纹理纵横，脉络起隐，石面上边多坳坎，称为“弹子窝”，扣之有微声，还很自然地形成沟、缝、穴、洞。有时窝洞相套，玲珑剔透，蔚为奇观，犹如天然的雕塑品，观赏价值比较高，常被用作特置石峰，以体现奇秀险怪之势，著名的如苏州留园的冠云峰。如图17-5所示。

图17-4　灵璧石

图17-5　太湖石

（4）英德石　英德石同属石灰岩，因主产于广东省英德市一带而得名。英德石通常为青灰色，有的间有白色脉络，称灰英，也有白英、黑英、浅绿英等数种，但均罕见。英德石形状瘦骨铮铮，嶙峋剔透，多皱折的棱角，清奇俏丽。石体多皴皱，少窝洞，质稍润，坚而脆，扣之有声，在园林中多用于山石小景。

9. 天然石材的表面加工处理

（1）亚光　亚光是指将石材表面研磨，使其具有良好的光滑度，有细微光泽但反射光线较少。

（2）抛光　将从大块石料上锯切下的板材通过粗磨、细磨、抛光等工序，使板材具有良好的光滑度及较高的反射光线能力。

（3）机刨纹理　机刨纹理是指通过专用刨石机器将板面加工成凹凸状纹理。

（4）剁斧　现代剁斧石常指人工制造出的不规则状纹理的石材。剁斧石一般用手工工具加工，如花锤、斧子、錾子、凿子等，通过捶打、凿打、劈剁、整修、打磨等办法将毛坯加工出所需的特殊质感，其表面可以是网纹面、锤纹面、岩礁面、隆凸面等多种形式。

（5）烧毛　烧毛是指用火焰喷射器灼烧锯切下的板材表面，利用组成石材的不同矿物颗粒热膨胀系数的差异，使其表面一定厚度的表皮脱落，形成整体平整但局部轻微凹凸起伏的表面。烧毛石材反射光线少，视觉柔和。

（6）喷砂　喷砂是指用砂和水的高压射流将砂子喷到石材上，形成有光泽但不光滑的表面。

(7) 其他特殊加工　除上述基本方法外，还有一些根据设计意图产生的特殊加工方法，如在抛光石材上局部烧毛做出光面毛面相接的效果，在石材上钻孔产生类似于穿孔铝板似透非透的特殊效果等。

对于砂岩及板岩，由于其表面的天然纹理，一般外露面为自然劈开或磨平，显示出自然本色而无须再加工，背面则可直接锯平，也可采用自然劈开状态；大理石具有优美的纹理，一般均采用抛光、亚光的表面处理以显示出其花纹，而不会采用烧毛工艺隐藏其优点；而花岗岩因为大部分品种均无美丽的花纹，则可采用上述所有方法。

17.1.2　人造石材

人造石材一般是指人造大理石和人造花岗石，属于水泥混凝土或聚酯混凝土的范畴。人造石材是以大理石碎料、石英砂、石粉等集料，拌和树脂、聚酯等聚合物或水泥胶粘剂，经过真空强力拌和及振动、加压成型、打磨抛光以及切割等工序制成的板材，人造大理石如图 17-6 所示。

图 17-6　人造大理石

1. 人造石材的种类

(1) 树脂型人造石材　是以不饱和聚酯树脂为胶粘剂，配以天然的大理石碎石、石英砂、方解石、石粉等无机矿物填料，以及适量的阻燃剂、稳定剂、颜料等附加剂，经配料、混合、浇筑、振动、压缩、固化成型、脱模烘干、表面抛光等工序加工而成的一种人造石材。

树脂型人造石材，按其表面图案的不同可分为人造大理石、人造花岗石、人造玛瑙石和人造玉石等几种：

1) 人造大理石。有类似大理石的云朵状花纹和质感，填料可在 0.5 ~ 1.0mm，可用石英砂、硅石粉和碳酸钙。

2) 人造花岗石。有类似花岗岩的星点花纹质感，如粉红底星点、白底黑点等品种，填充料配比是按其花色而特定的。

3) 人造玛瑙石。有类似玛瑙的花纹和质感，所使用的填料有很高的细度和纯度；制品具有半透明性，填充料可使用氢氧化铝和合适的大理石粉料。

4) 人造玉石。有类似玉石的色泽、半透明状，所使用的填料有很高的细度和纯度，有仿山田玉、仿芙蓉玉、仿紫晶等品种。

树脂型人造石材的性能及应用范围有以下几点：

1) 色彩花纹仿真性强，其质感和装饰效果完全可以与天然大理石和天然花岗石媲美。

2) 强度高、不易碎，其板材厚度薄，重量轻，可直接用聚酯砂浆或 108 胶水泥净浆进行粘贴施工。

3) 具有良好的耐酸碱性、耐腐蚀性和抗污染性。

4) 可加工性好，比天然石材易于锯切、钻孔。

5）会老化。树脂型人造石材在环境中长期受阳光、大气、热量、水分等的综合作用后，随时间的延长会逐渐老化，表面将失去光泽，颜色变暗，从而削弱其装饰效果。

应用于室内外的地面装饰，卫生洁具，如洗面盆、浴缸、坐便器等，还可以作为楼梯面板、窗台板、服务台面、茶几面等。

（2）烧结型人造石材　烧结型人造石材的生产方法与陶瓷工艺相仿，将长石、石英、辉绿石、方解石等粉料和赤铁矿粉，以及一定量的高岭土共同混合，石粉占60%，黏土占40%，采用混浆法制备坯料，用半干压法成型，再在窑炉中以1000℃左右的高温焙烧而成。烧结型人造石材的装饰性好，性能稳定，由于需要高温焙烧，因而造价高。

（3）水泥型人造石材　水泥型人造石材是以各种水泥为胶结材料，砂、天然碎石粒为粗细集料，经配制、搅拌、加压蒸养、磨光和抛光后制成的人造石材。在配制过程中混入色料，可制成彩色水泥石。水泥型石材的生产取材方便，价格低廉；但其装饰性较差。水磨石和各类花阶砖即属此类。

水泥型人造石材的性能主要有：①强度高，坚固耐用；②表面光泽度高，花纹耐久，抗风化，耐久性好；③防潮性优于一般的人造大理石；④美观大方，物美价廉，施工方便等。

水泥型人造石材广泛应用于开间较大的地面、墙面及门厅的柱面、花台、窗台等部位。

（4）复合型人造石材　复合型人造石材是指所用的胶粘剂既有无机材料，又有有机高分子材料，所以称为复合型人造石材。

复合型人造石材是先将无机填料用无机胶粘剂胶结成型、养护后，再将坯体浸渍在有机单体中，使其在一定的条件下聚合。复合型人造石材一般为三层：底层要采用无机材料，其性能稳定，价格较低；面层可采用聚酯和大理石粉制作，以获得最佳的装饰效果。

复合型人造石材制品造价较低，但它受温差影响后，聚酯面易产生剥落或开裂。复合型人造石材一般应用于室内石面的装饰。

2. 常用人造石材品种

（1）聚酯型人造石材　聚酯型人造石材是以不饱和聚酯树脂为胶结料而生产的聚酯合成石，属于树脂型人造石材。聚酯合成石常可以制作成饰面用的人造大理石板材、人造花岗岩板材和人造玉石板材，人造玛瑙石卫生洁具（浴缸、洗脸盆、坐便器等）和墙地砖，还可用来制作人造大理石壁画等工艺品。

（2）仿花岗岩水磨石砖　仿花岗岩水磨石砖属于水泥型人造石材，是使用颗粒较小的碎石米，加入各种颜色的色料，采用压制、粗磨、打蜡、磨光等生产工艺制成。砖面的颜色、纹理和天然花岗岩十分相似，光泽度较高，装饰效果好，多用于宾馆、饭店、办公楼等的内外墙和地面装饰。

（3）仿黑色大理石　仿黑色大理石属于烧结型人造石材，主要是以钢渣和废玻璃为原料，加入水玻璃、外加剂和水混合成型，烧结而成。具有利用废料、节电降耗、工艺简单的特点，多用于内外墙、地面、台面装饰铺贴。

（4）透光大理石　透光大理石属于复合型人造石材，是将加工成厚5mm以下具有透光性的薄型石材和玻璃相复合。芯层为丁醛膜，在140～150℃条件下热压30min而成。具有可以使光线变柔和的作用，多用于制作采光顶棚及外墙装饰。

17.1.3　园林造园中石材常见问题

（1）色斑及水斑现象　色斑及水斑现象最容易发生在白色浅色石材上。由于这一类石材是中酸性岩浆岩，结晶程度较高，而且晶体之间的微裂隙丰富，吸水率较高，各种金属矿物含量也较高。在应用过程中，遇到水分子氧化就会产生此现象。

（2）白华斑　白华斑的成因是在铺砌时，水泥砂浆在同化过程中，透过石材毛细孔将砂浆中的色素排出石材表面，形成色斑。或者水泥中的碱性物质被水分子带入石材内，与石材中的金属类矿物质发生化学反应，生成矾类、盐类或氢氧化钙的结晶体，主要存在于岩石的节理间与接缝间。

白华斑可用强力清洗剂清除。白华斑清除的关键措施是防止水分的再渗入，可以从石材表面做防护处理及加强填缝部分的防水功能着手。

（3）污染斑

1）污染斑主要是因为包装、存放和运输不合理，遇到下雨或与外界水分接触，包装材料渗出物的污染所致。

2）加工过程中表面附有金属物质或在锯割过程中表面残留有铁屑，如果未冲洗干净，长期存放，金属物质或铁屑在空气中形成的铁锈就会附着于石材表面。

（4）锈斑与吐黄现象

1）天然石材内部的铁被侵入石材内部的空气中的二氧化碳和水氧化，透过石材毛细孔排出，从而形成锈斑。这种情况可用强力清洗剂加以清除，而不能用过氧化氢或腐蚀性强酸清除。

2）防止锈斑再生最有效的方法是除锈后即作防护处理，以防止水分再渗入石材内部导致锈斑再生。

17.1.4　石材保护

石材防护中主要采用石材防护剂，即采用刷、喷、涂、滚、淋和浸泡等方法，使防护剂均匀分布在石材表面或渗透到石材内部形成一种保护，从而使石材具有防水、防污、耐酸碱、抗老化、抗冻融、抗生物侵蚀等功能，以提高石材的使用寿命和装饰性能。

17.2　建筑玻璃

玻璃是一种既能有效地利用透光性，又能调节、分隔空间的材料。近代建筑越来越多地采用玻璃及其制品，玻璃及其制品由原来作为装饰及采光的功能构件，发展到用以控制光线、调节热量、改善环境，乃至跨进结构材料的行列，玻璃外形如图 17-7 所示。

17.2.1　玻璃的组成和性质

玻璃是以石英（SiO_2）、纯碱（Na_2CO_3）、长石、石灰石（$CaCO_3$）等主要原料经 1500 ~ 1650℃高温熔融、成型并过冷而成的固体。它与其他陶瓷不同，是无定形非结晶体的均质同向性材料。玻璃的化学成分复杂，其主要成分有 SiO_2（含 72% 左右）、Na_2O（含 15% 左右）和 CaO（含 9% 左右）等。

图 17-7　玻璃

普通玻璃呈透明状，具有极高的透光性，普通的清洁玻璃的透光率在82%以上。其具有电绝缘性、化学稳定性好、抗盐和抗酸侵蚀能力强等特点。但在冲击力作用下易破碎，其热稳定性差，急冷急热时易破碎。表观密度大，为2450～2550kg/m^3；导热系数较大，为0.75W/(m·K)。

17.2.2 玻璃材料的主要种类

1. 普通平板玻璃

普通平板玻璃也称为单光玻璃、净片玻璃，简称玻璃，属于钠玻璃类，是未经研磨加工的平板玻璃。它主要装配于门窗，起透光、挡风和保温作用。使用中，要求其具有较好的透明度且表面平整无缺陷。普通平板玻璃是建筑玻璃中生产量最大、使用最多的一种，厚度有2mm、3mm、4mm、5mm、6mm、8mm、10mm、12mm、15mm、19mm共10种规格。

2. 装饰平板玻璃

（1）磨光玻璃　磨光玻璃又称为镜面玻璃，是平板玻璃经过机械研磨和抛光后的玻璃，分单面磨光和双面磨光两种。它具有表面平整、光滑且有光泽，物像透过玻璃不变形等优点，其透光率大于84%。双面磨光玻璃还要求两面平行，厚度一般为5～6mm。磨光玻璃常用来安装大型高级门窗、橱窗或制镜子。磨光玻璃加工费时、不经济，出现浮法玻璃后，磨光玻璃用量大为减少。

（2）磨砂玻璃　磨砂玻璃又称为毛玻璃。磨砂玻璃是用机械喷砂、手工研磨或氢氟酸溶液侵蚀等方法将普通平板玻璃表面处理成均匀毛面。其表面粗糙，可使光线产生漫反射，只有透光性而不能透视，能使室内光线柔和而不刺目。

（3）镭射玻璃　镭射玻璃又称为光栅玻璃，是以玻璃为基材，经特殊工艺处理，玻璃表面出现全息或者其他光栅。镭射玻璃在光源的照射下能产生物理衍射的七彩光。镭射玻璃的各种花型产品宽度一般不超过500mm，长度一般不超过1800mm。所有图案产品宽度不超过1100mm，长度一般不超过1800mm。圆柱产品每块弧长不超过1500mm，长度不超过1700mm。镭射玻璃的主要特点是具有优良的抗老化性能，适用于酒店、宾馆及各种商业、文化、娱乐设施装饰。

（4）彩色玻璃　彩色玻璃又称为有色玻璃或颜色玻璃，分透明和不透明两种。透明彩色玻璃是在原料中加入一定的金属氧化物使玻璃带色；不透明彩色玻璃是在一定形状的平板玻璃一面喷以色釉，经过烘烤而成。它具有耐腐蚀、抗冲刷、易清洗并可拼成图案、花纹等优点，适用于门窗及对光有特殊要求的采光部位和外墙面装饰。

（5）花纹玻璃　花纹玻璃根据加工方法的不同，可分为压花玻璃和喷花玻璃两种。

1）压花玻璃又称为滚花玻璃，是在玻璃硬化前，经过刻有花纹的滚筒，在玻璃单面或双面压上深浅不同的各种花纹图案。由于花纹凹凸不平使光线产生漫反射而失去透视性，因而它透光不透视，可同时起到窗帘的作用。压花玻璃兼具使用功能和装饰效果，因而广泛应用于宾馆、大厦、办公楼等现代建筑的装修工程中。压花玻璃的厚度常为2～6mm。

2）喷花玻璃又称为胶花玻璃，是在平板玻璃表面上贴以花纹图案，抹以护面层，经喷砂处理而成，适合门窗装饰、采光之用。

（6）玻璃马赛克　玻璃马赛克是指以玻璃为基料并含有未熔解的微小晶体（主要是石英）的乳浊制品，其颜色有红、黄、蓝、白、黑等几十种。玻璃马赛克是一种小规格的彩色釉面玻璃，一般尺寸为20mm×20mm、30mm×30mm、40mm×40mm，厚4~6mm。该类玻璃一般包括透明、半透明和不透明三类，还有带金色、银色斑点或条纹的。玻璃马赛克具有色调柔和、朴实典雅、美观大方、化学稳定性好、冷热稳定性好等特点。它一面光滑，另一面带有槽纹，与水泥砂浆粘结好，施工方便，适用于宾馆、医院、办公楼、礼堂、住宅等建筑的外墙饰面。

（7）冰花玻璃　冰花玻璃是将原片玻璃进行特殊处理，在玻璃表面形成酷似自然冰花的纹理。冰花玻璃的冰花纹理对光线有漫反射作用，因而冰花玻璃透光不透视，可避免强光引起的眩目，光线柔和，适用于建筑门窗、隔断、屏风等。

3. 安全玻璃

安全玻璃包括物理钢化玻璃、夹丝玻璃、夹层玻璃。其主要特点是力学强度较高，抗冲击能力较好。被击碎时，碎块不会飞溅伤人，并有防火的功能。

（1）夹层玻璃　夹层玻璃是两片或多片平板玻璃之间嵌夹透明塑料（聚乙烯醇缩丁醛）薄衬片，经加热、加压、黏合而成的平面或曲面的复合玻璃制品。夹层玻璃抗冲击性和抗穿透性好，玻璃破碎时不会裂成分离的碎片，只有辐射状的裂纹和少量玻璃碎屑，碎片仍粘贴在膜片上，不致伤人。夹层玻璃在建筑上主要用于有特殊安全要求的门窗、隔墙、工业厂房的天窗等。

（2）物理钢化玻璃　物理钢化玻璃是安全玻璃，它是将普通平板玻璃在加热炉中加热到接近软化点温度（650℃左右），使其通过本身的形变来消除内部应力，然后移出加热炉，立即用多用喷嘴向玻璃两面喷吹冷空气，使其迅速且均匀地冷却，当冷却到室温后，形成了高强度的钢化玻璃。钢化玻璃的特点为强度高，抗冲击性好，热稳定性高，安全性高。钢化玻璃的安全性主要是指整块玻璃具有很高的预应力，一旦破碎，即呈现网状裂纹，碎片小且无尖锐棱角，不易伤人。钢化玻璃在建筑上主要用作高层的门窗、隔墙与幕墙。

（3）夹丝玻璃　夹丝玻璃是将预先编织好的钢丝网压入已软化的红热玻璃中制成的。其抗折强度高、防火性能好，破碎时即使有许多裂缝，其碎片仍能附着在钢丝上，不致四处飞溅而伤人。夹丝玻璃主要用于厂房天窗、各种采光屋顶和防火门窗等。

4. 保温绝热玻璃

保温绝热玻璃包括吸热玻璃、放射玻璃、玻璃空心砖等。它们在建筑上主要起装饰作用，并具有良好的保温绝热性能。保温绝热玻璃除用于一般门窗外，常用作幕墙玻璃。

（1）中空玻璃　中空玻璃由两片或多片平板玻璃构成，用边框隔开，四周边缘部分用密封胶密封，玻璃层间充有干燥气体。构成中空玻璃的玻璃采用平板原片，有普通玻璃、吸热玻璃、热反射玻璃等。中空玻璃的特性是保温绝热，节能性好，隔声性优良，并能有效地防止结露。中空玻璃主要用于需要采暖、空调，防止噪声、结露及需要无直接光和特殊光线的建筑上，如住宅、饭店、宾馆、办公楼、学校、医院、商店等。

（2）吸热玻璃　吸热玻璃既能吸收大量红外线辐射，又能保持良好的透光率。根据玻璃生产的方法，分为本体着色法和表面喷涂法（镀膜法）两种。吸热玻璃有灰色、茶色、蓝色、绿色等颜色，主要用于建筑外墙的门窗、车船的风挡玻璃等。

（3）玻璃空心砖　玻璃空心砖一般是由两块压铸成凹形的玻璃经熔接或胶接成整块的空心砖。砖面可为光滑平面，也可在内外压铸多种花纹。砖内腔可为空气，也可填充玻璃棉等。玻璃空心砖绝热、隔声，光线柔和优美，可用来砌筑透光墙壁、隔断、门厅、通道等。

(4) 热反射玻璃　热反射玻璃既具有较高的热反射能力，又能保持良好的透光性能，故又称为镀膜玻璃或镜面玻璃。热反射玻璃是在玻璃表面用热解、蒸发、化学处理等方法喷涂金、银、铜、镍、铬、铁等金属或金属氧化物薄膜而成。热反射玻璃的热反射率高达30%以上，装饰性好，具有单向透像作用，被越来越多地用作高层建筑的幕墙。

17.2.3　新型玻璃材料

微晶玻璃复合板材也称为微晶石，是将一层3～5mm厚的微晶玻璃复合在陶瓷玻化石的表面，经二次烧结后完全融为一体的产品。微晶玻璃陶瓷复合板厚度在13～18mm，光泽度大于95。它具有晶莹剔透、雍容华贵、自然生长而又变化各异的仿石纹理，色彩鲜明的层次，鬼斧神工的外观装饰效果，以及不受污染、易于清洗、内在优良的物理化学性能，另外还具有比石材更强的耐风化性和耐气候性，受到国内外高端建材市场的青睐。

与天然石材相比更具理化优势：微晶石是在与花岗岩形成条件相似的高温状态下，通过特殊的工艺烧结而成，质地均匀，密度大，硬度高，抗压、抗弯、耐冲击等性能优于天然石材，经久耐磨，不易受损，没有天然石材常见的细碎裂纹。

微晶石可以根据使用需要生产出丰富多彩的色调系列（尤以水晶白、米黄、浅灰、白麻4个色系最为时尚、流行），同时又能弥补天然石材色差大的缺陷，产品广泛用于宾馆、写字楼、车站机场等室内外装饰，更适宜用作室内的高级装修，如墙面、地面、饰板、家具、台盆面板等。

第 18 章

石灰与石膏

18.1 石灰

石灰是一种古老的建筑胶凝材料。在距今已有三千多年历史的陕西岐山凤雏西周遗址中，其土坯墙就采用了三合土（石灰、黄沙、黏土）抹面。石灰原材料储量大、分布广，其成本低廉、生产工艺简单、性能优良，至今仍被广泛地应用于建筑工程和建筑材料生产中。

18.1.1 建筑石灰的技术要求与性质

建筑石灰根据成品加工方法的不同可分为块状的建筑生石灰、磨细的建筑生石灰粉、建筑消石灰膏和建筑消石灰粉。根据氧化镁含量的多少可分为钙质石灰、镁质石灰。根据有关技术要求及指标划分为优等品、一等品和合格品三个等级（表 18-1 至表 18-5）。

表 18-1 建筑生石灰的分类

类别	名称	代号
钙质石灰	钙质石灰 90	CL90
	钙质石灰 85	CL85
	钙质石灰 75	CL75
镁质石灰	镁质石灰 85	ML85
	镁质石灰 80	ML80

表 18-2 建筑生石灰的化学成分 （单位：%）

名称	氧化钙 + 氧化镁 (CaO + MgO)	氧化镁 (MgO)	二氧化碳 (CO_2)	三氧化硫 (SO_3)
CL90-Q CL90-QP	≥90	≤5	≤4	≤2
CL85-Q CL85-QP	≥85	≤5	≤7	≤2
CL75-Q CL75-QP	≥75	≤5	≤12	≤2
ML85-Q ML85-QP	≥85	>5	≤7	≤2
ML80-Q ML80-QP	≥80	>5	≤7	≤2

表 18-3 建筑生石灰的物理性质

名称	产浆量/(dm^3/10kg)	细度	
		0.2mm 筛余量（%）	90μm 筛余量（%）
CL90-Q	≥26	—	—
CL90-QP	—	≤2	≤7
CL85-Q	≥26	—	—
CL85-QP	—	≤2	≤7
CL75-Q	≥26	—	—
CL75-QP	—	≤2	≤7
ML85-Q	—	—	—
ML85-QP		≤2	≤7
ML80-Q	—	—	—
ML80-QP		≤7	≤2

表 18-4 建筑生石灰技术要求 （单位:%）

项目	钙质石灰			镁质石灰		
	一等品	二等品	三等品	一等品	二等品	三等品
有效（CaO + MgO）含量	≥85	≥80	≥70	≥80	≥75	≥65
未消化残渣含量（5mm 圆孔筛的筛余）	≤7	≤11	≤17	≤10	≤14	≤20

注：硅、铝、铁氧化物含量之和大于5%的生石灰，有效钙加氧化镁含量指标，一等品不小于75%，二等品不小于70%、三等品不小于60%；未消化残渣含量指标与镁质生石灰指标相同。

表 18-5 建筑消石灰粉技术要求 （单位:%）

项目		钙质消石灰粉			镁质消石灰粉		
		一等品	二等品	三等品	一等品	二等品	三等品
有效（CaO + MgO）含量		≥65	≥60	≥55	≥60	≥55	≥50
含水率		≤4	≤4	≤4	≤4	≤4	≤4
细度	0.17mm 方孔筛的筛余	≤0	≤1	≤1	≤0	≤1	≤1
	0.125mm 方孔筛的累计筛余	≤13	≤20	—	≤13	≤20	—

建筑生石灰为块状和磨细粉状，其颜色随成分不同而异。纯净的为白色，含杂质时呈浅黄色、灰色等。过火石灰色泽暗淡，呈灰黑色，欠火石灰的断面中部色彩深于边缘色彩。

生石灰的密度取决于原料成分和煅烧条件，通常为 3.10 ~ 3.40g/cm^3；堆积密度取决于原料成分、粒块尺寸、装料紧密程度及煅烧品质等，通常为 600 ~ 1100kg/m^3。消石灰粉的密度约为 2100kg/m^3，堆积密度为 400 ~ 700kg/m^3。

建筑石灰的质量好坏主要取决于有效物质（CaO + MgO）及其杂质的含量。有效物质是石灰中能够和水发生水化反应的物质，它的含量反映了石灰的胶凝能力，有效物质越多产浆量越高。

石灰粉的细度越大，施工性能越好，硬化速度越快，质量也越好。欠火石灰和各种杂质则无胶凝能力。过火石灰的存在会影响体积安定性。建筑消石灰粉还有游离水含量的限制和体积安定性合格的要求。块状生石灰中细颗粒含量越多质量越差。

生石灰放置太久，会吸收空气中的水分而自动熟化成氢氧化钙，再与空气中二氧化碳作用而生成碳酸钙，失去胶凝能力。所以在储存时最好先消解成石灰浆，将储存期变为陈伏期。由于生石灰受潮时会放出大量的热并产生体积膨胀，在储存和运输时应采取相应的安全保护措施。

建筑石灰加水拌和形成石灰浆体，由于水的物理分散作用和化学分散作用，能自动形成尺寸细小（直径约为1μm）的石灰微粒，这些微粒表面吸附一层厚的水膜，均匀、稳定地分散在水中，形成胶体结构。石灰浆胶体具有很大的内比表面积，能吸附大量游离水，故石灰浆体具有较好的保水性。另外，石灰微粒之间由一层厚厚的水膜隔开，彼此间摩擦力较小，石灰浆体的流动性和可塑性较好。利用上述性质，可配制石灰水泥混合砂浆，目的是改善水泥砂浆的施工和易性。

石灰浆体的凝结硬化是通过在干燥环境中的水分蒸发和结晶作用以及氢氧化钙的碳化来完成的。由于空气中二氧化碳含量很低，碳化速度较慢，且碳化后形成的碳酸钙硬壳阻止二氧化碳向浆体内部渗透，同时也阻止了水分向外的蒸发，结果使内部氢氧化钙结晶数量少、结晶速度缓慢，因此石灰浆体的凝结硬化速度较慢，这和石膏浆体的性质截然不同。石灰硬化浆体的主要水化产物是氢氧化钙和表面少量的碳酸钙，由于氢氧化钙强度较低，故硬化浆体的强度也很低。例如，砂灰比为3的石灰砂浆，28d抗压强度通常只有0.2~0.5MPa。

强度低和耐水性差是无机气硬性胶凝材料的共性。耐水性差的原因主要是气硬性胶凝材料的水化产物溶解度较大，加上结晶接触点由于晶格变形、扭曲而具有热力学不稳定性和更大的溶解度。在潮湿空气环境下，石灰硬化浆体内部产生溶解和再结晶，使硬化浆体的强度发生显著的不可逆的降低。在水中，由于水的破坏作用，硬化强度较低的石灰浆体将发生溃散破坏。所以，石灰不宜在潮湿的环境中使用，石灰砂浆不能用于砌筑建筑物的基础和外墙抹面等工程。

18.1.2　建筑石灰的应用

石灰作为一种传统的建筑材料，其几千年的使用历史足以印证人类对这种材料的信任和依赖，至今石灰仍然作为重要的建筑材料有着广泛的应用。

1. 生产无熟料水泥

将石灰和活性的玻璃体矿物质材料，按适当比例混合磨细或分别磨细后再均匀混合，制成的非煅烧水硬性胶凝材料称为无熟料水泥。如石灰粉煤灰水泥、石灰矿渣水泥、石灰烧煤矸石水泥、石灰烧黏土水泥、石灰页岩灰水泥、石灰沸石岩水泥等。无熟料水泥的共同特性是强度较低，特别是早期强度较低、水化热较低，对于软水、矿物水等有较强的抵抗能力。适用于大体积混凝土工程、蒸汽养护的各种混凝土制品、地下混凝土工程和水中混凝土；不宜用于强度要求高，特别是早期强度要求高的工程，不宜在低温条件下施工。

2. 生产硅酸盐制品

硅酸盐制品是以石灰和硅质材料（如矿渣、粉煤灰、石英砂、煤矸石等）为主要原料，加水拌和成型后，经蒸汽养护或蒸压养护得到的成品。

钙质材料与硅质材料经水热化合后，其胶凝物质主要是水化硅酸钙盐类，故统称为硅酸盐制品。常用的有各种粉煤灰砖及砌块、炉渣砖和矿渣砖及砌块、蒸压灰砂砖及砌块、蒸压灰砂混凝土空心板、加气混凝土等。

3. 配制石灰砂浆和灰浆

采用石灰膏作为原材料可配制石灰砂浆和石灰水泥混合砂浆，其施工和易性较好，广泛地应用于工业与民用建筑的砌筑和抹灰工程中。

石灰砂浆应用于吸水性较大的基层时，应事先将基底润湿，以免石灰砂浆脱水过速而成为干粉，丧失胶凝能力。在建筑工程中，常用石灰膏或消石灰粉与其他不同材料加水拌和均匀而获得各种灰浆，如石灰纸筋灰浆、石灰麻刀灰浆等，用于建筑抹面工程。用石灰膏或消石灰粉掺入大量水可配制成石灰乳涂料。可在涂料中加入碱性颜料，以获得各种色彩；加入少量水泥、粉煤灰或粒化高炉矿渣可提高耐水性；调入干酪素、明矾或氯化钙，可减少涂层的粉化现象。石灰乳涂料可用于装饰要求不高的室内粉刷。

4. 配制石灰土和三合土

消石灰粉在建筑工程中广泛用于配制三合土和石灰土。三合土由消石灰粉、黏土、砂和石子或炉渣等混合而成，质量比为1:2:3。石灰土由消石灰粉与细粒黏土均匀拌和而成，质量比为1:2~1:4。三合土和石灰土的施工方法是加入适量的水，通过分层击打、夯实或碾压密实使结构层具有较高的密实度。

三合土和石灰土结构层具有一定的水硬胶凝性能，石灰稳定土的作用机理尚待继续研究。其原因可能是在强力夯打和振动碾压的作用下，黏土微粒表面被部分活化，此时黏土表面少量的活性氧化硅和氧化铝与石灰进行化学反应，生成了水硬性的水化硅酸钙和水化铝酸钙，将黏土颗粒胶结起来。

石灰中的少量黏土杂质经煅烧后也具有一定的活性，炉渣等中也存在一些活性成分，因此，石灰土结构层的强度和耐水性得以提高。石灰土和三合土广泛地应用于建筑物基础、垫层、公路基层、堤坝和各种地面工程中。

5. 制造碳化制品

用磨细生石灰与砂子、尾矿粉或石粉配料，加入少量石膏经加水拌和压制成型制得碳化砖坯体；用磨细生石灰、纤维填料和轻质骨料经成型后得到碳化板坯体。上述两种坯体利用石灰窑所产生的二氧化碳废气进行人工碳化后，即得到轻质的碳化板和碳化砖制品。石灰制品经碳化后强度将大幅提高，如灰砂制品可提高4~5倍。

碳化石灰空心板的表观密度为700~800kg/m^3（当孔洞率为34%~39%时），抗弯强度为3~5MPa，抗压强度为5~15MPa，导热系数小于0.2W/(m·K)，可刨、可钉、可锯，所以这种材料适宜用作非承重的顶棚、内墙隔板等。

18.2 石膏

石膏是单斜晶系矿物，主要化学成分是硫酸钙（$CaSO_4$）。石膏是一种用途广泛的工业和建筑材料，可用于水泥缓凝剂、石膏建筑制品、模型制作、医用食品添加剂、硫酸生产、纸张填料、油漆填料等。

18.2.1 建筑石膏的性质

通常的建筑石膏指ρ型半水石膏磨细而成的白色粉末材料，其密度为2500~2700kg/m^3，堆积密度800～1450kg/m^3。国家规定的建筑石膏技术指标有强度、细度和凝结时间，按2h强度（抗折）分为3.0、2.0和1.6三个等级，见表18-6。

表18-6 物理力学性能

等级	细度（%）（0.2mm方孔筛筛余）	凝结时间/min		2h强度/MPa	
		初凝	终凝	抗折	抗压
3.0	≤10	≥3	≤30	≥3.0	≥5.0
2.0				≥2.0	≥4.0
1.6				≥1.6	≥3.0

1）建筑石膏的强度包括抗压强度和抗折强度，是按规定的方法用标准稠度的石膏强度试件测定；建筑石膏的凝结时间包括初凝时间和终凝时间，是用标准稠度的石膏浆体在凝结时间测定仪上测定；建筑石膏的细度用筛分法测定。

2）建筑石膏的凝结硬化速度较快。正常情况下，石膏加水拌和几分钟后浆体就开始失去塑性达到初凝，20～30min后浆体即完全失去塑性达到终凝。当初凝时间较短导致施工成型困难时，可掺入缓凝剂（如1%的亚硫酸盐酒精废液、0.1%～0.5%的硼砂、0.1%～0.2%的动物胶等）来延缓初凝时间，以降低半水石膏溶解度或溶解速度，减慢水化速度。

3）建筑石膏在硬化过程中体积略有膨胀，线膨胀率为1%左右，这一性质与其他多数胶凝材料有显著不同。因无收缩裂缝生成，石膏可以单独使用。特别是在装饰、装修工程中，其微膨胀性能塑造的各种建筑装饰制品形体饱满密实，表面光滑细腻，装饰效果很好。

4）半水石膏的理论水化需水量约为其质量的18.6%，为使石膏浆体具有一定的流动性和可塑性，施工中通常要加入60%～80%的水。这些多余的自由水在石膏浆体硬化后蒸发而留下大量的孔隙，其孔隙度可达40%～60%。由于具有多孔构造，石膏制品具有密度较小、质量较轻、强度低、隔热保温性好、吸湿性大、吸声性强等特点。

5）气硬性胶凝材料的硬化体的共有性能特点是耐水性差、强度低。耐水性差主要由于其水化产物的多孔构造和溶解度较大。二水石膏的溶解度是水泥石中水化硅酸钙的30倍左右。另外，石膏硬化体中的结晶接触点区段因晶格的变形和扭曲而具有更高的溶解度，在潮湿条件下易溶解和再结晶成较大晶体，从而导致石膏硬化浆体的强度降低。石膏硬化浆体强度低主要是因为多孔构造以及水化产物本身强度较低。石膏硬化浆体在干燥环境下的抗压强度为3～10MPa，而在吸水饱和状态时其强度降低可达70%左右，软化系数为0.20～0.30。

6）建筑石膏硬化后的主要成分是带有结晶水的二水石膏。二水石膏遇火时可分解出结晶水并吸收热量，脱出的水分在制品表面形成蒸汽幕层。在结晶水完全分解以前，温度的上升十分缓慢，生成的无水石膏为良好的绝热体，防火性能较好。但石膏制品不宜长期在高温环境中使用，因为二水石膏脱水过多会降低强度。石膏硬化浆体孔隙率大、孔径细小且分布均匀，因此石膏制品具有较高的吸湿透气性能，对室内湿度有一定的调节作用。此外，二水石膏质地较软，可锯、可钉而不开裂，加工性好。

18.2.2 石膏的应用

建筑石膏分布广泛、原料丰富，其生产工艺简单、无污染、价格便宜，是现代建筑材料中非常重要的品种。石膏主要应用于室内装饰、装修、吊顶、隔断、吸声、保温、隔热及防火等方面，一般做成石膏抹灰砂浆、石膏装饰制品、石膏板制品等。

1. 制作石膏装饰制品

在建筑石膏中加入水、少量的纤维增强材料和胶料后，拌和均匀制成石膏浆体，利用石膏硬化时体积膨胀的性质，可制成各种石膏雕塑、饰面板及各种建筑装饰零件，如石膏角线、角花、罗马柱、线板、灯圈、雕塑等艺术装饰石膏制品。

2. 制作各种石膏板制品

石膏是制作各种石膏板材的主要原料，石膏板是一种强度较高、质量轻、可锯可钉、绝热、防火、吸声的建筑板材，是当前重点发展的新型轻质板材。石膏板广泛地应用于各种建筑物的墙体覆面板、顶棚、内隔墙和各种装饰板。

在石膏板的生产制作过程中，为了获得更多优良的性能，通常加入一些其他材料和外加剂。制造石膏板时加入膨胀珍珠岩、陶粒、锯末、膨胀矿渣、膨胀蛭石等轻质多孔材料，或加入加气剂、泡沫剂等，可减小其表观密度并提高其隔声性、保温性。

在石膏板中加入石棉、麻刀、纸筋、玻璃纤维等增强材料，或在石膏板表面粘贴纸板，可以提高其抗裂性、抗弯强度，并减小脆性。

在石膏板中加入粒化矿渣、粉煤灰、水泥以及各种有机防水剂可以提高其耐水性。加入沥青质防水剂并在板面包覆防水纸或乙烯基树脂的石膏板，不仅可以用于室外，也可以用于室内，甚至用于浴室的墙板。

目前生产的石膏板，主要有纸面石膏装饰板、空心石膏条板、纤维石膏板和石膏板等。

1）纸面石膏板以建筑石膏作芯材，两面用纸护面而成，主要用于内墙、隔墙和顶棚处，安装时需先架设龙骨。

2）石膏空心条板以建筑石膏为主要原料，加入纤维等材料以类似于混凝土空心板生产工艺制成。石膏空心条板孔数为7~9个，孔洞率为30%~40%，无须设置龙骨，施工方便，主要用于内墙和隔墙。

3）石膏装饰板的主要原料为建筑石膏、少量的矿物短纤维和胶料。石膏装饰板是具有多种图案和花饰的正方形板材，边长为300~900mm，有平板、多孔板、印花板、压花板、浮雕板等，造型美观多样，主要用于公共建筑的墙面装饰和顶棚等。

4）纤维石膏板是以建筑石膏、纸浆、玻璃或矿棉短纤维为原料制成的无纸面石膏板。这种石膏板的抗弯强度和弹性模量都高于纸面石膏板，可用于内墙和隔墙，也可用来代替木材制作家具。

5）还有石膏矿棉复合板、防潮石膏板、石膏蜂窝板、穿孔石膏板等，可分别用作吸声板、绝热板，以及顶棚、墙面、地面基层板材料。

3. 制作石膏抹灰砂浆

石膏中加入水、细骨料和外加剂等可制成石膏抹灰砂浆，石膏抹灰墙面和顶棚具有不开裂、保温、调湿、隔声、美观等特点。抹灰后的墙面和顶棚还可以直接涂刷油漆、涂料及粘贴墙纸。建筑石膏中加入水和石灰可用作室内粉刷涂料，粉刷后的墙面和顶棚表面光滑、细腻、美观。

4. 石膏的其他用途

1）石膏除了广泛地应用于建筑装修、装饰工程外，还大量地应用于其他方面。例如，加入泡沫剂或加气剂可制成多孔石膏砌块制品，用作建筑物的填充墙材料，能改善绝热、隔声等性能，并能降低建筑物自重。

2）在硅酸盐水泥生产中必须加入石膏作为缓凝剂；石膏可生产无熟料水泥，如石膏矿渣无熟料水泥等；石膏可制造硫铝酸盐膨胀水泥和自应力水泥；石膏可生产各种硅酸盐制品和用作混凝土的早强剂等。高温煅烧石膏可做成无缝地板、人造大理石、地面砖和墙板，以及代替白水泥用于建筑装修。

第19章 水泥、砂浆及混凝土

19.1 水泥

19.1.1 硅酸盐水泥

由硅酸盐水泥熟料、0～5%石灰石或粒化高炉矿渣、适量石膏磨细制成的水硬性胶凝材料，称为硅酸盐水泥。硅酸盐水泥分为两种类型，不掺加混合材料的称为Ⅰ型硅酸盐水泥，代号P·Ⅰ；在硅酸盐水泥粉磨时掺加不超过水泥质量5%的石灰石或粒化高炉矿渣混合材料的称为Ⅱ型硅酸盐水泥，代号P·Ⅱ，如图19-1所示。

图19-1 水泥

19.1.2 硅酸盐水泥的特性和应用

1）硅酸盐水泥凝结正常，硬化快，早期强度与后期强度均高。适用于重要结构的高强混凝土和预应力混凝土工程。

2）耐腐蚀性差。硅酸盐水泥水化产物中，$Ca(OH)_2$的含量较多，耐软水腐蚀和耐化学腐蚀性较差，不适用于受流动的或有水压的软水作用的工程，也不适用于受海水及其他腐蚀介质作用的工程。

3）耐热性差。硅酸盐水泥受热达200～300℃时，水化物开始脱水，强度开始下降；当温度达到500～600℃时，氢氧化钙分解，强度明显下降；当温度达到700～1000℃时，强度降低更多，甚至完全破坏。因此，硅酸盐水泥不适用于耐热要求较高的工程。

4）抗碳化性好，干缩小。水泥中的$Ca(OH)_2$与空气中的CO_2的作用称为碳化。由于水泥石中的$Ca(OH)_2$含量多，抗碳化性好，因此，用硅酸盐水泥配制的混凝土对钢筋避免生锈的保护作用强。硅酸盐水泥的干燥收缩小，不易产生干缩裂纹，适用于干燥的环境中。

5）水化过程放热量大。不宜用于大体积混凝土工程。

6）耐冻性、耐磨性好。适用于冬期施工以及严寒地区遭受反复冻融的工程。

19.1.3 硅酸盐水泥的储运保管

水泥包装方式主要有散装和袋装。散装水泥从出厂、运输、储存到使用，直接通过专用工具进行。散装水泥污染少，节约人力物力，具有较好的经济和社会效益。我国水泥目前多采用50kg包装袋的形式，但正大力提倡和发展散装水泥。

水泥在运输和保管时，不得混入杂物。不同品种、强度等级及出厂日期的水泥，应分别储存，并加以标志，不得混杂。散装水泥应分库存放，袋装水泥堆放时应考虑防水防潮，堆置高度一般不超过10袋，每m^2可堆放1t左右。使用时应本着先存先用的原则，水泥在存放过程中会吸收空气中的水蒸气和二氧化碳，发生水化和碳化，使水泥结块，强度降低。一般情况下，袋装水泥储存3个月后，强度降低10%~20%；6个月后降低15%~30%；一年后降低25%~40%。因此，水泥的存放期为3个月，超过3个月应重新检验，确定其强度。

19.2　砂浆

19.2.1　砌筑砂浆的配制要求

1）砂浆用砂不得含有有害杂物。

2）砂浆用砂的含泥量应满足以下要求：①对水泥砂浆和强度等级大于M5的水泥混合砂浆，不应超过5%；②对强度等级小于M5的水泥混合砂浆，不应超过10%；③人工砂、山砂及特细砂，经试配后应能满足砌筑砂浆技术条件的要求。

砂中含泥量过大，不但会增加砌筑砂浆的水泥用量，还可能使砂浆的收缩值增大，耐久性降低，影响砌体质量。对于水泥砂浆，事实上已成为水泥黏土砂浆，但又与一般使用黏土膏配制的水泥黏土砂浆在性质上有一定差异，难以满足某些条件下的使用要求。M5以上的水泥混合砂浆，如砂子含泥量过大，有可能导致塑化剂掺量过多，造成砂浆强度降低。因而砂子中的含泥量应符合规定。

对人工砂、山砂及特细砂，由于其中的含泥量一般较大，如按上述要求执行，则一些地区的施工用砂要从外地运送，不仅影响施工，又增加工程成本，故经试配能满足砌筑砂浆技术条件时，含泥量可适当放宽。

3）配制水泥石灰砂浆时，不可采用脱水硬化的石灰膏。

4）消石灰粉不得直接使用在砌筑砂浆中。

5）拌制砂浆用水，考虑到目前水源污染比较普遍，当水中含有有害物质时，将会影响水泥的正常凝结，并可能对钢筋产生锈蚀作用。因此，使用饮用水搅拌砂浆时，可不对水质进行检验，否则应对水质进行检验。

19.2.2　砌筑砂浆的技术性质

（1）和易性　新拌砂浆应具有良好的和易性，砂浆的和易性包括流动性和保水性两方面的含义。流动性是指砂浆在自重或外力作用下产生流动的性质，也称为稠度。新拌砂浆保持其内部水分不泌出流失的能力称为保水性。

（2）强度和强度等级　砂浆以抗压强度作为其强度指标。标准试件尺寸为70.7mm×70.7mm×70.7mm，一组6块，标准养护28d，测定其抗压强度平均值。砌筑砂浆按抗压强度划分为M5、M7.5、M10、M15、M20、M25、M30七个强度等级，砌筑砂浆的强度等级应根据工程类别及不同砌体部位选择。

（3）粘结力　为保证砌体的强度、耐久性及抗震性等，要求砂浆与基层材料之间应有足够的粘结力。一般情况下，砂浆抗压强度越高，它与基层的粘结力也越强。同时，在粗糙、洁净、湿润的基面上，砂浆粘结力比较强。

19.2.3　砂浆的种类及应用

常用的砌筑砂浆有水泥砂浆、混合砂浆和石灰砂浆等，工程中应根据砌体种类、砌体性质及所处环境条件等进行选用。通常，水泥砂浆用于片石基础、砖基础、一般地下构筑物、砖平拱、钢筋砖过梁、水塔、烟囱等；混合砂浆一般用于地面以上的承重和非承重的砖石砌体；石灰砂浆只能用于平房或临时性建筑。

1. 防水砂浆

防水砂浆是在普通水泥砂浆中掺入防水剂配制而成的，是具有防水功能的砂浆的总称，砂浆防水层又叫刚性防水层，主要是依靠防水砂浆本身的憎水性和砂浆的密实性来达到防水目的。其特点是取材容易、成本低、施工易于掌握。一般适用于不受振动、有一定刚度的混凝土或砖、石砌体的迎水面或背水面；不适用于变形较大或可能发生不均匀沉降的部位，也不适用于有腐蚀的高温工程及反复冻融的砖砌体。

防水砂浆一般称为防水抹面，根据防水机理不同可分为两种：一种是防水砂浆为高压喷枪机械施工，以增强砂浆的密实性，达到一定的防水效果；另一种是人工进行抹压的防水砂浆，主要依靠掺加外加剂（减水剂、防水剂、聚合物等）来改善砂浆的抗裂性与提高水泥砂浆密实度。为了达到高抗渗的目的，对防水砂浆的材料组成提出如下要求：应使用32.5级以上的普通水泥或微膨胀水泥，适当增加水泥用量；应选用级配良好的洁净中砂，灰砂比应控制在1:2.5~1:3.0；水灰比应保持在0.5~0.55；掺入防水剂，一般是氯化物金属盐类或金属皂类防水剂，可使砂浆密实不透水。氯化物金属盐类防水剂，主要有用氯化钙、氯化铝和水按一定比例配成的有色液体。其配合比大致为氯化铝:氯化钙:水=1:10:11。掺加量一般为水泥质量的3%~5%，这种防水剂掺入水泥砂浆中，能在凝结硬化过程中生成不透水的复盐，起促进结构密实的作用，从而提高砂浆的抗渗性能。一般可用在园林刚性水池或地下构筑物的抗渗防水。

金属皂类防水剂是由硬脂酸、氨水、氢氧化钾（或碳酸钠）和水按一定比例混合加热皂化而成。这种防水剂主要是起填充微细孔隙和堵塞毛细管的作用，掺加量为水泥质量的3%左右。

2. 装饰砂浆

装饰砂浆是指专门用于建筑物室内外表面装饰，以增加建筑物美观为主的砂浆。常以白水泥、彩色水泥、石膏、普通水泥、石灰等为胶凝材料，以白色、浅色或彩色的天然砂、大理石或花岗岩的石屑或特制的塑料色粒为骨料，还可利用矿物颜料调制多种色彩，再通过表面处理来达到不同要求的建筑艺术效果。

装饰砂浆饰面可分为两类：灰浆类饰面和石渣类饰面。灰浆类砂浆饰面是通过水泥砂浆的着色或表面形态的艺术加工来获得一定色彩、线条、纹理质感，从而达到装饰目的的一种方法，常用的做法有拉毛灰、甩毛灰、搓毛灰、扫毛灰、喷涂、滚涂、弹涂、拉条、假面砖、假大理石等。石渣类砂浆饰面是在水泥浆中掺入各种彩色石渣作骨料，制出水泥石渣浆抹于墙体基层表面，常用的做法有水刷石、斩假石、拉假石、干贴石和水磨石等。

3. 抹面砂浆

抹面砂浆又称抹灰砂浆，用以涂抹在建筑物或建筑构件的表面，兼有保护基层、满足使用要求和增加美观的作用。常用的抹面砂浆有石灰砂浆、水泥混合砂浆、水泥砂浆、麻刀石灰浆（简称麻刀灰）、纸筋石灰浆（简称纸筋灰）等。

抹面砂浆的主要组成材料仍是水泥、石灰或石膏、天然砂等，对这些原材料的质量要求同砌筑砂浆。但根据抹面砂浆的使用特点，对其主要技术要求不是抗压强度，而是和易性及其与基层材料的粘结力，因此常需多用一些胶结材料，并加入适量的有机聚合物以增强粘结力。另外，为减少抹面砂浆因收缩而引起开裂，常在砂浆中加入一定量的纤维材料。

工程中配制抹面砂浆和装饰砂浆时，常在水泥砂浆中掺入占水泥质量 10% 左右的聚乙烯醇缩甲醛胶（俗称 107 胶）或聚醋酸乙烯乳液等。砂浆常用的纤维增强材料有麻刀、纸筋、稻草、玻璃纤维等。为了保证抹灰表面的平整，避免裂缝和脱落，施工应分两层或三层进行，各层抹灰要求不同，所用的砂浆也不同。底层砂浆主要起与基层粘结作用。砖墙抹灰多用石灰砂浆；有防水、防潮要求时用水泥砂浆；板条或板条顶棚的底层抹灰多用混合砂浆或石灰砂浆；混凝土墙、梁、柱顶板等底层抹灰多用混合砂浆。中层砂浆主要起找平作用，多用混合砂浆或石灰砂浆。面层砂浆主要起装饰作用，多采用细砂配制的混合砂浆、麻刀石灰浆或纸筋石灰浆。在容易碰撞或潮湿的地方应采用水泥砂浆；一般园林给水排水工程中的水井等处可用 1:2.5 的水泥砂浆。

19.2.4　砂浆在园林工程中的应用

砂浆在硬质景观中主要体现了面层结合、防水作用以及面层处理上的特色景观效果（图 19-2 和图 19-3）。

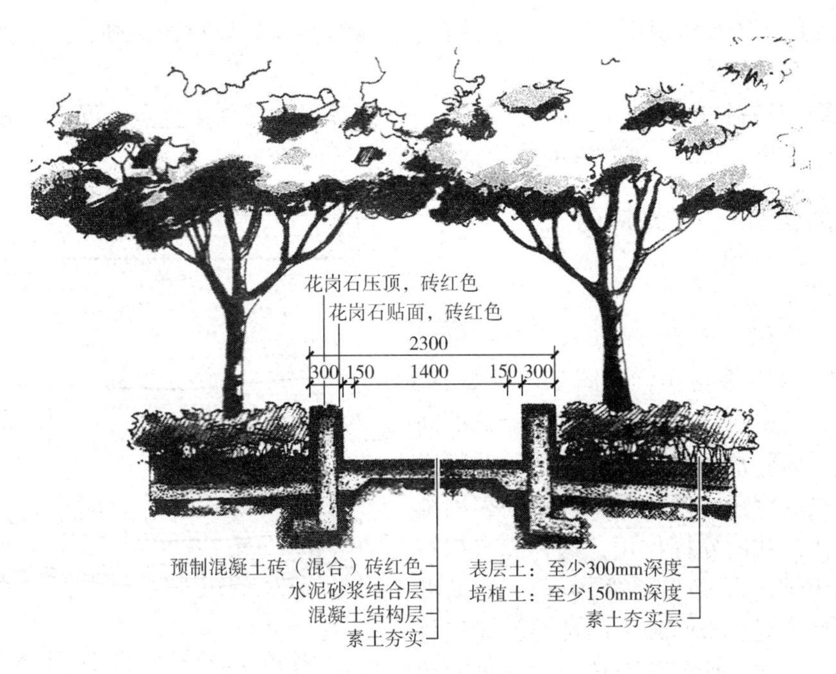

图 19-2　水泥砂浆在园路的应用

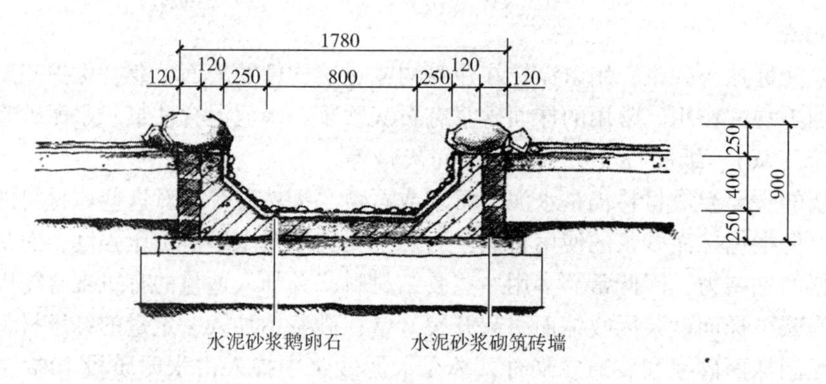

图 19-3 水泥砂浆在水池底嵌卵石的应用

19.3 混凝土

19.3.1 混凝土的特点

1）混凝土与钢筋具有良好的粘结性能，并且能较好地保护钢筋不锈蚀。但混凝土也具有抗拉强度低（为抗压强度的1/20～1/10）、变形性能较差、导热系数大［约为1.8W/（m·K)］、体积密度大（约为2400kg/m^3）、硬化较缓慢等缺点。在工程中应尽可能利用混凝土的优点，采取相应的措施避免混凝土缺点对使用的影响。

2）混凝土拌合物具有很好的可塑性，可以依据需要浇筑成任意形状的构件，即混凝土具有良好的可加工性。

3）混凝土中70%体积比以上为天然砂石，一般采用就地取材的原则，以大大降低混凝土的成本。

4）混凝土具有抗压强度高、耐火、耐久、维修费用低等许多优点，混凝土硬化后的强度能达100MPa以上，是一种较好的结构材料。

19.3.2 混凝土的种类及应用

1. 钢筋混凝土

混凝土由水泥、石子、砂子和水按一定比例拌和而成，经振捣密实，凝固后坚硬如石，抗压能力好，但抗拉能力差，容易因受拉而断裂导致破坏，为此常在混凝土构件的受拉区内配置一定数量的钢筋，使混凝土和钢筋牢固结合成一个整体，共同发挥作用，这种配有钢筋的混凝土称为钢筋混凝土（图19-4）。钢筋混凝土是由钢筋和混凝土两种不同性能的建筑材料组合在一起共同工作的组合体，主要是利用了混凝土的抗压能力和钢筋的抗拉能力产生的

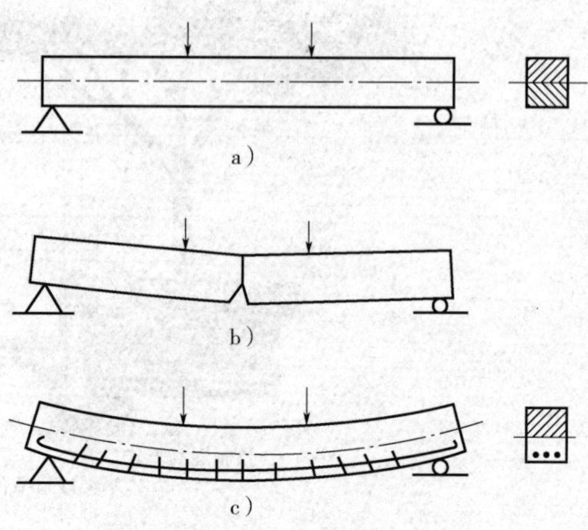

图 19-4 混凝土梁及钢筋混凝土梁
a）荷载简图 b）混凝土梁破坏
c）钢筋混凝土破坏

共同作用。

2. 装饰混凝土

装饰混凝土主要有彩色混凝土、清水混凝土、外露骨料混凝土等。彩色混凝土是在水泥混凝土表面经过喷涂色彩或采用其他工艺处理，使其改变单一色调，具有与线型、质感相宜的色彩。混凝土的最大优点是具备多功能性，可以塑造成任何形状，染成任何颜色，其组织结构可以从粗糙一直到高度光洁。混凝土适用于各种装饰风格，既可以体现出现代感觉，也可以达到古色古香的效果。

混凝土可通过着色、染色、聚合以及环氧涂层等化学处理达到酷似大理石、花岗石和石灰石的效果。对混凝土的艺术处理方法有很多，比如在混凝土表面做出线型、纹饰、图案、色彩等，以满足建筑立面、楼地面或屋面不同的美化效果。

（1）整体彩色混凝土　整体彩色混凝土一般采用白色水泥或彩色水泥、白色水泥或彩色石子、白色水泥或彩色石屑以及水等配制而成。混凝土整体着色既可满足建筑装饰的要求，又可满足建筑结构基本坚固性能的要求。

（2）立面彩色混凝土　立面彩色混凝土是通过模板，利用水泥混凝土结构本身的造型、线型或几何外形，取得简单、大方和明快的立面效果，使混凝土获得装饰性。如果在模板构件表面浇筑出凹凸纹饰，可使建筑立面更加富有艺术性。

（3）彩色混凝土面砖　彩色混凝土面砖包括路面砖、人行道砖和车行道砖，造型可分为普通型砖和异型砖，其形状有方形、圆形、椭圆形、六角形等，表面可做成各种图案，又称花砖。水泥混凝土花砖强度高、耐久性好、制作简单、成本低，既可用于室内，也可用于室外。按用途分有地面花砖和墙面花砖。采用彩色混凝土面砖铺路，可使路面形成美丽多彩的图案和永久性的交通管理标志。

（4）表面彩色混凝土　表面彩色混凝土是在混凝土表面着色，一般采用彩色水泥和白色水泥、彩色与白色石子及石屑，再与水按一定比例配制成彩色饰面材；制作时先铺于模板底，厚度不小于10mm，再在其上浇筑水泥混凝土。此外，还有一种在新浇筑混凝土表面上干撒着色硬化剂显色，或采用化学着色剂掺入已硬化混凝土中，生成难溶且抗磨的有色沉淀物。

3. 高性能混凝土

高性能混凝土（HPC）通过提高强度、减少混凝土用量，从而节约水泥、砂、石的用量；通过改善和易性来改善浇筑密实性能，降低噪声和能耗；提高混凝土耐久性，延长构筑物的使用寿命，进一步节约维修和重建费用，减少对自然资源无节制的使用。高性能混凝土中的水泥组分应为绿色水泥，其含义是指在水泥生产中资源利用率和二次能源回收率均提高到最高水平，并能够循环利用其他工业的废渣和废料；技术装备上更加强化了环境保护的技术和措施；粉尘、废渣和废气等的排放几乎接近于零。最大限度地节约水泥熟料用量，从而减少水泥生产中的“副产品”——二氧化碳、二氧化硫、氧化氮等气体，以减少环境污染。随着粉体加工技术的日益成熟，工业废料如矿渣、粉煤灰、天然沸石、硅灰和稻壳灰等制造超细粉后掺入混凝土中，可提高混凝土性能、改善体积稳定性和耐久性，减少温度裂缝，抑制碱骨料反应。在提高经济效益的同时还能达到节约资源和能源、改善劳动条件和保护环境的目的。

4. 再生骨料混凝土

再生骨料混凝土指以废混凝土、废砖块、废砂浆作骨料，加入水泥砂浆拌制的混凝土。利用再生骨料配制再生混凝土是发展绿色混凝土的主要措施之一。积极利用城市固体垃圾，特别是拆除的旧建筑物和构筑物的废弃物混凝土、砖、瓦及废物，以其代替天然砂石料，减少砂石料的消耗，发展再生混凝土，可节省建筑原材料的消耗，保护生态环境，有利于混凝土工业的可持续发展。但是，再生骨料与天然骨料相比，孔隙率大、吸水性强、强度低，与天然骨料配置的混凝土的特性相差较大，这是应用再生骨料混凝土时需要注意的问题。采用再生粗骨料和天然砂组合，或再生粗骨料和部分再生细骨料、部分天然砂组合，制成的再生混凝土强度较高，具有明显的环境效益和经济效益。

5. 生态环保型混凝土

制造水泥时煅烧碳酸钙排出的二氧化碳和含硫气体，会形成酸雨，产生温室效应；城市大密度的混凝土建筑物和铺筑的道路，缺乏透气性、透水性，对温度、湿度的调节性能差，导致城市热岛效应凸显；混凝土浇捣振动噪声也是城市噪声的来源之一。因此，新型的混凝土不仅要满足作为结构材料的要求，还应尽量减少给生态环境带来的压力和不良影响，能够与自然协调，与环境共生。生态环保型的混凝土开发成为混凝土的主要发展方向。生态友好型混凝土能够适应生物生长、调节生态平衡、美化环境景观、实现人类与自然的协调共生。目前研究开发的生态环保型混凝土的功能有污水处理、降低噪声、防菌杀菌、吸收去除 NO_x，阻挡电磁波以及植草固沙、修筑岸坡等。

（1）透水混凝土　透水性混凝土有 15% ~ 30% 的连通孔隙，具有透气性和透水性，可用于铺筑道路、广场、人行道等，能扩大城市的透水、透气面积，减少交通噪声，调节城市空气的温度和湿度，维持地下水位和促进生态平衡。透水性混凝土使用的材料有水泥、骨料、混合材、外加剂和水，与一般混凝土基本相同，根据用途、使用场合不同，使用不同的混合材和外加剂。

传统的混凝土材料给环境带来诸多负面的影响。在可持续发展背景下开发绿色混凝土材料，减少对环境的负面效应，营造更加舒适的生存环境是时代赋予的使命。未来可从以下几方面来促进绿色混凝土的研究应用。

1）研究改进熟料矿物组分，对传统的熟料矿物、水泥进行改性、改型，发展生产能耗低的新品种，调整水泥产品结构，发展满足配制高性能混凝土和绿色高性能混凝土要求的水泥，并尽量减少混凝土中的水泥用量；改进、提高和发展水泥生产工艺及技术装备，采用新技术、新工艺、新装备，改造和淘汰落后的技术和装备，以提高水泥质量，达到节能、节约资源的目的。

2）大力发展人造骨料，特别是利用工业固体废弃物如粉煤灰、煤矸石生产制造轻骨料；积极利用城市固体垃圾，特别是拆除的旧建筑物和构筑物的废弃物，如混凝土、砖、瓦及废物，以代替天然砂石料，减少砂石料的消耗。

3）加强混凝土科研开发、标准制定、工程设计和施工等人员的环保意识，加大绿色概念的宣传力度。研究和制定绿色混凝土的设计规程、质量控制方法、验收标准、施工工艺等。制定有关国家法律、政策，以保护和鼓励使用绿色高性能混凝土，成立有关绿色高性能混凝土专门的研究、开发、推广、质量检验机构。

（2）低碱混凝土　呈碱性的（pH 在 12 ~ 13 的）混凝土对用于结构物来说是有利的，

具有保护钢筋不被腐蚀的作用，但不利于植物和水中生物的生长。开发低碱性、内部具有一定的空隙、能够提供植物根部或生物生长所必需的养分存在的空间、适应生物生长的混凝土是生态环保型混凝土的一个重要研究方向。

目前开发的有多孔混凝土及植被混凝土可用于道路、河岸边坡等处。多孔混凝土也称为无砂混凝土，它具有粗骨料，没有细骨料，即直接用水泥作为胶粘剂连接粗骨料，其透气和透水性能良好，连续空隙可以作为生物栖息繁衍的地方。植被混凝土以多孔混凝土为基础，通过在多孔混凝土内部的孔隙加入各种有机、无机的养料来为植物提供营养，并且加入了各种添加剂来改善混凝土内部性质以适合植物生长，还在混凝土表面铺了一层混有种子的客土，以提供种子早期需要的营养。

6. “绿色”沥青混凝土

使用沥青混凝土并不是典型的可持续规划的手段，实际上，它常常被认为是生态友好型发展的对立面。负责任的设计师应该想出有效的办法，在利用沥青混凝土已被证实的好处的同时，减轻它对环境的不利影响。景观设计师就有很多有效手段可以将铺装沥青混凝土对环境的影响降到最小。

1）透水沥青混凝土与传统沥青混凝土相比，具有很大的环境优势：①减缓雨水进入排水系统的速率；②增加了渗入土壤的水量，减少了径流水量；③能够过滤掉一部分路面和停车场径流中固有的污染物，如固体颗粒、金属、汽油、润滑油等，从而提高进入地下的水质。

从视觉特点来说，透水沥青混凝土与一般沥青混凝土相似，都带有轻微的、疏松的肌理（图19-5）。这是由其中的孔隙形成的，正是这些孔隙才使水流能够快速渗透。这种面层按视觉特点分类被归入“开放型”类别。

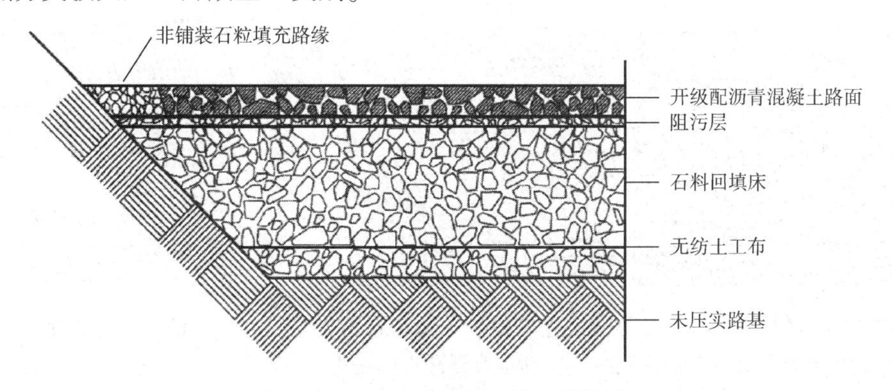

图19-5　透水沥青混凝土路面结构详图

透水沥青混凝土的关键是以加强的骨料作为基础，这是一种粒大的、规格一致的压碎石，这样形成的铺装其空隙率大约为40%。这里使用的骨料颗粒必须严格一致，如果颗粒大小差别过大，或使用了含有各种大小颗粒的“密实”骨料，都会导致渗水效果减弱。因为混进去的杂质会堵塞合格颗粒之间的孔隙，明显减缓渗水速度。在透水沥青混凝土路面的整个生命周期中，能否保持渗水孔隙不被破坏，是决定透水沥青混凝土性能表现的关键因素。很重要的一点是路基在施工时不能使用传统的压实手段，这样才能保持高渗透率。因为路基没有压实而损失的稳定性则由加厚的骨料基础来补偿。

2）温拌沥青混凝土技术是一种降低混合物温度、淘汰热拌混凝土的尝试。温拌沥青混凝土要求环境温度在$-1.1\sim37.8$℃，低于传统的热拌沥青混凝土。低温的好处有：①减少能量消耗；②减少温室气体排放；③减少众所周知的热拌沥青混凝土施工中的刺激性气味和有毒废气排放。

温拌沥青混凝土是一个相当新的技术，是在全球减少温室气体排放的共识中应运而生的。现在发展这项技术面临的最大挑战是如何使其达到甚至超过热拌混凝土的强度和耐久性，这样才能发挥其显著的环境效益。

3）设计师可以通过使用浅色的沥青混凝土来减少城市热岛效应。深色的路面和屋顶会在白天吸收热量，夜间释放热量。空气中的污染物不可避免地成为包围城市区域热岛的组成部分，大大降低了空气质量。城市地区被困住的热量和低质量的空气促进了空调的使用，这反过来又消耗更多的能源。浅色的表面能够更好地反射太阳辐射，驱散热量和空气中的污染物。

混凝土在园林工程中应用广泛，常见的亭、廊、平台、景墙、花架、水池、铺地等大多数涉及承重结构的硬质景观元素，都是由混凝土作为支撑材料。

常见景观园林混凝土的应用如图19-6至图19-11所示。

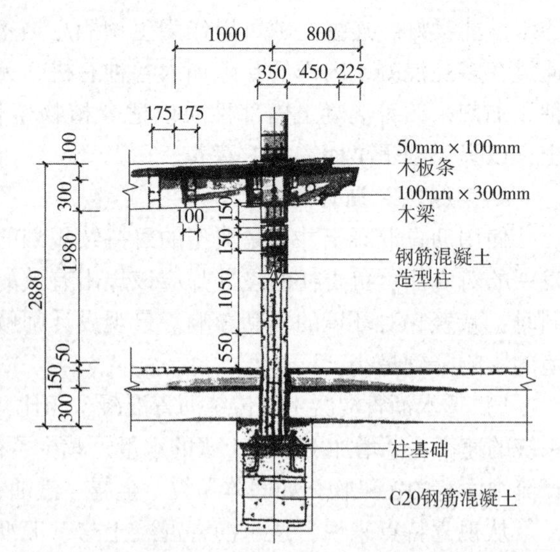

图19-6　单臂花架剖面结构详图

图19-7　透水混凝土材料在绿道上的应用

图19-8　压印混凝土在人行道路上的应用

图19-9　混凝土嵌草砖

图19-10　沥青混凝土铺装道路

图19-11　混凝土篦子

第 20 章

金属材料

20.1　金属材料的种类及主要特点

金属材料是指由一种或一种以上的金属元素或金属元素与某些非金属元素组成的合金的总称。在建筑装饰工程中，金属材料品种繁多，主要有钢、铁、铝、铜及其合金材料。应用最多的还是铝与铝合金以及钢材和其复合制品。

20.1.1　金属材料的种类

金属材料一般分为黑色金属及有色金属两大类。黑色金属指铁碳合金，主要是铁和钢。铁和铁合金，特别是钢材，适用广泛，需求量非常巨大。黑色金属以外的所有金属及其合金通称为有色金属，如铜、铝、锌、锡及其合金等。

20.1.2　金属材料的特点

1）有独特的金属光泽、颜色和质感，具有精美、高雅、高科技的特性，表现力强，装饰性能好。

2）腐蚀性。金属在高湿条件下或通过接触湿气或潮湿物质会被氧化。两种活性不同的金属在电解质中，比如在水中接触，会发生电化学腐蚀。在这种情况下，活性较大的金属将受到腐蚀。

3）强度高、密度高、熔点高、导电性好、导热性强、塑性大，能承受较大的荷载和变形。

4）金属材料与石材相比质量更小，可以减少荷载，并具有一定的延展性，韧性强；它适于工厂化规模加工，无湿作业，机械加工精度高，在施工过程中更方便，更可以降低人工成本，缩短工期。

5）有良好的耐磨、耐腐蚀、抗冻、抗渗性能，具有耐久、轻盈、不燃烧等特点。

6）耐火性与防火性。金属不易燃，但是在高温状态下强度会降低，弹性模量和屈服点下降，导致金属发生变形。钢材最大的耐热温度为 500 ~ 600℃，取决于横断面的大小。

7）有良好的可加工性，可根据需要熔铸或轧制成各种型材，制造出形态多样的装饰制品。同时，金属可以回收再利用，而不会损害后续产品的质量。可以说，回收利用是金属的一大优势，因为熔化金属耗费的能源很少。金属废料的再利用率是 90%，而钢则是 100%。因此，金属是世界上回收利用率最高的材料，是名副其实的环保材料。

20.1.3　金属材料的防腐处理

防腐蚀主要有两种基本方法：主动防腐和被动防腐。主动防腐方法是指那些令腐蚀没有机会发生的结构形式，有目标地“牺牲”带有电导体装置的活性金属能够积极防腐。被动防腐方法是指使用各种形式的金属或非金属镀层，比如油漆、粉末和塑料涂层、珐琅、电镀和喷镀锌。这种涂层或覆盖层在安装时不能出现破损（比如通过螺栓连接）。在湿度较高的地区，防腐措施能够延长内部组件或外部组件的使用寿命。金属装饰材料表面处理方式及用途见表 20-1。

表 20-1 金属装饰材料表面处理方式及用途

处理方式	用途
表面腐蚀出图案或文字	多用于不锈钢板或铜板
表面印花	花纹色彩直接印于金属表面，多用于铝板
表面喷漆	多用于铁板、铁棒、铁管、钢板，如铁门、铁窗
表面烤漆	多用于钢板条、铁板条、铝板条
电解阳极处理（电镀）	多用于铝材或铝板，表面有保护作用
发色处理	如发色铝门窗、发色铝板
表面刷漆	多用于铁板、铁杆，如楼梯扶手、栏杆
表面贴特殊薄膜保护	使金属不与外界接触
加其他元素成合金	具有防蚀作用
立体浮压成图案	如花纹铁板、花纹铝板

用于园林建筑装饰工程的金属材料主要为金、银、铜、铝、铁及其合金。钢和铝合金更以其优良的力学性能、较低的价格而被广泛应用。在建筑装饰工程中主要应用的是金属材料的板材、型材及其制品。近代，将各种涂层、着色工艺用于金属材料，不但大大改善了金属材料的耐蚀性能，而且赋予了金属材料多变、华丽的外表，更加确立了其在建筑装饰艺术中的地位。

20.2 铁艺材料

20.2.1 铁艺的种类

铁艺按材料及加工方法，可分为扁铁艺、铸铁铁艺、锻造铁艺；按功能、用途，通常分为大门、楼梯、护栏、门芯、饰品、家具、灯具、招牌等，常见园林铁艺品如图 20-1 及图 20-2 所示。

图 20-1 铁灯杆及招牌

图 20-2 铁垫片及螺栓

1. 锻造铁艺

以低碳钢型材为主要原材料，以表面轧花、机械弯曲、模锻为主要工艺，以手工锻造辅之。加工精度较高，产品品质好，工艺性强，装饰性强，成本、价格高，可形成标准化、批量化的锻件生产。生产和工程分离进行，在工程中降低了施工难度。

2. 扁铁花

以扁铁为主要材料，冷弯曲为主要工艺，手工操作或用手工机具操作。端头装饰少，造型自由度大，但材料局限性也大，截面积较大的材料较难应用，功能上达到要求，但工艺性、装饰性差。这类铁艺是我国铁艺的基本形式，由于其成本低，所以目前在注重功能性、注重价格的低档次场合下仍有广泛使用。

3. 铸铁铁艺

以灰铸铁为主要材料，铸造为主要工艺，花型多样、装饰性强，是我国铁艺第二阶段的主要形式。由于灰铸铁韧性差、易折断、易破裂，所以花型容易破裂。由于多数铸件采用砂模成型，因此表面粗糙。另一缺点是可焊性、耐久性差，整体工程易破损，难于补救，这些缺点都需要从材料、工艺上继续提高。

20.2.2　铁艺的性能

铁艺的性能见表 20-2。

表 20-2　铁艺的性能

性能	内容
展示性	铁艺具有鲜明的特色和质地，对铁艺的兴趣与鉴别力本身就表明着一种情趣
安全感	目前，防盗门的生产和销售十分旺盛，铁艺大门、小门、护窗需求越来越多。铁艺制品在保障安全的同时，不会影响通风、透光，保持了良好的视野
装饰性	一座平常的建筑，与环境也许并不协调，但顶部加一铁艺饰带，就不显违和。一个碎花的铁艺护门、护栏、家具，可减弱建筑与地面的冲突，增加亲切感。如果有良好的花形，可引人驻足，削弱空间的封闭感，这样就在实用的基础上实现了装饰性

20.2.3　铁艺的表面处理

铁艺制品表面处理泛指为了防止铁艺制品表面的锈蚀，消除和掩盖铁艺制品出现的不影响强度的表面缺陷，而对铁艺制品表面涂镀防锈及美观性装饰涂料的工艺实施过程，如图 20-3 及图 20-4 所示。

图 20-3　园林中涂漆浇灌铁井盖

图 20-4　园林中涂漆铁挡栏

1. 铁艺制品表面的预处理

1）铁艺制品表面的预处理是指用机械或者化学等工艺方法来消除铁艺制品涂镀前的表面缺陷。

2）去锈、清除氧化皮、焊渣的主要方法有手工处理、机械处理、喷射处理、化学处理（酸洗）、电化学处理和火焰处理等方法。

3）除油对于铁艺制品来讲，一般可采用有机溶液、碱液、电化学等方法。

2. 铁艺制品表面保护与装饰工艺

1）一般采用表面保护和装饰综合处理的方法。

2）常用的是涂装和电镀（热镀）的方法，使铁艺制品表面形成非金属保护膜、金属保护膜或化学保护膜。

20.2.4 园林造园中铁艺的应用

除了常见的铁门、护栏、树的保护支撑及一些雕塑产品，铺装区域的树池箅子也是常见的铸铁应用。树池箅子能够兼顾给树木浇水和满足高密度城市交通的要求。选择箅子时，要考虑树干的生长。

20.3 钢材料

钢是由生铁冶炼而成的。理论上，凡含碳量为2%以下、有害杂质较少的铁碳合金称为钢。生铁也是一种铁碳合金，其中碳的质量分数为2.06%～6.67%。生铁硬而脆，无塑性和韧性，不能进行焊接、锻造、轧制等加工。钢材材质均匀，抗拉、抗压、抗弯、抗剪强度都很高，具有一定的塑性和韧性，常温下能承受较大的冲击和振动荷载，具有良好的加工性，可以锻造、锻压、焊接、铆接或用螺栓连接，便于装配，但其易锈蚀、维修费用大、耐火性差。

20.3.1 钢的分类

钢按照脱氧程度不同，可分为沸腾钢和镇静钢。沸腾钢脱氧不完全，钢组织不够致密，气泡多，成分不均匀，质量差，但成品率高，成本低。镇静钢脱氧彻底，组织致密，化学成分均匀，力学性好，质量较好，但成本较高。

钢按照化学成分分为碳素钢和合金钢两大类。其中，碳素钢有低碳钢（碳的质量分数<0.25%）、中碳钢（碳的质量分数0.25%～0.60%）和高碳钢（碳的质量分数>0.60%）三类；合金钢有低合金钢（合金元素的质量分数<5%）、中合金钢（合金元素的质量分数为5%～10%）和高合金钢（合金元素的质量分数>10%）三类。

钢材是园林建筑装饰工程中应用最广、最重要的建筑材料之一，主要有以下四个类型：

（1）钢结构用钢　有角钢、方钢、槽钢、工字钢、钢板及扁钢等。

（2）钢筋混凝土结构用钢　有光圆钢筋、带肋钢筋、钢丝和钢绞线等。

（3）钢管　有焊缝钢管和无缝钢管等。

（4）装饰用钢材　不锈钢板、彩色涂层钢板、压型钢板、轻钢龙骨等。

20.3.2　钢材的主要特点

1）质量均匀，性能可靠，可以用多种方法焊接或铆接，并可进行热轧和锻造，还可通过热处理方法，在很大范围内改变和控制钢材的性能。

2）强度高。钢材的抗拉、抗压、抗弯、抗剪强度都很高，常温下具有承受较大冲击荷载的韧性，为典型的韧性材料。在钢筋混凝土中，能弥补混凝土抗拉、抗弯、抗剪和抗裂性能较低的缺点。

3）塑性好。在常温下钢材能承受较大的塑性变形，便于冷弯、冷拉、冷拔、冷轧等各种冷加工。冷加工能改变钢材的断面尺寸和形状，并改变钢材的性能。

20.3.3　钢材锈蚀及预防

1. 钢材锈蚀原因

1）钢材的锈蚀是指钢材表面与周围介质发生作用而引起破坏的现象，分为化学锈蚀和电化学锈蚀两类。化学锈蚀是指钢材与周围介质（如氧气、二氧化碳、二氧化硫和水等）发生化学反应，生成疏松的氧化物而产生的锈蚀；电化学锈蚀是指钢材与电解质溶液接触而产生电流，形成微电池而引起的锈蚀。钢材锈蚀后，受力面积减小，承载能力下降。在钢筋混凝土中，因锈蚀引起钢筋混凝土开裂。

2）普通混凝土为强碱性环境，pH值为12.5左右，埋入混凝土中的钢筋处于碱性介质条件而形成碱性钢筋保护膜，只要混凝土表面没有缺陷，里面的钢筋是不会锈蚀的。

但应注意，如果制作的混凝土构件不密实，环境中的水和空气能进入混凝土内部，或者混凝土保护层厚度小或发生了严重的炭化，使混凝土失去了碱性保护作用，特别是混凝土内氯离子含量过大，使钢筋表面的保护膜被氧化，也会发生钢筋锈蚀现象。加气混凝土碱性较低，混凝土多孔，外界的水和空气易深入内部，电化学腐蚀严重，故加气混凝土中的钢筋在使用前必须进行防腐处理。轻骨料混凝土和粉煤灰混凝土的护筋性能良好，钢筋不会发生锈蚀。

对于普通混凝土、轻骨料混凝土和粉煤灰混凝土，为了防止钢筋锈蚀，施工中应确保混凝土的密实度以及钢筋保护层的厚度。在二氧化碳浓度高的工业区采用硅酸盐水泥或普通水泥，限制含氯盐外加剂的掺量，并使用钢筋防锈剂（如亚硝酸钠）；预应力混凝土应禁止使用含氯盐的骨料和外加剂；对于加气混凝土等，可以采用在钢筋表面涂环氧树脂或镀锌等方法来防止锈蚀。

2. 钢材锈蚀的预防

钢材的锈蚀既有内因（材质）又有外因（环境介质作用），因此要防止或减少钢材的锈蚀，必须从钢材本身的易腐蚀性、隔离环境中的侵蚀性介质或改变钢材表面状况入手。

（1）采用耐候钢　耐候钢即耐大气腐蚀钢。耐候钢是在碳素钢和低合金钢中加入少量的铜、铬、镍、钼等合金元素而制成的。耐候钢既有致密的表面防腐保护，又有良好的可焊性，其强度级别与常用碳素钢和低合金钢一致，技术指标相近。

（2）表面镀金属　用耐蚀性好的金属，以电镀或喷镀的方法覆盖在钢材的表面，提高钢材的耐腐蚀能力。常用的方法有镀锌（如薄钢板）、镀锡（如马口铁）、镀铜和镀铬等。

（3）表面刷漆　表面刷漆是钢结构防止锈蚀的常用方法。刷漆通常有底漆、中间漆和面漆三道。要求底漆有较好的附着力和防锈能力，常用的有红丹、环氧富锌漆、云母氧化铁和铁红环氧底漆等。中间漆为防锈漆，常用的有红丹、铁红等。面漆要求有较好的附着度和耐候性能，以保护底漆不受损伤或风化，常用的方法有灰铅、醇酸磁漆和酚醛磁漆等。

钢材表面涂刷漆时，一般为一道底漆、一道中间漆和两道面漆，要求高时可增加一道中间漆或面漆。使用防锈涂料时，应注意钢构件表面的除锈，注意底漆、中间漆和面漆的匹配。

20.3.4 钢制品

1. 普通不锈钢装饰制品

建筑装饰用不锈钢制品包括薄钢板、管材、型材及各种异型材。主要的是薄钢板，常用不锈钢板的厚度在0.2～2mm，其中厚度小于1mm的薄钢板用得最多。

不锈钢制品在建筑上可用作屋面、幕墙、门、窗、内外装饰面、栏杆扶手等。常用的不锈钢包柱就是将不锈钢板进行技术和艺术处理后广泛用于建筑柱面的一种装饰。

目前不锈钢包柱被广泛用于大型商场、宾馆和餐馆的入口、门厅、中厅等处，在通高大厅和四季厅之中也常被采用。这是由于不锈钢包柱不仅是一种新颖的具有观赏价值的建筑装饰手段，而且由于其镜面反射作用，可取得与周围环境中各种色彩、景物交相辉映的效果。同时，在灯光的配合下，还可形成晶莹明亮的高光部分，从而有助于在这些共享空间中形成空间环境中的兴趣中心，对空间环境的效果起到强化、点缀和烘托的作用。

不锈钢装饰制品除板材外，还有管材、型材，如各种弯头规格的不锈钢楼梯扶手，以轻巧、精致、线条流畅展示优美的空间造型，使周围环境得到升华。

不锈钢自动门、转门、拉手、五金与晶莹剔透的玻璃，使建筑达到了尽善尽美的境地。不锈钢龙骨是近年才开始应用的，其刚度高于铝合金龙骨，因而具有更强的抗风压性和安全性，并且光洁、明亮，因而主要用于高层建筑的玻璃幕墙中。

2. 彩色不锈钢板

彩色不锈钢板是在不锈钢板上进行技术性和艺术性加工，使其表面成为具有各种绚丽色彩的不锈钢装饰板，颜色有蓝、灰、紫、红、青、绿、金黄、橙、茶色等多种。彩色不锈钢板具有色彩斑斓，色泽艳丽、柔和、雅致，光洁度高，耐腐蚀性强，力学性能较高，彩色面层经久不褪色，色泽随光照角度不同会产生色调变幻等特点，而且彩色面层能耐200℃的高温，耐盐雾腐蚀性能比一般不锈钢好，耐磨和耐刻画性能相当于箔层涂金。当弯曲90°时，彩色层不会损坏。

彩色不锈钢装饰制品的原料，除板材外，还有方钢、圆钢、槽钢、角钢等彩色不锈钢型材。

彩色不锈钢板可用作厅堂墙板、柱面、顶棚、电梯厢板、车厢板、建筑装潢、招牌等装饰之用。采用彩色不锈钢板装饰墙面，不仅坚固耐用，美观新颖，而且具有强烈的时代感。

3. 花纹图案不锈钢板

不锈钢花纹图案装饰表面的形成方法，是以厚度在0.6～3mm的本色（银白色）或彩色的不锈钢板上，贴上图像模具，经过喷砂处理，在不锈钢表面上形成喷砂花纹图案，在花纹图案的表面设置一层透明的保护膜，这种制作形成方法简单、方便，而由此制作出来的彩色不锈钢喷砂花纹图案装饰表面富丽堂皇、色彩丰富。不仅保持了原彩色不锈钢装饰材料的优点，而且花纹图案变化繁多，其表面形成的镜面与喷砂面的强烈对比多使之具有更强的装饰效果，适用于家用电器、厨房设备、装饰装潢、工艺美术等多种需要装饰的行业。

4. 彩色压型钢板

彩色压型钢板是以镀锌钢板为基材，经过成型机的轧制，并涂敷各种耐腐蚀涂层与彩色烤漆而制成的轻型围护结构材料。这种压型钢板具有质量小（板厚0.5~1.2mm）、抗震性高、波纹平直坚挺、色彩鲜艳丰富、造型美观大方、耐久性强（涂敷耐腐涂层）、加工简单、施工方便等特点，适用于工业与民用及公共建筑的内外墙面、屋面吊顶、墙板及墙壁装贴的装饰以及轻质夹芯板材的面板等。

彩色涂层钢板可用作建筑外墙板、屋面板、护壁板、拱覆系统等。如作商业亭、候车亭的瓦楞板，工业厂房大型车间的壁板与屋顶等。另外，还可用作防水气渗透板、排气管道、通风管道、耐腐蚀管道、电气设备罩等。

5. 彩色涂层钢板

彩色涂层钢板（旧称彩色有机涂层钢板，简称彩板）是以冷轧薄钢板或镀锌钢板为基材，经适当处理后，在其表面上涂覆彩色的聚氯乙烯、环氧树脂、不饱和聚酯树脂等而制成的产品。它一方面起到了保护金属的作用，一方面起到了装饰作用。这种钢板涂层可分为有机涂层、无机涂层和复合涂层，以有机涂层钢板发展最快。有机涂层可以配制各种不同色彩和花纹，故称之为彩色涂层钢板。

彩色涂层钢板具有优异的装饰性，涂层附着力强，可长期保持鲜艳的色泽，并且具有良好的耐污染性能、耐高低温性能和耐沸水浸泡性能，具有绝缘、耐磨、耐酸碱、耐油及醇的侵蚀等特点，另外加工性能也好，可进行切断、弯曲、钻孔、铆接、卷边等。它可以用作墙板、层面板、瓦楞板、防水汽渗透板、排气管、通风板等。彩色涂层钢板的长度为1000~6000mm，宽度为600~1600mm，厚度为0.2~2.0mm。

彩色涂层钢板及钢带的最大特点是发挥了金属材料与有机材料的各自特性，板材具有良好的加工性。彩色涂层附着力强，色彩、花纹多样，经加热、低温、沸水、污染等作用后涂层仍能保持色泽新颖如初。色彩主要有红色、绿色、乳白色、棕色、蓝色等。

彩色涂层钢板可用作各类建筑物内外墙板、吊顶、工业厂房的屋面板和壁板，还可作为排气管道、通风管道及其他类似的具有耐腐蚀要求的物件及设备罩等。

6. 塑料复合钢板

塑料复合钢板是在钢板上覆以0.2~0.4mm厚半硬质聚氯乙烯塑料薄膜而成。它具有绝缘性好、耐磨损、耐冲击、耐潮湿以及良好的延展性及加工性，弯曲180°塑料层不脱离钢板，既改变了普通钢板的乌黑面貌，又可在其上绘制图案和艺术条纹，如布纹、木纹、皮革纹、大理石纹等。该复合钢板可用作地板、门板、顶棚等。

复合隔热夹芯钢板是采用镀锌钢板作面层，表面涂以硅酮和聚酯，中间填充聚苯乙烯泡沫或聚氨酯泡沫制成的。它具有质轻、绝热性强、抗冲击、装饰性好等特点，适用于厂房、冷库、大型体育设施的屋面及墙体，还被广泛用于交通运输及生活用品方面，如汽车外壳、家具等。但在建筑方面的应用仍占50%左右，主要用作墙板、顶棚及屋面板。

7. 轻钢龙骨

轻钢龙骨按断面分，有U形龙骨、C形龙骨、T形龙骨及L形龙骨（也称角铝条）。

按用途可分为墙体（隔断）龙骨（代号Q）和吊顶龙骨（代号D）。墙体龙骨和吊顶龙骨的构造如图20-5所示。墙体龙骨有竖龙骨、横撑龙骨和通贯龙骨。横撑龙骨是指墙体和建筑结构的连接构件。竖龙骨是指墙体的主要受力构件。通贯龙骨是指竖龙骨的中间连接构件。

按结构可分为吊顶龙骨、承载龙骨、覆面龙骨。承载龙骨是指吊顶龙骨的主要受力构件。覆面龙骨是指吊顶龙骨中固定面层的构件。

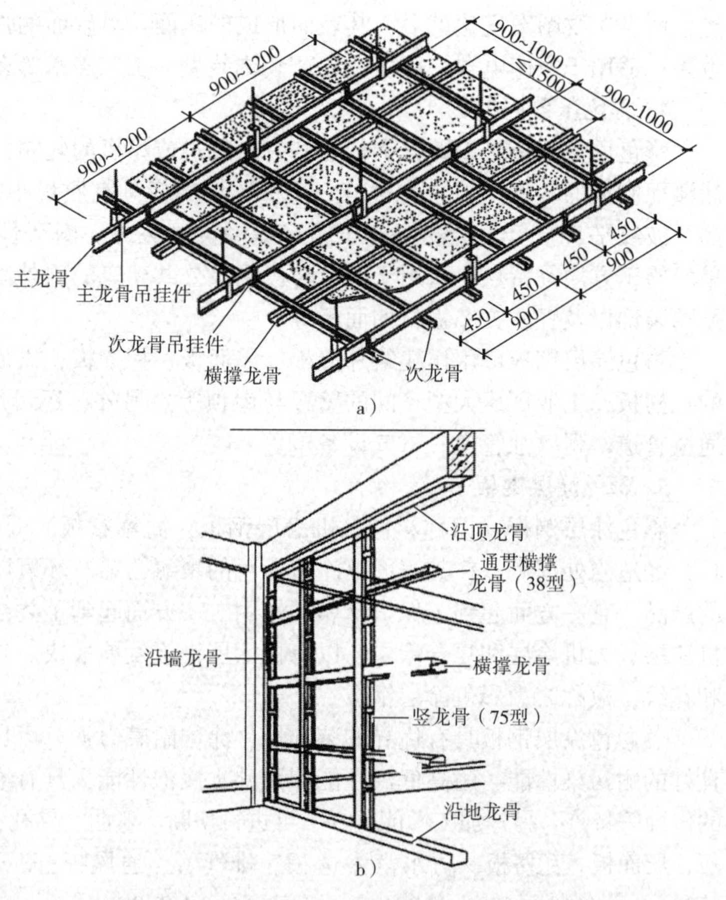

图20-5　墙体龙骨和吊顶龙骨安装示意图

a）吊顶龙骨　b）墙体龙骨

20.4　铝与铝合金材料

20.4.1　铝质材料

1. 铝的性能特点

铝属于有色金属中的轻金属，质轻，密度为$2.7g/cm^3$，为钢的1/3，它的这一特性被广泛应用到建筑中。铝的熔点低，为660℃。

铝有很好的导电性和导热性，仅次于铜，所以，铝也被广泛用来制造导电材料、导热材料和蒸煮器具等。

铝是活泼的金属元素，它和氧的亲和力很强，暴露在空气中时，表面易生成一层致密而坚固的氧化铝（Al_2O_3）薄膜，可以阻止铝继续氧化，从而起到保护作用，所以铝在大气中的耐蚀性较强。但氧化铝薄膜的厚度一般小于0.1μm，因而它的耐蚀性也是有限的，如纯铝不能与盐酸、浓硫酸、氢氟酸、强碱及氯、溴、碘等接触，否则将会产生化学反应而被腐蚀。在建筑工地，铝必须被覆层保护起来，或采用相似的方法防止混凝土、石灰、水泥砂浆的侵蚀，因为这些材料中的碱性成分能损害铝的表面。铝无毒，抗核辐射性好，表面呈银色光泽，对光、热、电波有高反射性，还可接受多种方式的、多彩的表面处理，外观美观。

铝呈银白色，反射能力很强，因此常用来制造反射镜、反射隔热屋顶等。铝的强度和硬度较低，所以，常可用冷压法加工成制品。铝在低温环境中的塑性、韧性和强度不下降，因此，铝常作为低温材料用于航空和航天工程及制造冷冻食品的储运设备等。

铝具有良好的延展性，可焊接，铸造性能好，无磁性，塑性好，加工成形性好，易加工成板、管、线及箔（厚度6~25μm）等。铝可合金化，一些铝合金还可通过热处理来改善性能。铝还有更为良好的可回收再利用性，是无公害、可循环使用的绿色、环保型材料。

2. 铝质材料加工

建筑铝质型材主要指铝合金型材，其加工方法可分为挤压法和轧制法。在国内外生产中，绝大多数采用挤压方法，仅在批量较大，尺寸和表面要求较低的中、小规格的棒材和断面形状简单的型材时，才采用轧制方法。

挤压法是对金属进行压力加工的一种方法，有正挤压、反挤压、正反向联合挤压之分。铝合金型材主要采用正挤压法。它是将铝合金锭放入挤压筒中，在挤压轴的作用下，强行使金属通过挤压筒端部的模孔流出，得到与模孔尺寸形状相同的挤压制品。

铝挤压材包括管材、棒材、型材，建筑用铝挤压材习惯被称为“建筑铝型材”，事实上建筑用铝挤压材中，除了型材之外，也还有管材和棒材，其中型材最多。挤压型材的生产工艺，常因材料的品种、规格、供应状态、质量要求、工艺方法及设备条件的不同而不同，一般按具体条件综合选择与制定，过程是：铸锭→加热→挤压→型材空气或水淬火→张力矫直→锯切定尺→时效处理→型材。

20.4.2 铝合金材料

纯铝强度较低，为提高其实用价值，常在铝中加入适量的铜、镁、锰、硅、锌等元素组成铝合金，如Al-Cu系合金、Al-Cu-Mg系硬铝合金（杜拉铝）、Al-Zn-Mg-Cu系超硬铝合金（超杜拉铝）等，使铝合金既保持铝的质轻的特点，又明显提高了其力学性能。因此，结构及装饰工程中常使用的是铝合金。

铝中加入合金元素后，其力学性能明显提高，并仍能保持铝质量小的固有特性，使用也更加广泛，不仅用于建筑装修，还能用于建筑结构。

铝合金装饰材料具有质量小、不燃烧、耐腐蚀、经久耐用、不易生锈，以及施工方便、装饰华丽等优点。

铝合金的主要缺点是弹性模量小（约为钢材的1/3）、热膨胀系数大、耐热性能差，焊接需采用惰性气体保护等技术。

常见铝合金制品有以下几种。

1. 铝合金门窗

（1）铝合金门窗的品种　铝合金门窗按结构与开闭方式可分为推拉窗（门）、平开窗（门）、固定窗（门）、悬挂窗、回转窗、百叶窗；铝合金门还可分为弹簧门、自动门、旋转门、卷闸门等。

（2）铝合金门窗的特点　铝合金门窗与普通门窗相比，具有以下特点。

1）质量小。铝合金的相对密度约为钢的1/3，且铝合金门窗框多为中空型材，厚度小（1.5～2.0mm），因而用材省，质量小，每m^2门窗用铝合金型材质量约为钢门窗质量的50%。

2）耐腐蚀，使用维修方便。铝合金门窗不锈蚀、不褪色、不需要油漆，维修费用低。

3）便于工业化生产。有利于实行设计标准化、生产工厂化、产品系列化、零配件通用化。

4）铝合金门窗强度高，刚度好，坚固耐用。

5）色泽美观。表面光洁，外观美丽。可着色成银白色、古铜色、暗灰色、黑色等多种颜色。

6）密封性好。气密性、水密性、隔声性均好。

（3）铝合金门窗的加工装配

1）铝合金门窗是将表面已处理过的型材，经过下料、打孔、铣槽、攻螺纹、制配等加工工艺制成的门窗框料构件，再加连接件、密封件、开闭五金件一起组合装配而成。

2）门窗框料之间的连接采用直角榫头，以不锈钢螺钉进行连接。

3）在现代建筑装修工程中，铝合金门窗因其长期维修费用低、性能好、美观、节约能源等，在国内外得到了广泛应用。

2. 铝合金格栅

铝合金吊顶格栅也称吊顶花栅或敞透式吊顶，是将铝合金薄片拼装成网格状，悬吊作顶棚。这种吊顶形式往往与采光、照明、造型结合在一起，以达到完整的艺术效果。

3. 铝合金龙骨

1）龙骨是用来支撑造型、固定配件的一种结构。铝合金龙骨是装饰中常用的一种材料，可以起到支架的作用。铝合金龙骨具有不锈、质轻、防火、抗震、安装方便等特点，适用于室内吊顶、隔断装饰。

2）铝合金龙骨多做成T形、U形、L形。T形龙骨主要用于吊顶。吊顶龙骨可与板材组成尺寸为450mm×450mm、500mm×500mm、600mm×600mm的方格，无须大幅面的吊顶板材，可灵活选用小规格吊顶材料。

3）铝合金材料经过电氧化处理，光亮、不锈、色调柔和，吊顶龙骨呈方格状外露，美观大方。铝合金龙骨除用于吊顶外，还广泛用于广告栏、橱窗及室内隔断等。

4. 铝合金百叶窗帘

1）铝合金百叶窗帘启闭灵活、质量轻巧、使用方便、经久不锈、造型美观，并且可以通过调整角度来满足室内光线明暗和通风量大小的要求，也可遮阳或遮挡视线，因此受到用户的青睐。

2）铝合金百叶窗帘是铝镁合金制成的百叶片，由梯形尼龙绳串联而成。拉动尼龙绳可将叶片翻转180°，达到调节通风量和调节光线明暗等作用，其叶片有多种颜色。铝合金百叶窗帘应用于宾馆、工厂、医院、学校和住宅建筑的遮阳和室内装潢。

5. 铝合金装饰板

在建筑上，铝合金装饰制品应用最广的是各种装饰板。它们是以纯铝或铝合金为原料，经滚轧而成的饰面板材，广泛用于内外墙面、柱面、地面、屋面、顶棚等部位。

（1）铝蜂窝板　铝蜂窝板是两块铝板中间加蜂窝芯材粘结成的一种复合材料，蜂窝板是一种仿生结构产品，是根据蜜蜂巢穴的结构特点制造出来的。

蜂窝具有正六面体结构，在切向上承受压力时，这些相互牵制的密集蜂窝犹如许多小工字梁，可分散承担来自面板方向的压力，使板受力均匀，保证了面板在较大面积时仍能保持很高的平整度。另外，空心蜂窝还能大大减弱板体的热膨胀性。

蜂窝板蜂巢结构形成单元室，空气之间不产生对流，具有良好的隔热性能；同时铝蜂窝板是复合体结构，又具有良好的隔声效果。经大量实验证明，正六面体结构更耐压、耐拉。

蜂窝材料具有抗高风压、减震、隔声、保温、阻燃、质量小、强度高、刚度好、耐蚀性强、性能稳定和比强度高等优良性能。铝蜂窝板主要应用于大厦的外墙装饰，也可运用于室内顶棚、吊顶。

（2）铝合金扣板　铝合金扣板是因为安装时扣在龙骨上，所以称为铝扣板。铝扣板一般厚 0.4～0.8mm，有条形、方形、菱形等，是 20 世纪 90 年代出现的一种吊顶材料，主要用于厨房和卫生间的吊顶、墙面和屋面装修。铝合金扣板按功能分为吸声板和装饰板两种。吸声板孔形有圆孔、方孔、长圆孔、长方孔、三角孔、大小组合孔等，吸声板大多是白色或银色；装饰板更注重装饰性，线条简洁流畅，有古铜、金黄、红、蓝、乳白等多种颜色。

铝合金扣板按表面形式分为表面冲孔和平面两种。表面冲孔可以通气吸声，扣板内部铺一层薄膜软垫，潮气可透过冲孔被薄膜吸收，所以它最适合水分较多的厨卫使用。铝合金扣板是一种中档装饰材料，装饰效果别具一格，具有质量小、色彩丰富、外形美观、经久耐用、容易安装、工效高等特点，可连续使用 20～60 年。除用于建筑物的外墙和屋面外，还可做复合墙板。铝合金扣板板型多，线条流畅，颜色丰富，外观效果良好，更具有防火、防潮、易安装、易清洗等特点。

（3）铝合金花纹板

1）铝合金花纹板是采用防锈铝合金（Al-Mg）等坯料，用特制的花纹轧制而成的，花纹美观大方，不易磨损，防滑性能好，耐蚀性强，便于冲洗。通过表面处理可以得到不同的颜色。花纹板材平整，裁剪尺寸精确，便于安装，广泛用于墙面装饰、楼梯及楼梯踏板处。

2）铝合金花纹板对白光反射率达 75%～90%，热反射率达 85%～95%。在氨、硫、硫酸、磷酸、亚磷酸、浓硝酸、浓醋酸中耐蚀性好。通过电解、电泳涂漆等表面处理可得到不同色彩的浅花纹板。铝合金花纹板的花纹图案有多种，一般分为：1 号花纹板方格形；2 号花纹板扁豆形；3 号花纹板五条形；4 号花纹板三条形；5 号花纹板指针形；6 号花纹板菱形；7 号花纹板四条形（图 20-6）。

（4）铝质浅花纹板　铝合金浅花纹板是优良的建筑装饰材料之一。它花纹精巧别致，色泽美观大方，除具有普通铝板共有的优点外，刚度较普通铝板提高 20%，抗污垢、抗划伤、抗擦伤能力均有提高，尤其是增加了立体图案和美丽的色彩，更提高了其装饰效果。

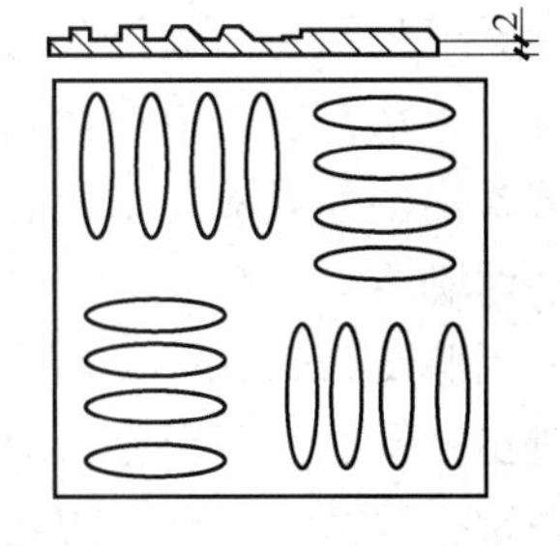

图 20-6　7 号花纹板四条形

（5）铝合金穿孔吸声板　铝合金穿孔板采用各种铝合金平板经机械穿孔而成。孔形根据需要有圆孔、方孔、长圆孔、三角孔等。这是一种降低噪声并兼有装饰作用的新产品。

铝合金穿孔板材质轻、耐高温、耐腐蚀、防火、防潮、防震、化学稳定性好，可以将孔形处理成一定图案，造型美观、色泽优雅、立体感强、装饰效果好。同时，内部放置吸声材料后可以解决建筑中吸声的问题，是一种兼有降噪和装饰功能的理想材料。而且组装简便，可用于宾馆、饭店、影院、播音室等公共建筑和中高档民用建筑，也可用于各类车间厂房、人防地下室、各种控制室、计算机机房的顶棚或墙壁，以改善音质、降低噪声。

（6）铝合金波纹板和铝合金压型板　将纯铝或防锈铝在波纹机上轧制形成的铝及铝合金波纹板，以及在压型机上压制形成的铝及铝合金压型板，是目前世界上广泛应用的新型建筑装饰材料。这种材料主要用于墙面装饰，也可用于屋面，表面经化学处理可以形成各种颜色，有较好的装饰效果，又有很强的反射阳光能力。它具有质量小、外形美观、经久耐用、防火、防潮、耐腐蚀、安装容易、施工进度快等优点，尤其是通过表面着色处理的各种色彩的波纹板和压型板在装修中得到了广泛应用。

6. 铝塑板

铝塑板是铝塑复合板的简称，是由内外两面铝合金板、低密度聚乙烯芯层与胶粘剂复合为一体的轻型墙面装饰材料。

（1）类型　铝塑复合板大致可分为室外用、室内用两种，其中又可分为防火型和一般型。现在市场销售的多为一般型。室外用铝塑复合板上下均为0.5mm厚铝板（一般为纯铝板），中间夹层为PE（聚乙烯）或PVC（聚氯乙烯），夹层厚度为3~5mm。防火型铝塑复合板中间夹层为FR（防火塑胶）。室外用复合铝塑板厚度为4~6mm。室内用铝塑板上下面一般为0.2~0.25mm厚铝板，夹层厚度为2.5~3mm，室内用铝塑板厚度为3~4mm。铝塑板产品标准规格一般为1220mm（宽）×2440mm（长）×厚度，宽度也可以达到1250mm或1500mm。室外厚度最薄应为4mm，室内采用厚度一般为3mm。

（2）性能、特点　铝塑复合板有多种颜色，其板面平整，颜色均匀，色差较小（有方向性），质轻，有一定的刚度和强度，由于板材表面用的是氟碳涂料，所以能抗酸碱腐蚀，耐粉化，耐紫外线照射不变色等；但一般铝塑板不防火，表面遇到高温时，铝板会鼓包，很容易熔化，中间夹层PE、PVC均会燃烧，产生有害气体。

铝塑复合板由于它优良的特性，在建筑装饰上应用甚广。例如，在建筑用幕墙（不用于高层）旧房改造，大量的街道店面的装饰，室内装饰，室内包柱，室内办公间的隔断、吊顶、家具、车辆内装饰等。此外，为了减少大面积隐框玻璃幕墙的光污染，在低层幕墙不透光部分用复合板带状幕墙，可削弱隐框玻璃幕墙的大面积镜面效果。

7. 铝箔

铝箔是用纯铝或铝合金加工成的6.3~200μm薄片制品。按铝箔的形状可分为卷状铝箔和片状铝箔，按铝箔的状态和材质分为硬质箔、半硬质箔和软质箔，按铝箔的表面状态分为单面光铝箔和双面光铝箔，按铝箔的加工状态分为素箔、压花箔、复合箔、涂层箔、上色箔、印刷箔等。

当厚度为25μm以下时，尽管有针孔存在，但仍比没有针孔的塑料薄膜防潮性好。铝是一种温度辐射性能极差而对太阳光反射力很强（反射比为87%~97%）的金属。在热工设计时常把铝箔视为良好的绝热材料。铝箔以全新的多功能保温隔热材料、防潮材料和装饰材料广泛用于建筑工程。

建筑上应用较多的卷材是铝箔牛皮纸和铝箔布，它是将牛皮纸和玻璃纤维布作为依托层，用胶粘剂粘贴铝箔而成。前者用在中空层中作绝热材料，后者多用在寒冷地区作保温窗帘，炎热地区作隔热窗帘。另外，将铝箔复合成板材或卷材，如铝箔泡沫塑料板、铝箔石棉夹心板等，常用于室内或者设备表面，有较好的装饰性。若在铝箔波形板上打上微孔，则还有很好的吸声作用。

另外，铝合金还可压制五金零件，如把手、铰锁、标志、商标、提把、嵌条、包角等装饰制品，既美观，有较强金属质感，又耐久不腐。

8. 泡沫铝

由铝制成的金属泡沫表现出较低的导热性和良好的隔声性能。它具有很高的抗压强度，而且质量小，易于处理加工。泡沫铝已在汽车制造领域得到了应用。原则上，其他金属泡沫也是可以制造出来的。

20.4.3 铝质材料表面处理与装饰加工

1. 表面着色处理

经中和水洗（中和也叫出光或光化，其目的在于用酸性溶液除去挂灰或残留碱液，以获得光亮的金属表面）或阳极氧化后的铝型材，可以进行表面着色处理。着色方法有自然着色法、电解着色法、化学浸渍着色法、涂漆法等。常用的有自然着色法和电解着色法，前者是在阳极氧化的同时产生着色，后者在含金属的电解液中对氧化膜进一步进行电解，实际上就是电镀，是把金属盐溶液中的金属离子通过电解沉积到铝阳极氧化膜针孔底部，光线在这些金属离子上漫反射，使氧化膜呈现金属的颜色。喷涂着色有粉末喷涂及氟碳漆喷涂，材质外观受涂料覆盖，不显金属质感，而是显出涂料质感，可着任意色系。

另外，铝材还有砂面、拉纹、镜面、亚光等诸多表面形式。

2. 阳极氧化处理

建筑用铝型材必须全部进行阳极氧化处理，一般用硫酸法。阳极氧化处理的目的是使铝型材表面形成比自然氧化膜（厚度 <0.1μm）厚得多的人工氧化膜层（5 ~ 20μm），并进行“封孔”处理，使处理后的型材表面显银白色，提高表面硬度、耐磨性、耐蚀性等。同时，光滑、致密的膜层也为进一步着色创造了条件。

处理方法是将铝型材作为阳极，在酸溶液中，水电解时在阴极上放出氢气，在阳极上产生氧，该原生氧与铝阳极上形成的三价铝离子（Al^{3+}）结合形成氧化铝膜层。Al_2O_3 膜层本身是致密的，但在其结晶中存在缺陷，电解液中的正负离子会侵入皮膜，使氧化皮膜局部溶解，在型材表面上形成大量小孔，直流电得以通过，使氧化膜层继续向纵深发展。如此就使氧化膜在厚度增长的同时形成一种定向的针孔结构，断面呈六棱体蜂窝状态（图 20-7）。

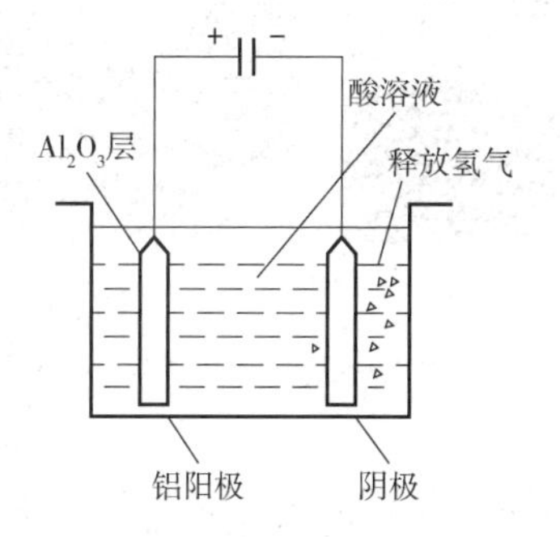

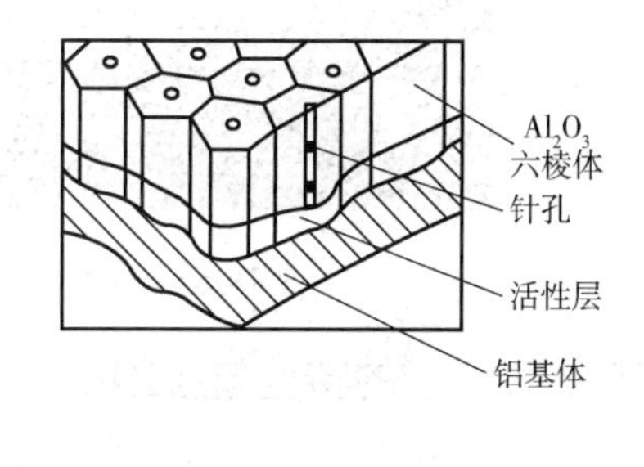

图 20-7 阳极氧化处理

经阳极氧化处理后的铝可以着色，做成装饰制品。

3. 铝制品在园林中的应用

铝大量用于户外用具，包括长椅、矮柱、旗杆及格栅等。铝的表面质感和颜色，根据表面处理光滑度不同，可以从反光的银色一直到亚光的灰色。高抛光的铝表面是最光洁的金属表面之一（图 20-8 和图 20-9）。

图 20-8 铝制垃圾箱

图 20-9 铝制座椅

20.5 铜材料

铜是我国历史上使用较早、用途较广的一种有色金属，如图20-10所示。在古建筑装饰中，铜材是一种高档的装饰材料，多用于宫廷、寺庙、纪念性建筑以及门牌等，如图20-11所示。在现代建筑中，铜仍是高级装饰材料，可使建筑物显得古朴典雅，如图20-12所示。

图20-10 古代铜工具

图20-11 铜装饰件

图20-12 门牌铜字

20.5.1 铜的特性与应用

铜是我国历史上使用较早、用途较广的一种有色重金属，密度为8.92g/cm^3。纯铜由于表面氧化生成的氧化铜薄膜呈紫红色，故常称紫铜。

纯铜具有较高的导电性、导热性、耐蚀性及良好的延展性、可塑性，可碾压成极薄的板（紫铜片），拉成很细的丝（铜线材），它既是一种古老的建筑材料，又是一种良好的导电材料。

铜广泛用于建筑装饰及各种零部件。在现代建筑中，铜材仍是一种集古朴和华贵于一身的高级装饰材料，可用于扶手、外墙板、栏杆、楼梯防滑条或把手、门锁、纱窗（紫铜纱窗）、西式高级建筑的壁炉等其他细部需要装饰点缀的部位，可使建筑物显得光彩夺目、富丽堂皇。

如南京五星级金陵饭店正门大厅选用铜扶手和铜栏杆，可体现出一种华丽、高雅的气氛。在古建筑装饰中，铜材是一种高档的装饰材料，多用于宫廷、寺庙、纪念性建筑以及商店招牌等，可用铜包柱，使建筑物光彩照人、美观雅致、光亮耐久，并烘托出华丽、神秘的氛围。除此之外，园林景观的小品设计及雕塑中，铜材也有着广泛的应用。

20.5.2 铜合金

1. 铜合金装饰制品

铜合金经过挤制或压制可形成不同横断面形状的型材，分空心型材和实心型材。铜合金型材也具有与铝合金材类似的优点，可用于门窗的制作，尤其是以铜合金型材做骨架，以吸热玻璃、热反射玻璃、中空玻璃等为立面形成的玻璃幕墙，一改传统外墙的单一面貌，使建筑物乃至城市生辉。

利用铜合金板制成铜合金压型板，应用于建筑物内外墙装饰，同样可使建筑物金碧辉煌、光亮耐久。

铜合金装饰制品的另一特点是源于其具有金色感，常替代稀有的、价值昂贵的金在建筑装饰中作为点缀使用。

古希腊的宗教及宫殿建筑较多地采用金、铜等进行装饰、雕塑。具有传奇色彩的帕提农神庙大门为铜质镀金。古罗马的凯旋门、图拉真骑马座像都有青铜的雕饰。中国盛唐时期，宫殿建筑多以金、铜来装饰，人们认为以铜或金来装饰的建筑是高贵和权势的象征。

现代建筑装饰中，大厅门常配以铜质的把手、门锁；螺旋式楼梯扶手栏杆常选用铜质管材，踏步上附有铜质防滑条；浴缸水龙头、坐便器开关、淋浴器配件、各种灯具和家具也常采用制作精致、色泽光亮的铜合金制作，以增添装饰的艺术性。

2. 铜合金的特性与应用

纯铜由于强度不高，不宜制作结构材料，且由于纯铜的价格贵，工程中更广泛使用的是铜合金（即在铜中掺入锌、锡等元素形成的铜合金）。

铜合金既保持了铜的良好塑性和高耐蚀性，又提高了纯铜的强度、硬度等力学性能。常用的铜合金有黄铜（铜锌合金）、青铜（铜锡合金）等。

青铜的外表丰富且美观。青铜一直被认为是适合铸造室外雕塑的金属。在景观中，它的用途与铸铁相似，如树池箅子、水槽、排水渠盖、井盖、矮柱、灯柱以及固定装置。不过，青铜的美观性、强度和耐久性是有代价的，那就是其价格比较昂贵。

青铜是一种合金，主要元素为铜，其他的金属元素则有多种选择，但锡是最常用的。铝、硅和锰也可以与铜一起构成青铜合金。像纯铜一样，青铜的氧化仅仅发生在表面，氯化层在表面形成一个保护内部的屏障。因此，青铜承受室外环境压力的能力在各种金属中比较优异。铜绿，也是各种金属氧化效果中最受欢迎的。

第21章

木　　材

21.1　木材的种类

21.1.1　按树叶形状分类

树木按树叶形状分为针叶树和阔叶树两大类。木材的微观构造如图21-1所示。

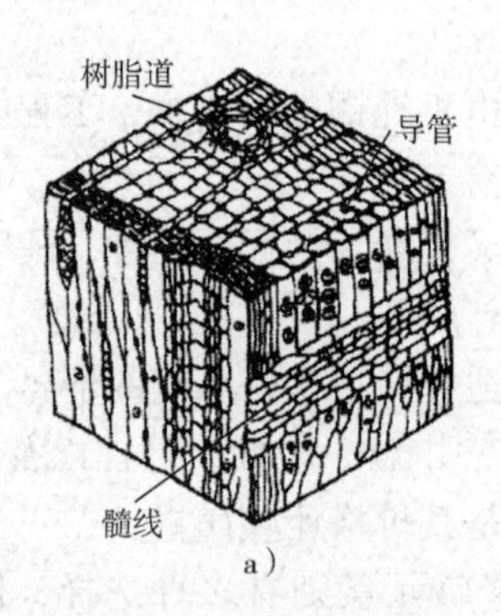

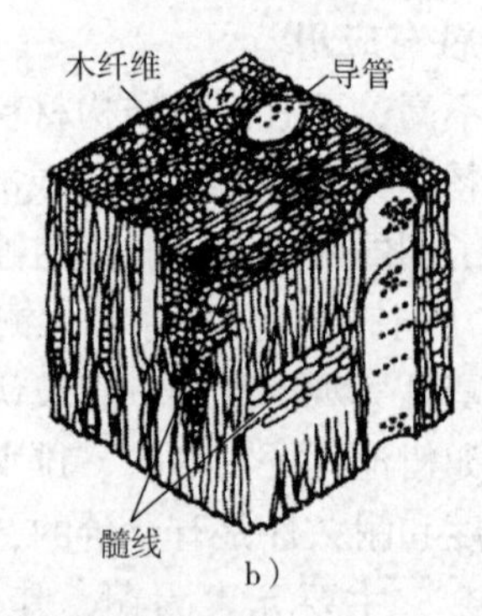

图21-1　木材的微观构造

a）软木的显微构造（马尾松）　b）硬木的显微构造（柞木）

（1）针叶树　树干通直高大，纹理顺直，材质均匀、较软、易加工，又称为“软木材”。其表观密度和胀缩变形小，耐蚀性好，是主要的建筑用材，可用于各种承重构件、门窗、地面和装饰工程。常用的树种有红松、马尾松、兴安落叶松、华山松、油松、云杉、冷杉等，松树如图21-2所示 。

（2）阔叶树　树干通直部分短，大多数具有密度大，材质硬，难加工等特点，故又称为“硬木材”。其胀缩和翘曲变形大，易开裂，建筑上常用作尺寸小的构件，如制作家具、胶合板等。常用的树种有白杨、红桦、枫杨、青冈栎、香樟、紫椴、水曲柳、泡桐、柳桉等。

图21-2　松树

21.1.2　按加工程度和用途分类

木材（图21-3）按照加工程度和用途的不同可分为原条、原木、锯材和枕木四类。

（1）原条　除去皮、根、树梢、树桠等，

图21-3 木材

尚未加工成材的木料，用于建筑工程的脚手架、建筑用材、家具等。

（2）原木 已加工成规定直径和长度的圆木段，用于建筑工程（如屋架、檩、椽等）、桩木、电杆、胶合板等加工用材。

（3）锯材 经过锯切加工的木料。截面宽度为厚度的3倍或3倍以上的称为板材，不足3倍的称为枋材。

（4）枕木 按木材断面和长度加工而成的轨枕，用于铁道工程。

21.1.3 按木材加工的特性分类

1. 软木

软木取自针叶树，树干通直高大，纹理平顺，材质均匀，木质较软而易加工，又称为软木材。表面看密度和胀缩变形小，耐蚀性强。软木因质地松软，在家具中一般不能作为框架结构的用料，而常用来充当非结构部分的辅助用料，或用来加工成各种板材和人造板材。软木一般不变形、不开裂。

常用软木有红松、白松、冷杉、云杉、柳桉、马尾松、柏木、油杉、落叶松、银杏、柚木等，其中易于加工的有冷杉、红松、银杏、柳桉、白松。软木有不同的抗风化性能，许多树种还带有褐色、质硬的节子，做家具前要将节子进行虫胶处理。

2. 硬木

硬木取自阔叶树，树干通直部分一般较短，材质硬且重，强度大，纹理自然美观，质地坚实，经久耐用，是家具框架结构和面饰的主要用材。

常用的有榆木、水曲柳、柞木、橡木、胡桃木、桦木、樟木、楠木、黄杨木、泡桐、紫檀、花梨木、桃花心木、色木等，这类木材较贵，使用期也长。其中，易加工的有水曲柳、泡桐、桃花心木、橡木、胡桃木，不易加工的有色木、花梨木、紫檀，易开裂的有花木、椴木，质地坚硬的有色木、樟木、紫檀、榆木。

21.1.4 人造木材

人造木材就是将木材加工过程中的大量边角、碎料、刨花、木屑等，经过再加工处理，制成各种人造板材，在成本、耐用性和环保性能方面有明显优势，可有效利用木材。常用的人造板材有胶合板、纤维板、刨花板、细木工板、实木复合地板、塑木等。

1. 木质地板

木质地板分为实木条木地板、实木复合地板、强化复合地板、实木拼花木地板4种。

（1）实木条木地板　实木条木地板的条板宽度一般不大于120mm，板厚为20～30mm。按条木地板构造分为空铺和实铺两种。地板有单层和双层两种。木条拼缝可做成平头、企口或错口，接缝要相互错开。实木条木地板自重轻、弹性好、脚感舒适，其导热性小，冬暖夏凉，易于清洁，适用于室内地面装饰。实木条木地板也常用于园林栈道，如图21-4所示。

（2）实木复合地板　实木复合地板一般采用两种以上的材料制成，表层采用5mm厚实木，中层由多层胶合板或中密度板构成，底层为防潮平衡层经特制胶高温及高压处理而成。

（3）强化复合地板　强化复合地板由三层材料组成，面层由一层三聚氰胺和合成树脂组成，中间层为高密度纤维板，底层为涂漆层或纸板。

（4）实木拼花木地板　实木拼花木地板通过小木板条不同方向的组合，拼出多种图案花纹，常用的有正芦席纹、斜芦席纹、人字纹、清水砖墙纹等，其多选用硬木树材。拼花小木条的尺寸一般为：长250～300mm、宽40～60mm、厚20～25mm。木条一般均带有企口。

图21-4　实木条木地板

2. 人造板材

（1）细木工板　细木工板又称为木芯板，属于特种胶合板，由三层木板粘压。上、下面层为旋切木质单板，芯板用短小木板条拼接而成。常用规格有16mm×915mm×1830mm、19mm×1220mm×2440mm。细木工板具有较高的强度和硬度，质轻、耐久、易加工，用于家具、门窗套、隔墙、基层骨架等。

（2）刨花板　刨花板是将木材加工剩余物，如小径木、木屑等切削成碎片，经过干燥，拌以胶料、硬化剂，在一定温度下压制成的一种人造板材，如图21-5所示。刨花板强度较低，一般用作绝热、吸声材料，用于吊顶、隔墙、家具等。

（3）贴面装饰板　贴面装饰板是将花纹美丽、材质悦目的珍贵木材经过刨切加工成微薄木，以胶合板为基层，再经过干燥、拼缝、涂胶、组坯、热压、裁边、砂尘等工序制成的特殊胶合板。常见的是贴面装饰薄木材种，常用于吊顶、墙面、家具装饰饰面等。

（4）纤维板　纤维板是将树皮、刨花、树枝等木材加工的下脚碎料或稻草、秸秆、玉米秆等经破碎、浸泡、研磨成木浆，加入一定胶粘剂经热压成型、干燥处理而成的人造板材。按成型时温度和压力的不同，分为硬质纤维板（表观密度大于800kg/m^3）、半硬质纤维板（表观密度为400～800kg/m^3）、软质纤维板（表观密度小于400kg/m^3）。常用于家具制作等。

图21-5　刨花板

（5）胶合板　胶合板是用原木旋切成薄片（厚1mm），再按照相邻各层木纤维互相垂直重叠，并且成奇数层经胶粘热压而成。胶合板最多层数有15层，一般常用的是三合板或五合板。其厚度为2.7mm、3mm、3.5mm、4mm、5mm、5.5mm、6mm，自6mm起按1mm递增。幅面尺寸见表21-1。胶合板面积大，可弯曲，两个方向的强度收缩接近，变形小，不易翘曲，纹理美观，应用十分广泛。

表21-1 普通胶合板的幅面尺寸（单位：mm）

宽度	长度				
915	915	1220	1830	2135	—
1220	—	1220	1830	2135	2440

21.2 木材的性能特点

21.2.1 木材的基本性能

木材具有轻质高强，弹性、韧性好，耐冲击、振动，保温性好，易着色和油漆，装饰性好，易加工等优点。但其存在内部构造不均匀，易吸水、吸湿，易腐朽、虫蛀，易燃烧，天然瑕疵多，生长缓慢等缺点。

（1）密度和表观密度　木材的密度一般为（1.48～1.56）$\times 10^3$kg/m^3，表观密度一般为400～600kg/m^3。木材的表观密度越大，其湿胀干缩变化也越大。

（2）含水率　木材细胞壁内充满吸附水，达到饱和状态且细胞腔和细胞间隙中没有自由水时的含水量称为纤维饱和点，一般在25%～35%。它是木材物理力学性质变化的转折点。

（3）湿胀与干缩　当木材含水率在纤维饱和点以上变化时，木材的体积不发生变化；当木材的含水率在纤维饱和点以下时，随着干燥，体积收缩；反之，干燥木材吸湿后，体积将发生膨胀，直到含水率达到纤维饱和点为止。一般表观密度大、夏材含量多的，胀缩变形大。由于木材构造的不均匀性，造成各方向的胀缩值不同，其中纵向收缩小，径向收缩较大，弦向最大。

（4）吸湿性　木材具有较强的吸湿性，木材在使用时其含水率应接近或稍低于平衡含水率，即木材所含水分与周围空气的湿度达到平衡时的含水率。长江流域一般为15%。

（5）力学性质　当含水率在纤维饱和点以下，木材强度随含水率增加而降低。

21.2.2 常用木材树种的选用和要求

常用木材树种的选用和要求见表21-2。

表21-2 常用木材树种的选用和要求

使用部位	材质要求	建议选用的树种
屋架（包括木梁、格栅、桁条、柱）	要求纹理直、有适当的强度、耐久性好、钉着力强、干缩小的木材	黄杉、铁杉、云南铁杉、云杉、红皮云杉、细叶云杉、鱼鳞云杉、紫果云杉、冷杉、杉松冷杉、臭冷杉、油杉、云南油杉、兴安落叶松、四川红杉、红杉、长白落叶松、金钱松、华山松、白皮松、红松、广东松、黄山松、马尾松、樟子松、油松、云南松、水杉、柳杉、杉木、福建柏、侧柏、柏木、桧木、响叶杨、青杨、辽杨、小叶杨、毛白杨、山杨、樟木、红楠、楠木、木荷、西南木荷、大叶桉等

（续）

使用部位	材质要求	建议选用的树种
墙板、镶板、顶棚	要求具有一定强度、质较轻和有装饰价值花纹的木材	除以上树种外，还有异叶罗汉松、红豆杉、野核桃、核桃楸、胡桃、山核桃、长柄山毛榉、栗、珍珠栗、木槠、红椎、栲树、苦槠、包栎树、铁槠、面槠、槲栎、白栎、柞栎、麻栎、小叶栎、白克木、悬铃木、皂角、香椿、刺楸、蚬木、金丝李、水曲柳、棒楸树、红楠、楠木等
门窗	要求易干燥、不易变形、材质较轻、易加工、油漆及胶粘性质良好并具有一定花纹和材色的木材	异叶罗汉松、黄杉、铁杉、云南铁杉、云杉、红边云杉、细叶云杉、鱼鳞云杉、紫果云杉、冷杉、杉松冷杉、臭冷杉、油杉、云南油杉、杉木、柏木、华山松、白皮松、红松、广东松、七裂槭、色木槭、青榨槭、满洲槭、紫椴、椴木、大叶桉、水曲柳、野核桃、核桃楸、胡桃、山核桃、枫杨、枫桦、红桦、黑桦、亮叶桦、香桦、白桦、长柄山毛榉、栗、珍珠栗、红楠、楠木等
地板	要求耐腐、耐磨、质硬和具有装饰花纹的木材	黄杉、铁杉、云南铁杉、油杉、云南油杉、兴安落叶松、四川红杉、长白落叶松、红杉、黄山松、马尾松、樟子松、油松、云南松、柏木、山核桃、枫桦、红桦、黑桦、亮叶桦、香桦、白桦、长柄山毛榉、栗、珍珠栗、米槠、红椎、栲树、苦槠、包栎树、铁槠、槲栎、白栎、柞栎、麻栎、小叶栎、蚬木、花榈木、红豆木、棒、水曲柳、大叶桉、七裂槭、色木槭、青榨槭、满洲槭、金丝李、红松、杉木、红楠、楠木等
椽子、挂瓦条、平顶筋、灰板条、墙筋等	要求纹理直、无翘曲的木材	钉时不劈裂的木材通常利用制材中的废材，以松、杉树种为主
桩木、坑木	要求抗剪、抗劈、抗压、抗冲击性好，耐久、纹理直，并具有高度天然抗害性能的木材	红豆杉、云杉、红皮云杉、细叶云杉、鱼鳞云杉、紫果云杉、冷杉、杉松、臭冷杉、铁杉、云南铁杉、黄杉、油杉、云南油杉、兴安落叶松、四川红杉、长白落叶松、红杉、华山松、白皮松、红松、广东松、黄山松、马尾松、樟子松、油松、云南松、杉木、桧木、柏木、包栎树、铁槠、面槠、槲栎、白栎、柞栎、麻栎、小叶栎、栓皮栎、栗、珍珠栗、春榆、大叶榆、大果榆、榔榆、白榆、光叶榉、金丝李、樟木、檫木、山合欢、大叶合欢、皂角、槐、刺槐、大叶桉等

21.3 木材在园林工程中的应用

木材在园林工程中的应用主要体现在木平台和各类木质景观建筑上，以及木质材料装饰上；同时在部分位置也可以使用木材作为龙骨的选择材料（图 21-6 至图 21-11）。

图 21-6　木凳

图21-7　临水塑木平台

图21-8　木廊架

图21-9　木桥

图21-10　现代风格木亭

图21-11　中国传统木质仿古亭

第 22 章 防水类材料

22.1 沥青

沥青属于憎水性材料，它不透水，也几乎不溶于水、丙酮、乙醚、稀乙醇，能够溶于汽油、苯、二硫化碳、四氯化碳和三氯甲烷等有机溶液中。沥青具有良好的粘结性、塑性、不透水性和耐化学腐蚀性，并具有一定的耐老化作用。

在土木工程中，沥青是应用广泛的防水材料和防腐材料，主要应用于屋面、地面、地下结构的防水，木材、钢材的防腐。在建筑防水工程中，主要应用于制造防水涂料、卷材、油膏、胶粘剂和防锈、防腐涂料等。一般石油沥青和煤沥青应用最多。沥青还是道路工程中应用广泛的路面结构胶结材料，它与不同组成的矿质材料按比例配合后可以建成不同结构的沥青路面，在高速公路中应用较为广泛。

22.1.1 沥青的种类

1. 天然沥青

石油原油渗透到地面，其中轻质组分被蒸发，进而在日光照射下被空气中的氧气氧化，再经聚合而成为沥青矿物。按形成的环境可分为岩沥青、湖沥青、海底沥青等，岩沥青是石油不断地从地壳中冒出，存在于山体、岩石裂隙中长期蒸发凝固而形成的天然沥青。主要组分有树脂、沥青质等胶质。

2. 煤沥青

煤沥青是焦炭炼制或是制煤气时的副产品，在干馏木材等有机物时所得到的挥发物，经冷凝而成的黏稠液体再经蒸馏加工制成的沥青。根据不同的黏度残留物，分为软煤沥青和硬煤沥青。

用于制造涂料、沥青焦、油毛毡等，也可用作燃料及沥青炭黑的原料。其很少应用于屋面工程，但由于它的抗腐蚀性好，因而适用于地下防水工程和防腐蚀材料。

严格将热温度控制在180℃以下，以免造成煤沥青的有效成分损失，使煤沥青变质、发脆。煤沥青不能与石油沥青掺混使用，以免出现沉渣现象。煤沥青有毒性，在使用过程中必须进行劳动保护，以防止蒸汽中毒。

3. 石油沥青

石油沥青是石油原油或石油衍生物，经蒸馏提炼出轻质油后的残留物，再经过加工而得到的产品。

沥青的主要组分是油分、树脂和地沥青质。油分：为浅黄色和红褐色的黏性液体，相对分子质量和密度最小，能够赋予沥青以流动性。树脂：又称脂胶，为黄色至黑褐色半固体黏稠物质，相对分子质量比油分大，比地沥青小，沥青脂胶中绝大部分属于中性树脂。树脂能够赋予石油沥青良好的黏性和塑性。中性树脂的含量越高，石油沥青的品质越好。地沥青质：为深褐色至黑色的硬而脆的不溶性固体粉末，其相对密度大于1。地沥青质是决定石油沥青热稳定性和黏性的重要组成部分，其含量越高，沥青的软化度越高，黏性越大，但沥青也越硬脆。

油分和树脂可以互溶，树脂能够浸润地沥青质，而在地沥青质的表面形成薄膜。

根据国家标准规定，建筑石油沥青分为30号和15号。该沥青黏度较高，主要用于建筑工程的防水、防潮、防腐材料、胶结材料等。

一般情况下，道路石油沥青分为200、180、140、100甲、100乙、60甲、60乙七个标号。其黏度较小，呈黑色，固体，具有良好的流变性、持久的黏附性、抗车辙性、抗推挤变形能力，延度为40～100cm。

专用石油沥青主要分为1号、2号、3号，3号主要用于配置涂料。

建筑石油沥青的黏性较高，主要用于建筑工程。道路石油沥青的黏性较低，主要用于路面工程，其中60号沥青也可与建筑沥青掺和，应用于屋面工程。

22.1.2　沥青的主要特性

1. 抗老化、抗高温

天然岩沥青本身的软化点达到300℃以上，加入到基质沥青后，使其具有良好的抗高温、抗老化性能。

2. 抗碾压

岩沥青改性剂可以有效提高沥青路面的抗车辙能力，推迟路面车辙的产生，降低车辙深度和减少疲劳剪切裂纹的出现。

3. 耐抗性

青川岩沥青中，氮元素以官能团形式存在，这种存在使岩沥青具有很强的浸润性和对自由氧化基的高抵抗性，特别是与集料的黏附性及抗剥离性得到明显的改善。

22.1.3　改性沥青

随着新型化学合成材料的广泛发展，对沥青进行改性已成必然。改性沥青是掺加橡胶、树脂、高分子聚合物、磨细的橡胶粉或其他填料等外掺剂（改性剂），或采取对沥青轻度氧化加工等措施，使沥青或沥青混合料的性能得以改善制成的沥青结合料。到目前已发现许多材料对石油沥青具有不同程度的改性作用，如：热塑橡胶类有SBS、SEBS等，热塑性塑料类有APP（APAO、APO）等，合成胶类的有SBR、BR、CR等；同时发现不同的改性材料的改性效果不一样。研究证明，以SBS、APP（APAO、APO）作为改性沥青的工程性最好，生产的产品质量最稳定，对产品的耐老化性改善最显著。同时，以SBS或APP改性的沥青，只有在其添加量达到微观上形成的连续网状结构后，才能得到低温性能及耐久性优良的改性沥青。

1. APP改性沥青

1）APP是无规聚丙烯的英文简称，是生产等规聚丙烯的副产物。室温下APP是白色的液体，无明显熔点，加热至130℃开始变软，加热至170℃变为黏稠液体。

2）聚丙烯具有优越的耐弯曲疲劳性，良好的化学稳定性，对极性有机溶性很稳定，这些都有利于APP的改性。可显著提高沥青的软化点，改善沥青的感温性，使感温区域变宽；同时改善低温性，提高抗老化性能。

2. SBS树脂改性沥青

1）SBS树脂是目前用量最大、使用最普遍和技术经济性能最好的沥青用高聚物。SBS改性沥青是以基质沥青为原料，加入一定比例的SBS改性剂，通过剪切、搅拌等方法使SBS均匀地分散于沥青中，同时，加入一定比例的专属稳定剂，形成SBS共混材料，利用SBS良好的物理性能对沥青作改性处理。

2）SBS树脂改性沥青的主要特性：耐高温、抗低温；弹性和韧性好，抗碾压能力强；无须硫化，既节能又能够改进加工条件；具备较好的相容性，加入沥青中不会使沥青的黏度有很大的增加；对路面的抗滑和承载能力有显著增强作用；减少路面因紫外线辐射而导致的沥青老化现象；减少因车辆渗漏柴油、机油和汽油而对路面造成的破坏。这些特性大大增强了交通安全性能。

3）沥青作为SBS改性的基质材料，其性能对改性效果产生重要影响，其要求具备几个条件：①有足够的芳香粉以满足聚合物改性剂在沥青中溶胀、增塑、分解的需要；②沥青质含量不能过高，否则会导致沥青的网状结构发达，成为固态，使能够溶解SBS的芳香粉饱和度减少；③蜡含量不能过高，否则会影响SBS对沥青的改性作用；④组分间比例恰当，一般以（沥青质+饱和度）/（芳香粉+胶质）=30%左右为宜；⑤软化点不可过高，针入度不可过小，一般选用针入度大于140mm的沥青。

22.1.4 沥青密封材料

沥青密封材料具有以下一些性能。

1. 耐水性

在水的作用下和被水浸润后其基本性能不变，在压力水作用下具有不透水性。常用不透水性、吸水性指标表示。

2. 耐候性

耐候性是在人工老化试验机中进行的，老化试验机是人工模拟大自然的恶劣环境条件，加速老化的进行，用老化系数表示。老化系数是用沥青密封材料在老化前后的延伸率变化表示的。

3. 耐寒性

耐寒性是沥青密封材料在低温下适应接缝的伸缩运动的性能。沥青密封材料随温度的降低，弹性变小，延伸度降低，以致成为坚硬的脆性物质。耐寒性是用建筑密封材料的低温柔性来进行评价的，以未破坏时的温度来表示。我国各地对沥青密封材料的耐寒性要求不一。在制定耐寒性指标时，规定沥青密封材料的耐寒温度为-10℃、-20%和-30℃三个指标。一般对耐热度要求较高的地方，耐寒性要求也比较高；对耐热度要求较低的地方，耐寒要求也较低。

4. 耐热性

耐热性就是沥青密封材料的感温性，其感温性很强，随着温度的升高而软化，强度降低，永久伸长率得到增大，以致发生流淌，造成接缝漏水。其评价方法主要是耐热度，以℃

来表示。主要表示了沥青密封材料对经受最高温度和温度变动及变动频率影响的适应性。我国规定沥青密封材料的耐热度标准为 70℃和 80℃，以适应南方和北方地区不同的使用要求。

5. 保油性

对于沥青密封材料有保油性要求。保油性是表示沥青密封材料在嵌缝后，向被接触部位发生油分渗失的程度，是用滤纸上的渗油幅度和渗油张数来评价的，渗油幅度越小，渗油张数越少，保油性越好。保油性在一定程度上反映了可塑性变化的情况。随着油分的渗出和挥发，沥青密封材料的可塑性变小，黏着性和耐久性变差，体积收缩率加大。

6. 挥发性

挥发性是用嵌填在培养皿中的沥青密封材料试样，在（80 ± 2）℃的恒温箱内恒温 5h，用其重量减少的百分率来评价的，挥发率越小越好。

7. 粘结性

粘结性是沥青密封材料的重要性能之一。它表示了沥青密封材料与其结构物的粘结能力。如果粘结不好，则易发生剥离，产生裂缝，就很难发挥出防水密封的作用。同时它的大小取决于沥青密封材料同基层之间的相互作用，其中包括物理吸附和化学吸附。

粘结性是用粘结水泥砂浆试块之间的沥青密封材料，经张拉后的延伸长度来评价的，用 mm 表示。

22.2　防水卷材

防水卷材是将沥青类或高分子类防水材料浸渍在胎体上制作成的防水材料产品，是一种可以卷曲的片状材料，在工程中应用广泛。我国防水卷材使用量约占整个防水材料的 90%。

22.2.1　防水卷材的种类

根据其组成材料不同，分为沥青防水卷材、高聚物改性沥青防水卷材和合成高分子防水卷材；根据胎体的不同，分为无胎体卷材、纸胎卷材、玻璃纤维胎卷材、玻璃布胎卷材和聚乙烯胎卷材。

不管是哪种分类方式，其主要作用都是达到抵御外界雨水、地下水渗漏的目的。所以防水卷材主要是用于建筑墙体、屋面以及隧道、公路、垃圾填埋场等处，抵御外界雨水、地下水渗漏的一种可卷曲成卷状的柔性建材产品。

22.2.2　防水卷材的主要性能

为了适应各种环境，如潮湿的、干燥的、暴晒的等，在制作防水卷材时，应该考虑到其应具有的特性，我国的防水卷材主要有以下几个方面的性能：

1）柔韧性。在低温条件下保持柔韧性有利于施工，同时，较好的柔韧性使材料不容易断裂。常用柔度、低温弯折性等指标表示。

2）耐水性。在水的作用下和被水浸润后其性能基本不变，在压力水作用下具有不透水性，常用不透水性、吸水性等指标表示。

3）高强度的承载力，延伸性较好，一般情况下都不会变形。

4）温度稳定性。能耐高温低温，在高温低温作用下不发生如破裂、起泡、滑动等现象，即在一定温度变化下保持原有性能的能力。常用耐热度、耐热性等指标表示。

22.2.3 应用性卷材

通过对卷材性能的介绍，了解到防水卷材独特的优点，但是不同类型的防水卷材又有一定的区别，现在根据情况分别介绍一些典型的类别。

1. 高分子卷材

与沥青卷材相比，高分子卷材是一种新型的防水卷材，属于高档防水卷材，采用单层防水体系，适合于一些防水等级要求较高、维修施工不便的防水工程。

高分子卷材是以合成橡胶、合成树脂或二者的共混体为基料，加入适量的化学助剂和填充剂等，采用密炼、挤出或压延等橡胶或塑料的加工工艺所制成的可卷曲片状防水材料。从20世纪80年代开始生产新型高分子卷材，其中三元乙丙橡胶防水卷材（EPDM）和聚氯乙烯（PVC）的生产及应用量最大。

高分子卷材材料有以下5点特性：

1）耐臭氧、耐紫外线、耐气候老化、耐久性等性能好，耐老化性能优异。色泽鲜艳，可冷粘贴施工，污染小，防水效果极佳。

2）匀质性好。采用工厂机械化生产，能较好地控制产品质量。

3）耐腐蚀性能良好。耐酸、碱、盐等化学物质的侵蚀作用，具有良好的耐腐蚀性能。

4）耐热性好。在100℃以上温度条件下，卷材不会流淌和产生集中性气泡。

5）拉伸强度高。拉伸强度一般都在3MPa以上，最高的拉伸强度可达10MPa左右，满足卷材在搬运、施工和应用中的实际需要。断裂伸长率大，断裂伸长率一般都在200%以上，最高可达500%左右，适应结构伸缩或开裂变形的需要。

高分子卷材与沥青卷材相比具有很多优势，但也有其不足之处，比如：粘结性差，对施工技术要求高，搭接缝多，接缝粘结不善易产生渗漏的问题；后期收缩大，大多数合成高分子防水卷材的热收缩和后期收缩均较大，常使卷材防水层产生较大内应力加速老化，或产生防水层被拉裂、搭接缝拉脱翘边等缺陷，同时其价格高等。

在高分子卷材中有一种比较特殊的系列——聚乙烯丙纶防水卷材，它除了具有合成高分子卷材的全部优点外，最突出的特点是其表面的网状结构，使其具有了自己独特的使用性能——水泥粘结。同时因高分子复合卷材可用水泥直接粘结，因此在施工过程中不受基层含水率的影响，只要无明水即可施工。这是其他防水卷材所不具备的。

2. 沥青卷材

沥青防水卷材是用原纸、纤维毡等胎体材料浸涂沥青，表面撒布粉状、粒状或片状材料制成可卷曲的片状防水材料，属于传统的防水卷材。其特点是成本低，但拉伸强度和延伸率低，温度稳定性差，高温易流淌，低温易脆裂；耐老化性较差，使用年限短，属于低档防水卷材。

根据沥青卷材的原料可分为有胎卷材和无胎卷材。有胎卷材：用厚纸、石棉布、棉麻织品等胎料浸渍石油沥青制成的卷状材料，包括油纸和油毡。无胎卷材：石棉、橡胶粉等掺入沥青材料中，经碾压制成的卷状材料。

APP改性沥青防水卷材指以聚酯毡或玻纤毡为胎基，无规聚丙烯（APP）或聚烯烃类聚合物（APAO、APO）作改性沥青为浸涂层，两面覆以隔离材料制成的防水卷材。

不同的性能、不同的原料分类不一样。根据胎体材料不同，分为聚酯毡胎、玻纤毡胎和玻纤增强聚酯毡胎。根据上表面隔离材料不同，分为聚乙烯膜（PE）、细砂（S）和矿物粒（片）料（M）三种。根据卷材物理力学性能分为Ⅰ型和Ⅱ型。

沥青卷材作为抵御雨水、防止外界水的重要材料，对其使用的材料规格和标准有一定的要求。一般情况下 APP 沥青防水卷材规格为幅宽 1000mm；聚酯胎卷材厚度为 3mm 和 4mm，玻纤胎卷材厚度为 3mm、4mm 和 5mm，每卷面积为 $10m^2$（2mm）、$7.5m^2$和 $5m^2$。

22.2.4　产品选择

1）根据胎基识别卷材质量。一般从产品的断面上进行目测，具体方法可将选购的产品用手撕裂，观察断面上露出的胎基纤维，复合胎撕开后断面上有网格布的筋露出，此时就可断定该产品一定是复合胎卷材，是什么样的复合胎卷材需借助物性试验，即可溶物含量检验来观察其裸露后的胎基。而单纯的聚酯胎、玻纤胎的卷材撕裂后断面仅有聚酯或玻纤的纤维露出。

2）产品名称和外包装标志。按产品标准规定，产品外包装上应标明企业名称、产品标记、生产日期或批号、生产许可证号、储存与运输注意事项，对于产品标记应严格按标准进行，与产品名称一致，决不能含糊其辞或标记不全及无生产标记。

3）注意产品价格。卷材产品竞争激烈，市场上常出现很多同类的产品，甚至不加主要的材料，而是用废旧材料等来替代。故选购时注意尽量避免挑选明显低于市场价的产品。

22.2.5　防水卷材的使用要求

1）铺贴防水卷材时，基层面（找平层）必须打扫干净，并洒水保证基层温润，屋面防水找平层应符合相关屋面工程质量验收规范规定，地下防水找平层应符合地下工程防水规范规定。

2）防水卷材铺贴应采用满铺法，将胶粘剂均匀涂刷在基层面上，不露底，不堆积；胶粘剂涂刷后随即铺贴卷材，防止时间过长影响粘结质量。

3）铺贴防水卷材不得起皱折，不得用力拉伸卷材，边铺贴边排除卷材下面的空气和多余的胶粘剂，保证卷材与基层面以及各层卷材之间粘结密实。铺贴防水卷材的搭接宽度不得小于 100mm，上下两层和相邻两幅卷材接缝应错开 1/3 幅度。

22.2.6　防水卷材的固定系统

防水卷材是整个工程防水的第一道屏障，对整个工程起着至关重要的作用，所以了解它的固定系统至关重要。防水卷材固定系统主要有以下几种，见表 22-1。

表 22-1　防水卷材固定系统

类别	特点
空铺压重系统	空铺压重（松铺压重）固定屋面系统用鹅卵石、混凝土板、土砖和砂浆、铺板和支撑件重压卷材，以抵抗风荷载。具有施工简单快捷、系统成本低、保护防水层、延缓防水层老化等特点，广泛运用于停车场屋面、地下屋顶板、上人屋面等
机械固定系统	机械固定卷材防水屋面系统分为轻钢屋面机械固定系统和混凝土屋面机械固定系统。系统具有防水极佳、自重超轻、受天气影响小、极易维修、色彩丰富美观、环保等特点。其构造简单，只有隔气层、保温板、防水卷材（复背衬）三个层次，系统成本低、通用性广

（续）

类别	特点
彩色卷材屋面系统	坡屋面系统可应用在混凝土、轻钢、木质基层上。系统具有防水极佳、自重超轻、施工快捷、极易维修、色彩丰富美观、环保等特点。其结构简单，只有隔气层、保温板、防水卷材（复背衬）三个层次。可采用机械固定法、胶粘固定法施工
胶粘固定系统	胶粘固定卷材防水屋面系统分为轻钢屋面胶粘固定系统和混凝土屋面胶粘固定系统。系统采用带背胶或涂胶的高分子 PVC/TPO 防水卷材作为屋面覆盖层 其具有防水极佳、自重超轻、保温性能好、无冷桥、不破坏基层、极易维修、色彩丰富美观、环保等特点。构造简单，只有隔气层、保温板、防水卷材（复自粘胶）三个层次

22.2.7 沥青防水卷材的适用范围

沥青防水卷材俗称油毡，是指用原纸、纤维织物、纤维毡等胎体材料浸涂沥青，表面撒布粉状、粒状或片状材料制成可卷曲的片状防水材料。常用沥青防水卷材的特点及适用范围见表 22-2。

表 22-2　常用沥青防水卷材的特点及适用范围

卷材名称	特点	适用范围
石油沥青纸胎油毡	传统的防水材料，低温柔韧性差，防水层耐用年限较短，但价格较低	三毡四油、二毡三油叠层设的屋面工程
玻璃布胎沥青油毡	抗拉强度高，胎体不易腐烂，材料柔韧性好，耐久性比纸胎提高一倍以上	多用作纸胎油毡的增强附加层和突出部位的防水层
玻纤毡胎沥青油毡	具有良好的耐水性、耐腐蚀性和耐久性，柔韧性也优于纸胎沥青油毡	常用作屋面或地下防水工程
黄麻胎沥青油毡	抗拉强度高，耐水性好，但胎体材料易腐烂	常用作屋面增强附加层
铝箔胎沥青油毡	有很高的阻隔蒸汽的渗透能力，防水功能好，具有一定的抗拉强度	与带孔玻纤毡配合或单独使用，宜用于隔气层

22.3 涂料

建筑涂料是指用于建筑物（墙面和地面）表面涂刷的颜料，建筑涂料以其多样的品种、丰富的色彩、良好的质感可满足各种不同的要求。同时，由于建筑涂料还具有施工方便、高效且方式多样（刷涂、辊涂、喷涂、弹涂）、易于维修更新、自重小、造价低、可在各种复杂墙面作业的优点，成为建筑上一种很有发展前途的装饰材料。由于全球范围内环保意识的加强，具有环保适用性的绿色涂料将成为世界环保型涂料的主流产品。

22.3.1 建筑涂料的种类

建筑涂料品种繁多，主要有以下几种分类方法：

1）按涂膜厚度、形状与质感分类，厚度小于 1mm 的建筑涂料称为薄质涂料，厚度为

1～5mm 的为厚质涂料。按涂膜形状与质感可分为平壁状涂层涂料、砂壁状涂层涂料、凹凸立体花纹涂料。

2）按在建筑上的使用部位分类，可分为内墙涂料、外墙涂料、顶棚涂料、地面涂料、门窗涂料等。

3）按主要成膜物质的化学组成分类，可分为有机高分子涂料（包括溶剂型涂料、水溶性涂料、乳液型涂料）、无机涂料，以及无机、有机复合涂料。

4）按涂料的特殊功能分类，可分为防火涂料、防水涂料、防腐涂料、防霉涂料、弹性涂料、变色涂料、保温涂料。

22.3.2 常用建筑涂料

1. 聚氨酯系地面涂料

聚氨酯是聚氨基甲酸酯的简称。聚氨酯地面涂料分薄质罩面涂料与厚质弹性地面涂料两类。前者主要用于木质地板或其他地面的罩面上光；后者用于刷涂水泥地面，能在地面形成无缝且具有弹性的耐磨涂层，因此称为弹性地面涂料。

聚氨酯弹性地面涂料是以聚氨酯为基料的双组分常温固化型的橡胶类溶剂型涂料。甲组分是聚氨酯预聚体，乙组分由固化剂、颜料、填料及助剂按一定比例混合、研磨均匀制成。两组分在施工应用时按一定比例搅拌均匀后，即可在地面上涂刷。

涂层固化是靠甲乙组分反应、交联后而形成具有一定弹性的彩色涂层。该涂料与水泥、木材、金属、陶瓷等地面的粘结力强，整体性好，且弹性变形能力大，不会因地基开裂、裂纹而导致涂层的开裂。它色彩丰富，可涂成各种颜色，也可在地面做成各种图案；耐磨性很好，且耐油、耐水、耐酸、耐碱，是化工车间较为理想的地面材料；其重涂性好，便于维修，但施工相对较复杂。

原材料具有毒性，施工中应注意通风、防火及劳动保护。聚氨酯地面涂料固化后，具有一定的弹性，且可加入少量的发泡剂形成含有适量泡沫的涂层。因此步感舒适，适用于高级住宅、会议室、手术室、放映厅等的地面，但价格较贵。

2. 聚酯酸乙烯乳胶漆

聚酯酸乙烯乳胶漆属于合成树脂乳液型内墙涂料，是以聚酯酸乙烯乳液为主要成膜物质，加入适量着色颜料、填料和其他助剂经研磨、分散、混合均匀而制成的一种乳胶型涂料。

该涂料无毒无味，不易燃烧，涂膜细腻、平滑、色彩鲜艳，涂膜透气性好、装饰效果良好，价格适中，施工方便，耐水性、耐碱性及耐候性优于聚乙烯醇系内墙涂料，但较其他共聚乳液差，主要作为住宅、一般公用建筑等的中档内墙涂料使用。不直接用于室外，若加入石英粉、水泥等可制成地面涂料，尤其适用于水泥旧地坪的翻修。

3. 多彩内墙涂料

多彩内墙涂料简称多彩涂料，是目前国内外流行的高档内墙涂料。目前生产的多彩涂料主要是水包油型（即水为分散介质，合成树脂为分散相），较其他三种类型（油包水型、水包油型、水包水型）储存稳定性好，应用也最广泛。

水包油型多彩涂料分散相为多种主要成膜物质配合颜料及助剂等混合而成，分散介质为含稳定剂、乳化剂的水。两相界面稳定互不相溶，且不同基料间亦不互溶，即形成在水中均匀分散、肉眼可见的不同颜色基料微粒的稳定悬浮体状态，涂装后显出具有立体质感的多彩花纹涂层。

多彩涂料色彩丰富，图案变化多样，立体感强，装饰效果好，具有良好的耐水性、耐油性、耐碱性、耐洗刷性和透气性，且对基层适应性强，是一种可用于建筑物内墙、顶棚的水泥混凝土、砂浆、石膏板、木材、钢板、铝板等多种基面的高档建筑涂料。

4. 彩色砂壁状外墙涂料

彩色砂壁状外墙涂料又称彩砂涂料，是以合成树脂乳液（一般为苯乙烯、丙烯酸酯共聚乳液或纯丙烯酸酯共聚乳液）为主要成膜物质配合彩色骨料（粒径小于2mm的彩色砂粒、彩色陶瓷料等）或石粉构成主体，外加增稠剂及各种助剂配制而成的粗面厚质涂料。

彩色砂壁状外墙涂料由于采用高温烧结的彩色砂粒、彩色陶瓷或天然带色石屑为骨料，涂层具有丰富的色彩和质感，同时由于丙烯酸酯在大气中及紫外光照射下不易发生断链、分解或氧化等化学变化，因此，其保色性、耐候性比其他类型的外墙涂料有较大的提高。

当采用不同的施工工艺时，可获得仿大理石、仿花岗石质感与色彩的涂层，又被称仿石涂料、石艺漆。彩色砂壁状建筑涂料主要用于办公楼、商店等公用建筑的外墙面，是一种良好的装饰保护性外墙涂料。

5. 沥青类防水涂料

沥青类防水涂料是以沥青为基料配制而成的水乳型或溶剂型防水涂料。乳化沥青的储存期不能过长（一般3个月左右），否则容易引起凝聚分层而变质。储存温度不得低于0℃，不宜在低于-5℃温度环境中施工，以免水结冰而破坏防水层，也不宜在夏季烈日下施工，因表面水分蒸发过快而成膜，膜内水分蒸发不出而产生气泡。

乳化沥青主要适用于防水等级较低的建筑屋面、混凝土地下室和卫生间防水、防潮；粘贴玻璃纤维毡片（或布）作屋面防水层；拌制冷用沥青砂浆和混凝土铺筑路面等。常用品种是石灰膏沥青、水性石棉沥青防水材料等。

6. 改性沥青类防水涂料

改性沥青类防水涂料指以沥青为基料，用合成高分子聚合物进行改性制成的水乳型或溶剂型防水涂料。改性沥青类防水涂料在柔韧性、抗裂性、拉伸强度、耐高低温性能、使用寿命等方面比沥青类涂料都有很大改善。

这类涂料常用产品有氯丁橡胶沥青防水涂料、水乳型橡胶沥青防水涂料、APP改性沥青防水涂料、SBS改性沥青防水涂料等。这类涂料广泛应用于各级屋面和地下及卫生间等的防水工程。

7. 绿色涂料

涂料在施工和使用过程中能够造成室内空气质量下降以及有可能含有影响人体健康的有害物质，对VOC、游离甲醛、可溶性重金属（铅、镉、铬、汞）及苯、甲苯、乙苯、二甲苯含量作了严格限制，认为合成树脂乳液水性涂料相对于有机溶剂型涂料来说，有机挥发物极少，是典型的绿色涂料。

水溶性涂料由于含有未反应完全的游离甲醛，在涂刷及养护过程中逐渐释放出来，会对人体造成危害，属于淘汰产品。目前，绿色生态类涂料的研制和开发正加快进行并初具规模，如引入纳米技术的改性内墙涂料、杀菌性建筑涂料等。

8. 其他装饰涂料

（1）清漆　俗称凡立水，一种不含颜料的透明涂料，多用于木器家具涂饰。

（2）厚漆　厚漆又称为铅油，是采用颜料与干性油混合研磨而成，需加清油溶剂。厚漆遮覆力强，与面漆粘结性好，用于涂刷面漆前打底，也可单独作面层涂刷。

（3）清油　清油又称为熟油，以亚麻油等干性油加部分半干性植物油制成的浅黄色黏稠液体。一般用于厚漆和防锈漆，也可单独使用。清油能在改变木材颜色基础上保持木材原有花纹，一般主要用作木制家具底漆。

（4）防锈漆　对金属等物体进行防锈处理的涂料，在物体表面形成一层保护层，分为油性防锈漆和树脂防锈漆两种。

22.4　塑料

22.4.1　塑料的种类

按树脂的合成方法，可分为聚合物塑料和缩聚物塑料；按受热时塑料所发生的变化不同，可分为热塑性塑料和热固性塑料。热塑性塑料加热时具有一定流动性，可加工成各种形状，分为全部聚合物塑料、部分缩聚物塑料两种。热固性塑料加热后会发生化学反应，质地坚硬失去可塑性，包括大部分缩聚物塑料。

22.4.2　常用的塑料

1. 热固性塑料

（1）玻璃纤维增强塑料（玻璃钢）　由合成树脂粘结玻璃纤维制品而制成的一种轻质高强的塑料，一般采用热固性树脂为胶结材料，使用最多的是不饱和聚酯树脂，作为结构和采光材料使用。

（2）聚酯树脂　分为不饱和聚酯树脂和饱和聚酯树脂（线型聚酯）。不饱和聚酯树脂

用于生产玻璃钢、涂料和聚酯装饰板等。饱和聚酯树脂用来制成纤维或绝缘薄膜材料等。

（3）酚醛塑料（PF）　用于生产各种层压板、玻璃钢制品、涂料和胶粘剂等。

2. 热塑性塑料

（1）聚甲基丙烯酸甲酯（PMMA）有机玻璃　是透光性最好的一种塑料。用于制作有机玻璃、板材、管件、室内隔断等。

（2）聚苯乙烯塑料（PS）　用于生产水箱、泡沫隔热材料、灯具、发光平顶板等。

（3）聚氯乙烯塑料（PVC）　硬质聚氯乙烯塑料具有强度高、抗腐蚀性强、耐风化性能好等特点，可用于百叶窗、天窗、屋面采光板、水管、排水管等，制成泡沫塑料做隔声保温材料等。软质聚氯乙烯塑料材质较软，耐摩擦，具有一定弹性，易加工成型，可挤压成板、片、型材作地面材料等。

（4）聚乙烯塑料（PE）　主要用于防水、防潮材料和绝缘材料等。

（5）聚丙烯塑料（PP）　用于生产管材、卫生洁具等建筑制品。

22.4.3 常用的建筑塑料制品

1. 塑料装饰板

（1）防火板　又称塑料贴面板，由表层纸、色纸、多层牛皮纸构成，表层纸和色纸经过三聚氰胺树脂浸染。防火板用于室内外的门面、墙裙、包柱、家具等处的贴面装饰。

（2）覆塑装饰板　以塑料贴面板或塑料薄膜为面层，以胶合板等为基层，采用胶粘剂热压而成。有覆塑胶合板、覆塑中密度纤维板、覆塑刨花板。覆塑装饰板用于建筑内装修及家具。

（3）阳光板　采用聚碳酸酯合成着色剂开发的一种新型室外顶棚材料，有中空板和实心板两类，中空板一般中心成条状气孔。其具有透明度高、质轻、抗冲击、隔声、难燃等特点。

（4）铝塑板　铝塑板又称为铝塑复合板，上下层为高纯度铝合金板，中间为低密度聚乙烯芯板，是复合一体的新型墙面装饰材料，具有轻质高强、优异的光洁度、易清洗、良好的加工性等特点。

（5）塑料壁纸　以纸或其他材料为基材，表面进行涂塑后，再经印花、压花或发泡处理等工艺制成的墙面装饰材料。具有装饰效果好、粘贴方便的特点。

（6）塑料地板　有PVC塑料地板、石棉塑料地板、软质PVC地卷材、CPE地卷材等，具有质轻、耐磨、防潮、有弹性、易清洁等优点，广泛应用于室内地面装饰。

（7）硬质PVC板材　有平板、波形板、格子板、异型板等，不透明PVC波形板可用于外墙装饰。

2. 塑料管件及管材

按用途分为受压管和无压管，按主要原料分为聚氯乙烯管、聚乙烯管、聚丙烯管、玻璃钢管等，用于建筑排水管、给水管、雨水管、电线穿线管、天然气输送管等，塑料管如图22-1所示。

图22-1　塑料管

3. 塑料门窗

塑料门窗分为全塑料门窗、喷塑钢门窗、塑钢门窗。无须粉刷油漆，维修保养方便。塑钢是以聚氯乙烯（PVC）树脂为主要原料经挤出而成的型材，如图22-2所示。

图22-2　园林用塑料门窗

22.5　坡屋面刚性防水材料

22.5.1　混凝土瓦

混凝土瓦又称为水泥瓦，是用水泥和砂子为主要原料，经配料、模压成型、养护而成。其分为波形瓦、平瓦和脊瓦等，平瓦的规格尺寸为385mm×235mm×14mm；脊瓦长469mm，宽175mm；大波瓦尺寸为2800mm×994mm×6mm；中波瓦尺寸为1800mm×745mm×6mm；小波瓦尺寸为780mm×180mm×2（6）mm。

波形瓦是以水泥和温石棉为原料，经过加水搅拌、压滤成型，养护而成的。具有防水、防腐、耐热、耐寒、绝缘等性能，如图22-3所示。

图22-3　混凝土瓦

22.5.2　黏土瓦

黏土瓦是以黏土为主要原料，加水搅拌后，经模压成型，再经干燥、焙烧而成，如图22-4所示。其原料和生产工艺与黏土砖相近，主要类型有平瓦、槽形瓦、波形瓦、鳞形瓦、小青瓦、用于屋脊处的脊瓦等。

黏土瓦的规格尺寸为400mm×240mm～360mm×220mm，脊瓦的长度大于300mm，宽度大于180mm，高度为宽度的1/4。常用平瓦的单片尺寸为385mm×235mm×15mm，每m^2挂瓦16片，通常每片干重3kg。黏土瓦成本低，施工方便，防水可靠，耐久性好，是传统坡屋面的防水材料。

图22-4　黏土瓦房顶

22.5.3　油毡瓦

油毡瓦又称为沥青瓦，是以玻璃纤维薄毡为胎料，用改性沥青为涂敷材料而制成的一种片状屋面材料。其表面通过着色或散布不同色彩的矿物粒料制成彩色油毡瓦。其特点是质量轻，可减少屋面自重，施工方便，具有相互粘结的功能，有很好的抗风能力，用于别墅、园林等仿欧建筑的坡屋面防水工程。

22.5.4　琉璃瓦

园林建筑和仿古建筑中常用到各种琉璃瓦或琉璃装饰制品。琉璃制品是以难熔黏土为原料，经配料、成型、干燥、素烧、表面施釉，再经釉烧而制成。

常用的瓦类制品有板瓦、筒瓦、滴水、瓦底、勾头、脊筒瓦等。釉色主要有金黄、翠绿、浅棕、深棕、古铜、钴蓝等。琉璃瓦表面色泽绚丽光滑、古朴华贵，如图22-5所示。

图22-5 琉璃瓦

第4篇

园林绿植养护

第 23 章

园林植物的修剪和整形

“三分种，七分管”，“七分管，三分剪”，修剪是植物养护的重要环节。通过修剪，可以展现各类植物理想的树形，满足不同园林功能的要求。增加开花量、坐果率和延长花期，提高园艺观赏性。通过修剪调节树势，达到更新复壮效果，使植物更加富有旺盛的生命力。通过年年正确合理的整形修剪，可以保持植物的最佳观赏状态。

23.1 植物整形修剪的意义和原则

23.1.1 植物整形修剪的意义

1. 调整树势

(1) 调整局部生长　树体上由于枝条位置各异，枝条生长就有强有弱，通过整形修剪可以使强壮枝条转弱，同时也可以使弱枝强壮起来，以起到调整树势的作用。对于树体上潜伏芽寿命长的衰老树木可适当地进行重剪，结合浇水、施肥，可使之萌发抽枝生长，更新复壮、返老还童。

(2) 控制生长　因环境的不同，园林树木的生长情况各异。孤植的树木由于周围的空间大，其生长不受影响，则树冠比较庞大，而主干就相对低矮。

而生长在丛植片林中的树木，虽然同一树种、相同的树龄，但是由于生长的空间小，而接受上方光线多，往往树干高而主侧枝短，树冠瘦长。为了避免以上情况的出现，可以通过整形修剪来加以控制。

(3) 增加开花结果量　对树进行正确的修剪，可使新梢生长充实，并促进短枝和抚养枝成为花果枝，以形成较多的花芽，从而达到花开满树、硕果丰收的目的，不仅可以增加观赏性，还有一定的经济收益。通过修剪，可以调整营养枝和花果枝的比例，并促其适龄开花结果，还可克服开花结果大小年的现象，使树体正常健康地生长。

(4) 改善通风透光条件　自然生长的树木，有时枝条会过密、树冠郁闭，内膛枝细弱，以造成树冠内通风、透光差，为病虫例如蚜虫、蚧壳虫等害虫的孳生提供了条件。通过整形修剪，可以改善树冠的通风透光条件，并减少病虫害的发生，使树木健康生长。

2. 协调比例

在园林景点中，园林树木有时起着陪衬的作用，并不需要过于高大，以突出某些建筑或是景点，或形成强烈的对比，而在园林中放任生长的树木往往树冠都比较庞大，这就必须通过整形修剪来加以控制，及时地调节树木与环境的比例，以保持树木在景观中应有的位置。

1) 在建筑物窗前布置绿化，不仅要美观大方，还要利于采光，因此常配置灌木或是通过修剪适当地加以控制。再如，在假山上配置的树木，也常通过整形修剪来控制其高度，以衬托和突出山体的高大。

2）从树木本身上来说，往往通过整形修剪，调节树体的冠干比例，或者使各级枝序分布、排列得更加合理、更有层次，使主从关系明确，这既符合了其生长的规律，又确保了观赏的需要。

3）调节矛盾。在城市中由于市政设施复杂，常会与树木发生矛盾，尤其是行道树，上面有架空线路、地面有行人车辆、下面有管道电缆等设施，为了解决这些矛盾，往往会对行道树进行整形修剪，以适应这种环境。在现代化的城市不应再有架空线路，都应当埋入地下。

原先在建设绿地时，为了尽快出绿化效果往往会密植，但是在若干年后园林树木的生长就非常拥挤了，整形修剪可以调节这一矛盾。

对于主栽树种、主景树种要突出，对于临时性的填充树种则要进行控制性修剪，并加以限制。

4）景点美化的需要。应该这样说，自然生长的树形是一种自然美，应当尽量地发挥这种自然美。

①从园林景点上来看，单纯的自然树形有时不能够满足要求，往往使树木在自然美的基础上，通过整形和修剪，创造出人工参与后的一种自然与加工相结合的新树形。

②在规则式园林中，配置的树木往往被整形修剪成规则式的形体，才能使建筑中的线条美进一步发挥出来，以达到“曲尽画意”的境界。

23.1.2　植物整形修剪的基本原则

1. 依照树木生长地点具体条件

环境条件与树木的生长发育关系十分密切，因此虽然树种相同、绿化的目的相同，但是由于环境条件的不同，所以整形修剪也有所不同。

在土壤肥沃处，一般情况下的树木生长成高大的自然树形，而在土壤贫瘠、土质又差的地方，树木的生长则会比较矮小，因此修剪时应降低其分枝点的高度，及早地形成树冠。

在多风的地方，就应当通过整形修剪使树冠稀疏，并且树干高度也应当降低，以减少风灾的危害。

2. 体现园林绿化对树木的要求

同一树种有着不同的绿化目的，其整形修剪就应当不一样，否则就会适得其反。

同为桧柏，把它配置在草坪中来孤植观赏与将其配置为绿篱，当然就会有不同的整形修剪方式。

同样是大叶黄杨，配置为绿篱就应当按照绿篱的要求进行整形修剪；而配置为球状丛植的，则每株应当整形修剪成球状。

3. 依据不同树种的生长习性

不同的树种其生长习性也是不同的，因此在整形修剪时必须采用不同的措施来进行。

（1）依据树木主枝间生长规律　在同一植株上，主枝越粗壮那么其上的新梢就越多，则叶面积就会更多，制造有机养分、吸收无机养分的能力就越强，因而主枝生长就会更加粗壮。

反之，在同一植株，主枝弱则新梢就会比较少，同样叶面积也少，营养条件就差，而主枝生长就会越渐衰弱。

要通过整形修剪来调整各主枝间的生长平衡，则应当对强的主枝加以控制，以抚养弱的主枝。其原则是，对强主枝进行强修剪，即要留得短一些，使其开张角度要大一些。

而对于弱主枝要弱修剪，即留得要长一些，使其开张角度要小一些，这样在几年之后，就可以明显地获得平衡树势的效果。

（2）依据植株的不同年龄时期　因为树木的年龄时期不同，其生长的特性就不同。

树木在幼年期具有旺盛的生长能力，在此期间不宜强修剪，否则会更加促进枝条的营养生长旺盛，而抑制向生殖生长的转化，则会一再推迟开花的年龄时期。

对于幼年树，只宜弱剪，而不可强剪。成年树正处于旺盛开花结果阶段，此阶段的树木具有优美的树形，而整形修剪的目的在于保持植株的健壮完美，使之持续地开花结果，长期繁茂，同时应当配合其他养护措施，运用修剪方法来达到调节均衡的目的。

衰老的树木，生长势衰弱，每年的生长量小于死亡量，处于向心更新加速阶段，在此期修剪应当以强剪为主，以刺激隐芽的萌发，使其恢复生长势，并且善于应用徒长枝达到更新复壮的目的，推迟衰老。

一般情况下会认为，园林树木的衰老过程是可以逆转的。这是因为在早年生长的树干上所形成的潜伏芽，一旦萌发，则形成的枝条是处于幼年的阶段。

而在树冠外围枝条的枝龄虽短，但是却已经处于成年、壮年阶段。这就是所谓的“干龄老、阶段幼；枝龄小，阶段老”。因此，将已衰老的树木，通过回缩重剪的方式，使其潜伏芽萌发，就可以使其衰老过程逆转，返老还童，大大延长其生长的寿命。

（3）依据树木侧枝间生长规律　对于调节侧枝的生长势，其原则是，对强侧枝要进行弱剪，对弱侧枝要进行强剪。侧枝是开花结果的基础，所以对强侧枝弱剪，可以适当地抑制生长而有利于养分的集中，还有利于花芽的分化，产生较多的花果，则对强侧枝产生了抑制生长的作用。

对弱侧枝进行强剪，可以使养分集中，并借助顶端优势的刺激可以产生强壮的枝条，从而使弱侧枝变得强壮起来，这样就起到了调节侧枝生长的效果。

（4）依据树冠的生长习性　中心干非常明显的树种，例如银杏、毛白杨等，其顶芽生长旺盛，主枝与侧枝的从属关系分明，对于这样的树种在进行整形修剪时，应当强化中心干的生长，以便于形成圆锥形、尖塔形树冠。

凡是干扰中心干生长的枝条，要及早发现、及早控制。一定要避免双中心干树形的形成。而对于一些顶端生长势不太强，但发枝力很强、易于形成丛状树冠的树种，如国槐、桂花、榆叶梅等，可整形修剪成圆球形或是半球形的树冠。一些喜光的树种，例如梅花、桃、樱花等，为了让其多开花结果，往往会采用自然开心形的整形修剪方式。

龙爪槐等具有开展、垂枝的习性，在进行整形修剪时，应当使其成为树冠开张的伞形，并且使其树冠不断地扩展。

常绿裸子树种除了有特殊园林用途的，一般不整形修剪或是会进行极轻微修剪。这是由于这类树种的生长习性所决定的。

（5）依据树种的萌芽力和发枝力的习性　具有很强的萌芽力和发枝力的树种，大都能耐多次修剪，例如悬铃木、大叶黄杨、女贞、紫薇等。

而萌芽力和发枝力弱或是愈伤能力弱的树种，例如玉兰、梧桐、桂花、构骨等，则应当少进行修剪或只进行轻度的修剪。

(6) 依据不同树种的花芽和开花的习性　树木的花芽有的是纯花芽，有的则是混合芽，有的花芽着生在枝条的中下部，有的则着生在枝梢，而开花有的是先花后叶，有的则是先叶后花，还有的是花叶同放等，因为这些差异，在进行修剪时应当充分地考虑，否则会造成损失。

例如先花后叶的树种，其花芽的分化往往是在开花前一年的夏秋季节就开始进行了，而先叶后花的树种，其花芽分化有的则是当年进行分化的类型，因此对于它们的修剪应当采取不同的方法来进行。

23.1.3　植物修剪应注意的问题

1. 乔灌木类

1）有伤流现象的树种，如核桃树、元宝枫、枫杨、红枫等，伤流期不得进行剪枝。

2）疏枝剪口与枝条平齐，不留橛。

3）剪口必须涂抹保护剂，保护剂涂抹要到位，不留白茬。

2. 绿篱、色块

1）修剪时，应彻底清除色块及绿篱上的藤本植物和菟丝子。

2）修剪时，年内应逐次提高修剪高度，每次提高 1～2cm，翌年首次修剪时，再剪至设计要求高度。

3）夏季，大叶黄杨、金叶女贞修剪后，应及时喷洒杀菌剂，预防金叶女贞褐斑病、黄杨褐斑病、角斑病、炭疽病等发生。几种杀菌剂应交替使用。

3. 草坪

1）剪草前检查剪草机各部件运行是否正常，刀片是否锋利。校正刀片，使草坪修剪达到要求高度。

2）作业前应彻底清除地表石块等硬物，以免剪草时损伤刀具。严禁在草坪作业面上加油，以免对草坪造成损伤。

3）草坪病害易发生月份，剪草后应及时打一遍杀菌剂，几种杀菌剂交替使用，可大大减少病害发生和蔓延。剪草应先剪无病害区，在病区作业后，剪草机的刀片应及时进行消毒，防止病害进一步扩展蔓延。

4）剪草必须选择晴天，避开中午高温时间，在草叶相对干燥时进行。夏季高温季节是草坪病害高发期，有露水、下雨或雨后草叶未干及傍晚时均不得剪草，防止病害传播蔓延。

5）同一块草坪地，应避免在同一地点、同一方向的多次重复修剪，以免产生“纹理”和“层痕”现象。中心大草坪则应采用一定方向上来回修剪的操作方式。修剪时行间要稍有重叠，以免造成漏剪。

6）在坡度超过 15°时，严禁使用宽幅剪草机作业，以保证施工人员和机械的安全。在草坪坡度 30°以下的斜坡作业时，可使用手扶式剪草机，沿地形水平线来回横向修剪，避免顺斜坡上下剪草。狭窄地段或坡度超过 30°时，应使用背负式电动割灌机或太平剪作业。在坡度低于 15°，使用坐式剪草机时，应顺斜坡上下进行纵向作业。

7）剪草时不可留茬过低，注意保护根茎生长点和中间层生长点不受损伤。修剪间隔时间过长、坪草过高时，不可通过一次修剪就达到要求高度，每次修剪应掌握 1/3 原则，即被剪去的部分控制在地上自然高度的1/3以内，通过多次的修剪，逐渐达到要求高度。一次修剪过重，常导致坪草长势衰弱，不易缓苗。

8）使用机械剪草时，不得损伤其他苗木的茎、干。在靠近花镜、色块、乔灌木的地方，应使用太平剪补充修剪，不留死角。

9）剪草后必须及时清除坪地内的草屑、枯草，24h内灌一遍水。

23.2 园林植物的修剪类型

园林植物种类有很多，习性与功能也各不相同。因为修剪的目的与性质的不同，虽然各有其相适宜的修剪季节，但总体来看，一年中的任何时候都可以对树木进行修剪，在生产实践中可以灵活掌握，但最佳时期的确定应当满足两个条件。

一是不能影响园林植物的正常生长，减少营养徒耗，并要防止伤口感染。例如抹芽、除蘖宜早不宜迟；而核桃、葡萄等宜在春季伤流期前修剪完毕等。

二是不影响开花结果，不能破坏原有冠形，不能降低它的观赏价值。例如观花观果类植物，应当选择在花芽分化前和花期后修剪；对于观枝类植物，为了延长它的观赏期，应当在早春芽萌动前进行修剪等。总之，修剪整形一般都是选择在植物的休眠期或是缓慢生长期来进行的，一般是以冬季和夏季修剪整形为主。

23.2.1 休眠期修剪（冬季修剪）

落叶树从落叶开始到春季萌发前的这段时间，树木生长停滞，树体内营养物质大都回流到根部贮藏，所以修剪后养分的损失最少，并且修剪的伤口不易被细菌感染而导致腐烂，对树木生长影响较小，大部分树木的修剪工作都选在这个时期内进行。

而热带、亚热带地区原产的乔、灌观花植物，无明显的休眠期，但是从11月下旬到第二年3月初的这段时间内，它们的生长速度也有明显的缓慢，有些树木也会处于半休眠状态，因此这时也是进行修剪的适宜时期。

冬季修剪的具体时间应当结合当地的寒冷程度和最低气温来决定，有早晚之分。如在冬季严寒的地方，修剪后伤口容易受冻害，则适宜选在早春来进行修剪。

对于一些需要保护越冬的花灌木，应当在秋季落叶后立即进行重剪，然后埋土或是卷干。而在温暖的南方地区，在进行冬季修剪时期，自落叶后至翌春萌芽前都可进行，因为伤口虽不能很快愈合，但也不至于受到冻害。对于有伤流现象的树种，务必在春季伤流期前进行修剪。

冬季修剪对树冠构成、枝梢生长、花果枝的形成等有着重要作用，一般都会采用截、疏、放等方法。

1. 落叶乔木类修剪

（1）伞形树冠类苗木修剪（龙爪槐、垂枝榆、垂枝桑等）

1）短截主、侧枝，每个主枝上的侧枝安排要错落相间，其长度不得超过所属主枝。短截时，主枝注意剪口芽的方向，应选拱形枝最高点上方芽为剪口芽，在芽前1cm处行短截。

2）对因病虫危害或枝干损伤而造成偏冠的，修剪时应选空膛方向拱形枝的斜上方侧芽为剪口芽，以利新枝延伸填补空间，形成丰满圆整的伞形树冠。

3）去除树冠上的病枯枝、过密枝、高出冠顶的异型枝、嫁接砧木上的萌蘖枝、内膛的下垂枝。对重叠枝、交叉枝、平行枝，进行选择性的修剪，所留主枝尽量分布均匀。

（2）行道树修剪

1）与高架线距离在1m以内、下垂高度2.5m以下及遮挡交通信号灯的枝条，一律剪除。

2）栽植多年且树冠严重偏斜的，应通过大枝的修剪来调整树冠重心，防止风雨时树体倒伏。

（3）截干苗木修剪　对前一年行截干栽植的苗木，应根据不同树种，分别选留健壮主、侧枝，多余枝均应疏除。对第一、二年长出的新生枝进行短截，促其树冠尽快形成。

（4）共性修剪　修剪病枯枝、折损枝、树干上的冗枝、过低的下垂枝、影响冠形整齐的徒长枝、树干基部的萌蘖枝、嫁接钻森的萌蘖枝等。

2. 花灌木类修剪

应按各树种的标准树形，本着内高外低、内稀外密、去直留斜、去老扶新的原则进行修剪。修剪的程序应由基到梢、由内向外。

（1）观干类的修剪　分枝少或株型松散植株，春季自基部10cm处重剪，促发健壮枝条，如棣棠、红瑞木等。

（2）春花类的修剪　休眠期应轻剪秋梢，如榆叶梅等，保留花芽集中的夏季生成枝段，提高花期观赏性。但顶生混合芽的种类，如丁香，不可短截秋梢，否则当年不会开花。具拱形、匍匐形及蔓生的种类，如垂枝连翘、金脉连翘、朝鲜连翘、迎春、木香、野蔷薇等，其长枝一般不行短截，应保持其特有树形和保证春季开花量。

（3）夏秋观花类的修剪　早春发芽前一般应适当重剪，如紫薇、珍珠梅、八仙花类等。7至9月开花的雪山八仙花、圆锥八仙花，发芽前可自基部15cm处重剪。柳叶绣线菊可自二年生枝2~3个壮芽处短截，促发健壮枝。

（4）冬季观花类的修剪　如蜡梅类，冬季疏去主枝上过密的细弱枝，主枝短截1/3，剪去保留侧枝的枝梢。疏去根际和冠内无用的徒长枝。

（5）共性修剪

1）更新修剪衰老枝。

①对于放任不剪、树冠伸展过大、叶幕层及开花部位上移、枝干下部严重秃裸的丛生灌木类，如紫薇、蜡梅、贴梗海棠、珍珠梅等，必须疏去根际过密、细弱及衰老枝的萌蘖枝，注意适当保留和培养外围健壮萌蘖枝，对所留枝条进行回缩重剪。

②对多年生老株及株形松散不整齐的植株，应及时进行更新修剪。如大花醉鱼草，发芽前剪去株高的2/3；金山绣线菊、金焰绣线菊、金叶莸、红瑞木等，可自地上10cm处短截；雪山八仙花、圆锥绣球等，应自基部15cm处短截。

③对开花量稀少的衰老枝，应行逐年更新修剪，将衰老枝自基部剪除，如棣棠2~3年生，锦带花、海仙花、猬实3年生，溲疏6~7年生，木槿、丁香、玫瑰、花石榴8年以上部分老枝等，以保证枝条不断更新，增加开花量。但对多年生老枝上开花的紫荆、贴梗海棠、太平花等，应注意培养和保留老枝。

④培养更新枝。对开花量少的衰老枝，应逐年选留部分健壮根蘖或徒长枝，经短截或摘心培养。如月季10年生以上老枝细弱且开花少，应适时进行更新修剪，自扦插苗基部徒长

枝2~4芽处短截，促其早生分枝，并逐步将老枝齐地面剪除。

2）疏枝。疏除冠丛内的病虫枝、枯死枝、细弱枝、交叉枝、过密枝、徒长枝及影响冠形整齐的枝条。留作更新用的大规格苗木的徒长枝，应适当进行短截，促其分生侧枝。

3）除蘖。注意剪除嫁接砧木上的萌蘖枝（如月季、碧桃、海棠花、紫叶矮樱、榆叶梅等）。丛生灌木类，如丁香、珍珠梅、紫荆、花石榴等根际多余的萌蘖枝。丛生紫薇可保留6~8个生长健壮枝条，其余细弱枝一律疏除。花石榴保留基部健壮主枝9~12个。单干灌木类，如花石榴、紫薇等根际的萌蘖枝，应全部疏除。

4）剪梢。剪去枝条上的枯死梢，如紫荆、棣棠等耐寒性稍差的树种，春季常出现梢条现象，发芽前剪去枝梢干枯部分。

3. 常绿针叶树修剪

保持常绿针叶树特有的观赏形态，剪去枯死枝、折损枝、病枝，与主干顶梢竞争的新生徒长枝，应剪短至分生侧枝处，切不可自主干处疏除。

修剪时，剪口下留橛2~3cm并涂抹保护剂，防流胶造成树势衰弱。

23.2.2 生长期修剪（夏季修剪）

这个时期的花木枝叶茂盛，会影响树体内部通风和采光，所以需要进行修剪。一般情况下会采用抹芽、除蘖、环剥、扭梢、摘心、曲枝、疏剪等修剪方法。

常绿树无明显的休眠期，在春夏季可以随时修剪生长过长或是过旺的枝条，使剪口下的叶芽萌发。常绿针叶树选择在6至7月进行短截修剪，还可以获得嫩枝，以供扦插繁殖。

对于一年内多次抽梢开花的植物，开花后要及时修去花梗，以便使其抽发新枝，开花不断，延长观赏期，如紫薇、月季等观花植物。

草本花卉为使其株形饱满，抽花枝多，要反复地摘心；观叶、观姿类的树木，如若发现扰乱树形的枝条就要立即剪除；棕榈等，则应当及时将破碎的枯老叶片剪去；绿篱的夏季修剪，既要保持整齐美观，同时又要兼顾截取插穗。

1. 落叶乔木类修剪

（1）日常修剪　修剪折损枝、病枯枝、影响冠形整齐的徒长枝、行道树过低的下垂枝、树干上的冗枝、树干基部的萌蘖枝、剪口处多余的萌蘖枝、嫁接砧木上的萌蘖枝及蘖芽等。

1）伞形树冠苗木类的修剪。如龙爪槐、垂枝榆等，夏季修剪时，应疏去伞形树冠内膛的下垂枝、树冠上部的异型枝、嫁接砧木上的萌蘖枝等。

2）绿地根蘖苗的修剪。生长季节应及时清除绿地内刺槐、构树、杨树、火炬树、凌霄等植物的根蘖，确保栽植苗木的正常生长和园林景观效果。

3）嫁接苗木的修剪。一般用于作栽培品种的嫁接砧木，如杜梨、君迁子（黑枣）、山桃、山杏、山楂、山荆子（山定子）、山玉兰等，均为野生种，其对环境的适应能力强，比栽培种更具竞争力。

对它们视而不见、任其生长的后果是树下长树，如紫叶稠李树下长出小李子树，过几年发现紫叶稠李被“欺死”了。树上长树，如龙爪槐树冠上长出槐树树冠，随着槐树树冠的不断扩大，几年后长成了一棵槐树。这些现象的发生是由于没有及时剪除砧木萌蘖枝而造成的。需及时剪除砧木萌蘖枝的栽培品种有以下几种。

①高接品种：如龙爪槐、五叶槐（蝴蝶槐、畸叶槐）、毛刺槐（江南槐）、金枝国槐、

金叶国槐、金叶榆、垂枝榆、美国白蜡、花叶复叶槭等，树冠嫁接口处的砧木蘖芽及萌蘖枝，应及时抹去或剪除。

②低接品种：如白玉兰、紫叶稠李、美洲稠李、紫叶李、梅花、樱花、海棠果、梨树、苹果树、山里红、柿树、杏树、欧美海棠等，注意及时抹去和剪除根际砧木萌蘖枝。

（2）雨季来临前修剪

1）蛀干害虫危害严重的大枝干，必须锯除，以免造成交通、人员伤亡事故。

2）应及时修剪与架空线路有矛盾的枝条和影响行车及市民通行的过低下垂枝。

3）在沿海地区及风口处栽植的浅根性树种，如对刺槐、香花槐、高接江南槐等伸展过远及严重偏冠树种的枝条，进行适当疏剪或短截，防止树干风折和树木倒伏。

（3）雨后修剪　大雨过后进行全面巡查，抢救倒伏树体，清除和修剪折损枝干，并及时清离现场。

2. 花灌木类修剪

（1）疏花、疏蕾

1）开大型花的种类，待现蕾后适时疏去部分瘦小、过密和遭受病虫危害的花蕾，以利开出优质大花。牡丹还应疏去枝头外侧花蕾，每枝只保留中间一个健壮花蕾。

2）当年新植苗木，应及时进行疏蕾，尽量减少开花量或不使其开花，以利缓苗复壮。凡在开花后再行定植的假植苗，也应及时摘除全部花蕾。

（2）修剪残花，延长花期　夏秋观花及多次开花的种类，如月季、珍珠梅、紫薇、金山绣线菊、金焰绣线菊、柳叶绣线菊、金叶莸、大花醉鱼草等，花后及时剪去残花，促使腋芽快速萌发，形成新的花芽再次开花，可延长开花花期，提高观赏效果。

生长季节，应随时疏去嫁接砧木上的萌蘖枝。如榆叶梅、碧桃等山桃砧木萌蘖枝。

（3）疏枝　疏除病枯枝、影响树冠整齐和无用的徒长枝。

（4）摘心

1）促花芽分化。春花植物花芽大部分在 6 月中旬至 7 月中旬形成，此类苗木可在花后 1 至 2 周内，对花枝新梢进行摘心，如榆叶梅保留 2～4 片叶，将有利于花芽形成，增加来年开花量。又如花石榴，待新梢长至 40cm 时，摘去顶端部分，有利于花芽分化和促发分枝，培养开花结果枝组。

2）促生分枝、扩大冠幅。留作更新枝培养的及分枝较少的小规格苗木，待新梢长至 10cm 进行摘心处理，促发更多分生枝，不断扩大冠幅。

（5）疏果

1）新栽植的观果类苗木，当年及第二年，应疏去部分或全部幼果，适当控制坐果量，有利于缓苗和增强树势，如贴梗海棠、火棘、郁李等。

2）牡丹、紫薇、丁香等，无观赏价值的果实应全部剪除。

（6）抹芽　及时抹去剪口处和枝干基部萌生的多余蘖芽。如牡丹每年早春需除去根际过密、细弱、多余的脚芽，选留生长健壮、分布均匀的脚芽。

（7）除蘖

1）去除根蘖。丛生花灌木类，如珍珠梅、丁香、紫荆、贴梗海棠等，对当年根际发生的细弱、过密、多余的新生萌蘖枝，适时从基部剪除。丛生花石榴保留根际 9～12 个壮枝，除作更新培养枝外，其他多余根蘖一律清除。但要注意分枝少、枝条下部秃裸的丛生苗木，应适当保留外围健壮的根际萌蘖枝。

2）去除剪口处萌蘖枝。去冬及早春苗木修剪后剪口处长出的多余萌蘖枝，应及时进行疏剪。如紫薇待新梢长至6～8cm时，及时除去剪口处过密、细弱、无伸展空间的嫩枝，以利抽生大花序提高观赏效果。

3. 宿根花卉及一二年生花卉修剪

（1）剪枝

1）及时修剪折损枝、病枯枝、枯萎枝。

2）根据苗木生长高度和开花时期，对花后易倒伏和因栽植过密或浇水过量造成花苗徒长、倒伏或株形松散不整齐的植株，适当进行短截。通过修剪控制株高和株形，防止苗木倒伏。如千叶蓍、费菜、波斯菊、美女樱、银叶菊、彩叶草、玉带草、百脉根等，均可通过剪枝来控制。

3）大花秋葵、芍药、美人蕉、马蔺、萱草、大丽花、千屈菜、鸢尾、荷兰菊等宿根地被花卉，霜降后剪去地上枯萎部分，并清理干净。

（2）摘叶　及时摘除病叶、株丛下部的枯黄叶片。如大丽花雨季必须摘除下垂至地面的叶片，以防止霉烂。

（3）摘心　通过摘心可抑制新梢生长，促使株丛增加分蘖和分生侧枝，延长和控制花期。如八宝景天、宿根福禄考、假龙头、堆心菊、天人菊、桔梗、落新妇、大花旋复花等，春季需经1或2次摘心，可有效控制株高和扩大冠幅；对夏秋观花的种类，欲使其“十一”繁花盛开，需适时进行摘心。如早小菊最晚于7月中旬、北京夏菊7月下旬、荷兰菊8月中旬、一串红8月底作最后一次摘心。

（4）修剪残花　“若要多开花，花后剪残花”。花后剪去残花及残花花茎，有利于提高整齐度、提高观赏效果，有的可延长花期。

1）延长花期。花期较长的宿根及一、二年生草花，如鼠尾草、婆婆纳、落新妇、美国薄荷、景天、大花萱草、宿根福禄考、松果菊、波斯菊、大花金鸡菊、黑心菊、天人菊、勋章花、金光菊、石碱花等，花后修剪残花及残花花茎，可再次开花并延长花期。如鼠尾草、婆婆纳修剪后30d，大丽花60d，美国薄荷8月上旬可再次开花。

2）提高观赏效果。如修剪大丽花、火炬花、芍药等残花，及美人蕉、蛇鞭菊、大花萱草、蜀葵等残花花序轴。

（5）疏蕾　菊花、大丽花、芍药等花形较大的苗木，现蕾后应及时除去虫蕾、侧蕾，保留顶端花蕾，以保证开出大花、优质花。

（6）除蘖　早春待芍药根际蘖芽长至5～6cm时，选留一定数量分布均匀的粗壮蘖芽，培养成主枝，其余细弱及过密的全部从根颈处抹去。

4. 观果类树木修剪

园林果树的修剪与果园果树修剪有很大差异，果园果树修剪的目的完全是为稳产、高产，其年年修枝量大，开花结实多，相对寿命缩短。

而在城市绿地中栽植的果树，修剪的目的是以生态、景观为基础，不是追求果实产量，而是以观花、景观为主要目的，通过修剪既要兼顾观赏树形、花、果实，又要延长果树的寿命，保持景观的持续发展。

相比果园果树修枝量要小，宜保持自然树形。由于在城市绿地一般生长空间有限，施肥有一定难度，因此不能像果园中果树那样进行疏果，疏果量应适当加大。

（1）疏枝　夏季清除内膛旺长枝、细弱枝、背上枝、无用的徒长枝、病虫枝等。

疏枝时，必须清楚了解各种苗木的开花习性，花枝及开花枝组在枝干上的着生位置，以免错剪，导致一、二年内不能开花结实。

（2）摘心　通过摘心可以控制新梢过旺生长，促发二次枝，促进花芽分化和果实发育。如山里红，当5月上中旬冠内心膛枝长至30～40cm时，摘去嫩梢顶端10cm。

杏树摘心2～3次，采果后新梢长30cm以上、二次枝长20cm分别进行摘心，最后一次摘心不晚于8月中旬；桃树新梢长至30cm、苹果枝长至6～7片叶时进行摘心，苹果树的摘心不宜过早，应在5月中下旬、7月中旬、9月中旬左右进行；石榴树6月盛花时及时摘心，以利保花保果。

（3）抹芽　及时抹去树干基部及树干上的萌芽，及冬剪时剪口处滋生的无用蘖芽等。

（4）除蘖　及时疏除柿树、枣树、李树、杏树、桃树、山里红、苹果、樱桃、梨树、八棱海棠、海棠果、果石榴等，嫁接口以下的砧木萌蘖枝、根际及剪口处无用的萌蘖枝。

（5）疏花、疏果　春季对果树类进行疏花、疏果，有利于提高果实品质和保证每年的观赏效果。

1）疏花、疏果的基本原则。

①当年栽植的苗木坐果后，应将大部分果实摘除或全部疏除。

②初果树及生长势弱的树，应适当控制坐果数量。

③本着分布均匀、疏密有度的原则进行。

④石榴留果应本着早期花果尽量留、中期花果选择留、晚期花果插空留的原则进行，6月20日以后坐的果实应全部疏去。苹果、梨、桃等观赏果树本着开花繁茂、果少而精、分布均匀的原则以早期疏果为主，将大部分幼果用手直接掰除。

⑤弱枝及不留果的枝条上的花大部疏除。摘除生长过密、瘦小及晚期开花的花及花序和果，叶片少的短枝上不留果。

⑥核果类的最后一次定果，应在核硬时进行。

⑦彻底清除虫果、病果及畸形果等。摘下的病虫果应及时销毁或深埋。

2）疏花、疏果的适宜时间。观赏果树一般多在花盛开末期进行疏花，显果初期疏果。但时间上有所差异，如杏树、杏梅花后10天进行；木瓜花后一个月开始分次疏果；果石榴自5月上旬至6月中旬盛花期末，需多次进行疏花、疏蕾、疏果；桃树落花两周后开始疏果，一般在5月中旬左右，待桃果长至核桃大小时，再最后疏果一次；苹果树在现蕾至落花期进行疏花。

3）建议留果间距。依据树种习性、营养水平、观赏要求而定。高养护水平的绿地，建议杏树宜间隔10～12cm留一个果。

李树小果品种10～12cm留一果，大果品种14～16cm留一个果；杏梅间隔15～18cm留1个果；桃树一般长果枝可留2个果，中、短果枝各留1个果；石榴全株结果稀少时，从生果可尽量保留，果实较多时，从生果只保留1个发育好的果；苹果树一般20～25cm留一花序上的单花，疏花时注意保留短果枝上的中心花。

5. 绿篱及色块类整形修剪

通过修剪，提高绿篱、色块的整齐度和观赏性。提高通透性，减少病虫害发生。

（1）修剪时间

1）新栽植苗木修剪，应待二遍水渗下后，按规定的高度及形式及时进行整剪。

2）进入养护期苗木的整形修剪。4 月下旬进行全年绿篱的首次修剪，最后一次修剪应在 9 月底前结束。早春观花类的树种，如黄刺玫、贴梗海棠等，应在花后进行修剪。夏季观花的种类，如木槿、花石榴等，应在 6 月上旬停止修剪，待盛花后再行修剪。

（2）修剪要求

1）一般已成形绿篱、色块，待新梢长至 10cm 时必须进行整剪，要求精细管理的，新梢长至 6cm 时应行修剪。绿篱及色带修剪后轮廓清晰，不失形，线条流畅，边角分明，篱面、篱壁平整美观。

2）丛内无枯死枝、过密枝、细弱枝。修剪后及时清理篱面及株丛内的残枝枯叶并清走。

（3）修剪方法

1）一般整形式绿篱修剪时，根据修剪高度应在绿篱两端设立木桩，水平拉线进行篱面的修剪。

①先用太平剪或绿篱修剪机将篱壁剪成下宽上窄的斜面或上下宽度相同的立面，再按要求高度将顶部剪平，使之成梯形或矩形。

②同时剪除篱内的病枯枝、过密枝、细弱枝。

2）对多年生常绿针叶绿篱，整形修剪后应用枝剪将主枝的剪口回缩至规定高度 5～10cm 以下，避免大枝剪口外露。

3）其他整形式绿篱整剪时应保持特定的形体。

4）自然式绿篱，剪去病虫枝、枯死枝，对徒长枝及影响篱冠整齐的枝条进行适当短截或疏剪，并适当控制高度。

（4）绿篱修剪形式　分为自然式和整形式。整形式绿篱的修剪形式常见的有矩形、梯形、圆顶形，另外还有栏杆式、城墙垛口式等。整形式绿篱应按照设计要求造型进行修剪。

采用自然式修剪的绿篱，有高篱、刺篱、花篱，如侧柏、花椒、贴梗海棠、黄刺玫、木槿等。自然式绿篱的修剪，要求适当控制篱高，只需疏去病虫枝、枯死枝、过密枝和影响篱面整齐的枝条。

（5）修剪次数　生长较慢的树种，全年可进行 2～3 次；生长较快的树种可行多次修剪。

6. 桩景树类修剪

为保持桩景树的特有形态，应进行多次整形修剪。适时修剪嫩枝顶梢，及时抹去树基或树干上的蘖芽，剔除丛内过密枝、平行枝、交叉枝、枯死枝，提升桩景树的观赏品位。例如紫薇桩待当年生枝长至 10cm 时，每个主枝剪口下选留粗壮嫩枝 2～4 个，其余全部清除。生长季节需注意抹芽，以便保证所留枝条健壮生长和花叶繁茂。

7. 模纹花坛植物整形修剪

模纹花坛植物应经常进行修剪，以保持其独特的观赏效果。先修剪花纹线上栽植的植物，要求做到高度一致，面平、外壁平直。模纹中植物色彩变化时应在组团间保留 5～10cm 的间隔，以凸显模纹图案的立体效果。模纹中间修剪后高度应略高于外缘，以突出图案整体效果。

8. 草坪修剪

草坪的适时修剪，对控制杂草开花结实，提高草坪的平整度、密集度、观赏性、使用性，延长草坪寿命，减少病害发生和蔓延是极为重要的。

（1）修剪要求

1）剪草机无法操作的角落，应由人工补充修剪，不得有遗漏，不得留死角。

2）切草边时应使用草坪修边机或工具铲，顺草坪外缘向下斜切，切到草坪草的根部，切边的边缘与草坪边坡角度以45°为宜，一般深度为10～15cm。边缘线以外的乱草应全部铲除，外缘线条必须平顺、自然、流畅。

3）草坪剪口要齐，无毛茬。修剪后草坪高度一致，外缘线清晰。

4）使用剪草机剪草时，应直线行走，一行压一行进行。

（2）修剪草坪用具　手推式剪草机适用于庭院、居民区、绿岛、街头绿地等小面积草坪的修剪。中小型绿地多使用自行式剪草机。乘坐式草坪车适用于较大面积草坪修剪，如足球场草坪、广场草坪的修剪。滚筒式剪草机用于高质量草坪的修剪，如高尔夫球场果岭草坪的修剪。不便于使用大型机械的林间道旁、狭小地段或坡度超过30°的坪地、野生草丛等，应用背负式电动割灌机。色块、花镜、路缘、墙角等机械无法操作的地方，需用太平剪代替。

（3）剪草时间

1）2月底至3月初，地表解冻时，冷季型草应及时进行一次低修剪，留茬高度2～3cm。

2）4月中旬，暖季型草和冷季型草，当高度超过10～12cm时，进行生长期第一次修剪。野牛草5月份行第一次修剪。一般新植草坪草高度长至7～8cm时，可进行首次修剪。草地早熟禾高度达5cm以上时，开始修剪。

（4）修剪次数　不同生长时期，草坪修剪次数不同。

1）对于特殊地段的草坪。如机场草坪，全年修剪一般不超过10次。

2）足球场草坪。春秋季节约每周修剪一次，夏季旺盛生长期每周应修剪两次。

3）切边草。在草坪生长旺盛季节，外缘草坪草不断向外扩展伸出，蔓延至草坪界线以外（如花坛、花镜、树穴内和路缘石以外），对长出草坪界线以外的乱草应进行修剪。自6月份开始，全年可进行3或4次。

全年最后一次修剪时间。天津地区野牛草最后一次修剪不晚于9月上旬，暖季型草坪最后一次修剪时间为10月中旬，冷季型草坪应在10月底前完成。

4）护坡草坪一般可不修剪，在能够及需要进行修剪的地方，全年可修剪2～4次。

5）一般绿地草坪。春秋季节可每10d左右修剪1次，夏季为减少病害发生和蔓延，应适当减少修剪次数，一般草高10～12cm时修剪为宜。野牛草全年修剪不少于3次。早熟禾5月上旬开始进入抽穗期，应适时进行修剪，控制抽穗扬花，防止结籽。

（5）草坪修剪辅助措施　对于面积较大的观赏草坪及不宜进行机械修剪的边坡草坪，为减少草坪修剪次数，在草坪旺盛生长期，喷洒植物生长调节剂。可抑制草坪生长，控制草坪高度，提高草坪密度。

1）适宜施用时期。冷季型草应在春季和秋季生长旺盛期各施用1次，暖季型草宜在夏季施用。一般在草坪修剪前6～7d，选在晴天、无风时施用。

2）生长调节剂使用方法有喷施法和土施法两种。

①土施法。适于土施的生长调节剂有：矮化磷、多效唑、烯效唑。可以叶面喷施，也可以根施的如：矮壮素、嘧啶醇等。混合施用：将乙烯利与2，4-D丁酯按比例混合使用，既可抑制草坪草的生长，又能起到防治阔叶性杂草的效果。

②喷施法。适宜采用叶面喷施法的生长调节剂有：矮壮素、嘧啶醇、丁酰肼等。

③注意事项：生长调节剂不可加大使用浓度，以免对植物产生药害，如落叶、畸形、根叶停止生长等。在施用前应先选一小块坪地作施用试验，根据试验效果确定所使用生长调节剂的种类、浓度等。在新建草坪未成坪前不得使用。植物生长调节剂对坪草的矮化效果是明显的，但不可连续重复使用，以免造成草坪提前退化。植物生长调节剂的使用，见草坪养护月历。

（6）留茬高度

1）不同草种草坪留茬高度。一般绿地草坪，结缕草留茬高度为1.5～5cm，早熟禾3.8～6.4cm，黑麦草3.8～6.4cm，高羊茅4～7.6cm，匍匐翦股颖0.5～2cm，野牛草4～6cm。

2）不同绿地草坪留茬高度。林下草地6～8cm，足球场草坪高度保持在2～4cm，机场草坪5～8cm，以草坪作跑道的机场草坪，留茬高度应不低于5cm，道路护坡草坪，在能够修剪的平坦区域，草坪高度可控制在8～15cm，在坡度较大及不便修剪的区域，可不行修剪。

3）不同生长时期留茬高度。城市绿地草坪，4月份第一次剪草留茬高度为3～4cm，适宜生长季节留茬高度为4～6cm，不利生长季节留茬高度为6～8cm。

23.3 园林植物的整形方法

23.3.1 自然式整形

在自然界中，各种树木都有一定的树形，或者应该这样说，自然树形就能够充分体现自然美，如图23-1所示。以自然生长形成的树冠形状为基础，以该树种的分枝习性作为前提，对树冠的形状只是做辅助性的调整，使之能够更好地形成其自然的树形，这种方式称为自然式整形修剪。这种整形修剪的前提是要维护其自然树形，对于一切不利于其自然树形的枝条要加以限制。

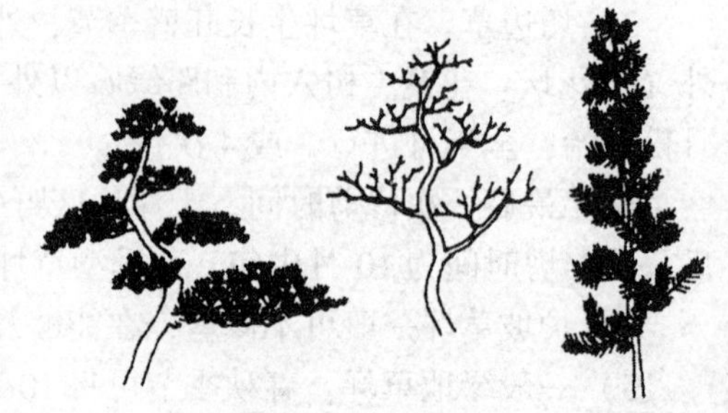

图23-1　自然式整形

1）在进行整形修剪时，要依照不同的树形灵活掌握。对于因各种原因产生的扰乱自然树形的竞争枝、过密枝、徒长枝、并生枝、内膛枝以及病虫枝、枯枝等，均应当及时地加以控制或是剪除，不需要做其他大的修剪，以维护自然树形的匀称生长。

2）对于主干、中心干明显、干性强的树种，修剪时应当注意保护顶芽，应当使其不断延伸生长。

3）对于绝大多数的园林树木，都可以采用自然式来进行整形修剪，以维护其自然树形的生长，发挥其自然树形的美。例如油松、雪松、榉树等。

23.3.2　人工式整形

人工式整形修剪又叫规则式整形修剪，这种修剪是完全改变了树木的自然树形，可以依园林中观赏的需要，来将树冠整形修剪成各种特定的形态，整形的几何形体如正方形、球形等（如大叶黄杨等）或是不规则的形体如鸟、兽等动物的形体，以及亭、门等（如桧柏等），形成绿色雕塑。

西方规则式的园林中，应用人工式整形修剪比较多而突出，如图 23-2 所示。我国园林以自然式为主，通常采取的是自然式整形修剪而不采用人工式整形修剪。

图 23-2　人工式整形

23.3.3　自然和人工混合式整形

在自然式树形的基础上略加人工塑造，以符合树木生长的要求，同时又能满足人们的观赏需要，对于一些树种采取控制、限制中心主干的整形方式，例如杯状形、开心形等，这就被称为自然和人工混合式整形修剪。

1. 自然开心形

这种树形是由杯状形改进而成的。此树形也是仅有一段更短的树干约 0.5～1.5m 不等，树冠中并无中心主干，自树干上分生出的 3～5 个分布均匀的主枝延伸生长，树冠中心开展，对于内向生长的大枝要控制，在必要时可以利用背后枝开张树冠，如图 23-3 所示。园林中的碧桃、石榴、榆叶梅、梅花、桃樱花、合欢等观花果的树种大多采用此树形。

2. 圆球形

高干圆球形有一高大的树干，并且树冠呈圆球形。无主干或是只具有一段极短的主干，圆球形灌丛分生多数主枝，再分生侧枝如图 23-4 所示。

图 23-3　自然开心形

图 23-4　圆球形

各级主枝、侧枝均相互错落排开，叶幕较厚，所以形成圆球形灌丛，在园林中广泛应用，例如大叶黄杨、黄杨、小叶女贞、小蜡、金叶女贞以及海桐等树种均为此类。

3. 尖塔形或圆锥形

这种树形近似于大多数主轴分枝式树木的自然形态，如图 23-5 所示。有明显的中心主干，且主干都是由顶芽逐年向上生长而成，主干自下而上发生大多数为主枝，下部较长，上部会依次缩短，树形外观呈尖塔或是圆锥形。

4. 圆柱形或圆筒形

这种树木体形几乎上下是一样粗，很像圆柱或是圆筒，如图23-6所示。与尖塔形的主要区别就是主枝长度从下向上虽有差别，但是与尖塔形相比相差甚微。

5. 自然圆头形

这种树形是指在一明显的主干上，形成的圆球形树冠，如图23-7所示，主要用于常绿阔叶树形的修剪。

图23-5　尖塔形

图23-6　圆柱形

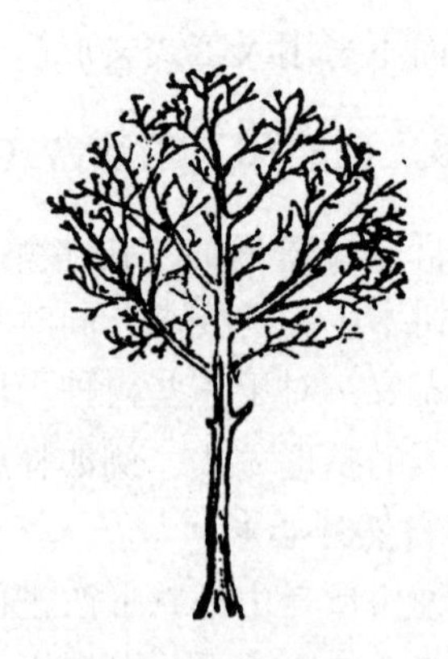

图23-7　自然圆头形

在幼苗长至一定高度时会对其进行短截，在剪口下选留4或5个比较强壮的枝作为主枝来进行培养，使其各相距有一定的距离，且各占一方向，避免交叉重叠生长。

每年再短截这些长枝，以继续扩大树冠，在适当距离上要选留侧枝，以便充分利用空间。

6. 合轴主干形

树木主干的顶芽自枯或是分化成花芽，而由邻近侧芽代替延长生长，以后又继续按照这种方式生长，所形成曲折的中心干（合轴分枝方式），例如悬铃木、核桃、苹果、梨树、杏、梅、紫叶李等树种均为此类，都可以培育成合轴主干形的树形，如图23-8所示。这种树形应当特别强调前期中心干和各主枝的延长枝剪口芽的方向，以利于均衡的发展。

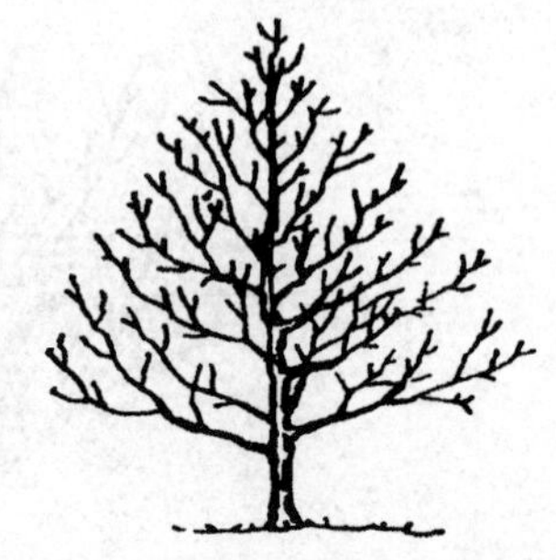

图23-8　合轴主干形

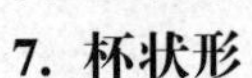

7. 杯状形

此树形是仅有一段约2.5～4m的树干，而树冠中无中心主干，自树干的顶部分生出3个分布均匀的主枝，这3个主枝又各自分生2个侧枝，共计有6个侧枝。

这6个侧枝又各自分生出2个副侧枝，这样整个树冠圆周就共有12个分布均匀的副侧枝，形成树冠极其开张的“三股六杈十二枝”的树形，如图23-9所示。这种树形不仅分枝整齐、美观，而且冠内不允许有直立枝、内向枝，一经出现就必须剪除（通常在当年秋季落叶后进行剪除）。此种树形在城市行道树中以悬铃木较为常见，亦适合臭椿、栾树等树种，以解决其上空与架空电线的矛盾。但是若进行这种杯状形修剪，则需要年年修剪，而且修剪量比较大。

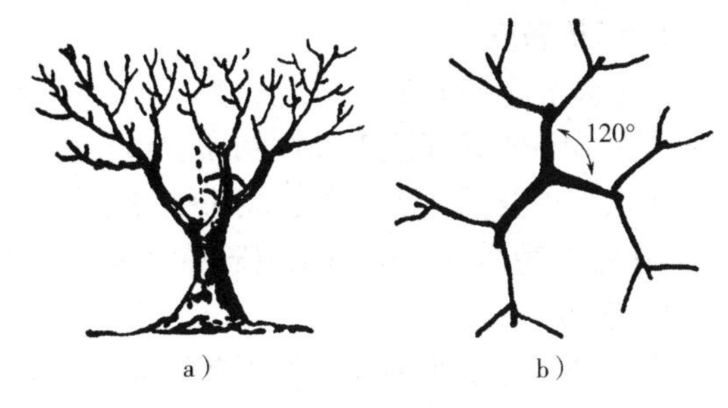

图 23-9　杯状树形

a）立面示意图　b）平面布局示意图

8. 伞形

这种树木有一明显主干，所有侧枝都下弯倒垂，逐年会由上方芽继续向外延伸扩大树冠，从而形成伞形，如图 23-10 所示。此树形主要是用于入口对植、池边或是路角点缀取景。

9. 疏散分层形

这种树形中心主干是逐段合成的，主枝分层，第一层为 3 枝，第二层为 2 枝，第三层为 1 枝，如图 23-11 所示。此种树形主枝数目比较少，每层排列较稀疏，光线通透较好，主要用于落叶花果树的整形修剪。

10. 灌丛形

如图 23-12 所示，这种树形的主干不明显，每丛自基部开始就会分生多个主枝，以形成灌丛形，每年可以对其修剪去衰老主枝，以利于更新，例如紫荆、贴梗海棠、迎春、连翘以及榆叶梅等树种均为此类。

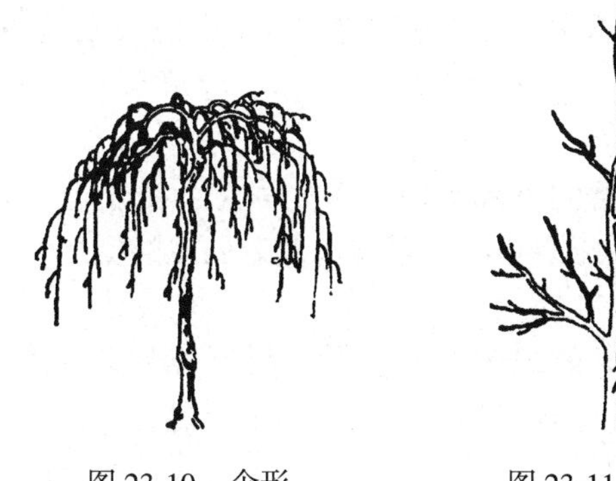

图 23-10　伞形

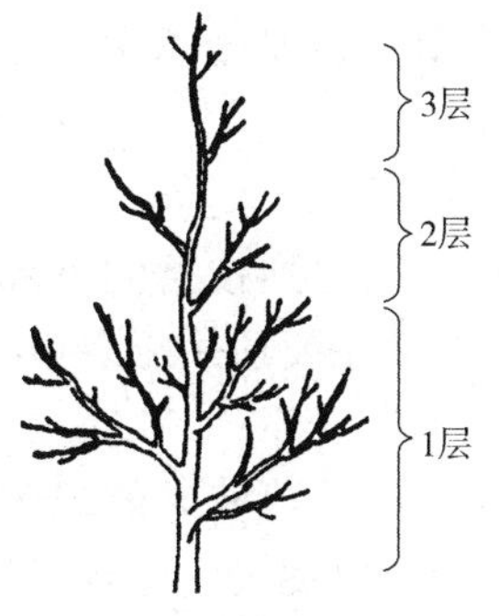

图 23-11　疏散分层形

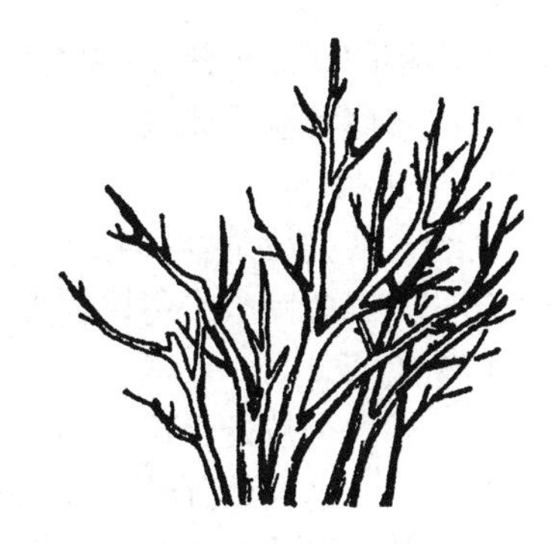

图 23-12　灌丛形

23.4　园林植物修剪的方法

23.4.1　创伤

用各种方法对强壮的枝条进行创伤，同时削弱受伤枝条的生长势，以达到缓和树势的作用，这种方法叫创伤。创伤主要分为以下几类。

1. 折梢和扭梢

在生长的季节内，将新梢折伤而不折断就是折梢；将生长过旺的枝条在中上部位扭曲下垂就是扭梢。

折梢和扭梢其实就是伤其木质部而不使树皮断开，其作用是阻止养分、水分向生长点的输送，削弱枝条的生长势，有利于形成短花枝，以促进多开花。

2. 环状剥皮

对于营养生长旺盛的枝条，为了抑制其营养生长，促其开花，往往会在生长期，用刀在枝干或是枝条的基部适当部位剥去适当宽度的环状树皮，这种做法就叫环状剥皮。

环状剥皮要深达木质部，剥去的宽度应当以一个月内伤口能够愈合为准度，通常以枝粗的1/10左右为适宜。但环状剥皮不宜过多，否则会影响到树木正常生长。

3. 刻伤

往往是在春季萌芽前，用刀在芽的上方横刻一刀深达木质部，此方法称为刻伤。这样可以阻止养分向上的输送，可以使位于伤口下方的芽能够有充足的养分，这样有利于这些芽的萌发和抽生新梢。这种方法对于伤口下的第一个芽刺激最为明显。

刻伤在观赏树木中应用较为广泛，使用此法可以用于纠正偏冠、缺枝等现象，想让哪个芽萌发生长，就对其上部进行刻伤，以刺激萌发抽枝。

23.4.2 短截

短截就是从一年生枝条上选留一合适的侧芽，并将芽上面的枝端部分剪去，使枝条的长度缩短，以刺激侧芽萌发的剪枝方法。

短截还能够刺激剪口以下的芽萌发，以抽生新梢，增加枝量，使其多长叶、多抽枝、多开花。短截因为减去枝条的长短不同，可以分为以下几种。

1. 极重短截

在春梢的基部只留2~4个瘪芽，其余的都要剪去，以能够萌发2~4个短枝或是中枝。对紫薇的修剪常应用此法。

2. 重短截

大约要剪去枝条全长的2/3~3/4，即剪到枝条的下部半饱满芽处为止，由于剪去枝条的大部分，因此刺激作用比较大。重短截主要适用于老树、衰弱树以及老弱枝的更新复壮。

3. 轻短截

大约要剪去枝条全长的1/5~1/4，即轻剪枝条的顶梢部分，可以刺激其下部多数半饱满的芽萌发，这样就分散了枝条的养分，以促进产生较多的中短枝，易于形成花芽。

轻短截主要适用于花果类树木强壮枝条的修剪。

4. 中短截

大约要剪去枝条全长的1/3~1/2，即剪到枝条的中部或中上部饱满芽处为止，以刺激多发枝，形成营养枝。

中短截主要适用于各种树木培养骨干枝和延长枝，以及一些弱枝的复壮。

5. 缩剪

又叫作回缩修剪，就是将多年生的枝组剪去一部分。树木多年生长，往往会基部光秃，为了使顶端优势的位置往下移，促成多年生枝的基部更新复壮，经常采用缩剪的方法来进行修剪，如图23-13所示。

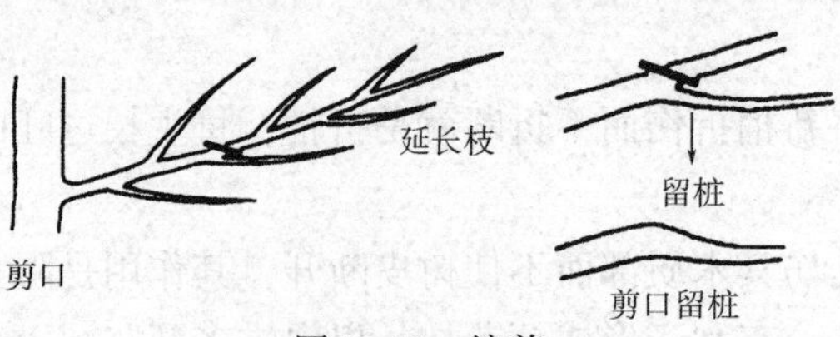

图23-13 缩剪

23.4.3 疏剪

疏剪就是将枝条自基部分生处剪去，如图 23-14 所示。首先是剪去病虫枝、内膛密生枝、干枯枝、并生枝、伤残枝、交叉枝、衰弱的下垂枝等几种类型。

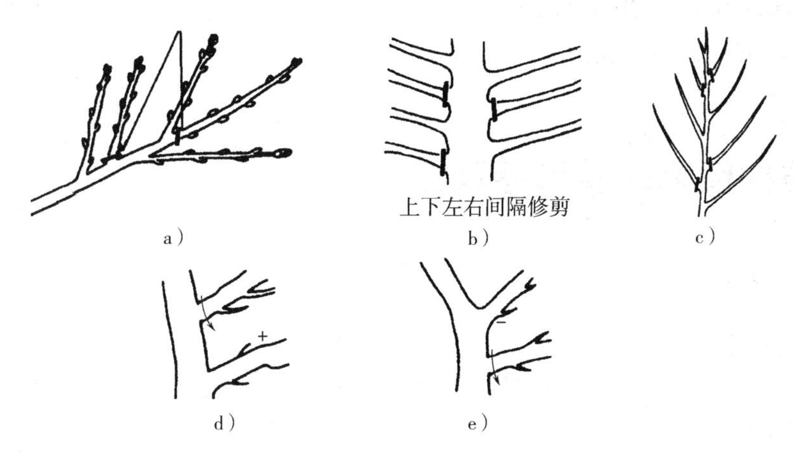

图 23-14 疏剪

a）由基部剪去 b）干上疏剪大枝 c）小枝先端疏剪 d）疏上增强下枝 e）疏下削弱上枝

特别是对于多年生的大树，会出现一些枯枝的要及时地将枯枝疏除，以免这些枯枝掉落而砸伤人员。疏剪不仅可以调节枝条分布均匀，适当加大空间，还可以改善树冠内的通风透光，有利于花芽分化。

疏剪以强度来分类，可以分为：

1）重疏，疏去全树枝条的 20% 以上。

2）轻疏，疏去全树枝条的 10% 左右。

3）中疏，疏去全树枝条的 10% ~20% 。

疏剪的强度应当根据树种、生长势、树龄等因素而定。萌芽力、成枝力都强的树种，可以多疏，例如悬铃木。而对于萌芽力强、成枝力弱或是萌芽力、成枝力都弱的树种则应当少疏。

对于油松等松类树种，以及具有主枝轮生特性的树木，每年发枝数量都很少，除为了抬高分枝点以外，应当不疏或者是少疏。

通过疏剪只能是使树冠的枝条越来越少，因此，对幼树适宜轻疏，以促进树冠迅速扩大，并且对于花灌木则有利于提早形成花芽。

成年树在已经进入生长与开花的盛期，为了调节营养生长与生殖生长的关系，促进年年有花有果，可以适当中疏。而衰老的树木，发枝力弱，则应当尽量不疏剪。

23.4.4 改变

改变就是改变枝条的生长方向，以缓和或是增强其生长势的方法，如向下拉枝条、抬高枝条或是圈枝等，其作用主要是改变枝条生长的方向与角度，使顶端优势转位，或削弱或加强其生长势。抬高枝条，有利于加强生长。

拉低枝条或是将枝条圈起来，则利于削弱生长。削弱之后可以形成较多的短枝，这样有利于花芽的形成，形成短花枝。

23.4.5　摘心与剪梢

摘心是在生长期中摘去枝条顶端的生长点，而剪梢是指剪截已木质化的新梢。摘心、剪梢可以促生二次枝，加速扩大树冠，也可以起到调节生长势、促进花芽分化的作用，如图 23-15 所示。

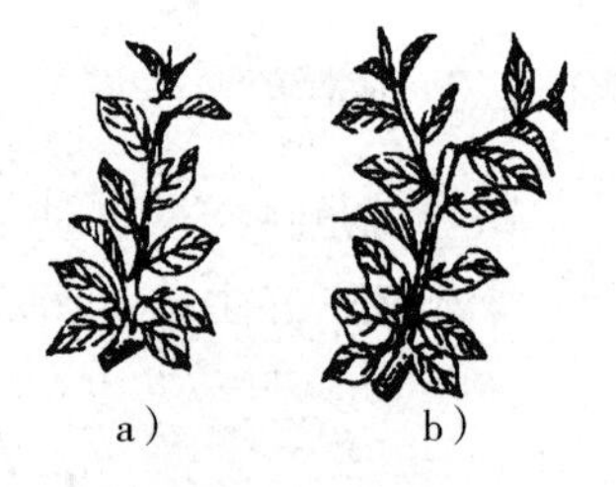

图 23-15　摘心
a）摘心前　b）摘心后

23.5　园林植物的整形修剪建议

23.5.1　灌木类的整形修剪

1. 常绿阔叶类

这类灌木的生长比较慢，枝叶匀称并且紧密，新梢的生长都源于顶芽，形成圆顶式的树形，所以修剪量要尽量小。

1）轻剪适宜选择在早春生长以前，较重修剪则适宜选择在花开之后。速生的常绿阔叶灌木，可以像落叶灌木那样进行重剪。

2）观形类则以短截为主，促进侧芽萌发，并形成丰满的树形，适当地疏枝，以保持其内膛枝充实。

3）观果的浆果类灌木，修剪可以推迟到早春萌芽前再进行，以尽量发挥它的观果的观赏价值。

2. 观赏枝叶的种类

这类灌木最鲜艳的部位主要在嫩枝和新叶上，每年冬季或是早春应当进行重剪，以促使其萌发更健壮的枝叶。应当删剪失去观赏价值的老枝，譬如红端木的四年生以上枝条，就不应当再保留。

3. 灌木更新

灌木的更新可以分为逐年疏干和一次平茬两种方式。逐年疏干即每年从地径以上去掉 1~2根老干，以促生新干，直到新干达到树形要求时，可将老干全部疏除。

一次平茬大多应用于萌发力强的树种，一次删除灌木丛所有主枝（干），在促使其下部休眠芽萌发后，可以选留 3~5 个主干。

4. 先开花后发叶的种类

此类可在春季开花后进行修剪老枝并保持其理想树形。用重剪进行枝条的更新，用轻剪来维持树形。而对于具有拱形枝的树种，可以将老枝重剪，以促使其萌发强壮的新枝，充分发挥其树姿特点，例如连翘、迎春等属于此类。

5. 花开在当年新梢的种类

这类灌木是在当年新梢上开花，修剪应当选在休眠期。一般可重剪以使新梢强健，并促进其开花。对于一年多次开花的灌木，除了休眠期重剪老枝外，应当在花后短截新梢，以改善下次开花的数量和质量。

23.5.2　绿篱的整形修剪

1. 更新复壮

由于绿篱的栽植密度都很大，所以不论如何修剪养护，随着树龄的增大，最终将无法将其控制在应有的高度和宽度之内，从而失于规整篱体状态，必须进行绿篱的更新复壮。

1）用作绿篱的植物，它的萌发和再生能力要很强，在衰老变形的时期，可以采用台刈或是平茬的方法来进行更新，不留主干或是仅保留一段很矮的主干，将地上部分全部锯掉。一般常绿树可以在第一年5月下旬到6月底进行，落叶树在秋末冬初为好。锯后一二年内会形成绿篱的雏形，两年后就能恢复成原有的规则式篱体。

2）对于一些茎蔓粗壮的植物，例如紫藤可修剪成直立灌木式或是小乔木式的树形。这种形式用于公园道路旁或是草坪上，可以收到很好的效果。

2. 断面形式

当绿篱成形后，可以按照需要剪成各种各样的形状，例如几何形、建筑图案、动物形体等。修剪后的绿篱断面主要有以下几种，如图23-16所示。

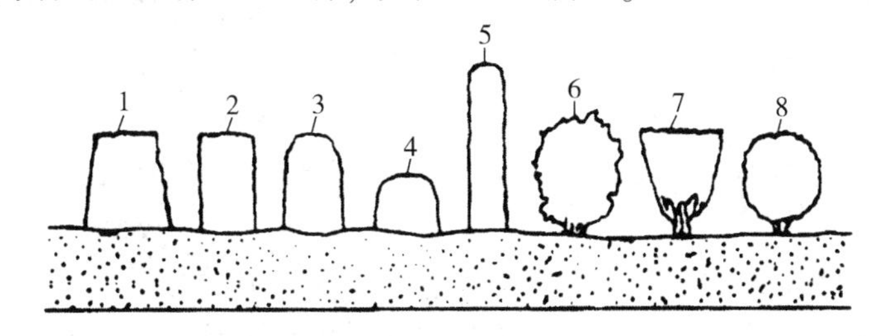

图23-16　绿篱篱体断面形状

1—梯形　2—方形　3，4—圆顶形　5—柱形　6—自然式　7—杯形　8—球形

（1）球形　球形适用于枝叶稠密、生长速度比较缓慢的常绿阔叶灌木，要单行栽植，以一株为单位构成球形。

（2）圆顶形　圆顶形适合在降雪量大的地区使用，便于积雪向下的滑落，以防止篱体压弯变形。

（3）柱形　柱形需选用基部侧枝萌发力强的树种，要求其中央主枝能够通直向上生长，并且不扭曲，通常情况下多用作背景屏障或防护围墙。

（4）杯形　杯形美观且别致，但由于上大下小，所以下部侧枝常由于得不到充足阳光而枯死，从而造成基部的裸露，不能抵抗雪压。

（5）梯形　梯形绿篱上窄下宽，修剪时应当先剪它的两侧，使侧面形成一个斜平面，在两侧剪完后，再修剪其顶部，这样便会使整个断面成为一个梯形。

（6）方形　方形上下一样宽，比较整齐。但是容易遭雪压而导致变形，下部枝条也易枯死。

3. 整形方式

常见绿篱的整形方式有以下三种。

（1）自然式绿篱　这种类型的绿篱通常不会进行专门的整形，只做一般的修剪，会剔除老、病、枯枝等。

（2）半自然式绿篱　这类绿篱不会进行特殊整形，只是在修剪中剔除老、病、枯枝，使绿篱保持在一定高度，在一定高度上截去顶梢，从而使下部枝叶茂密。

（3）整形式绿篱　这类绿篱是通过修剪，将篱体整成各种几何形状或是装饰形体。需要保持绿篱应有的高度以及平整而匀称的外形，并经常会将突出轮廓线的新梢整平剪齐，对两面的侧枝也要进行适当的修剪。

23.5.3　藤木类的整形修剪

1. 直立式

对于一些茎蔓粗壮的藤本，如紫藤等亦可整形成直立式，用于路边或是草地中。多用短截，轻重相结合。

2. 篱垣式

卷须类和缠绕类的藤本植物多用这种修剪方式。将侧蔓水平诱引后，对于侧枝每年进行短截。

葡萄就常采用这种方式。侧蔓可以为一层，亦可为多层，即将第一层侧蔓水平诱引后，主蔓会继续向上，从而形成第二层水平侧蔓，然后第三层，直到达到篱垣设计高度为止。

3. 附壁式

多用于墙体等垂直绿化，为了避免下部空虚，在修剪时应当运用轻重结合，并进行调整。

4. 凉廊式

常用于卷须类和缠绕类的藤本植物，偶尔也会采用吸附类植物。由于凉廊侧面有隔架，所以不要将主蔓过早引到廊顶，以免空虚。

5. 棚架式

卷须类和缠绕类的藤本植物常用这种方式来进行修剪。在整形时，先在近地面处进行重剪，促使其发生数枝强壮主蔓，将其引到棚架上，使侧蔓在架上均匀分布，从而形成阴棚。

例如葡萄等果树需要每年短截，选留一定数量的结果母株和预备枝；而紫藤等就不必年年修剪，只要隔数年剪除一次老弱病枯枝即可。

23.5.4　树桩盆景的整形修剪

树桩盆景在制作完成后，在养护中必须要年年修剪，以保持其设计要求。

1. 阔叶树的修剪

阔叶树萌发力强，应当随时采取摘心的方法，把它剪平剪齐，以保持层次，例如雀梅、榆树、六月雪、黄杨等，每年至少修剪3~5次。

2. 一般针叶树的修剪

对于黑松、马尾松、锦松等比较粗放的树种，主要是通过短截和抹芽的方法来控制枝条的加长生长以及防止枝条的过密。

由于顶芽萌发的新梢生长很快，常会破坏树形，所以要在每年4月间抹掉主芽，并利用附近萌发的副芽长出2~5个较短的新梢，使树头能够平齐紧密，对长枝则可以进行短截，使剪口附近发生几个新芽，以保持树冠层次的圆浑。

3. 花果类树桩的修剪

首先要掌握其开花以及结果习性。由于贴梗海棠、火棘等，多短果枝，所以对营养枝要进行重剪，以促使基部的侧芽形成短果枝。

由于石榴在一个结果枝上除了顶芽开花结果外，还有数朵腋芽可以开花，因此要认清哪枝是结果枝，不能将其短截。由于梅花、迎春等花芽腋生，并且布满枝条，因此在花前对任何枝条都不要短截，花后可以重剪，使其基部腋芽萌发出更多的健壮侧枝，以增加来年的开花量。

4. 五针松的修剪

五针松的造型主要是保持枝叶的层次，不能出现重叠现象。在早春要先疏去密枝和突出枝，并对保留的枝条进行短截，同时要按照枝条的长短摘掉顶芽的 1/2。

5. 柏树的修剪

真柏和洒金柏每年都有一些下部枝条会枯死，所以应当先剪掉，同时要用手摘除冒出树冠的嫩梢。

爬地柏和桧柏应当在每年伏天进行修剪一次，疏剪过密的枝条，将过长的枝条剪到基部侧芽处，来促使其萌芽，以防内部中空。

6. 其他树种的修剪

像红枫、金线松、瓜子黄杨等树景，必须保持枝条的紧密，以防止徒长和冒出长枝。对于新梢要及早地进行摘心和短截，留基部 1 ~ 2 个腋芽，促使其发生侧枝，对于侧枝继续摘心，若枝条过于稠密，就要进行疏剪。

23. 5. 5　草本植物的整形修剪

1. 修剪

（1）整枝　剪除多余枝和残枝以及病虫枯枝。对蔓性植物则称之为整蔓，例如观赏瓜类植物仅留主蔓以及副蔓各一支，需要摘除其余所有侧蔓。

（2）曲枝　曲枝是抑强扶弱的一种措施。

（3）压蔓　多用于蔓性植物，使植株向固定方向生长以及防止风害，有些植物可以促使发生不定根，增强其吸收水分和养分的能力。

（4）摘心　摘除枝梢顶端，促使其分生枝条，在早期进行摘心可使株形低矮紧凑。有时摘心是为了促使枝条能够生长充实，而并不是为了增加枝条数量。有的瓜类植物在子蔓或是孙蔓上开花结果，因此必须在早期进行一次或多次摘心，促使早生子蔓、孙蔓，以利于开花结果。

（5）除芽　剥去过多的腋芽，来减少侧枝的发生，使所留枝条能够生长充实。

（6）去蕾　通常指摘除侧花蕾，保留主花蕾，使得顶花蕾开花硕大而鲜艳。在球根花卉的栽培中，为了获得优良的种球，常会摘去花蕾，用来减少养分的消耗，对于花蕾硕大的观花观果植物，常常需要疏除一部分花蕾、幼果，以使所留的花蕾、幼果能够充分发育，这种做法称为疏花疏果。

2. 整形

为了满足栽植要求，平衡营养生长与开花结果的矛盾或是调整植株结构，需要控制枝条的数量以及生长方式，这种对枝条的整理和去舍即为整枝。露地栽培植物的整形有下面几种方式。

（1）攀缘式　多用于蔓性植物，使植物在一定形状的支架上进行生长活动。

（2）丛式　生长期间应当进行多次摘心，促使其发生多数枝条，全株呈低矮的丛生状，开出数朵或是数十朵花。

（3）单干式　单干式是只留主干或主茎，不留侧枝，通常用于只有主干或是主茎的观花和观叶类植物，以及用于培养标本菊的菊花、大丽花等，对于标本菊还需摘除所有的侧花蕾，使养分集中于顶蕾，这样才能充分地展现其特性。

（4）多干式　多干式是留数支主枝，如盆菊一般会留 3 ~ 9 个主枝，其他侧枝则全部除去。

（5）匍匐式　利用植物枝条的自然匍匐地面的特性，使其覆盖整个地面。

（6）悬崖式　常用于小菊的悬崖式整形。

23.5.6　行道树和绿荫树的整形修剪

1. 绿荫树

绿荫树要求是有庞大的树冠、挺秀的树形和健壮的树干。

1）它在修剪时一定要注意：培养一段高矮适中、挺拔粗壮的树干，在树木定植后应及早将树干上 1.0m 以下枝条全部剪除，以后逐年疏除树冠下部的侧枝。

2）尽可能地培养大的树冠，一般情况下树冠与树高比例以 2/3 以上为佳，以不小于 1/2 为宜；而对观花乔木作绿荫树，多采用自然式树形。

3）线路修剪是行道树上方有管线经过，通过修剪树枝给管线让路的修剪方式。它分为截顶修剪、侧方修剪、下方修剪和穿过式修剪四种，如图 23-17 所示。

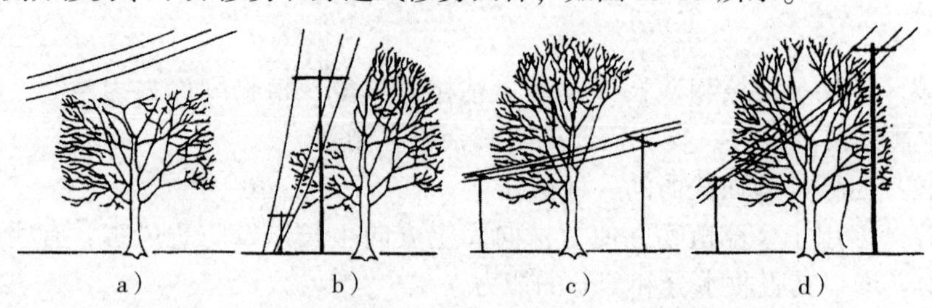

图 23-17　线路修剪

a）截顶修剪　b）侧方修剪　c）下方修剪　d）穿过式修剪

①下方修剪。下方修剪是指在线路直接通过树冠中下侧，与主枝或是大侧枝发生矛盾时，截除主枝或是大侧枝的一种修剪。

②穿过式修剪。穿过式修剪是指在树冠中造成一个让管线穿过的通道的一种修剪。

③侧方修剪。侧方修剪是指在大树与线路发生干扰时去掉其侧枝的一种修剪。

④截顶修剪。截顶修剪是指在树木正上方有管线经过时截除上部树冠的一种修剪。

2. 行道树

行道树是指沿道路或是公路旁栽植的乔木，它是城市绿化的骨架，有沟通各类分散绿地、组织交通的作用，并能反映一个城市的风貌和特色。

在造型上，行道树要求有一个通直的主干，主干高度一般为 3 ~ 4m，分枝点枝下高度为 2.8m 以上，以不妨碍交通和行人行走为基准。

行道树的基本主干和供选择作主枝的枝条在苗圃阶段就已经培养形成。其整形修剪如图 23-18 所示。树形在定植 5 ~6 年形成，成形后也无须大量修剪，但却需经常进行常规修剪（如疏除病虫枝、交叉枝、衰弱枝、冗长枝等）。

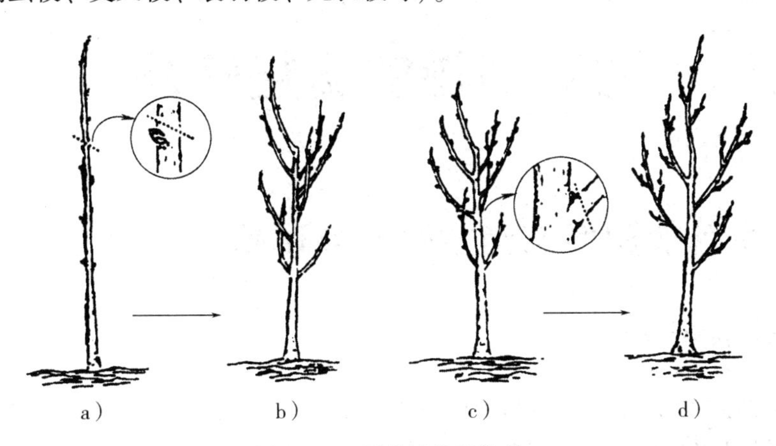

图 23-18　行道树整形修剪

a）中央去梢　b）去梢后萌发枝　c）树干疏枝条　d）修剪后形成的幼年树形

第24章

园林植物的调整修补

24.1 苗木栽植深度与苗木垂直度调整

24.1.1 调整栽植深度

质量达标的苗木，栽植后在灌水到位的情况下，如出现迟迟不能发芽或发芽展叶后逐渐萎蔫、枝条枯萎现象时，有可能是由于栽植过深而造成的。

1. 造成苗木栽植过深的原因

1）不管槽穴挖掘的深浅，苗木土球多厚，卸苗前未及时调整栽植穴深度，将苗木直接入穴栽植，这是施工中普遍存在的一种错误的栽植方式。

2）栽植时没有考虑新填客土沉降系数，因客土沉降而导致树体下沉。

3）栽植标高测定有误。

2. 检查方法

1）目测。如常绿针叶树，分枝点在栽植面以下。嫁接苗木，嫁接口在栽植面以下等。

2）扒穴。用木棍挖去树干下回填土直到露出土球。

3. 纠正苗木栽植过深的技术措施

苗木栽植过深，往往会造成苗木不发新根和导致“闷芽”现象发生。在地下水位较高及黏重土壤中常会因烂根而死亡，因此应及时采取相应措施予以解决。

1）在起重机无法操作的地方及土球已部分松散、栽植过深的苗木，可在土球底部挖环状沟，沟内铺设陶粒，紧贴土球垂直埋设透气管，增加土壤通透性。陶粒中间设置排水管，排水管与出水口处保持一定坡度，保证穴底排水通畅。

2）在地形上栽植过深，且已无法用机械操作的大规格苗木，可以原栽植面为准，通过调整地形坡度来解决。

3）对枝条新鲜、土球较完整的苗木，需在穴土略干时，将苗木挖出后土球重新进行包裹、打络，抬出树穴，抬高栽植面栽植。操作时注意不要损伤土球。

24.1.2 调整苗木垂直度

凡树干明显歪斜的植株均需进行扶正，操作方法如下：

1）待大雨或浇水后1～2d，土球不湿或大风过后进行此项工作。

2）分别在树干倾斜方向，两侧挖沟，深度以见土球底部为宜。高大乔木应使用粗麻绳，在绳索的一端拴一粗木棍。将拴有木棍一端的绳索套在主干分枝点上的大枝基部，缓缓用力，向偏斜反方向轻轻拉动。待树干或树冠达到垂直时，在偏斜方向穴底填土并踏实。松开绳索，检查树干不再偏斜时，边填土，边踏实。土球规格小于 60cm 的，可用木棍轻轻翘动土球，调整树体垂直度。

3）严禁直接推拉树干调整垂直度。发现在扶正时土球有轻微散坨的，扶正后应再浇灌一遍小水。

24.2　园林苗木的修补

24.2.1　苗木复壮

1. 苗木分栽

有些丛生灌木、宿根地被植物及水生植物，由于不断分蘖，导致生长空间缩小，根部拥挤，影响正常生长发育多年后会逐渐衰老，并出现退化现象。表现为植物拥挤、花量减少、花冠变小、病虫害发生严重或部分苗木死亡等。

应对出现退化现象的植物及时进行更新分栽复壮。如常夏石竹，株丛 2～3 年即衰老退化，开花不良；落新妇 3～4 年生株丛老根即已木质化或部分枯死；菊花第二年会出现株形不整齐、开花不好等现象；红花酢浆草 5～6 年，分蘖能力逐渐衰弱，大部分鳞茎老化，长势衰弱。

对生长过密、长势不旺的多年生丛生灌木及宿根地被植物，需要适时进行分栽，通过分株进行更新复壮。草本地被及水生植物的更新分栽，详见一二年生草本花卉栽植与养护、宿根地被植物栽植与养护、球（块）根、球茎地被植物栽植与养护、水生植物栽植与养护。

2. 苗木间伐

对于多年生老株进行更新，可在晚秋或冬季去除 6～7 年生以上老株。

3. 苗木截干

萌芽及发枝力强的衰老树，可采用截干方法进行更新复壮，如白蜡、柳树等。

有些地方对蛀干害虫严重、长势衰弱的大树进行截干处理，这种养护措施是欠妥的。

对此类苗木或进行树干注药、根灌、熏杀等综合防治措施，或拔掉重新栽植。但对危害部位在五叉股或以上的，是可采用的一种补救措施。

24.2.2　苗木补植

定期开展苗木的发芽、生长及病虫害发生情况的调查，认真做好调查记录，发现问题应及时分析原因，采取积极补救措施。

对因病虫危害、人为破坏、机械损伤、灾害性天气等原因，而造成的枯死、损坏、丢失的苗木，应尽快落实苗源，确保补植工作的顺利进行。

1. 乔、灌木类补植

病虫害发生严重、失去观赏价值、已枯死及损坏严重的苗木，应及时拔除，挖好树穴适时进行补植。

（1）栽植要求　补植苗木的栽植，必须符合苗木栽植的各项要求。

（2）品种要求　补植苗木品种、规格，应与原栽植苗木相同。

（3）土壤消毒　因患根头癌肿病（如樱花、桃树、紫叶李、海棠类、刺槐、香椿、杨树等）、黄萎病、枯萎病（如合欢、黄栌、丁香、紫荆、红枫等）、立枯病（小叶黄杨、小叶女贞、水蜡等）、根腐病（如雪松、白皮松、柳树等）、白（紫）纹羽病（杨树、柳树、白蜡、国槐、悬铃木等）等土传病害而死亡的苗木，补植前树穴或栽植槽必须更换栽植土，或土壤消毒后方可进行补植，补植苗木根部或土球可喷施杀菌剂保护。补植养护中密切关注土传病害是否再发生，并做好防治预案。

（4）支撑、灌水　大型乔灌木，补植后先用支撑将树体支撑牢固，支撑必须符合要求。

补植苗木必须灌好三水，不可漏灌。为防止苗木漏灌，应将补植苗木品种、补植时间、补植位置、三遍水的已浇灌时间进行列表，及时填写。绿篱补植后最好先不修剪，待二三水后再剪，以免因漏灌而造成苗木死亡。

2. 花坛、花镜苗木补植

花坛、花镜内人为踩踏、折损或死亡苗木应随时拔除，及时进行补栽。自播繁殖的一二年生花卉地面裸露处需撒种补播，出苗密度较大时，应适时进行间苗，防止花苗倒伏。

3. 草坪修补、补播

对因施工破坏、人为践踏、病虫危害、施肥浓度过大、恶性杂草侵害、除草剂使用不当等原因，造成的地表明显裸露、局部枯死或斑秃，面积直径达 10cm 以上者，应随时进行修补。

斑秃率达 10% 以上时，应集中修补或补播。对生长势较差、杂草丛生、已失去观赏价值的草坪，应进行彻底清除，重新进行播种和补栽。

（1）清除残留枯草　将斑秃草坪切块起出，并清理干净。去土的厚度要和草坪卷的土层厚度一致。清除斑秃地残草时，应将边缘切整齐。

（2）土壤消毒　对因病害或地下害虫造成的斑秃地块草坪，土壤必须进行消毒、杀虫后再进行补植、补播。土壤消毒可喷施辛硫磷或杀菌剂。

（3）土地整理　人为踩踏和车辆碾压硬实地块，土壤必须翻耙疏松，平整后再进行补植、补播。

（4）草坪补植、补播　应选用原草种，新补草块要与草坪紧密相接，尽量减小缝隙，修补后草坪平整、美观。暖季型草种补播工作，应在 7 月底前后完成。冷季型草种、二月兰补播工作应在 10 月中旬结束。

24.2.3　树势衰弱的原因及补救措施

1. 土壤过湿

多因灌水、喷水量过多、过勤和雨后未及时排水所造成。

（1）树冠喷水时，要求喷成雾状。有些人误认为喷水量越大越好，有的水顺着树干流下，造成树穴积水或土壤过湿。

（2）常见有些施工人员有浇草时树穴必灌水的习惯，造成土壤过湿，根系生长不良，导致树势衰弱，肉质根苗木受害最重。

（3）补救措施

1）改变灌水、喷水方式，草坪地内乔灌木做到不旱不灌。喷水时远离苗木，让水呈雾状从树冠上落下，或喷水时树穴搭盖彩条布，防止树穴土壤过湿。

2）开穴晾坨。因灌水或喷水量过多、过勤，造成穴土过湿或积水时，应及时扒开树穴，让土球晾晒半天或一天，然后回填较干燥的土壤。

2. 土壤黏重、板结

1）树穴过小，或因黏重土壤机械上土时造成土壤极度板结，或扒开树穴发现苗木未有新根生出。补救措施：及时扩大树穴，深度到土球底部，向下打眼灌沙，每穴 4 ~6 个或更多。配制沙: 草炭: 栽植土 =1∶1∶(4 ~5) 的混合土树穴回填，灌水养护。

2）土壤透气性差，灌水或雨后排水不畅，造成树穴积水。

3. 干皮损伤

在起吊运输过程中，因方法不当造成苗木局部干皮分离、破损或开裂。

(1) 干皮分离　影响苗木水分及养分的输送，造成树势衰弱。

(2) 干皮破损　病菌常自伤口处侵入，导致苗木诱发流胶病、干腐病、溃疡病、腐烂病等，造成苗木树势衰弱。

(3) 干皮开裂　仔细检查发现树皮有裂缝，裂缝处钉有小铁钉，干皮受伤后使水分、养分的输送局部受到影响。

4. 病虫危害

1）多见为臭椿沟眶象、吉丁虫类、天牛类、木蠹蛾类、豹蠹蛾等危害所致。大部分是随苗木带入。检查树干可发现有流胶、蛀孔、羽化孔或排粪孔等，在排粪孔外及树穴处可见大量木屑和排泄物。此类苗木应抓紧对树穴或排粪孔灌药防治，并注意捕捉成虫，防止产卵。危害严重的应及时拔除。

2）在苗源地已发病，因苗木在侵染期，尚未表现出病症，或验苗时检查不仔细所造成。此类苗木发病不十分严重时，可作抢救性治疗，涂药控制病斑向外扩展。发病严重者必须立即拔除病株，换苗重栽，病死株远离施工现场。根部有病害的，应对树穴土壤进行杀菌消毒，或更换栽植土，防止土传菌的传播危害。

5. 施肥距离根系过近

表现症状为叶片边缘发黄，树势衰弱。扒开树穴发现外围新生须根根尖变为浅褐色，但中间部分仍有新根生出。

24.2.4　苗木迟迟不发芽及补救措施

1. 根系腐烂

造成此类情况发生的原因有三个。

1）苗木栽植时，不易腐烂的、过密的土球包装物未撤出，导致透水透气性差，苗木根系逐渐腐烂。在黏重土壤、土壤板结及高温季节发生严重。

2）进场裸根苗根系非常湿润，但仔细观察皮层已与木质部分离，这类苗木多因起苗时间过长、运苗不及时，或运苗途中长时间堵车，造成苗木根系严重失水，到场前在水坑长时间浸泡所致。苗木栽植后不发芽，或发芽后很快抽回，检查根系已经腐烂，此类苗木已无任何生还希望，应尽早拔除重栽。

3）灌水过大。有些人认为灌透水就是灌大水、勤灌水，结果导致树穴积水或土壤过湿，造成土壤透气性差，特别是在黏重土壤中更为严重，扒开树穴时发现部分根系开始变色、腐烂。

以上情况下根系腐烂不严重时，可将树穴栽植土挖出，撤去土球包装物，剪去或切去

(土球)烂根部分，直至露出新鲜组织。树穴及根部喷洒杀菌剂，更换较干燥的沙质土回填，灌小水养护，待4~5d后生根粉随水灌入。

2. 根部失水

扒开树穴，修剪根部时发现茬口不湿润、根部干缩。造成此类情况发生的原因有两个。

(1) 苗木栽植后灌水不到位　树穴太小、太浅，有的浅到随灌水向外流，甚至有的根本就没有树穴，土壤中的水分满足不了根系需要。对此类苗木应立即开穴，根系回剪至湿润部分，剪口处喷洒生根粉。

(2) 苗木进场前根系失水

1) 因刨苗时间较长，不能及时运输时，未进行临时性假植，根部既未喷水，也未用湿草帘苫盖，导致根系严重失水。检查裸根苗根部剪口处，发现根系含水量非常少。

2) 土球苗土球干燥、坚硬，土球外缘粗根剪口不湿润。此类苗木之所以能够进入施工现场，是因进场苗木根本没人验收，或未按苗木验收标准验苗而造成的。苗木如失水不是特别严重，且土球较大，裸根苗根幅较大，可适当缩剪根幅或削土球，进行抢救性养护。

3) 若失水较严重的，则无任何抢救价值，处理方法是拔掉重栽。

3. 假土球

进场时苗木土球直径、厚度均达到标准要求，且外包装非常严密，苗木在起吊时树干来回晃动，此类应为假土球苗。特别是反季节栽植，苗木成活率非常低，建议拔掉重栽。

24.2.5　苗木抽梢或叶片萎蔫及补救措施

1. 未灌透水

进场苗木土球过大、过干，或灌水围堰过小、过浅。此类苗木虽然栽植后已灌过三遍水，但大部分灌水自回填松散的栽植土直接渗入地下，土球仅湿润到外围土层，内部并未灌透，因根系缺水而表现出上述症状。

此类苗木应立即对枝条进行回缩修剪，并在土球上扎眼灌水，有的人也进行扎眼灌水，但眼并未扎在土球上，而是扎在土球外回填土处，此举也是徒劳的。

2. 假土球

正常季节栽植的较大规格假土球苗，栽植后发芽甚至开始展叶，表现出的仅是一种假活现象，待消耗尽树体内的水分和养分时，叶片开始萎蔫，枝条抽梢，不久苗木死亡。

生长季节栽植的假土球苗，一般栽植后2~4d即可表现症状，叶片萎蔫、叶黄脱落、枝梢回抽，且很快死亡，扒开树穴发现包装物层层包裹，内部土壤与树体分离。此类苗木必须拔除，换苗重栽。

24.2.6　栽植苗木死亡的原因及处理

1. 苗木质量问题

1) 虽然严格按照苗木验收标准要求进行验苗，但因有些苗木在圃地已经染病，但尚未表现出明显症状。

2) 因进场苗木根本没有人检查验收，或检验不严格，造成不合格苗木栽植后死亡。如假土球苗、根系严重失水苗、病虫危害严重苗、假皮苗、撸皮苗等。

土球根部发生的病害，如线虫病、根腐病、白羽纹病、根头癌肿病等，又不易发现，因此造成部分问题苗栽植后死亡。

3）处理意见：①因患线虫病、根腐病、白羽纹病、根头癌肿病死亡的苗木，应全部拔除，树穴土壤全部更换，或喷洒杀虫、杀菌剂消毒。②假皮苗、撸皮苗，如破损部位呈纵向走势，且长度不太大时，可将翘皮、假皮切除，切口处涂抹梳理剂，以利尽快长出愈伤组织。若伤口呈横向走势，且绕树干近 1/2 时，此类苗木即使不死，也无观赏价值。伤口绕树干近一圈时苗木死亡。③假土球苗、严重失水苗、病虫危害严重苗，建议拔除重栽。

2. 土壤盐害

有些外地苗木，特别是早春刚发芽花灌木类，新生须根幼嫩而多，但在盐碱土栽植后，虽然正常灌水，但苗木枝叶回抽现象严重，最终导致大量死亡。检查根部发现吸收根干缩、变色。此类苗木是因为幼嫩吸收根遭受盐害，导致生理性干旱而造成死亡。

3. 苗木栽植问题

（1）不易腐烂的包装物未撤除

1）苗木入穴后，不易腐烂的包装物及过密的包装物未撤除，如草片 +“单股单轴”草绳包装物、“双股双轴”草绳包装物、草片 +“双股双轴”草绳包装物、厚无纺布、双层遮阳网等。

2）导致树穴透水透气性差，造成苗木长势衰弱甚至烂根死亡。在黏重土壤、土壤板结处，导致根部、树干发病严重，更加速苗木死亡。

3）雨季、高温季节，肉质根树种受害严重，扒开树穴发现土壤变黑、发臭，树木根系开始腐烂或已全部腐烂。

4）有些施工人员为了省事，将包装物解开后并不取出，而是全部堆积在穴底。这种操作方法同样会造成苗木烂根死亡。

（2）树穴太小　在调整苗木垂直度和观赏面时造成散坨。在黏重土壤和土壤板结地块，根系无法伸展，影响苗木成活。

（3）栽植过深　对于因栽植过深，造成树势衰弱或迟迟不发芽的苗木，如不及时采取开穴或提高栽植措施，改善根部生存环境，就会造成苗木死亡。

（4）树穴锅底形　放入树穴后土球下部架空，根系无法吸收到水分，造成苗木干旱死亡。

4. 苗木养护问题

（1）未及时喷灌水　施用速效肥后，未及时喷灌水，造成苗木茎叶烧伤，草坪草枯萎、死亡。

（2）施肥过量　过量施用速效肥造成“烧根”，表现症状为苗木叶片变黄、脱落，根系变色、干缩，严重时苗木死亡。刚表现症状时，可灌大水冲淋稀释。

（3）苗木支撑缺损　检查巡视不够，对支撑杆折断、缺失、吊桩未能及时进行修补和加固，导致风雨天气大树晃动，根系松动，或苗木倒伏树根外露，对倒伏苗木又未及时进行扶正，造成苗木死亡。

（4）病虫害防治不及时

1）缺乏专业知识，不掌握病虫害发生规律及识别危害状的方法，或检查巡视不到位，不能及时发现和防治，造成病虫危害扩展迅速，或苗木根系被咬断时，苗木死亡。

2）虽然也对病虫进行了防治，但因方法不当，使用药剂不对路，或因防治不到位，没能及时控制住病害的扩展和杀灭害虫，最终导致苗木死亡。

3）病害。线虫病、干腐病、腐烂病、溃疡病、根腐病、枯萎病、根头癌肿病等发病严重时，在养护中或因未检查发现，或因防治不及时，或因防治不到位，最后导致苗木死亡。

检查时发现树干上出现病斑，或病斑上出现针头状小黑点，或病斑上已有金黄色丝状物出现，待病斑连接成长条或片状，围绕树干一周时，苗木死亡。

4）虫害。地下害虫、蛀干害虫危害严重时，也会造成苗木死亡。如小蠹类、天牛类、吉丁虫类、木蠹蛾类、豹蠹蛾、臭椿沟眶象、蛴螬、地老虎等。当树干皮层布满蛀道或仅剩皮层和少量木质部时，苗木死亡。

（5）灌水不到位

1）干旱时未及时补水。

2）返青水、封冻水未灌透。浇灌两水时未扒开树穴，或树穴太小，灌水量不足，是导致春季返青时苗木死亡的一个主要原因。

（6）雨后排水不及时　地势低洼、土壤板结及地下水位较高处，大雨后排水不及时造成水涝，导致苗木死亡。可采取如下措施。

1）对栽植过深且不便重新提高栽植的大树，应扒开树穴深度到原土球面。为解决树穴积水问题，可在树穴附近挖排水沟或渗水井，将树穴一侧挖开深至土球底部，紧贴土球放置一根排水管，与穴外排水沟或渗水井接通，以利排水。在斜坡上栽植的，可将树穴内排水管直接通至斜坡边缘，但不宜露出太多，出水口用薄无纺布绑扎紧。

2）树穴积水时，可在土球外侧埋设通气管或排水管。

3）对雨后24h绿地仍有积水地段，应加设渗水井（采用净石屑或陶粒），在已做排盐设施的地方，渗水井底部应与隔离层沟通。

（7）防寒不到位

1）早春气温回暖，过早撤除防寒设置，导致苗木遭受倒春寒伤害，此时的低温对苗木的伤害最大，苗木常因气温回暖，又突然降温，遭受冻害死亡。

2）防寒措施不到位。冬季到来之前，未制订防寒技术方案，或实施操作时也未按技术方案要求去做，如封冻水灌得过早或过晚，培土厚度不够，草绳缠干时根际处裸露，苗木裸露根部未填土覆盖等，这都会造成苗木越冬死亡。

3）未做防寒。对一些耐寒性差的苗木、秋植苗木未采取任何防寒措施，导致苗木遭受冻害死亡。如雪松、玉兰、石榴、紫薇、大叶黄杨等，如遇大寒之年，将会造成苗木大量死亡。

4）检查巡视不到位。防寒风障棚布破损或倒塌，缠干草绳脱落等，未能及时进行修补和加固，造成苗木遭受冻害而死。

5. 吊装运输问题

（1）干皮拉伤　起吊方法不当，或装车及卸车时，吊装带树干起吊位置未垫软物或缠干太松，起吊时将树皮拉伤，表现为树皮开裂或与木质部分离。此类苗木栽植后树势较弱或不发芽，用重物敲击树干时，局部发出空响，扒开树皮发现树皮、形成层、木质部已干缩分离，若损伤近树干一周时，苗木即使发芽也会抽条死亡。

（2）苗木散坨

1）苗木脱扣坠落。起吊苗木时吊装带捆绑土球位置不当，或吊装带、麻绳等作业时突然断裂，造成苗木散坨。

2）装车时土球未挤严，或未用硬物支垫，在运输途中晃动散裂，卸车时苗木散坨。

3）起苗时土壤过湿，虽然能起成坨，但运输中或卸车时造成散坨。

4）运输途中树干支撑架断裂或倒塌，造成苗木散坨。

（3）处理意见

1）对干皮与木质部分离，横向达树干 1/3 时，苗木因养分、水分供应受阻长势衰弱，影响观赏效果，如干皮与木质部分离达树干一周，建议均拔掉重栽。

2）散坨苗采取泥浆栽植法，栽后输营养液等补救措施，如枝干开始抽条，且无新根生出，此类苗应拔除重栽。

24.2.7　除草

1. 清除原则

1）应坚持除早、除小、除净的原则。

2）重点是清除绿地内双子叶植物，有些杂草是病虫越冬寄主或中间寄主，如早熟禾是飞虱、叶蝉的越冬寄主，狗牙根是锈菌的寄主，独行菜、附地菜、篱打碗花等，也是传播有害生物的转主寄主。这些杂草常成为草坪病害的初侵染源，应注意及时拔除。

①一般单子叶杂草，应通过及时修剪，避免结籽来控制其蔓延。

②发现有害性杂草、寄生性杂草侵入时，必须立即连根彻底清除，防止其快速扩展蔓延，危害其他植物。

③对生长迅速、蔓延能力强、扩张力强的单子叶杂草，如芦苇、牛筋草、马唐等必须及时连根拔除。

3）除杂草次数：①重点观赏草坪，需随时拔除双子叶杂草，防止杂草蔓延；②一年生杂草 6、7、8 月份是旺盛生长期，也是主要危害时期，需每月清除杂草 3 次，非旺盛生长期，可每月清除杂草 1～2 次；③5～8 月份由于气温高、湿度大，适应各类多年生杂草生长，故应每月清除杂草 3 次。多年生杂草必须连根拔除。

2. 清除方法

可采用人工拔除或机械修剪除草、化学防治（施用除草剂）等方法。

（1）化学防治　在草坪草生长期不可使用灭生性除草剂，以免对绿地植物造成伤害，应使用选择性除草剂，如 2，4-D 丁酯、阔叶净、阔必治、麦草畏等。

灭生性除草剂如草甘膦、百草枯等，对所有植物都有灭杀效果，无除草选择性，只可在建坪前使用，或用于清除荒地及路边杂草，施用半月后可栽植苗木或建植草坪。

1）成熟草坪，阔叶杂草可施用百草敌或溴苯胺，百草敌施用量 0.2～0.6kg/亩，溴苯胺 0.3～0.6kg/亩，一年施用 2 次，可基本得到控制。早熟禾、黑麦草草坪中的禾本科杂草，施用恶草灵颗粒剂防除。

2）阔叶草坪内禾本科杂草的防除。一般可选用吡氟禾草灵、吡氟氯草灵、烯禾定等除草剂。对于白三叶坪地中的禾本科杂草早熟禾、稗草等，可使用禾草克、国光拳沙②号等，其对白三叶等双子叶草坪安全。

3）禾本科草坪内阔叶杂草的防除。2，4-D 丁酯、麦草畏等是防治阔叶杂草的除草剂，能杀死双子叶杂草，如坪地内的委陵菜、地肤、蒲公英、藜、酸模、车前草、田旋花等，但对禾本科草坪安全。按需求将除草溶液稀释后，均匀地喷洒到植物体表面，3～5d即可见效。一般阔叶杂草2～3叶期防除效果最佳。

4）冷季型草坪中的阔叶杂草，可用国光阔必治①号等，适用草坪有早熟禾、黑麦草、结缕草、高羊茅。

5）禾本科草坪内的禾本科杂草的防除。如英国H.L草坪化学公司生产的坪安2号一消禾草坪除草剂，可杀死高羊茅、早熟禾、黑麦草、马尼拉坪草中的狗牙根、狗尾草、牛筋草、画眉草、稗草、马唐等禾本科杂草，而对栽植草种安全。杂草3～7叶期使用效果最佳，除草剂使用量80～90g/亩，7～9叶期用量90～100g/亩。

将每亩地用药量兑水30kg后均匀喷洒，要求雾化程度高，做到不漏喷、不重喷。喷施后10～15d杂草死亡，但对已木质化的其他杂草不宜使用。又如草坪灵4号，可防除草坪中的稗草、画眉草、牛筋草、星星草等。

6）当黑麦草、高羊茅、早熟禾、结缕草等坪地内，既有单子叶杂草，又有双子叶杂草时，可安全使用草坪灵3号或坪绿3号防除，除治藜（灰灰菜）、狗尾草、马齿苋等杂草。

7）草坪中主要是单子叶杂草时，可用对草坪安全、对周围花木无影响的坪绿2号。

（2）人工拔除　如坪地内双子叶杂草及绿地内杂草及构树、杨树、火炬树、凌霄、刺槐等滋生的根蘖苗，或臭椿、榆树等自然播种幼苗，数量不多时可人工连根拔除。

（3）人工拔除或化学防治　菟丝子侵染初期可人工拔除，也可使用生物农药鲁保1号菌剂，500～800g/亩，加水100kg、洗衣粉50～100g，混合均匀后喷雾，5～7d喷施1次，连续2～3次。也可用48%甲草胺乳油250mL/亩，兑水25kg喷杀。

三叶草上菟丝子危害严重时，先用镰刀将其砍断，再涂抹或喷洒农用链霉素或鲁保1号菌剂，除治效果更好。

在花灌木上寄生的菟丝子防治，可在下午用注射器在寄主主茎上注射农用链霉素防治。

（4）使用除草剂注意事项

1）新播草坪，在坪草修剪两三次后方可施用。

2）新植苗坪，一般以建植4周后，草坪草已具备足够的抗药性时，施用除草剂为宜。

3）成形草坪修剪后，不能立即使用除草剂，必须在剪草3d后方可使用。

4）使用除草剂前一天需对草坪地进行灌水，在墒情好的情况下才能保证除草效果，干旱时使用效果不佳。

5）避免在同一块草坪上，长期单一地使用同一种除草剂，以避免杂草对除草剂产生抗性。使用时，可交替使用或混合使用除草剂。

6）2，4-D丁酯、麦草畏等是除禾草外，对双子叶植物均能产生伤害作用的除草剂，一旦喷施到植物体上，会造成药害，因此在喷施时应注意周边植物，避免产生次生药害。

7）有些对坪草敏感的除草剂，如剪股颖和高羊茅对恶草灵敏感，剪股颖、狗牙根对环草隆敏感，早熟禾对地散磷敏感，故不能用于茎叶处理施用。

24.2.8　锄地松土

为防止土壤板结，有利土壤抗旱保墒，在灌水或大雨过后，待地表稍干时，对绿地、树穴适时进行锄划松土。锄划松土在土壤黏重、盐碱地区尤为重要，可以增加土壤的透气性和有效防止返盐、控碱。

1. 松土深度

牡丹、芍药花谚有“春天锄一犁，夏天划破皮”之说。即指春天中耕宜深，夏天锄地要浅。

一般 3 月下旬深锄松土至 10 ~ 15cm，4 月上旬应根据土壤干湿情况，进行深锄或浅锄。花谢后，锄地深度以 12 ~ 15cm 为宜。进入夏季，土壤干旱时，应 15 ~ 20d 松土一次，松土深度 2 ~ 5cm。8 月份是中耕锄草的关键时期，宜浅锄、细锄。

（1）花灌木、宿根地被植物　松土深度以 3 ~ 10cm 为宜。

（2）绿地、树穴　松土深度以 5 ~ 10cm 为宜。

（3）花坛、花镜　松土深度以 3 ~ 5cm 为宜。

2. 松土次数

1）花坛、花镜每月松土一次。易板结的土壤，夏季须每月松土 2 次。

2）树穴内应经常锄划松土，保持每月 2 次以上，是克服土壤干旱、土壤过湿的有效措施，每次灌水后、雨后，均应适时锄划松土。

3）盐碱地、黏重土壤，灌水或大雨后，应及时锄划松土，保持不板结、平整疏松地表，这是盐碱地、黏重土壤绿化养护的重要措施之一。

24.3　园林植物防寒

北方地区有些耐寒性稍差的植物，在栽植后 1 ~ 3 年内，需采取一定的防寒措施，如雪松、龙柏、女贞、石楠、红枫、梧桐、大叶黄杨、石榴、牡丹、玉兰、月季、丝兰、花叶芦竹等。个别耐寒性差的种类如葡萄、美人蕉等，则需年年防寒越冬。秋植苗木也要进行防寒。防寒不及时、防寒措施不到位、防寒设施撤得过早等，都会导致苗木遭受冻害甚至死亡。

24.3.1　防寒准备工作

1. 制订计划

根据定植地环境条件、苗木栽植时期、苗木抗寒能力等，制订各类苗木具体防寒措施，做出物资购置计划。

2. 物资准备

所需物资，如松木杆、竹竿、竹片、木桩、草绳（直径 1.5 ~ 2cm）、草片、无纺布、塑料薄膜、缝包机、压膜线、铁钉、铁锤、钢丝（10 号、12 号、14 号）、钳子、手锯、水车、水管、涂白剂、防冻保水剂、塑料桶、打药机、板刷等。

24.3.2　标准要求

1. 培土厚度

乔木 40cm，灌木 20cm，宿根地被覆土厚度 10cm。红枫、桂花、红花檵木球等耐寒性差的树种，覆膜后再行培土。

2. 架设风障

1）风障应架设牢固、整齐、美观，支撑杆整齐、一致，风障上部不露树梢，下部紧贴地面。

2）风障、防寒棚架设过程中，应认真检查每一道工序，质检不合格的，不得进行下一道工序的操作。风障骨架应架设牢固，以人为晃动基本无动感为准。

无纺布接口需压边缝制牢固，不开缝。无纺布与支撑杆缝制固定。

接近地面处的无纺布用竹竿缚牢并用土压实。有些秋植耐寒性差的植物，在风障迎风面内侧还需夹垫一层草帘保护。

3. 缠干

应自树干基部向上无间隙缠紧、缠牢，一般乔木树种可缠至干高2m或至分枝点，个别树种如桂花、红枫等，当年栽植的应缠至主枝长度的1/2。广玉兰、桂花等，除用草绳缠干保护外，还应搭设风障。

4. 封冻水灌水量

持水深度以乔木不低于60cm、灌木不低于40cm、草坪不低于15～20cm、宿根地被植物不低于20cm为宜。

24.3.3 防寒措施

1. 移入室内

1）耐寒性差的桩景树、南方植物，应移入温室越冬，球（块）根类宿根花卉，如美人蕉、芭蕉等，应于霜降后掘出，贮藏在5%～10%的冷窖中越冬。

2）耐寒性差的水生植物，如睡莲、雨久花、梭鱼草、大漂、水生美人蕉、凤眼莲、荇菜等，霜降前应移入冷室内越冬。

2. 培土

需培土越冬植物。

1）新栽植牡丹、芍药、雪松、玉兰类、石榴、紫薇、杏梅、桩景树、梧桐、马褂木等，8月份以后定植的大乔木、宿根地被植物，浇灌冻水后必须培土防寒。

2）边缘植物及耐寒性稍差的种类，如大叶黄杨球、金边黄杨球、金心黄杨球、龟甲冬青球、广玉兰、石楠、南天竹、花叶芦竹等。

3. 覆地膜

秋植的大规格苗木、耐寒性较差（女贞、玉兰、石楠）及12月上旬栽植的苗木，待灌冻水后树穴土面略干时，用稍大于土球的薄膜覆盖，培土防寒。

4. 搭设风障、防寒棚

当年栽植较晚的大叶黄杨、雪松等，应设防寒棚防寒越冬；耐寒性稍差及边缘的树种，如新植的雪松、红枫、桂花、石楠、广玉兰、南天竹、大叶黄杨、金边黄杨、金心黄杨等，一般植后3年需设风障防寒越冬。

12月上旬栽植的油松、白皮松、黑松、龙柏、云杉等，当年也需搭设风障；在离建筑物较近的背风向阳处，耐寒性较差的边缘树种，如石楠、广玉兰、桂花、南天竹等，可不设风障。

（1）物资准备　松木杆、竹竿、木桩、无纺布或彩条布、铁锤、铁锹、钳子、钢丝、折梯、壁纸刀等。

（2）设置方向及高度　风障应设置在迎主风方向三面搭设，距乔木树种0.5m，距灌木

0.2m，风障高度一般应高于树冠 15～20cm。

（3）搭设方法

1）一般乔木树种。

①风障立柱直径 7～8cm，长度应视植株高度而定，每隔 1.5～2m 设置一根，填埋深度不小于 40cm，填埋时应分层夯实。也可将立柱直接与楔入地下的锚桩固定。

②沿立柱基部每隔 1m 横向绑扎一根粗度为 5～6cm 的竹竿，并用钢丝与立柱固定牢固。

③两立柱间交叉绑缚两根直径 4～5cm、长度 4～6m 的竹竿，并分别与横杆和立柱绑扎固定。

④风障骨架架设后，在外侧用无纺布围裹，将无纺布拉紧，用麻绳或尼龙草绳与立柱、横向竹竿固定，下部留有 25～30cm 宽无纺布，用土压实。

2）球类植物。可用两头削尖的竹条，交叉插于球体四侧，弓顶距冠顶 15cm，侧面距植株 10cm，竹条插入土中 12～15cm，或用钢丝与斜埋入土中的锚桩固定，然后覆无纺布。

3）边缘性植物。南天竹应设四面风障，红花檵木、芭蕉等风障内填满干枯树叶。

4）常绿树种。广玉兰、桂花等，需设防寒棚，阳面的上侧可留一窗口。石楠设三面风障。11 月份栽苗的雪松，风口处应设防寒棚，在迎风面的内侧，需加设一层草帘。

5）迎风面，在每隔一根立柱 2/3 高处拴一根 10 号钢丝，钢丝的另一头与木桩系牢，呈 60°角斜向揳入土中，深 30cm。长度较大的风障，对应一侧每隔一根立柱，用一根深埋 40～50cm 的长竹竿，呈 60°角与立柱绑牢，撑杆与对面的斜拉钢丝交错排布。

①新栽植的耐寒性稍差的植物，可在小区内迎主风方向设三面风障。

②分车带绿篱需设四面风障，当年栽植的应搭建防寒棚。

③风障应距苗木 10～15cm，立柱使用方木桩或松木桩，木桩顶高出枝梢 15～20cm，间隔 1.2～1.5m 设置一根，木桩两端用粗竹竿横向连接固定。

④色块及绿篱宽度不大的，可用竹竿或竹片与对应两侧木桩水平横向绑扎固定。

⑤色块及绿篱宽度较大的，需在内侧加设木桩支撑，中心木桩要高于外侧。

⑥用竹竿或木条将所有木桩连接，然后围裹无纺布，用麻绳或尼龙草绳将无纺布与竹竿、立柱固定。

⑦顶面无纺布接口应缝制牢固，上面用压条或压膜线固定牢固，接近地面处的无纺布用竹竿缚牢并压实。

5. 缠干

1）不耐寒桩景树如榔榆等，树干全部用草绳加保温膜缠干，桩景树云片的上下两面，应用保温膜包裹。

2）如苗源为江西及以南的高接紫薇，需缠至当年生枝条 10cm 处，草绳外面还应缠一层保温膜，以确保苗木安全越冬。

3）秋植苗木，及耐寒性稍差且树皮薄的苗木，如梧桐、石榴、玉兰、女贞、马褂木、桂花、石楠等，栽植 3 年内，在上冻前应用草绳、无纺布或防寒棉毡条缠干保护。

6. 浇灌封冻水

适时浇灌封冻水，是提高苗木抗寒能力、保证新植苗木安全越冬、防止早春干旱的重要措施。封冻水必须灌足、灌透。

（1）浇灌封冻水时间

1）冻水不宜灌得过早，应在日平均气温3℃，土壤“夜冻日化”时进行。

2）京津地区多自11月中旬开始，11月下旬至12月初完成，草坪浇灌冻水应于12月5日前结束。

3）如草坪面积大，因浇灌冻水过早而出现干旱现象时，应在土壤封冻前再及时补灌一水。

4）对于铺栽及播种较晚的草坪，根系较浅。

5）当冬季表层干土层达到5cm的坪地，应于1月中、下旬，选温暖天气的中午适时补灌一水，以补充土壤水分的不足。

（2）保证措施

1）为保证封冻水能够灌透，乔木开穴直径不小于100～120cm，灌木不小于80cm。

2）灌水围堰高15～20cm；对有地形起伏的坡顶和坡度较大的斜坡绿地，应自坡顶连续多次进行小水浇灌，直至灌透为止。

（3）保护措施　草坪地浇灌冻水后，应严加防护，防止游人及养护人员随意踩踏。

7. 喷防冻保护剂

1）对耐寒性差的树种，除采取上述措施外，对树冠可喷施防冻保湿剂，如女贞、石楠等。

2）先用水将低钠羟甲基纤维素浸泡24h，24h后用木棍搅拌均匀备用。

3）选无风或风力较小的晴天，将原液取出稀释成500倍液喷施，保湿剂应现配现用。

24.3.4　撤除防寒设施

防寒设施不可撤得过早，以免发生倒春寒对植物产生伤害。春季应根据树木抗寒能力和天气状况，适时拆除防寒设施。

1. 撤除地膜

覆地膜越冬的苗木，应于早春在土球南侧打2～3个孔，以后每周增加打孔数量，4月初在气温基本稳定、树木萌芽后将覆膜全部撤除。

2. 扒开覆土、培土

3月中旬开始，陆续扒开宿根地被的覆土和树穴培土，做好灌水围堰，准备结合春季施肥，浇灌返青水。

3. 拆除风障、防寒棚

风障应于3月中下旬至4月上旬陆续拆除。绿篱、色块防寒棚拆除工作，可在3月中下旬晴天进行。先拆除棚顶和南侧棚布，在气温基本稳定、苗木开始萌芽时再将其全部拆除。雪松应于4月上、中旬，芽萌动后展叶前撤除风障。拆除的防寒材料应分类打捆，及时运回，以备日后使用。

4. 撤除树干包裹物

1）缠有两层包裹物的，如新植高干紫薇、女贞、广玉兰等，应分次分层撤除。4月中旬，先撤去缠干外层的塑料薄膜，待芽膨大时再将草绳全部撤除。

2）易发生干腐病、溃疡病、腐烂病、流胶病，需喷洒石硫合剂的缠干越冬苗木，应在3月20日前撤除树干包裹物，以便及时喷洒杀菌剂。

3）树干直接缠薄膜防寒的，最晚应于 4 月底前全部撤除。

防寒棚及缠薄膜防寒如图 24-1 ~ 图 24-2 所示。

图 24-1　防寒棚

图 24-2　缠裹防寒

第25章 园林植物病虫害及其特征

25.1 园林绿化植物病种类

25.1.1 按病虫类型分类

1. 线虫病病害

（1）症状　会在寄主根上形成大小不等、表面粗糙的瘤状物，线虫则生于瘤内。植株受害后会枯死。

（2）发病规律　雌虫产卵于根瘤内或是土中，幼虫主要在浅土中活动，进入根部后，其分泌物能够刺激根部产生瘤状物。主要是通过种苗、肥料、流水和农具等传播。

2. 细菌性病害

（1）植物青枯病类病害

1）症状。由于受到细菌的侵染，根、茎中维管束受到损伤，在植株发病后，地上部分表现出叶片突然失水下垂，但在早晚露水重或是雾重时植株又呈正常状态。根部变褐腐烂，并伴有臭味。最后整株会枯死，但植株颜色仍会保持绿色。例如大丽花青枯病、菊花青枯病等。

2）发病规律。病原在病残体或是土中越冬，由雨水、水滴传播。高温高湿环境下容易发病，故在夏季此病较为常见。

（2）植物细菌性软腐病病害

1）症状。多发生在茎、叶柄。病部在初期时产生水渍状斑，很快组织会软腐，植株萎蔫，后期病部会发黑、黏滑，并伴有恶臭味，植株很快死亡。例如仙客来细菌性软腐病。

2）发病规律。病原在病残体或是土中越冬，主要靠流水、昆虫或是接触传播，在高温高湿、伤口多的情况下容易发病。

3）在发病初期喷施300μL/L农用链霉素液或土霉素液、77%可杀得可湿性粉剂600～800倍液。

3. 真菌性病害

（1）植物锈病类病害

1）症状。可发生于多种植物上，主要危害寄主叶片。典型的症状是病部变褐并会出现黄色至红褐色锈粉状物质（为夏孢子堆）或是黑色粉状物（为冬孢子堆）。美人蕉锈病、月季锈病、葡萄锈病等均属于此类。

2）发病规律。引起锈病的病原均被称为锈菌。病原在病部越冬，可以通过风雨传播，在每年夏季发病较重。在温暖、多雨、多雾的气候条件下容易发病，若偏施氮肥则会加深发病程度。

（2）植物白粉病类病害

1）症状。此病为世界性的病害，通常多发生于寄主生长中后期，寄主的叶、花、枝条、嫩梢、果实均可受害。其典型症状是在初期出现白色粉状物，后期则呈灰色粉状物。寄主受害部位往往会褪绿，发育畸形，严重时会枯死，甚至是整株的死亡。月季白粉病、蔷薇白粉病、瓜叶菊白粉病、九里香白粉病等属于此类病害。

2）发病规律。病原在病部或是病残体上越冬，可以通过风雨传播，但多数在4至6月、9至10月发病较重。温暖潮湿季节发病比较迅速，过度密植、通风透光性不良的条件下也易发病。

（3）植物叶斑病类病害

1）症状。叶斑病是植物病害中最为庞杂的一个类群，凡是叶部产生斑点的病害均可以称为叶斑病。其主要症状就是在植物的叶片上产生大小不等、形状和颜色多样的斑点或是斑块。有些在病斑上还会出黑色小点，例如鱼尾葵叶斑病、杜鹃叶斑病、美人蕉叶斑病、君子兰叶斑病、苏铁白斑病、月季黑斑病等都属于此类。

2）发病规律。该病的病原在病残体或是土中越冬，会随风雨传播，多数会在高温条件下发病。在多雨、多雾、露水重、连作、过度密植、通风透光不良、植株长势弱等条件下也均易发病。

（4）植物炭疽病类病害

1）症状。炭疽病是植物中最常见的一类病害。其主要危害寄主的叶片和新梢，也可以在花、果、茎、叶柄上发生。该病有急性型和慢性型两种。急性型的典型症状是初期会呈暗绿色，好似开水烫伤状，后期会呈褐色至黑褐色，然后病部会腐烂。慢性型的典型症状则是病斑呈灰白色，其上生有呈轮纹状排列的黑色小颗粒。

2）发病规律。病原在寄主病部、病残体或是土壤中越冬，通过风雨和昆虫进行传播，在高温多雨季节发病。在通风透光性差、植株长势弱、排水不良、偏施氮肥等条件下容易发病。不同的品种，其抗（耐）病性也有差异。

（5）植物叶枯病类病害

1）症状。多是从叶尖、叶缘开始发病，病斑是呈现红褐色至灰褐色，多个病斑连成片，可占叶面积的1/3左右，病健交界处有比病斑色深的纹带；而后期病部干枯，散生黑色小颗粒。桂花叶枯病、翠菊叶枯病等属于此类病害。

2）发病规律。病原在病组织上越冬，可以通过风雨传播，在夏、秋季节发病较重。高温高湿、通风透光性差、长势弱的条件下也易发病。

（6）植物煤烟病类病害

1）症状。又称为煤污病、烟煤病，在花木上发生较为普遍。其症状是常在叶面、枝梢上先形成黑色的小霉斑，然后连成片，使整个叶面、枝梢上布满黑色霉层，会影响植物的外观和光合作用。柑橘煤烟病、紫薇煤烟病属于此类病害。

2）发病规律。病原在病部或是病残体上越冬，能通过风雨和昆虫传播，在高温多湿、通风透光性差的条件下也易发病。当蚜虫、介壳虫、蝉、白蛾蜡蝉等能分泌蜜露的害虫数量多时，能加重此病的发病程度。

（7）植物霜霉病类病害

1）症状。此病主要是危害叶片，典型症状是在病叶正面出现不规则淡黄至淡褐斑，叶背具有白色、灰色或是紫色的霜霉层，例如菊花霜霉病等。

2）发病规律。病原在病残体上越冬，在春、秋季节发病较重。一般情况下在凉爽、多雨、多雾、多露的条件下易发病。

4. 病毒性病害

（1）症状　主要表现在叶片上，发病部位会出现褪绿，并逐渐呈黄、绿相间的斑驳，严重时叶片畸形（扭曲、残叶），植株长势变弱，例如菊花花叶病。

（2）发病规律　由病毒汁液或是蚜虫等昆虫传毒，在干燥的天气条件下病害易发生。

25.1.2　按植物部位病害分类

1. 枝干侵害

（1）小蠹类虫害

1）害虫形态特征。属鞘翅目，小蠹科。小型昆虫。体椭圆形，体长约3mm，色暗，头小，前胸背板发达，触角锤状。常见的有柏肤小蠹、纵坑切梢小蠹等几种。

2）发生特点。发生世代因种而异。以成虫形态蛀食形成层和木质部，形成细长弯曲的坑道，雌虫在坑道内交尾并产卵其中。在一年中以夏季危害最为严重。

（2）天牛类虫害

1）害虫形态特征。属鞘翅目，天牛科，虫体中至大型。成虫长形，颜色多样，触角呈鞭状，常超过体长，复眼肾形，围绕触角基部。幼虫呈筒状，属无足型，背、腹面具革质凸起，用于行动，常见的有星天牛、桑天牛、桃红颈天牛等几种。

2）发生特点。种类多，分布广，危害对象多。以幼虫形态钻蛀植物的茎干、枝条，成虫啃食树皮，危害叶片。幼虫常在韧皮部和木质部取食并形成蛀道。

每1~3年发生1代。多以幼虫形式在蛀道内越冬。幼虫老熟后在蛀道内化蛹。

2. 树枝被侵害

（1）螨类虫害

1）害虫所属科目。螨类不是昆虫，在分类上属蛛形纲，蜱螨目，但螨类的危害特点与刺吸性害虫有相似之处。最常见的是柑橘红蜘蛛和柑橘锈蜘蛛两种。

2）害虫形态特征。成螨中，雌螨体椭圆形，雄螨楔形，雌螨暗红色，而雄螨鲜红色，足4对。卵扁球形，红色，上有一垂直卵柄，顶端有放射性的丝，固定于叶面。幼螨为浅红色，足3对。若螨与成螨相似，略小。

3）发生特点。以成螨、幼螨和若螨的形态刺吸寄主的叶片、嫩梢和果实危害植物，造成受害处呈现小白点，失绿，无光泽，严重时整叶灰白。每年发生10多代，春、秋两季为发生高峰期。

（2）蚧类虫害

1）害虫所属科目。蚧又称为介壳虫，属同翅目，蚧总科，为小型昆虫。

2）发生特点。蚧类多以雌虫和若虫固定不动刺吸植物的叶、枝条、果实等的汁液危害植物。危害对象多，还能诱发煤烟病，造成植物的外观和生长受到严重的影响，降低产量和观赏价值。

3）蚧类种类。虫体表面常覆盖介壳、各种粉绵状等蜡质分泌物。蚧类种类繁多，但外部形态差异大。常见种类有吹绵蚧、矢尖蚧、红蜡蚧、褐圆蚧、草履蚧、褐软蚧等几种。

（3）木虱类虫害（榕卵痣木虱）

1）害虫所属科目。属同翅目，木虱科，为小型昆虫。能飞善跳，但飞翔距离有限；成虫、若虫常分泌蜡质盖于身体上，木虱类多危害木本植物。常见的有柑橘木虱、梧桐木虱、梨木虱和榕卵痣木虱几种。

2）害虫形态特征。成虫体粗壮，体长约3mm，体呈淡绿色至褐色，上有白色纹，雌成虫较雄虫略大，产卵管发达。若虫呈淡黄色至淡绿色，体扁，近圆形。

3）发生特点。在一年中约1～2代，以若虫或卵的形态在叶芽中越冬，南方有些地区越冬现象不明显。主要危害细叶榕，若虫在嫩芽上产生危害，产生大量絮状蜡质，致使嫩芽干枯、死亡。成虫在嫩叶、嫩梢上产生危害。

（4）蚜虫类虫害

1）害虫形态特征。属同翅目，蚜科，为小型昆虫，体长约2mm，体色多样，触角呈丝状。可分为有翅型和无翅型。在第6腹节两侧背具1对腹管，腹末具尾片。常见种类有桃蚜、棉蚜、橘蚜、菜蚜、菊姬长管蚜、蕉蚜、夹竹桃蚜等几种。

2）发生特点。以成虫、若虫刺吸寄主的叶、芽、梢、花危害植物，造成被害部位卷曲、皱缩、畸形，还能诱发煤烟病和传播病毒病。在一年中可发生多代，可行孤雌生殖和胎生。在干旱气候、枝叶过于茂密、通风透光性差的条件下易发生。成虫对黄颜色有趋性。

（5）叶蝉类虫害

1）害虫形态特征。属同翅目，叶蝉科。为小型昆虫，体长多在3～12mm，体色因种而异。头宽，触角呈刚毛状，体表被一层蜡质层，后足胫节有一排刺。常见的有大青叶蝉、小青叶蝉、桃一点斑叶蝉、黑尾叶蝉等几种。

2）发生特点。以成虫、若虫形态刺吸寄主枝、叶的汁液危害植物。在一年中可发生多代，以成虫的形态越冬，在夏、秋季节发生较为严重。成虫具强烈的趋光性，能横行。

3. 叶部被虫害

（1）粉蝶类虫害

1）害虫形态特征。属鳞翅目，粉蝶科。为中型蝶类。体色多为黑色，翅常为白色、黄色或是橙色，翅面常有黑色斑点。后翅为卵形，幼虫体表粗糙，具小突起和刚毛，呈黄绿色至深绿色，常见的有东方粉蝶。

2）发生特点。每年发生多代，以蛹的形态越冬，南方部分地区不越冬。以幼虫咬食寄主叶片危害植物，主要危害十字花科植物。成虫对芥子油有强烈的趋性。

（2）弄蝶类虫害

1）害虫形态特征。属鳞翅目，弄蝶科，虫体小至大型蝶类。成虫体粗壮，头大，体色多为暗色，体被厚密的鳞毛，触角末端呈钩状，前翅翅面常具黄白色斑。幼虫的头为黑褐色，胸腹部为乳白色，在第1、第2胸节缢缩呈颈状，体表具稀疏的毛。常见种类有香蕉弄蝶、稻弄蝶等。

2）发生特点。每年发生多代。以幼虫形态卷叶咬食危害植物，常从叶缘开始，将叶片卷成虫苞，并边卷叶边取食。幼虫老熟后在虫苞中化蛹。成虫多在早晨、傍晚及阴天活动，飞行迅速。

(3) 凤蝶类虫害

1) 害虫形态特征。属鳞翅目，凤蝶科，为大型蝶类。体色鲜艳，翅面有美丽花纹，后翅外缘呈波浪状，有些种类的后翅还具有尾突。幼虫前胸前缘背面具翻缩腺，亦称之为“臭丫腺”，受到惊动时伸出，并散发香味或是臭味。常见种类有柑橘凤蝶、玉带凤蝶、茴香凤蝶、樟凤蝶、黄花凤蝶等几种。

2) 发生特点。每年可发生多代，越冬形式因种而异。主要是以幼虫咬食芸香科、樟科及伞形花科等植物的嫩叶、嫩梢。一般于夏、秋季节为发生盛期。成虫常产卵于幼嫩叶片的叶背、叶尖或是嫩梢上。幼虫一般在早晨、傍晚和阴天取食。

(4) 尺蛾类虫害

1) 害虫形态特征。属鳞翅目，尺蛾科，为小至大型的蛾类。幼虫称为“尺蠖”。成虫体细长，翅大而薄，鳞片稀少，前后翅有波浪状花纹相连。幼虫虫体细长，仅在第6腹节和第10腹节各具1对腹足。常见种类有油桐尺蠖、柑橘尺蠖、青尺蠖、绿尺蠖、绿额翠尺蠖、大叶黄杨尺蠖等几种。

2) 发生特点。一年中发生多代，多以蛹的形态在土中越冬。以幼虫形态咬食叶片危害植物。成虫静止时，翅平展。而幼虫静止时，常将虫体伸直似枯枝状，或是在枝条叉口处搭成桥状。幼虫老熟后在疏松的土中化蛹，入土深度一般为1~3cm。成虫具趋光性。

(5) 袋蛾类害虫

1) 形态特征。又称为蓑蛾，属鳞翅目，蓑蛾科。虫体中型，成虫雌雄异性，雄虫有翅，触角呈羽毛状，而雌虫无翅无足，栖于袋囊内。幼虫肥胖，胸足发达，常负囊活动。

2) 发生特点。以雌成虫和幼虫的形态食叶危害植物，致使叶片仅剩表皮或是穿孔。袋蛾类危害对象较多，可达几百种，例如茶、山茶、柑橘类、榆、梅、桂花、樱花等，在一年中以夏、秋季节危害最为严重。雄成虫具有趋光性。常见种类有大袋蛾、小袋蛾、白茧袋蛾、茶袋蛾等几种。

(6) 刺蛾类虫害

1) 害虫形态特征。属鳞翅目，刺蛾科。幼虫俗称刺毛虫、痒辣子。成虫体粗壮，体被鳞毛，翅色一般为黄褐色或鲜绿色，翅面有红色或是暗色线纹。幼虫短肥，颜色鲜艳，头小，可缩入体内，体表有瘤，上生枝刺和毒毛。常见的有褐刺蛾、绿刺蛾、黄刺蛾、扁刺蛾等几种。

2) 发生特点。刺蛾类分布广，食性杂，危害对象较多，可危害桃、李、梅、桑、茶等多种林木。以幼虫形态咬食叶片危害植物。一般情况下一年发生2代，以老熟幼虫结茧越冬，4~10月均有危害。初孵幼虫有群集性，成虫有趋光性。化蛹于坚实的茧内。

(7) 天蛾类虫害

1) 害虫形态特征。属鳞翅目，天蛾科，为大型蛾类，体粗壮，触角呈丝状，末端呈钩状，口器发达，翅狭长，前翅后缘常呈弧状凹陷。幼虫粗大，体表粗糙，体侧常具有往后向方的斜纹，在第8腹节背面具1根尾角。常见种类有蓝目天蛾、豆天蛾、甘薯天蛾、芝麻天蛾、芋双线天蛾等几种。

2) 发生特点。以幼虫形态咬食寄主叶片危害植物，造成叶片残缺不全。每年可发生多代，以蛹的形态在土中越冬。成虫飞行迅速，具强烈的趋光性。

（8）叶甲类虫害

1）害虫形态特征。叶甲又名为金花虫，属鞘翅目，叶甲科。小至中型，体卵圆至长形，体色因种类而异。触角呈丝状，复眼圆形。体表通常具金属光泽，幼虫为寡足型。

2）发生特点。以成虫、幼虫形态咬食叶片，会造成叶片穿孔或残缺，在严重时叶片会被吃光。多以成虫形态越冬，越冬场所因种而异。成虫具有假死性，有些种类具趋光性。常见种类有恶性叶甲、龟叶甲、榆绿叶甲、榆黄叶甲、黄守瓜、黑守瓜等几种。

（9）毒蛾类虫害

1）害虫形态特征。属鳞翅目，毒蛾科。为中型蛾类。成虫体粗壮，体被厚密鳞毛，色暗。幼虫具毛瘤，毛瘤上长有毛簇，毛簇分布不均匀，长短不一致，毛有毒。常见的种类有双线盗毒蛾、舞毒蛾、乌桕毒蛾、柳毒蛾等几种。

2）发生特点。以幼虫形态咬食幼嫩叶片，危害对象多。在一年中发生多代，以幼虫或蛹的形态越冬。成虫昼伏夜出，具趋光性。低龄幼虫具群集性。

10）灯蛾类虫害

1）害虫形态特征。属鳞翅目，灯蛾科，为中型蛾类。成虫体粗壮，体色鲜艳，腹部多为红色或黄色，上生一些黑点，翅多为灰、黄、白色，翅上常具斑点。幼虫体表具毛瘤，毛瘤上具浓密的长毛，毛分布较为均匀，长短较一致。

2）发生特点。以幼虫形态咬食叶片危害植物。每年发生多代，以蛹的形态越冬。成虫具趋光性，幼虫具假死性。

4. 根部被虫害

（1）白蚁类虫害

1）害虫基本概念。主要分布于南方。主要危害于植物的茎干皮层和根系。造成植物长势衰弱，严重时枯死。危害植物的白蚁主要有家白蚁和黑翅土白蚁两种。

2）害虫形态特征。体柔软，呈乳白色至黑褐色。触角呈串珠状。具有翅型和无翅型两种类型。

3）发生特点。白蚁是社会性昆虫，等级明显，分工严格，有王族和补充王族、兵蚁、工蚁。喜阴暗潮湿环境，多在树干内和地下筑巢。每年的春、夏季节为繁殖蚁（长翅型）婚飞季节。尤其是在大雨前后闷热的傍晚，成虫成群飞翔，若能找到适合的环境，成对的雌雄虫将筑新巢，成为新的群体。有翅型成虫具有强烈的趋光性。

（2）蟋蟀类虫害

1）害虫所属科目。属直翅目，蟋蟀科。分布广，全国大部分地区均有分布。食性较杂，成虫、若虫均能危害多种花木的幼苗和根。常见的有大蟋蟀等。

2）害虫形态特征。体粗壮，呈黄褐色至黑褐色，触角呈丝状，长于体长，后足为跳跃足，有尾须1对，雌虫产管剑状卵。

3）发生特点。1年发生1代，以若虫的形态在土中越冬。5～9月是主要危害期。成虫具趋光性，昼伏夜出，雨天一般不外出活动，雨后初晴或是闷热的夜晚外出活动频繁。地势低洼阴湿、杂草丛生的苗圃、花圃及果园虫口密度大。

（3）蝼蛄类虫害

1）害虫所属科目。俗称“土狗”。属直翅目，蝼蛄科。食性杂，以成虫、若虫危害根部或是近地面幼茎。喜欢在表土层钻筑坑道，可以造成幼苗干枯死亡。常见有非洲蝼蛄、华北蝼蛄两种。

2）害虫形态特征。体呈黄褐色至黑褐色，触角呈丝状，前胸近圆筒形，前足为开掘足，前翅短，后翅长，折叠时呈尾须状，腹末有1对尾须。

3）发生特点。发生世代数因种类和地区的不同而异，多为1至3年完成1个世代。以成虫、若虫的形态在土中越冬，每年春、夏季节危害严重。成虫昼伏夜出，具有趋光性，对粪臭味和香甜味有趋性，喜欢在腐殖质丰富或是未腐熟厩肥下的土中筑土室产卵。

（4）金龟子类虫害

1）害虫所属科目。属鞘翅目，金龟子总科。种类多，分布广，食性杂。其幼虫称为蛴螬，是苗圃、花圃、草坪、林果上常见的害虫，主要取食植物的根及近地面部分的茎。成虫可以咬食叶片、花、芽。常见有铜绿金龟、褐金龟、大黑鳃金龟等。

2）害虫形态特征。成虫虫体中至大型，颜色多样，触角呈鳃状，前足为开掘足，前翅鞘翅，多数种类腹部末节部分外露。幼虫虫体呈灰白色，呈“C”形，体胖而多皱褶，寡足型，臀部肥大呈蓝紫色。

3）发生特点。一至多年发生1个世代。在土中或者厩肥堆中越冬。幼虫常年在有机质丰富的土中或厩肥堆下生活，取食腐殖质或植物的根。成虫具假死性，有些种类具趋光性。

（5）地老虎类虫害（以小地老虎为例）

1）害虫所属科目。属鳞翅目，夜蛾科，俗称为地蚕。分布广，食性杂，以幼虫危害幼苗。常在近地面处咬断幼苗并将幼苗拖入洞穴中食之，亦可咬食未出土幼苗和植物生长点。常见的有小地老虎、大地老虎、黄地老虎等几种。

2）害虫形态特征。成虫体长16～24mm，体暗褐色。触角雌虫呈丝状，而雄虫呈羽毛状。肾状纹外侧有1个尖端向外的三角形黑斑，其外方有2个尖端向内的三角形黑斑，3个黑斑的尖端相对是此虫的主要特征。幼虫和老熟幼虫体长37～50mm，呈黄褐色至黑褐色，背线明显，各节背面有2对毛片（呈黑色粒状），前面1对小于后面1对，臀板黄褐色，其上有2条深褐色纵带。

3）发生特点。在我国范围内每年发生2～7代，以幼虫或蛹的形态在土中越冬。全年以第1代幼虫（4月下旬至6月中旬）危害最为严重。成虫昼伏夜出，有强烈的趋光性，对酸甜味亦有强烈的趋性。幼虫具假死性、自残性和迁移性。该虫喜阴湿环境，田间植株茂密、杂草多、土壤湿度大，则虫口密度大，危害重，高温对其发育不利。

25.2 园林植物虫害分布及防治

25.2.1 土中害虫

1. 蝼蛄（表25-1）

表25-1 蝼蛄

类别	内容
分布	全国各地
寄主	松、柏、榆、槐、茶、柑橘、桑、海棠、樱花、梨、竹、草坪草等

（续）

类别	内容
形态	俗名拉拉蛄、地拉蛄、土狗子，属直翅目、蝼蛄科。成虫：雌成虫体长31～35mm；雄成虫体长30～32mm。体浅茶褐色，腹部色浅，全身密布细毛。头小，圆锥形。触角丝状。复眼红褐色，很小，突出。单眼2个。前胸背板卵圆形，中央具一明显的长心脏形凹陷斑。前翅短小，鳞片状；后翅宽阔，纵褶成尾状，较长，超过腹末端。腹末有1对尾须。前足开掘足，后足胫节背侧内缘有3～4根（华北蝼蛄仅具1根） 卵：椭圆形，长约2.8mm，初产时黄白色，有光泽，渐变黄褐色。若虫：初孵若虫乳白色，随虫体长大，体色变深，末龄若虫体长达24～25mm。若虫体形似成虫，但仅有翅芽，如图25-1所示 图 25-1　蝼蛄成虫
防治方法	①用黑光灯或毒饵诱杀成虫 ②合理施用充分腐熟的有机肥，以减少该虫滋生

2. 大地老虎（表 25-2）

表 25-2　大地老虎

类别	内容
分布	全国各地
寄主	杨、柳、茶、女贞、香石竹、月季、菊花、凤仙花、各种草坪草等多种植物
形态	成虫：体长20～22mm，翅展45～48mm，头部、胸部褐色，下唇须第2节外侧具黑斑，颈板中部具黑横线1条。腹部、前翅灰褐色，外横线以内前缘区、中室暗褐色，基线双线褐色达亚中褶处，内横线波浪形，双线黑色，剑纹黑边窄小，环纹具黑边圆形褐色，肾纹大具黑边，褐色，外侧具1黑斑近达外横线，中横线褐色，外横线锯齿状双线褐色，亚缘线锯齿形浅褐色，缘线呈一列黑色点，后翅浅黄褐色 图 25-2　大地老虎成虫 卵：半球形，卵长1.8mm，高1.5mm，初淡黄后渐变黄褐色，孵化前灰褐色 老熟幼虫：体长41～61mm，黄褐色，体表皱纹多，颗粒不明显。头部褐色，中央具黑褐色纵纹1对，额（唇基）三角形，底边大于斜边，各腹节2毛片与1毛片大小相似。大地老虎气门长卵形黑色，臀板除末端2根刚毛附近为黄褐色外，几乎全为深褐色，且全布满龟裂状皱纹 蛹：长23～29mm，初浅黄色，后变黄褐色，如图25-2所示
防治方法	①播种及栽植前深翻土壤，消灭土中幼虫及蛹 ②可在幼虫取食为害期的清晨或傍晚，与苗木根际搜寻捕杀幼虫 ③设糖醋液（红糖6份、酒1份、醋3份、水10份配制而成），诱集捕杀成虫 ④装置黑光灯诱杀成虫 ⑤性引诱剂诱杀成虫

3. 小地老虎（表 25-3）

表 25-3　小地老虎

类别	内容
分布	全国各地

（续）

类别	内容
寄主	松、杨、柳、广玉兰、大丽花、菊花、蜀葵、百日草、一串红、羽衣甘蓝、各种草坪草等
形态	卵：馒头形，直径约0.5mm、高约0.3mm，具纵横隆线。初产乳白色，渐变黄色，孵化前卵一顶端具黑点。蛹：体长18～24mm、宽6～7.5mm，赤褐有光。口器与翅芽末端相齐，均伸达第4腹节后缘。腹部第4～7节背面前缘中央深褐色，且有粗大的刻点，两侧的细小刻点延伸至气门附近，第5～7节腹面前缘也有细小刻点；腹末端具短臀棘1对 幼虫：圆筒形，老熟幼虫体长37～50mm、宽5～6mm。头部褐色，具黑褐色不规则网纹；体灰褐至暗褐色，体表粗糙、布满大小不一而彼此分离的颗粒，背线、亚背线及气门线均黑褐色；前胸背板暗褐色，黄褐色臀板上具两条明显的深褐色纵带；胸足与腹足黄褐色 成虫：体长17～23mm、翅展40～54mm。头、胸部背面暗褐色，足褐色，前足胫、跗节外缘灰褐色，中后足各节末端有灰褐色环纹。前翅褐色，前缘区黑褐色，外缘以内多暗褐色；基线浅褐色，黑色波浪形内横线双线，黑色环纹内一圆灰斑，肾状纹黑色具黑边、其外中部一楔形黑纹伸至外横线，中横线暗褐色波浪形，双线波浪形外横线褐色，不规则锯齿形亚外缘线灰色，其内缘在中脉间有3个尖齿，亚外缘线与外横线间在各脉上有小黑点，外缘线黑色，外横线与亚外缘线间淡褐色，亚外缘线以外黑褐色。后翅灰白色，纵脉及缘线褐色，腹部背面灰色，如图25-3 图25-3　小地老虎成虫
防治方法	①采用黑光灯或糖醋液诱杀成虫 ②清除杂草、降低虫口密度 ③幼虫初孵期喷3%高渗苯氧威乳油3000倍液，兼治其他害虫 ④性引诱剂诱杀成虫

25.2.2　蚀干害虫

1. 双条杉天牛（表25-4）

表25-4　双条杉天牛

类别	内容
分布	吉林、辽宁、华北、华东、华中、华南、西南等地
寄主	侧柏、圆柏、龙柏、沙地柏、扁柏、翠柏、罗汉松等
形态	成虫：体长约16mm，圆筒形，略扁，黑褐或棕色；前翅中央及末端有黑色横宽带2条，带间棕黄色，翅前端为驼色。卵：长约1.6mm，长椭圆形，白色 幼虫：老熟时体圆筒形，略扁，体长约15mm，乳白色；触角端部外侧有细长刚毛5或6根 蛹：体长约15mm，淡黄色，如图25-4所示 图25-4　双条杉天牛成虫
防治方法	①加强肥、水、土等养护管理，增强树木抗虫能力 ②及时清除带虫死树、死枝，消灭虫源木 ③于2月底用饵木（新伐直径4cm以上的柏树木段）堆积在林外诱杀成虫 ④幼虫期（5月末前期）释放蒲螨或肿腿蜂等天敌昆虫

2. 芳香木蠹蛾（表 25-5）

表 25-5　芳香木蠹蛾

类别	内容
分布	东北、西北、华北、华东、华中、西南等地
寄主	柳、杨、榆、槐、桦、白蜡、栎、核桃、香椿、苹果、梨、沙棘、槭属
形态	成虫：体长 24～37mm，翅展 49～86mm，灰褐色；雌体前胸后缘具淡黄色毛丛线，雄体则稍暗；触角单栉齿状；胸腹部体粗壮，前翅中室至前缘灰褐色，翅面密布黑色线纹。卵：椭圆形，长约 1.2mm，灰褐色，粗端色稍浅，表面满布黑色纵脊，脊间具刻纹 幼虫：老龄时体暗紫红色，略具光泽，侧面稍淡，腹节间淡紫红色，体长 58～90mm，前胸背板上有较大的凸字形黑斑，如图 25-5 所示 图 25-5　芳香木蠹蛾
防治方法	①灯光诱杀成虫 ②老熟幼虫离干入土化蛹时（10 月），人工捕杀幼虫 ③伐除并烧毁无保留价值的严重被害木 ④向蛀道内释放斯式线虫或喷洒白僵菌寄生幼虫

3. 光肩星天牛（表 25-6）

表 25-6　光肩星天牛

类别	内容
分布	东北、西北、华北、华东、华中、四川、广西等地
寄主	糖槭等槭属植物、杨、柳、榆、桑等
形态	成虫：长 20～35mm，宽 8～12mm，体黑色而有光泽；触角鞭状，12 节；前胸两侧各有刺突 1 个，鞘翅上各有大小不同、排列不整齐的白色或黄色绒斑约 20 个，鞘翅基部光滑无小颗粒，体腹密生蓝灰色绒毛 卵：乳白色，长椭圆形，长约 6～7mm，两端略弯曲 幼虫：老熟时体长约 50mm，白色；前胸背板后半部色深成“凸”字形斑，斑前缘全无深褐色细边，前胸腹板后方小腹片褶骨化程度不明显，前缘无明显纵脊纹。蛹：体纺锤形，乳白至黄白色，长 30～37mm，如图 25-6 所示 图 25-6　光肩星天牛雄成虫
防治方法	①营造混合林，切忌营造嗜食树种纯林 ②筛选和培育抗性树种，提高免疫能力 ③在严重危害区，彻底伐除没有保留价值的严重被害木，运出林外及时处理，以控制扩散源头。对新发生或孤立发生区要拔点除源，及时降低虫口密度，控制扩散 ④采取伐根嫁接，高干截头、萌芽更新等措施，快速恢复绿地景观 ⑤在一般发生区种植喜食树种（如糖槭）作为诱树，重点防治，以减轻对其他树种的危害。也可以设置隔离带进行阻隔 ⑥成虫期较长，可以在树干上绑缚白僵菌粉胶环，成虫在干上活动爬行触及时，感病致死，防治成虫是防治中的关键 ⑦防治幼虫比较消极被动，只能作为辅助措施，如树干注药、塞毒签和堵洞等 ⑧保护和利用天敌

4. 沟眶象（表25-7）

表25-7 沟眶象

类别	内容
分布	辽宁、华北、华东、华中、陕西、甘肃、四川等地
寄主	臭椿、千头椿
形态	成虫：体长13.5～18.5mm，黑色，喙细长，头部刻点大而深；前胸背板多为黑、赭色，少数白色，刻点大而深；胸部背面，前翅肩部及端部首1/3处密被白色鳞片，并杂有赭色鳞片，前翅基部外侧特别向外突出，中部花纹似龟纹，鞘翅上刻点粗。幼虫体圆形，乳白色，体长约30mm，如图25-7所示 图25-7 沟眶象成虫
防治方法	①人工捕杀成虫 ②初孵幼虫期可树干注射或根施无公害内吸药剂 ③成虫期喷洒绿色威雷200倍液 ④保护和利用天敌

5. 微红梢斑螟（表25-8）

表25-8 微红梢斑螟

类别	内容
分布	全国各地
寄主	油松、马尾松、黑松、红松、赤松、华山松、樟子松、黄山松、云南松、火炬松、湿地松等
形态	成虫：体长10～16mm，翅展约24mm；前胸两侧及肩片有赤褐色鳞片 前翅灰褐色，翅面上有白色横纹4条，中室端有明显肾形大白斑1个，后缘近内横线内侧有黄斑 卵：近圆形，长约0.8mm，黄白色，近孵化时暗赤色。幼虫老熟时体长约25mm，暗赤色，各体节上有明显成对的黑褐色瘤，其上各生白毛1根 蛹：体长约13mm，黄褐色，腹末有波状钝齿，其上生有钩状臀棘3对，中央1对较长，两侧2对较短，如图25-8所示 图25-8 微红梢斑螟
防治方法	①灯光或引诱剂诱杀成虫 ②幼虫和蛹期人工摘除带虫枯梢，并放入纱网内，致使天敌能从网眼中飞出不受伤害 ③幼虫初侵入嫩梢或转移危害期，释放蒲螨 ④保护长距茧蜂等天敌

6. 合欢吉丁（表25-9）

表25-9 合欢吉丁

类别	内容
分布	华北、华东等地

（续）

类别	内容
寄主	合欢
形态	成虫：体长约 4mm，头顶平直，铜绿色，稍带有金属光泽。幼虫：老熟时体乳白色，体长约 5mm，头小黑褐色，胸部较宽，腹部较细，无足，形态“钉子”状
防治方法	①树干涂白，防止产卵 ②伐除并烧毁受害严重的树木，减少虫源 ③在成虫即将羽化时用无公害内吸药剂（如 10% 吡虫啉可湿性粉剂 1000 倍液）喷干封杀即将出孔的成虫，成虫羽化期喷洒无公害药剂（如 1.2% 烟参碱乳油 1000 倍液）毒杀

7. 榆线角木蠹蛾（表 25-10）

表 25-10　榆线角木蠹蛾

类别	内容
分布	东北、西北、华北、华东、华中等地
寄主	榆、杨、柳、槐、梅、丁香、银杏、苹果、核桃、花椒、金银木
形态	成虫：体长 16 ~ 28mm，翅展 35 ~ 48mm，灰褐色；触角丝状，前胸后缘具黑褐色毛丛线；前翅灰褐色，满布多条弯曲的黑色横纹，由肩角至中线和由前缘至肘脉间形成深灰色暗区，并有黑色斑纹；后翅较前翅色较暗，腋区和轭区鳞毛较臀区长，横纹不明显 卵：卵圆形，乳白色，后变暗褐色，长约 1.2mm，表面有纵脊，脊间有刻纹 幼虫：体扁圆筒形，老熟体体长 25 ~ 40mm，大红色，前胸背板上有浅色三角形斑纹 1 对；腹节间淡红色，腹面扁平；全体生有排列整齐的黄褐色稀疏短毛 蛹：体暗褐色，稍向腹面弯曲，长 17 ~ 35mm，腹末有齿突 3 对，如图 25-9 图 25-9　榆线角木蠹蛾成虫
防治方法	①以防治成虫为主，利用成虫具有趋光性的行为习性进行灯光诱杀 ②受害绿篱，应进行根部浇灌触杀剂 ③保护利用天敌姬蜂

25.2.3　刺吸害虫

1. 紫藤否蚜（表 25-11）

表 25-11　紫藤否蚜

类别	内容
分布	辽宁、华北、华东等地
寄主	紫藤
形态	无翅孤雌胎生蚜：体长约 3.3mm，卵圆形，棕褐、黑褐色；头、前胸背有颗粒状微刺，胸、腹背有小刺突组成的曲纹 中额略明显，额瘤隆起，内缘圆，外倾；触角稍长于体，节间斑黑色，腹岔有短柄；体背毛粗大、长尖；腹管长筒形，长为尾片 3 倍以上，尾片短圆锥形，毛 12 ~ 16 根，尾板端圆形 有翅孤雌胎生蚜：体长约 3.3mm，卵圆形，头、胸黑色，腹部褐色有黑斑；翅黑色，前翅 2 肘脉镶黑边；腹管端有网纹 2 ~ 3 排，中有瓦纹；尾片长毛 14 根，如图 25-10 所示

（续）

类别	内容
形态	图 25-10　紫藤否蚜各虫态
防治方法	①冬季向紫藤喷洒 3～5 波美度石硫合剂，杀灭越冬卵 ②发生初期喷洒 10% 吡虫啉可湿性粉剂 2000 倍液

2. 京枫多态毛蚜（表 25-12）

表 25-12　京枫多态毛蚜

类别	内容
别名	元宝枫蚜虫
分布	辽宁、华北、山东等地
寄主	元宝枫
形态	无翅孤雌胎生蚜体长约 1.7mm，卵圆形，绿褐色，有黑斑；触角 6 节；前胸黑色，背中央有纵裂，后胸及腹部各背片均有大块状毛基斑；腹背片毛基斑联合为中、侧、缘斑，有时第 4～8 腹节中侧斑联合为横带。腹管短筒形，端有网纹，缘突明显，毛 4～5 根；尾片半圆形，有粗刻点；尾板末端平，元宝状，毛 13～16 根，如图 25-11 所示 图 25-11　多态毛蚜深色无翅蚜寄生元宝枫果翅
防治方法	①危害初期向枝叶上喷洒 10% 吡虫啉可湿性粉剂 2000 倍液、1.2% 苦·烟乳液 1000 倍液或 1% 印楝素水剂 7000 倍液 ②保护天敌（瓢虫、草蛉、食蚜蝇和蚜茧蜂等）

3. 柏红蜘蛛（表 25-13）

表 25-13　柏红蜘蛛

类别	内容
分布	华北、东北、西北、华中、华东、华南等地
寄主	侧柏、桧柏、沙地柏、龙柏
形态	雌成螨：体长 0.3mm 左右，倒鸭梨形。体和后足淡黄白色，前足杏黄色，体背两侧有纵行绿色斑带；有的两个侧斑带的前后端汇合，形成绿色斑占体背的绝大部分 雄成螨：体比雌的小，尾部较尖，体色较淡些 卵：球形，直径 0.11mm 左右，杏黄至杏红色 若螨：体长 0.15mm 左右，浅黄白色，形态与成螨相似，只是色浅，体稍圆些

（续）

类别	内容
防治方法	①在不影响树木生长和观赏的螨量下，可喷清水冲洗或喷0.1～0.3波美度的石硫合剂清洗 ②药剂防治：较多叶片发生叶螨时，应及早喷药，防治早期危害是控制后期猖獗的关键。可喷1.8%爱福丁乳油3000倍液，因螨类易产生抗药性，所以要注意杀螨剂的交替使用 ③干旱季节注意及时补水

4. 柏长足大蚜（表25-14）

表25-14　柏长足大蚜

类别	内容
别名	柏蚜
分布	辽宁、华北、华东、云南、陕西、宁夏等地
寄主	柏
形态	无翅孤雌胎生蚜体长3.7～4mm，红褐色，有时被薄蜡粉，密生淡黄色细毛；体背有黑褐色纵带纹2条，由头向后腹部呈“人”字形；腹管短小，尾片半圆形 有翅孤雌胎生蚜体长3～3.5mm，头胸黑褐色，腹部红褐色，跗节、爪和腹管黑色。卵长约1.2mm，椭圆形，初黄绿色，后浅棕至黑色。若蚜与无翅孤雌蚜相似，深绿至黑绿色，如图25-12所示 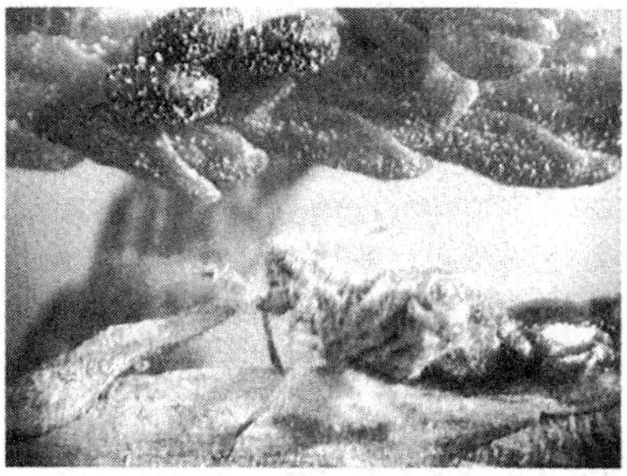 图25-12　柏长足大蚜
防治方法	①保持柏树的合理栽植密度，力求通风透光 ②春季发生初期喷洒10%吡虫啉可湿性剂2000倍液或1.2%苦·烟乳油1000倍数 ③保护天敌

5. 刺槐蚜（表25-15）

表25-15　刺槐蚜

类别	内容
分布	东北、西北、华北、华东、华中、华南等地
寄主	刺槐、紫穗槐等
形态	无翅孤雌胎生蚜：体长约2mm。卵：圆形，漆黑或黑褐色，少有黑绿色 有翅孤雌胎生蚜：体长卵圆形，体长约1.6mm，黑或黑褐色，腹部稍淡，有黑色横斑纹。卵：长约0.5mm，黄褐或黑褐色，如图25-13所示  图25-13　刺槐蚜无翅孤雌胎生蚜

（续）

类别	内容
防治方法	①蚜虫初迁至树木防治危害时，随时剪掉树干、树枝上受害严重的萌生枝或喷洒清水冲洗，防止蔓延 ②发生初期向幼树根部喷施10%吡虫啉可湿性粉剂2000倍液 ③盛发期向植株喷洒EB-82灭蚜菌300倍液、10%吡虫啉可湿性粉剂2000倍液或1.2%苦·烟乳油1000倍液 ④保护瓢虫、草蛉、蚜茧蜂、食蚜蝇和小花蝽等天敌

6. 国槐红蜘蛛（表25-16）

表25-16　国槐红蜘蛛

类别	内容
分布	华北、西北等地
寄主	国槐、龙爪槐、五叶槐
形态	成螨：雌成螨体长0.4mm左右，倒鸭梨形，锈褐色或淡红褐色。体背有两行纵行褐斑，每行2~3块，前端的较大。8条腿，黄白色 卵：初产时淡黄色透明，后变浅红色，球形，直径0.13mm左右 若螨：淡黄色或略带红色，形态和成螨相似，短椭圆形，体长0.17mm左右，比成螨较圆些
防治方法	①在螨量不超过影响树木生长和观赏时，可用高压喷雾器喷洒清水冲洗树叶，每周可喷2~3次，既能改变小环境，又能直接冲洗掉成、若、幼螨；或用0.1~0.2波美度的石硫合剂冲洗或喷一些对天敌安全的杀螨剂，如速效浏阳霉素等 ②药剂防治：较多叶片发生叶螨时，应及早喷药，防治早期为害是控制后期猖獗的关键。可喷1.8%爱福丁乳油3000倍液，因螨类易产生抗药性，所以要注意杀螨剂的交替使用 ③干旱季节应及时浇水，以补偿树木因旱和螨害所造成的失水

7. 杨白毛蚜（表25-17）

表25-17　杨白毛蚜

类别	内容
分布	东北、西北、华北、华东、河南等地
寄主	毛白杨、河北杨、北京杨、大官杨、箭杆杨等
形态	无翅孤雌胎生蚜体长约1.9mm；白色至淡绿色，胸背面中央有深绿色斑纹2个，腹背有5个；体密生刚毛 有翅孤雌胎生蚜体长约1.9mm；浅绿色；头部黑色，复眼赤褐色；翅痣灰褐色，中、后胸黑色；腹部深绿或绿色，背面有黑横斑。若蚜初期白色，后变绿色；复眼赤褐色，体白色。干母体长约2mm，淡绿或黄绿色。卵长圆形，灰黑色，如图25-14所示 图25-14　杨白毛蚜
防治方法	4至5月中旬喷洒10%吡虫啉可湿性粉剂2000倍液、1.2%苦·烟乳液1000倍液、1%苦参碱可溶性乳剂1000倍液或3%高渗苯氧威乳油3000倍液

8. 桃粉大尾蚜（表 25-18）

表 25-18 桃粉大尾蚜

类别	内容
别名	桃粉蚜虫
分布	全国各地
寄主	山桃、碧桃、梅、李、杏、芦苇等
形态	无翅孤雌胎生蚜体长约 2.3mm，长椭圆形，绿色，体表覆白色粉；中额瘤及额瘤稍隆；触角 6 节，光滑；腹管圆筒形，光滑，端部 1/2 灰黑色；尾片长圆锥形，曲毛 5 ~ 6 根 有翅孤雌胎生蚜体长约 2.2mm，长卵形；头、胸部有黑色，胸背有黑瘤，腹部绿色，体被一薄层白粉；触角 6 节，为体长 2/3；腹管筒形，基部收缩；尾片圆锥形。卵初产时绿色，渐变黑绿色。若蚜体与无翅成蚜相似，体较小，淡黄绿色，体上有一层白粉；1 龄无翅体淡黄绿色，腹背有不明显的绿线 3 条；2 龄无翅体淡黄绿色或绿色，腹背有稍明显的绿线 3 条；3 龄无翅体淡绿或绿色，腹背有明显的绿线 3 条；4 龄无翅体淡绿或绿色，腹背有明显的绿线 3 条；4 龄有翅体翅芽灰黑色，如图 25-15 所示 图 25-15 桃粉大尾蚜有翅孤雌胎生蚜和若蚜
防治方法	①在春季（3 月上旬）越冬卵刚孵化和秋季（10 月下旬）蚜虫产卵前进行适时防治，各喷施 10% 吡虫啉可湿性粉剂 2000 倍液一次 ②虫量不多时可以用清水冲洗芽、嫩叶和叶背，击落蚜体 ③冬季或早春寄主植物发芽前喷洒 3 波美度石硫合剂，杀灭越冬卵 ④林间挂设黄色粘虫板，诱粘有翅蚜虫 ⑤在天敌繁荣季节避免喷洒化学农药，以保护瓢虫、草蛉、食蚜蝇、蚜茧蜂、蚜小蜂等

9. 杨柳红蜘蛛（表 25-19）

表 25-19 杨柳红蜘蛛

类别	内容
分布	华北、东北、西北等地
寄主	加杨、垂柳、馒头柳
形态	成螨：雌成螨体椭圆形，长 0.4mm 左右，淡黄绿色。体背两侧各有一行纵行暗绿色斑，足淡黄白色。雄成螨体末端略尖，比雌成螨稍小。卵：球形，直径 0.14mm 左右，淡黄色。若螨：短卵形，体长 0.17mm 左右，淡黄色，足 4 对，体背两侧的斑块不甚明显，形态与成螨相似
防治方法	①及时清除枯枝落叶和杂草，减少螨源 ②保护瓢虫、植绥螨、花蝽、塔六点蓟马等天敌 ③早春花木发芽前喷施 3 ~ 5 波美度石硫合剂，消灭越冬螨体，兼治其他越冬虫卵 ④危害期喷施 1.8% 爱福丁乳油 3000 倍液

10. 斑衣蜡蝉（表 25-20）

表 25-20 斑衣蜡蝉

类别	内容
分布	华北、华东、华中、华南、西南、陕西等地

（续）

类别	内容
寄主	臭椿、香椿、千头椿、刺槐、杨、柳、悬铃木、榆、槭属、女贞、合欢、珍珠梅、海棠、桃、李、黄杨等
形态	成虫：体长14~22mm，翅展40~52mm，全身灰褐色；前翅革质，基部约2/3为淡褐色，翅面具有20个左右的黑点；端部约1/3为黑色；后翅膜质，基部鲜红色，具有7~8点黑点；端部黑色。体翅表面附有白色蜡粉。头角向上卷起，呈短角突起 卵：长圆形，灰色，长约3mm，排列成块，背有褐色蜡粉。若虫：体形似成虫，初孵时白色，后变为黑色，体有许多小白斑，1~3龄为黑色斑点，4龄体背呈红色，具有黑白相间的斑点，如图25-16所示 图25-16　斑衣蜡蝉
防治方法	①避免建植臭椿纯林，在严重发生区应营造混交林 ②人工挖除越冬卵块 ③若虫孵化初期（5月初）喷洒48%乐斯本乳油3000倍液或40%绿来宝乳油500倍液

11. 桑白盾蚧（表25-21）

表25-21　桑白盾蚧

类别	内容
分布	全国各地
寄主	桃、桑、槐、核桃、李、杏、樱花、茶、悬铃木、连翘、丁香、槭属、合欢、葡萄、梅、柿、栗、银杏、杨、柳、白蜡、榆、黄杨、朴、女贞、木槿、玫瑰、樟、天竺葵、芙蓉、芍药、小檗、羊蹄甲、油桐、无花果、杧果、夹竹桃、苏铁等
形态	雌成虫：介壳直径2~2.5mm，圆或椭圆形，白、黄白或灰白色，隆起，常混有植物表皮组织；壳点2个，偏边，不突出介壳外，第1壳点淡黄色，有时突出介壳之外，第2壳点红棕或橘黄色；腹壳很薄，白色，常残留在植物上。虫体陀螺形，长约1mm，淡黄至橘红色；臀叶5对，中叶和侧叶内叶发达，外叶退化，第3~5叶均为锥状突，中叶突出近三角形，不显凹缺，内外缘各有2~3凹切，基部轭连；背腺分布于第2~5腹节成亚中、亚缘列，第6腹节无或偶见；第1腹节每侧各有亚缘背疤1个；肛门靠近臀板中央，臀板背基部每侧各有细长肛前疤1个，围阴腺5大群 雄成虫：介壳长形，长约1mm，白色，溶蜡状，两侧平行，背中略现纵脊3条；壳点黄白色，位于前端，如图25-17所示 图25-17　桑白盾蚧雄成虫体
防治方法	①冬春季节人工刮除干上虫体或结合修剪除被害枝条，集中烧毁 ②冬季对植株喷洒3~5波美度石硫合剂，杀灭越冬蚧体 ③若虫孵化盛期喷洒95%蚧螨灵乳剂400倍液、20%速客灭乳油1000倍液或10%吡虫啉可湿性粉剂2000倍液 ④保护天敌

12. 苹果黄蚜（表 25-22）

表 25-22　苹果黄蚜

类别	内容
别名	苹果黄蚜虫
分布	辽宁、华北、华中、华东、河南、陕西、四川等地
寄主	苹果、海棠、梨、山楂、绣线菊、樱花、麻叶绣球、榆叶梅、木瓜等
形态	无翅孤雌胎生蚜体长约 1.7mm，黄、黄绿或绿色；腹管圆筒形，黑色；尾片长圆锥形，黑色，有长毛9～13根 有翅孤雌胎生蚜体长 1.7mm；头、胸部黑色，腹部黄、黄绿或绿色，两侧有黑斑；腹管、尾片黑色。卵椭圆形，漆黑色，有光泽。若蚜形似无翅胎生雌蚜，鲜黄色，触角，复眼，足和腹管均黑色，如图 25-18 所示 图 25-18　苹果黄蚜有翅和无翅孤雌胎生蚜
防治方法	①春季越冬卵刚孵化和秋季蚜虫产卵前各喷施 1 次 10% 吡虫啉可湿性粉剂 2000 倍液防治 ②冬季或早春寄主植物发芽前剪除有卵枝条或喷施石硫合剂等矿物性杀虫剂，杀死越冬卵 ③保护和利用瓢虫、草蛉、食蚜蝇、蚜茧蜂、蚜小蜂等天敌

13. 蔷薇白轮盾蚧（表 25-23）

表 25-23　蔷薇白轮盾蚧

类别	内容
分布	全国各地
寄主	蔷薇、玫瑰、月季、悬钩子、刺莓、梨、杨梅、芒果、臭椿、榆、苏铁、雁来红、龙牙草等
形态	雌虫：介壳灰白色，近圆形，直径 2.0～2.4mm。壳点两个，一般偏离介壳中心 雄虫：介壳白色，长约 1mm，宽约 0.3mm，背面有 3 条纵脊和两条纵脊沟。壳点 1 个，淡褐色，位于介壳最前端。成虫：雌成虫体长约 1.19mm，宽约 0.95mm。初期橙黄色，后期紫红色 卵：紫红色，长椭圆形，长径约 0.16mm。若虫：初龄若虫，体橙红色，椭圆形。触角 5 节，末节最长。腹末有 1 对长毛，如图 25-19 所示 图 25-19　蔷薇白轮盾蚧雄成虫介壳
防治方法	①做好苗木的产地检疫，严禁调运带虫苗木 ②初冬对植株喷洒 3～5 波美度石硫合剂，杀灭越冬蚧体 ③合理修剪，使之通风透光，创造不利于蚧虫生长发育的条件 ④初孵若虫期喷洒 95% 蚧螨灵乳剂 400 倍液、20% 速客灭乳油 1000 倍液或 10% 吡虫啉可湿性粉剂 2000 倍液或中性洗衣粉 200 倍液 ⑤天敌发生盛期严禁喷洒化学农药

14. 合欢羞木虱（表25-24）

表25-24　合欢羞木虱

类别	内容
分布	辽宁、华北、华中、华东、河南、陕西、甘肃、宁夏、贵州等地
寄主	合欢、山槐
形态	成虫：体长2.3～2.7mm，绿、黄绿、黄或褐色（越冬体），触角黄至黄褐色，头胸等宽，前胸背板长方形，侧缝伸至背板两侧缘中央；胫节端距5个（内4外1），蚶节爪状距2个，前翅痣长三角形，如图25-20所示 图25-20　合欢羞木虱
防治方法	①冬季剪除越冬卵 ②于5月成虫交尾产卵时或发生盛期，向枝叶喷洒10%吡虫啉可湿性粉剂2000倍液，48%乐斯本乳油3500倍液或25%扑虱灵可湿性粉剂1000倍液

15. 枣大球坚蚧（表25-25）

表25-25　枣大球坚蚧

类别	内容
别名	大玉坚介壳虫
寄主	枣、栾树、刺槐、槐、核桃、杨、柳、榆、紫穗槐、栗、紫薇、苹果、玫瑰、槭属等
形态	雌成虫成熟体半球形，背面鲜黄或象牙色，带有整齐紫褐色斑，背中为粗纵带，带之两端扩大呈哑铃状，后端扩大部包住尾裂，背中纵带两侧各有大黑斑2纵排，每排黑斑5～6个。孕卵后体前半高突、后半斜狭，背面常有毛绒状蜡质分泌物，腹面常为不规则圆形；产卵后死体半球或近于球形，深褐色，体长宽18～19mm，高约14mm，红褐色花斑及绒毛蜡被消失，背面强烈向上隆起、硬化，壁薄，表面光滑洁亮，分布少数大小不同的凹点；触角7节，第3节最长，第4节突然变细，气门洼和气门刺均不明显，气门刺与缘刺无区别或较小而相互靠近，缘刺尖锥形，稀疏1列，刺距为刺长的1～4倍，前、后气门洼间缘刺37根；肛板合成正方形，前、后缘相等；多格腺在腹面中区，尤以腹部为密集；大杯状腺在腹面亚缘区成宽带；尾裂浅，仅为体长1/6 雄成虫体长约2mm，翅展约5mm，头部黑褐色，前胸及腹部黄褐色，中、后胸红棕色；触角丝状，10节，腹末针状，两侧各有白色长蜡丝1根，其长度约是体长的1.6倍。卵长椭圆形，长约0.3mm，初产米黄色，渐变红棕色，背白色蜡粉。若虫初孵体长椭圆形，橘红色，背中线具深红色条斑数块，腹末具白色长毛1对，足、触角健全，末期长约0.6mm，黄褐色，体背形成白色薄介壳，2根长毛部分露出壳外，2龄体长约2mm，背部逐渐形成环状蜡斑3个，壳边缘具刺毛，末期2根外露的长毛仅见残迹。蛹体长椭圆形，淡褐色，长约2.2mm，宽约0.9mm，眼点红色。茧长卵圆形，毛玻璃状，有蜡块，边缘有整齐蜡丝，如图25-21所示 图25-21　枣大球坚蚧孕卵雌成虫

（续）

类别	内容
防治方法	①加强检疫，销毁带疫寄主植物 ②初孵若虫期喷洒 15% 吡虫啉微胶囊干悬剂 2000 倍液或 95% 蚧螨灵乳剂 400 倍液 ③保护天敌，如跳小蜂、瓢虫等

16. 栾多态毛蚜（表 25-26）

表 25-26　栾多态毛蚜

类别	内容
别名	栾树蚜虫
分布	辽宁、华北、华中、华东、陕西等地
寄主	栾树、黄山栾
形态	无翅孤雌胎生蚜体长约 3mm，长卵圆形，活体黄绿色，背面多毛，有深褐色“品”字形大斑；头前部有黑斑，胸腹部各节有大缘斑，中斑明显较大，第 8 腹节融合为横带；触角、喙、足、腹管、尾片、尾板和生殖板黑色；腹管间有长毛 27~32 根，触角第 3 节有毛 23 根和感觉圈 33~46 个 有翅孤雌胎生蚜体长约 3.3mm；头、胸黑色，腹部色浅，1~6 腹节中，侧斑融合成各节黑带。干母体长 2.2~2.8mm，深绿或暗褐色，腹、背部有明显缘斑。若蚜滞育型白色，体小而扁，腹背有明显斑纹。无翅性母体长 1.7~2.3mm，褐色  图 25-22　栾多态毛蚜孤雌胎生蚜 有翅性母体长 2.5~2.9mm，黄绿色。雌性蚜体长 3.2~4mm，长菱形，褐或灰褐色，足短粗，腿节膨大 雄性蚜体长 2.2~2.7mm，狭长，褐色，1~8 腹节各具中、缘斑，如图 25-22 所示
防治方法	①合理修枝，保持通风透光，以减小虫口密度 ②冬末在树体萌动前喷洒 1~2 波美度石硫合剂 ③初春萌发幼叶时喷洒 10% 吡虫啉可湿性粉剂 2000 倍液、1.2% 苦 · 烟乳液 1000 倍液、3% 高渗苯氧威乳液 3000 倍液或 1.2% 烟参碱 800 倍液

17. 东亚接骨木蚜（表 25-27）

表 25-27　东亚接骨木蚜

类别	内容
分布	辽宁、华北、山东等地
寄主	接骨木
形态	无翅孤雌胎生蚜：体长约 2.3mm，卵圆形，黑蓝色，具光泽；触角第 6 节基部短于鞭部的 1/2，长于第 4 节；前胸和各腹节分别有缘瘤 1 对；足黑色，体毛尖锐；腹管长筒形，长为尾片长的 2.5 倍；喙几乎达后足基节；尾片舌状，毛 14~18 根，尾板半圆形 有翅孤雌胎生蚜：体长约 2.4mm，长卵形，黑色有光泽，足黑色；触角第 6 节鞭部长于第 4 节；腹部有缘瘤；腹管长于触角第 3 节，如图 25-23 所示 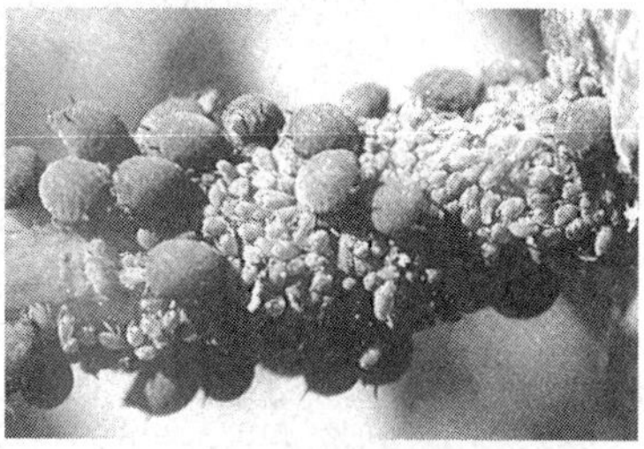 图 25-23　东亚接骨木蚜

（续）

类别	内容
防治方法	①冬季喷洒3～5波美度石硫合剂或95%蚧螨灵乳剂400倍液，杀灭越冬卵 ②发生初期喷洒10%吡虫啉可湿性粉剂2000倍液 ③保护天敌（蚜茧蜂、瓢虫、草蛉、食蚜蝇等）

18. 棉蚜（表25-28）

表25-28　棉蚜

类别	内容
分布	全国各地
寄主	木槿、石榴、鼠李、紫叶李、扶桑、紫荆、玫瑰、梅、常春藤、茶花、大叶黄杨、夹竹桃、蜀葵、牡丹、菊花、一串红、仙客来、鸡冠花等
形态	干母：体长约1.6mm，茶褐色；触角5节，为体长之半。无翅孤雌胎生蚜：体长约1.9mm，卵圆形；春季体深绿、黄褐、黑、棕、蓝黑色，夏季体黄、黄绿色，秋季体深绿、暗绿、黑色等，体外背有薄层蜡粉；中额瘤隆起；触角6节；腹管较短，圆筒形，灰黑至黑色；尾片圆锥形，近中部收缩，曲毛4～5根 有翅孤雌胎生蚜：体长约2.2mm，黄、浅绿或深绿色或深绿色，头、前胸背板黑色；腹部春秋黑蓝色，夏季淡黄或绿色；触角6节，短于体；腹部两侧有黑斑3～4对，腹管短，为体长的1/10，圆筒形；尾片短于腹管之半，曲毛4～7根。无翅雌性蚜：体长1～1.5mm，灰黑、墨绿、暗红或赤褐色；触角5节；后足胫节发达；腹管小而黑色。有翅雄性蚜：体长1.3～1.9mm，深绿、灰黄、暗红、赤褐等色；触角6节 图25-24　棉蚜群栖 卵：椭圆形，初产时橙黄色，后变黑色，有光泽 有翅若蚜体背蜡粉，两侧有短小翅芽，夏季体淡黄色，秋季体灰黄色 无翅若蚜1龄体淡绿色，触角4节，腹管长宽相等；2龄体蓝绿色，触角5节，腹管长为宽的2倍；3龄体蓝绿色，触角5节，腹管长约为1龄的两倍；4龄体蓝绿、黄绿色，触角6节，腹管长约为2龄的2倍。体夏季多为黄绿色，秋季多为蓝绿色，如图25-24所示
防治方法	①合理修剪，做到通风透光，减小虫口密度 ②春季越冬卵刚孵化和秋季蚜虫产卵前各喷施10%吡虫啉可湿性粉剂2000倍液或1.2%苦·烟乳油1000倍液进行防治 ③冬季或早春剪除有卵枝条或喷施石硫合剂 ④利用黄色粘胶板诱粘有翅蚜虫 ⑤天敌较多时应尽量利用天敌自然控制

19. 小绿叶蝉（表25-29）

表25-29　小绿叶蝉

类别	内容
分布	华北、华东、华中、华南、陕西、四川等地
寄主	桃、杨、桑、樱桃、李、梅、杏、苹果、葡萄、茶、木芙蓉、柳、柑橘、泡桐、月季、草坪草等

（续）

类别	内容
形态	成虫：体长3~4mm，淡黄绿至绿色，复眼灰褐至深褐色，无单眼，触角刚毛状，末端黑色 前胸背板、小盾片浅鲜绿色，常具白色斑点 前翅半透明，略呈革质，淡黄白色，周缘具淡绿色细边。后翅透明膜质，各足胫节端部以下淡青绿色，爪褐色；跗节3节；后足跳跃式。腹部背板色较腹板深，末端淡青绿色 头背面略短，向前突，喙微褐，基部绿色 卵：长椭圆形，略弯曲，长约0.8mm，初产时乳白色。若虫：体长2.5~3.5mm，与成虫相似，如图25-25所示 图25-25 小绿叶蝉
防治方法	①冬季认真清除杂草即枯枝落叶，消灭越冬成虫 ②生长期清除植株周围杂草 ③虫害发生初时（5月初）喷洒25%扑虱灵可湿性粉剂1000倍液或25%阿克泰水分散粒剂5000倍液，每周1次，连续2~3次

20. 女贞饰棍蓟马（表25-30）

表25-30 女贞饰棍蓟马

类别	内容
别名	丁香蓟马
寄主	丁香
形态	成虫雌体长约1mm，黑褐色，前胸和腹节间白色翅淡黄褐色，翅缘有长毛，翅基、中、端部有黑褐斑4个，雄体长约0.5mm，黄色，翅黑褐色，上有白斑3个 卵肾形，略向一侧弯曲，长约0.2mm，白色透明。若虫初孵时体乳白色，后淡绿色，眼红色。蛹体黄白色，具翅芽4个，如图25-26所示 图25-26 女贞饰棍蓟马
防治方法	①早春灌水、翻地或在丁香萌动前向土中浇10%吡虫啉可湿性粉剂1000倍液，消灭越冬成虫 ②在越冬代产卵前或5~6月和8~9月喷洒1.8%爱福丁乳油3000倍液

21. 水木坚蚧（表25-31）

表25-31 水木坚蚧

类别	内容
别名	槐坚介壳虫
分布	全国各地
寄主	豆科、木兰科、毛茛科、悬铃木科、蔷薇科、锦葵科、槭树科、卫矛科、忍冬科、桦木科、木犀科、夹竹桃科、十字花科、榆科、菊科、禾本科、杨柳科等49科130余种植物

（续）

类别	内容
形态	雌成虫体长3～6.5mm，宽2～4mm，椭圆或近圆形，幼时体黄棕色，产卵后体黄褐、棕褐、红褐或褐色，背面隆起、硬化，前、后均斜坡状，背中有光滑而发亮的宽纵脊1条，脊两侧有成排大凹坑，坑侧又有许多凹刻，越向边缘凹刻越小，呈放射状；肛裂和缘褶明显，腹面软；触角6～8节，多为7节；气门刺3根，中刺端粗钝、略弯，为侧刺长的2倍或仅稍长，侧刺渐尖；缘刺2列，细长而端钝，明显小于气门刺；背有杯状腺，垂柱腺3～8对集成亚缘列；肛周无射线和网纹。雄成虫体红褐色，长1.2～1.5mm，翅土黄色、透明，翅展3～3.5mm，腹末交尾器两侧各有白色蜡毛1根 图25-27　水木坚蚧 卵呈椭圆形，长约0.2mm，初产乳白色，渐变黄褐色，如图25-27所示。若虫1龄体呈椭圆形，长约0.5mm，淡黄褐色，腹末有白色尾丝1对；2龄体呈椭圆形，长约1mm，黄褐色，半透明，背面有长而透明的蜡丝10余根，背中线隆起，两侧密布褐色微细花纹，以胸节处色较深，体缘密排白色短蜡刺；3龄体逐渐形成浅灰至灰黄色柔软蜡壳 蛹体长1.2～1.7mm，暗红色。茧呈椭圆形，前半突起，蜡质，半透明玻璃状，全壳分割成蜡板7块
防治方法	①加强检疫，防止人为传播 ②强化养护管理，增强自身调控能力 ③初冬或早春喷洒3～5波美度石硫合剂 ④若虫盛期喷洒95%蚧螨灵乳剂400倍液、20%苏克灭乳油1000倍液或1%吡虫啉可湿性粉剂2000倍液 ⑤保护天敌。寄生性天敌有赖食蚧蚜小蜂、黄盾食蚧蚜小蜂、中华四节蚜小蜂、球蚧花角跳小蜂、长缘刷盾跳小蜂和纽棉蚧跳小蜂；捕食性天敌有黑缘红瓢虫、红点唇瓢虫、草蛉等

22. 油松长大蚜（表25-32）

表25-32　油松长大蚜

类别	内容
别名	松大蚜
分布	辽宁、华北、甘肃等地
寄主	油松
形态	无翅蚜：雌无翅蚜是繁殖的主体。头小，腹大，黑褐色，体长3～4mm，宽3mm，近球形。腹9节，头5节渐宽，为较硬腹，后4节渐窄为软腹。触角刚毛状，6节，第3节较长。复眼黑色，突出于头侧。秋末，雌成蚜腹末背有白色粉 有翅蚜：分雌雄两种，雄蚜腹部窄，雌蚜腹部宽，但窄于无翅蚜。有翅蚜翅透明，在两翅端部有一翅痣，头方圆形，大于无翅蚜，前胸背版有明显圆环和“X”形花纹。触角长1.5mm，嘴细长，可伸达腹部第5节。卵：长1.3～1.5mm，黑绿色，长圆柱形。两卵间有丝状物连接，多由7～15个卵整齐排列在松针叶上，有时可发现白色、红色、灰绿色卵粒。卵刚产出时白绿色，渐变为黑绿色。不太饱满卵中部有凹陷，卵上常被有白色粉粒。若虫：有卵生若虫和胎生若虫两种，它们的形态多相似于无翅雌蚜，只是体形较小，新孵化若虫淡棕褐色，腹全为软腹，喙细长，相当于体长的1.3倍，如图25-28所示 图25-28　油松长大蚜

（续）

类别	内容
防治方法	①冬季向叶面喷洒 5 波美度石硫合剂 ②秋末在主干上绑缚塑料薄膜环，阻隔落地后爬向树冠产卵成虫 ③早春往树冠释放瓢虫和螳螂卵块，增加食蚜天敌 ④在蚜虫危害盛期，向树冠喷洒 10% 吡虫啉可湿性粉剂 2000 倍液，1.2% 苦・烟乳油 1000 倍数或 3% 高渗苯氧威乳液 3000 倍液 ⑤保护天敌，如瓢虫、食蚜蝇、蚜茧蜂、草蛉等

23. 油松球蚜（表 25-33）

表 25-33 油松球蚜

类别	内容
分布	东北、西北、华北等地
寄主	油松、黑松、赤松、雪松
形态	无翅蚜：体长约 1.5mm，小；头与前胸愈合，头胸有色，各胸节有斑 3 对；触角 3 节，喙 5 节，超过中足基节；腹部色淡，体背蜡片发达，由葡萄状蜡孔组成，常有白色蜡丝覆于体上；尾片半月形，毛 4 根，无腹管，如图 25-29 所示 图 25-29 油松球蚜成蚜
防治方法	①初孵若虫期向松树枝干喷洒 70% 灭蚜松可湿性粉剂 1200 倍液，10% 吡虫啉可湿性粉剂 2000 倍液或 1.2% 苦・烟乳油 1000 倍液 ②保护、释放天敌，如红缘瓢虫、异色瓢虫、草蛉等

24. 蔷薇长管蚜（表 25-34）

表 25-34 蔷薇长管蚜

类别	内容
分布	全国各地
寄主	蔷薇、月季、丰花月季、蔓藤月季、玫瑰、野蔷薇等
形态	无翅孤雌胎生雌蚜：体长约 3mm，长卵形，头部浅绿色，胸、腹部草绿色，有时略带红色；腹管和尾片浅黑色，尾片较长，圆锥形，着生曲毛 7 ~ 9 根 有翅孤雌胎生雌蚜：体草绿色，尾片上有曲毛 9 ~ 11 根。若蚜：体相似无翅成蚜，无翅，如图 25-30 所示 图 25-30 蔷薇长管蚜

（续）

类别	内容
防治方法	①温室和花卉大棚内，采用黄绿色灯光或黄色粘虫板诱粘有翅蚜虫 ②发生初期喷洒10%吡虫啉可湿性粉剂2000倍液 ③保护天敌，如寄生性小蜂类和捕食性瓢虫类

25. 梧桐裂木虱（表25-35）

表25-35　梧桐裂木虱

类别	内容
分布	华北、华中、华东、陕西、甘肃、宁夏、云南等地
寄主	梧桐
形态	成虫：体长5.6～6.9mm，黄绿色，具褐斑，疏生细毛，头横宽，头顶裂深，额显露，颊锥短小，乳突状。复眼赤褐色，平眼橙黄色，触角细长，约为头宽的3倍，褐色，基部3节显黄色，端部2节为黑色。前胸背板拱起，前后缘黑褐色，中胸背面有浅褐色纵纹两条，中央有一浅沟。中胸盾片具有纵纹6条，中胸小盾片淡黄色，后缘色较暗；后胸盾片处生有凸起两个，呈圆锥形。足淡黄色，跗节暗褐色，爪黑色。前翅无色透明，翅脉茶黄色。内缘室端部有一褐色斑  图25-31　梧桐裂木虱 卵：纺锤形，长0.5～0.8mm，略透明初产时淡黄色或黄褐色，孵化前便呈淡红褐色 若虫：初孵化时长方形，茶黄色微带绿色，翅牙稍显；老熟后长方形，长3.0～5.0mm，色深，翅芽明显可见，如图25-31所示
防治方法	①应选择若虫初孵化和成虫羽化盛期进行防治，清水冲洗或喷施20%蚧虫净乳油1000倍液、10%吡虫啉可湿性粉剂2000倍液或1.2%苦·烟乳油1000倍液 ②保护寄生蜂和草蛉等天敌

26. 桃蚜（表25-36）

表25-36　桃蚜

类别	内容
分布	全国各地
寄主	山桃、碧桃、李、杏、梅、樱花、月季、夹竹桃、香石竹、金鱼草、大丽花、菊花、仙客来、一品红、瓜叶菊等
形态	无翅孤雌胎生雌蚜：体长约2.2mm，卵圆形；春季黄绿色、背中线和侧横带翠绿色，夏季白至淡黄绿色，秋季褐至赤褐色；复眼红色；额瘤显著，内缘圆，内倾，中额微隆；触角6节，灰黑色；腹管较长，圆筒形，灰黑色，各节有瓦纹，端有突，尾片与体同色，圆锥形，近基部收缩，曲毛6～7根 有翅孤雌胎生雌蚜：体长约2.2mm，头、胸部黑色，腹部深褐、淡绿、橙红色；第3～6腹节背面中央有大型黑斑1块，第2～4腹节各有缘斑，腹节腹背有淡黑色斑纹；腹管绿、黑色，较长；尾片圆锥形，黑色，曲毛6根。卵：长椭圆形，初产时淡绿色，后变成漆黑色。若蚜：体与无翅雌蚜相似，体较小，淡绿或淡红色，头胸腹三部分几乎等宽；2龄无翅蚜体淡红绿或淡红色，复眼暗红色，头胸部不等宽，腹部较膨大；3龄无翅蚜体淡黄、淡黄绿或淡橙红色，腹部明显大于头胸部；4龄无翅蚜体淡橙红、红褐、淡黄或淡绿色，复眼暗红至黑色，胸部大于头部，腹部大于胸部

（续）

类别	内容
形态	无翅雌性蚜体长1.5～2mm，赤褐或橙红色，额瘤外倾；腹管圆筒形，稍弯曲。有翅雄性蚜与秋季迁移蚜相似，体形稍小，腹部背面黑斑较大，如图25-32所示 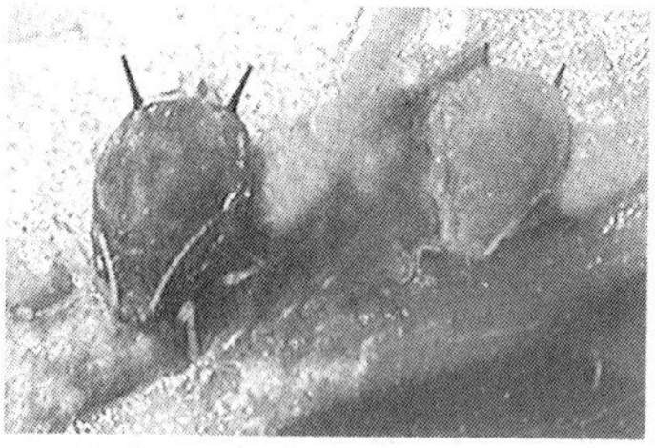 图25-32　桃蚜无翅孤雌胎生蚜
防治方法	①春季越冬卵孵化后尚未进入繁殖阶段和秋季蚜虫产卵前，分别喷施10%吡虫啉可湿性粉剂2000倍液进行防治 ②虫量不多时以清水冲洗芽、嫩枝和叶背 ③冬季或早春寄主植物发芽前喷洒石硫合剂 ④利用黄色粘虫板诱粘有翅蚜虫 ⑤天敌发生较多情况下尽量不使用农药，以充分发挥瓢虫、草蛉、食蚜蝇、蚜茧蜂、蚜小蜂等天敌的控制作用

27. 梨冠网蝽（表25-37）

表25-37　梨冠网蝽

类别	内容
分布	全国各地
寄主	梨、苹果、海棠、李、桃、山楂等
形态	成虫体长3.5mm，头上刺5枚；触角浅黄褐色。前胸背板黑。两侧与前翅均有网状花纹，静止时两翅重叠，中间黑褐色斑纹呈“X”形。卵长0.6mm 若虫老龄体形似成虫。共5龄，3龄后长出翅芽，如图25-33所示 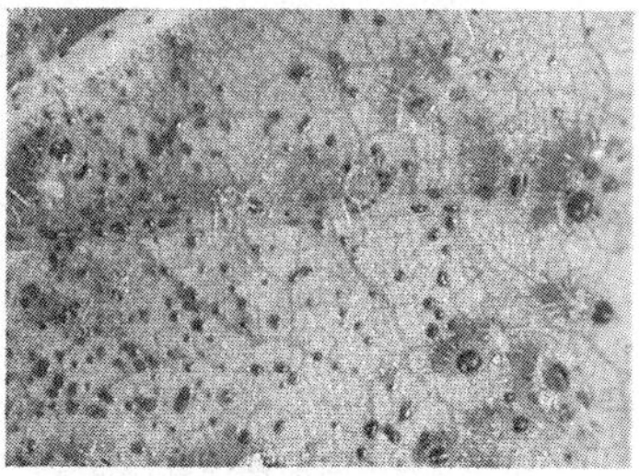 图25-33　梨冠网蝽成虫
防治方法	①秋季绑草把诱集并消灭下树越冬虫 ②发生初期（5月上旬）喷洒吡虫啉可湿性粉剂2000倍液或25%除尽悬浮剂1000倍液等无毒、低毒内吸药剂防治若虫

28. 花蓟马（表25-38）

表25-38　花蓟马

类别	内容
分布	全国各地

（续）

类别	内容
寄主	桃、桑、槐、核桃、李、杏、樱花、茶、悬铃木、连翘、丁香、槭属、合欢、葡萄、梅、柿、栗、银杏、杨、柳、白蜡、榆、黄杨、朴、女贞、木槿、玫瑰、樟、天竺葵、芙蓉、芍药、小檗、羊蹄甲、油桐、无花果、杧果、夹竹桃、苏铁等
形态	成虫：体长1.4mm。褐色；头、胸部稍浅，前腿节端部和胫节浅褐色。触角第1、2和第6~8节褐色，3~5节黄色，但第5节端半部褐色 前翅微黄色。腹部1~7背板前缘线暗褐色。头背复眼后有横纹。单眼间鬃较粗长，位于后单眼前方。触角8节，较粗；第3、4节具叉状感觉锥。前胸前缘鬃4对，亚中对和前角鬃长；后缘鬃5对，后角外鬃较长 前翅前缘鬃27根，前脉鬃均匀排列，21根；后脉鬃18根。腹部第1背板布满横纹，第2~8背板仅两侧有横线纹。第5~8背板两侧具微弯梳；第8背板后缘梳完整，梳毛稀疏而小。雄虫较雌虫小，黄色。腹板3~7节有近似哑铃形的腺域 卵：肾形，长0.2mm，宽0.1mm。孵化前显现出两个红色眼点。二龄若虫：体长约1mm，基色黄；复眼红；触角7节，第3、4节最长，第3节有覆瓦状环纹，第4节有环状排列的微鬃；胸、腹部背面体鬃尖端微圆钝；第9腹节后缘有一圈清楚的微齿，如图25-34所示 图25-34　花蓟马成虫
防治方法	①早春清除和烧毁残枝败叶，也可向土中浇10%吡虫啉可湿性粉剂1000倍液，消灭越冬成虫 ②在越冬代产卵前或5~6月和8~9月向花器喷洒爱福丁等内吸、触杀剂

29. 月季长管蚜（表25-39）

表25-39　月季长管蚜

类别	内容
分布	吉林、辽宁、华北、华东、华中、陕西等地
寄主	月季、蔷薇、白兰等
形态	无翅雌蚜：体长4mm左右。长卵形，黄绿色，有时橘红色。腹管长圆筒形，端部有瓦纹。尾片较长，长圆锥形，有曲毛7~9根。有翅雌蚜：草绿色，第8腹节有块横带斑。尾片有曲毛9~11根，如图25-35所示 图25-35　月季长管蚜
防治方法	①合理修剪，保持通风透光，控制虫口上升 ②在卵孵化初期，向枝叶喷洒1.2%苦·烟乳油1000倍液或10%吡虫啉可湿性粉剂2000倍液 ③居室内盆花可向叶面喷洒中性洗衣粉200倍液 ④植物冬眠时喷洒3~5波美度石硫合剂

30. 竹梢凸唇斑蚜（表 25-40）

表 25-40　竹梢凸唇斑蚜

类别	内容
分布	华北、华东、四川、云南、陕西等地
寄主	竹
形态	有翅孤雌胎生蚜：体长约 2.3mm，长卵形，淡绿、绿或绿褐色，无斑纹；毛瘤 4 对；触角 6 节，短于体；前胸和第 1～5 腹节中毛瘤较小，第 17 腹节各具缘瘤 1 对，每瘤生毛 1 根，腹部无斑纹；翅脉正常；腹管短筒形，基部无毛，中毛每节 2 根，无缘突，有切迹；尾片瘤状，毛 10～17 根尾板分 2 片。若蚜：体较小，背毛粗长，顶端扇形，如图 25-36 所示 图 25-36　竹梢凸唇斑蚜
防治方法	①冬初喷洒 3～5 波美度石硫合剂，杀灭越冬卵 ②若虫、成虫发生初期向叶背喷洒 10% 吡虫啉可湿性粉剂 2000 倍液或 1.2% 苦·烟乳油 1000 倍液 ③保护天敌，如瓢虫、草蛉、食蚜蝇和蚜茧蜂等 ④株间疏密合理，通风透光

31. 核桃黑斑蚜（表 25-41）

表 25-41　核桃黑斑蚜

类别	内容
分布	辽宁、华北
寄主	核桃
形态	有翅孤雌胎生蚜：体长约 2mm，椭圆形，活体淡黄色；额瘤不显，喙粗短体被毛短而尖锐；翅脉淡色，中、肘脉基部镶色边；尾片瘤状，尾板分裂为两片 性蚜雌成虫无翅，淡黄绿至橘红色，头、前胸背板有淡褐色斑纹，中胸、第 3～5 腹节背有黑褐色大斑 雄成蚜头胸部灰黑色，腹部淡黄色，第 4、5 腹节背面各有黑色横斑 1 对。卵椭圆形，黄绿至黑色，表面有网纹 若蚜：1 龄体长椭圆形，胸部和第 1～7 腹节背面各有灰黑色椭圆形斑 4 个，第 8 腹节背横斑大；3、4 龄灰褐色斑消失，如图 25-37 所示 图 25-37　核桃黑斑蚜
防治方法	①黄板诱杀 ②严重时喷洒 10% 吡虫啉可湿性粉剂 2000 倍液或 65% 茴蒿素水剂 400 倍液 ③保护天敌

32. 柳蚜（表 25-42）

表 25-42　柳蚜

类别	内容
分布	辽宁、华北、华东、河南、甘肃、新疆等地

（续）

类别	内容
寄主	柳
形态	无翅孤雌胎生蚜：体长约2.1mm，蓝绿、绿、黄绿色，腹管白色，顶端黑色，背有薄粉，附肢淡色；中胸腹岔有短柄；中额平；体侧具缘瘤，以前胸者最大；腹管长圆筒形，向端部渐细，有瓦纹、缘突和切迹；尾片长圆锥形，近中部收缩，有曲毛9~13根 有翅孤雌胎生蚜：体长约1.9mm，头、胸黑绿色，腹部黄绿色；腹管灰黑至黑色，前斑小，后斑大，如图25-38所示 图25-38　柳蚜若蚜
防治方法	①冬季喷洒3~5波美度石硫合剂，杀灭越冬卵 ②发生初期喷洒10%吡虫啉可湿性粉剂2000倍液 ③保护天敌瓢虫、蚜茧蜂、食蚜蝇等 ④剪除严重嫩梢

33. 松红蜘蛛（表25-43）

表25-43　松红蜘蛛

类别	内容
分布	华北、西北、华中、华东、华南等地
寄主	油松、云杉、侧柏、黑松
形态	成螨：雌成螨体长0.4mm左右，椭圆形，淡橙黄色至橙黄色，背部两侧有纵行红褐色斑条，两个斑条前端在体背前端汇合处略呈“山”字形的斑纹。足枯黄色，雄成螨体比雌成螨小，尾部较尖，体淡黄绿色，背部斑块色较淡 卵：球形，直径0.11mm左右，杏黄至杏红色 若螨：形态和成螨相似，只是体较圆，体长0.15mm左右，淡黄色，体背两侧斑块的颜色比成螨浅，足黄白色
防治方法	①在不影响树木生长和观赏的螨量下，可喷清水冲洗或喷0.1~0.3波美度的石硫合剂清洗 ②药剂防治：较多叶片发生叶螨时，应及早喷药，防治早期危害是控制后期猖獗的关键。可喷1.8%爱福丁乳油3000倍液，因螨类易产生抗药性，所以要注意杀螨剂的交替使用 ③干旱季节注意及时补水

34. 柳瘤大蚜（表25-44）

表25-44　柳瘤大蚜

类别	内容
分布	辽宁、西北、华北、华中、华东、云南等地
寄主	柳

（续）

类别	内容
形态	无翅孤雌胎生蚜：体长约 3.5～4.5mm，灰黑或黑灰色，全体密被细毛；复眼黑褐色；触角 6 节，黑色，上着生毛；口器针状，长达腹部；一腹部膨大，第 3 节有亚生感觉孔 2 个，第 4 节有 1～3 个，第 5 节背面右侧有锥形突起瘤；腹管扁平，圆锥形，尾片半月形；足暗红褐色，密生细毛，后足特长 有翅孤雌胎生蚜：体长约 4mm，头、胸部色深，腹部色浅；翅透明，翅痣细长；第 3 腹节有大而圆亚生感觉孔 10 个，第 4 节有 3 个，如图 25-39 图 25-39　柳瘤大蚜
防治方法	①安置黄色胶板或黄色灯光诱杀 ②剪除和烧毁聚生危害的虫枝 ③喷洒 10% 吡虫啉可湿性粉剂 2000 倍液或烟草水 50～100 倍液，每周 1 次，连续喷 2～3 次

35. 金针瘤蚜（表 25-45）

表 25-45　金针瘤蚜

类别	内容
分布	辽宁、华北、河南、甘肃、青海、广东、台湾等地
寄主	萱草、金针菜
形态	无翅孤雌胎生蚜：体长约 2.1mm，长卵形，白绿至黄绿色；中额平直额瘤明显隆起，半圆形；触角粗短，为体长之半；头、背有圆形颗粒；胸、腹部表皮粗糙，有明显鳞状曲纹；中胸腹岔有长柄；胫节基部光滑；体无斑纹，体毛短钝不明显；腹管长筒形，淡色，基宽端细，有缘突；尾片圆锥形，毛 4～5 根，尾板半圆形 有翅孤雌胎生蚜：体长约 2mm，长卵形，头、胸黑褐色，腹部淡绿色；触角短于体长；第 1～6 腹节淡绿色；触角短于体长；第 1～6 腹节背片有大型缘斑，其他特征与无翅型相似，如图 25-40 所示 图 25-40　金针瘤蚜若蚜
防治方法	①初春向萱草等寄主根部浇灌 3 波美度石硫合剂，杀灭根际越冬卵 ②春季向萱草等叶基部喷洒 10% 吡虫啉可湿性粉剂 2000 倍液

36. 澳洲吹绵蚧（表 25-46）

表 25-46　澳洲吹绵蚧

类别	内容
分布	华东、华中、华南、西南、北方温室
寄主	海桐、桂花、梅、牡丹、广玉兰、芍药、含笑、玉兰、夹竹桃、扶桑、月季、蔷薇、玫瑰、米兰、石榴、南天竹、鸡冠花、金橘、常春藤、蒲葵及月桂等 80 科 250 余种

（续）

类别	内容
形态	雌成虫：体长5~10mm，宽4~6mm，椭圆形或长椭圆形，背部向上隆起，以中央向上隆起较高，腹部平坦；体橘红或暗红色，足和触角黑色，体表有黑色短毛，背有白色蜡粉 雄成虫：体长约3mm，胸部红紫色，有黑骨片，腹部橘红色，前翅狭长，暗褐色，基角处有囊状突起1个，后翅退化成匙形的似平衡棒，腹末有肉质短尾瘤2个，其端有刚毛3~4根 卵：长椭圆形，长约0.7mm，初产时橙黄色，后橘红色。卵囊：从腹末后方生出，白色，半卵形或长形，突出而隆起，不分裂而成一整体，与体同长，与体腹呈45°角，囊表有明显纵脊14~16条 若虫：雌性3龄，雄性2龄，各龄均椭圆形，眼、触角及足均黑色；1龄橘红色，触角端部膨大，有长毛4根，腹末有与体等长的尾毛3对；2龄体背红褐色，上覆黄色蜡粉，散生黑毛，雄性体较长，体表蜡粉及银白色细长蜡丝均较少，行动较活泼；3龄均属雌性，体红褐色，表面布满蜡粉及蜡丝，黑毛发达。蛹体长约3.5mm，橘红色，体表覆有白色薄蜡粉 茧：由白蜡丝组成，长椭圆形，白色，质疏松，如图25-41所示 图25-41　澳洲吹绵蚧
防治方法	①人工刮除虫体或剪除虫枝，保持植株生长通风透光，减小虫口密度 ②若虫期喷施1.2%烟参碱乳剂1000倍液、20%蚧虫净乳油1000倍液，特别要抓住第1代孵化高峰期防治 ③保护、利用天敌昆虫，如澳洲瓢虫、大红瓢虫、小红瓢虫、红环瓢虫等

25.2.4　植物食叶害虫

1. 黄褐天幕毛虫（表25-47）

表25-47　黄褐天幕毛虫

类别	内容
分布	东北、西北、华北等地
寄主	蔷薇科植物、柞、柳、杨等
形态	成虫：雄成虫体长约15mm，翅展长为24~32mm，全体淡黄色，前翅中央有两条深褐色的细横线，两线间的部分色较深，呈褐色宽带，缘毛褐灰色相间 雌成虫体长约20mm，翅展长约29~39mm，体翅褐黄色，腹部色较深，前翅中央有一条镶有米黄色细边的赤褐色宽横带 卵：椭圆形，灰白色，高约1.3mm，顶部中央凹下，卵壳非常坚硬，常数百粒卵围绕枝条排成圆筒状，非常整齐，形似顶针状或指环状。正因为这个特征将黄褐天幕毛虫也称为“顶针虫” 幼虫：共5龄，老熟幼虫体长50~55mm，头部灰蓝色，顶部有两个黑色的圆斑。体侧有鲜艳的蓝灰色、黄色和黑色的横带，体背线为白色，亚背线橙黄色，气门黑色。体背黑色的长毛，侧面生淡褐色长毛 蛹：体长13~25mm，黄褐色或黑褐色，体表有金黄色细毛 茧：黄白色，呈棱形，双层，一般结于阔叶树的叶片正面、草叶正面或落叶松的叶簇中，成虫如图25-42所示

（续）

类别	内容
形态	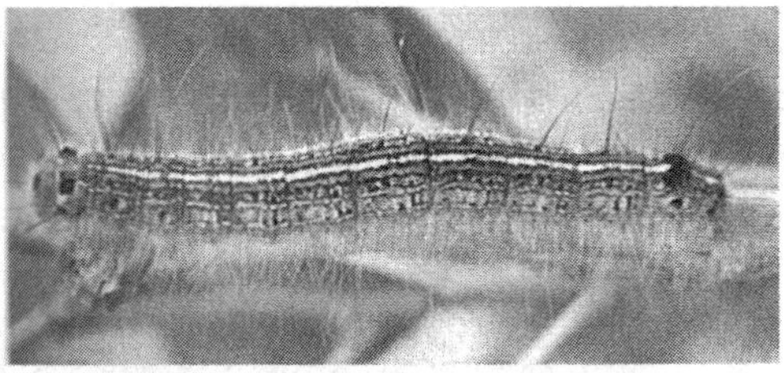 图 25-42　黄褐天幕毛虫老龄幼虫
防治方法	①冬季摘除枝上卵块，集中烧毁 ②初龄期剪除网幕，杀死网中幼虫或喷洒 20% 除虫脲悬浮剂 7000 倍液 ③灯光诱杀成虫 ④严重发生区的老龄期可喷洒核型多角体病毒液

2. 双线嗜黏液蛞蝓（表 25-48）

表 25-48　双线嗜黏液蛞蝓

类别	内容
分布	南方、北方温室
寄主	菊花、一串红、鸢尾、月季、瓜叶菊、海棠、唐菖蒲、仙客来、三叶草等
形态	成虫：体长 22mm，爬行时体长 32～45mm；雌雄同体，体柔软，无外壳，暗灰、灰红或黄白色。触角 2 对，暗黑色，前对短，长约 1mm，后对长，长约 4mm 眼黑色，着生在触角顶端；体背前端有外套膜 1 个，约为体长的 1/3，其边缘卷起 卵：椭圆形，念珠状串联，白色，半透明 幼体：同成体，淡褐色，无纵线，如图 25-43 所示 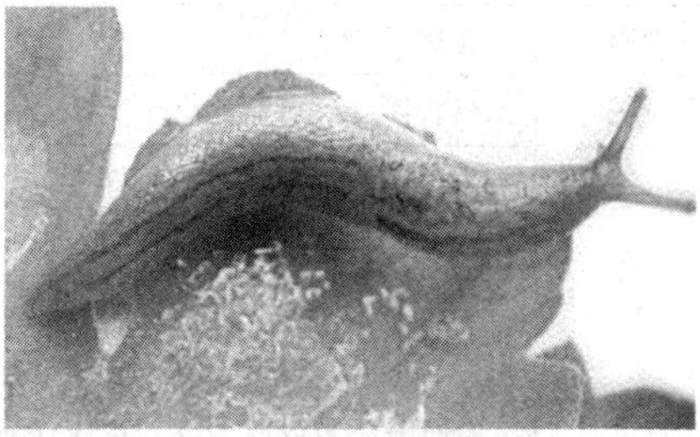图 25-43　双线嗜黏液蛞蝓
防治方法	①定期清理环境，在被害植物附近的阴暗潮湿处捕杀成、幼体 ②在蛞蝓经常活动和受害植物周围放置诱饵嘧达颗粒剂或堆放喷上 90% 敌百虫 20 倍液的鲜菜叶、杂草，诱杀成、幼体 ③在蛞蝓喜栖息的阴暗场所，于傍晚盆周施撒 3% 生石灰或泼浇五氯酚钠，毒杀成、幼体

3. 棉铃虫（表 25-49）

表 25-49　棉铃虫

类别	内容
分布	全国各地
寄主	月季、木槿、大丽花、大花秋葵、菊花、万寿菊、向日葵、美人蕉、麦类、豆科、棉花、番茄等

（续）

类别	内容
形态	成虫：体长15～17mm，翅展30～38mm；前翅青灰色、灰褐色或赤褐色，线、纹均黑褐色，不甚清晰；肾纹前方有黑褐纹；后翅灰白色，端区有一黑褐色宽带，其外缘有两相连的白斑 幼虫：体色变化较多，有绿、黄、淡红等，体表有褐色和灰色的尖刺；腹面有黑色或黑褐色小刺 蛹自绿变褐。卵：呈半球形，顶部稍隆起，纵棱间或有分支，如图25-44所示 图25-44　棉铃虫幼虫食木槿和棉铃虫成虫
防治方法	①少量危害时，人工捕捉幼虫或剪除有虫花蕾 ②幼虫蛀果时喷洒Bt乳剂500倍液或20%除虫脲悬浮剂7000倍液防治 ③蛹期可人工挖蛹 ④用性诱杀剂和黑光灯诱杀成虫

4. 灰巴蜗牛（表25-50）

表25-50　灰巴蜗牛

类别	内容
分布	全国各地
寄主	各种阔叶树和草本花卉、盆花草坪草
形态	贝壳中等大小，壳质稍厚，坚固，呈圆球形。壳高19mm、宽21mm，有5.5～6个螺层，顶部几个螺层增长缓慢、略膨胀，体螺层急骤增长、膨大 壳面黄褐色或琥珀色，并具有细致而稠密的生长线和螺纹，壳顶尖，缝合线深。壳口呈椭圆形，口缘完整，略外折，锋利，易碎。轴缘在脐孔处外折，略遮盖脐孔。脐孔狭小，呈缝隙状。个体大小、颜色变异较大。卵圆球形，白色，如图25-45所示 图25-45　灰巴蜗牛成贝爬行
防治方法	①人工捕杀贝体 ②在蜗牛出没处撒白灰或8%灭蜗灵颗粒剂、10%多聚乙醛粒剂15～30g/hm^2

5. 黄杨绢野螟（表25-51）

表25-51　黄杨绢野螟

类别	内容
分布	辽宁、华北、华东、华中、华南、西南等地

（续）

类别	内容
寄主	瓜子黄杨、雀舌黄杨、珍珠黄杨、庐山黄杨、朝鲜黄杨
形态	成虫：体长 14～19mm，翅展 33～45mm；头部暗褐色，头顶触角间的鳞毛白色；触角褐色；下唇须第 1 节白色，第 2 节下部白色，上部暗褐色，第 3 节暗褐色；胸、腹部浅褐色，胸部有棕色鳞片，腹部末端深褐色；翅白色半透明，有紫色闪光，前翅前缘褐色，中室内有两个白点，一个细小，另一个弯曲成新月形，外缘与后缘均有一褐色带，后翅外缘边缘黑色褐色。卵：椭圆形，长 0.8～1.2mm，初产时白色至乳白色，孵化前为淡褐色 幼虫：老熟时体长 4.2～6mm，头宽 3.7～4.5mm；初孵时乳白色，化蛹前头部黑褐色，胴部黄绿色，表面有具光泽的毛瘤及稀疏毛刺，前胸背面具较大黑斑，三角形 2 块；背线绿色，亚背线及气门上线黑褐色，气门线淡黄绿色，基线及腹线淡青灰色；胸足深黄色，腹足淡黄绿色 图 25-46　黄杨绢野螟成虫 蛹：纺锤形，棕褐色，长 24～26mm，宽 6～8mm；腹部尾端有臀刺 6 枚，以丝缀叶成茧，茧长 25～27mm，如图 25-46 所示
防治方法	①结合修剪去除越冬幼虫 ②成虫期灯光诱杀 ③幼虫期喷施灭幼脲 3 号悬浮剂 1000 悬浮剂或 40% 乐斯本 1500 倍液

6. 油松巢蛾（表 25-52）

表 25-52　油松巢蛾

类别	内容
分布	浙江、山西、山东、辽宁等地
寄主	松、柏、冷杉、桧
形态	成虫：体长 6mm，展翅 12mm。体细长，灰褐色，头部有灰白色冠丛，复眼黑色，喙黄色，下唇须较短。触角丝状，超过体长 2/3。前翅狭窄，呈柳叶状，缘毛褐色。后翅小而狭，缘毛长超过后翅宽。体及翅面上均密布银色与棕褐色混杂的鳞片，两翅合拢时，后缘毛向上微翘。卵三棱体，每面近菱形，黄色，长径 0.5～0.7mm，短径约 0.2mm 幼虫：乳白或乳黄色，老熟幼虫体长 10mm 左右，腹足趾钩为单序全环。化蛹前体缩短，淡绿色，长为 5～6mm。蛹体长 5～6mm，纤细，黄褐相间，外背白色丝茧，如图 25-47 所示 图 25-47　油松巢蛾
防治方法	①加强营林措施，重视林木检疫工作，防止传播；积极营造针阔混交林，促进生态平衡，抑制害虫蔓延，为自然天敌的栖息创造条件 ②加强普查，预测预报，及时掌握发生情况，搞好监测工作 ③成虫期、卵期、幼虫初孵期，用 5% 来福灵乳油 500 倍液效果好 ④老熟幼虫裸露期，用 30% 氧乐氰菊乳油 2000 倍液进行树冠喷雾，防效较好

7. 黄刺蛾（表25-53）

表25-53　黄刺蛾

类别	内容
分布	全国各地
寄主	梅、海棠、月季、石榴、桂花、樱花、槭属、杨、柳榆、白兰、紫叶李、悬铃木
形态	成虫：雌蛾体长15~17mm，翅展35~39mm；雄蛾体长13~15mm，翅展30~32mm。体橙黄色。前翅黄褐色，自顶角有1条细斜线伸向中室，斜线内方为黄色，外方为褐色；在褐色部分有1条深褐色细线自顶角伸至后缘中部，中室部分有1个黄褐色圆点，后翅灰黄色。卵：扁椭圆形，一端略尖，长1.4~1.5mm，宽0.9mm，淡黄色，卵膜上有龟状刻纹 图25-48　黄刺蛾初龄幼虫 幼虫：老熟幼虫体长19~25mm，体粗大。头部黄褐色，隐藏于前胸下。胸部黄绿色，体自第二节起，各节背线两侧有1对枝刺，以第三、四、十节的为大，枝刺上长有黑色刺毛；体背有紫褐色大斑纹，前后宽大，中部狭细呈哑铃形，末节背面有4个褐色小斑；体两侧各有9个枝刺，体例中部有2条蓝色纵纹，气门上线淡青色，气门下线淡黄色 蛹：椭圆形，粗大。体长13~15mm。淡黄褐色，头、胸部背面黄色，腹部各节背面有褐色背板。茧：椭圆形，质坚硬，黑褐色，有灰白色不规则纵条纹，极似雀卵，如图25-48所示
防治方法	①冬季人工摘除越冬虫茧 ②灯光诱杀成虫 ③幼虫发生初期喷洒20%除虫脲悬浮剂7000倍液、Bt乳剂500倍液或25%高渗苯氧威可湿性粉剂300倍液 ④保护天敌（紫姬蜂、广肩小蜂等）

8. 国槐尺蠖（表25-54）

表25-54　国槐尺蠖

类别	内容
分布	辽宁、华北、华东、华中、陕西、甘肃等地
寄主	槐树、龙爪槐、蝴蝶槐
形态	成虫：雄虫体长14~17mm，翅展30~45mm。雌虫体长12~15mm。雌雄相似。触角丝状，长度约为前翅的2/3。前翅亚基线及中横线深褐色，近前缘外均向外转急弯成一锐角。亚外缘线黑褐色，由紧密排列的3列黑褐色长形斑块组成，近前缘处有一褐色三角形斑块。卵：钝椭圆形，初产时绿色，后渐变为暗红色直至灰黑色。卵壳白色透明。幼虫：初孵幼虫黄褐色，后变为绿色。或各体侧有黑褐色条状或圆形斑块，老熟幼虫20~40mm，体背紫红色。蛹：初为粉绿色，渐变为紫色至褐色，如图25-49所示 图25-49　国槐尺蠖中龄幼虫

（续）

类别	内容
防治方法	①人工挖蛹 ②黑光灯诱杀成虫 ③低龄幼虫期（5、6 月中旬和 8 月上旬）是全年防治的关键时期，喷洒 20% 除虫脲悬浮剂 7000 倍液或 Bt 乳剂 500 倍液 ④保护和利用天敌

9. 桑褶翅尺蛾（表 25-55）

表 25-55　桑褶翅尺蛾

类别	内容
分布	吉林、辽宁、华北、陕西、宁夏、内蒙古等地
寄主	桑、杨、水蜡、槐树、刺槐、白蜡、核桃、栾树、柳等
形态	成虫：体长 16mm，体灰褐至黑褐色。翅银灰色，前翅有 3 条褐色横带，静息时 4 翅皱叠竖起。卵：椭圆形，中央下凹，初产时银灰色，渐变古铜色，有光泽，成片产于枝干上或叶片上 幼虫：老熟时体黄绿色，体长 35mm，1～4 腹节背面有刺突，2～4 节刺突明显较长，第 8 腹节背面有褐绿色刺 1 对，2～5 腹节两侧各有淡绿色刺 1 个 蛹：红褐色，纺锤形 茧：椭圆形，灰褐色，贴于树干基部，如图 25-50 所示  图 25-50　桑褶翅尺蛾中龄幼虫
防治方法	①入冬前在树干基部挖茧蛹 ②剪除卵块 ③喷洒 Bt 乳剂 500 倍液、20% 除虫脲悬浮剂 7000 倍液防治幼虫

10. 桃潜蛾（表 25-56）

表 25-56　桃潜蛾

类别	内容
分布	辽宁、华北、华东等地
寄主	山桃、碧桃、李、杏、樱桃
形态	成虫：体长约 3mm，翅展约 8mm，全体银白色，触角长于体；前翅银白色，狭长，有长缘毛，中室端部有椭圆形黄褐色斑 1 个，从前缘和后缘来的 2 条黑色斜纹汇合在它的末端，外面有黄褐色三角形斑 1 个，前缘缘毛在斑前形成黑褐色线 3 条，端斑后面有黑色缘毛，并有长缘毛在斑前形成的 2 条黑线，斑端部缘毛上有黑圆点 1 个和黑色尖毛 1 撮；后翅灰色，细长，尖端较长 幼虫：老熟体长约 6mm，长筒形，稍扁，白、淡绿色；胸足 3 对，黑褐色。蛹：体长 3mm，如图 25-51 所示 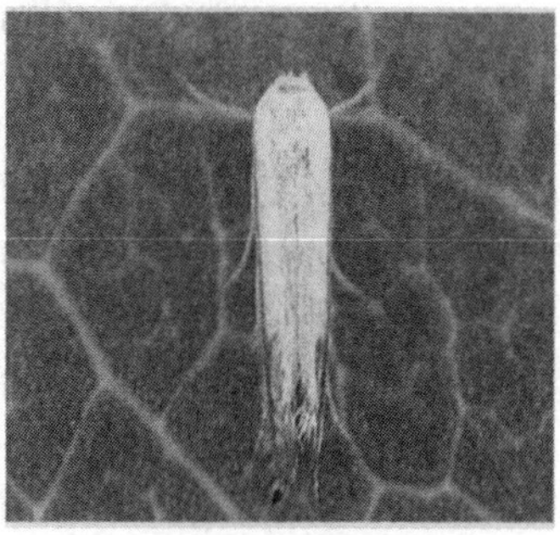 图 25-51　桃潜蛾成虫

（续）

类别	内容
防治方法	①秋冬季清除落叶，杂草丛，刮除死裂树皮，消灭越冬害虫 ②幼虫初期，人工摘除虫叶，严重时可喷洒1.8%爱福丁乳油3000～4000倍液或灭幼脲3号悬浮剂5000倍液毒杀幼虫 ③保护天敌（姬小蜂、草蛉等） ④性信息素诱杀成虫

11. 东方黏虫（表25-57）

表25-57　东方黏虫

类别	内容
分布	全国各地
寄主	杂食，以禾本科为主
形态	成虫：体长15～18mm，翅展36～40mm，头、胸灰褐色，腹部暗褐色，前翅灰黄褐、黄、橙色，内线黑点几个，肾纹褐黄色，不显，端有白点1个，两侧各有黑点1个，外线和端线均是黑点1列；后翅暗褐色，向基部渐浅。卵：半球形，白色，后为黄色，表面有明显网纹 幼虫：老熟时体长约28mm，体色因虫龄和食料不同而多变，有黑、绿和褐色等，头部有褐色网纹，体背有红、黄或白色等条纹。蛹体红褐色，长约19mm，臀棘上有刺4根，如图25-52所示 图25-52　东方黏虫成虫
防治方法	①成虫期用灯光或稻草把诱杀 ②幼龄幼虫期喷洒Bt乳剂500倍液或25%阿克泰水分散粒剂5000倍液

12. 美国白蛾（表25-58）

表25-58　美国白蛾

类别	内容
分布	辽宁、天津、河北、山东、上海、陕西等地
寄主	食性非常杂，几乎危害所有植物叶部，主要种类有糖槭、桑、悬铃木、臭椿、榆、白蜡、核桃、杨、山楂、苹果、李、梨、刺槐、柳等
形态	成虫：体长9～15mm，白色；触角双节状（雄）和锯齿状（雌），主干及节锯下方黑色；翅白色，雌蛾前翅通常无斑，雄蛾前翅无斑至较密的褐色斑，越冬代褐斑明显多于第1代；前足基节橘黄色；有黑斑，腿节端部橘红色，胫节、蚶节大部黑色。蚶节的爪长、弯；后足爪短直，胫节端距1对，无中距；雄性外生殖器爪形突向腹面弯曲呈钩状，抱器瓣对称，中部有一突起，阳茎稍弯，顶端着生微突刺，阳茎基环梯形、板状；腹背黄或白色，背、侧黑点1裂。卵：近球形，直径0.50～0.53mm，表面具有许多规则的小刻点，初产卵淡绿或黄绿色，有光泽，后变灰绿色，近孵化时灰褐色，顶部呈黑褐色；卵块大小2～3cm^2，白色，表面覆盖有雌蛾腹部脱落的毛和鳞片 幼虫：老熟时体长22～37mm，各节毛瘤发达，体背有深褐至黑色宽纵带1条，带内有黑色毛瘤；体侧淡黄色，毛瘤橘黄色，气门呈椭圆形，白色，边缘黑褐色；腹面黄褐色至浅灰色，腹足趾钩单序，异性中带，中间趾钩10～14根，等长，两侧各具10～12根。蛹体长9～12mm；初为淡黄色，逐渐变为橙色—褐色—暗红色，臀棘等长的细刺10～15个，每刺端部膨大，末端凹陷呈盘状；腹部11节；生殖孔雄性在第9节接近下接缝隙处，雌性在第8节靠近上接缝处

（续）

类别	内容
形态	茧：椭圆形，灰白色，丝质混有幼虫体毛，松薄，如图 25-53 所示 图 25-53 美国白蛾雌成虫（左）、雄成虫（右）
防治方法	①坚持政府主导、属地管理的原则，加强检疫、监测、测报和防控，做到早发现早防治，防止通过交通工具人为扩散传播 ②越冬代成、幼虫期的防治是全年防治的关键。冬、春刮除主干老树皮蛹和墙缝内的蛹，集中烧毁落叶；早春越冬代产卵期发动全社会及时剪除和集中烧毁带卵、带网幕的枝叶；秋季老熟幼虫下树化蛹前，在树干离地面 1m 高处围以稻草、干草、草帘或草绳束绑，待幼虫化蛹其中后再解下围草杀死或烧毁 ③保护和利用天敌资源：在老熟幼虫期和化蛹初期各释放 1 次周氏啮小蜂，释放量为田间美国白蛾数量的 5 倍，以有效控制害虫种群数量 ④用黑光灯诱杀成虫 ⑤成虫期在田间挂设美国白蛾性引诱器，挂设高度 3～4m（越冬代略低，第 1、2 代要高），每间隔 100m 挂设 1 个。为延长性引诱剂活力，在越冬代成虫期结束后可取下诱捕器放入室内，待第一代、第二代成虫发生期，经再次刷粘虫胶后挂设于室外诱捕 ⑥药物防治：对卵及 4 龄以前幼虫喷洒 20% 除虫脲悬浮液 7000 倍液或病毒液

13. 杨扇舟蛾（表 25-59）

表 25-59 杨扇舟蛾

类别	内容
分布	全国各地
寄主	杨、柳
形态	成虫：体长 13～20mm，翅展 28～42mm。虫体灰褐色。头顶有一个椭圆形黑斑。臀毛簇末端暗褐色。前翅灰褐色，扇形，有灰白色横带 4 条，前翅顶角处有一个暗褐色三角形大斑，顶角斑下方有一个黑色圆点。外线前半段横过顶角斑，呈斜伸的双齿形曲，外衬 2～3 个黄褐带锈红色斑点。亚端线由一列脉间黑点组成，其中以 2～3 脉间一点较大而显著。后翅灰白色，中间有一横线 卵：初产时橙红色，孵化时暗灰色，馒头形 幼虫：老熟时体长 35～40mm。头黑褐色。全身密被灰黄色长毛，身体灰赭褐色，背面带淡黄绿色，每个体节两侧各有 4 个赭色小毛瘤，环形排列，其上有长毛，两侧各有一个较大的黑瘤，上面生有白色细毛一束。第 1、8 腹节背面中央有一大枣红色瘤，两侧各伴有一个白点。蛹：褐色，尾部有分叉的臀棘 茧：椭圆形，灰白色，如图 25-54 所示

（续）

类别	内容
形态	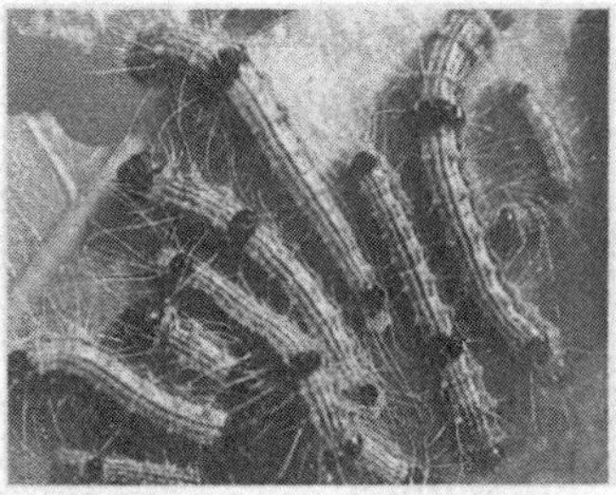 图 25-54　杨扇舟蛾幼龄幼虫
防治方法	①采用杨树和刺槐、杨树和泡桐块状混交的方法减少病虫害的发生 ②人工摘除幼龄幼虫虫叶或化蛹虫茧，也可结合冬季清除落叶时消灭越冬蛹 ③黑光灯诱杀成虫 ④喷洒 Bt 乳剂 500 倍液、20% 除虫脲悬浮剂 7000 倍液防治幼虫 ⑤保护和释放黑卵蜂和赤眼蜂等天敌

14. 合欢巢蛾（表 25-60）

表 25-60　合欢巢蛾

类别	内容
分布	华东、华北等地
寄主	合欢
形态	成虫：6mm，翅展开 12mm，前翅银灰，许多小黑点。卵：椭圆形黑绿色。幼虫：初卵黄绿色渐变黑褐色。蛹：6mm，红褐色，如图 25-55 所示 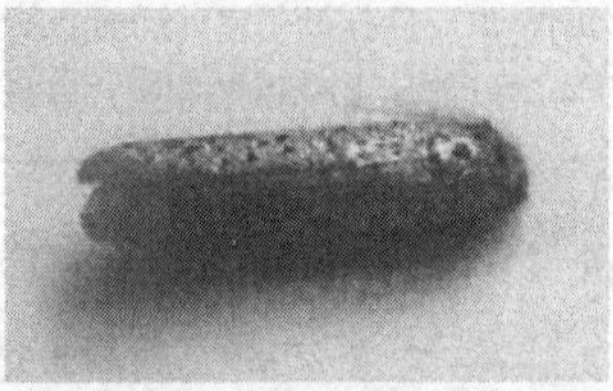 图 25-55　合欢巢蛾
防治方法	①利用幼虫受惊后，向后跳动吐丝下垂的习性，可以敲打树枝，幼虫落地后集中杀死 ②冬季或春季即 10 月到第二年的 5 月，或在 7 月底至 8 月初刷除树皮裂缝及清除建筑物的檐下，如窗台下的蛹茧 ③第一代幼虫孵化作巢期，剪除虫巢枝 ④在幼虫危害初期喷 1500 倍的速杀均有良好效果

15. 双齿绿刺蛾（表 25-61）

表 25-61　双齿绿刺蛾

类别	内容
分布	东北、华北、华东、华中等地
寄主	核桃、柿、杨、柳、丁香、樱花、西府海棠、贴梗海棠、桃、山杏、山茶、柑橘、苹果等

（续）

类别	内容
形态	成虫：体长 7～12mm，翅展 21～28mm，头部、触角、下唇须褐色，头顶和胸背绿色，腹背苍黄色。前翅绿色，基斑和外缘带暗灰褐色，其边缘色棕，基斑在中室下缘呈角状外突，略呈五角形；外缘带较宽与外缘平行内弯，带内侧有齿状形突出大小各 1，近臀角处为双齿状宽带，这是本种与中国绿刺蛾区别的明显特征。后翅苍黄色。外缘略带灰褐色，臀色暗褐色，缘毛黄色。足密被鳞毛。雄触角栉齿状，雌丝状。卵：长 0.9～1.0mm，宽 0.6～0.7mm，椭圆形扁平、光滑。初产乳白色，近孵化时淡黄色 图 25-56　双齿绿刺蛾幼龄幼虫群居 幼虫：体长 17mm 左右，蛞蝓型，头小，大部缩在前胸内，头顶有两个黑点，胸足退化，腹足小。体黄绿至粉绿色，背线天蓝色，两侧有蓝色线，亚背线宽杏黄色，各体节有 4 个枝刺丛，以后胸和第 1、7 腹节背面的一对较大且端部呈黑色，腹末有 4 个黑色绒球状毛丛 蛹：长 10mm 左右，椭圆形肥大，初乳白至淡黄色，渐变淡褐色，复眼黑色，羽化前胸背淡绿，前翅芽暗绿，外缘暗褐，触角、足和腹部黄褐色 茧：扁椭圆形，长 11～13mm，宽 6.3～6.7mm，钙质较硬，色多同寄主树皮色，一般为灰褐色至暗褐色，如图 25-56 所示
防治方法	①人工刮除枝干上的茧 ②幼虫发生严重时喷洒 1.2% 烟参碱乳油 1000 倍液或 25% 高渗苯氧威可湿性粉剂 300 倍液 ③保护姬蜂、猎蝽、螳螂等天敌

25.3　园林植物用药

25.3.1　植物适用农药常用方法

1. 综合用药

1）防治桃球坚蚧所使用的药剂有乐斯本乳油、锐煞，对蚜虫、食心虫、卷叶蛾也有兼治的作用。

2）高效吡虫啉、猛斗（啶虫脒），对防治蚜虫特别有效，也可以兼治食心虫、蚧壳虫、卷叶蛾。以上害虫同时发生时，喷施其中一种便可。

2. 适时用药

用药时期是病虫害防治的关键，因为有些病虫危害后有一定的潜伏期，当时并不会表现出受害症状，但当表现出症状时再打药就没有了防治效果。因此，只有根据病虫害发生的规律，抓住预防和防治的关键时期适时用药，才能收到良好的防治效果。举例如下。

1）桃、杏树疮痂病又称为黑星病，是因果实受病菌侵染后，需经 60d 左右才会表现出症状，但等到发现病果后再喷药，就已无防治效果。故必须在 5～6 月时该病初侵染期喷药防治。

2）疙瘩桃是瘿螨危害所致，等到 5 月上旬出现虫果后再喷药，则为时已晚。落花后是喷药预防的关键时期，7d 后再喷一次就可以控制虫害。

3）在桃树花芽露红或是露白时，正值桃蚜越冬卵孵化为若虫，此时是全年预防蚜虫最有效的时期，一次用药（水量要大，淋洗式）往往可以控制全年危害。

4）3 月上旬越冬的球坚蚧若虫开始分散活动，此时就是防治球坚蚧的最佳施药时期。

5）在 4 月中、下旬是桃潜叶蛾第一代幼虫的孵化期。桃、杏落花后开始喷药，每月 1 次，连续 3 ~4 次，就可以杀死叶内幼虫，控制虫害。

6）5 月下旬为桑盾蚧卵孵化期，就是喷药防治桑盾蚧的最佳时期。

3. 对症用药

每种药剂都有一定的防治范围和防治对象，在防治某种虫害或病害时，只有对症下药、适时使用才最有效，才能起到良好的防治效果。

1）瑞毒霉素对于防治由腐霉菌、霜霉菌、疫霉菌引起的病害有效，而对于防治其他真菌和细菌性病害无效。

2）敌敌畏是防治蚜虫、蚧虫、钻蛀害虫、食叶害虫的有效药剂，但对于螨虫喷施敌敌畏不仅无效，反而有刺激螨类增殖作用。

3）吡虫啉是一种高效内吸性广谱型杀虫剂，对于防治刺吸式害虫、食叶害虫非常有效，但对于防治红蜘蛛、线虫却是无效；来福灵对于螨类害虫也无防治效果。

4）杀菌剂中的铜制剂对于霜霉病有效，但对白粉病无效。杀菌剂中的硫制剂对于白粉病有效，但对于防治霜霉病效果并不好。

4. 混合用药

将两种或两种以上药剂合理复配、混合使用，可以同时防治多种病、虫，并扩大防治对象范围、提高药效、减少施药次数、降低防治成本。举例如下。

1）农抗 120 水剂（抗霉菌素 120）可以与其他杀菌剂、杀虫剂混合使用。

2）多菌灵可以与杀虫剂、杀螨剂现配混合使用。

3）仙生是用于防治白粉病、锈病、叶斑病、霜霉病等的药剂，可以与杀虫剂、杀螨剂等非碱性农药混合使用。

4）粉锈宁可以与多种杀虫剂、杀菌剂、除草剂混合使用。

5. 交叉用药

在防治某一种虫害或病害时，不应当长时间使用同一种药剂，以免产生抗药性。为了防止害虫和病菌产生抗药性，在防治时可以进行交替使用不同类型的农药。

1）在防治草坪锈病、白粉病时，可以交替喷施粉锈宁。

2）例如多菌灵、百菌清等杀菌剂，长期单一使用会使病菌产生抗药性，防治效果就会大大降低。但若将多菌灵和甲基托布津等杀菌剂进行交替使用，防治效果会比单一使用更好。

25. 3. 2 喷施有毒农药注意事项

喷施有毒农药的注意事项有如下几点。

1）在喷施药剂时，操作人员需佩戴口罩、胶皮手套，穿胶鞋。

2）在喷施药剂时，需要注意风向，工作人员应当站在上风头。连续工作时间不得超过 4h。

3）在喷药后，工作人员应当立即脱去衣服、胶鞋，用肥皂将双手、面部和裸露皮肤洗净。衣服应在清水中冲洗干净，以保证操作人员的生命安全。若发生头痛、头昏、发烧、恶心、呕吐等症状，应当及时通知他人，并送医院治疗。

4）打药工具应当及时清洗，清洗液应当倒入污水井内。

5）在喷施对眼睛有刺激作用的农药时，应配戴眼镜，以防农药溅入眼内而造成伤害。

6）在喷药过程中，操作人员不得吸烟、喝水、进食、喝酒。

7）药瓶不得随手丢弃，药液不得随处乱倒，严禁将药液倒入树穴、草坪、水溪、湖泊中。剩余农药应当交回库房，交由专人保管。使用后的空药瓶必须进行深埋处理。

25.3.3　植物用药应注意的问题

（1）幼果期不宜使用农药　苹果树落花后 20d 之内，喷施可能会造成“锈果”。

（2）果实收获前最晚施药时期　防治果树类病虫害，应当尽量提前在病菌初侵染期、害虫幼龄期或幼果期进行。在临近果实收获前宜停止用药，以减少残留农药。

1）克螨特在可食性植物采摘前 30d，必须停止使用。

2）果实成熟前 15d，不得使用代森锰锌。

3）在苹果树果实收获前 45d 应当停止使用三氯杀螨醇乳油。采摘前 30d 应当停止使用对硫磷乳油。

4）果实收获前一周，应当停止使用辛硫磷。

（3）在果树、中草药上不得使用

1）严禁在果园里使用高毒农药，例如速扑杀、氰戊菊酯、三氯杀螨醇等。

2）不能使用和限制使用剧毒、高毒农药，例如克百威、涕灭威等。

3）在防治病虫害时，果树类必须要选用安全、低毒、无公害农药，以保证可食性食物的食用安全性。

25.3.4　正确用药操作方法

1）虫孔插入毒签或是注入药液防治，必须要将蛀口木屑清理干净，从枝干最上部蛀孔注入，注药后用泥将蛀孔封堵，这样才能取得更好的防治效果。

2）在树干涂药熏蒸防治害虫时，涂药后必须用薄膜将涂药部位缠严，一周后再撤掉薄膜。

3）用于土壤埋施的农药铁灭克、呋喃丹颗粒剂等，是比较难以降解、缓释性的药剂，使用时不得将其配制成药液直接灌根，必须要将其埋入土壤中使用。农药须埋施在根系吸引范围之内，在施药后要及时灌水，灌水深度要至埋药部位才能起到一定的防治效果。

4）绿篱植物施药，因枝叶十分密集，喷药时不能仅在外围一喷而过，而应当将喷嘴伸入到株丛内逐株喷施。

5）有在叶背潜伏、危害的害虫时，叶背应当为施药重点部位。

25.3.5　混合使用药剂禁忌

1）菌毒清（灭菌灵、菌必清）不可以与其他农药进行混用。

2）碱性药剂不能与酸性药剂进行混合使用。

3）多菌灵、炭疽福美、福美双、代森锰锌不能与铜制剂进行混用。

4）速克灵不宜与有机磷药剂进行混合使用。

5）线虫必克不能与其他杀菌剂进行混用。

6）石硫合剂不能与波尔多液进行混用。

25.3.6 植物用药不当的抢救措施

1. 产生药害的表现症状

1）花序、花蕾、花瓣会发生枯焦、落花、落蕾等。

2）叶片边缘焦灼、卷曲，叶片出现叶斑、褪色、白化、畸形、枯萎、落叶等。

3）枝干的局部萎蔫、黑皮、坏死。当药害严重时，可以导致整株枯死。

2. 减轻药害的急救措施

当发现错施农药或初表现出药害症状时，应立即采取抢救措施。

（1）喷水冲洗

1）对于防治钻蛀性害虫时，因使用浓度过高而产生药害，应当立即用清水对注药孔进行反复清洗。

2）对因喷洒内吸性农药造成药害的，应当立即喷水冲洗掉残留在受害植株叶片和枝条上的药液，降低植物表面和内部的药剂浓度，最大限度减少对植物的危害。

（2）灌水　因土壤施药而引起的药害（例如呋喃丹颗粒剂、辛硫磷等药剂施用过量等），可以及时对土壤进行大水浸灌措施。在大水浸灌后应及时排水，连续进行2～3次，可以洗去土壤中残留的农药。

（3）喷洒药液

1）叶片喷洒波尔多液产生药害时，应立即喷洒0.5%～1%的石灰水。采取以上措施，可以在不同程度上减轻农药对植物造成的伤害。

2）因氧化乐果使用不当而发生药害时，应在喷水冲洗叶片后，喷洒200倍硼砂液1～2次。

3）当喷洒石硫合剂产生药害时，在喷水冲洗后，叶面可以喷洒400～500倍米醋液。

4）因药害而造成叶片白化时，叶部喷洒50%腐殖酸钠3000倍液，喷药后的3～5d叶片能逐渐转绿。

（4）叶面追肥　对于发生药害的植物长势衰弱，为使其尽快萌发新叶，恢复生长势，可以在叶面追施0.2%～0.3%的磷酸二氢钾溶液，每5～7d喷施一次，连续喷施2～3次，其对降低药害造成的损失会有显著的作用。

第 26 章

园林植物施肥及灌水

26.1 园林植物施肥

26.1.1 肥料种类

1. 肥料的等级

按照国际惯例，肥料包装上通常用以短线相连的三个整数表示肥料的等级，第一个数字表示元素氮（N）的百分比，第二个数字表示有效磷（P_2O_5）的百分比，第三个数字表示可溶性钾（K_2O）的百分比，如 20-5-10 肥料表示以重量计算，含 20% N、5% P_2O_5、10% K_2O。

2. 有机肥料

1）草炭又称泥炭或泥煤，它是一种矿物质不超过 50%（干基计算）的可燃性有机矿物。新鲜草炭颜色呈棕褐色，在自然状态下持水很高、矿化较浅的泥炭，保留有植物残体，呈纤维状，肉眼看出疏松的结构；矿化较深的泥炭呈可塑状。

2）麻渣芝麻酱渣做基肥或追肥，含氮量 6.59%，含磷 3.30%，含钾 1.30%，有很高的肥效。

3. 无机肥料

1）磷酸二氢钾是磷钾复合肥料，白色结晶含磷 53%，钾 34%，易溶于水，速效，呈酸性反应，一般用 0.1% 左右的溶液做根外追肥。如在花蕾形成前喷施，可促进开花，花大色彩鲜艳。

2）尿素是固体氮肥中含氮量最高的肥料。在土壤中移动性大，容易流失。尿素施在土壤中，要经过一段时间转化，一般为 7～10 天，尿素转化为碳酸氢铵后，植物才能吸收。尿素适于根外追肥，苗木喷洒尿素适宜浓度为 0.1%～0.5%。

3）磷酸二铵是一种高浓度速效肥料，适用于各种作物和土壤，可作基肥，追肥。含磷 46%～50%，氮 14%～18%。基肥使用量约 $37g/m^2$，追肥使用量约 $15g/m^2$。

26.1.2 施肥方式、方法及时间

1. 方式

1）根外追肥在植物生长季节，根据生长情况，将配好的营养液喷洒在植物体叶面上，植物叶表皮及气孔将其养分吸收，称为根外追肥。注意：以喷叶背面为宜，中午不要喷。如用硫酸亚铁溶液喷洒叶面，可缓解不少花木的黄化病。

2）基肥又称底肥，是为了满足植物整个生长发育期对养分的要求，结合整地、定植或

上盆、换盆时施入的肥料。基肥应多施含有机质多的迟效肥（肥效发挥的缓慢）。一般以有机肥为主。有机肥可以改良土壤结构，提高土壤肥力。

3）追肥在植物生长期间施入肥料的方法叫追肥。目的是解决植物不同发育阶段对养分的要求，补充土壤对植物养分的供应。应以施速效性肥料化肥为主。

2. 方法

根据肥料的供应情况和土壤的肥沃程度，植物对肥料的需要情况采用不同施肥手段，具体施肥方法有撒施、沟施、穴施、条施、环状施肥等。以上方法是将肥施入后用土覆盖为好。另外注意树木施肥范围，要在树冠投影周围均匀地把肥料施入土中，以提高肥效。

1）条施穴施法：在苗木行间或行列附近开沟，肥料施入后覆土。在树冠投影边缘，挖掘单个洞穴，施肥后覆土。

2）撒施按额定施肥量，把肥料均匀地撒在苗表面，浅耙混土后灌水。

3）放射状沟施。以树干为中心，向外挖4～6条渐远渐深的沟，将肥料施入后覆土，然后踏实。

4）环沟施肥沿树冠投影线外缘，挖30～40cm宽环状沟，施入肥料后覆土踏实。

5）灌施。结合灌水施肥，可将肥料带入土壤深层，实现肥水的最佳配合，提高施肥效益。具体做法有如下三种：①将肥先均匀撒施于地表，随即灌水；②将肥装入编织袋内，由水冲溶肥入田内；③将微灌系统配备施肥罐，溶液肥随管道系统入田。

3. 施肥时间

园林植物施肥时间见表26-1。

表26-1　园林植物施肥时间

施肥月份	1	2	3	4	5	6	7	8	9	10	11	12	说明
银杏			√			√					√		
雪松			√								√		
五针松										√			
柿			√	√	√	√							
垂柳			√										
樱花										√			
玉兰			√	√	√	√	√	√				√	
紫叶李			√										
石榴				√	√			√	√				
鸡爪槭								√	√				
山楂			√		√	√	√						
龙爪槐			√										
木槿						√	√	√	√				
榆叶梅										√			
珍珠梅				√	√			√					
紫薇					√	√	√			√	√		
玫瑰			√	√	√			√	√	√			

（续）

施肥月份	1	2	3	4	5	6	7	8	9	10	11	12	说明
蜡梅				√		√	√	√					
月季			√						√	√			
丁香			√		√								
紫荆			√			√							
蔷薇				√							√		
桃			√		√						√		
连翘			√		√								
棣棠				√		√					√		
海棠											√		
贴梗海棠							√	√					
迎春			√						√	√			
紫藤			√		√						√		
地锦			√	√	√								
牡丹			√		√						√		
鸢尾			√	√	√	√							
玉簪			√	√	√	√							
萱草					√						√		
蜀葵				√	√	√	√	√	√	√			
大叶黄杨			√	√							√		
一串红				√	√	√	√	√	√	√	√	√	
矮牵牛					√	√	√	√	√	√			
美人蕉						√	√	√	√	√			
草坪			√	√	√				√	√	√		

注：灰色填充表示几月到几月间施肥一次。

4. 施肥参考简表

园林植物施肥情况见表 26-2。

表 26-2　园林植物施肥情况

园林植物	施肥时期	肥料种类	施肥方式
牡丹	3 月下旬花前	有机氮 + 少量磷	撒施
	花后	有机氮 + 少量磷	撒施
	秋末冬初	复合肥、有机肥	撒施
月季	9、10 月	氮磷结合速效肥	灌施
	12 月下旬	有机肥	灌施
玫瑰	3 月初	氮磷结合速效肥	灌施
	3 月下旬 ~4 月中旬	氮磷结合速效肥	灌施
	4 月中旬 ~5 月下旬	氮磷结合速效肥	灌施
	8 月中旬 ~10 月中旬	有机肥 + 速效氮	撒施
	11 月	基肥	撒施

（续）

园林植物	施肥时期	肥料种类	施肥方式
紫薇	5~7月	追肥氮磷	稀薄灌施
	10月	基肥	穴施、环施
	11月	基肥	穴施、环施
樱花	10月	有机肥	环施
蜡梅	4月	基肥、有机肥	穴施、环施
	6~8月	追肥磷为主氮磷钾结合肥	灌施
	11月	追肥	稀薄灌施
玉兰	3月花前	以磷为主	灌施
	4月花后	追肥氮磷	穴施、环施
	5~8月	以磷为主	穴施、环施
	12月	追肥、磷钾肥	穴施、环施
木槿	6~9月	追施氮磷肥	灌施
	11月	有机肥	环施
榆叶梅	10月	有机肥	环施
珍珠梅	4~5月	追施氮磷结合肥	灌施
	8月	氮肥	灌施
鸢尾	4月	追肥、磷肥	灌施
	7月	追肥、磷肥	灌施
	11月	有机肥、基肥	沟施、环施
矮牵牛	5月~10月	追肥、速效肥	撒施
一串红	4月~6月	有棚巴、氮磷结合肥	撒施
	7~11月花后	氮磷	灌施
美人蕉	6~10月花前	每半月麻渣水	灌施
玉簪	3~6月	每月1~2次氮	灌施
	2~9月花前	每月1~2次磷	灌施
蜀葵	4~6月	追肥氮	灌施
	5~9月花前	追肥磷	灌施
萱草	5月下旬返青前	追肥氮	灌施
	11月	有棚巴	灌施
五针松	10月	追施氮磷结合肥	灌施
雪松	3月	有棚巴	灌施
	11月	有机肥、基肥	环施
大叶黄杨	4月	追施氮	灌施
	10月	追施氮	灌施
丁香	3月	磷为主追肥	穴施、环施
	5月	氮为主追肥	穴施、环施

（续）

园林植物	施肥时期	肥料种类	施肥方式
紫荆	3 月花前	追肥、氮磷结合肥	穴施、环施
	6 月花后	追肥、氮为主	穴施、环施
蔷薇	4 月	氮磷结合	穴施、环施
	11 月	基肥	穴施、环施
紫藤	3 月萌芽前	氮磷钾结合肥	穴施、环施
	5 月花后	追肥、以氮为主	穴施、环施
	11 月	有机肥	穴施、环施
迎春	3 月花后	氮磷结合	穴施、环施
	9、10 月	氮磷结合	穴施、环施
桃花	3 月花前	追肥磷钾	灌施
	5 月花后	氮肥追施	灌施
	11 月	基肥	沟施、穴施
连翘	3 月花前	氮磷追施	灌施
	5 月花后	氮磷追施	灌施
棣棠	4 月花前	氮磷追施	灌施
	6 月花后	氮磷追施	灌施
	11 月	基肥	环施
海棠	11 月	有机肥	环施
贴梗海棠	4 月	氮追肥	灌施
	7 ~ 8 月	磷	灌施
鸡爪槭	8 ~ 9 月	追施磷钾、控氮	灌施
紫叶李	3 月	有机肥	环施
地锦	3 ~ 5 月	有机肥	灌施
石榴	4 ~ 5 月	追施氮磷结合	灌施
	8 ~ 9 月花后	追施氮磷结合	灌施
银杏	3 月	追施氮磷结合	灌施
	3 月、6 月花前花后	追施磷钾	灌施
	11 月	有机肥	环施
山楂	3 月	追施氮肥	灌施
	5 ~ 7 月	追施氮磷	灌施
柿	3 月	基肥有机肥	撒施
	4 ~ 6 月	有机肥	灌施
垂柳	3 月	有机肥	灌施
龙爪槐	3 月	氮磷结合薄肥	灌施
冷季型草坪	3 月下旬 ~ 5 月上旬	草坪肥、复合肥	机施、撒施
	4 月	追草坪肥、复合肥	机施、撒施
	8 月下旬 ~ 10 月中下旬	追草坪肥、复合肥	机施、撒施

26.1.3 输营养液

1. 输液植物

1）对未经提前断根处理的山苗，树高6m以上、树龄在50年以上、胸径20cm以上、生长势较弱的大型苗木及散坨苗，均可使用树干输液措施。及时输入营养液，有利于促进生根、发芽和增强树势，加快大树成活和古树名木复壮。

2）但营养液不是万能剂，目前有些施工单位不分树种，不分析导致树木栽植后迟迟不发芽或发芽后枝叶干枯及树势衰弱的原因而盲目使用，如曾见因栽植过深迟迟不发芽的白蜡树、紫荆，患干腐病叶片发黄的八棱海棠、樱花，臭椿沟眶象危害严重的千头椿等树种，挂袋输液现象，却往往收不到理想的效果。

2. 输液次数

输液次数视树势及缓苗情况而定，一般2～4次。营养液输完后，将瓶内及时灌入洁净水继续输水，每天1瓶，至苗木完全恢复长势为止。

3. 营养液种类及配制

1）市场上销售的专业用产品很多，如名木成森、神润等公司生产的产品等。

2）也可自行配置营养液，配方为磷酸二氢钾：ABT3号：水＝15：1：50。先将生根粉用酒精溶解，然后加入磷酸二氢钾均匀搅拌，确保无杂质。加水稀释至800倍，灌入输液瓶内待用。

4. 输液方法

根据树体胸径大小，确定用药瓶数量。

1）使用大树吊针原液，稀释前需将原液摇匀，用纯净水按说明要求将原液稀释，打开空吊带出口的盖子，把稀释好的肥液灌入袋中，将吊带固定在树上，用输液管连接输液袋，排出输液管中的空气，另一端插入钻孔。

2）使用成品型吊袋输液。打开封口盖，用输液管插入营养液袋，将封口拧紧，提高液袋使管内空气排出，把针管塞入钻孔内插紧，以营养液不外流为准。将营养液袋固定在树干上。

3）自行配制营养液时，可使用医用输液瓶作容器。打孔后，选择与孔径等粗的金银木（空心）枝条，插入孔内3cm，外露2cm，插牢固使其枝条与孔间无孔隙。输液管针头携带细管一起拔出后，捅破过滤器中的滤纸，把针头插入金银木髓心处。将输液瓶挂在输液孔上方1m以上处，输液速度的快慢根据挂在树干的高度或由调速阀来控制。难生根乔木树种移植后，可同时在所输营养液中，每千克加入0.1gABT5号生根粉。

4）使用输液插瓶时，应旋下其中一个瓶盖，刺破封口，换上插头，旋紧后将插头紧插在孔内。旋下输液瓶后盖，刺破封口，拧上瓶盖并调节松紧，控制输液速度，以肥液不外溢、24h输完一瓶为宜。

5. 树干打孔

1）钻孔时，钻头应沿孔的方向来回操作，以便将木屑带出。清除钻孔内的木屑，将针头细管深入树干孔内底部，向树干孔内输水，将孔内空气完全排出。

2）使用钻头孔径5～6mm的电钻，在根颈、树干或一级分枝处的上、下方，向下倾斜45°打吊注钻孔，钻孔深度至木质部5～6cm。

3）一般胸径 10 ~ 20cm 钻 2 个孔；胸径 20cm 以上的大树，可钻孔 2 或 3 个孔。各钻孔应避免在同一水平或同一垂直线上。

6. 输液注意事项

1）易流胶树种，如雪松、华山松、白皮松等，宜在 3 ~ 4 月或 9 ~ 10 月使用。

2）输送营养液速度不可过快，以 24 ~ 30h 输 500mL 为宜，以免造成营养液大量外溢流失。发现营养液流失时，应适当控制营养液流速。

3）严禁超浓度、超剂量使用营养液。

4）输液瓶或输液袋尽量挂在树干北侧，高温季节输液时，输液瓶或输液袋应用遮阳网遮盖，避免瓶内液体温度上升，对树体造成不利影响。

5）输液孔水平分布要均匀，垂直分布应上下错开。避免输液孔打在同一水平面或同一垂直线上。钻孔深度不得超过主干直径的 2/3，但也不可过浅，过浅使药液无法输入。

6）枝干胸径小于 10cm 的乔木树种，尽量不输营养液。

7）营养液必须用洁净水稀释，且现配现用。

26.1.4　土壤施肥

1. 不同类型植物施肥

（1）乔木类

1）绿地内大树及景区内不便采用穴施和沟施的，可采用打孔施肥和树穴透气管灌施。

2）在树冠投影位置，打 4 ~ 6 个深度为 50 ~ 70cm 的孔，将肥料灌入孔内，然后灌水。

（2）花灌木类

1）施好花前肥和花后肥，以促进花芽健康分化、开出大花、开出标准花。如牡丹，全年要施好“花肥”“芽肥”“冬肥”三肥，入冬前施用充分腐熟的堆肥或厩肥。

2）在开花前一个月左右时，施一次磷酸二氢钾速效肥；落花后半个月内施一次磷、钾复合肥。也可追施腐熟的有机肥、动物尸体埋于树体外围，即为民间流传的“酒芍药、肉牡丹”。又如月季每年三月底、六月初、八月、封冻前各施一次肥。

（3）果树类

1）10 月中旬，苹果树、梨树、桃树、杏树等果树，每株应施入 40kg 的腐熟有机肥和 0. 5kg 的碳酸氢铵混合肥。

2）枣树于秋冬季节，采用环状沟施有机肥 30kg/株、磷肥 0. 5kg/株。

3）栗子、核桃宜在果实采收后至落叶前，结合深翻施入腐熟有机肥；柿树施肥宜 3 月或 10 月，以果实采摘前施入有机、无机混合肥为最好。

（4）竹类

1）3 至 4 月竹笋发育期及秋季，应施好基肥，施肥量 10 ~ 15kg/亩，施肥后及时灌水。

2）竹类 4 月笋发育期、5 至 6 月拔节期、7 至 9 月育笋期，每月应结合灌水施一次氮、磷、钾比例为 5∶2∶4 的速效复合肥，以满足旺盛时期的生长需要。

（5）宿根地被类

1）花形较大或花期较长的宿根花卉类必须做好施肥工作。如芍药全年需施 4 次肥，第一次是在萌芽后，施氮、磷、钾复合肥，同时掺入适量麻酱渣，此肥有利于植株和花蕾生长。二次施肥是在花前，以磷、钾肥为主，可促进花蕾生长，延长花期。

2）花后肥施用氮、磷、钾复合肥。越冬肥以厩肥为主。大丽花自7月份开始，每30～40d施1次腐熟稀薄有机液肥。

（6）喜微酸性土壤植物　栽植在土壤pH较高地区的喜微酸性土壤植物，如广玉兰、桂花、红枫、红花檵木等，生长期应每月施一次1000倍的硫酸亚铁溶液。

（7）草坪类

1）施肥时间及施肥量

①草坪返青前，即2月下旬至3月上旬，结合施肥浇灌返青水。膨化鸡粪施肥量不超过250g/m²。速效肥以尿素10g/m²、磷酸二氢铵15g/m²混合施用为宜。生长季节以增施磷、钾肥为主，施肥量15～20g/m²，夏季宜施复合肥（10～15g/m²），晚秋施氮、磷、钾复合肥（15～20g/m²），或氮肥2～3次，每次10～15g/m²。野牛草可于5、8月各施一次尿素，施肥量10g/m²。9月中旬暖季型草进行全年最后一次施肥，施肥量为15g/m²（磷酸二氢铵、尿素可单独施用或混合施用）。冷季型草最后一次施肥时间为10月初，施肥量同暖季型草。早熟禾后期施肥时间为10月中旬至11月中旬。

②冷季型草坪，春季两次施肥及8、9月两次施肥，一般间隔时间为30～40天。冷季型草坪应轻施春肥，巧施夏肥，重施秋肥。暖季型草坪最佳施肥时间是早春和仲夏。草坪施肥详见草坪养护月历。

③低养护管理水平的草坪，每年可施1次肥，暖季型草坪在初夏施用，冷季型草坪秋季施入。中等养护管理水平的草坪，冷季型草坪应在春、秋季节各施1次肥，暖季型草坪分别在春、仲夏、初秋各施1次肥。高养护管理水平的草坪，在快速生长季节，最好每月施肥1次。

2）施肥注意事项

①夏季是冷季型草坪休眠期，施肥后根系不吸收，因此高温时不宜施肥，尽量不施用氮肥，只有在草坪出现缺绿症时，才可少量施用。避免施肥后造成富氧环境，导致提供真菌繁衍环境而引发病害。

②施肥后必须及时灌水，冲掉叶片上的化肥，避免烧伤叶片。但不宜灌大水，以免淋灌至土壤深层，从而降低肥效。

③速效氮肥不宜在烈日下施用，不可过量使用。

④避免叶面潮湿时撒施。肥应撒施均匀，保持施肥的均一性。

⑤根系分蘖期和越冬前，施用磷肥。

2. 施肥时期

1）基肥为腐熟的厩肥、堆肥、鸡粪、人粪尿、绿肥等迟效性有机肥，过磷酸钙（80～100g/m²）、氯化钾（30～50g/m²）可作基肥与有机肥混合使用。

2）基肥需提前施用，一般多在休眠期或发芽前施入。

3）9月前后正值根系生长的高峰时期，此时也是果树秋施肥的最佳时期，可将腐熟有机肥和化肥混合施入。

3. 施肥方法

可采用环状施肥、放射状施肥、条沟状施肥、穴施、撒施、水施等。

4. 施肥注意事项

1）施肥范围和深度。应根据肥料的性质、树龄及树木根系分布特点而定。有机肥应埋施在距根系集中分布层稍深、稍远的地方，过近施肥会造成“烧根”。

①根据树木根系垂直分布而定。深根性树种易深施；根系较浅的，如樱花、刺槐、合欢及花灌木类等宜浅施。一般施肥深度30～50cm。

②根据根系水平分布而定。树木根系发达、分布较深远的银杏、油松、核桃等树种，施肥宜深，范围也要大。

③根据树龄而定。大树宜深施，幼树应浅施。

2）不过量施肥，不施用未经腐熟的有机肥，以免植物发生肥害，并减少对地下害虫的危害。

3）树木生长后期应控制灌水和施肥，以免造成枝条徒长，降低抗寒能力。乔灌木类土壤施速效肥，最晚应在8月上旬前结束。石榴秋施基肥应在10月上旬结束，切忌冬季施肥。

4）施肥应与深翻、灌水相结合，施肥后必须及时灌水。

5）碱性土不可施用草木灰。

26.1.5　叶面追肥

1. 追肥类别

1）大树移植初期，未经提前断根处理及不耐移植的苗木，生长势较弱的落叶大乔木和常绿阔叶树，多采用叶面追肥。

2）进入盛果期的果树类树种，如杏树、樱桃、八棱海棠、石榴、枣树等，多采用叶面追肥。

2. 追肥时期

喷施追肥一般依据树势可使用单肥或速效复合肥，追肥应在植物需肥前喷施。

1）未经提前断根处理的大规格苗木，在展叶后追肥。

2）果树类追肥应在开花前、花期、花后、壮果期进行。做好花前、花后的追肥，有利于果实发育和提高坐果率。

3）反季节移植大规格苗木，栽植一个月后即可进行。

3. 追肥注意事项

叶面喷施浓度要适宜，不可过大或过小，以免造成叶面灼伤或肥效不佳。

喷施宜选择无风的晴天或阴天，在清晨无露水或傍晚时进行，严禁在强光照射时、大风天气、雨前进行。

牡丹、芍药花期不追肥。

4. 肥液种类及浓度

1）常绿针叶树喷洒0.1%～0.2%硫酸铜。

2）果树类营养生长期适量喷施氮肥、钾肥。花后以氮肥为主，磷肥为辅。果实膨大期和花芽分化期以氮肥、磷钾肥混合使用。施入量视树种、树龄、土壤肥力而定。

3）乔灌木类喷施磷酸二氢钾、磷酸二铵等，浓度宜0.1%～0.3%，尿素0.2%～0.5%。牡丹开花前和花芽分化期可叶面喷施0.2%～0.5%的磷酸二氢钾肥液。

4）宿根、地被类一般喷洒磷酸二氢钾的浓度不超过0.1%～0.2%。

5）草坪草叶面追肥尿素的浓度宜在0.3%左右，过磷酸钙浓度为0.3%～0.5%。

26.2 园林植物灌水

26.2.1 乔灌木类灌水

1. 适时灌水

1）定植后，应根据苗木需水情况，视天气及土壤干湿程度，适时开穴进行灌水。

2）一般新栽植乔木类需连续灌水3~5年，灌木类5年，宿根地被类及草坪需年年灌水。

2. 根据不同土质

1）黏质土保水性强，排水困难，在灌透水后应控制灌水，避免土壤湿度过大导致烂根。沙质土保水性差，水流失严重，每次灌水量可少些，且灌水次数增多。

2）盐碱土要遵循水、盐运行规律，“7、8月地如筛，9、10月又上来，3、4月最厉害”，返盐季节灌水则灌大水、灌透水，小雨过后补灌大水，避免返盐及次生盐渍化。

3. 根据不同季节和气候条件

如干旱少雨季节应及时灌水，保证植物的正常生长。进入雨季，可减少灌水次数和灌水量，但遇大旱之年，也应及时补水。

4. 根据不同苗木生长习性

1）玉兰类、枫杨、红瑞木、竹类等，缓苗期内表土需保持适当潮湿。

2）一般浅根性、花灌木及喜湿润土壤植物，灌水次数比深根性及耐旱树种要多些，如枫杨、花叶芦竹等应适当保持土壤湿润。耐旱类，如枣树、旱柳、金叶莸、荆条、胡枝子、扁担木、紫花醉鱼木、沙枣、沙棘、砂地柏等，可适当减少灌水次数和灌水量。

3）牡丹有“喜燥恶湿”的特性，在一般干旱的情况下，可不灌水。全年灌水8~10次。

5. 根据苗木不同发育时期

1）苗木在萌芽展叶、枝叶旺盛生长时，是其营养生长期，需水量大，应及时灌水，保证土壤水分的充分供应。

2）花芽分化期、果实膨大期，是苗木生殖生长期，也应及时适量灌水。

3）竹类4月的催笋水、5至6月的泼节水、10月的孕笋水必须灌足灌透。

26.2.2 宿根地被、一二年生花卉类灌水

1）此类植物根系较浅，生长季节应注意适时适度灌水。灌水时不可用水管直接对着苗根，以免造成苗木倾斜和根系外露。

2）草本花卉茎叶不可溅上泥土。

3）芍药全年的返青水、4月底的花前水、5月中下旬的花后水、11月中旬的封冻水，4次水必须灌足灌透。与其他宿根花卉不同的是花期严禁灌水，此时灌水会导致花朵过早凋谢，使观赏期缩短。

26.2.3 草坪灌水

1. 灌水适宜时间

1）草坪浇水应在无风天气进行。

2）夏季灌水时间以上午 10 时前及下午 4 时后为宜。病虫害易发期，宜在上午没有露水时进行。

3）剪草后 24h 内必须灌一次水。

2. 灌水量

正常养护期，以土壤渗透 12～15cm 为宜。12 月上旬浇灌封冻水必须灌透，土壤渗透应达 20cm。2 月底至 3 月初浇灌返青水，土壤应渗透 15～20cm。

3. 灌水时间及次数

1）灌水次数。春秋季节气温不高，一般草坪可 10～15d 浇灌水一次，夏季 7～10d 浇灌水一次，一般情况下不旱不灌，灌则灌透，防止小水勤浇灌、灌而不透的灌水方式。耐旱草种如野牛草等，可一个月浇灌 1 次。重盐碱地区，3 至 4 月、9 至 10 月土壤返盐季节，小雨过后，应及时灌大水，防止返盐。

2）草坪灌水应根据土质、不同生长时期、不同草种而定。

26.2.4　灌水注意事项

1）对补植苗木灌水时不可有遗漏，必须保证灌好三水。特别是色带或绿篱植物，往往补植后死苗率较高，其主要原因是一遍水后将补栽苗剪平，分不清哪些是刚补植的苗木，再不注意灌水，缓苗期缺水则造成苗木死亡。解决方法是，苗木浇灌三水后再将苗木剪平，确保补植苗不会漏灌。

2）在正常灌水情况下，如发现落叶、新梢或叶片发生萎蔫时，应检查灌水围堰的大小、高度是否符合标准要求。有无跑水、漏水，土球是否灌透，树穴有无积水等。

①因土壤透水性差而造成穴土过湿的，应采取打眼灌沙或增设通气管等措施，以增加通透性。造成部分根系腐烂的，应将烂根剪去，以创面没有腐烂点为准。采取根部喷洒杀菌剂消毒，更换栽植土，同时用 100 倍液的活力素或 300×10^{-6}生根粉灌根等措施。

②因灌水过多而造成土壤过湿时，应扒开树穴将土球晾半天至一天后，再回填栽植土并踏实。扒穴晾坨应避开下雨天、大风天时进行，如突遇降雨时，树穴应架设木棍，上面用彩条布苫盖，严禁树穴内积水。

③扒开树穴检查土壤过干时，说明苗木缺水，应及时补灌，且必须灌透。

3）牡丹、桂花开花期，应适当控水，以免提前落花，缩短花期。葡萄果实近成熟期、枣成熟期、石榴果实采摘前 20d 左右，要适当保持土壤干燥，防止裂果发生。景天类、凤仙类、四季海棠及银叶菊等，雨季应适当控制灌水量，以免根茎发生腐烂，造成苗木死亡。

4）灌水一般应掌握见湿见干原则，灌则灌足、灌透，但树穴及坪地内不可积水。盐碱地返盐季节，严禁频繁浇灌小水“斗弄”，应掌握不灌半截水，“灌则必透，小雨必灌”的原则。

5）尽量避免高温、烈日下进行喷灌。

6）秋植大苗木，除浇灌封冻水、返青水外，还应在第二年清明前后，浇灌一次生长水，以保证苗木的正常生长。

7）秋季应适当控制灌水，以免造成枝条徒长，不利越冬。

8）草坪地刚灌完水或冬季封冻后，应禁止任何人进入践踏。

9）常见有人每次浇草，在草坪地内栽植的乔灌木类必灌一遍，这是沿海地区盐碱地绿化养护的大忌，对于在土壤黏重、盐碱土栽植的苗木极为不利，是导致苗木生长势衰弱、病害发生严重和烂根死亡的重要原因之一。小水常灌，在返盐季节也会把盐碱“斗弄”上来，对苗木造成伤害。对于草坪内栽植的乔灌木类，应掌握不旱不灌水、灌则灌透原则。

第 27 章

园林植物养护月历

27.1 春季养护月历

3 月、4 月气温、地温逐渐升高，树木开始发芽展叶，进入萌动期（萌动期就是已出现生长迹象但是还没有发芽的时期），养护月历见表 27-1。

27.1.1 三月

三月养护月历见表 27-1。

表 27-1 三月园林植物养护

类别	内容
气温	平均气温 4.4℃；极端最高气温 24.4℃，极端最低气温 -12.5℃，地温 5.7℃，相对湿度 52%，降水量 9.7mm
3 月浇水种类	（1）乔木的中龄树、幼龄树及全部常绿树、古树、草坪 （2）全部灌木 （3）全部色带、绿篱、宿根花卉及草坪
适时、适度、适树浇水	（1）在雨雪量正常的年份，北京春季、初夏和秋季干旱，表现在三、四、五、六、九、十、十一月份，降水量在 70mm 以下，因此需要人工大量浇水，以满足植物生长的需要。在暖冬的气候条件下，还需要在冬季对草坪和地被植物、宿根花卉进行补水，补水的时间一般在二月中下旬 （2）三月至六月份树木已经发芽展叶，进入生长旺盛时期，需水量最大，而这时恰是北京的干旱季节之一，雨水稀少，因此浇水是唯一供给树木生长的措施。冷季型草坪更需要浇灌好返青水，使植物正常发芽生长，在土壤化冻后对植物进行的灌溉要保证地表 10cm 以下潮湿，引导根系向纵深发育，增强生长季的抗旱能力。要注意不要使地表总保持水湿状态，要做到所谓“见干见湿” （3）浇水时树木和草坪要一次浇透水，不要浇“半截水”。浇透水的标准为乔木要使水能渗透到 40～60cm，草坪能渗透到 10cm 以下 （4）关于浇水的次数应按照北京市《城市园林绿化养护管理标准》中的规定进行操作。对于这个规定也要灵活掌握。近几年干旱强度大，浇水的次数就不一定限制在这个标准下，而要灵活变通，随着气候的变化而变化。总之，要以有利于树木草坪的健壮生长为目的。盛夏季时期草坪浇水要特别注意，在气温干热状况时，禁止午间和傍晚及夜间浇水。冬季浇水分为浇冻水（为植物安全越冬，在土壤封冻前对植物进行的灌溉）和补水 （5）浇冻水的时间要根据天气情况来确定，一般的要求是在室外开始结冰时也就是俗称见冰碴时，即开始灌溉。由于近几年冬季经常出现暖冬现象，造成了土壤中水分过多损失，因此在一月、二月中下旬，对地被植物要进行补水，以补足蒸发掉的水分

（续）

<table>
<tr><th>级别</th><th colspan="2">类别</th><th>浇水/次</th></tr>
<tr><td rowspan="7">特级</td><td colspan="2">乔木</td><td>15</td></tr>
<tr><td colspan="2">灌木</td><td>15</td></tr>
<tr><td colspan="2">绿篱</td><td>10</td></tr>
<tr><td colspan="2">一二年生草花</td><td>15</td></tr>
<tr><td colspan="2">宿根花卉</td><td>20</td></tr>
<tr><td rowspan="2">草坪</td><td>冷季型</td><td>25</td></tr>
<tr><td>暖季型</td><td>15</td></tr>
<tr><td rowspan="7">一级</td><td colspan="2">乔木</td><td>10</td></tr>
<tr><td colspan="2">灌木</td><td>10</td></tr>
<tr><td colspan="2">绿篱</td><td>8</td></tr>
<tr><td colspan="2">一二年生花卉</td><td>10</td></tr>
<tr><td colspan="2">宿根花卉</td><td>15</td></tr>
<tr><td rowspan="2">草坪</td><td>冷季型</td><td>20</td></tr>
<tr><td>暖季型</td><td>10</td></tr>
<tr><td rowspan="7">二级</td><td colspan="2">乔木</td><td>8</td></tr>
<tr><td colspan="2">灌木</td><td>6</td></tr>
<tr><td colspan="2">绿篱</td><td>5</td></tr>
<tr><td colspan="2">一二年生草花</td><td>8</td></tr>
<tr><td colspan="2">宿根花卉</td><td>10</td></tr>
<tr><td rowspan="2">草坪</td><td>冷季型</td><td>15</td></tr>
<tr><td>暖季型</td><td>10</td></tr>
</table>

<table>
<tr><th>类别</th><th>内容</th></tr>
<tr><td>浇水的方法</td><td>（1）漫灌：是把出水口放在一点上，让其形成径流向四周渗润。待土壤湿润后再移放到另一处。漫灌虽然省事，但往往由于草坪地表面的不平和草坪草的阻力造成灌溉不均匀，还会造成水的浪费
（2）浇灌：多指用人工浇淋，其特点是灵活性强，但工作效率低，浇灌不平均
（3）喷灌：通过加压，由喷头把水喷射到草坪上。其特点是工作效率高，但有可能因喷头的设置不合理及风向等因素导致喷洒不平均
不同的植物对水分的要求也不同，因此应该根据不同的植物进行有针对性的浇灌。对于纯行道树和单纯的草坪或草坪与宿根混种的区域，可按不同情况分别制定浇灌方案。对于绿地植物配置呈复合型状态的绿地“分别进行不同的浇灌”的说法在理论上成立，但实际操作十分困难，往往以草坪灌溉为主，忽略乔木的需水的特性。造成乔木根系上浮，影响乔木健壮成长，还降低了乔木的抗风能力。因此，还要对乔木和大型灌木进行单独围堰，按标准进行灌溉。另外，对一些耐旱不耐涝的乔木，如栾树、丁香更应该注意防止浇灌草坪时使这类树木产生水量过大的现象</td></tr>
<tr><td>浇水时间的安排次序</td><td>草坪→宿根花卉→色带、绿篱→灌木→乔木</td></tr>
<tr><td>浇水工序</td><td>水源检修→开堰→浇灌→中耕→封堰</td></tr>
</table>

（续）

类别		内容
环保安全措施		（1）软水管浇水：取水井井盖打开后首先要设置锥桶或移动式防护栏。软水管接口绑牢后，缓慢打开节门，检查接口是否绑牢，以及有无渗透和漏水处。如有渗透漏水情况，应及时关闭节门，进行更换或修复。直至无渗漏，方能进行灌溉。软水管放置要与道路顺行，并依靠在路牙侧。横穿道路时要与道路呈直角水平放置。取水井盖盖好后要检查井盖是否盖实，防止井盖被压翻。最后将锥桶或防护栏回收 （2）取水阀取水、喷灌带浇水：要求同软水管浇水的操作标准
防治病虫害		防治方法
喷药防治	防治对象	危害树种和所在部位
	大玉坚介壳虫	国槐等树的枝条上
	槐坚介壳虫	刺槐等树上
	侧柏蚜虫	侧柏枝、叶上
	松大蚜	松树枝、叶上
	双条杉天牛	柏树枝、干皮缝处
	苹果黄蚜虫	苹果、海棠等树的嫩梢上
	元宝枫蚜虫	元宝枫枝条的芽缝处
	栾树蚜虫	栾树枝条的芽缝处
	黄刺玫蚜虫	黄刺玫枝条的芽缝处
	桧柏锈病	桧柏枝上
捕杀	防治对象	危害树种和所在部位
	桑刺尺蠖	刺槐等树上
修剪	防治对象	危害树种和所在部位
	元宝枫蚜虫	元宝枫枝条的芽缝处
	栾树蚜虫	栾树枝条的芽缝处
	黄刺玫蚜虫	黄刺玫枝条的芽缝处
喷药防治的质量标准		喷药防治是将农药与水按一定要求的比例配成药液，通过喷雾机械化并均匀喷洒在植物上的一种施药方法。喷雾施药的质量要求有： （1）喷雾施药要求配置的药液要均匀一致。高大树木通常使用高压机动喷雾机喷雾，矮小花木常用小型机动喷雾机或手压喷雾器喷雾 （2）喷药时必须尽量成雾状，叶面附药均匀，喷药范围应互相衔接，上下内外要打到，喷得仔细，打得周到，达到“枝枝有药，叶叶有药”，打一次药，有一次效果 （3）使用高射程喷雾剂喷药，应随时摆动喷枪，尽一切可能击散水柱，使其成雾状，减少药液流失 （4）喷药前应做好虫情调查，做到“有的放矢，心中有数”，喷药后要做好防治效果检查，记好病虫防治日记 （5）配药浓度要准确，应按说明书的要求去做。严格遵守其中的“注意事项”，对于标签失落不明的农药勿用，防止发生药害

（续）

类别	内容
喷药防治环保安全措施	（1）施药人员由养护队选拔工作认真负责、身体健康的青壮年担任，并应经过一定的技术培训 （2）凡体弱多病者，患皮肤病和农药中毒及其他疾病尚未恢复健康者，哺乳期、孕期、经期的妇女，皮肤损伤未愈者不得喷药或暂停喷药。喷药不准带小孩到作业点 （3）施药人员在打药期间不得饮酒 （4）施药人员打药时必须戴防毒口罩，穿长袖上衣、长裤和鞋、袜。在操作时禁止吸烟、喝水、吃东西，不能用手擦嘴、脸、眼睛，绝对不准互相喷射嬉闹。每日工作后喝水、抽烟、吃东西前要用肥皂彻底清洗手、脸和漱口。有条件的应洗澡。被农药污染的工作服要及时换洗 （5）施药人员每天喷药时间一般不得超过6h。使用背负式机动药械，要两人轮换操作 （6）操作人员如有头痛、头昏、恶心、呕吐等症状时，应立即离开施药现场，脱去污染的衣服，漱口、擦洗手和脸皮肤等暴露部位，及时送医院治疗
使用工具	（1）背负式打药机 （2）通用汽油机 GXV160
喷雾农药的配置与计算	喷雾农药一般均需按防治对象的要求将农药进行兑水稀释到规定的浓度，再进行喷雾。农药稀释的步骤如下： （1）第一次稀释：将农药（包括乳油、乳剂、可湿性粉剂）倾倒入5～10L的塑料桶内，然后用水勾兑，并搅拌均匀，倒入已灌了半药箱水的药箱内 （2）第二次稀释：将剩余半药箱注水到规定的浓度 （3）用清水洗涮药瓶，将残液倒入药箱 （4）将洗涮后空药瓶的瓶盖拧紧后，装入包装物中 （5）将回收的空药瓶与领出的数量进行核对，无误后回收。注意：无论使用何种机械进行喷药后，都要对残留的药液进行清除。对使用的机械进行清洗，如：水箱、喷撒器、连接管、泵等
修剪	（1）春季开花的灌木，应花后修剪，夏季多次复剪 （2）夏季开花的花灌木，可在冬季修剪，但是最好不要在深冬，最佳时期是早春发芽前 （3）整形修剪，另当别论，首先考虑整理树形，其次照顾观花效果 三月可修剪树种有：桧柏类、油松、侧柏、华山松、云杉、龙柏、雪松、毛白杨、西府海棠、新疆杨、核桃、泡桐、凤尾兰、锦带花、月季、棣棠、玫瑰、牡丹、山桃、香椿、寿星桃、沙地柏、草坪 注意：养护月历之列示当月可修剪的树种的名称。修剪的方法已按树种名称列示在修剪各论和草坪养护管理的条目内
施肥	（1）进入春季，树木开始发芽展叶，地被植物开始返青，各种植物进入萌芽期。针对植物在这一期间耗用水和肥的量都很大的特点，除了保证灌溉外，还可进行一次施肥。施肥方法为灌施 （2）在有条件的地方可灌施有机肥，无条件的地方灌施无机肥。其中可灌施的植物有：银杏、雪松、柿、垂柳、玉兰、紫叶李、山楂、龙爪槐、玫瑰、丁香、紫荆、桃类、连翘、迎春、紫藤、地锦、牡丹、玉簪、草坪等
草坪养护管理	1. 继续搂除枯草层 （1）使用工具 （2）操作要求 （3）质量要求

（续）

类别	内容
草坪养护管理	（4）环保措施 以上 4 项均见二月草坪清理的内容 2. 镇压草坪用 60～200kg 的手推碌或 80～500kg 的松动碌轮在草坪上来回镇压 3. 浇返青水标准及要求见“适时、适度、适树浇水” 4. 返青后施追肥一次标准及要求见本书“草坪养护管理”中的有关内容 5. 修剪标准及要求见本书“草坪养护管理”中的有关内容

27.1.2　四月

四月养护月历见表 27-2。

表 27-2　四月园林植物养护

类别		内容	
气温		平均气温 13.2℃，极端最高气温 31.1℃，极端最低气温 －2.9℃，地温 15.8℃，相对湿度 48%，降水量 22.41mm	
浇春水		内容同三月份	
防治病虫害		1. 防治方法	
喷药防治	防治对象	危害树种和所在部位	备注
	山楂红蜘蛛	苹果、桃、海棠等树的芽、叶上	地面撒石灰粉
	松、柏红蜘蛛	桧柏吐新芽 4mm 左右，油松新梢平均 4cm	
	桃蚜	梅、碧桃等树芽、叶上	
	白蜡囊介壳虫	白蜡树的枝、干上	
	毛白杨锈病	毛白杨枝条上	
	月季长管蚜	月季花蕾、芽、叶上	
	紫薇绒蚧	紫薇枝、干上	
	桑刺尺蠖	刺槐等树叶上	
	东方金龟子	各种树叶上	
	桃球介壳虫	桃等枝条上	
	蜗牛、蛞蝓	各种植物	
	杨枯叶蛾	杨树枝、干上	
	杨尺蠖	杨树枝、叶上	
	梨星毛虫	梨、海棠等枝叶上	
	杨黄卷叶蛾	杨树叶上	
	天幕毛虫	杨等树叶上、枝上	
	柏毒蛾	柏树叶上、干上	
	大青叶蝉	杨、柳苹果等树上	
	杨透翅蛾	杨、柳枝、干虫瘿内	
	玫瑰锈病	玫瑰枝、干上	
	玫瑰茎蜂	玫瑰新梢	

（续）

类别		内容	
喷药防治	防治对象	危害树种和所在部位	备注
	白粉虱	串红等花卉上	
	青杨天牛	毛白杨等杨树	
	毛白杨瘿螨	上年生的枝条上带螨的芽	
	毛白杨长白蚧	毛白杨枝、干上	
	苹果红蜘蛛	苹果、海棠树叶上	
	毛白杨瘿螨	毛白杨枝条上出现瘿芽内	
	竹裂爪螨	竹叶上	
	松纵坑切梢小蠹	松树枝、干上	
	柳树蚜虫	柳树叶上	
	黄尾白毒蛾	海棠等树叶上	
	毛白杨锈病	毛白杨枝条叶上	
	榆绿金花虫	榆树树叶上	
	榆毒蛾	榆树树叶上	
	柳叶蜂	柳树叶上	
	柳瘿蚊	柳树枝梢上	
	杨白潜叶蛾	杨、柳树叶上	
	柳厚壁叶蜂	柳叶内	
	海棠锈病	海棠叶片	
	国槐腐烂病	国槐苗木干部	树干涂白
	毛白杨蚜虫	毛白杨叶背面	
	柳细蛾	柳树叶内	
	黄杨绢野螟	黄杨树冠上缀叶中	
	黄点直缘跳甲	黄栌树叶	
	芍药褐斑病	芍药、牡丹叶片	
	元宝枫细蛾	元宝枫树卷叶内	
	海棠锈病	海棠树叶片	
捕杀	防治对象	危害树种和所在部位	备注
	蜗牛、蛞蝓	各种植物	
诱杀	防治对象	危害树种和所在部位	备注
	蜗牛、蛞蝓	各种植物	地面撒石灰粉
	柏肤小蠹	柏树枝、干上	诱杀
清水清洗	防治对象	危害树种和所在部位	备注
	山楂红蜘蛛	苹果、桃、海棠等树的芽、叶上	
	桃蚜	梅、碧桃等树芽、叶上	
	朱砂叶螨	槐、椿等树叶上和花卉叶上	
	毛白杨长白蚧	毛白杨枝、干上	
	苹果红蜘蛛	苹果、海棠树叶上	
	青桐木虱	青桐枝叶上	
	毛白杨蚜虫	毛白杨叶背面	

（续）

<table>
<tr><th colspan="2">类别</th><th colspan="2">内容</th></tr>
<tr><td rowspan="7">修剪</td><td>防治对象</td><td>危害树种和所在部位</td><td>备注</td></tr>
<tr><td>玫瑰锈病</td><td>玫瑰枝、干上</td><td rowspan="6"></td></tr>
<tr><td>毛白杨瘿螨</td><td>上年生的枝条上带螨的芽</td></tr>
<tr><td>毛白杨瘿螨</td><td>毛白杨枝条上出现瘿芽内</td></tr>
<tr><td>毛白杨锈病</td><td>毛白杨枝条叶上</td></tr>
<tr><td>柳厚壁叶蜂</td><td>柳叶内</td></tr>
<tr><td>梨小食心虫</td><td>碧桃、桃枝梢</td></tr>
<tr><td colspan="2">喷药防治质量标准</td><td colspan="2">内容同三月份</td></tr>
<tr><td colspan="2">喷药防治环保措施</td><td colspan="2">内容同三月份</td></tr>
<tr><td colspan="2">使用工具</td><td colspan="2">（1）背负式打药机
（2）通用汽油机 GXV160
（3）黑光灯
（4）性诱剂
喷雾农药的配置与计算见三月份</td></tr>
<tr><td colspan="2">修剪</td><td colspan="2">（1）可修剪植物品种有：桧柏类、油松、华山松、云杉、龙柏、雪松、侧柏、毛白杨、西府海棠、新疆杨、沙地柏、凤尾兰、迎春、榆叶梅、黄刺玫、牡丹、绿篱色带类及草坪
（2）养护月历只列示当月可修剪的树种，具体内容详见本书“草坪养护管理”中的内容</td></tr>
<tr><td colspan="2">施肥</td><td colspan="2">草坪施肥详见本书第四部分“草坪养护管理”中有关内容。其他植被在 3 月末施完的品种继续实施</td></tr>
<tr><td colspan="2">拆除风障，
清理残枝落叶</td><td colspan="2">目前常搭设的风障一般分为三类：一类是管架式风障，一类是棚架式风障，一类是缠裹式风障
1. 管架式风障拆除
（1）管架式风障拆除工序：按照由上而下、先搭后拆的原则进行拆除。拆除的工序是：拆除无纺布（彩条布）→拆除缆风绳（线）→拆除上部横杆→拆除斜拉杆→拆除连接杆→拆除撑杆→拆除下部横杆→拆除扫地杆→拆除地脚钢管→钢管扣件、铁丝、钢丝绳、无纺布分类收集→装车回运
（2）环保安全措施：设置作业区围设警戒线，地面设有专人指挥，严禁非工作人员入内。作业人员必须戴安全帽，系安全带，穿防滑鞋。拆立杆时，先抱住立杆再拆开最后两个扣。拆除大横杆、斜撑、剪刀撑时，先拆中间扣，然后拖住中间，再解端头扣。拆除时要统一指挥，上下呼应，动作协调，当解开与另一人的结扣时，要通知对方，以防坠落。拆除附近有外线电路时，严禁架杆接触电线。拆架过程中，不得中途换人。如必须换人时，要将拆除的细节交代清楚
（3）使用工具：活动扳手、钢丝钳、铁锹、捆扎绳、大锤
2. 棚架式风障拆除
（1）工序：拆除无纺布（彩条布）→拆除固定铁丝→拆除木骨架斗→填平穴坑斗→捆绑材料→装车回运
（2）环保安全措施：设置作业区，拆下的木骨架上的铁钉要砸折，随拆随捆绑拆下的材料并及时装车
（3）使用工具：钢丝钳、捆扎绳、大锤</td></tr>
</table>

（续）

类别	内容
拆除风障， 清理残枝落叶	3. 缠裹式风障拆除 （1）工序：解除铁丝→摘除无纺布→捆绑材料→装车运回 （2）环保安全措施：设置作业区 （3）使用工具：钢丝钳、捆扎绳
草坪养护管理	（1）浇水 （2）施肥 （3）修剪 详细的内容见本书“草坪养护管理”中的有关内容

27.2　夏季养护月历

这一阶段气温渐渐上升，湿度小，树木生长旺盛，进入生长期（一年中显著可见的生长期间，称为生长期)。

27.2.1　五月

五月养护月历见表27-3。

表27-3　五月园林植物养护

	类别	内容	
	气温	月平均气温20.2℃，极端最高气温38.3℃，极端最低气温2.5℃，地温24.5℃，相对湿度51%，降水量36.1mm。	
	浇水	内容同三月份	
	防治病虫害	1. 防治方法	
喷药防治	防治对象	危害树种和所在部位	备注
	国槐潜叶蛾	国槐树及附近建筑物上	
	槐蚜虫	槐树新梢	
	桃瘤蚜	榆叶梅树叶上	
	斑衣蜡蝉	臭椿等树上	
	油松毛虫	油松枝叶上	
	桑白介壳虫	国槐、臭椿、桃等树的枝干上	
	海棠腐烂病	海棠树干、树枝上	
	国槐长夜蛾	国槐枝、叶、干上	
	杨树枝天牛	杨树二年生枝条内	
	樱花穿孔病	樱花等叶片	
	国槐木虱	国槐枝新梢	
	杨溃疡病	杨、柳树的枝、干	
	黄栌木虱	黄栌的枝、梢上	
	栾树蚜虫	栾树嫩枝叶上	

（续）

类别		内容	
	防治对象	危害树种和所在部位	备注
喷药防治	碧皑袋蛾	刺槐等树	
	桃粉蚜虫	桃树叶背面	
	松针枯病	松树针叶	
	侧柏叶凋病	侧柏叶	
	国槐尺蠖	国槐树叶	
	国槐木蠹蛾	国槐、丁香、白蜡、银杏等树的枝、干	
	柳木蠹蛾	杨、柳、榆的枝、干	
	杨天社蛾	杨、柳树叶	虫小时打虫包
	舞毒蛾	黄栌、杨等树叶	
	牡丹根线结虫病	牡丹、月季、仙客来等	
	杨柳红蜘蛛	杨、柳等树叶	
	国槐红蜘蛛	国槐、龙爪槐树叶上	
	核桃红蜘蛛	核桃树叶上	
	杨小天蠹社蛾	杨、柳等树叶	
	新刺轮盾蚧	月季茎上	
	双尾天社蛾	杨、柳树叶上	
	石榴刺粉蚧	石榴枝、叶上	
	杨白潜叶蛾	杨、柳树叶内	
	国槐潜叶蛾	国槐树叶内	
	草鞋介壳虫	各种树木枝干和建筑物上	
	黄杨粕片盾蚧	黄杨枝、叶上	
	鸢尾软腐病	鸢尾等块茎、叶	注意块茎和土壤消毒
	杨柳腐烂病	杨、柳等的枝、干	
	柳瘤大蚜	柳树的枝、干	
	绿芜菁	国槐树叶	
	中国芜菁	国槐树叶	
	白条芜菁	国槐树叶	
	地老虎	播种幼苗	
	黄杨矢尖蚧	黄杨等花卉的枝、叶上	
	元宝枫细蛾	元宝枫卷叶内	
	白粉虱	一串红、月季等花卉的叶背面	
	瓦巴斯草锈病	瓦巴斯等冷季型草叶片	
	榆绿金花虫	榆树叶上	
	毛白杨潜细蛾	毛白杨等叶内	
	松棉介壳虫	松梢松针、枝、干上	
	柏肤小蠹	柏树枝上	
	桃球坚介壳虫	海棠等树枝叶上	
	大玉坚介壳虫	国槐等树枝上	

（续）

类别		内容	
喷药防治	防治对象	危害树种和所在部位	备注
	毛白杨长白蚧	毛白杨的枝干上	
	杨、柳棉蚜	杨、柳树的枝干上	
	双尾天杜蛾	杨、柳树叶	
	灰斑古毒蛾	玫瑰等叶	
	臭椿皮蛾	臭椿的树叶	
	松针介壳虫	油松、黑松、云杉等树的针叶上	
	国槐天社蛾	国槐树叶	
	刺角天牛	柳、槐等树干上	
	月季黑斑病	月季等花卉叶片	
捕杀	防治对象	危害树种和所在部位	备注
	臭椿沟眶象	千头椿、臭椿树干上	
	柳木蠹蛾	杨、柳树附近	
诱杀	防治对象	危害树种和所在部位	备注
	地老虎	播种幼苗	
	美国白蛾	各种树干	
清水清洗	防治对象	危害树种和所在部位	备注
	杨柳红蜘蛛	杨、柳等树叶	
	国槐红蜘蛛	国槐、龙爪槐树叶上	
	核桃红蜘蛛	核桃树叶上	
	柳瘤大蚜	柳树的枝、干	
修剪	防治对象	危害树种和所在部位	备注
	玫瑰茎蜂	玫瑰新梢	
	梨小食心虫	碧桃、桃等新梢	
	黄刺玫象鼻虫	在叶上虫瘿病	
	楸螟	楸树枝梢	
	泡桐丛枝病	泡桐树体内	
	菟丝子	菊、月季等	随时清除
喷药防治质量标准		内容同三月份	
喷药防治环保安全措施		内容同三月份	
使用工具		喷药防治使用的工具主要有背负式打药机、小三轮打药机、高压喷雾打药机。同时还应用黑光灯、性诱剂盒等器具	
修剪		五月可修剪的树种主要有：西府海棠、紫叶李、碧桃、寿星桃、樱花、迎春、丁香、玉兰、榆叶梅、牡丹、紫薇、云杉、国槐、五针松等	
追肥		详见本书中“施肥技术”内的有关内容	

（续）

类别	内容
中耕除草和除杂草	1. 中耕除草。中耕除草作业在 4 至 9 月份进行，长达半年之久。要坚持“除早、除小、除了”的原则。除早：是指除草工作要早安排、提前安排，只有安排并解决了杂草问题之后，其他作业如施肥、灌水等才有条件进行。除小：是指清除杂草从小草开始就动手，不能任其长大、形成了危害才动手，那时既造成了苗木损失，又增大了作业工作量。除了：是指清除杂草要清除干净、彻底，不留尾巴，不留死角，不留后患 2. 除杂草。手工拔草：在大雨过后或灌水之后，将杂草的地上部分和地下部分同时拔出 3. 质量要求。除草及时，达到“除早、除小、除了”的效果。除杂草要将杂草连根拔起，磕掉土后，即时集中，按养护等级标准中垃圾清理的要求及时清理
草坪养护管理	（1）浇水 （2）施肥 （3）修剪 （4）病虫害防治 （5）打孔 以上五项详见本书“草坪养护管理”中相关内容

27.2.2　六月

六月养护月历见表 27-4。

表 27-4　六月园林植物养护

类别		内容	
气温		月平均气温 24.2℃，极端最高气温 40.6℃；极端最低气温 10℃，地温 28.9℃，相对湿度 60%，降水量 70mm	
浇水		内容同 3 月份	
病虫害防治		1. 防治方法	
喷药防治	防治对象	危害树种和所在部位	备注
	松梢螟	油松枝梢	
	卫矛尺蠖	卫矛树叶	
	槐坚介壳虫	刺槐、白蜡树的枝、叶上	
	梨圆介壳虫	刺槐、杨等枝、干上	
	黄栌白粉病	黄栌树叶上	
	紫薇长斑病	紫薇叶背面	
	铜绿金龟子	各种树叶	
	红蜘蛛	各种常绿、阔叶树叶	
	国槐木虱	国槐树枝梢	
	黄栌木虱	黄栌树枝梢	
	二星叶蝉	地锦等叶背面	
	柳天蛾	杨、柳树叶	
	银纹夜蛾	一串红、菊花等花卉	

（续）

类别	内容		
喷药防治	防治对象	危害树种和所在部位	备注
	国槐叶柄小蛾	国槐、龙爪槐嫩枝	
	紫薇绒蚧	紫薇枝、干上	
	合欢吉丁虫	合欢树干、树冠上	
	元宝枫红蜘蛛	元宝枫树叶上	
	光肩星天牛	元宝枫、杨、柳树上	
	榆绿金花虫	榆树干、枝上	
	玫瑰锈病	玫瑰叶片上	
	黄刺蛾	黄刺玫、紫荆树叶上	
	茶黄螨	地锦等嫩枝	
	杨小天社蛾	杨、柳树叶上	
	杨天社蛾	杨、柳树叶上	
	国槐尺蠖	国槐树叶	
	泡桐灰天蛾	泡桐、丁香等树叶	
	元宝枫细蛾	元宝枫卷叶内	
	杨透翅蛾	杨、柳嫩枝、干	
	柿绵介壳虫	柿树枝、叶	
	月季黑斑病	月季、蔷薇的叶片	
	柳细蛾	柳叶内	
	梨星毛虫	梨、海棠、杏等树叶注意防涝排水	
	国槐红蜘蛛	国槐树叶	
	黄杨粕片盾蚧	黄杨枝叶	
	合欢枯萎病	合欢树导管	
	美国白蛾	众多树叶	
捕杀	防治对象	危害树种和所在部位	备注
	黏虫	树丛、灌木丛、室内	
	光肩星天牛	元宝枫、杨、柳树上	
	国槐尺蠖	国槐附近土里	挖蛹杀死
	杨透翅蛾	杨、柳枝干的虫瘿内	刺杀蛹
	柳毒蛾	杨、柳树及建筑物上	
	榆绿金花虫	榆树干、枝上	扫刷杀死
	泡桐灰天蛾	泡桐、丁香等树叶	捕杀幼虫
	国槐木蠹蛾	国槐、丁香、白蜡等树	
	杨透翅蛾	杨、柳嫩枝、干	
	樗蚕蛾	臭椿树附近	
诱杀	防治对象	危害树种和所在部位	备注
	光肩星天牛	元宝枫、杨、柳树上	灯光诱杀
	柳毒蛾	杨、柳树及建筑物上	灯光诱杀

（续）

类别		内容	
清水清洗	防治对象	危害树种和所在部位	备注
	紫薇长斑病	紫薇叶背面	
	元宝枫红蜘蛛	元宝枫树叶上	
	柳毒蛾	杨、柳树及建筑物上	
修剪	防治对象	危害树种和所在部位	备注
	梨小食心虫	碧桃、山桃、桃的新梢	
喷药防治质量要求		内容同三月份	
喷药防治环保安全措施		内容同三月份	
使用器具		（1）背负式打药机 （2）通用汽油机 GXV160 （3）黑光灯 （4）性诱剂	
灌木花后修剪		（1）灌木花后修剪的品种主要有：金银木、月季、棣棠、牡丹等 （2）乔木修剪的品种主要有：侧柏、云杉、国槐、悬铃木、栾、千头椿等	
追肥		内容详见本书中“施肥技术”的有关内容	
除杂草		内容同五月份	
草坪养护管理		（1）浇水 （2）施肥 （3）修剪 （4）病虫害防治	

27.2.3　七月

七月养护月历见表 27-5。

表 27-5　七月园林植物养护

类别		内容	
气温		月平均气温 26℃，极端最高气温 39.6℃，极端最低气温 15.3℃，地温 29.4℃，相对湿度 77%，降水量 196.6mm	
排水防洪		北京地区七、八月份是雨水集中的月份，要随时警惕突降大雨、暴雨及大风等灾害的发生。在七月初组织抢险队伍，配备抢险的专用工具，配置雨衣、雨靴和夜间照明工具 在七月初要将树堰封上，防止积水 在长时间降雨或突降暴雨的情况发生时，要及时将积水导入排水管道中	
防治病虫害		1. 防治方法	
喷药防治	防治对象	危害树种和所在部位	备注
	柳毒蛾	杨、柳树叶	
	褐袖刺蛾	核桃、白蜡、元宝枫、海棠等树叶上	
	扁刺蛾	核桃、白蜡、元宝枫、海棠等树叶上	
	黄尾白毒蛾	海棠等树叶	

（续）

类别		内容	
	防治对象	危害树种和所在部位	备注
喷药防治	黏虫	草坪上	
	槐坚介壳虫	刺槐、白蜡等枝、叶	
	合欢雀蛾	合欢树叶	
	榆毒蛾	榆树叶子	
	绿刺蛾	杨、柳等树叶	
	杨黄卷叶螟	杨树上	
	杨透翅蛾	杨、柳幼嫩枝、干	
	木橑尺蠖	黄栌等树叶	
	杨枯叶蛾	杨树叶	
	松梢螟	油松新梢	
	元宝枫黄萎病	元宝枫、翠菊等树维管束	
	紫荆枯萎病	紫荆等树维管束	
	杨天社蛾	杨、柳树叶	
	毛白杨根癌肿病	毛白杨、樱花根部	
	杨小天社蛾	杨、柳树叶	
	紫纹羽病	松、柏、槐等根、干基毒土	
	美国白蛾	众多树叶	
	卫矛尺蠖	卫矛树叶	
	白纹羽病	柳等根和干基部	
	白杨小潜细蛾	毛白杨等叶内	
	柿绵介壳虫	柿树枝、叶	
	桧柏锈病	海棠树上锈孢子开始传染桧柏嫩枝	
	月季白粉病	月季、蔷薇等花卉	
	国槐叶柄小蛾	国槐、龙爪槐嫩枝	
	杨透翅蛾	毛白杨、新疆杨、柳树等叶枝上	
	杨柳褐斑病	毛白杨、新疆杨、柳树等叶枝上	
	灰斑古毒蛾	玫瑰叶等	
	国槐天社蛾	国槐树叶	
	银纹夜蛾	一串红等花卉叶子	
	新刺轮盾蚧	月季茎上	
	白粉虱	一串红、月季等叶背面	
	白蜡黑斑病	白蜡树叶	
	蔷薇叶峰	蔷薇等叶片	
	毛白杨长白蚧	毛白杨等树枝、干	
	黄杨矢尖蚧	黄杨等木本花卉上	
	黄杨绢夜螟	黄杨树干上缀叶中	
	松针介壳虫	油、松、云杉等针叶上	
	杨、柳腐病	杨、柳枝干	
	石榴刺粉蚧	石榴枝、叶、花蕾、果上	
	元宝枫细蛾	元宝枫卷叶内	
	油松毛虫	油松针叶	
	一串红疫霉病	一串红、菊花茎叶等	注意排水，控制湿度

（续）

类别		内容	
捕杀	防治对象	危害树种和所在部位	备注
	红颈天牛	桃、山桃、榆叶梅上	
	双尾天社蛾	杨、柳树干及建筑物上	捕蛹杀死
	国槐天社蛾	国槐附近	
	白蜡天蛾	白蜡树叶	
	国槐尺蠖	国槐附近土里	挖蛹杀死
	缀叶丛螟	黄栌叶	人工摘除虫巢
	褐天牛	毛白杨、桑、苹果等树	
	樗蚕蛾	臭椿树叶	
清水清洗	防治对象	危害树种和所在部位	备注
	毛白杨长白蚧	毛白杨等树枝、干上	
喷药防治质量要求		内容同三月份	
喷药防治环保安全措施		内容同三月份	
使用器具		（1）背负式打药机 （2）通用汽油机 GXV160 （3）黑光灯 （4）性诱剂	
修剪		七月修剪的树种主要是：桧柏类、侧柏、龙爪槐以及紫薇、金银木、月季、榆叶梅、紫藤的花后修剪，具体要求详见本书“第二部分修剪篇”中的有关内容 俗话说“树大招风”，因此，在月初要进行国槐、毛白杨、刺槐、白蜡、千头椿、臭椿、新疆杨等枝叶繁茂的树木进行过密枝的疏剪，以减轻雨季中暴风雨对树木的损害	
中耕除草		内容同六月	
草坪养护管理		（1）浇水 （2）修剪 （3）病虫害防治	

27.2.4　八月

八月养护月历见表 27-6。

表 27-6　八月园林植物养护

类别		内容	
气温		月平均气温 24.6℃，极端最高气温 38.3℃，极端最低气温 12.2℃，地温 27.4℃，相对湿度 80%，降水量 234.5mm	
排水防洪		同七月份	
防治病虫害		1. 防治方法	
喷药防治	防治对象	危害树种和所在部位	备注
	国槐尺蠖	国槐树叶	
	杨白潜叶蛾	杨、柳树叶内	
	国槐潜叶蛾	国槐树叶内	

（续）

类别		内容	
	防治对象	危害树种和所在部位	备注
喷药防治	海棠潜叶蛾	海棠、苹果树叶内	
	紫纹羽病	刺槐、云杉等根部	
	白纹羽病	柳树、芍药等根部	
	双尾天社蛾	杨、柳树叶	
	臭椿皮蛾	臭椿树叶	
	桑白介壳虫	国槐、臭椿、桃树枝、干	
	梨圆介壳虫	刺槐、杨等树枝、干	
	柏毒蛾	侧柏、桧柏叶	
	二星叶蝉	葡萄、地锦叶背面很严重	
	黄栌白粉病	黄栌叶重复侵染严重	
	柳天蛾	杨、柳树叶	
	杨黄卷叶螟	杨、柳树叶	
	银纹夜蛾	一串红等花卉叶片	
	褐袖刺蛾	核桃、白蜡树叶	
	美国白蛾	众多树叶	
	扁刺蛾	核桃、白蜡等树叶	
	柿绵介壳虫	柿树的枝、叶	
	松尺蠖	桧柏树叶	
	柳细蛾	柳树叶内	
	黄刺蛾	黄刺玫、紫荆等树叶	
	国槐天社蛾	国槐树叶	
	榆树天社蛾	榆树叶	
	槐坚介壳虫	刺槐、白蜡枝、叶	
	国槐潜叶蛾	国槐叶片内	
	合欢雀蛾	合欢树叶子	
	杨小天社蛾	杨、柳树叶	
	杨天社蛾	杨、柳树叶	
	卫矛尺蠖	卫矛树叶	
	白杨小潜细蛾	毛白杨等叶内	
	蔷薇叶蜂	蔷薇等叶子	
	光肩星天牛	柳、元宝枫等枝上	
	石榴刺粉蚧	石榴枝、叶、蕾、果上	
捕杀	防治对象	危害树种和所在部位	备注
	黑蝉	在毛白杨、柳树枝上产卵	
	柳毒蛾	杨、柳或附近建筑物上	

（续）

类别		内容	
修剪	防治对象	危害树种和所在部位	备注
	梨小食心虫	碧桃、山桃、桃的新梢	
喷药防治质量要求		内容同三月份	
喷药防治环保安全措施		内容同三月份	
使用器具		（1）背负式打药机 （2）通用汽油机 GXV160 （3）黑光灯 （4）性诱剂	
修剪		八月修剪的主要树种是：桧柏类、绿篱、色带、球类、国槐、龙爪槐、枣、珍珠梅、寿星桃、紫薇、贴梗海棠、月季、黄栌、紫藤类	
中耕除草		内容同七月	
草坪养护管理		（1）浇水 （2）修剪 （3）病虫害防治 以上三项详见本书中“草坪养护管理”的相关内容	

27.2.5　九月

九月养护月历见表 27-7。

表 27-7　九月园林植物养护

类别		内容	
气温		月平均气温 19.5℃，极端最高气温 32.3℃，极端最低气温 3.7℃；地温 21.6℃，相对湿度 70%，降水量 63.9mm	
浇水		内容见三月份	
防治病虫害		防治方法	
喷药防治	防治对象	危害树种和所在部位	备注
	芍药褐斑病	芍药、牡丹的叶片	
	菊花斑枯病	菊花下部叶片	
	杨白潜叶蛾	杨、柳树叶片内	
	银纹夜蛾	一串红、菊花灯叶子	
	军配虫	海棠、苹果、杜鹃等叶子	
	美国白蛾	众多树叶	
	黄尾白毒蛾	海棠等树叶	
	柳叶甲	杨、柳树叶	
	紫薇绒蚧	紫薇枝、干上	
	松、柏红蜘蛛	松、柏树叶子	
	阔叶树红蜘蛛	国槐、杨、柳、核桃、海棠、红叶李等树叶	

（续）

类别		内容	
喷药防治	防治对象	危害树种和所在部位	备注
	臭椿皮蛾	臭椿树叶子	
	杨天社蛾	杨、柳树叶	
	柳毒蛾	杨、柳树叶	
	毛白杨蚜虫	毛白杨树叶背面	
	白粉虱	一串红、月季等叶片	
	大青叶蝉	在各种树枝、干上产卵	
	柿绵介壳虫	柿树枝、叶、果上	
	新刺轮盾蚧	月季茎上	
	木蠹蛾	国槐、杨、柳等枝干内	
	杨透翅蛾	杨、柳幼苗枝、干的虫瘿病	
	黄杨粕片盾蚧	黄杨枝叶	
修剪		九月可修剪的主要树种有：桧柏类、毛白杨、核桃、杜仲、枣、紫薇、海棠、月季、珍珠梅等。另对主要道路及景区的干枝死杈进行一次普通修剪。内容详见“修剪各论”中的有关章节	
施肥		内容详见本书中“施肥技术”的有关内容	
除草		内容同八月份	
草坪养护管理		（1）浇水 （2）施肥 （3）修剪 （4）病虫害防治 以上四项详见本书中“草坪养护管理”的相关内容	

27.3 秋季养护月历

气温逐渐降低，树木陆续准备休眠越冬。

27.3.1 十月

十月养护月历见表27-8。

表27-8 十月园林植物养护

类别		内容	
气温		月平均气温12.5℃；极端最高气温29.8℃，极端最低气温-3.2℃，地温13.1℃，相对湿度66%，降水量21.1mm	
浇水		内容同三月份	
防治病虫害		1. 防治方法	
喷药防治	防治对象	危害树种和所在部位	备注
	桃粉蚜	碧桃、桃叶	
	松大蚜虫	油松、白皮松上	
	柏蚜虫	侧柏叶、枝上	
	黄杨矢尖蚧	黄杨等木本花卉上	

（续）

类别		内容	
捕杀	防治对象	危害树种和所在部位	备注
	国槐叶柄小蛾钻入树皮缝或槐豆里过冬	挖树缝内幼虫，打掉槐豆处理	
修剪		十月可修剪的树种主要有：雪松、栾树、新疆杨、核桃、月季、珍珠梅	
施肥		详见本书中“施肥技术”的有关内容	
草坪养护管理		（1）浇水 （2）施肥 （3）修剪 （4）病虫害防治 （5）打孔 以上五项详见本书中“草坪养护管理”的相关内容	

27.3.2　十一月

十一月养护月历见表27-9。

表27-9　十一月园林植物养护

类别		内容	
气温		月平均气温4.6℃，极端最高气温22℃：极端最低气温-10.6℃，相对湿度57%，降水量7.4mm	
浇水		内容见三月份	
防治病虫害		防治方法	
喷药防治	防治对象	危害树种和所在部位	备注
	桑白蚧	国槐、干头椿等枝、干上	
	松大蚜虫	油松、白皮松上	
	柏蚜虫	侧柏叶、枝上	
	毛白杨蚜虫	毛白杨叶片上	
	毛白杨长白蚧	毛白杨叶片上	
	柳厚壁叶蜂	柳叶内	随时清扫刚落带瘿叶处理
修剪		十一月可修剪的树种主要有：侧柏、雪松、五针松、新疆杨、马褂木、柿、卫矛、玫瑰、金银木、月季、黄刺玫、棣棠、红瑞木	
施肥		详见本书中“施肥技术”的有关内容	
防寒		防寒项包括树木防寒和挡盐板安置的相关内容 1. 防寒 （1）管架式风障搭设要求及环保安全措施。钢管脚手架杆件应采用外径48mm、壁厚3.5mm的钢管，凡钢管表面有凹凸状、疵点裂纹、变形和扭曲等现象一律不准使用。每根钢管的两端切口须平直，严禁有斜口、毛口、卷口等现象。钢管还必须有出厂产品质量证明。扣件是专门用来对钢管脚手架杆件进行联接的，它有三种形式：①直角扣件：用于两管交叉呈90°联接，主要作大小横杆与立杆的联接之用。②回转扣件：也叫万向扣件，用于两管交叉任意角度联接，主要作斜杆接长、立杆双管互绑联接之用。③对接扣件：用于两	

（续）

<table>
<tr><th>类别</th><th>内容</th></tr>
<tr><td>防寒</td><td>管接长的对口联接，主要作立杆、大横杆、隔栅、防护栏杆接长之用。扣件应采用可锻铸铁，凡有变形、裂纹、砂眼等现象的扣件不得使用。脚手架的地基必须平整夯实，有排水措施，架体一经搭设，其地基即不准随意开挖。钢管脚手架立杆的底脚应采用钢管底座，底座应垂直稳放在厚度不小于5cm的垫木或垫板上，搭设高度在30cm以下时，垫木采用长2～2.5m、宽大于20cm、厚5～6cm的木板，脚手架主要由立杆、大横杆、支撑（即斜撑、剪刀撑、抛撑）组成。其主要杆件有立杆：又叫立柱、冲天柱、竖杆、站杆等；大横杆：又叫牵杠、顺水杆、纵向水平杆等；斜撑；剪刀撑：又叫十字撑、十字盖；抛撑：又叫支撑、压栏子等；扫地杆：又叫底脚横杆；扣件式钢管脚手架。搭设时，相邻立杆的接头要错开，并布置在不同步距内，其接头距大横杆的距离不应大于步距地1/3。立杆的垂直偏差，架高30m以下不大于架高的1/200；立杆间距，纵向$H \leqslant 1.8 \sim 2.0$m，横向1.2～1.5mn立杆与大横杆要用直角扣件扣紧，不能隔步设置或遗漏。剪刀撑：当架高在30m以下时，要在两端设置，中间每隔12～15m设一道，且剪刀撑应联系3～4根立杆，与地面的夹角呈45°～60°；所有剪刀撑应沿架高连续设置，并在相邻两道剪刀撑之间，沿竖向每隔10～15m高加设一组剪刀撑，并要将各道剪刀撑联接成整体，剪刀撑的两端除用旋转扣件与脚手架的立杆或大横杆扣紧外，中间还要增加2～4个扣接点，与之相交的立杆或大横杆扣紧。立杆基础处理应牢固可靠，垫木应铺设平稳，不能悬空。碗扣式钢管脚手架：碗扣接头是由上、下碗扣和限位销直接焊在立杆向上滑动，待把横杆接头插入下碗扣圆槽内（可同时插四根横杆），随后将上碗扣沿限位销滑下，用锤子沿顺时针方向敲击几下扣紧横杆接头，如下图。它的主要构配件有立杆、顶杆、横杆、斜杆和支座五种。验收的具体内容为：架子的布置；立杆、大、小横杆间距；架子的搭设和组装；架子的安全防护，安全保险装置必须有效，扣件和绑扎拧紧程度应符合规定；脚手架基础处理、作法、埋深必须正确和安全可靠
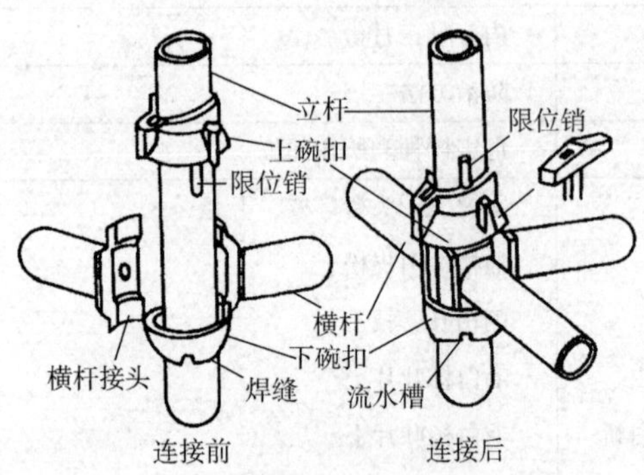

碗扣接头
（2）棚架式风障搭设要求及环保安全措施：参照管架式风障的内容
（3）缠裹式风障搭设要求及环保安全措施：参照管架式风障的内容
2. 防盐害
在行道树快慢车分车带的绿地四边和靠行车道、人行道一侧的绿地边缘设置挡盐板，防止融雪剂流入和溅入绿地内。挡盐板的安置方法类似于风障的安置方法，其他要求也与搭风障的要求基本一样。主要区别在挡盐板回收后一定要将其擦洗干净，防止锈蚀和把融雪剂遗落在绿地内</td></tr>
</table>

27.4 冬季养护月历

12月及次年1月、2月份。天气寒冷，树木处于休眠期（植物休眠期：植物体或其器官在发育过程中，生长和代谢出现暂时停顿的时期)。

27.4.1　十二月

十二月养护月历见表 27-10。

表 27-10　十二月园林植物养护

类别	内容
气温	平均气温 -2.8℃，极端最高气温 13.9℃，极端最低气温 -18.3℃；地温 -3.7℃，相对湿度 50%，降水量 1.6mm
防治病虫害	主要措施：挖蛹、刮刷介壳虫、刮刷虫卵块、清除残叶 1. 刮刷介壳虫 (1) 防治对象：桑白盾蚧。它危害的主要树种有：国槐、千头椿、核桃、樱花、悬铃木、银杏、杨柳、白蜡、柿、槭属、合欢、连翘、丁香、木槿、玫瑰、榆、女贞、黄杨等 (2) 防治对象日本长白蚧。它危害的主要树种有：杨、丁香、苹果、槭属、榆、黄刺玫、槐、柿、核桃、柳、红叶李、樱花等 (3) 防治方法：刮或刷除树枝、树干的虫体或结合修剪剪除被害枝条，集中烧毁，喷 3～5 波美度石硫合剂，杀灭越冬蚧体 2. 刮刷虫卵块 (1) 防治对象：舞毒蛾。它危害的主要树种有：杨、柳、核桃、柿、榆、苹果等。防治方法：刮刷树枝、树干上及附近建筑物上的黄色卵块 (2) 防治对象：双齿绿刺蛾（褐锈刺蛾）。它危害的主要树种有：核桃、杨、柳、柿、丁香、樱花、西府海棠等。防治方法：刮刷树枝、树干上的虫茧 (3) 防治对象：桑褶翅尺蛾（桑刺尺蠖）。它危害的主要树种有：桑、杨、槐树、刺槐、白蜡、核桃、榆、栾、柳等。防治方法：刮刷树干基部过冬虫茧 3. 修剪剪掉黄刺玫、玫瑰等树上的天幕毛虫的卵块，剪掉槐、柳、杨及花灌木上的蛀枝害虫、介壳虫 4. 清除残叶清除毛白杨、加杨、柳、月季、玫瑰、菊花、芍药等树木、花卉的病落叶，消灭病原菌；清除槐、椿、柳等树木附近的砖石堆、渣土、垃圾等，抹死树木附近的建筑物破墙缝，消灭日本履绵蚧过冬卵 5. 人工刮刷病虫质量标准 (1) 刮除时应不损伤树干内皮或过多损伤树体（桃树不能刮，以免流胶） (2) 刮除要干净，刮下的虫体、病斑要及时收集烧毁 (3) 刮除病斑伤口处，要进行消毒，然后涂抹保护剂 6. 使用工具开刀、铜丝刷、梯、剪枝剪、手锯 7. 操作流程 上树刮刷虫的流程： 观察虫情部位 → 支梯 → 上树 → 刮除／刷除／剪除 → 涂消毒剂或保护剂 → 下树 → 撤梯 → 集中销毁虫病残体 支梯刮刷虫的流程： 观察虫情部位 → 支梯 → 刮除／刷除／剪除 → 涂消毒剂或保护剂 → 下树 → 撤梯 → 集中销毁虫病残体

（续）

类别	内容
环保安全措施（包括植物和施工人员的安全）	（1）不要使用尖利锋锐的刀具 （2）不要使用钢丝或铁丝刷，以防止刮伤植物表皮 （3）确认所有修剪工具都很锋利，每个需切割位置都会修剪得很干净。刷除细支部分时要将铜丝刷与竹竿捆绑结实，以防止铜丝刷作业时脱落 （4）保持修剪工具的清洁。用完后，把所有的表面擦干净并且弄干，然后涂上一层薄薄的油 （5）捡起并烧掉所有刮、刷、剪下来的病虫残体和枝条残叶 （6）剪除蔷薇科和那些带刺的枝或茎干锋利的植物时，最好戴厚手套 （7）上树时要身着工作服，手要戴手套，脚要穿防滑鞋，并系安全绳。安全绳的长度一般为9m。系安全绳要长短适中，既要有能够在树上移动的余量，同时拴结点距离地面短于一人身高的长度。太短了会限制上树人的活动范围，太长了失足堕落时起不到防护的作用 （8）使用锯、剪时一定不要大意，它们可能把你的手指连同嫩枝一起切掉 （9）支架梯子一定有专人看护，防止梯子滑动。人字梯一定要在两梯之间拴牢连接绳，以防梯子向两侧滑动。升降梯在攀登前一定要确认支架已完全弹出后才能攀爬。升降梯在滑动升降时手一定要扶在梯子的侧面 （10）有五级大风时停止作业 （11）禁止酒后上树作业
乔木整形修剪	乔木整形修剪是对树木的某些器官，如枝、芽、叶、花、果实及根等加以疏剪或短截。目的是为调节生长，促使开花结果和用剪、锯、捆扎、扭曲、弯别等手段，使树木生长成原设计的特定形状 1. 整形修剪的原则 （1）根据树木在园景中的应用目的而确定，如规则式或自然式 （2）根据树种的品种特性，即“以树为师”的原则 （3）根据树木的生长环境、生长状态而确定，如树木与周边的位置关系、树木自身生长势的强弱等 2. 修剪的时机在修剪中要准确掌握修剪的时机，要根据树种的不同耐寒能力和树种树液在不同季节的多寡性，统筹安排修剪的树种和修剪的时间。冬季修剪的次序要先安排耐寒树种，后修一般耐寒树种，最后进入2月底3月上旬再修耐寒性稍差的树种。由于近几年来的季节变化的延迟和“暖冬”现象的出现，树木的修剪时间和次序的安排也要相应的进行变动。目前，12月份修剪的树种中有伤流的有：栾树、元宝枫、核桃、榆树、松柏类、白桦、茶条槭。以上树种要在12月上中旬进行修剪。其他耐寒的乔木树种主要有国槐、银杏、白蜡、千头椿、垂柳、立柳、西府海棠、新疆杨、樱花、杜仲、龙爪槐、加杨、柿子、枣、臭椿、山桃、卫矛、车梁木，可在12月份进行修剪 3. 修剪的基本方法 （1）疏枝：又称疏剪。疏枝的对象是细弱枝、过密枝、重叠枝、交叉枝等。疏枝可使枝条分布均匀，扩大空间，改善通风透光条件，保持树冠下部不空脱，更利于花芽分化。进行疏除大型轮生枝（卡脖枝）时要逐年进行 （2）短截：分以下几种：①轻短截：剪去枝条顶梢，即剪去枝条长度的1/5～1/4。适用于花果树强枝修剪，如西府海棠强壮树上生长旺盛枝条采取轻短截，刺激下部多数叶芽萌发，形成短枝，次年开花，分散枝条养分，缓和树势。②中短截：剪到枝条中部饱满叶芽处，即剪去枝条长度1/3～1/2。③重短截：剪到枝条下部饱满叶芽处，即剪去枝条长度2/3～3/4，剪口叶芽偏弱，刺激后生长1～2个壮枝，适用老树、弱枝复壮的更新修剪 （3）去蘖：是去除植株各部附近的根蘖苗或树干上萌蘖的措施，要在蘖条未木质化时徒手去蘖。根蘖要贴地表剪去，不留木桩。新植抹头槐树所生新枝，应分两次去除。第一次适当多留几枝，防止风吹折断。第二次定型修剪，选择方向、位置、角度适宜的枝条留下，剪去多余萌蘖

（续）

<table>
<tr><th>类别</th><th>内容</th></tr>
<tr><td>乔木整形修剪</td><td>
（4）锯大枝：对于粗大的枝条，进行短截或疏枝，多用锯进行。锯大枝时要求锯口平齐，不劈不裂。在锯除粗大的树枝时，为避免锯口处劈裂，可先在确定锯口位置的地方，在枝下方向上先锯一切口，深度为树枝粗度的 1/5 ~ 1/3（枝干越呈水平方向，切口就越应深些），然后再在锯口上向下锯断，可防劈裂。也可分两次锯，先在确定锯口处，向前 15 ~ 30cm 处，按上法锯断；然后在确定锯口处下锯。修平锯口，并涂上防腐剂
（5）回缩：在回缩多年生大枝时，除极弱枝外，一般都会引起徒走长枝的萌生。为防止大量发生，可先重短截，削弱其长势后，再回缩，同时剪口下留角度大的弱枝当头，有助于生长势的缓和。生长季节随时抹掉枝背发生的芽，均可缓和其长势，减少徒长枝的发生
4. 高大乔木的修剪应按照由上向下、由外向内的顺序进行修剪
5. 修剪程序及工序树木修剪程序概括为：一知、二看、三剪、四拿、五处理、六保护
（1）一知：坚持上岗前年年培训，使每个修剪人员知道修剪操作规程、规范及每次（年）修剪的目的和特殊要求。包括每一种树木的生长习性、开花习性、结果习性、树势强弱、树龄大小、周围生长环境、树木生长位置（行道、庭荫等）、花芽多少等都在动手修剪前讲清楚、看明白，然后再进行操作
（2）二看：修剪前，先观树木，从上到下，从里到外，四周都要观察，根据对树木“一知”情况，再看上一年修剪后新生枝生长强弱、多少，决定今年修剪时，留哪些枝条，决定采用短截还是疏枝，是轻度还是重度，做到心中有数后，再上树进行修剪操作
（3）三剪：根据因地制宜、因树修剪的原则，应用疏枝、短截两种基本修剪方法或其他辅助修剪方法进行修剪操作
（4）四拿：修剪下的枝条及时集中运走，保证环境整洁
（5）五处理：枝条要求及时处理，如烧毁、粉碎、深埋等，防止病虫蔓延
（6）六保护：疏除靠近树干大枝时，要保护皮脊（主枝靠近树干粗糙有皱纹的膨大部分），在皮脊前下锯，伤口小、愈合快。锯口涂抹保护剂
（7）工序：
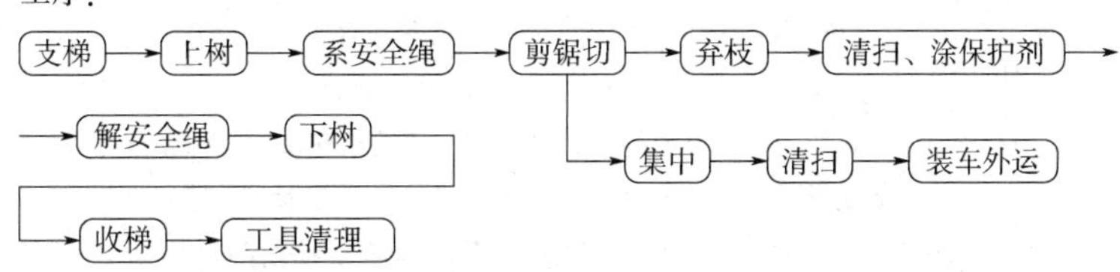

6. 树木修剪的工具有：链锯、剪枝剪、高枝锯（剪）、手锯、修枝刀。辅助工具有：梯子、安全绳
（1）链锯：链锯有电动和燃油两种动力方式，燃油式链锯，也叫油锯
（2）剪枝剪的使用方法：一般常用的剪枝剪为普通型剪枝剪，也称为鹦鹉型或交叉型。与剪刀的动作差不多，当一叶片通过另一片时，则进行切割。大多数剪枝剪是为惯用右手设计的，但也有适合用于惯用左手的剪枝剪，而使“左撇子”修剪成为更加容易和舒适的工作（示意图见下页）。剪枝剪必须是锋利的，以便能够轻松和正常地使用。剪枝剪一般只能切割 3cm 以下的枝条。另外有一种长柄的剪枝剪可剪掉 5cm 以下的枝条，但在树上使用起来不甚方便
（3）高枝剪（锯）使用方法：高枝剪（锯）一般是用在对较高树木外层枝条进行切割的一种工具，是将剪或锯的头部安装在可不断连接延长的一根轻金属杆上，剪头用拉绳控制开合以切割树枝。切记不要切割超过 3cm 以上的枝条，需切割 3cm 以上的枝条时，需剪头换上锯头进行锯切。如需切割 5cm 以上的枝条时需按切割大枝的方法分段切割
</td></tr>
</table>

（续）

类别	内容
乔木整形修剪	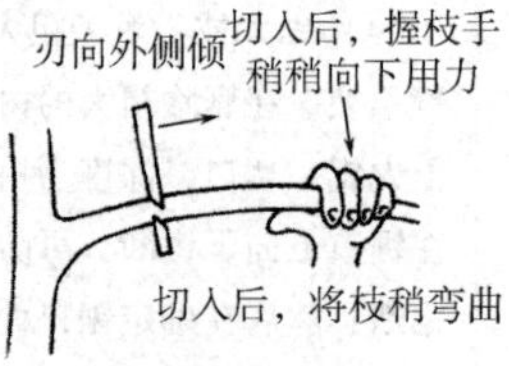 刃向外侧倾 切入后，握枝手稍稍向下用力 切入后，将枝稍弯曲 剪刀与手的配合 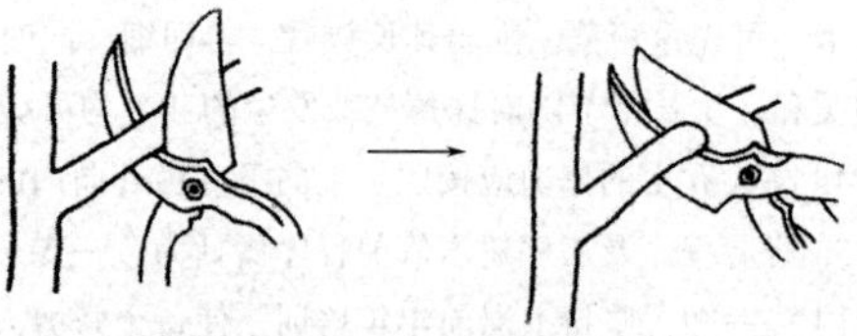 粗1cm以上小枝，用力稍稍转动刀刃 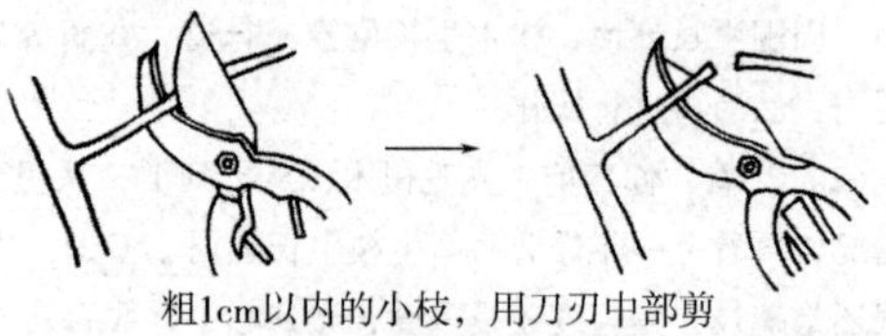 粗1cm以内的小枝，用刀刃中部剪 剪枝剪使用示意图 （4）修枝锯使用方法：修枝锯也叫手锯，有直柄固定式和折叠式两种。修枝锯使用时用力的方向与木工锯的用力方向相反，是先向前切、后向后割，往返运动，直至锯断树枝。锯大枝时需按切割大枝的方法分段切割。修枝锯必须是锋利的，手柄必须干燥、清洁。修枝锯使用完毕后要将锯片擦干净并抹上一层薄薄的油 7. 修剪工艺 （1）剪口芽的选择及操作：修剪各级骨干枝的延长枝时，应注意选择健壮的叶芽。短截枝条剪口应选在叶芽上方0.3～0.5cm处，剪口应稍斜向背芽的一面。剪口芽的正确的剪法是：剪口斜切面与芽方向相反，其上端与芽端相齐，下端与芽腰部齐，剪口面不大，利于水分养分对芽疏导，剪口芽不会干枯，能很快愈合，芽也会抽梢良好 （2）剪口芽的方向的选择：芽的位置是引领伸长枝生长的方向。根据树冠整形要求和实际环境条件，决定留哪个方向的芽。一般是垂直生长的干，短截留芽应与上一年的方向相反，保证延长枝不偏离主轴，侧方斜生枝剪口芽留外侧或树冠空疏处的芽。水平生长的枝，短截时应选留向上生长的芽 （3）疏枝的位置选择：落叶乔木疏枝剪口应与树干平齐不留桩，流胶、流油的树种如松类、山桃等疏枝应留3～5cm的桩，便于伤口愈合。灌丛型花灌木如黄刺玫、蔷薇、珍珠梅疏枝剪口应尽可能与地面平齐 （4）伤口的保护措施：细小枝条因伤口小、愈合封口较快，病害侵染机会少，可不做处理。较大伤口的处理，要用快刀修平，不使伤口有毛糙的锯茬。大树枝和树液多的树木在修剪后，伤口容易腐烂，应先以2%～5%的硫酸铜溶液或0.1%的升汞水溶液进行截口消毒，然后涂上防腐剂将伤口封闭，以防雨水、病菌侵入及烈日暴晒而影响剪口愈合，截切时须注意不要伤及相邻保留的枝芽。伤口保护常用油漆代替，不科学合理。现介绍两种配方供参考：①一般常用保护剂：用动物油1份、松香0.7份、蜂蜡0.5份，加热熔化拌均匀。②松香清油合剂：松香、清油各一份。先将清油加热至沸，再将松香粉加入搅拌即可

（续）

类别	内容
乔木整形修剪	8. 安全措施 （1）作业人员自身安全防范：①作业人员按规定穿好工作服、工作鞋，戴好安全帽、防护眼镜，系好安全绳等。剪枝剪和修枝锯要佩带安全。②操作时精力集中，不许打闹谈笑，上树前不许饮酒。③身体条件差、患有高血压及心脏病者，不准上树。④按规范要求操作，如攀树动作、大树作业修剪程序等要由老带新培养技能 （2）组织管理安全措施：①安全组织完善：设安全质量检查员、技术指导员、交通疏导员。②现场组织严密：工具材料，机械设备，园林垃圾，施工区、道路安全区等安排有序。③调度指挥合理：五级以上大风不可上树，停止作业。截除大枝要由有经验的老工人统一指挥操作。多人同在一树上修剪时，注意协作，避免误伤同伴。公园及路树修剪，要有专人维护现场，树上树下相互配合，防止砸伤行人和过往车辆。在高压线附近作业，要特别注意安全，避免触电，需要时请供电部门配合。路树修剪应和交管人员协作，设定禁行安全标志。要有交通疏导员配合作业 （3）机械及工具安全：①保证工具、器具、机械的完好率。如升降机、油锯等事先进行全面检查和维护保养。②工具使用安全规范：梯子必须牢固，要立得稳，单面梯将上部横档与树身靠牢，人字梯中腰拴连接绳，角度开张适当。上树后作业前要系好安全绳，手锯绳套拴在手腕上。修剪工具要坚固耐用，防止误伤或影响工作。使用高车修剪，要支放平稳，操作过程中，听从专人指挥
打雪、堆雪	1. 打雪 （1）要求：根据降雪情况及时组织打雪和堆雪工作。降雪并伴随湿度大、降温幅度大时，一般未落叶的落叶树种、常绿树种、竹类和绿篱类均需进行打雪工作。降雪并伴随湿度大、降温不明显时，竹类常绿树种均需进行打雪工作。降雪但湿度不大、降温不明显时，竹类、常绿树种中雪松、桧柏球类均需进行打雪工作。以上情况均指降雪较大时的工作。如降雪量不大，或遇降雪随化时，可不进行打雪工作 （2）使用工具：各种长度的竹竿、扫帚、推雪板、平锹 （3）工序：观察雪情→击打→堆积→清扫 （4）安全措施：施工人员戴手套、穿雪地防滑鞋，并头戴安全帽，身着防寒服。竹竿长度及粗度适合施工人员的把握力。配备看护人员照顾过往行人及车辆的安全，防止落雪碰到行人及车辆。严禁用落雪打闹嬉笑 2. 堆雪 堆雪是将无融雪剂和其他污染的降雪堆积到植物根部的措施 （1）使用工具：推雪板、平锹、扫帚 （2）工序：确定堆积点→推雪→清扫 （3）安全措施：严禁用落雪打闹嬉笑。施工人员戴手套，穿雪地防滑鞋，身着防寒服。堆雪时要注意过往行人及车辆

27.4.2　一月

一月养护月历见表 27-11。

表 27-11　一月园林植物养护

类别	内容
气温	平均气温 -4.7℃，极端最高气温 10.7℃；极端最低气温 -22.8℃，地温 -5.5℃，相对湿度 44%，降水量 2.6mm

（续）

类别	内容
防治病虫害	1. 打槐豆主要措施是打掉国槐树上的槐豆并进行处理 （1）防治对象：国槐小卷蛾（国槐叶柄小蛾、槐小蛾），它危害的主要树种有：国槐、龙爪槐、蝴蝶槐 （2）防治方法：用竹竿将国槐枝条上的种子击打落地，清扫集中并销毁 （3）质量标准：树下、树上结合击打；击打干净；及时清扫，并将粘在地面的种子一并清除 （4）操作流程：树上、树下击打→清扫集中→销毁 （5）环保安全措施：设专人疏导行人车辆。上树人员着防寒服、戴手套、穿防滑鞋、系安全带。安全带系法同刷虫的措施。及时清理粘在鞋底上和地面的种子，以防滑倒。分段施工，及时清理场地 2. 其他防治项目同十二月防治病虫害的内容
修剪	（内容同十二月份）
清雪	（内容同十二月份）
预防	清理融雪剂，检查、修复、加固风障
清理卫生	清理绿地卫生，及时摘除树挂
补水	视天气情况进行绿地补水，尤其是“元旦、春节期间”

27.4.3　二月

二月养护月历见表27-12。

表27-12　二月园林植物养护

类别	内容
气温	平均气温 -2.3℃，极端最高气温18.5℃，极端最低气温 -27.4℃，地温 -2℃，相对湿度49%，降水量7.7mm
草坪及宿根花卉补水	（1）补水浇灌方式以漫灌为主，已产生径流时即可停止灌溉 （2）补水期间正值冬季，要注意防止灌溉时水溢出灌溉范围，导致结冰，产生滑跌现象 （3）每天补水结束时要将管道内的存水做回水处理。防止管道及设备冻损。温度过低时用水车补水。桧柏等常绿树可进行喷水 （4）补水期间要与检修灌溉设备同时进行，为春水浇灌做好准备。检查内容包括喷头的完好状态、取水阀的完整状态、控制阀的关启状态、回水阀的完整状态、管道的损毁情况及各类井盖的保存状态。检查完毕后一定要做好管道及设备的回水处理
防治病虫害	1. 防治对象：日本履绵蚧（草鞋蚧） （1）危害的主要树种：柳、槐、白蜡、臭椿、柿、樱花、玉兰、黄刺玫、月季 （2）防治方法：在树干1m左右绑缚20cm塑料环。在树干1m以下扑撒25%西维因可湿性粉剂药环 （3）质量要求：塑料环黏结要完全闭合，并要黏结牢固。扑撒粉剂时要围绕树干均匀扑打，不得遗留空白 （4）环保安全措施：要身着工作服，戴手套，面戴口罩。防止药物遗撒在非树干区。四级风（含）以上不得扑撒。施工完毕，清洗服装、手套、口罩。冲洗身体暴露部位。黏结塑料环，外表光滑，不得有褶皱 2. 防治对象：油松毛虫 （1）危害的主要树种：油松、樟子松 （2）防治方法：在树干1m左右绑缚宽20cm的塑料环 （3）质量要求：环保及安全措施同防止草鞋蚧的标准 3. 挖蛹、刷虫（同十二月份） 4. 清除残枝落叶（同十二月份）

（续）

类别	内容
修剪	（同十二月份）
清雪	（同十二月份）
加固	清理融雪剂，检查、修复、加固风障
教育	民工陆续回来，进行上岗证书和安全教育
防水	节日期间防火
除草	草坪清除枯草 （1）使用工具竹耙、扫帚、平锹 （2）操作要求 ①将草坪分条逐块搂除枯草层 ②将枯草集中，装入垃圾袋，装车进行无害化处理 （3）质量要求 ①枯草要搂净 ②清扫干净不遗落 （4）环保措施四级风（含）以上不得施工
草坪施返青肥	标准及要求见本书“草坪养护管理”中的有关内容

27.5　草坪养护月历

草坪养护月历见表 27-13。

表 27-13　草坪养护月历

时间	内容
1 月	1. 坪地保护：草坪地已冻结，严禁游人进入过分踩踏 2. 抗旱灌水：华北地区冬季多大风，且降水量少。土壤过于干旱，是造成草坪草死亡的重要原因。一般草坪 70% 的根系分布在地表下 8 ~ 10cm 处，最深可达 15cm 左右，新播草坪根系则更浅。因此，在长期干旱无降水的冬季，应对 10 月份新播草坪、草坪铺栽过晚及土壤表层干土层达到 5cm 的坪地，适时补灌一次水。一般可在下旬，选温暖天气的中午进行
2 月	1. 补灌冻水：当土壤干旱时，1 月份未能补灌冻水的，需在惊蛰前大地尚未解冻时，增加一次春灌 2. 剪草：月底对小环境内绿地中开始返青的草坪，适当进行一次低修剪，留茬高度控制在 2 ~ 3cm 3. 疏草：草坪低修剪后，用钉耙对老草坪进行疏草，耧除坪地内过厚的草垫层，将枯草层控制在不超过 1cm 厚度为宜。以利增加草坪的透气、透水性，促进根系分蘖，提早返青。同时可以起到更新复壮、延长草坪寿命的作用 4. 施肥：草坪返青前，均匀撒施腐熟粉碎有机肥，80 ~ 120g/m^2，或磷酸二氢铵 10g/m^2、尿素 10g/m^2 混合撒施。施肥后及时浇灌返青水 5. 浇灌返青水：月底至 3 月初，开始浇灌返青水。灌水是促进草坪返青的必要措施，因此返青水必须灌足灌透，做到灌水均匀、不跑水、不积水，土壤层应湿达 15 ~ 20cm。坡地是土壤干旱最严重的地区，灌水时可将水管置于坡顶，小水慢灌，防止水量急速流失，而水却灌不到位。灌水后需检查土壤湿润深度，未灌透处应行补灌 6. 病虫防治：草坪低修剪后，普遍喷洒波尔多液或 800 倍石硫合剂，以利杀死越冬病原菌及虫、卵等，有利于减少当年病虫害的发生

（续）

时间	内容
3月	1. 修剪：草坪开始进入返青期，对绿地草坪普遍进行一次低修剪，留茬高度同2月份 2. 打孔：对草坪致密和踩踏板结严重地段及3年生以上的草坪，使用草坪专用打孔机、手提式土钻或钢叉进行打孔松土，土壤太干或太湿时不宜打孔。打孔时叉头应垂直叉入，每 m^2 刺孔50～70个，孔径2cm，打孔深度8～10cm。打孔应与施肥、覆沙、浇水相结合进行。也可使用滚齿筒（带钉滚耙） 3. 施肥：当气温达到15℃时，草坪普遍施一次返青肥。施肥量尿素 $10g/m^2$、磷酸二氢铵 $10～15g/m^2$，混合施用为宜。踩踏过的草坪，应施复合肥 $20～30g/m^2$。如施用腐熟粉碎的有机肥，施肥量 $50～150g/m^2$。肥要撒施均匀，防止出现草墩或斑秃，施肥后及时灌一遍水 4. 覆沙：草坪开始进入返青期，应全面检查草坪土壤平整状况，对地面出现坑洼不平的地块及进行打孔作业的坪地覆沙、撒肥土，覆沙厚度不得超过0.5cm 5. 滚压：早春土壤刚解冻时，土壤含水量适中，此时是滚压的最佳时期。适时对草坪进行一次滚压，可以使松动的草根茎与土壤紧密结合，同时又能提高草坪的平整度 6. 灌水：本月气温不高，可10～15d灌水一次。正值土壤返盐季节，严防小水斗弄，土壤湿润深度以10～12cm为宜 7. 草坪修补准备工作：检查草坪受损情况，对斑秃较严重地块及质量较差的草坪地，做好补播、补栽的准备。除去残留草坪草，土壤经消毒后，施肥、平整好土地，准备对草坪进行补播、补栽 8. 清理枯黄草叶：清理麦冬草基部的枯黄草叶，有利于新叶生长 9. 病虫防治：本月下旬地老虎越冬幼虫开始活动危害，可撒施5%辛硫磷颗粒剂防治
4月	1. 检修机械：上旬检查草坪修剪机械，做好机械的维修和保养工作，以备修剪使用 2. 剪草：①中旬，草坪已完全返青，待草坪草生长高度超过10～12cm时，开始对草坪进行第一次修剪。早熟禾草坪的修剪，应比高羊茅与黑麦草混播草坪修剪时间稍晚。一般留茬高度为4～6cm，以使草坪保持低矮致密。②坪草开始进入旺盛生长期，本月冷季型草坪可半月修剪一次。足球场草坪每周修剪1次，避免在早晨有露水时和雨后草叶未干时进行。③对于生长过高的草坪，不可一次修剪到位，每次修剪应遵循1/3原则，要求无漏剪。树坛、花坛边缘修剪到位，草面平整，草坪边缘线条清晰、平顺自然 3. 灌水：春季为冷季型草旺盛生长期，应保证水分供应。灌水需做到见湿见干。灌水次数：一般10～15d灌水一次。灌水深度以土壤湿润10～12cm为宜 4. 清除杂草：及时拔除坪地内的车前草、毛叶地黄、蒲公英等阔叶杂草。本月除草2次，广场等主要观赏地段，需每10d左右集中拔除杂草1次，确保杂草率低于1% 5. 草坪铺栽：本月可对新建草坪进行铺栽。铺栽后保持土壤湿润。随着草坪新根的生长，适当增加灌水量。灌水后，注意做好成品保护工作，指派专人看管，严禁闲杂人员及施工人员随意进入草坪内践踏。斑秃地块可用草块进行修补 6. 草坪播种：①中旬开始，冷季型草可行播种建坪或补播工作。对践踏或病虫危害造成较大面积缺损的草坪，也可以采取播种修补。②播种后的一周时间内，每天喷水保持地面湿润，严禁地表缺水发生土面干裂现象 7. 施肥：对色泽、生长欠佳的草坪，增施1次氮肥，促进草坪正常生长 8. 坪地保护：大部分草坪已经返青，应防止过度践踏草坪 9. 病虫防治：①有锈病、褐斑病、白三叶白粉病发生，在草叶干燥时，交替喷洒粉锈宁、甲基托布津防治，历年发病严重的地块，应连续三次喷药防治。②4月中下旬，华北蝼蛄越冬成虫开始活动危害，严重时可设置黑光灯诱杀成虫
5月	1. 草坪播种：一般冷季型草坪的春播工作，在5月20日前结束。本月中旬可进行暖季型草的播种工作。结缕草最佳的播种时间为5至6月份 2. 清除杂草：人工拔除绿地内杂草，杂草较多时应使用除草剂灭除。已成坪绿地杂草，应根据坪草和杂草种类，使用选择性除草剂进行除治。有大量阔叶杂草出现时，对杂草集中地段，可喷洒2，4-D丁酯、阔叶净、扑草净等除草剂防除

（续）

时间	内容
5月	3. 灌水：草坪进入旺盛生长时期，干旱缺雨地区需保证水分供应。灌水要见湿见干，不可频繁灌水。新铺草坪，喷水以土壤湿润5cm为宜 4. 剪草：①新植草坪草生长至6～8cm高度时，可进行第一次修剪；野牛草进行全年第一次修剪。②进入草坪旺盛生长时期，应增加草坪修剪次数，一般10d修剪一次。草坪留茬高度4～6cm。③失剪的草坪，按照“三分之一”的修剪原则，切忌一次修剪到要求高度。④中下旬早熟禾进入抽穗生长阶段，及时剪草，防止结籽。⑤面积较大的冷季型观赏草坪，可使用植物生长调节剂，如茎叶喷施矮壮素，或土施多效唑等，抑制草坪草的高生长 5. 施肥：①上旬结合灌水，适当追施磷酸二铵等氮肥，以促进草坪旺盛生长。施肥量15～20g/m^2。中、下旬气温升高，草坪病害易发生，喷洒0.3%硫铵，可提高其抗病能力。②野牛草全年首次施肥，尿素10g/m^2。肥应撒施均匀，避免叶面潮湿时撒施，施肥后必须及时灌水 6. 疏草：待枯草层厚度超过1.5cm时，应在剪草后用竹耙连同草屑一起进行清理，清理时需呈十字交叉方向自地面耧除 7. 拔除杂草：杂草生长旺盛期，本月需除杂草三次，应连根拔除坪地内杂草，保证杂草率不超过5%；本月中、下旬菟丝子种子开始萌发缠绕寄主植物，一旦发生很难除治。在菟丝子幼苗期必须人工彻底拔除 8. 病虫防治：①蛴螬和小地老虎幼虫危害期，抓住1～3龄幼虫最佳药剂防治时期，用毒饵诱杀，或喷施50%辛硫磷防治。②本月已有锈病、白粉病、褐斑病发生，淡剑夜蛾幼虫、草地螟成虫、黏虫开始活动，应加强巡视检查，及时防治。适时修剪草坪，减少病菌基数。在锈孢子扩散前及时喷洒杀菌剂防治，控制病害扩散
6月	1. 剪草：草坪逐渐进入夏季养护阶段，草坪修剪次数越多，留茬越低，病害发生越严重。故应适当减少修剪次数，15d左右剪草一次，每次剪草后要及时喷洒杀菌剂，防止病菌感染，控制病害发生 2. 修整草边：观赏性草坪，从本月起宜每月修整草边一次，全年可修整3～4次。使用锋利的月牙铲或薄型平板铲，将不整齐的草坪边缘及蔓延至树坛、花坛内和路缘石之外的乱草剪切整齐 3. 灌水：①草坪干旱时应及时补水，地表干层不应超过5cm。②灌水、喷水均应避开高温时间，宜在上午10时以前、下午3时以后进行。③新铺草坪及修剪草坪24h内必须灌一遍透水 4. 拔除杂草：杂草旺盛生长期，一般绿地集中除草3次，观赏草坪需拔草4次，应连根拔除，拔除的杂草必须及时清离现场 5. 施肥：进入夏季，冷季型草生长缓慢，尽量不施用氮肥。可施以钾肥为主的复合肥，10～15g/m^2，施肥应结合灌水。新播草坪出苗后30d左右，需进行追肥，以提高成坪速度 6. 播种：暖季型草播种适宜时期，结缕草播种建植宜于下旬结束 7. 排涝：进入雨季，应做好排涝准备。大雨过后，坪地低洼处必须在12h内排除积水 8. 病虫防治：本月是褐斑病、腐霉枯萎病、黏虫、地老虎、金龟子发生危害期，应加强防治。①注意防治白粉病、锈病、褐斑病、腐霉枯萎病等，高温季节草坪灌水应见湿见干，避免频繁浅层灌水，尽量降低田间湿度，避免草坪留茬过低。②黏虫、淡剑夜蛾、斜纹夜蛾、草地螟幼虫危害期，注意抓紧防治。③坪地内发现大量蚂蚁、蚯蚓拱掘土壤时，要及时寻找蚁穴，浇灌敌百虫药液毒杀。④地老虎发生时，根施辛硫磷，3～4d后清除危害处的枯草，补施尿素液，草坪草可逐渐恢复生长
7月	1. 清除杂草：①本月是杂草迅速繁殖的季节，应注意加强草坪特别是冷季型草坪的养护。及时拔除坪地内的恶性杂草，防止杂草大量蔓延。草坪地内杂草不多时，可人工拔除，杂草过多时，应喷洒除草剂防除。②人工连根拔除绿地内构树、杨树、火炬树、凌霄、刺槐等滋生根蘖及自然播种的臭椿、榆树、曼陀罗、苍耳等幼苗 2. 剪草：①夏季应减少草坪修剪次数，并适当提高留茬高度，以增强草坪草抗性。②对于失剪草坪修剪时，必须按照1/3的原则，以免造成草坪长势衰弱甚至死亡。③新播草坪草长至7～8cm时，开始进行第一次修剪，以促其分蘖和保持良好的观赏性。④上旬对玉带草进行一次修剪，留茬高度10cm，修剪后施肥，以促发健壮的新株。⑤野牛草进行第二次修剪。⑥本月需剪修草边一次。⑦面积较大的暖季型草坪，旺盛生长期可喷施植物生长调节剂，如矮壮素等，抑制草坪草的高生长，减少剪草次数

（续）

时间	内容
7月	3. 灌水、排水：①进入多雨时节，应严格控制灌水，掌握不旱不灌、灌则灌透原则，尤其是不能频繁浇灌浅层水，这种灌水方式在高温、高湿条件下更有利于病害的发生。②病害易发生季节，草坪宜在上午10点前、下午3～6点灌水，尽量避免中午和傍晚。③少雨干旱时，需及时补水。④大雨过后，应及时排除草坪内的积水 4. 施肥：在炎热的夏季冷季型草尽量不施肥，尤其不可施用氮肥。当严重缺肥时，可追施0.3%～0.5%磷酸二氢钾溶液 5. 除杂草：杂草大量发生季节，应每周集中拔除杂草一次。草坪中阔叶杂草较多时，可使用2，4-D丁酯或阔叶净等除草剂除治 6. 补植、补播：①清除斑秃地块草坪残草，做好草坪修补和补播工作。因草坪病害，造成斑秃地块的土壤，必须经杀菌消毒或更换栽植土后，再行栽植。②暖季型草种播种工作应在月底前基本结束 7. 病虫害防治：本月已进入高温多雨季节，是冷季型草坪病虫害多发季节，应给予高度重视，养护工作重点以控制和防治病虫害发生为主。①易发生的病害主要有白粉病、锈病、腐霉枯萎病、斑枯病、立枯病等。病害发生时，剪草后应对剪草机的刀片进行消毒处理，以防止病害蔓延，每次剪草后，及时喷洒粉锈宁、多菌灵、甲基托布津、代森锰锌、百菌清、三唑酮等，杀菌剂交替使用，可减少病害的发生和蔓延。②草坪追施硫铵，对褐斑病的发生能够起到一定的抑制作用。③仍有虫害发生，如斜纹夜蛾二代幼虫、淡剑夜蛾幼虫危害期，黏虫幼虫严重危害期，抓紧喷药防治。④彻底消灭菟丝子
8月	1. 播种：本月初暖季型草种播种工作全部结束，20号以后可以开始冷季型草坪播种建植和补播工作 2. 补植：继续斑秃地块草坪的补植工作。对生长旺盛的草坪进行打孔、疏草作业 3. 施肥：①本月底可施用磷酸二铵或少量硫酸铵。对生长势较弱和进入缓长期的草坪喷施0.1%～0.5%磷酸二氢钾。②野牛草作全年最后1次施肥，尿素施入量$10g/m^2$ 4. 本月草坪修剪、灌水、排水、清除杂草等养护工作，同7月份 5. 打孔、疏草：对生长过旺及践踏板结的地块的草坪，使用打孔机或钢叉进行打孔，疏草作业，深度为8～10cm。打孔后撒一薄层细土进行覆盖，并用扫帚将草叶上的土扫掉。保证草坪通风透气，减少病害的发生 6. 病虫防治：①本月仍为草坪病害多发季节，注意喷药防治白粉病、锈病、腐霉枯萎病、灰霉病、褐斑病、斑枯病、立枯病等。②淡剑夜蛾、斜纹夜蛾、草地螟、黏虫、金龟子幼虫危害期，抓紧喷药防治。③菟丝子开花结籽，彻底适时清除。④注意防治小地老虎等地下害虫
9月	1. 草坪补播、补栽：草坪病害基本不再蔓延，应抓紧对严重生长不良及斑秃地块枯黄残草的清理，土壤经杀菌剂消毒后，适时进行补播或补栽 2. 草坪建植：本月是建植黑麦草、早熟禾等冷季型草坪的最佳时期，本项工作应在9月底前基本完成，播后需保证新建草坪水分的供应 3. 分栽：剪股颖草坪分栽应于下旬结束 4. 施肥：草坪施肥应以磷肥为主，以促进根系的发育，增强其抗病及越冬能力。①中旬，对暖季型草作全年最后一次施肥，施肥量$15\sim20g/m^2$，可将磷酸二铵、尿素单独或混合施用。为避免草叶发生灼伤，应在坪草相对干时进行撒施，施肥后应立即灌浅水。②下旬冷季型草坪进行最后一次施肥，施肥量$15g/m^2$，磷酸二铵、尿素单独施用或混合施用。有利于延长草坪绿色生长期、安全越冬及来年增加分蘖 5. 剪草：①冷季型草进入旺盛生长时期，草坪修剪应10d左右一次，上旬野牛草作最后一次修剪。②中旬修整草边一次。③大型观赏性冷季型草坪，可使用多效唑类生长抑制剂，控制草坪高度 6. 清除枯草层：于本月中旬，使用钉耙清理坪地内垃圾、枯草层，刺激坪草分蘖和蔓延 7. 清除杂草：及时拔除坪地内杂草 8. 病虫防治：天气开始转凉，草坪害虫开始活跃，因此管理工作的重点应以防治虫害为主。①继续防治草地螟、华北蝼蛄、蛴螬、地老虎、黏虫、淡剑夜蛾、斜纹夜蛾幼虫、蚯蚓、菟丝子等。②本月仍有锈病、褐斑病、腐霉枯萎病发生，注意防治。③新播草坪9月上旬喷施一次0.1%～0.2%硫酸亚铁，防止立枯病的发生

（续）

时间	内容
10月	1. 草坪建植：本月仍可进行铺草块和植生带建植新草坪。冷季型草坪播种和修补工作，应于月初全部结束 2. 施肥：增施磷、钾肥，促进草坪健壮生长，有利延长绿色期，确保坪草安全越冬。冷季型草坪最后一次施肥工作，应于5日前全部结束 3. 剪草：①暖季型草应在本月中旬作最后一次修剪，留茬高度应适当提高，一般不低于8cm。②下旬冷季型草作最后一次修剪，留茬高度可控制在8～10cm，以利草坪草安全越冬。③进行全年最后一次草坪修边工作 4. 灌水：本月气温不高，水分蒸发量减少，草坪灌水次数应适当减少，可15～20d灌水一次。新建草坪根系较浅，应适时灌水 5. 病虫害防治：继续加强草坪虫害的防治工作。①小地老虎幼虫危害期。②继续防治白粉病、蜗牛等
11月	1. 铺草块：上旬仍可铺栽草块，一般容易成活和发根，可安全越冬 2. 追肥：播种较晚的草坪，在上、中旬喷施5‰磷酸二氢钾，可大大提高坪草的抗寒能力，以利安全越冬 3. 草坪修剪：本月上旬，在天气温暖、草坪草生长过高时，可适当增加一次剪草 4. 灌冻水：月底气温在0℃左右时，即为“夜冻日消，冬灌正好”。此时草坪开始灌封冻水，灌水深度应达15～20cm，新播或新铺草坪可湿润至10～12cm 5. 清除落叶：本月中旬开始，树木大量落叶，应及时清除坪地内的落叶，保持草坪的观赏效果 6. 病虫害防治：本月白三叶仍可见蜗牛危害，应注意防治 7. 园林机具检修、维护：草坪养护工作基本结束，月底对草坪机具进行检修和保养，入库封存，以备明年使用
12月	1. 灌冻水：草坪灌封冻水应在5日前全部完成，灌水及土壤封冻后，严禁游人进入践踏 2. 预防病虫害：草坪在越冬前，喷施一次辛硫磷或石硫合剂，有利杀灭病菌和越冬虫卵 3. 防寒：对足球场草坪进行覆土，其厚度不超过0.5cm。低洼处应分多次进行，以保证草芽安全越冬

27.6　华北地区园林露地植物病虫害防治月历

华北地区园林露地植物病虫害防治月历见表27-14。

表27-14　华北地区园林露地植物病虫害防治月历

月份	1月份、2月份
病虫害防治内容	1. 2月中旬草履蚧越冬若虫开始出蛰上树危害，注意防治 2. 2月下旬草坪返青前，结合修剪打一遍晶体石硫合剂800倍液，以利杀死越冬病源及虫卵 3. 苗木萌芽前，普遍喷施一次3～5波美度石硫合剂，或晶体石硫合剂500～800倍液，可大大减少当年病虫害发生

月份	3月份		
病虫种类	形态及危害症状	危害植物	防治方法
草履蚧	全年发生1代，以卵和若虫越冬。雄成虫紫红色，翅紫蓝色，头和前胸红紫色。雌成虫椭圆形，似鞋底状，灰褐色或红褐色，背面有横褶和纵沟，微披白色蜡粉。若虫灰褐色，形似雌成虫。2月中旬若虫开始上树危害，雌成虫、若虫沿树干爬到嫩枝、幼芽上吸食汁液，严重时排泄物污染地面。6月上旬下树产卵越夏越冬	悬铃木、柳树、白蜡、泡桐、枣树、桑树、榆树、槐树、毛白杨、刺槐、核桃、碧桃、苹果树、杏树、梨树、李树、柿树、海棠、紫叶李、紫叶稠李、樱花、金银木、茶条槭等	1. 月初，若虫未上树前，树皮粗糙的在树干基部15～20cm处刮除一圈宽20cm的老皮，上面缠一圈塑料胶条；树皮光滑的，可涂宽约10cm的粘虫胶，粘杀上树成、若虫 2. 喷药阻杀尚未上树的雌成虫、若虫 初孵若虫期，喷洒蚧螨灵100倍液 若虫危害期，喷洒1.2%苦参碱乳油1000～1500倍液，或75%辛硫磷乳油1000倍液，每10d喷施一次，连续3次

（续）

月份	10月份
防治参考	防治内容
3月份	棉蚜、槐蚜、朝鲜球坚蚧、沙里院褐球蚧、麦岩螨、卫矛失尖盾蚧、海棠腐烂病、杨柳腐烂病、杨树溃疡病、流胶病、苹果桧锈病
4月份	松梢斑螟、栾多态毛蚜、绣线菊蚜、月季长管蚜、菊小长管蚜、柏小爪螨、柿绵粉蚧、桑白盾蚧、日本双齿小蠹、美国白蛾、六星黑点豹蠹蛾、柳毒蛾、斑衣蜡蝉、梨冠网椿、枸杞负泥虫、楸蠹野螟、青杨天牛、臭椿沟眶象、沟眶象、华北蝼蛄、小地老虎、紫荆角斑病
5月份	月季白轮盾蚧、丝棉木金星尺蛾、柿蒂虫、大蓑蛾、棉大卷叶螟、石榴巾夜蛾、小线角木蠹蛾、国槐小卷蛾、槐羽舟蛾、桃小食心虫、金毛虫、同型巴蜗牛、月季黑斑病、柿角斑病、柿圆斑病、菟丝子
6月份	大蓑蛾、樗蚕蛾、玫瑰三节叶蜂、棉铃虫、草地螟、银杏叶枯病、柿圆斑病、柿炭疽病、大叶黄杨白粉病、紫薇白粉病、煤污病

月份	11月份、12月份
越冬期病虫害防治	1. 清除病虫株。对病虫受害严重且已失去观赏价值的病虫植株，在冬季彻底拔除并销毁 2. 清除园内枯草、病虫残果。一些病菌、害虫成虫及幼虫，常在枯草、落果及落叶上过冬（如褐斑病、灰斑病、炭疽病等），入冬后清除园内枯草、病虫残果、枯枝落叶，并集中销毁，消灭越冬病源及虫源 3. 剪病枯枝。结合树木冬季修剪，剪除卵块及病虫害危害严重的枯死枝条，消灭在枝条内越冬的国槐小卷蛾、六星黑点豹蠹蛾、楸蠹野螟、玫瑰茎蜂等，并集中处理 4. 摘除护囊。结合冬季修剪，摘除枝干上大蓑蛾、小蓑蛾的越冬护囊，消灭越冬幼虫 5. 刷枝干。刷除枝干上越冬蚧虫的成虫和若虫 6. 挖虫蛹。许多害虫以蛹（如美国白蛾、国槐尺蛾等）、老熟幼虫（如淡剑夜蛾等）在土壤中或建筑物、墙壁、砖缝等处越冬，应在冬季开展挖虫蛹工作，并集中消灭，以减少虫源，压低虫口密度，减轻次年危害 7. 树干刮皮。树木落叶后，及时清理树木粗糙干皮及缝隙和伤处的越冬病原菌、虫卵等。秋末冬初，刮掉树干上的粗皮、翘皮、病皮，刮皮深度以粗皮、病皮刮净，露出浅色皮层为宜。刮皮时，树下铺一塑料布，将刮下的树皮集中烧毁。刮皮后将树干及时涂抹5波美度石硫合剂，或40%福美砷可湿性粉剂50～100倍液 8. 树干涂白。在上冻前，对树干进行涂白，以消灭在树干上越冬的病菌、虫卵、越冬幼虫等，并可预防冻害。涂白剂中加入适量杀虫剂和杀菌剂，可提高防治效果 9. 喷洒石硫合剂。为有效防治越冬病原微生物和越冬成虫、若虫，成螨、若螨等，减少来年病虫害的发生，对易患叶斑病、黑斑病、角斑病、褐斑病、炭疽病、叶枯病、白粉病、煤污病、缩叶病、毛毡病、腐烂病、干腐病、溃疡病、细菌性穿孔病、锈病、疮痂病等，和易受蚧虫、红蜘蛛危害的树种和草坪，喷洒石硫合剂。此项工作需在11月中旬前完成。流胶病应每10d喷施1次，连续2次

参考文献

［1］里德．园林景观设计：从概念到形式［M］．郑淮兵，译．2 版．北京：中国建筑工业出版社，2016.

［2］尹文，顾小玲．风景园林设计［M］．上海：上海人民美术出版社，2014.

［3］刘涛．园林景观设计与表达［M］．北京：中国水利水电出版社，2013.

［4］易军，等．园林硬质景观工程设计［M］．北京：科学出版社，2015.

［5］韩玉林．园林工程［M］．重庆：重庆大学出版社，2006.

［6］陈祺．山水景观工程图解与施工［M］．北京：化学工业出版社，2008.

［7］中华人民共和国住房和城乡建设部，国家质量监督检验检疫总局．城市园林绿化评价标准：GB/T 50563—2010［S］．北京：中国建筑工业出版社，2010.

［8］中华人民共和国住房和城乡建设部．风景园林制图标准：CJJ/T 67—2015［S］．北京：中国建筑工业出版社，2015.

［9］陈祺．园林工程建设现场施工技术［M］．北京：化学工业出版社，2005.

［10］张秀英．园林树木栽培养护学［M］．北京：高等教育出版社，2006.

［11］刘慧民．风景园林树木资源与造景学［M］．北京：化学工业出版社，2011.

［12］朱钧珍．中国园林植物景观艺术［M］．北京：中国建筑工业出版社，2004.

［13］王浩．园林规划设计［M］．南京：东南大学出版社，2009.

［14］文益民．园林建筑材料与构造［M］．北京：机械工业出版社，2011.

［15］赵岱．园林工程材料应用［M］．南京：江苏人民出版社，2011.

［16］温如镜，田中旗，文书明．新型建筑材料应用［M］．北京：中国建筑工业出版社，2009.

［17］赵成．生土建筑研究综述［J］．四川建筑，2010，30（1）：31-33.

［18］何向玲．园林建筑构造与材料［M］．北京：中国建筑工业出版社，2008.

［19］索温斯基．景观材料及其应用［M］．孙兴文，译．北京：电子工业出版社，2011.

［20］李书进，高迎伏，张利．土木工程材料［M］．重庆：重庆大学出版社，2013.

［21］张松榆，刘祥顺．建筑材料质量检测与评定［M］．武汉：武汉理工大学出版社，2007.

［22］李伟华，梁媛．建筑材料及性能检测［M］．北京：北京理工大学出版社，2011.

［23］杨彦克．建筑材料［M］．成都：西南交通大学出版社，2013.

［24］刘俊霞，张磊，杨久俊．生土材料国外研究进展［J］．材料导报，2012，26（12）：14-17.

［25］雷凌华．风景园林工程材料［M］．北京：中国建筑工业出版社，2016.

［26］徐德秀．园林建筑材料与构造［M］．重庆：重庆出版社，2015.

［27］张东林．园林绿化种植与养护工程问答实录［M］．北京：机械工业出版社，2008.

［28］张连生．常见病虫害防治手册［M］．北京：中国林业出版社，2007.

［29］王鹏，贾志国，冯莎莎．园林树木移植与整形修剪［M］．北京：化学工业出版社，2010.

［30］DAVIDS. DIY 巧手园艺系列修剪［M］．长沙：湖南科学技术出版社，2006.

［31］赵和文．园林树木选择、栽植、养护［M］．北京：化学工业出版社，2009.

［32］王福银，等．园林绿化草坪建植与养护［M］．北京：中国农业出版社，2001.

［33］邸济民．林果花药病虫害防治［M］．石家庄：河北人民出版社，2005.

［34］中国风景园林学会园林工程分会，中国建筑业协会古建筑施工分会．园林绿化工程施工技术［M］．北京：中国建筑工业出版社，2008.

［35］徐峰．花坛与花境［M］．北京：化学工业出版社，2008.

［36］邹原东．园林绿化施工与养护［M］．北京：化学工业出版社，2013.
［37］何芬，傅新生．园林绿化施工与养护手册［M］．北京：中国建筑工业出版社，2011.
［38］张波，刘津生．园林绿化养护手册［M］．北京：中国林业出版社，2012.
［39］张祖荣．园林树木栽植与养护技术［M］．北京：化学工业出版社，2009.
［40］徐公天．园林植物病虫害防治原色图谱［M］．北京：中国农业出版社，2003.